Shayle R. Searle, André I. Khuri

Matrix Algebra useful for statistics

2nd Edition

제2판

통계학을 위한 행렬대수학

안수한 · 이용희 옮김

WILEY 자유아카데미

서문

개정판의 주된 목적은 초판의 내용을 갱신하는 것이다. 이 책의 초판이 1982년에 발행된 것을 감안하면 이러한 작업은 매우 힘든 일이었으며, 단순한 갱신 작업을 넘어 내용의 표현뿐만 아니라 독자들에 의한 사용과 응용 등에 영향을 미치는 책 전반에 대한 개정작업이었다고 할 수 있다.

개정판은 세 개의 부로 이루어져 있다. 1부는 1장에서부터 9장까지로, 1장을 제외한 나머지 장들은 초판의 1장에서 12장까지의 내용을 개정한 것이다. 1부에 앞선 서론에서는 행렬대수학의 역사에 대한 고찰이 소개되어 있다. 1장은 새롭게 추가된 부분으로, 여기서는 벡터공간과 행렬의 도입과 관련 있는 선형변환을 다루고 있다. 2부는 통계학에서의 행렬의 응용과 관련한 부분으로 10장에서 14장까지의 5개의 장으로 이루어져 있다. 10장과 11장의 내용은 초판의 13, 14장을 개정한 것이다. 12장의 내용은 초판의 15장의 내용과 비슷하게 최대계수를 갖지 않는 모형을 다루고 있다. 13장의 내용은 완전히 새로운 것으로 행렬의 직적을 이용한 불균형선형모형의 분석과 관련한 것이다. 14장 역시 새롭게 추가된 부분으로 다중반응선형모형을 다루고 있다. 15, 16, 17장은 각각 SAS/IML, MATLAB, R을 이용한 행렬연산을 소개하고 있다. 이 세 개의 장들은 각각 독립적으로 구성되어 있으며 이 책에서 소개되는 모든 행렬연산에 필요한 도구를 제공한다. 독자들은 각자 편한 소프트웨어를 선택하여 익히면 된다.

개정판에서는 자세한 계산 과정의 예시를 위한 많은 그림들이 나타난다. 여기에는 행렬의 도해와 같은 행렬 원소들의 시각적 묘사와 행렬식의 그림 표현 등이 포함되어 있다. 이와 더불어 내용의 이해를 돕기 위한 많은 예들이 제시되어 있다.

개정판의 새로운 특징 중 하나는 연습문제들에 대한 해답이 주어져 있는 것이다. 이는 이 책을 이용하여 행렬대수학을 공부하고자 하는 독자들에게 매우 유용할 것이다.

초판에서와 마찬가지로, 개정판은 통계적 자료분석과 일반적인 통계학에서 유용한 행렬대수학에 대한 지식을 다양한 분야의 독자들에게 전달하는 데에 중점을 두었다. 따라서 개정판은 행렬대수학과 그것의 선형모형과 다변량분석 등으로의 응용과 관련하여 좀 더 나은 지식을 얻고자 하는 독자들에게 매력적이다. 행렬계산과 관련한 3부의 추가 또한 독자가 필요로 하는 관련 컴퓨터 능력을 향상시키는 데 유용할 것이다.

이 책을 집필하는 지난 3년 동안 변함없이 나를 지지해준 내 아내 로니와 딸 록산느, 그리고 아들 마르쿠스에게 감사의 마음을 전한다. 그리고 나에게 이 책에 대한 개정 작업의 기회를 준 John Wiley & Sons 출판사의 이전 편집장이었던 스티브 퀵리 씨에게 감사한다. 또한 개정판에서의 SAS 소프트웨어의 사용을 2년간 허락해준 SAS사의 편집장 줄리 플랫에게도 감사의 말을 드린다.

앙드레 쿠리(André I. Khuri)
2017년 1월 플로리다 잭빌에서

초판의 서문

대수가 언어에 대한 수학적 약어라면 행렬은 대수에 대한 약어라고 할 수 있다. 즉, 행렬의 특별한 가치는 통계학과 계량 과학에서 일어나는 수학 연산을 간단명료하게 표현 가능하다는 데 있다. 행렬에 대한 대수학은 당연히 새로운 것이 아니다. 그렇지만 그것의 표현은 수학적 일반화라는 틀에 자주 갇혀 있곤 한다. 그리고 이러한 사실은 수학적 능력과 훈련이 충분치 않은 독자들이 행렬대수학을 완벽하게 이해하는 것을 어렵게 한다. 그럼에도 불구하고 그러한 독자 대부분이 특히 통계학과 컴퓨터가 연관된 분야에 종사하는 경우, 행렬대수학에 대한 지식이 그들의 분야에 반드시 필요하다고 생각한다. 이 책은 바로 그러한 독자들을 위해 쓰였다. 따라서 가급적이면 수학적 표현이 너무 형식적이지 않도록 노력하였다.

무언가를 알고자 하는 경우에 자료의 수집이 수반되곤 한다. 또한 자료 안에 포함된 정보를 발굴하고 해석하기 위해서는 자료의 분석이 반드시 필요하다. 따라서 관련 책임자는 자료의 분석에 필요한 수학적 도구를 이해하고 있어야 한다. 이는 책임자 스스로가 분석을 행하는 경우나, 다른 통계학자와 수학자의 도움이 필요해서 그들과 의견을 나누어야 하는 경우 모두에서 필요하다. 여기서 필요한 수학적 도구 중 하나가 행렬대수학이다. 현재 행렬대수학은, 미적분학이 그러했듯이 몇 세기에 걸쳐 과학에 있어 반드시 필요한 부분으로 자리 잡고 있다. 행렬은 한 세기보다 더 이전에 수학에서 생겨났다. 그러나 과학에서의 행렬의 폭넓은 적용은 비교적 최근의 일이다. 이는 컴퓨터를 이용한 통계적 자료분석이 광범위하게 받아들여지면서 시작되었다. 왜냐하면 통계학과 컴퓨터 계산 모두 행렬대수학과 밀접한 관계가 있기 때문이다. 따라서 이 책의 목적은 통계적 자료분석과 통계학 전반에 걸쳐 필요한 행렬대수학을 다양한 분야의 독자들이 이해할 수 있도록 하는 데에 있다.

이 책을 이용하고자 하는 독자에게 필요한 선지식은 고등학교 수준의 대수학에 대한 지식으로 충분하다. 미분학은 불과 몇 페이지에서만 쓰이는데 생략해도 무방하다. 따라서 이 책의 행렬대수학을 이해하는 데에 있어 미분학이 반드시 요구되진 않는다. 필요한 대부분의 경우에 한해 이론에 대한 증명과 실증이 주어져 있다. 그러나 이론의 전개와 관련하여서는 여러 과학 분야에서 차용한 다양한 수치적 예제들을 모든 장에서 충분히 제공하고 있다. 마지막 세 개의 장은 온전히 통계학에서의 행렬대수학의 사용에 관하여 할애한다. 특히 14장과 15장에서는 가장 많이 쓰이는 통계기법들인 회귀모형과 선형모형을 다루고 있다.

이 책의 주류는 처음 열한 개의 장이다. 첫 장에서는 첨자 기호, 합 기호 등과 같은 기초적인 개념을 소개한다. 이 후 네 개의 장에서는 기초 연산, 특수한 행렬, 행렬식과 역행렬을 다룬다. 6장과 7장에서는 계수와 표준형을 논한다. 8장과 9장에서는 일반화역행렬과 더불어 선형방정식의 해를 다룬다. 10장에는 분할행렬에 대한 여러 가지 사실들을 모아 놓았으며, 11장에서는 고유치와 고유벡터에 대해 설명한다. 11장에 있는 결과들에 대한 배경이론들이 부록인 11A장에 실려 있다. 12장에서는 다양한 주제에 대한 요약들이 주어져 있다. 13장에서는 통계 관련 예제들을 다루고 있다. 회귀모형과 선형모형에 관해서는 14장과 15장에서 설명한다. 마지막 두 개의 장을 제외하고는 모두 연습문제를 제시하였다.

수학적인 지식이 충분하지 않은 독자는 이 책을 처음 읽을 때 보조적으로 주어지는 절들과 단락들을 생략해도 무방하다. 이러한 부분들은 작은 글씨체로 주어지는데, 일반적으로 다루어지는 수준보다 좀 더 어려운 수학적 표현을 포함한다. 그러나 이 부분들은 이 책의 주제에 따르는 부차적인 것들이다.

장들과 장들에 포함된 절들은 아라비아숫자를 이용하여 번호를 매긴다. 각 장에서는 그 장에 포함된 절을 인용하는 경우에는 단순히 절의 번호를 쓰지만, 다른 장에 있는 절을 이용하는 경우에는 십진수 형태를 이용한다. 예를 들어, 1.3절은 1장의 3절을 나타낸다. 이러한 숫자들은 각 페이지의 상부표제에 나타난다. 예를 들어 4페이지에서 [1.3]을 볼 수 있다. 각 장에서의 수식들은 (1), (2),..., 와 같이 번호가 매겨진다. 이러한 수식 번호들은 대부분 수식이 속한 장에서만 인용이 된다. 다른 장에서의 수식이 인용되는 경우는 수식이 속한 장의 번호가 정확하게 주어진다. 그렇지 않은 경우의 "수식 (3)" 또는 단순히 "(3)"은 그 장에서 해당 번호를 갖는 수식을 나타낸다. 연습문제들을 번호매기는 경우 절의 번호는 이용되지 않는다. 예를 들어 연습문제 6.2는 6장 마지막 부분에 있는 연습문제 2를 나타낸다.

이 책의 출판과 관련하여 원고의 초안을 꼼꼼하게 읽고 많은 조언을 해준 George P. H.에게 크나큰 신세를 졌다. 원고 최종본에 대한 Herold V. Handerson의 제안 역시 많은 도움이 되었다. *Matrix Algebra for the Biological Sciences*(Wiley, 1966)의 독자들과, 코넬 대학에서 15년에 걸쳐 행렬대수학 강의를 들은 수강생들에게서도 유용한 영감을 많이 얻었다. 꼼꼼한 타자 솜씨와, 인내, 그리고 놀라울 정도의 섬세함을 보여준 Helen Seamon 부인에게 특별히 큰 고마움을 전한다.

SHAYLE R. SEARLE
1982년 5월 뉴욕 이타카(Ithaca)에서

도입

행렬대수학에 대한 역사적 고찰

역사적 관점에서 행렬의 기원을 정하는 것은 어렵다. 그러나 행렬과 연립일차방정식과의 연관을 바탕으로 하면, 행렬의 역사는 적어도 기원전 3세기까지 거슬러 올라간다고 주장할 수 있다. 고대 메소포타미아(현재의 이라크) 티그리스와 유프라테스 강 사이 비옥한 지역에서 살던 바빌로니아 인들은 경작과 관련한 문제들을 풀기 위하여 연립일차방정식들을 사용하였다. 이러한 사실은 쐐기 문자판에 기록되어 있는데 이것은 부드러운 점토판에 쐐기모양의 문자를 이용하여 새긴 후 다시 불에 구워 만든 것이다.

이러한 형태의 기록은 기원전 3000년경으로 거슬러 올라간다(Knuth, 1972). 기원전 300년경의 것으로 추정되는 점토판에는 이원일차연립방정식 문제에 대한 묘사가 기록되어 있는데, 이는 두 경작지에 대한 단위 면적당 곡물 생산량과 산출량이 주어져 있을 때 각 경작지의 면적을 결정하는 문제에 대한 것이다(O'Connor and Robertson, 1996). 고대 중국에서도 또한 기원전 200년에서 기원전 100년 사이에 옥수수 생산량에 대한 연립방정식이 다루어졌다. 실제로, 한나라 시대에 써진 구장산술(*Nine chapters on the Mathematical art*)이란 문서는 중국 수학의 발전에 큰 기여를 하였다. 이 책은 수학에 대한 실용 안내서로 공학, 조사, 무역, 그리고 세금 문제 등과 관련된 246개의 문제들을 다루고 있다(O'Connor and Robertson, 2003).

현대적 관점에서의 행렬과 행렬대수는 19세기에 이르러서야 많은 수학자들의 업적을 바탕으로 구체화되기 시작했는데, 대표적인 수학자들의 예를 들면 다음과 같다: Augustin-Louis Cauchy, Ferdinand Georg Frobenius, Carl Friedrich Gauss, Arthur Cayley, James Joseph Sylvester. 행렬(matrix)이라는 용어는 1850년도에 Sylvester에 의해 처음으로 사용되었다. 이 용어는 1858년 Cayley의 행렬이론에 대한 논문이 발표된 후에 좀 더 보편화되었다. Cauchy는 1829년에 처음으로 대칭행렬의 고유치가 실수라는 사실을 증명하였으며, 또한 1812년의 그의 논문은 행렬식 이론이 만들어지는 데 중요한 역할을 하였다. Frobenius는 1877년도에 발간된 논문을 통하여 행렬에 대한 여러 수학자들에 의한 연구들을 아우르는 행렬이론을 제시하였다. Hawkins(1974)는 "행렬이론에서의 역사적 업적"이란 말로 Frobenius의 업적을 묘사하였다. Hawkins(1975)는 또한 Cauchy의 업적이 18세기의 대수적 고유치 문제에 미치는 역사적 중요성에 대하여 논하였다.

과학사학자와 수학자들은 Cayley를 행렬이론의 설립자로 여겨왔다. 특히 그의 1858년도의 논문은 수학자들이 행렬이론의 체계를 정립할 수 있는 토대를 제공한 것으로 여겨진다(Hawkins, 1974, p. 561). Cayley는 아래에 주어진 n개의 변수로 이루어진 m개의 연립방정식에 대한 축약된 표현을 고안하는 데 많은 관심을 가졌다.

$$\sum_{j=1}^{n} a_{ij}x_j = y_i, \quad i = 1, 2, \ldots, m,$$

여기서 a_{ij}들은 계수들이다. Cayley와 동시대의 대수학자들은 위의 m개의 방정식을 다음의 한 개의 행렬방정식으로 표현하는 것을 제안하였다.

$$\begin{bmatrix} a_{11} & a_{12} & \cdots & a_{1n} \\ a_{21} & a_{22} & \cdots & a_{2n} \\ \cdots & \cdots & \cdots & \cdots \\ a_{m1} & a_{m2} & \cdots & a_{mn} \end{bmatrix} \begin{bmatrix} x_1 \\ x_2 \\ \cdots \\ x_n \end{bmatrix} = \begin{bmatrix} y_1 \\ y_2 \\ \cdots \\ y_m \end{bmatrix}.$$

Cayley는 이러한 도식을 변수들 $x_1, x_2, ..., x_n$에 작용하여 변수들 $y_1, y_2, ..., y_m$을 생성하는 작용소(operator)로 간주하였다. 이는 스칼라 a를 하나의 변수 x에 작용시켜 $a\ x$를 얻는 것의 다변수로의 확장으로 볼 수 있다. 단 이 확장에서의 규칙은 하나의 변수의 경우에 대한 그것과는 다르다. 이러한 개념은 후에 행렬에 대한 대수학의 발전으로 이어졌다.

Cayley가 행렬과 관련하여 역사적 발자취를 남긴 것은 사실이지만 다음은 지적하고 넘어갈 필요가 있다. 즉, 행렬에 대한 18, 19세기의 수학자들의 업적들이 가려질 정도로 Cayley의 공헌이 역사학자들에 의해 과대평가되고 있다는 점이다. Hawkins(1974)가 지적했듯이 Cayley의 1858년도 논문에서 보이는 발상은 특별히 독창적이진 않다. 이와 관련하여 그는 Laguerre(Edmond Nicolas Laguerre), Frobenius, 그리고 다른 여러 수학자들의 연구결과들을 인용하여, 동시대의 그들 또한 Cayley의 연구와 독립적으로 비슷한 발상을 하였다고 주장하였다. 이러한 결론은 Farebrother(1997)과 Grattan-Guiness(1994)에 의해 지지되었다. 이와 관련하여, Hawkins(1975)가 말한 것처럼, 다음과 같이 결론을 내리는 것이 적절해 보인다: "행렬이론의 역사는 많은 수학자들의 노력을 수반하였으며, 확실하게 국제적인 공헌들로 이루어진 것이다." Cayley와 Sylvester의 업적은 여러 권으로 이루어진 전집으로 만들어졌으며 University of Michigan Historical Mathematics Collection 웹사이트(URL: http://quod.lib.umich.edu/u/umhistmath/)에서 무료로 얻을 수 있다. (Cayley의 업적은 "http://name.umdl.umich.edu/ABS3153.0013.001", 그리고 Sylvester의 업적은 "http://name.umdl.umich.edu/AAS8085.0002.001"로부터 내려 받을 수 있다.)

행렬식과 관련한 역사의 기원은 연립일차방정식을 풀기 위해 중국인들과 일본인들이 사용한 방법에서 찾을 수 있다. 세키카와(17세기의 유명한 일본인 수학자)는 연립방정식을 푸는 과정에서 행렬식의 전개를 발견하였다(Smith, 1958, p.440). 그러나 중국인과 일본들이 사용한 방법은 요즘의 행렬식의 전개 방법과 유사하진 않다. 서방에서는 행렬식 이론과 관련하여 세키카와의 발견보다 몇 년 후에 이루어진 17세기의 수학자 Gottfried Leibniz의 업적에서 행렬식의 기원을 찾을 수 있다고 믿는다. 그러나 이 이론의 실질적인 발전은 1750년에 발표된 Gabriel Cramer의 책에서부터 시작한다. 실제로, n개의 미지수와 n개의 식으로 이루어진 연립일차방정식을 행렬식을 이용하여 푸는 방법을 크래머 법칙(Cramer's rule)이라고 한다. 행렬식(deerminent)이라는 용어는 Gauss가 1801년에 이차형식과 연관지어 처음으로 사용하였다. 1812년에는 Cauchy가 현재 알려진 행렬식 이론을 개발하였다. Cayley는 1841년에 발표한 논문에서 행렬식기호, 즉 행렬을 수직막대 두 개로 묶어서 행렬식을 표현하는 것을 처음으로 도입하였다. 이와 같이, 행렬식의 역사는 행렬과 마찬가지로 많은 수학자들에 의해 이루어진 국제적인 산물이라고 할 수 있다. 행렬식에 의해 더 많은 것을 얻고자 하는 독자는 Miller(1930)와 Price(1947)를 참고하길 바란다.

통계학에서의 행렬의 도입

통계학에서 행렬의 도입은 느리게 이루어졌다. Farebrother(1999)가 말한 바에 따르면 행렬대수학은 20세기 초반까지 나타나지 않았다. 그렇더라도 행렬식은 연립방정식을 풀기 위한 도구로서 행렬을 대신해서 수기로 사용되고 있었다. Searle(2000)이 지적한대로 1930년은 통계학에 행렬이 도입되기 시작한 해로 간주할 수 있다. 이 해는 *Annals of Mathematical Statistics*의 제 1권이 발간된 해로, 그 첫 논문은 Wicksell(1930)의 "Remarks on Regression"이다. 이 논문은 한 개의 독립변수가 있는 선형모형에서의 최소제곱추정치를 찾는 문제를 다루고 있는데, 모수추정치를 구하기 위한 정규방정식의 표현에서 행렬이 아닌 단지 행렬식만 이용되고 있다. 현재에는, 이러한 주제들과 관련하여 행렬이 많이 이용됨을 볼 수 있다. 이 논문에는 긴 주장과 많은 수의 수식들로 가득 차 있는데 모두 일반적인 선형모형에서의 계산 방법에 관한 것이다. 1950년대에 발간된 일부 책들에서도 이러한 것들을 볼 수 있다. 통계학에서 행렬의 사용이 늦은 것은, 다변수를 갖는 선형모형의 경우에서와 같이, 수치적 결과를 도출하는 것이 어렵다는 점에 일부분 기인한다. 특히 컴퓨터가 나오기 전까지 역행렬을 계산하는 것은 상당히 어려웠다. 현재는 변수의 수가 적당하다면 별 어려움이 없이 빠르게 역행렬을 계산할 수 있다. Searle(2000)에서는 1959년 대학원 시절 작은 컴퓨터 모임에 같이 속한 친구와 함께 차수가 7 × 7인 행렬의 역행렬의 계산을 컴퓨터를 이용하여 7분 만에 끝냈을 때 느낀 흥분에 대한 회상이 언급되어 있다. 불과 일이 년 전만 하더라도 말챤트 계산기(Marchant calculator)와 몬로 계산기(Monroe calculator)를 이용하여 40 × 40 행렬의 역행렬을 구하는 데 6주가 걸린 것과 비교하면 경이로운 일이었다. 역행렬의 계산을 위한 좀 더 향상된 기술의 시작으로 둘리틀 방법(Doolittle method)을 들 수 있는데 이는 Anderson and Bancroft(1952, Chapter 15)에 기술되어 있다. 이 방법이 1878년에 U.S. Coast and Geodetic Survey Report에 소개되어 있는 것을 상기하면 매우 흥미롭다(Doolittle(1881) 참조).

Alexander Craig Aitken은 1930년대 통계학에서 행렬의 사용을 촉진하는 데 있어 중요한 공헌을 하였다. 그는 뉴질랜드 출생으로 비상한 두뇌 능력을 소유한 뛰어난 수학자였다. 전해지는 바에 의하면 무리수 π의 소수점 이하 707자리까지 암기할 수 있었으며 9자리 십진수 숫자의 곱을 30초 만에 계산할 수 있었다고 한다. 이런 이유로 그는 인간 계산기라고 불러졌다. 그의 연구는 행렬과 통계학을 다루고 있는데, 통계학의 발전에 있어 행렬대수학을 도구로 사용하는 것을 강하게 독려하였다. 이는 일반화된 최소제곱추정량의 최적성을 다루고 있는 Aitken(1935)에서 볼 수 있나(Farebrother(1997) 참조). Turnbull과 Aitken(1932)은 통계학에서의 행렬의 다양한 응용들을 다루고 있는데, 여기에는 현재까지 이용되는 회귀모형에서의 정규방정식들이 주어져 있다. Aitken은 또한 선형모형과 관련된 중요한 이론들의 바탕이 되는 선구적인 업적들을 발표하였는데, 여기에는 정규분포 가정하에서의 일차와 이차 형식의 독립성(Aitken, 1940)과 이차형식간의 독립성(Aitken, 1950) 등이 있다. 다음의 구절은 Farebrother(1997, p.6)를 참조한 Ledermann(1968, pp. 164-165)에 실려 있는데, 행렬대수학 사용의 보편화와 관련한 그의 추진력을 잘 묘사하고 있다.

> Aitken은 우아하게 형식화할 수 있는 타고난 재능을 바탕으로, 수학의 다양한 분야에서 강력한 도구로 이용될 수 있는 행렬대수학의 유용성을 재빨리 알아차렸다. 행렬 기법이 보편화되지 않은 시기에 행렬대수학을 적용하여 몇몇 통계적 문제들을 성공적으로 해결하였다.

통계학에서 행렬대수학의 사용은 1940년대에 시작된다. 관련 문헌으로는 다변량분석을 다룬 저명한 통계학자의 저서 Kendall(1946)과, 하나의 장을 행렬, 행렬식, 이차형식에 할애한 저서 Cramér(1946)가 있다. 1950년대에 이르러서는 좀 더 많은 통계학 책과 논문에서 행렬대수학을 다루는데, 예를 들어, Kempthorne(1952)은 행렬을 이용하여 선형모형에서의 몇몇 결과들을 증명하였으며, 고전이라고 할 수 있는 저서 Anderson(1958)은 다변량분석을 다루는 데 있어 행렬에 많이 의존하는 초기 저서들 중 하나이다. 행렬대수학이 중요한 역할을 하고 있는 통계학 논문들도 많이 존재하였다. 이 중 많은 수의 논문들이 정규분포 하에서의 이차형식 간의 독립성, 일차와 이차형식 간의 독립성, 이차형식의 분포를 다루고 있는데, 대표적인 것으로는 Cochran(1934), Craig(1938, 1943), Aitken(1940, 1950), 그리고 Ogawa(1949, 1950) 등이 있다. 이차형식들이 서로 독립이고 또한 카이제곱분포를 따르기 위한 필요조건을 구하는 것은 큰 관심을 받는 주제였으며 좀 더 최근의 논문에서도 다루어졌다. 예를 들어 Driscoll and Krasnicka(1995), Olkin(1997), Driscoll(1999), Khuri(1999) 등이 있다. 다변량분석을 다룬 Bartlett(1947)에서의 행렬대수학의 사용은 주목할 만하다. Dwyer and MacPhail(1948)은 행렬미분에 대한 논의에 집중하였다. 역행렬의 계산에 있어 최소한의 연산으로 정확도를 높이는 문제는 중요한 관심사이다. 예를 들어 Hotelling(1943)은 이 분야에 대한 고찰을, 그리고 Goldstine and Von Neumann(1951)은 고차원 행렬의 역산을 다루었다. 또한 Waugh and Dwyer(1951)는 역행렬의 계산을 위한 간결하고 효율적인 계산 방법에 대하여 논하였다. 확률행렬(random matrix)의 고유치에 대한 분포도 흥미로운 주제이다. Mood(1951)는 다변량정규분포를 따르는 표본으로부터 얻어지는 이차적률행렬(second-order moment matrix)의 분포를 유도하는 방법에 대한 개요를 서술하였다. Fisher and Hsu(1939)는 위샤트 분포(Wishart distribution)의 고유치들에 대한 결합분포를 나타내는 밀도함수의 형태를 발표하였다. 정의에 의하여, $\boldsymbol{x}_1, \boldsymbol{x}_2, \ldots \boldsymbol{x}_n$들이 서로 독립이고 평균이 $\mathbf{0}$, 분산이 $\boldsymbol{\Sigma}$인 다변량정규분포를 따를 때,

$$\boldsymbol{W} = \sum_{i=1}^{m} \boldsymbol{x}_i \boldsymbol{x}_i'$$

와 같이 정의된 $\boldsymbol{W}$를 자유도 m인 위샤트 분포를 따르는 확률행렬이라고 한다. 이에 대한 표기는 $\boldsymbol{W} \sim \boldsymbol{W}_d$를 사용하는데 여기서 d는 $x_i(i = 1, 2, \ldots, m)$의 원소의 개수이다. 다변량분산분석에서 중요한 역할을 하는 최대근검정통계량(largest root test statistics) λ_{max}는 $\boldsymbol{HE}^{-1}$의 최대고유치로 주어지는데, 여기서 $\boldsymbol{H}$와 $\boldsymbol{E}$는 위샤트분포를 따르는 독립인 행렬들이다. λ_{max}의 분포함수는 Roy(1939)에 의해 연구되었다. 연관된 또 다른 검정통계량으로는 윌크스 검정통계량(Wilks' test statistic, Wilks(1932)), 로울리-호텔링의 대각합(Lawley-Hotelling's trace, Lawley(1938)), 필라이 대각합(Pillai's trace, Pillai(1955))이 있다. 윌크스 검정통계량, 로울리-호텔링의 대각합, 그리고 필라이 대각합은 각각 $|\boldsymbol{E}|/|\boldsymbol{E} + \boldsymbol{H}|$, $tr(\boldsymbol{HE}^{-1})$, 그리고 $[\boldsymbol{H}(\boldsymbol{E} + \boldsymbol{H})^{-1}]$로 표현되는데, 여기서 $|.|$는 행렬의 행렬식을, 그리고 정방행렬에 대해서만 정의되는 대각합은 대각원소들의 합을 나타낸다. 다변량검정통계량에 대하여 자세하게 알고자 하는 독자는 Serber(1984)를 참조하길 바란다.

특이값분해(singular value decomposition(SVD), 7.4절 참조)와 일반화역행렬(generalized inverse(GI), 8.2절 참조)은 회귀분석과 분산분석에서 중요한 분야이다. 그러나 이들은 통계학 관련 문헌에 늦게 도입되었다. Rao(1962)는 행렬식이 영인 행렬(비정칙행렬)의 일반화역행렬을 나타내는 데 유사역행렬(pseudo inverse)이라는 용어를 사용하였다. 그는 최대계수를 만족하지 않는 선형모형에서의 정규방정식에 대한 해를 일반화역행렬을 이용하여 구할 수 있음을 보였다. 이러한 과정은 정규방정식이 정칙과 비정칙인 경우 모두에 대해 최소제곱추정 방법을 적용하는 것을 가능하게 하는데, Rao의 연구는 이러한 측면에서 매우 유용하다. 유사역행렬이라는 용어는

Greville(1957)에서도 사용되었다. Good(1969)는 SVD의 유용성을 강조하고 통계학에서 이에 대한 여러 가지 응용을 기술하였다. 그는 통계학 문헌에서 SVD가 드물게 언급되는 사실로부터 SVD의 유용성이 저평가되고 있음을 지적하였다. Mandel(1982)은 다변수 선형모형에서의 SVD의 이용에 대한 고찰을 발표하였다. Eubank and Webster(1985)는 SVD로부터 유도되는 GI의 몇몇 특징들에 대해 주목하였으며, 그 특징들을 이용하여 최소제곱추정에 대한 여러 가지 성질들을 설명하였다. Whittle(1952)은 SVD가 최소제곱 주성분분석에도 이용될 수 있음을 보였다. SVD와 GI 모두 최소제곱추정 분야에 유용한 도구로 이용되는데, 특히 적합된 모형이 최대계수를 갖지 않는 경우이거나, 예측변수의 값의 범위가 좁아서 선형모형의 데이터행렬 $\boldsymbol{X}$의 열들에 이른바 악조건 또는 다중공선성이 존재하는 경우에 유용하다. 일반화역행렬을 이용하면 최대계수가 아닌 정규방정식의 해를 구할 수 있으며 모수의 추정가능 선형함수에 대해서는 유일한 추정치를 얻을 수 있다(12.10절 참조). 통계학자들은 적합된 모형에 존재하는 다중공선성이 모수에 대한 최소제곱추정치를 불안정하게 만들 수 있다는 것을 오랫동안 인지하고 있었다. 이는 반응값의 작은 변화가, 예를 들어 잘못된 값이 조금만 더해지는 경우에, 최소제곱추정치의 큰 분산을 초래할 수 있다는 것으로, 이를 불안정하다고 한다. 이러한 불안정성을 줄이기 위한 방안으로 Hoerl(1962)은 $\boldsymbol{X}'\boldsymbol{X}$의 대각원소들에 양수 k를 더해서 이를 정규방정식의 $\boldsymbol{X}'\boldsymbol{X}$로 이용하자고 제안하였다, 여기서 $\boldsymbol{X}'$는 $\boldsymbol{X}$의 전치행렬이다. 이러한 과정은 우리가 능선회귀(ridge regression)라고 있는 모형으로 귀결되는데, 이에 대한 자세한 설명은 Hoerl and Kennard(1970)에 나와 있다. 이후 1970년대와 1980년대에는 이 제안과 관련한 수많은 논문들이 발표되었다(예를 들어, Smith and Campbell(1980)). Piegorsch and Casella(1989)는 최소제곱추정에서의 악조건을 줄이고자 개발한 대각원소의 값을 증가시키는 방안에 대한 동기와 그것의 발전에 대해 고찰하였다. 그들은 행렬의 대각원소를 증가시키는 방법의 사용에 이르게 한 것은 기본적인 문제들 중의 하나로 비선형 최소제곱해의 개선이었다고 하였다. 이는 보통의 방법으로는 받아들일 수 있는 추정치를 만들어낼 수 없는 경우에 이용된다.

"통계학에서의 행렬의 이용"의 역사에 대한 해설은 Searle(2000)에 실려 있다. 관련 역사에 대한 간단한 설명은 Davis(2006)에서 볼 수 있다. Lowerre(1982)은 SVD와 무어-펜로즈 역행렬(일반화 역행렬의 특수한 경우, 8.1절 참조)에 대해 소개하였다. Searle(1956)은 행렬대수학을 적용하여, 최소제곱추정치의 표본분산과 확률효과를 가지는 불균형일원분류모형(unbalanced one-way classification model with random effects)에서의 분산 성분의 최대가능도추정치의 대표본분산을 유도하였다. 이는 분산성분분석(Analysis of variance components)에서 행렬을 이용한 초기 논문 중의 하나이다. Well은 2009년도 논문 "A conversation with Shayle R. Searle"에서 Searle과의 인터뷰를 바탕으로 통계학자로서의 초창기에 대한 Searle의 회고와 통계학에서 행렬을 이용하는 것에 대한 그의 주장에 대해 언급하였다. 이에 대해서는 또한 Searle(1999)의 "Comments from Thirty Years of Teaching Matrix Algebra to Applied Statisticians"를 참조하길 바란다.

이쯤에서 국제학회인 "International Workshop on Matrices and Statistics(IWMS)"에 대해 말하는 것이 중요할 것 같다. 이 학회는 1990년도부터 거의 매해 한 번(1991년과 1993년 제외) 열리는 학회로 통계학과 행렬이론의 접합점에 대한 연구자들의 교류를 조성하기 위해서 조직되었다. Puntanen and Styan(2011)은 IWMS과 관련하여 조직된 첫 해인 1990년부터 2013년까지의 역사에 대해 간략하게 소개하였다. 그들은 또한 핀란드의 University of Tampere에 IWMS를 위한 웹사이트를 만들고 누구나 접속할 수 있도록 하였다. 관련 URL은 다음과 같다: "http://www.sis.uta.

fi/tilasto/iwms". Puntanen and Styan(2011)의 PDF 파일은 "http://www.sis.uta.fi/tilasto/iwms/IWMS-history.pdf"에서 내려 받을 수 있다.

통계학에서 유용한 행렬 결과들이 실린 저널들은 많이 존재하는데, 대표적인 것으로는 다음을 들 수 있다: *Linear Algebra and Its Applications, Linear and Multilinear Algebra, Numerical Linear Algebra with Applications, Mathematics Magazine*. 첫 번째 저널에는 선형대수와 통계학에 대한 특별호(special issue)가 있다. 여기에 실린 논문들 중 많은 수가 이전 IWMS에서 발표된 것들이다. 통계학으로의 응용을 갖는 행렬과 부등식에 대한 광범위한 참고문헌들이 Styan and Puntanen(1993)에 주어져 있다.

참고문헌

Aitken, A. C. (1935). On least squares and linear combination of observations. *Proc. Roy. Soc. Edinb.*, 55, 42–47.

Aitken, A. C. (1940). On the independence of linear and quadratic forms in samples of normally distributed variates. *Proc. Roy. Soc. Edinb.*, 60, 40–46.

Aitken, A. C. (1950). On the statistical independence of quadratic forms in normal variates. *Biometrika*, 37, 93–96.

Anderson, R. L. and Bancroft, T. A. (1952). *Statistical Theory in Research*. McGraw-Hill, New York.

Anderson, T. W. (1958). *Introduction to Multivariate Statistical Analysis*. John Wiley & Sons, New York.

Bartlett, M. S. (1947). Multivariate analysis (with discussion). *J. Roy. Stat. Soc. Ser. B*, 9, 176–197.

Cayley, A. (1858). Memoir on the theory of matrices. *Phil. Trans. Roy. Soc. London*, 148, 17–37.

Cochran, W. G. (1934). The distribution of quadratic forms in a normal system, with applications to the analysis of covariance. *Proc. Camb. Phil. Soc.*, 30, 178–191.

Craig, A. T. (1938). On the independence of certain estimates of variance. *Ann. Math. Stat.*, 9, 48–55.

Craig, A. T. (1943). Note on the independence of certain quadratic forms. *Ann. Math. Stat.*, 14, 195–197.

Cramér, H. (1946). *Mathematical Methods of Statistics*. Princeton University Press, Princeton, NJ.

David, H. A. (2006). The introduction of matrix algebra into statistics. *Am. Stat.*, 60, 162.

Doolittle, M. H. (1881). Method employed in the solution of normal equations and the adjustment of a triangulation. In: Report of the Superintendent of the U. S. Coast Guard and Geodetic Survey Showing the Progress of the Work During the Fiscal Year Ending With June 1878, pp. 115–120. Government Printing Office, Washington, D. C.

Driscoll, M. F. (1999). An improved result relating quadratic forms and chi-square distributions. *Am. Stat.*, 53, 273–275.

Driscoll, M. F. and Krasnicka, B. (1995). An accessible proof of Craig's theorem in the general case. *Am. Stat.*, 49, 59–62.

Dwyer, P. S. and MacPhail, M. S. (1948). Symbolic matrix derivatives. *Ann. Math. Stat.*, 19, 517–534.

Eubank, R. L. and Webster, J. T. (1985). The singular-value decomposition as a tool for solving estimability problems. *Am. Stat.*, 39, 64–66.

Farebrother, R. W. (1997). A. C. Aitken and the consolidation of matrix theory. *Linear Algebra Appl.*, 264, 3–12.

Farebrother, R. W. (1999). *Fitting Linear Relationships: A History of the Calculus of Observations 1750-1900*. Springer-Verlag, New York.

Fisher, R. A. (1939). The sampling distribution of some statistics obtained from non-linear equations. *Ann. Eugen.*, 9, 238–249.

Frobenius, G. (1877). Ueber das Pfaffsche Problem. *J. Reine Angew. Math.*, 82, 230–315.

Goldstine, H. H. and von Neumann, J. (1951). Numerical inverting of matrices of high order. *Proc. Am. Math. Soc.*, 2, 188–202.

Grattan-Guiness, I. (1994). A new type of question. On the prehistory of linear and nonlinear programming. *Hist. Modern Math.*, 3, 43–89.

Greville, T. N. (1957). The pseudo inverse of a rectangular or singular matrix and its application to the solution of systems of linear equations. *SIAM Newsletter*, 5, 3–6.

Hawkins, T. W. (1974). The theory of matrices in the 19th century. In: Proceedings of the International Congress of Mathematicians, Vancouver, Canada, vol. 2, pp. 561–570.

Hawkins, T. W. (1975). Cauchy and the spectral theory of matrices. *Historia Mathematica*, 2, 1–29.

Higham, N. J. (2008). Cayley, Sylvester, and early matrix theory. *Linear Algebra Appl.*, 428, 39–43.

Hoerl, A. E. (1962). Application of ridge analysis to regression problems. *Chem. Eng. Prog.*, 60, 54–59.

Hoerl, A. E. and Kennard, R. W. (1970). Ridge regression: Biased estimation for non-orthogonal problems. *Technometrics*, 12, 55–67.

Hotelling, H. (1943). Some new methods in matrix calculation. *Ann. Math. Stat.*, 14, 1–43.

Hotelling, H. (1951). A generalised T-test and measure of multivariate dispersion. *Proc. Second Berkeley Symp. Math. Stat. Prob.*, 1, 23–41.

Hsu, P. L. (1939). On the distribution of the roots of certain determinantal equations. *Ann. Eugen.*, 9, 250–258.

Kempthorne, O. (1952). *The Design and Analysis of Experiments*. John Wiley & Sons, New York.

Kendall, M. G. (1946). *The Advanced Theory of Statistics*, Vol. II. Griffin, London.

Khuri, A. I. (1999). A necessary condition for a quadratic form to have a chi-squared distribution: An accessible proof. *Int. J. Math. Educ. Sci. Technol.*, 30, 335–339.

Knuth, D.E. (1972). Ancient Babylonian algorithms. *Commun. Assoc. Comput. Mach.*, 15, 671–677.

Lawley, D. N. (1938). A generalisation of Fisher's Z-test. *Biometrika*, 30, 180–187.

Ledermann, W. W. (1968). A. C. Aitken's work in pure mathematics. *Proc. Edinb. Math. Soc. Ser. 2*, 16, 162–165.

Levenberg, K. (1944). A method for the solution of certain nonlinear problems in least squares. *Quart. Appl. Math.*, 2, 164–168.

Lowerre, J. M. (1982). An introduction to modern matrix methods and statistics. *Am. Stat.*, 36, 113–115.

Mandel, J. (1982). Use of the singular value decomposition in regression analysis. *Am. Stat.*, 36, 15–24.

Marquardt, D. W. (1963). An algorithm for least-squares estimation of nonlinear parameters. *J. Soc. Indust. Appl. Math.*, 11, 431–441.

Miller, G. A. (1930). On the history of determinants. *Am. Math. Month.*, 37, 216–219.

Mood, A. M. (1951). On the distribution of the characteristic roots of normal second-moment matrices. *Ann. Math. Stat.*, 22, 266–273.

O'Connor, J. J. and Robertson, E. F. (1996). Matrices and determinants. In: http:// www-history.mcs.st-and.ac.uk/HistTopics/Matrices _ and _ determinants.html, the MacTutor History of Mathematics Archive, a website maintained by the School of Mathematics and Statistics, University of St. Andrews, Scotland, UK.

O'Connor, J. J. and Robertson, E.F. (2003). Nine chapters on the mathematical art. In: http://www-history.mcs.st-and.ac.uk/HistTopics/Nine_chapters.html, the MacTutor History of Mathematics Archive, a website maintained by the School of Mathematics and Statistics, University of St. Andrews, Scotland, UK.

Ogawa, J. (1949). On the independence of bilinear and quadratic forms of a random sample from a normal population. *Ann. Inst. Stat. Math.*, 1, 83–108.

Ogawa, J. (1950). On the independence of quadratic forms in a non-central normal system. *Osaka Math. J.*, 2, 151–159.

Olkin, I. (1997). A determinantal proof of the Craig-Sakamoto theorem. *Linear Algebra Appl.*, 264, 217–223.

Piegorsch, W. W. and Casella, G. (1989). The early use of matrix diagonal elements in statistical problems. *SIAM Rev.*, 31, 428–434.

Pillai, K. C. S. (1955). Some new test criterial in multivariate analysis. *Ann. Math. Stat.*, 26, 117–121.

Price, G. B. (1947). Some identities in the theory of determinants. *Am. Math. Month.*, 54, 75–90.

Puntanen, S. and Styan, G. P. H. (2011). A short history of the International Workshop on Matrices and Statistics (IWMS). In: Abstract Book of the 20th IWMS and the 9th Tartu Conference on Multivariate Statistics, Tartu, Estonia, pp. 87–97, edited by T. Kollo, K. Sander, and A. Kaasik.

Rao, C. R. (1962). A note on a generalized inverse of a matrix with applications to problems in mathematical statistics. *J. Roy. Stat. Soc. Ser. B*, 24, 152–158.

Roy, S. N. (1939). *p*-Statistics, or some generalizations in analysis of variance appropriate to multivariate problems. *Sankhya*, 4, 381–396.

차례

1부 정의, 기본 개념, 행렬연산

1장 벡터공간, 부분공간, 선형변환

2장 행렬 기호와 용어

3장 행렬식

12장 불완전계수 선형모형의 행렬대수

13장 직적을 이용한 균형선형모형의 분석

14장 다변량반응모형

3부 행렬의 계산과 관련 소프트웨어

15장 SAS/IML

출간 후에라도 수정사항이 있을 경우에는 자유아카데미 홈페이지 (www.freeaca.com) 자료실에 제공할 예정이다.

정의, 기본 개념, 행렬연산 1부

이 책은 총 세 개의 부로 나누어져 있다. 1부의 목적은 독자들이 행렬대수의 기본 개념과 결과들에 익숙해지도록 하는 것이다. 또한 통계학의 여러 분야 중 행렬이 자주 사용되는 선형모형과 다변량 분석 등에서의 다양한 주제들을 이해하는 데 필요한 도구들을 제공하도록 고안되었다. 이러한 주제들 중 일부는 2부에서 다루어질 것이다. 1부에서는 많은 정리들에 대한 증명이 주어져 있는데, 이는 증명 과정을 이해하는 그 자체가 통계학에서 접할 수 있는 복잡한 행렬 문제를 다룰 수 있는 능력을 배양할 수 있다고 믿기 때문이다. 그렇다고 해서 이 부분을 지루하게 느끼도록 이론과 증명들이 과도하게 많은 행렬대수 논문 형태로 만들 의도는 없다. 그 대신 이 책을 통해 행렬대수를 배우는 목적, 즉 통계학에서 행렬 이론들을 적용할 수 있는 능력을 습득하는 것을 잊지 않도록 하는 선에서 행렬 이론의 완전한 이해를 제공하는 데 중점을 두고자 한다. 따라서 모든 장에서는 많은 예제를 통하여 이론을 실증하고 있는데 이는 해당 이론을 배우는 동기를 제공할 것이다. 통계학에서 행렬 이론을 사용하는 것의 효율성은 2부의 내용을 통하여 입증될 것이다.

1부는 다음의 아홉 개의 장으로 이루어져 있다.

1장 벡터공간, 부분공간, 선형변환

행렬대수는 두 개의 n차원 유클리드 공간 사이에서의 선형변환(또는 일차변환)을 나타내는 연립 일차방정식에 기인한다. 이와 관련된 개념은 나중에 다른 차원의 일반적인 공간 사이에서의 선형변환으로 확장되는데, 이러한 선형변환으로부터 행렬이 나타나게 된다. 참고로 n차원 유클리드 공간은 좀 더 일반적인 개념인 벡터공간의 특수한 경우이다.

2장 행렬 기호와 용어

행렬을 이해하고 이용하기 위해서는 행렬대수에서의 기호와 용어 체계들에 익숙해져야 한다. 이 장에서는 행과 열에 따라 정렬된 수들의 직사각형 또는 정사각형 형태의 배열로 행렬을 정의한다.

3장 행렬식

이 장에서는 행렬식을 소개하고 행렬식의 기본 성질들을 기술한다. 행렬식과 관련한 다양한 전개 방법들이 포함되어 있다.

4장 행렬연산

이 장에서는 행렬의 분할, 곱, 직합, 직적, 역행렬과 계수, 최대계수분해 등 행렬연산의 다양한 측면들을 다룬다.

5장 특수한 행렬

통계학에서는 자주 이용되는 대칭행렬, 직교행렬, 멱등행렬, 양정치행렬 등 특수한 형태의 행렬을 소개한다. 이 장에는 매개변수를 이용한 직교행렬의 다른 표현 방법들 또한 포함되어 있다.

6장 고유치와 고유벡터

정방행렬에서 정의되는 고유치와 고유벡터의 성질과 실제 계산 등에 대해서 자세히 논의한다. 행렬의 직합, 직적과 관련한 고유치와 더불어 대칭행렬, 직교행렬, 멱등행렬 등 특수한 행렬의 고유치를 다룬다.

7장 행렬의 대각화

특정한 성질을 만족하는 각기 다른 행렬의 대각화 방법을 소개한다. 또한 케일리-해밀턴(Cayley-Hamilton) 정리와 특이값분해를 다룬다.

8장 일반화역행렬

무어-펜로즈(Moore-Penrose) 역행렬과 좀 더 일반화된 역행렬에 대해 논의한다. 통계학에서 자주 나타나는 $\boldsymbol{X}'\boldsymbol{X}$의 형태의 행렬을 특수한 경우로 포함하는, 대칭행렬의 일반화역행렬에 대한 성질들을 전문적으로 다룬다.

9장 행렬미적분

행렬함수, 행렬의 무한급수, 미분작용소벡터, 이차형식, 행렬의 미분, 대각합과 행렬식 등과 관련한 행렬미적분 결과들을 다룬다. 더불어 이계도함수행렬과 행렬부등식에 대해서도 논의한다.

1장 벡터공간, 부분공간, 선형변환

행렬에 대한 연구는 두 개의 벡터공간 사이에 정의되는 선형변환의 개념에 기반을 둔다. 따라서 행렬의 구조를 이해하기 위해서는 선형변환의 정의에 대하여 알아야 한다. 참고로 이 책 전반에 걸쳐 기호 R은 실수 전체의 집합을, 그리고 기호 R^n은 n-짝 실수들의 전체집합을 나타낸다.

1.1 벡터공간

이 절에서는 선형대수와 행렬대수에 관한 문헌에서 널리 쓰이는 개념들을 소개한다. 여기에는 현대 수학에서 중요한 유클리드 기하학의 확장에 대한 개념들을 포함하여, 독자들이 이들에 대해 편리하게 입문할 수 있도록 기술되어 있다. 이 책에서의 모든 내용은 실수와 실수로 이루어지는 벡터에 국한되어 있음을 밝힌다.

1.1.1 유클리드 공간

두 개의 원소로 이루어진 벡터 $(x_0, y_0)'$는 그림 1.1에서 보듯이 익숙한 데카르트 x, y 좌표들을 이용

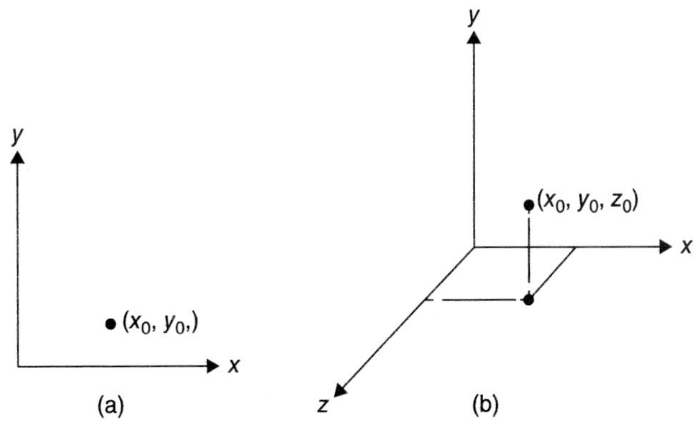

그림 1.1 (a) 이차원 유클리드 공간과 (b) 삼차원 유클리드 공간.

하여 이차원 유클리드 공간의 한 점으로 나타낼 수 있다. 비슷하게 세 개의 원소들로 이루어진 벡터 $(x_0, y_0, z_0)'$ 또한 역시 그림 1.1에서 보이듯이 삼차원 유클리드 공간의 한 점으로 표현된다. 일반적으로, n개의 원소로 이루어진 벡터는 n-차원 유클리드 공간의 한 점으로 나타낼 수 있다. 이러한 유클리드 공간은 벡터공간이라고 하는 더 넓은 개념의 공간에 포함되는 특수한 경우이다.

■ **정의 1.1 (벡터공간)** 집합 V가 주어져 있고 V의 임의의 두 원소들 사이에 덧셈이 정의되어 두 원소들의 합이 V의 원소가 된다고 가정한다. 이와 더불어 V의 임의의 한 원소와 임의의 실수 사이에 곱셈이 정의되어 그 곱(스칼라배) 또한 V의 원소가 된다고 가정한다. 이때 덧셈과 곱셈이 다음의 여덟 가지 성질들을 만족하는 경우, 집합 V를 R상의 벡터공간이라고 하고 V의 원소를 **벡터**(vector), R을 **스칼라장**(scalar field), R의 원소를 **스칼라**(scalar)라고 한다.

(1) $\boldsymbol{V}$에 속한 모든 $\boldsymbol{u}$와 $\boldsymbol{v}$에 대하여
$\boldsymbol{u} + \boldsymbol{v} = \boldsymbol{v} + \boldsymbol{u}.$
(2) $\boldsymbol{V}$에 속한 모든 $\boldsymbol{u}, \boldsymbol{v}, \boldsymbol{w}$에 대하여 $\boldsymbol{u} + (\boldsymbol{v} + \boldsymbol{w}) = (\boldsymbol{u} + \boldsymbol{v}) + \boldsymbol{w}.$
(3) **영원소**(0으로 표기)라고 하는 V의 원소가 있어, V에 속한 모든 $\boldsymbol{u}$에 대하여
$0 + \boldsymbol{u} = \boldsymbol{u} + 0 = \boldsymbol{u}.$
(4) $\boldsymbol{V}$에 속한 각각의 $\boldsymbol{u}$에 대하여 또한 $\boldsymbol{V}$에 속하는 유일한 원소($-\boldsymbol{u}$로 표기)가 존재하여
$\boldsymbol{u} + (-\boldsymbol{u}) = (-\boldsymbol{u}) + \boldsymbol{u} = 0.$
(5) $\boldsymbol{V}$에 속한 모든 $\boldsymbol{u}$와 $\boldsymbol{v}$, 모든 스칼라 α에 대하여 $\alpha(\boldsymbol{u} + \boldsymbol{v}) = \alpha\boldsymbol{u} + \alpha\boldsymbol{v}.$
(6) 임의의 스칼라 α와 β, $\boldsymbol{V}$에 속한 임의의 $\boldsymbol{u}$에 대하여 $(\alpha + \beta)\boldsymbol{u} = \alpha\boldsymbol{u} + \beta\boldsymbol{u}.$
(7) 임의의 스칼라 α와 β, $\boldsymbol{V}$에 속한 임의의 $\boldsymbol{u}$에 대하여 $\alpha(\beta\boldsymbol{u}) = (\alpha\beta)\boldsymbol{u}.$
(8) $\boldsymbol{V}$에 속한 모든 $\boldsymbol{u}$와 숫자 1에 대하여 $1\boldsymbol{u} = \boldsymbol{u}$이고 $\boldsymbol{V}$에 속한 모든 $\boldsymbol{u}$와 숫자 0에 대하여
$0\boldsymbol{u} = 0.$

참고로 벡터공간은 이탈리아 수학자 주세뻬 피노(Giuseppe Peano)에 의해 1888년도에 처음으로 정의되었다.

예제 1.1 n-차원($n \geq 1$) 유클리드 공간 R^n은 원소가 $(x_1, x_2, ..., x_n)$의 형태로 주어지는 벡터공간이다. R^n에 속하는 원소들의 임의의 쌍에 대해서 그 합은 R^n에 속하고, 스칼라와 R^n에 속하는 임의의 원소의 곱 또한 R^n에 속한다. 정의 1.1에서 주어진 (1)에서 (8)까지의 성질들이 만족하는 것을 쉽게 보일 수 있다.

예제 1.2 스칼라 a_i들에 대해서 $\Sigma_{i=0}^{n} a_i x^i$ 형태로 주어지는 차수가 n차 이하인 x의 다항식 전체의 집합은 벡터공간이다: 차수가 n차 이하인 두 개의 다항식의 합은 다시 차수가 n차 이하인 다항식이 되고, 스칼라와 차수가 n차 이하인 다항식의 곱 또한 차수가 n차 이하인 다항식이다. 참고로 0도 하나의 원소인데 이 경우는 모든 i에 대해서 $a_i = 0$이다.

예제 1.3 닫힌구간 $[-2, 2]$에서 정의되는 양의 함수들 전체의 집합은 벡터공간이 아니다. 왜냐하면 음의 스칼라와 양의 함수의 곱은 음의 함수이므로 주어진 집합의 원소가 아니기 때문이다.

■ **정의 1.2 (벡터부분공간)** V가 R상의 벡터공간이라고 하고 W를 V의 부분집합이라고 하자. 이때 다음의 조건들이 만족되면 W를 V의 벡터부분공간(vector subspace)이라고 한다.

(1) W의 임의의 두 원소의 합은 W의 원소이다.
(2) W의 임의의 한 원소와 임의의 스칼라의 곱은 W의 원소이다.
(3) 영원소는 W에 속한다.

벡터부분공간 W 또한 벡터공간이며 이는 하나의 원소만으로도 이루어질 수 있다. 즉 영원소 하나로 이루어진 집합은 벡터부분공간이다.

닫힌구간 $[a, b]$에서 정의되는 연속함수들 전체의 집합은, 같은 구간에서 정의되는 모든 함수들의 집합의 벡터부분공간이다. 직선 $2x - 5y = 0$의 모든 점들의 집합 또한 R^2의 벡터부분공간이다. 하지만 원점을 지나지 않는 직선 위의 모든 점들의 집합은 R^2의 벡터부분공간이 될 수 없다.

예제 1.4 V_1, V_2, V_3를 다음에 주어지는 형태들로 표현되는 $\boldsymbol{x}, \boldsymbol{y}, \boldsymbol{z}$들 각각들로 이루어진 집합이라고 하자.

$$\boldsymbol{x} = \begin{bmatrix} \alpha \\ 0 \\ 0 \end{bmatrix}, \quad \boldsymbol{y} = \begin{bmatrix} 0 \\ 0 \\ \beta \end{bmatrix}, \quad \boldsymbol{z} = \begin{bmatrix} \gamma \\ 0 \\ \delta \end{bmatrix} (\alpha, \beta, \gamma, \delta\text{는 임의의 실수}).$$

그러면 V_1, V_2, V_3 각각은 벡터공간이고 또한 R^3의 벡터부분공간이다. 뿐만 아니라 V_1과 V_2는 V_3의 벡터부분공간이다.

1.2 벡터공간의 기저

벡터공간 V의 모든 원소들이 V에 속하는 몇몇 원소들의 **선형결합**(또는 일차결합, linear combination)으로 표현될 수 있다고 가정하자. 이런 경우, 그 몇몇 원소들의 집합이 벡터공간 V를 **생성**(span or generate)한다고 하고 그 집합을 V의 **생성집합**(spanning set)이라고 한다.

■ **정의 1.3** $\boldsymbol{u}_1, \boldsymbol{u}_2, ..., \boldsymbol{u}_n$을 벡터공간 V의 원소들이라고 하자. 이때 모두 영이 아닌 스칼라들 $a_1, a_2, ..., a_n$이 존재해서 $\Sigma_{i=0}^n a_i\boldsymbol{u}_i = 0$을 만족하는 경우, $\boldsymbol{u}_1, \boldsymbol{u}_2, ..., \boldsymbol{u}_n$들은 **선형종속**(linearly dependent)이라고 한다. 반면에 등식 $\Sigma_{i=0}^n a_i\boldsymbol{u}_i = \boldsymbol{0}$이 스칼라들 $a_1, a_2, ..., a_n$이 모두 영인 경우에만 성립하는 경우, $\boldsymbol{u}_1, \boldsymbol{u}_2, ..., \boldsymbol{u}_n$들은 **선형독립**(linearly independent)이라고 한다.

참고 1: 만약 벡터들 $\boldsymbol{u}_1, \boldsymbol{u}_2, ..., \boldsymbol{u}_n$들이 선형독립이면 어느 것도 영이 될 수 없다. 예를 들어, $\boldsymbol{u}_1 = \boldsymbol{0}$이면 모든 $a_1 \neq 0$에 대해서 $a_1\boldsymbol{u}_1 + 0\boldsymbol{u}_2 + ... + 0\boldsymbol{u}_n = \boldsymbol{0}$을 만족하게 되고 이는 $\boldsymbol{u}_1, \boldsymbol{u}_2, ..., \boldsymbol{u}_n$들이 선형독립이라는 사실에 위배된다. 반면에 벡터들 $\boldsymbol{u}_1, \boldsymbol{u}_2, ..., \boldsymbol{u}_n$들이 선형종속이면 적어도 하나의 벡터는 나머지 벡터들의 선형결합으로 표현된다.

예제 1.5 다음에 주어진 벡터들을 고려한다.

$$\boldsymbol{x}_1 = \begin{bmatrix} 3 \\ -6 \\ 9 \end{bmatrix}, \boldsymbol{x}_2 = \begin{bmatrix} 0 \\ 5 \\ -5 \end{bmatrix}, \boldsymbol{x}_3 = \begin{bmatrix} 2 \\ 1 \\ 1 \end{bmatrix}, \boldsymbol{x}_4 = \begin{bmatrix} -6 \\ 12 \\ -18 \end{bmatrix}, \boldsymbol{x}_5 = \begin{bmatrix} 2 \\ -3 \\ 3 \end{bmatrix}.$$

다음의 식

$$2\boldsymbol{x}_1 + \boldsymbol{x}_4 = \begin{bmatrix} 6 \\ -12 \\ 18 \end{bmatrix} + \begin{bmatrix} -6 \\ 12 \\ -18 \end{bmatrix} = \begin{bmatrix} 0 \\ 0 \\ 0 \end{bmatrix} = \mathbf{0} \tag{1.1}$$

가 성립하는 것은 자명하다. 이로부터

$$\begin{bmatrix} a_1 \\ a_2 \end{bmatrix} = \begin{bmatrix} 2 \\ 1 \end{bmatrix}\text{에 대해서 } a_1\boldsymbol{x}_1 + a_2\boldsymbol{x}_4 = \mathbf{0}\text{이고,}$$

여기서 $\begin{bmatrix} a_1 \\ a_2 \end{bmatrix}$가 영이 아니므로 $\boldsymbol{x}_1$과 $\boldsymbol{x}_4$는 선형종속이다. 또한 아래의 식으로부터 $\boldsymbol{x}_1$, $\boldsymbol{x}_2$, $\boldsymbol{x}_3$ 또한 선형종속임을 알 수 있다.

$$2\boldsymbol{x}_1 + 3\boldsymbol{x}_2 - 3\boldsymbol{x}_3 = \begin{bmatrix} 6 \\ -12 \\ 18 \end{bmatrix} + \begin{bmatrix} 0 \\ 15 \\ -15 \end{bmatrix} + \begin{bmatrix} -6 \\ -3 \\ -3 \end{bmatrix} = \begin{bmatrix} 0 \\ 0 \\ 0 \end{bmatrix} = \mathbf{0}. \tag{1.2}$$

식 (1.1)과 (1.2)와 비교하여, 다음의 선형결합을 고려하자.

$$a_1\boldsymbol{x}_1 + a_2\boldsymbol{x}_2 = \begin{bmatrix} 3a_1 \\ -6a_1 \\ 9a_1 \end{bmatrix} + \begin{bmatrix} 0 \\ 5a_2 \\ -5a_2 \end{bmatrix} = \begin{bmatrix} 3a_1 \\ -6a_1 + 5a_2 \\ 9a_1 - 5a_2 \end{bmatrix}.$$

위의 관계식으로부터 알 수 있듯이 $a_1 = 0 = a_2$인 경우를 제외하고는 선형결합이 영이 될 수 없다. 따라서 $\boldsymbol{x}_1$과 $\boldsymbol{x}_2$는 선형독립이다.

■ **정의 1.4** 벡터공간 V의 생성집합에 속한 모든 원소들이 선형독립인 경우에 한해서, 이 생성집합을 벡터공간 V의 **기저**(basis)라고 한다. 또한 기저에 속한 원소들의 수를 벡터공간 V의 **차원**(dimension)이라고 하고 기호 $dim(V)$로 표기한다.

참고 2: 어떠한 벡터공간에서도 많은 수의 기저가 존재한다, 즉 유일하지 않다. 하지만 임의의 벡터공간 V의 모든 기저들은 같은 수의 원소를 가지며 이 수를 $dim(V)$로 표기한다.

예제 1.6 다음의 벡터들

$$x_1 = \begin{bmatrix} 1 \\ 2 \\ 0 \end{bmatrix}, \quad x_2 = \begin{bmatrix} 1 \\ -1 \\ 0 \end{bmatrix}, \quad x_3 = \begin{bmatrix} 3 \\ 0 \\ 0 \end{bmatrix}$$

모두 R^3에 속한다. 이 중 임의의 두 개의 조합으로 이루어지는 집합들 모두는, 임의의 실수 α, β에 대해서 $(\alpha, \beta, 0)'$ 형태를 갖는 벡터들 전체로 이루어진 벡터공간의 기저가 된다. 따라서 이 공간의 차원은 2이다. (이 경우의 벡터공간은 당연히 R^3의 벡터부분공간이다.)

참고 3: 벡터들 $\boldsymbol{u}_1, \boldsymbol{u}_2, ..., \boldsymbol{u}_n$들이 V의 한 기저를 이루고, $\boldsymbol{u}$를 V의 주어진 원소라고 한다면, $\boldsymbol{u} = \Sigma_{i=0}^{n} a_i \boldsymbol{u}_i$를 만족시키는 스칼라들 $a_1, a_2, ..., a_n$은 유일하다(연습문제 1.4 참조).

1.3 선형변환

선형변환은 하나의 벡터공간 U를 또 다른 벡터공간 V로 보내는 특정한 함수로, 구체적인 정의는 아래와 같다.

■ **정의 1.5** U와 V를 R상의 벡터공간, 그리고 T를 U에서 정의되고 V에 속하는 값을 갖는 함수, 즉 U에서 V 안으로의 사상이라고 하자. 만약 T가 U에 속하는 모든 벡터 $\boldsymbol{u}_1, \boldsymbol{u}_2$와 임의의 스칼라 a_1, a_2에 대해서 다음의 식

$$T(a_1\boldsymbol{u}_1 + a_2\boldsymbol{u}_2) = a_1T(\boldsymbol{u}_1) + a_2T(\boldsymbol{u}_2)$$

를 만족하면, 사상 T를 U에서 V 안으로의 **선형변환**(또는 일차변환, linear transformation)이라고 한다.

예를 들어 T를 $T(x_1, x_2, x_3) = (x_1 - x_2, x_1 + x_3, x_3)$와 같이 정의되는 R^3에서 R^3 안으로의 사상이라고 하면, T는 선형변환이다.

예제 1.7 유전학에서 두 개의 대립형질 G와 g만이 존재하는 염색체상의 하나의 형질에 대해 가능한 유전자형은 GG, Gg, gg 세 가지가 있다. 이 유전자형들을 각각 g_1, g_2, g_3로 표기하면 이들과 관련한 유전자 영향들은 아래와 같이 정의되는 평균 μ, 유전자치환 측도 α, 우성 측도 δ를 사용하여 나타낼 수 있다고 한다(e.g. Anderson and Kempthorne, 1954).

$$\begin{aligned} \mu &= \frac{1}{4}g_1 + \frac{1}{2}g_2 + \frac{1}{4}g_3 \\ \alpha &= \frac{1}{4}g_1 \qquad\quad\; - \frac{1}{4}g_3 \\ \delta &= -\frac{1}{4}g_1 + \frac{1}{2}g_2 - \frac{1}{4}g_3. \end{aligned}$$

이 식들은 벡터 $(g_1, g_2, g_3)'$의 벡터 $(\mu, \alpha, \delta)'$로의 선형변환이다. 2장에서는 이러한 변환을 변수 g_i 들의 계수들로 이루어지는 숫자의 배열을 이용하여 나타내는 것을 볼 수 있다. 이때 이 배열을 **행렬**(matrix)이라고 한다.

1.3.1 선형변환의 치역과 영공간

주어진 벡터공간 U, V와 관련하여 T를 U에서 V 안으로의 선형변환이라고 하자. T에 의한 U의 상을 T의 **치역**(range)이라고 하고 $\Re(T)$로 표기한다. 즉, T의 치역은 U에 속하는 모든 $\boldsymbol{u}$에 대한 $T(\boldsymbol{u})$ 전체의 집합이고 V에 속한다. T의 **영공간**(또는 핵, null space)은 U의 원소들 중 $T(\boldsymbol{u}) = \mathbf{0}_v$를 만족하는 모든 $\boldsymbol{u}$들로 이루어진 집합을 말하고 $\aleph(T)$로 표기한다. 여기서 $\mathbf{0}_v$는 V의 영원소를 나타낸다. 치역 $\Re(T)$가 V의 벡터부분공간이고 영공간 $\aleph(T)$가 U의 벡터부분공간임을 보이는 것은 어렵지 않다(연습문제 1.7 참조). 예를 들어, R^3에서 R^2 안으로의 선형변환 T가 $T(x_1, x_2, x_3) = (x_1 - x_3, x_2 - x_1)$과 같이 정의되는 경우, $\aleph(T)$는 R^3에 속하는 점들 중에 $x_1 = x_2 = x_3$를 만족하는 모든 점들로 이루어진 집합이다. 따라서 이 집합은 R^3 상에서 원점을 지나는 하나의 직선이다.

정리 1.1 T를 벡터공간 U에서 벡터공간 V 안으로의 선형변환이라고 하자. 차원들 $n = dim(U)$, $p = dim(\aleph(T))$, $q = dim(\Re(T))$에 대해서 방정식 $n = p + q$가 성립한다.

증명 벡터들 $\boldsymbol{u}_1, \boldsymbol{u}_2, \ldots, \boldsymbol{u}_p$는 $\aleph(T)$의 기저, 그리고 벡터들 $\boldsymbol{v}_1, \boldsymbol{v}_2, \ldots, \boldsymbol{v}_q$는 $\Re(T)$의 기저를 이룬다고 하자. 또한 $i = 1, 2, \ldots, q$에 대해서 $T(\boldsymbol{w}_i) = \boldsymbol{v}_i$를 만족하는 U의 원소들을 $\boldsymbol{w}_1, \boldsymbol{w}_2, \ldots, \boldsymbol{w}_q$로 나타내자. 그러면

1. $\boldsymbol{u}_1, \boldsymbol{u}_2, \ldots, \boldsymbol{u}_p; \boldsymbol{w}_1, \boldsymbol{w}_2, \ldots, \boldsymbol{w}_q$들은 선형독립이다.
2. (1)에서의 벡터들은 U를 생성한다.

(1)을 보이기 위해서 먼저 계수가 스칼라들 $\alpha_1, \alpha_2, \ldots, \alpha_p; \beta_1, \beta_2, \ldots, \beta_q$로 주어지는 $\boldsymbol{u}_1, \boldsymbol{u}_2, \ldots, \boldsymbol{u}_p; \boldsymbol{w}_1, \boldsymbol{w}_2, \ldots, \boldsymbol{w}_q$들에 대한 다음의 일차식

$$\sum_{i=1}^{p} \alpha_i \boldsymbol{u}_i + \sum_{i=1}^{q} \beta_i \boldsymbol{w}_i = \mathbf{0}_u \tag{1.4}$$

를 고려하자. 여기서 $\mathbf{0}_u$는 U의 영원소이다. 양변에 대한 T의 값을 고려하면 다음의 식

$$\sum_{i=1}^{p} \alpha_i T(\boldsymbol{u}_i) + \sum_{i=1}^{q} \beta_i T(\boldsymbol{w}_i) = \mathbf{0}_v$$

가 성립한다. 여기서 $\mathbf{0}_v$는 V의 영원소이다. 벡터 $\boldsymbol{u}_i$들이 영공간의 원소이므로 위의 식으로부터 아래의 식이 성립한다.

$$\sum_{i=1}^{q} \beta_i T(\boldsymbol{w}_i) = \sum_{i=1}^{q} \beta_i \boldsymbol{v}_i = \mathbf{0}_v.$$

벡터 $\boldsymbol{v}_i$들이 선형독립이라는 사실로부터 모든 $i = 1, 2, \ldots, q$에 대해서 $\beta_i = 0$이다. 이를 식 (1.4)

에 적용하면 같은 이유로 모든 $i = 1, 2, \ldots, p$에 대해서 $\alpha_i = 0$임을 보일 수 있다. 따라서 $\boldsymbol{u}_1, \boldsymbol{u}_2, \ldots, \boldsymbol{u}_p; \boldsymbol{w}_1, \boldsymbol{w}_2, \ldots, \boldsymbol{w}_q$들은 선형독립이다.

다음으로 (2)를 보이도록 하자. U의 임의의 원소 $\boldsymbol{u}$에 대해서 $T(\boldsymbol{u}) = \boldsymbol{v}$라고 하면 $\boldsymbol{v} = \sum_{i=0}^{n} a_i \boldsymbol{v}_i$를 만족하는 스칼라들 $a_1, a_2, \ldots, a_q$가 존재한다. 따라서 다음의 식이 성립한다.

$$\begin{aligned} T(\boldsymbol{u}) &= \sum_{i=1}^{q} a_i T(\boldsymbol{w}_i) \\ &= T\left(\sum_{i=1}^{q} a_i \boldsymbol{w}_i\right). \end{aligned}$$

이로부터 아래의 식이 성립한다.

$$T\left(\boldsymbol{u} - \sum_{i=1}^{q} a_i \boldsymbol{w}_i\right) = \mathbf{0}_v.$$

따라서 $\boldsymbol{u} - \sum_{i=1}^{q} a_i \boldsymbol{w}_i$는 $\aleph(T)$의 원소이다. 그러므로 어떤 스칼라들 $b_1, b_2, \ldots, b_p$가 존재하여

$$\boldsymbol{u} - \sum_{i=1}^{q} a_i \boldsymbol{w}_i = \sum_{i=1}^{p} b_i \boldsymbol{u}_i. \tag{1.5}$$

식 (1.5)로부터 $\boldsymbol{u}$는 $\boldsymbol{u}_1, \boldsymbol{u}_2, \ldots, \boldsymbol{u}_p; \boldsymbol{w}_1, \boldsymbol{w}_2, \ldots, \boldsymbol{w}_q$들의 선형결합으로 나타나는 것을 알 수 있고 따라서 (2)가 성립한다.

(1)과 (2)로부터 $\boldsymbol{u}_1, \boldsymbol{u}_2, \ldots, \boldsymbol{u}_p; \boldsymbol{w}_1, \boldsymbol{w}_2, \ldots, \boldsymbol{w}_q$는 벡터공간 U의 한 기저를 이룸을 알 수 있다. 따라서 $n = p + q$.

참고문헌

Anderson, V.L. and Kempthorne, O. (1954). A model for the study of quantitative inheritance. Genelics, 39, 883-898.

연습문제

1.1 $$\mathbf{x}_1 = \begin{bmatrix} 1 \\ 2 \\ 1 \end{bmatrix}, \mathbf{x}_2 = \begin{bmatrix} -1 \\ 3 \\ 2 \end{bmatrix}, \mathbf{x}_3 = \begin{bmatrix} -13 \\ -1 \\ 2 \end{bmatrix}, \mathbf{x}_4 = \begin{bmatrix} 1 \\ 1 \\ 0 \end{bmatrix}$$

과 관련하여 다음을 보이시오.

(a) $\mathbf{x}_1, \mathbf{x}_2, \mathbf{x}_3$는 선형종속임을 보이고 이들 사이에 성립하는 일차식을 찾으시오.

(b) $\mathbf{x}_1, \mathbf{x}_2, \mathbf{x}_4$는 선형독립임을 보이고 이들의 선형결합 중 $(a, b, c)'$와 같게 되는 것을 찾으시오.

1.2 U와 V를 R 상의 벡터공간이라고 하자. 데카르트곱 $U \times V$는 U의 임의의 원소 $\boldsymbol{u}$와 V의 임의의 원소 $\boldsymbol{v}$의 순서쌍 $(\boldsymbol{u}, \boldsymbol{v})$들로 이루어진 집합을 나타낸다. $U \times V$의 두 개의 원소 $(\boldsymbol{u}_1, \boldsymbol{v}_1)$과 $(\boldsymbol{u}_2, \boldsymbol{v}_2)$의 합은 $(\boldsymbol{u}_1 + \boldsymbol{u}_2, \boldsymbol{v}_1 + \boldsymbol{v}_2)$로, 그리고 $U \times V$의 임의의 원소 $(\boldsymbol{u}, \boldsymbol{v})$와 임의의 스칼라 α에 대한 곱 $\alpha(\boldsymbol{u}, \boldsymbol{v})$는 $(\alpha\boldsymbol{u}, \alpha\boldsymbol{v})$로 정의한다. 데카르트곱 $U \times V$가 벡터공간임을 보이시오.

1.3 다음의 벡터들

$$\boldsymbol{v}_1 = \begin{bmatrix} 1 \\ 1 \\ 3 \end{bmatrix}, \ \boldsymbol{v}_2 = \begin{bmatrix} 1 \\ -1 \\ 0 \end{bmatrix}, \ \boldsymbol{v}_3 = \begin{bmatrix} 0 \\ 4 \\ 6 \end{bmatrix}, \ \boldsymbol{v}_4 = \begin{bmatrix} 1 \\ 3 \\ 6 \end{bmatrix}$$

에 의하여 생성되는 벡터공간 $\boldsymbol{V}$를 고려한다.

(a) $\boldsymbol{v}_1$과 $\boldsymbol{v}_2$가 선형독립임을 보이시오.

(b) $\boldsymbol{V}$의 차원이 2임을 보이시오.

1.4 (참고 3) 벡터들 $\boldsymbol{u}_1, \boldsymbol{u}_2, ..., \boldsymbol{u}_n$이 벡터공간 $\boldsymbol{U}$의 기저라고 하자. $\boldsymbol{U}$의 임의의 원소 $\boldsymbol{u}$에 대하여 $\boldsymbol{u} = \sum_{i=1}^{n} a_i \boldsymbol{u}_i$를 만족하는 스칼라들 $a_1, a_2, ..., a_n$이 유일함을 보이시오.

1.5 $\boldsymbol{U}$는 벡터공간 $\boldsymbol{V}$의 벡터부분공간이고 $\boldsymbol{U} \neq \boldsymbol{V}$이다. 이 경우 $\dim(\boldsymbol{U}) < \dim(\boldsymbol{V})$가 성립함을 보이시오.

1.6 $\boldsymbol{u}_1, \boldsymbol{u}_2, ..., \boldsymbol{u}_m$이 벡터공간 $\boldsymbol{U}$의 원소라고 하자. 임의의 스칼라들 $a_1, a_2, ..., a_m$에 대한 $\sum_{i=1}^{m} a_i \boldsymbol{u}_i$ 형태의 모든 선형결합의 집합을 $\boldsymbol{u}_1, \boldsymbol{u}_2, ..., \boldsymbol{u}_m$의 **일차생성**(linear span)이라고 하고 $L(\boldsymbol{u}_1, \boldsymbol{u}_2, ..., \boldsymbol{u}_m)$으로 표기한다. $L(\boldsymbol{u}_1, \boldsymbol{u}_2, ..., \boldsymbol{u}_m)$이 $\boldsymbol{U}$의 벡터부분공간임을 보이시오.

1.7 T는 벡터공간 $\boldsymbol{U}$에서 벡터공간 $\boldsymbol{V}$ 안으로의 선형변환이다.

1. T의 영공간 $\aleph(T)$가 $\boldsymbol{U}$의 벡터부분공간임을 보이시오.
2. T의 치역 $\Re(T)$가 $\boldsymbol{V}$의 벡터부분공간임을 보이시오.

1.8 $x_1 + 3x_2 = 0$와 $2x_3 - 7x_4 = 0$를 만족하는 모든 $x = (x_1, x_2, x_3, x_4)'$들로 이루어진 R^4의 벡터부분공간을 고려한다. 이 벡터부분공간의 차원을 구하시오.

1.9 $T(x_1, x_2, x_3) = 3x_1 - 4x_2 + 9x_3$를 만족하는 변환 T는 R^3에서 R 위로의 선형변환이다. 즉, R^3에 대한 T의 치역이 R과 같다. T의 영공간의 차원은 무엇인가?

1.10 T는 벡터공간 U에서 벡터공간 V 안으로의 선형변환이다. "T가 일대일 변환"이라는 명제와 "$\boldsymbol{u}_1, \boldsymbol{u}_2, ..., \boldsymbol{u}_n$들이 U에서 선형독립이면 $T(\boldsymbol{u}_1), T(\boldsymbol{u}_2), ..., T(\boldsymbol{u}_n)$들도 V에서 선형독립이다"라는 명제가 서로 동치임을 보이시오.

1.11 함수 x와 e^x가 닫힌구간 $[0, 1]$에서 정의된다고 하자. 이 함수들이 선형독립임을 보이시오.

2장
행렬 기호와 용어

행렬은 다음에 주어진 n개의 변수로 이루어진 m개의 일차방정식 체계로부터 정의된다고 서문에서 언급하였다.

$$\sum_{j=1}^{n} a_{ij}x_j = y_i, \quad i = 1, 2, \ldots, m \tag{2.1}$$

여기서 a_{ij}들은 주어진 계수들이다. 이 방정식들은 식 (2.2)에서와 같이 하나의 방정식으로 나타낼 수 있다.

$$\begin{bmatrix} a_{11} & a_{12} & \cdots & a_{1n} \\ a_{21} & a_{22} & \cdots & a_{2n} \\ \cdots & \cdots & \cdots & \cdots \\ a_{m1} & a_{m2} & \cdots & a_{mn} \end{bmatrix} \begin{bmatrix} x_1 \\ x_2 \\ \cdots \\ x_n \end{bmatrix} = \begin{bmatrix} y_1 \\ y_2 \\ \cdots \\ y_m \end{bmatrix} \tag{2.2}$$

이러한 표현은 사실상 n-차원 유클리드 공간 R^n에서 m-차원 유클리드 공간 R^m으로의 선형변환이다. 즉, $R^n \to R^m$이다. 식 (2.2)에서의 계수 a_{ij}들의 배열을 m개의 행과 n개의 열을 갖는 행렬이라고 한다.

따라서 **행렬**(matrix)은 행과 열에 따라 정렬된 수들의 직사각형 또는 정사각형 형태의 배열이다. 즉, 행들의 길이는 모두 같고 열들의 길이 또한 모두 같다. 계수 a_{ij}를 행렬 $\boldsymbol{A}$의 i번째 행과 j번째 열에 위치한 원소라고 하면 행렬 $\boldsymbol{A}$를 다음과 같이 나타낸다.

$$\boldsymbol{A} = \begin{bmatrix} a_{11} & a_{12} & a_{13} & \cdots & a_{1j} & \cdots & a_{1n} \\ a_{21} & a_{22} & a_{23} & \cdots & a_{2j} & \cdots & a_{2n} \\ \vdots & & & \vdots & & \vdots & \\ a_{i1} & a_{i2} & a_{i3} & \cdots & a_{ij} & \cdots & a_{in} \\ \vdots & & & \vdots & & \vdots & \\ a_{m1} & a_{m2} & a_{m3} & \cdots & a_{mj} & \cdots & a_{mn} \end{bmatrix}. \tag{2.3}$$

가로 형태의 세 개의 연속된 점은, 예를 들어 첫 번째 행의 그것은 원소들이 a_{11}, a_{12}, a_{13}인 수열이 연속해서 a_{1j}까지 증가하고 다시 a_{1n}까지 증가함을 나타낸다. 비슷하게 첫 번째 열의 세로 형태의 연속된 세 점은 원소들이 a_{11}, a_{21}, a_{31}인 수열이 연속해서 a_{i1}까지 증가하고 다시 a_{m1}까지 증가함을 나타낸다. 연속된 세 점은 긴 수열에서 생략된 값들을 나타내는 보편적인 방법이다. 이러한 행렬의 표현은 그 원소들과 행렬의 크기, 즉 행의 수와 열의 수들을 명확하게 나타낸다. 이의 대체로 다음과 같이 좀 더 단순한 표현을 사용할 수 있다.

$$\mathbf{A} = \{a_{ij}\} \; (i = 1, 2, \ldots, m; j = 1, 2, \ldots, n), \tag{2.4}$$

여기서 중괄호 안의 a_{ij}는 행렬의 전형적인 원소임을 나타내고, 첨자 i와 j의 상한은 각각 m과 n임을 나타낸다.

원소 a_{ij}를 (i, j)번째 원소라고 하는데, 첫 번째 첨자는 원소가 있는 행의 번호를, 두 번째 첨자는 열의 번호를 나타낸다. 따라서 a_{23}는 두 번째 행의 세 번째 열 위치에 있는 원소를 나타낸다. 행렬의 크기는, 즉 행의 수와 열의 수는 행렬의 차수 또는 행렬의 차원이라고 한다. (가끔 차수는 행렬의 다른 특성치를 나타내는 데 사용되기도 하지만 이 책에서는 항상 행렬의 행의 수와 열의 수를 나타낸다.) 따라서 m개의 행과 n개의 열을 가지는 행렬의 차수는 $m \times n$(m by n으로 읽음)이고, 차수를 강조하기 위하여 기호 $\mathbf{A}_{m \times n}$을 사용할 수 있다. 다음은 차수 2×3를 갖는 행렬의 간단한 예이다.

$$\mathbf{A}_{2\times3} = \begin{bmatrix} 4 & 0 & -3 \\ -7 & 2.73 & 1 \end{bmatrix}$$

주목하여 보면 0도 하나의 원소가 될 수 있고, 모든 원소의 부호가 같을 필요가 없으며, 또한 정수와 십진수 모두 하나의 행렬의 원소가 될 수 있음을 알 수 있다. 원소들 중 첫 번째 행의 첫 번째 열에 있는 원소 a_{11}, 즉 제일 위쪽 왼편에 존재하는 원소를 행렬의 **선행원소**(leading element)라고 한다.

행렬의 행의 수(r)와 열의 수(c)가 같은 경우, 즉 $r = c$인 경우 $\mathbf{A}$를 **정방행렬**(square matrix)이라고 하고, 애매성이 없는 경우 차수가 r이라고 한다. 정방행렬인 경우 원소들 a_{11}, a_{22}, a_{33}, …, a_{rr}을 **대각원소**(diagonal element) 또는 행렬의 **대각**(diagonal)이라고 한다. 예를 들어

$$\mathbf{A} = \begin{bmatrix} 1 & 7 & 0 & 7 \\ 5 & 2 & 9 & 1 \\ 0 & 3 & 4 & 6 \\ 8 & 0 & 5 & 7 \end{bmatrix}$$

은 차수가 4인 정방행렬이고 대각원소들은 1, 2, 4, 7이다. 행렬의 대각 바로 밑의 대각과 평행한 직선 위에 위치한 원소들을 **부대각원소**(subdiagonal element)라고 한다. 위의 예에서는 5, 3, 5가 부대각원소들이다. 또한 정방행렬에서 행렬의 대각을 제외한 모든 원소들을 **비대각원소**(off-diagonal 또는 nondiagonal element)라고 한다.

비대각원소들이 모두 0으로 주어진 정방행렬을 특별히 **대각행렬**(diagonal matrix)이라고 한다. 아래는 대각행렬의 한 예이다.

$$\mathbf{A} = \begin{bmatrix} 3 & 0 & 0 \\ 0 & -17 & 0 \\ 0 & 0 & 99 \end{bmatrix}.$$

만약 $a_1, a_2, \ldots, a_n$(값들이 0이 될 수도 있음)들이 대각행렬의 대각원소들로 주어져 있으면 다음과 같은 편리한 기호들을 이용하여 대각행렬을 나타낼 수 있다.

$$\begin{aligned} D\{a_1, a_2, \ldots, a_n\} &= \text{diag}\{a_1, a_2, \ldots, a_n\} \\ &= D\{a_i\} = \text{diag}\{a_i\} \quad (i = 1, 2, \ldots, n). \end{aligned}$$

행렬의 대각 위(또는 아래)에 위치한 모든 원소들이 0으로 주어지는 정방행렬을 **삼각행렬**(triangular matrix)이라고 한다. 예를 들어

$$\mathbf{B} = \begin{bmatrix} 1 & 5 & 13 \\ 0 & -2 & 9 \\ 0 & 0 & 7 \end{bmatrix} \text{ 그리고 } \mathbf{C} = \begin{bmatrix} 2 & 0 & 0 \\ 8 & 3 & 0 \\ 1 & -1 & 2 \end{bmatrix}$$

들은 삼각행렬이다. 여기서 **B**를 **상삼각행렬**(upper triangular matrix), **C**를 **하삼각행렬**(lower triangular matrix)이라고 한다.

예제 2.1 어느 숙련된 택시 기사가 알고 있는 정보에 의하면 마을 1에서 승객을 태웠을 때 나음 승객 역시 마을 1에 있을 확률은 .2이고, 다음 승객이 마을 2에 있을 확률은 .8이다. 또한 마을 2에서 승객을 태웠을 때 다음 승객이 마을 1에 있을 확률은 .4이고, 마을 2에 있을 확률은 .6이다. 이 경우 해당 확률들을 다음과 같이 하나의 행렬에 정리할 수 있다.

$$\boldsymbol{P} = \begin{bmatrix} 0.2 & 0.8 \\ 0.4 & 0.6 \end{bmatrix} = \{p_{ij}\} \quad (i, j = 1, 2), \tag{2.5}$$

여기서 p_{ij}는 마을 i에서 승객을 태웠을 때 다음 승객이 마을 j에 있을 확률을 나타낸다.

식 (2.5)에서의 행렬은 **전이확률행렬**(transition probability matrix)의 한 예로, 이른바 상태 i에서 상태 j로 가는 전이가 일어날 확률들의 배열이다. (위의 예제에서 상태는 두 개의 마을이다.) 따라서 p_{ij}는 **전이확률**(transition probability)이고, 이로부터 전이확률행렬이라는 이름이 붙여졌다.

식 (2.5)에서의 행렬을 보면, 각 행의 원소들의 합(**행합**, row sum)은 모두 1이다. 이는 택시가 어느 마을에서 승객을 태우던 다음 승객이 있는 곳은 반드시 해당 마을이거나 다른 마을이어야 하기 때문이다. 이러한 성질은 전이확률행렬의 특징이다. 일반적으로 서로 다른 m개의 상태들이 있는 경우의 전이확률행렬

$$\begin{aligned} \mathbf{P} &= \begin{bmatrix} p_{11} & p_{12} & \cdots & p_{1j} & \cdots & p_{1m} \\ p_{21} & p_{22} & \cdots & p_{2j} & \cdots & p_{2m} \\ \vdots & \vdots & & \vdots & & \vdots \\ p_{i1} & p_{i2} & \cdots & p_{ij} & \cdots & p_{im} \\ \vdots & \vdots & & \vdots & & \vdots \\ p_{m1} & p_{m2} & \cdots & p_{mj} & \cdots & p_{mm} \end{bmatrix} \\ &= \{p_{ij}\} \quad (i, j = 1, 2, \ldots, m) \end{aligned} \tag{2.6}$$

에서는 하나의 상태 i에서 다음의 상태(상태 i도 포함해서)로 가는 모든 확률들의 합은 반드시 1이 되어야 한다. 따라서

$$p_{i1} + p_{i2} + \cdots + p_{ij} + \cdots p_{lm} = 1.$$

즉, 모든 $i = 1, 2, \ldots, m$에 대해서

$$\sum_{j=1}^{m} p_{ij} = 1. \tag{2.7}$$

택시 기사 예제와 같은 경우들은 확률모형들 중 **마르코프 연쇄**(Markov chain)라고 하는 하나의 부류를 형성한다. 마르코프 연쇄는 다양한 경우에 적용할 수 있는데, 예를 들어 매주의 최우대 대출금리가 바뀌는 확률들을 고려하는 경우, 유전학에서 어떠한 형태의 교배들을 고려하는 경우, 매해의 노동력의 유동성, 즉 한 해의 노동력이 범주 i에 속하는 경우 다음 해의 노동력의 범주가 j가 되는 전이확률 p_{ij}를 고려하는 경우 등이 있다. 이러한 경우들에서의 확률들을 하나의 행렬로 정리함으로써, 행렬대수를 관련 관심사에 대한 질문에 답하기 위한 도구로 이용할 수 있다. 예를 들어 범주 i에서 2년 후 범주 j로 움직이는 확률은 $\mathbf{P}^2$, 3년 후에 움직이는 확률은 $\mathbf{P}^3$와 같이 주어진다.

2.1 행렬의 그래프 표현

행렬에 대한 흥미로운 그래프 표현 방법이 존재한다. $\boldsymbol{M}$을 차수 $m \times n$인 행렬이라고 하자. 행렬 $\boldsymbol{M}$의 각 열에 있는 원소들을 행을 나타내는 숫자 1, 2, …, m에 대응하여 그래프에 나타낸다. 예를 들어, m_{ij}가 $\boldsymbol{M}$의 (i, j)번째 원소라면 각각의 j에 대해서 $m_{1j}, m_{2j}, \ldots, m_{mj}$를 1, 2, …, m에 대응해서 점으로 나타내고 인접한 점들을 직선으로 잇는다. 즉, 각각의 열들을 꺾은선 그래프로 표현하고 이

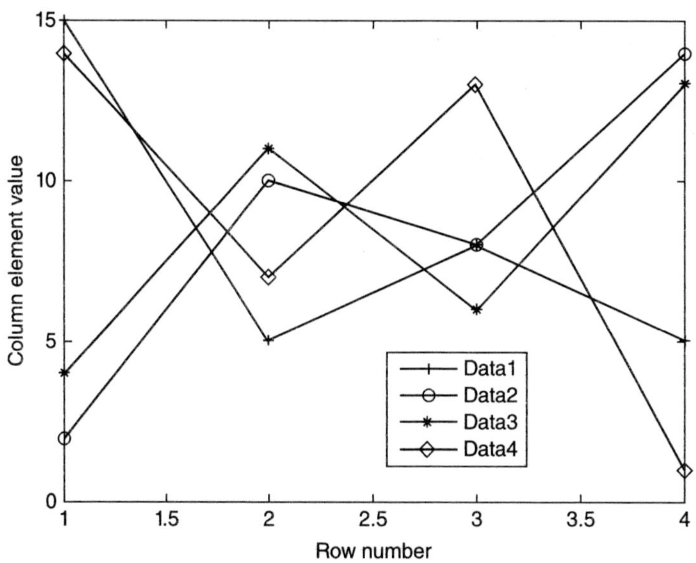

그림 2.1 행렬 $\boldsymbol{M}$의 그래프 표현

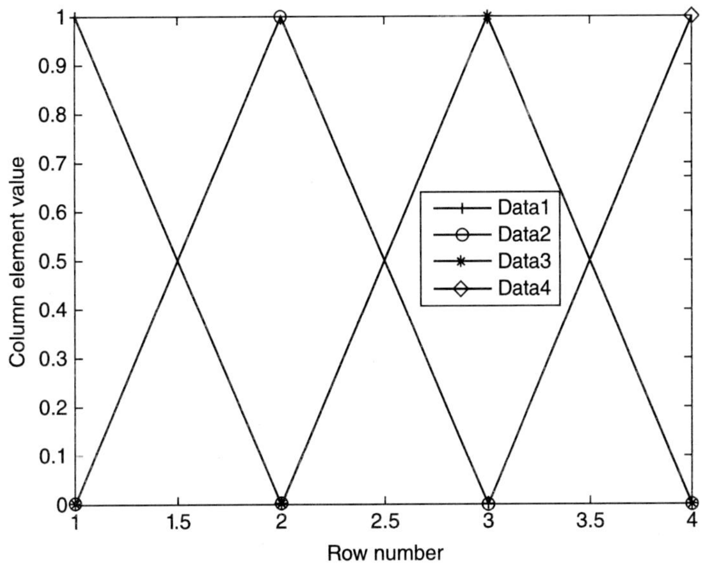

그림 2.2 차수 4×4인 항등행렬의 그래프 표현

렇게 얻어진 n개의 꺾은선 그래프들로 행렬 $\boldsymbol{M}$을 나타낸다. 실례로 아래의 행렬

$$\boldsymbol{M} = \begin{bmatrix} 15 & 2 & 4 & 14 \\ 5 & 10 & 11 & 7 \\ 8 & 8 & 6 & 13 \\ 5 & 14 & 13 & 1 \end{bmatrix} \tag{2.8}$$

은 그림 2.1과 같이 나타낼 수 있다. 덧붙여서 차수 4×4인 항등행렬

$$\boldsymbol{I}_4 = \begin{bmatrix} 1 & 0 & 0 & 0 \\ 0 & 1 & 0 & 0 \\ 0 & 0 & 1 & 0 \\ 0 & 0 & 0 & 1 \end{bmatrix} \tag{2.9}$$

의 그래프 표현은 그림 2.2에 주어져 있다. 행렬의 그래프 표현에 대한 더 상세한 논의는 16장에서 다시 다룬다.

2.2 벡터와 스칼라

하나의 열로만 이루어진 행렬을 **열벡터**(column vector)라고 한다. 예를 들어

$$\mathbf{x} = \begin{bmatrix} 3 \\ -2 \\ 0 \\ 1 \end{bmatrix}$$

은 차수 4인 열벡터이다. 비슷하게 하나의 행으로만 이루어진 행렬을 **행벡터**(row vector)라고 한다. 예를 들어

$$\mathbf{y}' = [4 \quad 6 \quad -7]$$

은 차수 3인 행벡터이다. **스칼라**라는 용어는 2, 6, 4 또는 −4와 같이 단 하나의 수를 지칭하기도 한다. 따라서 주어진 행렬의 모든 원소들은 스칼라이다. 때때로 스칼라를 차수 1×1인 행렬로 간주하는 것이 편리한 경우도 있다.

2.3 일반적인 기호

일반적으로 행렬은 알파벳 대문자를 이용하여 표기하고 행렬의 원소는 그 행렬을 표기하는 대문자에 대응하는 소문자를 이용하여 나타낸다. 벡터는 보통 알파벳 소문자의 굵은 활자체(볼드체)를 이용하여 나타내고 열벡터와 구분하기 위하여 행벡터는 소문자 끝에 어깨글자 프라임($\mathbf{x}'$)을 덧붙여서 표기한다. 즉, $\mathbf{x}$는 열벡터 그리고 $\mathbf{x}'$은 행벡터를 나타낸다. λ와 같은 그리스 소문자들은 보통 스칼라를 표기하는 데 사용된다.

이 책 전반에 걸쳐 행렬은 아래의 표기

$$\mathbf{A} = \begin{bmatrix} 1 & 4 & 6 \\ 0 & 2 & 3 \end{bmatrix}$$

와 같이 숫자의 배열을 꺾쇠괄호로 둘러싸서 나타낸다. 참고로 행렬과 관련한 다른 문헌에서는 다음과 같은 표기법들도 사용된다.

$$\begin{pmatrix} 1 & 4 & 6 \\ 0 & 2 & 3 \end{pmatrix}, \quad \begin{Bmatrix} 1 & 4 & 6 \\ 0 & 2 & 3 \end{Bmatrix}, \quad \begin{Vmatrix} 1 & 4 & 6 \\ 0 & 2 & 3 \end{Vmatrix}.$$

하지만 하나의 세로선들은 행렬을 표현하는 데 사용되지 않는데 이는 행렬의 행렬식을 표기하는 데 쓰이기 때문이다. 행렬의 또 다른 유용한 표기법은 이미 언급한대로 다음과 같다.

$$\mathbf{A} = \{a_{ij}\} \quad (i = 1, 2, ..., r;\ j = 1, 2, ..., c),$$

여기서 중괄호 안의 a_{ij}는 행 번호를 나타내는 1에서 상한 r까지의 i와 열 번호를 나타내는 1에서 상한 c까지의 j의 모든 순서쌍에 해당하는 위치에 있는 행렬의 전형적인 원소임을 나타낸다. 여기서 $\mathbf{A}$는 r개의 행들과 c개의 열들을 갖는 행렬이다. 물론 이러한 표기법이 유일하게 쓰이는 것은 아니며 문헌에 따라 다른 표현들을 사용하기도 한다. 또한 이 책에서 행렬을 나타내는 데 대문자 $\mathbf{A}$가 반복해서 사용되지만 반드시 그러해야 하는 것은 아니며 다른 대문자들이 사용될 수도 있다.

연습문제

2.1 다음에 주어진 행렬

$$\mathbf{A} = \begin{bmatrix} -1 & 17 & 9 & -2 & 3 \\ 3 & 13 & 10 & 2 & 6 \\ 11 & -9 & 0 & -3 & 2 \\ -6 & -8 & 1 & 4 & 5 \end{bmatrix} = \{a_{ij}\} \ \ (i = 1, 2, \ldots, 4; j = 1, 2, \ldots, 5)$$

의 원소들을 고려한다. 참고로 각각의 i와 j에 대해서 $a_{i.} = \sum_{j=1}^{5} a_{ij}$, $a_{.j} = \sum_{i=1}^{4} a_{ij}$와 같이 정의되고, $a_{..} = \sum_{i=1}^{4}\sum_{j=1}^{5} a_{ij}$로 정의된다. 다음을 보이시오.

(a) $a_{1.} = 26$

(b) $a_{.3} = 20$

(c) $\sum_{i=1}^{3} a_{i2} = 21$

(d) $\sum_{\substack{i=1 \\ i\neq 2}}^{4} a_{i5} = 10$

(e) $\sum_{i=3}^{4} a_{i.}^2 = \sum_{i=3}^{4} (a_{i.})^2 = 17$

(f) $a.. = 57$

(g) $\sum_{i=1}^{4} \frac{\sum_{j=1}^{5} a_{ij}^2}{a_{i.}} = 203\frac{275}{442}$

(h) $\sum_{\substack{i=1 \\ i\neq 2}}^{4} \sum_{\substack{j=2 \\ j\neq 4}}^{5} a_{ij} = 20$

(i) $\prod_{j=1}^{3} a_{4j} = \prod_{i=1}^{4} a_{i4}$

(j) $\sum_{i=1}^{4} a_{i1}a_{i4} = -49$

(k) $\sum_{i=1}^{4}\sum_{j=1}^{5} a.. = 1140$

(l) $\prod_{i=1}^{3} a_{i4} = 12$

(m) $\prod_{j=1}^{5} a_{2j}a_{3j} = 0$

(n) $\prod_{i=1}^{4} 2^{a_{i4}} = 2$

(o) $\sum_{i=1}^{4}\sum_{j=1}^{5}(-1)^j a_{ij} = -29$

(p) $i = 2, \sum_{\substack{j=1 \\ j\neq 3}}^{5}(a_{ij} - a_{i+2,j})^2$
$= 527$

(q) $\prod_{j=1}^{5} 2^{(-1)^j a_{2j}} = 0.0625$

2.2 다음에 주어진 행렬들을 나타내시오.

$\mathbf{A} = \{a_{ij}\}$ ($a_{ij} = i + j$, 단 $i = 1, 2, 3; j = 1, 2$).
$\mathbf{B} = \{b_{kt}\}$ ($b_{kt} = k^{t-1}$, 단 $k = 1, \ldots, 4; t = 1, 3$).
$\mathbf{C} = \{c_{rs}\}$ ($c_{rs} = 3r + 2(s - 1)$, 단 $r = 1, \ldots, 4; s = 1, \ldots, 5$).

2.3 다음의 등식들을 증명하시오.

(a)
$$\sum_{i=1}^{m}\sum_{j=1}^{n} a_{ij}^2 = \sum_{j=1}^{n}\sum_{i=1}^{m} a_{ij}^2.$$

(b)
$$\sum_{i=1}^{m}\left(\sum_{j=1}^{n} a_{ij}\right)^2 = \sum_{i=1}^{m} a_{i.}^2.$$

(c)
$$\sum_{j=1}^{n}\sum_{k=1}^{n} a_{ij}a_{hk} = a_{i.}a_{h.}().$$

(d)
$$\sum_{i=1}^{m}\sum_{j=1}^{n} 4a_{ij} = 4a_{..}.$$

2.4 아래의 행렬의 그래프 표현을 제시하시오.

$$\boldsymbol{A} = \begin{bmatrix} 13 & 4 & 6 & 16 \\ 7 & 8 & 11 & 9 \\ 9 & 10 & 8 & 15 \\ 6 & 12 & 15 & 2 \end{bmatrix}.$$

2.5 아래의 상삼각행렬의 그래프 표현을 제시하시오.

$$\boldsymbol{A} = \begin{bmatrix} 2 & 5 & 7 \\ 0 & 7 & 3 \\ 0 & 0 & 9 \end{bmatrix}.$$

2.6 (i, j)번째 원소가 $a_{ij} = (i + j)^2$와 같이 주어지는 차수 3×3인 행렬 $\boldsymbol{A}$를 나타내시오. 원소 a_{ij}

들이 행렬의 대각에 대해 서로 대칭임을 계산된 수치를 이용하지 않고 보이시오.

2.7 다음의 행렬들을 나타내시오.

(a) $\boldsymbol{D}_1 = D\{3^{i-2}\}$, 단 $i = 1, 2, 3, 4$.

(b) $\boldsymbol{D}_2 = D\{i + 3^{i-2}\}$, 단 $i = 1, 2, 3, 4$.

2.8 차수 $n \times n$인 행렬 $\boldsymbol{A}$의 원소 a_{ij}들이 행렬의 대각에 대해 대칭이라면 행렬의 대각 위에는 얼마나 많은 서로 다른 수들이 있을 수 있는가?

2.9 차수 $n \times n$인 행렬 $\boldsymbol{A}$의 원소 a_{ij}들이 모든 $i, j(1, 2, \ldots, n)$에 대해서 $a_{ij} = -a_{ji}$를 만족하는 경우, 행렬 A는 일반적으로 행렬의 대각위에 $n(n-1)/2$개의 서로 다른 수를 가질 수 있으며 또한 행렬의 대각 아래에도 부호만 다른 같은 수들을 갖는다는 것을 보이시오.

2.10 다음을 가정하자.

$$\begin{bmatrix} 2x & x-2y \\ x-3z & 3y+w \end{bmatrix} = \begin{bmatrix} 8 & 5 \\ 7 & 2 \end{bmatrix}.$$

이 경우 x, y, z, w의 값들을 구하시오.

3장 행렬식

이 장에서는 정방행렬에서 정의되는 **행렬식**(determinant)이라는 스칼라값을 계산하는 방법을 소개한다. 행렬식의 계산 방법에 대한 이해는 행렬의 **역환법**(inversion)을 논하는 데 필요하며, 또한 이어지는 다음 장들에서 다루어지는 응용문제에 자주 이용되는 행렬이론과 관련한 측면에서도 유용하다. 더구나 행렬에 대해서 계속해서 읽다보면 어딘가에서는 행렬식과 관련된 이론을 반드시 섭하게 되므로 이 장에서 행렬식을 소개하는 것이 적절하다고 여겨진다.

행렬식에 대한 연구는 광범위하고 행렬에 관한 대부분의 책에서 한 부분을 이루고 있다. 이 장에서는 상대적으로 간단한 행렬식의 기본적인 계산법을 다루고, 이에 따르는 엄선된 논제들을 다룬다. 이와 관련하여 엄밀한 수학적 증명보다 산난한 예제들이 많이 이용된다. 행렬이론을 처음 접하는 경우에는 이 장에서의 몇몇 부분들을 생략해도 무방하다.

이 장에서의 전개는 먼저 행렬식의 일반적인 성질들을 열거한 후에 실제 행렬식의 계산으로 진행된다. 실제로 계산 방법들은 차수가 작은 행렬의 행렬식을 계산하는 데 주로 사용되지만, 형식적인 정의보다는 행렬식의 구조에 대한 이해에 보다 더 유용하게 사용된다. 그럼에도 불구하고 배우기 다소 지루하고 어려운 형식적 정의를 3.2절에서 소개한다.

3.1 소행렬식에 의한 전개

행렬식은 정방행렬을 구성하는 원소들의 다항식이며 스칼라이다. 행렬식은 그 원소들의 특정한 곱들의 합으로, 각각의 곱은 일정한 규칙에 의해 1 또는 -1이 곱해진다.

행렬식은 정방행렬에 대해서만 정의된다. 정방행렬이 아닌 행렬의 행렬식은 정의되지 않으며 따라서 존재하지 않는다. 차수가 n인 정방행렬의 행렬식을 n차 행렬식이라고 한다. 정방행렬 $\mathbf{A}$의 행렬식은 $|\mathbf{A}|$로 표기한다. 종종 다른 문헌에서 $\|\mathbf{A}\|$ 또는 det($\mathbf{A}$)가 사용되기도 하지만, $|\mathbf{A}|$가 일반적인 표기이므로 이 책 전반에서 사용하기로 한다. 행렬 $\mathbf{A}$를 구성하는 원소들의 적절한 곱($+1$ 또는 -1이 포함된 곱)들을 더함으로써 $|\mathbf{A}|$의 값을 구하는 것을 **행렬식의 계산**(evaluating the determinant), **행렬식의 전개**(expanding the determinant), 또는 **행렬식의 축소**(reducing the determinant)라고 한다. 먼저 간단한 수치적 예를 들어 행렬식의 계산과정을 설명하고자 한다.

3.1.1 1차와 2차 행렬식

우선 기본적인 결과로 차수 1×1 행렬의 행렬식은 구성하는 원소 그 자체의 값으로 주어진다.

2차 행렬식의 값을 구하는 것도 그다지 어렵지 않다. 예를 들어,

$$\mathbf{A} = \begin{bmatrix} 7 & 3 \\ 4 & 6 \end{bmatrix} \text{의 행렬식은 } |\mathbf{A}| = \begin{vmatrix} 7 & 3 \\ 4 & 6 \end{vmatrix} \text{로 표기되고}$$

다음과 같이 계산된다.

$$|\mathbf{A}| = 7(6) - 3(4) = 30.$$

이것은 2차 행렬식의 전개에 대한 일반적인 결과를 나타낸다. 즉, 대각원소들의 곱에서 비대각원소들의 곱을 뺀다. 다시 말하면, 차수 2×2인 행렬의 행렬식은 대각원소들의 곱($+1$이 곱해진)에다 비대각원소들의 곱(-1이 곱해진)을 더한 것으로 이루어진다. 따라서 일반적으로 다음과 같이 계산한다.

$$|\mathbf{A}| = \begin{vmatrix} a_{11} & a_{12} \\ a_{21} & a_{22} \end{vmatrix} = a_{11}a_{22} + (-1)a_{12}a_{21} = a_{11}a_{22} - a_{12}a_{21}.$$

몇 개의 예를 더 들면

$$\begin{vmatrix} 6 & 8 \\ 17 & 21 \end{vmatrix} = 6(21) - 8(17) = -10$$

그리고

$$\begin{vmatrix} 9 & -3.81 \\ 7 & -1.05 \end{vmatrix} = 9(-1.05) - (-3.81)(7) = 17.22.$$

보는 바와 같이 2차 행렬식의 값을 구하는 것은 매우 간단하다.

3.1.2 3차 행렬식

3차 행렬식은 3개의 2차 행렬식의 일차함수로 전개된다. 그들의 계수들은 주행렬식의 행 또는 열의 원소이고 각각의 계수에는 $+1$ 또는 -1이 곱해진다. 예를 들면, 다음 행렬

$$|\mathbf{A}| = \begin{vmatrix} 1 & 2 & 3 \\ 4 & 5 & 6 \\ 7 & 8 & 10 \end{vmatrix}$$

의 1행의 원소들 1, 2, 3을 바탕으로 하여 전개하면 다음과 같다.

$$|\mathbf{A}| = 1(+1)\begin{vmatrix} 5 & 6 \\ 8 & 10 \end{vmatrix} + 2(-1)\begin{vmatrix} 4 & 6 \\ 7 & 10 \end{vmatrix} + 3(+1)\begin{vmatrix} 4 & 5 \\ 7 & 8 \end{vmatrix}$$
$$= 1(50-48) - 2(40-42) + 3(32-35) = -3.$$

선택한 행(이 경우에는 1행)의 각 원소에 곱한 행렬식은 행렬 $|\mathbf{A}|$에서 그 원소를 포함하는 행과 열을 제거한 후의 행렬에 대한 행렬식이다. 예를 들어 첫 번째 원소 1은 행렬 $|\mathbf{A}|$에서 1행과 1열을 제거한 후의 행렬에 대한 행렬식 $\begin{vmatrix} 5 & 6 \\ 8 & 10 \end{vmatrix}$에 곱해진다. 그리고 원소 2는 그 원소를 포함하는 행과 열(즉 1행과 2열)을 뺀 행렬의 행렬식 $\begin{vmatrix} 4 & 6 \\ 7 & 10 \end{vmatrix}$에 곱해진다(−1과는 별도). 이런 방법으로 구한 행렬식을 $|\mathbf{A}|$의 **소행렬식**(minor)이라고 한다. 다시 말하면, $\begin{vmatrix} 5 & 6 \\ 8 & 10 \end{vmatrix}$은 $|\mathbf{A}|$에서 원소 1의 소행렬식이고 $\begin{vmatrix} 4 & 6 \\ 7 & 10 \end{vmatrix}$은 원소 2의 소행렬식이다.

행렬식의 전개에서 (+1)과 (−1) 인자는 다음의 규칙에 의해 정해진다. 만일 $\mathbf{A}$가 $\mathbf{A} = \{a_{ij}\}$의 형태라면, 행렬식 $|\mathbf{A}|$의 전개에서 a_{ij}와 그것의 소행렬식의 곱에 $(-1)^{i+j}$가 곱해진다. 따라서 앞 예의 첫 행의 원소 1은 원소 a_{11}에 해당하므로, 1과 1의 소행렬식의 곱에 $(-1)^{1+1}$이 곱해진다. 그리고 원소 2는 a_{12}에 해당하므로, 2와 2의 소행렬식의 곱에 $(-1)^{1+2}$이 곱해진다.

원소 a_{11}의 소행렬식을 $|\mathbf{M}_{11}|$으로 표기한다. 여기서 $\mathbf{M}_{11}$은 행렬 $\mathbf{A}$에서 1행과 1열을 제거한 후의 나머지 행렬을 나타낸다. 앞 예에서 $|\mathbf{M}_{11}| = \begin{vmatrix} 5 & 6 \\ 8 & 10 \end{vmatrix}$이다. 같은 방법으로 $|\mathbf{M}_{12}| = \begin{vmatrix} 4 & 6 \\ 7 & 10 \end{vmatrix}$이고 $|\mathbf{M}_{13}| = \begin{vmatrix} 4 & 5 \\ 7 & 8 \end{vmatrix}$이다. 이러한 표기를 이용하면 앞 예의 행렬식 $|\mathbf{A}|$의 전개는 다음과 같다.

$$|\mathbf{A}| = a_{12}(-1)^{1+1}|\mathbf{M}_{11}| + a_{12}(-1)^{1+2}|\mathbf{M}_{12}| + a_{13}(-1)^{1+3}|\mathbf{M}_{13}|$$

행렬식을 전개하는 이 방법을 **행(또는 열)의 원소들에 의한 전개**(expansion by the elements of a row or column)라고 하기도 하고 때때로 **소행렬식에 의한 전개**(expansion by minors)라고 하기도 한다. 위의 예에서는 1행의 원소들에 대하여 이 방법이 적용되었지만 다른 행(또는 열)의 원소들에도 사용될 수 있다. 예를 들어 2행의 원소들에 의한 $|\mathbf{A}|$의 전개는

$$|\mathbf{A}| = 4(-1)\begin{vmatrix} 2 & 3 \\ 8 & 10 \end{vmatrix} + 5(+1)\begin{vmatrix} 1 & 3 \\ 7 & 10 \end{vmatrix} + 6(-1)\begin{vmatrix} 1 & 2 \\ 7 & 8 \end{vmatrix}$$
$$= -4(-4) + 5(-11) - 6(-6) = -3$$

와 같으며 앞에서와 같은 결과를 얻는다. 또한 1열의 원소들에 의한 다음의 $|\mathbf{A}|$의 전개 또한 같은 결과를 얻는다.

$$|\mathbf{A}| = 1(+1)\begin{vmatrix} 5 & 6 \\ 8 & 10 \end{vmatrix} + 4(-1)\begin{vmatrix} 2 & 3 \\ 8 & 10 \end{vmatrix} + 7(+1)\begin{vmatrix} 2 & 3 \\ 5 & 6 \end{vmatrix}$$
$$= 1(2) - 4(-4) + 7(-3) = -3.$$

열에 의한 전개에서도 소행렬식들은 행에 의한 전개에서와 같은 방법으로 구해지고, (+1)과 (−1) 인자도 같은 방법으로 정해진다. 예를 들어 4는 a_{21}에 해당하는 원소이므로 4의 소행렬식은 2행과 1열을 뺀 행렬의 행렬식이고, 4와 4의 소행렬식의 곱에 $(-1)^{2+1} = -1$이 곱해진다. 다른 원소들에 대해서도 같은 방법이 적용된다.

다음은 일반적인 형태의 3차 행렬의 행렬식

$$|\mathbf{A}| = \begin{vmatrix} a_{11} & a_{12} & a_{13} \\ a_{21} & a_{22} & a_{23} \\ a_{31} & a_{32} & a_{33} \end{vmatrix}$$

의 전개를 설명한다. 1행에 의한 행렬식의 전개는 다음과 같다.

$$\begin{aligned} |\mathbf{A}| &= a_{11}(+1)\begin{vmatrix} a_{22} & a_{23} \\ a_{32} & a_{33} \end{vmatrix} + a_{12}(-1)\begin{vmatrix} a_{21} & a_{23} \\ a_{31} & a_{33} \end{vmatrix} + a_{13}(+1)\begin{vmatrix} a_{21} & a_{22} \\ a_{31} & a_{32} \end{vmatrix} \\ &= a_{11}a_{22}a_{33} - a_{11}a_{23}a_{32} - a_{12}a_{21}a_{33} + a_{12}a_{23}a_{31} \\ &\qquad + a_{13}a_{21}a_{32} - a_{13}a_{22}a_{31}. \end{aligned}$$

독자들은 다른 행 또는 다른 열에 의한 전개도 같은 결과를 이끌어내는지를 검토하기를 바란다. 어느 행 또는 열에 의하여 전개를 하더라도 도출되는 행렬식의 값은 같다. 일단 한 행 또는 열이 결정되고 첫 번째 원소와 그 소행렬식의 곱에 대한 부호가 정해지면 연속되는 곱에 대한 부호는 +에서 −, 그리고 −에서 +와 같이 교대로 나타난다.

행렬의 대각은 이미 정의되었다. **제2의 대각**(secondary diagonal)은 행렬의 좌측 맨 밑의 원소에서 우측 맨 위의 원소를 이은 선 위의 일련의 원소들을 칭한다. 말하자면, 또 다른 대각이다. 따라서 2차 행렬의 행렬식은 대각원소들의 곱에서 제2의 대각원소들의 곱을 뺀 것이다. 이것은 3차 행렬의 행렬식에도 확장될 수 있다. 앞 절의 마지막에 주어진 $|\mathbf{A}|$의 표현으로부터 3개의 양의 부호를 갖는 수의 합에서 3개의 음의 부호를 갖는 수의 합을 뺀 다음과 같은 식을 얻는다.

$$\begin{aligned} |\mathbf{A}| = a_{11}a_{22}a_{33} &+ a_{12}a_{23}a_{31} + a_{13}a_{32}a_{21} \\ &- \left(a_{31}a_{22}a_{13} + a_{11}a_{32}a_{23} + a_{12}a_{21}a_{33}\right). \end{aligned}$$

위에서 양의 부호를 갖는 수는 대각과 평행한 직선으로 연결된 3개의 원소들의 곱이고, 음의 부호를 갖는 수는 제2의 대각과 평행한 직선으로 연결된 원소들의 곱으로 도식화할 수 있다. 하지만 이러한 방법은 3차를 넘는 행렬에 적용할 수 없으므로 더 이상 언급하지 않기로 한다.

3.1.3 *n*차 행렬식

n차 행렬식의 전개는 3차 행렬식 전개의 확장이다. 따라서 차수 $n \times n$ 행렬 $\mathbf{A} = \{a_{ij}\}$ $(i, j = 1, 2, \ldots, n)$의 행렬식은 다음과 같이 구한다. 어떤 한 행(또는 열)의 원소들을 고려하자. 이 행(또는 열)의 각 원소 a_{ij}에 그것의 소행렬식 $|\mathbf{M}_{ij}|$를 곱하고, 그리고 다시 그 곱에 $(-1)^{i+j}$을 곱한다. 이러한 곱들의 합이 행렬식 $|\mathbf{A}|$이다. 즉, 한 행의 원소들에 의한 전개는

$$|\mathbf{A}| = \sum_{j=1}^{n} a_{ij}(-1)^{i+j}|\mathbf{M}_{ij}| \text{ (임의의 } i\text{에 대해서)} \tag{3.1}$$

이고 한 열에 의한 전개는 다음과 같다.

$$|\mathbf{A}| = \sum_{i=1}^{n} a_{ij}(-1)^{i+j}|\mathbf{M}_{ij}| \text{ (임의의 } j\text{에 대해서).} \tag{3.2}$$

이러한 전개는 n이 큰 경우 반복적으로 사용된다. 즉, 각 $|\mathbf{M}_{ij}|$를 같은 과정의 전개를 적용하여 구한다. 따라서 4차 행렬식은 우선 3차 행렬식을 포함하는 부호를 가진 4개의 곱들의 합으로 전개되고, 이 곱들 각각은 2차 행렬식을 포함하는 부호를 가진 3개의 곱들의 합으로 전개된다. 결과적으로 4차 행렬식은 $4 \times 3 \times 2 = 24$개의 곱들을 포함하고 각 곱은 4개의 원소들을 포함한다. 이로부터 $n \times n$ 행렬의 행렬식이 $(n!)$[1]개의 부호를 가진 곱을 포함하고 각 곱은 행렬의 n개의 원소를 포함한다는 일반적인 사실에 다다를 수 있다. 그 행렬식을 n차 행렬식이라고 한다. 에이트킨(Aitken, 1948)의 방법을 이용하여, 행렬식의 전개에서의 각 곱은 각 행과 열의 단 하나의 원소만을 포함하도록 표현되고 그러한 전체의 곱들은 모든 경우를 다 포함해야 하며 단 한번만 나타나야 한다는 것을 보일 수 있다.

이러한 방법은 차수가 3, 4를 넘는 행렬식에 대해서는 계산이 지루하다. 왜냐하면 차수 n에 대하여 계산해야 할 항은 $n!$개 있으며 $n = 10$인 경우만 해도 3,628,800개의 항이 있기 때문이나. 다행히 더 쉬운 방법들이 있기는 하지만, 위에서 설명한 방법이 쉬운 방법들의 바탕을 이루기 때문에 먼저 고려하였다. 뿐만 아니라 전개에 의한 방법은 행렬식의 여러 가지 성질들을 보이는 데 유용하게 사용된다.

3.2 형식적 정의

언급한대로 n차 정방행렬의 행렬식은 $n!$개의 부호를 가진 곱들의 합이고, 각각의 곱들은 모든 행과 열에서 하나씩만 취해서 그들의 곱으로 얻어진다. 식 3.1과 3.2에 나타난 것처럼 한 행 또는 한 열에 의한 전개는 전개에 나타난 소행렬식에 대해서도 연쇄적으로 적용할 수 있으며 이러한 과정을 통하여 행렬식을 이루는 곱들의 올바른 부호를 생성할 수 있다. 이러한 방법을 소행렬식에 의한 전개라고 한다는 것을 이미 언급한 바 있다.

행렬식에 대해 많은 정의가 존재한다. 물론 모두 다 서로 일치하며 그 일치는 소행렬식에 의한 전개와 같은 결과를 가진다는 것으로 귀결된다. 다음은 페라(Ferrar, 1941)의 정의이다. 차수 $n \times n$인 정방행렬 $A = \{a_{ij}\}$ $(i, j = 1, 2, \ldots, n)$의 행렬식은 행렬을 구성하는 n개의 원소들로 이루어진 다음의 조건들을 만족하는 부호를 가진 모든 가능한 곱들의 합으로 정의되는데, 그 조건으로는 (a) 각 곱을 이루는 n개의 원소들은 각각 서로 다른 행과 서로 다른 열에 속해 있어야 한다. 따라서 모든 곱들은 $a_{1j_1}\, a_{2j_2} \ldots a_{nj_n}$와 같이 표현되는데, 여기서 첨자 j_i, $(i = 1, \ldots, n)$들은 어떤 순서로 된 처음 n개의 자연수들이다; (b) 곱 $a_{1j_1}\, a_{2j_2} \ldots a_{nj_n}$의 부호는 $(-1)^p$, $p = \Sigma_{i=1}^{n} n_i$이다. 여기서 n_i는 j_1, $j_2, \ldots, j_n$의 순서에서 j_i보다 뒤에 나타나면서, j_i보다 작은 j들의 개수이다.

예제 3.1 행렬

$$|\mathbf{A}| = \begin{vmatrix} a_{11} & a_{12} & a_{13} \\ a_{21} & a_{22} & a_{23} \\ a_{31} & a_{32} & a_{33} \end{vmatrix}$$

[1] $n!$은 "n factorial"이라고 읽으며, 1에서 n까지의 모든 자연수의 곱을 나타낸다. 예를 들어 $4! = 1(2)(3)(4) = 24$.

의 전개에서 곱 $a_{12}a_{23}a_{31}$에서 첨자들 j_1, j_2, j_3들은 순서대로 $j_1 = 2, j_2 = 3, j_3 = 1$이다. n_1은 이 순서에서 j_1 뒤에 나타나고 j_1보다 작은 j들의 개수이다. 따라서 $j_1 = 2$보다 뒤에 나타나고 2보다 작은 수들의 개수는 $j_3 = 1$이 있으므로 $n_1 = 1$이다. 마찬가지 방법으로 $j_2 = 3$ 뒤에 나타나고 3보다 작은 수는 한 개 있으므로 $n_2 = 1$, 그리고 $n_3 = 0$이다. 따라서

$$n_1 + n_2 + n_3 = 1 + 1 + 0 = 2$$

이고 $|\mathbf{A}|$에서의 곱 $a_{12}a_{23}a_{31}$의 부호는 $(-1)^2 = +1$이다. 이는 소행렬식에 의한 $|\mathbf{A}|$의 전개에서 $a_{12}a_{23}a_{31}$의 부호가 양이라는 사실과 일치함을 알 수 있다. 1행에 의한 전개에서 a_{12}를 포함하는 항은 다음과 같다.

$$-a_{12}\begin{vmatrix} a_{21} & a_{23} \\ a_{31} & a_{33} \end{vmatrix} = -a_{12}(a_{21}a_{33} - a_{23}a_{31}),$$

여기에 $+a_{12}a_{23}a_{31}$가 포함되어 있음을 볼 수 있다.

이제 위의 예제의 결과에 함축되어 있는 $|\mathbf{A}|$의 형식적 정의가 소행렬식에 의한 전개과정과 일치한다는 일반성을 알 수 있다. 그 정의는 $|\mathbf{A}|$에서 n개의 원소들의 각 곱이 모든 행과 열에서 하나의 원소만을 포함하고 있다는 것을 의미하고 있다. $\mathbf{A}$의 각 행으로부터 동시에 원소들을 하나씩 선택함으로써 하나의 곱을 만든다고 가정했을 때, 1행부터 시작하면, 그 곱에 대한 첫 번째 원소로서 n개의 가능한 선택이 있음을 알 수 있다. 이와 같은 선택을 한 후, 두 번째 행에서는 $(n - 1)$개의 가능한 선택이 있게 된다. 왜냐하면 첫 번째 행에서 선택된 원소를 포함하는 열은 다음 행에서의 가능한 선택에서 제외되어야 하기 때문이다. 이는 각 행뿐만 아니라 각 열에서도 단 하나의 원소만이 포함되어야 한다는 것에 기인한다. 똑같이 두 번째 행에서 선택된 원소를 포함하는 열은 세 번째 그리고 나머지 행에서의 가능한 선택에서도 제외되어야 한다. 따라서 세 번째 행에서는 $(n - 2)$개의 가능한 선택, 네 번째 행에서는 $(n - 3)$개의 가능한 선택 등이 있다. 따라서 정의에 근거하여 $|\mathbf{A}|$에서 곱의 총 개수는

$$n(n-1)(n-2)\cdots(3)(2)(1) = (n!).$$

이 된다. 한편 소행렬에 의한 $|\mathbf{A}|$의 전개는 처음에 $(n - 1)$ 차수의 행렬식인 소행렬식에, 대응되는 부호와 원소가 각각 곱해진 n개의 곱의 합으로 나타난다. 각 소행렬식도 같은 방법으로 $(n - 2)$ 차수의 소행렬식에, 대응되는 부호와 원소가 각각 곱해진 $(n - 1)$개의 곱의 합으로 전개된다. 이로부터 원래의 행렬식은 각각 n개의 원소들을 포함하는 $n(n-1)(n-2) \ldots (3)(2)(1) = (n!)$개의 부호를 가진 곱들의 합으로 이루어짐을 알 수 있다. 전개의 각 단계에서 한 원소의 소행렬식은 그 원소를 포함한 행과 열을 뺀 행렬의 행렬식이므로, 이로부터 각 곱에서 n개의 원소들이 $\mathbf{A}$의 모든 행과 열로부터 하나씩만 선택된 원소들로 이루어진다는 것을 알 수 있다. 따라서 (부호는 별도로) 그 정의와 소행렬식에 의한 전개과정은 둘 다 곱들의 같은 집합을 유도한다.

우리는 이제 각 곱의 부호가 두 경우에서 같다는 것을 보일 수 있다. 소행렬식에 의해 전개된 행렬식에서 어떤 곱의 부호는 그 곱의 유도에서 수반된 각 소행렬식에 적용되는 부호들의 곱이다. 다음의 곱을 생각하자.

$$a_{1j_1}a_{2j_2}a_{3j_3}\cdots a_{nj_n}.$$

우선 $|\mathbf{A}|$의 전개가 첫 번째 행의 원소들에 의한 전개라고 가정하면 a_{1j_1}의 소행렬식에 적용되는 부호는 $(-1)^{1+j_1}$이다. 만일 이 소행렬식의 전개가 소행렬의 첫 번째 행이된 $|\mathbf{A}|$의 두 번째 행의 원소들에 의한 전개라면, 그 전개에서 a_{2j_2}의 소행렬식에 적용되는 부호는 j_1이 j_2보다 작을 때는 $(-1)^{1+j_2-1}$이고 그 반대인 경우에는 $(-1)^{1+j_2}$가 된다. 마찬가지로 $|\mathbf{A}|$의 전개에서의 a_{1j_1}의 소행렬식, 그 소행렬식의 전개에서의 a_{2j_2}의 소행렬식, 또한 그 소행렬식의 전개에서의 a_{3j_3}의 소행렬식에 적용되는 부호를 생각하면, j_1, j_2 둘 다 j_3보다 작다면 $(-1)^{1+j_2-2}$가 될 것이고, j_1, j_2 둘 중 하나만 j_3보다 작다면 부호는 $(-1)^{1+j_2-1}$, j_1, j_2 둘 다 j_3보다 크다면 부호는 $(-1)^{1+j_2}$가 될 것이다. 따라서 그 부호는 $(-1)^{1+j_3-m_3}$와 같이 나타낼 수 있는데, 여기서 m_3는 $j_1j_2 \ldots$ 순에서 j_3 앞에 나타나고 j_3보다 작은 j들의 개수이다. 일반적으로 i번째 소행렬식의 부호는 $(-1)^{1+j_i-m_i}$이 되는데, 여기서 m_i는 $j_1j_2j_3 \ldots j_n$ 순에서 j_i 앞에 나타나고 j_i보다 작은 j들의 개수이다. 그러므로 결합된 부호는

$$\prod_{i=1}^{n}(-1)^{1+ji-mi} = (-1)^q \quad \text{단} \quad q = \sum_{i=1}^{n}(1+j_i-m_i)$$

이다. j_i들은 어떤 순서를 가진 처음 n개의 자연수들이기 때문에 어떤 특별한 j_i보다 작은 j들의 개수는 $j_i - 1$이다. 그러므로 n_i와 m_i의 정의에 의해 그들의 합은 $j_i - 1$, 즉 $n_i + m_i = j_i - 1$이다. 이로부터 다음이 성립한다.

$$q = \sum_{i=1}^{n}(1+j_i-m_i) = \sum_{i-1}^{n}(2+n_i) = 2n + \sum_{i=1}^{n} n_i.$$

그러므로 $p = \Sigma_{i=1}^{n} n_i$에 대하여 $(-1)^q = (-1)^p$이다. 따라서 행렬식이 소행렬식들에 의해 전개될 때, 곱의 부호는 정의에서 언급된 $(-1)^p$와 같다. 이로부터 행렬식의 정의와 소행렬식에 의한 행렬식의 전개 방법은 서로 일치함을 알 수 있다.

3.3 기본 성질

행렬식에 대한 여러 기본 성질들은 3.1절에서 설명한 바와 같이 한 행(또는 한 열)의 원소들에 대한 지루한 전개와 형식적 정의의 사용을 피하는 데 유용하다. 각각의 기본 성질은 정리에서 기술하고, 이어서 예제와 증명으로 부연 설명을 하고자 한다.

3.3.1 전치행렬의 행렬식

정리 3.1 전치행렬의 행렬식은 원래 행렬의 행렬식과 같다. 즉, $|\mathbf{A}'| = |\mathbf{A}|$이다.

예제 3.2 1행에 의한 전개를 이용하면,

$$|\mathbf{A}| = \begin{vmatrix} 1 & -1 & 0 \\ 2 & 1 & 2 \\ 4 & 4 & 9 \end{vmatrix} = \begin{vmatrix} 1 & 2 \\ 4 & 9 \end{vmatrix} + \begin{vmatrix} 2 & 2 \\ 4 & 9 \end{vmatrix} = 1 + 10 = 11$$

이고

$$|\mathbf{A}'| = \begin{vmatrix} 1 & 2 & 4 \\ -1 & 1 & 4 \\ 0 & 2 & 9 \end{vmatrix} = \begin{vmatrix} 1 & 4 \\ 2 & 9 \end{vmatrix} - 2\begin{vmatrix} -1 & 4 \\ 0 & 9 \end{vmatrix} + 4\begin{vmatrix} -1 & 1 \\ 0 & 2 \end{vmatrix}$$
$$= 1 + 18 - 8 = 11.$$

증명 3.2절에서 다룬, 형식적 정의의 한 행에 의한 전개와 일치를 보이는 과정을 이용하면, 형식적 정의가 한 열에 의한 전개와 같음을 증명할 수 있다. 그러므로 i번째 행의 원소들에 의한 $|\mathbf{A}|$의 전개는, $|\mathbf{A}|$에 있는 모든 소행렬식들이 해당 부분행렬의 전치행렬에 대한 행렬식으로, 즉 $|\mathbf{A}'|$의 소행렬식으로 바뀌는 사실을 제외하고, i번째 열의 원소들에 의한 $|\mathbf{A}'|$의 전개와 같다. 이 사실은 각 경우에서 행렬식이 2×2 소행렬식으로 표현될 때까지의 연쇄적인 전개과정 전반에 걸쳐 성립하다. 그런데 2×2 행렬인 경우 원래의 행렬과 그의 전치행렬의 행렬식들은 서로 같다. 예를 들어

$$\begin{vmatrix} a & b \\ x & y \end{vmatrix} = ay - bx = \begin{vmatrix} a & x \\ b & y \end{vmatrix}.$$

그러므로 $|\mathbf{A}'| = |\mathbf{A}|$이다.

따름정리 3.1 행들에 대한 $|\mathbf{A}|$의 모든 성질은 열들에 대해서도 똑같이 성립한다. 왜냐하면 행에 의한 $|\mathbf{A}'|$의 전개가 열에 의한 $|\mathbf{A}|$의 전개와 같기 때문이다.

3.3.2 똑같은 2개의 행

정리 3.2 만약 $\mathbf{A}$의 두 행이 같다면, $|\mathbf{A}| = 0$.

예제 3.3

$$\begin{vmatrix} 1 & 4 & 3 \\ 7 & 5 & 2 \\ 7 & 5 & 2 \end{vmatrix} = \begin{vmatrix} 5 & 2 \\ 5 & 2 \end{vmatrix} - 4\begin{vmatrix} 7 & 2 \\ 7 & 2 \end{vmatrix} + 3\begin{vmatrix} 7 & 5 \\ 7 & 5 \end{vmatrix} = 0.$$

왜냐하면

$$\begin{vmatrix} a & b \\ a & b \end{vmatrix} = ab - ab = 0. \tag{3.3}$$

증명 만일 $\mathbf{A}$가 두 개의 같은 행을 갖는다면, 소행렬식에 의한 마지막 단계에서 2×2 소행렬식들이 2개의 같은 행으로 이루어지도록 $|\mathbf{A}|$를 전개할 수 있다. 즉, 해당 두 행을 뺀 나머지 모든 행들에 대한 순차적인 전개를 적용하면 위의 사실을 확인할 수 있다. 그러면 식 (3.3)으로부터 마지막 단계의 모든 2×2 소행렬식들이 영임을 알 수 있다. 따라서 $|\mathbf{A}| = 0$이다.

3.3.3 여인자

식 (3.1)과 (3.2)에서의 행과 열에 의한 행렬식의 전개에서 사용된 부호를 가진 소행렬식 $(-1)^{i+j}|\mathbf{M}_{ij}|$

를 **여인자**(cofactor)라고 하고 다음과 같이 표기한다.

$$c_{ij} = (-1)^{i+j}|\mathbf{M}_{ij}|. \tag{3.4}$$

이미 언급했듯이 $|\mathbf{M}_{ij}|$는 $\mathbf{A}$에서 i번째 행과 j번째 행을 제거함으로써 얻어진다.

여인자에 대한 중요한 두 개의 성질들이 있는데, 그 첫째는 한 행의 원소들과 그들의 여인자와의 곱의 합이 행렬식이 된다는 것이다. 즉, 각 i에 대해서

$$\sum_j a_{ij}c_{ij} = \sum_j a_{ij}(-1)^{i+j}|\mathbf{M}_{ij}| = |\mathbf{A}|. \tag{3.5}$$

이 식은 식 (3.1)과 같다. 두 번째는 한 행의 원소들과 다른 행의 여인자와의 곱의 합은 0이 된다는 성질이나. 즉, $i \neq k$에 내해서

$$\sum_j a_{ij}c_{kj} = 0. \tag{3.6}$$

이 식은 $i \neq k$에 대하여,

$$\sum_j a_{ij}c_{kj} = \sum_j a_{ij}(-1)^{k+j}|\mathbf{M}_{kj}| = 0$$

와 같고, 식 (3.5)와 비교해 보면, k번째 행이 i번째 행으로 바뀐 $\mathbf{A}$의 k번째 행에 의한 $|\mathbf{A}|$의 전개와 같음을 알 수 있다. 따라서 같은 두 행을 가진 행렬식이므로 그 값은 0이다. 식 (3.5)와 (3.6)은 열에 대해서도 성립한다.

예제 3.4 다음의 행렬식

$$|\mathbf{A}| = \begin{vmatrix} 1 & 2 & 3 \\ 4 & 5 & 6 \\ 7 & 8 & 10 \end{vmatrix}$$

에서 1행의 원소들 각각의 여인자는 다음과 같다:

1에 대한 여인자는 $(-1)^{1+1}\begin{vmatrix} 5 & 6 \\ 8 & 10 \end{vmatrix} = 50 - 48 = 2;$

2에 대한 여인자는 $(-1)^{1+2}\begin{vmatrix} 4 & 6 \\ 7 & 10 \end{vmatrix} = -40 + 42 = 2;$

3에 대한 여인자는 $(-1)^{1+3}\begin{vmatrix} 4 & 5 \\ 7 & 8 \end{vmatrix} = 32 - 35 = -3$이다.

1행의 각각의 원소와 그의 여인자와의 곱들의 합은 행렬식 $|\mathbf{A}|$이다. 따라서

$$|\mathbf{A}| = 1(2) + 2(2) + 3(-3) = -3.$$

그러나 다른 행의 원소들, 예를 들어 2행의 원소들과 이 여인자들과의 곱의 합은 0이다. 즉,

$$4(2) + 5(2) + 6(-3) = 0.$$

이것을 행렬식 표기로 나타내면 다음의 식

$$4(-1)^{1+1}\begin{vmatrix}5 & 6\\8 & 10\end{vmatrix} + 5(-1)^{1+2}\begin{vmatrix}4 & 6\\7 & 10\end{vmatrix} + 6(-1)^{1+3}\begin{vmatrix}4 & 5\\7 & 8\end{vmatrix} = \begin{vmatrix}4 & 5 & 6\\4 & 5 & 6\\7 & 8 & 10\end{vmatrix}$$

이 성립함을 알 수 있고, 이는 2개의 같은 행을 갖는 행렬식이므로 분명히 0이다.

3.3.4 한 행(열)에 다른 행(열)의 배수를 더하기

정리 3.3 하나의 행(열)에 다른 행(열)의 어떤 배수를 더한 행렬식은 원래 행렬식의 값에 영향을 주지 않는다.

예제 3.5 행렬식

$$\begin{aligned}|\mathbf{A}| &= \begin{vmatrix}1 & 3 & 2\\8 & 17 & 21\\2 & 7 & 1\end{vmatrix}\\ &= 1\,(17-147) - 3\,(8-42) + 2\,(56-34) = 16.\end{aligned}$$

그리고 2행에 1행을 4배해서 더한 행렬식은 $|\mathbf{A}|$의 값에 영향을 주지 않음을 아래에서 확인할 수 있다.

$$\begin{aligned}|\mathbf{A}| &= \begin{vmatrix}1 & 3 & 2\\8+4 & 17+12 & 21+8\\2 & 7 & 1\end{vmatrix} = \begin{vmatrix}1 & 3 & 2\\12 & 29 & 29\\2 & 7 & 1\end{vmatrix}\\ &= 1\,(29-203) - 3\,(12-58) + 2\,(84-58)\\ &= -174 + 138 + 52 = 16. \end{aligned} \tag{3.7}$$

증명 차수 n의 행렬 $\mathbf{B}$가 1행과 2행으로 $[b_{11}\ b_{12}\ \ldots\ b_{1n}]$ 그리고 $[b_{21}\ b_{22}\ \ldots\ b_{2n}]$를 가진다고 가정하자. $\mathbf{A}$를 $\mathbf{B}$의 1행에다 2행의 λ배를 더한 행렬이라고 할 때, $|\mathbf{A}| = |\mathbf{B}|$임을 보이자.

$|\mathbf{B}|$에서 b_{ij}의 소행렬식을 $|\mathbf{M}_{ij}|$이라고 할 때, 1행의 대한 $|\mathbf{A}|$의 전개는 식 (3.1)을 이용하면 다음과 같다.

$$\begin{aligned}|\mathbf{A}| &= \sum_{j=1}^{n}(b_{1j} + \lambda b_{2j})(-1)^{1+j}|\mathbf{M}_{1j}|\\ &= \sum_{j=1}^{n} b_{1j}(-1)^{1+j}|\mathbf{M}_{1j}| + \lambda\sum_{j=1}^{n} b_{2j}(-1)^{1+j}|\mathbf{M}_{1j}|.\end{aligned}$$

이 식에서 첫 번째 합은 식 (3.1)로부터 $|\mathbf{B}|$라는 것을 알 수 있고, 두 번째 합은 식 (3.6)의 한 예이므로 0이 된다. 따라서 $|\mathbf{A}| = |\mathbf{B}|$이다.

3.3.5 곱

정리 3.4 **A**와 **B**가 같은 차수의 정방행렬일 때 $|\mathbf{AB}| = |\mathbf{A}||\mathbf{B}|$이다.

예제 3.6

$$\mathbf{AB} = \begin{bmatrix} 1 & 2 \\ 3 & 8 \end{bmatrix}\begin{bmatrix} 4 & 3 \\ 6 & 6 \end{bmatrix} = \begin{bmatrix} 16 & 15 \\ 60 & 57 \end{bmatrix}, |\mathbf{AB}| = 912 - 900 = 12$$

이고

$$|\mathbf{A}||\mathbf{B}| = \begin{vmatrix} 1 & 2 \\ 3 & 8 \end{vmatrix}\begin{vmatrix} 4 & 3 \\ 6 & 6 \end{vmatrix} = 2(6) = 12.$$

위의 정리를 증명하기 전에, 먼저 어떤 행렬식이든지 삼각행렬의 행렬식으로 바꿀 수 있음을 보이고, 이에 덧붙여서 2개의 유용한 **보조정리**(lemma)를 논의한다.

삼각형태로의 전환 하삼각행렬의 행렬식은 대각원소들의 곱이다. 예를 들어

$$\begin{vmatrix} 6 & 0 & 0 \\ 3 & -1 & 0 \\ 7 & 3 & -5 \end{vmatrix} = 6(-1)(-5) = 30.$$

행에 의한 전개의 반복 적용을 이용하면 이의 증명은 자명하다.

어떤 행렬식이든지 하삼각행렬의 행렬식으로 계산할 수 있다. 이것은 그 행렬식을 삼각형태루 바꾸기 위하여 행들의 배수를 다른 행들에 더함으로써 이루어진다. 다음의 예를 생각하자.

$$|\mathbf{P}| = \begin{vmatrix} 3 & 8 & 7 \\ 1 & 2 & 4 \\ -1 & 3 & 2 \end{vmatrix}.$$

대각원소 위의 모든 원소를 0으로 만들기 위해서 **행연산**(row operation)을 이용하자. 먼저 (3, 3) 원소인 2 위에 있는 모든 원소들을 0으로 만들려면 3행의 $(-7/2)$배한 것을 1행에다 더하고 3행의 (-2)배한 것을 2행에다 더하면 다음과 같이 된다.

$$|\mathbf{P}| = \begin{vmatrix} 6\frac{1}{2} & -2\frac{1}{2} & 0 \\ 3 & -4 & 0 \\ -1 & 3 & 2 \end{vmatrix}.$$

다음으로 (2, 2) 원소 위의 원소들을 0으로 만들자. 이것은 2행의 $-2\frac{1}{2}/(-4)$배한 것을 1행에다 더하면 다음과 같은 결과를 얻는다.

$$|\mathbf{P}| = \begin{vmatrix} 6\frac{1}{2} - 2\frac{1}{2}(3)/4 & 0 & 0 \\ 3 & -4 & 0 \\ -1 & 3 & 2 \end{vmatrix} = \begin{vmatrix} 37/8 & 0 & 0 \\ 3 & -4 & 0 \\ -1 & 3 & 2 \end{vmatrix}.$$

여기에서 $|\mathbf{P}| = (37/8)(-4)(2) = -37$이고, 이 값은 다른 형태의 전개를 이용하여 확인할 수 있다.

이 예에서 사용된 방법은 차수 n인 행렬식의 경우에도 적용된다. 먼저 n번째 대각원소 위쪽에 있는 모든 원소들을 0으로 만들고, 그 다음은 차례대로 $(n-1)$번째, $(n-2)$번째, …, 3번째, 2번째 대각원소의 위쪽에 있는 모든 원소들을 0으로 만든다. 이의 결과로 얻는 행렬은 하삼각행렬이다. 참고로 첫 번째 대각원소 아래에 있는 모든 원소를 0으로 만드는 것부터 시작해서, 차례대로 2번째, 3번째, …, $(n-1)$번째, n번째 대각원소 아래의 모든 원소들을 0으로 만드는 작업은 상삼각행렬을 만든다. 이때 행렬식은 상삼각행렬의 대각원소들의 곱이 된다.

두 개의 유용한 보조정리

보조정리 3.1 정방행렬 $\mathbf{P}$, $\mathbf{Q}$, $\mathbf{X}$에 대하여 다음이 성립한다.

$$\begin{vmatrix} \mathbf{P} & \mathbf{0} \\ \mathbf{X} & \mathbf{Q} \end{vmatrix} = |\mathbf{P}||\mathbf{Q}|. \tag{3.8}$$

증명 $\mathbf{P}$의 차수를 n으로 가정하자. 식 (3.8)의 좌측 처음 n개 행들에 대해 행연산을 하여 $\mathbf{P}$를 하삼각형태로 만든다. 그 결과로 얻어진 행렬에 대해 처음 n개의 연속하는 행들의 원소들에 의한 전개를 하면 $|\mathbf{P}||\mathbf{Q}|$가 된다. 따라서 식 (3.8)이 성립한다.

예제 3.7 $\mathbf{P}$는 앞에서 이용한 $\mathbf{P}$와 같고 $\mathbf{Q}$는 다음과 같다.

$$\mathbf{Q} = \begin{bmatrix} 1 & 2 & 3 \\ 4 & 5 & 4 \\ 3 & 2 & 1 \end{bmatrix}.$$

보조정리 3.1을 이용하면

$$\begin{vmatrix} 3 & 8 & 7 & 0 & 0 & 0 \\ 1 & 2 & 4 & 0 & 0 & 0 \\ -1 & 3 & 2 & 0 & 0 & 0 \\ x & y & z & 1 & 2 & 3 \\ p & q & r & 4 & 5 & 4 \\ a & b & c & 3 & 2 & 1 \end{vmatrix} = \begin{vmatrix} 37/8 & 0 & 0 & 0 & 0 & 0 \\ 3 & -4 & 0 & 0 & 0 & 0 \\ -1 & 3 & 2 & 0 & 0 & 0 \\ x & y & z & 1 & 2 & 3 \\ p & q & r & 4 & 5 & 4 \\ a & b & c & 3 & 2 & 1 \end{vmatrix} = |\mathbf{P}|\,|\mathbf{Q}|$$

$$= -37 \begin{vmatrix} 1 & 2 & 3 \\ 4 & 5 & 4 \\ 3 & 2 & 1 \end{vmatrix}.$$

보조정리 3.2 정방행렬 $\mathbf{R}$과 $\mathbf{S}$에 대해서 다음이 성립한다.

$$\begin{vmatrix} \mathbf{0} & \mathbf{R} \\ -\mathbf{I} & \mathbf{S} \end{vmatrix} = |\mathbf{R}|. \tag{3.9}$$

단위행렬 $\mathbf{I}$의 차수를 n이라고 하자. 식 (3.9)의 좌변을 처음 n개의 연속하는 열들의 원소들에 의한 전개를 하면 다음과 같다.

$$\begin{vmatrix} \mathbf{0} & \mathbf{R} \\ -\mathbf{I} & \mathbf{S} \end{vmatrix} = \left[(-1)^{n+1+1}(-1)\right]^n |\mathbf{R}| = (-1)^{n(n+3)} |\mathbf{R}| = |\mathbf{R}|.$$

곱한 행렬의 행렬식 다음과 같은 행렬 곱의 행렬식을 고려하자.

$$\begin{bmatrix} \mathbf{I} & \mathbf{A} \\ \mathbf{0} & \mathbf{I} \end{bmatrix} \begin{bmatrix} \mathbf{A} & \mathbf{0} \\ -\mathbf{I} & \mathbf{B} \end{bmatrix} = \begin{bmatrix} \mathbf{0} & \mathbf{AB} \\ -\mathbf{I} & \mathbf{B} \end{bmatrix},$$

즉

$$\left| \begin{bmatrix} \mathbf{I} & \mathbf{A} \\ \mathbf{0} & \mathbf{I} \end{bmatrix} \begin{bmatrix} \mathbf{A} & \mathbf{0} \\ -\mathbf{I} & \mathbf{B} \end{bmatrix} \right| = \begin{vmatrix} \mathbf{0} & \mathbf{AB} \\ -\mathbf{I} & \mathbf{B} \end{vmatrix}. \tag{3.10}$$

식 (3.10)에서 앞에 곱해져 있는 다음의 행렬

$$\begin{bmatrix} \mathbf{I} & \mathbf{A} \\ \mathbf{0} & \mathbf{I} \end{bmatrix}$$

를 이용하면 좌변의 행렬의 곱은 행렬

$$\left| \begin{bmatrix} \mathbf{A} & \mathbf{0} \\ -\mathbf{I} & \mathbf{B} \end{bmatrix} \right|$$

의 행들에 다른 행들의 배수를 더한 형태이다. 따라서 정리 3.3과 보조정리 3.1을 이용하면

$$\text{식 (3.10)의 좌변} = \begin{vmatrix} \mathbf{A} & \mathbf{0} \\ -\mathbf{I} & \mathbf{B} \end{vmatrix} = |\mathbf{A}|\,|\mathbf{B}|$$

반면에 보조정리 3.2로부터

$$\text{식 (3.10)의 우변} = \begin{vmatrix} \mathbf{0} & \mathbf{AB} \\ -\mathbf{I} & \mathbf{B} \end{vmatrix} = |\mathbf{AB}|.$$

따라서 $|\mathbf{A}||\mathbf{B}| = |\mathbf{AB}|$ 또는

$$|\mathbf{AB}| = |\mathbf{A}||\mathbf{B}|. \tag{3.11}$$

식 (3.11)에 있는 3개의 행렬식들이 모두 존재하기 위해서는 **A**와 **B**가 정방행렬이고 같은 차수이어야 한다. 이것은 식 (3.10)에서도 마찬가지이다. 비록 $|\mathbf{AB}|$가 $|\mathbf{A}_{r\times c}\mathbf{B}_{c\times r}|$의 형태로 존재하더라도 $|\mathbf{A}|$와 $|\mathbf{B}|$는 존재하지 않으므로 식 (3.11)은 성립하지 않는다.

이 결과로부터 다음의 몇 가지 유용한 따름정리들을 얻을 수 있다.

따름정리 3.2

1. $|\mathbf{AB}| = |\mathbf{BA}|$ ($|\mathbf{A}||\mathbf{B}| = |\mathbf{B}||\mathbf{A}|$).
2. $|\mathbf{A}|^2 = |\mathbf{A}|^2$ $(= |\mathbf{A}||\mathbf{A}|)$; 확장하면 $|\mathbf{A}^k| = |\mathbf{A}|^k$.
3. 직교행렬 **A**에 대해서 $|\mathbf{A}| = \pm 1$ (왜냐하면 $\mathbf{AA}' = \mathbf{I}$로부터 $|\mathbf{A}^2| = 1$이 성립).
4. 멱등행렬 **A**에 대해서 $|\mathbf{A}| = 0$ 또는 1 (왜냐하면 $\mathbf{A}^2 = \mathbf{A}$로부터 $|\mathbf{A}^2| = |\mathbf{A}|$가 성립).

3.4 기본 행연산

3.3.4절에서 행렬식의 한 행(열)의 배수를 다른 행(열)에 더하는 연산을 소개하였으며, 그 연산은 행렬식의 값을 달라지게 하지 않는다는 것을 보였다. 행렬에서의 이와 같은 연산은 행렬의 곱으로 표현될 수 있다. 예를 들어,

$$\begin{bmatrix} 1 & 3 & 2 \\ 12 & 29 & 29 \\ 2 & 7 & 1 \end{bmatrix} = \begin{bmatrix} 1 & 0 & 0 \\ 4 & 1 & 0 \\ 0 & 0 & 1 \end{bmatrix} \begin{bmatrix} 1 & 3 & 2 \\ 8 & 17 & 21 \\ 2 & 7 & 1 \end{bmatrix} \tag{3.12}$$

은 식 (3.7)에서 사용된 것처럼 1행의 4배를 2행에다 더한 것을 행렬의 곱으로 표현한 것이다. 3.3.5절의 곱하기의 규칙을 적용하면

$$\begin{vmatrix} 1 & 3 & 2 \\ 12 & 29 & 29 \\ 2 & 7 & 1 \end{vmatrix} = \begin{vmatrix} 1 & 0 & 0 \\ 4 & 1 & 0 \\ 0 & 0 & 1 \end{vmatrix} \begin{vmatrix} 1 & 3 & 2 \\ 8 & 17 & 21 \\ 2 & 7 & 1 \end{vmatrix} = \begin{vmatrix} 1 & 3 & 2 \\ 8 & 17 & 21 \\ 2 & 7 & 1 \end{vmatrix}$$

을 얻는다. 여기서

$$\begin{vmatrix} 1 & 0 & 0 \\ 4 & 1 & 0 \\ 0 & 0 & 1 \end{vmatrix} = 1. \tag{3.13}$$

식 (3.12)와 식 (3.13)에 들어 있는 행렬을 **기본연산행렬**(elementary operator matrix)이라고 한다. 행렬의 한 행을 λ배한 것을 다른 행에 더하는 연산을 나타내는 행렬은 언제나 항등행렬에서 하나의 비대각원소가 λ로 바뀐 형태의 행렬로 표현되고, 또한 그 행렬의 행렬식은 항상 1이다. 이러한 행렬을 $\mathbf{P}_{ij}(\lambda)$로 표기할 때, $\mathbf{P}_{ij}(\lambda)\mathbf{A}$는 $\mathbf{A}$의 j번째 행의 λ배를 i번째 행에 더하는 연산을 작용한 행렬이다. 그리고

$$\left|\mathbf{P}_{ij}(\lambda)\right| = 1;\ \text{예를 들어 식 (3.13)에서는 } \left|\mathbf{P}_{21}(4)\right| = 1. \tag{3.14}$$

나머지 두 개의 다른 기본연산은 (i) 행렬의 두 행을 바꾸는 것과 (ii) 한 행에 스칼라를 곱하는 것이다. 이들은 다음과 같은 행렬들로 표현된다.

$$\mathbf{E}_{ij} = \text{항등행렬 } \mathbf{I}\text{에서 } i\text{번째 행과 } j\text{번째 행을 서로 바꾼 행렬}$$

그리고

$$\mathbf{R}_{ii}(\lambda) = \text{항등행렬 } \mathbf{I}\text{에서 } i\text{번째 대각원소를 } \lambda\text{로 바꾼 행렬.}$$

이 행렬들에 대해서 $\mathbf{E}_{ij}\mathbf{A}$는 행렬 $\mathbf{A}$에서 i번째 행과 j번째 행을 서로 바꾼 행렬이고 $\mathbf{R}_{ii}(\lambda)\mathbf{A}$는 행렬 $\mathbf{A}$에서 i번째 행을 λ배한 행렬이다.

예제 3.8

$$\mathbf{E}_{12}\mathbf{A} = \begin{bmatrix} 0 & 1 & 0 \\ 1 & 0 & 0 \\ 0 & 0 & 1 \end{bmatrix}\begin{bmatrix} 1 & 3 & 2 \\ 8 & 17 & 21 \\ 2 & 7 & 1 \end{bmatrix} = \begin{bmatrix} 8 & 17 & 21 \\ 1 & 3 & 2 \\ 2 & 7 & 1 \end{bmatrix}$$

그리고

$$\mathbf{R}_{33}(5)\mathbf{A} = \begin{bmatrix} 1 & 0 & 0 \\ 0 & 1 & 0 \\ 0 & 0 & 5 \end{bmatrix}\begin{bmatrix} 1 & 3 & 2 \\ 8 & 17 & 21 \\ 2 & 7 & 1 \end{bmatrix} = \begin{bmatrix} 1 & 3 & 2 \\ 8 & 17 & 21 \\ 10 & 35 & 5 \end{bmatrix}.$$

이들 3개의 기본연산행렬들은 모두 간단한 행렬식을 갖는다:

$$|\mathbf{P}_{ij}(\lambda)| = 1, \quad |\mathbf{R}_{ii}(\lambda)| = \lambda, \quad |\mathbf{E}_{ij}| = -1.$$

곱의 규칙 $|\mathbf{AB}| = |\mathbf{A}||\mathbf{B}|$와 더불어 기본연산행렬들의 특별한 경우들은 행렬식의 전개를 단순화하는 데 유용하게 이용된다.

3.4.1 인수분해

정리 3.5 λ(0이 아닌 스칼라)가 $|\mathbf{A}|$의 한 행(열)의 인수일 때, 그것은 또한 $|\mathbf{A}|$의 인수이다. 즉,

$$|\mathbf{A}| = \lambda\,|\mathbf{A}\text{에서 한 행(열)의 } \lambda \text{ 인수를 묶어낸 행렬}|. \tag{3.15}$$

예제 3.9

$$\begin{vmatrix} 4 & 6 \\ 1 & 7 \end{vmatrix} = 2\begin{vmatrix} 2 & 3 \\ 1 & 7 \end{vmatrix}, \text{ 즉 } 4(7) - 1(6) = 22 = 2[2(7) - 1(3)]. \tag{3.16}$$

증명 λ가 **A**의 i번째 행에 있는 모든 원소들의 인수일 때,

$$\mathbf{A} = \mathbf{R}_{ii}(\lambda)\,[\mathbf{A}\text{에서 } i\text{번째 행의 } \lambda \text{ 인수를 묶어낸 행렬}]. \tag{3.17}$$

식 (3.17)의 행렬식에서 식 (3.11)과 (3.15)를 이용하여 식 (3.16)을 얻는다.

따름정리 3.3 **A**가 $n \times n$ 행렬이고 λ가 스칼라이면, 행렬 λ**A**의 행렬식은 $\lambda^n|\mathbf{A}|$이다. 즉, $|\lambda\mathbf{A}| = \lambda^n|\mathbf{A}|$. (이 경우에 λ는 λ**A**의 n개의 행들 각각의 인수이므로, 각 행에서 인수 λ를 묶으면 행렬식 $|\mathbf{A}|$만 남게 된다.)

예제 3.10

$$\begin{vmatrix} 3 & 0 & 27 \\ -9 & 3 & 0 \\ 15 & 6 & -3 \end{vmatrix} = 3^3\begin{vmatrix} 1 & 0 & 9 \\ -3 & 1 & 0 \\ 5 & 2 & -1 \end{vmatrix} = -2700.$$

따름정리 3.4 만일 한 행이 다른 행의 배수라면, 그 행렬식은 0이다. (배수가 되는 행에서 인수를 묶어 내면 그 행렬식은 동일한 두 개의 행을 가지게 된다. 따라서 그 행렬식은 0이다.)

예제 3.11

$$\begin{bmatrix} -3 & 6 & 12 \\ 2 & -4 & -8 \\ 7 & 5 & 9 \end{bmatrix} = -(1.5)\begin{bmatrix} 2 & -4 & -8 \\ 2 & -4 & -8 \\ 7 & 5 & 9 \end{bmatrix} = 0.$$

3.4.2 0으로 된 한 행(열)

정리 3.6 한 행(또는 열)의 모든 원소들이 0이면 그 행렬식은 0이다.

예제 3.12

$$\begin{vmatrix} 0 & 0 & 0 \\ 3 & 6 & 5 \\ 2 & 9 & 7 \end{vmatrix} = 0\begin{vmatrix} 6 & 5 \\ 9 & 7 \end{vmatrix} - 0\begin{vmatrix} 3 & 5 \\ 2 & 7 \end{vmatrix} + 0\begin{vmatrix} 3 & 6 \\ 2 & 9 \end{vmatrix} = 0.$$

증명 이것은 $\lambda = 0$인 식 (3.16)의 한 예이다.

3.4.3 행(열)의 교환

정리 3.7 두 개의 행(열)을 교환하면 그 행렬식의 부호가 바뀐다.

예제 3.13 2열을 (-2)배한 것을 1열에 더하면,

$$\begin{bmatrix} 6 & 3 & 0 \\ -1 & 4 & 7 \\ 2 & 5 & 9 \end{bmatrix} = \begin{bmatrix} 0 & 3 & 0 \\ -9 & 4 & 7 \\ -8 & 5 & 9 \end{bmatrix} = -3(-81+56) = 75,$$

반면에

$$\begin{bmatrix} 2 & 5 & 9 \\ -1 & 4 & 7 \\ 6 & 3 & 0 \end{bmatrix} = \begin{bmatrix} -8 & 5 & 9 \\ -9 & 4 & 7 \\ 0 & 3 & 0 \end{bmatrix} = -3(-56+81) = -75.$$

증명 식 (3.11)과 식 (3.15)를 이용하면

$$|\mathbf{E}_{ij}\mathbf{A}| = |\mathbf{E}_{ij}||\mathbf{A}| = -|\mathbf{A}|.$$

3.4.3 한 행의 배수에 다른 행을 더하기

3.3.4절에서 한 행에다 다른 행의 배수를 더하는 것을 논하였다. 여기서는 역으로 한다는 것을 주

의해야 한다. 즉, 한 행에다 다른 행의 배수를 더하는 것과는 달리 한 행의 배수에다 다른 행을 더하는 것은 다른 결과를 가져온다. 한 예로, $|\mathbf{A}|$의 1행에다 2행의 λ배를 더하는 연산은 $|\mathbf{A}|$를 바꾸지 않지만, 1행의 λ배에다 2행을 더하는 연산은 $\lambda|\mathbf{A}|$로 바꾼다. 예를 들면

$$\begin{vmatrix} 1 & \lambda \\ 0 & 1 \end{vmatrix}\begin{vmatrix} 2 & 3 \\ 5 & 9 \end{vmatrix} = \begin{vmatrix} 2+5\lambda & 3+9\lambda \\ 5 & 9 \end{vmatrix} = \begin{vmatrix} 2 & 3 \\ 5 & 9 \end{vmatrix} = 3;$$

$\lambda|\mathbf{A}|$로 바꾸는 연산은

$$\begin{vmatrix} \lambda & 1 \\ 0 & 1 \end{vmatrix}\begin{vmatrix} 2 & 3 \\ 5 & 9 \end{vmatrix} = \begin{vmatrix} 2\lambda+5 & 3\lambda+9 \\ 5 & 9 \end{vmatrix} = 3\lambda.$$

3.5 예제들

앞에서 배운 성질들은 행렬식 전개에 있어서 무한한 변화에 적용될 수 있다. 특별한 경우에 있어서 노력을 최소로 할 수 있는 과정을 찾아내는 효율성 문제는 주로 실제의 문제이고, 이용할 수 있는 가능한 난제를 표현하는 이상으로 언급되는 것에 지나지 않는다. 기초적인 방법은 다음과 같이 요약될 수 있다. 한 행의 배수를 다른 행에 더함으로써 0이 아닌 원소를 단 하나 가지는 열을 만든다. 그 열의 원소들에 대한 전개는 원래 행렬식보다 차수가 하나 낮은 단 하나의 소행렬식을 갖는다. 이 방법을 반복적으로 적용하면 그 행렬식은 차수가 2×2인 소행렬식으로 나타내어진다. 만일 어느 단계에서 한 행의 원소들이 공통 인수를 갖는다면, 그 인수를 빼낼 수 있다. 그리고 한 행의 원소들이 모두 0이거나 두 행의 원소들이 똑같다면, 그 행렬식은 0이다.

예제 3.14

$$|\mathbf{A}| = \begin{vmatrix} 1 & 4 & 9 \\ -4 & 7 & 25 \\ 7 & 5 & 2 \end{vmatrix} = \begin{vmatrix} 1 & 4 & 9 \\ -4+4(1) & 7+4(4) & 25+4(9) \\ 7-7(1) & 5-7(4) & 2-7(9) \end{vmatrix}$$

$$= \begin{vmatrix} 1 & 4 & 9 \\ 0 & 23 & 61 \\ 0 & -23 & -61 \end{vmatrix} = 0.$$

$\mathbf{A}$의 선행원소인 1은 첫 번째 열에 있는 다른 원소들을 0으로 만드는 것을 쉽게 한다. 그 다음에 마지막 두 행을 더하는 연산은 $|\mathbf{A}| = 0$을 유도한다.

예제 3.15

$$|\mathbf{B}| = \begin{vmatrix} x & y & y & y \\ y & x & y & y \\ y & y & x & y \\ y & y & y & x \end{vmatrix}.$$

B에 있는 모든 열들의 합이 $x + 3y$로 나타난다. 그러므로 첫 번째 행에다 **B**의 모든 행을 더하고 인수 $x + 3y$를 빼내면

$$|\mathbf{B}| = (x+3y)\begin{vmatrix} 1 & 1 & 1 & 1 \\ y & x & y & y \\ y & y & x & y \\ y & y & y & x \end{vmatrix}.$$

여기에서 선행원소를 제외한 나머지 원소들을 0으로 만들기 위해 **B**의 선행원소를 이용한다. 즉, 다른 열에서 첫 번째 열을 빼면 된다. 이로부터 다음을 얻는다.

$$|\mathbf{B}| = (x+3y)\begin{vmatrix} 1 & 0 & 0 & 0 \\ y & x-y & 0 & 0 \\ y & 0 & x-y & 0 \\ y & 0 & 0 & x-y \end{vmatrix} = (x+3y)\,(x-y)^3\,.$$

위 식에서 마지막 단계는 소행렬식에 의한 간단한 전개로 얻어진다. 이러한 전개는 대각행렬의 행렬식이 대각원소들의 곱이라는 일반적인 결과를 내포한다. 즉,

$$\left|\mathbf{D}\left\{d_i\right\}\right| = \begin{vmatrix} d_1 & 0 & 0 & & 0 \\ 0 & d_2 & 0 & \cdots & 0 \\ 0 & 0 & & & \\ \vdots & \vdots & & \ddots & \vdots \\ 0 & 0 & & \cdots & d_n \end{vmatrix} = \prod_{i=1}^{n} d_i = d_1 d_2 \cdots d_n.$$

예제 3.16

$$|\mathbf{C}| = \begin{vmatrix} 6 & 8 & 1 & 4 & 2 \\ 18 & 27 & 3 & 13 & 5 \\ -11 & -17 & -2 & -9 & 2 \\ 7 & 10 & 1 & 4 & 7 \\ 4 & 3 & 13 & 8 & 5 \end{vmatrix} = \begin{vmatrix} 6 & 8 & 1 & 4 & 2 \\ 0 & 3 & 0 & 1 & -1 \\ 1 & -1 & 0 & -1 & 6 \\ 1 & 2 & 0 & 0 & 5 \\ -74 & -101 & 0 & -44 & -21 \end{vmatrix}.$$

C의 (1, 3) 원소인 1을 이용해서 3열의 모든 원소를 0으로 만든다. 그런 다음 3열에 의한 전개를 하면 다음을 얻는다.

$$\begin{aligned} |\mathbf{C}| &= (-1)^{1+3}\begin{vmatrix} 0 & 3 & 1 & -1 \\ 1 & -1 & -1 & 6 \\ 1 & 2 & 0 & 5 \\ -74 & -101 & -44 & -21 \end{vmatrix} \\ &= \begin{vmatrix} 0 & 0 & 0 & -1 \\ 1 & 17 & 5 & 6 \\ 1 & 17 & 5 & 5 \\ -74 & -164 & -65 & -21 \end{vmatrix} = 0. \end{aligned}$$

위의 두 번째 식을 얻기 위하여 (1, 4) 원소인 (−1)을 이용하여 1행의 다른 모든 원소를 0으로 만들었다. 그런 다음 1행에 의한 전개를 하면 0이 아닌 원소의 단 하나의 소행렬식이 같은 두 개의 행을 가지는 차수 3×3인 행렬식이므로 마지막 등식을 얻는다.

다른 방법으로, $|\mathbf{C}|$의 원래의 형태에서 2행과 3행을 더하면 4행과 같아지게 된다. 따라서 $|\mathbf{C}| = 0$. 확실히 이 방법이 더 쉽다. 그러나 이 방법은 이런 경우가 나타날 때만 이용될 수 있다.

예제 3.17 y가 7 또는 -21인 경우에

$$\begin{vmatrix} y & 7 & 7 & 7 \\ 7 & y & 7 & 7 \\ 7 & 7 & y & 7 \\ 7 & 7 & 7 & y \end{vmatrix} = 0.$$

$y = 7$인 경우에는 모든 행들이 같기 때문에 등식이 성립하고, $y = -21$인 경우에는 모든 행들의 합이 0인 행렬이 되기 때문에 등식이 성립한다. 이 행렬식은 예제 3.15의 특별한 경우이다.

예제 3.18 모든 실수 x에 대하여

$$\begin{vmatrix} x & x & x \\ 4 & 3 & -9 \\ -3 & -2 & 10 \end{vmatrix} = 0.$$

위의 행렬식에서 인수 x를 묶어 낸 1행과 나머지 두 행의 합이 같음을 알 수 있다. 따라서 행렬식이 0이다.

3.6 대각전개

모든 행렬은 한 행렬이 대각행렬인 두 행렬의 합으로 나타낼 수 있다. 즉 $\mathbf{A} = \{a_{ij}\}$, $i, j = 1, 2, \ldots, n$으로 주어지는 행렬과 차수 $n \times n$인 대각행렬 $\mathbf{D}$가 존재해서, $(\mathbf{A} + \mathbf{D})$의 형태로 나타낼 수 있다. 이때 원래 행렬의 행렬식은 $\mathbf{D}$의 원소들의 다항식으로 표현된다.

차수가 $n \times n$인 정방행렬에서 한 원소의 소행렬식은 반드시 차수 $n - 1$인 행렬식이다. 그러나 $n - 1$차 소행렬식들만 존재하는 것은 아니다. 차수 $n \times n$인 정방행렬에서 r개의 행과 r개의 열을 제거하면 차수 $(n - r) \times (n - r)$인 부분행렬이 된다. 이 부분행렬의 행렬식이 차수 $n - r$인 소행렬식 또는 $(n - r)$차 소행렬식이다. 이러한 소행렬식들의 약식표기를 소개하는 것은 앞으로의 내용 전개에 매우 유용하다. 다음과 같이 표현된 행렬 $\mathbf{A}$의 행렬식을 고려한다.

$$|\mathbf{A}| = \begin{vmatrix} a_{11} & a_{12} & a_{13} & \cdots & a_{1n} \\ a_{21} & a_{22} & a_{23} & \cdots & a_{2n} \\ a_{31} & a_{32} & a_{33} & \cdots & a_{3n} \\ \vdots & \vdots & \vdots & & \vdots \\ a_{n1} & a_{n2} & a_{n3} & \cdots & a_{nn} \end{vmatrix}.$$

소행렬식들은 단지 그들의 대각원소들로 표기될 것이다. 예를 들면, $\begin{vmatrix} a_{11} & a_{12} \\ a_{21} & a_{22} \end{vmatrix}$은 $|a_{11} \quad a_{22}|$로 그리고 $\begin{vmatrix} a_{12} & a_{13} \\ a_{22} & a_{23} \end{vmatrix}$는 $|a_{12} \quad a_{23}|$로 나타낸다. $\mathbf{A} = \{a_{ij}\}$의 표기와 같이 쓰면 아무런 혼동이 없다. 즉,

$|a_{21} \quad a_{32}|$은 대각원소들로 a_{21}과 a_{32}를 가지는 2×2차 소행렬식을 나타낸다. 그리고 $|\mathbf{A}|$로부터 이들이 속한 행들과 열들에 위치한 원소들이 a_{22}와 a_{31}이라는 것을 알 수 있다. 그러므로

$$|a_{21} \quad a_{32}| = \begin{vmatrix} a_{21} & a_{22} \\ a_{31} & a_{32} \end{vmatrix}.$$

마찬가지로,

$$|a_{21} \quad a_{33} \quad a_{44}| = \begin{vmatrix} a_{21} & a_{23} & a_{24} \\ a_{31} & a_{33} & a_{34} \\ a_{41} & a_{43} & a_{44} \end{vmatrix}.$$

이제 행렬식 $|\mathbf{A} + \mathbf{D}|$를 고려하자. 먼저 2×2인 경우에 대해서, $\mathbf{D}$의 대각원소들을 x_1과 x_2로 놓자. 즉

$$|\mathbf{A} + \mathbf{D}| = \begin{vmatrix} a_{11} + x_1 & a_{12} \\ a_{21} & a_{22} + x_2 \end{vmatrix}.$$

이것을 전개하면

$$|\mathbf{A} + \mathbf{D}| = (a_{11} + x_1)(a_{22} + x_2) - a_{12}a_{21}.$$

이를 x_1과 x_2의 함수로 나타내면 다음과 같다.

$$x_1x_2 + x_1a_{22} + x_2a_{11} + \begin{vmatrix} a_{11} & a_{12} \\ a_{21} & a_{22} \end{vmatrix}.$$

비슷한 방법으로

$$\begin{aligned} &\begin{vmatrix} a_{11} + x_1 & a_{12} & a_{13} \\ a_{21} & a_{22} + x_2 & a_{23} \\ a_{31} & a_{32} & a_{33} + x_3 \end{vmatrix} \\ &= x_1x_2x_3 + x_1x_2a_{33} + x_1x_3a_{22} + x_2x_3a_{11} \\ &\quad + x_1\begin{vmatrix} a_{22} & a_{23} \\ a_{32} & a_{33} \end{vmatrix} + x_2\begin{vmatrix} a_{11} & a_{13} \\ a_{31} & a_{33} \end{vmatrix} + x_3\begin{vmatrix} a_{11} & a_{12} \\ a_{21} & a_{22} \end{vmatrix} + \begin{vmatrix} a_{11} & a_{12} & a_{13} \\ a_{21} & a_{22} & a_{23} \\ a_{31} & a_{32} & a_{33} \end{vmatrix} \end{aligned}$$

를 얻을 수 있는데, 이 전개식을 약식표기를 사용하여 아래와 같이 나타낼 수 있다.

$$\begin{aligned} x_1x_2x_3 &+ x_1x_2a_{33} + x_1x_3a_{22} + x_2x_3a_{11} \\ &+ x_1|a_{22} \quad a_{33}| + x_2|a_{11} \quad a_{33}| + x_3|a_{11} \quad a_{22}| \\ &+ |a_{11} \quad a_{22} \quad a_{33}|. \end{aligned} \tag{3.18}$$

식 (3.18)을 x의 다항식으로 고려하자. 그러면 모든 x들의 곱의 계수는 1이고 x들의 2차항들의 계수는 $\mathbf{A}$의 대각원소들이다. 또한 x들의 일차항들의 계수는 $|\mathbf{A}|$의 대각원소들 중 두 개를 대각원소로 가지는 차수 2인 $|\mathbf{A}|$의 소행렬식들이다. 마지막으로 상수항은 $|\mathbf{A}|$ 그 자체로 주어진다. 다항식의 계수들로 주어진 $|\mathbf{A}|$의 소행렬식들, 즉 그것의 대각원소들이 $|\mathbf{A}|$의 대각원소들과 일치하는 소행렬식들을 $|\mathbf{A}|$의 **주소행렬식**(principal minors)이라고 한다.

이 전개 방법은 많은 경우에 유용하다. 왜냐하면 $|\mathbf{A}+\mathbf{D}|$ 형태의 행렬식이 자주 나타나고, 0인 주소행렬식들이 많은 경우에 이 방법에 의한 $|\mathbf{A}+\mathbf{D}|$의 전개가 아주 간단하기 때문이다.

다음의 정의를 이용하여 주소행렬식과 그와 관련된 용어들을 다시 정의할 수 있다.

■ **정의 3.1** 차수 $n \times n$인 정방행렬 $\mathbf{A}$에서 $i_1, i_2, \ldots, i_r$ $(r < n)$ 행들과 $i_1, i_2, \ldots, i_r$ 열들을 제거한 부분행렬을 $\mathbf{A}$의 **주소행렬**(principal submatrix)이라고 한다. (즉, 이 부분행렬은 $\mathbf{A}$에서 r개의 행들과 같은 r개의 열들을 제거하여 얻어진다.) 이 주소행렬의 행렬식을 **주소행렬식**이라고 한다.

마지막 r개의 행들과 마지막 r개의 열들이 제거된 주소행렬들을 $\mathbf{A}$의 선행주소행렬(leading principal submatrix)이라고 하고 이 행렬들의 행렬식을 **선행주소행렬식**(leading principal minor)이라고 한다.

예제 3.19 행렬식

$$|\mathbf{X}| = \begin{vmatrix} 7 & 2 & 2 \\ 2 & 8 & 2 \\ 2 & 2 & 9 \end{vmatrix}$$

은 다음과 같이 나타낼 수 있다.

$$|\mathbf{X}| = |\mathbf{A}+\mathbf{D}| = \left| \begin{bmatrix} 2 & 2 & 2 \\ 2 & 2 & 2 \\ 2 & 2 & 2 \end{bmatrix} + \begin{bmatrix} 5 & 0 & 0 \\ 0 & 6 & 0 \\ 0 & 0 & 7 \end{bmatrix} \right|.$$

$\mathbf{A}$의 모든 원소들의 2이므로 $|\mathbf{A}|$와 그것의 모든 소행렬식들은 0이다. 따라서 $|\mathbf{X}|$는 식 (3.18)에 의하여 처음 4개의 항들로만 이루어진다. 즉,

$$|\mathbf{X}| = 5(6)7 + 5(6)2 + 5(7)2 + 6(7)2 = 424.$$

이러한 방법으로 행렬식을 계산하는 것은 대각행렬 $\mathbf{D}$의 모든 원소들이 같을 때, 즉 x_i들이 모두 같을 때에도 유용하다. 이 경우에 식 (3.7)은 다음과 같이 나타난다.

$$x^3 + x^2(a_{11} + a_{22} + a_{33}) + x(|a_{11} \quad a_{22}| + |a_{11}a_{33}| + |a_{22}a_{33}|) + |\mathbf{A}|.$$

일반적으로 위의 식은 다음과 같이 나타내는데

$$x^3 + x^2\mathrm{tr}_1(\mathbf{A}) + x\mathrm{tr}_2(\mathbf{A}) + |\mathbf{A}|,$$

여기서 $tr_1(\mathbf{A})$는 $\mathbf{A}$의 **대각합**(trace), 즉 대각원소들의 합이고 $tr_2(\mathbf{A})$는 $|\mathbf{A}|$의 차수 2인 주소행렬식들의 합이다. 이 전개 방법은 **대각원소들에 의한 전개** 또는 간단히 **대각전개**(diagonal expansion)로 알려져 있다.

차수 n인 행렬식

$$|\mathbf{A}+\mathbf{D}| = \begin{vmatrix} a_{11}+x_1 & a_{12} & a_{13} & \cdots & a_{1n} \\ a_{21} & a_{22}+x_2 & a_{23} & \cdots & a_{2n} \\ a_{31} & a_{32} & a_{33}+x_3 & \cdots & a_{3n} \\ \vdots & \vdots & \vdots & \ddots & \vdots \\ a_{n1} & a_{n2} & a_{n3} & \cdots & a_{nn}+x_n \end{vmatrix}$$

의 전개는 $r(r = n, n-1, \ldots, 2, 1, 0)$개의 x_i들의 가능한 모든 곱들의 합으로 이루어지고 각 곱에는 $|\mathbf{A}|$에서 차수 $n-r$인 그 곱의 **보주소행렬식**(complementary principal minor)이 곱해져 있다. $|\mathbf{A}|$에서 보주소행렬식이란 $|\mathbf{A}+\mathbf{D}|$을 구성하는 x_i들과 대응하는 대각원소들을 제외한 나머지 대각원소들을 가지는 주소행렬식을 뜻한다. 예를 들어 곱 $x_1x_3x_6$의 보주소행렬식은 $|a_{22}a_{44}a_{55}a_{77}a_{88} \ldots a_{nn}|$이다. x_i들이 x로 모두 같은 경우에 그 전개는 $\Sigma_{i=0}^{n} x^{n-i} tr_i(\mathbf{A})$가 된다. 여기서 $tr_i(\mathbf{A})$는 $|\mathbf{A}|$의 차수 i인 주소행렬식들의 합이고, 정의에 의해 $tr_0(\mathbf{A}) = 1$이다. 참고로 $tr_n(\mathbf{A}) = |\mathbf{A}|$임을 유의하자.

예제 3.20 다음과 같은 대각전개가 있다.

$$|\mathbf{A}+\mathbf{D}| = \begin{vmatrix} a+b & a & a & a \\ a & a+b & a & a \\ a & a & a+b & a \\ a & a & a & a+b \end{vmatrix}$$
$$= b^4 + b^3 tr_1(\mathbf{A}) + b^2 tr_2(\mathbf{A}) + b tr_3(\mathbf{A}) + |\mathbf{A}|,$$

여기서 $\mathbf{A}$는 모든 원소가 a인 4×4 행렬이다. 따라서 $|\mathbf{A}|$와 차수 2 이상의 모든 주소행렬식은 0이다. 그러므로

$$|\mathbf{A}+\mathbf{D}| = b^4 + b^3(4a) = (4a+b)b^3.$$

이것은 3.4절에 있는 예제의 확장이다.

3.7 라플라스 전개

다음의 행렬식

$$|\mathbf{A}| = \begin{vmatrix} a_{11} & a_{12} & a_{13} & a_{14} \\ a_{21} & a_{22} & a_{23} & a_{24} \\ a_{31} & a_{32} & a_{33} & a_{34} \\ a_{41} & a_{42} & a_{43} & a_{44} \end{vmatrix}$$

의 전개에서 a_{11}의 소행렬식은 $|a_{22}a_{33}a_{44}|$이다. 이를 확장하면 $|a_{11} \quad a_{22}|$의 계수는 $|a_{33} \quad a_{44}|$이다. 즉, $\begin{vmatrix} a_{11} & a_{12} \\ a_{21} & a_{22} \end{vmatrix} = a_{11}a_{22} - a_{12}a_{21}$의 계수는 $\begin{vmatrix} a_{33} & a_{34} \\ a_{43} & a_{44} \end{vmatrix} = a_{33}a_{44} - a_{34}a_{43}$이 된다. 마찬가지로 $|a_{11} \quad a_{24}|$의 계수는 $|a_{32} \quad a_{43}|$이다. 즉,

$$|a_{11} \quad a_{24}| = \begin{vmatrix} a_{11} & a_{14} \\ a_{21} & a_{24} \end{vmatrix} = a_{11}a_{24} - a_{21}a_{14}$$

의 계수는

$$|a_{32} \quad a_{43}| = \begin{vmatrix} a_{32} & a_{33} \\ a_{42} & a_{43} \end{vmatrix} = a_{32}a_{43} - a_{33}a_{42}.$$

정리하면 $|\mathbf{A}|$의 특정한 소행렬식의 계수는(부호를 뺀) 그 소행렬식의 **보소행렬식**(complementary minor)이다. 즉, $|\mathbf{A}|$에서 그 특정한 소행렬식에 포함되는 모든 행과 열을 뺀 부분행렬의 행렬식이다. 이것은 앞에서 언급된 단순히 한 행 또는 한 열에 대한 전개에서처럼 $|\mathbf{A}|$에 있는 각각의 원소에 대한 계수를 찾는 과정의 확장이 된다. 한 행 또는 한 열에 대한 전개에서의 특정한 소행렬식은 단 하나의 원소가 되고 그의 계수는 $|\mathbf{A}|$에서 특정 원소를 포함하는 행과 열을 제외한 나머지 부분행렬의 행렬식이다. 각 계수에는 부호가 곱해지는데, $|\mathbf{A}|$의 a_{ij}에 대응하는 계수에는 $(-1)^{i+j}$가 곱해진다. 소행렬식들의 계수에 대한 확장에서 부호는 선택된 소행렬식의 대각원소들의 합을 (-1)의 거듭제곱(power)으로 하여 얻어진다. 예를 들어 $|a_{32} \quad a_{43}|$의 계수에 대한 부호는 $(-1)^{3+2+4+3} = -1$이다. 이 부호가 곱해진 보소행렬식을 대응하는 소행렬식의 계수라고 하면, 행렬식의 전개는, 한 행(또는 열)의 각 원소와 그에 대응하는 소행렬식의 곱들 모두의 합으로 표현되었듯이, 특정한 m개의 행에서 언어지는 가능한 모든 m차 소행렬식들과 앞에서 언급한 방법으로 얻어지는 그 소행렬식들의 계수의 곱들의 합으로 나타낸다. 이러한 일반적인 행렬식의 전개는 라플라스에 의해 처음 정립되었으며 그의 이름을 따라서 **라플라스 전개**라고 한다. 이 전개 과정에 대한 증명은 에이킨(Aitkin, 1948)과 페라(Ferrar, 1941)의 책을 참고하길 바란다. 여기에서는 라플라스 전개의 방법에 대한 일반적인 언급과 그 방법을 다룬 예제를 제시하는 것으로 만족하기로 한다.

차수가 n인 행렬식 $|\mathbf{A}|$의 라플라스 전개는 다음과 같이 구할 수 있다. (i) $|\mathbf{A}|$의 어떤 m개의 행들을 선택한다. 그들은 $n!/[m!(n-m)!]$개의 차수 m인 소행렬식들을 포함한다(3.1절의 각주를 참조). (ii) 이 소행렬식들을 $\mathbf{M}$이라고 표기한다면, 각각의 그것에 대응하는 보소행렬식과 부호를 곱한다. 여기에서 (a) $\mathbf{M}$의 보소행렬식들은 $|\mathbf{A}|$에서 $\mathbf{M}$을 포함하는 열과 행을 제거함으로써 얻어지는 차수 $n-m$인 소행렬식이다. 그리고 (b) 그 부호는 $(-1)^{\mu}$로 주어지는데, 여기서 μ는 $\mathbf{M}$의 대각원소들의 첨자들의 합이고 $\mathbf{A}$는 $\mathbf{A} = \{a_{ij}\}$, $i, j = 1, 2, \ldots, n$으로 정의된다. (iii) 앞에서 구한 모든 곱들의 합이 $|\mathbf{A}|$이다.

예제 3.21 $|\mathbf{A}|$의 2행과 4행을 바꾸면 다음이 성립한다.

$$|\mathbf{A}| = \begin{vmatrix} 1 & 2 & 3 & 0 & 0 \\ 1 & 0 & 4 & 2 & 3 \\ 2 & 0 & 1 & 4 & 5 \\ -1 & 2 & -1 & 0 & 0 \\ 0 & 2 & 1 & 2 & 3 \end{vmatrix} = -\begin{vmatrix} 1 & 2 & 3 & 0 & 0 \\ -1 & 2 & -1 & 0 & 0 \\ 2 & 0 & 1 & 4 & 5 \\ 1 & 0 & 4 & 2 & 3 \\ 0 & 2 & 1 & 2 & 3 \end{vmatrix}.$$

이 형태에서 처음 2개의 행들($m = 2$)에 대한 라플라스 전개를 이용하여 $|\mathbf{A}|$를 전개한다. 이 2개의 행들에는 차수 2인 10개의 소행렬식들이 포함되는데 그들 중 7개는 0으로 이루어진 열을 가지므로 행렬식이 0이다. 따라서

$$|\mathbf{A}| = (-1)^{1+1+2+2}\begin{vmatrix} 1 & 2 \\ -1 & 2 \end{vmatrix}\begin{vmatrix} 1 & 4 & 5 \\ 4 & 2 & 3 \\ 1 & 2 & 3 \end{vmatrix} + (-1)^{1+1+2+3}\begin{vmatrix} 1 & 3 \\ -1 & -1 \end{vmatrix}\begin{vmatrix} 0 & 4 & 5 \\ 0 & 2 & 3 \\ 2 & 2 & 3 \end{vmatrix}$$
$$+ (-1)^{1+2+2+3}\begin{vmatrix} 2 & 3 \\ 2 & -1 \end{vmatrix}\begin{vmatrix} 2 & 4 & 5 \\ 1 & 2 & 3 \\ 0 & 2 & 3 \end{vmatrix}.$$

항들의 부호는 **A**를 $\{a_{ij}\}(i, j = 1, 2, \ldots, n)$라고 했을 때의 첨자들로부터 얻어진다. 즉, 첫 번째 2×2 소행렬식 $\begin{vmatrix} 1 & 2 \\ -1 & 2 \end{vmatrix}$는 $\begin{vmatrix} a_{11} & a_{12} \\ a_{21} & a_{22} \end{vmatrix}$로 주어지므로 그 부호인자는 $(-1)^{1+1+2+2}$이다. 다른 항들에 대해서도 마찬가지이다. 위의 전개를 간단하게 하면 다음과 같다.

$$-|\mathbf{A}| = 4\begin{vmatrix} 1 & 4 & 5 \\ 3 & 0 & 0 \\ 1 & 2 & 3 \end{vmatrix} - 2(2)\begin{vmatrix} 4 & 5 \\ 2 & 3 \end{vmatrix} + (-8)\begin{vmatrix} 2 & 4 & 5 \\ 1 & 0 & 0 \\ 0 & 2 & 3 \end{vmatrix} = -24 - 8 + 16.$$

따라서 $|\mathbf{A}| = 16$이다. 더 직접적인 방법에 의한 전개도 같은 결과를 도출한다는 것을 발견할 수 있을 것이다.

행렬식의 전개에서 소행렬식들과 대응하는 보소행렬식들에 의한 전개뿐만 아니라 그 소행렬식들의 전개에서 또한 라플라스 전개를 필요로 하므로 반복해서 이용하게 된다. 따라서 다른 수많은 행렬식의 전개 방법들은 라플라스 전개의 확장을 기반으로 한다. 많은 전개방법들에는 만든 사람들의 이름이 붙여졌다. 예를 들면 코쉬(Cauchy), 비넷−코쉬(Binet−Cauchy), 그리고 자코뷔(Jacoby) 등이 있다. 이들 중 몇 가지에 대한 자세한 설명은 에이킨(Aitkin, 1948)과 페라(Ferrar, 1941)에서 찾아볼 수 있다.

3.8 행렬식의 합과 차

행렬이 2개 이상 있을 때 각 행렬식의 합은 그 행렬들의 합의 행렬식과 일반적으로 같지 않다. 간단한 예로 다음을 들 수 있다.

$$|\mathbf{A}| + |\mathbf{B}| = \begin{vmatrix} a_{11} & a_{12} \\ a_{21} & a_{22} \end{vmatrix} + \begin{vmatrix} b_{11} & b_{12} \\ b_{21} & b_{22} \end{vmatrix}$$
$$= a_{11}a_{22} - a_{12}a_{21} + b_{11}b_{22} - b_{12}b_{21} \neq |\mathbf{A} + \mathbf{B}|.$$

이 사실은 차에 대해서도 똑같이 적용된다. $|\mathbf{A}| - |\mathbf{B}| \neq |\mathbf{A} - \mathbf{B}|$

행렬식의 값은 스칼라이므로, $|\mathbf{A}| + |\mathbf{B}|$와 $|\mathbf{A}| - |\mathbf{B}|$는 **A**와 **B**가 차수가 다른 정방행렬들이라도 의미를 가진다는 사실에 주의해야 한다. 이것은 $\mathbf{A} + \mathbf{B}$와 $\mathbf{A} - \mathbf{B}$는 같은 차수를 가질 때만 의미를 갖는다는 사실과 대조된다.

일반적으로 $|\mathbf{A}| + |\mathbf{B}|$가 $|\mathbf{A} + \mathbf{B}|$와 같지 않더라도, $|\mathbf{A} + \mathbf{B}|$이 어떤 다른 행렬식의 합으로 전개될 수 있다는 사실은 주목할 만하다.

$$|\mathbf{A}+\mathbf{B}| = \left|\begin{bmatrix} a_{11} & a_{12} \\ a_{21} & a_{22} \end{bmatrix} + \begin{bmatrix} b_{11} & b_{12} \\ b_{21} & b_{22} \end{bmatrix}\right| = \begin{vmatrix} a_{11}+b_{11} & a_{12}+b_{12} \\ a_{21}+b_{21} & a_{22}+b_{22} \end{vmatrix}$$
$$= \begin{vmatrix} a_{11} & a_{12} \\ a_{21}+b_{21} & a_{22}+b_{22} \end{vmatrix} + \begin{vmatrix} b_{11} & b_{12} \\ a_{21}+b_{21} & a_{22}+b_{22} \end{vmatrix}$$
$$= \begin{vmatrix} a_{11} & a_{12} \\ a_{21} & a_{22} \end{vmatrix} + \begin{vmatrix} a_{11} & a_{12} \\ b_{21} & b_{22} \end{vmatrix} + \begin{vmatrix} b_{11} & b_{12} \\ a_{21} & a_{22} \end{vmatrix} + \begin{vmatrix} b_{11} & b_{12} \\ b_{21} & b_{22} \end{vmatrix}.$$

일반적으로 **A**와 **B**가 $n \times n$이면, $|\mathbf{A}+\mathbf{B}|$는 2^n개의 n차 행렬식들의 합으로써 전개될 수 있다.

예제 3.22 다음의 결과를 확인하기 바란다.

$$\begin{vmatrix} a+b & a & a \\ a & a+b & a \\ a & a & a+b \end{vmatrix} = (3a+b)b^2.$$

위의 식은 $|b\mathbf{I}+a\mathbf{J}|$ 형태로 바꾸고 전개하면 쉽게 보일 수 있다.

3.9 차수 3 × 3인 행렬식의 그래프 표현

차수 3 × 3인 행렬식은 3차원 유클리드 공간에 평행육면체를 사용하여 묘사할 수 있다. 다음은 이 묘사를 설명하기 위한 정의이다.

■ **정의 3.2** $\boldsymbol{u}=(u_1, u_2, u_3)'$, $\boldsymbol{v}=(v_1, v_2, v_3)'$, $\boldsymbol{w}=(w_1, w_2, w_3)'$를 3차원 유클리드 공간에서의 벡터들이라고 하자.

스칼라곱(Dot product). $\boldsymbol{u}$와 $\boldsymbol{v}$로 표기되는 $\boldsymbol{u}, \boldsymbol{v}$의 스칼라곱의 정의는 다음과 같다.

$$\boldsymbol{u}.\boldsymbol{v} = \| \boldsymbol{u} \| \| \boldsymbol{v} \| \, cos(\theta), \tag{3.19}$$

여기서 θ는 두 벡터 $\boldsymbol{u}$와 $\boldsymbol{v}$ 사이의 각이고, $\|\boldsymbol{u}\|$와 $\|\boldsymbol{v}\|$는 u와 v의 유클리드 노름(norm)이다.

벡터곱(Vector product). $\boldsymbol{v} \times \boldsymbol{w}$로 표기되는 $\boldsymbol{v}$와 $\boldsymbol{w}$의 벡터곱은 그 크기가 아래와 같이 주어지는 두 벡터에 수직인 벡터이다.

$$\| \boldsymbol{v} \times \boldsymbol{w} \| = \| \boldsymbol{v} \| \| \boldsymbol{w} \| \, sin(\phi), \tag{3.21}$$

여기서 ϕ는 $\boldsymbol{v}$와 $\boldsymbol{w}$ 사이의 각이다. $\boldsymbol{v} \times \boldsymbol{w}$를 중심축으로 하여 $\boldsymbol{v}$를 180°보다 작거나 같은 ϕ만큼 회전하면 $\boldsymbol{w}$와 겹치게 된다. 벡터곱 $\boldsymbol{v} \times \boldsymbol{w}$는 다음과 같이 표현된다.

$$\boldsymbol{v} \times \boldsymbol{w} = (v_2w_3 - v_3w_2)\boldsymbol{e}_1 + (v_3w_1 - v_1w_3)\boldsymbol{e}_2 + (v_1w_2 - v_2w_1)\boldsymbol{e}_3, \tag{3.22}$$

여기서 e_1, e_2, e_3는 x, y, z 세 개의 좌표축의 양방향으로의 단위벡터들이다(Rutherford(1957, p. 7)를 참조).

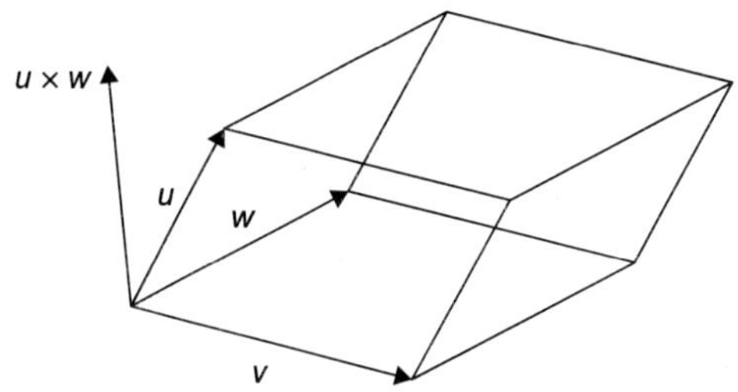

그림 3.1 벡터 $\boldsymbol{u}$, $\boldsymbol{v}$, $\boldsymbol{w}$에 의해 만들어지는 평행육면체.

스칼라삼중적(Triple scalar product). 세 개의 벡터 $\boldsymbol{u}$, $\boldsymbol{v}$, $\boldsymbol{w}$에 대해서 $\boldsymbol{u}.(\boldsymbol{v} \times \boldsymbol{w})$를 세 벡터의 스칼라삼중적이라고 한다. 즉 두 개의 벡터 $\boldsymbol{u}$와 $\boldsymbol{v} \times \boldsymbol{w}$의 스칼라곱으로 그 값은 다음과 같다.

$$\boldsymbol{u}.(\boldsymbol{v} \times \boldsymbol{w}) = \| \boldsymbol{u} \| \| \boldsymbol{v} \| \| \boldsymbol{w} \| \, sin(\phi) cos(\eta), \tag{3.23}$$

여기서 η는 $\boldsymbol{u}$와 $\boldsymbol{v} \times \boldsymbol{w}$ 사이의 각이다.

식 (3.23)에서 볼 수 있듯이 스칼라삼중적 $\boldsymbol{u}.(\boldsymbol{v} \times \boldsymbol{w})$은 벡터 $\boldsymbol{u}$, $\boldsymbol{v}$, $\boldsymbol{w}$에 의해 만들어지는 평행육면체의 체적의 값과 같음을 알 수 있다. 왜냐하면, $\|\boldsymbol{v}\| \|\boldsymbol{w}\| \sin(\phi)$는 밑면의 면적이고 $\|\boldsymbol{u}\| \cos(\eta)$는 그 육면체의 높이이기 때문이다. 식 (3.20)과 (3.22)로부터 스칼라삼중적 $\boldsymbol{u}.(\boldsymbol{v} \times \boldsymbol{w})$은 다음의 행렬식과 같다.

$$\boldsymbol{u}.(\boldsymbol{v} \times \boldsymbol{w}) = \begin{vmatrix} u_1 & u_2 & u_3 \\ v_1 & v_2 & v_3 \\ w_1 & w_2 & w_3 \end{vmatrix}. \tag{3.24}$$

따라서 식 (3.24)의 행렬식은 행렬식의 각 행의 원소들로 이루어지는 세 개의 벡터로 만들어지는 평행육면체의 부피로 나타낼 수 있다.

참고문헌

Aitken, A. C. (1948). *Determinants and Matrices*, 5th ed. Oliver and Boyd, Edinburgh, UK.

Ferrar, W. L. (1941). *Algebra, A Text-Book of Determinants, Matrices and Algebraic Forms*. Oxford University Press, Oxford.

Rutherford, D. E. (1957). *Vector Methods*, 9th ed. Oliver and Boyd, Edinburgh, UK.

연습문제

3.1 다음을 보이시오.

(a) $\begin{vmatrix} 1 & 5 & -5 \\ 3 & 2 & -5 \\ 6 & -2 & -5 \end{vmatrix}$와 $\begin{vmatrix} -3 & 2 & -6 \\ -3 & 5 & -7 \\ -2 & 3 & -4 \end{vmatrix}$는 모두 −5이다.

(b) $\begin{vmatrix} 2 & 6 & 5 \\ -2 & 7 & -5 \\ 2 & -7 & 9 \end{vmatrix}$와 $\begin{vmatrix} 2 & -1 & 9 \\ -1 & 7 & 2 \\ 3 & -21 & 2 \end{vmatrix}$는 모두 104이다.

3.2 (a) $\mathbf{x1}'$의 행렬식이 0임을 보이시오.

(b) $\mathbf{A1} = \mathbf{0}$일 때 $\mathbf{A}$의 행렬식은 왜 0이 되는가?

3.3 행렬

$$\mathbf{A} = \begin{bmatrix} 0 & -a & b & -c \\ a & 0 & -d & e \\ -b & d & 0 & -f \\ c & -e & f & 0 \end{bmatrix}$$

에 대해서

(a) $|\mathbf{A}|$를 계산하시오.

(b) 행 또는 열에 의한 전개를 이용하여 $|\mathbf{I} + \mathbf{A}| = 1 + (a^2 + b^2 + c^2 + d^2 + e^2 + f^2) + |\mathbf{A}|$임을 보이시오.

3.4 행렬식의 전개를 이용하지 않고 다음 식을 만족하는 x의 값을 제시하시오.

(a) $\begin{vmatrix} x & x & x \\ 2 & -1 & 0 \\ 7 & 4 & 5 \end{vmatrix} = 0;$

(b) $\begin{vmatrix} 1 & x & x^2 \\ 1 & 2 & 4 \\ 1 & -1 & 1 \end{vmatrix} = 0;$

3.5 다음에 주어지는 점 A, B, C에서 수직선을 내리고 얻어지는 사다리꼴을 이용하여 삼각형 ABC의 면적을 구하고 그 값이 다음에 주어지는 행렬 $\mathbf{M}$에 대해서 $\frac{1}{2}|\mathbf{M}|$의 절대값과 같음을 보이시오.

$$\mathbf{M} = \begin{vmatrix} 1 & x_1 & y_1 \\ 1 & x_2 & y_2 \\ 1 & x_3 & y_3 \end{vmatrix}.$$

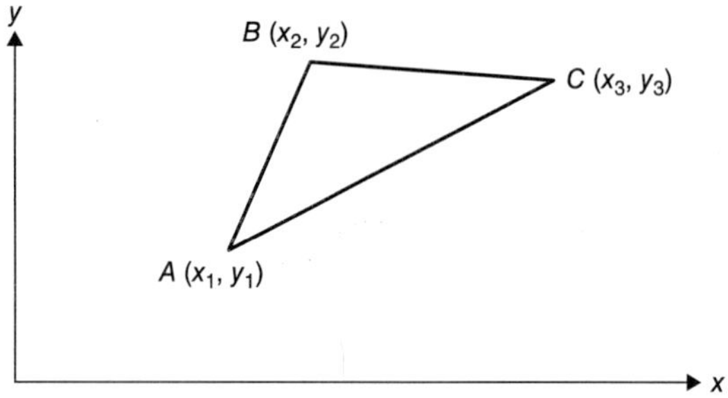

3.6 이차원 좌표평면 위의 한 직선의 식은 $1 + ax + by = 0$와 같이 나타낼 수 있다. 점 (x_1, y_1)와 (x_2, y_2)를 지나는 직선의 식이 다음과 같음을 보이시오.

$$\begin{vmatrix} 1 & x & y \\ 1 & x_1 & y_1 \\ 1 & x_2 & y_2 \end{vmatrix} = 0.$$

3.7 다음의 식들을 $\mathbf{Ax} = \mathbf{b}$의 형태로 나타내시오.

$$\left.\begin{aligned} x_1 + 2x_2 + 3x_3 &= 26 \\ 3x_1 + 7x_2 + 10x_3 &= 87 \\ 2x_1 + 11x_2 + 7x_3 &= 73 \end{aligned}\right\}$$

(a) 축차소거(successive elimination)를 이용하여 식의 해를 구하시오.

(b) 행렬 $\mathbf{A}$의 열들을 앞에서부터 차례대로 벡터 $\mathbf{b}$로 바꾸어 가면서 얻어지는 행렬들을 $\mathbf{A}_j (j = 1, 2, 3)$라고 할 때, (a)의 해가 다음과 같음을 보이시오.

$$x_j = |\mathbf{A}_j| / |\mathbf{A}|.$$

이러한 방법으로 일차방정식들의 해를 구하는 공식을 크래머 규칙(Cramer's rule)이라고 한다.

(c) 크래머 규칙이 적용 가능하기 위하여 행렬식 $|\mathbf{A}|$가 만족해야 하는 조건은?

3.8 3.3.4절의 결과들을 이용하여 다음을 보이시오.

$$\begin{vmatrix} 1 & 1 & 1 \\ a & b & c \\ a^2 & b^2 & c^2 \end{vmatrix} = (b-a)(c-a)(c-b).$$

위의 행렬식은 3차의 **방데르몽드(Vandermonde) 행렬식**으로 알려져 있다.

3.9 연습문제 3.8에서와 같이 3.3.4절의 결과들을 이용하여 방데르몽드 행렬식이 다음의 행렬식과 같음을 보이시오.

$$\begin{vmatrix} 1 & 1 & 1 \\ a & b & c \\ bc & ac & ab \end{vmatrix}$$

3.10 차수 $n \times n$인 정방행렬 $\boldsymbol{A} = (a_{ij})$를 고려하자. 만약 모든 $i = 1, 2, \ldots, n$에 대해서 $\Sigma_j^n a_{ij} = 1$을 만족하면 $|\boldsymbol{A} - \boldsymbol{I}| = 0$임을 보이시오.

3.11 좌측의 행렬에 대해 첫 행에 의한 전개를 이용하여 아래 식이 성립함을 보이시오.

$$\begin{vmatrix} a_1 + \lambda\alpha_1 & b_1 + \lambda\beta_1 & c_1 + \lambda\gamma_1 \\ a_2 & b_2 & c_2 \\ a_3 & b_3 & c_3 \end{vmatrix} = \begin{vmatrix} a_1 & b_1 & c_1 \\ a_2 & b_2 & c_2 \\ a_3 & b_3 & c_3 \end{vmatrix} + \lambda \begin{vmatrix} \alpha_1 & \beta_1 & \gamma_1 \\ a_2 & b_2 & c_2 \\ a_3 & b_3 & c_3 \end{vmatrix}.$$

3.12 주어진 행렬의 임의의 행 또는 열들에 다른 행 또는 열들의 상수배가 더해지더라도 행렬식의 값은 변하지 않음을 보이시오.

(힌트: 연습문제 3.11에서 주어진 식 우측의 두 번째 행렬의 2, 3행들을 식 좌측에 있는 행렬의 2, 3행들로 대체하고, 1행은 식 좌측에 있는 행렬의 2 또는 3행으로 바꾸시오.)

3.13 차수 12×12인 정방행렬 $\boldsymbol{K}$가 $\boldsymbol{K}^5 = \boldsymbol{3K}$를 만족한다고 하자. $|\boldsymbol{K}|$의 값은 무엇인가? 값이 유일하지 않다면 가능한 모든 값을 구하시오.

3.14 차수 $m \times n$ 그리고 $n \times m (n \geq m)$인 행렬 $\boldsymbol{A}$와 $\boldsymbol{B}$에 대해서 $|\boldsymbol{I}_m - \boldsymbol{AB}| = |\boldsymbol{I}_n - \boldsymbol{BA}|$임을 보이시오.

3.15 $\boldsymbol{a}$를 n차 열벡터라고 하자. 다음이 성립함을 보이시오.

$$|\lambda\boldsymbol{I}_n + \boldsymbol{1}_n\boldsymbol{a}'| = \lambda^{n-1}(\lambda + \boldsymbol{a}'\boldsymbol{1}_n).$$

(힌트: 연습문제 3.14의 결과를 이용하시오.)

3.16 $\boldsymbol{J}_n$을 모든 원소가 1인 $n \times n$차 행렬이라고 할 때, $|a\boldsymbol{I}_n + b\boldsymbol{J}_n| = a^{n+1}(a + nb)$가 성립함을 보이시오.

4장 행렬연산

이 장에서는 행렬이 수의 직사각형 형태의 배열이라는 것으로부터 생기는 행렬의 기본연산들과 더불어 행렬의 덧셈, 뺄셈, 곱셈에 대하여 기술하고자 한다. 직합과 직적으로 불리는 특정한 형태의 합과 곱과 함께, 행렬의 대각합, 계수, 역행렬에 대해서 정의한다.

4.1 행렬의 전치

다음의 두 행렬을 고려하자.

$$\mathbf{A} = \begin{bmatrix} 18 & 17 & 11 \\ 19 & 13 & 6 \\ 6 & 14 & 9 \\ 9 & 11 & 4 \end{bmatrix},$$

그리고

$$\mathbf{B} = \begin{bmatrix} 18 & 19 & 6 & 9 \\ 17 & 13 & 14 & 11 \\ 11 & 6 & 9 & 4 \end{bmatrix}.$$

비록 **B**의 원소들이 **A**의 원소들과 같더라도, 두 행렬은 명백히 다르다. 예를 들어 두 행렬의 차수는 같지 않다. **A**는 4×3차, **B**는 3×4차 행렬이다. 그렇지만 한 행렬의 행이 다른 행렬의 열과 같다는 점에서 두 행렬은 서로 관련되어 있다. 두 행렬이 이와 같은 방식으로 연관되었을 때, 한 행렬을 다른 행렬의 **전치**(transpose)라고 한다. 예를 들면 **B**는 **A**의 전치이고 **A**는 **B**의 전치이다.

형식적으로 기술하면, **A**의 전치는 그것의 행이 **A**의 열이 되는 행렬을 말한다. **A**의 전치는 $\mathbf{A}'$과 같이 표기하는데, $\mathbf{A}^t$ 또는 $\mathbf{A}^T$와 같은 표기법도 다른 문헌에서 볼 수 있다. 이 책에서는 $\mathbf{A}'$의 표기법을 사용한다.

따라서 전치 연산의 결과로 **A**의 행은 **A**′의 열과 같고, **A**의 차수가 $r \times c$이면 **A**′의 차수는 $c \times r$이다. 만약 a_{ij}가 **A**의 i번째 행과 j번째 열에 있는 원소라면 a_{ij}는 또한 **A**′의 j번째 행과 i번째 열에 있는 원소이다. 그러므로 a'_{ji}을 **A**′의 j번째 행 i번째 열에 있는 원소라고 한다면 $a'_{ji} = a_{ij}$이다. 마찬가지로 i와 j를 바꾸면 다음을 얻는다.

$$\mathbf{A}' = \{a'_{ij}\} \quad (i = 1, \dots, c, \quad j = 1, \dots, r, \quad a'_{ij} = a_{ji}).$$

여기서 표기법과 관련하여 약간의 문제가 있다. $\mathbf{A}_{r\times c}$는 r개의 행과 c개의 열을 갖는다. **A**의 전치행렬 **A**′에 $r \times c$의 첨자를 쓰면, 즉 **A**′은 $r \times c$의 차수인 **A**가 전치된 것으로도 또는 **A**의 전치행렬 **A**′이 차수 $r \times c$를 가지는 것으로도 볼 수 있다. 그러므로 **전치행렬**(transposed matrix)의 차수에 대해 첨자기호를 쓰는 경우 $(\mathbf{A}_{r\times c})'$이나 $(\mathbf{A})'_{c\times r}$을 써야 한다. 다행히도 이러한 경우는 거의 없다. 단순히 **A**′을 쓰는 것만으로도 대부분의 경우에는 충분하다.

4.1.1 반사성 연산

전치 연산은 반사성 연산(reflexive operation)이다. 전치행렬의 전치는 원래의 행렬이 된다. 즉 $(\mathbf{A}')' = \mathbf{A}$이다. 왜냐하면 **A**′을 전치시킨 행렬의 행은 **A**′의 열이고 그것은 **A**의 행과 같기 때문이다. 즉,

$$(\mathbf{A}')' = \{a'_{ij}\}' = \{a_{ji}\}' = \{a'_{ji}\} = \{a_{ij}\} = \mathbf{A}.$$

4.1.2 벡터

행벡터의 전치는 열벡터이고, 그 역도 성립한다. 예를 들어

$$\mathbf{x} = \begin{bmatrix} 1 \\ 6 \\ 4 \end{bmatrix} \text{의 전치는 } \mathbf{x}' = \begin{bmatrix} 1 & 6 & 4 \end{bmatrix} \text{이다.}$$

4.2 분할행렬

4.2.1 예제

행렬 **B**가 아래와 같이 주어져 있다.

$$\mathbf{B} = \begin{bmatrix} 1 & 6 & 8 & 9 & 3 & 8 \\ 2 & 4 & 1 & 6 & 1 & 1 \\ 4 & 3 & 6 & 1 & 2 & 1 \\ 9 & 1 & 4 & 6 & 8 & 7 \\ 6 & 8 & 1 & 4 & 3 & 2 \end{bmatrix}.$$

다음과 같이 행들과 열들 사이에 점선을 그어보자.

$$\mathbf{B} = \begin{bmatrix} 1 & 6 & 8 & 9| & 3 & 8 \\ 2 & 4 & 1 & 6| & 1 & 1 \\ 4 & 3 & 6 & 1| & 2 & 1 \\ - & - & - & -| & - & - \\ 9 & 1 & 4 & 6| & 8 & 7 \\ 6 & 8 & 1 & 4| & 3 & 2 \end{bmatrix}. \tag{4.1}$$

점선들에 의해 나누어진 행렬 **B**의 4부분에 있는 수들의 배열들 또한 각각 행렬이 된다.

$$\begin{aligned} \mathbf{B}_{11} &= \begin{bmatrix} 1 & 6 & 8 & 9 \\ 2 & 4 & 1 & 6 \\ 4 & 3 & 6 & 1 \end{bmatrix}, \qquad \mathbf{B}_{12} = \begin{bmatrix} 3 & 8 \\ 1 & 1 \\ 2 & 1 \end{bmatrix} \\ \mathbf{B}_{21} &= \begin{bmatrix} 9 & 1 & 4 & 6 \\ 6 & 8 & 1 & 4 \end{bmatrix}, \qquad \mathbf{B}_{22} = \begin{bmatrix} 8 & 7 \\ 3 & 2 \end{bmatrix}. \end{aligned} \tag{4.2}$$

식 (4.2)에 있는 행렬들을 사용하면 식 (4.1)의 행렬 **B**는 다음과 같이 행렬의 행렬로 나타낼 수 있다.

$$\mathbf{B} = \begin{bmatrix} \mathbf{B}_{11} & \mathbf{B}_{12} \\ \mathbf{B}_{21} & \mathbf{B}_{22} \end{bmatrix}. \tag{4.3}$$

이와 같이 **B**를 나누는 것을 **분할**(partitioning)이라고 한다. 그리고 행렬 $\mathbf{B}_{11}$, $\mathbf{B}_{12}$, $\mathbf{B}_{21}$, $\mathbf{B}_{22}$들을 행렬 **B**의 **부분행렬**(submatrix)이라고 한다. 또한 식 (4.3)에 있는 행렬 **B**를 **분할행렬**(partitioned matrix)이라고 한다.

행렬들 $\mathbf{B}_{11}$과 $\mathbf{B}_{21}$은 같은 수의 열을 가지고 $\mathbf{B}_{12}$와 $\mathbf{B}_{22}$도 또한 같은 수의 열을 갖는다. 비슷하게 행렬들 $\mathbf{B}_{11}$과 $\mathbf{B}_{12}$는 같은 수의 행을 가지고 $\mathbf{B}_{21}$과 $\mathbf{B}_{22}$도 같은 수의 행을 갖는다. 이것은 분할의 보편적인 방법으로 $r \times c$차의 일반적인 행렬은 다음과 같이 나타낼 수 있다.

$$\mathbf{A}_{r\times c} = \begin{bmatrix} \mathbf{K}_{p\times q} & \mathbf{L}_{p\times(c-q)} \\ \mathbf{M}_{(r-p)\times q} & \mathbf{N}_{(r-p)\times(c-q)} \end{bmatrix}$$

여기서 **K**, **L**, **M**, **N**들은 첨자에 나타난 차수를 갖는 부분행렬이다.

분할은 한 행렬을 4개의 부분행렬로만 나누는 것으로 제한되는 것은 아니며, 여러 개의 부분행렬들로 나눌 수도 있다. 만약

$$\begin{aligned} \mathbf{B}_{01} &= \begin{bmatrix} 1 & 6 & 8 & 9 \\ 2 & 4 & 1 & 6 \end{bmatrix}, \qquad \mathbf{B}_{02} = \begin{bmatrix} 3 & 8 \\ 1 & 1 \end{bmatrix}, \\ \mathbf{B}_{03} &= \begin{bmatrix} 4 & 3 & 6 & 1 \end{bmatrix}, \qquad \mathbf{B}_{04} = \begin{bmatrix} 2 & 1 \end{bmatrix} \end{aligned}$$

이고 $\mathbf{B}_{21}$, $\mathbf{B}_{22}$가 식 (4.2)에 주어진 부분행렬이면 **B**는 아래와 같이 분할된 형태로 나타낼 수도 있다.

$$\mathbf{B}=\left[\begin{array}{cccc|cc} 1 & 6 & 8 & 9 & 3 & 8 \\ 2 & 4 & 1 & 6 & 1 & 1 \\ \hline 4 & 3 & 6 & 1 & 2 & 1 \\ \hline 9 & 1 & 4 & 6 & 8 & 7 \\ 6 & 8 & 1 & 4 & 3 & 2 \end{array}\right]=\begin{bmatrix} \mathbf{B}_{01} & \mathbf{B}_{02} \\ \mathbf{B}_{03} & \mathbf{B}_{04} \\ \mathbf{B}_{21} & \mathbf{B}_{22} \end{bmatrix}. \tag{4.4}$$

주의해야 할 사항은 분할에 사용되는 점선은 끝까지 그어져야 한다는 것이다. 즉 다음과 같은 방식으로 분할하는 것은 허용되지 않는다.

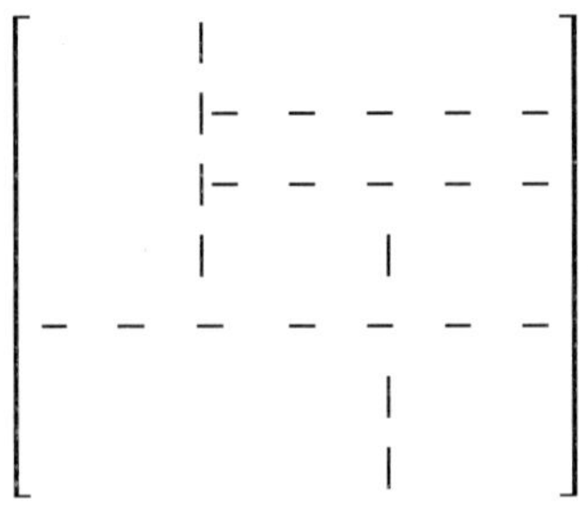

4.2.2 일반적인 분할

앞 절의 예제는 행렬 분할의 단순성을 보여준다. 식 (4.1)에서부터 식 (4.4)까지의 과정에서 명백히 알 수 있듯이 행렬이 분할될 수 있는 방법은 유일한 것은 아니다. 일반적으로 차수가 $p \times q$인 행렬 $\mathbf{A}$는 r개의 행과 c개의 열을 가지는 부분행렬들의 행렬로서 아래와 같이 분할될 수 있다.

$$\mathbf{A}=\begin{bmatrix} \mathbf{A}_{11} & \mathbf{A}_{12} & \cdots & \mathbf{A}_{1c} \\ \mathbf{A}_{21} & \mathbf{A}_{22} & \cdots & \mathbf{A}_{2c} \\ \vdots & \vdots & & \vdots \\ \mathbf{A}_{r1} & \mathbf{A}_{r2} & \cdots & \mathbf{A}_{rc} \end{bmatrix}$$

여기서 $\mathbf{A}_{ij}$는 i번째 행, j번째 열에 있는 부분행렬이다. 만약 i번째 행에 있는 부분행렬들이 p_i개의 행을 가지고, j번째 열에 있는 부분행렬들이 q_j개의 열을 갖는다면 $\mathbf{A}_{ij}$는 $p_i \times q_j$차 행렬이고, p_i들과 q_j들은 다음을 만족한다.

$$\sum_{i=1}^{r} p_i = p \quad \text{그리고} \quad \sum_{j=1}^{c} q_j = q.$$

4.2.3 분할행렬의 전치

분할행렬의 전치는 전치된 부분행렬들의 전치행렬이다.

$$[\mathbf{X}\ \mathbf{Y}]' = \begin{bmatrix} \mathbf{X}' \\ \mathbf{Y}' \end{bmatrix}, \quad \text{그리고} \quad \begin{bmatrix} \mathbf{A} & \mathbf{B} & \mathbf{C} \\ \mathbf{D} & \mathbf{E} & \mathbf{F} \end{bmatrix}' = \begin{bmatrix} \mathbf{A}' & \mathbf{D}' \\ \mathbf{B}' & \mathbf{E}' \\ \mathbf{C}' & \mathbf{F}' \end{bmatrix}.$$

독자들은 식 (4.1)에 있는 예제를 이용하여 이러한 결과를 실증해 보고, $[\mathbf{X}\quad \mathbf{Y}]$의 전치가 $\begin{bmatrix} \mathbf{X} \\ \mathbf{Y} \end{bmatrix}$도 $[\mathbf{X}'\quad \mathbf{Y}']$도 아님을 알아야 한다. 예를 들어,

$$\left[\begin{array}{c|cc} 2 & 8 & 9 \\ 3 & 7 & 4 \end{array}\right]' = \begin{bmatrix} 2 & & 3 \\ - & - & - \\ 8 & & 7 \\ 9 & & 4 \end{bmatrix}.$$

4.2.4 벡터들로의 분할

벡터 $\mathbf{a}_j$를 행렬 $\mathbf{A}_{r\times c}$의 j번째 열이라고 하면

$$\mathbf{A} = [\mathbf{a}_1 \quad \mathbf{a}_2 \cdots \mathbf{a}_j \cdots \mathbf{a}_c] \tag{4.5}$$

는 c개의 열들로 분할된 행렬이다. 마찬가지로,

$$\mathbf{A} = \begin{bmatrix} \alpha_1' \\ \alpha_2' \\ \vdots \\ \alpha_i' \\ \vdots \\ \alpha_r' \end{bmatrix} \tag{4.6}$$

은 r개의 행 α_i', $i = 1, \ldots, r$들로 분할된 행렬이다.

4.3 행렬의 대각합

정방행렬의 대각원소들의 합을 **대각합**(trace)이라고 하고 $tr(\mathbf{A})$로 나타낸다. 즉 $\mathbf{A} = \{a_{ij}\}$, $i, j = 1, \ldots, n$에 대해

$$tr(\mathbf{A}) = a_{11} + a_{22} + \cdots + a_{nn} = \sum_{i=1}^{n} a_{ii}.$$

예를 들면

$$tr\begin{bmatrix} 1 & 7 & 6 \\ 8 & 3 & 9 \\ 4 & -2 & -8 \end{bmatrix} = 1 + 3 - 8 = -4.$$

A가 정방행렬이 아니라면 **A**의 대각합은 정의되지 않는다.

전치행렬의 대각합은 원래 행렬의 대각합과 같다

$$tr(\mathbf{A}') = tr(\mathbf{A}).$$

예를 들면

$$tr\begin{bmatrix} 1 & 8 & 4 \\ 7 & 3 & -2 \\ 6 & 9 & -8 \end{bmatrix} = tr\begin{bmatrix} 1 & 7 & 6 \\ 8 & 3 & 9 \\ 4 & -2 & -8 \end{bmatrix} = 1 + 3 - 8 = -4.$$

또한 스칼라를 1×1 행렬로 간주하면

$$tr(\text{스칼라}) = \text{스칼라}; \text{ 예를 들면 } tr(13) = 13.$$

4.4 행렬의 덧셈

덧셈 연산에 대해서 예를 들어 설명해 보자.

표 4.1에는 한 컨트리클럽에서 어느 토요일에 회원들과 손님들에게 점심으로 제공된 음식들의 수가 나타나 있다.

표의 자료를 2×3차 행렬로 나타내면 다음과 같다.

$$\mathbf{A} = \begin{bmatrix} 98 & 24 & 42 \\ 39 & 15 & 22 \end{bmatrix}.$$

다음 날 일요일에 제공된 점심에 대한 같은 형태의 자료가 아래의 행렬 **B**로 주어져 있다고 하자.

$$\mathbf{B} = \begin{bmatrix} 55 & 19 & 44 \\ 43 & 53 & 38 \end{bmatrix}.$$

따라서 주말에 쇠고기 점심을 제공받은 회원들의 총 수는 두 행렬 **A**, **B**의 첫 번째 행의 첫 번째 열에 있는 수의 합, 즉 $98 + 55 = 153$이고, 생선 음식을 제공받은 손님들의 총 수는 $15 + 53 = 68$이

표 4.1 Number of Lunches

	Beef	Fish	Omelet
Member	98	24	42
Guest	39	15	22

다. 이와 같은 합의 행렬

$$\begin{bmatrix} 98+55 & 24+19 & 42+44 \\ 39+43 & 15+53 & 22+38 \end{bmatrix} = \begin{bmatrix} 153 & 43 & 86 \\ 82 & 68 & 60 \end{bmatrix},$$

는 주말에 점심으로 제공된 각 음식의 총 수들을 나타낸다. 이것이 행렬 **A**와 **B**의 합이다. 이것은 두 행렬 **A**와 **B**의 대응되는 원소들의 합으로 이루어진 행렬이다. 그러므로 $i = 1, 2, \ldots, r, j = 1, 2, \ldots, c$에 대해서 $\mathbf{A} = \{a_{ij}\}$이고 $\mathbf{B} = \{b_{ij}\}$라면 두 행렬의 합을 나타내는 행렬은

$$\mathbf{A} + \mathbf{B} = \{a_{ij} + b_{ij}\} \quad (i = 1, 2, \ldots, r, \quad j = 1, 2, \ldots, c)$$

즉, 두 행렬의 합은 대응되는 원소들의 합의 행렬이다.

이러한 정의로부터 행렬의 덧셈은 같은 치수를 갖는 행렬들에 대해서만 적용됨을 알 수 있다. 즉, 같은 수의 행과 열을 가지는 행렬들만이 더해질 수가 있다.

덧셈을 정의했으므로 이제 합의 전치와 대각합에 대해 고려해 보자.

(i) 행렬들의 합에 대한 전치는 각 행렬의 전치들에 대한 합과 같다. 즉,

$$(\mathbf{A} + \mathbf{B})' = \mathbf{A}' + \mathbf{B}'.$$

(ii) 행렬들의 합에 대한 대각합은 각 행렬의 대각합들의 합과 같다. 즉, **A**와 **B**가 같은 자수의 정방행렬이라면

$$tr(\mathbf{A} + \mathbf{B}) = \mathrm{tr}(\mathbf{A}) + \mathrm{tr}(\mathbf{B}).$$

이러한 결과들을 확인할 수 있는 예제들을 만드는 것은 독자들에게 맡긴다. 형식적 증명은 다음과 같다.

(i) 만약

$$\mathbf{A} + \mathbf{B} = \mathbf{C} = \{c_{ij}\} = \{a_{ij} + b_{ij}\},$$

라고 한다면

$$(\mathbf{A} + \mathbf{B})' = \mathbf{C}' = \{c'_{ij}\} = \{c_{ji}\} = \{a_{ji} + b_{ji}\} = \{a_{ji}\} + \{b_{ji}\} = \mathbf{A}' + \mathbf{B}'.$$

(ii) $tr(\mathbf{A} + \mathbf{B}) = \sum_{i=1}^{n}(a_{ii} + b_{ii}) = \sum_{i=1}^{n} a_{ii} + \sum_{i=1}^{n} b_{ii} = tr(\mathbf{A}) + tr(\mathbf{B}).$

두 행렬들의 차도 비슷한 방법으로 정의한다. 예를 들어 같은 차수의 행렬 $\mathbf{A} = \{a_{ij}\}$와 $\mathbf{B} = \{b_{ij}\}$에 대해서 $\mathbf{A} - \mathbf{B} = \{a_{ij} - b_{ij}\}$로 주어진다. 즉, 두 행렬들의 차는 대응하는 원소들의 차로 이루어지는 행렬이다.

4.5 스칼라에 의한 곱셈

앞 절에서 정의된 행렬의 덧셈에 따르면

$$\mathbf{A} + \mathbf{A} = \{a_{ij}\} + \{a_{ij}\} = \{2a_{ij}\} = 2\mathbf{A}.$$

이 식을 λ가 양의 정수인 경우로 확장하면 아래의 식이 성립함을 알 수 있다.

$$\lambda\mathbf{A} = \mathbf{A} + \mathbf{A} + \mathbf{A} + \cdots + \mathbf{A},$$

여기서 오른쪽에 있는 항은 **A**를 λ번 더한 것이다. 이 행렬들의 덧셈을 계산하면

$$\lambda\mathbf{A} = \{\lambda a_{ij}\} \quad (i = 1, 2, \ldots, r, \quad j = 1, 2, \ldots, c).$$

이 결과를 임의의 스칼라로 확장한 것이 **행렬에 대한 스칼라배**이다. 즉 행렬 **A**에 λ를 곱한 행렬은 **A**의 모든 원소에 λ를 곱한 행렬이다. 예를 들면

$$3\begin{bmatrix} 2 & -7 \\ 3 & 5 \end{bmatrix} = \begin{bmatrix} 6 & -21 \\ 9 & 15 \end{bmatrix} \text{ 그리고 } \lambda\begin{bmatrix} 2 & -7 \\ 3 & 5 \end{bmatrix} = \begin{bmatrix} 2\lambda & -7\lambda \\ 3\lambda & 5\lambda \end{bmatrix}.$$

스칼라배는 λ**A**와 같이 표기하는 것이 보통이나 **A**λ와 같이 나타내기도 한다. 후자는 λ가 분수일 때 더 유용한 표기법이다. 예를 들면 (1/17)**A**나 **A**(1/17)보다도 **A**/17와 같이 표기하는 것이 좀 더 편리하다. 즉,

$$\begin{bmatrix} 2 & -7 \\ 3 & 5 \end{bmatrix} /17 = \begin{bmatrix} 2/17 & -7/17 \\ 3/17 & 5/17 \end{bmatrix}.$$

4.6 등식과 영행렬

대응되는, 즉 같은 위치에 있는 원소들이 모두 같은 두 행렬은 같은 행렬이다. 그러므로 **A** = **B**, 즉 $\{a_{ij}\} = \{b_{ij}\}$는 $i = 1, 2, \ldots, r$, $j = 1, 2, \ldots, c$에 대하여 $a_{ij} = b_{ij}$를 의미한다. 만약

$$\mathbf{A} = \begin{bmatrix} 2 & 6 & -4 \\ 3 & 0 & 1 \end{bmatrix}, \quad \mathbf{B} = \begin{bmatrix} 2 & 6 & -4 \\ 3 & 0 & 1 \end{bmatrix}, \quad \mathbf{C} = \begin{bmatrix} 2 & 6 & -4 \\ 2 & 0 & 1 \end{bmatrix}$$

이면 **A**는 **B**와 같지만 **C**와는 같지 않다. 또한 두 행렬의 등식은 두 행렬의 차수가 같은 경우에만 의미가 있다.

행렬의 뺄셈과 등식의 개념을 결합하여 행렬대수학에서의 영을 정의할 수 있다. **A** = **B**이면 $i = 1, 2, \ldots, r$, $j = 1, 2, \ldots, c$에 대하여 $a_{ij} = b_{ij}$이므로

$$\mathbf{A} - \mathbf{B} = \{a_{ij} - b_{ij}\} = \{0\} = \mathbf{0}.$$

식의 오른쪽에 있는 행렬은 모든 원소가 0인 행렬이다. 이러한 행렬을 **영행렬**(null matrix 또는 zero matrix)이라고 한다. 영행렬은 행렬대수학에서 영의 역할을 한다. 임의의 차수의 행렬에 대해 같은 차수의 영행렬이 존재하므로 영행렬은 유일하지 않다. 예를 들어, 차수가 각각 2×4, 3×3인 행렬에 대응하는 영행렬은 각각 다음과 같다.

$$\begin{bmatrix} 0 & 0 & 0 & 0 \\ 0 & 0 & 0 & 0 \end{bmatrix}, \quad \begin{bmatrix} 0 & 0 & 0 \\ 0 & 0 & 0 \\ 0 & 0 & 0 \end{bmatrix}.$$

4.7 행렬의 곱셈

먼저 두 벡터들의 곱과 행렬과 벡터의 곱을 먼저 고려한 후 행렬의 곱셈을 정의한다. 예제를 이용하여 이러한 곱들을 소개하고 그 후에 형식적 정의를 제시한다.

4.7.1 두 벡터의 내적

실례. 어떤 대학의 화학과, 생화학과, 영양학과, 생리학과에서 실험과목에 필요한 실험용 쥐, 생쥐, 토끼를 사서 공급한다고 하자. 쥐, 생쥐, 토끼의 마리당 가격이 각각 \$3, \$1, \$10이고, 화학과에서 각각 50, 100, 30마리가 필요하다고 하자. 그러면 화학과의 총 구입비용은

$$3(50) + 1(100) + 10(30) = 550 \tag{4.7}$$

달러가 된다. 가격을 행벡터 $\mathbf{a}'$으로, 그리고 필요한 마릿수를 열벡터 $\mathbf{x}$로 나타내 보자. 즉,

$$\mathbf{a}' = \begin{bmatrix} 3 & 1 & 10 \end{bmatrix}, \quad \mathbf{x} = \begin{bmatrix} 50 \\ 100 \\ 30 \end{bmatrix}.$$

이때, 화학과의 총 구입비용은 $\mathbf{a}'$의 각 원소에 $\mathbf{x}$의 대응되는 원소를 곱하여 합한 것이 된다. 이것이 곱 $\mathbf{a}'\mathbf{x}$의 정의이며 다음과 같이 쓸 수 있다.

$$\mathbf{a}'\mathbf{x} = \begin{bmatrix} 3 & 1 & 10 \end{bmatrix} \begin{bmatrix} 50 \\ 100 \\ 30 \end{bmatrix} = 3(50) + 1(100) + 10(30) = 550. \tag{4.8}$$

이 예제에서는 곱 $\mathbf{a}'\mathbf{x}$를 얻는 일반적인 과정, 즉 $\mathbf{a}'$의 각 원소에 대응하는 $\mathbf{x}$의 원소들을 곱하여 합한 것이 곱 $\mathbf{a}'\mathbf{x}$임을 예시한다. 그러므로

$$\mathbf{a}' = [a_1 \quad a_2 \cdots a_n] \quad \text{그리고} \quad \mathbf{x} = \begin{bmatrix} x_1 \\ x_2 \\ \vdots \\ x_n \end{bmatrix}$$

과 같이 주어지는 경우 $\mathbf{a}'\mathbf{x}$는 다음과 같이 정의된다.

$$\mathbf{a}'\mathbf{x} = a_1x_1 + a_2x_2 + \cdots + a_nx_n = \sum_{i=1}^{n} a_ix_i.$$

이 곱을 벡터 $\mathbf{a}$와 $\mathbf{x}$의 **내적**(inner product)이라고 한다. 내적 $\mathbf{a}'\mathbf{x}$는 $\mathbf{a}$와 $\mathbf{x}$가 같은 차수일 때만 존재한다.

4.7.2 행렬과 벡터의 곱

실례. 앞 절의 실례에서 이웃 시에서의 마리당 가격은 각각 \$2, \$2, \$8라고 하자. 이를 행벡터 [2 2 8]으로 나타내면, 이웃 시에서 동물들을 구입했을 때 화학과의 총 비용은

$$[2 \quad 2 \quad 8]\begin{bmatrix} 50 \\ 100 \\ 30 \end{bmatrix} = 2(50) + 2(100) + 8(30) = 540 \tag{4.9}$$

달러가 된다. 두 도시에서의 가격들을 한 행렬의 행들로 나타내면,

$$\mathbf{A} = \begin{bmatrix} 3 & 1 & 10 \\ 2 & 2 & 8 \end{bmatrix}.$$

이때 식 (4.8), (4.9)에 있는 곱들은 행렬 $\mathbf{A}$와 벡터 $\mathbf{x}$의 곱 하나로 나타낼 수 있다. 즉,

$$\mathbf{Ax} = \begin{bmatrix} 3 & 1 & 10 \\ 2 & 2 & 8 \end{bmatrix}\begin{bmatrix} 50 \\ 100 \\ 30 \end{bmatrix} = \begin{bmatrix} 3(50) + 1(100) + 10(30) \\ 2(50) + 2(100) + 8(30) \end{bmatrix} = \begin{bmatrix} 550 \\ 540 \end{bmatrix}. \tag{4.10}$$

이와 같이 $\mathbf{Ax}$는 하나의 열벡터이고 그 원소들은 식 (4.8), (4.9)에 있는 내적들이다. $\mathbf{A}$의 행의 관점에서 보면, 연속한 행들을 $\mathbf{a}'$으로 간주하면 벡터 $\mathbf{Ax}$의 원소들은 차례대로 위에서 유도한 $\mathbf{a}'\mathbf{x}$와 같은 방식으로 얻은 것이 되고 그 결과가 바로 $\mathbf{Ax}$인 것이다. 즉, $\mathbf{Ax}$는 $\mathbf{A}$의 행들을 연속적으로 $\mathbf{a}'$에 대입하여 $\mathbf{a}'\mathbf{x}$를 구하고 그 결과를 열벡터로 나타낸 것이다. 그러므로 식 (4.6)에 있는 기호를 사용하면, 즉 $\mathbf{A}$의 행들을 α_1', α_2'로 나타내면, 식 (4.10)은 다음과 같다.

$$\mathbf{Ax} = \begin{bmatrix} \alpha_1' \\ \alpha_2' \end{bmatrix}\mathbf{x} = \begin{bmatrix} \alpha_1'\mathbf{x} \\ \alpha_2'\mathbf{x} \end{bmatrix}.$$

이것을 $\mathbf{A}$가 r개의 행을 가지는 경우로 일반화하면

$$\mathbf{Ax} = \begin{bmatrix} \alpha_1' \\ \alpha_2' \\ \vdots \\ \alpha_i' \\ \vdots \\ \alpha_r' \end{bmatrix} \mathbf{x} = \begin{bmatrix} \alpha_1'\mathbf{x} \\ \alpha_2'\mathbf{x} \\ \vdots \\ \alpha_i'\mathbf{x} \\ \vdots \\ \alpha_r'\mathbf{x} \end{bmatrix}. \tag{4.11}$$

이와 같이 $\mathbf{Ax}$는 i번째 원소가 $\mathbf{A}$의 i번째 행과 열벡터 $\mathbf{x}$의 내적으로 얻어지는 열벡터이다. $\mathbf{A}$와 $\mathbf{x}$가 스칼라가 아니라면, $\mathbf{Ax}$는 $\mathbf{A}$의 각 행에 있는 원소의 개수(즉 열의 수)와 열벡터 $\mathbf{x}$의 원소의 개수가 같을 때만 정의될 수 있음은 위 정의와 예제로부터 명백하다. 또한 $\mathbf{Ax}$는 $\mathbf{A}$의 행과 같은 수의 원소를 가지는 열벡터라는 것도 알 수 있다. 그러므로 $\mathbf{A}$가 r개의 행과 c개의 열을 가지고 있고 $\mathbf{x}$의 차수가 c라면, $\mathbf{Ax}$는 차수가 r인 열벡터가 되고 $i = 1, 2, \ldots, r$에 대해 i번째 원소는 $\Sigma_{k=1}^{c} a_{ik}x_k$가 된다. 좀 더 형식적으로 표현하면,

$$\mathbf{A} = \{a_{ij}\},\ \mathbf{x} = \{x_j\}\ (i = 1, 2, \ldots, r,\ j = 1, 2, \ldots, c)$$

로 주어질 때

$$\mathbf{Ax} = \left\{ \sum_{j=1}^{c} a_{ij}x_j \right\}\ (i = 1, 2, \ldots, r).$$

예를 들면,

$$\begin{bmatrix} 4 & 2 & 1 & 3 \\ 2 & 0 & -4 & 7 \end{bmatrix} \begin{bmatrix} 1 \\ 0 \\ -1 \\ 3 \end{bmatrix} = \begin{bmatrix} 4(1) + 2(0) + & 1(-1) + 3(3) \\ 2(1) + 0(0) + & -4(-1) + 7(3) \end{bmatrix} = \begin{bmatrix} 12 \\ 27 \end{bmatrix}.$$

$\mathbf{Ax}$의 각 원소는 $\mathbf{A}$의 한 개의 행을 열 $\mathbf{x}$로 가져와 대응하는 원소 쌍을 곱하고, 그 곱을 모두 합한 것이 된다. 이것은 곱 $\mathbf{Ax}$를 계산하는 데 항상 쓰이는 방법이다. 다음에 알게 되겠지만, 이것은 두 행렬의 곱 $\mathbf{AB}$를 계산하는 데 기본이 된다.

행렬과 벡터의 곱이 많이 사용되는 전형적인 분야 중 하나는 번식에 대한 연구이다. 이 연구에는 한 세대의 교배 형태의 도수를 다른 세대의 도수와 관련시키는 데 사용되는 **발생행렬**(generation matrix)이라는 행렬이 있다. 다음의 예는, **피셔**(Fisher, 1949)에 의해 먼저 기술된 바 있는, **켐쏜**(Kempthorne, 1957, p.108)의 결과이다. 만약 $\mathbf{f}^{(1)}$이 한 세대 후의 7가지 교배 형태의 도수를 나타내는 벡터라면 $\mathbf{f}^{(1)} = \mathbf{Af}^{(0)}$가 된다. 여기서 $\mathbf{f}^{(0)}$는 초기의 도수를 나타내는 벡터이고 $\mathbf{A}$는 다음에 있는 행렬이다.

$$\mathbf{A} = \begin{bmatrix} 1 & \frac{2}{16} & 0 & \frac{1}{4} & 0 & \frac{1}{16} & 0 \\ 0 & \frac{4}{16} & 1 & \frac{1}{4} & \frac{1}{2} & \frac{3}{16} & \frac{4}{16} \\ 0 & \frac{2}{16} & 0 & 0 & 0 & 0 & 0 \\ 0 & \frac{8}{16} & 0 & \frac{2}{4} & 0 & \frac{4}{16} & 0 \\ 0 & 0 & 0 & 0 & 0 & \frac{2}{16} & 0 \\ 0 & 0 & 0 & 0 & \frac{1}{2} & \frac{6}{16} & \frac{8}{16} \\ 0 & 0 & 0 & 0 & 0 & 0 & \frac{4}{16} \end{bmatrix}.$$

만약 $f_i^{(1)}$가 $\mathbf{f}^{(1)}$의 i번째 원소를 나타내고, $f_i^{(0)}$가 $\mathbf{f}^{(0)}$의 i번째 원소를 나타낸다면

$$f_1^{(1)} = f_1^{(0)} + \frac{2}{16}f_2^{(0)} + \frac{1}{4}f_4^{(0)} + \frac{1}{16}f_6^{(0)}$$

이고

$$f_4^{(1)} = \frac{8}{16}f_2^{(0)} + \frac{2}{4}f_4^{(0)} + \frac{4}{16}f_6^{(0)}.$$

이와 비슷한 나머지 다섯 개의 식도 $\mathbf{f}^{(1)} = \mathbf{A}\mathbf{f}^{(0)}$의 식으로부터 유도될 수 있다. 두 개의 도수 $\mathbf{f}^{(1)}$, $\mathbf{f}^{(0)}$의 관계를 나타내는 행렬 $\mathbf{A}$가 발생행렬이다.

4.7.3 두 행렬의 곱

두 행렬의 곱은 행렬과 벡터의 곱을 확장해서 얻어질 수 있다.

실례. 실험용 동물을 구입하는 문제인 앞의 실례에서 생화학과에서 필요로 하는 쥐, 생쥐, 토끼의 수가 각각 60, 80, 40마리라고 하자. 이러한 수의 동물을 구입하는 데 드는 비용을 식 (4.10)에 있는 것과 같은 방식으로 구하면 아래 식과 같다.

$$\begin{bmatrix} 3 & 1 & 10 \\ 2 & 2 & 8 \end{bmatrix} \begin{bmatrix} 60 \\ 80 \\ 40 \end{bmatrix} = \begin{bmatrix} 660 \\ 600 \end{bmatrix}. \tag{4.12}$$

비슷한 방식으로, 영양학과에서 필요로 하는 각 동물의 수가 90, 30, 20이고 생리학과에서 필요로 하는 수가 각각 30, 20, 10이라고 하면 그들의 구입비용은 각각 다음과 같다.

$$\begin{bmatrix} 3 & 1 & 10 \\ 2 & 2 & 8 \end{bmatrix} \begin{bmatrix} 90 \\ 30 \\ 20 \end{bmatrix} = \begin{bmatrix} 500 \\ 400 \end{bmatrix} \text{ 그리고 } \begin{bmatrix} 3 & 1 & 10 \\ 2 & 2 & 8 \end{bmatrix} \begin{bmatrix} 30 \\ 20 \\ 10 \end{bmatrix} = \begin{bmatrix} 210 \\ 180 \end{bmatrix}. \tag{4.13}$$

(독자들은 이러한 곱의 타당성을 검토해 보기 바란다.) 이제, 각 과에서 필요로 하는 동물의 마릿수를 나타내는 네 개의 열벡터를 다음과 같이 한 개의 행렬로 나타내 보자.

$$\mathbf{B} = \begin{bmatrix} 50 & 60 & 90 & 30 \\ 100 & 80 & 30 & 20 \\ 30 & 40 & 20 & 10 \end{bmatrix}.$$

이때 식 (4.10), (4.12), (4.13)에 있는 곱들은 다음의 단 한 개의 행렬곱으로 나타낼 수 있다.

$$\mathbf{AB} = \begin{bmatrix} 3 & 1 & 10 \\ 2 & 2 & 8 \end{bmatrix} \begin{bmatrix} 50 & 60 & 90 & 30 \\ 100 & 80 & 30 & 20 \\ 30 & 40 & 20 & 10 \end{bmatrix} = \begin{bmatrix} 550 & 660 & 500 & 210 \\ 540 & 600 & 400 & 180 \end{bmatrix}. \tag{4.14}$$

이 예제는 두 행렬의 곱 **AB**가, 행렬 **A**와 **B**의 각 열과의 곱을 구한 후 이 곱들을 옆으로 늘어놓음으로써 얻어짐을 보여 준다. 그러므로 식 (4.5)와 같이 열로 분할된 행렬

$$\mathbf{B} = [\mathbf{b}_1 \quad \mathbf{b}_2 \quad \mathbf{b}_3 \quad \mathbf{b}_4]$$

에 대하여

$$\mathbf{AB} = [\mathbf{Ab}_1 \quad \mathbf{Ab}_2 \quad \mathbf{Ab}_3 \quad \mathbf{Ab}_4].$$

더 나아가, **A**를 다음과 같이 행으로 분할하면

$$\mathbf{A} = \begin{bmatrix} \alpha_1' \\ \alpha_2' \end{bmatrix}$$

가 되고 이때 두 행렬의 곱 **AB**는 다음과 같이 된다.

$$\mathbf{AB} = \begin{bmatrix} \alpha_1'\mathbf{b}_1 & \alpha_1'\mathbf{b}_2 & \alpha_1'\mathbf{b}_3 & \alpha_1'\mathbf{b}_4 \\ \alpha_2'\mathbf{b}_1 & \alpha_2'\mathbf{b}_2 & \alpha_2'\mathbf{b}_3 & \alpha_2'\mathbf{b}_4 \end{bmatrix}.$$

이와 같이, 두 행렬의 곱 **AB**의 i번째 행, j번째 열에 있는 원소는 **A**의 i번째 행과 **B**의 j번째 열의 내적인 $\alpha_i'\mathbf{b}_j$가 된다. 그리고 이것은 일반적인 경우에도 성립한다. 즉 $i = 1, \ldots, r$, $j = 1, \ldots, s$에 대하여

$$\begin{aligned} \mathbf{A}_{r\times c}\mathbf{B}_{c\times s} &= \{\alpha_i'\mathbf{b}_j\} \\ &= \{a_{i1}b_{1j} + a_{i2}b_{2j} + \cdots + a_{ic}b_{cj}\} \\ &= \left\{\sum_{k=1}^{c} a_{ik}b_{kj}\right\}. \end{aligned} \tag{4.15}$$

AB의 (i, j)번째 원소는 **A**의 i번째 행을 **B**의 j번째 열로 가져가 대응되는 원소 쌍의 곱들을 모두 합해서 얻어지는 것이다. 이러한 연산은 다음과 같이 표현될 수 있다: $i = 1, 2, \ldots, r$, $j = 1, 2, \ldots, s$에 대하여

$$\left[\xrightarrow{i\text{번째 행}}\right]_{r\times c} \left[\Big\downarrow \begin{matrix} j\text{번째} \\ \text{열} \end{matrix}\right]_{c\times s} = \left[\left\{ \begin{matrix} (ij)\text{번째} \\ \text{원소} \end{matrix} \right\}\right]_{r\times s}.$$

위에서 화살표는 순서를 나타낸다. 두 개의 화살표를 따라 같은 순서의 원소들끼리 곱하고 그 곱들을 모두 합한 것이 바로 행렬곱의 (ij)번째 원소가 되는 것이다.

다시 말하지만, 행렬의 곱은 어떤 조건을 만족해야만 정의될 수 있는 행렬의 연산이다. 그 조건은 **A**의 i번째 행의 원소의 개수가 **B**의 j번째 열의 원소의 개수와 같다는 것이다. 어떤 행렬의 한 행에 있는 원소의 개수는 그 행렬의 열의 개수와 같기 때문에 (또한 한 열에 있는 원소의 개수는 그 행렬의 행의 개수와 같기 때문에) 이러한 조건은 다시 말해서 **A**의 열의 개수와 **B**의 행의 개수가 같아야 된다는 것이다. 그러므로 두 행렬의 곱 **AB**는 **A**의 열의 개수와 **B**의 행의 개수가 같아야만 정의될 수 있다. 특히 위의 수치적인 예제에서 두 행렬의 곱 **AB**는 **A**와 같은 수의 행을 가지며 또한 **B**와 같은 수의 열을 가지는 점에 유의해야 한다. 이러한 사실은 또한 일반적인 경우에도 성립한다.

그러므로 행렬의 곱셈에 대한 정의에서의 중요한 결과는 다음과 같다: 두 행렬의 곱 **AB**는 **A**의 열의 개수와 **B**의 행의 개수가 같아야 정의될 수 있고, 곱 **AB**는 **A**의 행과 같은 수의 행을 가지며 또한 **B**의 열과 같은 수의 열을 가진다. 그리고 **AB**의 (ij)번째 원소는 **A**의 i번째 행과 **B**의 j번째 열의 내적이 된다.

예제 4.1 두 행렬

$$\boldsymbol{A} = \begin{bmatrix} 1 & 0 & 2 \\ -1 & 4 & 3 \end{bmatrix}, \quad \boldsymbol{B} = \begin{bmatrix} 0 & 6 & 1 & 5 \\ 1 & 1 & 0 & 7 \\ 3 & 4 & 4 & 3 \end{bmatrix}$$

에 대하여 곱 **AB**의 첫 번째 행과 첫 번째 열에 있는 원소는 **A**의 첫 번째 행과 **B**의 첫 번째 열의 내적이다. 즉

$$1(0) + 0(1) + 2(3) = 6;$$

그리고 첫 번째 행과 두 번째 열에 있는 원소는

$$1(6) + 0(1) + 2(4) = 14;$$

또 두 번째 행과 세 번째 열에 있는 **AB**의 원소는

$$-1(1) + 4(0) + 3(4) = 11.$$

이와 같은 방식으로 **AB**를 구하면

$$\boldsymbol{AB} = \begin{bmatrix} 6 & 14 & 9 & 11 \\ 13 & 10 & 11 & 32 \end{bmatrix}.$$

독자들은 이러한 결과를 검토해 보기 바란다.

4.7.4 행렬곱의 존재성

각각 차수 $r \times c$와 $c \times s$를 갖는 두 행렬 **A**와 **B**의 곱 **P**는 다음과 같이 쓸 수 있다.

$$\mathbf{A}_{r\times c}\mathbf{B}_{c\times s} = \mathbf{P}_{r\times s},$$

여기서 아래첨자들은 행렬의 차수를 분명히 하기 위하여 사용되었다. 이것을 반복하면 여러 개의 행렬곱셈의 결과로 나오는 행렬의 차수도 쉽게 얻을 수 있다. 인접한 첨자(곱이 정해지기 위해 같아야 한다)를 제거하면 첫 번째와 마지막 첨자만이 남게 되는데 이것이 바로 그 행렬의 차수가 되는 것이다. 예를 들면, 곱

$$\mathbf{A}_{r\times c}\mathbf{B}_{c\times s}\mathbf{C}_{s\times t}\mathbf{D}_{t\times u}$$

는 차수가 $r \times u$인 행렬이 된다.

이러한 표기법은 비록 **AB**가 존재하더라도 **BA**는 반드시 존재하는 것이 아니라는 사실도 우리에게 보여 준다. **BA**는 $\mathbf{B}_{c\times s}\mathbf{A}_{r\times c}$로 쓸 수 있는데, 이러한 경우 $s = r$인 경우에만 곱 **BA**가 정의될 수 있다. 그렇지 않을 경우 **BA**는 정의되지 않는다. 그러므로 두 행렬 **A**와 **B**의 곱을 생각할 때 세 가지의 경우가 생기게 된다. 만약 **A**의 차수가 $r \times c$라면

(i) **B**가 c개의 행을 가지는 경우에만 **AB**가 존재한다.
(ii) **B**가 r개의 열을 가지는 경우에만 **BA**가 존재한다.
(iii) **B**의 차수가 $c \times r$인 경우에만 **AB**, **BA** 둘 다 존재 한다.

(iii)으로부터 **A**가 정방행렬일 경우에만 $\mathbf{A}^2$이 존재함을 알 수 있다. 또한 위의 사실로부터 **A**와 **B**가 같은 차수의 정방행렬일 경우 **AB**, **BA** 모두 존재하며 같은 차수를 가진다는 것도 알 수 있다. 그러나 이어서 보일 것이지만, 두 곱이 반드시 같은 것은 아니다. 곱셈의 교환법칙을 다룰 때 이 사실을 다루겠지만 그때까지는 두 곱은 일반적으로 같지 않다고 알아두자.

두 곱의 구분을 위해서, **AB**는 **B**를 **A**의 오른쪽(또는 뒤)에 곱한다고 하고 **BA**는 **B**를 **A**의 왼쪽(또는 앞)에 곱한다고 한다.

4.7.5 백터들의 곱

두 벡터의 내적과 행렬의 뒤에 벡터를 곱한 곱은 일반적인 행렬곱인 $\mathbf{A}_{r\times c}\mathbf{B}_{c\times s} = \mathbf{P}_{r\times s}$의 특수한 경우이다. 그러므로 두 벡터의 내적인 경우, 즉 $r = 1$, $s = 1$인 경우에는 $\mathbf{A}_{r\times c}$는 $\mathbf{A}_{1\times c}$가 되어 하나의 행벡터가 되고, $\mathbf{B}_{c\times s}$는 $\mathbf{B}_{c\times 1}$이 되어 하나의 열벡터가 된다. 이 행벡터와 열벡터를 각각 $(\mathbf{a}')_{1\times c}$와 $\mathbf{b}_{c\times 1}$으로 표기하면 내적은

$$(\mathbf{a}')_{1\times c}\mathbf{b}_{c\times 1} = \mathbf{p}_{1\times 1}$$

와 같이 하나의 스칼라가 된다. 그런데 곱하는 순서를 바꾸어 보면

$$\mathbf{b}_{c\times 1}(\mathbf{a}')_{1\times r} = \mathbf{P}_{c\times r}$$

과 같이 한 개의 행렬이 된다. 이 행렬을 **b**와 **a**′의 **외적**(outer product)이라고 한다. 다음의 행렬과 벡터의 곱

$$\mathbf{A}_{r\times c}\mathbf{b}_{c\times 1} = \mathbf{p}_{r\times 1}$$

은 하나의 열벡터가 됨을 볼 수 있다. 마찬가지로 행벡터와 행렬과의 곱은 아래의 식에서 보듯이 행벡터이다:

$$(\mathbf{a}')_{1\times c}\mathbf{B}_{c\times r} = \mathbf{p}'_{1\times r}.$$

위의 네 가지 결과를 요약하면 다음과 같다.

(i) 행벡터와 열벡터의 곱은 스칼라가 된다.
(ii) 열벡터와 행벡터의 곱은 행렬이 된다.
(iii) 행렬과 열벡터의 곱은 열벡터가 된다.
(iv) 행벡터와 행렬의 곱은 행벡터가 된다.

예제 4.2

$$A = \begin{bmatrix} 1 & 2 \\ 7 & 4 \end{bmatrix}, \quad B = \begin{bmatrix} 6 & 3 & 1 \\ -1 & 2 & 5 \end{bmatrix}, \quad a' = \begin{bmatrix} 1 & 5 \end{bmatrix}, \quad b = \begin{bmatrix} 3 \\ 1 \end{bmatrix},$$

일 때,

$$\text{(i) } a'b = \begin{bmatrix} 1 & 5 \end{bmatrix} \begin{bmatrix} 3 \\ 1 \end{bmatrix} = 8.$$

$$\text{(ii) } ba' = \begin{bmatrix} 3 \\ 1 \end{bmatrix} \begin{bmatrix} 1 & 5 \end{bmatrix} = \begin{bmatrix} 3 & 15 \\ 1 & 5 \end{bmatrix}.$$

$$\text{(iii) } Ab = \begin{bmatrix} 1 & 2 \\ 7 & 4 \end{bmatrix} \begin{bmatrix} 3 \\ 1 \end{bmatrix} = \begin{bmatrix} 5 \\ 25 \end{bmatrix}.$$

$$\text{(iv) } a'B = \begin{bmatrix} 1 & 5 \end{bmatrix} \begin{bmatrix} 6 & 3 & 1 \\ -1 & 2 & 5 \end{bmatrix} = \begin{bmatrix} 1\ 13\ 26 \end{bmatrix}.$$

실례(마코프 연쇄). 예제 2.1에서의 택시에 대한 실례에서 운전사가 마을 1에 살고 매일 아침 그곳에서 영업을 시작한다고 가정하자. 이러한 사실을 한 개의 벡터 $\mathbf{x}'_0 = [1 \quad 0]$으로 나타내자. 일반적으로 $\mathbf{x}'$은 **상태확률벡터**(혹은 단순히 **상태벡터**)라고 한다. 첨자 0은 그 날의 시작을 의미하며 원소 1, 0은 각각 마을 1과 마을 2에서 영업을 시작할 확률을 나타낸다. 첫 번째 요금을 받은 뒤 그 운전사가 마을 1에 있거나 마을 2에 있을 확률들은 식 (2.5)에 있는 변이확률행렬 $\mathbf{P}$를 사용하여 다음과 같이 계산될 수 있다.

$$\mathbf{x}'_1 = \mathbf{x}'_0\mathbf{P} = \begin{bmatrix} 1 & 0 \end{bmatrix} \begin{bmatrix} 0.2 & 0.8 \\ 0.4 & 0.6 \end{bmatrix} = \begin{bmatrix} 0.2 & 0.8 \end{bmatrix}. \tag{4.16}$$

두 번째 요금을 받은 뒤의 확률들은 다음과 같다.

$$\mathbf{x}'_2 = \mathbf{x}'_1\mathbf{P} = \begin{bmatrix} 0.2 & 0.8 \end{bmatrix} \begin{bmatrix} 0.2 & 0.8 \\ 0.4 & 0.6 \end{bmatrix} = \begin{bmatrix} 0.36 & 0.64 \end{bmatrix}. \tag{4.17}$$

실례(선형계획). 1,600상자의 코로나와 500상자의 반코로나 그리고 2,000상자의 시가릴로에 대한 주문이 한 담배 제조 회사로 왔다. 그 회사의 두 개의 작은 공장에서의 하루 생산량과 그에 따르는 비용이 다음 표와 같이 주어져 있다.

	하루 생산량 (단위 : 100상자)		
	공장 1	공장 2	받은 주문량
생산			
코로나	8	2	16
반코로나	1	1	5
시가릴로	2	7	20
비용	\$1,000	\$ 2,00	

회사의 사장은 주문량을 다 채우기 위하여 각 공장을 각각 며칠씩 가동시켜야 하는가를 결정해야 한다. 결정은 주문량을 채우면서 최소의 비용이 들도록 내려질 것이다. 공장 1을 x_1일 그리고 공장 2를 x_2일 가동시켰다고 하자. 그러면 최소의 비용을 얻기 위하여

$$f = 1000x_1 + 2000x_2,$$

를 최소화해야 한다. 또한 주문량을 채우기 위하여 다음 조건들,

$$\begin{aligned} 8x_1 + 2x_2 &\geq 16, \\ x_1 + x_2 &\geq 5, \\ 2x_1 + 7x_2 &\geq 20 \end{aligned}$$

가 만족되어야 하며, 음수일 동안 가동시키는 것은 가능하지 않으므로

$$x_1 \geq 0\,,\quad x_2 \geq 0.$$

이것은 선형계획 문제의 한 예제이다. 그것은 일반적으로 다음과 같이 행렬을 이용하여 표현될 수 있다.

$$\text{최소화: } f = \mathbf{c}'\mathbf{x} \quad \text{단, } \mathbf{Ax} \geq \mathbf{r},\ \mathbf{x} \geq 0. \tag{4.18}$$

여기서 행렬과 벡터에 대한 부등호가 사용되었는데 등호와 같은 방식으로 이해하면 된다. 즉 $\mathbf{u} \geq \mathbf{v}$는 $\mathbf{u}$의 임의의 원소가 대응되는(같은 위치에 있는) $\mathbf{v}$의 원소보다 크거나 같다는 것을 의미한다. 다시 말해 모든 i에 대하여 $u_i \geq v_i$임을 뜻한다. 위의 예제에서 식 (4.18)의 변수들은 각각 다음의 값을 가진다.

$$\mathbf{c} = \begin{bmatrix} 1000 \\ 2000 \end{bmatrix}, \quad \mathbf{x} = \begin{bmatrix} x_1 \\ x_2 \end{bmatrix}, \quad \mathbf{A} = \begin{bmatrix} 8 & 2 \\ 1 & 1 \\ 2 & 7 \end{bmatrix}, \quad \mathbf{r} = \begin{bmatrix} 16 \\ 5 \\ 20 \end{bmatrix}.$$

선형계획법 관련 문헌들에는 두 개 이상의 변수를 포함하는 많은 문제들이 제시되어 있으며, 그 해는 구하는 것은 매우 어려울 수 있다. 식 (4.18)과 같이 그러한 문제들이 행렬 용어로 표현될 수 있다는 것은 해를 구하는 데 필요한 문제의 특성들을 효과적으로 다루는 데 기본이 된다. 예를 들어 식 (4.18)은 다음 문제와 동일한 문제로 알려져 있다.

$$\text{최대화: } g = \mathbf{r}'\mathbf{z}, \text{ 단 } \mathbf{A}'\mathbf{z} \leq \mathbf{c},\ \mathbf{z} \geq \mathbf{0}. \tag{4.19}$$

뿐만 아니라, 만약 $\mathbf{x}_0$와 $\mathbf{z}_0$가 각각 식 (4.18)과 (4.19)의 해라고 하면 식 (4.18)에 있는 f의 최소값과 식 (4.19)에 있는 g의 최대값은 서로 같고 $f_{\min} = \mathbf{c}'\mathbf{x}_0 = g_{\max} = \mathbf{r}'\mathbf{z}_0$이다. 이러한 결과들을 유도하고 그 해 $\mathbf{x}_0$, $\mathbf{z}_0$를 구하는 것은 이 책의 범위를 벗어나므로 더 이상 다루지 않는다. 그러나 복잡한 문제들과 이들에 대한 행렬의 곱들을 이용한 단순한 표현과 관련한 것들은 언급될 수 있다.

4.7.6 스칼라의 곱

스칼라를 1×1 행렬로 볼 수 있으므로 4.4절의 스칼라와 행렬과의 곱은 일반적인 행렬들의 곱 $\mathbf{A}_{r\times c}\mathbf{B}_{c\times s} = \mathbf{P}_{r\times s}$의 특수한 경우이다. 그러므로 $a_{1\times 1}\mathbf{b}'_{1\times c} = a\mathbf{b}'$과 $(\mathbf{a}')_{r\times 1}b_{1\times 1} = b\mathbf{a}'$를 얻는다.

4.7.7 영행렬과의 곱

임의의 행렬 $\mathbf{A}_{r\times s}$의 앞 혹은 뒤에 적당한 차수의 영행렬을 곱하면 그 결과는 영행렬이 된다. 그러므로 만약 $\mathbf{0}_{c\times r}$이 차수 $c \times r$를 갖는 영행렬을 나타낸다면

$$\mathbf{0}_{c\times r}\mathbf{A}_{r\times s} = \mathbf{0}_{c\times s}, \quad \mathbf{A}_{r\times s}\mathbf{0}_{s\times p} = \mathbf{0}_{r\times p}.$$

예를 들어,

$$\begin{bmatrix} 0 & 0 \end{bmatrix}\begin{bmatrix} 1 & 2 & -4 \\ 9 & 7 & 2 \end{bmatrix} = \begin{bmatrix} 0 & 0 & 0 \end{bmatrix}.$$

위의 등식을 $\mathbf{0A} = \mathbf{0}$와 같이 표현할 때, 왼쪽과 오른쪽 항에 있는 $\mathbf{0}$들은 같은 차수가 아님을 주의해야 한다.

4.7.8 대각행렬과의 곱

대각행렬은 모든 비대각원소가 0인 정방행렬로서 정의되었다. 대각행렬에 의한 곱은 특히 쉬운데, 대각행렬 $\mathbf{D}$와 행렬 $\mathbf{A}$의 곱은 $\mathbf{D}$의 대응하는 대각원소를 $\mathbf{A}$의 행에 곱한 행렬이 된다. 예를 들어 식 (4.10)에 있는

$$\mathbf{A} = \begin{bmatrix} 3 & 1 & 10 \\ 2 & 2 & 8 \end{bmatrix}$$

에서 행들은 각각 해당 지역과 이웃 도시에서의 실험용 쥐, 생쥐, 토끼의 구입비용을 나타낸다. 그 지역과 이웃 도시에서 가격이 각각 5%, 20% 올랐다고 가정하자. 그러면

$$\mathbf{D} = \begin{bmatrix} 1.05 & 0 \\ 0 & 1.20 \end{bmatrix}$$

일 때 새로운 가격을 나타내는 행렬은 다음과 같다.

$$\mathbf{DA} = \begin{bmatrix} 1.05 & 0 \\ 0 & 1.20 \end{bmatrix}\begin{bmatrix} 3 & 1 & 10 \\ 2 & 2 & 8 \end{bmatrix} = \begin{bmatrix} 3.15 & 1.05 & 10.50 \\ 2.40 & 2.40 & 9.60 \end{bmatrix}.$$

4.7.9 항등행렬

모든 대각원소가 1인 대각행렬을 **항등행렬**(identity matrix) 또는 **단위행렬**(unit matrix)이라고 한다. 보통 **I**로 나타내며, 차수를 나타낼 필요가 있을 때는 첨자를 사용하여 차수를 나타내는데 일례로 다음과 같은 것을 들 수 있다.

$$\mathbf{I}_2 = \begin{bmatrix} 1 & 0 \\ 0 & 1 \end{bmatrix}, \quad \mathbf{I}_3 = \begin{bmatrix} 1 & 0 & 0 \\ 0 & 1 & 0 \\ 0 & 0 & 1 \end{bmatrix}.$$

A가 차수 $p \times q$인 행렬일 때 다음 식이 성립한다.

$$\mathbf{I}_p \mathbf{A}_{p\times q} = \mathbf{A}_{p\times q} \mathbf{I}_q = \mathbf{A}_{p\times q}$$

즉, 행렬 **A**에 항등행렬을 곱하여도 변하지 않는다. 예를 들면,

$$\begin{bmatrix} 1 & 0 \\ 0 & 1 \end{bmatrix} \begin{bmatrix} 1 & 2 & -4 \\ 9 & 7 & 2 \end{bmatrix} = \begin{bmatrix} 1 & 2 & -4 \\ 9 & 7 & 2 \end{bmatrix}.$$

4.7.10 곱의 전치

행렬들의 곱의 전치는 전치된 행렬들을 반대 순서로 곱한 것이 된다. 즉, $(\mathbf{AB})' = \mathbf{B}'\mathbf{A}'$.

예제 4.3

$$\boldsymbol{AB} = \begin{bmatrix} 1 & 0 & -1 \\ 2 & -1 & 3 \end{bmatrix} \begin{bmatrix} 1 & 1 & 1 \\ 0 & 2 & 4 \\ 3 & 0 & 7 \end{bmatrix} = \begin{bmatrix} -2 & 1 & -6 \\ 11 & 0 & 19 \end{bmatrix}$$

$$\boldsymbol{B}'\boldsymbol{A}' = \begin{bmatrix} 1 & 0 & 3 \\ 1 & 2 & 0 \\ 1 & 4 & 7 \end{bmatrix} \begin{bmatrix} 1 & 2 \\ 0 & -1 \\ -1 & 3 \end{bmatrix} = \begin{bmatrix} -2 & 11 \\ 1 & 0 \\ -6 & 9 \end{bmatrix} = (\boldsymbol{AB})'.$$

만약 **A**의 차수가 $r \times s$이고 **B**의 차수가 $s \times t$이면, 곱 $\mathbf{P} = \mathbf{AB}$의 차수는 $r \times t$가 된다. 즉, $\mathbf{A}_{r\times s}\mathbf{B}_{s\times t} = \mathbf{P}_{r\times t}$이다. 그러나 $\mathbf{A}'$의 차수는 $s \times r$이고 $\mathbf{B}'$의 차수는 $t \times s$이며 또한 이 사실로부터 정의될 수 있는 유일한 곱은 $(\mathbf{B}')_{t\times s}(\mathbf{A}')_{s\times r} = \mathbf{Q}_{t\times r}$이다. $\mathbf{Q} = \mathbf{B}'\mathbf{A}'$이 $\mathbf{P} = \mathbf{AB}$의 전치가 되는 것은 행렬들의 곱에 대한 정의로부터 명백하다: **Q**의 (i, j)번째 원소는 $\mathbf{B}'$의 i번째 행과 $\mathbf{A}'$의 j번째 열의 내적인데 이 내적은 바로 **B**의 i번째 열과 **A**의 j번째 행과의 내적이 된다. 이 내적은 행렬의 곱셈 정의에서 알 수 있듯이 바로 **P**의 (j, i)번째 원소이다. 그러므로 $\mathbf{Q} = \mathbf{P}'$, 즉 $\mathbf{B}'\mathbf{A}' = (\mathbf{AB})'$. 좀 더 형식적으로 기술하면,

$$\mathbf{AB} = \mathbf{P} = \{p_{ij}\} = \left\{ \sum_{k=1}^{s} a_{ik} b_{kj} \right\}$$

에 대해서

$$(\mathbf{AB})' = \mathbf{P}' = \{(p')_{ij}\} = \{p_{ji}\} = \left\{ \sum_{k=1}^{s} a_{jk} b_{ki} \right\} = \left\{ \sum_{k=1}^{s} (a')_{kj} (b')_{ik} \right\}$$

$$= \left\{ \sum_{k=1}^{s} (b')_{ik} (a')_{kj} \right\} = \mathbf{B}'\mathbf{A}'$$

두 행렬의 곱의 전치에 대한 이러한 결과는 두 개 이상의 곱에 대해서도 적용될 수 있다. 예를 들면, $(\mathbf{ABC})' = \mathbf{C}'\mathbf{B}'\mathbf{A}'$이고 $(\mathbf{ABCD})' = \mathbf{D}'\mathbf{C}'\mathbf{B}'\mathbf{A}'$이 된다. 증명은 독자들에게 맡긴다.

4.7.11 곱의 대각합

행렬의 대각합은 4.3절에서 정의하였다. 따라서 만약 $i, j = 1, 2, \ldots, n$에 대하여 $\mathbf{A} = \{a_{ij}\}$이면 $\mathbf{A}$의 대각합 $tr(\mathbf{A}) = \Sigma_{i=1}^{n} a_{ii}$, 즉 대각원소의 합이 된다. 두 행렬의 곱 $\mathbf{AB}$에 대하여 $tr(\mathbf{AB}) = tr(\mathbf{BA})$임을 보이고자 한다. 이로부터 $tr(\mathbf{ABC}) = tr(\mathbf{BCA}) = tr(\mathbf{CAB})$가 유도된다. $tr(\mathbf{AB})$는 $\mathbf{AB}$가 정방행렬일 경우, 즉 $\mathbf{A}$의 차수가 $r \times c$이면 $\mathbf{B}$의 차수가 $c \times r$인 경우에만 존재한다는 점에 유의해야 한다. 이때 만약 $\mathbf{AB} = \mathbf{P} = \{p_{ij}\}$이고 $\mathbf{BA} = \mathbf{T} = \{t_{ij}\}$로 주어진다면

$$tr(\mathbf{AB}) = \sum_{i=1}^{r} p_{ii} = \sum_{i=1}^{r} \left(\sum_{j=1}^{c} a_{ij} b_{ji} \right) = \sum_{i=1}^{r} \left(\sum_{j=1}^{c} b_{ji} a_{ij} \right)$$

$$= \sum_{j=1}^{c} \left(\sum_{i=1}^{r} b_{ji} a_{ij} \right) = \sum_{j=1}^{c} t_{jj} = \mathrm{tr}(\mathbf{BA}).$$

마찬가지 방법으로 3개 이상의 행렬들의 곱에 대해 확장하는 것은 쉽다.

위의 중간 결과

$$tr(\mathbf{AB}) = \sum_{i=1}^{r} \sum_{j=1}^{c} a_{ij} b_{ji}$$

에서 $\mathbf{B}' = \{b'_{ij} = b_{ji}\}$를 이용하면

$$tr(\mathbf{AB}) = \sum_{i=1}^{r} \sum_{j=1}^{c} a_{ij} b'_{ij}$$

가 성립하고, 이는 $\mathbf{A}$의 각 원소에 대응하는 $\mathbf{B}'$의 원소를 곱하여 합한 것이다. 그리고 만약 $\mathbf{B} = \mathbf{A}'$인 경우는

$$tr(\mathbf{AA}') = tr(\mathbf{A}'\mathbf{A}) = \sum_{i=1}^{r} \sum_{j=1}^{c} a_{ij}^2,$$

즉 $\mathbf{AA}'$의 대각합(또한 $\mathbf{A}'\mathbf{A}$의 대각합)은 $\mathbf{A}$의 모든 원소를 제곱하여 합한 것이 된다.

4.7.12 행렬의 거듭제곱

행렬곱 $\mathbf{A}_{r\times c}\mathbf{A}_{r\times c}$는 $r = c$일 때, 즉 $\mathbf{A}$가 정방행렬일 때만 존재한다. 다시 말해서 $\mathbf{A}$가 정방행렬인 경우에만 $\mathbf{A}^2$이 존재하고, 그러면 임의의 양의 정수 k에 대해서도 $\mathbf{A}^k$가 존재한다. 그리고 스칼라 계산에서의 $x^0 = 1$과 같이 정방행렬 $\mathbf{A}$에 대해서도 $\mathbf{A}^0 = \mathbf{I}$로 정의된다.

한 예로 택시 운전사에 대한 앞의 실례에 있는 식 (4.16), (4.17)로부터

$$\mathbf{x}_2' = \mathbf{x}_1'\mathbf{P} = \mathbf{x}_0'\mathbf{P}^2 = \begin{bmatrix}1 & 0\end{bmatrix}\begin{bmatrix}0.2 & 0.8\\0.4 & 0.6\end{bmatrix}^2$$

$$= \begin{bmatrix}1 & 0\end{bmatrix}\begin{bmatrix}0.2 & 0.8\\0.4 & 0.6\end{bmatrix}\begin{bmatrix}0.2 & 0.8\\0.4 & 0.6\end{bmatrix} = \begin{bmatrix}1 & 0\end{bmatrix}\begin{bmatrix}0.36 & 0.64\\0.32 & 0.68\end{bmatrix} = \begin{bmatrix}0.36 & 0.64\end{bmatrix}.$$

같은 방식으로 계산하면, $\mathbf{x}_3' = \mathbf{x}_0'\mathbf{P}^3$, 그리고 일반적으로는 $\mathbf{x}_n' = \mathbf{x}_0'\mathbf{P}^n$이 된다.

실례(그래프 이론). 다섯 개의 기지국으로 이루어진 통신망에서의 통신은 아래 그림의 화살표 방향으로만 가능하다고 하자.

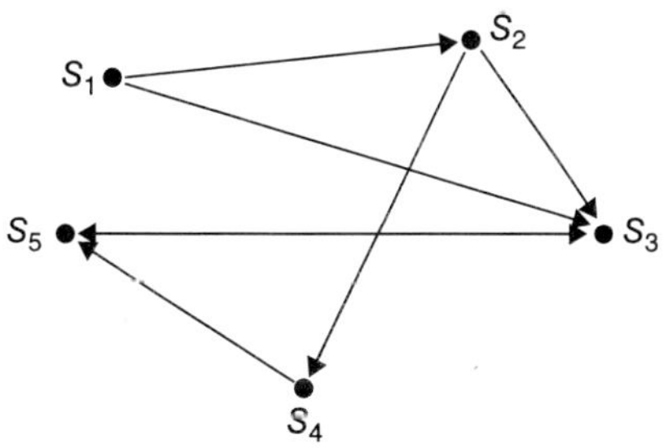

통신 가능한 루트에 대한 이와 같은 그림은 또한 $\mathbf{T} = \{t_{ij}\}$를 써서 나타낼 수 있다. 여기서 S_i로부터 S_j로 통신이 가능하면 t_{ij}는 1이고 그렇지 않을 경우 t_{ij}를 0으로 둔다. 이로부터

$$\mathbf{T} = \begin{bmatrix}0 & 1 & 1 & 0 & 0\\0 & 0 & 1 & 1 & 0\\0 & 0 & 0 & 0 & 1\\0 & 0 & 0 & 0 & 1\\0 & 0 & 1 & 0 & 0\end{bmatrix}.$$

$\mathbf{T}$의 r제곱, 즉 $\mathbf{T}^r = \{t_{ij}^{(r)}\}$에서 원소 $t_{ij}^{(r)}$는 S_i로부터 S_j로의 정확히 r개의 단계를 거친 통신의 가능한 방법의 수를 나타낸다. 그러므로

$$\mathbf{T}^2 = \begin{bmatrix}0 & 0 & 1 & 1 & 1\\0 & 0 & 0 & 0 & 2\\0 & 0 & 1 & 0 & 0\\0 & 0 & 1 & 0 & 0\\0 & 0 & 0 & 0 & 1\end{bmatrix} \text{과 } \mathbf{T}^3 = \begin{bmatrix}0 & 0 & 1 & 0 & 2\\0 & 0 & 2 & 0 & 0\\0 & 0 & 0 & 0 & 1\\0 & 0 & 0 & 0 & 1\\0 & 0 & 1 & 0 & 0\end{bmatrix}$$

로부터 알 수 있는 것은 두 단계를 거쳐 S_2에서 S_5로의 통신 가능한 방법의 수는 2이며, 세 단계를 거쳐 S_2에서 S_3로의 통신 가능한 방법의 수가 3이라는 것이다. 이와 같은 방식으로 단순히 $\mathbf{T}$의 거듭제곱을 계산함으로써 통신망의 경로를 셀 수가 있다. 뿐만 아니라, 만약 S_i로부터 S_j로의 직접적인 통신 경로가 없더라도, 즉 $t_{ij} = 0$일지라도, $\mathbf{T}$의 거듭제곱을 이용하여 어떤 간접적인 경로가 있는지를 알 수 있다. 예를 들면 $t_{25} = 0$이고 $t_{25}^{(2)} = 2$인 사실로부터 우리는 S_2에서 S_5로의 직접적인 통신 경로는 없으나 두 단계를 거치는 간접적인 방법은 두 가지나 있다는 것을 알 수 있다. 그러므로 $\Sigma_{r=1}^{\infty} t_{ij}^{(r)} = 0$인 경우만이 S_i로부터 S_j로의 어떤 통신 경로도 없는 것이다.

$\mathbf{T}$와 같은 행렬의 응용은 매우 다양한 상황에서 일어난다. 예를 들면, 위의 예제에서 S들을 사회에서나 사업 집단의 개인으로 본다면 화살표는 상호간의 지위고하를 의미할 수도 있다. 이 경우 $\mathbf{T}^2$은 개인 간의 두 단계 지위 상하를 나타낼 것이다. 마찬가지로, 위 예제의 그림은 사람 혹은 집단 사이의 소문의 파급경로로 볼 수 있고, 또한 스포츠 대항전의 승리를 나타내는 것으로도 볼 수 있다. 이와 같이 행렬 표현과 행렬대수가 가미된 그래프 이론은 일상생활의 많은 문제에 어떤 통찰력을 줄 수 있다.

4.7.13 분할행렬

행렬 $\mathbf{A}$, $\mathbf{B}$가 그들의 부분행렬들 사이에 곱셈이 정의될 수 있도록 분할되어 있을 때, 곱 $\mathbf{AB}$는 $\mathbf{A}$와 $\mathbf{B}$의 부분행렬들의 함수형태로 표현되는 부분행렬들로 이루어진 분할행렬로 나타낼 수 있다. 예를 들면, 만약

$$\mathbf{A} = \begin{bmatrix} \mathbf{A}_{11} & \mathbf{A}_{12} \\ \mathbf{A}_{21} & \mathbf{A}_{22} \end{bmatrix}, \quad \mathbf{B} = \begin{bmatrix} \mathbf{B}_{11} \\ \mathbf{B}_{21} \end{bmatrix}$$

이면

$$\mathbf{AB} = \begin{bmatrix} \mathbf{A}_{11} & \mathbf{A}_{12} \\ \mathbf{A}_{21} & \mathbf{A}_{22} \end{bmatrix} \begin{bmatrix} \mathbf{B}_{11} \\ \mathbf{B}_{21} \end{bmatrix} = \begin{bmatrix} \mathbf{A}_{11}\mathbf{B}_{11} + \mathbf{A}_{12}\mathbf{B}_{21} \\ \mathbf{A}_{21}\mathbf{B}_{11} + \mathbf{A}_{22}\mathbf{B}_{21} \end{bmatrix}.$$

이로부터 분할된 행렬 $\mathbf{A}$의 열의 수와 분할된 $\mathbf{B}$의 행의 수는 같아야 한다. 부분행렬 $\mathbf{A}_{11}$(그리고 $\mathbf{A}_{21}$)의 열의 수와 부분행렬 $\mathbf{B}_{11}$의 행의 수도 같아야 하고, $\mathbf{A}_{12}$(그리고 $\mathbf{A}_{22}$)의 열의 수와 부분행렬 $\mathbf{B}_{21}$의 행의 수도 같아야 한다. 즉, 두 행렬 $\mathbf{A}$, $\mathbf{B}$가 적당히 분할되어 있을 때 그들의 곱 $\mathbf{AB}$는 $\mathbf{A}$와 $\mathbf{B}$의 부분행렬들을 원소로 취급하여 곱한 결과가 된다.

일반적으로, 행렬 $\mathbf{A}$의 차수가 $p \times q$이고 다음과 같이 분할되었다고 하자.

$$\mathbf{A}_{p\times q} = \{\mathbf{A}_{ij}(p_i \times q_j)\}, \quad (i = 1, 2, \ldots, r, \;\; j = 1, 2, \ldots, c)$$

여기서 $p_i \times q_j$는 부분행렬들의 차수이며, $\Sigma_{i=1}^{r} p_i = p$이고 $\Sigma_{j=1}^{c} q_j = q$이다. 마찬가지 방식으로

$$\mathbf{B}_{q\times s} = \{\mathbf{B}_{jk}(q_j \times s_k)\}, \quad (j = 1, 2, \ldots, c, \;\; k = 1, 2, \ldots, d)$$

이며 $\Sigma_{j=1}^{c} q_j = q$이고 $\Sigma_{k=1}^{d} s_k = s$이다. 두 행렬 $\mathbf{A}$, $\mathbf{B}$의 곱 $\mathbf{AB}$는 $i = 1, 2, \ldots, r$, $k = 1, 2, \ldots, d$에 대하여

$$(\mathbf{AB})_{p\times s} = \left\{ \sum_{j=1}^{c} \mathbf{A}_{ij}\mathbf{B}_{jk}(p_i \times s_k) \right\}.$$

실례. 펠러(Feller, 1968, p.439)는 다음과 같이 분할될 수 있는 변이확률들의 행렬에 대한 한 예제를 들었다.

$$\mathbf{P} = \begin{bmatrix} \mathbf{A} & \mathbf{0} & \mathbf{0} \\ \mathbf{0} & \mathbf{B} & \mathbf{0} \\ \mathbf{U}_1 & \mathbf{V}_1 & \mathbf{T} \end{bmatrix},$$

여기서 **A**와 **B**는 변이확률행렬이다. 이때 다음과 같은 사실은 쉽게 보일 수 있다.
$\mathbf{U}_n = \mathbf{U}_1\mathbf{A}^{n-1} + \mathbf{T}\mathbf{U}_{n-1}$과 $\mathbf{V}_n = \mathbf{V}_1\mathbf{B}^{n-1} + \mathbf{T}\mathbf{V}_{n-1}$에 대하여

$$\mathbf{P}^n = \begin{bmatrix} \mathbf{A}^n & \mathbf{0} & \mathbf{0} \\ \mathbf{0} & \mathbf{B}^n & \mathbf{0} \\ \mathbf{U}_n & \mathbf{V}_n & \mathbf{T}^n \end{bmatrix}.$$

4.7.14 하다마드 곱

지금까지 언급한 행렬들의 곱셈은 가장 일반적으로 쓰이는 것이다. 행렬이란 수들의 배열이기 때문에 여러 가지 다른 방법으로 곱셈이 정의될 수 있다.

행렬 $\mathbf{A} = \{a_{ij}\}$와 $\mathbf{B} = \{b_{ij}\}$의 **하다마드 곱**(Hadamard products)은 **A**, **B**가 같은 차수인 경우에만, 아래와 같이 **A**와 **B**의 대응하는 원소들의 곱으로 정의된다.

$$\mathbf{A} \cdot \mathbf{B} = \{a_{ij}b_{ij}\}.$$

즉, 하다마드 곱 $\mathbf{A}\cdot\mathbf{B}$의 (i, j)번째 원소는 **A**의 (i, j)번째 원소와 **B**의 (i, j)번째 원소의 곱이다. 예를 들면

$$\begin{bmatrix} 2 & 0 & -1 \\ 4 & 1 & 3 \end{bmatrix} \cdot \begin{bmatrix} 1 & 3 & 7 \\ 2 & 0 & 6 \end{bmatrix} = \begin{bmatrix} 2 & 0 & -7 \\ 8 & 0 & 18 \end{bmatrix}.$$

예를 들어, 앞의 택시 운전사에 대한 실례에서 두 마을 사이의 평균적 요금은 \$8이고 마을 1 내에서의 평균요금은 \$6이며 또한 마을 2 내에서의 평균요금은 \$5라고 하자. 이때 변이확률행렬에 대응하는 수입에 대한 행렬은

$$\mathbf{R} = \begin{bmatrix} 6 & 8 \\ 8 & 5 \end{bmatrix}. \tag{4.20}$$

따라서 마을 i에서 마을 j로의 요금에 대한 기대되는 수입이 $p_{ij}r_{ij}$이므로, 수입에 대한 기대치의 행렬은 행렬 **P**와 **R**의 하다마드 곱이 된다.

4.8 대수의 법칙

이 절에서는 **대수의 법칙**(laws of algebra), 즉 행렬의 덧셈과 곱셈과 관련한 **결합법칙**(associative laws), **교환법칙**(commutative laws), **분배법칙**(distributive law)을 기술한다.

4.8.1 결합법칙

덧셈이 가능한 3개의 행렬에 대한 결합법칙이 성립한다. 만약 행렬 **A**, **B**, **C**가 같은 차수이면,

$$(\mathbf{A}+\mathbf{B})+\mathbf{C}=\{a_{ij}+b_{ij}\}+\{c_{ij}\}=\{a_{ij}+b_{ij}+c_{ij}\}=\mathbf{A}+\mathbf{B}+\mathbf{C}.$$

또한,

$$\{a_{ij}+b_{ij}+c_{ij}\}=\{a_{ij}\}+\{b_{ij}+c_{ij}\}=\mathbf{A}+(\mathbf{B}+\mathbf{C})$$

가 되어 덧셈에 대한 결합법칙이 성립함을 보일 수 있다.

일반적으로, 행렬들의 연산에서 성립하는 대수 법칙은 행렬을 이루는 원소들, 즉 스칼라들의 연산에 의해 직접적으로 증명될 수 있다. 따라서 이 절에서는 더 이상의 증명은 생략한다.

곱셈이 가능한 행렬들에 대해서 또한 결합법칙이 성립한다. 만약 **A**의 차수가 $p\times q$, **B**의 차수가 $q\times r$, **C**의 차수가 $r\times s$라면, $(\mathbf{AB})\mathbf{C}=\mathbf{A}(\mathbf{BC})=\mathbf{ABC}$이다.

4.8.2 분배법칙

분배법칙 또한 성립한다. 예를 들어, 만약 **B**와 **C**의 덧셈이 가능하고(즉 같은 차수이고) 또한 **A**와 **B**의 곱셈도 가능하다면(그러므로 **A**와 **C**의 곱셈도 가능하다),

$$\mathbf{A}(\mathbf{B}+\mathbf{C})=\mathbf{AB}+\mathbf{AC}.$$

4.8.3 교환법칙

덧셈이 가능한 행렬들에 대해서 교환법칙이 성립한다. 만약 **A**와 **B**가 같은 차수라면

$$\mathbf{A}+\mathbf{B}=\{a_{ij}+b_{ij}\}=\{b_{ij}+a_{ij}\}=\mathbf{B}+\mathbf{A}.$$

행렬들의 곱셈에 대해서는 일반적으로 교환법칙이 성립하지 않는다. 앞에서 언급했듯이 행렬 **A**와 **B**에 대해서 가능한 곱은 **AB**와 **BA**가 있는데 **A**의 차수가 $r\times c$라면 **B**의 차수가 $c\times r$이어야만 두 곱 **AB**와 **BA**가 존재한다. 그런 경우 **AB**는 차수가 $r\times r$인 정방행렬이고 **BA**는 차수가 $c\times c$인 정방행렬이 된다. 그러므로 **AB**와 **BA**가 같아지려면 $r=c$가 우선되어야 한다. 이 경우 **AB**와 **BA**는 같은 차수 $r\times r$을 가지는 정방행렬이 된다. 이때 두 곱 **AB**와 **BA**는 $i, j=1, 2, \ldots, r$에 대해 다음과 같이 된다.

$$\mathbf{AB} = \left\{ \sum_{k=1}^{r} a_{ik} b_{kj} \right\}, \quad \mathbf{BA} = \left\{ \sum_{k=1}^{r} b_{ik} a_{kj} \right\}$$

두 곱 **AB**와 **BA**의 (i, j)번째 원소가 서로 다름을 알 수 있다. 그러므로 두 곱 **AB**와 **BA**가 존재하고 같은 차수를 갖더라도 그들은 일반적으로 서로 다름을 알 수 있다. 예를 들면

$$\begin{bmatrix} 1 & 2 \\ 3 & 4 \end{bmatrix} \begin{bmatrix} 0 & -1 \\ 1 & -1 \end{bmatrix} = \begin{bmatrix} 2 & -3 \\ 4 & -7 \end{bmatrix}$$
$$\neq \begin{bmatrix} 0 & -1 \\ 1 & -1 \end{bmatrix} \begin{bmatrix} 1 & 2 \\ 3 & 4 \end{bmatrix} = \begin{bmatrix} -3 & -4 \\ -2 & -2 \end{bmatrix}.$$

그러나 **AB**와 **BA**가 같아지는 경우도 있다. 예를 들면

$$\begin{bmatrix} 1 & 2 \\ 3 & 4 \end{bmatrix} \begin{bmatrix} 0 & 2 \\ 3 & 3 \end{bmatrix} = \begin{bmatrix} 6 & 8 \\ 12 & 18 \end{bmatrix} = \begin{bmatrix} 0 & 2 \\ 3 & 3 \end{bmatrix} \begin{bmatrix} 1 & 2 \\ 3 & 4 \end{bmatrix}.$$

곱셈에 대한 교환법칙이 성립하는 두 가지 특별한 경우는 정방행렬 **A**에 대해 $\mathbf{IA} = \mathbf{AI} = \mathbf{A}$, $\mathbf{0A} = \mathbf{A0} = \mathbf{0}$인 경우이다. 전자의 식에서 **A**가 정방행렬이 아닐 때는 서로 다른 차수의 항등행렬에 대해서 식이 성립한다. 즉, $\mathbf{I}_r\mathbf{A}_{r\times c} = \mathbf{A}_{r\times c}\mathbf{I}_c = \mathbf{A}_{r\times c}$. 후자의 식은 일반적으로 두 개의 구별되는 식으로 쓸 수 있다: $\mathbf{0}_{p\times r}\mathbf{A}_{r\times c} = \mathbf{0}_{p\times c}$, $\mathbf{A}_{r\times c}\mathbf{0}_{c\times s} = \mathbf{0}_{r\times s}$.

4.9 스칼라 대수와의 비교

행렬곱셈의 정의로부터 스칼라 대수에는 대응되는 것이 없는 행렬 대수의 결과들이 유도된다. 실제로 몇 가지의 행렬에 대한 결과는 대응되는 스칼라의 결과와 상반된다. 몇 개의 예제를 들어 보자.

첫째로, 스칼라 대수에서 $ax + bx$는 $x(a + b)$나 $(a + b)x$로 인수분해되지만, 행렬에서는 이러한 쌍대성(duality)이 일반적으로 성립하는 것은 아니다:

$$\mathbf{AX} + \mathbf{BX} = (\mathbf{A} + \mathbf{B})\mathbf{X}, \quad \mathbf{XA} + \mathbf{XB} = \mathbf{X}(\mathbf{A} + \mathbf{B})$$

이나

$\mathbf{XP} + \mathbf{QX}$는 일반적으로 인수분해되지 않는다.

인수분해의 또 다른 예제로, 스칼라 대수의 $xy - y = x(y - 1)$과 마찬가지로 행렬에서도 $\mathbf{XY} - \mathbf{X} = \mathbf{X}(\mathbf{Y} - \mathbf{I})$가 성립한다. 괄호 안에 있는 두 번째 항은 스칼라 1이 아니라 항등행렬 **I**이다. **I**와 뺄셈이 가능하려면 **Y**는 정방행렬이 되어야 하며 **Y**가 정방행렬이어야 한다는 사실은 $\mathbf{XY} - \mathbf{X}$ 식으로부터도 얻어낼 수 있다: 즉 **X**의 차수가 $r \times c$라면 **Y**는 **X**와의 곱셈이 가능해야 하므로 $c \times s$의 차수를 가져야 한다. 이때 **XY**의 차수는 $r \times s$이며, **XY**는 **X**와의 뺄셈이 가능해야 하므로 **XY**의 차수 $r \times s$와 **X**의 차수 $r \times c$와 같아야 한다. 즉, $c = s$이어야 한다. 다시 말해 **Y**의 차수가 $c \times c$,

즉 **Y**가 정방행렬이어야 한다. 행렬대수에서 차수가 쓰여 있지 않을 때는 연산이 가능한 차수를 생각해낼 줄 알아야 한다.

행렬곱셈의 또 다른 결과는 **AB**와 **BA**가 존재하더라도 일반적으로 같지 않다는 것이다. 그러므로 두 행렬

$$\mathbf{A} = \begin{bmatrix} 1 & 1 \\ 1 & 1 \end{bmatrix} \text{ 그리고 } \mathbf{B} = \begin{bmatrix} 1 & 1 \\ -1 & -1 \end{bmatrix} \tag{4.21}$$

에 대하여

$$\mathbf{AB} = \begin{bmatrix} 0 & 0 \\ 0 & 0 \end{bmatrix} \neq \mathbf{BA} = \begin{bmatrix} 2 & 2 \\ -2 & -2 \end{bmatrix}.$$

이와 관련하여 또한 주의해야할 점은 $\mathbf{AB} = \mathbf{0}$이라도 **A**, **B** 모두 **0**이 아닐 수 있다는 것이다. 이는 스칼라 대수에서 항상 성립하는 성질, 즉 $\mathbf{AB} = \mathbf{0}$이면 **A** 또는 **B**가 **0**이어야 한다는 성질이 행렬대수에서는 항상 성립한지 않는다는 행렬대수의 중요한 성질이다. 식 (4.21)에 있는 **A**, **B**에 대해서 $\mathbf{BA} = 2\mathbf{B}$가 된다. 이것은 다시 $\mathbf{BA} - 2\mathbf{B} = \mathbf{0}$으로, 또한 $\mathbf{B}(\mathbf{A} - 2\mathbf{I}) = \mathbf{0}$으로 쓸 수 있다. 이 사실로부터 $\mathbf{A} - 2\mathbf{I} = \mathbf{0}$ 혹은 $\mathbf{B} = \mathbf{0}$로 결론지을 수 없다. 마찬가지로 $\mathbf{X}^2 = \mathbf{0}$라고 해서 $\mathbf{X} = \mathbf{0}$라고 말할 수 없다. 예를 들면,

$$\mathbf{X} = \begin{bmatrix} 1 & 2 & 5 \\ 2 & 4 & 10 \\ -1 & -2 & -5 \end{bmatrix} \text{에 대해서 } \mathbf{X}^2 = 0.$$

마찬가지로 $\mathbf{Y}^2 = \mathbf{I}$는 $\mathbf{Y} = \mathbf{I}$ 혹은 $\mathbf{Y} = -\mathbf{I}$를 의미하는 것은 아니다. 예를 들어

$$\mathbf{Y} = \begin{bmatrix} 1 & 0 \\ 4 & -1 \end{bmatrix} \text{에 대해서 } \mathbf{Y}^2 = \mathbf{I} = \begin{bmatrix} 1 & 0 \\ 0 & 1 \end{bmatrix}.$$

비슷한 방식으로, $\mathbf{M} \neq \mathbf{I}$ 그리고 $\mathbf{M} \neq \mathbf{0}$인 어떤 **M**에 대해 $\mathbf{M} = \mathbf{M}^2$를 얻을 수도 있다. 한 예로

$$\mathbf{M} = \begin{bmatrix} 3 & -2 \\ 3 & -2 \end{bmatrix} = \mathbf{M}^2.$$

이러한 행렬(즉 $\mathbf{M} = \mathbf{M}^2$를 만족하는 행렬) **M**을 **멱등행렬**(idempotent matrix)이라고 한다.

4.10 행렬의 직합

직합(direct sum)과 **직적**(direct product)은 분할행렬에 관한 행렬연산으로 이것에 관해서 이 절과 다음 절에서 설명하기로 한다.

두 행렬 **A**와 **B**의 직합은

$$\mathbf{A} \oplus \mathbf{B} = \begin{bmatrix} \mathbf{A} & \mathbf{0} \\ \mathbf{0} & \mathbf{B} \end{bmatrix} \tag{4.22}$$

와 같이 정의되는데, 행렬이 두 개 이상일 때도 간단하게 확장할 수 있으며 그 정의는 다음과 같다.

$$\mathbf{A} \oplus \mathbf{B} \oplus \mathbf{C} = \begin{bmatrix} \mathbf{A} & \mathbf{0} & \mathbf{0} \\ \mathbf{0} & \mathbf{B} & \mathbf{0} \\ \mathbf{0} & \mathbf{0} & \mathbf{C} \end{bmatrix}$$

그리고

$$\bigoplus_{i=1}^{k} \mathbf{A}_i = \begin{bmatrix} \mathbf{A}_1 & \mathbf{0} & \mathbf{0} & \cdots & \mathbf{0} \\ \mathbf{0} & \mathbf{A}_2 & \mathbf{0} & \cdots & \mathbf{0} \\ \mathbf{0} & \mathbf{0} & \ddots & & \vdots \\ \vdots & & & \ddots & \mathbf{0} \\ \mathbf{0} & \mathbf{0} & \cdots & \mathbf{0} & \mathbf{A}_k \end{bmatrix} = \text{diag}\{\mathbf{A}_i\}\ (i = 1, \ldots, k).$$

식 (4.22)의 정의는 각 부분행렬들이 같은 차수이든 아니든 상관없이 정의되고 모든 영행렬들은 각 행렬에 따라 적당한 차수를 가진다. 예를 들면

$$\begin{bmatrix} 1 & 2 & 3 \end{bmatrix} \oplus \begin{bmatrix} 6 & 7 \\ 8 & 9 \end{bmatrix} = \begin{bmatrix} 1 & 2 & 3 & 0 & 0 \\ 0 & 0 & 0 & 6 & 7 \\ 0 & 0 & 0 & 8 & 9 \end{bmatrix}. \tag{4.23}$$

직합의 전치행렬은 각 전치행렬의 직합과 같다. 그리고 식 (4.22)로부터 $\mathbf{A}$가 영행렬이 아니면 $\mathbf{A} \oplus (-\mathbf{A}) \neq \mathbf{0}$임을 쉽게 알 수 있다. 또한 합이 가능한 경우에는

$$(\mathbf{A} \oplus \mathbf{B}) + (\mathbf{C} \oplus \mathbf{D}) = (\mathbf{A} + \mathbf{C}) \oplus (\mathbf{B} + \mathbf{D})$$

가 성립하고 곱이 가능한 경우에는 다음의 식이 성립한다.

$$(\mathbf{A} \oplus \mathbf{B})(\mathbf{C} \oplus \mathbf{D}) = \mathbf{AC} \oplus \mathbf{BD}.$$

직합 $\mathbf{A} \oplus \mathbf{B}$가 정방행렬인 경우는 $\mathbf{A}$가 $p \times q$차, $\mathbf{B}$가 $q \times p$차 행렬인 경우일 뿐이고 $\mathbf{A} \oplus \mathbf{B}$의 행렬식은 $\mathbf{A}$와 $\mathbf{B}$가 모두 정방행렬일 때 $|\mathbf{A}||\mathbf{B}|$이고 그렇지 않은 경우는 0이거나 존재하지 않는다.

4.11 직적

두 행렬 $\mathbf{A}_{p \times q}$와 $\mathbf{B}_{m \times n}$의 직적은 다음과 같이 정의되고

$$\mathbf{A}_{p\times q}\otimes\mathbf{B}_{m\times n}=\begin{bmatrix} a_{11}\mathbf{B} & \cdots & a_{1q}\mathbf{B} \\ \vdots & & \vdots \\ a_{p1}\mathbf{B} & \cdots & a_{pq}\mathbf{B}\end{bmatrix} \tag{4.24}$$

크로네커 곱(Cronecker product) 또는 쥬퍼스 곱(Zeufuss product)이라고도 부른다[핸더슨(Henderson, 1981)의 논문 참조]. 식 (4.24)에서 알 수 있듯이 직적은 많은 부분행렬로 구성되어 있고 각 부분행렬은 **A**의 원소와 **B**의 곱으로 이루어져 있으며 차수는 $pm \times qn$이다. 예를 들면

$$\begin{bmatrix} 1 & 2 & 3 \end{bmatrix}\otimes\begin{bmatrix} 6 & 7 \\ 8 & 9 \end{bmatrix}=\begin{bmatrix} 6 & 7 & 12 & 14 & 18 & 21 \\ 8 & 9 & 16 & 18 & 24 & 27 \end{bmatrix}.$$

직적의 전치행렬은 각 전치행렬의 직적과 같음을 쉽게 알 수 있다.

직적은 또한 유용하고 흥미로운 많은 성질들을 갖고 있는데 그 중 몇 가지는 다음과 같다.

(i) $(\mathbf{AB})' = \mathbf{B}'\mathbf{A}'$이지만 $(\mathbf{A}\otimes\mathbf{B})' = \mathbf{A}'\otimes\mathbf{B}'$이다.

(ii) 벡터 $\mathbf{x}$와 $\mathbf{y}$에 대해서 $\mathbf{x}'\otimes\mathbf{y} = \mathbf{yx}' = \mathbf{y}\otimes\mathbf{x}'$이다.

(iii) 상수 λ에 대해서 $\lambda\otimes\mathbf{A} = \lambda\mathbf{A} = \mathbf{A}\otimes\lambda = \mathbf{A}\lambda$이다.

(iv) 분할행렬에 대해서

$$[\mathbf{A}_1 \quad \mathbf{A}_2]\otimes\mathbf{B} = [\mathbf{A}_1\otimes\mathbf{B} \quad \mathbf{A}_2\otimes\mathbf{B}]$$

는 성립하지만

$$\mathbf{A}\otimes[\mathbf{B}_1 \quad \mathbf{B}_2] \neq [\mathbf{A}\otimes\mathbf{B}_1 \quad \mathbf{A}\otimes\mathbf{B}_2].$$

(v) 곱이 가능한 경우에 $(\mathbf{A}\otimes\mathbf{B})(\mathbf{X}\otimes\mathbf{Y}) = \mathbf{AX}\otimes\mathbf{BY}$.

(vi) $\mathbf{D}_k$가 차수가 $k\times k$이고 원소가 d_i들로 이루어진 대각행렬일 때

$$\mathbf{D}_k\otimes\mathbf{A} = d_1\mathbf{A}\oplus d_2\mathbf{A}\oplus\ldots\oplus d_k\mathbf{A}.$$

(vii) 대각합은 곱규칙을 만족한다. 즉 $tr(\mathbf{A}\otimes\mathbf{B}) = tr(\mathbf{A})tr(\mathbf{B})$.

(viii) **A**와 **B**가 정방행렬이면 $|\mathbf{A}_{p\times p}\otimes\mathbf{B}_{m\times m}| = |\mathbf{A}|^m|\mathbf{B}|^p$.

이 결과들은 예를 통해서 쉽게 확인할 수 있고 대부분의 증명도 그렇게 어렵지 않다.

때로 $\mathbf{A}\otimes\mathbf{B}$를 $\mathbf{B}\otimes\mathbf{A}$와 구별하여 **우직적**(right direct product)이라고 하고 $\mathbf{B}\otimes\mathbf{A}$를 **좌직적**(left direct product)이라고 하는데 아주 드문 경우에 $\mathbf{B}\otimes\mathbf{A}$를 식 (4.24)와 같이 정의하는 경우도 있다. 그러나 어떻게 정의하든지 식 (4.24)로부터, $\mathbf{A}_{p\times q} = \{a_{ij}\}$와 $\mathbf{B}_{m\times n} = \{b_{rs}\}$일 때 $\mathbf{A}\otimes\mathbf{B}$와 $\mathbf{B}\otimes\mathbf{A}$의 원소는 모든 가능한 곱 $a_{ij}b_{rs}$로 이루어져 있다. 사실 $\mathbf{B}\otimes\mathbf{A}$는 $\mathbf{A}\otimes\mathbf{B}$의 각 원소의 배열순서가 다른 정도의 차이밖에 없다.

실례. 염색체형이 AAaa인 두 접합체로부터 자손(progeny)을 얻었을 때 이들 자손의 무작위 접합(random mating)에 의한 n세대에 관하여 직적을 이용하는 문제를 생각해 보자. 정상적으로 얻을 수 있는 접합체는 AA, Aa, aa인데 이들의 비율은 1 : 4 : 1이다. 여기서 이 비율을 $u : 1-2u : u$라고 가정하자. 한 예로 u는 $(1-\alpha)/6$의 값을 갖는데, 여기서 α는 접합체의 이핵체화(diplodization)를 측정하는 데 사용된다. $\alpha = 0$인 경우는 염색체 분리를 하는 자동사핵체(autotetraploid)의 경우이

고 $\alpha = 1$은 모든 접합체가 Aa의 이핵체(diploid)를 갖는 경우이다. 이제, 무작위 접합에 의한 n세대 후의 염색체형의 빈도수는 어떻게 되겠는가? $\mathbf{u}_i$를 접합체의 빈도수를 나타내는 벡터라고 하고 $\mathbf{f}_i$를 무작위 접합의 i번째 세대의 염색체형 빈도수를 나타내는 벡터라고 하자. 여기서 $\mathbf{u}_0$는 초기의 염색체형 빈도수를 나타낸다. 그러면

$$\mathbf{u}_0 = \begin{bmatrix} u \\ 1-2u \\ u \end{bmatrix}$$

이고 $i = 0, 1, 2, \ldots, n$에 대하여 $\mathbf{f}_{i+1} = \mathbf{u}_i \otimes \mathbf{u}_i$이다. 또한 모든 세대에 대해 $\mathbf{u}_i$와 $\mathbf{f}_i$의 관계는 $\mathbf{u}_i = \mathbf{B}\mathbf{f}_i$이다. 여기서 $\mathbf{B}$는

$$\mathbf{B} = \begin{bmatrix} 1 & \frac{1}{2} & u & \frac{1}{2} & u & 0 & u & 0 & 0 \\ 0 & \frac{1}{2} & 1-2u & \frac{1}{2} & 1-2u & \frac{1}{2} & 1-2u & \frac{1}{2} & 0 \\ 0 & 0 & u & 0 & u & \frac{1}{2} & u & \frac{1}{2} & 1 \end{bmatrix}.$$

따라서 다음의 식을 얻는다.

$$\begin{aligned} \mathbf{f}_i &= \mathbf{u}_{i-1} \otimes \mathbf{u}_{l-1} = \mathbf{B}\mathbf{f}_{l-1} \otimes \mathbf{B}\mathbf{f}_{i-1} = (\mathbf{B} \otimes \mathbf{B})(\mathbf{f}_{i-1} \otimes \mathbf{f}_{i-1}) \\ &= (\mathbf{B} \otimes \mathbf{B})[(\mathbf{B} \otimes \mathbf{B})(\mathbf{f}_{i-2} \otimes \mathbf{f}_{i-2}) \otimes (\mathbf{B} \otimes \mathbf{B})(\mathbf{f}_{i-2} \otimes \mathbf{f}_{l-2})] \\ &= (\mathbf{B} \otimes \mathbf{B})[(\mathbf{B} \otimes \mathbf{B}) \otimes (\mathbf{B} \otimes \mathbf{B})][(\mathbf{f}_{l-2} \otimes \mathbf{f}_{l-2}) \otimes (\mathbf{f}_{l-2} \otimes \mathbf{f}_{l-2})]. \end{aligned}$$

그리고 수학적 귀납법을 이용하면

$$\mathbf{f}_i = \otimes^2 \mathbf{B}(\otimes^4 \mathbf{B})(\otimes^8 \mathbf{B}) \cdots (\otimes^{2^{l-1}} \mathbf{B})(\otimes^{2^l} \mathbf{u}_0)$$

가 되는 것을 알 수 있다. 여기서 $\otimes^n \mathbf{B}$는 n개의 $\mathbf{B}$의 직적을 나타낸다.

4.12 역행렬

행렬 $A = (a_{ij})$를 행렬식이 0이 아닌 $n \times n$차 정방행렬이라고 하자. 이러한 행렬을 **정칙행렬**(nonsingular matrix)이라고 한다. A의 **역행렬**(inverse matrix)은 A^{-1}로 표기하는데 이는 $AA^{-1} = A^{-1}A = I_n$을 만족하는 $n \times n$차 정방행렬이고 유일하다.

A의 역행렬은 다음과 같이 구할 수 있다. 먼저 c_{ij}를 a_{ij}의 여인자(3.3.3절 참조)라고 하고 $C = (c_{ij})$로 정의하자. 그러면 A의 역행렬은 다음과 같이 주어진다.

$$A^{-1} = \frac{C'}{|A|},$$

여기서 C'은 C의 전치행렬이다. 이때 C'을 A의 **수반행렬**(adjoint or adjugate matrix)이라고 하고 $adj\,A$로 나타낸다. 예를 들어 행렬 A가

$$A = \begin{bmatrix} 2 & 5 \\ 3 & 9 \end{bmatrix}$$

로 주어지면

$$adj\, A = \begin{bmatrix} 9 & -5 \\ -3 & 2 \end{bmatrix},$$

그리고 A의 행렬식이 3이므로

$$A^{-1} = \frac{1}{3}\begin{bmatrix} 9 & -5 \\ -3 & 2 \end{bmatrix}.$$

다음은 **역연산**(inverse operation)과 관련한 몇 가지 성질들이다(Haville, 1997, Chapter 8).

(a) $(AB)^{-1} = B^{-1}A^{-1}$
(b) $(A')^{-1} = (A^{-1})'$
(c) A가 정칙이면 $|A^{-1}| = \frac{1}{|A|}$
(d) $(A^{-1})^{-1} = A$
(e) $(A \otimes B)^{-1} = A^{-1} \otimes B^{-1}$
(f) $(A \oplus B)^{-1} = A^{-1} \oplus B^{-1}$
(g) 만약 A가

$$A = \begin{bmatrix} A_{11} & A_{12} \\ A_{21} & A_{22} \end{bmatrix}$$

와 같이 분할되어 있고 A_{ij}의 차수가 $n_i \times n_j (i, j = 1, 2)$라면

$$|A| = \begin{cases} |A_{11}||A_{22} - A_{21}A_{11}^{-1}A_{12}|, & A_{11}\text{이 정칙인 경우} \\ |A_{22}||A_{11} - A_{12}A_{22}^{-1}A_{21}|, & A_{22}\text{가 정칙인 경우} \end{cases}$$

(h) 만약 A가

$$A = \begin{bmatrix} A_{11} & A_{12} \\ A_{21} & A_{22} \end{bmatrix}$$

와 같이 분할되어 있고 A_{ij}의 차수가 $n_i \times n_j (i, j = 1, 2)$라면 A의 역행렬은 다음과 같이 주어진다.

$$A^{-1} = \begin{bmatrix} B_{11} & B_{12} \\ B_{21} & B_{22} \end{bmatrix},$$

단 아래 식에 포함된 역행렬들이 존재하는 경우에 한해서 B_{ij}들은 다음과 같이 주어진다.

$$\begin{aligned}\boldsymbol{B}_{11} &= (\boldsymbol{A}_{11} - \boldsymbol{A}_{12}\boldsymbol{A}_{22}^{-1}\boldsymbol{A}_{21})^{-1},\\ \boldsymbol{B}_{12} &= -\boldsymbol{B}_{11}\boldsymbol{A}_{12}\boldsymbol{A}_{22}^{-1},\\ \boldsymbol{B}_{21} &= -\boldsymbol{A}_{22}^{-1}\boldsymbol{A}_{21}\boldsymbol{B}_{11},\\ \boldsymbol{B}_{22} &= \boldsymbol{A}_{22}^{-1} + \boldsymbol{A}_{22}^{-1}\boldsymbol{A}_{21}\boldsymbol{B}_{11}\boldsymbol{A}_{12}\boldsymbol{A}_{22}^{-1}.\end{aligned}$$

성질 (g)에 나타나 있는 행렬

$$\boldsymbol{S} = \boldsymbol{A}_{22} - \boldsymbol{A}_{21}\boldsymbol{A}_{11}^{-1}\boldsymbol{A}_{12} \tag{4.25}$$

를 다음의 분할행렬

$$\boldsymbol{Q} = \begin{bmatrix}\boldsymbol{A}_{11} & \boldsymbol{A}_{12}\\ \boldsymbol{A}_{21} & \boldsymbol{A}_{22}\end{bmatrix}$$

에서의 $\boldsymbol{A}_{11}$에 대한 **슈어 여행렬**(Schur complement)이라고 하고, 이는 $\boldsymbol{A}_{11}$이 정칙인 경우에 한해 정의된다. $\boldsymbol{A}_{11}$이 비정칙(singular)인 경우, 행렬 $\boldsymbol{A}_{22} - \boldsymbol{A}_{21}\boldsymbol{A}_{11}^{-}\boldsymbol{A}_{12}$를 $\boldsymbol{A}_{11}^{-}$에 관한 **일반화 슈어 여행렬**(generalized Schur complement)이라고 한다(8장 참조). 참고문헌에서 이 여행렬에 관한 많은 특성들을 찾아볼 수 있는데, 이 책에서는 자세하게 다루지는 않는다. 대표적인 특성의 한 가지 예는 역행렬에 관한 것으로, 다음과 같은 식이 성립한다.

$$(\boldsymbol{A}_{22} - \boldsymbol{A}_{21}\boldsymbol{A}_{11}^{-1}\boldsymbol{A}_{12})^{-1} = \boldsymbol{A}_{22}^{-1} + \boldsymbol{A}_{22}^{-1}\boldsymbol{A}_{21}(\boldsymbol{A}_{11} - \boldsymbol{A}_{12}\boldsymbol{A}_{22}^{-1}\boldsymbol{A}_{21})^{-1}\boldsymbol{A}_{12}\boldsymbol{A}_{22}^{-1}. \tag{4.26}$$

이러한 것과 이의 확장들에 관심이 있는 독자는 마사글리아와 스티안(Marsaglia and Styan, 1974*a*,*b*)의 논문을, 역행렬에 관한 것은 핸더슨과 서얼(Henderson and Searle, 1981)의 논문을, 그리고 통계학에서의 일반적인 응용에 관한 것은 퀠레트(Quellette, 1981)의 논문을 참조하기 바란다.

역행렬을 이용한 대수의 또 하나의 예는 $x \neq 1$에 대한 다음의 스칼라 결과와 유사한 것이다.

$$1 + x + x^2 + \cdots + x^{n-1} = (x^n - 1)/(x - 1).$$

이와 대응되는 행렬표현은, $(\mathbf{X} - \mathbf{I})^{-1}$가 존재하는 경우 다음 식과 같다.

$$\mathbf{I} + \mathbf{X} + \mathbf{X}^2 + \cdots + \mathbf{X}^{n-1} = (\mathbf{X}^n - \mathbf{I})(\mathbf{X} - \mathbf{I})^{-1}. \tag{4.27}$$

이것은 다음의 곱을 살펴봄으로써 알 수 있다.

$$\begin{aligned}&(\mathbf{I} + \mathbf{X} + \mathbf{X}^2 + \cdots + \mathbf{X}^{n-1})(\mathbf{X} - \mathbf{I})\\ &\quad = \mathbf{X} + \mathbf{X}^2 + \mathbf{X}^3 + \cdots + \mathbf{X}^{n-1} + \mathbf{X}^n - (\mathbf{I} + \mathbf{X} + \mathbf{X}^2 + \cdots + \mathbf{X}^{n-1})\\ &\quad = \mathbf{X}^n - \mathbf{I}.\end{aligned} \tag{4.28}$$

만일 $(\mathbf{X} - \mathbf{I})^{-1}$가 존재한다면, 식 (4.28)의 양변 각각 뒤에 $(\mathbf{X} - \mathbf{I})^{-1}$를 곱하여 식 (4.27)을 얻을 수 있다. 다음 등식도 이와 비슷한 방법으로 유도할 수 있다.

$$\mathbf{I} + \mathbf{X} + \mathbf{X}^2 + \ldots + \mathbf{X}^{n-1} = (\mathbf{X} - \mathbf{I})^{-1}(\mathbf{X}^n - \mathbf{I}).$$

4.13 행렬의 계수—예비적 결과

이 절에서는 **계수**(rank)라고 하는 행렬의 중요한 특성에 대하여 다루고자 한다. 계수를 정의하기 위하여 먼저 다음의 정리가 필요하다.

정리 4.1 **선형독립**(LIN)인 n차 벡터들로 이루어진 임의의 집합에 대해, 그 집합에 속한 벡터의 개수는 n보다 작거나 같다.

증명 $\mathbf{u}_1, \mathbf{u}_2, \ldots, \mathbf{u}_n$이 차수가 n인 LIN 벡터들이라고 하고, $\mathbf{u}_{n+1}$을 같은 차수의 영벡터가 아닌 임의의 다른 벡터라고 하자. 이 경우 $\mathbf{u}_{n+1}$과 $\mathbf{u}_1, \mathbf{u}_2, \ldots, \mathbf{u}_n$이 선형종속임을 보이고자 한다.

가정에 의해, $\mathbf{U} = [\mathbf{u}_1, \mathbf{u}_2, \ldots, \mathbf{u}_n]$이 LIN 열들로 구성되었으므로, $|\mathbf{U}| \neq \mathbf{0}$이며(그 근거는 무엇인가?) $\mathbf{u}_{n+1} \neq \mathbf{0}$이므로 $-\mathbf{U}^{-1}\mathbf{u}_{n+1}\ (\neq \mathbf{0})$가 존재한다. 이를 $\mathbf{q}\ (\neq \mathbf{0})$라고 하면 $\mathbf{Uq} + \mathbf{u}_{n+1} = \mathbf{0}$이고 이는 다음과 같이 표현될 수 있다.

$$q_1\mathbf{u}_1 + q_2\mathbf{u}_2 + \cdots + q_n\mathbf{u}_n + \mathbf{u}_{n+1} = \mathbf{0}. \tag{4.29}$$

그러면, 모든 q가 0은 아니기 때문에 $\mathbf{u}_1, \mathbf{u}_2, \ldots, \mathbf{u}_{n+1}$은 선형종속이 된다. 결론적으로, $\mathbf{u}_1, \mathbf{u}_2, \ldots, \mathbf{u}_n$이 LIN일 때, 하나의 다른 벡터 $\mathbf{u}_{n+1}$을 포함시켜서 $n+1$개의 벡터들을 LIN으로 만드는 것은 불가능하다. ■

따름정리 4.1 차수가 n인 p개의 벡터들이 LIN이면 $p \leq n$이다.

주의할 것은 위의 정리는 n개의 선형독립인 n차 벡터들로 이루어진 집합이 유일하다는 것을 말하는 것은 아니라는 것이다. 언급할 수 있는 내용은 n개의 선형독립인 n차 벡터들로 이루어진 하나의 집합이 있을 때, 이 집합보다 크면서 집합을 이루는 n차 벡터들이 모두 선형독립인 집합은 없다는 것이다. 즉, $n+1, n+2, n+3$ ...개의 선형독립인 n차 벡터들로 이루어진 집합은 존재하지 않는다. 비록 차수가 n인 n개의 선형독립인 벡터들로 구성된 집합은 무한히 많지만, 같은 차수의 선형독립인 벡터들로 이루어져 있으면서 크기가 n보다 큰 집합은 존재하지 않는다.

예제 4.4

$$\begin{bmatrix}2\\1\end{bmatrix}, \begin{bmatrix}3\\5\end{bmatrix}$$

는 차수가 2인 두 개의 LIN 벡터들의 집합이다. 위의 집합에 다른 벡터를 포함시키면 선형종속이 될 것이다. 예를 들면,

$$\begin{bmatrix}2\\1\end{bmatrix}, \begin{bmatrix}3\\5\end{bmatrix}, \begin{bmatrix}7\\8\end{bmatrix}\text{은 선형종속이다;}$$

$$\begin{bmatrix}2\\1\end{bmatrix}, \begin{bmatrix}3\\5\end{bmatrix}, \begin{bmatrix}a\\b\end{bmatrix}\text{은 선형종속이다.}$$

후자가 성립하는 이유는 $\begin{bmatrix} a \\ b \end{bmatrix}$는 $\begin{bmatrix} 2 \\ 1 \end{bmatrix}$과 $\begin{bmatrix} 3 \\ 5 \end{bmatrix}$의 선형결합으로 표현되기 때문이다. 그러나 $\begin{bmatrix} 2 \\ 1 \end{bmatrix}$과 $\begin{bmatrix} 3 \\ 5 \end{bmatrix}$가 차수 2인 LIN 벡터들의 유일한 집합은 아니다. 예를 들면, $\begin{bmatrix} 5 \\ 7 \end{bmatrix}$과 $\begin{bmatrix} 9 \\ 13 \end{bmatrix}$도 그런 집합을 형성한다. 그러나 차수가 2인 어떠한 벡터를 포함시키더라도, 세 개의 벡터는 선형종속이다. 왜냐하면, 임의의 세 번째 벡터는 이들 두 벡터의 선형결합이기 때문이다. 예를 들면

$$\begin{bmatrix} a \\ b \end{bmatrix} = \tfrac{1}{2}(13a - 9b)\begin{bmatrix} 5 \\ 7 \end{bmatrix} + \tfrac{1}{2}(-7a + 5b)\begin{bmatrix} 9 \\ 13 \end{bmatrix}.$$

a, b의 값에 상관없이, 모든 2차인 벡터는 두 개의 LIN 벡터들의 선형결합으로 표현될 수 있다. 일반적으로, 모든 n차의 벡터는 같은 차수를 갖는 그 차수와 같은 수의 LIN 벡터들의 선형결합으로 표현될 수 있다. 그러므로 LIN 벡터들의 집합에서 영벡터가 아닌 벡터들의 최대 개수는 그 벡터들의 차수인 n개가 된다.

4.14 행렬에서 선형독립인 행과 열들의 수

행렬에서 적당한 행(또는 열)이 다른 행(또는 열)들의 선형결합일 때, 그 행렬식이 0이라는 사실은 이미 증명되었다. 다시 말해서, 행렬의 행(또는 열)들이 LIN 벡터들의 집합을 형성하지 않을 때, 행렬식은 0이다. 그러므로 행렬에서 행들은 선형종속이고, 열들은 선형독립일 수 없다. 이 명제는 행렬의 LIN 행들의 개수와 열들의 개수 사이의 일반적인 관계를 암시하며, 실제적으로 그 관계는 간단하다.

정리 4.2 행렬에서 LIN 행들의 수는 LIN 열들의 수와 같다.

정리를 증명하기 전에, 행(또는 열)들의 독립성은 행렬에서의 순서와 무관한 성질이라는 것을 주목하라. 예를 들면,

$$\begin{bmatrix} 1 & 2 & 3 \\ 6 & 9 & 14 \\ 3 & 0 & 1 \end{bmatrix}\text{의 행들이 LIN이므로 }\begin{bmatrix} 6 & 9 & 14 \\ 3 & 0 & 1 \\ 1 & 2 & 3 \end{bmatrix}\text{의 행들도 LIN.}$$

그러므로 행렬에서 앞부분의 k개의 행(또는 열)들이 LIN임을 가정해도 일반성을 잃지 않는다. 이제 정리를 증명하도록 하자.

증명 $\mathbf{A}_{p\times q}$에서 LIN 행들의 수는 k이고, LIN 열들의 수는 m이라고 하자. 이때 $k = m$임을 증명하자.

행렬 $\mathbf{A}$에서 앞부분의 k개의 행들이 LIN이라고 가정하고, m개의 열들이 LIN이라고 가정하자. 그러면 $\mathbf{A}$를 다음과 같이 분할할 수 있다.

$$\mathbf{A}_{p\times q} = \begin{bmatrix} \mathbf{X} & \mathbf{Y} \\ \mathbf{Z} & \mathbf{W} \end{bmatrix} = \begin{bmatrix} \mathbf{X}_{k\times m} & \mathbf{Y}_{k\times(q-m)} \\ \mathbf{Z}_{(p-k)\times m} & \mathbf{W}_{(p-k)\times(q-m)} \end{bmatrix} \leftarrow k\text{개의 LIN 행} \tag{4.30}$$

$$\uparrow$$
$$m\text{개의 LIN 열}$$

따라서 $\mathbf{A}$에서 k개의 행(즉, $[\mathbf{X} \quad \mathbf{Y}]$)이 LIN이고, m개의 열(즉, $[\mathbf{X} \quad \mathbf{Z}]$)이 LIN이다. $\mathbf{A}$에서 k개의 행들만 LIN이므로, 다른 행들(즉, $[\mathbf{Z} \quad \mathbf{W}]$)은 앞부분의 k개의 행들의 선형결합이다. 특히, $\mathbf{Z}$의 행들은 $\mathbf{X}$의 행들의 선형결합이다. 따라서 적당한 행렬 $\mathbf{T}$에 의하여 $\mathbf{Z} = \mathbf{TX}$로 표현될 수 있다. 이제 $\mathbf{X}$의 열들이 선형종속이라고 가정하자. 즉

$$\text{적당한 } \mathbf{a} \neq \mathbf{0}\text{에 대해 } \mathbf{Xa} = \mathbf{0} \tag{4.31}$$

그러면 $\mathbf{Za} = \mathbf{TXa} = \mathbf{0}$이므로, 같은 $\mathbf{a}$에 대해

$$\begin{bmatrix} \mathbf{X} \\ \mathbf{Z} \end{bmatrix} \mathbf{a} = \mathbf{0}$$

그런데 이는 $\begin{bmatrix} \mathbf{X} \\ \mathbf{Z} \end{bmatrix}$의 열들이, 즉 $\mathbf{A}$의 처음 m개의 열들이 선형종속임을 말해준다. 그렇지만, 이 열들은 식 (4.30)로부터 LIN이다. 이것은 모순으로서, 식 (4.31)에 있는 가정이 거짓이다. 즉, $\mathbf{X}$의 열은 종속이 아니다. 따라서 이 열들은 LIN이다. 식 (4.30)으로부터 $\mathbf{X}$의 열들은 m개이고 차수가 k라는 것을 알고 있다. 그러므로 정리 4.1로부터 $m \leq k$이다. 비슷한 논법으로, $\mathbf{X}$와 $\mathbf{Y}$의 행들에 대하여 전개하면 $k \leq m$이라는 것을 알 수 있다. 결론적으로, $m = k$이다. ■

위의 정리는 행렬의 어느 행들이 LIN인지에 관계하는 것이 아니라, 얼마나 많은 행이 LIN인가에만 관계할 뿐이다. 차수 5×4 행렬에 두 개의 LIN 행이 있다면, 나머지 세 개의 행은 이 두 개의 행의 선형결합으로 표현할 수 있다. 예를 들어 다음의 행렬을 생각하자.

$$\mathbf{A} = \begin{bmatrix} 1 & 2 & 0 & 1 \\ 1 & -1 & 3 & 2 \\ 3 & 0 & 6 & 5 \\ 2 & 1 & 3 & 3 \\ 6 & 0 & 12 & 10 \end{bmatrix}$$

$\mathbf{A}$에서 1행과 2행은 LIN이고, 각각의 3, 4, 5행은 처음 두 개의 행의 선형결합이다. 그런데 1행과 3행 또한 LIN이고 나머지 행들은 그들의 선형결합이다. 그러나 행들의 모든 쌍이 선형 독립인 것은 아니다. 예를 들어 3행과 5행은 선형독립이 아니다.

4.15 행렬 계수의 결정

행렬에서 LIN 열들의 수와 LIN 행들의 수가 같다는 것을 4.14절의 정리에서 보였다.

■ **정의 4.1** 행렬의 **계수**(rank)는 LIN 행(열)들의 수이다.

기호: 행렬 **A**의 계수는 $r_{\mathbf{A}}$ 또는 $r(\mathbf{A})$로 표기한다. 따라서 $r_{\mathbf{A}} \equiv r(\mathbf{A}) = k$이면, **A**는 k개의 LIN 행들과 k개의 LIN 열들을 가진다. 기호 r은 계수를 나타내는 데 자주 사용된다. 예를 들어, $r_{\mathbf{A}} \equiv r$.

행렬의 계수는 얼마나 많은 행이 LIN인가를 지적한다는 점에 주목하라. 계수에 대한 다음의 성질들과 결과들은 매우 중요하다.

(i) $r_{\mathbf{A}}$는 양의 정수이다. 단, $r_{\mathbf{0}} = 0$로 정의한다.

(ii) $r(\mathbf{A}_{p\times q}) \le p$이고 $\le q$이다. 계수는 행과 열의 개수보다 작거나 같다.

(iii) $r(\mathbf{A}_{n\times n}) \le n$: 정방행렬의 계수는 차수보다 작거나 같다.

(iv) $r_{\mathbf{A}} = r \ne 0$일 때, 차수 $r \times r$의 정칙인 **A**의 **정방부분행렬**(square submatrix)이 적어도 하나 존재한다. $k = m = r$일 때 식 (4.29)는 다음과 같다.

$$\mathbf{A}_{p\times q} = \begin{bmatrix} \mathbf{X}_{r\times r} & \mathbf{Y}_{r\times(q-r)} \\ \mathbf{Z}_{(p-r)\times r} & \mathbf{W}_{(p-r)\times(q-r)} \end{bmatrix} \tag{4.32}$$

여기서 $\mathbf{X}_{r\times r}$, 즉 r개의 선형독립인 열들과 행들의 교차부분은 정칙행렬이다. 차수가 r보다 큰 모든 정방부분행렬은 비정칙행렬이다.

(v) $r(\mathbf{A}_{n\times n}) = n$일 때, (iv)에 의해 **A**는 정칙행렬이다. 즉, $\mathbf{A}^{-1}$가 존재한다. (식 (4.32)에서 $\mathbf{A} \equiv \mathbf{X}$이다.)

(vi) $r(\mathbf{A}_{n\times n}) < n$일 때, **A**는 비정칙행렬이다. 즉, $\mathbf{A}^{-1}$가 존재하지 않는다.

(vii) $r(\mathbf{A}_{p\times q}) = p < q$일 때, **A**는 **최대행계수**(full row rank)를 갖는다고 한다. 이때 계수는 행의 개수와 같다.

(viii) $r(\mathbf{A}_{p\times q}) = q < p$일 때, **A**는 **최대열계수**(full column rank)를 갖는다고 한다. 이때 계수는 열의 개수와 같다.

(ix) $r(\mathbf{A}_{n\times n}) = n$일 때, **A**는 **최대계수**(full rank)이다. 이때 행렬의 계수는 차수와 같고, 행렬은 정칙행렬이며, 따라서 역행렬이 존재하고, 이 경우 **역환가능**(invertible)이라고 한다.

(x) $r(\boldsymbol{A}) = r(\boldsymbol{A}')$.

(xi) 행렬 $\boldsymbol{A}$의 앞 또는 뒤에 정칙행렬이 곱해지더라도 계수는 변하지 않는다. 따라서 $\boldsymbol{A}$의 차수가 $m \times n$, 그리고 $\boldsymbol{B}$, $\boldsymbol{C}$가 각각 $m \times m$, $n \times n$차의 정칙행렬이라면, $r(\boldsymbol{A}) = r(\boldsymbol{BA}) = r(\boldsymbol{AC})$이다.

(xii) $\boldsymbol{AA}'$과 $\boldsymbol{A}'\boldsymbol{A}$의 계수는 서로 같으며 그 값은 $r(\boldsymbol{A})$와 같다.

(xiii) 같은 수의 행과 열을 갖는 임의의 행렬들 $\boldsymbol{A}_1, \boldsymbol{A}_2, \ldots, \boldsymbol{A}_k$에 대해서

$$r\left(\sum_{i=1}^{k} \boldsymbol{A}_i\right) \le \sum_{i=1}^{k} r(\boldsymbol{A}_i).$$

(xiv) 행렬 $\boldsymbol{A}$, $\boldsymbol{B}$가 각각 $m \times n$, $n \times q$차 행렬이라면

$$r(\boldsymbol{A}) + r(\boldsymbol{B}) - n \le r(\boldsymbol{AB}) \le \min\{r(\boldsymbol{A}), r(\boldsymbol{B})\}.$$

표 4.2 차수가 $n \times n$인 $\boldsymbol{A}^{-1}$의 존재성에 대한 동치 조건

역행렬이 존재하는 경우	역행렬이 존재하지 않는 경우
$\boldsymbol{A}^{-1}$가 존재한다.	$\boldsymbol{A}^{-1}$가 존재하지 않는다.
$\boldsymbol{A}$는 정칙행렬이다.	$\boldsymbol{A}$는 비정칙행렬이다.
$\lvert\boldsymbol{A}\rvert \neq 0$이다.	$\lvert\boldsymbol{A}\rvert = 0$이다.
$\boldsymbol{A}$는 최대 계수를 가진다.	$\boldsymbol{A}$는 최대 계수를 가지지 않는다.
$r_A = n$이다.	$r_A < n$이다.
$\boldsymbol{A}$는 n개의 LIN 행들을 가진다.	$\boldsymbol{A}$는 n보다 작은 LIN 행을 가진다.
$\boldsymbol{A}$는 n개의 LIN 열들을 가진다.	$\boldsymbol{A}$는 n보다 작은 LIN 열을 가진다.
$\boldsymbol{x} = \boldsymbol{0}$에 대해서만 $\boldsymbol{Ax} = \boldsymbol{0}$이다.	$\boldsymbol{Ax} = \boldsymbol{0}$를 만족하는 영벡터가 아닌 $\boldsymbol{x}$가 존재한다.

이 성질을 **실베스터 법칙**(Sylvester's law)이라고 한다.

(xv) $r(\boldsymbol{A} \otimes \boldsymbol{B}) = r(\boldsymbol{A})r(\boldsymbol{B})$.

(xvi) $r(\boldsymbol{A} \oplus \boldsymbol{B}) = r(\boldsymbol{A}) + r(\boldsymbol{B})$.

계수는 행렬의 유용하고 중요한 특성으로서, 앞으로도 본문에서 계속해서 나타나며, 행렬 대수에서 매우 중요한 역할을 한다. 예를 들어, (vi)와 (ix)로부터 $\mathbf{A}^{-1}$의 존재성을 결정하기 위해 $|\mathbf{A}|$가 0인지를 알아보는 방법은 $r_\mathbf{A} < n$이거나 $r_\mathbf{A} = n$을 검토하는 것으로 대체될 수 있다. 또한 대부분의 경우에 행렬식을 사용하는 것보다 계수를 사용하는 것이 훨씬 쉽다.

4.16 계수와 역행렬

정방행렬이 역행렬을 가질 필요충분조건으로서 행렬의 계수가 차수와 같으면 된다. 여러 가지의 동치 조건이 표 4.2에 요약되어 있다. 표의 반쪽 부분 각각에서 하나의 조건은 다른 모든 조건을 내포한다. 처음과 두 번째 표현은 정의에 해당하는 것이고, 나머지 6개의 조건은 동치이다. 따라서 $\mathbf{A}^{-1}$의 존재성을 알기 위해서 6개의 조건 중 하나만을 증명하면 된다. 증명 방법에서 가장 쉬운 것은 계수를 이용하는 것이다. $r_\mathbf{A} = n$일 때 $\mathbf{A}^{-1}$이 존재하고, $r_\mathbf{A} < n$일 때 $\mathbf{A}^{-1}$이 존재하지 않는다. 그러므로 역행렬의 존재를 확인하는 문제는 정방행렬의 계수와 차수를 비교하는 것과 일치한다.

일반적으로, 행렬의 계수를 정확히 알아야 될 경우가 있다. $\boldsymbol{A}$에서 $r_\mathbf{A}$개의 LIN 행을 찾는 것이 항상 쉬운 것은 아니지만, $r_\mathbf{A}$ 자체를 구하는 것은 개념적으로 어렵지 않다.

4.17 치환행렬

4.14절의 정리의 증명은 LIN 행들이 행렬의 첫 부분에 있다고 가정함으로써 시작한다. 열들에 대해서도 마찬가지이다. 그러나 항상 그렇지는 않다. 예를 들면, 다음의 행렬 $\boldsymbol{M}$에는

$$M = \begin{bmatrix} 1 & 1 & 3 \\ 1 & 1 & 3 \\ 4 & 4 & 12 \\ 2 & 2 & 5 \end{bmatrix}$$

두 개의 LIN 행과 두 개의 LIN 열이 존재하지만, 앞부분에 있지 않다. 그러면 다음 식에서의 $\boldsymbol{E}_{24}\boldsymbol{M}$을 고려해 보자.

$$\boldsymbol{E}_{24} = \begin{bmatrix} 1 & 0 & 0 & 0 \\ 0 & 0 & 0 & 1 \\ 0 & 0 & 1 & 0 \\ 0 & 1 & 0 & 0 \end{bmatrix}$$

$$\boldsymbol{E}_{24}\boldsymbol{M} = \begin{bmatrix} 1 & 0 & 0 & 0 \\ 0 & 0 & 0 & 1 \\ 0 & 0 & 1 & 0 \\ 0 & 1 & 0 & 0 \end{bmatrix}\begin{bmatrix} 1 & 1 & 3 \\ 1 & 1 & 3 \\ 4 & 4 & 12 \\ 2 & 2 & 5 \end{bmatrix} = \begin{bmatrix} 1 & 1 & 3 \\ 2 & 2 & 5 \\ 4 & 4 & 12 \\ 1 & 1 & 3 \end{bmatrix}. \tag{4.33}$$

$\boldsymbol{E}_{24}$의 두 번째와 네 번째 행이 교환되면 항등행렬이 되고, $\boldsymbol{E}_{24}\boldsymbol{M}$에서 같은 행들이 교환되면 $\boldsymbol{M}$이 된다는 것에 주목하자.

식 (4.33)에서 $\boldsymbol{E}_{24}$는 **기본치환행렬**(elementary permutation matrix)의 예이다. 일반적으로, $\boldsymbol{E}_{rs}$는 항등행렬의 r번째 행과 s번째 행을 교환한 행렬이다. 그리고 $\boldsymbol{E}_{rs}\boldsymbol{M}$은 $\boldsymbol{M}$의 r번째 행과 s번째 행을 교환한 행렬이다. 정의에 의해, $\boldsymbol{E}_{rs}$는 항상 대칭행렬이고 또한 직교행렬이다. 그러므로 $\boldsymbol{E}_{rs}\boldsymbol{E}'_{rs} = \boldsymbol{E}_{rs}\boldsymbol{E}_{rs} = \boldsymbol{I}$이다. 두 번째 등식이 성립하는 이유는 $\boldsymbol{E}_{rs}\boldsymbol{E}_{rs}$는 $\boldsymbol{E}_{rs}$의 r번째 행과 s번째 행을 다시 교환한 행렬이기 때문이다.

$\boldsymbol{E}_{rs}$를 $\boldsymbol{M}$의 앞에 곱하는 것이 $\boldsymbol{M}$의 r번째 행과 s번째 행을 교환하는 반면, $\boldsymbol{M}$의 뒤에 $\boldsymbol{E}_{rs}$를 곱하는 것은 $\boldsymbol{M}$의 r번째 열과 s번째 열을 교환한다. 따라서 식 (4.33)을 이용하면,

$$\boldsymbol{E}_{24}\boldsymbol{M}\boldsymbol{E}_{23} = \begin{bmatrix} 1 & 1 & 3 \\ 2 & 2 & 5 \\ 4 & 4 & 12 \\ 1 & 1 & 3 \end{bmatrix}\begin{bmatrix} 1 & 0 & 0 \\ 0 & 0 & 1 \\ 0 & 1 & 0 \end{bmatrix} = \begin{bmatrix} 1 & 3 & 1 \\ 2 & 5 & 2 \\ 4 & 12 & 4 \\ 1 & 3 & 1 \end{bmatrix} \tag{4.34}$$

이 된다. 식 (4.34)의 행렬은 $\boldsymbol{E}_{24}\boldsymbol{M}$의 두 번째와 세 번째 열을 교환한 행렬이다.

식 (4.34)에서 $\mathbf{E}_{24}\mathbf{M}\mathbf{E}_{23}$의 첫 부분에 두 개의 LIN 행과 두 개의 LIN 열이 있다는 것을 주목하자. 이와 같은 결과를 이용하여 정리의 증명을 추론할 수 있다. 일반적으로, 치환행렬을 두 번 이상 곱하여 확장된 결과를 얻을 수 있다. 5×4차 행렬을 예로 들어보자.

$$\mathbf{A} = \begin{bmatrix} 1 & 1 & 3 & 1 \\ 1 & 1 & 3 & 2 \\ 3 & 3 & 9 & 6 \\ 2 & 2 & 5 & 4 \\ 1 & 1 & 7 & 8 \end{bmatrix}. \tag{4.35}$$

먼저 $\mathbf{A}$의 앞에 $\mathbf{E}_{34}$를 곱하고(세 번째와 네 번째 행을 교환하기 위하여), 그 다음 $\mathbf{E}_{25}$를 곱하는(두 번째와 다섯 번째 행을 교환하기 위하여) 경우를 생각해 보자. $\mathbf{P} = \mathbf{E}_{25}\mathbf{E}_{34}$이면

$$\mathbf{PA} = \mathbf{E}_{25}\mathbf{E}_{34}\mathbf{A} = \mathbf{E}_{25}\begin{bmatrix} 1 & 1 & 3 & 2 \\ 1 & 1 & 3 & 2 \\ 2 & 2 & 5 & 4 \\ 3 & 3 & 9 & 6 \\ 1 & 1 & 7 & 8 \end{bmatrix} = \begin{bmatrix} 1 & 1 & 3 & 2 \\ 1 & 1 & 7 & 8 \\ 2 & 2 & 5 & 4 \\ 3 & 3 & 9 & 6 \\ 1 & 1 & 3 & 2 \end{bmatrix},$$

여기서 $\mathbf{P}$는 다음과 같다.

$$\mathbf{P} = \mathbf{E}_{25}\mathbf{E}_{34} = \mathbf{E}_{25}\begin{bmatrix} 1 & 0 & 0 & 0 & 0 \\ 0 & 1 & 0 & 0 & 0 \\ 0 & 0 & 0 & 1 & 0 \\ 0 & 0 & 1 & 0 & 0 \\ 0 & 0 & 0 & 0 & 1 \end{bmatrix} = \begin{bmatrix} 1 & 0 & 0 & 0 & 0 \\ 0 & 0 & 0 & 0 & 1 \\ 0 & 0 & 0 & 1 & 0 \\ 0 & 0 & 1 & 0 & 0 \\ 0 & 1 & 0 & 0 & 0 \end{bmatrix}.$$

이제 $\mathbf{A}$의 뒤에 $\mathbf{E}_{24}$를 곱하는(두 번째와 네 번째 열을 교환하기 위하여) 경우를 생각해 보자. $\mathbf{Q} = \mathbf{E}_{24}$에 대하여

$$\mathbf{PAQ} = \begin{bmatrix} 1 & 2 & 3 & 1 \\ 1 & 8 & 7 & 1 \\ 2 & 4 & 5 & 2 \\ 3 & 8 & 9 & 3 \\ 1 & 2 & 3 & 1 \end{bmatrix}$$

이 된다. 결과적으로 $\mathbf{PAQ}$는 첫 부분에 세 개의 LIN 행과 세 개의 LIN 열을 가지는 행렬이다.

이 경우에 $\mathbf{P}$는 두 개의 $\mathbf{E}$-행렬들의 곱이다. 이것은 **치환행렬**(permutation matrix)의 한 예이다. 일반적으로, 항등행렬의 행을 특별한 순서를 가지고 재배열한 행렬이 치환행렬이다. 이런 행렬은 항상 기본치환행렬($\mathbf{E}$-행렬)의 곱이기 때문에, $\mathbf{P}$는 반드시 대칭 행렬은 아니지만, 항상 직교행렬이다. 왜냐하면 직교행렬인 $\mathbf{E}$-행렬들의 곱이기 때문이다(연습문제 9 참조). 또한, $\mathbf{P}^{-1} = \mathbf{P}'$도 치환행렬이다. 왜냐하면 $\mathbf{P}$는 항등행렬의 행들을 재배열한 행렬이지만, 그것은 또한 항등행렬의 열들을 적당한 순서로 재배열한 행렬이기도 하기 때문이다. $\mathbf{P}'$은 항등행렬의 열들을 재배열한 행렬이고 따라서 $\mathbf{P}^{-1} = \mathbf{P}'$ 또한 치환행렬이다.

치환행렬은 4.14절의 정리에서와 같이, 행렬의 처음 k개의 행이나 열을 LIN하게 만드는 데 자주 이용된다. 이때 치환행렬의 성질은 재배열된 행렬에서의 선형독립과 관련한 성질들이 원래의 행렬에도 똑같이 적용되도록 한다.

4.18 최대계수인수분해

계수에 관한 성질을 이용하면, 계수 $r \neq 0$인 $p \times q$ 행렬은 r개의 LIN 행과, 이 r개의 LIN 행들의 선형결합으로 나타낼 수 있는 $p - r$개의 행으로 분할될 수 있다는 것을 알 수 있다. 이런 성질을 이용하면 유용한 인수분해를 얻을 수 있다.

4.18.1 기본적인 전개

식 (4.32)는 처음의 r개 행과 처음의 r개 열들이 LIN이라고 가정될 때, 계수 r을 갖는 $\mathbf{A}_{p\times q}$의 분할을 보여 주고, 여기서 **X**는 정칙행렬이다. 식 (4.32)에서 처음의 r개의 행들의 집합은 $[\mathbf{X} \quad \mathbf{Y}]$이고 그 행들은 LIN이다. 그러므로 $[\mathbf{Z} \quad \mathbf{W}]$의 행들은 $[\mathbf{X} \quad \mathbf{Y}]$의 행들의 선형결합이다. 즉, 어떤 행렬 **F**에 대하여 다음의 관계가 성립한다.

$$[\mathbf{Z} \quad \mathbf{W}] = \mathbf{F}[\mathbf{X} \quad \mathbf{Y}]. \tag{4.36}$$

비슷한 논리를 **A**의 열들에 적용하면, 적당한 행렬 **H**에 대해 다음의 관계가 성립한다.

$$\begin{bmatrix} \mathbf{Y} \\ \mathbf{W} \end{bmatrix} = \begin{bmatrix} \mathbf{X} \\ \mathbf{Z} \end{bmatrix} \mathbf{H}. \tag{4.37}$$

그런데 식 (4.36)으로부터 $\mathbf{Z} = \mathbf{FX}$이고 $\mathbf{W} = \mathbf{FY}$임을 알 수 있고, 또한 식 (4.37)로부터 $\mathbf{Y} = \mathbf{XH}$이다. 그러므로 $\mathbf{W} = \mathbf{FY} = \mathbf{FXH}$이 된다. 결과적으로, 다음의 관계를 얻는다.

$$\mathbf{A} = \begin{bmatrix} \mathbf{X} & \mathbf{Y} \\ \mathbf{Z} & \mathbf{W} \end{bmatrix} = \begin{bmatrix} \mathbf{X} & \mathbf{XH} \\ \mathbf{FX} & \mathbf{FXH} \end{bmatrix} = \begin{bmatrix} \mathbf{I} \\ \mathbf{F} \end{bmatrix} \mathbf{X}[\mathbf{I} \quad \mathbf{H}]. \tag{4.38}$$

더욱이 식 (4.32)의 **X**는 정칙행렬이므로 $\mathbf{X}^{-1}$가 존재한다. 따라서 등식 $\mathbf{Z} = \mathbf{FX}$와 $\mathbf{Y} = \mathbf{XH}$로부터 $\mathbf{F} = \mathbf{ZX}^{-1}$과 $\mathbf{H} = \mathbf{X}^{-1}\mathbf{Y}$를 얻으며, 이로부터 $\mathbf{W} = \mathbf{FY} = \mathbf{ZX}^{-1}\mathbf{Y}$임을 알 수 있다. 그러므로 식 (4.38)은 다음과 같이 쓰일 수 있다.

$$\mathbf{A} = \begin{bmatrix} \mathbf{X} & \mathbf{Y} \\ \mathbf{Z} & \mathbf{W} \end{bmatrix} = \begin{bmatrix} \mathbf{X} & \mathbf{Y} \\ \mathbf{Z} & \mathbf{ZX}^{-1}\mathbf{Y} \end{bmatrix} = \begin{bmatrix} \mathbf{I} \\ \mathbf{ZX}^{-1} \end{bmatrix} \mathbf{X}[\mathbf{I} \quad \mathbf{X}^{-1}\mathbf{Y}]. \tag{4.39}$$

식 (4.38)은 또한 다음과 같이 두 가지의 다른 동치적 표현을 갖는데, 즉

$$\mathbf{A} = \begin{bmatrix} \mathbf{X} \\ \mathbf{FX} \end{bmatrix} [\mathbf{I} \quad \mathbf{H}] = \begin{bmatrix} \mathbf{I} \\ \mathbf{F} \end{bmatrix} [\mathbf{X} \quad \mathbf{XH}], \tag{4.40}$$

각각 모두 다음과 같은 일반적 표현으로 나타낼 수 있다.

$$\mathbf{A}_{p\times q} = \mathbf{K}_{p\times r}\mathbf{L}_{r\times q} \tag{4.41}$$

여기서 **K**는 최대열계수 $r = r_A$를 갖고 **L**은 최대행계수 r을 갖는다. 식 (4.41)에서의 행렬의 곱은 벤-이즈라엘과 그레빌(Ben-Israel and Greville, 1974, p. 22) 이후로 **최대계수인수분해**(full rank factorization)라고 한다. 혹은 마사글리아와 스티안(Marsaglia and Styan 1974a, p. 271)에 의해 **최대계수분해**(full rank decomposition)라고도 한다. 이름과 상관없이 이 과정은 항상 가능하고, 행렬 대수학에서 많은 쓰임새를 가지고 있다.

예제 4.5 식 (4.39)는 다음에 의해 예증되고, 즉

$$\mathbf{A}=\begin{bmatrix}1&2&1&5\\2&5&1&14\\4&9&3&24\end{bmatrix}$$
$$=\begin{bmatrix}\mathbf{I}_2\\(4\quad 9)\begin{pmatrix}1&2\\2&5\end{pmatrix}^{-1}\end{bmatrix}\begin{bmatrix}1&2\\2&5\end{bmatrix}\begin{bmatrix}\mathbf{I}_2&\begin{pmatrix}1&2\\2&5\end{pmatrix}^{-1}\begin{pmatrix}1&5\\1&14\end{pmatrix}\end{bmatrix}$$
$$=\begin{bmatrix}1&0\\0&1\\2&1\end{bmatrix}\begin{bmatrix}1&2\\2&5\end{bmatrix}\begin{bmatrix}1&0&3&-3\\0&1&-1&4\end{bmatrix}\tag{4.42}$$

식 (4.42)에 대한 식 (4.40)의 두 가지 동치적 표현은 다음과 같다.

$$\mathbf{A}=\begin{bmatrix}1&0\\0&1\\2&1\end{bmatrix}\begin{bmatrix}1&2&1&5\\2&5&1&14\end{bmatrix}$$
$$=\begin{bmatrix}1&2\\2&5\\4&9\end{bmatrix}\begin{bmatrix}1&0&3&-3\\0&1&-1&4\end{bmatrix}.\tag{4.43}$$

$r_{\mathbf{A}}=1$인 특별한 경우에는 $\mathbf{A}=\mathbf{xy}'$로 나타낼 수 있다. 예를 들면

$$\begin{bmatrix}2&-2&4\\3&-3&6\end{bmatrix}=\begin{bmatrix}2\\3\end{bmatrix}[1\quad -1\quad 2].$$

4.18.2 일반적인 경우

식 (4.36)에서 (4.40)까지의 전개는 행렬 $\mathbf{A}$의 처음 r개의 행과 열이 LIN이라는 가정에 의존한다. 식 (4.35)에서처럼 이러한 가정이 성립하지 않는 일반적인 경우에 대해서는 치환행렬을 이용하면 된다. 4.17절에서 설명한 대로, 치환행렬 $\mathbf{P}$, $\mathbf{Q}$에 대하여 $\mathbf{M}=\mathbf{PAQ}$로 표현되고 여기서 $\mathbf{M}$은 식 (4.32)와 형태가 같다. 따라서 식 (4.41)로부터 $\mathbf{M}=\mathbf{KL}$로 표현될 수 있다. 그러므로 $\mathbf{P}$와 $\mathbf{Q}$의 **직교성**(orthogonality)을 이용하여(즉, 4.17절의 끝에서처럼 $\mathbf{P}^{-1}=\mathbf{P}'$) 다음을 얻는다.

$$\mathbf{A}=\mathbf{P}^{-1}\mathbf{MQ}^{-1}=\mathbf{P}'\mathbf{KLQ}'=(\mathbf{P}'\mathbf{K})(\mathbf{LQ}')\tag{4.44}$$

여기서 $\mathbf{P}'\mathbf{K}$와 $\mathbf{LQ}'$는 식 (4.41)에서의 $\mathbf{K}$와 $\mathbf{L}$과 같은 역할을 한다. 이와 같이 식 (4.41)의 분해는 어떤 행렬에 대해서도 매우 일반적으로 유도될 수 있다.

4.18.3 최대행(열)계수행렬

행렬 $\mathbf{A}_{p\times q}$가 최대행계수를 가질 때, 식 (4.32)에서의 $\mathbf{Z}$와 $\mathbf{W}$는 존재하지 않는다. 또한 식 (4.41)에서의 $\mathbf{K}$는 항등행렬일 것이다. 그러면 식 (4.32)로부터 $\mathbf{A} = [\mathbf{X} \quad \mathbf{Y}]$가 되고, $\mathbf{X}$가 비정칙행렬이면 치환 행렬 $\mathbf{Q}$를 $\mathbf{A}$의 뒤에 곱하는 것은 다음의 분할, 즉

$$\mathbf{AQ} = [\mathbf{M} \quad \mathbf{L}]$$

을 얻는데, 여기서 $\mathbf{M}$은 정칙행렬이다. 이로부터 다음의 보조정리를 얻는다.

보조정리 4.1 최대행계수행렬은 항상, 그들 중 하나가 적당한 행렬 $\mathbf{H}$에 대하여 $[\mathbf{I} \quad \mathbf{H}]$와 같이 분할된 형태를 갖는 행렬들의 곱으로 표현될 수 있다.

증명 앞에서의 식으로부터 $\mathbf{A} = [\mathbf{M} \quad \mathbf{L}]\mathbf{Q}^{-1} = \mathbf{M}[\mathbf{I} \quad \mathbf{M}^{-1}\mathbf{L}]\mathbf{Q}' = \mathbf{M}[\mathbf{I} \quad \mathbf{H}]\mathbf{Q}'$를 얻는데, 여기서 $\mathbf{H} = \mathbf{M}^{-1}\mathbf{L}$이다. 이는 보조정리에서 원하는 결과이다. ($\mathbf{M}$은 정칙행렬이므로, $\mathbf{M}^{-1}$이 존재하고, $\mathbf{Q}$는 치환행렬이므로 $\mathbf{Q}^{-1} = \mathbf{Q}'$이다.)

참고문헌

Ben-Israel, A. and Greville, T. N. E. (1974). *Generalized Inverses: Theory and Applications*. John Wiley & Sons, New York.

Feller, W. (1968). *An Introduction to Probability Theory and its Applications*, Vol. 1, 3rd ed. John Wiley & Sons, New York.

Fisher, R. A. (1949). *The Theory of Inbreeding*. Oliver and Boyd, Edingburgh.

Harville, D. A. (1997). *Matrix Algebra from a Statistician's Perspective*. Springer, New York.

Henderson, H. V. and Searle, S. R. (1981). On deriving the inverse of a sum of matrices. *SIAM Rev.*, 23, 53–60.

Henderson, H. V., Pukelsheim, F., and Searle, S. R. (1981). On the history of the Kronecker product. Technical Report BU-733-M, Biometrics Unit, Cornell University, Ithaca, NY.

Kempthorne, O. (1957). *An Introduction to Genetic Statistics*. John Wiley & Sons, New York.

Marsaglia, G. and Styan, G. P. H. (1974a). Equalities and inequalities for ranks of matrices. *Linear and Multilinear Algebra*, 2, 269–292.

Marsaglia, G. and Styan, G. P. H. (1974b). Rank conditions for generalized inverses of partitioned matrices. *Sankhyā*, 36, 437–442.

Ouellette, D. V. (1981). Schur complements and statistics. *Linear Algebra Appl.*, 36, 187–195.

연습문제

4.1 $\mathbf{A} = \begin{bmatrix} 3 & 6 \\ 2 & 1 \end{bmatrix}$, $\mathbf{B} = \begin{bmatrix} 1 & 0 & 3 & 2 \\ 0 & -1 & -1 & 1 \end{bmatrix}$, $\mathbf{x} = \begin{bmatrix} 1 \\ 1 \\ 0 \\ -1 \end{bmatrix}$, $\mathbf{y} = \begin{bmatrix} 1 \\ -1 \end{bmatrix}$에 대하여 다음을 보이시오.

(a) $\mathbf{AB} = \begin{bmatrix} 3 & -6 & 3 & 12 \\ 2 & -1 & 5 & 5 \end{bmatrix}$, $\mathbf{A}'\mathbf{B} = \begin{bmatrix} 3 & -2 & 7 & 8 \\ 6 & -1 & 17 & 13 \end{bmatrix}$;

(b) $(\mathbf{A} + \mathbf{A}')\mathbf{B} = \begin{bmatrix} 6 & 8 \\ 8 & 2 \end{bmatrix} \mathbf{B} = \begin{bmatrix} 6 & -8 & 10 & 20 \\ 8 & -2 & 22 & 18 \end{bmatrix} = \mathbf{AB} + \mathbf{A}'\mathbf{B}$;

(c) $\mathbf{BB}' = \begin{bmatrix} 14 & -1 \\ -1 & 3 \end{bmatrix}$, $\mathbf{B}'\mathbf{B} = \begin{bmatrix} 1 & 0 & 3 & 2 \\ 0 & 1 & 1 & -1 \\ 3 & 1 & 10 & 5 \\ 2 & -1 & 5 & 5 \end{bmatrix}$;

(d) $tr(\boldsymbol{BB}') = tr(\boldsymbol{B}'\boldsymbol{B}) = 17$;

(e) $\mathbf{Bx} = \begin{bmatrix} -1 \\ -2 \end{bmatrix}$, $\mathbf{B}'\mathbf{Bx} = \begin{bmatrix} -1 \\ 2 \\ -1 \\ -4 \end{bmatrix}$, $\mathbf{x}'\mathbf{B}'\mathbf{Bx} = 5 = (\mathbf{Bx})'\mathbf{Bx}$;

(f) $\mathbf{Ay} = \begin{bmatrix} -3 \\ 1 \end{bmatrix}$, $\mathbf{A}'\mathbf{Ay} = \begin{bmatrix} -7 \\ -17 \end{bmatrix}$, $\mathbf{y}'\mathbf{A}'\mathbf{Ay} = 10 = (\mathbf{Ay})'\mathbf{Ay}$;

(g) $\mathbf{A}^2 - 4\mathbf{A} - 9\mathbf{I} = 0$;

(h) $\frac{1}{9}\mathbf{A}\begin{bmatrix} -1 & 6 \\ 2 & -3 \end{bmatrix} = \frac{1}{9}\begin{bmatrix} -1 & 6 \\ 2 & -3 \end{bmatrix}\mathbf{A} = \begin{bmatrix} 1 & 0 \\ 0 & 1 \end{bmatrix}$.

4.2 다음을 확인하시오.

(a) $\begin{bmatrix} 1 & 1 \\ 1 & 1 \end{bmatrix}\begin{bmatrix} 2 & 3 \\ 3 & 2 \end{bmatrix} = \begin{bmatrix} 2 & 3 \\ 3 & 2 \end{bmatrix}\begin{bmatrix} 1 & 1 \\ 1 & 1 \end{bmatrix}$;

(b) $\mathbf{A} = \frac{1}{3}\begin{bmatrix} 1 & 1 & 1 \\ 1 & 1 & 1 \\ 1 & 1 & 1 \end{bmatrix}$이면 $\mathbf{A}^2 = \mathbf{A}$;

(c) $\mathbf{B} = \begin{bmatrix} 1/\sqrt{6} & 1/\sqrt{3} & 1/\sqrt{2} \\ -2/\sqrt{6} & 1/\sqrt{3} & 0 \\ 1/\sqrt{6} & 1/\sqrt{3} & -1/\sqrt{2} \end{bmatrix}$이면 $\mathbf{BB}' = \mathbf{B}'\mathbf{B} = \mathbf{I}_3$;

(d) $\mathbf{C} = \begin{bmatrix} 6 & -4 \\ 9 & -6 \end{bmatrix}$이면 $\mathbf{C}^2$은 영행렬이다;

(e) $\frac{1}{9}\begin{bmatrix} 4 & -5 & -1 \\ 1 & 1 & 2 \\ 4 & 4 & -1 \end{bmatrix}\begin{bmatrix} 1 & 1 & 1 \\ -1 & 0 & 1 \\ 0 & 4 & -1 \end{bmatrix}$은 항등행렬이 된다.

4.3 $\mathbf{X} = \begin{bmatrix} 1 & 2 & 3 \\ 0 & -1 & -2 \\ -1 & 0 & 7 \end{bmatrix}$과 $\mathbf{Y} = \begin{bmatrix} 6 & 0 & 0 \\ -3 & 4 & 0 \\ 0 & -5 & 2 \end{bmatrix}$에 대하여 $\mathbf{X}^2$, $\mathbf{Y}^2$, $\mathbf{XY}$, $\mathbf{YX}$를 계산하고, 다음이 성립하는 것을 보이시오.

$$(\mathbf{X}+\mathbf{Y})^2 = \mathbf{X}^2 + \mathbf{XY} + \mathbf{YX} + \mathbf{Y}^2 = \begin{bmatrix} 40 & 5 & 44 \\ -28 & 13 & -33 \\ -1 & -62 & 88 \end{bmatrix}.$$

4.4 $\mathbf{A} = \begin{bmatrix} 1 & 0 & 2 \\ 0 & 1 & 1 \\ 2 & 0 & 2 \end{bmatrix}, \mathbf{B} = \begin{bmatrix} 1 & 3 & 0 \\ 0 & 4 & -1 \\ 2 & 3 & 0 \end{bmatrix}, \mathbf{X} = \begin{bmatrix} 6 & 5 & 7 \\ 2 & 2 & 4 \\ 3 & 3 & 6 \end{bmatrix}$를 이용하여 $\mathbf{A} \neq \mathbf{B}$이더라도 $\mathbf{AX} = \mathbf{BX}$가 될 수 있음을 보이시오.

4.5 (a) 일반적으로 $\mathbf{A}$의 차수가 $r \times c$일 때, $\mathbf{A} + \mathbf{B}'$가 정의되기 위한 $\mathbf{B}$의 차수는 무엇인가? 그 이유는?

(b) $\mathbf{AVA}' = \mathbf{BVB}'$가 성립하는 경우, $\mathbf{A}$와 $\mathbf{B}$가 같은 차수의 행렬이고 $\mathbf{V}$는 정방행렬이어야 됨을 설명하시오.

4.6 어떠한 조건하에 $tr(\mathbf{ABC})$와 $tr(\mathbf{BAC})$가 존재하는가? 만약 존재하는 경우, 두 대각합들이 같음을 보일 수 있는가? 다음에 주어진 행렬들에 대하여 $tr(\mathbf{ABC})$와 $tr(\mathbf{BAC})$를 계산하시오.

$$\mathbf{A} = \begin{bmatrix} 1 & 2 \\ 2 & 3 \end{bmatrix}, \quad \mathbf{B} = \begin{bmatrix} 1 & 0 \\ 2 & -1 \end{bmatrix}, \quad \mathbf{C} = \begin{bmatrix} 1 & 3 \\ 4 & 5 \end{bmatrix}.$$

4.7 같은 차수의 행렬 $\mathbf{A}$와 $\mathbf{B}$에 대하여 다음이 성립함을 설명하시오.

$$\begin{aligned}(\mathbf{A}+\mathbf{B})(\mathbf{A}+\mathbf{B})' &= (\mathbf{A}+\mathbf{B})(\mathbf{A}'+\mathbf{B}') \\ &= \mathbf{AA}' + \mathbf{AB}' + \mathbf{BA}' + \mathbf{BB}'.\end{aligned}$$

위에서의 표현들이 $(\mathbf{A}+\mathbf{B})'(\mathbf{A}+\mathbf{B})$와 일반적으로 같은가? 여기서 $\mathbf{A}$와 $\mathbf{B}$가 같은 차수를 가져야 하는 이유는 무엇인가? 다음에 주어진 행렬들을 이용하여 앞에서의 등식들을 예증하시오.

$$\mathbf{A} = \begin{bmatrix} 2 & 3 & 7 \\ 6 & 1 & -2 \end{bmatrix} \quad \text{그리고} \quad \mathbf{B} = \begin{bmatrix} -1 & 0 & 1 \\ 0 & 1 & 7 \end{bmatrix}.$$

4.8 앞의 문제들에서 하나의 $\mathbf{A}$를 택하여 $\mathbf{AA}'$과 $\mathbf{A}'\mathbf{A}$를 계산하고, 각각의 대각합이 $\mathbf{A}$의 원소의 제곱들의 합과 같음을 보이시오. 이로부터 $tr(\mathbf{A}'\mathbf{A}) = 0$와 $\mathbf{A} = 0$는 동치임을 보이시오.

4.9 (a) 어떤 경우에 $(\mathbf{A}+\mathbf{B})(\mathbf{A}-\mathbf{B}) = \mathbf{A}^2 - \mathbf{B}^2$이 성립하는가?

(b) $\mathbf{A} = \mathbf{A}'$일 때 $tr(\mathbf{AB}) = tr(\mathbf{AB}')$을 증명하시오.

4.10 켐쏜(Kempthorne, 1957, p.120)에 의해 주어진 발생행렬 $\mathbf{A} = \begin{bmatrix} 1 & \frac{1}{2} \\ 0 & \frac{1}{2} \end{bmatrix}$를 고려하자. $\mathbf{f}^{(i)} = \mathbf{Af}^{(i-1)}$이 성립한다고 가정했을 때, 다음을 보이시오.

$$\mathbf{f}^{(2)} = \begin{bmatrix} 1 & \frac{3}{4} \\ 0 & \frac{1}{4} \end{bmatrix} \mathbf{f}^{(0)}, \quad \mathbf{f}^{(3)} = \begin{bmatrix} 1 & \frac{7}{8} \\ 0 & \frac{1}{8} \end{bmatrix} \mathbf{f}^{(0)}, \quad \mathbf{f}^{(n)} = \mathbf{A}^n \mathbf{f}^{(0)} = \begin{bmatrix} 1 & 1 - 1/2^n \\ 0 & 1/2^n \end{bmatrix} \mathbf{f}^{(0)}.$$

4.11 $\mathbf{A} = \begin{bmatrix} 1 & 0 & 3 \\ 2 & -1 & 0 \\ 0 & 4 & 1 \end{bmatrix}$과 $\mathbf{B} = \begin{bmatrix} 3 & 3 & 1 \\ -4 & 2 & -1 \\ -2 & 0 & 0 \end{bmatrix}$에 대하여

(a) $\mathbf{A}$와 $\mathbf{B}$를 다음과 같이 분할하시오.

$$\mathbf{A} = \begin{bmatrix} \mathbf{A}_{11} & \mathbf{A}_{12} \\ \mathbf{A}_{21} & \mathbf{A}_{22} \end{bmatrix}, \quad \mathbf{B} = \begin{bmatrix} \mathbf{B}_{11} & \mathbf{B}_{12} \\ \mathbf{B}_{21} & \mathbf{B}_{22} \end{bmatrix}$$

단 여기서 $\mathbf{A}_{21}$과 $\mathbf{B}_{21}$의 차수는 1×2이다.

(b) 곱 $\mathbf{AB}$를 분할되지 않은 경우와 분할된 경우 모두에 대해서 계산하고, 분할행렬에서의 곱의 공식이 유효함을 보이시오.

(c) 곱 $\mathbf{AB}'$을 계산하시오. 단 먼저 다음을 보이시오.

$$\mathbf{B}' = \begin{bmatrix} \mathbf{B}'_{11} & \mathbf{B}'_{21} \\ \mathbf{B}'_{12} & \mathbf{B}'_{22} \end{bmatrix}.$$

4.12 벡터 $\mathbf{y} - (\mathbf{x}'\mathbf{y}/\mathbf{x}'\mathbf{x})\mathbf{x}$와 그 자신과의 내적을 이용하여 다음을 보이시오.

$$\left(\sum_{i=1}^{n} x_i y_i \right)^2 \leq \sum_{i=1}^{n} x_i^2 \sum_{i=1}^{n} y_i^2.$$

이것은 코쉬-슈바르츠(Cauchy-Schwartz) 부등식이다. 이를 이용하여 상관계수의 절대값이 1을 넘지 않음을 보이시오.

4.13 A와 B가 $n \times n$차 행렬이라고 하자. 다음의 등식들이 서로 동치임을 보이시오.

(a) $AA'BB' = AB'AB'$.

(b) $tr(AA'BB') = tr(AB'AB')$.

(c) $A'B = B'A$.

4.14 (a) A를 $n \times n$차 행렬이라고 하자. A의 모든 원소들의 합이 $\mathbf{1}'_n A \mathbf{1}_n$과 같음을 보이시오. 여기서 $\mathbf{1}_n$은 모든 원소가 1인 n차 열벡터이다.

(b) A와 B가 $n \times n$차 행렬이라고 하자. AB와 BA의 대각합이 서로 같음을 보이시오. (힌트: n차 항등행렬의 i번째 열벡터를 나타내는 $\boldsymbol{u}_i$를 이용하시오. 단 $i = 1, 2, \ldots, n$이다.)

4.15 A와 B가 $A = A^2$과 $B = B^2$을 만족하는 $n \times n$차 행렬이라고 하자. 만약 $(A - B)^2 = A - B$

이면 $\boldsymbol{AB} = \boldsymbol{BA} = \boldsymbol{B}$임을 보이시오.

4.16 A를 $n \times n$차 행렬이라고 하고 $\mathbf{1}$을 모든 원소가 1인 n차 열벡터라고 하자. $\boldsymbol{Ax} = \mathbf{0}$과 $\boldsymbol{x}'\mathbf{1} = 0$을 만족하는 $\boldsymbol{x} \neq \mathbf{0}$가 존재한다고 가정했을 때, 다음을 보이시오.

(a) $\boldsymbol{A} + \lambda\mathbf{11}'$는 어떠한 스칼라 λ에 대해서도 비정칙행렬이다.

(b) $\boldsymbol{A} + \boldsymbol{f}\mathbf{1}'$ 또한 어떠한 벡터 $\boldsymbol{f}$에 대해서도 비정칙행렬이다.

4.17 X를 계수 $p(n \geq p)$를 갖는 $n \times p$차 행렬이라고 하자. $\boldsymbol{XX'X}$의 계수는 무엇인가?

4.18 X를 다음식을 만족하는 $n \times n$차 행렬이라고 하자.

$$\boldsymbol{X}^2 + 2\boldsymbol{X} + \boldsymbol{I}_n = \mathbf{0}.$$

(a) $\boldsymbol{X} + \boldsymbol{I}_n$가 비정칙임을 보이시오.

(b) $\boldsymbol{X}$가 정칙임을 보이시오.

(c) $\boldsymbol{X} + 2\boldsymbol{I}_n$가 정칙임을 보이시오.

(d) $\boldsymbol{X}^{-1}$를 구하시오.

4.19 $\boldsymbol{vv}' - \boldsymbol{v}'\boldsymbol{vI}$가 비정칙임을 보이시오.

4.20 다음을 보이시오.

(a) $\mathbf{A} = \begin{bmatrix} 6 & 13 \\ 5 & 12 \end{bmatrix}$이면 $|\mathbf{A}| = 7$, $\mathbf{A}^{-1} = \frac{1}{7}\begin{bmatrix} 12 & -13 \\ -5 & 6 \end{bmatrix}$

그리고 $\mathbf{AA}^{-1} = \mathbf{A}^{-1}\mathbf{A} = \mathbf{I}$;

(b) $\mathbf{B} = \begin{bmatrix} 3 & -4 \\ 7 & 14 \\ & \end{bmatrix}$이면 $|\mathbf{B}| = 70$, $\mathbf{B}^{-1} = \frac{1}{70}\begin{bmatrix} 14 & 4 \\ -7 & 3 \\ & \end{bmatrix}$

그리고 $\mathbf{BB}^{-1} = \mathbf{B}^{-1} = \mathbf{B} = \mathbf{I}$

4.21 연습문제 20에서의 $\mathbf{A}$와 $\mathbf{B}$를 이용하여, 역연산에서의 뒤바뀜 규칙(reversal rule, 즉 $(\mathbf{AB})^{-1} = \mathbf{B}^{-1}\mathbf{A}^{-1}$)이 성립함을 보이시오.

4.22 다음을 보이시오.

(a) $\mathbf{A} = \begin{bmatrix} -1 & 3 & 0 \\ 0 & 2 & 1 \\ 1 & 0 & 4 \end{bmatrix}$이면 $|\mathbf{A}| = -5$, $\mathbf{A}^{-1} = \frac{1}{5}\begin{bmatrix} -8 & 12 & -3 \\ -1 & 4 & -1 \\ 2 & -3 & 2 \end{bmatrix}$

그리고 $\mathbf{A}^{-1}\mathbf{A} = \mathbf{AA}^{-1} = \mathbf{I}$;

(b) $\mathbf{B} = \begin{bmatrix} 10 & 6 & -1 \\ 6 & 5 & 4 \\ -1 & 4 & 17 \end{bmatrix}$이면 $|\mathbf{B}| = 25$, $\mathbf{B}^{-1} = \begin{bmatrix} 2.76 & -4.24 & 1.16 \\ -4.24 & 6.76 & -1.84 \\ 1.16 & -1.84 & 0.56 \end{bmatrix}$

그리고 $\mathbf{B}^{-1}\mathbf{B} = \mathbf{BB}^{-1} = \mathbf{I}$;

(c) $\mathbf{C} = \frac{1}{10}\begin{bmatrix} 0 & -6 & 8 \\ -10 & 0 & 0 \\ 0 & -8 & -6 \end{bmatrix}$이면 $|\mathbf{C}| = 1$, $\mathbf{C}^{-1} = \mathbf{C}'$ 그리고 $\mathbf{C}'\mathbf{C} = \mathbf{C}'\mathbf{C} = \mathbf{I}$.

4.23 $\boldsymbol{w}'\boldsymbol{w} = 1$이고 $\boldsymbol{H} = \boldsymbol{I} - 2\boldsymbol{w}\boldsymbol{w}'$일 때, $\boldsymbol{H} = \boldsymbol{H}^{-1}$임을 증명하시오.

5장
특수한 행렬

특별한 성질을 가지는 많은 행렬에 대해 특정한 이름이 붙여져 왔다. 비록 그들의 역사적인 기원은 특수한 수학 문제나 응용에서 나왔으나, 후에 많은 관심을 갖게 하는 성질들을 가지고 있음이 발견되었다. 이러한 많은 행렬들 중에서 일반적으로 사용되는 것과 기본적인 응용에 쓰이는 몇 가지만 이 장에서 다루었다. 그 외의 것은 뒤에 있는 여러 장에 나타날 것이다.

5.1 대칭행렬

■ **정의 5.1** 어떤 정방행렬이 그의 전치와 같을 때 그 행렬을 **대칭행렬**(symmetric matrices)이라고 정의한다. 즉,

$$\mathbf{A} = \mathbf{A}' \text{일 때 } \mathbf{A}\text{는 대칭행렬이다.} \tag{5.1}$$

다시 말해 $\mathbf{A}_{r\times r}$인 경우 모든 $i, j = i, \ldots, r$에 대하여 $a_{ij} = a_{ji}$일 때, **A**를 대칭행렬이라고 한다.

대칭행렬들은 유용한 특성을 많이 가지고 있다. 그 중 행렬의 곱과 관련한 몇 가지는 여기서 다루고 그 외의 것은 나중에 다룬다.

5.1.1 대칭행렬들의 곱

대칭행렬들의 곱은 일반적으로 대칭이 아니다. 만약 $\mathbf{A} = \mathbf{A}'$이고 $\mathbf{B} = \mathbf{B}'$일 때, **A**와 **B**는 대칭이고 그들의 곱은(곱이 존재할 때)

$$(\mathbf{AB})' = \mathbf{B}'\mathbf{A}' = \mathbf{BA}.$$

일반적으로 **BA**와 **AB**는 같지 않으므로, **AB**는 일반적으로 대칭이 아니다.

예제 5.1

$$\mathbf{A} = \begin{bmatrix} 1 & 2 \\ 2 & 3 \end{bmatrix}\text{와 } \mathbf{B} = \begin{bmatrix} 3 & 7 \\ 7 & 6 \end{bmatrix}\text{에 대하여,}$$

$$(\mathbf{AB})' = \begin{bmatrix} 17 & 19 \\ 27 & 32 \end{bmatrix}' = \begin{bmatrix} 17 & 27 \\ 19 & 32 \end{bmatrix} = \mathbf{BA} \neq \mathbf{AB}.$$

5.1.2 AA′과 A′A의 성질

어떤 행렬과 그 행렬의 전치와의 곱은 항시 존재하며 대칭이다:

$$(\mathbf{AA}')' = (\mathbf{A}')'\mathbf{A}' = \mathbf{AA}', \quad (\mathbf{A}'\mathbf{A})' = \mathbf{A}'(\mathbf{A}')' = \mathbf{A}'\mathbf{A}. \tag{5.2}$$

어떤 행렬이 대칭임을 보이는 방법은 그 행렬의 전치와 그 행렬 자체가 같음을 보이는 것이다.

비록 $\mathbf{AA}'$과 $\mathbf{A}'\mathbf{A}$가 대칭일지라도 그들이 반드시 같은 것은 아니다. 사실상, $\mathbf{A}$가 정방행렬이어야만 $\mathbf{AA}'$과 $\mathbf{A}'\mathbf{A}$가 같은 차수를 가진다. 그러므로 $\mathbf{A}_{r\times c}$에 대해서, $\mathbf{AA}' = \mathbf{A}_{r\times c}(\mathbf{A}')_{c\times r}$은 차수가 $r \times r$이고 $\mathbf{A}'\mathbf{A} = (\mathbf{A}')_{c\times r}\mathbf{A}_{r\times c}$는 차수가 $c \times c$이다.

예제 5.2 행렬

$$\mathbf{A} = \begin{bmatrix} 1 & 2 & -1 \\ 3 & 0 & 1 \end{bmatrix}\text{에 대해서,}$$

$$\mathbf{AA}' = \begin{bmatrix} 6 & 2 \\ 2 & 10 \end{bmatrix}, \quad \mathbf{A}'\mathbf{A} = \begin{bmatrix} 10 & 2 & 2 \\ 2 & 4 & -2 \\ 2 & -2 & 2 \end{bmatrix}.$$

$\mathbf{AA}'$의 원소들은 $\mathbf{A}$의 행들의 내적임을 알 수 있다,

$$\mathbf{AA}' = \{\mathbf{A}\text{의 } i\text{번째와 } k\text{번째 행의 내적}, i, k = 1, \ldots, r\}. \tag{5.3}$$

특히, $\mathbf{AA}'$의 i번째 대각원소는 $\mathbf{A}$의 i번째 행에 있는 원소들을 제곱해서 합한 것이다. 즉, $\mathbf{A}$의 차수가 $r \times c$일 때 $\mathbf{AA}'$의 i번째 대각원소는 $\sum_{j=1}^{c} a_{ij}^2$가 된다. 그러므로 실수행렬 $\mathbf{A}$에 대해서, $\mathbf{AA}'$의 대각원소들은 모두 양수(혹은 0)이다. $\mathbf{A}'\mathbf{A}$에 대해서는 $\mathbf{A}$의 열을 이용하여 비슷한 결과를 얻을 수 있다:

$$\mathbf{A}'\mathbf{A} = \{\mathbf{A}\text{의 } j\text{번째와 } m\text{번째 열의 내적}, j, m = 1, 2, \ldots, c\}. \tag{5.4}$$

독자들은 이러한 결과를 예제를 통해서 확인할 수 있을 것이다.

만약 실수들의 제곱의 합이 0이라면, 그 수들 모두는 0이다. 즉, 실수 $x_1, x_2, \ldots, x_n$에 대해서 $\sum_{i=1}^{n} x_i^2 = 0$이라면 $x_1 = 0 = x_2 = \ldots = x_n$이다. 이러한 사실은 다음과 같은 성질을 증명하는 데 기초가 된다. 임의의 실수행렬 $\mathbf{A}$에 대해서

$$\mathbf{A}'\mathbf{A} = \mathbf{0}\text{이면 } \mathbf{A} = \mathbf{0} \tag{5.5}$$

이며

$$tr(\mathbf{A}'\mathbf{A}) = \mathbf{0}\text{이면 } \mathbf{A} = \mathbf{0}. \tag{5.6}$$

식 (5.5)의 결과는 $\mathbf{A}'\mathbf{A} = \mathbf{0}$이면 $\mathbf{A}'\mathbf{A}$의 모든 대각원소도 0이므로 성립한다: j번째 대각원소는 식 (5.3)에 의해서, $\mathbf{A}$의 j번째 열과 그 자신의 내적이다. 그러므로 $\mathbf{A}$의 차수가 $r \times c$라면, $j = 1, \ldots, c$에 대하여 $\sum_{k=1}^{r} a_{kj}^2 = 0$이 된다. 즉 $\mathbf{A} = \mathbf{0}$이다. 식 (5.6)도 비슷하게 증명할 수 있다:

$$tr(\mathbf{A}'\mathbf{A}) = \sum_{j=1}^{c} (\mathbf{A}'\mathbf{A}\text{의 } j\text{번째 대각원소}) = \sum_{j=1}^{c}\sum_{k=1}^{r} a_{kj}^2.$$

식 (5.5)와 (5.6)에서의 결과들은, 어떤 특정한 행렬 $\mathbf{A}$에 대해서는 거의 사용되지 않지만, 행렬대수에서 $\mathbf{A}$가 다른 행렬들의 함수 모양으로 되어 있을 때 유용하게 쓰인다. 예를 들면, 식 (5.5)를 이용하여 다음과 같은 사실을 증명할 수 있다. 실수행렬 $\mathbf{P}, \mathbf{Q}, \mathbf{X}$에 대하여

$$\mathbf{PXX}' = \mathbf{QXX}'\text{이면 } \mathbf{PX} = \mathbf{QX}. \tag{5.7}$$

증명은 다음과 같다:

$$(\mathbf{PXX}' - \mathbf{QXX}')(\mathbf{P}' - \mathbf{Q}') \equiv (\mathbf{PX} - \mathbf{QX})(\mathbf{PX} - \mathbf{QX})'. \tag{5.8}$$

식 (5.8)로부터 만약 $\mathbf{PXX}' = \mathbf{QXX}'$이면 식 (5.8)의 좌변은 0이 된다. 그러므로 우변도 0이 되고, 따라서 식 (5.5)에 의하여 $\mathbf{PX} - \mathbf{QX} = \mathbf{0}$이 된다. 즉, $\mathbf{PX} = \mathbf{QX}$가 되므로 식 (5.7)의 결과가 유도되었다.

5.1.3 벡터들의 곱

두 벡터의 내적은 스칼라이므로 대칭이다: 즉, $\mathbf{x}'\mathbf{y} = (\mathbf{x}'\mathbf{y})' = \mathbf{y}'\mathbf{x}$이다. 이와는 달리, 두 벡터의 외적(4.7.5절 참조)은 반드시 대칭이 되는 것은 아니다: 즉, $\mathbf{xy}' = (\mathbf{yx}')' \neq (\mathbf{xy}')'$이다. 그러한 곱이 정방행렬이 되어도 결과는 마찬가지이다.

예제 5.3 $\mathbf{x}' = [1\ \ 0\ \ 2]$, $\mathbf{y}' = [2\ \ 2\ \ 1]$, $\mathbf{z}' = [3\ \ 2]$에 대하여

$$\mathbf{xy}' = \begin{bmatrix} 1 \\ 0 \\ 2 \end{bmatrix} \begin{bmatrix} 2 & 2 & 1 \end{bmatrix} = \begin{bmatrix} 2 & 2 & 1 \\ 0 & 0 & 0 \\ 4 & 4 & 2 \end{bmatrix} \tag{5.9}$$

는 대칭이 아니다. 또한

$$\mathbf{yx}' = \begin{bmatrix} 2 \\ 2 \\ 1 \end{bmatrix} \begin{bmatrix} 1 & 0 & 2 \end{bmatrix} = \begin{bmatrix} 2 & 0 & 4 \\ 2 & 0 & 4 \\ 1 & 0 & 2 \end{bmatrix} \tag{5.10}$$

도 대칭이 아니다. $\mathbf{yx}'$의 전치는 $\mathbf{xy}'$이다. 즉, 식 (5.10)은 식 (5.9)의 전치와 같다: $\mathbf{yx}' = (\mathbf{xy}')'$이다. 행렬 $\mathbf{xz}'$과 $\mathbf{zx}'$은 정방행렬이 아니다:

$$\mathbf{xz}' = \begin{bmatrix} 1 \\ 0 \\ 2 \end{bmatrix} \begin{bmatrix} 3 & 2 \end{bmatrix} = \begin{bmatrix} 3 & 2 \\ 0 & 0 \\ 6 & 4 \end{bmatrix}$$

그리고

$$\mathbf{zx}' = \begin{bmatrix} 3 \\ 2 \end{bmatrix} \begin{bmatrix} 1 & 0 & 2 \end{bmatrix} = \begin{bmatrix} 3 & 0 & 6 \\ 2 & 0 & 4 \end{bmatrix}.$$

5.1.4 외적의 합

$\boldsymbol{a}_1, \boldsymbol{a}_2, \ldots, \boldsymbol{a}_c$를 $\boldsymbol{A}$의 열이라고 하고 $\boldsymbol{\beta}'_1, \boldsymbol{\beta}'_2, \ldots, \boldsymbol{\beta}'_c$을 $\boldsymbol{B}$의 행이라고 하면 곱 $\boldsymbol{AB}$는 다음과 같이 나타낼 수 있다.

$$\mathbf{AB} = \begin{bmatrix} \mathbf{a}_1 & \mathbf{a}_2 \cdots \mathbf{a}_c \end{bmatrix} \begin{bmatrix} \beta'_1 \\ \beta'_2 \\ \vdots \\ \beta'_c \end{bmatrix} = \sum_{j=1}^{c} \mathbf{a}_j \boldsymbol{\beta}'_j, \tag{5.11}$$

즉 $\mathbf{A}$의 열과 대응되는 $\mathbf{B}$의 행의 외적들을 합한 것이다.

예제 5.4

$$\begin{aligned} \mathbf{AB} &= \begin{bmatrix} 1 & 4 \\ 2 & 5 \\ 3 & 6 \end{bmatrix} \begin{bmatrix} 7 & 8 \\ 9 & 10 \end{bmatrix} = \begin{bmatrix} 43 & 48 \\ 59 & 66 \\ 75 & 84 \end{bmatrix} \\ &= \begin{bmatrix} 1 \\ 2 \\ 3 \end{bmatrix} \begin{bmatrix} 7 & 8 \end{bmatrix} + \begin{bmatrix} 4 \\ 5 \\ 6 \end{bmatrix} \begin{bmatrix} 9 & 10 \end{bmatrix} = \begin{bmatrix} 7 & 8 \\ 14 & 16 \\ 21 & 24 \end{bmatrix} + \begin{bmatrix} 36 & 40 \\ 45 & 50 \\ 54 & 60 \end{bmatrix}. \end{aligned}$$

식 (5.11)의 특별한 경우로 $\mathbf{B} = \mathbf{A}'$일 때,

$$\mathbf{AA}' = \sum_{j=1}^{c} \mathbf{a}_j \mathbf{a}'_j. \tag{5.12}$$

그러므로 $\mathbf{AA}'$은 $\mathbf{A}$의 각 열과 그 자신의 외적들의 합이다. 예를 들면

$$\begin{bmatrix} 1 & 2 & 3 \\ 4 & 5 & 6 \end{bmatrix} \begin{bmatrix} 1 & 4 \\ 2 & 5 \\ 3 & 6 \end{bmatrix} = \begin{bmatrix} 1 \\ 4 \end{bmatrix} \begin{bmatrix} 1 & 4 \end{bmatrix} + \begin{bmatrix} 2 \\ 5 \end{bmatrix} \begin{bmatrix} 2 & 5 \end{bmatrix} + \begin{bmatrix} 3 \\ 6 \end{bmatrix} \begin{bmatrix} 3 & 6 \end{bmatrix}.$$

5.1.5 기초벡터

식 (5.12)의 특별한 경우로

$$\mathbf{I}_n = \sum_{i=1}^{n} \mathbf{e}_i \mathbf{e}_i'$$

여기서 $\mathbf{e}_i$는 $\mathbf{I}_n$의 i번째 열이 된다. 즉 i번째 원소가 1이고 그 이외의 원소는 0인 벡터이다. 이러한 $\mathbf{e}_i$를 **기초벡터**(elementary vector)라고 한다. $\mathbf{e}_i$의 차수 n을 나타낼 필요가 있을 때는 $\mathbf{e}_i^{(n)}$으로 표시한다.

기초벡터들 사이의 외적은 한 개의 원소만이 1이고 나머지는 0이 되는 행렬이 된다. 예를 들면,

$$\mathbf{e}_1 = \begin{bmatrix} 1 \\ 0 \\ 0 \end{bmatrix} \text{와 } \mathbf{e}_2 = \begin{bmatrix} 0 \\ 1 \\ 0 \end{bmatrix} \text{에 대해서 } \mathbf{E}_{12} = \mathbf{e}_1\mathbf{e}_2' = \begin{bmatrix} 0 & 1 & 0 \\ 0 & 0 & 0 \\ 0 & 0 & 0 \end{bmatrix}.$$

일반적으로, $\mathbf{E}_{ij} = \mathbf{e}_i\mathbf{e}_j'$는 (i, j)번째 원소만이 1이고 나머지는 0인 행렬이다. 그리고 물론 $\mathbf{I} = \Sigma_i \mathbf{E}_{ii}$이다. 이러한 $\mathbf{E}_{ij}$-행렬들은 행렬대수에서의 계산에 특히 유용하다(9.4.3절 참조).

이러한 $\mathbf{e}$-벡터들은 행렬의 각 행과 열을 나타내는 데에도 유용한데, $\mathbf{e}_i'\mathbf{A} = \alpha_i'$는 $\mathbf{A}$의 i번째 행이고 $\mathbf{A}\mathbf{e}_j = \mathbf{a}_j$는 $\mathbf{A}$의 j번째 열이다. 일례로,

$$\mathbf{e}_2 = \begin{bmatrix} 0 \\ 1 \end{bmatrix} \text{와 } \mathbf{A} = \begin{bmatrix} 2 & 3 \\ 5 & 7 \end{bmatrix} \text{에 대해서, } \mathbf{e}_2'\mathbf{A} = [5 \quad 7] \text{ 그리고 } \mathbf{A}\mathbf{e}_2 = \begin{bmatrix} 3 \\ 7 \end{bmatrix}.$$

5.1.6 왜대칭행렬

대칭행렬 $\mathbf{A}$는 $\mathbf{A} = \mathbf{A}'$이란 성질이 있다. 이와는 달리 $\mathbf{B}' = -\mathbf{B}$라는 성질을 가지는 행렬 $\mathbf{B}$ 또한 존재한다. 그러한 행렬 $\mathbf{B}$의 대각원소는 모두 0이 되고 각 비대각원소는 그의 대칭되는 원소에 -1을 곱한 것이 된다. 즉 $b_{ii} = 0$이고 $b_{ij} = -b_{ji}$이다. 한 예로 다음과 같은 행렬을 들 수 있다.

$$\mathbf{B} = \begin{bmatrix} 0 & 1 & -3 \\ -1 & 0 & 2 \\ 3 & -2 & 0 \end{bmatrix}.$$

이러한 행렬, 즉 $\mathbf{B}' = -\mathbf{B}$를 만족하는 행렬을 **왜대칭행렬**(skew-symmetric matrix)이라고 한다.

5.2 모든 원소가 같은 행렬

모든 원소가 1인 벡터를 **합벡터**(summing vector)라고 한다. 왜냐하면 그러한 벡터는 행렬에서 수들의 합을 내적의 형태로 나타내는 데 사용될 수 있기 때문이다.

예제 5.5 행벡터 $\mathbf{1}' = [1 \quad 1 \quad 1 \quad 1]$은 차수가 1×4인 합벡터이며 $\mathbf{x}' = [3 \quad 6 \quad 8 \quad -2]$에 대하여

$$\mathbf{1}'\mathbf{x} = \begin{bmatrix} 1 & 1 & 1 & 1 \end{bmatrix} \begin{bmatrix} 3 \\ 6 \\ 8 \\ -2 \end{bmatrix} = 3 + 6 + 8 - 2$$

$$= 15 = \begin{bmatrix} 3 & 6 & 8 & -2 \end{bmatrix} \begin{bmatrix} 1 \\ 1 \\ 1 \\ 1 \end{bmatrix} = \mathbf{x}'\mathbf{1}.$$

합벡터의 차수에 대한 혼동을 피하기 위하여 필요하다면 $\mathbf{1}_4' = [1 \quad 1 \quad 1 \quad 1]$과 같이 나타낼 수 있다. 예를 들면,

$$\mathbf{1}_3'\mathbf{X} = \begin{bmatrix} 1 & 1 & 1 \end{bmatrix} \begin{bmatrix} 2 & -1 \\ -5 & -3 \\ 4 & 5 \end{bmatrix} = \begin{bmatrix} 1 & 1 \end{bmatrix} = \mathbf{1}_2'.$$

$\mathbf{X}$에 대한 $\mathbf{1}'\mathbf{X} = \mathbf{1}'$의 식에서 좌, 우변에 있는 $\mathbf{1}'$이 같은 차수를 가진다고 생각할 수도 있다. 그러나 그들의 차수는 같지 않다. 이러한 사실은 $r \times c$차 행렬 $\mathbf{X}$를 $\mathbf{X}_{r\times c}$로 그리고 $\mathbf{1}'\mathbf{X}_{r\times c} = \mathbf{1}'$을 $\mathbf{1}_r'\mathbf{X}_{r\times c} = \mathbf{1}_c'$와 같이 나타냄으로써 명백해진다.

어떤 합벡터와 그 자신의 내적은 그 벡터의 차수가 된다.

$$\mathbf{1}_n'\mathbf{1}_n = n. \tag{5.13}$$

그리고 외적은 모든 원소가 1이 되는 행렬이 된다:

$$\mathbf{1}_3\mathbf{1}_2' = \begin{bmatrix} 1 \\ 1 \\ 1 \end{bmatrix} \begin{bmatrix} 1 & 1 \end{bmatrix} = \begin{bmatrix} 1 & 1 \\ 1 & 1 \\ 1 & 1 \end{bmatrix} = \mathbf{J}_{3\times 2}.$$

일반적으로, $\mathbf{1}_r\mathbf{1}_s'$는 차수가 $r \times s$이며 $\mathbf{J}$ 또는 $\mathbf{J}_{r\times s}$로 나타낸다:

$$\mathbf{1}_r\mathbf{1}_s' = \mathbf{J}_{r\times s},\ \text{모든 원소가 1인 행렬.} \tag{5.14}$$

명백히, $\lambda\mathbf{J}_{r\times s}$는 모든 원소가 λ인 행렬이다.

$\mathbf{J}$와 또 다른 $\mathbf{J}$의 곱이나 $\mathbf{1}$과의 곱은 각각 $\mathbf{J}$와 $\mathbf{1}$이 된다(스칼라가 곱해진):

$$\mathbf{J}_{r\times s}\mathbf{J}_{s\times t} = s\mathbf{J}_{r\times t}, \qquad \mathbf{1}_r'\mathbf{J}_{r\times s} = r\mathbf{1}_s' \quad \text{그리고} \quad \mathbf{J}_{r\times s}\mathbf{1}_s = s\mathbf{1}_r. \tag{5.15}$$

특별히 유용한 것은 $\mathbf{J}$가 정방행렬일 때인데, 그로부터 유도되는 형태는 다음과 같다:

$$\mathbf{J}_n = \mathbf{1}_n\mathbf{1}_n' \text{으로부터 } \mathbf{J}_n^2 = n\mathbf{J}_n$$

그리고 (5.16)

$$\bar{\mathbf{J}}_n = \frac{1}{n}\mathbf{J}_n \text{이라고 놓으면 } \bar{\mathbf{J}}_n^2 = \bar{\mathbf{J}}_n.$$

그리고

$$\mathbf{C}_n = \mathbf{I} - \bar{\mathbf{J}}_n = \mathbf{I} - \frac{1}{n}\mathbf{J}_n \tag{5.17}$$

은 통계학에서 **중심화행렬**(centering matrix)로 알려져 있는 특별히 유용한 행렬이다. 다음과 같은 식이 성립하는데, 그 증명은 어렵지 않다.

$$\mathbf{C} = \mathbf{C}' = \mathbf{C}^2, \qquad \mathbf{C1} = \mathbf{0}, \quad \text{그리고} \quad \mathbf{CJ} = \mathbf{JC} = \mathbf{0}. \tag{5.18}$$

예제 5.6 자료 $x_1, x_2, \ldots, x_n$에 대한 평균과 평균에 대한 편차의 제곱의 합은 **1**-벡터와 **J**-행렬을 사용하여 나타낼 수 있다. 먼저 다음을 정의한다.

$$\mathbf{x}' = [x_1 \quad x_2 \quad \cdots \quad x_n].$$

x들에 대한 평균은

$$\bar{x} = (x_1 + x_2 + \cdots + x_n)/n = \sum_{i=1}^{n} x_i/n = \frac{1}{n}\mathbf{x}'\mathbf{1} = \frac{1}{n}\mathbf{1}'\mathbf{x}$$

이며, 마지막에 있는 등식은 $\mathbf{x}'\mathbf{y} = \mathbf{y}'\mathbf{x}$에 의해 성립한다. 그리고 식 (5.17)과 (5.18)의 C를 사용하면

$$\mathbf{x}'\mathbf{C} = \mathbf{x}' - \mathbf{x}'\bar{\mathbf{J}} = \mathbf{x}' - \frac{1}{n}\mathbf{x}'\mathbf{11}' = \mathbf{x}' - \bar{\mathbf{x}}\mathbf{1}' = \{\mathbf{x}_i - \bar{\mathbf{x}}\}$$

이며, 이것은 각 자료에 대한 $\bar{x}$로부터의 편차를 나타내는 자료벡터이다. (이것이 C에 중심화행렬이란 이름을 붙이게 된 기원이다.) $\mathbf{x}'\mathbf{C}$를 $\mathbf{x}$의 앞에 곱하면

$$\mathbf{x}'\mathbf{Cx} = (\mathbf{x}' - \bar{\mathbf{x}}\mathbf{1}')\mathbf{x} = \mathbf{x}'\mathbf{x} - \bar{\mathbf{x}}(\mathbf{1}'\mathbf{x}) = \mathbf{x}'\mathbf{x} - n\bar{x}^2.$$

따라서 통계에 있는 쉬운 결과로부터 다음을 알 수 있다.

$$\sum_{i-1}^{n}(x_i - \bar{x})^2 = \sum_{i=1}^{n} x_i^2 - n\bar{x}^2 = \mathbf{x}'\mathbf{x} - n\bar{x}^2 = \mathbf{x}'\mathbf{Cx}. \tag{5.19}$$

그러므로 자료벡터 $\mathbf{x}'$에 대해서 $\mathbf{x}'\mathbf{1}/n$은 평균을, 그리고 $\mathbf{x}'\mathbf{C}$는 평균에 대한 편차들의 벡터를 나타내며, 또한 $\mathbf{x}'\mathbf{Cx}$는 평균에 대한 편차의 제곱의 합이 된다.

식 (5.19)는 일반적으로 제곱의 합을 나타내기 위해 쓰이는, 이차형식으로 알려진(5.6절 참조), $\mathbf{x}'\mathbf{Ax}$의 특수한 경우이다. x들이 정규분포를 따르는 경우에 이러한 이차형식은 적절한 조건하에서 χ^2 분포를 따른다(10.5절 참조). 이러한 것을 보이는 데에는 **멱등**(idempotency)과 같은 또 다른 행렬의 개념들이 필요하다.

예제 5.7 예제 2.1에서 언급했듯이 변이확률행렬의 임의의 행에 있는 원소를 모두 합하면 1이다. 예를 들면,

$$\mathbf{P}=\begin{bmatrix}0.2 & 0.8\\0.4 & 0.6\end{bmatrix},\qquad \begin{bmatrix}0.2+0.8\\0.4+0.6\end{bmatrix}=\begin{bmatrix}1\\1\end{bmatrix};\ \text{i.e.,}\begin{bmatrix}0.2 & 0.8\\0.4 & 0.6\end{bmatrix}\begin{bmatrix}1\\1\end{bmatrix}=\begin{bmatrix}1\\1\end{bmatrix}.$$

이 예의 마지막 결과는

$$\mathbf{P1}=\mathbf{1}$$

으로 표현되는데, 이것은 일반적으로 모든 변이확률행렬에 대해서 성립한다. 또한 $\mathbf{P}^2\mathbf{1}=\mathbf{P}(\mathbf{P1})=\mathbf{P1}=\mathbf{1}$이므로 다음과 같이 확장된 결과를 얻는다.

$$\mathbf{P}^n\mathbf{1}=\mathbf{1}.$$

위 식은 변이확률행렬의 임의의 거듭제곱의 행에 대한 합이 1임을 보여 준다.

5.3 멱등행렬

식 (5.17)에 있는 행렬 $\bar{\mathbf{J}}_n$은 그 자신의 제곱과 같다는 특성이 있다. 이러한 특성을 가지는 많은 다른 행렬들이 존재하는데 그러한 행렬들을 **멱등행렬**(idempotent matrix)이라고 한다. 따라서 $\mathbf{K}^2=\mathbf{K}$를 만족하는 $\mathbf{K}$를 멱등행렬이라고 한다(idem은 라틴어에서 같다는 것을 뜻하고, potent는 거듭제곱 또는 멱을 뜻한다). 모든 멱등행렬은 정방행렬이다(그렇지 않으면 $\mathbf{K}^2$가 존재하지 않는다). 항등행렬과 정방인 영행렬은 멱등행렬이다. $\mathbf{K}$가 멱등행렬이면 $\mathbf{K}$의 모든 거듭제곱은 $\mathbf{K}$와 같다. 즉, 임의의 양의 정수 r에 대해 $\mathbf{K}^r=\mathbf{K}$이며 또한 $(\mathbf{I}-\mathbf{K})$도 멱등행렬이다. 따라서

$$\mathbf{K}^2=\mathbf{K}\text{이면 }(\mathbf{I}-\mathbf{K})^2=\mathbf{I}-\mathbf{K}\text{이다.}$$

그러나 $\mathbf{K}-\mathbf{I}$는 멱등행렬이 아니다. 만약 어떤 두 멱등행렬이 곱셈에서 교환되면 그 곱 또한 멱등행렬이 된다.

멱등행렬은 행렬대수의 많은 응용 분야에 나타나며, 특히 통계학에서 중요한 역할을 한다.

예제 5.8 식 (5.17)에 있는 $\mathbf{I}-\bar{\mathbf{J}}_n$은 멱등행렬이다. 또한 $AGA=A$를 만족하는 G에 대해서 GA도 멱등행렬이다(왜냐하면 $(\mathbf{GA})^2=\mathbf{GAGA}=\mathbf{GA}$). 이와 같은 성질을 만족시키는 행렬 G를 A의 **일반화역행렬**(generalized inverse)이라고 하고, 이에 대한 성질은 8장에서 다룬다.

$\mathbf{A}^2=\mathbf{0}$을 만족시키는 $\mathbf{A}$를 **멱영행렬**(nilpotent matrix)이라고 하고 $\mathbf{A}^2=\mathbf{I}$를 만족시키는 A를 **멱항행렬**(unipotent matrix)이라고 한다.

예제 5.9

$$\mathbf{A} = \begin{bmatrix} 1 & 2 & 5 \\ 2 & 4 & 10 \\ -1 & -2 & -5 \end{bmatrix}\text{는 멱영행렬이고 } \mathbf{B} = \begin{bmatrix} \mathbf{I} & \mathbf{X} \\ \mathbf{0} & -\mathbf{I} \end{bmatrix}\text{는 멱항행렬이다.}$$

이러한 정의에 대한 변형으로 어떤 양의 정수 $k > 2$에 대해 $\mathbf{A}^k = \mathbf{A}$, $\mathbf{A}^k = \mathbf{0}$, $\mathbf{A}^k = \mathbf{I}$와 같은 것이 있다. 예를 들면, 행렬

$$\mathbf{B} = \begin{bmatrix} 0 & 0 & 6 \\ \frac{1}{2} & 0 & 0 \\ 0 & \frac{1}{3} & 0 \end{bmatrix}$$

는 $\mathbf{B}^2 \neq \mathbf{I}$이지만 $\mathbf{B}^3 = \mathbf{I}$를 만족시킨다.

다음의 정리는 멱등행렬의 계수를 결정하는 데 있어 매우 유용하다.

정리 5.1 K가 $n \times n$차 멱등행렬이면 그것의 계수는 대각합과 같다. 즉, $r = r(K) = tr(K)$.

증명 $l_1, l_2, \ldots, l_r$을 K의 열공간을 생성하는(또는 열공간의 기저를 이루는) 선형독립인 벡터들이라고 하고 $L = [l_1 : l_2 : \ldots : l_r]$로 정의하자. 그러면 L의 차수는 $n \times r$이다. 따라서 K의 i번째 열 $k_i(i = 1, 2, \ldots, n)$는 L을 이루는 열들의 선형결합으로 나타낸다. 그러므로 $k_i = Lm_i$와 같이 표현할 수 있다. 여기서 m_i는 r개의 계수를 원소로 갖는 열벡터이다. 이제 $m_1, m_2, \ldots, m_n$을 열로 갖는 행렬을 M이라고 하면, K는 다음과 같이 쓸 수 있다.

$$K = LM. \tag{5.20}$$

이 식과 M의 계수는 그것의 행의 수보다 클 수 없다는 사실로부터 $r(K) \leq r(M) \leq r$임을 알 수 있다. 그런데 $r(K) = r$이다. 그러므로 $r(M) = r$이다.

K가 멱등행렬이므로, 즉 $K^2 = K$이므로 식 (5.20)으로부터 다음을 얻는다.

$$LMLM = LM. \tag{5.21}$$

더욱이 식 (5.21) 양변의 왼쪽에 L'을 곱하면 $L'L$이 양변의 첫 부분에 나타나는데, L이 최대열계수행렬이므로 $L'L$은 $r \times r$차 정칙행렬이 되고 계수가 r이다. 다시 $L'L$의 역행렬을 식 (5.21) 양변의 왼쪽에 곱하면 다음을 얻을 수 있다.

$$MLM = M. \tag{5.22}$$

비슷하게 M이 최대행계수행렬이므로 MM'은 정칙행렬이 된다. 이제 식 (5.22) 양변의 오른쪽에 M'을 먼저 곱하고 다시 MM'의 역행렬을 곱하면 다음의 식을 얻을 수 있다.

$$ML = I_r. \tag{5.23}$$

따라서 식 (5.20)과 (5.23)으로부터 $r(K) = r = tr(ML) = tr(LM) = tr(K)$이다. 그러므로 $r(K) = tr(K)$. ■

$\boldsymbol{K}$의 대각합은 대각원소들의 합이므로 계산하기 쉽다. 일반적으로 행렬의 계수를 찾는 것은 쉽지 않다. 하지만 $\boldsymbol{K}$가 멱등행렬인 경우에는 위의 정리로부터 $\boldsymbol{K}$의 계수를 쉽게 알 수 있다.

5.4 직교행렬

■ **정의 5.2** 또 다른 유용한 행렬의 종류로는 $\mathbf{AA}' = \mathbf{I} = \mathbf{A}'\mathbf{A}$를 만족하는 행렬 $\mathbf{A}$들이 있다. 그러한 행렬들을 **직교행렬**(orthogonal matrix)이라고 한다.

실수벡터 $\mathbf{x}' = [x_1 \ \ x_2 \ \ \dots \ \ x_n]$의 노름(norm)은 다음과 같이 정의된다.

$$\mathbf{x}\text{의 노름} = \sqrt{\mathbf{x}'\mathbf{x}} = \left(\sum_{i=1}^{n} x_i^2\right)^{\frac{1}{2}} \tag{5.24}$$

예를 들어, $\mathbf{x}' = [1 \ \ 2 \ \ 2 \ \ 4]$의 노름은 $(1 + 4 + 4 + 16)^{\frac{1}{2}} = 5$이다. 노름이 1인 벡터를 **정규벡터**(normal vector) 또는 **단위벡터**(unit vector)라고 한다. 즉 $\mathbf{x}'\mathbf{x} = 1$일 때 $\mathbf{x}$를 정규벡터라고 한다. 예를 들면, $\mathbf{x}' = [.2 \ \ .4 \ \ .4 \ \ .8]$은 정규벡터이다. 영벡터가 아닌 임의의 벡터 $\mathbf{x}$는 $\mathbf{x}$에 스칼라 $1/\sqrt{\mathbf{x}'\mathbf{x}}$를 곱함으로써 정규벡터로 만들 수 있다. 즉,

$$\mathbf{u} = \left(\frac{1}{\sqrt{\mathbf{x}'\mathbf{x}}}\right)\mathbf{x}$$

는 $\mathbf{x}$로부터 유도된 정규벡터이다($\mathbf{u}'\mathbf{u} = 1$이기 때문이다).

영벡터가 아닌 벡터 $\mathbf{x}$와 $\mathbf{y}$는 $\mathbf{x}'\mathbf{y} = 0$(동치로 $\mathbf{y}'\mathbf{x} = 0$)일 때 서로 직교한다고 한다. 일례로, $\mathbf{x}' = [1 \ \ 2 \ \ 2 \ \ 4]$와 $\mathbf{y}' = [6 \ \ 3 \ \ -2 \ \ -2]$는 다음의 식에서 보는 바와 같이 서로 직교한다.

$$\mathbf{x}'\mathbf{y} = \begin{bmatrix} 1 & 2 & 2 & 4 \end{bmatrix}\begin{bmatrix} 6 \\ 3 \\ -2 \\ -2 \end{bmatrix} = 6 + 6 - 4 - 8 = 0.$$

두 정규벡터가 직교할 때, 그 두 벡터를 **정직교벡터**(orthonormal vector)라고 한다. 따라서 $\mathbf{u}'\mathbf{u} = 1 = \mathbf{v}'\mathbf{v}$이고 $\mathbf{u}'\mathbf{v} = 0$일 때 $\mathbf{u}$와 $\mathbf{v}$는 정직교벡터이다. 예를 들어, $\mathbf{u}' = \frac{1}{6}[1 \ \ 1 \ \ 3 \ \ 3 \ \ 4]$와 $\mathbf{v}' = [-0.1 \ \ -0.9 \ \ -0.1 \ \ -0.1 \ \ 0.4]$는 정직교벡터이다.

같은 차수의 벡터들을 모아 놓은 것을 벡터들의 집합(set of vectors)이라고 한다. 벡터 $\mathbf{x}_i (i = 1, 2, \dots, n)$들의 집합은 다음과 같은 조건을 만족시킬 때 **정직교집합**(orthonormal set)이라고 한다: 첫 번째로 그 집합에 있는 벡터들은 모두 정규벡터이다. 즉, 모든 i에 대하여 $\mathbf{x}_i'\mathbf{x}_i = 1$. 두 번째로, 임의의 서로 다른 두 벡터는 직교한다. 즉, $i \neq j = 1, 2, \dots, n$에 대하여 $\mathbf{x}_i'\mathbf{x}_j = 0$. 이와 같이 정규집합의 벡터들은 모두 정규벡터이며 서로 직교한다.

행렬 $\mathbf{P}_{r \times c}$의 행들이 정직교집합을 이룰 때 $\mathbf{P}_{r \times c}$는 정직교행들을 가진다고 하고 이때 $\mathbf{PP}' = \mathbf{I}_r$이 성립한다. 그러나 $\mathbf{P}'\mathbf{P}$가 항등행렬 $\mathbf{I}_c$가 되는 것은 아니다. 예를 들면,

$$\mathbf{P} = \begin{bmatrix} 1 & 0 & 0 \\ 0 & 1 & 0 \end{bmatrix}\text{일 때, } \mathbf{PP}' = \mathbf{I}_2\text{이지만 } \mathbf{P}'\mathbf{P} = \begin{bmatrix} 1 & 0 & 0 \\ 0 & 1 & 0 \\ 0 & 0 & 0 \end{bmatrix} \neq \mathbf{I}_3\text{이다.}$$

역으로, $\mathbf{P}_{r\times c}$가 정직교열을 가질 때 $\mathbf{P}'\mathbf{P} = \mathbf{I}_c$이나 $\mathbf{PP}'$가 항등행렬이 되는 것은 아니다.

정직교행들을 가지는 정방행렬은 또한 정직교열을 가진다(그 이유는?). 이러한 성질을 가지는 정방행렬 $\boldsymbol{P}$에 대해 다음이 성립한다.

$$\mathbf{PP}' = \mathbf{P}'\mathbf{P} = I. \tag{5.25}$$

이와 같은 식을 만족하는 행렬 $\mathbf{P}$를 **직교행렬**(orthogonal matrix)이라고 한다. 정의로부터 $\boldsymbol{P}$가 정방행렬이며 정직교행과 정직교열을 가짐을 알 수 있다. 이러한 것이 직교행렬 $\mathbf{P}$의 특성이다. 실제로, 다음의 세 가지 조건들 (i) $\boldsymbol{P}$는 정방행렬 (ii) $\mathbf{P}'\mathbf{P} = \mathbf{I}$ (iii) $\mathbf{PP}' = \mathbf{I}$ 중에 임의의 두 가지 조건은 나머지 한 개의 조건을 유도해낸다. 즉, $\boldsymbol{P}$가 직교행렬임을 유도해낸다.

직교행렬의 쉬운 성질로, 직교행렬과 직교행렬의 곱도 직교행렬이라는 것이 있다(연습문제 5.9 참조).

정리 5.2(QR 분해) 행렬 $\boldsymbol{A}$는 $n \times p$차 행렬이고 계수 $p(n \geq p)$를 갖는다고 하자. 그러면 $\boldsymbol{A} = \boldsymbol{QR}$을 만족하는 정직교열을 갖는 $n \times p$차 행렬 $\boldsymbol{Q}$와 $p \times p$차 상삼각행렬 $\boldsymbol{R}$이 존재한다.

예제 5.10

$$\mathbf{A} = \frac{1}{\sqrt{6}}\begin{bmatrix} \sqrt{2} & \sqrt{2} & \sqrt{2} \\ \sqrt{3} & -\sqrt{3} & 0 \\ 1 & 1 & -2 \end{bmatrix}$$

는 독자들이 쉽게 확인할 수 있는 것으로, 직교행렬이다.

다양한 형태의 직교행렬들이 존재하는데, 이 중 3가지 특수한 형태에 대해서 기술한다.

5.4.1 특수한 경우

헬머트(Helmert), 기븐스(Givens), 하우스홀더(Housholder) 행렬은 모두 직교행렬이다.

헬머트 행렬 차수가 4×4인 헬머트 행렬(Helmert matrix)은 다음과 같다.

$$\mathbf{H}_4 = \begin{bmatrix} 1/\sqrt{4} & 1/\sqrt{4} & 1/\sqrt{4} & 1/\sqrt{4} \\ 1/\sqrt{2} & -1/\sqrt{2} & 0 & 0 \\ 1/\sqrt{6} & 1/\sqrt{6} & -2/\sqrt{6} & 0 \\ 1/\sqrt{12} & 1/\sqrt{12} & 1/\sqrt{12} & -3/\sqrt{12} \end{bmatrix}.$$

차수가 $n \times n$인 헬머트 행렬 $\mathbf{H}_n$의 첫 번째 행은 $n^{-\frac{1}{2}}\mathbf{1}_n'$이며 나머지 $n-1$개의 각 행은 $i = 1, \ldots,$

$n-1$에 대해 다음과 같이 분할된 형태를 가진다.

$$\left[\mathbf{1}'_i \mid -i \mid \mathbf{01}'_{n-i-1}\right] / \sqrt{\lambda_i}, \text{ 단 } \lambda_i = i(i+1).$$

여기서 $\mathbf{01}'$은 모든 원소가 0인 행벡터를 나타낸다.

기븐스 행렬 다음과 같은 직교행렬

$$\begin{bmatrix} \cos\theta & \sin\theta \\ -\sin\theta & \cos\theta \end{bmatrix}$$

은 차수가 2×2인 기븐스 행렬(Givens matrix)이다. 이것이 행렬의 차수가 2×2 이상인 기븐스 행렬의 기초가 된다. 차수가 3×3인 기븐스 행렬들은 다음과 같다.

$$\mathbf{G}_{12} = \begin{bmatrix} \cos\alpha & \sin\alpha & 0 \\ -\sin\alpha & \cos\alpha & 0 \\ 0 & 0 & 1 \end{bmatrix}, \quad \mathbf{G}_{13} = \begin{bmatrix} \cos\beta & 0 & \sin\beta \\ 0 & 1 & 0 \\ -\sin\beta & 0 & \cos\beta \end{bmatrix}$$

$$\mathbf{G}_{23} = \begin{bmatrix} 1 & 0 & 0 \\ 0 & \cos\gamma & \sin\gamma \\ 0 & -\sin\gamma & \cos\gamma \end{bmatrix}. \tag{5.26}$$

차수가 $n \times n$인 $\mathbf{G}_{rs} = \mathbf{G}_{sr}$의 일반적인 형태는 항등행렬에서 다음의 4개의 원소만 다음과 같이 다르게 주어진 것이다: $g_{rr} = g_{ss} = \cos\theta_{rs}$ 그리고 $r > s$에 대해 $-g_{rs} = g_{sr} = \sin\theta_{rs}$. 그러한 모든 행렬은 직교행렬이다. 그리고 기븐스 행렬들의 곱도 직교행렬이다.

때로 유용한 행렬연산은 정방행렬을 **삼각화**(triangulation)하는 것, 즉 $\mathbf{A}$가 정방행렬일 때, 어떤 행렬 $\mathbf{G}$를 $\mathbf{A}$의 앞에다 곱하여 $\mathbf{GA}$가 상삼각행렬이 되도록 하는 것이다. 이러한 것은 $\mathbf{G}$를 기븐스 행렬들의 곱으로 해서 얻어질 수 있다. $\mathbf{A}$로부터 $\mathbf{GA}$로 가는 연산을 **기븐스 변환**(Givens transformation)이라고 한다. 마찬가지로 $\mathbf{A}$로부터 하삼각행렬은 $\mathbf{A}$의 뒤에 기븐스 행렬들을 곱함으로써 얻을 수 있다.

하우스홀더 행렬 정방행렬을 삼각화하는 데 유용한 또 다른 직교행렬로서 하우스홀더(Householder matrix) 행렬이 있다. 그것의 일반적인 형태는

$$\mathbf{H} = \mathbf{I} - 2\mathbf{hh}' \text{ 단 } \mathbf{h}'\mathbf{h} = 1 \tag{5.27}$$

이며 여기서 $\mathbf{h}$는 당연히 영이 아닌 열벡터이다. 이때 $\mathbf{H}$는 직교행렬일 뿐만 아니라 대칭이다. 그리고 임의의 영이 아닌 벡터 $\mathbf{x}' = [x_1 \ x_2 \ \dots \ x_n]$에 대해 다음 식을 만족하는 $\mathbf{h}' = [h_1 \ h_2 \ \dots \ h_n]$이 존재한다.

$$\mathbf{Hx} = \begin{bmatrix} \lambda \\ 0 \\ \vdots \\ 0 \end{bmatrix} \text{ 단 } \begin{cases} \lambda = -(\text{sign of } x_1)\sqrt{\mathbf{x}'\mathbf{x}} \\ h_1 = \sqrt{\frac{1}{2}(1 - x_1/\lambda)} \\ h_\iota = -x_i/2h_1\lambda \quad (i = 2, 3, \dots, n). \end{cases}$$

예제 5.11 $\mathbf{x}' = [1\ \ 2\ \ 3\ \ 5\ \ 5]$에 대해 $\mathbf{h}' = \frac{1}{12}[9\ \ 2\ \ 3\ \ 5\ \ 5]$이며 $\mathbf{Hx} = [-8\ \ 0\ \ 0\ \ 0\ \ 0]'$이다.

정방행렬 **A**의 삼각화는 **A**의 각 열에 대한 하우스홀더 행렬을 구함으로써 얻어질 수 있다.

5.5 직교행렬의 매개변수화

차수 $n \times n$을 갖는 직교행렬 $\boldsymbol{A}$의 n^2개 원소들 모두가 독립적으로 정해질 수는 없다. 즉 $\boldsymbol{A}'\boldsymbol{A} = \mathbf{I}_n$라는 사실로부터 $\boldsymbol{A}$의 원소들은 $n(n+1)/2$개의 제약조건식을 만족해야 한다. 따라서 독립적인 원소들의 수는 $n^2 - n(n+1)/2 = n(n-1)/2$개이다. 이로부터 직교행렬 $\boldsymbol{A}$는 $n(n-1)/2$개의 독립적인 매개변수들로 표현된다는 것을 알 수 있다. 이러한 사실은 여러 통계응용 분야에서 일어날 수 있는데, 특히 직교행렬을 생성해야 할 필요성이 있는 경우에 유용하다. 쿠리와 마이어스(Khuri and Myers, 1981)는 위의 사실을 반응표면모형에서 비정규오차에 로버스트(robust)한 반응표면설계에 이용하였다. 또 따른 응용으로는 모의실험에서 이용되는 랜덤(random) 직교행렬의 생성을 들 수 있다(하이버거 등(Heiberger et al., 1981)과 앤더슨 등(Anderson et al., 1987)을 참조).

직교행렬의 매개변수화(parameteriztion of orthogonal matrices)의 여러 방법들에 대한 고찰은 쿠리와 군(Khuri and Good, 1989)을 참조하라. 그들 중 두 가지를 여기에 소개한다.

I. 지수 표현(Exponential Representation) [Gantmacher(1959)]

만약 $\boldsymbol{A}$가 행렬식이 1인 직교행렬이라면 $\boldsymbol{A}$는 다음과 같이 나타낼 수 있다.

$$\boldsymbol{A} = \exp(\boldsymbol{T}), \tag{5.28}$$

여기서 $\boldsymbol{T}$는 왜대칭행렬이고, $\boldsymbol{T}$의 주대각(main diagonal) 위의 원소들이 매개변수화에 이용될 수 있다. 식 (5.28)의 지수함수는 행렬 무한급수의 합으로 표현된다. 즉

$$\exp(\boldsymbol{T}) = \sum_{i=0}^{\infty} \frac{1}{i!}\boldsymbol{T}^i, \tag{5.29}$$

여기서 $\boldsymbol{T}^0 = \boldsymbol{I}_n$.

II. 케일리 표현(Cayley's Representation) [Gantmacher(1959, p.289)]

만약 $n \times n$차 직교행렬 $\boldsymbol{A}$가 -1을 고유치(eigenvalue, 6장 참조)로 갖지 않는다면, 다음의 케일리 형식(Cayley's form)으로 나타낼 수 있다. 즉

$$\boldsymbol{A} = (\boldsymbol{I}_n - \boldsymbol{U})(\boldsymbol{I}_n + \boldsymbol{U})^{-1},$$

여기서 $\boldsymbol{U}$는 $n \times n$차 왜대칭행렬이다.

5.6 이차형식

식 (5.19)에서의

$$\sum_{i=1}^{n}(x_i - \bar{x}.)^2 = \mathbf{x}'\mathbf{C}\mathbf{x}$$

는 행벡터 $\mathbf{x}'$, 행렬 $\mathbf{C}$, 열벡터 $\mathbf{x}$의 곱이다. 이와 같은 형식을 **이차형식**(quadratic form)이라고 한다. 임의의 행렬 $\mathbf{A}$에 대한 이차형식의 일반적인 형태는 $\mathbf{x}'\mathbf{A}\mathbf{x}$이다. 이와 같은 형태의 표현은 많이 쓰이며, 특히 통계의 분산분석과 관련한 일반적 이론에서 많이 쓰인다. 분산분석에서, 행렬 $\mathbf{A}$를 적당히 잡는다면, 임의의 제곱의 합도 $\mathbf{x}'\mathbf{A}\mathbf{x}$와 같은 꼴로 나타낼 수 있다.

다음과 같은 예제를 생각해 보자.

$$\mathbf{x}'\mathbf{A}\mathbf{x} = [x_1 \quad x_2 \quad x_3]\begin{bmatrix} 1 & 2 & 3 \\ 4 & 7 & 6 \\ 2 & -2 & 5 \end{bmatrix}\begin{bmatrix} x_1 \\ x_2 \\ x_3 \end{bmatrix}.$$

직접적인 계산을 하면

$$\begin{aligned} \mathbf{x}'\mathbf{A}\mathbf{x} = x_1^2 &+ 4x_2x_1 + 2x_3x_1 + 2x_1x_2 \\ &+ 7x_2^2 - 2x_3x_2 + 3x_1x_3 + 6x_2x_3 + 5x_3^2, \end{aligned} \tag{5.30}$$

이를 정리하면 $\mathbf{x}'\mathbf{A}\mathbf{x}$는 다음과 같이 된다.

$$\begin{aligned} &x_1^2 + x_1x_2(4+2) + x_1x_3(2+3) + 7x_2^2 + x_2x_3(-2+6) + 5x_3^2 \\ &\quad = x_1^2 + 7x_2^2 + 5x_3^2 + 6x_1x_2 + 5x_1x_3 + 4x_2x_3. \end{aligned} \tag{5.31}$$

이것은 x에 대한 이차함수로, 이차형식이란 이름을 붙인 이유이다. 이차형식의 전개에서 두 가지 특성은 주목할 만하다. 첫째로, 식 (5.30)에서 $\mathbf{x}'\mathbf{A}\mathbf{x}$는 가능한 모든 x_i들의 쌍의 곱에 $\mathbf{A}$의 한 원소를 곱해서 합한 것임을 알 수 있다. 그러므로 식 (5.30)의 두 번째 항, $4x_2x_1$은 x_2x_1에 $\mathbf{A}$의 두 번째 행, 첫 번째 열에 있는 원소를 곱한 것이다. 둘째로, 식 (5.30)에서 (5.31)로 정리하는 과정에서, x_1x_2의 계수는 $\mathbf{A}$에 있는 두 원소의 합임을 알 수 있다: 첫 번째 열의 두 번째 행에 있는 원소와 두 번째 열의 첫 번째 행에 있는 원소를 더한 것이다. 이러한 결과는 일반적으로 성립한다.

만약 $\boldsymbol{x}$가 x_i, $i = 1, 2, \ldots, n$들을 원소로 가지는 차수가 $n \times 1$인 벡터이고, 만약 $\mathbf{A}$가 a_{ij}, $i, j = 1, 2, \ldots, n$들을 원소로 가지는 차수가 $n \times n$인 정방행렬이라면

$$\begin{aligned} \mathbf{x}'\mathbf{A}\mathbf{x} &= \sum_i \sum_j x_i x_j a_{ij} \quad \text{식 (5.30)에서와 같이} \\ &= \sum_i x_i^2 a_{ii} + \sum_{i \neq j}\sum x_i x_j a_{ij} \end{aligned}$$

그리고 식 (5.31)에서와 같이 이것은 다음과 같이 된다.

$$\mathbf{x}'\mathbf{A}\mathbf{x} = \sum_i x_i^2 a_{ii} + \sum_{j>i}\sum x_i x_j \left(a_{ij} + a_{ji}\right). \tag{5.32}$$

그러므로 $\mathbf{x}'\mathbf{A}\mathbf{x}$는 $\mathbf{x}$의 각 원소의 제곱에 대응하는 $\mathbf{A}$의 대각원소를 곱하여 합한 것과 $\mathbf{x}$의 원소들의 곱들을 합한 것을 더한 것이 되는데, 여기서 원소들의 곱 각각에는 대응하는 $\mathbf{A}$의 원소들의 곱의 합이 곱해진다: $\mathbf{x}$의 i번째 원소와 j번째 원소의 곱에 $(a_{ij} + a_{ji})$가 곱해진다.

위의 예제로 돌아가면 다음과 같은 식을 얻는다.

$$\begin{aligned}\mathbf{x}'\mathbf{A}\mathbf{x} &= x_1^2 + 7x_2^2 + 5x_3^2 + 6x_1x_2 + 5x_1x_3 + 4x_2x_3\\ &= x_1^2 + 7x_2^2 + 5x_3^2 + x_1x_2(1+5) + x_1x_3(1+4) + x_2x_3(0+4)\\ &= \mathbf{x}'\begin{bmatrix}1 & 1 & 1\\ 5 & 7 & 0\\ 4 & 4 & 5\end{bmatrix}\mathbf{x}.\end{aligned}$$

이로부터 다음과 같은 사실을 알 수 있다. 즉, $\mathbf{A}$와 $\mathbf{B}$는 다르지만

$$\mathbf{x}'\mathbf{A}\mathbf{x} = \mathbf{x}'\begin{bmatrix}1 & 2 & 3\\ 4 & 7 & 6\\ 2 & -2 & 5\end{bmatrix}\mathbf{x}\text{는 } \mathbf{x}'\mathbf{B}\mathbf{x} = \mathbf{x}'\begin{bmatrix}1 & 1 & 1\\ 5 & 7 & 0\\ 4 & 4 & 5\end{bmatrix}\mathbf{x}\text{와 같다.}$$

그러므로 비록 대응하는 행렬이 다르더라도 이차형식은 같을 수 있는 사실에 주의해야 한다. 실제로, 임의의 특별한 이차형식이 $\mathbf{x}'\mathbf{A}\mathbf{x}$와 같이 표현될 수 있는 행렬 $\mathbf{A}$는 유일한 것이 아니며 많은 행렬이 사용될 수 있다. 그러나 그러한 행렬들은 같은 대각원소를 가져야 하며, 또한 그들의 대칭된 비대각원소 쌍의 합, 즉 $(a_{ij} + a_{ji})$도 같아야 한다. 일례로, 식 (5.30)은 또한 다음과 같이 나타낼 수 있다.

$$\mathbf{x}'\mathbf{A}\mathbf{x} = \mathbf{x}'\begin{bmatrix}1 & 2342 & -789\\ -2336 & 7 & 1.37\\ 794 & 2.63 & 5\end{bmatrix}\mathbf{x}. \tag{5.33}$$

특별하게,

$$\mathbf{x}'\mathbf{A}\mathbf{x} = x_1^2 + 7x_2^2 + 5x_3^2 + x_1x_2(3+3) + x_1x_3\left(2\tfrac{1}{2} + 2\tfrac{1}{2}\right) + x_2x_3(2+2)$$

와 같이 쓴다면 이것은 다음과 같이 표현될 수 있다.

$$\mathbf{x}'\mathbf{A}\mathbf{x} = \mathbf{x}'\begin{bmatrix}1 & 3 & 2\frac{1}{2}\\ 3 & 7 & 2\\ 2\frac{1}{2} & 2 & 5\end{bmatrix}\mathbf{x}. \tag{5.34}$$

여기서 $\mathbf{A}$는 대칭행렬이고 이와 같은 표현은 유일하다. 즉, 임의의 이차형식을 $\mathbf{x}'\mathbf{A}\mathbf{x}$와 같이 표현할 수 있는 대칭행렬 $\mathbf{A}$는 유일하다. $\mathbf{A}$가 대칭이 아닐 때 이차형식 $\mathbf{x}'\mathbf{A}\mathbf{x}$는 $\mathbf{x}'[\frac{1}{2}(\mathbf{A} + \mathbf{A}')]\mathbf{x}$와 같으므로, 같은 이차형식을 유도하는 대칭행렬을 항상 찾을 수 있다. 왜냐하면 $\frac{1}{2}(\mathbf{A} + \mathbf{A}')$은 대칭행렬이기 때문이다. 예를 들어, 만약 $\mathbf{A}$가 식 (5.33)에서 사용된 행렬이라면, $\frac{1}{2}(\mathbf{A} + \mathbf{A}')$은 식 (5.34)에서

사용된 대칭행렬과 같음을 쉽게 알 수 있다.

A가 대칭일 때, 즉 $a_{ij} = a_{ji}$일 때 식 (5.32)는 다음과 같이 표현될 수 있다.

$$\mathbf{x}'\mathbf{A}\mathbf{x} = \sum_i x_i^2 a_{ii} + 2\sum_{j>i}\sum x_i x_j a_{ij}. \tag{5.35}$$

예를 들면,

$$\begin{aligned}\mathbf{x}'\mathbf{A}\mathbf{x} &= \mathbf{x}'\begin{bmatrix} a_{11} & a_{12} & a_{13} \\ a_{12} & a_{22} & a_{23} \\ a_{13} & a_{23} & a_{33}\end{bmatrix}\mathbf{x} \\ &= a_{11}x_1^2 + a_{22}x_2^2 + a_{33}x_3^2 + 2(a_{12}x_1x_2 + a_{13}x_1x_3 + a_{23}x_2x_3).\end{aligned}$$

대칭행렬 **A**의 중요성은 임의의 특별한 이차형식 **x′Ax**에 대해 서로 다른 많은 행렬들이 사용될 수 있으나 그 중 대칭인 것이 단 한 개밖에 없다는 것이다. 그러므로 이차형식 **x′Ax**를 다룰 때 우리는 항상 행렬 **A**를 대칭으로 간주할 것이다. 이것은 임의의 특별한 이차형식에 대하여 대칭인 행렬 **A**가 유일하며 또한 대칭행렬은 이차형식을 연구하는 데 유용한 많은 성질을 갖기 때문에 매우 편리하다. 특히 분산분석과 관련된 이차형식을 연구하는 데 편리하다. 이후로 이차형식 **x′Ax** 다룰 때는 항상 **A** = **A′**라고 가정한다.

조금 더 일반적인 함수로 두 변수 **x**와 **y**에 대한 이차함수가 있다. 예를 들면,

$$\begin{aligned}\mathbf{x}'\mathbf{M}\mathbf{y} &= [x_1 \quad x_2]\begin{bmatrix} 2 & 4 & 3 \\ 7 & 6 & 5\end{bmatrix}\begin{bmatrix} y_1 \\ y_2 \\ y_3\end{bmatrix} \\ &= 2x_1y_1 + 4x_1y_2 + 3x_1y_3 + 7x_2y_1 + 6x_2y_2 + 5x_2y_3.\end{aligned}$$

이것을 **쌍일차형식**(binary form)이라고 하며, 이 경우 행렬 **M**은 이차형식과는 달리 정방행렬일 필요가 없다. 명백히 이차형식은 쌍일차형식의 특수한 경우이다(**M**이 정방행렬이고 **y** = **x**인 경우).

5.7 양정치행렬

x = **0**에 대해서 모든 이차형식 **x′Ax**는 0이다. 어떤 행렬 **A**에 대해서는, 대응하는 이차형식이 **x** = **0**일 때만 0이 된다. 예를 들어 다음의 경우,

$$\begin{aligned}\mathbf{x}'\mathbf{A}\mathbf{x} &= [x_1 \quad x_2 \quad x_3]\begin{bmatrix} 2 & 2 & 1 \\ 2 & 5 & 1 \\ 1 & 1 & 2\end{bmatrix}\begin{bmatrix} x_1 \\ x_2 \\ x_3\end{bmatrix} \\ &= 2x_1^2 + 5x_2^2 + 2x_3^2 + 4x_1x_2 + 2x_1x_3 + 2x_2x_3 \\ &= (x_1 + 2x_2)^2 + (x_1 + x_3)^2 + (x_2 + x_3)^2,\end{aligned}$$

위의 마지막 식으로부터 **x**의 모든 원소가 0이 아니면, 즉 **x** = **0**이 아니면, 이차형식 **x′Ax**가 항상 양수가 됨을 알 수 있다. 이러한 이차형식을 **양정치**(positive definite)라고 한다. 좀 더 형식적으로

표현하면,

$$\mathbf{x} = \mathbf{0}\text{이 아닌 모든 } \mathbf{x}\text{에 대하여 } \mathbf{x}'\mathbf{A}\mathbf{x} > 0$$

일 때 $\mathbf{x}'\mathbf{A}\mathbf{x}$를 **양정치이차형식**(positive definite quadratic form)이라고 하며, 이 경우의 $\mathbf{A} = \mathbf{A}'$을 **양정치행렬**(positive definite matrix)이라고 한다.

또한 $\mathbf{x} = \mathbf{0}$뿐만 아니라 어떤 0이 아닌 벡터 $\mathbf{x}$에 대해서도 $\mathbf{x}'\mathbf{A}\mathbf{x}$가 0이 되는 대칭행렬 $\mathbf{A}$가 존재한다. 일례로, 다음의 이차형식을 고려하자.

$$\begin{aligned} \mathbf{x}'\mathbf{A}\mathbf{x} &= [x_1 \quad x_2 \quad x_3] \begin{bmatrix} 37 & -2 & -24 \\ -2 & 13 & -3 \\ -24 & -3 & 17 \end{bmatrix} \begin{bmatrix} x_1 \\ x_2 \\ x_3 \end{bmatrix} \\ &= 37x_1^2 + 13x_2^2 + 17x_3^2 - 4x_1x_2 - 48x_1x_3 - 6x_2x_3 \\ &= (x_1 - 2x_2)^2 + (6x_1 - 4x_3)^2 + (3x_2 - x_3)^2. \end{aligned}$$

이것은 $\mathbf{x} = \mathbf{0}$뿐만 아니라 $\mathbf{x}' = [2 \quad 1 \quad 3]$와 $\mathbf{x}'$에 임의의 상수를 곱한 벡터에 대해서도 0이 된다. 이와 같은 종류의 이차형식을 **양반정치**(positive semidefinite)라고 하며, 그것의 형식적 정의는 다음과 같다.

$$\text{모든 } \mathbf{x}\text{에 대해 } \mathbf{x}'\mathbf{A}\mathbf{x} \geq \mathbf{0} \text{ 그리고 어떤 } \mathbf{x} \neq \mathbf{0}\text{에 대해 } \mathbf{x}'\mathbf{A}\mathbf{x} = \mathbf{0}$$

일 때 $\mathbf{x}'\mathbf{A}\mathbf{x}$를 **양반정치이차형식**(positive semidefinite quadratic form)이라고 하고 $\mathbf{A} = \mathbf{A}'$을 **양반정치행렬**(positive semidefinite matrix, p.s.d)이라고 한다. 위의 두 가지 형태의 행렬들, 양정치행렬과 양반정치행렬들을 같이 **비음정치**(nonnegative definite, n.n.d.)라고 한다.

예세 5.12 식 (5.19)의 제곱합

$$\sum_{i=1}^{n} (x_i - x)^2 = \mathbf{x}'\mathbf{C}\mathbf{x},$$

는 $\mathbf{x} = \mathbf{0}$와 모든 x_i들이 같을 때만 0이고 그 이외는 양수이므로 양반정치 이차형식이다. 또한 행렬 $\mathbf{I} - \bar{\mathbf{J}}$(이 행렬은 멱등행렬임)는 모든 대칭인 멱등행렬과 마찬가지로 양반정치 행렬이다(예외로 $\mathbf{I}$만은 유일한 양정치인 멱등행렬이다).

불행하게도 양반정치에 대한 보편적인 정의는 없다. 대부분의 저자들은 위에서와 같은 의미로 그것을 사용하나 몇몇은 그것을 비음정치의 의미로 사용한다. 그러나 보편적인 하나의 규칙은 있다: 양정치, 양반정치, 비음정치행렬을 모두 대칭으로 간주한다는 것이다. 이것은 이차형식을 항상 대칭행렬을 사용하여 나타낼 수 있기 때문이다.

참고문헌

Andreson, T. W., Olkin, I., and Underhill, L. G. (1987). Generation of random orthogonal matrices. *SIAM J. Sci. Stat. Comput.*, 8, 625–629.

Gantmacher, F. R. (1959). *The Theory of Matrices*, Vols. I and II. Chelsea, New York.

Harville, D. A. (1997). *Matrix Algebra From a Statistician's Perspective*. Springer, New York.

Heiberger, R. M., Velleman, P. F., and Ypelaar,M. A. (1983). Generating test data with independently controllable features for multivariate general linear forms. *J. Am. Stat. Assoc.*, 78, 585–595.

Khuri, A. I. and Good, I. J. (1989). The parameterization of orthogonal matrices: A review mainly for statisticians. *South African Stat. J.*, 23, 231–250.

Khuri, A. I. and Myers, R. H. (1981). Design related robustness of tests in regression models. Comm. *Stat. Theory Methods*, 10, 223–235.

연습문제

5.1 $\begin{bmatrix} 3 & 8 & 4 \\ 8 & 7 & -1 \\ 4 & -1 & 2 \end{bmatrix} + \begin{bmatrix} 1 & -1 & 3 \\ -1 & 2 & 4 \\ 3 & 4 & 6 \end{bmatrix}$이 대칭임을 보여라.

5.2 $\mathbf{x}$와 $\mathbf{y}$가 $n \times 1$차 열벡터이고 $\mathbf{A}$와 $\mathbf{B}$가 행렬일 때 다음 표현 중 어떤 것이 정의될 수 없는가? 정의되는 것 중에 어떤 것이 외적, 쌍일차형식, 혹은 이차형식을 나타내는가?

(a) $\mathbf{y} = \mathbf{Ax}$.

(b) $\mathbf{xy} = \mathbf{A}'\mathbf{B}$.

(c) $\mathbf{x}'\mathbf{Bx}$.

(d) $\mathbf{yBx}$.

(e) $\mathbf{y}'\mathbf{B}'\mathbf{Ax}$.

(f) $\mathbf{x}' = \mathbf{y}'\mathbf{B}$.

(g) $\mathbf{x}'\mathbf{Ay}$.

(h) $\mathbf{y}'\mathbf{A}'\mathbf{By}$.

(i) $\mathbf{xy}' = \mathbf{B}'$.

5.3 $\mathbf{A}$가 왜대칭행렬일 때 (a) $a_{ii} = 0$이고 $a_{ij} = -a_{ji}$임을 증명하고; (b) $\mathbf{I} + \mathbf{A}$는 양정치행렬임을 증명하라.

5.4 정방행렬 $\mathbf{A}$는 대칭행렬과 왜대칭행렬의 합으로 나타낼 수 있음을 증명하시오.

5.5 두 대칭행렬들의 곱이 다시 대칭행렬인 경우, 그 행렬들은 곱에 대해 서로 교환됨을 증명하시오. 즉, 두 대칭행렬 $\mathbf{A}$, $\mathbf{B}$의 곱이 대칭행렬이라면 $\mathbf{AB} = \mathbf{BA}$임을 보이시오.

5.6 $\mathbf{X}'\mathbf{X} = \mathbf{X}$라면 $\mathbf{X} = \mathbf{X}' = \mathbf{X}^2$이 성립함을 보이시오.

5.7 (a) 대칭인 실행렬 $\mathbf{A}$에 대해서 $\mathbf{A}^2 = 0$이면 $\mathbf{A} = 0$임을 증명하시오.
(b) $\mathbf{X}'\mathbf{X}\mathbf{G}\mathbf{X}'\mathbf{X} = \mathbf{X}'\mathbf{X}$이면 $\mathbf{X}\mathbf{G}\mathbf{X}'\mathbf{X} = \mathbf{X}$임을 설명하시오.

5.8 $X_{r\times c} = [\boldsymbol{x}_1 \ \ \boldsymbol{x}_2 \ \ \ldots \ \ \boldsymbol{x}_c]$이면 대칭행렬 $\mathbf{A}$에 대해 $tr[(\mathbf{A}\mathbf{X}\mathbf{X}')^2] = \Sigma_{j=1}^{c}\Sigma_{k=1}^{c}(\mathbf{x}_j'\mathbf{A}\mathbf{x}_k)^2$임을 증명하시오.

5.9 두 직교행렬들의 곱은 직교행렬이 됨을 보이시오.

5.10 (a) $\mathbf{A}$가 멱등행렬이면서 대칭행렬인 경우 양반정치행렬임을 보이시오.
(b) $\mathbf{X}$와 $\mathbf{Y}$가 멱등이고 $\mathbf{XY} = \mathbf{YX}$일 때 $\mathbf{XY}$도 멱등행렬임을 보이시오.
(c) 실행렬 $\mathbf{K}$에 대해 $\mathbf{I} + \mathbf{KK}'$이 양정치행렬임을 증명하라.

5.11 $\mathbf{x}' = (1 \ \ 3 \ \ 5 \ \ 7 \ \ 9)$을 사용하여 다음을 만족하는 대칭행렬 $\mathbf{A}$, $\mathbf{B}$, $\mathbf{C}$를 구하여라.
(a) $1^2 + 3^2 + 5^2 + 7^2 + 9^2 = \mathbf{x}'\mathbf{A}\mathbf{x}$;
(b) $(1 + 3 + 5 + 7 + 9)^2/5 = \mathbf{x}'\mathbf{B}\mathbf{x}$;
(c) $(1-5)^2 + (3-5)^2 + (5-5)^2 + (7-5)^2 + (9-5)^2 = \mathbf{x}'\boldsymbol{C}\boldsymbol{x}$.

5.12 다음을 설명하시오.
(a) $\mathbf{A}$가 대칭이 아니더라도 $\mathbf{x}'\mathbf{A}\mathbf{x} = \mathbf{x}'\mathbf{A}'\mathbf{x}$;
(b) $\mathbf{x}'\mathbf{B}\mathbf{x} = tr(\mathbf{x}'\mathbf{B}\mathbf{x})$;
(c) $\mathbf{x}'\mathbf{C}\mathbf{x} = tr(\mathbf{C}\mathbf{x}\mathbf{x}')$.

5.13 (a) 행렬 $\boldsymbol{P}_{r\times c}$의 열들이 서로 직교한다고 하자. 즉 $\boldsymbol{P}'\boldsymbol{P} = \boldsymbol{I}_c$. 이 경우 $\boldsymbol{P}$의 행들이 반드시 직교하지는 않는다는 것을, 즉 $\boldsymbol{P}\boldsymbol{P}'$이 반드시 항등행렬이 되지는 않는다는 것을 예를 들어 보이시오.
(b) 정방행렬인 경우, 행들이 서로 직교하면 열들도 반드시 서로 직교함을 보이시오.

5.14 행렬 $\boldsymbol{A}$, $\boldsymbol{B}$가 대칭행렬이면서 멱등행렬임을 가정하자.
(a) $\boldsymbol{AB} = \boldsymbol{B}$이면 $\boldsymbol{A} - \boldsymbol{B}$는 양반정치행렬이 됨을 보이시오.
(b) (a)의 역도 성립함을 보이시오. 즉, $\boldsymbol{A} - \boldsymbol{B}$가 양반정치행렬이면 $\boldsymbol{AB} = \boldsymbol{B}$임을 보이시오.
(c) $\boldsymbol{AB} = \boldsymbol{B}$와 $(\boldsymbol{A} - \boldsymbol{B})^2 = \boldsymbol{A} - \boldsymbol{B}$는 서로 동치임을 보이시오.

5.15 $\boldsymbol{A}$, $\boldsymbol{B}$가 $m \times n$차 행렬일 때, 다음의 부등식이 성립함을 보이시오.

$$[tr(\boldsymbol{A}'\boldsymbol{B})]^2 \leq tr(\boldsymbol{A}'\boldsymbol{A})tr(\boldsymbol{B}'\boldsymbol{B}).$$

이 부등식을 행렬에 대한 코쉬-슈바르츠 부등식이라고 한다. 등호는 어느 하나가 다른 하나의 스칼라배인 경우에만 성립한다.

5.16 $\boldsymbol{A}$가 $n \times n$차 대칭행렬이고 $\boldsymbol{B}$가 $n \times n$차 왜대칭행렬이라고 하자. $tr(\boldsymbol{AB}) = 0$임을 보이시오.

5.17 $\boldsymbol{A}$는 $n \times n$차 행렬이다. 만약 모든 $n \times n$차 왜대칭행렬 $\boldsymbol{P}$에 대해 $tr(\boldsymbol{PA}) = 0$이면 $\boldsymbol{A}$는 대칭행

렬임을 보이시오.

5.18 행렬 $\boldsymbol{A}$가 양정치이고 행렬 $\boldsymbol{P}$는 정칙이라고 하자. $\boldsymbol{P}'\boldsymbol{A}\boldsymbol{P}$ 역시 양정치임을 보이시오. $\boldsymbol{A}$가 양반정치행렬인 경우에 $\boldsymbol{P}'\boldsymbol{A}\boldsymbol{P}$는 어떤 행렬인가?

5.19 차수 $n \times n$인 행렬 $\boldsymbol{P}$에 대해서 행렬 $\boldsymbol{V}$는 $\boldsymbol{V} = \boldsymbol{P}'\boldsymbol{P}$ 형태를 갖는 $n \times n$차 대칭 양정치행렬이다. 그리고 $\boldsymbol{A}$는 $n \times n$차 행렬이라고 하자. 다음을 보이시오.

(a) $\boldsymbol{P}$는 정칙행렬이다.

(b) $\boldsymbol{P}\boldsymbol{A}\boldsymbol{P}'$가 멱등행렬이라는 것과 $\boldsymbol{A}\boldsymbol{V}$가 멱등행렬이라는 것은 서로 동치이다.

(c) $\boldsymbol{A}\boldsymbol{V}$가 멱등행렬이면 $r(\boldsymbol{P}\boldsymbol{A}\boldsymbol{P}') = tr(\boldsymbol{A}\boldsymbol{V})$.

5.20 다음의 조건들 중 어느 두 개의 조건이 만족되면 나머지 조건이 성립한다는 것을 보이시오.

(i) $\boldsymbol{P}$는 $n \times n$차 정방행렬이다, (ii) $\boldsymbol{P}'\boldsymbol{P} = \boldsymbol{I}_n$, (iii) $\boldsymbol{P}\boldsymbol{P}' = \boldsymbol{I}_n$.

5.21 각각 4개의 수준과 3개의 수준을 갖는 A, B 두 개의 요인에 대한 이원배치 교차분류모형 (two-way crossed classification model)에서 각각의 처리조합에 대해 두 개의 반복치를 얻는다고 가정하자:

$$y_{ijk} = \mu + \alpha_i + \beta_j + (\alpha\beta)_{ij} + \epsilon_{ijk},$$

여기서 α_i는 요인 A의 i번째 수준, β_j는 요인 B의 j번째 수준, 그리고 $(\alpha\beta)_{ij}$는 그들의 상호작용을 나타내고, $i = 1, 2, 3, 4$, $j = 1, 2, 3$, $k = 1, 2$에 ϵ_{ijk}대해서 ϵ는 실험오차를 나타낸다. 모형에 대한 분산분석표에서 나타나는 다음의 제곱합들을 고려하자:

$$SS_A = 6\sum_{i=1}^{4}(\bar{y}_{i..} - \bar{y}_{...})^2$$

$$SS_B = 8\sum_{j=1}^{3}(\bar{y}_{.j.} - \bar{y}_{...})^2$$

$$SS_{AB} = 2\sum_{i=1}^{4}\sum_{j=1}^{3}(\bar{y}_{ij.} - \bar{y}_{i..} - \bar{y}_{.j.} + \bar{y}_{...})^2,$$

여기서

$$\bar{y}_{i..} = \frac{1}{6}\sum_{j=1}^{3}\sum_{k=1}^{2} y_{ijk}$$

$$\bar{y}_{.j.} = \frac{1}{8}\sum_{i=1}^{4}\sum_{k=1}^{2} y_{ijk}$$

$$\bar{y}_{ij.} = \frac{1}{2}\sum_{k=1}^{2} y_{ijk}$$

$$\bar{y}_{...} = \frac{1}{24}\sum_{i=1}^{4}\sum_{j=1}^{3}\sum_{k=1}^{2} y_{ijk}.$$

y를 24개의 y_{ijk}들로 이루어진 열벡터, 즉 $y' = [y_{111}\ \ y_{112}\ \ y_{121}\ \ y_{122}\ \ \cdots\ \ y_{431}\ \ y_{432}]$인 경우 다음을 만족하는 행렬 $\boldsymbol{P}_1, \boldsymbol{P}_2, \boldsymbol{P}_3$를 유도하시오.

$$\begin{aligned} SS_A &= \boldsymbol{y}'\boldsymbol{P}_1\boldsymbol{y}, \\ SS_B &= \boldsymbol{y}'\boldsymbol{P}_2\boldsymbol{y}, \\ SS_{AB} &= \boldsymbol{y}'\boldsymbol{P}_3\boldsymbol{y}. \end{aligned}$$

5.22 행렬 $\boldsymbol{A}$를 $n \times n$차 양정치행렬, 그리고 $\boldsymbol{d}$를 n차 열벡터라고 하자. 스칼라 c가 $c > \boldsymbol{d}'\boldsymbol{A}^{-1}\boldsymbol{d}$를 만족할 때 다음의 행렬을 고려하자.

$$\boldsymbol{B} = \boldsymbol{A} - \frac{1}{c}\boldsymbol{d}\boldsymbol{d}'.$$

행렬 $\boldsymbol{B}$의 역행렬이 존재해서 다음과 같이 주어짐을 보이시오.

$$\boldsymbol{B}^{-1} = \boldsymbol{A}^{-1} + \gamma\boldsymbol{A}^{-1}\boldsymbol{d}\boldsymbol{d}'\boldsymbol{A}^{-1},$$

여기서 $\gamma = (c - \boldsymbol{d}'\boldsymbol{A}^{-1}\boldsymbol{d})^{-1}$.

5.23 다음을 보이시오.

(a) $\boldsymbol{X}$가 최대열계수행렬이면 $\boldsymbol{X}'\boldsymbol{X}$가 양정치행렬임을 보이시오. 그렇지 않은 경우, 즉 $\boldsymbol{X}$가 최대열계수행렬이 아니면 $\boldsymbol{X}\boldsymbol{X}'$이 양반정치행렬임을 보이시오.

(b) $\boldsymbol{Y}$가 최대행계수행렬이면 $\boldsymbol{Y}'\boldsymbol{Y}$가 양정치행렬임을 보이시오. 그렇지 않은 경우, 즉 $\boldsymbol{Y}$가 최대행계수행렬이 아니면 $\boldsymbol{Y}\boldsymbol{Y}'$이 양반정치행렬임을 보이시오.

6장 고유치와 고유벡터

이 장에서는 하나의 벡터로부터 그 자신의 스칼라배를 얻는 특수한 선형변환을 다룬다. 좀 더 구체적으로, $\boldsymbol{A}$가 다음에 주어진 벡터 $\boldsymbol{u}$의 선형변환을 나타내는 $n \times n$차 행렬이라고 하자.

$$\boldsymbol{Au} = \lambda \boldsymbol{u}, \tag{6.1}$$

여기서 λ는 스칼라이다. 위의 선형변환과 관련하여, λ와 0이 아닌 $\boldsymbol{u}$가 존재하는 조건을 알아보는 것이 이 장에서의 관심사이다.

6.1 고유치의 유도

식 (6.1)은 다음과 같이 쓸 수 있다.

$$(\mathbf{A} - \lambda \boldsymbol{I}_n)\mathbf{u} = \mathbf{0}. \tag{6.2}$$

이 식으로부터 $\mathbf{A} - \lambda \boldsymbol{I}_n$이 정칙행렬이면 식을 만족하는 해는 $\mathbf{u} = \mathbf{0}$ 하나뿐이다. 그러나 영이 아닌 해를 가지면 식 (6.2)는 $\mathbf{A} - \lambda \boldsymbol{I}_n$의 열들이 선형종속임을 나타낸다. 이 경우 $\mathbf{A} - \lambda \boldsymbol{I}_n$의 계수는 n보다 작으므로 $\mathbf{A} - \lambda \boldsymbol{I}_n$은 비정칙행렬(4.15절 참조)이다. 즉, 이 행렬의 행렬식이 영이라는 것을 보여 준다.

$$|\mathbf{A} - \lambda \boldsymbol{I}_n| = 0. \tag{6.3}$$

따라서 식 (6.3)은 식 (6.2)를 만족하는 $\mathbf{u}$와 λ가 존재할 조건이다. 즉, $\mathbf{A} - \lambda \boldsymbol{I}_n$의 행렬식이 0이 되도록 λ를 택하는 것이다.

식 (6.3)을 행렬 $\mathbf{A}$의 **고유방정식**(또는 **특성화방정식**, characteristic equation)이라고 한다. 행렬 $\mathbf{A}$가 $n \times n$차일 때 고유방정식은 λ에 관한 n차 다항식이 되어 n개의 근를 갖는다. 물론 0도 근이 될 수 있다. 이 n개의 근을 $\lambda_1, \lambda_2, \ldots, \lambda_n$이라고 하면 이 근을 **고유치**(eigenvalue, latent roots 또는 characteristic roots)라고 한다. 각 λ_i에 대해서 식 (6.1)을 만족하는 벡터 $\mathbf{u}_i$가 존재하므로 다음을 만족한다.

$$\mathbf{A}\mathbf{u}_i = \lambda_i \mathbf{u}_i \quad \text{단, } i = 1, \ldots, n. \tag{6.4}$$

이러한 벡터들 $\boldsymbol{u}_1$, $\boldsymbol{u}_2$, …, $\boldsymbol{u}_n$을 고유치에 대응하는 **고유벡터**(eigenvector, latent vector, characteristic vector)라고 한다. 접두사 'eigen'은 독일어에서 유래된 단어로 특유의(characteristic, unique to) 또는 특별한(particular, special)이라는 뜻을 갖는다.

예제 6.1 다음 행렬

$$\mathbf{A} = \begin{bmatrix} 1 & 4 \\ 9 & 1 \end{bmatrix}$$

의 고유방정식은

$$\left| \begin{bmatrix} 1 & 4 \\ 9 & 1 \end{bmatrix} - \begin{bmatrix} \lambda & 0 \\ 0 & \lambda \end{bmatrix} \right| = 0; \quad \text{즉} \quad \begin{vmatrix} 1-\lambda & 4 \\ 9 & 1-\lambda \end{vmatrix} = 0. \tag{6.5}$$

이다. 따라서 식 (6.5)의 행렬식을 전개하면 다음을 얻는다.

$$(1-\lambda)^2 - 36 = 0; \quad \text{즉} \quad \lambda = -5 \quad \text{또는} \quad 7.$$

고유방정식은 식 (6.3)으로부터 항상 식 (6.5)와 같은 형태인데, 이것은 행렬 $\boldsymbol{A}$의 대각원소에서 λ를 뺀 후 그 행렬식을 0으로 놓고 푸는 것과 마찬가지이다.

고유치에 대응하는 고유벡터를 구하는 방법은 6.3절에서 설명하겠지만, 여기서 식 (6.1)의 한 예로서, 다음의 식이 성립하는 것을 쉽게 알 수 있다.

$$\begin{bmatrix} 1 & 4 \\ 9 & 1 \end{bmatrix} \begin{bmatrix} 2 \\ -3 \end{bmatrix} = -5 \begin{bmatrix} 2 \\ -3 \end{bmatrix} \quad \text{그리고} \quad \begin{bmatrix} 1 & 4 \\ 9 & 1 \end{bmatrix} \begin{bmatrix} 2 \\ 3 \end{bmatrix} = 7 \begin{bmatrix} 2 \\ 3 \end{bmatrix}. \tag{6.6}$$

따라서 $\begin{bmatrix} 2 \\ -3 \end{bmatrix}$는 고유치 -5에 대응하는 고유벡터이고, $\begin{bmatrix} 2 \\ 3 \end{bmatrix}$는 고유치 7에 대응하는 고유벡터이다.

예제 6.2 다음 행렬

$$\mathbf{A} = \begin{bmatrix} 2 & 2 & 0 \\ 2 & 1 & 1 \\ -7 & 2 & -3 \end{bmatrix}$$

의 고유방정식은 다음과 같다.

$$\begin{vmatrix} 2-\lambda & 2 & 0 \\ 2 & 1-\lambda & 1 \\ -7 & 2 & -3-\lambda \end{vmatrix} = 0.$$

행렬식의 전개를 이용하면 다음의 고유방정식을 얻는다.

$$\lambda^3 - 13\lambda + 12 = 0, \quad \text{동치로} \quad (\lambda - 1)(\lambda^2 + \lambda - 12) = 0.$$

해는 $\lambda = 1, 3, -4$가 되고, 이들이 $\boldsymbol{A}$의 고유치이다.

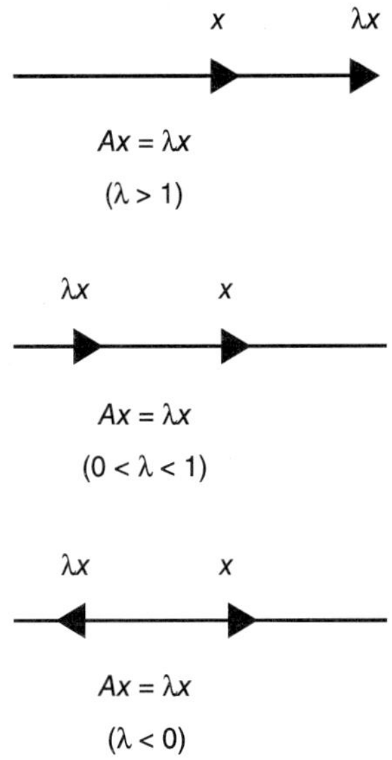

그림 6.1 행렬 A의 고유치 λ와 고유벡터 x.

참고: 만약 $\boldsymbol{A}$의 고유치 λ가 1보다 크면, $\boldsymbol{A}$는 대응하는 고유벡터 $\boldsymbol{x}$의 방향은 그대로 두고 그 크기만 확장시킨다. 그러나 $0 < \lambda < 1$인 경우에는, 방향은 그대로 두고 그 크기만 축소시킨다. $\lambda < 0$인 경우 $\boldsymbol{Ax}$의 방향은 x의 역방향이다. 그림 6.1은 이들에 대한 예시이다.

6.1.1 고유치의 도시

행렬의 고유벡터는 실수 부분과 허수 부분을 갖는 복소수일 수 있다. 그림 6.2는 표준정규분포를 따르는 난수 발생을 통하여 생성된 50×50 행렬에 대한 고유치들의 산점도(scatter plot)이다. 수

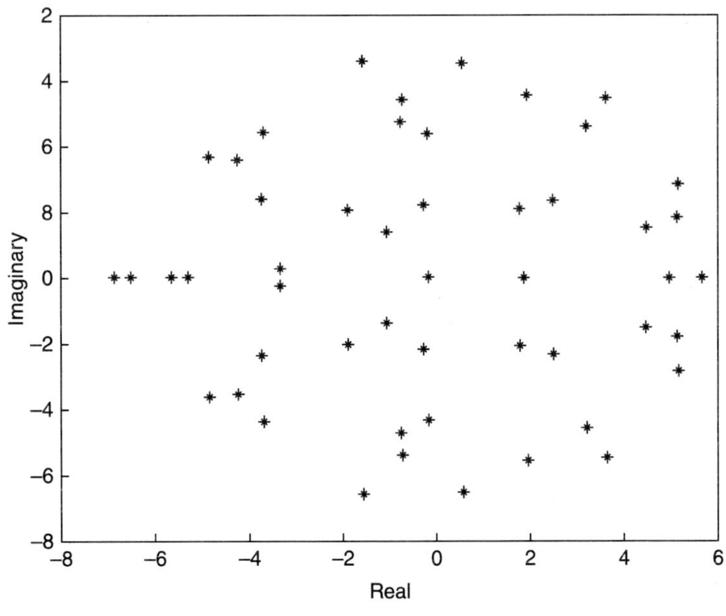

그림 6.2 A Scatter Plot of Eigenvalues of a Matrix of Order 50 × 50.

평축은 고유치들의 실수 부분을, 그리고 수직축은 허수 부분을 나타낸다. 만약 수직축에 대응하는 값이 0인 경우 고유치는 실수가 된다. 이러한 산점도를 이용하여 행렬의 고유치들의 분포를 시각적으로 쉽게 나타낼 수 있다. 예시된 산점도는 매트랩(**MATLAB**) 컴퓨터 패키지를 이용하여 그렸다(더 자세한 것은 16장 참조).

6.2 고유치의 기본적인 성질

고유벡터를 고려하기에 앞서, 식 (6.1)의 정의와 이에 대응하는 식 (6.3)의 고유방정식으로부터 바로 얻을 수 있는 몇 가지 주목할 만한 고유치의 성질들을 소개한다.

6.2.1 행렬의 곱의 고유치

식 (6.1)의 고유치에 대한 정의로부터 $\mathbf{Au} = \lambda\mathbf{u}$. 양변의 좌측에 $\mathbf{A}$를 곱하고 정리하면

$$\mathbf{A}^2\mathbf{u} = \mathbf{A}\lambda\mathbf{u} = \lambda\mathbf{Au} = \lambda(\lambda\mathbf{u}) = \lambda^2\mathbf{u}.$$

식 (6.1)의 정의로부터 λ^2이 $\mathbf{A}^2$의 고유치가 되는 것을 알 수 있다. 비슷한 방법으로 $\mathbf{A}^3$의 고유치는 λ^3이다($\mathbf{A}^3\mathbf{u} = \mathbf{A}\lambda^2\mathbf{u} = \lambda^2\mathbf{Au} = \lambda^3\mathbf{u}$). 일반적으로 $\mathbf{A}^k$의 고유치는 λ^k이다.

$$\mathbf{A}^k\mathbf{u} = \lambda^k\mathbf{u}. \tag{6.7}$$

또한 행렬 $\mathbf{A}$가 정칙행렬이면 식 (6.1)로부터 $\mathbf{u} = \mathbf{A}^{-1}\lambda\mathbf{u} = \lambda\mathbf{A}^{-1}\mathbf{u}$가 되고 따라서

$$\mathbf{A}^{-1}\mathbf{u} = \lambda^{-1}\mathbf{u}. \tag{6.8}$$

이로부터, λ가 $\boldsymbol{A}$의 고유치라고 했을 때, $\mathbf{A}$가 비정칙행렬인 경우 양수인 k에 한해서 λ^k는 $\mathbf{A}^k$의 고유치가 되고, $\mathbf{A}$가 정칙행렬인 경우에는 양수 또는 음수인 k에 대해 λ^k는 $\mathbf{A}^k$의 고유치가 된다. 특히, $\mathbf{A}$가 정칙행렬이고 λ가 고유치라면 $\mathbf{A}^{-1}$은 $1/\lambda$을 고유치로 갖는다. ($k = 0$인 경우에는 $\mathbf{A}^k = \mathbf{A}^0 = \mathbf{I}$임을 상기하시오.)

6.2.2 행렬에 스칼라를 곱한 경우의 고유치

식 (6.1)의 양변에 스칼라 c를 곱하면

$$c\mathbf{Au} = c\lambda\mathbf{u}. \tag{6.9}$$

따라서 λ가 $\boldsymbol{A}$의 고유치이면 $c\lambda$는 $c\mathbf{A}$의 고유치가 된다.

식 (6.9)를 $\mathbf{A}(c\mathbf{u}) = \lambda(c\mathbf{u})$와 같이 쓰면, $\mathbf{u}$가 λ에 대응하는 $\boldsymbol{A}$의 고유벡터일 때 $c\mathbf{u}$도 λ에 대응하는 고유벡터임을 알 수 있다.

λ가 $\boldsymbol{A}$의 고유치이면, 스칼라 c에 대해서 $\lambda + c$는 $\boldsymbol{A} + c\mathbf{I}$의 고유치이다. 이는 다음 식으로부터 알 수 있다.

$$(\mathbf{A} + c\mathbf{I})\,\mathbf{u} = \mathbf{A}\mathbf{u} + c\mathbf{u} = \lambda\mathbf{u} + c\mathbf{u} = (\lambda + c)\,\mathbf{u}.$$

식 (6.8)과 결부하여 생각하면, $(\mathbf{A} + c\mathbf{I})^{-1}$가 존재할 때 $1/(\lambda + c)$는 $(\mathbf{A} + c\mathbf{I})^{-1}$의 고유치이다.

6.2.3 행렬다항식의 고유치

앞 두 절의 성질을 이용하면, λ가 $\mathbf{A}$의 고유치일 때 행렬 $\boldsymbol{A}$의 다항식, $f(\boldsymbol{A})$의 고유치는 $f(\lambda)$가 된다. 예를 들어 $f(\mathbf{A}) = \mathbf{A}^3 + 7\mathbf{A}^2 + \mathbf{A} + 5\mathbf{I}$이고, λ와 $\boldsymbol{u}$가 각각 $\mathbf{A}$의 대응하는 고유치, 고유벡터라고 하면,

$$\mathbf{A}^3\mathbf{u} = \lambda^3\mathbf{u}, \quad \mathbf{A}^2\mathbf{u} = \lambda^2\mathbf{u}, \quad \mathbf{A}\mathbf{u} = \lambda\mathbf{u}, \quad 5\mathbf{I}\mathbf{u} = 5\mathbf{u}.$$

따라서

$$\begin{aligned}(\mathbf{A}^3 + 7\mathbf{A}^2 + \mathbf{A} + 5\mathbf{I})\mathbf{u} &= \mathbf{A}^3\mathbf{u} + 7\mathbf{A}^2\mathbf{u} + \mathbf{A}\mathbf{u} + 5\mathbf{I}\mathbf{u} \\ &= \lambda^3\mathbf{u} + 7\lambda^2\mathbf{u} + \lambda\mathbf{u} + 5\mathbf{u} \\ &= \left(\lambda^3 + 7\lambda^2 + \lambda + 5\right)\mathbf{u}.\end{aligned}$$

그러므로 $f(\lambda) = \lambda^3 + 7\lambda^2 + \lambda + 5$는 위의 행렬다항식의 고유치가 된다. 이것을 임의의 행렬다항식 $f(\mathbf{A})$에 적용하면 $f(\mathbf{A})$의 고유치는 $f(\lambda)$이다. 이로부터 유도되는 중요한 결과 중의 하나로 $e^{\mathbf{A}} = \sum_{i=0}^{\infty}\mathbf{A}^i/i!$의 고유치는 e^{λ}이다.

예제 6.3 (예제 6.1의 계속) 행렬

$$\mathbf{A} = \begin{bmatrix} 1 & 4 \\ 9 & 1 \end{bmatrix}$$

의 고유치는 -5와 7이다. 행렬다항식

$$\begin{aligned}f(\mathbf{A}) &= 2\mathbf{A}^2 + 2\mathbf{A} - 12\mathbf{I} \\ &= 2\begin{bmatrix} 37 & 8 \\ 18 & 37 \end{bmatrix} + 2\begin{bmatrix} 1 & 4 \\ 9 & 1 \end{bmatrix} - 12\begin{bmatrix} 1 & 0 \\ 0 & 1 \end{bmatrix} = \begin{bmatrix} 64 & 24 \\ 54 & 64 \end{bmatrix}\end{aligned}$$

의 고유치는, $\begin{vmatrix} 64 - \lambda & 24 \\ 54 & 64 - \lambda \end{vmatrix} = 0$으로 놓으면 $\lambda^2 - 128\lambda + 2800 = 0$이 되어, λ는 100 또는 28이다. 그리고 $100 = 2(7)^2 + 2(7) - 12 = f(7)$, $28 = f(-5)$이다.

6.2.4 고유치의 합과 곱

행렬식의 대각전개와 3.6절에 주어진 $tr_i(\mathbf{A})$의 정의를 이용하면, 식 (6.3)의 차수가 3인 경우의 고유방정식

$$\begin{vmatrix} a_{11} - \lambda & a_{12} & a_{13} \\ a_{21} & a_{22} - \lambda & a_{23} \\ a_{31} & a_{32} & a_{33} - \lambda \end{vmatrix} = 0 \tag{6.10}$$

는 다음과 같다.

$$-\lambda^3+(-\lambda)^2\,tr_1(\mathbf{A})+(-\lambda)\,tr_2(\mathbf{A})+|\mathbf{A}|=0. \tag{6.11}$$

행렬 **A**의 차수가 $n\times n$이면 다음의 확장된 형태의 식을 얻는다.

$$\begin{aligned}(-\lambda)^n+(-\lambda)^{n-1}\,tr_1(\mathbf{A})+(-\lambda)^{n-2}\,tr_2(\mathbf{A})\\ +\cdots+(-\lambda)\,tr_{n-1}(\mathbf{A})+tr_n(\mathbf{A})=0.\end{aligned} \tag{6.12}$$

만약 $\lambda_1, \lambda_2, \ldots, \lambda_n$이 이 방정식의 근이면 다음 식과 동일하게 된다.

$$(\lambda_1-\lambda)(\lambda_2-\lambda)\cdots(\lambda_n-\lambda)=0,$$

위 식을 다시 전개하면 다음을 얻는다.

$$(-\lambda)^n+(-\lambda)^{n-1}\sum\lambda_i+(-\lambda)^{n-2}\sum_{i\neq j}\lambda_i\lambda_j+\cdots+\prod_{i=1}^{n}\lambda_i=0. \tag{6.13}$$

식 (6.12)와 (6.13)에서 $(-\lambda)^{n-1}$의 계수들과 마지막 항들을 비교해 보면

$$\sum_{i=1}^{n}\lambda_i=tr_1(\mathbf{A})=tr(\mathbf{A})\quad \text{그리고}\quad \prod_{i=1}^{n}\lambda_i=tr_n(\mathbf{A})=|\mathbf{A}|\,. \tag{6.14}$$

그러므로 고유치의 합은 행렬의 대각합과 같고 모든 고유치의 곱은 행렬식과 같음을 알 수 있다.

예제 6.4 (예제 6.2의 계속) 행렬

$$\mathbf{A}=\begin{bmatrix}2&2&0\\2&1&1\\-7&2&-3\end{bmatrix}$$

의 행렬식은

$$\begin{vmatrix}2&2&0\\2&1&1\\-7&2&-3\end{vmatrix}=-12$$

이고 고유치는 1, 3, −4이다. 고유치의 합 $1+3-4=0$는 대각합 $tr(\mathbf{A})=2+1-3=0$와 같고, 곱은 $1(3)(-4)=-12=|\mathbf{A}|$가 된다.

6.3 고유벡터의 유도

λ_k가 $n\times n$차 행렬 **A**의 고유치라고 하자. 이것은 고유방정식 $|\mathbf{A}-\lambda\mathbf{I}|=0$의 해이다. λ_k에 대응되는 고유벡터를 구하는 것은 $\mathbf{Au}=\lambda_k\mathbf{u}$를 만족하는 0이 아닌 벡터 **u**를 구하는 문제와 같고, 이는 또한 다음의 방정식을 푸는 문제와 같다.

$$(\mathbf{A} - \lambda_k \mathbf{I})\mathbf{u} = \mathbf{0}. \tag{6.15}$$

$\mathbf{A} - \lambda_k\mathbf{I}$가 비정칙행렬임을 상기하면, 행렬의 계수 ρ는 n보다 작다. $\mathbf{A} - \lambda_k \boldsymbol{I}$의 행공간에 대한 직교여공간(orthogonal complement)은 $n - \rho > 0$차 공간이 되고, 따라서 빈공간(empty-space)이 아니며 n차원 유클리드 공간의 부분공간을 이룬다. 식 (6.15)의 해는 반드시 이 부분공간의 원소가 되어야 한다. 또한 식 (6.15)는 적어도 하나 이상의 영이 아닌 해 $\boldsymbol{u}$를 갖는다. 이러한 해를 구하기 위해서는 식 (6.15)로부터 먼저 ρ개의 선형독립인 식을 찾아야 한다. 그런 다음 $\boldsymbol{u}$의 $n - \rho$개의 원소들은 임의로 정하고, 이들을 이용하여 식을 만족하는 $\boldsymbol{u}$의 나머지 ρ개의 원소를 구한다. 이와 같이 식 (6.15)에는 무한히 많은 영이 아닌 해가 존재할 수 있다. 이러한 모든 해들은 하나의 부분공간을 형성하는데, 이를 λ_k에 대응하는 **고유공간**(eigenspace)이라고 한다.

6.3.1 단일근

고유치 λ_k는 다항식의 근이므로 같은 근이 두 개 이상일 경우가 있는데 그것을 중근(multiple root)이라고 한다. 여기서는 먼저 중근이 아닌 경우, 즉 단일근(simple root)인 경우를 다룬다. 단일근인 고유치를 **단일고유치**(simple eigenvalue)라고 한다.

λ_k가 단일근이면, $\mathbf{A} - \lambda_k\mathbf{I}$의 계수는 $n - 1$이 된다(7.1절 참조). 따라서 $n - \rho = 1$이다. 이는 λ_k에 대응하는 고유공간의 차원이 1임을 보여준다. 그러므로 λ_k에 대응하는 단 하나의 선형독립인 고유벡터가 있다. 이는 또한 벡터 $\mathbf{u}_k$가 스칼라임을 뜻하는 것으로, λ_k에 대응하는 모든 고유벡터는 어느 한 고유벡터의 스칼라배이다.

예제 6.5 (예제 6.2의 계속) 행렬 $\mathbf{A} = \begin{bmatrix} 2 & 2 & 0 \\ 2 & 1 & 1 \\ -7 & 2 & -3 \end{bmatrix}$의 고유치는 $\lambda_1 = 1$, $\lambda_2 = 3$, $\lambda_3 = -4$이다.

$\lambda_1 = 1$에 대하여

$$\mathbf{A} - \mathbf{I} = \begin{bmatrix} 1 & 2 & 0 \\ 2 & 0 & 1 \\ -7 & 2 & -4 \end{bmatrix}$$

이고, 식 (6.15)로부터 다음 식들을 얻는다.

$$\begin{aligned} u_1 + 2u_2 &= 0, \\ 2u_1 + u_3 &= 0, \\ -7u_1 + 2u_2 - 4u_3 &= 0. \end{aligned}$$

여기서 $\rho = 2$이고 $n - \rho = 1$이다. 따라서 u_1, u_2, u_3 중 어느 하나는 임의로 주어질 수 있다. 예를 들어 $u_1 = -2$라고 하자. 위의 앞 두 개의 식은 선형독립이고 u_2, u_3에 대하여 풀면 $u_2 = 1$과 $u_3 = 4$를 얻는다. 따라서 $(-2, 1, 4)'$는 $\lambda_1 = 1$에 대응하는 고유벡터가 된다.

비슷하게, $\lambda_2 = 3$에 대해서는 다음의 식들을 얻는다.

$$-u_1 + 2u_2 = 0$$
$$2u_1 - 2u_2 + u_3 = 0$$
$$-7u_1 + 2u_2 - 6u_3 = 0.$$

앞의 두 개의 식은 선형독립이다. 예를 들어 $u_1 = -2$와 같이 임의로 정하고 대입한 후 u_2, u_3에 대하여 해를 구하면 $u_2 = -1$, $u_3 = 2$를 얻는다. 따라서 고유벡터 $(-2, -1, 2)$를 얻는다.

마지막으로, $\lambda_3 = -4$에 대해서도 마찬가지 방법으로 하면 대응하는 고유벡터 $(1, -3, 13)'$을 얻을 수 있다.

6.3.2 중근

여기서는 λ_k가 고유방정식 $|\mathbf{A} - \lambda\mathbf{I}| = 0$의 중근인 경우에 대해서 다룬다. 이러한 고유치를 **중복고유치**(multiple eigenvalue)라고 하고 중복하는 개수를 **중복도**(multiplicity)라고 한다. 일반적으로 중근을 포함해서 차수가 $n \times n$인 행렬 $\mathbf{A}$가 서로 다른 고유치 $\lambda_1, \ldots, \lambda_s$를 가지고 각 고유치 λ_k는 $k = 1, 2, \ldots, s$에 대해서 m_k의 중복도를 가진다고 하자. 물론 여기서 $\sum_{k=1}^{s} m_k = n$. 이와 같이 나타내는 방법에서 주의할 점이 두 개 있다. 만일 0이 하나의 고유치라면 그것은 λ_k들 중 하나이고, 단일근인 경우는 그 중복도가 1이다.

이미 앞에서 설명했듯이, 중복도가 $m_k = 1$로 주어지는 고유치 λ_k에 대해서는 $r(\mathbf{A} - \lambda_k\mathbf{I}) = n - 1$이고 따라서 단 하나의 선형독립인 고유벡터가 대응되는 반면에, λ_k가 중복고유치인 경우는 반드시 $\mathbf{A} - \lambda_k\mathbf{I}$의 계수를 알아야 하며 이 계수가 매우 중요한 역할을 한다.

예제 6.6 다음 행렬

$$\mathbf{A} = \begin{bmatrix} -1 & -2 & -2 \\ 1 & 2 & 1 \\ -1 & -1 & 0 \end{bmatrix}$$

의 고유방정식은 $(\lambda - 1)(\lambda^2 - 1) = 0$이다. 따라서 $\lambda_1 = 1$은 중복도 $m_1 = 2$인 중복고유치이고 $\lambda_2 = -1$은 중복도 $m_2 = 1$로 단일고유치이다. 먼저 $\lambda_1 = 1$에 대해서 살펴보면

$$\mathbf{A} - \lambda_1\mathbf{I} = \begin{bmatrix} -2 & -2 & -2 \\ 1 & 1 & 1 \\ -1 & -1 & -1 \end{bmatrix} \tag{6.16}$$

은 계수가 1이므로 $3 - 1 = 2$개의 선형독립인 $\mathbf{A}$의 고유벡터가 존재한다. 식 (6.16)으로부터 다음의 세 개의 u_1, u_2, u_3에 대한 방정식을 얻는다.

$$-2u_1 - 2u_2 - 2u_3 = 0$$
$$u_1 + u_2 + u_3 = 0$$
$$-u_1 - u_2 - u_3 = 0.$$

여기서는 하나의 식만 선형독립이다. 예를 들어 두 번째 식을 고르면

$$u_1 + u_2 + u_3 = 0. \tag{6.17}$$

u_i'들 중 두 개가 선형독립이다. 따라서 u_2, u_3에 대해 임의로 값을 정할 수 있고, 다시 이 값들과 식 (6.17)을 이용하여 u_1을 구한다. 고유치 λ_1에 대하여 두 개의 선형독립인 고유벡터가 있어야 한다. 이는 구해지는 벡터가 선형독립이 되도록 u_2, u_3에 다른 두 개의 값을 대입하여 얻을 수 있다. 예를 들어, $(1, -1)$, $(1, 1)$를 u_2, u_3에 대입한 후 식 (6.17)을 이용하면 u_1의 값으로 0, -2를 얻는다. 이로부터 얻는 $\lambda_1 = 1$에 대응하는 고유벡터 $(0, 1, -1)'$, $(-2, 1, 1)'$은 선형독립이다.

고유치 $\lambda_2 = -1$에 대해서, 식 (6.15)로부터

$$\mathbf{A} - \lambda_2\mathbf{I} = \begin{bmatrix} 0 & -2 & -2 \\ 1 & 3 & 1 \\ -1 & -1 & 1 \end{bmatrix}.$$

이 행렬의 계수는 2이다. 그러므로 λ_2에 대응해서 단 하나의 선형독립인 벡터가 존재한다. 같은 절차를 통하여 대응하는 고유벡터 $(2, -1, 1)'$를 얻을 수 있다. 따라서 구해진 세 개의 고유벡터 모두는 선형독립이다.

예제 6.7 다음 행렬

$$\mathbf{A} = \begin{bmatrix} 0 & 1 & 2 \\ 2 & 3 & 0 \\ 0 & 4 & 5 \end{bmatrix}$$

의 고유방정식은 $(\lambda - 1)^2(\lambda - 6) = 0$이다. $\lambda_1 = 1$은 중복도가 $m_1 = 2$인 중복고유치이고 $\lambda_2 = 6$는 중복도 $m_2 = 1$인 단일고유치이다. 그러면

$$\mathbf{A} - \lambda_1\mathbf{I} = \begin{bmatrix} -1 & 1 & 2 \\ 2 & 2 & 0 \\ 0 & 4 & 4 \end{bmatrix} \quad \text{그리고} \quad \mathbf{A} - \lambda_2\mathbf{I} = \begin{bmatrix} -6 & 1 & 2 \\ 2 & -3 & 0 \\ 0 & 4 & -1 \end{bmatrix} \tag{6.18}$$

으로 모두 계수가 2이고, 따라서 각 고유벡터 λ_1과 λ_2에 $3 - 2 = 1$개의 고유벡터가 대응됨을 알 수 있다. 위의 두 행렬을 이용하면 다음의 두 벡터가 대응되는 고유벡터임을 쉽게 보일 수 있다: $\mathbf{u}_1' = (1, -1, 1)$ 그리고 $\mathbf{u}_2' = (3, 2, 8)$. 여기서 한 가지 짚고 넘어가야 할 사실이 있는데, $n = 3$이지만 일차독립인 고유벡터의 수가 $2(< n)$라는 사실이다. 이와 관련해서는 나중에 다시 설명할 것이다.

6.4 유사표준형

6.4.1 유도

각 고유치 λ_i에 대응하는 고유벡터 $\mathbf{u}_i$는 다음의 식을 만족한다.

$$\mathbf{A}\mathbf{u}_i = \lambda_i\mathbf{u}_i \quad \text{단 } i = 1, 2, \ldots, n. \tag{6.19}$$

위 식은 고유방정식의 모든 n개의 근에 대해서 성립하는 것으로 중복도 m_k를 갖는 고유치 λ_k에 대

해 식 (6.19)와 같은 m_k개의 식이 있다. 만약 λ_k에 대응해서 m_k개의 선형독립인 고유벡터 $\mathbf{u}_k$가 있다면(예제 6.6.에서와 같이), 각각의 벡터에 대해 하나의 식이 있다. 하지만 선형독립인 고유벡터의 수가 m_k개 보다 작다면(예제 6.7에서와 같이), m_k개의 식이 있지만 이 중 일부는 중복된 $\mathbf{u}_k$들을 갖는다. 이 모든 경우에 대해서, 식 (6.19)의 식들을 다음과 같이 하나의 식으로 나타낼 수 있다.

$$\mathbf{A}\begin{bmatrix}\mathbf{u}_1 & \mathbf{u}_2 & \cdots & \mathbf{u}_n\end{bmatrix} = \begin{bmatrix}\mathbf{u}_1 & \mathbf{u}_2 & \cdots & \mathbf{u}_n\end{bmatrix}\begin{bmatrix}\lambda_1 & 0 & \cdots & 0 \\ 0 & \lambda_2 & \cdots & 0 \\ \vdots & \vdots & \ddots & \vdots \\ 0 & 0 & \cdots & \lambda_n\end{bmatrix}.$$

이제 U를 고유벡터들로 이루어진 행렬, 그리고 D를 고유치들로 이루어진 대각행렬로 정의하면, 즉

$$\mathbf{U} = [\mathbf{u}_1 \quad \mathbf{u}_2 \quad \cdots \quad \mathbf{u}_n] \quad \text{그리고} \quad \mathbf{D} = \begin{bmatrix}\lambda_1 & 0 & \cdots & 0 \\ 0 & \lambda_2 & \cdots & 0 \\ \vdots & \vdots & \ddots & \vdots \\ 0 & 0 & \cdots & \lambda_n\end{bmatrix}, \tag{6.20}$$

위의 식을 다음과 같이 쓸 수 있다.

$$\mathbf{AU} = \mathbf{UD}. \tag{6.21}$$

여기서 행렬 D를 **유사표준형**(canonical form under similarity 또는 similar canonical form)이라고 한다.

예제 6.7과 관련해서 $\mathbf{u}_k$들의 중복을 볼 수 있다. 예시된 고유벡터를 이용하면 **U**와 **D**는,

$$\mathbf{U} = \begin{bmatrix}1 & 1 & 3 \\ -1 & -1 & 2 \\ 1 & 1 & 8\end{bmatrix} \quad \text{그리고} \quad \mathbf{D} = \begin{bmatrix}1 & 0 & 0 \\ 0 & 1 & 0 \\ 0 & 0 & 6\end{bmatrix} \tag{6.22}$$

와 같이 나타낼 수 있는데, U의 첫 번째와 두 번째 열에 고유벡터가 중복되어서 사용되었다. 이와 같이 필요한 경우 고유벡터들의 중복을 허용하면, 식 (6.21)의 표현은 항상 가능하다. 하지만 이와 같이 고유벡터가 반복해서 사용되는 경우에 U는 비정칙행렬이다. 그러나 n개의 고유벡터가 모두 선형독립인 경우, 즉 U가 정칙행렬인 경우 식 (6.21)은 다음과 같이 쓸 수 있다.

$$\mathbf{U}^{-1}\mathbf{AU} = \mathbf{D} = \operatorname{diag}\{\lambda_1, \lambda_2, \ldots, \lambda_n\}, \tag{6.23}$$

위 식에서 왼쪽 항에 있는 곱을 유사표준형의 축약(reduction to the similar canonical form)이라고 한다. 오른쪽 항의 D는 대각원소가 고유치로 이루어진 대각행렬이다.

식 (6.23)의 성립 여부는 행렬 U에 대한 정칙, 비정칙의 여부에 따라 결정된다. 식 (6.21)에서의 식 $AU = UD$는 항상 성립한다. 그러나 이 식을 식 (6.23)에서처럼 $\mathbf{U}^{-1}AU = D$의 형태로 나타내려면 행렬 U가 반드시 정칙행렬이어야 한다. 고유치, 고유벡터와 관련하여, 정칙행렬 U의 존재 문제는 D가 대각행렬이므로 행렬 A의 대각화 문제로 언급되기도 한다. 행렬 U가 정칙행렬인지 여부를 확인할 수 있는 조건을 제시해 주는 중요한 정리가 있는데, 이를 대각성정리라고 하고 다음과 같다.

정리 6.1 (대각성정리, Diagonality Theorem) 행렬 $\mathbf{A}_{n\times n}$이 $k = 1, 2, \ldots, s$에 대해서 중복도가 m_k인 고유치 λ_k를 가진다고 가정하자. 여기서 $\Sigma_{k=1}^{s} m_k = n$이다. 행렬 **A**가 n개의 선형독립인 고유벡터를 가질 필요충분조건은 모든 k에 대해서 $r(\mathbf{A} - \lambda_k\mathbf{I}) = n - m_k$가 성립하는 것이다. 그리고 이 경우에 식 (6.20)의 행렬 $\boldsymbol{U}$는 정칙행렬이고 행렬 $\boldsymbol{A}$는 식 (6.23)의 $\mathbf{U}^{-1}\boldsymbol{AU} = \boldsymbol{D}$와 같이 대각화할 수 있다.

이 정리의 긴 증명에 대해서는 7.1절에 필요한 보조정리와 함께 설명되어 있다.

$\mathbf{U}^{-1}$의 존재 여부는 다음 식의 성립 여부에 의해 결정된다.

$$r(\mathbf{A} - \lambda_k\mathbf{I}) = n - m_k. \tag{6.24}$$

식 (6.24)를 만족하는 고유치를 **정규고유치**(regular eigenvalue)라고 한다. 모든 고유치가 정규고유치일 때 $\mathbf{U}^{-1}$가 존재하며, 행렬 $\boldsymbol{A}$를 **정규행렬**(regular matrix)이라고 한다. 하나 또는 그 이상의 고유치가 정규고유치가 아니면 $\mathbf{U}^{-1}$는 존재하지 않는다. 따라서 어떤 한 고유치에 대해서 식 (6.24)가 성립하지 않으면 $\mathbf{U}^{-1}$가 존재하지 않는다는 것을 알 수 있고, 따라서 $\mathbf{U}^{-1}\mathbf{AU}$도 존재하지 않는다. 이 경우의 행렬 **A**를 **결손행렬**(deficient matrix)이라고 한다. 그러나 단일근(중복도 $m_k = 1$)인 경우에는 식 (6.24)의 성립 여부를 확인할 필요가 없다. 그 이유는, 7.1절에서 언급되는 바와 같이, 단일근인 경우 식 (6.24)가 항상 성립하기 때문이다.

예제 6.8 (예제 6.2의 계속) 모든 고유치에 대하여 중복도 $m_k = 1$이고, 따라서 모두 식 (6.24)를 만족한다. 그러므로 $\mathbf{U}^{-1}$가 존재한다. 고유벡터들로 이루어진 행렬 **U**와 $\mathbf{U}^{-1}$는 다음과 같다.

$$\mathbf{U} = \begin{bmatrix} -2 & -2 & 1 \\ 1 & -1 & -3 \\ 4 & 2 & 13 \end{bmatrix} \quad \text{그리고} \quad \mathbf{U}^{-1} = \frac{1}{70}\begin{bmatrix} -7 & 28 & 7 \\ -25 & -30 & -5 \\ 6 & -4 & 4 \end{bmatrix}. \tag{6.25}$$

이 값들로부터 다음의 식이 성립함을 알 수 있다.

$$\mathbf{U}^{-1}\mathbf{AU} = \mathbf{D} = diag\,\{1, 3, -4\} \quad \text{그리고} \quad \mathbf{A} = \mathbf{UDU}^{-1}. \tag{6.26}$$

독자는 직접 계산해서 확인해 보기 바란다.

예제 6.9 (예제 6.6의 계속) 식 (6.16)에서 고유치 $\lambda_1 = 1$은 중복도가 $m_1 = 2$로 $r(\mathbf{A} - \lambda_1\mathbf{I}) = 1 = 3 - 2 = n - m_1$, 즉 식 (6.24)를 만족한다. 그리고 다른 고유치 $\lambda_2 = -1$도 중복도가 $m_2 = 1$으로 식 (6.24)를 만족한다. 즉, 식 (6.24)가 모든 고유치 λ_k들에 의해 만족되므로 $\mathbf{U}^{-1}$가 존재하고 **U**와 $\mathbf{U}^{-1}$는 다음과 같다.

$$\mathbf{U} = \begin{bmatrix} 0 & -2 & 2 \\ 1 & 1 & -1 \\ -1 & 1 & 1 \end{bmatrix}, \quad \text{그리고} \quad \mathbf{U}^{-1} = \frac{1}{2}\begin{bmatrix} 1 & 2 & 0 \\ 0 & 1 & 1 \\ 1 & 1 & 1 \end{bmatrix}.$$

또한 다음의 식이 성립하는 것을 쉽게 알 수 있다.

$$\mathbf{U}^{-1}\mathbf{AU} = \mathbf{D} = diag\,\{1, 1, -1\} \quad \text{그리고} \quad \mathbf{A} = \mathbf{UDU}^{-1}.$$

예제 6.10 (예제 6.7의 계속) 이 예제에서는 $\lambda_1 = 2$가 중복도 $m_1 = 2$인 고유치인데 식 (6.18)로부터 다음 식을 얻는다.

$$r(\mathbf{A} - \lambda_1 \mathbf{I}) = 2 \neq n - m_1 = 3 - 2 = 1.$$

즉, 식 (6.24)가 성립하지 않는다. 따라서 $\mathbf{U}^{-1}$는 존재하지 않고 행렬 $\boldsymbol{A}$는 $\mathbf{U}^{-1}\mathbf{AU} = \mathbf{D}$의 형태로 쓸 수 없다. 그러나 $\boldsymbol{U}$가 비정칙행렬이어도 $\boldsymbol{AU} = \boldsymbol{UD}$는 물론 성립한다.

식 (6.24)가 모든 단일고유치에 대해서 성립하므로 n개의 서로 다른 고유치를 갖는 행렬에 대해서는 대각성정리가 항상 만족된다. 7.1절에서 논하겠지만 모든 대칭행렬에 대해서도 대각성정리가 성립한다. 이외에도 대칭행렬의 고유치와 고유벡터에 대한 추가적인 성질들이 7.2절에서 주어진다.

6.4.2 응용

유사표준형은 많은 경우에 유용하게 사용된다. 응용문제에 있어서 중요한 것 중 하나는 $\mathbf{A}$의 대각성을 이용하면 행렬 $\boldsymbol{A}$의 거듭제곱을 쉽게 구할 수 있다는 것이다. 구체적으로 설명하면, $\mathbf{U}^{-1}\mathbf{AU} = \mathbf{D}$로부터 다음을 얻을 수 있다. 즉

$$\mathbf{A} = \mathbf{UDU}^{-1}. \tag{6.27}$$

이를 이용하면 $\mathbf{A}^2 = \mathbf{UDU}^{-1}\mathbf{UDU}^{-1} = \mathbf{UD}^2\mathbf{U}^{-1}$이다. 일반적인 경우로 확장하면, p가 양의 정수일 때

$$\mathbf{A}^p = \mathbf{UD}^p\mathbf{U}^{-1}. \tag{6.28}$$

비슷하게, $\mathbf{A}$가 정칙행렬인 경우에는

$$\mathbf{A}^{-1} = \mathbf{UD}^{-1}\mathbf{U}^{-1} \tag{6.29}$$

가 성립하므로, 이로부터 식 (6.28)이 음의 정수 p에 대해서도 성립하는 것을 알 수 있다. $\mathbf{D}$가 대각행렬이므로 식 (6.28)의 계산은 매우 용이한데, $\mathbf{D}^p$은 단지 $\mathbf{D}$의 0이 아닌 대각원소를 p제곱해서 얻는다.

예제 6.11 (예제 6.2의 계속) 식 (6.25)와 (6.26)으로부터, 식 (6.28)은 다음과 같다.

$$\begin{aligned}\mathbf{A}^p &= \begin{bmatrix} 2 & 2 & 0 \\ 2 & 1 & 1 \\ -7 & 2 & -3 \end{bmatrix}^p \\ &= \begin{bmatrix} -2 & -2 & 1 \\ 1 & -1 & -3 \\ 4 & 2 & 13 \end{bmatrix} \begin{bmatrix} 1^p & 0 & 0 \\ 0 & 3^p & 0 \\ 0 & 0 & (-4)^p \end{bmatrix} \frac{1}{70} \begin{bmatrix} -7 & 28 & 7 \\ -25 & -30 & -5 \\ 6 & -4 & 4 \end{bmatrix}.\end{aligned} \tag{6.30}$$

독자는 $p = -1, 1, 2$인 경우를 직접 계산해서 확인해 보기 바란다.

예제 6.12 경제학자들은 선형차이방정식(linear difference equation)이라고 하는 연립선형방정식을 접하게 되는 경우가 자주 있는데, 1차 선형차이방정식의 한 예로 다음과 같은 것이 있다.

$$\mathbf{x}_t = \mathbf{A}\mathbf{x}_{t-1} + \mathbf{d}, \text{ 단 } t = 1, 2, 3, \ldots \tag{6.31}$$

여기서 $\mathbf{A}$, $\mathbf{x}_0$, $\mathbf{d}$는 값을 알고 있는 행렬과 벡터이다. 여기서의 문제는 $\mathbf{x}_t$의 값을 구하고자 하는 것이다. 식 (6.31)로부터 다음 식을 얻는다.

$$\begin{aligned}\mathbf{x}_t &= \mathbf{A}(\mathbf{A}\mathbf{x}_{t-2} + \mathbf{d}) + \mathbf{d} = \mathbf{A}^2\mathbf{x}_{t-2} + (\mathbf{A} + \mathbf{I})\,\mathbf{d} = \cdots \\ &= \mathbf{A}^t\mathbf{x}_0 + (\mathbf{A}^{t-1} + \mathbf{A}^{t-2} + \cdots + \mathbf{A} + \mathbf{I})\mathbf{d}.\end{aligned}$$

만약 $k \to \infty$일 때 $\mathbf{A}^k \to \mathbf{0}$이라고 가정하면 $(\mathbf{I} - \mathbf{A})^{-1}$가 존재하고, 식 (4.27)을 이용하면 다음을 얻는다.

$$\mathbf{x}_t = \mathbf{A}^t\mathbf{x}_0 + (\mathbf{I} - \mathbf{A}^t)(\mathbf{I} - \mathbf{A})^{-1}\,\mathbf{d}. \tag{6.32}$$

유사표준형을 이용하여 $\mathbf{A}^t$를 구할 수 있고, 또한 식 (6.32)로부터 $t \to \infty$이면 $\mathbf{A}^t \to \mathbf{0}$라는 가정하에서 $\mathbf{x}_t$의 극한값은 $(\mathbf{I} - \mathbf{A})^{-1}\mathbf{d}$임을 알 수 있다.

선형차이방정식의 차수가 1차 이상인 경우에는 1차인 경우를 확장하여 구할 수 있다. 예를 들어 다음과 같은 3차 선형차이방정식이 있다고 가정하자

$$y_t = \alpha y_{t-1} + \beta y_{t-2} + \gamma y_{t-3} + \delta, \text{ 단 } t = 3, 4, \ldots \tag{6.33}$$

여기서 α, β, ρ, δ와 초기치 y_0, y_1, y_2는 알고 있다고 가정한다. $t = 1, 2, \ldots$에 대해 $z_t = y_{t-1}$이라고 놓고, $t = 2, 3, \ldots$에 대해 $w_t = y_{t-2} = z_{t-1}$이라고 놓자. 이제 식 (6.33)을 이용하면 다음 식을 얻을 수 있다.

$$\begin{bmatrix} y_t \\ z_t \\ w_t \end{bmatrix} = \begin{bmatrix} \alpha & \beta & \gamma \\ 1 & 0 & 0 \\ 0 & 1 & 0 \end{bmatrix}\begin{bmatrix} y_{t-1} \\ z_{t-1} \\ w_{t-1} \end{bmatrix} + \begin{bmatrix} \delta \\ 0 \\ 0 \end{bmatrix}. \tag{6.34}$$

따라서 다음과 같이, 즉

$$\mathbf{x}_t = \begin{bmatrix} y_t \\ z_t \\ w_t \end{bmatrix}, \quad \mathbf{A} = \begin{bmatrix} \alpha & \beta & \gamma \\ 1 & 0 & 0 \\ 0 & 1 & 0 \end{bmatrix}, \quad \mathbf{d} = \begin{bmatrix} \delta \\ 0 \\ 0 \end{bmatrix}$$

와 같이 놓으면, 식 (6.34)는 식 (6.31)의 형태로 나타낼 수 있고 따라서 식 (6.32)에서와 같이 해를 구할 수 있다. 그리고 이 해는 식 (6.33)의 해가 된다.

6.5 대칭행렬

대칭행렬은 고유치와 고유벡터에 대해서 주목할 만한 좋은 성질들을 많이 가지고 있다. 뿐만 아니라, 대칭행렬은 통계학에서 광범위하게 사용되고 이차형식(5.6절 참조)과도 연관되어 있으므로, 이의 성질들에 대해 자세하게 다룰 필요가 있다. 여기서는 실대칭행렬인 경우에 대해서만 자세히 살펴보기로 한다.

6.5.1 고유치는 모두 실수이다

차수가 $n \times n$인 행렬의 고유치는 n차 다항식의 근으로 항상 실수인 것은 아니다. 근이 복소수인 경우도 있는데 이때는 복소수 $a + ib$와 켤레복소수 $a - ib$가 쌍으로 나타난다. 그러나 행렬 $\mathbf{A}$가 대칭행렬이고 모든 원소가 실수인 경우에는 모든 고유치가 실수이다. 이것을 보조정리로 정리하면 다음과 같다.

보조정리 6.1 실대칭행렬의 고유치는 모두 실수이다.

증명 대칭행렬 $\mathbf{M}_{n\times n}$의 고유치 λ가 복소수이고 이에 대응하는 고유벡터가 $\mathbf{u}$라고 가정하자. $\lambda = \alpha + i\beta$라고 하고 $\bar{\lambda} = \alpha - i\beta$라고 놓자. 마찬가지로 $\mathbf{u} = \{u_k\} = \mathbf{a} + i\mathbf{b}$, $\bar{\mathbf{u}} = \{\bar{u}_k\} = \mathbf{a} - i\mathbf{b}$라고 놓으면 정의에 의해 $\mathbf{Mu} = \lambda\mathbf{u}$이고 따라서 $\bar{\mathbf{u}}'\mathbf{Mu} = \bar{\mathbf{u}}'\lambda\mathbf{u} = \lambda\bar{\mathbf{u}}'\mathbf{u}$이다. 그런데 $\mathbf{M}\bar{\mathbf{u}} = \bar{\lambda}\bar{\mathbf{u}}$를 이용하면 $\bar{\mathbf{u}}'\mathbf{M}u = (\mathbf{M}\bar{\mathbf{u}})'\mathbf{u} = (\bar{\lambda}\bar{\mathbf{u}})'\mathbf{u} = \bar{\lambda}\bar{\mathbf{u}}'\mathbf{u}$이다. 따라서 $\lambda\bar{\mathbf{u}}'\mathbf{u} = \bar{\lambda}\bar{\mathbf{u}}'\mathbf{u}$이고 $\bar{\mathbf{u}}'\mathbf{u}$가 0이 아니므로 $\lambda = \bar{\lambda}$가 된다. 즉 $b = 0$. 따라서 모든 고유치 λ는 실수이다. ■

이 보조정리로부터 대칭행렬의 고유치는 모두 실수라는 것을 알 수 있다. $\mathbf{u}$는 각 고유치에 대응되는 고유벡터로, 실수인 경우로 국한하여 사용한다.

6.5.2 대칭행렬은 대각화가 가능하다

대칭행렬 $\mathbf{A}$의 모든 고유치에 대해서 식 (6.24)가 만족된다. 즉, 모든 λ_k에 대해서 $r(\mathbf{A} - \lambda_k\mathbf{I}) = n - m_k$를 만족한다(증명은 7.1절 참조). 따라서 $\mathbf{A} = \mathbf{A}'$는 대각화가 가능하고 임의의 대칭행렬 $\mathbf{A}$에 대해서 $\mathbf{AU} = \mathbf{UD}$에서의 $\mathbf{U}^{-1}$가 존재한다. 이로부터 $\mathbf{A} = \mathbf{UDU}^{-1}$이고 $\mathbf{A}^p = \mathbf{UD}^p\mathbf{U}^{-1}$이다. 또한 $\mathbf{U}$는 직교행렬이다.

6.5.3 고유벡터는 서로 직교이다

대칭행렬의 고유벡터는 서로 직교이다. 이것을 다음의 두 경우: (1) 서로 다른 고유치에 대응하는 고유벡터들인 경우와 (2) 하나의 중복고유치에 대응하는 고유벡터들인 경우로 나누어 살펴보기로 한다.

1. 서로 다른 고유치의 경우 $\lambda_1 \neq \lambda_2$가 서로 다른 고유치이고 각각에 대응하는 고유벡터를 $\mathbf{u}_1$, $\mathbf{u}_2$라고 하자. $\mathbf{A} = \mathbf{A}'$, $\mathbf{Au}_k = \lambda_k\mathbf{u}_k$라는 사실을 이용하면 다음 식을 얻는다.

$$\lambda_1 \mathbf{u}_2'\mathbf{u}_1 = \mathbf{u}_2'\lambda_1\mathbf{u}_1 = \mathbf{u}_2'\mathbf{A}\mathbf{u}_1 = \mathbf{u}_1'\mathbf{A}'\mathbf{u}_2 = \mathbf{u}_1'\mathbf{A}\mathbf{u}_2 = \mathbf{u}_1'\lambda_2\mathbf{u}_2 = \lambda_2\mathbf{u}_1'\mathbf{u}_2 = \lambda_2\mathbf{u}_2'\mathbf{u}_1.$$

즉 $\lambda_1\mathbf{u}_2'\mathbf{u}_1 = \lambda_2\mathbf{u}_2'\mathbf{u}_1$이 성립하는데 $\lambda_1 \neq \lambda_2$이므로 $\mathbf{u}_2'\mathbf{u}_1 = 0$이어야 한다. 즉 $\mathbf{u}_1$과 $\mathbf{u}_2$가 서로 직교이다. 따라서 서로 다른 두 고유치에 대응하는 두 고유벡터는 서로 직교이다.

중복고유치인 경우에 대해 논하기 전에 다음 보조정리가 필요하다.

보조정리 6.2 차수가 $n \times n$인 행렬 $\boldsymbol{B}$에 대해서, 서로 직교인 $\boldsymbol{Bx} = \mathbf{0}$의 해는 항상 찾을 수 있다.

증명 $\boldsymbol{B}$의 계수가 r이라고 하자. 그러면 $\mathbf{Bx} = \mathbf{0}$은 $n - r$개의 선형독립인 해를 갖는다. $\mathbf{x}_1$을 하나의 해라고 가정하고 다음의 방정식을 생각하자.

$$\begin{bmatrix} \mathbf{B} \\ \mathbf{x}_1' \end{bmatrix} \mathbf{x} = \mathbf{0}. \tag{6.35}$$

$\mathbf{x}_1$이 $\mathbf{Bx} = \mathbf{0}$의 해이므로 $\boldsymbol{x}_1'$과 $\boldsymbol{B}$의 행은 선형독립이다. 따라서 식 (6.35)는 $n - r - 1$개의 선형독립인 해를 갖는다. 이제 $\mathbf{x}_2$를 그 중 하나의 해라고 하자. 그러면 당연히 $\mathbf{Bx} = \mathbf{0}$을 만족하고 $\mathbf{x}_1$과는 직교이다. 비슷하게 $n - r > 2$이면 $n - r - 2$개의 선형독립인 해를 갖는 다음의 방정식

$$\begin{bmatrix} \mathbf{B} \\ \mathbf{x}_1' \\ \mathbf{x}_2' \end{bmatrix} \mathbf{x} = \mathbf{0}$$

으로부터 세 번째 해를 구한다. 이런 방법으로 $n - r$개의 해를 구할 때까지 계속하면 그 모든 해가 서로 직교이다. ■

2. 중복 고유치의 경우 λ_k는 행렬 $\mathbf{A} = \mathbf{A}'$의 고유치이고 중복도 m_k를 갖는다고 하자. 그러면 $\mathbf{A} - \lambda_k\mathbf{I}$는 계수가 $n - m_k$이고 비정칙행렬이다. 따라서 고유치 λ_k에 대응하여 $(\mathbf{A} - \lambda_k\mathbf{I})\mathbf{u} = \mathbf{0}$의 해인 m_k개의 선형독립인 고유벡터가 존재한다. 그러면 보조정리 6.2로부터 m_k개의 서로 직교인 고유벡터를 구할 수 있다. 그러므로 $r(\mathbf{A} - \lambda_k\mathbf{I}) = n - m_k$이면, λ_k에 대응하는 선형독립이고 서로 직교인 m_k개의 고유벡터들이 존재한다.

정리 6.2 (스펙트럼분해, Spectral decomposition) $\boldsymbol{A}$를 $n \times n$차 대칭행렬이라고 하자. 그러면 다음의 식을 만족하는 직교행렬 $\boldsymbol{P}$가 존재하는데

$$\boldsymbol{A} = \boldsymbol{P\Lambda P}', \tag{6.36}$$

여기서 $\Lambda = diag(\lambda_1, \lambda_2, \ldots, \lambda_n)$은 $\boldsymbol{A}$의 n개의 고유치들로 이루어진 대각행렬이고, $\boldsymbol{P}$는 고유치 $\lambda_1, \lambda_2, \ldots, \lambda_n$에 대응하는 고유벡터들을 열벡터로 갖는 행렬이다. 즉, $\boldsymbol{p}_i$를 λ_i $(i = 1, 2, \ldots, n)$에 대응되는 고유벡터라고 하면

$$\boldsymbol{P} = [\boldsymbol{p}_1\ \boldsymbol{p}_2\ \cdots\ \boldsymbol{p}_n].$$

이로부터 $\boldsymbol{A}$는 다음과 같이 나타낼 수 있다.

$$A = \sum_{i=1}^{n} \lambda_i \boldsymbol{p}_i \boldsymbol{p}_i'. \tag{6.37}$$

증명 앞서 $\mathbf{A} = \mathbf{A}'$는 대각화가 가능하다는 것과, 서로 다른 고유치에 대응하는 고유벡터들은 서로 직교한다는 것, 그리고 중복도 m_k를 갖는 고유치 $\boldsymbol{\lambda}_k$에 대응해서 선형독립이고 서로 직교하는 m_k개의 고유벡터들을 구할 수 있다는 것을 증명하였다. 따라서 $n \times n$차의 모든 대칭행렬에 대해서 서로 직교하는 n개의 고유벡터들이 항상 존재한다. 이러한 고유벡터 $\boldsymbol{u}$들에 대한 정규화벡터 $(1/\sqrt{\mathbf{u}'\mathbf{u}})\mathbf{u}$들을 대응하는 고유치의 순서에 따라 열로 배열하여 행렬 $\boldsymbol{P}$를 구성하면, $\boldsymbol{P}$는 직교행렬이 되고 다음을 만족한다.

$$\mathbf{P}'\mathbf{A}\mathbf{P} = \boldsymbol{\Lambda} \quad \text{그리고} \quad \mathbf{P}\mathbf{P}' = \mathbf{I}.$$

이로부터 또한 다음을 얻는다.

$$A = P\Lambda P'. \tag{6.38}$$

■

다음의 정리에 대한 증명은 하빌(Harville, 1997, Theorem 14.5.16, p. 231)을 참조하시오.

정리 6.3 (촐레스키 분해, Cholesky Decomposition) $\boldsymbol{A}$를 $n \times n$차 대칭행렬이라고 하자.

(a) 만약 $\boldsymbol{A}$가 양정치행렬이면, 양수의 대각원소를 갖는 상삼각행렬 $\boldsymbol{T}$가 유일하게 존재해서 다음의 식을 만족한다.

$$A = T'T.$$

(b) 만약 $\boldsymbol{A}$가 계수 r을 갖는 비음정치행렬이면, 양수인 r개의 대각원소와 영인 $n - r$개의 행을 갖는 상삼각행렬 $\boldsymbol{U}$가 유일하게 존재해서 다음의 식을 만족한다.

$$A = U'U.$$

예제 6.13 다음 행렬

$$\mathbf{A} = \begin{bmatrix} 1 & 2 & 2 \\ 2 & 1 & 2 \\ 2 & 2 & 1 \end{bmatrix}$$

의 고유방정식은 $(\lambda + 1)^2(\lambda - 5) = 0$으로 $\lambda_1 = 5$는 중복도가 $m_1 = 1$인 고유치이고 $\lambda_2 = -1$은 중복도가 $m_2 = 2$인 고유치이다. 벡터 $\boldsymbol{u}_1 = (1, 1, 1)'$은 $\lambda_1 = 5$에 대응하는 고유벡터이고, $\boldsymbol{u}_2 = (-2, 1, 1)'$은 $\lambda_2 = -1$에 대응하는 고유벡터로 $\boldsymbol{u}_1$과 직교한다. 중복도 $m_2 = 2$이므로 6.5.3절의 두 번째 경우를 참조하면, $\boldsymbol{\lambda}_2 = -1$에 대응해서 $\boldsymbol{u}_2$와 직교하는 또 다른 고유벡터가 존재함을 알 수 있다. 따라서 이러한 고유벡터를 $\boldsymbol{v}_2$라고 하면 $\boldsymbol{v}_2'\boldsymbol{u}_2 = 0$, 즉 $v_{21}(-2) + v_{22}(1) + v_{23}(1) = 0$을 만족한다. 여기서 v_{2i}는 $\boldsymbol{v}_2$의 원소들을 나타낸다. 고유벡터 $\boldsymbol{u}_3 = (0, -1, 1)'$는 이러한 조건을 만족하고, 또한 $\boldsymbol{u}_1$과도 직교한다. 이 고유벡터들의 정규화벡터들을 이용하여 다음의 행렬 $\boldsymbol{P}$를 구성한다.

$$P = \frac{1}{\sqrt{6}}\begin{bmatrix} \sqrt{2} & -2 & 0 \\ \sqrt{2} & 1 & -\sqrt{3} \\ \sqrt{2} & 1 & \sqrt{3} \end{bmatrix}.$$

독자는 $\boldsymbol{P'AP} = \boldsymbol{\Lambda} = diag(5,\ -1,\ -1)$이고 $\mathbf{PP'} = \mathbf{I}$임을 확인해 보길 바란다.

6.5.4 대칭행렬의 계수는 0이 아닌 고유치의 개수와 같다

$z_{\mathbf{A}}$를 행렬 $\boldsymbol{A}$의 고유치 중 0인 고유치의 개수라고 하자. 그러면 $n - z_{\mathbf{A}}$는 0이 아닌 고유치의 개수이다. 행렬 $\boldsymbol{A}$가 대칭행렬이므로 $\mathbf{A} = \mathbf{P\Lambda P'}$으로 나타낼 수 있는데, 여기서 $\boldsymbol{P}$는 정칙행렬이므로 행렬 $\boldsymbol{A}$와 $\boldsymbol{\Lambda}$의 계수는 같다, 즉 $r_{\mathbf{A}} = r_{\boldsymbol{\Lambda}}$. 그런데 $\boldsymbol{\Lambda}$가 대각행렬이므로 0가 아닌 대각원소만이 $\boldsymbol{\Lambda}$의 0가 아닌 고유치가 된다. 따라서 계수는 0이 아닌 고유치의 개수, 즉 $n - z_{\mathbf{A}}$와 같다. 이로부터

$$\mathbf{A} = \mathbf{A}' \text{일 때 } r_{\mathbf{A}} = n - z_{\mathbf{A}}, \tag{6.39}$$

즉 대칭행렬의 계수는 0이 아닌 고유치의 개수와 같다.

이 결과의 유도과정을 보면 대칭행렬에 대해 대각화가 가능하다는 사실만을 이용한 것을 알 수 있다. 따라서 식 (6.39)의 결과는 대칭행렬의 경우뿐만 아니라 대각화가 가능한 모든 행렬에 대해서도 성립한다. 식 (6.39)는 모든 대칭행렬에 적용될 수 있다는 점에서 매우 중요한 식이다.

6.6 멱등인 직교행렬의 고유치

정리 6.4 $\boldsymbol{A}$가 $n \times n$차 직교행렬이고 λ가 $\boldsymbol{A}$의 고유치라고 하면 $\lambda = \pm 1$이다.

증명 고유치 λ에 대응하는 고유벡터를 $\boldsymbol{x}$라고 하면 $\boldsymbol{Ax} = \lambda\boldsymbol{x}$. 또한 직교행렬의 성질로부터 $\boldsymbol{A'A} = \boldsymbol{I}$이다. 양변의 왼쪽에 $\boldsymbol{x}'$을, 그리고 오른쪽에 $\boldsymbol{x}$를 곱하면 $\boldsymbol{x'A'Ax} = \boldsymbol{x'x}$을 얻는다. 이로부터 $\lambda^2\boldsymbol{x'x} = \boldsymbol{x'x}$이 성립하고, $\boldsymbol{x} \neq \mathbf{0}$이므로 $\lambda^2 = 1$을 얻는다. 그러므로 $\lambda = \pm 1$이다. ■

정리 6.5 $n \times n$차 멱등행렬 $\boldsymbol{B}$의 고유치는 0 또는 1이다. 또한 $\boldsymbol{B}$의 계수가 r이라면 $\boldsymbol{B}$는 r개의 1인 고유치를 갖는다. 즉 1의 중복도는 r이고 0의 중복도는 $n - r$이다.

증명 λ는 $\boldsymbol{B}$의 고유치이고 $\boldsymbol{x}$를 대응하는 고유벡터라고 하자. 그러면 $\boldsymbol{B}^2\boldsymbol{x} = \boldsymbol{Bx} = \lambda\boldsymbol{x}$이다. 그런데 또한 $\boldsymbol{B}^2\boldsymbol{x} = \boldsymbol{BBx} = \boldsymbol{B}\lambda\boldsymbol{x} = \lambda\boldsymbol{Bx} = \lambda^2\boldsymbol{x}$이다. 그러므로 $\lambda\boldsymbol{x} = \lambda^2\boldsymbol{x}$라고 할 수 있다. $\boldsymbol{x} \neq \mathbf{0}$이므로 $\lambda^2 = \lambda$이고 따라서 $\lambda = 0$ 또는 1이다. 또한 $\boldsymbol{B}$가 멱등행렬이므로 정리 5.1에 의하여 $r(\boldsymbol{B}) = tr(\boldsymbol{B})$. 그런데 $r = r(\boldsymbol{B})$이고, 식 (6.14)로부터 $tr(\boldsymbol{B})$은 0 또는 1만을 값으로 갖는 고유치들의 합이다. 그러므로 $\boldsymbol{B}$는 r개의 1인 고유치를 갖는다. ■

6.6.1 대칭인 비음정치행렬의 고유치

정리 6.6 대칭행렬 $\boldsymbol{A}$가 양정치행렬이 되는 필요충분조건은 $\boldsymbol{A}$의 모든 고유치가 양수이다.

증명 λ를 $\boldsymbol{A}$의 고유치 그리고 $\boldsymbol{x}$를 대응하는 고유벡터라고 하자. $\boldsymbol{A}$가 양정치행렬이라면 $\boldsymbol{x}'\boldsymbol{A}\boldsymbol{x} = \lambda\boldsymbol{x}'\boldsymbol{x}$. 그런데 $\boldsymbol{x}'\boldsymbol{A}\boldsymbol{x} > 0$이므로 $\lambda > 0$이다. 역으로 $\boldsymbol{A}$의 모든 고유치가 양수라고 가정하자. 그러면 스펙트럼분해로부터(정리 6.2) $\boldsymbol{x}'\boldsymbol{A}\boldsymbol{x} = \boldsymbol{x}'\boldsymbol{P}\boldsymbol{\Lambda}\boldsymbol{P}'\boldsymbol{x}$, 여기서 $\boldsymbol{P}$는 직교행렬이고 $\boldsymbol{\Lambda}$은 $\boldsymbol{A}$의 고유치로 이루어진 대각행렬이다. $\boldsymbol{\Lambda}$의 모든 대각원소가 양수이므로 0이 아닌 모든 $\boldsymbol{x}$에 대하여 $\boldsymbol{x}'\boldsymbol{A}\boldsymbol{x} > 0$. ■

다음 정리에 대한 증명은 연습문제로 남긴다.

정리 6.7 $\boldsymbol{A}$는 대칭행렬이다. $\boldsymbol{A}$가 양반정치행렬이 될 필요충분조건은 $\boldsymbol{A}$의 모든 고유치가 음수가 아니고 적어도 하나의 고유치는 0이다.

다음 정리에 대한 증명은 베너지와 로이(Banerjee and Roy, 2014, Theorem 13.18)에서 찾을 수 있다.

정리 6.8 $\boldsymbol{A}$는 대칭행렬이다. $\boldsymbol{A}$가 비음정치행렬이 될 필요충분조건은 $\boldsymbol{A}$의 모든 주소행렬식은(3.6절 참조) 음수가 아니다.

예제 6.14 양반정치행렬 $\boldsymbol{A}$와 그의 고유방정식은 다음과 같다.

$$\mathbf{A} = \begin{bmatrix} 37 & -2 & -24 \\ -2 & 13 & -3 \\ -24 & -3 & 17 \end{bmatrix} \quad \text{그리고} \quad \lambda(\lambda-14)(\lambda-53)=0. \tag{6.40}$$

따라서 고유치는 0, 14, 53이다.

비음정치행렬의 또 다른 특징은(5.7절 참조) 실원소를 갖는 다른 행렬의 제곱으로 나타낼 수 있다는 것이다. 즉, 비음정치행렬 $\boldsymbol{A}$에 대해 스펙트럼분해를 이용하면 $\boldsymbol{A} = \boldsymbol{P}\boldsymbol{D}\boldsymbol{P}'$이고 여기서

$$\boldsymbol{D} = diag\{\lambda_i\} = \mathbf{D}^{\frac{1}{2}}\mathbf{D}^{\frac{1}{2}}, \text{ 단 } \mathbf{D}^{\frac{1}{2}} = diag\{\sqrt{\lambda_i}\}$$

이고 $\sqrt{\lambda_i}$는 양의 제곱근이다. 그러므로

$$\mathbf{A} = \mathbf{PDP}' = \mathbf{PD}^{\frac{1}{2}}\mathbf{P}'\mathbf{PD}^{\frac{1}{2}}\mathbf{P}' = \mathbf{H}^2, \text{ 단 } \mathbf{H} = \mathbf{PD}^{\frac{1}{2}}\mathbf{P}'. \tag{6.41}$$

양정치행렬에 대해서는 모든 고유치가 양수이므로 $\mathbf{D}$도 양수이다. 따라서 $\mathbf{D}^{\frac{1}{2}}$와 $\mathbf{H}$ 모두 최대계수 행렬이고 $\mathbf{A}^{-1} = (\mathbf{H}^{-1})^2$이다.

또한 만일 $\mathbf{P}'\mathbf{AP} = \mathbf{D} = \begin{bmatrix} \Delta^2 & \mathbf{0} \\ \mathbf{0} & \mathbf{0} \end{bmatrix}$(여기서 $\Delta = diag\{\sqrt{\lambda_i}\}$이며 λ_i들은 $r_{\mathbf{A}}$개의 영이 아닌 고유치)이면, 정칙인 $\mathbf{T}$에 대해 다음이 성립한다.

$$\mathbf{T}'\mathbf{AT} = \begin{bmatrix} \mathbf{I}_{r_A} & \mathbf{0} \\ \mathbf{0} & \mathbf{0} \end{bmatrix}, \text{ 단 } \mathbf{S} = \begin{bmatrix} \Delta^{-1} & \mathbf{0} \\ \mathbf{0} & \mathbf{I}_{n-r_A} \end{bmatrix} \text{ 그리고 } \mathbf{T} = \mathbf{PS}. \tag{6.42}$$

예제 6.15 (예제 6.14의 계속) 다음의 벡터들은 식 (6.40)의 고유치 14, 53, 0 각각에 대응되는 고유벡터이다.

$$\begin{bmatrix} 2 \\ -13 \\ 3 \end{bmatrix}, \quad \begin{bmatrix} -3 \\ 0 \\ 2 \end{bmatrix}, \quad \text{그리고} \quad \begin{bmatrix} 2 \\ 1 \\ 3 \end{bmatrix}. \tag{6.43}$$

따라서 식 (6.41)의 **H**는

$$\begin{aligned} \mathbf{H} = &\begin{bmatrix} 2 & -3 & 2 \\ -13 & 0 & 1 \\ 3 & 2 & 3 \end{bmatrix} \begin{bmatrix} 1/\sqrt{182} & 0 & 0 \\ 0 & 1/\sqrt{13} & 0 \\ 0 & 0 & 1/\sqrt{14} \end{bmatrix} \\ &\times \begin{bmatrix} \sqrt{14} & 0 & 0 \\ 0 & \sqrt{53} & 0 \\ 0 & 0 & 0 \end{bmatrix} \begin{bmatrix} 1/\sqrt{182} & 0 & 0 \\ 0 & 1/\sqrt{13} & 0 \\ 0 & 0 & 1/\sqrt{14} \end{bmatrix} \begin{bmatrix} 2 & -13 & 3 \\ -3 & 0 & 2 \\ 2 & 1 & 3 \end{bmatrix}, \end{aligned}$$

여기서 곱을 이루는 두 번째와 네 번째 행렬은 정규화를 위한 행렬이다. 정리하면

$$\mathbf{H} = \frac{1}{13\sqrt{14}} \begin{bmatrix} 4+9a & -26 & 6-6a \\ -26 & 169 & -39 \\ 6-6a & -39 & 9+4a \end{bmatrix}, \quad \text{단} \quad a = \sqrt{14(53)}.$$

독자는 식 (6.41)의 $\mathbf{H}^2 = \mathbf{A}$가 성립함을 직접 보이길 바란다. 또한

$$\mathbf{S} = \begin{bmatrix} 1/\sqrt{14} & 0 & 0 \\ 0 & 1/\sqrt{53} & 0 \\ 0 & 0 & 1 \end{bmatrix} \quad \text{그리고}$$

$$\mathbf{T} = \mathbf{PS} = \begin{bmatrix} 2 & -3 & 2 \\ -13 & 0 & 1 \\ 3 & 2 & 3 \end{bmatrix} \begin{bmatrix} 1/\sqrt{14(182)} & 0 & 0 \\ 0 & 1/\sqrt{53(13)} & 0 \\ 0 & 0 & \sqrt{1/14} \end{bmatrix}$$

를 이용하면 식 (6.42)가 성립하는 것도 보일 수 있다.

정리 6.9 $\boldsymbol{A}$는 계수 r을 갖는 $n \times n$차 대칭행렬이라고 하자. 그러면 $\boldsymbol{A}$는 다음과 같이 나타낼 수 있다.

$$\boldsymbol{A} = \boldsymbol{LL}', \tag{6.44}$$

여기서 $\boldsymbol{L}$은 $n \times r$차 최대열계수행렬이다.

증명 스펙트럼분해(정리 6.2)에 의해서 $\boldsymbol{A} = \boldsymbol{P\Lambda P}'$, 여기서 $\boldsymbol{\Lambda}$는 $\boldsymbol{A}$의 고유치로 이루어진 대각행렬이고 $\boldsymbol{P}$는 대응하는 고유벡터들로 이루어진 직교행렬이다. 행렬 $\boldsymbol{\Lambda}$는 다음과 같이 쓸 수 있다.

$$\boldsymbol{\Lambda} = \text{diag}(\boldsymbol{D}_r, \boldsymbol{0}), \tag{6.45}$$

여기서 $\boldsymbol{D}_r$은 $\boldsymbol{A}$의 영이 아닌 r개의 고유치를 대각원소로 갖는 $r \times r$차 대각행렬이고, $\boldsymbol{P}$의 처음 r개의 열은 이 고유치들에 대응하는 고유벡터들이다. 그러면 다음 식을 얻는데,

$$\boldsymbol{A} = \boldsymbol{P}\begin{bmatrix} \boldsymbol{D}_r^{1/2} \\ \boldsymbol{0} \end{bmatrix}\begin{bmatrix} \boldsymbol{D}_r^{1/2} & \boldsymbol{0}' \end{bmatrix}\boldsymbol{P}' = \boldsymbol{L}\boldsymbol{L}', \tag{6.46}$$

여기서

$$\boldsymbol{L} = \boldsymbol{P}\begin{bmatrix} \boldsymbol{D}_r^{1/2} \\ \boldsymbol{0} \end{bmatrix}$$

이고 $\boldsymbol{L}$은 계수 r을 갖는 $n \times r$차 행렬이다. 참고로 $\boldsymbol{D}_r$의 대각원소들이 음수일 수 있으므로 $\boldsymbol{L}$의 원소들이 반드시 실수인 것은 아니다. ■

따름정리 6.1 만약 $\boldsymbol{A}$가 계수 r을 갖는 $n \times n$차 양반정치행렬이라면, $\boldsymbol{A} = \boldsymbol{K}\boldsymbol{K}'$와 같이 나타낼 수 있는데 여기서 $\boldsymbol{K}$는 계수 r을 갖는 $n \times r$차 실행렬이다.

증명 이 따름정리의 결과는 정리 6.7로부터 나온다. 즉, $\boldsymbol{A}$가 양반정치행렬이므로 영이 아닌 고유치들은 모두 양수이다. 그러므로 $\boldsymbol{D}_r$의 모든 원소가 양수이고 따라서 정리 6.9의 $\boldsymbol{L}$은 실행렬이다. $\boldsymbol{K} = \boldsymbol{L}$로 놓으면 따름정리의 결과를 얻는다. ■

따름정리 6.2 만약 $\boldsymbol{A}$가 계수 r을 갖는 $n \times n$차 양정치행렬이라면, $\boldsymbol{A} = \boldsymbol{M}\boldsymbol{M}'$와 같이 나타낼 수 있는데 여기서 $\boldsymbol{M}$은 정칙행렬이다.

증명 이 보조정리의 결과는 정리 6.6으로부터 바로 얻을 수 있다. 즉, $\boldsymbol{\Lambda}$의 모든 대각원소가 양수이므로, $\boldsymbol{M} = \boldsymbol{P}\boldsymbol{\Lambda}^{1/2}$에 대해서 $\boldsymbol{A} = \boldsymbol{M}\boldsymbol{M}'$이고 $\boldsymbol{M}$은 정칙행렬이다. ■

6.7 직적과 직합의 고유치

정리 6.10 $\boldsymbol{A}$와 $\boldsymbol{B}$를 각각 차수 $m \times m$과 $n \times n$을 갖는 행렬이라고 하자. 그리고 λ와 $\boldsymbol{x}$가 $\boldsymbol{A}$의 고유치와 그에 대응하는 고유벡터를, 그리고 μ와 $\boldsymbol{y}$는 $\boldsymbol{B}$의 고유치와 그에 대응하는 고유벡터를 나타낸다고 하자. 그러면 $\lambda\mu$는 $\boldsymbol{A} \otimes \boldsymbol{B}$의 고유치가 되고 $\boldsymbol{x} \otimes \boldsymbol{y}$는 대응하는 고유벡터이다.

증명 정의로부터 $\boldsymbol{A}\boldsymbol{x} = \lambda\boldsymbol{x}$이고 $\boldsymbol{B}\boldsymbol{y} = \mu\boldsymbol{y}$이다. 이로부터

$$(\boldsymbol{A} \otimes \boldsymbol{B})(\boldsymbol{x} \otimes \boldsymbol{y}) = (\boldsymbol{A}\boldsymbol{x}) \otimes (\boldsymbol{B}\boldsymbol{y}) = (\lambda\boldsymbol{x}) \otimes (\mu\boldsymbol{y}) = \lambda\mu(\boldsymbol{x} \otimes \boldsymbol{y}).$$

따라서 $\lambda\mu$는 $\boldsymbol{A} \otimes \boldsymbol{B}$의 고유치이고 $\boldsymbol{x} \otimes \boldsymbol{y}$는 대응하는 고유벡터이다. ■

이 정리로부터, 만약 $\lambda_1, \lambda_2, \ldots, \lambda_m$이 $\boldsymbol{A}$의 고유치이고 $\mu_1, \mu_2, \ldots, \mu_n$이 $\boldsymbol{B}$의 고유치라면 $\lambda_i\mu_j$ $(i = 1, 2, \ldots, m, j = 1, 2, \ldots, n)$가 $\boldsymbol{A} \otimes \boldsymbol{B}$의 고유치가 됨을 알 수 있다.

따름정리 6.3 $\boldsymbol{A} \otimes \boldsymbol{B}$의 계수는 계수 $\boldsymbol{A}$와 $\boldsymbol{B}$의 곱이다.

증명 4.15절의 (xii)로부터, $r(\boldsymbol{A} \otimes \boldsymbol{B}) = r\{(\boldsymbol{A} \otimes \boldsymbol{B})'(\boldsymbol{A} \otimes \boldsymbol{B})\} = r\{(\boldsymbol{A}'\boldsymbol{A}) \otimes (\boldsymbol{B}'\boldsymbol{B})\}$임을 알 수 있고 $(\boldsymbol{A}'\boldsymbol{A}) \otimes (\boldsymbol{B}'\boldsymbol{B})$가 대칭행렬임은 명백하다. 그러므로 6.5.4절의 결과로부터 계수는 $(\boldsymbol{A}'\boldsymbol{A}) \otimes (\boldsymbol{B}'\boldsymbol{B})$의 영이 아닌 고유치의 개수와 같고 고유치들은 실수이다. 만약 τ_i가 $\boldsymbol{A}'\boldsymbol{A}$의 i번째 고유치이고 κ_j가 $\boldsymbol{B}'\boldsymbol{B}$의 j번째 고유치라면 정리 6.7에 의해 $\tau_i\kappa_j$는 $(\boldsymbol{A}'\boldsymbol{A}) \otimes (\boldsymbol{B}'\boldsymbol{B})$의 고유치가 되고, 이것이 0이 아닐 필요충분조건은 τ_i와 κ_j가 모두 0이 아니다. 따라서 $(\boldsymbol{A}'\boldsymbol{A}) \times (\boldsymbol{B}'\boldsymbol{B})$의 0이 아닌 고유치의 개수는 $\boldsymbol{A}'\boldsymbol{A}$의 0이 아닌 고유치의 개수(이는 $\boldsymbol{A}'\boldsymbol{A}$의 계수와 같음. 4.15절 (xii) 참조)와 $\boldsymbol{B}'\boldsymbol{B}$의 0이 아닌 고유치의 개수(이는 $\boldsymbol{B}'\boldsymbol{B}$의 계수와 같음. 4.15절 (xii) 참조)의 곱이다. 그러므로 다음과 같은 결론을 얻는다.

$$r(\boldsymbol{A} \otimes \boldsymbol{B}) = r(\boldsymbol{A})r(\boldsymbol{B}).$$

따름정리 6.3은 4.15절의 (xv)가 성립함을 보여 준다. ■

정리 6.11 $\boldsymbol{A}$와 $\boldsymbol{B}$를 각각 차수 $m \times m$과 $n \times n$을 갖는 행렬이라고 하자. 그리고 λ과 $\boldsymbol{x}$가 $\boldsymbol{A}$의 고유치와 그에 대응하는 고유벡터를, 그리고 μ와 $\boldsymbol{y}$가 $\boldsymbol{B}$의 고유치와 그에 대응하는 고유벡터를 나타낸다고 하자. 그러면 $\lambda \oplus \mu$는 $\boldsymbol{A} \oplus \boldsymbol{B}$의 고유치가 되고 $\boldsymbol{x} \oplus \boldsymbol{y}$는 대응하는 고유벡터이다.

증명

$$\begin{aligned}(\boldsymbol{A} \oplus \boldsymbol{B})(\boldsymbol{x} \oplus \boldsymbol{y}) &= (\boldsymbol{A}\boldsymbol{x}) \oplus (\boldsymbol{B}\boldsymbol{y}) \\ &= (\lambda\boldsymbol{x}) \oplus (\mu\boldsymbol{y}) \\ &= (\boldsymbol{x} \oplus \boldsymbol{y})(\lambda \oplus \mu).\end{aligned}$$

이로부터 λ와 μ는 $\boldsymbol{A} \oplus \boldsymbol{B}$의 고유치이고 대응하는 고유벡터는 각각 $[\boldsymbol{x}'0']'$, $[0'\boldsymbol{y}']'$이다. 그러므로 만약 $\lambda_1, \lambda_2, \ldots, \lambda_m$이 $\boldsymbol{A}$의 고유치이고 $\mu_1, \mu_2, \ldots, \mu_n$이 $\boldsymbol{B}$의 고유치라면 $\lambda_1, \lambda_2, \ldots, \lambda_m; \mu_1, \mu_2, \ldots, \mu_n$가 $\boldsymbol{A} \oplus \boldsymbol{B}$의 고유치가 됨을 알 수 있다. ■

이 정리로부터 $tr(\boldsymbol{A} \oplus \boldsymbol{B}) = tr(\boldsymbol{A}) + tr(\boldsymbol{B})$임을 쉽게 알 수 있다.

6.8 *AB*와 *BA*의 0이 아닌 고유치

다음의 정리는 $\boldsymbol{AB}$의 0이 아닌 고유치와 $\boldsymbol{BA}$의 0이 아닌 고유치 사이의 관계를 보여 준다. 나중에 다시 언급되지만 이 정리는 응용통계와 관련하여 매우 유용하다.

정리 6.12 $\boldsymbol{A}$와 $\boldsymbol{B}$를 각각 차수 $m \times n$과 $n \times m$ $(n \geq m)$을 갖는 행렬이라고 하면 다음이 성립한다.

(a) $|\boldsymbol{BA} - \lambda\boldsymbol{I}_n| = (-\lambda)^{n-m}|\boldsymbol{AB} - \lambda\boldsymbol{I}_m|$.

(b) $\boldsymbol{BA}$의 0이 아닌 고유치들은 $\boldsymbol{AB}$의 0이 아닌 고유치들과 같다. 뿐만 아니라 $\boldsymbol{BA}$의 0 아닌 고유치 각각에 대한 중복도는 $\boldsymbol{AB}$에서의 그것에 해당하는 중복도와 같다.

(c) 만약 $m = n$이면 $\boldsymbol{BA}$의 고유치들은(0이 아닌 경우가 아니더라도) $\boldsymbol{AB}$의 고유치들과 같다.

증명

(a) 다음에 주어진 분할행렬 $\boldsymbol{L}$의 행렬식을 고려하자.

$$|\boldsymbol{L}| = \begin{vmatrix} \boldsymbol{I}_m & (1/\lambda)\boldsymbol{A} \\ \boldsymbol{B} & \boldsymbol{I}_n \end{vmatrix}, \ \lambda \neq 0. \tag{6.47}$$

4.12절의 성질 (g)를 이용하면 $\boldsymbol{L}$의 행렬식은 다음과 같다.

$$|\boldsymbol{L}| = |\boldsymbol{I}_n - \boldsymbol{B}(1/\lambda)\boldsymbol{A}|, \ \text{왜냐하면} \ \boldsymbol{A}_{11} = \boldsymbol{I}_m, \ \lambda \neq 0,$$
$$|\boldsymbol{L}| = |\boldsymbol{I}_m - (1/\lambda)\boldsymbol{AB}|, \ \text{왜냐하면} \ \boldsymbol{A}_{22} = \boldsymbol{I}_n, \ \lambda \neq 0.$$

따라서 다음을 얻는다.

$$|\boldsymbol{I}_n - \boldsymbol{B}(1/\lambda)\boldsymbol{A}| = |\boldsymbol{I}_m - (1/\lambda)\boldsymbol{AB}|, \ \lambda \neq 0.$$

그러므로

$$\lambda^{-n}|\lambda\boldsymbol{I}_n - \boldsymbol{BA}| = \lambda^{-m}|\lambda\boldsymbol{I}_m - \boldsymbol{AB}|, \ \lambda \neq 0.$$

위 식은 다시 다음과 같이 쓸 수 있다.

$$|\boldsymbol{BA} - \lambda\boldsymbol{I}_n| = (-\lambda)^{n-m}|\boldsymbol{AB} - \lambda\boldsymbol{I}_m|, \ \lambda \neq 0. \tag{6.48}$$

(b) 식 (6.48)을 이용하면 $\boldsymbol{BA}$의 0이 아닌 고유치들은 $\boldsymbol{AB}$의 0이 아닌 고유치들과 같다. 뿐만 아니라, 위 식으로부터 $\boldsymbol{BA}$의 0이 아닌 고유치 각각에 대한 중복도는 $\boldsymbol{AB}$에서의 그것에 해당하는 중복도와 같음을 알 수 있다.

(c) (a)의 결과로부터 자명하다. ■

참고문헌

Banerjee, S. and Roy, A. (2014). *Linear Algebra and Matrix Analysis for Statistics*. CRC Press, Boca Raton, FL.

Harville, D. A. (1997). *Matrix Algebra From a Statistician's Perspective*. Springer, New York.

연습문제

6.1 다음의 각 행렬에 대해서 고유치와 고유벡터를 모두 구하고, 고유벡터로 행렬 $\boldsymbol{P}$를 구성하여 $\mathbf{P}'\mathbf{AP} = \boldsymbol{\Lambda}$가 만족하는 것을 보여라(여기서 $\boldsymbol{\Lambda}$는 고유치로 이루어진 대각행렬이다).

$$\mathbf{B} = \begin{bmatrix} 4 & -2 & 0 \\ -2 & 3 & -2 \\ 0 & -2 & 2 \end{bmatrix} \mathbf{C} = \begin{bmatrix} 1 & 2 & 1 \\ 2 & 1 & -4 \\ 1 & -4 & 1 \end{bmatrix}$$

$$\mathbf{E} = \begin{bmatrix} -1 & -2 & 1 \\ -2 & 2 & -2 \\ 1 & -2 & -1 \end{bmatrix} \mathbf{F} = \begin{bmatrix} -9 & 2 & 6 \\ 2 & -9 & 6 \\ 6 & 6 & 7 \end{bmatrix}$$

6.2 $\mathbf{B} = \mathbf{A}^2 + \mathbf{A}$이고 λ가 $\mathbf{A}$의 고유치이면 $\lambda^2 + \lambda$는 $\mathbf{B}$의 고유치임을 보이시오.

6.3 λ_1, λ_2가 행렬 $\begin{bmatrix} a & b \\ c & d \end{bmatrix}$의 고유치일 때, 대응하는 고유벡터가

$$\begin{bmatrix} -b \\ a - \lambda_1 \end{bmatrix} \text{ 그리고 } \begin{bmatrix} -b \\ a - \lambda_2 \end{bmatrix}$$

와 같은 형태로 표현됨을 보이시오. 그리고 $a = d$일 때, $2a = \lambda_1 + \lambda_2$임을 보이시오.

6.4 다음 행렬

$$\mathbf{A} = \begin{bmatrix} a & b & b \\ b & a & b \\ b & b & a \end{bmatrix}$$

의 고유방정식을 고유치 $\lambda = a - b$에 대해 인수화하시오.

6.5 (a) $n \times 1$차 벡터 $\boldsymbol{x}$에 대해서 $\mathbf{I} - \boldsymbol{xx}'$의 고유치를 구하시오.

(b) $\mathbf{I} - \boldsymbol{xx}'$의 직교하는 고유벡터들을 구하시오.

(c) $\boldsymbol{\Lambda}$를 $\boldsymbol{I} - \boldsymbol{xx}'$의 고유치로 이루어진 대각행렬이라고 하고 $\boldsymbol{P}$를 대응하는 고유벡터들로 이루어진 직교행렬이라고 하자. 이러한 행렬들을 구하고 $\boldsymbol{I} - \boldsymbol{xx}' = \boldsymbol{P\Lambda P}'$임을 확인하시오.

6.6 고유방정식을 이용하여 λ가 $\boldsymbol{A}$의 고유치일 때 $1/(1 + \lambda)$가 $(\mathbf{I} + \mathbf{A})^{-1}$의 고유치임을 보이시오.

6.7 $\mathbf{A}$의 고유치가 모두 양수일 때 $\mathbf{A} + \mathbf{A}^{-1}$의 고유치는 모두 2보다 크거나 같음을 증명하시오.

6.8 λ_i들을 고유치로 갖는 $n \times n$차 대칭행렬 $\mathbf{A}$에 대해서 다음을 증명하시오.

$$\sum_{i=1}^{n} \sum_{j=1}^{n} a_{ij}^2 = \sum_{k=1}^{n} \lambda_k^2.$$

6.9 λ가 직교행렬의 고유치이면 $1/\lambda$도 고유치가 됨을 증명하시오.

6.10 $\boldsymbol{A}$가 멱등행렬인 경우에, $\boldsymbol{BA}$의 고유치들은 $\boldsymbol{ABA}$의 고유치들과 같음을 증명하시오.

6.11 $\boldsymbol{T}$와 $\boldsymbol{K}$가 행렬의 곱셈에 대해 교환된다고 가정하자. 즉 $\boldsymbol{TK} = \boldsymbol{KT}$이다. $\boldsymbol{x}$가 $\boldsymbol{T}$의 고유벡터라면 $\boldsymbol{Kx}$도 고유벡터가 됨을 보이시오.

6.12 행렬 $\mathbf{V}$에 대한 $\mathbf{A}$의 고유벡터는 λ의 방정식 $|\mathbf{A}-\lambda\mathbf{V}|=0$의 해로 정의되고, $\mathbf{At}=\lambda\mathbf{Vt}$를 만족하는 $\mathbf{t}$를 λ에 대응하는 $\mathbf{V}$에 대한 $\mathbf{A}$의 고유벡터라고 한다. 만약 $\mathbf{A}$가 대칭인 양정치행렬이라고 했을 때 다음을 보이시오.

(a) λ는 $\mathbf{V}^{-\frac{1}{2}}\mathbf{A}\mathbf{V}^{-\frac{1}{2}}$의 고유치이다.

(b) $\mathbf{V}^{-\frac{1}{2}}\mathbf{A}\mathbf{V}^{-\frac{1}{2}}$의 고유벡터와 관련해서 $\mathbf{t}$를 구하시오.

6.13 멱등행렬 $\mathbf{A}$에 대해서 다음이 성립함을 증명하시오.

(a) $\mathbf{A}^k$의 고유치는 $\mathbf{A}$의 고유치와 같다.

(b) $\mathbf{A}^k$의 계수는 $r_\mathbf{A}$이다.

(c) $\mathbf{A}$의 차수가 $n \times n$일 때 $r(\mathbf{I}-\mathbf{A}) = n - r_\mathbf{A}$이다.

6.14 Q, R, Y는 $n \times n$차 행렬이고 $Q = RR'$이다. 이때 YQ의 고유치는 $R'YR$의 고유치가 됨을 보이시오.

6.15 J가 모든 원소가 1인 $r \times r$차 행렬일 때, $a\mathbf{I} + b\mathbf{J}$의 고유치를 구하시오. 그리고 대응하는 고유벡터를 구하시오.

6.16 A를 $n \times n$차 행렬 그리고 C를 같은 차수의 정칙행렬이라고 하자. 이 경우 A, $C^{-1}AC$, CAC^{-1} 모두가 같은 고유치의 집합을 갖는다는 것을 보이시오.

6.17 어떤 행렬의 모든 고유치가 0이라면 그 행렬은 영행렬이라는 것이 명백해 보인다.

(a) 실대칭행렬에 대하여 위의 명제를 증명하시오.

(b) 대칭이 아닌 행렬에 대해서는 위의 명제가 참이 아님을 실례(예를 들어 2×2 행렬)를 들어 보이시오.

6.18 A는 $n \times n$차 대칭행렬이다.

(a) λ_{min}과 λ_{max}가 각각 A의 가장 작은 고유치와 가장 큰 고유치를 나타낼 때, 모든 $\boldsymbol{x} \neq \mathbf{0}$에 대하여 다음이 성립함을 보이시오.

$$\lambda_{min} \leq \frac{\boldsymbol{x}'A\boldsymbol{x}}{\boldsymbol{x}'\boldsymbol{x}} \leq \lambda_{max}$$

(b) 언제 (a)의 하한과 상한을 얻는가?

참고: 비 $\boldsymbol{x}'A\boldsymbol{x}/\boldsymbol{x}'\boldsymbol{x}$를 라일라이의 몫(Rayleigh's quotient)이라고 부른다.

6.19 $A = \{a_{ij}\}$가 $n \times n$차 대칭행렬이고, λ_{min}과 λ_{max}가 각각 A의 가장 작은 고유치와 가장 큰 고유치를 나타낸다고 할 때 다음을 보이시오.

$$\lambda_{min} \leq \frac{1}{n}\sum_{ij} a_{ij} \leq \lambda_{max}.$$

6.20 A가 $n \times n$차 대칭행렬일 때, A가 다음의 형태로 표현될 수 있음을 보이시오.

$$A = \sum_{i=1}^{n} \lambda_i A_i,$$

여기서 $A_1, A_2, \ldots, A_n$은 계수 1을 갖는 멱등행렬이고, $A_i A_j = 0,\ i \neq j$이고 $\lambda_i (i = 1, 2, \ldots, n)$는 A의 i번째 고유치이다.

6.21 A와 B가 $n \times n$차 대칭행렬이고, 또한 A는 비음정치행렬이라고 하자. 다음을 보이시오.

$$e_{min}(B)tr(A) \leq tr(AB) \leq e_{max}(B)tr(A),$$

여기서 e_{min}과 e_{max}는 각각 A의 가장 작은 고유치와 가장 큰 고유치를 나타낸다.

6.22 $A = \{a_{ij}\}$는 $n \times n$차 대칭행렬이다. 다음을 보이시오.

$$e_{min} \leq a_{ii} \leq e_{max},\ \ i = 1, 2, \ldots, n.$$

6.23 A와 B가 같은 차수의 대칭행렬이고 B가 양정치행렬일 때 θ에 대한 방정식 $|A - \theta B| = 0$의 해는 실수임을 증명하시오.

6.24 A를 $n \times n$차 양반정치행렬이라고 할 때, 다음을 보이시오.

$$tr(A^2) \leq e_{max}(A)tr(A).$$

6.25 A와 B가 각각 차수 $n \times n$ 그리고 $m \times m$을 갖는 대칭행렬이라고 하자. 이때 A와 B의 크로네커 합(Kronecker sum)은 다음과 같이 정의된다.

$$A \uplus B = A \otimes I_m + I_n \otimes B.$$

x와 y를 각각 A와 B의 고유치 λ와 μ에 대응되는 고유벡터라고 했을 때, $\lambda + \mu$가 $A \uplus B$의 고유치이고 $x \otimes y$가 대응되는 고유벡터임을 보이시오.

6.26 A와 B가 다음과 같이 주어질 때 $A \uplus B$의 고유치와 대응되는 고유벡터를 구하시오.

$$A = \begin{bmatrix} 4 & -2 \\ 5 & -3 \end{bmatrix},\ B = \begin{bmatrix} 2 & -1 \\ 2 & 5 \end{bmatrix}.$$

6.27 계수 r을 갖는 $n \times n$차 행렬 A의 최대계수인수분해가 BC라고 할 때, A의 고유방정식이 $(-\lambda)^{n-r}|CB - \lambda I_r|$과 같음을 보이시오.

6.28 A를 $n \times n$차 행렬이라고 하자. A와 A'의 고유치들의 집합이 서로 같음을 보이시오.

6.29 왜대칭행렬(5.16절 참조)의 고유치는 0이거나 허수임을 보이시오.

7장 행렬의 대각화

고유치와 고유벡터에 관한 내용들은 이 책에서 다루지 않는 부분에 대한 응용과 이론으로의 확장에도 중요한 토대가 된다. 이 장에서는 이에 관한 몇 가지를 다루는데, 그 중 첫 번째는 대각성정리(diagonability theorem)이다. 여기에서는 이에 대한 증명과 더불어 모든 대칭행렬은 대각화할 수 있다는 것에 대한 증명을 제공한다. 두 번째는 대칭행렬들의 동시대각화에 대한 유용한 결과들, 셋째는 케일리-해밀턴(Cayley-Hamilton) 정리이며, 마지막은 매우 유용하고 중요한 행렬의 특이값분해(singular value decomposition)이다.

표기. 다음 대부분의 표기는 6장에 나오지만, 여기서 논의의 편리성을 위해 다시 정리한다.

A는 차수가 $n \times n$이고, 계수는 $r_{\mathbf{A}} = r$인 정방행렬이다.
s = 서로 다른 고유치의 개수.
m_k = 고유치 λ_k의 중복도, 그리고 $\sum_{k=1}^{s} m_k = n$.
$z_{\mathbf{A}}$ = **A**의 0인 고유치의 개수(중복도).
$\boldsymbol{D}$ = 모든 n개의 고유치로 이루어진 대각행렬.
$\boldsymbol{U}$ = 식 $\boldsymbol{AU} = \boldsymbol{UD}$에 사용되는 고유벡터의 행렬.
$\boldsymbol{B} = \boldsymbol{A} - \lambda \boldsymbol{I}$, 여기서 λ는 $\boldsymbol{A}$의 고유치.

7.1 대각성정리에 대한 증명

7.1.1 영이 아닌 고유치의 개수는 계수보다 클 수 없다

6.5.4절, 식 (6.39)에서 대칭행렬의 계수는 영이 아닌 고유치의 개수와 같다는 것을 보였다. 즉 $r_{\mathbf{A}} = n - z_{\mathbf{A}}$. 그리고 이러한 사실은 모든 대각행렬 **A**에 대해서도 성립함을 언급하였다. 이것은 어떠한 정방행렬에 대해서도 적용 가능한 다음 보조정리의 한 부분이다.

보조정리 7.1 계수가 $r_{\mathbf{A}}$이고, 0인 고유치의 개수가 $z_{\mathbf{A}}$인 행렬 $\mathbf{A}_{n\times n}$에 대해 다음 식이 성립한다.

$$r_{\mathbf{A}} \geq n - z_{\mathbf{A}}; \tag{7.1}$$

즉, 영이 아닌 고유치의 개수는 계수보다 클 수 없다.

증명 $r_{\mathbf{A}} = r$이라고 놓자. 그러면, $\mathbf{A}$의 최대계수 인수분해가 $\mathbf{XY}$일 때, 고유방정식은 다음과 같다(연습문제 6.27).

$$(-\lambda)^{n-r}\,|\mathbf{YX} - \lambda\mathbf{I}| = 0. \tag{7.2}$$

그러므로, $\lambda = 0$은 $n - r$번의 근이다. 그런데 행렬 $\mathbf{YX}$가 0인 고유치를 가질 수 있다는 가능성으로부터 $\lambda = 0$은 $n - r$번 이상의 $\mathbf{A}$의 고유치가 된다. 그러므로 $z_{\mathbf{A}} \geq n - r_{\mathbf{A}}$이다. ■

예제 7.1 행렬

$$\mathbf{A} = \begin{bmatrix} -1 & 1 & 2 \\ 2 & 2 & 0 \\ 0 & 4 & 4 \end{bmatrix} \tag{7.3}$$

는 계수가 2이다(3열 = 2배의 1열 + 2열). 그리고 $\mathbf{A}$의 고유방정식은 $\lambda^2(\lambda - 5) = 0$이므로, $r_{\mathbf{A}} = 2 > n - z_{\mathbf{A}} = 3 - 2 = 1$. 따라서 식 (7.1)이 성립한다.

7.1.2 $r(\mathbf{A} - \lambda_k\mathbf{I})$에 대한 하계

중복도가 m_k인 모든 고유치 λ_k에 대해 $r(\mathbf{A} - \lambda_k\mathbf{I}) = n - m_k$인 경우에 한해서 행렬 $\mathbf{A}$는 대각화할 수 있다. 6.4절의 예제 6.10에서는 이 조건이 만족되지 않는다. 다음 보조정리는 $r(\mathbf{A} - \lambda_k\mathbf{I}) \geq n - m_k$임을 보여 준다. 즉, $r(\mathbf{A} - \lambda_k\mathbf{I})$가 $n - m_k$와 같지 않다면, 이것은 항상 $n - m_k$를 초과한다.

보조정리 7.2 λ_k가 중복도 m_k를 갖는 $\mathbf{A}_{n\times n}$의 고유치라고 하면, 다음이 성립한다.

$$r(\mathbf{A} - \lambda_k\mathbf{I}) \geq n - m_k. \tag{7.4}$$

증명 $\mathbf{B} = \mathbf{A} - \lambda_k\mathbf{I}$ 그리고 $p_k = n - r_{\mathbf{B}}$라고 하자. 보조정리 7.1로부터

$$z_{\mathbf{B}} \geq p_k. \tag{7.5}$$

θ를 $\mathbf{B}$의 고유치라고 하면, $\theta + \lambda_k$는 $\mathbf{A} = \mathbf{B} + \lambda_k\mathbf{I}$의 고유치가 된다. 식 (7.5)로부터 고유치 $\theta = 0$의 중복도는 p_k보다 크거나 같다. 따라서 $0 + \lambda_k = \lambda_k$는 그것의 중복도 역시 p_k보다 크거나 같은 $\mathbf{A}$의 고유치가 된다. 즉, $m_k \geq p_k$이다. 이로부터 $r_{\mathbf{B}} = r(\mathbf{A} - \lambda_k\mathbf{I}) = n - p_k \geq n - m_k$이므로 식 (7.4)를 얻을 수 있다. ■

따름정리 7.1 단일근 λ_k에 대해 $r(\mathbf{A} - \lambda_k\mathbf{I}) = n - 1$이다.

증명 보조정리 7.2로부터 $r(\mathbf{A} - \lambda_k\mathbf{I}) \geq n - 1$이다. 그런데 $|\mathbf{A} - \lambda_k\mathbf{I}| = 0$이므로 $r(\mathbf{A} - \lambda_k\mathbf{I}) < n$이다. 따라서 $r(\mathbf{A} - \lambda_k\mathbf{I}) = n - 1 = n - m_k$이다. ■

7.1.3 대각성정리의 증명

정리를 다시 써보면 다음과 같다.

정리 7.1 중복도가 m_k인 고유치 λ_k(단, $k = 1, 2, \ldots, s$이고 $\Sigma_{k=1}^{s} m_k = n$)들을 가지는 $\mathbf{A}_{n\times n}$이 n개의 선형독립인 고유벡터를 가질 필요충분조건은 모든 $k = 1, 2, \ldots, s$에 대해 $r(\mathbf{A} - \lambda_k\mathbf{I}) = n - m_k$이다. 이러한 경우에 $\mathbf{AU} = \mathbf{UD}$에서의 $\mathbf{U}$는 정칙이고 $\boldsymbol{A}$는 $\mathbf{U}^{-1}\mathbf{AU} = \mathbf{D}$와 같이 대각화가 가능하다.

증명 (락토(B. L. Raktoe)의 증명을 참조하였음) 충분조건: 만일 $r(\mathbf{A} - \lambda_k\mathbf{I}) = n - m_k$이면 $\mathbf{U}$는 정칙이다.

$r(\boldsymbol{A} - \lambda_k\mathbf{I}) = n - m_k$이면 방정식 $(\mathbf{A} - \lambda_k\mathbf{I})\boldsymbol{x} = \mathbf{0}$은 정확히 $n - (n - m_k) = m_k$개의 선형독립인 0이 아닌 해를 가진다. 정의에 의해 이 해들은 $\mathbf{A}$의 고유벡터이다. 따라서 각 λ_k에 대응하여 m_k개의 선형독립인 고유벡터로 구성된 집합이 존재한다.

이 집합들이 서로 독립임을 보이기 위하여 그렇지 않다고 가정하고, 두 번째 집합의 벡터들 중 한 벡터 $\mathbf{y}_2$가 첫 번째 집합의 벡터 $\mathbf{z}_1, \mathbf{z}_2, \ldots, \mathbf{z}_{m_1}$의 선형결합이라고 하자. 즉, 0이 아닌 스칼라 c_i에 대해 $\mathbf{y}_2 = \Sigma_{i=1}^{m_1} c_i\mathbf{z}_i$와 같이 표현된다고 하자. 이때 양변에 $\mathbf{A}$를 곱하면, $\mathbf{Ay}_2 = \Sigma c_i\mathbf{Az}_i$가 된다. 또한 $\mathbf{y}_2$와 $\mathbf{z}$들은 서로 다른 고유치 λ_2과 λ_1에 대응하는 고유벡터이므로 $\lambda_2\mathbf{y}_2 = \Sigma c_i\lambda_1\mathbf{z}_i = \lambda_1\Sigma c_i\mathbf{z}_i = \lambda_1\mathbf{y}_2$이나. 그런데 $\lambda_2 \neq \lambda_1$이므로 이것은 성립할 수 없다. 그러므로 가정은 잘못되었으며, $k = 1, 2, \ldots, s$에 대해 m_k개의 고유벡터들을 갖는 모든 s개의 집합은 선형독립이다. 즉, $\boldsymbol{U}$는 정칙이다.

필요조건: 만일 $\mathbf{U}^{-1}\mathbf{AU} = \mathbf{D}$가 성립한다면, $r(\mathbf{A} - \lambda_k\mathbf{I}) = n - m_k$이다.

$\mathbf{D}$가 n개의 고유치로 이루어진 대각행렬이므로 $(\mathbf{D} - \lambda_k\mathbf{I})$는 정확히 m_k개의 영인 대각원소들을 갖는다. 따라서 $r(\mathbf{D} - \lambda_k\mathbf{I}) = n - m_k$이다. 그런데 $\mathbf{U}^{-1}\mathbf{AU} = \mathbf{D}$이므로 $\mathbf{A} = \mathbf{UDU}^{-1}$이고 $(\mathbf{A} - \lambda_k\mathbf{I}) = (\mathbf{UDU}^{-1} - \lambda_k\mathbf{I}) = \mathbf{U}(\mathbf{D} - \lambda_k\mathbf{I})\mathbf{U}^{-1}$이다. 여기서 정칙행렬과의 곱은 계수에 영향을 미치지 않으므로 $r(\mathbf{A} - \lambda_k\mathbf{I}) = r(\mathbf{D} - \lambda_k\mathbf{I}) = n - m_k$이다. ■

7.1.4 모든 대칭행렬은 대각화할 수 있다

다음 보조정리에서와 같이 대칭행렬은 대각화가 가능하다. 왜냐하면, 대각성정리의 $r(\mathbf{A} - \lambda_k\mathbf{I}) = n - m_k$라는 조건은 $\mathbf{A} = \mathbf{A}'$의 모든 고유치에 대해서 만족되기 때문이다.

보조정리 7.3 만일 λ_k가 중복도가 m_k인 $\mathbf{A} = \mathbf{A}'$의 고유치라면, $r(\mathbf{A} - \lambda_k\mathbf{I}) = n - m_k$이다.

증명 $\mathbf{B} = \mathbf{A} - \lambda_k\mathbf{I}$라고 하자. $\mathbf{A}$가 대칭이고, λ_k가 실수이므로 $\mathbf{B}$는 원소가 실수인 대칭행렬이다. $r_{\mathbf{B}} = r_{\mathbf{B}'\mathbf{B}}$을 이용하여 $r_{\mathbf{B}} = r_{\mathbf{B}^2} = n - p = t$라고 하자. 그러면(4.15절의 (iv) 참조) 적어도 $\mathbf{B}$안에 차수가 t인 정칙부분행렬이 존재하며, 따라서 $\mathbf{B}^2 = \mathbf{B}'\mathbf{B}$ 안의 대응되는 주소행렬식(principal minor)

은 0이 아니다. 그런데 $\mathbf{B}'\mathbf{B}$는 양반정치이므로 모든 주소행렬식은 0보다 크거나 같고 따라서 그 주소행렬식은 양수이다(5절의 연습문제 5.23 참조). 그러므로 차의 주소행렬식의 합 $\text{tr}_t(\mathbf{B}^2) \neq 0$이다. 또한, $r_{\mathbf{B}^2} = t$이므로 차수가 t보다 큰 모든 소행렬식은 0이다. 즉, 모든 $i > t$에 대해서 $\text{tr}_i(\mathbf{B}^2) = 0$이다. 따라서 $\mathbf{B}^2$의 고유방정식은 다음과 같다.

$$(-\lambda)^n + (-\lambda)^{n-t}\,\text{tr}_1(\mathbf{B}^2) + \cdots + (-\lambda)^{n-t}\,\text{tr}_t\left(\mathbf{B}^2\right) = 0.$$

이 방정식의 마지막 항이 0이 아니므로 $\lambda = 0$은 중복도가 $n - t$인 근이 된다. 그러므로 $z_{\mathbf{B}^2} = n - t = p$이고 $z_{\mathbf{B}} = p$이다. 그런데 θ가 $\mathbf{B}$의 고유치이면 $\theta + \lambda_k$가 $\mathbf{A} = \mathbf{B} + \lambda_k\mathbf{I}$의 고유치가 되므로, $0 + \lambda_k$는 중복도 p를 갖는 $\mathbf{A}$의 고유치가 된다. 이로부터 $p = m_k$이다. 따라서 $r_{\mathbf{B}} = r(\mathbf{A} - \lambda_k\mathbf{I}) = n - p = n - m_k$이다.

이 보조정리는 대칭행렬의 대각성을 보장한다. 즉 $\mathbf{A} = \mathbf{A}'$이면, 정칙인 $\mathbf{U}$가 존재하여 $\mathbf{AU} = \mathbf{UD}$이고, 따라서 $\mathbf{U}^{-1}\mathbf{AU} = \mathbf{D}$이다. 그리고 6.5.3절에서 보였듯이, $\mathbf{A}$가 대칭행렬이라는 사실로부터 직교행렬 U가 존재해서 $\mathbf{U}'\mathbf{AU} = \mathbf{D}$와 $\mathbf{A} = \mathbf{UDU}'$가 성립한다. $r(\mathbf{A} - \lambda_k\mathbf{I}) = n - m_k$는 대각성과 동치조건이고, 또 이 사실에서 $(\mathbf{A} - \lambda_k\mathbf{I})\mathbf{u} = \mathbf{0}$은 $n - (n - m_k) = m_k$개의 선형독립인 해를 갖는다. 즉 λ_k에 대응하는 선형독립인 고유벡터의 개수는 그것의 승수와 같다. ■

7.2 대칭행렬에 대한 여러 가지 결과들

6.5절에서는 정리 6.2에 의하여 얻어지는 매우 유용한 행렬의 분해를, 그리고 6.6.1절에서는 양정치(양반정치)인 대칭행렬의 고유치에 대한 성질들을 볼 수 있었다. 여기서는 대칭행렬과 관련한 다른 여러 가지 흥미로운 결과들을 소개한다.

7.2.1 비음정치행렬

비음정치행렬의 정의는 5.7절에 주어져 있다. 정의가 이차형식으로부터 주어지므로, 비음정치 행렬은 보통 대칭행렬로 간주되며, 다음과 같은 성질을 가지고 있다.

(i) 모든 고유치는 실수이다(6.5.1절).
(ii) 모두 대각화가 가능하다(6.5.2절).
(iii) 계수는 0이 아닌 고유치의 개수와 같다(6.5.4절).

위의 성질들에 의해 다음과 같은 결과를 차례로 유도할 수 있다.

정리 7.2 대칭행렬의 모든 고유치가 음수가 아니기 위한 필요충분조건은 행렬이 비음정치이다.

증명 (베리(J. C. Berry)의 증명 참조) $\mathbf{A} = \mathbf{A}'$이고 $\mathbf{A}$의 원소가 모두 실수라고 하자, 그러면, 직교인 $\boldsymbol{U}$와 $\boldsymbol{D} = \text{diag}(\lambda_1, \ldots, \lambda_n)$에 대해 $\mathbf{A} = \boldsymbol{UDU}'$이다. 여기서 $\lambda_i (i = 1, \ldots, n)$는 $\mathbf{A}$의 고유치이다. 따라서 $\boldsymbol{y} = \boldsymbol{U}'\boldsymbol{x}$에 대해 $\boldsymbol{x}'\boldsymbol{Ax} = \boldsymbol{x}'\boldsymbol{UDU}'\boldsymbol{x} = \boldsymbol{y}'\boldsymbol{Dy}$이므로 $\mathbf{A}$가 비음정치이기 위한 필요충분조건은

$\boldsymbol{D}$가 비음정치이다. 그런데 $\boldsymbol{D}$는 대각행렬이므로 $\boldsymbol{D}$가 비음정치이기 위한 필요충분조건은 $i = 1, \ldots, n$에 대해 $\lambda_i \geq 0$이다. ■

7.2.2 두 개의 대칭행렬의 동시대각화

두 개의 대칭행렬을 동시에 대각화할 수 있는 행렬 **P**를 찾을 수 있는 경우로는 적어도 다음의 세 가지 경우가 있다(당연히 같은 차수의 행렬이어야 한다).

(i) **A**와 **B**는 대칭이고 $\mathbf{AB} = \mathbf{BA}$가 성립할 때, 적당한 직교행렬 **P**가 존재하여 $\mathbf{P'AP} = \mathbf{D}$이고 $\mathbf{P'BP} = \boldsymbol{\Delta}$이다. 여기서 **D**는 **A**의 고유치로 된 대각행렬이고, $\boldsymbol{\Delta}$는 또 다른 대각행렬이다.

(ii) **A**가 양정치인 대칭행렬일 때, 정칙이지만 직교일 필요는 없는 **P**가 존재하여 $\mathbf{P'AP} = \mathbf{I}$이고 $\mathbf{P'BP} = \mathbf{D}$이다. 여기서 **D**는 λ에 대한 방정식 $|\mathbf{B} - \lambda\mathbf{A}| = 0$의 해로 구성된 대각행렬이다. $|\mathbf{B} - \lambda\mathbf{A}| = 0$은 A에 대한 B의 고유방정식으로 불린다.

(iii) **A**와 **B**가 모두 비음정치일 때, $\mathbf{P'AP}$와 $\mathbf{P'BP}$가 모두 대각행렬이 되게 하는 정칙행렬 **P**가 존재한다.

이 경우들에 대한 정리와 증명이 다음에 주어진다.

정리 7.3 같은 차수의 대칭행렬인 두 행렬 **A**와 **B**에 대해, 직교행렬인 **P**가 존재하여 $\mathbf{P'AP}$와 $\mathbf{P'BP}$가 모두 대각행렬일 필요충분조건은 $\mathbf{AB} = \mathbf{BA}$이다.

증명 (그레이빌(Graybill, 1969, Theorem 12.2.12)의 증명 참조) 충분조건: 만일 $\mathbf{AB} = \mathbf{BA}$이면, 직교행렬 **P**가 존재한다.
A가 대칭이므로 적당한 **R**이 존재하여

$$\mathbf{R'AR} = \mathbf{D} = \text{diag}\{\lambda_i \boldsymbol{I}_{m_i}\} \tag{7.6}$$

여기서 **R**은 직교이며, λ_i는 승수 m_i의 s개의 서로 다른 **A**의 고유치 중 하나이다. 이제

$$\mathbf{R'BR} = \mathbf{C} = \mathbf{C'} = \{\boldsymbol{C}_{ij}\} \tag{7.7}$$

와 같이 놓자. 여기서 **C**는 **D**에 상응되게 분할된 행렬이다.

A와 **B**의 대칭성, **R**의 직교성, 그리고 $\mathbf{AB} = \mathbf{BA}$를 이용하면 $\mathbf{CD} = \mathbf{R'BRR'AR} = \mathbf{R'BAR} = \mathbf{R'ABR} = \mathbf{R'ARR'BR} = \mathbf{DC}$이다. 이로부터, 식 (7.6)의 **D**가 대각행렬이므로 $\lambda_j \boldsymbol{C}_{ij} = \lambda_i \boldsymbol{C}_{ij}$이고 $i \neq j$에 대해 $\lambda_i \neq \lambda_j$이다. 따라서 $i \neq j$에 대해 $\boldsymbol{C}_{ij} = \mathbf{0}$이다. 그러므로 식 (7.7)의 **C**는 블록대각행렬이다. 즉

$$\mathbf{C} = \text{diag}\{\boldsymbol{C}_{ii}\}. \tag{7.8}$$

C가 대칭행렬이므로 $\boldsymbol{C}_{ii}$도 대칭행렬이 된다. 따라서 다음과 같은 $\boldsymbol{Q}_i$가 존재한다.

$$\boldsymbol{Q}_i' \boldsymbol{C}_{ii} \boldsymbol{Q}_i = \Delta_i \text{는 대각행렬, 단 } \boldsymbol{Q}_i \text{는 직교행렬.} \tag{7.9}$$

이제 **Q**를

$$\mathbf{Q} = \text{diag}\{Q_i\} \tag{7.10}$$

와 같이 두면, **Q**는 직교행렬이고, $\mathbf{P} = \mathbf{RQ}$ 또한 직교행렬이다. 이로부터 식 (7.6)과 (7.10)을 이용하면, $\mathbf{P}'\mathbf{AP} = \mathbf{Q}'\mathbf{R}'\mathbf{ARQ} = \mathbf{Q}'\mathbf{DQ} = \text{diag}\{\lambda_i Q_i' Q_i\} = \text{diag}\{\lambda_i I_{m_i}\} = \mathbf{D}$이고, 식 (7.7)과 (7.9)를 이용하면 $\mathbf{P}'\mathbf{BP} = \mathbf{Q}'\mathbf{R}'\mathbf{BRQ} = \mathbf{Q}'\mathbf{CQ} = \text{diag}\{\Delta_i\} = \Delta$이다. 따라서 직교행렬 **P**에 대해 $\mathbf{P}'\mathbf{AP}$와 $\mathbf{P}'\mathbf{BP}$는 대각행렬이다.

필요조건: 만일 $\mathbf{P}'\mathbf{AP} = \mathbf{D}$와 $\mathbf{P}'\mathbf{BP} = \Delta$가 대각행렬이라면, $\mathbf{AB} = \mathbf{BA}$이다.

D와 Δ가 대각행렬이므로 $\mathbf{D}\Delta = \Delta\mathbf{D}$이고 따라서 $\mathbf{AB} = \mathbf{PP}'\mathbf{APP}'\mathbf{BPP}' = \mathbf{PD}\Delta\mathbf{P}' = \mathbf{P}\Delta\mathbf{DP}' = \mathbf{PP}'\mathbf{BPP}'\mathbf{APP}' = \mathbf{BA}$이다. ■

정리 7.4 같은 차수의 대칭행렬 **A**와 **B**에 대해, **A**가 양정치행렬이면, $\mathbf{P}'\mathbf{AP} = \mathbf{I}$이고 $\mathbf{P}'\mathbf{BP}$는 $|\mathbf{B} - \lambda\mathbf{A}| = 0$에 대한 λ의 해로 이루어진 대각행렬이 되게 하는 정칙행렬 **P**가 존재한다.

증명 A가 양정치행렬일 때, 적당한 M에 대해 A는 $A = MM'$로 표현할 수 있고(따름정리 6.2) 또한 $M^{-1}AM'^{-1} = I$이다. 그러므로 λ에 대한 방정식 $|M^{-1}BM'^{-1} - \lambda I| = 0$의 해 λ_i, $i = 1, \ldots, n$는 또한 방정식 $|M^{-1}||B - \lambda A||M'^{-1}| = 0$, 즉 $|\mathbf{B} - \lambda\mathbf{A}| = 0$의 해이다. 그런데 $M^{-1}BM'^{-1}$이 대칭행렬이므로 $Q'M^{-1}BM'^{-1}Q = \text{diag}(\lambda_1, \lambda_2, \ldots, \lambda_n)$을 만족하는 직교행렬 Q가 존재한다. 이제 $P = M'^{-1}Q$로 두면 $P'BP = \text{diag}(\lambda_1, \lambda_2, \ldots, \lambda_n)$이고 $P'AP = Q'M^{-1}AM'^{-1}Q = Q'Q = I$이다. ■

정리 7.5 같은 차수의 대칭행렬 **A**와 **B**가 모두 실행렬인 비음정치행렬일 때 $\mathbf{P}'\mathbf{AP}$와 $\mathbf{P}'\mathbf{BP}$가 모두 대각행렬인 정칙행렬 **P**가 존재한다.

증명 뉴콤(Newcombe, 1960)의 증명 참조

A와 **B**의 차수를 $n \times n$, 각각의 계수를 a와 b라고 하고, 일반성을 잃지 않고 $b \geq a$라고 두자. 그러면, **A**가 대칭이고 비음정치이므로 식 (6.42)에서와 같이 다음의 식을 만족하는 정칙행렬 **T**가 존재한다.

$$\mathbf{T}'\mathbf{AT} = \mathbf{D} = \begin{bmatrix} \mathbf{I}_a & \mathbf{0} \\ \mathbf{0} & \mathbf{0}_\gamma \end{bmatrix}, \tag{7.11}$$

여기서, $\gamma = n - a$, 첨자가 붙은 행렬은 정방행렬이고, 첨자는 차수를 나타낸다. $\mathbf{T}'\mathbf{BT}$를 다음과 같이 분할행렬로 나타내자.

$$\mathbf{T}'\mathbf{BT} = \begin{bmatrix} \mathbf{E}_a & \mathbf{F} \\ \mathbf{F}' & \mathbf{G}_\gamma \end{bmatrix}.$$

이 행렬은 계수가 b이고 비음정치행렬이다. 이제 $\mathbf{E}_a$의 계수를 $r \leq a \leq b$이라고 하자. $\mathbf{T}'\mathbf{BT}$의 마지막 γ개의 행과 열을 이용하여, $\mathbf{S}'$과 **S**로 표시되는 기본연산(3.4절 참조)을 수행하면, $\beta = b - r$와 $\delta = r - \beta$에 대해 $\mathbf{T}'\mathbf{BT}$를 다음과 같이 만들 수 있다.

$$\mathbf{S}'\mathbf{T}'\mathbf{BTS} = \begin{bmatrix} \mathbf{C}_a & \mathbf{0} & \mathbf{0} \\ \mathbf{0} & \mathbf{I}_\beta & \mathbf{0} \\ \mathbf{0} & \mathbf{0} & \mathbf{0}_\delta \end{bmatrix}, \tag{7.12}$$

여기서 $\mathbf{C}_a$는 계수 r을 가진다. 이 연산에는 $\mathbf{T}'\mathbf{BT}$의 처음 a개의 행(열)에 뒤의 나머지 γ개의 행(열)의 배를 더하는 것만 포함된다. 따라서 $\mathbf{S}$로 표시된 연산을 식 (7.11)의 $\mathbf{T}'\mathbf{AT}$에 수행하는 것은 식 (7.11)에 아무런 영향을 미치지 않는데, 이는 식 (7.11)의 γ개의 행과 열 모두 영이기 때문이다.

$$\mathbf{S}'\mathbf{T}'\mathbf{ATS} = \begin{bmatrix} \mathbf{I}_a & \mathbf{0} \\ \mathbf{0} & \mathbf{0}_\gamma \end{bmatrix}. \tag{7.13}$$

식 (7.12)의 $\mathbf{C}_a$는 계수 r인 대칭행렬이므로 다음 식을 만족하는 직교행렬 $\mathbf{Q}_a$가 존재한다.

$$\begin{aligned} \mathbf{Q}_a'\mathbf{C}_a\mathbf{Q}_a &= \mathbf{D}_a \\ &= \boldsymbol{D}\{\lambda_1, \ldots, \lambda_r, 0, \ldots, 0\} \end{aligned} \tag{7.14}$$

이제

$$\mathbf{R} = \begin{bmatrix} \mathbf{Q}_a & \mathbf{0} & \mathbf{0} \\ \mathbf{0} & \mathbf{I}_\beta & \mathbf{0} \\ \mathbf{0} & \mathbf{0} & \mathbf{I}_\delta \end{bmatrix} = \begin{bmatrix} \mathbf{Q}_a & \mathbf{0} \\ \mathbf{0} & \mathbf{I}_\gamma \end{bmatrix} \tag{7.15}$$

와 같이 정의하면, 식 (7.12), (7.15)로부터

$$\mathbf{R}'\mathbf{S}'\mathbf{T}'\mathbf{BTSR} = \begin{bmatrix} \mathbf{D}_a & \mathbf{0} & \mathbf{0} \\ \mathbf{0} & \mathbf{I}_\beta & \mathbf{0} \\ \mathbf{0} & \mathbf{0} & \mathbf{0}_\delta \end{bmatrix} = \Delta, \quad \text{대각행렬}$$

그리고 식 (7.13)과 (7.15)로부터

$$\mathbf{R}'\mathbf{S}'\mathbf{T}'\mathbf{ATSR} = \begin{bmatrix} \mathbf{Q}_a'\mathbf{Q}_a & \mathbf{0} \\ \mathbf{0} & \mathbf{0}_\gamma \end{bmatrix} = \begin{bmatrix} \mathbf{I}_a & \mathbf{0} \\ \mathbf{0} & \mathbf{0}_\gamma \end{bmatrix} = \mathbf{D}, \quad \text{대각행렬}$$

그러므로 $\mathbf{P} = \mathbf{TSR}$에 대해 $\mathbf{P}'\mathbf{AP} = \mathbf{D}$와 $\mathbf{P}'\mathbf{BP} = \Delta$를 얻으며, 두 행렬 모두 대각행렬이다. ■

정리 7.3은 여러 개의 대칭행렬에 대한 동시대각화로 확장될 수 있다. 다음은 이 확장에 대한 정리이고 이에 대한 증명은 정리 7.3의 증명과 비슷하다.

정리 7.6 $\boldsymbol{A}_1, \boldsymbol{A}_2, \ldots, \boldsymbol{A}_k$를 같은 차수의 대칭행렬이라고 하자. $\boldsymbol{PA}_1\boldsymbol{P}', \boldsymbol{PA}_2\boldsymbol{P}', \ldots, \boldsymbol{PA}_k\boldsymbol{P}'$가 모두 대각행렬이 되는 직교행렬 $\boldsymbol{P}$가 존재할 필요충분조건은 모든 $i, j = 1, 2, \ldots, k$에 대해 $\mathbf{A}_i\mathbf{A}_j = \mathbf{A}_j\mathbf{A}_i$이다.

7.3 케일리-해밀턴 정리

정리 7.7 차수 $n \times n$인 정방행렬 $\boldsymbol{A}$에 대해서, 고유방정식 $|\boldsymbol{A} - \lambda \boldsymbol{I}_n| = 0$이 다음과 같이 표현된다고 하자.

$$\begin{aligned} |\boldsymbol{A} - \lambda \boldsymbol{I}_n| &= a_0 + a_1\lambda + a_2\lambda^2 + \cdots + a_n\lambda^n \\ &= 0, \end{aligned} \tag{7.16}$$

여기서 $a_0, a_1, \ldots, a_n$은 $\boldsymbol{A}$의 원소들에 의존하는 계수들이다. 그러면 $\boldsymbol{A}$ 역시 자신의 고유방정식을 만족한다. 즉,

$$a_0\boldsymbol{I}_n + a_1\boldsymbol{A} + a_2\boldsymbol{A}^2 + \cdots + a_n\boldsymbol{A}^n = \boldsymbol{0}. \tag{7.17}$$

증명 $\boldsymbol{A}$의 고유치 λ에 대해서, $\boldsymbol{B} = \text{adj}(\boldsymbol{A} - \lambda \boldsymbol{I}_n)$, 즉 $\boldsymbol{A} - \lambda \boldsymbol{I}_n$의 수반행렬이라고 하자(4.12절의 정의 참조). 수반행렬의 정의에 의해서

$$(\boldsymbol{A} - \lambda \boldsymbol{I}_n)^{-1} = \frac{adj(\boldsymbol{A} - \lambda \boldsymbol{I}_n)}{|\boldsymbol{A} - \lambda \boldsymbol{I}_n|}. \tag{7.18}$$

$\boldsymbol{B}$의 원소는 차수가 $n-1$보다 작거나 같은 λ에 대한 다항식이므로, $\boldsymbol{B}$를 다음과 같이 나타낼 수 있다.

$$\boldsymbol{B} = \boldsymbol{B}_0 + \lambda \boldsymbol{B}_1 + \lambda^2 \boldsymbol{B}_2 + \cdots + \lambda^{n-1} B_{n-1}, \tag{7.19}$$

여기서 $\boldsymbol{B}_0, \boldsymbol{B}_1, \ldots, \boldsymbol{B}_{n-1}$은 차수가 $n \times n$이고 λ에 의존하지 않는 행렬이다. 식 (7.18)을 이용하면 다음 식을 얻는다.

$$\begin{aligned} (\boldsymbol{A} - \lambda \boldsymbol{I}_n)\boldsymbol{B} &= |\boldsymbol{A} - \lambda \boldsymbol{I}_n|\boldsymbol{I}_n \\ &= (a_0 + a_1\lambda + \cdots + a_n\lambda^n)\boldsymbol{I}_n. \end{aligned} \tag{7.20}$$

또한 식 (7.20)의 $\boldsymbol{B}$를 식 (7.19)의 오른쪽에 있는 다항식으로 대체하면

$$(\boldsymbol{A} - \lambda \boldsymbol{I}_n)(\boldsymbol{B}_0 + \lambda \boldsymbol{B}_1 + \cdots + \lambda^{n-1}\boldsymbol{B}_{n-1}) = (a_0 + a_1\lambda + \cdots + a_n\lambda^n)\boldsymbol{I}_n. \tag{7.21}$$

식 (7.21)에서 λ의 거듭제곱별로 계수비교를 하면 다음 결과를 얻을 수 있다.

$$\begin{aligned} \boldsymbol{A}\boldsymbol{B}_0 &= a_0\boldsymbol{I}_n \\ \boldsymbol{A}\boldsymbol{B}_1 - \boldsymbol{B}_0 &= a_1\boldsymbol{I}_n \\ \boldsymbol{A}\boldsymbol{B}_2 - \boldsymbol{B}_1 &= a_2\boldsymbol{I}_n \\ &\vdots \\ \boldsymbol{A}\boldsymbol{B}_{n-1} - \boldsymbol{B}_{n-2} &= a_{n-1}\boldsymbol{I}_n \\ -\boldsymbol{B}_{n-1} &= a_n\boldsymbol{I}_n. \end{aligned}$$

이제, 두 번째 식의 왼편으로 $\boldsymbol{A}$를, 세 번째 식의 왼편으로 $\boldsymbol{A}^2$을 곱하는 식으로 계속하여 마지막 식의 왼편으로 $\boldsymbol{A}^{n-1}$을 곱한 후 모든 식을 더하면 식 (7.17)이 모든 정방행렬에 대해 성립함을 알 수 있다. 즉, $\boldsymbol{A}$는 자신의 고유방정식을 만족한다. ■

케일리-해밀턴 정리의 유용한 응용은, 고유치를 모르지만 고유방정식을 알 경우에 A의 계속되는 거듭제곱을 차수 $n-1$의 A의 다항식으로 얻을 수 있다는 것이다. 이는 A의 역행렬에 대해서도 성립한다.

예제 7.2 행렬

$$\mathbf{A} = \begin{bmatrix} 4 & 3 \\ 2 & 5 \end{bmatrix}, \quad \mathbf{A}^2 = \begin{bmatrix} 22 & 27 \\ 18 & 31 \end{bmatrix}, \quad \mathbf{A}^{-1} = \frac{1}{14}\begin{bmatrix} 5 & -3 \\ -2 & 4 \end{bmatrix}$$

에 대해 A의 고유방정식은

$$\lambda^2 - 9\lambda + 14 = 0.$$

이다. 이때 다음 식으로부터 케일리-해밀턴 정리가 성립함을 알 수 있다.

$$\mathbf{A}^2 - 9A + 14\mathbf{I} = \begin{bmatrix} 22 & 27 \\ 18 & 31 \end{bmatrix} - 9\begin{bmatrix} 4 & 3 \\ 2 & 5 \end{bmatrix} + 14\begin{bmatrix} 1 & 0 \\ 0 & 1 \end{bmatrix} = \begin{bmatrix} 0 & 0 \\ 0 & 0 \end{bmatrix}.$$

차수 2 또는 그 이상의 $\mathbf{A}$의 거듭제곱에 대한 다항식은 방정식 $\mathbf{A}^2 - 9\mathbf{A} + 14\mathbf{I} = 0$을 $\mathbf{A}^2 = 9\mathbf{A} - 14\mathbf{I}$와 같이 바꿔 표현함으로써 얻을 수 있다. 즉,

$$\mathbf{A}^3 = 9\mathbf{A}^2 - 14\mathbf{A} = 9(9\mathbf{A} - 14\mathbf{I}) - 14\mathbf{A} = 67\mathbf{A} - 126\mathbf{I}$$

그리고

$$\mathbf{A}^4 = 67\mathbf{A}^2 - 126\mathbf{A} = 67(9\mathbf{A} - 14\mathbf{I}) - 126\mathbf{A} = 477\mathbf{A} - 938\mathbf{I}.$$

위의 사실은 연속되는 $\mathbf{A}$의 거듭제곱의 계수들 간에 재귀적 관계가 수립될 수 있으며, 따라서 $k \geq n$에 대해 거듭제곱 $\mathbf{A}^k$는, 계수가 k에 의존하는 $\mathbf{A}$의 $n-1$차 다항식으로 표현될 수 있음을 뜻한다. 예를 들어 앞의 예제에서는 다음이 성립함을 알 수 있다.

$$\mathbf{A}^k = \left(\frac{1}{5}\right)(7^k - 2^k)\,\mathbf{A} - \left(\frac{14}{5}\right)(7^{k-1} - 2^{k-1})\,\mathbf{I}.$$

7.4 특이값분해

정리 7.8 A를 계수 r인 $m \times n(m \leq n)$차 행렬이라고 하자. 그러면 각각 차수 $m \times m$과 $n \times n$인 직교행렬 P와 Q가 존재하여 다음을 만족한다.

$$A = P[D \quad 0]Q', \tag{7.22}$$

여기서 D는 $m \times m$차 비음의 대각원소들 d_i, $i = 1, 2, \ldots, m$를 갖는 대각행렬이며, $\mathbf{0}$은 $m \times (n-m)$

차 영행렬이다. 또한 $\boldsymbol{D}$의 양의 대각원소들은 $\boldsymbol{A}'\boldsymbol{A}$(또는 $\boldsymbol{A}\boldsymbol{A}'$)의 양의 고유치들의 양의 제곱근이고, 이들을 $\boldsymbol{A}$의 특이치(singular value)라고 한다. 만약 $m = n$이면 $\boldsymbol{P}'\boldsymbol{A}\boldsymbol{Q} = \boldsymbol{D}$이다.

증명 $m < n$이라고 가정하자. $\boldsymbol{A}'\boldsymbol{A}$는 대칭행렬이고 계수가 r 양반정치행렬이다. 그러면 직교행렬 $\boldsymbol{P}$가 존재해서 다음을 만족한다.

$$\begin{aligned}\boldsymbol{P}'\boldsymbol{A}\boldsymbol{A}'\boldsymbol{P} &= \boldsymbol{D}^2 \\ &= \text{diag}\left(d_1^2, d_2^2, \ldots, d_m^2\right) \\ &= \text{diag}\left(d_1^2, d_2^2, \ldots, d_r^2, 0, 0, \ldots, 0\right)\end{aligned}$$

여기서 $i = 1, 2, \ldots, r$에 대해서는 $d_i^2 \neq 0$이다. 이제 $\boldsymbol{P}$를 다음과 같이 분할한다.

$$\boldsymbol{P} = \left[\boldsymbol{P}_1 \quad \boldsymbol{P}_2\right],$$

여기서 $\boldsymbol{P}_1$과 $\boldsymbol{P}_2$는 각각 $m \times r$차 그리고 $m \times (m - r)$차 행렬이다. 그러면

$$\begin{aligned}\boldsymbol{P}'\boldsymbol{A}\boldsymbol{A}'\boldsymbol{P} &= \begin{bmatrix}\boldsymbol{P}_1' \\ \boldsymbol{P}_2'\end{bmatrix}\boldsymbol{A}\boldsymbol{A}'\left[\boldsymbol{P}_1 \quad \boldsymbol{P}_2\right] \\ &= \text{diag}(\boldsymbol{D}_1^2, \boldsymbol{0}),\end{aligned}$$

여기서 $\boldsymbol{D}_1^2 = \text{diag}(d_1^1, d_2^2, \ldots, d_r^2)$이다. 이로부터

$$\boldsymbol{P}_1'\boldsymbol{A}\boldsymbol{A}'\boldsymbol{P}_1 = \boldsymbol{D}_1^2 \quad \text{또는} \quad (\boldsymbol{D}_1^{-1}\boldsymbol{P}_1'\boldsymbol{A})(\boldsymbol{D}_1^{-1}\boldsymbol{P}_1'\boldsymbol{A})' = \boldsymbol{I}_r, \tag{7.23}$$

그리고

$$\boldsymbol{P}_2'\boldsymbol{A}\boldsymbol{A}'\boldsymbol{P}_2 = \boldsymbol{0} \quad \text{또는} \quad (\boldsymbol{P}_2'\boldsymbol{A})(\boldsymbol{P}_2'\boldsymbol{A})' = \boldsymbol{0}.$$

그러므로 $\boldsymbol{P}_2'\boldsymbol{A} = \boldsymbol{0}$이다. 행렬 $\boldsymbol{Q}_1$을 다음과 같이 정의하자.

$$\boldsymbol{Q}_1 = \boldsymbol{A}'\boldsymbol{P}_1\boldsymbol{D}_1^{-1}. \tag{7.24}$$

이 행렬은 차수가 $n \times r$이고, 또한 식 (7.23)에 의해 $\boldsymbol{Q}_1'\boldsymbol{Q}_1 = \boldsymbol{I}_r$이므로 모든 열들은 서로 직교한다. 이와 더불어 모든 열들이 서로 직교하는 $n \times (n - r)$차 행렬 $\boldsymbol{Q}_2$가 존재해서 그 열들은 또한 $\boldsymbol{Q}_1$의 열들과도 서로 직교한다. 그러면 행렬

$$\boldsymbol{Q} = \left[\boldsymbol{Q}_1 \quad \boldsymbol{Q}_2\right]$$

은 $n \times n$차 직교행렬이다. 그러면

$$\begin{aligned}\boldsymbol{P}'\boldsymbol{A}\boldsymbol{Q} &= \begin{bmatrix}\boldsymbol{P}_1' \\ \boldsymbol{P}_2'\end{bmatrix}\boldsymbol{A}\left[\boldsymbol{Q}_1 \quad \boldsymbol{Q}_2\right] \\ &= \begin{bmatrix}\boldsymbol{P}_1'\boldsymbol{A}\boldsymbol{Q}_1 & \boldsymbol{P}_1'\boldsymbol{A}\boldsymbol{Q}_2 \\ \boldsymbol{P}_2'\boldsymbol{A}\boldsymbol{Q}_1 & \boldsymbol{P}_2'\boldsymbol{A}\boldsymbol{Q}_2\end{bmatrix}.\end{aligned} \tag{7.25}$$

여기서 $\boldsymbol{P}_2'\boldsymbol{A} = \boldsymbol{0}$이므로 $\boldsymbol{P}_2'\boldsymbol{A}\boldsymbol{Q}_1$와 $\boldsymbol{P}_2'\boldsymbol{A}\boldsymbol{Q}_2$는 영행렬임을 주목하자. 더욱이 $\boldsymbol{Q}$의 정의로부터

$$Q_1'Q_2 = \mathbf{0} \tag{7.26}$$

이므로 이 식의 Q_1에 식 (7.24)에 주어진 표현을 대입하면 $D_1^{-1}P_1'AQ_2 = \mathbf{0}$이다. 따라서 $P_1'AQ_2 = \mathbf{0}$이다. 이 사실들을 식 (7.25)에 대입하면, $n - r = (m - r) + (n - m)$이고 $P_1'AA'P_1 = D_1^2$라는 사실로부터 다음을 얻는다.

$$\begin{aligned} P'AQ &= \begin{bmatrix} P_1'AA'P_1D_1^{-1} & \mathbf{0}_{r\times(n-r)} \\ \mathbf{0}_{(m-r)\times r} & \mathbf{0}_{(m-r)\times(n-r)} \end{bmatrix} \\ &= \begin{bmatrix} D_1 & \mathbf{0}_{r\times(n-r)} \\ \mathbf{0}_{(m-r)\times r} & \mathbf{0}_{(m-r)\times(n-r)} \end{bmatrix} \\ &= \begin{bmatrix} D & \mathbf{0}_{m\times(n-m)} \end{bmatrix}. \end{aligned} \tag{7.27}$$

결론적으로 다음을 얻는다.

$$A = P\begin{bmatrix} D & \mathbf{0}_{m\times(n-m)} \end{bmatrix}Q'.$$ ■

따름정리 7.2 정리 7.8에서의 행렬 Q의 열들은 $A'A$의 서로 정규직교(orthonormal)인 고유벡터들이다.

증명 식 (7.27)로부터

$$A = P\begin{bmatrix} D_1 & \mathbf{0}_{r\times(n-r)} \\ \mathbf{0}_{(m-r)\times r} & \mathbf{0}_{(m-r)\times(n-r)} \end{bmatrix}Q'. \tag{7.28}$$

식 (7.28)의 양변을 전치하면 다음을 얻는다.

$$A' = Q\begin{bmatrix} D_1 & \mathbf{0}_{r\times(m-r)} \\ \mathbf{0}_{(n-r)\times r} & \mathbf{0}_(n - r) \times (m - r) \end{bmatrix}P'. \tag{7.29}$$

식 (7.28)과 (7.29), 그리고 $P'P = I_m$라는 사실을 이용하면

$$\begin{aligned} A'A &= Q\begin{bmatrix} D_1 & \mathbf{0}_{r\times(m-r)} \\ \mathbf{0}_{(n-r)\times r} & \mathbf{0}_{(n-r)\times(m-r)} \end{bmatrix}\begin{bmatrix} D_1 & \mathbf{0}_{r\times(n-r)} \\ \mathbf{0}_{(m-r)\times r} & \mathbf{0}_{(m-r)\times(n-r)} \end{bmatrix}Q' \\ &= Q\begin{bmatrix} D_1^2 & \mathbf{0}_{r\times(n-r)} \\ \mathbf{0}_{(n-r)\times r} & \mathbf{0}_{(n-r)\times(n-r)} \end{bmatrix}Q'. \end{aligned}$$

이로부터 Q는 D_1^2의 대각원소들로 주어진 $A'A$의 영이 아닌 고유치들에 대응하는 고유벡터들로 이루어진 직교행렬임을 알 수 있다. ■

예제 7.3 다음의 행렬

$$\mathbf{A} = \begin{bmatrix} 2 & 0 & 1 & 1 \\ 0 & 2 & 1 & 1 \\ 1 & 1 & 1 & 1 \end{bmatrix} \text{에 대해서} \quad \mathbf{AA'} = \begin{bmatrix} 6 & 2 & 4 \\ 2 & 6 & 4 \\ 4 & 4 & 4 \end{bmatrix} \text{의}$$

영이 아닌 고유치는 12와 4이다. 따라서 $\boldsymbol{A}$의 계수는 2이다. $\boldsymbol{AA'}$의 정규직교인 고유벡터들로 이루어진 행렬 $\boldsymbol{P}$는 다음과 같이 주어진다.

$$\boldsymbol{P} = \begin{bmatrix} \sqrt{2} & \sqrt{3} & 1 \\ \sqrt{2} & -\sqrt{3} & 1 \\ \sqrt{2} & 0 & -2 \end{bmatrix} / \sqrt{6}.$$

그리고 행렬

$$\boldsymbol{A'A} = \begin{bmatrix} 5 & 1 & 3 & 3 \\ 1 & 5 & 3 & 3 \\ 3 & 3 & 3 & 3 \\ 3 & 3 & 3 & 3 \end{bmatrix}$$

의 정규직교인 고유벡터들로 이루어진 행렬 $\boldsymbol{Q}$는 다음과 같다.

$$\boldsymbol{Q} = \begin{bmatrix} \sqrt{3} & \sqrt{6} & \sqrt{2} & 1 \\ \sqrt{3} & -\sqrt{6} & \sqrt{2} & 1 \\ \sqrt{3} & 0 & -2\sqrt{2} & 1 \\ \sqrt{3} & 0 & 0 & -3 \end{bmatrix} / \sqrt{12}.$$

이와 더불어 행렬 $\boldsymbol{D}$는 아래와 같이 주어진다.

$$\boldsymbol{D} = diag(\sqrt{12}, 2, 0).$$

식 (7.22)의 공식을 적용하면 다음을 얻는다.

$$\boldsymbol{A} = \boldsymbol{P}[\boldsymbol{D} \quad \boldsymbol{0}_{3\times 1}]\boldsymbol{Q}'. \tag{7.30}$$

독자는 식 (7.30)을 직접 확인해 보기 바란다.

참고문헌

Banerjee, S. and Roy, A. (2014). *Linear Algebra and Matrix Analysis for Statistics*. CRC Press, Boca Raton, FL.

Good, I. J. (1969). Some applications of the singular decomposition of a matrix. *Technometrics*, 11, 823–831.

Graybill, F. A. (1969). *Matrices with Applications in Statistics*, 2nd ed. Wadsworth International Group, Belmont, CA.

Newcombe, R. W. (1960). On the simultaneous diagonalization of two semidefinite matrices. *Quart. Appl. Math.*, 19, 144–146.

연습문제

7.1 만약 $\boldsymbol{A}$가 멱등행렬이라면 $\text{rank}(\boldsymbol{A}) = tr(\boldsymbol{A})$임을 보이시오.

7.2 행렬 $\begin{bmatrix} 10 & -5 \\ 2 & -11 \\ 6 & -8 \end{bmatrix}$의 특이값분해를 구하시오.

7.3 행렬 $\mathbf{M} = \begin{bmatrix} 1 & -3 & 5 \\ 0 & 1 & 7 \\ 2 & -4 & 28 \\ 3 & 13 & 0 \\ 4 & -14 & -3 \\ 5 & -9 & 30 \\ 6 & 2 & 173 \end{bmatrix}$의 계수를 구하시오.

7.4 다음을 가정하자.

$$\mathbf{K} = \mathbf{K}', \quad \mathbf{K} = \mathbf{K}^3, \quad \mathbf{K1} = \mathbf{0}, \quad \mathbf{K}\begin{bmatrix} 1 \\ 2 \\ -3 \end{bmatrix} = \begin{bmatrix} 1 \\ 2 \\ -3 \end{bmatrix}.$$

다음의 값들을 구하시오. 또한 각각의 경우에 대해서, **K**를 계산하지 않고도 값을 구할 수 있는 이유에 대하여 설명하시오.

(a) **K**의 차수.

(b) **K**의 계수.

(c) **K**의 대각합.

(d) **K**의 행렬식.

7.5 차수가 $n \times n$인 $\boldsymbol{A}$가 다음의 식을 만족한다.

$$\boldsymbol{A}^2 + 2\boldsymbol{A} + \boldsymbol{I}_n = \boldsymbol{0}.$$

(a) $\boldsymbol{A}$가 정칙행렬임을 보이시오.

(b) $\boldsymbol{A}$의 역행렬을 구하시오.

7.6 차수가 $n \times n$인 $\boldsymbol{A} \neq \boldsymbol{0}$가 $\boldsymbol{A}^n = \boldsymbol{0}$을 만족한다고 하자. 이러한 행렬은 대각화가 가능하지 않음을 보이시오[베너지와 로이(Benergee and Roy, 2014, Section 11.4)를 참조].

7.7 대각화가 가능하지 않은 2×2행렬을 구하시오.

7.8 $n \times n$차 행렬 $\boldsymbol{A}$가 어떤 정칙행렬 $\boldsymbol{P}$에 대해서 $\boldsymbol{P}^{-1}\boldsymbol{A}\boldsymbol{P} = \boldsymbol{\Lambda} = \text{diag}(\lambda_1, \lambda_2, \ldots, \lambda_n)$를 만족한다고 하자. 이러한 행렬 $\boldsymbol{P}$와 $\boldsymbol{\Lambda}$의 대각원소들을 구하시오[베너지와 로이(Benergee and Roy, 2014, Section 11.4)를 참조].

7.9 다음의 행렬

$$\boldsymbol{A} = \begin{bmatrix} 6 & 3 & 2 \\ -5 & 0 & 3 \\ 7 & 5 & 1 \end{bmatrix}$$

에 대해서, $\boldsymbol{P}^{-1}\boldsymbol{A}\boldsymbol{P}$가 대각행렬이 되게 하는 $\boldsymbol{P}$를 구하시오.

7.10 다음의 행렬

$$\boldsymbol{A} = \begin{bmatrix} 5 & 3 \\ 0 & 5 \end{bmatrix}$$

에 대해서 대각화가 가능하지 않음을 보이시오.

8장 일반화역행렬

이 장에서는 정칙행렬의 역행렬과 유사한, 정방행렬이면서 비정칙행렬에 대한 일반화역행렬(generalized inverse)의 유도와 관련한 문제들을 다룬다. 일반화역행렬은 선형방정식 $\boldsymbol{Ax} = \boldsymbol{y}$와 관련하여 행렬 $\boldsymbol{A}$가 역행렬을 갖지 않는 경우에서의 해를 이해하는 데 중요한 역할을 한다. 이러한 방정식들은 중요한 응용통계 분야에서 많이 발생하므로(예를 들어, 회귀분석과 선형모형), 이 장에서는 일반화역행렬에 대한 간단한 설명과 더불어 그것의 몇몇 성질들을 소개한다. 일반화역행렬에 대하여 더 자세한 지식을 원하는 독자는 다음을 참조하기 바란다: Albert(1972), Ben-Israel and Greville(1974), Nashed and Zuhair(1976), Pringle and Rayner(1971), Rao and Mitra(1971), Graybill(1983), Harville(1997), Gruber(2014).

8.1 무어-펜로즈 역행렬

임의의 행렬 **A**에 대해, 다음을 만족하는 행렬 **M**이 유일하게 존재한다.

$$\text{(i) } \mathbf{AMA} = \mathbf{A} \quad \text{(iii) } \mathbf{AM}\text{은 대칭행렬} \qquad \text{(ii) } \mathbf{MAM} = \mathbf{M} \quad \text{(iv) } \mathbf{MA}\text{는 대칭행렬.} \tag{8.1}$$

펜로즈(Penrose, 1955)는 무어(Moore, 1920)에 의해 주어진 주장을 토대로 위의 결과를 유도하였다. 여기서 펜로즈는 이러한 행렬의 존재성뿐만 아니라 유일성 또한 증명하였다. **M**을 구하는 한 가지 방법으로는 4.18절에서 주어진 $\mathbf{A}_{p\times q}$에 대한 인수분해, 즉 $\mathbf{A} = \mathbf{KL}$을 이용하는 것을 들 수 있다. 단 여기서 **K**와 **L**은 각각 계수가 $r_{\mathbf{A}}$인 최대열 그리고 최대행계수행렬이다. 이러한 분할을 이용하는 경우 식 (8.1)의 **M**은 다음과 같이 주어진다.

$$\mathbf{M} = \mathbf{L}'(\mathbf{K}'\mathbf{AL}')^{-1}\mathbf{K}'. \tag{8.2}$$

독자들은 $\mathbf{K}'\mathbf{K}$와 $\mathbf{LL}'$이 정칙행렬이라는 사실을 이용하여, 식 (8.2)에서 주어진 **M**이 식 (8.1)을 만

족하는 것을 직접 확인해 보길 바란다.

예제 8.1 다음은 4.18절에서 주어진 정리에 의한 인수분해의 한 예이다.

$$\mathbf{A} = \begin{bmatrix} 1 & 0 & -1 & 1 \\ 0 & 2 & 2 & 2 \\ -1 & 4 & 5 & 3 \end{bmatrix} = \begin{bmatrix} 1 & 0 \\ 0 & 2 \\ -1 & 4 \end{bmatrix} \begin{bmatrix} 1 & 0 & -1 & 1 \\ 0 & 1 & 1 & 1 \end{bmatrix} = \mathbf{KL}. \tag{8.3}$$

이로부터

$$\boldsymbol{K}'\boldsymbol{A}\boldsymbol{L}' = \begin{bmatrix} 1 & 0 & -1 \\ 0 & 2 & 4 \end{bmatrix} \begin{bmatrix} 1 & 0 & -1 & 1 \\ 0 & 2 & 2 & 2 \\ -1 & 4 & 5 & 3 \end{bmatrix} \begin{bmatrix} 1 & 0 \\ 0 & 1 \\ -1 & 1 \\ 1 & 1 \end{bmatrix} = 6 \begin{bmatrix} 1 & -2 \\ -2 & 10 \end{bmatrix}.$$

따라서 식 (8.2)을 이용하면

$$\boldsymbol{M} = \begin{bmatrix} 1 & 0 \\ 0 & 1 \\ -1 & 1 \\ 1 & 1 \end{bmatrix} \left(\frac{1}{36}\right) \begin{bmatrix} 10 & 2 \\ 2 & 1 \end{bmatrix} \begin{bmatrix} 1 & 0 & -1 \\ 0 & 2 & 4 \end{bmatrix} = \frac{1}{18} \begin{bmatrix} 5 & 2 & -1 \\ 1 & 1 & 1 \\ -4 & -1 & 2 \\ 6 & 3 & 0 \end{bmatrix}. \tag{8.4}$$

행렬 $\boldsymbol{A}$와 $\boldsymbol{M}$이 식 (8.1)에서 주어진 네 개의 조건을 만족하는 것은 쉽게 확인할 수 있다.

$\boldsymbol{M}$은 일반적으로 $\boldsymbol{A}$의 **무어–펜로즈 역행렬**(Moore-Penrose inverse)이라고 한다. 그리고 식 (8.1)에 주어진 4가지 조건을 **펜로즈 조건**(Penrose conditions)이라고 한다. $\boldsymbol{A}$가 $p \times q$차 행렬일 때, $\boldsymbol{M}$의 차수는 $q \times p$이다. $\boldsymbol{A}$가 정칙행렬인 경우에는 $\boldsymbol{K}$와 $\boldsymbol{L}$도 정칙행렬이고, 또한 무어–펜로즈 역행렬은 $\boldsymbol{A}$의 역행렬이 된다. 즉 $\boldsymbol{M} = \boldsymbol{A}^{-1}$.

8.2 일반화역행렬

식 (8.1)에 있는 4개의 펜로즈 조건들에 의해 정의되는 행렬 $\mathbf{M}$은 유일하게 존재한다. 그러나 첫 번째 펜로즈 조건

$$\mathbf{AGA} = \mathbf{A} \tag{8.5}$$

를 만족하는 행렬 $\mathbf{G}$는 많이 존재한다. 그럼에도 불구하고, 이러한 행렬은 선형방정식을 푸는 데 매우 중요하다. 따라서 이 장에서는 무어–펜로즈 역행렬 $\mathbf{M}$보다 행렬 $\mathbf{G}$에 더 주목하여 논의하고자 한다.

식 (8.5)를 만족하는 임의의 행렬 $\mathbf{G}$는 $\mathbf{A}$의 **일반화역행렬**(generalized inverse)이라고 하고, 또한 식 (8.5)으로부터 $p \times q$차 행렬 $\mathbf{A}$에 대해서 $\mathbf{G}$는 $q \times p$차 행렬이 된다. 비록 세계적으로 채택되지는 않았지만, 일반화역행렬이라는 이름은 널리 사용되고 있다. $\mathbf{G}$가 $\mathbf{A}$의 하나의 일반화역행렬이지

만 유일한 역행렬은 아님은 주목해야 한다. 즉, 임의의 행렬 **A**에 대해, 일반적으로 식 (8.5)를 만족하는 행렬 **G**는 많이 존재한다. 그러나 **A**가 정칙행렬일 때는, 식 (8.5)를 만족하는 **G**는 유일하며 $\mathbf{G} = \mathbf{A}^{-1} = \mathbf{M}$이 된다.

일반화역행렬은 일치되는 연립일차방정식과 관련되어 논의된다.

■ **정의 8.1** 선형방정식

$$\boldsymbol{Ax} = \boldsymbol{y} \tag{8.6}$$

에서 $\boldsymbol{y}$가 $\boldsymbol{A}$의 열공간에 속하는 경우, 이 선형방정식은 "일치된다(consistent)" 또는 "일치방정식이다(consistent equation)"라고 한다.

예를 들어, 다음의 방정식

$$\begin{bmatrix} 1 & 2 \\ 3 & 6 \end{bmatrix} \begin{bmatrix} \boldsymbol{x}_1 \\ \boldsymbol{x}_2 \end{bmatrix} = \begin{bmatrix} 7 \\ 21 \end{bmatrix}$$

은 일치한다. 그러나 위의 방정식에서 $\boldsymbol{y}$의 두 번째 원소가 21에서 24로 바뀐다면, 그 방정식은 더 이상 일치방정식이 아니다. 왜냐하면 $\boldsymbol{y}$는 $\boldsymbol{A}$의 열공간에 속하지 않기 때문이다. 독자들은 직접 확인해 보기 바란다.

식 (8.6)에서 주어진 선형방정식이 일치된다면, $\boldsymbol{x} = \boldsymbol{Gy}$는 이 선형방정식의 해가 된다. 이제 일반화 역행렬 $\boldsymbol{G}$를 유도하는 두 가지 방법에 대해 소개한다.

8.2.1 특이값분해를 이용한 유도

$\boldsymbol{A}$를 계수 r을 갖는 $m \times n(m \leq n)$차 행렬이라고 하자. 정리 7.8에 의해 다음 식을 만족하는 각각 $m \times m$차 그리고 $n \times n$차 직교행렬인 $\boldsymbol{P}$와 $\boldsymbol{Q}$가 존재한다.

$$\boldsymbol{A} = \boldsymbol{P}\begin{bmatrix}\boldsymbol{D} & \mathbf{0}_{m\times(n-m)}\end{bmatrix}\boldsymbol{Q}', \tag{8.7}$$

여기서 $\boldsymbol{D} = \text{diag}(d_1, d_2, \ldots, d_r, 0, 0, \ldots, 0)$로 주어지는데, $d_1, d_2, \ldots, d_r$은 $\boldsymbol{AA}'$(또는 $\boldsymbol{A}'\boldsymbol{A}$)의 양의 고유치들에 대한 양의 제곱근이고 이어서 $m - r$개의 $\boldsymbol{AA}'$의 영의 고유치가 따른다. 그러면 $\boldsymbol{A}$의 일반화역행렬은 다음과 같이 주어진다.

$$\boldsymbol{G} = \boldsymbol{QG}^*\boldsymbol{P}', \tag{8.8}$$

여기서

$$\boldsymbol{G}^* = \begin{bmatrix} \boldsymbol{D}^* \\ \mathbf{0}_{(n-m)\times m} \end{bmatrix}, \tag{8.9}$$

그리고 $\boldsymbol{D}^*$는 다음의 형태로 주어지는 대각행렬이다.

$$\boldsymbol{D}^* = \text{diag}\left(d_1^{-1}, d_2^{-1}, \ldots, d_r^{-1}, 0, 0, \ldots, 0\right). \tag{8.10}$$

위의 식 (8.10)에서 영의 수는 $m - r$개이다. 이제 식 (8.7)과 (8.8)을 이용하면 다음을 보일 수 있다.

$$\boldsymbol{AGA} = \boldsymbol{A}. \tag{8.11}$$

참고로 $\boldsymbol{G}^*$는 $n \times m$차 행렬이다.

8.2.2 계수를 알고 있는 경우의 유도

계수 r인 행렬 $\mathbf{A}_{m \times n}$의 선행주소행렬 $\mathbf{A}_{11}$이 r차 정칙행렬이라고 하자. 그러면 행렬 $\mathbf{A}$가

$$\mathbf{A}_{m \times n} = \begin{bmatrix} \mathbf{A}_{11} & \mathbf{A}_{12} \\ \mathbf{A}_{21} & \mathbf{A}_{22} \end{bmatrix}$$

와 같이 분할되고, 이 경우 아래 행렬은 일반화역행렬이 된다.

$$\mathbf{G}_{n \times m} = \begin{bmatrix} \mathbf{A}_{11}^{-1} & \mathbf{0} \\ \mathbf{0} & \mathbf{0} \end{bmatrix} \tag{8,12}$$

여기서 $\mathbf{G}$에 포함된 영행렬들은 $\mathbf{G}$가 $n \times m$차 행렬이 되도록 하는 적절한 차수를 갖는다. 행렬 $\mathbf{G}$가 일반화역행렬의 조건 $\mathbf{AGA} = \mathbf{A}$를 만족함은 다음과 같이 보일 수 있다. 먼저

$$\begin{aligned} \begin{bmatrix} \boldsymbol{A}_{11} & \boldsymbol{A}_{12} \\ \boldsymbol{A}_{21} & \boldsymbol{A}_{22} \end{bmatrix} \begin{bmatrix} \boldsymbol{A}_{11}^{-1} & \mathbf{0} \\ \mathbf{0} & \mathbf{0} \end{bmatrix} \begin{bmatrix} \boldsymbol{A}_{11} & \boldsymbol{A}_{12} \\ \boldsymbol{A}_{12} & \boldsymbol{A}_{22} \end{bmatrix} &= \begin{bmatrix} \boldsymbol{I}_r & \mathbf{0} \\ \boldsymbol{A}_{21}\boldsymbol{A}_{11}^{-1} & \mathbf{0} \end{bmatrix} \begin{bmatrix} \boldsymbol{A}_{11} & \boldsymbol{A}_{12} \\ \boldsymbol{A}_{21} & \boldsymbol{A}_{22} \end{bmatrix} \\ &= \begin{bmatrix} \boldsymbol{A}_{11} & \boldsymbol{A}_{12} \\ \boldsymbol{A}_{21} & \boldsymbol{A}_{21}\boldsymbol{A}_{11}^{-1}\boldsymbol{A}_{12} \end{bmatrix}. \end{aligned} \tag{8.13}$$

그런데 $\boldsymbol{A}$의 계수가 r이고 또한 선행하는 r개의 행이 선형독립이므로, 부분행렬 $[\boldsymbol{A}_{21} \quad \boldsymbol{A}_{22}]$의 행들은 $[\boldsymbol{A}_{11} \quad \boldsymbol{A}_{12}]$의 행들에 선형종속이고, 따라서 $[\boldsymbol{A}_{11} \quad \boldsymbol{A}_{12}]$의 행들의 선형결합으로 표현된다. 그러므로 이 선형결합에 의해 결정되는 적절한 행렬 $\boldsymbol{K}$가 존재하여

$$[\boldsymbol{A}_{21} \quad \boldsymbol{A}_{22}] = \boldsymbol{K}[\boldsymbol{A}_{11} \quad \boldsymbol{A}_{12}]$$

를 만족한다. 이로부터 $\boldsymbol{K} = \boldsymbol{A}_{21}\boldsymbol{A}_{11}^{-1}$이고 $\boldsymbol{A}_{21}\boldsymbol{A}_{11}^{-1}\boldsymbol{A}_{12} = \boldsymbol{A}_{22}$임을 알 수 있다. 이를 식 (8.13)에 대입하면 $\boldsymbol{AGA} = \boldsymbol{A}$임을 알 수 있다. 따라서 $\boldsymbol{G}$는 일반화역행렬이다.

예제 8.2 행렬

$$\mathbf{A} = \begin{bmatrix} 1 & 2 & 4 & 3 \\ 3 & -1 & 2 & -2 \\ 5 & -4 & 0 & -7 \end{bmatrix}$$

에 대해, 아래에 주어진 행렬

$$\mathbf{G} = \frac{1}{7}\begin{bmatrix} 1 & 2 & 0 \\ 3 & -1 & 0 \\ 0 & 0 & 0 \\ 0 & 0 & 0 \end{bmatrix}$$

는 $\boldsymbol{A}$의 일반화역행렬이다.

일반적인 형태 일반적으로 $r \times r$차 정칙부분행렬이 행렬 $\boldsymbol{A}$의 맨 앞부분에 위치할 필요는 없다. 즉, 그것은 $\boldsymbol{A}$의 어느 곳이든지 있을 수 있으며, 이러한 경우에는 다음의 계산 방법을 생각할 수 있다.

정칙부분행렬이 맨 앞부분에 있지 않다고 하자. $\mathbf{R}$과 $\mathbf{S}$는, $\mathbf{RAS}$의 선행하는 $r \times r$차 부분행렬이 정칙행렬이 되도록 하는, 즉 $\mathbf{A}$의 선형독립인 r개의 행과 열들을 맨 앞부분으로 가져오도록 하는 치환행렬들이라고 가정하자. 그러면 $\mathbf{RAS}$는 다음과 같이 분할할 수 있다.

$$\mathbf{RAS} = \mathbf{B} = \begin{bmatrix} \mathbf{B}_{11} & \mathbf{B}_{12} \\ \mathbf{B}_{21} & \mathbf{B}_{22} \end{bmatrix} \tag{8.14}$$

여기서 $\mathbf{B}_{11}$은 $r \times r$차 정칙부분행렬이다. 따라서 아래에 주어진 행렬

$$\mathbf{F} = \begin{bmatrix} \mathbf{B}_{11}^{-1} & \mathbf{0} \\ \mathbf{0} & \mathbf{0} \end{bmatrix} \tag{8.15}$$

는 $\mathbf{B}$의 일반화역행렬이 되고, 다시 이로부터 $\mathbf{G} = \mathbf{SFR}$은 $\mathbf{A}$의 일반화역행렬이 된다. 이제 치환행렬의 직교성을 이용하면 식 (8.14)로부터 다음의 식을 얻을 수 있다.

$$\mathbf{A} = \mathbf{R}'\mathbf{B}\mathbf{S}' = \mathbf{R}'\begin{bmatrix} \mathbf{B}_{11} & \mathbf{B}_{12} \\ \mathbf{B}_{21} & \mathbf{B}_{22} \end{bmatrix}\mathbf{S}'. \tag{8.16}$$

부분행렬 $\mathbf{B}_{11}$과 관련해서, 위의 곱은 $\mathbf{B}_{11}$의 원소들을 $\mathbf{A}$에서의 원래 위치로 되돌리는 연산을 나타낸다. 또한 $\mathbf{A}$의 일반화역행렬 $\mathbf{G}$는 다음과 같이 나타낼 수 있다.

$$\mathbf{G} = \mathbf{SFR} = (\mathbf{R}'\mathbf{F}'\mathbf{S}')' = \left\{\mathbf{R}'\begin{bmatrix} (\mathbf{B}_{11}^{-1})' & \mathbf{0} \\ \mathbf{0} & \mathbf{0} \end{bmatrix}\mathbf{S}'\right\}'. \tag{8.17}$$

식 (8.16)과 (8.17)을 비교해 보면, 식 (8.17)에 포함된 $\mathbf{R}'$과 $\mathbf{S}'$은 $(\mathbf{B}_{11}^{-1})'$의 원소들을 대응하는 $\mathbf{B}_{11}$의 원소들이 차지하고 있던 $\mathbf{A}$의 원래 위치로 되돌리는 역할을 함을 알 수 있다. 따라서 식 (8.17)로부터 $\mathbf{G}$를 구하는 다음의 알고리즘을 얻을 수 있다.

(i) $\mathbf{A}$에서 차수가 r인 임의의 정칙부분행렬을 찾는다. 그것을 $\mathbf{W}$로 표시하자(식 (8.14)의 $\mathbf{B}_{11}$ 대신). 이때 $\mathbf{W}$가 $\boldsymbol{A}$의 인접한 열과 행으로부터 나올 필요는 없다.

(ii) $\mathbf{W}$의 역행렬을 구하고, 다시 그 역행렬의 전치행렬을 구한다. 즉, $(\mathbf{W}^{-1})'$.

(iii) $\mathbf{A}$에서 $\mathbf{W}$의 각 원소를 $(\mathbf{W}^{-1})'$의 대응원소로 대체한다. 즉 $\mathbf{W}$의 (s, t)번째 원소가 $\mathbf{A}$의 (i, j)번째 원소였다면, $\mathbf{A}$의 (i, j)번째 원소를 $(\mathbf{W}^{-1})'$의 (s, t)번째 원소로 대체한다.

(iv) $\mathbf{A}$의 모든 다른 원소들을 0으로 대체한다.

(v) 그 결과인 행렬을 전치시킨다.

(vi) 그 결과는 **A**의 일반화역행렬인 **G**이다.

일반적으로 (iii)에서처럼 **A**에 있는 **W**의 원소들을 $\mathbf{W}^{-1}$의 원소들로 대체하고(나머지 원소들은 0으로 대체), 그 다음 (v)의 전치를 행한 후의 결과는 **A**의 일반화역행렬이 아니다(**W**가 전치행렬인 경우에는 성립한다). 또한 (iii)에서처럼 **A**에 있는 **W**의 원소들을 $\mathbf{W}^{-1}$의 원소들로 대체하고(나머지 원소들은 0으로 대체), 그 다음 (v)의 전치를 생략한 경우에도 그 결과는 **A**의 일반화역행렬이 아니다. 일반적으로, 일반화역행렬을 구하는 절차는 앞에서 설명한 대로 정확하게 수행되어야 한다.

예제 8.3 행렬

$$\mathbf{A}=\begin{bmatrix}4 & 1 & 2 & 0\\ 1 & 1 & 5 & 15\\ 3 & 1 & 3 & 5\end{bmatrix}$$

에 대해서 다음의 행렬들은 일반화역행렬이다.

$$\begin{bmatrix}0 & 0 & 0\\ 0 & -1.5 & 2.5\\ 0 & .5 & -.5\\ 0 & 0 & 0\end{bmatrix},\ \begin{bmatrix}0 & 0 & 0\\ 0 & -.5 & 1.5\\ 0 & 0 & 0\\ 0 & .1 & -.1\end{bmatrix},\ \begin{bmatrix}.25 & 0 & 0\\ 0 & 0 & 0\\ 0 & 0 & 0\\ -.15 & 0 & .2\end{bmatrix}.$$

주어진 일반화역행렬들은 각각 다음의 2 × 2차 부분행렬들,

$$\begin{bmatrix}1 & 5\\ 1 & 3\end{bmatrix},\quad \begin{bmatrix}1 & 15\\ 1 & 5\end{bmatrix},\quad \begin{bmatrix}4 & 0\\ 3 & 5\end{bmatrix}$$

을 역산하여 얻어지는 행렬이다.

대칭행렬에 대한 일반화역행렬을 구하는 절차는 8.4절에서 주어지는 바와 같이 좀 더 단순화된다.

8.3 다른 이름과 기호

$\mathbf{AGA}=\mathbf{A}$를 만족하는 일반화역행렬 **G**를 나타내는 데 사용되는 또 다른 유용한 기호는 $\mathbf{A}^{-}$이다.

$$\mathbf{G}\equiv\mathbf{A}^{-}. \tag{8.18}$$

반사적(reflexive) 일반화역행렬은 $\mathbf{A}_r^{-}$로 표기되는데, 이는 앞서 논의한 두 개의 펜로즈 조건(조건 (i)과 (ii))을 만족하는 행렬이다. 즉,

$$\mathbf{A}\mathbf{A}_r^{-}\mathbf{A}=\mathbf{A} \quad \text{그리고} \quad \mathbf{A}_r^{-}\mathbf{A}\mathbf{A}_r^{-}=\mathbf{A}_r^{-}. \tag{8.19}$$

주어진 일반화역행렬 $\mathbf{A}^-$에 대해,

$$\mathbf{A}_r^- = \mathbf{A}^- \mathbf{A}\mathbf{A}^- \tag{8.20}$$

는 식 (8.19)를 만족하는 반사적 일반화역행렬이다.

관련 문헌들을 보면 이러한 역행렬들은 다른 많은 이름을 가지고 있음을 볼 수 있다: 유사역행렬(pseudo inverse), p-역행렬(p-inverse), g-역행렬(g-inverse), 효율역행렬(effective inverse), 정규일반화역행렬(normalized generalized inverse), 약일반화역행렬(weak generalized inverse) 등(Searl, 1971, p.19를 참조). 독자들은 이러한 용어들에 대한 정의가 모든 문헌에서 같게 주어지지는 않는다는 것을 명심해야 한다. 일례로, 다른 문헌에서의 반사적 일반화역행렬은, 식 (8.1)에서 펜로즈 조건으로 주어진 두 개의 대칭조건들(조건 (iii)과 (iv)) 중 어느 하나만을 만족하는 행렬을 지칭하기도 한다. 따라서 독자들은 이러한 용어들에 대해 주어진 정의를 반드시 숙지하도록 해야 한다.

관련 기호들 또한 다양한 형태로 나타난다. 일반적으로 자주 쓰이는 표기 방법은 만족되는 펜로즈 조건과 대응되는 번호를 아래첨자로 사용하는 것이다. 예를 들면, g_1-역행렬은 펜로즈 조건 (i), 즉 $\mathbf{AGA} = \mathbf{A}$를 만족하는 행렬 $\mathbf{G}$(또는 $\mathbf{A}^-$)를 나타내고, g_{12}는 반사적 일반화역행렬을, 그리고 g_{1234}-역행렬은 무어-펜로즈 역행렬을 나타낸다. 이러한 표기 방법은 각기 다른 조합의 펜로즈 조건들을 만족하는 행렬들을 다룰 때 유용하다. 그러나 이 책에서는 주로 첫 번째 펜로즈 조건을 만족하는 행렬만을 다루므로, $\mathbf{AGA} = \mathbf{A}$로 정의되는 행렬을 나타내는 기호로서 단순히 $\mathbf{G}$를 사용하기로 한다. 물론 기호 $\mathbf{A}^-$도 때때로 사용될 것이다.

정리 8.1　$\boldsymbol{G}$를 행렬 $\boldsymbol{A}$의 일반화역행렬이라고 하자. 그러면

(i) $\boldsymbol{GA}$는 멱등행렬이다.
(ii) $r(A) = r(GA)$.

증명

(i) $\boldsymbol{GAGA} = \boldsymbol{GA}$로부터 쉽게 증명된다.
(ii) 4.15절의 성질 (xiv)로부터, $r(\boldsymbol{GA}) \le r(\boldsymbol{A})$이다. 그런데 $\boldsymbol{A} = \boldsymbol{AGA}$이므로 같은 성질로부터 $r(\boldsymbol{A}) \le r(\boldsymbol{GA})$를 얻는다. 그러므로 $r(\boldsymbol{A}) = r(\boldsymbol{GA})$이다.

■

8.4 대칭행렬

대칭행렬의 일반화역행렬에는 여러 가지의 흥미로운 성질들이 있다. 먼저, 스펙트럼분해정리(정리 6.2)에 의해 얻어지는 대칭행렬 $\mathbf{A} = \mathbf{A}'$의 대각형은 다음과 같다.

$$\boldsymbol{A} = \boldsymbol{P\Lambda P}',$$

여기서 $\boldsymbol{\Lambda}$는 $\boldsymbol{A}$의 고유치들을 대각원소로 갖는 대각행렬이고, $\boldsymbol{P}$는 고유치에 대응되는 고유벡터들로 이루어진 직교행렬이다. 만약 $\boldsymbol{A}$가 계수 r인 $n \times n$차 행렬이라고 하면, $\boldsymbol{\Lambda}$를 그것의 처음 r개의

대각원소들은 $\boldsymbol{A}$의 영이 아닌 고유치로, 그리고 뒷부분의 $n - r$개 대각원소들은 영으로 주어지도록 선택할 수 있다. 그러면 일반화역행렬은 다음과 같이 주어진다.

$$\boldsymbol{G} = \boldsymbol{P} \begin{bmatrix} \boldsymbol{D}_r^{-1} & \mathbf{0} \\ \mathbf{0} & \mathbf{0} \end{bmatrix} \boldsymbol{P}', \tag{8.21}$$

여기서 $\boldsymbol{D}_r$은 $\boldsymbol{A}$의 영이 아닌 고유치들을 대각원소로 갖는 대각행렬이다. 위의 행렬이 $\boldsymbol{A}$의 일반화역행렬임은, 즉 $\boldsymbol{AGA} = \boldsymbol{A}$를 만족하는 것은 쉽게 확인할 수 있다. 식 $\boldsymbol{AGA} = \boldsymbol{A}$의 양변을 전치하면 다음을 얻는다.

$$\boldsymbol{A} = \boldsymbol{AG'A}. \tag{8.22}$$

이는 $\boldsymbol{G}$가 $\boldsymbol{A}$의 일반화역행렬이면 $\boldsymbol{G}'$ 또한 $\boldsymbol{A}$의 일반화역행렬이 됨을 보여 준다. 그리고 이 사실은 **G**가 대칭행렬인지 여부에 상관없다.

8.4.1 일반적인 알고리즘

행렬 A가 대칭행렬인 경우에는, 8.2.2절에 주어진 일반적인 형태의 알고리즘을 간단하게 할 수 있다. 다시 말해, **A**의 주소행렬이 대칭임을 이용하면 절차 (iii)과 (v)에서의 전치를 생략할 수 있다. 이를 반영한 알고리즘은 다음과 같다.

(i) **A**에서 $r \times r$차 정칙행렬인 주소행렬 **W**를 찾는다.
(ii) **W**의 역행렬을 구한다. 하고, 다시 그 역행렬의 전치행렬을 구한다. 즉 $(\mathbf{W}^{-1})$.
(iii) **A**에서 **W**의 각 원소를 $\mathbf{W}^{-1}$의 대응원소로 대체한다.
(iv) **A**의 모든 다른 원소들을 0으로 대체한다.
(v) 그 결과는 **A**의 일반화역행렬인 **G**이다.

물론 **A**가 대칭행렬인 경우에도, 주소행렬이 아닌 비대칭행렬을 **W**로 선택할 수 있다. 그러나 이 경우에는 8.2.2절의 알고리즘을 이용해야 한다.

8.4.2 행렬 X′X

행렬 $\mathbf{X}'\mathbf{X}$는 통계학에서 중요한 역할을 하는데 최소제곱방정식(least squares equations)에서는 $\mathbf{X}'\mathbf{Xb} = \mathbf{X}'\mathbf{y}$의 형태로 나타난다. 따라서 다음 정리에서 주어지는 $\mathbf{X}'\mathbf{X}$의 일반화역행렬의 성질들은 중요하다.

정리 8.2 $(\boldsymbol{X}'\boldsymbol{X})^{-}$가 $\boldsymbol{X}'\boldsymbol{X}$의 일반화역행렬일 때, 다음을 만족한다.

(i) $\{(\boldsymbol{X}'\boldsymbol{X})^{-}\}'$도 $\boldsymbol{X}'\boldsymbol{X}$의 일반화역행렬이다.
(ii) $\boldsymbol{X}(\boldsymbol{X}'\boldsymbol{X})^{-}\boldsymbol{X}'\boldsymbol{X} = \boldsymbol{X}$; 즉 $(\boldsymbol{X}'\boldsymbol{X})^{-}\boldsymbol{X}'$은 $\boldsymbol{X}$의 일반화역행렬이다.
(iii) $\boldsymbol{X}(\boldsymbol{X}'\boldsymbol{X})^{-}\boldsymbol{X}'$는 $(\boldsymbol{X}'\boldsymbol{X})^{-}$에 대하여 불변이다.
(iv) $(\boldsymbol{X}'\boldsymbol{X})^{-}$의 대칭 여부에 상관없이, $\boldsymbol{X}(\boldsymbol{X}'\boldsymbol{X})^{-}\boldsymbol{X}'$은 대칭행렬이다.

증명

(i) 은 식 (8.22)에 주어진 결과이다.

(ii) $\boldsymbol{H} = \boldsymbol{X}(\boldsymbol{X}'\boldsymbol{X})^{-}\boldsymbol{X}'\boldsymbol{X} - \boldsymbol{X}$라고 하자. 그러면

$$\begin{aligned}\boldsymbol{H}'\boldsymbol{H} &= [\boldsymbol{X}'\boldsymbol{X}\{(\boldsymbol{X}'\boldsymbol{X})^{-}\}'\boldsymbol{X}' - \boldsymbol{X}'][\boldsymbol{X}(\boldsymbol{X}'\boldsymbol{X})^{-}\boldsymbol{X}'\boldsymbol{X} - \boldsymbol{X}] \\ &= \boldsymbol{X}'\boldsymbol{X}\{(\boldsymbol{X}'\boldsymbol{X})^{-}\}'\boldsymbol{X}'\boldsymbol{X}(\boldsymbol{X}'\boldsymbol{X})^{-}\boldsymbol{X}'\boldsymbol{X} - (\boldsymbol{X}'\boldsymbol{X})^{-}\{(\boldsymbol{X}'\boldsymbol{X})^{-}\}'\boldsymbol{X}'\boldsymbol{X} \\ &\quad - \boldsymbol{X}'\boldsymbol{X}(\boldsymbol{X}'\boldsymbol{X})^{-}\boldsymbol{X}'\boldsymbol{X} + \boldsymbol{X}'\boldsymbol{X} \\ &= \boldsymbol{X}'\boldsymbol{X}(\boldsymbol{X}'\boldsymbol{X})^{-}\boldsymbol{X}'\boldsymbol{X} - \boldsymbol{X}'\boldsymbol{X} - \boldsymbol{X}'\boldsymbol{X} + \boldsymbol{X}'\boldsymbol{X} \\ &= \boldsymbol{0}.\end{aligned}$$

이로부터 $\boldsymbol{H} = \boldsymbol{0}$을 얻고 따라서 (ii)의 결과가 성립한다.

(iii) $\boldsymbol{G}_1$과 $\boldsymbol{G}_2$ 모두 $\boldsymbol{X}'\boldsymbol{X}$의 일반화역행렬이라고 하자. (ii)의 결과로부터 $\boldsymbol{X}\boldsymbol{G}_1\boldsymbol{X}'\boldsymbol{X} = \boldsymbol{X}\boldsymbol{G}_2\boldsymbol{X}'\boldsymbol{X}$이다. 이제 $\boldsymbol{L} = \boldsymbol{X}\boldsymbol{G}_1\boldsymbol{X}' - \boldsymbol{X}\boldsymbol{G}_2\boldsymbol{X}'$이라고 놓자. 그러면

$$\begin{aligned}\boldsymbol{L}\boldsymbol{L}' &= (\boldsymbol{X}\boldsymbol{G}_1\boldsymbol{X}' - \boldsymbol{X}\boldsymbol{G}_2\boldsymbol{X}')(\boldsymbol{X}\boldsymbol{G}_1'\boldsymbol{X}' - \boldsymbol{X}\boldsymbol{G}_2'\boldsymbol{X}') \\ &= \boldsymbol{X}\boldsymbol{G}_1\boldsymbol{X}'\boldsymbol{X}\boldsymbol{G}_1'\boldsymbol{X}' - \boldsymbol{X}\boldsymbol{G}_1\boldsymbol{X}'\boldsymbol{X}\boldsymbol{G}_2'\boldsymbol{X}' - \boldsymbol{X}\boldsymbol{G}_2\boldsymbol{X}'\boldsymbol{X}\boldsymbol{G}_1'\boldsymbol{X}' + \boldsymbol{X}\boldsymbol{G}_2\boldsymbol{X}'\boldsymbol{X}\boldsymbol{G}_2'\boldsymbol{X}' \\ &= \boldsymbol{X}\boldsymbol{G}_2\boldsymbol{X}'\boldsymbol{X}\boldsymbol{G}_1'\boldsymbol{X}' - \boldsymbol{X}\boldsymbol{G}_2\boldsymbol{X}'\boldsymbol{X}\boldsymbol{G}_2'\boldsymbol{X}' - \boldsymbol{X}\boldsymbol{G}_2\boldsymbol{X}'\boldsymbol{X}\boldsymbol{G}_1'\boldsymbol{X}' + \boldsymbol{X}\boldsymbol{G}_2\boldsymbol{X}'\boldsymbol{X}\boldsymbol{G}_2'\boldsymbol{X}' \\ &= \boldsymbol{0}.\end{aligned}$$

이로부터 $\boldsymbol{L} = \boldsymbol{0}$을 얻고, 따라서 (iii)의 결과가 성립한다.

(iv) $\boldsymbol{S}$를 $\boldsymbol{S} = \frac{1}{2}[(\boldsymbol{X}'\boldsymbol{X})^{-} + \{(\boldsymbol{X}'\boldsymbol{X})^{-}\}']$와 같이 정의하자. 그러면

$$\boldsymbol{X}'\boldsymbol{X}\boldsymbol{S}\boldsymbol{X}'\boldsymbol{X} = \frac{1}{2}[2\boldsymbol{X}'\boldsymbol{X}] = \boldsymbol{X}'\boldsymbol{X}.$$

따라서 $\boldsymbol{S}$는 $\boldsymbol{X}'\boldsymbol{X}$의 일반화역행렬로서 대칭행렬이다. 그런데 (iii)의 결과로부터 $\boldsymbol{X}(\boldsymbol{X}'\boldsymbol{X})^{-}\boldsymbol{X}' = \boldsymbol{X}\boldsymbol{S}\boldsymbol{X}'$. 이로부터 $\boldsymbol{X}(\boldsymbol{X}'\boldsymbol{X})^{-}\boldsymbol{X}$는 대칭행렬임을 알 수 있다.

참고문헌

Albert, A. (1972). *Regression and the Moore-Penrose Inverse.* Academic Press, New York.

Ben-Israel, A. and Greville, T. N. E. (1974). *Generalized Inverses: Theory and Applications.* John Wiley & Sons, New York.

Graybill, F. A. (1983). *Matrices with Applications in Statistics*, 2nd ed. Wadsworth, Belmont, CA.

Gruber, M. H. J. (2014). *Matrix Algebra for Linear Models.* John Wiley & Sons, Hoboken, NJ.

Harville, D. A. (1976). Extension of the Gauss-Markov Theorem to include the estimation of random effects. *Ann. Stat.*, 4, 384–395.

Harville, D. A. (1997). *Matrix Algebra from a Statistician's Perspective.* Springer, New York.

Henderson, H. V. and Searle, S. R. (1980). On deriving the inverse of a sum of matrices. Paper No. BU-647-M in the Biometrics Unit Series, Cornell University, Ithaca, NY.

Moore, E. H. (1920). On the reciprocal of the general algebraic matrix. *Bull. Am. Math. Soc.*, 26, 394-395.

Nashed, M. Z, (ed.) (1976). *Generalized Inverses and Applications: Proceedings of an Advanced Seminar*, University of Wisconsin, Academic Press, New York.

Penrose, R. A. (1955). A generalized inverse for matrices. *Proc. Cambridge Philos. Soc*, 51, 406–413.

Pringle, R. M. and Rayner, A. A. (1971). *Generalized Inverse MatricesWith Applications to Statistics*. Hafner Publishing Company, New York.

Rao, C. R. and Mitra, S. K. (1971). *Generalized Inverse of Matrices and Its Applications*. JohnWiley & Sons, New York.

Searle, S. R. (1971). *Linear Models*. John Wiley & Sons, New York.

연습문제

8.1 식 (8.2)와 식 (8.4)는 식 (8.1)을 만족한다는 것을 보이시오.

8.2 식 (8.12)는 식 (8.5)를 만족한다는 것을 보이시오.

8.3 식 (8.20)은 식 (8.19)를 만족한다는 것을 보이시오.

8.4 $\mathbf{X'XGX'X} = \mathbf{X'X}$를 만족하는 $\mathbf{G}$에 대해서, $\mathbf{GX'}$은 펜로즈 조건 중에서 세 가지를 만족하는 $\mathbf{X}$의 일반화역행렬임을 보이시오.

8.5 다음의 행렬들에 대해서 무어-펜로즈 역행렬을 구하시오.

$$\mathbf{A} = \begin{bmatrix} 2 & 3 & 1 & -1 \\ 5 & 8 & 0 & 1 \\ 1 & 2 & -2 & 3 \end{bmatrix} \quad \text{그리고} \quad \mathbf{B} = \begin{bmatrix} 1 & 2 & 3 & -1 \\ 4 & 5 & 6 & 2 \\ 7 & 8 & 10 & 7 \\ 2 & 1 & 1 & 6 \end{bmatrix}.$$

또한 구한 결과가 무어-펜로즈 역행렬이 맞는지 확인하시오.

8.6 다음의 행렬들에 대해 일반화역행렬을 구하시오.

(a) $\mathbf{P}$와 $\mathbf{Q}$가 정칙행렬일 때 $\mathbf{PAQ}$.

(b) A^-가 A의 일반화역행렬일 때 A^-A.

(c) k가 영이 아닌 스칼라일 때 $k\mathbf{A}$.

(d) $\mathbf{A}$가 직교행렬이고 $\mathbf{B}$가 멱등행렬일 때 $\mathbf{ABA'}$.

(e) 모든 원소가 1인 정방행렬 $\mathbf{J}$.

8.7 $\mathbf{B^-A^-}$가 $\mathbf{AB}$의 일반화역행렬일 필요충분조건은 $\mathbf{A^-ABB^-}$가 멱등행렬이라는 것을 증명하시오.

8.8 A_r^-가 A의 반사적 일반화역행렬인 경우에 $r(A_r^-) = r(A)$임을 증명하시오.

8.9 $\mathbf{K}$가 멱등행렬이고 $\mathbf{Z}^-$가 $\mathbf{Z} = \mathbf{KAK}$의 일반화역행렬일 때, $\mathbf{KZ^-K}$도 $\mathbf{Z}$의 일반화역행렬이라는 것을 증명하시오.

8.10 $\mathbf{G}$가 대칭행렬 $\mathbf{A}$의 일반화역행렬일 때, $\mathbf{GA}$가 대칭이면 $\mathbf{G}^2$은 $\mathbf{A}^2$의 일반화역행렬이 된다는 것을 증명하시오.

8.11 P는 계수가 m인 $m \times q$차 행렬이라고 하자. $PP^- = I_m$임을 보이시오.

8.12 $P_{m\times q}$와 $D_{m\times m}$의 계수가 m일 때, $D^{-1} = \mathbf{P(P'DP)^-P'}$임을 증명하시오.

8.13 $\mathbf{G}$가 $\mathbf{X'X}$의 일반화역행렬일 때, 다음을 정의하자.

$$\mathbf{b} = \mathbf{GX'y}, \qquad s = (\mathbf{y} - \mathbf{Xb})'(\mathbf{y} - \mathbf{Xb}).$$

$s = \mathbf{y'y} - \mathbf{b'X'y}$임을 증명하시오.

8.14 M이 멱등행렬이고, V가 $\mathbf{MV} = \mathbf{VM'}$를 만족하는 정칙행렬이라고 하자. 다음에 주어진 행렬 모두 MV의 일반화역행렬임을 보이시오.

(a) $M'(MVM')^-M$,

(b) $V^{-1}M$,

(c) $M'(MVM')^-$.

8.15 $\mathbf{A}$와 $\mathbf{X}$는 모두 대칭행렬이고 $\mathbf{AX} = \mathbf{0}$이다. 또한 $\mathbf{X}$는 멱등행렬이고 $\mathbf{A} + \mathbf{X}$가 정칙행렬이라고 했을 때, 다음을 보이시오.

(a) $(A + X)^{-1}$은 X의 일반화역행렬이다.

(b) $A(A + X)^{-1}X = \mathbf{0}$.

(c) $(A + X)^{-1}$는 A의 일반화역행렬이다.

8.16 행렬 $\mathbf{X}$가 $\mathbf{X} = [\mathbf{X}_1 \quad \mathbf{X}_2]$와 같이 분할되고 $\mathbf{X}_1$은 최대열계수행렬이라고 하자. $\mathbf{X(X'X)^-X'} = \mathbf{X}_1'(\mathbf{X}_1'\mathbf{X}_1)^{-1}\mathbf{X}_1'$가 성립함을 보이시오.

8.17 행렬

$$\mathbf{P} = \mathbf{I} - \mathbf{X(X'X)^-X'}$$

는 통계학의 응용에서 유용한 많은 성질들을 갖는다. $\mathbf{X}$가 n개의 행을 가질 때, $\mathbf{P}$가 다음의 성질들을 가짐을 증명하시오.

(i) $\mathbf{P}$는 대칭행렬이고, 멱등행렬이며, $(\mathbf{X'X})^-$에 대해 불변이다.

(ii) $\mathbf{PX} = \mathbf{0}$이고 $\mathbf{X'P} = \mathbf{0}$이다.

(iii) $r(P) = n - r(X)$.

(iv) $\mathbf{P}$의 열들은 $\mathbf{X}$의 열들에 직교이고 또한 $\mathbf{X}$의 열들과 선형독립이다.

(v) 모든 n차 벡터는 $\mathbf{X}$와 $\mathbf{P}$의 열들의 선형결합이다. [$\mathbf{X}$와 $\mathbf{P}$의 열들은 n차원 유클리드

공간을 생성하고, **P**의 열공간(또는 행공간)은 **X**의 열공간의 직교여공간(orthogonal complement)이다.

(vi) $\boldsymbol{BX} = \mathbf{0}$를 만족하는 임의의 행렬 $\boldsymbol{B}$의 행들은 $\boldsymbol{P}$의 열(행)들의 선형결합이다. 그러므로 적당한 $\boldsymbol{K}$에 대해 $\boldsymbol{B} = \boldsymbol{KP}$가 된다. ($\boldsymbol{B}$의 행공간은 $\boldsymbol{P}$의 열공간에 속한다. 그리고 $\boldsymbol{P}$는 $\boldsymbol{X}$의 열공간의 직교여공간이다.)

(vii) $\boldsymbol{X}$의 행의 합들이 모두 같고 영이 아니면, $\boldsymbol{P}$의 행의 합들은 영이다.

(viii) $\boldsymbol{X}$의 한 열이 $\mathbf{1}$이면, $\boldsymbol{P}$의 행의 합들은 영이다.

(ix) $\boldsymbol{I} - (1/n)\boldsymbol{J}_n$은 $\boldsymbol{X} = \mathbf{1}_n$인 $\boldsymbol{P}$의 특수한 경우이다.

(x) $\boldsymbol{A}$가 대칭이고 $\boldsymbol{AX} = \mathbf{0}$이면, 적당한 $\boldsymbol{L}$에 대해 $\boldsymbol{A} = \boldsymbol{PLP}$가 된다.

8.18 $\boldsymbol{M}$을 $n \times p(n \geq p)$차 최대열계수행렬이라고 하자. 그리고 $\boldsymbol{X} = \boldsymbol{MT}$로 정의하자. 다음을 증명하시오.

(a) $\boldsymbol{X}$와 $\boldsymbol{T}$는 같은 계수를 갖는다.

(b) $\boldsymbol{M}'(\boldsymbol{MM}')^{-}\boldsymbol{M} = \boldsymbol{I}_p$.

(c) $\boldsymbol{X}$와 $\boldsymbol{X}'(\boldsymbol{MM}')^{-}\boldsymbol{X}$는 같은 계수를 갖는다.

8.19 임의의 행렬 $\boldsymbol{A}$에 대하여 다음을 보이시오.

(a) $r(\boldsymbol{A}^{-}) \geq r(\boldsymbol{A})$

(b) $r(\boldsymbol{A}^{-}\boldsymbol{A}) = r(\boldsymbol{AA}^{-}) = r(\boldsymbol{A})$

(c) $\boldsymbol{A}^{-}\boldsymbol{A}$는 멱등행렬이다.

8.20 $\boldsymbol{A}$가 p개의 열을 갖는다고 하자. $\boldsymbol{y} = \boldsymbol{Ax}$의 일반해는 다음과 같이 주어짐을 보이시오.

$$\tilde{\boldsymbol{x}} = \boldsymbol{A}^{-}\boldsymbol{y} + (\boldsymbol{A}^{-}\boldsymbol{A} - \boldsymbol{I})\boldsymbol{z},$$

여기서 $\boldsymbol{z}$는 임의의 p차원 열벡터이다.

8.21 $\boldsymbol{Ax} = \boldsymbol{y}$를 만족하는 모든 $\boldsymbol{x}$에 대해 $\boldsymbol{Bx}$가 일정할 필요중분조건은 $\boldsymbol{BA}^{-}\boldsymbol{A} = \boldsymbol{B}$임을 보이시오.

8.22 $\boldsymbol{B}^{-}\boldsymbol{A}^{-}$가 $\boldsymbol{AB}$의 일반화역행렬이 될 필요충분조건은 $\boldsymbol{A}^{-}\boldsymbol{ABB}^{-}$가 멱등행렬임을 보이시오.

8.23 $\boldsymbol{C}$가 차수 $n \times m$인 임의의 행렬이고 $\boldsymbol{A}$는 $n \times n$차 정칙행렬이라고 하자. $\boldsymbol{A} + \boldsymbol{CC}'$가 반드시 정칙행렬이 되지는 않는다고 했을 때, 다음을 보이시오.

$$(\boldsymbol{A} + \boldsymbol{CC}')^{-} = \boldsymbol{A}^{-1} - \boldsymbol{A}^{-1}\boldsymbol{C}(\mathbf{1} + \boldsymbol{C}'\boldsymbol{A}^{-1}\boldsymbol{C})^{-}\boldsymbol{C}'\boldsymbol{A}^{-1}.$$

(참고: Henderson and Searle.(1980, p. 15) 그리고 Harville(1976))

8.24 다음의 선형모형(linear model)을 고려하자.

$$\boldsymbol{y} = \boldsymbol{X\beta} + \boldsymbol{\epsilon},$$

여기서 $\boldsymbol{X}$는 계수가 $r(< p)$인 $n \times p(n \geq p)$차 행렬, $\boldsymbol{\epsilon}$은 실험오차를 나타내는 평균이 $\mathbf{0}$이고 분산-공분산행렬(variance-covariance matrix)이 $\sigma^2\boldsymbol{I}_n$으로 주어지는 확률벡터이다. 만약 평균이 $\boldsymbol{a}'\boldsymbol{\beta}$인 일차함수 $\boldsymbol{c}'\boldsymbol{y}$가 존재하면, 일차함수 $\boldsymbol{a}'\boldsymbol{\beta}$를 추정가능(estimable)하다고 한다.

(a) 확률벡터 $\hat{\boldsymbol{\beta}} = (\boldsymbol{X}'\boldsymbol{X})^{-}\boldsymbol{X}'\boldsymbol{y}$가 다음의 식을 만족함을 보이시오.

$$\boldsymbol{X}'\boldsymbol{X}\hat{\boldsymbol{\beta}} = \boldsymbol{X}'\boldsymbol{y}.$$

(b) 만약 $\boldsymbol{a}'\boldsymbol{\beta}$가 추정가능하면, $\boldsymbol{a}'$는 $\boldsymbol{X}$의 행공간에 속함을 보이시오.

(c) 만약 $\boldsymbol{a}'\boldsymbol{\beta}$가 추정가능하면, $\boldsymbol{a}'\hat{\boldsymbol{\beta}}$은 $(\boldsymbol{X}'\boldsymbol{X})^{-}$에 대해 불변임을 보이시오.

9장 행렬미적분

이 장에서는 행렬에 대해 정의되는, 일변수 또는 다변수 미적분에서와 유사한 연산들을 다루고자 한다. 여기에는 행렬함수, 행렬미분, 행렬부등식, 이차형식에서의 극값 등이 포함된다. 또한 통계학에서 나타나는 이러한 연산들의 여러 응용에 대해서도 언급하고자 한다.

9.1 행렬함수

9.1.1 행렬의 함수

$f(x)$를 하나의 변수 x의 함수라고 하자. 이 함수에서 x를 행렬 $\boldsymbol{A}$로 대체하는 경우에 $f(\boldsymbol{A})$를 **행렬함수**(matrix function)라고 한다. 예를 들어, $n \times n$차 행렬 $\boldsymbol{A}$의 **행렬지수함수** $\exp(\boldsymbol{A})$는 스칼라 지수함수의 **멱급수**(power series)

$$\exp(x) = \sum_{i=0}^{\infty} \frac{1}{i!} x^i$$

를 이용하여 다음과 같이 정의한다.

$$\exp(\boldsymbol{A}) = \boldsymbol{I}_n + \sum_{i=1}^{\infty} \frac{1}{i!} \boldsymbol{A}^i. \tag{9.1}$$

이러한 표현은 식 (9.1)에서의 무한급수가 수렴하는 경우에 의미가 있다. 이러한 형태의 수렴을 이해하기 위해서는 다음의 정의가 필요하다.

■ **정의 9.1** 차수가 $m \times n$인 행렬 $\boldsymbol{A}$의 **노름**(norm) $\|\boldsymbol{A}\|$는 다음의 성질들을 만족하는 스칼라함수이다.

(a) $\| \boldsymbol{A} \| \geq 0$이고, $\| \boldsymbol{A} \| = 0$라는 사실은 $\boldsymbol{A} = \boldsymbol{0}$와 동치이다.
(b) c가 스칼라인 경우, $\| c\boldsymbol{A} \| = |c| \| \boldsymbol{A} \|$.
(c) 차수가 $m \times n$인 임의의 행렬 $\boldsymbol{B}$에 대해서 $\| \boldsymbol{A} + \boldsymbol{B} \| \leq \| \boldsymbol{A} \| + \| \boldsymbol{B} \|$.
(d) 행렬곱 $\boldsymbol{AC}$가 정의되는 임의의 행렬 $\boldsymbol{C}$에 대해서 $\| \boldsymbol{AC} \| \leq \| \boldsymbol{A} \| \| \boldsymbol{C} \|$.

예를 들어, **유클리드 노름**(Euclidean norm) $\| \boldsymbol{A} \|_2$는 다음과 같이 정의된다.

$$\| \boldsymbol{A} \|_2 = \left(\sum_{i=1}^{m} \sum_{j=1}^{n} a_{ij}^2 \right)^{\frac{1}{2}}, \tag{9.2}$$

여기서 $\boldsymbol{A} = (a_{ij})$는 $m \times n$차 행렬이다. 행렬노름의 또 다른 한 예인 **스펙트럼노름**(spectral norm)은 다음과 같이 정의된다.

$$\| \boldsymbol{A} \|_s = \left[e_{max}(\boldsymbol{A}'\boldsymbol{A}) \right]^{\frac{1}{2}}, \tag{9.3}$$

여기서 $e_{max}(\boldsymbol{A}'\boldsymbol{A})$는 $\boldsymbol{A}'\boldsymbol{A}$의 최대고유치이다.

■ **정의 9.2** $\{\boldsymbol{A}_k\}_{k=1}^{\infty}$를 $m \times n$차 행렬들의 무한수열, 그리고 a_{ijk}를 $\boldsymbol{A}_k$의 (i, j)번째 원소라고 하자. 만약 무한급수 $\Sigma_{k=1}^{\infty} a_{ijk}$가 모든 $i = 1, 2, \ldots, m$; $j = 1, 2, \ldots, n$에 대하여 수렴하고

$$\sum_{k=1}^{\infty} a_{ijk} = s_{ij} \tag{9.4}$$

를 만족한다면, 무한급수 $\Sigma_{k=1}^{\infty} \boldsymbol{A}_k$가 $m \times n$차 행렬 $\boldsymbol{S} = (s_{ij})$로 수렴한다고 한다. 식 (9.4)에서의 무한급수들 중 어느 하나라도 발산하는 경우에는 무한급수 $\Sigma_{k=1}^{\infty} \boldsymbol{A}_k$가 발산한다고 한다.

정리 9.1 행렬 $\boldsymbol{A}$를 $n \times n$차 대칭행렬, 그리고 λ_i를 $\boldsymbol{A}$의 $i(i = 1, 2, \ldots, n)$번째 고유치라고 하자. 만약 $i = 1, 2, \ldots, n$에 대해서 $|\lambda_i| < 1$를 만족한다면, 무한급수 $\Sigma_{k=0}^{\infty} \boldsymbol{A}^k$는 $(\boldsymbol{I} - \boldsymbol{A})^{-1}$로 수렴한다.

증명 스펙트럼 분해정리(정리 6.2)를 이용하면 $\boldsymbol{A} = \boldsymbol{P\Lambda P}'$의 형태로 나타낼 수 있는데, 여기서 $\boldsymbol{P}$는 직교행렬이고 $\boldsymbol{\Lambda}$는 $\boldsymbol{A}$의 고유치들로 이루어진 대각행렬이다(보조정리 6.1에 의해서 모든 고유치들은 실수이다). 이로부터 다음을 얻는다.

$$\boldsymbol{A}^k = \boldsymbol{P\Lambda}^k\boldsymbol{P}', \quad k = 0, 1, \ldots.$$

그런데 모든 i에 대해서 $|\lambda_i| < 1$이므로 $k \to \infty$인 경우에 $\boldsymbol{\Lambda}^k \to \boldsymbol{0}$이고 따라서 $\boldsymbol{A}^k \to \boldsymbol{0}$이다. 뿐만 아니라 $\boldsymbol{I} - \boldsymbol{A} = \boldsymbol{P}(\boldsymbol{I} - \boldsymbol{\Lambda})\boldsymbol{P}'$이고 $\boldsymbol{I} - \boldsymbol{\Lambda}$의 대각원소들은 모두 양수이므로 $\boldsymbol{I} - \boldsymbol{A}$는 정칙행렬이다. 따라서 4.12절의 결과를 이용하면

$$\boldsymbol{I} + \boldsymbol{A} + \cdots + \boldsymbol{A}^k = (\boldsymbol{I} - \boldsymbol{A})^{-1}(\boldsymbol{I} - \boldsymbol{A}^{k+1}).$$

이제 k를 ∞로 보내면 다음의 식을 얻는다.

$$\sum_{k=0}^{\infty} \boldsymbol{A}^k = (\boldsymbol{I} - \boldsymbol{A})^{-1}. \tag{9.5}$$

■

정리 9.2 행렬 $\boldsymbol{A}$를 $n \times n$차 대칭행렬, 그리고 λ를 $\boldsymbol{A}$의 임의의 고유치라고 하자. 행렬 $\boldsymbol{A}$의 임의의 노름 $\|\boldsymbol{A}\|$에 대해서 $|\lambda| \le \|\boldsymbol{A}\|$.

증명 고유치 λ에 대응되는 $\boldsymbol{A}$의 고유벡터를 $\boldsymbol{v}$라고 하자. 그러면 $\boldsymbol{A}\boldsymbol{v} = \lambda\boldsymbol{v}$이고 또한

$$\|\lambda \boldsymbol{v}\| = |\lambda| \, \|\boldsymbol{v}\| = \|\boldsymbol{A}\boldsymbol{v}\| \le \|\boldsymbol{A}\| \, \|\boldsymbol{v}\|.$$

위의 식과 $\boldsymbol{v} \ne \boldsymbol{0}$으로부터 $|\lambda| \le \|\boldsymbol{A}\|$. ■

따름정리 9.1 행렬 $\boldsymbol{A}$가 임의로 주어진 노름에 대해 $\|\boldsymbol{A}\| < 1$을 만족하는 $n \times n$차 대칭행렬이라고 하자. 이 경우 무한급수 $\Sigma_{k=0}^{\infty}\boldsymbol{A}^k$는 $(\boldsymbol{1} - \boldsymbol{A})^{-1}$로 수렴한다.

증명 정리 9.2로부터 $i = 1, 2, \ldots, n$에 대해 $|\lambda_i| \le \|\boldsymbol{A}\| < 1$를 만족함을 알 수 있다. 따라서 정리 9.1로부터 자명한 결과이다. ■

이외의 행렬함수들 $\exp(\boldsymbol{A})$, $\sin(\boldsymbol{A})$, $\cos(\boldsymbol{A})$에 대한 급수표현은 다음과 같다.

$$\exp(\boldsymbol{A}) = \sum_{k=0}^{\infty} \frac{1}{k!}\boldsymbol{A}^k$$

$$\sin(\boldsymbol{A}) = \sum_{k=0}^{\infty} (-1)^k \frac{1}{(2k+1)!}\boldsymbol{A}^{2k+1}$$

$$\cos(\boldsymbol{A}) = \sum_{k=0}^{\infty} (-1)^k \frac{1}{(2k)!}\boldsymbol{A}^{2k}.$$

그리고 $\boldsymbol{A}$가 대칭행렬이고 고유치들이 모두 열린구간 $(-1, 1)$ 안에 있는 경우에 한해 정의되는 **로그행렬함수**의 급수표현은 다음과 같다.

$$\log(\boldsymbol{I} - \boldsymbol{A}) = \sum_{k=1}^{\infty} \frac{1}{k}\boldsymbol{A}^k.$$

9.1.2 함수행렬

하나의 변수 x, 또는 여러 개의 변수들 $x_1, x_2, \ldots, x_r$($\boldsymbol{x}$로 표현)의 함수들로 이루어진 행렬을 생각할 수 있다. $\mathbf{F}$를 이용해서 이러한 원소들로 이루어진 행렬을 나타낸다면, 변수 x와 $\boldsymbol{x}$에 대한 함수관계를 각각 $\mathbf{F}(x)$ 그리고 $\mathbf{F}(\boldsymbol{x})$와 같이 표기할 수 있다. 다음은 이에 대한 간단한 예제들이다.

$$\mathbf{F}(x) = \begin{bmatrix} x^3 & e^x \\ 2^x & 3 + 4x^2 \end{bmatrix}$$

그리고

$$\boldsymbol{x} = \begin{bmatrix} x_1 \\ x_2 \end{bmatrix} \text{에 대해,} \quad \mathbf{F}(\boldsymbol{x}) = \begin{bmatrix} x_1^2 & x_1x_2 & x_2^2 \\ x_1x_2 & x_2^3 & x_1+x_2 \end{bmatrix}.$$

이러한 기호는 다음 절에서도 사용된다.

9.2 비선형방정식의 반복해

다음에 예시된 한 방법에 대한 간단한 표현에서와 같이, 행렬은 **비선형방정식**(nonlinear equation)의 **반복해**(iterative solution)를 공식화하는 데 이용될 수 있다.

해를 구해야 하는 방정식들이 다음과 같이 주어졌다고 하자.

$$f_i(x_1, x_2, \ldots, x_n) = 0, \qquad (i = 1, 2, \ldots, n)$$

여기서 $f_i(x_1, x_2, \ldots, x_n)$는 n개의 미지수 $x_1, x_2, \ldots, x_n$의 비선형함수이다. 미지수 x들 모두를 $\boldsymbol{x}$로 나타내고 함수들 $f_i(\boldsymbol{x})$의 벡터를 $\boldsymbol{f}(\boldsymbol{x})$와 같이 표현한다면, 위의 방정식들은 다음과 같이 간략하게 나타낼 수 있다.

$$\boldsymbol{f}(\boldsymbol{x}) = \mathbf{0}. \tag{9.6}$$

이 방정식과 관련하여 아래와 같이 $n \times n$차 행렬을 정의하자.

$$\boldsymbol{G}(\boldsymbol{x}) = \{g_{ij}(\boldsymbol{x})\} = \left\{ \frac{\partial}{\partial x_j} f_i(\boldsymbol{x}) \right\}, \quad (i, j = 1, 2, \ldots, n)$$

여기서 함수들 $f_i(x)$는 명시적인 해를 구하기 어려운 충분히 복잡한 함수라고 가정한다. 먼저 $\boldsymbol{x}_0$를 해에 대한 초기추정치(first guess)라고 하자. 일련의 개선되는 추정치(즉, 일련의 반복해)와 관련해서 r번째 추정치 $\boldsymbol{x}_r$은 다음의 식을 이용해서 구할 수 있다.

$$\boldsymbol{f}(\boldsymbol{x}_{r+1}) = \boldsymbol{f}(\boldsymbol{x}_r) + \boldsymbol{G}(\boldsymbol{x}_r)\boldsymbol{\Delta}_r, \tag{9.7}$$

여기서

$$\boldsymbol{\Delta}_r = \boldsymbol{x}_{r+1} - \boldsymbol{x}_r. \tag{9.8}$$

초기근사로서, 식 (9.7)은 **테일러 전개**(Taylor's expansion)의 다변수로의 확장이다.

초기추정치 $\boldsymbol{x}_0$(즉 $r = 0$)에서 시작해서 식 (9.7)을 이용하여 $\boldsymbol{\Delta}_r$을 구하면, 다시 식 (9.8)을 이용하여 $\boldsymbol{x}_{r+1}$을 구할 수 있다. 즉, $\boldsymbol{x}_{r+1} = \boldsymbol{x}_r + \boldsymbol{\Delta}_r$이다. 다시 말해, $\boldsymbol{x}_{r+1}$이 식 (9.6)의 해라고 하면 식 (9.7)은 $\mathbf{0} = \boldsymbol{f}(\boldsymbol{x}_r) + \boldsymbol{G}(\boldsymbol{x}_r)\boldsymbol{\Delta}_r$이 된다. 이로부터, $\boldsymbol{G}(\boldsymbol{x}_r)$이 정칙이라면

$$\boldsymbol{\Delta}_r = -\left[\boldsymbol{G}(\boldsymbol{x}_r)\right]^{-1} \boldsymbol{f}(\boldsymbol{x}_r). \tag{9.9}$$

이 된다. 이 값을 이용하면, 식 (9.8)로부터

$$\boldsymbol{x}_{r+1} = \boldsymbol{x}_r + \boldsymbol{\Delta}_r. \tag{9.10}$$

식 (9.9)에서의 $\boldsymbol{x}_r$의 값으로 주어진 $\boldsymbol{x}_0$를 사용하면, 식 (9.10)으로부터 $\boldsymbol{x}_1$값을 얻는다. 이 값을 다시 식 (9.9)의 $\boldsymbol{x}_r$값으로 사용하면 식 (9.10)으로부터 다시 $\boldsymbol{x}_2$값을 얻는다. 이러한 절차를 $\boldsymbol{\Delta}_r$의 값이 만족할 만큼 **0**에 가까워질 때까지 계속하면 $\boldsymbol{x}_r$은 식 (9.6)의 해에 대한 근사치가 된다. 물론, 이와 같은 접근법은 수렴의 비율, 여러 개의 해, 산술적 안정성 등의 문제가 포함되어 있다. 이러한 문제들은 수치해석자들의 관심거리이며, 이 책의 수준을 넘는다. 식 (9.9)와 식 (9.10)의 전개는 단지 행렬 표시의 사용에 대한 예를 제시하고자 한 것에 불과하다.

9.3 미분연산자벡터

이 절과 다음 절의 내용은 단순히 미분학을 이용한 것으로 미분학에 익숙하지 못한 독자들은 생략해도 무방하다.

9.3.1 스칼라

때때로 다변량함수를 각각의 변수에 대해 미분해야 되는 경우가 있다. 이때, 도함수를 열벡터로 쓰게 되면 편리하다. 이러한 벡터의 일반적인 사용은 변수들의 일차함수와 이차형식에 국한되므로, 이 절에서는 일차함수와 이차형식만을 다룬다. 예를 들어, 스칼라 λ, x_1, x_2, x_3에 대해, 다음이 일차함수

$$\lambda = 3x_1 + 4x_2 + 9x_3$$

의 x_1, x_2, x_3에 대한 도함수들은 다음과 같이 나타낼 수 있다.

$$\frac{\partial \lambda}{\partial \mathbf{x}} = \begin{bmatrix} \dfrac{\partial \lambda}{\partial x_1} \\ \dfrac{\partial \lambda}{\partial x_2} \\ \dfrac{\partial \lambda}{\partial x_3} \end{bmatrix} = \begin{bmatrix} \dfrac{\partial}{\partial x_1} \\ \dfrac{\partial}{\partial x_2} \\ \dfrac{\partial}{\partial x_3} \end{bmatrix} \lambda = \begin{bmatrix} 3 \\ 4 \\ 9 \end{bmatrix}.$$

두 번째 벡터에서 보는 바와 같이 기호 $\dfrac{\partial}{\partial \mathbf{x}}$는 모든 변수에 대한 미분연산자들로 이루어진 열벡터를 나타낸다. 또한, 다음의 표현에 주목하면,

$$\lambda = 3x_1 + 4x_2 + 9x_3 = [3 \quad 4 \quad 9] \begin{bmatrix} x_1 \\ x_2 \\ x_3 \end{bmatrix} = \mathbf{a}'\mathbf{x},$$

연산자 열 $\frac{\partial}{\partial \boldsymbol{x}}$를 스칼라 $\boldsymbol{a}'\boldsymbol{x} = \boldsymbol{x}'\boldsymbol{a}$에 적용했을 때의 미분은 다음과 같음을 알 수 있다.

$$\frac{\partial}{\partial \boldsymbol{x}}(\boldsymbol{a}'\boldsymbol{x}) = \frac{\partial}{\partial \boldsymbol{x}}(\boldsymbol{x}'\boldsymbol{a}) = \boldsymbol{a}. \tag{9.11}$$

9.3.2 벡터

행벡터 $\boldsymbol{y}' = \boldsymbol{x}'\boldsymbol{A}$를 다음과 같이 나타낸다고 하자.

$$\boldsymbol{y}' = [y_1 \quad y_2 \quad \cdots \quad y_n] = [\boldsymbol{x}'\boldsymbol{a}_1 \quad \boldsymbol{x}'\boldsymbol{a}_2 \quad \cdots \quad \boldsymbol{x}'\boldsymbol{a}_n] \tag{9.12}$$

여기서 $\boldsymbol{a}_i(i = 1, \ldots, n)$는 $\boldsymbol{A}$의 i번째 열, 그리고 $y_i = \boldsymbol{x}'\boldsymbol{a}_i$는 $\boldsymbol{y}$의 i번째 원소이다. 만일 식 (9.11)에서의 원리가 $\boldsymbol{y}'$의 각 원소에 적용되면 다음을 얻는다.

$$\begin{aligned}\frac{\partial \boldsymbol{y}'}{\partial \boldsymbol{x}} &= \left[\frac{\partial y_1}{\partial \boldsymbol{x}} \quad \frac{\partial y_2}{\partial \boldsymbol{x}} \quad \cdots \quad \frac{\partial y_n}{\partial \boldsymbol{x}}\right] \\ &= \left[\frac{\partial \boldsymbol{x}'\boldsymbol{a}_1}{\partial \boldsymbol{x}} \quad \frac{\partial \boldsymbol{x}'\boldsymbol{a}_2}{\partial \boldsymbol{x}} \quad \cdots \quad \frac{\partial \boldsymbol{x}'\boldsymbol{a}_n}{\partial \boldsymbol{x}}\right] = [\boldsymbol{a}_1 \quad \boldsymbol{a}_2 \quad \cdots \quad \boldsymbol{a}_n] = \boldsymbol{A}.\end{aligned}$$

따라서

$$\frac{\partial}{\partial \boldsymbol{x}}(\boldsymbol{x}'\boldsymbol{A}) = \boldsymbol{A}. \tag{9.13}$$

즉, 행벡터 $\boldsymbol{y}' = \boldsymbol{x}'\boldsymbol{A}$를 미분하는 경우에 열벡터 $\partial y_i/\partial \boldsymbol{x}$들을 차례대로 옆으로 나란히 놓아 식 (9.13)을 유도하였다. 뿐만 아니라, 열벡터 $\boldsymbol{y} = \boldsymbol{A}\boldsymbol{x}$를 미분하는 경우에도 행벡터에서와 같은 규칙을 따른다. 그렇지 않고 열벡터 $\partial y_i/\partial \boldsymbol{x}$들을 차례대로 밑으로 배치하는 논리를 적용시키면 $\boldsymbol{x} \otimes \boldsymbol{y}$와 같은 차수의 벡터를 얻는다. 즉, $\partial(\boldsymbol{A}\boldsymbol{x})/\partial \boldsymbol{x}$는 $\partial(\boldsymbol{A}\boldsymbol{x})'/\partial \boldsymbol{x}$를 뜻하는 것으로 하고 식 (9.13)에 의해 다음을 얻는다.

$$\frac{\partial}{\partial \boldsymbol{x}}(\boldsymbol{A}\boldsymbol{x}) \equiv \frac{\partial}{\partial \boldsymbol{x}}(\boldsymbol{A}\boldsymbol{x})' = \frac{\partial}{\partial \boldsymbol{x}}(\boldsymbol{x}'\boldsymbol{A}') = \boldsymbol{A}'. \tag{9.14}$$

예를 들어 $\boldsymbol{A}$가 3×3차 행렬인 경우, $\boldsymbol{y} = \boldsymbol{A}\boldsymbol{x}$에 대해서 아래와 같은 결과를 얻는다.

$$\frac{\partial \boldsymbol{y}}{\partial \boldsymbol{x}} = \frac{\partial}{\partial \boldsymbol{x}}(\boldsymbol{A}\boldsymbol{x}) = \begin{bmatrix} \frac{\partial y_1}{\partial x_1} & \frac{\partial y_2}{\partial x_1} & \frac{\partial y_3}{\partial x_1} \\ \frac{\partial y_1}{\partial x_2} & \frac{\partial y_2}{\partial x_2} & \frac{\partial y_3}{\partial x_2} \\ \frac{\partial y_1}{\partial x_3} & \frac{\partial y_2}{\partial x_3} & \frac{\partial y_3}{\partial x_3} \end{bmatrix} = \boldsymbol{A}'. \tag{9.15}$$

예제 9.1 식 (9.15)를

$$\boldsymbol{Ax} = \begin{bmatrix} 2 & 6 & -1 \\ 3 & -2 & 4 \\ 3 & 4 & 7 \end{bmatrix} \begin{bmatrix} x_1 \\ x_2 \\ x_3 \end{bmatrix} = \begin{bmatrix} 2x_1 + 6x_2 - x_3 \\ 3x_1 - 2x_2 + 4x_3 \\ 3x_1 + 4x_2 + 7x_3 \end{bmatrix}$$

에 적용하면 다음을 얻는다.

$$\begin{aligned} &\frac{\partial}{\partial \boldsymbol{x}}(\boldsymbol{Ax}) \\ &= \left[\frac{\partial}{\partial \mathbf{x}}(2x_1 + 6x_2 - x_3) \quad \frac{\partial}{\partial \mathbf{x}}(3x_1 - 2x_2 + 4x_3) \quad \frac{\partial}{\partial \mathbf{x}}(3x_1 + 4x_2 + 7x_3)\right] \\ &= \begin{bmatrix} 2 & 3 & 3 \\ 6 & -2 & 4 \\ -1 & 4 & 7 \end{bmatrix} = \boldsymbol{A}'. \end{aligned}$$

9.3.3 이차형식

내적 $\boldsymbol{f}'\boldsymbol{g}$에 $\boldsymbol{x}$에 대한 부분미분(differentiation by parts)의 원리를 적용하면 다음을 얻는다.

$$\frac{\partial(\boldsymbol{f}'\boldsymbol{g})}{\partial \boldsymbol{x}} = \frac{\partial \boldsymbol{f}'}{\partial \boldsymbol{x}}\boldsymbol{g} + \frac{\partial \boldsymbol{g}'}{\partial \boldsymbol{x}}\boldsymbol{f}.$$

이제 $\boldsymbol{f} = \boldsymbol{x}$ 그리고 $\boldsymbol{g} = \boldsymbol{Ax}$라고 놓고 식 (9.13)과 식 (9.14)를 이용하면, $\boldsymbol{x}$에 대한 이차형식의 미분은 다음과 같다.

$$\begin{aligned} \frac{\partial(\boldsymbol{x}'\boldsymbol{Ax})}{\partial \boldsymbol{x}} &= \frac{\partial \boldsymbol{x}'}{\partial \boldsymbol{x}}\boldsymbol{Ax} + \frac{\partial(\boldsymbol{Ax})'}{\partial \boldsymbol{x}}\boldsymbol{x} \\ &= \boldsymbol{Ax} + \boldsymbol{A}'\boldsymbol{x}, \end{aligned} \tag{9.16}$$

특수한 경우로, $\boldsymbol{A}$가 대칭행렬이면

$$\frac{\partial(\boldsymbol{x}'\boldsymbol{Ax})}{\partial \boldsymbol{x}} = 2\boldsymbol{Ax}. \tag{9.17}$$

예제 9.2

$$\begin{aligned} q = \boldsymbol{x}'\boldsymbol{Ax} &= [x_1 \quad x_2 \quad x_3] \begin{bmatrix} 1 & 3 & 5 \\ 3 & 4 & 7 \\ 5 & 7 & 9 \end{bmatrix} \begin{bmatrix} x_1 \\ x_2 \\ x_3 \end{bmatrix} \\ &= x_1^2 + 6x_1x_2 + 10x_1x_3 + 4x_2^2 + 14x_2x_3 + 9x_3^2 \end{aligned}$$

에 대해서

$$\frac{\partial q}{\partial \mathbf{x}} = \begin{bmatrix} \dfrac{\partial q}{\partial x_1} \\ \dfrac{\partial q}{\partial x_2} \\ \dfrac{\partial q}{\partial x_3} \end{bmatrix} = \begin{bmatrix} 2x_1 + 6x_2 + 10x_3 \\ 6x_1 + 8x_2 + 14x_3 \\ 10x_1 + 14x_2 + 18x_3 \end{bmatrix} = 2\boldsymbol{Ax}.$$

예제 9.3 통계학에서의 최소제곱법(method of least squares)은 아래의 식에서의 벡터 $\boldsymbol{e}$의 원소의 제곱합을 최소화하는 문제를 포함한다.

$$\boldsymbol{y} = \boldsymbol{Xb} + \boldsymbol{e}. \tag{9.18}$$

만일 $\boldsymbol{e} = \{e_i\}(i = 1, 2, \ldots, n)$이면, 제곱합은 다음과 같이 나타낼 수 있고,

$$\begin{aligned} S &= \sum_{i=1}^{n} e_i^{\,2} = \boldsymbol{e}'\boldsymbol{e} = (\boldsymbol{y} - \boldsymbol{Xb})'(\boldsymbol{y} - \boldsymbol{Xb}) \\ &= \boldsymbol{y}'\boldsymbol{y} - \boldsymbol{b}'\boldsymbol{X}'\boldsymbol{y} - \boldsymbol{y}'\boldsymbol{Xb} + \boldsymbol{b}'\boldsymbol{X}'\boldsymbol{Xb}, \end{aligned}$$

여기서 $\boldsymbol{y}'\boldsymbol{Xb}$는 스칼라이기 때문에 $\boldsymbol{b}'\boldsymbol{Xy}$와 같으므로

$$S = \boldsymbol{y}'\boldsymbol{y} - 2\boldsymbol{b}'\boldsymbol{X}'\boldsymbol{y} + \boldsymbol{b}'\boldsymbol{X}'\boldsymbol{Xb}.$$

이다. S를 $\boldsymbol{b}$에 대해 최소화하는 문제는 결국 $\dfrac{\partial S}{\partial \boldsymbol{b}}$가 영이 되는 $\boldsymbol{b}$를 찾는 문제로 귀착된다. 따라서 식 (9.13)과 식 (9.17)을 이용하면

$$\frac{\partial S}{\partial \boldsymbol{b}} = -2\boldsymbol{X}'\boldsymbol{y} + 2\boldsymbol{X}'\boldsymbol{Xb},$$

그리고 이 식을 영벡터와 같게 해서 이를 만족시키는 값을 $\boldsymbol{b}$라고 하면 정규방정식

$$\boldsymbol{X}'\boldsymbol{Xb} = \boldsymbol{X}'\boldsymbol{y} \tag{9.19}$$

를 얻는데, 이는 다음을 해로 갖는다.

$$\boldsymbol{b} = (\boldsymbol{X}'\boldsymbol{X})^{-}\boldsymbol{X}'\boldsymbol{y}. \tag{9.20}$$

예제 9.4 하젤(Hazel, 1943)에 의해 제안된 유전학의 **색인선택법**(selection index method)은 다음과 같이 공식화할 수 있다. $\boldsymbol{x}$를 동물들 중에서 어떤 특성에 관한 관측치(표현형)의 벡터라고 하고, $\boldsymbol{b}$를 관측치와 결합하여 색인 $\boldsymbol{I} = \boldsymbol{b}'\boldsymbol{x}$를 얻는 데 사용되는 계수들의 벡터라고 하자. $\boldsymbol{x}$에 표시된 특성에 대응하여, $\boldsymbol{g}$를 (미지의) 유전적 특질의 벡터라고 하고, $\boldsymbol{a}$를 이들 특성의 상대적 **경제치**(economic value)로 이루어진 벡터라고 하자. 그러면, $\boldsymbol{b}$를 이루는 계수들은 $\boldsymbol{I} = \boldsymbol{b}'\boldsymbol{x}$와 결합된 유전적 특질인 $\boldsymbol{H} = \boldsymbol{a}'\boldsymbol{g}$와의 상관계수를 최대화하는 것으로 결정된다. 이 상관계수는 아래와 같이 주어지는데

$$r_{IH} = \frac{\text{cov}(IH)}{\sigma_I \sigma_H} = \frac{\boldsymbol{b}'\boldsymbol{Ga}}{\sqrt{\boldsymbol{b}'\boldsymbol{Pb}}\sqrt{\boldsymbol{a}'\boldsymbol{Ga}}},$$

여기서 $\boldsymbol{P}$는 표현형의 분산과 공분산에 관한 행렬, 즉 표현형의 값인 벡터 $\boldsymbol{x}$의 분산-공분산행렬이고, $\boldsymbol{G}$는 유전적 특질치 $\boldsymbol{g}$에 대응되는 분산-공분산행렬이다. 이 상관계수를 최대화하는 $\boldsymbol{b}$의 원소들은 $\boldsymbol{b}'\boldsymbol{Ga}/\sqrt{\boldsymbol{b}'\boldsymbol{Pb}}$를 최대화함으로써 얻어진다. 식 (9.13), (9.17)을 이용하여 $\boldsymbol{b}$에 대해 미분하고 이를 영으로 놓고, 다시 $\boldsymbol{P}$와 $\boldsymbol{G}$가 대칭행렬임을 이용하면 다음 식을 얻는다.

$$\left(\sqrt{\boldsymbol{b}'\boldsymbol{Pb}}\right)\boldsymbol{Ga} = \frac{1}{2}(\boldsymbol{b}'\boldsymbol{Pb})^{-\frac{1}{2}}2\boldsymbol{Pb}(\boldsymbol{b}'\boldsymbol{Ga}),$$

즉

$$(\boldsymbol{b}'\boldsymbol{Ga})\boldsymbol{Pb} = (\boldsymbol{b}'\boldsymbol{Pb})\boldsymbol{Ga}$$

스칼라를 제외하면, 이 방정식의 모든 해는 $\boldsymbol{Pb} = \boldsymbol{Ga}$의 해에 비례한다. 따라서 필요로 하는 값 $\boldsymbol{b}$는 식 $\boldsymbol{Pb} = \boldsymbol{Ga}$의 해로부터 구할 수 있다. 즉,

$$\boldsymbol{b} = \boldsymbol{P}^{-1}\boldsymbol{Ga}. \tag{9.21}$$

이로부터 r_{IH}의 대응되는 (최대의) 값은 $r_{IH} = \sqrt{\dfrac{\boldsymbol{b}'\boldsymbol{Ga}}{\boldsymbol{a}'\boldsymbol{Ga}}}$ 이다.

$\boldsymbol{b}$와 r_{IH}의 추정치는 미리 결정된 $\boldsymbol{a}$의 값, 표현형의 추정치, 그리고 $\boldsymbol{P}$와 $\boldsymbol{G}$에 포함된 유전적 특질의 분산과 공분산을 사용함으로써 얻어진다.

9.4 벡과 벡하 연산자

9.4.1 정의

거의 1세기에 걸친 행렬연산 중 최근 새로운 관심의 대상이 되고 있는 연산이 있다(헨더슨과 서얼(Henderson and Searle, 1979)의 논문 참조). 이 연산은 행렬을 이루는 열들을 차례대로 밑으로 붙여 한 열로 만드는 연산이다. 과거로부터 여러 가지 이름들이 이 연산에 붙여졌지만 가장 최근의 것은 **벡**(Vec)이다. 정의로부터

$$\boldsymbol{X} = \begin{bmatrix} 1 & 2 & 3 \\ 4 & 5 & 6 \end{bmatrix} \text{에 대해서} \quad \text{vec}\,\boldsymbol{X} = \begin{bmatrix} 1 \\ 4 \\ 2 \\ 5 \\ 3 \\ 6 \end{bmatrix}.$$

표기는 vec($\boldsymbol{X}$)와 vec $\boldsymbol{X}$ 모두 통용된다.

벡의 확장된 개념으로 **벡하**(Vech)가 있다. 이 연산은 각 열의 일부분, 즉 대각원소와 대각원소 밑의 원소들로만 이루어진 열을 차례대로 밑으로 붙여 한 열로 만드는 연산으로, 연산의 결과를 vech $\boldsymbol{X}$(vector-half of $\boldsymbol{X}$)로 표시한다. 따라서 $\boldsymbol{X}$가 대칭인 경우에, vech $\boldsymbol{X}$는 대칭의 한 부분에만 속하는 $\boldsymbol{X}$의 원소들로 이루어진다. 즉,

$$\boldsymbol{X}=\begin{bmatrix}1&7&6\\7&3&8\\6&8&2\end{bmatrix}=\boldsymbol{X}' \text{에 대해서} \quad \text{vech}\,\boldsymbol{X}=\begin{bmatrix}1\\7\\6\\3\\8\\2\end{bmatrix}.$$

헨더슨과 서얼(Henderson and Searle, 1979)은 이 연산자들에 대한 역사, 성질, 많은 응용사례를 제시하였다. 여기에서는 그 중 중요한 부분만을 요약한다.

9.4.2 벡의 성질들

다음 세 가지 정리들은 벡 연산자의 유용한 성질들을 제공한다. 첫째, 둘째 정리의 증명은 5.1.5절에서 언급된 $\boldsymbol{e}_i$번째 기초벡터, 즉 항등행렬의 i번째 열을 이용한다.

정리 9.3 $vec(\boldsymbol{ABC})=(\boldsymbol{C}'\otimes\boldsymbol{A})vec\,\boldsymbol{B}$.

증명 $\boldsymbol{ABC}$의 j번째 열, 즉 vec($\boldsymbol{ABC}$)의 j번째 부분벡터는 행렬 $\boldsymbol{C}$가 r개의 열을 갖는다고 했을 때 다음과 같이 나타내는데,

$$\boldsymbol{ABCe}_j=\boldsymbol{AB}\sum_i \boldsymbol{e}_i\boldsymbol{e}_i'\boldsymbol{Ce}_j=\sum_i c_{ij}\boldsymbol{ABe}_i=[c_{1j}\boldsymbol{A}\quad c_{2j}\boldsymbol{A}\quad\cdots\quad c_{rj}\boldsymbol{A}]\begin{bmatrix}\boldsymbol{Be}_1\\\boldsymbol{Be}_2\\\vdots\\\boldsymbol{Be}_r\end{bmatrix},$$

이것은 $(\boldsymbol{C}'\otimes\boldsymbol{A})vec\,\boldsymbol{B}$의 j번째 부분벡터이다. ■

정리 9.4 $tr(\boldsymbol{AB})=(vec\,\boldsymbol{A}')'vec\,\boldsymbol{B}$.

증명 $tr(\boldsymbol{AB})=\Sigma_i\boldsymbol{e}_i'\boldsymbol{ABe}_i=[\boldsymbol{e}_1'\boldsymbol{A}\quad\cdots\quad\boldsymbol{e}_r'\boldsymbol{A}]\begin{bmatrix}\boldsymbol{Be}_1\\\vdots\\\boldsymbol{Be}_r\end{bmatrix}=(\text{vec}\,\boldsymbol{A}')'\text{vec}\,\boldsymbol{B}.$ ■

정리 9.5 $tr(\boldsymbol{AZ'BZC}) = (vec\ \boldsymbol{Z})'(\boldsymbol{CA} \otimes \boldsymbol{B}')vec\ \boldsymbol{Z}$.

증명 정리 9.3과 9.4의 사실을 이용하면 다음을 얻는데,

$$\begin{aligned} tr(\boldsymbol{AZ'BZC}) &= tr(\boldsymbol{Z'BZCA}) \\ &= (\text{vec}\ \boldsymbol{Z})'\text{vec}(\boldsymbol{BZCA}), \qquad (\text{정리 } 9.4) \\ &= (\text{vec}\ \boldsymbol{Z})'(\boldsymbol{A'C'} \otimes \boldsymbol{B})\text{vec}\ \boldsymbol{Z}, \ (\text{정리 } 9.3) \end{aligned}$$

이는 스칼라이므로 자신의 전치와 같다. ■

9.4.3 벡-치환 행렬

vec $\boldsymbol{A}$와 vec $\boldsymbol{A}'$은 같은 원소를 갖지만 원소의 순서는 다르다. $\boldsymbol{I}_{m,n}$을 vec $\boldsymbol{A}'$를 vec $\boldsymbol{A}$로 재구성하는 **치환행렬**(permutation matrix)으로 정의하자(4.17절 참조). 즉,

$$\text{vec}(\boldsymbol{A}_{m\times n}) = \boldsymbol{I}_{m,n}\text{vec}(\boldsymbol{A}'). \tag{9.22}$$

이 경우 행렬 $\boldsymbol{I}_{m,n}$을 **벡-치환 행렬**(vec-pemutation matrix)이라고 한다.

vec $\boldsymbol{A}$와 vec $\boldsymbol{A}'$ 사이의 관계로부터 백-치환 행렬의 여러 가지 성질들을 이끌어낼 수 있는데, 그 중 가장 중요한 것은 직적(4.11절 참조) $\boldsymbol{A} \otimes \boldsymbol{B}$와 $\boldsymbol{B} \otimes \boldsymbol{A}$ 사이의 아래와 같은 관계를 나타내는 역할이다.

$$\boldsymbol{B}_{p\times q} \otimes \boldsymbol{A}_{m\times n} = \boldsymbol{I}_{m,p}(\boldsymbol{A}_{m\times n} \otimes \boldsymbol{B}_{p\times q})\boldsymbol{I}_{q,n}. \tag{9.23}$$

치환행렬에 관한 좀 더 많은 사실과 결과를 알고 싶은 독자들은 헨더슨과 서얼(Henderson and Searle, 1981b)의 논문을 참조하기 바란다.

9.4.4 벡과 벡하의 관계

$\boldsymbol{X}$가 대칭이면 vec $\boldsymbol{X}$의 원소들은 vech $\boldsymbol{X}$의 원소들의 반복을 통하여 얻을 수 있다. 그러므로 대칭인 $\boldsymbol{X}$에 대한 vec $\boldsymbol{X}$와 vech $\boldsymbol{X}$는 선형관계에 있다. 즉, 적당한 행렬 $\boldsymbol{H}$와 $\boldsymbol{G}$가 존재하여

$$\boldsymbol{X} = \boldsymbol{X}'\text{에 대해 vech } \boldsymbol{X} = \boldsymbol{H}\ \text{vec}\ \boldsymbol{X} \text{ 그리고 vec } \boldsymbol{X} = \boldsymbol{G}\ \text{vech}\ \boldsymbol{X}. \tag{9.24}$$

이러한 행렬 $\boldsymbol{H}$와 $\boldsymbol{G}$는 $\boldsymbol{X}$의 차수가 $n \times n$일 때 다음과 같은 성질들을 가지고 있다.

$\boldsymbol{G}$는 유일하며, 최대열계수 $\frac{1}{2}n(n+1)$을 가지고 $\boldsymbol{I}_{n,n}\boldsymbol{G} = \boldsymbol{G}$를 만족한다.
$\boldsymbol{H}$는 유일하지 않지만 최대열계수 $\frac{1}{2}n(n+1)$을 갖는다.
$\boldsymbol{H}$는 $\boldsymbol{G}$의 좌역행렬이다. 즉, $\boldsymbol{HG} = \boldsymbol{I}$.

$\boldsymbol{H}$의 한 형태는 $\boldsymbol{H} = \boldsymbol{G}^+ = (\boldsymbol{G'G})^{-1}\boldsymbol{G}'$(여기서 $\boldsymbol{G}^+$는 무어-펜로즈 역행렬)로 주어지는데, 이 행렬은 $\boldsymbol{HI}_{n,n} = \boldsymbol{H}$와 $\boldsymbol{GH} = \frac{1}{2}(\boldsymbol{I}_{n^2} + \boldsymbol{I}_{n,n})$을 만족한다.

$$\text{임의의 } \boldsymbol{H}\text{에 대하여 } |\boldsymbol{H}(\boldsymbol{X} \otimes \boldsymbol{X})\boldsymbol{G}| = |\boldsymbol{X}|^{n+1}\text{이 성립한다.}$$

이 분야에 대한 좀 더 많은 결과를 원하는 독자들은 헨더슨과 서얼(Henderson and Searle, 1981a)의 논문을 참조하기 바란다. 여기에는 또한 $\boldsymbol{H}$와 $\boldsymbol{G}$에 대한 여러 가지 예들이 제시되어 있다.

9.5 그 외의 미적분 결과들

9.3절의 공식들은 변수의 배열에 관한 미분을 나타내기 위한 행렬표기를 사용한다. 이 원리는 행렬의 여러 가지 변형에 대해서도 적용할 수 있다. 여기서는 그 일부분을 소개한다. 좀 더 다양한 예제에 관심이 있는 독자들은 디머와 올킨(Deemer and Olkin, 1951), 듀어(Dwyer, 1967), 뉴데커(Neudecker, 1969), 헨더슨과 서얼(Henderson and Searle, 1979), 넬(Nel, 1980), 로저스(Rogers, 1980), 그레이빌(Graybill, Chapter 10, 1983), 하빌(Harvill, Chapter 15, 1997) 등을 참조하기 바란다.

9.5.1 역행렬의 미분

행렬 $\boldsymbol{A}_{r\times c}$의 원소가 스칼라 x의 함수라고 하자. 이 경우 x에 대한 $\boldsymbol{A}$의 미분은 $\boldsymbol{A}$의 각 원소들을 x에 대해 미분한 것으로 이루어진 행렬로 정의한다. 즉,

$$\frac{\partial \boldsymbol{A}}{\partial x} = \left\{ \frac{\partial a_{ij}}{\partial x} \right\} \text{ 단 } i = 1, \ldots, r \text{ 그리고 } j = 1, \ldots, c. \tag{9.25}$$

이 정의를 $\boldsymbol{A}$가 정칙행렬인 경우의 곱 $\boldsymbol{AA}^{-1} = \boldsymbol{I}$에 적용하면 다음과 같다.

$$\frac{\partial \boldsymbol{A}^{-1}}{\partial x} = -\boldsymbol{A}^{-1}\frac{\partial \boldsymbol{A}}{\partial x}\boldsymbol{A}^{-1}. \tag{9.26}$$

9.5.2 대각합에 대한 미분

스칼라 θ가 행렬 $\boldsymbol{X}_{p\times q}$의 함수일 때, 즉 $\boldsymbol{X}$를 이루는 원소들에 대한 함수일 때, 스칼라 θ의 $\boldsymbol{X}$에 대한 미분은 다음과 같이 정의된다.

$$\frac{\partial \theta}{\partial \boldsymbol{X}} = \left\{ \frac{\partial \theta}{\partial x_{ij}} \right\} \text{ 단 } i = 1, \ldots, p \text{ 그리고 } j = 1, \ldots, q. \tag{9.27}$$

$\boldsymbol{X}$에 대한 대각합(trace) 함수는 이 경우의 특수한 예이다. 함수적으로 독립적인 원소를 갖고 있는 행렬 $\boldsymbol{X}$에 대해

$$\frac{\partial}{\partial x_{ij}} tr(\boldsymbol{XA}) = \frac{\partial}{\partial x_{ij}} \sum_r \sum_s x_{rs}a_{sr} = a_{ji}$$

가 성립하고 따라서 다음의 식을 얻는다.

$$\frac{\partial}{\partial \boldsymbol{X}} tr(\boldsymbol{XA}) = \boldsymbol{A}'. \tag{9.28}$$

하지만, X가 대칭인 경우와 같이 X의 원소들이 함수적으로 관련되어 있다면 식 (9.28)은 성립하지 않는다. 즉, X가 대칭행렬인 경우에는, 핸더슨과 서얼(Handerson and Searle, Equation (58), 1981a)에 주어진 바와 같이, 다음 식을 만족한다.

$$\frac{\partial}{\partial \mathbf{X}} tr(\boldsymbol{XA}) = \boldsymbol{A} + \boldsymbol{A}' - \mathrm{diag}(\boldsymbol{A}), \tag{9.29}$$

여기서 $diag(\boldsymbol{A})$는 $\boldsymbol{A}$의 대각원소로 이루어진 대각행렬이다.

9.5.3 행렬에 대한 행렬의 미분

차수가 $m \times n$인 행렬 $\boldsymbol{Y} = (y_{ij})$의 각 원소들이 $p \times q$차 행렬 $\boldsymbol{X} = (x_{ij})$의 함수라면, $\frac{\partial \boldsymbol{Y}}{\partial \boldsymbol{X}}$와 같이 표기되는 행렬 $\boldsymbol{X}$에 대한 행렬 $\boldsymbol{Y}$의 미분은 다음과 같은 분할행렬로 정의된다.

$$\frac{\partial \boldsymbol{Y}}{\partial \boldsymbol{X}} = \begin{bmatrix} \frac{\partial \boldsymbol{Y}}{\partial x_{11}} & \frac{\partial \boldsymbol{Y}}{\partial x_{12}} & \cdots & \frac{\partial \boldsymbol{Y}}{\partial x_{1q}} \\ \frac{\partial \boldsymbol{Y}}{\partial x_{21}} & \frac{\partial \boldsymbol{Y}}{\partial x_{22}} & \cdots & \frac{\partial \boldsymbol{Y}}{\partial x_{2q}} \\ \cdots & \cdots & \cdots & \cdots \\ \frac{\partial \boldsymbol{Y}}{\partial x_{p1}} & \frac{\partial \boldsymbol{Y}}{\partial x_{p2}} & \cdots & \frac{\partial \boldsymbol{Y}}{\partial x_{pq}} \end{bmatrix},$$

여기서 $\frac{\partial \boldsymbol{Y}}{\partial x_{ij}}$는 x_{ij}에 대한 $\boldsymbol{Y}$의 미분이다. $\frac{\partial \boldsymbol{Y}}{\partial x_{ij}}$의 차수가 $m \times n$이므로 행렬 $\frac{\partial \boldsymbol{Y}}{\partial \boldsymbol{X}}$의 차수는 $mp \times nq$가 된다.

예를 들어,

$$\boldsymbol{X} = \begin{bmatrix} x_{11} & x_{12} \\ x_{21} & x_{22} \end{bmatrix}$$

그리고

$$\boldsymbol{Y} = \begin{bmatrix} x_{11} & x_{21}^3 \\ \cos(2x_{11} + 3x_{22}) & e^{x_{11}} \end{bmatrix}$$

라고 하면,

$$\frac{\partial \boldsymbol{Y}}{\partial x_{11}} = \begin{bmatrix} 1 & 0 \\ -2\sin(2x_{11} + 3x_{22}) & e^{x_{11}} \end{bmatrix}$$

$$\frac{\partial \boldsymbol{Y}}{\partial x_{12}} = \begin{bmatrix} 0 & 0 \\ 0 & 0 \end{bmatrix}$$

$$\frac{\partial \boldsymbol{Y}}{\partial x_{21}} = \begin{bmatrix} 0 & 3x_{21}^2 \\ 0 & 0 \end{bmatrix}$$

$$\frac{\partial \boldsymbol{Y}}{\partial x_{22}} = \begin{bmatrix} 0 & 0 \\ -3\sin(2x_{11}+3x_{22}) & 0 \end{bmatrix}.$$

따라서

$$\frac{\partial \boldsymbol{Y}}{\partial \boldsymbol{X}} = \begin{bmatrix} 1 & 0 & 0 & 0 \\ -2\sin(2x_{11}+3x_{22}) & e^{x_{11}} & 0 & 0 \\ 0 & 3x_{21}^2 & 0 & 0 \\ 0 & 0 & -3\sin(2x_{11}+3x_{22}) & 0 \end{bmatrix}.$$

9.5.4 행렬식에 대한 미분

모든 원소가 함수적으로 독립인 행렬 $\boldsymbol{X}$에 대해, 다음 식이 성립하는 것은 자명하다.

$$\frac{\partial \boldsymbol{X}}{\partial x_{ij}} = \mathbf{E}_{ij}, \tag{9.30}$$

여기서 $\boldsymbol{E}_{ij}$는 (i, j)번째 원소만 1이고 나머지는 모두 영인 행렬로, 5.1.5절에 정의된 단위벡터를 사용하면 $\boldsymbol{E}_{ij} = \boldsymbol{e}_i\boldsymbol{e}_j'$와 같이 나타낼 수 있다. 이로부터 $\boldsymbol{Q}$가 $m \times p$차 행렬이라면

$$\begin{aligned} \frac{\partial(\boldsymbol{QX})}{\partial x_{ij}} &= \boldsymbol{Q}\frac{\partial \boldsymbol{X}}{\partial x_{ij}} \\ &= \boldsymbol{QE}_{ij}, \ \ i = 1, 2, \ldots, p; \ j = 1, 2, \ldots, q. \end{aligned} \tag{9.31}$$

따라서 $\dfrac{\partial \boldsymbol{QX}}{\partial \boldsymbol{X}} = \mathbf{0}$이라면 $\boldsymbol{Q}$는 영행렬이어야 한다(연습문제 19).

행렬 $\boldsymbol{X}$가 대칭인 경우에는 다음이 성립한다.

$$\frac{\partial \boldsymbol{X}}{\partial x_{ij}} = \boldsymbol{E}_{ij} + \boldsymbol{E}_{ji} - \delta_{ij}\boldsymbol{E}_{ij} \tag{9.32}$$

여기서 δ는 크로네커 델타이다. 즉 $i \neq j$이면 $\delta_{ij} = 0$, 그리고 $i = j$이면 $\delta_{ij} = 1$이다.

3장의 내용을 상기하면, 각 i에 대해서 $|\boldsymbol{X}| = \Sigma_j x_{ij}|\boldsymbol{X}_{ij}|$가 성립하는데, 여기서 $\boldsymbol{X} = \{x_{ij}\}$이고 $|\boldsymbol{X}_{ij}|$는 x_{ij}의 여인자(cofactor)이다. 따라서 $\boldsymbol{X}$의 모든 원소가 함수적으로 독립일 때는, 식 (9.30)과 비교하여, 다음의 식을 얻는다.

$$\frac{\partial |\boldsymbol{X}|}{\partial x_{ij}} = |\boldsymbol{X}_{ij}|. \tag{9.33}$$

그러나 $\boldsymbol{X}$가 대칭인 경우에는 식 (9.32)에서와 비슷하게 아래와 같은 식이 성립한다.

$$\begin{aligned}\frac{\partial|\boldsymbol{X}|}{\partial x_{ij}} &= |\boldsymbol{X}_{ij}| + |\boldsymbol{X}_{ji}| - \delta_{ij}|\boldsymbol{X}_{ij}| \\ &= (2-\delta_{ij})|\boldsymbol{X}_{ij}|.\end{aligned} \tag{9.34}$$

그러므로 $\boldsymbol{X}$의 여인자행렬을 adj $\boldsymbol{X}$로 나타내고 식 (9.33)과 식 (9.34)에서의 결과들을 행렬로 배열하면 $\boldsymbol{X}^{-1} = \text{adj}(\boldsymbol{X})/|\boldsymbol{X}|$에 대해서 다음의 결과들을 얻는다. $\boldsymbol{X}$의 원소들이 함수적으로 독립인 경우에

$$\frac{\partial|\boldsymbol{X}|}{\partial \boldsymbol{X}} = (\text{adj}\,\boldsymbol{X})' = |\boldsymbol{X}|(\boldsymbol{X}^{-1})'; \tag{9.35}$$

$\boldsymbol{X}$가 대칭행렬인 경우에

$$\begin{aligned}\frac{\partial|\boldsymbol{X}|}{\partial \boldsymbol{X}} &= 2(\text{adj}\,\boldsymbol{X}) - \text{diag}(\text{adj}\,\boldsymbol{X}) \\ &= |\boldsymbol{X}|[2\boldsymbol{X}^{-1} - \text{diag}(\boldsymbol{X}^{-1})].\end{aligned} \tag{9.36}$$

더 나아가, $\boldsymbol{X}$가 정칙행렬인 경우에, $\boldsymbol{X}$의 원소들이 함수적으로 독립이면 식 (9.35)로부터

$$\frac{\partial}{\partial \boldsymbol{X}}\log|\boldsymbol{X}| = \frac{1}{|\boldsymbol{X}|}\frac{\partial|\boldsymbol{X}|}{\partial \boldsymbol{X}} = \boldsymbol{X}^{-1\prime}, \tag{9.37}$$

그리고 $\boldsymbol{X}$가 대칭행렬이면 식 (9.36)으로부터

$$\frac{\partial}{\partial \boldsymbol{X}}\log|\boldsymbol{X}| = \frac{1}{|\boldsymbol{X}|}\frac{\partial|\boldsymbol{X}|}{\partial \boldsymbol{X}} = 2\boldsymbol{X}^{-1} - \text{diag}(\boldsymbol{X}^{-1}) \tag{9.38}$$

를 얻을 수 있다. 식 (9.28)과 (9.37)은 잘 알려져 있지만, 식 (9.28)과 (9.38)은 그렇지가 않나. [핸더슨과 서얼(Handerson and Searle, 1981a)을 참조.]

또 다른 유용한 미분은 $\partial \log|\boldsymbol{X}|/\partial y$이다. 함수적으로 독립인 원소를 가지는 $\boldsymbol{X}$에 대해서

$$\frac{\partial}{\partial y}\log|\boldsymbol{X}| = \frac{1}{|\boldsymbol{X}|}\frac{\partial|\boldsymbol{X}|}{\partial y} = \frac{1}{|\boldsymbol{X}|}\sum_i\sum_j \frac{\partial|\boldsymbol{X}|}{\partial x_{ij}}\frac{\partial x_{ij}}{\partial y} \tag{9.39}$$

이다. 또한 $tr(\boldsymbol{K}'\boldsymbol{M}) = \Sigma_i\Sigma_j k_{ij}m_{ij}$와 식 (9.37)을 이용하면 아래의 식을 얻을 수 있다.

$$\begin{aligned}\frac{\partial}{\partial y}\log|\boldsymbol{X}| &= \frac{1}{|\boldsymbol{X}|}tr\left[\left(\frac{\partial|\boldsymbol{X}|}{\partial \boldsymbol{X}}\right)'\frac{\partial \boldsymbol{X}}{\partial y}\right] = tr\left[\left(\frac{1}{|\boldsymbol{X}|}\frac{\partial|\boldsymbol{X}|}{\partial \boldsymbol{X}}\right)'\frac{\partial \boldsymbol{X}}{\partial y}\right] \\ &= tr\left(\boldsymbol{X}^{-1}\frac{\partial \boldsymbol{X}}{\partial y}\right).\end{aligned} \tag{9.40}$$

$\boldsymbol{X}$가 대칭인 경우의 미분은 서로 다른 원소에 대해서만 필요하므로, 식 (9.39)와 비교하여 다음의 식을 얻는다.

$$\frac{\partial}{\partial y}\log|\boldsymbol{X}| = \frac{1}{|\boldsymbol{X}|}\sum\sum_{i\le j}\frac{\partial|\boldsymbol{X}|}{\partial x_{ij}}\frac{\partial x_{ij}}{\partial y}$$

그런데 식 (9.34)를 결합하면 위 식은

$$\frac{\partial}{\partial y}\log|\boldsymbol{X}| = \frac{1}{|\boldsymbol{X}|}\sum\sum_{i \le j}(2-\delta_{ij})|\boldsymbol{X}_{ij}|\frac{\partial x_{ij}}{\partial y} \quad \text{for} \quad \boldsymbol{X} = \boldsymbol{X}'$$
$$= \frac{1}{|\boldsymbol{X}|}\sum_i\sum_j|\boldsymbol{X}_{ij}|\frac{\partial x_{ij}}{\partial y} = \text{tr}\left(\boldsymbol{X}^{-1}\frac{\partial \boldsymbol{X}}{\partial y}\right)$$

와 같이 되는데 이 식은 식 (9.40)과 같다. 따라서 $\boldsymbol{X}$가 대칭, 비대칭에 상관없이 식 (9.40)이 성립한다.

9.5.5 야코비안

n개의 원소로 이루어진 벡터 $\boldsymbol{x}$와 n개의 $\boldsymbol{x}$에 대한 미분가능함수로 이루어진 벡터 $\boldsymbol{y}$에 대해서, 변환 $\boldsymbol{x} \to \boldsymbol{y}$가 일대일 대응관계라고 하자. 이 경우 다음의 행렬

$$\boldsymbol{J}_{\boldsymbol{x}\to\boldsymbol{y}} = \left(\frac{\partial \boldsymbol{x}}{\partial \boldsymbol{y}}\right)' = \left\{\frac{\partial x_i}{\partial y_j}\right\} \ (\text{단 } i, j = 1, \ldots, n) \tag{9.41}$$

를 $\boldsymbol{x}$에서 $\boldsymbol{y}$로의 변환에 대한 **야코비안 행렬**(Jacobian matrix)이라고 한다. 예를 들면, 선형변환 $\boldsymbol{y} = \boldsymbol{A}\boldsymbol{x}$에 대해서 일대일 대응은 $\boldsymbol{A}^{-1}$가 존재한다는 사실로부터 쉽게 알 수 있다. 그러므로 식 (9.15)를 이용하면, $\boldsymbol{y} = \boldsymbol{A}\boldsymbol{x}$에 대한 야코비안 행렬은 다음과 같다.

$$\boldsymbol{J}_{\boldsymbol{x}\to\boldsymbol{y}} = \left[\frac{\partial(\boldsymbol{A}^{-1}\boldsymbol{y})}{\partial \boldsymbol{y}}\right]' = (\boldsymbol{A}^{-1\prime})' = \boldsymbol{A}^{-1}. \tag{9.42}$$

야코비안 행렬의 행렬식은 적분학에서 변수변환을 할 때 사용된다. 즉, 변수에 x를 포함하고 있는 적분을 x의 함수로 된 변수 y의 적분으로 바꾸고자 할 경우에, x 대신 y를 대입하고, 미분자 dx_1, dx_2, dx_3, …, dx_n($d\boldsymbol{x}$로 표기)를 $\|\boldsymbol{J}_{\boldsymbol{x}\to\boldsymbol{y}}\|dy_1dy_2dy_3 \ldots dy_n$으로 대체하면 된다. 여기서 $\|\boldsymbol{J}_{\boldsymbol{x}\to\boldsymbol{y}}\|$는 야코비안 행렬 $\boldsymbol{J}_{\boldsymbol{x}\to\boldsymbol{y}}$의 행렬식에 절대치를 취한 것이다. 간략히 줄이면, 변환 $\boldsymbol{x}\to\boldsymbol{y}$는 다음의 대체를 만든다.

$$d\boldsymbol{x} \to \|\boldsymbol{J}_{\boldsymbol{x}\to\boldsymbol{y}}\|d\boldsymbol{y}. \tag{9.43}$$

$\boldsymbol{J}_{\boldsymbol{x}\to\boldsymbol{y}}$는 야코비안 행렬이고 $\|\boldsymbol{J}_{\boldsymbol{x}\to\boldsymbol{y}}\|$는 **변환의 야코비안**으로 알려져 있다.

식 (9.43)에서의 변환은 $\boldsymbol{x}$에서 $\boldsymbol{y}$로의 변환이므로, $\boldsymbol{y}$의 원소들은 보통 $\boldsymbol{x}$의 함수들로 표현될 것이다. 따라서 $\partial y_i/\partial x_j$들로 이루어진 $\boldsymbol{J}_{\boldsymbol{y}\to\boldsymbol{x}}$를 얻는 것이 $\partial x_i/\partial y_j$들로 이루어진 $\boldsymbol{J}_{\boldsymbol{x}\to\boldsymbol{y}}$를 얻는 것보다 쉽다. 하지만 이것은 전혀 문제가 되지 않는데, 왜냐하면 $\boldsymbol{J}_{\boldsymbol{x}\to\boldsymbol{y}}\boldsymbol{J}_{\boldsymbol{y}\to\boldsymbol{x}} = \boldsymbol{I}$가 성립하고 이로부터 항상 다음의 관계를 얻을 수 있기 때문이다.

$$\|\boldsymbol{J}_{\boldsymbol{x}\to\boldsymbol{y}}\| = 1/\|\boldsymbol{J}_{\boldsymbol{y}\to\boldsymbol{x}}\|. \tag{9.44}$$

따라서 $\boldsymbol{J}_{\boldsymbol{x}\to\boldsymbol{y}}$와 $\boldsymbol{J}_{\boldsymbol{y}\to\boldsymbol{x}}$ 둘 중 어느 것이 쉽게 얻어지는가에 따라 식 (9.43)의 $\|\boldsymbol{J}_{\boldsymbol{x}\to\boldsymbol{y}}\|$나 식 (9.44)의 $1/\|\boldsymbol{J}_{\boldsymbol{y}\to\boldsymbol{x}}\|$를 이용하면 된다.

예제 9.5 x_1, x_2에서 다음과 같이 정의되는 y_1, y_2,

$$\left.\begin{aligned} y_1 &= e^{x_1} - x_2 \\ y_2 &= x_2 \end{aligned}\right\}$$

로의 변환에 대해서 다음을 얻는다.

$$\|\boldsymbol{J}_{\mathbf{y}\to\mathbf{x}}\| = \left\|\begin{matrix} e^{x_1} & -1 \\ 0 & 1 \end{matrix}\right\| = e^{x_1} = y_1 + y_2.$$

또한 역변환

$$\left.\begin{aligned} x_1 &= \log(y_1 + y_2) \\ x_2 &= y_2 \end{aligned}\right\}$$

를 고려하면, $r = 1/(y_1 + y_2)$에 대해서 다음을 얻는다.

$$\|\boldsymbol{J}_{\mathbf{x}\to\mathbf{y}}\| = \left\|\begin{matrix} r & r \\ 0 & 1 \end{matrix}\right\| = 1/(y_1 + y_2).$$

가끔 변수들이 벡터가 아닌 행렬로써 배열된 경우가 있다. 이 경우에는 9.4절에 소개된 연산자를 이용하여 야코비안을 유도할 수 있다. 일반적으로는

$$\boldsymbol{J}_{\boldsymbol{X}\to\boldsymbol{Y}} = \frac{\partial \operatorname{vec} \boldsymbol{X}}{\partial \operatorname{vec} \boldsymbol{Y}}$$

그리고 대칭행렬 $\boldsymbol{X}$와 $\boldsymbol{Y}$에 대해서는

$$\boldsymbol{J}_{\boldsymbol{X}\to\boldsymbol{Y}} = \frac{\partial \operatorname{vech} \boldsymbol{X}}{\partial \operatorname{vech} \boldsymbol{Y}}.$$

위의 계산방식을 적용하면 표 9.1의 여러 가지 결과들을 쉽게 유도할 수 있다. 헨더슨과 서얼(Henderson and Searle, 1981a)을 참조하면 이에 대한 자세한 설명과 유도를 볼 수 있다.

표 9.1 행렬변환에 대한 야코비안

	야코비안 : $\|\mathbf{J}_{\mathbf{X}\to\mathbf{Y}}\|$	
변환: $\mathbf{X} \to \mathbf{Y}$	함수적으로 독립인 원소를 갖는 행렬	대칭행렬 $\mathbf{X} = \mathbf{X}'$ 그리고 $\mathbf{Y} = \mathbf{Y}'$
$\mathbf{Y}_{p\times q} = \mathbf{A}\mathbf{X}_{p\times q}\mathbf{B}$	$\lvert\mathbf{A}\rvert^{-q}\lvert\mathbf{B}\rvert^{-p}$	해당 없음
$\mathbf{Y}_{p\times p} = \mathbf{A}\mathbf{X}_{p\times p}\mathbf{A}'$	$\lvert\mathbf{A}\rvert^{-2p}$	$\lvert\mathbf{A}\rvert^{-(p+1)}$
$\mathbf{Y}_{n\times n} = \mathbf{X}^{-1}$	$\lvert\mathbf{X}\rvert^{2n}$	$\lvert\mathbf{X}\rvert^{n+1}$
$\mathbf{Y}_{n\times n} = \mathbf{X}^{k}$	$\left(\prod_{i=1}^{n}\prod_{j=1}^{n}\sum_{r=1}^{k}\lambda_i^{k-r}\lambda_j^{r-1}\right)^{-1}$	$\left(\prod_{i=1}^{n}\prod_{j\ge i}^{n}\sum_{r=1}^{k}\lambda_i^{k-r}\lambda_j^{r-1}\right)^{-1}$

주: 모든 행렬식은 양수로 취해졌으며, 마지막 줄의 $\lambda_1, \lambda_2, \ldots, \lambda_n$은 X의 고유치이다. X가 비대칭행렬인 경우엔 대칭행렬과 $j \ge i$만 다르다.

9.5.6 에이트킨의 적분

양정치 행렬 $\boldsymbol{A}$에 대한 다음 식은 **에이트킨의 적분**(Aitken's integral)으로 알려져 있다.

$$\int_{-\infty}^{\infty} \cdots \int_{-\infty}^{\infty} e^{-\frac{1}{2}\boldsymbol{x}'\boldsymbol{A}\boldsymbol{x}}\, dx_1 \cdots dx_n = (2\pi)^{\frac{n}{2}} |\boldsymbol{A}|^{-\frac{1}{2}} \tag{9.45}$$

이것은 $\boldsymbol{A}$가 양정치라는 사실로부터, $\boldsymbol{P}'\boldsymbol{A}\boldsymbol{P} = \boldsymbol{I}$를 만족하는 적당한 정칙행렬 $\boldsymbol{P}$가 존재한다는 것을 살펴보면 쉽게 밝힐 수 있다. 즉, $\boldsymbol{y} = \boldsymbol{P}^{-1}\boldsymbol{x}$로 두면, 야코비안은 $\|\boldsymbol{P}\| = |\boldsymbol{A}|^{-\frac{1}{2}}$이고, 따라서

$$\begin{aligned}
&\int_{-\infty}^{\infty} \cdots \int_{-\infty}^{\infty} e^{-\frac{1}{2}\boldsymbol{x}'\boldsymbol{A}\boldsymbol{x}} dx_1 \cdots dx_n \\
&= \int_{-\infty}^{\infty} \cdots \int_{-\infty}^{\infty} e^{-\frac{1}{2}\boldsymbol{y}'\boldsymbol{P}'\boldsymbol{A}\boldsymbol{P}\boldsymbol{y}}\, dy_1 \cdots dy_n \, |\boldsymbol{A}|^{-\frac{1}{2}} \\
&= \prod_{i=1}^{n} \left[\int_{-\infty}^{\infty} e^{-\frac{1}{2}y_i^2} dy_i \right] |\boldsymbol{A}|^{-\frac{1}{2}} \\
&= (2\pi)^{\frac{n}{2}} |\boldsymbol{A}|^{-\frac{1}{2}}.
\end{aligned}$$

9.5.7 헤시안

편미분행렬의 다른 형태로서 헤시안이 있다. 만약 θ가 n개의 변수 $x_1, x_2, \ldots, x_n$의 함수이면, θ의 x에 대한 이차편미분행렬을 **헤시안**(Hessian)이라고 한다. 즉, $i, j = 1, 2, \ldots, n$에 대해서

$$\boldsymbol{H} = \left\{ \frac{\partial^2 \theta}{\partial x_i \partial x_j} \right\} = \frac{\partial^2 \theta}{\partial \boldsymbol{x} \partial \boldsymbol{x}'}.$$

예제 9.6 통계학에서의 최대가능도추정(maximum likelihood)과 관련하여, 어떤 조건(예를 들어 무드 등(Mood et al., 1974)에서의 조건)하에서는 분산-공분산행렬의 원소들의 추정모수(estimated parameters)가 각 모수에 대한 가능도의 헤시안에 대한 기대치에 음의 부호를 붙인 행렬의 역행렬이다.

9.6 복소수를 원소로 갖는 행렬

이 책의 대부분은 실행렬(원소들이 모두 실수인 행렬)을 주로 다루고 있으므로 이 책을 읽는 데 복소수에 대한 지식이 꼭 필요하진 않다. 하지만 독자에게 새로운 개념과 용어 등을 소개하기 위해 가볍게 다루어지는 다른 주제들처럼, 여기서는 복소수를 원소로 갖는 행렬의 정의를 간략히 제시한다.

출발점은 음수의 제곱근이다. $\sqrt{-1}$은 i로 표기되는데, 예를 들어 $\sqrt{-6}$와 $\sqrt{-81}$은 각각 $i\sqrt{6}$와 $9i$로 나타내어진다. i와의 곱으로 나타내진 수를 **허수**(imaginary number)라고 하고, 이러한 허수가

포함되지 않은 수는 실수이다. 이러한 실수와 허수의 합으로 나타내어지는 수를 **복소수**(complex number)라고 한다. 예를 들면 $3 + 7i$와 $-2 + i\sqrt{11}$은 복소수이다. 일반적으로 실수 a와 b에 대해서 $a + bi$는 복소수이다. 복소수 $a - bi$를 $a + bi$의 **공액복소수**(complex conjugate number)라고 하며, 짝 $a + bi$와 $a - bi$를 **공액쌍**(conjugate pair)이라고 한다.

아래의 행렬들은 복소수를 원소로 갖는 행렬의 예이다.

$$\boldsymbol{M} = \begin{bmatrix} 3+2i & 4-5i \\ -6i & 9+i\sqrt{2} \\ 7-i & 6+7i \end{bmatrix}, \text{ 그리고 } \overline{\boldsymbol{M}} = \begin{bmatrix} 3-2i & 4+5i \\ 6i & 9-i\sqrt{2} \\ 7+i & 6-7i \end{bmatrix}.$$

여기서 $\overline{\boldsymbol{M}}$는 $\boldsymbol{M}$의 **공액복소행렬**(complex conjugate matrix)로, $\boldsymbol{M}$의 각 원소의 공액복소수로 이루어진 행렬이다. 만일 실행렬 $\boldsymbol{A}$와 $\boldsymbol{B}$에 대해서 $\boldsymbol{M} = \boldsymbol{A} + i\boldsymbol{B}$이면 $\overline{\boldsymbol{M}} = \boldsymbol{A} - i\boldsymbol{B}$이다. **에르미트 행렬**(Hermitian matrix)은 그것의 공액복소행렬의 전치가 그 자신과 같은 행렬을 말한다. 즉, $\overline{\boldsymbol{M}}' = \boldsymbol{M}$을 만족하는 행렬 $\boldsymbol{M}$을 나타내며 $\boldsymbol{M}^*$로 표기하기도 한다. 예를 들면,

$$\boldsymbol{M}^* = \begin{bmatrix} 3 & 7+8i \\ 7-8i & 4 \end{bmatrix},$$

$$\overline{\mathbf{M}}^{*\prime} = \begin{bmatrix} 3 & 7-8i \\ 7+8i & 4 \end{bmatrix}' = \begin{bmatrix} 3 & 7+8i \\ 7-8i & 4 \end{bmatrix} = \mathbf{M}^*.$$

정의에 의해 에르미트 행렬의 대각원소는 실수이다. 특수한 경우로 $\overline{\boldsymbol{M}}'\boldsymbol{M} = \boldsymbol{I}$이면 행렬 $\boldsymbol{M}$은 **유니타리행렬**(Unitary matrix)이라고 한다.

영행렬 $\boldsymbol{B}$에 대해서 $\boldsymbol{A} + i\boldsymbol{B}$ 형태의 행렬이 실행렬임은 명백하며, 따라서 에르미트 행렬이면 대칭행렬이 되고, 유니타리 행렬이면 직교행렬이 된다. 실제로, 대칭행렬들은 에르미트 행렬들의 부분집합이고, 직교행렬은 유니타리 행렬의 한 부분집합이다.

9.7 행렬부등식

이 절에서는 행렬과 관련한 다양한 부등식을 보여 주는데, 일부는 코쉬-슈바르츠 부등식(Cauchy-Schwartz inequality)과 같이 잘 알려진 부등식의 행렬 형식이라고 할 수 있다. 이 부등식들은 선형모형과 다변량통계의 많은 부분에서 유용하다. 이 절에서는 이러한 부등식들을 보여 주고자 하는 데에 주된 목적이 있으며, 이들에 대한 증명을 파고들고자 하는 데에 있지는 않다. 증명에 관심이 있는 독자들은 관련 문헌을 참고하길 바란다.

보조정리 9.1 $n \times n$차 행렬 $\boldsymbol{A}$에 대해서 $e_{min}(\boldsymbol{A})$와 $e_{max}(\boldsymbol{A})$를 각각 $\boldsymbol{A}$의 최소고유치와 최대고유치라고 하면,

(a) 행렬 $[e_{max}(\boldsymbol{A})]\boldsymbol{I}_n - \boldsymbol{A}$는 양반정치행렬이고,

(b) 행렬 $\boldsymbol{A} - [e_{min}(\boldsymbol{A})]\boldsymbol{I}_n$ 또한 양반정치행렬이다.

증명 스펙트럼분해정리를 이용하면 $\boldsymbol{A} = \boldsymbol{P\Lambda P}'$와 같이 나타낼 수 있다. 여기서 $\boldsymbol{\Lambda}$는 $\boldsymbol{A}$의 고유치들로 이루어진 대각행렬이고 $\boldsymbol{P}$는 대응하는 고유벡터들을 열로 갖는 직교행렬이다(정리 6.2 참조). 따라서 모든 $\boldsymbol{x}$에 대해 $\boldsymbol{x}'\{[e_{max}(\boldsymbol{A})]\boldsymbol{I}_n - \boldsymbol{A}\}\boldsymbol{x} = \boldsymbol{y}'\{[e_{max}(\boldsymbol{A})]\boldsymbol{I}_n - \boldsymbol{\Lambda}\}\boldsymbol{y} \geq 0$를 만족한다. 여기서 $\boldsymbol{y} = \boldsymbol{P}'\boldsymbol{x}$이다. (b)에 대한 증명 또한 비슷하게 하면 된다. ■

따름정리 9.2 만약 $\boldsymbol{A}$가 대칭행렬이라고 하면

$$e_{min}(\boldsymbol{A}) \leq \frac{\boldsymbol{x}'\boldsymbol{A}\boldsymbol{x}}{\boldsymbol{x}'\boldsymbol{x}} \leq e_{max}(\boldsymbol{A}).$$

하한과 상한에 대한 등호는 $\boldsymbol{x}$가 각각 $e_{min}(\boldsymbol{A})$와 $e_{max}(\boldsymbol{A})$에 대응하는 고유벡터일 때 성립한다. 이로부터

$$\inf_{\boldsymbol{x}\neq\boldsymbol{0}} \left[\frac{\boldsymbol{x}'\boldsymbol{A}\boldsymbol{x}}{\boldsymbol{x}'\boldsymbol{x}}\right] = e_{min}(\boldsymbol{A})$$
$$\sup_{\boldsymbol{x}\neq\boldsymbol{0}} \left[\frac{\boldsymbol{x}'\boldsymbol{A}\boldsymbol{x}}{\boldsymbol{x}'\boldsymbol{x}}\right] = e_{max}(\boldsymbol{A}).$$

위 식에서 비 $\dfrac{\boldsymbol{x}'\boldsymbol{A}\boldsymbol{x}}{\boldsymbol{x}'\boldsymbol{x}}$는 **라일라이 몫**(Rayleigh's quotient)이라고 한다.

따름정리 9.3 만약 $\boldsymbol{A}$가 $n \times n$차 대칭행렬이고 $\boldsymbol{B}$가 같은 차수의 양정치행렬이라면,

$$e_{min}(\boldsymbol{B}^{-1}\boldsymbol{A}) \leq \frac{\boldsymbol{x}'\boldsymbol{A}\boldsymbol{x}}{\boldsymbol{x}'\boldsymbol{B}\boldsymbol{x}} \leq e_{max}(\boldsymbol{B}^{-1}\boldsymbol{A}).$$

증명 이제 따름정리 9.2에서 변환 $\boldsymbol{x} = \boldsymbol{B}^{-\frac{1}{2}}\boldsymbol{y}$를 $\boldsymbol{x}'\boldsymbol{A}\boldsymbol{x}/\boldsymbol{x}'\boldsymbol{B}\boldsymbol{x}$에 적용하면

$$\frac{\boldsymbol{x}'\boldsymbol{A}\boldsymbol{x}}{\boldsymbol{x}'\boldsymbol{B}\boldsymbol{x}} = \frac{\boldsymbol{y}'\boldsymbol{B}^{-\frac{1}{2}}\boldsymbol{A}\boldsymbol{B}^{-\frac{1}{2}}\boldsymbol{y}}{\boldsymbol{y}'\boldsymbol{y}}.$$

따라서 따름정리 9.2의 결과를 이용하면

$$e_{min}(\boldsymbol{B}^{-\frac{1}{2}}\boldsymbol{A}\boldsymbol{B}^{-\frac{1}{2}}) \leq \frac{\boldsymbol{y}'\boldsymbol{B}^{-\frac{1}{2}}\boldsymbol{A}\boldsymbol{B}^{-\frac{1}{2}}\boldsymbol{y}}{\boldsymbol{y}'\boldsymbol{y}} \leq e_{max}(\boldsymbol{B}^{-\frac{1}{2}}\boldsymbol{A}\boldsymbol{B}^{-\frac{1}{2}}).$$

그런데 정리 6.12 (c)의 결과로부터 $\boldsymbol{B}^{-\frac{1}{2}}\boldsymbol{A}\boldsymbol{B}^{-\frac{1}{2}}$의 고유치가 $\boldsymbol{B}^{-1}\boldsymbol{A}$의 고유치와 같으므로 증명은 완성된다. 여기서 $\boldsymbol{C} = \boldsymbol{B}^{-\frac{1}{2}}\boldsymbol{A}\boldsymbol{B}^{-\frac{1}{2}}$가 대칭행렬이므로 $\boldsymbol{B}^{-1}\boldsymbol{A}$의 고유치들 역시 모두 실수임을 주목하자(보조정리 6.1 참조). 이 증명에서 $\boldsymbol{B}^{-\frac{1}{2}}$는 다음과 같이 정의된다.

$$\boldsymbol{B}^{-\frac{1}{2}} = \boldsymbol{P}\boldsymbol{\Lambda}^{-\frac{1}{2}}\boldsymbol{P}',$$

여기서

$$\boldsymbol{\Lambda}^{-\frac{1}{2}} = \mathrm{diag}(\lambda_1^{-\frac{1}{2}}, \lambda_2^{-\frac{1}{2}}, \ldots, \lambda_n^{-\frac{1}{2}}).$$ ■

정리 9.6 $\boldsymbol{A}$와 $\boldsymbol{B}$를 같은 차수의 행렬이라고 하자. 그러면

$$[tr(\boldsymbol{A}'\boldsymbol{B})]^2 \le [tr(\boldsymbol{A}'\boldsymbol{A})][tr(\boldsymbol{B}'\boldsymbol{B})].$$

그리고 등호가 성립하는 것은 '한 행렬이 다른 행렬의 스칼라배이다'라는 것과 동치이다.

[Magnus and Neudecker(1988), Theorem 2, p. 201 참조]. 이 정리는 코쉬-슈바르츠 부등식의 행렬 형식이라고 할 수 있다. 코쉬-슈바르츠 부등식은 같은 차수를 갖는 벡터 $\boldsymbol{a}$, $\boldsymbol{b}$에 대해서 $(\boldsymbol{a}'\boldsymbol{b})^2 \le (\boldsymbol{a}'\boldsymbol{a})(\boldsymbol{b}'\boldsymbol{b})$이고, 등호는 한 벡터가 다른 벡터의 스칼라배인 경우에 그리고 그 경우에만 성립함을 말한다.

다음 정리는 코쉬-슈바르츠 부등식의 또 다른 행렬 형식의 부등식이다.

정리 9.7 양정치행렬 $\boldsymbol{A}$에 대해서 다음이 성립한다.

$$(\boldsymbol{u}'\boldsymbol{v})^2 \le (\boldsymbol{u}'\boldsymbol{A}\boldsymbol{u})(\boldsymbol{v}'\boldsymbol{A}^{-1}\boldsymbol{v}).$$

등호가 성립하는 것은 어떤 실수 λ에 대하여 $\boldsymbol{A}\boldsymbol{u} = \lambda\boldsymbol{v}$를 만족하는 것과 동치이다.

위의 특수한 경우로서 다음이 성립한다.

$$(\boldsymbol{u}'\boldsymbol{u})^2 \le (\boldsymbol{u}'\boldsymbol{A}\boldsymbol{u})(\boldsymbol{u}'\boldsymbol{A}^{-1}\boldsymbol{u}). \tag{9.46}$$

여기서 등호가 성립하는 것은 $\boldsymbol{u}$가 $\boldsymbol{A}$의 고유벡터라는 것과 동치이다.

[Puntanen et al. (2011), Section 20.1, p.417 참조.]

정리 9.8 $n \times n$차 양정치행렬 $\boldsymbol{A} = (a_{ij})$에 대해서 다음이 성립한다.

$$|\boldsymbol{A}| \le \prod_{i=1}^{n} a_{ii}.$$

등호는 $\boldsymbol{A}$가 대각행렬인 경우에 그리고 그 경우에만 성립한다.

[Magnus and Neudecker(1988), Theorem 28, p.23 참조.]

따름정리 9.4 임의의 $n \times n$차 실행렬 $\boldsymbol{A} = (a_{ij})$에 대해서

$$|\boldsymbol{A}|^2 \le \prod_{j=1}^{n}\left(\sum_{i=1}^{n} a_{ij}^2\right).$$

등호가 성립하는 것은 $\boldsymbol{A}'\boldsymbol{A}$가 대각행렬이거나 $\boldsymbol{A}$가 적어도 하나의 영행(zero row)을 가진다는 것과 동치이다.

증명 $\boldsymbol{A}$가 비정칙인 경우에 위의 부등식은 자명하다. 이제 $\boldsymbol{A}$가 정칙행렬이라고 하면, $\boldsymbol{A}'\boldsymbol{A}$는 양정치행렬이 된다. 정리 9.8을 $\boldsymbol{A}'\boldsymbol{A}$에 적용하면 다음을 얻는다.

$$|\boldsymbol{A}|^2 = |\boldsymbol{A}'\boldsymbol{A}| \le \prod_{j=1}^{n} \boldsymbol{c}_j'\boldsymbol{c}_j,$$

여기서 $\boldsymbol{c}_j (j = 1, 2, \ldots, n)$는 $\boldsymbol{A}$의 j번째 열이고 따라서 $\boldsymbol{c}_j'\boldsymbol{c}_j$는 $\boldsymbol{A}'\boldsymbol{A}$의 j번째 대각원소이다. $\boldsymbol{c}_j'\boldsymbol{c}_j = \sum_{i=1}^{n} a_{ij}^2$이라는 사실로부터 다음을 얻는다.

$$|\boldsymbol{A}|^2 \le \prod_{j=1}^{n} \left(\sum_{i=1}^{n} a_{ij}^2 \right).$$

■

이 부등식은 **하다마드 부등식**(Hadamard's inequality)이라고 한다.

비슷하게 다음의 부등식 또한 성립함을 보일 수 있다.

$$|\boldsymbol{A}|^2 \le \prod_{i=1}^{n} \left(\sum_{j=1}^{n} a_{ij}^2 \right). \tag{9.47}$$

여기서 등호가 성립하는 것은 $\boldsymbol{AA}'$가 대각행렬이거나 $\boldsymbol{A}$가 적어도 하나의 영열(zero column)을 가진다는 것과 동치이다.

정리 9.9 $\boldsymbol{A}$와 $\boldsymbol{B}$를 임의의 $n \times n$차 양정치행렬이라고 하자. 그러면 모든 $i(i = 1, 2, \ldots, n)$에 대해서 다음의 부등식이 성립한다.

$$|\boldsymbol{A} + \boldsymbol{B}|^{\frac{1}{n}} \ge |\boldsymbol{A}|^{\frac{1}{n}} + |\boldsymbol{B}|^{\frac{1}{n}}.$$

등호가 성립하는 것은 $|\boldsymbol{A} + \boldsymbol{B}| = 0$ 또는 어떤 $\alpha > 0$에 대해서 $\boldsymbol{A} = \alpha\boldsymbol{B}$를 만족한다는 것과 동치이다.

이 부등식은 **민코브스키의 행렬식부등식**(Minkowski's determinant inequality)이라고 한다. [Magnus and Neudecker(1988), Theorem 28, p.227 참조.]

정리 9.10 만약 $\boldsymbol{A}$가 $n \times n$차 양반정치행렬이고 $\boldsymbol{B}$가 같은 차수의 양정치행렬이라면, 모든 $i(i = 1, 2, \ldots, n)$에 대해서 다음의 부등식이 성립한다.

$$e_i(\boldsymbol{A})e_{min}(\boldsymbol{B}) \le e_i(\boldsymbol{AB}) \le e_i(\boldsymbol{A})e_{max}(\boldsymbol{B}).$$

이로부터 다음의 식이 성립하는 것은 자명하다.

$$e_{min}(\boldsymbol{A})e_{min}(\boldsymbol{B}) \le e_i(\boldsymbol{AB}) \le e_{max}(\boldsymbol{A})e_{max}(\boldsymbol{B}).$$

더 나아가 $\boldsymbol{A}$가 양정치행렬로 주어지면, 모든 $i(i = 1, 2, \ldots, n)$에 대해서 다음의 부등식이 성립한다.

$$\frac{e_i^2(\boldsymbol{AB})}{e_{max}(\boldsymbol{A})e_{max}(\boldsymbol{B})} \le e_i(\boldsymbol{A})e_i(\boldsymbol{B}) \le \frac{e_i^2(\boldsymbol{AB})}{e_{min}(\boldsymbol{A})e_{min}(\boldsymbol{B})}.$$

[Anderson and Gupta(1963), Corrolary 2.2.1 참조.]

정리 9.11 차수가 $n \times n$인 대칭행렬 $\boldsymbol{A}$와 $\boldsymbol{B}$에 대해서 다음이 성립한다.

(a) 만약 $\boldsymbol{B}$가 비음정치행렬이면 $e_i(\boldsymbol{A}) \leq e_i(\boldsymbol{A}+\boldsymbol{B}),\ i = 1, 2, \ldots, n.$

(b) 만약 $\boldsymbol{B}$가 양정치행렬이면 $e_i(\boldsymbol{A}) < e_i(\boldsymbol{A}+\boldsymbol{B}),\ i = 1, 2, \ldots, n.$

[Bellman(1997), Theorem 3, p.117 참조.]

정리 9.12 만약 $\boldsymbol{A}$가 $n \times n$차 양정치행렬이고 $\boldsymbol{B}$가 같은 차수의 양반정치행렬이라면,

$$|\boldsymbol{A}| \leq |\boldsymbol{A}+\boldsymbol{B}|.$$

등호는 성립한다는 것은 $\boldsymbol{B} = \boldsymbol{0}$인 것과 동치이다.

[Magnus and Neudecker(1988), Theorem 22, p.21 참조.]

정리 9.13 $\boldsymbol{A} = (a_{ij})$가 $n \times n$차 대칭행렬, 그리고 $\|\boldsymbol{A}\|_2$를 유클리드 노름, 즉

$$\| \boldsymbol{A} \|_2 = \left(\sum_{i=1}^{n} \sum_{j=1}^{n} a_{ij}^2 \right)^{\frac{1}{2}}$$

라고 하자. 그러면

$$\sum_{i=1}^{n} e_i^2(\boldsymbol{A}) = \| \boldsymbol{A} \|_2^2 .$$

[이 정리는 슈어의 정리(Schur's Theorem)로 알려져 있다. Lancaster(1969), Theorem 7.3.1 참조.]

따름정리 9.5

$$| e_{max}(\boldsymbol{A}) | \leq n\,[\max_{i,j} | a_{ij} |].$$

증명 $\|\boldsymbol{A}\|_2 \leq n\,[\max_{i,j} | a_{ij} |]$이므로 정리 9.13으로부터 위의 결과를 얻는다. ■

정리 9.14 $\boldsymbol{A}$를 $n \times n$차 대칭행렬, 그리고 m과 s를 아래와 같이 정의된 스칼라라고 하자:

$$m = \frac{tr(\boldsymbol{A})}{n}, \qquad s = \left[\frac{tr(\boldsymbol{A}^2)}{n} - m^2 \right]^{\frac{1}{2}}.$$

그러면

$$m - s(n-1)^{\frac{1}{2}} \leq e_{min}(\boldsymbol{A}) \leq m - \frac{s}{(n-1)^{\frac{1}{2}}}$$

$$m + \frac{s}{(n-1)^{\frac{1}{2}}} \leq e_{max}(\boldsymbol{A}) \leq m + s(n-1)^{\frac{1}{2}}[$$

$$e_{max}(\boldsymbol{A}) - e_{min}(\boldsymbol{A}) \leq s(2n)^{\frac{1}{2}}.$$

[*Wolkowicz and Styan*(1980), *Theorems* 2.1 *and* 2.5 참조.]

참고문헌

Amghibech, S., Chachulska, J., and Matysiak, W. (2008). A matrix inequality: 11296. *Am. Math. Month.*, 115, p. 671.

Anderson, T. W. and Gupta, S. D. (1963). Some inequalities on characteristic roots of matrices. *Biometrika*, 50, 522–524.

Bellman, R. (1997). *Introduction to Matrix Analysis*, 2nd ed. SIAM, Philadelphia.

Deemer, W. L. and Olkin, I. (1951). The Jacobians of certain matrix transformations useful in multivariate analysis. Based on lectures of P. l. Hsu at the University of North Carolina, 1947. *Biometrika*, 38, 345–367.

Dwyer, P. S. (1967). Some applications of matrix derivations in multivariate analysis. *J. Am. Stat. Assoc.*, 62, 607–625.

Golub, G. H. and Van Loan, C. F. (1983). *Matrix Computations*. John Hopkins University Press, Baltimore, MD.

Graybill, F. A. (1983). *Matrices with Applications in Statistics*, 2nd ed. Wadsworth, Belmont, CA.

Hardy, G. H., Littlewood, J. E., and P′olya, G. (1952). *Inequalities*, 2nd ed. University Press, Cambridge, UK.

Harville, D. A. (1997). *Matrix Algebra from a Statistician's Perspective*. Springer, New York.

Hazel, L. N. (1943). The genetic basis for constructing selection indexes. *Genetics*, 28, 476–490.

Henderson, H. V. and Searle, S. R. (1979). Vec and Vech operators for matrices with some uses in Jacobians and multivariate statistics. *Can. J. Stat.*, 7, 65–81.

Henderson, H. V. and Searle S. R. (1981a). On deriving the inverse of a sum of matrices. *SIAM Rev.*, 23, 53–60.

Henderson, H. V. and Searle, S. R. (1981b). The vec-permutation matrix, the vec operator and Kronecker products: A review. *Linear and Multilinear Algebra*, 9, 271–288.

Lancaster, P. (1969). *Theory of Matrices*. Academic Press, New York.

Magnus, J. R. and Neudecker, H. (1988). *Matrix Differential Calculus with Applications in Statistics and Econometrics*. John Wiley & Sons, New York.

Mood, A. M., Graybill, F. A., and Boes, D. C. (1974). *Introduction to the Theory of Statistics*, 3rd ed. McGraw-Hill, New York.

Nel, D. G. (1980). On matrix differentiation in statistics. *South African J. Stat.*, 14, 137–193.

Neudecker, H. (1969). Some theorems on matrix differentiation with special reference to Kronecker matrix products. *J. Am. Stat. Assoc.*, 64, 953–963.

Puntanen, S., Styan, G. P. H., and Isotalo, J. (2011). *Matrix Tricks for Linear Satistical Models*. Springer, New York.

Rogers, G. S. (1980). *Matrix Derivatives*. Dekker, New York.

Wolkowicz, H. and Styan, G. P. H. (1979). Extensions of Samuelson's inequality. *Am. Stat.*, 33, 143–144.

Wolkowicz, H. and Styan, G. P. H. (1980). Bounds for eigenvalues using traces. *Linear Algebra Appl.*, 29, 471–506.

연습문제

9.1 x_1과 x_2에 대한 다음

$$y_1 = 6x_1^2x_2 + 2x_1x_2 + x_2^2 \quad \text{그리고} \quad y_2 = 2x_1^3 + x_1^2 + 2x_1x_2$$

의 야코비안이 다음

$$y = 2x_1^3x_2 + x_1^2x_2 + x_1x_2^2$$

의 헤시안과 같음을 보이시오.

9.2 다음의 이차식

$$7x_1^2 + 4x_1x_2 - 5x_2^2 - 6x_2x_3 + 3x_3^2 + 6x_1x_3$$

를 이차형식 $\boldsymbol{x}'\boldsymbol{A}\boldsymbol{x}$로 나타내시오. 단 $\boldsymbol{A}$는 대칭행렬이다. 이를 이용하여 식 (9.17)이 성립함을 보이시오.

9.3 $\boldsymbol{\beta}'\boldsymbol{X}'\boldsymbol{t}\boldsymbol{t}'\boldsymbol{X}\boldsymbol{\beta}/\boldsymbol{\beta}'\boldsymbol{X}'\boldsymbol{X}\boldsymbol{\beta}$가 최대값을 갖게 하는 $\boldsymbol{\beta}$값을 찾고 그 때의 최대값을 구하시오. 단 $\boldsymbol{X}$는 $n \times p$자 행렬이고 계수는 $p(n \geq p)$이다.

9.4 부등식인 식 (9.47)을 증명하시오.

9.5 비음정치행렬 $\boldsymbol{A}$에 대하여 $(\boldsymbol{x}'\boldsymbol{A}\boldsymbol{y})^2 \leq \boldsymbol{x}'\boldsymbol{A}\boldsymbol{x}(\boldsymbol{y}'\boldsymbol{A}\boldsymbol{y})$임을 증명하시오. 이 부등식과 관련한 통계학에서의 응용은 볼코윅과 스티안(Wolkowicz and Styan, 1979)에서 찾을 수 있다. (힌트: 코쉬 부등식을 이용하시오.)

9.6 $tr(\boldsymbol{A}\boldsymbol{X}) = (\text{vec}\boldsymbol{A}')'\text{vec}\boldsymbol{X} = (\text{vec}\boldsymbol{X}')'\text{vec}\boldsymbol{A}$가 성립함을 보이시오.

9.7 대칭행렬 $\boldsymbol{A}, \boldsymbol{B}$에 대해서 다음이 성립함을 보이시오.

$$tr[(\boldsymbol{A}\boldsymbol{B})^2] \leq tr(\boldsymbol{A}^2\boldsymbol{B}^2).$$

여기서 등호는 어떤 조건하에서 성립하는가? (힌트: $\boldsymbol{C} = \boldsymbol{A}\boldsymbol{B} - \boldsymbol{B}\boldsymbol{A}$일 때, $\boldsymbol{C}\boldsymbol{C}'$의 대각합을 찾으시오.)

9.8 $\boldsymbol{A}$가 대칭행렬일 때, $\boldsymbol{x}'\boldsymbol{A}\boldsymbol{x}$의 헤시안은 무엇인가?

9.9 $\boldsymbol{W}$에 대한 $\boldsymbol{a}'\boldsymbol{W}\boldsymbol{a}$의 미분은?

9.10 $\boldsymbol{y} = (y_1, y_2, \ldots, y_n)'$는 $\boldsymbol{x} = (x_1, x_2, \ldots, x_m)'$의 함수이고 또한 $\boldsymbol{z} = (z_1, z_2, \ldots, z_p)'$는 $\boldsymbol{y}$의 함수

라고 하자. $m \times p$차 행렬 $\frac{\partial \boldsymbol{z}'(\boldsymbol{x})}{\partial \boldsymbol{x}}$가 다음과 같이 나타내짐을 보이시오.

$$\frac{\partial \boldsymbol{z}'(\boldsymbol{x})}{\partial \boldsymbol{x}} = \left(\frac{\partial \boldsymbol{y}'}{\partial \boldsymbol{x}}\right)\left(\frac{\partial \boldsymbol{z}'}{\partial \boldsymbol{y}}\right).$$

이를 벡터함수에 대한 **연쇄법칙**(chain rule)이라고 한다. 이 법칙은 오른쪽에서 왼쪽으로 진행됨을 주목하시오. 이로부터, $\boldsymbol{y}$가 $\boldsymbol{x}$의 함수, $\boldsymbol{z}$는 $\boldsymbol{y}$의 함수, $\boldsymbol{u}$는 $\boldsymbol{z}$의 함수라면

$$\frac{\partial \boldsymbol{u}'}{\partial \boldsymbol{x}} = \left(\frac{\partial \boldsymbol{y}'}{\partial \boldsymbol{x}}\right)\left(\frac{\partial \boldsymbol{z}'}{\partial \boldsymbol{y}}\right)\left(\frac{\partial \boldsymbol{u}'}{\partial \boldsymbol{z}}\right).$$

9.11 $\boldsymbol{A}$를 $n \times n$차 양반정치행렬이라고 하자. $e_{max}(\boldsymbol{A})$가 $\boldsymbol{A}$의 최대고유치를 나타낸다고 할 때, 다음을 보이시오.

$$tr(\boldsymbol{A}^2) \le tr(\boldsymbol{A})e_{max}(\boldsymbol{A}).$$

여기서 등호가 성립하는 조건은 무엇인가?

9.12 각각 $p \times q$차 그리고 $m \times n$차 행렬 $\boldsymbol{X}$와 $\boldsymbol{Y}$에 대해서 다음이 성립함을 보이시오.

$$\frac{\partial \boldsymbol{Y}}{\partial \boldsymbol{X}} = \sum_{i=1}^{p}\sum_{j=1}^{q} \boldsymbol{E}_{ij} \otimes \frac{\partial \boldsymbol{Y}}{\partial x_{ij}},$$

여기서 $\boldsymbol{E}_{ij}$는 (i, j)번째 원소만 1이고 나머지 원소들은 0으로 주어진 행렬이다.

9.13 차수가 $m \times m$인 행렬 $\boldsymbol{A}$와 $\boldsymbol{B}$에 대해서 다음을 보이시오.

$$tr(\boldsymbol{AB}) \le \frac{1}{2}tr(\boldsymbol{A}^2 + \boldsymbol{B}^2).$$

9.14 같은 차수의 정방행렬 $\boldsymbol{A}$와 $\boldsymbol{B}$에 대해서 다음이 성립함을 보이시오.

$$tr(\boldsymbol{A} \otimes \boldsymbol{B}) \le \frac{1}{2}tr(\boldsymbol{A} \otimes \boldsymbol{A} + \boldsymbol{B} \otimes \boldsymbol{B}).$$

9.15 $n \times n$차 비음정치행렬 $\boldsymbol{A}$와 같은 차수의 대칭행렬 $\boldsymbol{B}$에 대해서, 다음이 성립함을 보이시오.

$$e_{min}(\boldsymbol{B})tr(\boldsymbol{A}) \le tr(\boldsymbol{AB}) \le e_{max}(\boldsymbol{B})tr(\boldsymbol{A}).$$

9.16 $\boldsymbol{A}$는 $n \times n$차 대칭행렬이고 $\lambda_1, \lambda_2, \ldots, \lambda_n$은 $\boldsymbol{A}$의 고유치라고 하자. 만약 실함수 $f(x)$가 고유치들을 모두 포함하는 열린구간에서 정의되고

$$f(x) = \sum_{i=0}^{\infty} a_i x^i$$

와 같이 멱급수전개 형태로 표현된다고 하자. 스펙트럼 정리(정리 6.2)를 이용하면 $\boldsymbol{A}$는

$$A = P\Lambda P'$$

와 같이 나타낼 수 있다. 여기서 $\Lambda = \text{diag}(\lambda_1, \lambda_2, \ldots, \lambda_n)$이고 P는 대응하는 고유벡터들로 이루어진 직교행렬이다. 이를 이용하여 행렬함수 $f(A)$를 다음과 같이 정의할 수 있다.

$$f(A) = P\text{diag}[f(\lambda_1), f(\lambda_2), \ldots, f(\lambda_n)]P'.$$

[Golup and Van Loan(1983), Corollary 11.1-2, p.382 참조.] 이 경우 $f(A)$는

$$f(A) = \sum_{i=0}^{\infty} a_i A^i,$$

과 같이 수렴하는 멱급수전개 형태로 나타낼 수 있음을 보이시오.

9.17 연습문제 9.16의 결과를 이용하여 $sin(A)$의 멱급수전개를 구하시오. 단 A는 $n \times n$차 대칭행렬이다.

9.18 $n \times n$차 대칭행렬 X에서 대칭이지 않은 원소들은 독립적 변수라고 하자. a가 n차의 상수벡터라고 할 때, 다음을 보이시오.

$$\frac{\partial(a'Xa)}{\partial X} = 2aa' - D_{aa'},$$

여기서 $D_{aa'}$는 aa'의 대각원소들로 이루어진 대각행렬이다. (힌트: Graybill(1983), Theorem 10.8.4, p.354 참조.)

9.19 식 (9.31)에서의 등호를 고려하자. 만약 $\frac{\partial(QX)}{\partial X} = 0$이면 Q는 반드시 영행렬이 되어야 함을 보이시오.

9.20 A는 $n \times n$차 대칭행렬이고 $\lambda_1, \lambda_2, \ldots, \lambda_n$은 $|\lambda_i| < 1(i = 1, 2, \ldots, n)$를 만족하는 A의 고유치라고 하자. A에 대한 멱급수전개 $\Sigma_{j=0}^{\infty} A^j$가 $(I_n - A)^{-1}$로 수렴함을 보이시오.

9.21 $A = (a_{ij})$는 $n \times n$차 대칭인 양정치행렬이라고 하자. 또한 A_j를 왼쪽 윗부분의 $j \times j$차 부분정방행렬이라고 하자(즉, 차수가 $j \times j(j = 1, 2, \ldots, n)$인 A의 선행주소행렬). 이때 다음을 보이시오.

$$\sum_{j=1}^{n} |A_j|^{1/j} \leq \left(1 + \frac{1}{n}\right)^n tr(A).$$

(힌트: 정리 9.8과 **칼레만 부등식**(Carleman's inequality)을 이용하시오. 칼레만 부등식은 다음과 같다: $x_j \geq 0(j = 1, 2, \ldots, n)$에 대해서

$$\sum_{j=1}^{n} (x_1 x_2 \ldots x_j)^{1/j} \leq \left(1 + \frac{1}{n}\right)^n \sum_{j=1}^{n} x_j.$$

[Hardy et al.(1952), p.249 그리고 Amgihibech et al.(2008), p.671 참조.]

통계학에서 행렬의 응용 2부

2부에서는 행렬 기법을 사용하는 통계학의 몇 개 분야를 소개하려고 한다. 행렬대수의 효과적인 적용을 통하여 여러 통계적 방법들에 대하여 매우 간결하고 효율적인 개발이 가능하고 이에 대한 이해가 쉽고 간단하게 되는 점을 보여주려고 한다.

10장 다변량분포와 이차형식

이 장에서는 다변량정규분포와 연관된 분포들, 적률생성함수, 이차형식에 대한 내용을 다루고자 한다. 정규분포하에서 이차형식의 분포에 대한 여러 가지 성질과 독립성 등을 논의한다.

11장 완전계수 선행모형의 행렬대수

이 장에서는 최소제곱법에 의한 추정과 그 성질들, 분산분석, 가우스-마르코프 정리, 일반화최소제곱법, 선형가설의 검정, 신뢰구간 등을 다룬다.

12장 불완전계수 선행모형의 행렬대수

이 장에서는 특별히 선형함수의 추정가능성에 대한 개념, 검정이 가능한 가설을 논의한다. 더 나아가 중요한 모형들, 즉 일원배치와 이원배치 모형 등을 다룬다.

13장 직적을 이용한 균형선형모형의 분석

이 장에서는 균형선형모형에 대한 성질과 이에 대한 분석기법에 대하여 논의한다.

14장 다변량반응모형

이 장에서는 선형 다변량반응모형에 대한 내용과 적합성결여 검정 등을 포함한 그에 대한 분석방법에 대하여 논의한다.

10장
다변량분포와 이차형식

행렬대수는 다양한 통계모형들을 표현하고 개발하는 데 있어서 중요한 역할을 한다. 이 장과 2부의 나머지 장들에서 행렬대수가 통계적 모형에 사용되는 많은 예들 중 몇 가지 중요한 예들을 제시하고자 한다.

기호 지금까지 수학에서 관례적으로 사용되는 표기법을 따라서 영문의 대문자는 행렬을, 소문자는 벡터를 표기하였다. 이러한 관례적인 수학 기호를 계속 사용할 것이지만, 통계학에서 확률변수(random variable)를 대문자로 나타내고 확률변수의 관측된 값을 소문자로 표기하는 관례와 혼동될 수 있다. 예를 들어, 앞 장에서와 같이 계속 $\boldsymbol{X}$는 행렬을 나타내며 $\boldsymbol{x}$는 벡터를 표시하는데, 확률변수의 집합인 확률벡터의 기호를 $\boldsymbol{X} = [X_1\ X_2\ \ldots\ X_k]'$와 같이 나타내지는 않을 것이다. 소문자 $\boldsymbol{x}$는 확률변수를 표시하는 데 사용될 수 있고 동시에 그 관측값을 나타낼 수도 있다.

기대값(expected value)을 나타내는 기호는 E로 표시한다. 따라서 $E(\boldsymbol{x})$는 $\boldsymbol{x}$의 각 원소의 기대값들로 구성된 벡터이다.

$$E(\boldsymbol{x}) = E\begin{bmatrix} x_1 \\ x_2 \\ \vdots \\ x_k \end{bmatrix} = \begin{bmatrix} E(x_1) \\ E(x_2) \\ \vdots \\ E(x_k) \end{bmatrix}.$$

또한 $E(\boldsymbol{X})$는 $\boldsymbol{X}$의 각 원소의 기대값으로 구성된 행렬을 표시한다.

10.1 공분산행렬

$x_1, x_2, \ldots, x_k$를 k개의 확률변수라고 하고 각 변수의 평균을 $\mu_1, \mu_2, \ldots, \mu_k$, 분산을 $\sigma_1^2, \sigma_2^2, \ldots, \sigma_k^2$라고 가정하자. 또한 두 변수들의 공분산이 $\sigma_{12}, \sigma_{23}, \ldots, \sigma_{k-1,k}$이라고 가정하자. 확률변수와 그 평

균을 벡터로 다음과 같이 표시한다.

$$\boldsymbol{x} = \begin{bmatrix} x_1 \\ x_2 \\ \vdots \\ x_k \end{bmatrix} \quad \text{and} \quad \boldsymbol{\mu} = \begin{bmatrix} \mu_1 \\ \mu_2 \\ \vdots \\ \mu_k \end{bmatrix}, \quad \text{we have} \quad E(\boldsymbol{x}) = \boldsymbol{\mu}; \tag{10.1}$$

그리고 확률변수들의 분산과 공분산을 행렬로 나타내면 다음과 같다.

$$\text{var}(\boldsymbol{x}) = \boldsymbol{V} = \begin{bmatrix} \sigma_1^2 & \sigma_{12} & \cdots & \sigma_{1k} \\ \sigma_{12} & \sigma_2^2 & \cdots & \sigma_{2k} \\ \vdots & \vdots & & \vdots \\ \sigma_{1k} & \sigma_{2k} & \cdots & \sigma_k^2 \end{bmatrix}. \tag{10.2}$$

식 (10.2)의 행렬을 확률변수 $x_1, x_2, \ldots, x_k$의 **공분산행렬**(covariance matrix) 또는 **산포행렬**(dispersion matrix)이라고 한다. 공분산행렬은 대칭이며 i번째 대각원소는 x_i의 분산이고 (ij)번째 비대각원소는 x_i와 x_j의 공분산이다.

확률변수에 대한 분산과 공분산은 각각 다음과 같이 정의된다.

$$\sigma_i^2 = E(x_i - \mu_i)^2 \quad \text{and} \quad E[(x_i - \mu_i)(x_j - \mu_j)] = \sigma_{ij} \quad \text{for} \quad i \neq j,$$

공분산행렬은 보통 $\boldsymbol{V}$로 표시되며 다음과 같이 정의된다.

$$\boldsymbol{V} = \text{var}(\boldsymbol{x}) = E[(\boldsymbol{x} - \boldsymbol{\mu})(\boldsymbol{x} - \boldsymbol{\mu})']. \tag{10.3}$$

만약 평균벡터가 영벡터인 경우($\boldsymbol{\mu} = \boldsymbol{0}$) 식 (10.3)은 다음과 같이 구할 수 있다.

$$\boldsymbol{V} = \text{var}(\boldsymbol{x}) = E(\boldsymbol{x}\boldsymbol{x}').$$

확률벡터의 선형변환 $\boldsymbol{y} = \boldsymbol{T}\boldsymbol{x}$에 대한 공분산행렬은 쉽게 구할 수 있다. 먼저 변환된 벡터의 평균을 구한다.

$$\text{E}(\boldsymbol{y}) = \text{E}(\boldsymbol{T}\boldsymbol{x}) = \boldsymbol{T}\,\text{E}(\boldsymbol{x}) = \boldsymbol{T}\boldsymbol{\mu}. \tag{10.4}$$

그리고 $\boldsymbol{y}$의 공분산행렬은 다음과 같이 유도할 수 있다.

$$\text{var}(\boldsymbol{y}) = \text{E}[\boldsymbol{y} - \text{E}(\boldsymbol{y})][\boldsymbol{y} - \text{E}(\boldsymbol{y})]' = \text{E}[\boldsymbol{T}(\boldsymbol{x} - \boldsymbol{\mu})(\boldsymbol{x} - \boldsymbol{\mu})'\boldsymbol{T}'] = \boldsymbol{T}\boldsymbol{V}\boldsymbol{T}'. \tag{10.5}$$

$\boldsymbol{T}$가 하나의 행벡터라면($\boldsymbol{T} = \boldsymbol{t}'$) 식 (10.5)는 $\text{var}(\boldsymbol{t}'\boldsymbol{y}) = \boldsymbol{t}'\boldsymbol{V}\boldsymbol{t}$이다. $\text{var}(\boldsymbol{t}'\boldsymbol{y})$는 확률변수의 분산이므로 음수가 될 수 없으므로 $\boldsymbol{t}'\boldsymbol{V}\boldsymbol{t}$도 마찬가지이다. 따라서 $\boldsymbol{t}'\boldsymbol{V}\boldsymbol{t}$는 비음정치 이차형식이고 $\boldsymbol{V}$는 비음정치행렬이다(5.7절 참조). 이러한 성질은 모든 공분산행렬에 적용되므로 공분산행렬은 비음정치행렬이며 대부분의 경우 양정치행렬이다.

10.2 상관계수행렬

두 확률변수 $\boldsymbol{x}_i$와 $\boldsymbol{x}_j$의 상관계수를 ρ_{ij}라고 하자. 각 변수의 분산이 0이 아니면 상관계수는 다음과 같이 정의되고

$$\rho_{ij} = \rho_{ji} = \frac{\sigma_{ij}}{\sigma_i \sigma_j}, \tag{10.6}$$

대각원소가 모두 $\rho_{ii} = \sigma_i^2/\sigma_i^2 = 1$인 상관계수행렬 $\boldsymbol{R}$은 다음과 같이 나타낸다.

$$\boldsymbol{R} = \begin{bmatrix} 1 & \rho_{12} & \cdots & \rho_{1k} \\ \rho_{12} & 1 & \cdots & \rho_{2k} \\ \vdots & & & \vdots \\ \rho_{1k} & \rho_{2k} & \cdots & 1 \end{bmatrix}. \tag{10.7}$$

공분산행렬 $\boldsymbol{V}$의 대각원소만으로 구성된 분산들의 대각행렬 $\boldsymbol{D}$를 다음과 같이 정의하고

$$\boldsymbol{D} = \text{diag}\{\sigma_i^2\} \quad \text{for} \quad i = 1, \ldots, k,$$

표준편차 σ_l로 구성된 대각행렬을 $\sqrt{\boldsymbol{D}} = \boldsymbol{D}^{\frac{1}{2}} = \text{diag}\{\sigma_i\}$로 표시하면 상관계수행렬을 다음과 같이 나타낼 수 있다.

$$\boldsymbol{R} = \boldsymbol{D}^{-\frac{1}{2}} \boldsymbol{V} \boldsymbol{D}^{-\frac{1}{2}}. \tag{10.8}$$

예제 10.1 $\boldsymbol{x}$를 k개의 확률변수로 이루어진 확률벡터라고 하고 모든 확률변수가 동일한 분산 σ^2를 가진다고 가정하면 임의의 두 확률변수들의 공분산은 $\rho\sigma^2$이다. 따라서 $\boldsymbol{x}$의 공분산행렬은 식 (10.2)로부터 다음과 같이 표시된다.

$$\boldsymbol{V} = \begin{bmatrix} \sigma^2 & \rho\sigma^2 & \cdots & \rho\sigma^2 \\ \rho\sigma^2 & \sigma^2 & \cdots & \rho\sigma^2 \\ \vdots & \vdots & & \vdots \\ \rho\sigma^2 & \rho\sigma^2 & \cdots & \sigma^2 \end{bmatrix} = \sigma^2 \boldsymbol{R} \quad \textit{for} \quad \boldsymbol{R} = (1-\rho)\boldsymbol{I}_k + \rho \boldsymbol{J}_k.$$

확률벡터 $\boldsymbol{x}$가 정규분포를 따르면 그 확률밀도함수를 구하기 위해서 상관계수행렬 $\boldsymbol{R}$의 행렬식과 역행렬이 필요하며 각각 다음과 같이 주어진다.

$$|\boldsymbol{R}| = (1-\rho)^{k-1}(1-\rho+k\rho)$$

$$\boldsymbol{R}^{-1} = \frac{1}{1-\rho}\left(\boldsymbol{I}_k - \frac{\rho}{1-\rho+k\rho}\boldsymbol{J}_k\right).$$

공분산행렬 $\boldsymbol{V}$가 양반정치행렬이므로 $|\boldsymbol{V}|$와 $|\boldsymbol{R}|$은 0을 포함한 실수값을 가진다. 따라서 상관계수의 가능한 값은 $1 \geq \rho \geq -1/(k-1)$이며 만약 등호가 성립하면 $\boldsymbol{R}^{-1}$이 존재하지 않는다.

10.3 제곱합행렬

10.3.1 자료행렬

이 절에서는 x를 관측치(observation)로 나타낸다. 이제 k개의 변수에 대하여 각각 N개의 표본으로 이루어진 데이터를 얻었다고 하자. j번째 변수의 i번째 관측치를 x_{ij}로 표시하고 Nk의 관측치를 다음과 같이 배치하여 **자료행렬**(data matrix)로 나타낼 수 있다.

$$\boldsymbol{X} = \begin{bmatrix} x_{11} & x_{12} & \cdots & x_{1k} \\ x_{21} & x_{22} & \cdots & x_{2k} \\ \vdots & \vdots & & \vdots \\ x_{N1} & x_{N2} & \cdots & x_{Nk} \end{bmatrix} \tag{10.9}$$

$$= \{x_{ij}\} \quad \text{for} \quad i = 1, \ldots, N \quad \text{and} \quad j = 1, \ldots, k. \tag{10.10}$$

$N \times k$차인 $\boldsymbol{X}$의 자료행렬에서 각 열은 하나의 변수에 대한 N개의 관측치를 나타내고 각 행은 하나의 관측치에 대한 k개의 변수값을 나타낸다.

10.3.2 비중심 제곱합과 교차합

자료행렬 $\boldsymbol{X}$의 j번째 변수에 대한 비중심제곱합(uncorrected sum of squares)은 다음과 같이 정의되며

$$\sum_{i=1}^{N} x_{ij}^2 = \boldsymbol{x}_j{}'\boldsymbol{x}_j,$$

위에서 $\boldsymbol{x}_j$는 $\boldsymbol{X}$의 j번째 열이다. 유사하게 $\boldsymbol{X}$의 j번째 변수와 t번째 변수의 교차합(sum of product)은 다음과 같이 정의된다.

$$\sum_{i=1}^{N} x_{ij}x_{it} = \boldsymbol{x}_j{}'\boldsymbol{x}_t = \boldsymbol{x}_t{}'\boldsymbol{x}_j.$$

모든 변수에 대한 비중심 제곱합과 교차합을 행렬로 표시하면 다음과 같은 대칭행렬로 나타난다. 이러한 행렬을 **비중심제곱합행렬**(uncorrected sum of squares [and cross-products] matrix)이라고 한다.

$$\boldsymbol{X}'\boldsymbol{X} = \begin{bmatrix} \sum_{i=1}^{N} x_{i1}^2 & \sum_{i=1}^{N} x_{i1}x_{i2} & \cdots & \sum_{i=1}^{N} x_{i1}x_{ik} \\ \sum_{i=1}^{N} x_{i1}x_{i2} & \sum_{i=1}^{N} x_{i2}^2 & \cdots & \sum_{i=1}^{N} x_{i2}x_{ik} \\ \vdots & \vdots & & \vdots \\ \sum_{i=1}^{N} x_{i1}x_{ik} & \sum_{i=1}^{N} x_{i2}x_{ik} & \cdots & \sum_{i=1}^{N} x_{ik}^2 \end{bmatrix} \tag{10.11}$$

10.3.3 평균과 중심화행렬

j번째 변수에 대한 N개의 관측치들의 평균, 즉 자료행렬 $\boldsymbol{X}$에서 j번째 열의 원소들의 평균은 다음과 같이 구해지며

$$\bar{x}_{\cdot j} = \sum_{i=1}^{N} x_{ij}/N = (x_{1j} + \cdots + x_{Nj})/N = \mathbf{1}'\boldsymbol{x}_j/N = \boldsymbol{x}_j{}'\mathbf{1}/N, \tag{10.12}$$

이때 $\mathbf{1}$은 N차 합벡터(summing vector, 모든 원소가 1인 벡터)이다. 이러한 각 변수의 평균들을 원소로 구성된 행벡터 $\bar{\boldsymbol{x}}'$를 다음과 같이 정의하자.

$$\bar{\boldsymbol{x}}' = (\bar{x}_{\cdot 1}, \bar{x}_{\cdot 2}, \ldots, \bar{x}_{\cdot k}) = \frac{1}{N}\mathbf{1}'\boldsymbol{X}. \tag{10.13}$$

이제 행렬 $\boldsymbol{X}$의 각 원소 x_{ij}들과 각 원소에서 해당하는 열의 평균의 차이로 구성된 행렬을 행 $i = 1, \ldots, N$과 열 $j = 1, \ldots, k$에 대하여 다음과 같이 나타내보자.

$$\begin{bmatrix} x_{11} & x_{12} & \cdots & x_{1k} \\ x_{21} & x_{22} & \cdots & x_{2k} \\ \vdots & \vdots & & \vdots \\ x_{N1} & x_{N2} & \cdots & x_{Nk} \end{bmatrix} - \begin{bmatrix} \bar{x}_{\cdot 1} & \bar{x}_{\cdot 2} & \cdots & \bar{x}_{\cdot k} \\ \bar{x}_{\cdot 1} & \bar{x}_{\cdot 2} & \cdots & \bar{x}_{\cdot k} \\ \vdots & \vdots & & \vdots \\ \bar{x}_{\cdot 1} & \bar{x}_{\cdot 2} & \cdots & \bar{x}_{\cdot k} \end{bmatrix} \tag{10.14}$$

$$= \{x_{ij} - \bar{x}_{\cdot j}\} = \boldsymbol{X} - \mathbf{1}\bar{\boldsymbol{x}}'. \tag{10.15}$$

식 (10.13)을 이용하면 j번째 열을 다음과 같이 나타낼 수 있고

$$\begin{bmatrix} x_{1j} - \bar{x}_{\cdot j} \\ x_{2j} - \bar{x}_{\cdot j} \\ \vdots \\ x_{Nj} - \bar{x}_{\cdot j} \end{bmatrix} = \boldsymbol{x}_j - \frac{1}{N}\boldsymbol{J}_N\boldsymbol{x}_j = (\boldsymbol{I} - \bar{\boldsymbol{J}}_N)\boldsymbol{x}_j = \boldsymbol{C}_N\boldsymbol{x}_j, \tag{10.16}$$

여기서 $\boldsymbol{C}_N$은 5.2절에 나온 중심화행렬이다.

$$\boldsymbol{C}_N = \boldsymbol{I} - \bar{\boldsymbol{J}}_N = \boldsymbol{I} - \frac{1}{N}\boldsymbol{J}_N = \boldsymbol{I} - \frac{1}{N}\mathbf{1}_N\mathbf{1}_N{}'. \tag{10.17}$$

따라서 식 (10.14)는 다음과 같이 주어진다.

$$\{x_{ij} - \bar{x}_{\cdot j}\} = \boldsymbol{C}_N\boldsymbol{X}. \tag{10.18}$$

10.3.4 중심화 제곱합과 교차합

대칭이며 멱등행렬인 $\boldsymbol{C}_N$으로 표현된 식 (10.16)을 이용하면 j번째 열벡터의 중심화제곱합(corrected sum of squares)을 5.2절에서 식 (5.19)와 유사하게 다음과 같이 정의할 수 있다.

$$\sum_{i=1}^{N}(x_{ij}-\bar{x}_{\cdot j})^2 = \boldsymbol{x}_j{}'\boldsymbol{C}_N\boldsymbol{x}_j, \tag{10.19}$$

또한 j번째 열벡터와 t번째 열벡터의 중심화교차합(corrected sum of cross-product)을 같은 방법으로 정의할 수 있다.

$$\sum_{i=1}^{N}(x_{ij}-\bar{x}_{\cdot j})(x_{it}-\bar{x}_{\cdot t}) = \boldsymbol{x}_j{}'\boldsymbol{C}_N\boldsymbol{x}_t. \tag{10.20}$$

모든 열 $j, t = 1, \ldots, k$에 대하여 식 (10.19)와 식 (10.20)에 나타난 제곱합과 교차합을 원소로 하는 행렬을 구성하면 다음과 같이 나타낼 수 있고 이를 중심화제곱합행렬(matrix of corrected sum of squares and cross-products)이라고 한다.

$$\left\{\sum_{i=1}^{N}(x_{ij}-\bar{x}_{\cdot j})(x_{it}-\bar{x}_{\cdot t})\right\} = \boldsymbol{X}'\boldsymbol{C}_N\boldsymbol{X}. \tag{10.21}$$

위의 행렬은 식 (10.11)에서 $\boldsymbol{X}$를 식 (10.18)의 $\boldsymbol{C}_N\boldsymbol{X}$을 대치한 것이며 $\boldsymbol{C}_N$의 대칭성과 멱등성을 이용하면 다음과 같이 유도된다.

$$(\boldsymbol{C}_N\,\boldsymbol{X})'\boldsymbol{C}_N\,\boldsymbol{X} = \boldsymbol{X}'\boldsymbol{C}_N^2\,\boldsymbol{X} = \boldsymbol{X}'\boldsymbol{C}_N\,\boldsymbol{X}.$$

이제 식 (10.21)의 행렬을 $\boldsymbol{S}$로 표시할 것이며

$$\boldsymbol{S} = \boldsymbol{X}'\,\boldsymbol{C}_N\,\boldsymbol{X}. \tag{10.22}$$

이 행렬 $\boldsymbol{S}$는 다변량 통계와 회귀모형에서 이용되며 **위샤트 행렬**(Wishart matrix)이라고 한다(10.4절과 11장 참조).

예제 10.2 $\boldsymbol{X}$가 벡터인 경우, $\boldsymbol{x} = (x_1, x_2, \ldots, x_N)'$ 식 (10.19)는 식 (5.19)처럼 다음과 표시된다.

$$\sum_{i=1}^{N}(x_i-\bar{x})^2 = \boldsymbol{x}'\boldsymbol{C}_N\boldsymbol{x}, \tag{10.23}$$

행렬 $\boldsymbol{C}_N$이 대칭이므로 6.2절에서 배운 스펙트럼분해에 의하여 $\boldsymbol{C}_N = \boldsymbol{PDP}'$로 분해할 수 있다. 여기서 $\boldsymbol{D}$는 $\boldsymbol{C}_N$의 고유치로 구성된 대각행렬이며 $\boldsymbol{P}$는 $\boldsymbol{C}_N$의 고유치에 대응하는 고유벡터로 구성된 직교행렬이다. 따라서 선형변환 $\boldsymbol{y} = \boldsymbol{P}'\boldsymbol{x}$을 이용하여 다음과 같이 나타낼 수 있다.

$$\sum_{i=1}^{N}(x_i-\bar{x})^2 = \boldsymbol{x}'\boldsymbol{PDP}'\boldsymbol{x} = \boldsymbol{y}'\boldsymbol{D}\boldsymbol{y}, \tag{10.24}$$

여기서 $\boldsymbol{C}_N$이 $N-1$개의 1과 하나의 0의 고유값을 가지는 멱등행렬이므로 행렬 $\boldsymbol{D}$는 다음과 같이 표시되며

$$D = \begin{bmatrix} \boldsymbol{I}_{N-1} & \boldsymbol{0} \\ \boldsymbol{0} & 0 \end{bmatrix}$$

따라서 식 (10.24)는 다음과 같이 나타낼 수 있다.

$$\sum_{i=1}^{N}(x_i - \bar{x})^2 = \sum_{i=1}^{N-1} y_i^2. \tag{10.25}$$

위의 식 (10.25)는 다음 절에서 제곱합이 카이제곱분포(χ^2-distribution)를 따르는 정리를 증명하는데 중요한 역할을 한다.

10.4 다변량정규분포

확률변수가 평균이 μ이고 분산이 σ^2인 정규분포를 따른다면 확률밀도함수와 적률생성함수는 다음과 같이 주어진다.

$$f(x) = \frac{e^{-(x-\mu)^2/2\sigma^2}}{\sqrt{2\pi\sigma^2}} \quad \text{그리고} \quad m_x(t) = e^{t\mu + \frac{1}{2}t^2\sigma^2}. \tag{10.26}$$

이러한 경우 x는 정규분포를 따른다고 하고 이를 $x \sim N(\mu, \sigma^2)$라고 표시한다.

하나의 확률변수가 정규분포를 따르는 식 (10.26)을 k개의 확률변수들로 구성된 다변량 확률벡터 $\boldsymbol{x}$로 확장시킬 수 있다. 식 (10.1)과 (10.3)의 평균벡터 $E(\boldsymbol{x}) = \boldsymbol{\mu}$와 공분산행렬 $\text{var}(\boldsymbol{x}) = \boldsymbol{V}$를 가지는 확률벡터 x가 다변량정규분포를 따른다면 다음과 같은 확률밀도함수와 적률생성함수를 가진다.

$$f(\boldsymbol{x}) = \frac{e^{-\frac{1}{2}(\boldsymbol{x}-\boldsymbol{\mu})'\boldsymbol{V}^{-1}(\boldsymbol{x}-\boldsymbol{\mu})}}{(2\pi)^{\frac{k}{2}}|\boldsymbol{V}|^{\frac{1}{2}}} \quad \text{and} \quad m_{\boldsymbol{x}}(\boldsymbol{t}) = e^{\boldsymbol{t}'\boldsymbol{\mu} + \frac{1}{2}\boldsymbol{t}'\boldsymbol{V}\boldsymbol{t}}. \tag{10.27}$$

일변량정규분포 식 (10.26)과 다변량정규분포 식 (10.27)는 유사한 형태를 보이며 차수 $k = 1$인 경우 식 (10.27)은 식 (10.26)과 동일하다. 식 (10.27)에서 $f(\boldsymbol{x})$는 $\boldsymbol{V}^{-1}$이 존재해야만 정의될 수 있으며 식 (10.27)의 $|\boldsymbol{V}|$는 식 (10.26)의 σ^2와 대응되는 부분이다. 일변량 정규분포와 유사하게 정규분포를 따른다는 표현을 $\boldsymbol{x} \sim N(\mu, \boldsymbol{V})$로 나타낼 수 있다.

이제 $\boldsymbol{x} \sim N(\boldsymbol{\mu}, \boldsymbol{V})$라고 가정하면 식 (10.4)와 (10.5)로부터 $\boldsymbol{Kx}$는 평균이 $\boldsymbol{K\mu}$이고 분산이 $\boldsymbol{KVK}'$임을 알 수 있다. 적절한 가정하에서 적률생성함수가 유일한 분포와 확률밀도함수와 대응된다는 사실을 이용하면 식 (10.27)의 적률생성함수를 이용하여 다음의 사실을 보일 수 있다.

$$\boldsymbol{x} \sim N(\boldsymbol{\mu}, \boldsymbol{V}) \quad \text{implies} \quad \boldsymbol{Kx} \sim N(\boldsymbol{K\mu}, \boldsymbol{KVK}'). \tag{10.28}$$

적률생성함수 $m_{\boldsymbol{x}}(\boldsymbol{t})$의 정의는 다음과 같으며

$$m_{\boldsymbol{x}}(\boldsymbol{t}) = E\,e^{\boldsymbol{t}'\boldsymbol{x}}. \tag{10.29}$$

따라서 $\boldsymbol{Kx}$의 적률생성함수는 다음과 같이 유도된다.

$$m_{\boldsymbol{Kx}}(\boldsymbol{t}) = E\, e^{\boldsymbol{t}'\boldsymbol{Kx}} = E\, e^{(\boldsymbol{K}'\boldsymbol{t})'\boldsymbol{x}}. \tag{10.30}$$

식 (10.30)의 마지막 항은 식 (10.29)와 유사하게 다음과 같이 표현할 수 있다.

$$m_{\boldsymbol{Kx}}(\boldsymbol{t}) = m_{\boldsymbol{x}}(\boldsymbol{K}'\boldsymbol{t}). \tag{10.31}$$

따라서 식 (10.27)에서 $\boldsymbol{t}$ 대신 $\boldsymbol{K}'\boldsymbol{t}$를 대입하면 식 (10.31)의 오른쪽 항은 다음과 같이 표시되며

$$m_{\boldsymbol{Kx}}(\boldsymbol{t}) = e^{\boldsymbol{t}'\boldsymbol{K\mu}+\frac{1}{2}\boldsymbol{t}'\boldsymbol{KVK}'\boldsymbol{t}}. \tag{10.32}$$

식 (10.27)과 (10.32)를 비교하면 식 (10.28)을 얻게 된다.

예제 10.3 (예제 10.2의 계속) $\boldsymbol{X} \sim N(\boldsymbol{0}, \boldsymbol{I})$라고 가정하자. 식 (10.25)에서 사용한 것과 같이 직교행렬 $\boldsymbol{P}$를 이용한 선형변환 $\boldsymbol{y} = \boldsymbol{P}'\boldsymbol{x}$의 분포는 식 (10.28)에 의하여 $\boldsymbol{y} \sim N(\boldsymbol{P}'\boldsymbol{0}, \boldsymbol{P}'\boldsymbol{IP})$와 같으며 이는 다시 $\boldsymbol{y} \sim N(\boldsymbol{0}, \boldsymbol{I})$임을 알 수 있다. 정규분포 $N(\boldsymbol{0}, \boldsymbol{I})$를 따르는 확률벡터를 직교행렬에 의하여 선형변환을 하면 변환된 확률벡터의 분포는 원래 분포와 동일하다.

식 (10.25)의 경우를 보면 y_i들이 평균이 0이고 분산이 1인 정규분포를 따르므로 그 제곱인 y_i^2은 자유도가 1인 카이제곱분포를 따른다. 또한 y_i들이 서로 독립이므로 식 (10.25)에 나타난 아래 통계량은 각각 자유도가 1인 $N-1$개의 카이제곱확률변수들의 합이다.

$$\sum_{i=1}^{N}(x_i - \bar{x})^2 = \sum_{i=1}^{N-1} y_i^2$$

따라서 위의 통계량은 자유도가 $N-1$인 카이제곱분포를 따른다.

다음으로 다변량분포에서 주변분포와 조건부분포에 대하여 알아보자. 확률벡터 $\boldsymbol{x}$, 평균벡터 $\boldsymbol{\mu}$, 공분산행렬 $\boldsymbol{V}$가 다음과 같이 분할되었다고 가정하자.

$$\boldsymbol{x} = \begin{bmatrix} \boldsymbol{x}_1 \\ \boldsymbol{x}_2 \end{bmatrix}, \quad \boldsymbol{\mu} = \begin{bmatrix} \boldsymbol{\mu}_1 \\ \boldsymbol{\mu}_2 \end{bmatrix}, \quad \boldsymbol{V} = \begin{bmatrix} \boldsymbol{V}_{11} & \boldsymbol{V}_{12} \\ \boldsymbol{V}_{21} & \boldsymbol{V}_{22} \end{bmatrix} \tag{10.33}$$

위에서 $\boldsymbol{V}_{21} = (\boldsymbol{V}_{12})'$이다. 이제 공분산행렬 $\boldsymbol{V}$에서 $\boldsymbol{V}_{22}$에 대한 슈어 여행렬 $\boldsymbol{W}_{11} = \boldsymbol{V}_{11} - \boldsymbol{V}_{12}\boldsymbol{V}_{22}^{-1}\boldsymbol{V}_{21}$을 정의하면(4.12절 참조) $\boldsymbol{x}_1$의 주변분포(marginal distribution)는 $\boldsymbol{x}_1 \sim N(\boldsymbol{\mu}_1, \boldsymbol{V}_{11})$이다. 또한 $\boldsymbol{x}_1$이 주어졌을 때 $\boldsymbol{x}_1$의 조건부분포는 $N[\boldsymbol{\mu}_1 + \boldsymbol{V}_{12}\boldsymbol{V}_{22}^{-1}(\boldsymbol{x}_2 - \boldsymbol{\mu}_2), \boldsymbol{W}_{11}]$으로 주어진다(Searle(1971), Section 2.4f 참조).

다변량확률변수와 그 분포를 다루는 대부분의 통계적 이론에서 행렬대수는 매우 중요한 역할을 하며 지금까지 이 장에서 논의된 분포들보다 더 다양한 분포들이 존재한다. 예를 들어 식 (10.9)에 나온 자료행렬 $\boldsymbol{X}_{N\times k}$가 다변량정규분포 $N(\boldsymbol{\mu}, \boldsymbol{V})$를 따른다면 식 (10.22)에서 정의된 위샤트 행렬 $\boldsymbol{S}$의 $\frac{1}{2}k(k+1)$개의 개별적인 원소들 s_{ij}, $i \le j = 1, \ldots, k$들은 다음과 같은 결합밀도함수를 가지는 분포를 따른다.

$$f(s_{11}, s_{12}, \ldots, s_{kk}) = \frac{|\boldsymbol{S}|^{\frac{1}{2}(N-k-1)} e^{-\frac{1}{2}\, tr(\boldsymbol{V}^{-1}\boldsymbol{S})}}{2^{\frac{1}{2}Nk}\pi^{\frac{1}{4}k(k-1)} \prod_{i=1}^{k} \Gamma\frac{1}{2}(N+1-i)}.$$

이것은 위샤트 밀도함수로 알려져 있다.

10.5 이차형식과 카이제곱분포

중요한 통계적 방법의 하나인 분산분석(analysis of variance)에서 나오는 제곱합은 관측값들의 이차함수(quadratic function) 형태이다. 관측값들을 벡터 $\boldsymbol{x}$로 표시한다면 임의의 제곱합은 대응하는 대칭행렬 $\boldsymbol{A}$를 이용하여 $\boldsymbol{x}'\boldsymbol{A}\boldsymbol{x}$로 표현된다.

가설검정과 분산성분추정에서 이차형식의 기대값, 즉 $E(\boldsymbol{x}'\boldsymbol{A}\boldsymbol{x})$가 자주 이용된다. $\boldsymbol{x}$가 식 (10.1)과 (10.2)와 같이 평균이 $\boldsymbol{\mu}$이고 공분산행렬이 $\boldsymbol{V}$인 확률벡터라면 일변량확률변수의 분산에 대한 식 $\sigma^2 = E(x^2) - \mu^2$과 유사하게 공분산행렬을 $\boldsymbol{V} = E(\boldsymbol{x}-\boldsymbol{\mu})(\boldsymbol{x}-\boldsymbol{\mu})' = E(\boldsymbol{x}\boldsymbol{x}') - \boldsymbol{\mu}\boldsymbol{\mu}'$와 같이 표현할 수 있다. 따라서 $E(\boldsymbol{x}\boldsymbol{x}') = \boldsymbol{V} + \boldsymbol{\mu}\boldsymbol{\mu}'$이다. 이차형식 $\boldsymbol{x}'\boldsymbol{A}\boldsymbol{x}$는 스칼라이므로 자신의 대각합 $tr(\boldsymbol{x}'\boldsymbol{A}\boldsymbol{x})$와 같고 $tr(\boldsymbol{A}\boldsymbol{B}) = tr(\boldsymbol{B}\boldsymbol{A})$를 이용하면 다음이 성립하고

$$E(\boldsymbol{x}'\boldsymbol{A}\boldsymbol{x}) = E\,tr(\boldsymbol{x}'\boldsymbol{A}\boldsymbol{x}) = E\,tr(\boldsymbol{A}\boldsymbol{x}\boldsymbol{x}') = tr[\boldsymbol{A}E(\boldsymbol{x}\boldsymbol{x}')],$$

따라서 아래의 식을 얻는다.

$$E(\boldsymbol{x}'\boldsymbol{A}\boldsymbol{x}) = tr[\boldsymbol{A}(\boldsymbol{V} + \boldsymbol{\mu}\boldsymbol{\mu}')] = tr(\boldsymbol{A}\boldsymbol{V}) + \boldsymbol{\mu}'\boldsymbol{A}\boldsymbol{\mu}. \tag{10.34}$$

위의 결과는 $\boldsymbol{x}$가 정규분포를 따르는 경우와 아닌 경우에 모두 만족한다. 만약 정규분포를 따른다면 $\boldsymbol{x}'\boldsymbol{A}\boldsymbol{x}$의 분산은 다음과 같이 계산된다.

$$\text{var}(\boldsymbol{x}'\boldsymbol{A}\boldsymbol{x}) = 2tr(\boldsymbol{A}\boldsymbol{V})^2 + 4\boldsymbol{\mu}'\boldsymbol{A}\boldsymbol{V}\boldsymbol{A}\boldsymbol{\mu}. \tag{10.35}$$

정규분포에서 성립하는 결과인 식 (10.34)와 (10.35)는 모든 이차형식 $\boldsymbol{x}'\boldsymbol{A}\boldsymbol{x}$에 일반적으로 적용할 수 있다. 따라서 이차형식으로 나타나는 제곱합의 평균과 분산을 구하는 데 유용하게 사용될 수 있다. 더 나아가 겹선형형식(bilinear form)을 이차형식으로 표현하는 일반적인 방법도 가능하다.

$$\boldsymbol{x}'\boldsymbol{A}\boldsymbol{y} = \frac{1}{2}\begin{bmatrix}\boldsymbol{x}' & \boldsymbol{y}'\end{bmatrix}\begin{bmatrix}\boldsymbol{0} & \boldsymbol{A} \\ \boldsymbol{A}' & \boldsymbol{0}\end{bmatrix}\begin{bmatrix}\boldsymbol{x} \\ \boldsymbol{y}\end{bmatrix} \tag{10.36}$$

그리고 결과 식 (10.34)와 (10.35)는 식 (10.36)의 오른쪽 식에 적용할 수 있다. 이러한 이차형식에 대한 다양한 결과들은 Searle(1971, Sections 2.5 and 2.6)에 나타나 있다.

F-통계량은 두 제곱합의 비, 즉 두 이차형식의 비로 정의된다. F-통계량이 F-분포를 따르는 조건은 분모와 분자가 서로 독립인 χ^2-분포를 따르는 이차형식으로 구성되어야 한다.

다음 절부터는 여러 개의 이차형식들의 분포와 독립조건에 대한 다양한 정리들을 제시할 것이다. 일부의 정리들은 그 증명이 매우 길다. 따라서 정리들의 증명에 대한 세부적인 내용은 제시하

지 않을 것이며 세부적인 증명 방법은 Khuri(2010, Sections 5.2-5.5)에서 볼 수 있다.

10.5.1 이차형식의 분포

정리 10.1 행렬 $\boldsymbol{A}$가 $n \times n$차 대칭행렬이고 $\boldsymbol{x}$가 정규분포 $N(\boldsymbol{\mu}, \boldsymbol{V})$를 따르면 이차형식 $\boldsymbol{x}'\boldsymbol{A}\boldsymbol{x}$는 다음과 같이 쓸 수 있다.

$$\boldsymbol{x}'\boldsymbol{A}\boldsymbol{x} = \sum_{i=1}^{k} \gamma_i W_i, \tag{10.37}$$

여기서 $\gamma_1, \gamma_2, \ldots, \gamma_k$는 $\boldsymbol{V}^{1/2}\boldsymbol{A}\boldsymbol{V}^{1/2}$(또는 $\boldsymbol{AV}$)의 서로 다른 0이 아닌 고유치이며 각 고유치의 중복도를 $\nu_1, \nu_2, \ldots, \nu_k$라고 하자. 그리고 W_i들을 서로 독립이고 각각 $\chi^2_{\nu_i}(\theta_i)$를 따르는 확률변수라고 하면

$$\theta_i = \boldsymbol{\mu}'\boldsymbol{V}^{-1/2}\boldsymbol{P}_i\boldsymbol{P}_i'\boldsymbol{V}^{-1/2}\boldsymbol{\mu}, \tag{10.38}$$

이고 $\boldsymbol{P}_i$는 차수가 $n \times \nu_i$인 행렬로서 각 열들이 $\boldsymbol{V}^{1/2}\boldsymbol{A}\boldsymbol{V}^{1/2}$의 고유값 γ_i $(i = 1, 2, \ldots, k)$에 대응하는 직교 고유벡터이다.

정리 10.2 행렬 $\boldsymbol{A}$가 $n \times n$차 대칭행렬이고 $\boldsymbol{x}$가 정규분포 $N(\boldsymbol{\mu}, \boldsymbol{V})$를 따른다고 하자. 이차형식 $\boldsymbol{x}'\boldsymbol{A}\boldsymbol{x}$이 비중심 카이제곱분포(noncentral chi-squared distribution) $\chi^2_r(\theta)$를 따르는 필요충분조건은 $\boldsymbol{AV}$가 계수가 r인 멱등행렬이다. 여기서 $\theta = \boldsymbol{\mu}'\boldsymbol{A}\boldsymbol{\mu}$는 비중심모수(noncentrality parameter)라고 한다.

따름정리 10.1 행렬 $\boldsymbol{A}$와 $\boldsymbol{x}$가 정리 10.2에서와 동일하게 주어졌다고 하자. 이차형식 $\boldsymbol{x}'\boldsymbol{A}\boldsymbol{x}$가 $\chi^2_r(\theta)$ 분포를 따르는 필요충분조건은 $tr(\boldsymbol{AV}) = tr[(\boldsymbol{AV})^2] = r$, $r(\boldsymbol{AV}) = r$이다.

예제 10.4 앞에서 $\boldsymbol{x}$가 $N(\boldsymbol{0}, \boldsymbol{I}_n)$을 따르는 경우 제곱합 $\Sigma_{i=1}^n (x_i - \bar{x})^2$의 분포를 살펴보았다. 여기서 $\boldsymbol{x}$가 $N(\mu\boldsymbol{1}_n, \sigma^2\boldsymbol{I}_n)$을 따르는 경우, 즉 모든 x들이 일변량 정규분포 $N(\mu, \sigma^2)$를 따르고 서로 독립인 경우 다음과 같은 결과를 얻는다.

$$\sum_{i=1}^{n}(x_i - \bar{x})^2/\sigma^2 = \boldsymbol{x}'[(\boldsymbol{I}_n - \frac{1}{n}\boldsymbol{J}_n)/\sigma^2]\boldsymbol{x}, \tag{10.39}$$

식 (10.39)가 χ^2-분포를 따르는 것을 정리 10.2로 보일 수 있다. 정리에 나온 $\boldsymbol{A}$와 $\boldsymbol{V}$를 각각 $(\boldsymbol{I}_n - \frac{1}{n}\boldsymbol{J}_n)/\sigma^2$, $\sigma^2\boldsymbol{I}_n$라고 하면 계수가 $n-1$인 행렬 $\boldsymbol{AV} = \boldsymbol{I}_n - \frac{1}{n}\boldsymbol{J}_n$이 된다. 더 나아가 비중심 모수는

$$\theta = \boldsymbol{\mu}'\boldsymbol{A}\boldsymbol{\mu} = \frac{1}{\sigma^2}\mu^2\boldsymbol{1}_n'(\boldsymbol{I}_n - \frac{1}{n}\boldsymbol{J}_n)\boldsymbol{1}_n = 0.$$

정리 10.2에 의하여 다음이 성립한다.

$$\sum_{i=1}^{n}(x_i - \bar{x})^2/\sigma^2 \sim \chi^2_{n-1}.$$

10.5.2 이차형식의 독립

정리 10.3 $\boldsymbol{A}$와 $\boldsymbol{B}$를 차수가 $n \times n$인 대칭행렬이라고 하고 $\boldsymbol{x}$가 정규분포 $N(\boldsymbol{\mu}, \boldsymbol{V})$를 따른다고 하자. 두 이차형식 $\boldsymbol{x}'\boldsymbol{A}\boldsymbol{x}$와 $\boldsymbol{x}'\boldsymbol{B}\boldsymbol{x}$가 독립일 필요충분조건은 다음과 같다.

$$\boldsymbol{AVB} = \boldsymbol{0}. \tag{10.40}$$

정리 10.4 $\boldsymbol{A}$는 차수가 $n \times n$인 행렬, $\boldsymbol{B}$는 차수가 $m \times n$인 행렬이고 $\boldsymbol{x}$가 정규분포 $N(\boldsymbol{\mu}, \boldsymbol{V})$를 따른다고 하자. 이차형식 $\boldsymbol{x}'\boldsymbol{A}\boldsymbol{x}$와 $\boldsymbol{B}\boldsymbol{x}$가 독립일 필요충분조건은 다음과 같다.

$$\boldsymbol{BVA} = \boldsymbol{0}. \tag{10.41}$$

10.5.3 이차형식들의 카이제곱분포와 독립

정리 10.5 $\boldsymbol{x}$가 정규분포 $N(\boldsymbol{\mu}, \sigma^2\boldsymbol{I}_n)$를 따르고 $\boldsymbol{A}_i$는 차수가 $n \times n$이고 계수가 $k_i (i = 1, 2, \dots, p)$인 대칭행렬이며 $\boldsymbol{I}_n = \Sigma_{i=1}^{p}\boldsymbol{A}_i$이다. 이러한 가정하에서 다음에 제시된 3개의 조건 중 임의의 하나의 조건은 다른 두 조건들을 뜻한다.

(a) $n = \Sigma_{i=1}^{p} k_i$, 즉 $\boldsymbol{A}_1, \boldsymbol{A}_2, \dots, \boldsymbol{A}_p$들의 계수의 합은 $\boldsymbol{I}_n$의 계수와 같다.

(b) $\frac{1}{\sigma^2}\boldsymbol{x}'\boldsymbol{A}_i\boldsymbol{x} \sim \chi^2_{k_i}(\theta_i)$, 여기서 $\theta_i = \frac{1}{\sigma^2}\boldsymbol{\mu}'\boldsymbol{A}_i\boldsymbol{\mu}$, $i = 1, 2, \dots, p$이다.

(c) $\boldsymbol{x}'\boldsymbol{A}_1\boldsymbol{x}, \boldsymbol{x}'\boldsymbol{A}_2\boldsymbol{x}, \dots, \boldsymbol{x}'\boldsymbol{A}_p\boldsymbol{x}$는 서로 독립이다.

예제 10.5 예제 10.4에서 $x_1, x_2, \dots x_n$을 분포 $N(\mu, \sigma^2)$에서 추출한 독립표본이라고 하자. $\bar{x}$와 s^2은 각각 표본평균과 표본분산이다.

$$s^2 = \frac{1}{n-1}\sum_{i=1}^{n}(x_i - \bar{x})^2.$$

표본분산의 분포는 $\frac{(n-1)s^2}{\sigma^2} \sim \chi^2_{n-1}$으로 성립하고, 이제 정리 10.4를 이용하여 $\bar{x} = \frac{1}{n}\boldsymbol{1}_n'\boldsymbol{x}$와 $s^2 = \frac{1}{n-1}\boldsymbol{x}'(\boldsymbol{I}_n - \frac{1}{n}\boldsymbol{J}_n)\boldsymbol{x}$가 독립임을 보일 수 있다. 이 경우 $\boldsymbol{A} = \frac{1}{n-1}(\boldsymbol{I}_n - \frac{1}{n}\boldsymbol{J}_n)$, $\boldsymbol{B} = \frac{1}{n}\boldsymbol{1}_n'$이고 $\boldsymbol{x} \sim N(\mu\boldsymbol{1}_n, \sigma^2\boldsymbol{I}_n)$이다. 따라서 $\boldsymbol{V} = \sigma^2\boldsymbol{I}_n$이며 다음의 조건에 따라

$$\boldsymbol{BVA} = \frac{1}{n(n-1)}\boldsymbol{1}_n'(\sigma^2\boldsymbol{I}_n)(\boldsymbol{I}_n - \frac{1}{n}\boldsymbol{J}_n) = \boldsymbol{0}.$$

$\bar{x}$와 s^2이 독립임을 알 수 있다.

10.5.4 이차형식의 적률생성함수와 누율생성함수

$\boldsymbol{x}$가 정규분포 $N(\boldsymbol{\mu}, \boldsymbol{V})$를 따른다고 할 때 차수가 $n \times n$인 대칭행렬 $\boldsymbol{A}$에 의한 이차형식 $\boldsymbol{x}'\boldsymbol{A}\boldsymbol{x}$를 고려하자. $\boldsymbol{x}'\boldsymbol{A}\boldsymbol{x}$의 적률생성함수는 다음과 같이 주어진다.

$$\begin{aligned}\phi(t) &= E[\exp(t\boldsymbol{x}'\boldsymbol{A}\boldsymbol{x})] \\ &= \int_{R^n} \exp(t\boldsymbol{x}'\boldsymbol{A}\boldsymbol{x}) f(\boldsymbol{x})\, d\boldsymbol{x},\end{aligned}$$

여기서 $f(\boldsymbol{x})$는 식 (10.27)에서 제시된 $\boldsymbol{x}$의 확률밀도함수이다. Khuri(2010, Section 5.1)에서 $\boldsymbol{x}$의 적률밀도함수가 다음과 같이 나타나는 것을 보였다.

$$\phi(t) = \frac{\exp\left\{-\frac{1}{2}\boldsymbol{\mu}'\boldsymbol{V}^{-1/2}\left[\boldsymbol{I}_n - (\boldsymbol{I}_n - 2t\boldsymbol{V}^{1/2}\boldsymbol{A}\boldsymbol{V}^{1/2})^{-1}\right]\boldsymbol{V}^{-1/2}\boldsymbol{\mu}\right\}}{|\boldsymbol{I}_n - 2t\boldsymbol{V}^{1/2}\boldsymbol{A}\boldsymbol{V}^{1/2}|^{1/2}}. \tag{10.42}$$

이 함수는 $|t| < t_0$의 범위에서 정의되는데, 여기서 t_0는 다음과 같이 주어지며

$$t_0 = \frac{1}{2\,max_i|\lambda_i|},$$

$\lambda_i (i = 1, 2, \ldots, n)$는 행렬 $\boldsymbol{V}^{1/2}\boldsymbol{A}\boldsymbol{V}^{1/2}$ (또는 $\boldsymbol{A}\boldsymbol{V}$)의 i번째 고유치이다.

적률생성함수 $\phi(t)$에 자연로그를 취한 함수를 $\boldsymbol{x}'\boldsymbol{A}\boldsymbol{x}$의 **누율생성함수**(cumulant generating function)라고 정의하며 이를 $\psi(t)$라고 쓴다. 누율생성함수의 공식은 다음과 같이 주어지며 자세한 유도 과정은 Khuri(2010, Section 5.1)에 나타나 있다.

$$\psi(t) = -\frac{1}{2}\log|\boldsymbol{I}_n - 2t\boldsymbol{V}^{1/2}\boldsymbol{A}\boldsymbol{V}^{1/2}| - \frac{1}{2}\boldsymbol{\mu}'\boldsymbol{V}^{-1/2}\left[\boldsymbol{I}_n - (\boldsymbol{I}_n - 2t\boldsymbol{V}^{1/2}\boldsymbol{A}\boldsymbol{V}^{1/2})^{-1}\right]\boldsymbol{V}^{-1/2}\boldsymbol{\mu}. \tag{10.43}$$

이차형식 $\boldsymbol{x}'\boldsymbol{A}\boldsymbol{x}$의 r차 **누적률**(cumulant)은 $\kappa_r(\boldsymbol{x}'\boldsymbol{A}\boldsymbol{x})$라고 표시하고 이는 $\psi(t)$의 McLaurin 급수 전개에서 $\frac{t^r}{r!}(r = 1, 2, \ldots)$항의 계수이다. r차 누적률은 다음과 같이 나타낼 수 있다(Khuri, 2010, Theorem 5.1 참조).

$$\begin{aligned}\kappa_r(\boldsymbol{x}'\boldsymbol{A}\boldsymbol{x}) = 2^{r-1}(r-1)!\,tr[(\boldsymbol{V}^{1/2}\boldsymbol{A}\boldsymbol{V}^{1/2})^r] + 2^{r-1}r!\,\boldsymbol{\mu}'\boldsymbol{V}^{-1/2}(\boldsymbol{V}^{1/2}\boldsymbol{A}\boldsymbol{V}^{1/2})^r\boldsymbol{V}^{-1/2}\boldsymbol{\mu},& \\ r = 1, 2, \ldots&\end{aligned} \tag{10.44}$$

여기서 주목할 점은 다음과 같다.

$$tr[(\boldsymbol{V}^{1/2}\boldsymbol{A}\boldsymbol{V}^{1/2})^r] = tr[(\boldsymbol{A}\boldsymbol{V})^r],$$

$$\boldsymbol{\mu}'\boldsymbol{V}^{-1/2}(\boldsymbol{V}^{1/2}\boldsymbol{A}\boldsymbol{V}^{1/2})^r\boldsymbol{V}^{-1/2}\boldsymbol{\mu} = \boldsymbol{\mu}(\boldsymbol{A}\boldsymbol{V})^{r-1}\boldsymbol{A}\boldsymbol{\mu}.$$

위의 식들을 식 (10.44)에 각각 대입하면 다음과 같은 공식을 얻는다.

$$\kappa_r(\boldsymbol{x}'\boldsymbol{A}\boldsymbol{x}) = 2^{r-1}(r-1)!\left\{tr[(\boldsymbol{A}\boldsymbol{V})^r] + r\boldsymbol{\mu}'(\boldsymbol{A}\boldsymbol{V})^{r-1}\boldsymbol{A}\boldsymbol{\mu}\right\},\quad r = 1, 2, \ldots \tag{10.45}$$

따름정리 10.2 $\boldsymbol{x} \sim N(\boldsymbol{\mu}, \boldsymbol{V})$이면 이차형식 $\boldsymbol{x}'\boldsymbol{A}\boldsymbol{x}$의 평균과 분산은 다음과 같이 주어진다.

$$\begin{aligned}E(\boldsymbol{x}'\boldsymbol{A}\boldsymbol{x}) &= \boldsymbol{\mu}'\boldsymbol{A}\boldsymbol{\mu} + tr(\boldsymbol{A}\boldsymbol{V}) \\ var(\boldsymbol{x}'\boldsymbol{A}\boldsymbol{x}) &= 4\,\boldsymbol{\mu}'\boldsymbol{A}\boldsymbol{V}\boldsymbol{A}\boldsymbol{\mu} + 2\,tr[(\boldsymbol{A}\boldsymbol{V})^2].\end{aligned}$$

이러한 결과는 $\mathbf{x}'\mathbf{A}\mathbf{x}$의 평균과 분산이 각각 $\mathbf{x}'\mathbf{A}\mathbf{x}$의 첫 번째, 두 번째 누적률이라는 사실을 이용하여 구할 수 있다. 앞에서 보였듯이 $\mathbf{x}$가 정규분포를 따르지 않을 경우에도 평균에 대한 공식은 성립한다.

10.6 이차형식의 분포함수에 대한 계산

행렬 $\mathbf{A}$를 차수가 $n \times n$인 대칭행렬이라고 하고 $\mathbf{x}$가 정규분포 $N(\boldsymbol{\mu}, \mathbf{V})$를 따른다고 하자. 이차형식 $\mathbf{x}'\mathbf{A}\mathbf{x}$의 누적분포함수(the cumulative distribution function)은 다음과 같이 정의한다.

$$F(u) = P(\mathbf{x}'\mathbf{A}\mathbf{x} \le u). \tag{10.46}$$

함수 $F(u)$는 주어진 u의 값에서 대응하는 확률의 값이 계산될 수 있다. 다른 방법으로 식 (10.46)에서 주어진 확률에 대하여 대응하는 u의 값을 계산할 수 있다. 이러한 u값은 $\mathbf{x}'\mathbf{A}\mathbf{x}$의 p번째 **분위수**(quantile)라고 하며 u_p로 나타낸다.

함수 $F(u)$의 값을 계산하기 위해서 먼저 식 (10.37)과 같이 $\mathbf{x}'\mathbf{A}\mathbf{x}$를 서로 독립인 여러 개의 카이제곱확률변수들의 선형조합으로 나타내야 한다. 이렇게 할 수 있다면 다음과 같은 공식을 얻으며

$$F(u) = P\left(\sum_{i=1}^{k} \gamma_i W_i \le u\right), \tag{10.47}$$

여기서 $\gamma_1, \gamma_2, \ldots, \gamma_k$는 $\mathbf{V}^{1/2}\mathbf{A}\mathbf{V}^{1/2}$(또는 $\mathbf{A}\mathbf{V}$)의 서로 다른 0이 아닌 고유치이며 각 고유치의 중복도를 $\nu_1, \nu_2, \ldots, \nu_k$라고 하자. 그리고 W_i들은 서로 독립이고 각각 $\chi^2_{\nu_i}(\theta_i)$를 따르는 확률변수이다. Khuri(2010, Section 5.6)에서 Davies(1980)에 나타난 컴퓨터 알고리즘을 사용하여 쉽게 계산할 수 방법을 제시하였는데 이는 Davies(1973)에서 제안된 방법이다. 계산법은 Davies(1980)에 *Algorithm* ***AS*** 155의 명칭으로 제시된 알고리즘이고 이는 STATLIB를 통해 쉽게 사용할 수 있다. STATLIB는 이메일과 파일전송규약(FTP)을 이용하여 사용할 수 있는 통계 소프트웨어이다.

예제 10.6 $\mathbf{x} \sim N(\mathbf{0}, \mathbf{V})$이고 공분산행렬 $\mathbf{V}$가 다음과 같다고 가정하자.

$$\mathbf{V} = \begin{bmatrix} 3 & 5 & 1 \\ 5 & 13 & 0 \\ 1 & 0 & 1 \end{bmatrix}. \tag{10.48}$$

또한 $\mathbf{A}$를 다음과 같은 대칭행렬이라고 하자.

$$\mathbf{A} = \begin{bmatrix} 1 & 1 & 2 \\ 1 & 2 & 3 \\ 2 & 3 & 1 \end{bmatrix}.$$

그러면 $\mathbf{V}^{1/2}\mathbf{A}\mathbf{V}^{1/2}$(또는 $\mathbf{A}\mathbf{V}$)의 고유치는 -2.5473, 0.0338, 46.5135로 나타난다. 따라서 다음과 같

표 10.1 $-2.5473\,W_1 + 0.0338\,W_2 + 46.5135\,W_3$의 분위수

p	p번째 분위수 (u_p)
0.25	2.680 (첫 번째 사분위수)
0.50	18.835 (중위수)
0.75	59.155 (세 번째 사분위수)
0.90	123.490 (90번째 백분위수)
0.95	176.198 (95번째 백분위수)

은 식이 가능하며

$$F(u) = P(-2.5473\,W_1 + 0.0338\,W_2 + 46.5135\,W_3 \le u),$$

여기서 W_1, W_2, W_3는 서로 독립이며 각각 χ_1^2 분포를 따르는 확률변수이다. Davies(1980)의 방법을 따르면 주어진 p값에 대하여 $-2.5473\,W_1 + 0.0338\,W_2 + 46.5135\,W_3$의 분위수를 구할 수 있다. 이러한 여러 가지 가능한 분위수의 예가 표 10.1에 나타나 있다(Khuri, 2010, Table 5.3 참조)

10.6.1 이차형식의 비

분산분석(ANOVA, analysis of variance)에서 나오는 두 평균제곱합들의 비는 두 이차형식의 비로 표현되며 이는 분산분석표에서 자주 나타난다. 적절한 가정하에서, 이러한 이차형식의 비는 선형모형에서 모수에 대한 가설검정의 통계량으로 사용할 수 있다. 예를 들어서 다음과 같은 이차형식의 비를 고려하고

$$h(\boldsymbol{x}) = \frac{\boldsymbol{x}'\boldsymbol{A}_1\boldsymbol{x}}{\boldsymbol{x}'\boldsymbol{A}_2\boldsymbol{x}}, \tag{10.49}$$

여기서 $\boldsymbol{x} \sim N(\boldsymbol{\mu}, \boldsymbol{V})$라고 하며 $\boldsymbol{A}_1$과 $\boldsymbol{A}_2$는 대칭행렬이고 $\boldsymbol{A}_2$는 양반정치행렬이라고 하자. $h(\boldsymbol{x})$의 정확한 분포는 몇몇 특별한 경우에만 알려져 있으며 대수적으로 유도하는 것이 매우 어렵다. 따라서 일반적으로 여러 가지 근사 방법을 이용한 근사분포를 구하여 사용한다. 하지만 근사분포의 품질은 실제 반응변수가 생성되는 실험계획에 따라 달라질 수 있다. 또한 적용되는 모형의 형태나 자료의 분포 가정에 따라 근사분포의 품질이 달라진다.

$G(u)$를 $h(\boldsymbol{x})$의 누적분포함수라고 정의하자.

$$G(u) = P\left(\frac{\boldsymbol{x}'\boldsymbol{A}_1\boldsymbol{x}}{\boldsymbol{x}'\boldsymbol{A}_2\boldsymbol{x}} \le u\right). \tag{10.50}$$

그러면 분포함수는 다음과 같이 표시할 수 있으며

$$G(u) = P(\boldsymbol{x}'\boldsymbol{A}_u\boldsymbol{x} \le 0), \tag{10.51}$$

여기서 $\boldsymbol{A}_u = \boldsymbol{A}_1 - u\boldsymbol{A}_2$이다. 이러한 형태에 대하여 10.6절에서 논의된 Davies의 알고리즘을 이용하면 $G(u)$의 값을 구할 수 있다. 따라서 계산을 위하여 식 (10.47)과 유사하게 이차형식 $\boldsymbol{x}'\boldsymbol{A}_u\boldsymbol{x}$를 서로 독립인 카이제곱확률변수들의 선형결합으로 다음과 같이 나타낼 수 있다.

표 10.2 식 (10.52)를 이용한 $G(u)$의 값들

u	$G(u)$
1.0	0.0
1.25	0.01516
1.50	0.01848
2.0	0.69573
2.75	0.99414
3.0	1.0

$$G(u) = P\left(\sum_{i=1}^{l} \gamma_{ui} W_{ui} \le 0\right), \tag{10.52}$$

여기서 $\gamma_{u1}, \gamma_{u2}, \ldots, \gamma_{ul}$는 $\boldsymbol{V}^{1/2}\boldsymbol{A}_u\boldsymbol{V}^{1/2}$(또는 $\boldsymbol{A}_u\boldsymbol{V}$)의 서로 다른 0이 아닌 고유치이며 각 고유치의 중복도는 $v_{u1}, v_{u2}, \ldots, v_{ul}$이다. 그리고 W_{ui}들은 서로 독립이고 각각 $\chi^2_{v_{ui}}(\theta_{ui})$를 따르는 확률변수이다.

예제 10.7 다음과 같은 이차형식의 비를 생각해 보자.

$$h(\boldsymbol{x}) = \frac{x_1^2 + 2x_2^2 + 3x_3^2}{x_1^2 + x_2^2 + x_3^2},$$

여기서 $\boldsymbol{x} = (x_1, x_2, x_3)' \sim N(\boldsymbol{0}, \boldsymbol{V})$이고 $\boldsymbol{V}$는 식 (10.48)에서 제시된 것과 같다고 하자. 이 경우에는 $\boldsymbol{A}_1 = diag(1, 2, 3)$이며 $\boldsymbol{A}_2 = \boldsymbol{I}_3$이다. 그러므로 $\boldsymbol{A}_u = \boldsymbol{A}_1 - u\boldsymbol{A}_2 = diag(1-u, 2-u, 3-u)$이다. 이제 주어진 u값에 대하여 $\boldsymbol{V}^{1/2}\boldsymbol{A}_u\boldsymbol{V}^{1/2}$의 고유치를 구하고 식 (10.51)을 적용할 수 있다. 마지막으로 Davies의 일고리즘을 적용하면 $G(u)$의 값을 구할 수 있으며 표 10.2에 몇 개의 예를 제시하였다.

참고문헌

Davies, R. B. (1973). Numerical inversion of a characteristic function. *Biometrika*, 60, 415–417.

Davies, R. B. (1980). The distribution of a linear combination of χ^2 random variables. *Appl. Stat.*, 29, 323–333.

Khuri, A. I. (2010). *Linear Model Methodology*. Chapman & Hall/CRC, Boca Raton, FL.

Searle, S. R. (1971). *Linear Models*. John Wiley & Sons, New York.

연습문제

10.1 만약 $\boldsymbol{x}$의 공분산행렬이 $\boldsymbol{I}$이고 행렬 $\boldsymbol{T}$의 행들이 정규직교 벡터인 경우, $\boldsymbol{y} = \boldsymbol{Tx}$의 공분산행렬이 $\boldsymbol{I}$임을 증명하시오.

10.2 자료행렬의 모든 값에서 θ를 뺐다고 가정하자. 위샤트 행렬이 변하지 않음을 증명하시오.

10.3 a개의 집단에 대하여 완전임의화 실험(completely randomized experiment)을 고려하자. x_{ij}를 i번째 집단의 j번째 관측값으로 표시한다($i = 1, 2, \ldots, a, j = 1, 2, \ldots, n$) 벡터 $\boldsymbol{x}$를 다음과 같이 정의하고

$$\boldsymbol{x}' = [x_{11} \; \cdots \; x_{1n} \; x_{21} \; \cdots \; x_{2n} \; \cdots \qquad \cdots \; x_{i1} \; \cdots x_{in} \; \cdots \; \cdots \; x_{a1} \; \cdots \; x_{an}]$$

평균들을 다음과 같이 정의하자.

$$\bar{x}_{i.} = \sum_{j=1}^{n} \frac{x_{ij}}{n} \quad \text{그리고} \quad \bar{x}_{..} = \sum_{i=1}^{a}\sum_{j=1}^{n} \frac{x_{ij}}{an}.$$

이제 분산분석에서 나오는 두 개의 평균제곱합은 다음과 같이 정의된다.

$$SS_A = n\sum_{i=1}^{a}(\bar{x}_{i.} - \bar{x}_{..})^2 \quad \text{그리고} \quad SS_E = \sum_{i=1}^{a}\sum_{j=1}^{n}(x_{ij} - \bar{x}_{i.})^2.$$

다음이 성립함을 보이시오

(a) $SS_A = \boldsymbol{x}'[\frac{1}{n}\boldsymbol{I}_a \otimes \boldsymbol{J}_n - \frac{1}{an}\boldsymbol{J}_a \otimes \boldsymbol{J}_n]\boldsymbol{x}$.

(b) $SS_E = \boldsymbol{x}'[\boldsymbol{I}_a \otimes \boldsymbol{I}_n - \frac{1}{n}\boldsymbol{I}_a \otimes \boldsymbol{J}_n]\boldsymbol{x}$.

(c) SS_A/σ^2과 SS_E/σ^2는 서로 독립이다.

(d) SS_A/σ^2과 SS_E/σ^2는 각각 자유도 $a-1$, $a(n-1)$을 가지는 χ^2-분포를 따른다.

10.4 차수가 $n \times n$인 행렬 $\boldsymbol{M} = \boldsymbol{I} - \boldsymbol{X}(\boldsymbol{X}'\boldsymbol{X})^{-}\boldsymbol{X}'$에 대하여 $\boldsymbol{y} \sim N(\boldsymbol{X\beta}, \sigma^2\boldsymbol{I})$일 때 다음이 성립함을 보이시오.

(a) $E(\boldsymbol{y}'\boldsymbol{My}) = (n-r)\sigma^2$, 여기서 r은 $\boldsymbol{X}$의 계수이다.

(b) $\boldsymbol{y}'\boldsymbol{My}$와 $\boldsymbol{y}'(\boldsymbol{I}-\boldsymbol{M})\boldsymbol{y}$는 독립이다.

(c) $\boldsymbol{y}'\boldsymbol{My}/\sigma^2 \sim \chi^2_{n-r}$

(d) $\boldsymbol{X\beta} = \boldsymbol{0}$인 경우 $\boldsymbol{y}'(\boldsymbol{I}-\boldsymbol{M})\boldsymbol{y}/\sigma^2 \sim \chi^2_r$이다.

10.5 세 개의 확률변수 X, Y, Z의 공분산행렬이 다음과 같다고 하자.

$$\text{var}[X\; Y\; Z]' = \begin{bmatrix} 8 & -7 & 2 \\ -7 & 10 & -3 \\ 2 & -3 & 1 \end{bmatrix},$$

(a) 위의 3×3 행렬이 공분산행렬의 조건을 만족함을 보이시오.

(b) $X + 2Y + 3Z$와 $Y + 4Z$의 분산이 각각 5와 2임을 보이시오. 또한 두 확률변수의 공분산을 구하시오.

10.6 공분산행렬 $\boldsymbol{V}$가 양정치행렬인 경우 식 (10.8)에 나온 행렬 $\boldsymbol{R}$의 행렬식이 1보다 크지 않음을 증명하시오.

10.7 식 (10.22)에 나오는 행렬 $\boldsymbol{S}$가 양반정치행렬인 이유는 무엇인가? 이를 양정치행렬이라고

가정하고 식 (10.8)에 나온 상관계수행렬의 추정량을 $\hat{\boldsymbol{R}}$이라고 했을 때 이 행렬의 행렬식이 1보다 크지 않음을 증명하시오.

10.8 $\boldsymbol{x} \sim N(\boldsymbol{\mu}, \boldsymbol{V})$라고 하고 n을 $\boldsymbol{x}$의 차수라고 하자. 이차형식 $\boldsymbol{x}'\boldsymbol{A}\boldsymbol{x}$가 자유도 n을 가지는 카이제곱분포를 따르는 필요충분조건이 $\boldsymbol{A} = \boldsymbol{V}^{-1}$임을 보이시오.

10.9 $\boldsymbol{x} = (x_1, x_2, x_3)'$가 다변량정규분포 $N(\boldsymbol{\mu}, \boldsymbol{V})$를 따를 때 이차형식 $\boldsymbol{Q}$의 형태는 다음과 같다.

$$\begin{aligned} Q &= (\boldsymbol{x} - \boldsymbol{\mu})'\boldsymbol{V}^{-1}(\boldsymbol{x} - \boldsymbol{\mu}) \\ &= 2x_1^2 + 3x_2^2 + 4x_3^2 + 2x_1x_2 - 2x_1x_3 - 4x_2x_3 - 6x_1 - 6x_2 + 10x_3 + 8 \end{aligned}$$

(a) $\boldsymbol{\mu}$와 $\boldsymbol{V}$를 구하시오.

(b) $\boldsymbol{x}$의 저률생성함수를 구하시오.

10.10 $\boldsymbol{x} = (x_1, x_2, x_3)'$의 적률생성함수가 다음과 같이 주어진 경우

$$\phi_{\boldsymbol{x}}(\boldsymbol{t}) = exp(t_1 - t_2 + 2t_3 + t_1^2 + \frac{1}{2}t_2^2 + 2t_3^2 - \frac{1}{2}t_1t_2 - t_1t_3).$$

$P(x_1 + x_2 > x_3)$의 값을 구하시오.

10.11 $\boldsymbol{x}$와 $\boldsymbol{y}$는 차수가 각각 m, n인 확률벡터이고 $\boldsymbol{W} = (x', y')' \sim N(\boldsymbol{\mu}, \boldsymbol{V})$이다. $\boldsymbol{A}$가 차수가 $m \times n$인 상수행렬이라고 하자.

(a) $E(\boldsymbol{x}'\boldsymbol{A}\boldsymbol{y})$를 구하시오.

(b) $\text{var}(\boldsymbol{x}'\boldsymbol{A}\boldsymbol{y})$를 구하시오.

10.12 $\boldsymbol{x} \sim N(\boldsymbol{\mu}, \boldsymbol{V})$인 경우 다음이 성립함을 보이시오.

$$\text{cov}(\boldsymbol{x}'\boldsymbol{A}\boldsymbol{x}, \boldsymbol{x}'\boldsymbol{B}\boldsymbol{x}) = 2tr(\boldsymbol{A}\boldsymbol{V}\boldsymbol{B}\boldsymbol{V}) + 4\boldsymbol{\mu}'\boldsymbol{A}\boldsymbol{V}\boldsymbol{B}\boldsymbol{\mu},$$

여기서 $\boldsymbol{A}$와 $\boldsymbol{B}$는 상수행렬이다.

11장 완전계수 선형모형의 행렬대수

이 장과 12장은 회귀분석과 선형모형에 대한 내용을 다룰 것이다. 두 주제에 나오는 통계모형들을 행렬을 이용하여 표현하면 그 형태와 이론의 전개가 매우 간결해지고 이해하기 쉽게 나타낼 수 있다. 다음 두 개의 장에서 나온 내용들을 공부하면서 독자들이 선형모형에서 나오는 내용들을 행렬로 표시하는 장점과 그로 인한 효과를 느껴 보았으면 한다.

이번 장에서는 **완전계수 선형모형**(full rank linear model)에 대한 내용을 다룰 것이며 이는 **선형회귀모형**(linear regression model)이라고도 한다. 완전계수 선형모형에서는 반응변수(response variable)라고 하는 y와 제어변수(control variable) 또는 입력변수(input variable)라고 하는 x_1, x_2, …, x_k들의 관계를 나타내는 통계적 모형을 다룰 것이다. 여기서 언급한 관계는 제어변수의 값에 의하여 반응변수가 변하는 함수적 관계를 의미한다. 반응변수 y는 연속형 확률변수이며 x_1, x_2, …, x_k들은 상수로서 실험자가 특정한 값으로 정할 수 있고 그 값들이 실수로서 표현된다고 가정한다. y의 값들이 x_i값에 의존한다고 하여 이를 **종속변수**(dependent variable)라고도 하며 이에 대응해서 x 변수를 독립변수(independent variable) 또는 **회귀변수**(regressor variable)라고 한다. 예를 들면 y를 화학 반응의 반응량(yield)이라고 하면 이는 제어변수 x_1인 반응온도와 x_2인 반응시간에 의존한다.

일반적으로 y와 x_1, x_2, …, x_k들의 실제 존재하는 관계는 정확하게 알 수 없는 경우가 많다. 하지만 그 관계를 차수(degree)가 $d(\geq 1)$인 다항식(polynomial) 형태의 식으로 근사할 수 있다. 실제로 실험에 대한 모형을 고려할 때 차수가 낮은 간단한 다항식을 이용하여 관계에 대한 분석을 시작한다. 주로 모형의 설정에 이용되는 가장 간단한 형태는 1차 다항식이며 이는 간결하고 다루기 쉬운 모형이며 실험을 시작하면서 제어변수와 반응변수의 관계에 대한 선행 정보가 없는 경우 모형의 출발점이 된다. 1차 다항식을 이용한 회귀모형은 다음과 같이 나타낼 수 있다.

$$y = \beta_0 + \sum_{i=1}^{k} \beta_i x_i + \epsilon, \tag{11.1}$$

여기서 β_0, β_1, β_2, …, β_k는 고정된 값을 가지는 미지의 모수(parameter)이고 ϵ는 임의의 실험오차

(random experiment error)로서 주어진 제어변수 $\boldsymbol{x} = (x_1, x_2, \ldots, x_k)'$에 대한 반응변수와 관련된 것이다. 모형 (11.1)은 다중선형회귀모형(multiple linear regression model)이라고 한다. 제어변수가 한 개인 모형은 단순선형회귀모형(simple linear regression model)이라고 한다. 식 (11.1)에서 실험오차 $\boldsymbol{\epsilon}$의 평균은 0이라고 가정한다. 따라서 반응변수 y의 평균반응 $\mu(\boldsymbol{x})$ 또는 기대반응 $E(\mathbf{y})$는 아래의 형태로 나타낼 수 있다.

$$\mu(\boldsymbol{x}) = \beta_0 + \sum_{i=1}^{k} \beta_i x_i. \tag{11.2}$$

만약 처음의 자료보다 더 많은 자료가 얻어지고 반응변수 y에 대한 정보가 증가한다면 반응변수의 평균을 설명하기 위하여 더 복잡한 모형, 예를 들어 고차원 다항식을 이용할 수도 있다. 많은 경우 다음과 같은 2차 다항식의 형태를 가진 모형을 사용한다.

$$y = \beta_0 + \sum_{i=1}^{k} \beta_i x_i + \sum_{i<j} \beta_{ij} x_i x_j + \sum_{i=1}^{k} \beta_{ii} x_i^2 + \epsilon, \tag{11.3}$$

여기서 β들은 모르는 고정된 모수이다. 일반적으로 y와 $\boldsymbol{x}_i$들의 관계를 다항식 형태의 모형으로 설명한다면 다음과 같이 표현할 수 있다.

$$y = \boldsymbol{f}'(\boldsymbol{x})\boldsymbol{\beta} + \epsilon, \tag{11.4}$$

위의 식에서 $\boldsymbol{f}'(\boldsymbol{x})$는 $1 \times p$ 벡터함수로서 첫 번째 항은 1을 가지며 나머지 항들은 x의 다항식으로 표현되고 다항식의 최대 차수는 $d(\geq 1)$이다. 또한 $\boldsymbol{\beta}$는 p 차수의 벡터로서 모수들을 나타낸다. 오차 $\boldsymbol{\epsilon}$의 평균이 0이라는 가정으로부터 식 (11.4)는 $\boldsymbol{x} = (x_1, x_2, \ldots, x_k)'$가 주어진 경우 반응변수의 평균이 $\mu(\boldsymbol{x})$라는 것을 의미한다. 즉,

$$\mu(\boldsymbol{x}) = \boldsymbol{f}'(\boldsymbol{x})\boldsymbol{\beta}. \tag{11.5}$$

물론 실제 $\boldsymbol{x}$와 반응변수의 관계와 설정된 모형이 다를 수도 있다. 예를 들어 모형의 형태는 다항식이지만 실제 반응변수의 평균은 x의 비선형함수(nonlinear function)인 경우도 있을 수 있다. 이렇게 실제 관계와 모형이 차이가 나는 현상을 **적합성이 결여**(lack of fit, LOF)되었다고 한다. 적합성이 결여되었다고 판단되는 경우 고려된 모형에 포함되지 않은 x의 고차항을 추가하는 방법 등을 사용하여 반응변수 y의 평균을 더 잘 설명할 수 있는 확장된 모형을 고려한다. 모형 (11.5)를 **선형모형**(linear model)이라고 하며 이때 선형의 의미는 모수벡터 $\boldsymbol{\beta}$의 원소들에 대하여 선형식으로 표현된다는 의미이다. 모든 선형회귀분석 모형은 이러한 방식으로 표현될 수 있다.

11.1 최소제곱법에 의한 β의 추정

모형 (11.5)에서 $\boldsymbol{\beta}$를 추정하려면 반응값 y의 자료의 수가 n개($n > p$) 필요하고 각 반응값은 제어변수의 특정한 값 $x_1, x_2, \ldots, x_k$에서 실험으로 얻어진다. 벡터 $\boldsymbol{x}_u = (x_{u1}, x_{u2}, \ldots, x_{uk})'$를 u번째 실험에

서 사용한 제어변수의 값 x_{ui}를 원소로 가졌다고 하자($u = 1, 2, \ldots, n$). 또한 아래첨자 i는 제어변수들을 구별할 수 있는 표시라고 하자($i = 1, 2, \ldots, k$). 이러한 표기법에 의하면 모형 (11.4)는 다음과 같이 표현할 수 있다.

$$y_u = \boldsymbol{f}'(\boldsymbol{x}_u)\,\boldsymbol{\beta} + \epsilon_u,\ \ u = 1, 2, \ldots, n, \tag{11.6}$$

여기서 y_u는 $\boldsymbol{x}_u$에서 관측된 반응값이며 ϵ_u는 반응값 y_u에 연관된 임의의 실험오차이다($u = 1, 2, \ldots, n$). 모형 (11.6)에 나타난 모든 반응값 y_u들과 대응하는 제어변수들의 값을 행렬식으로 표시하면 다음과 같이 나타낼 수 있다.

$$\boldsymbol{y} = \boldsymbol{X\beta} + \boldsymbol{\epsilon}, \tag{11.7}$$

여기서 $\boldsymbol{y} = (y_1, y_2, \ldots, y_n)'$, $\boldsymbol{X}$는 행렬이며 u번째 행은 $\boldsymbol{f}'(\boldsymbol{x}_u)$이다. 또한 $\boldsymbol{\epsilon} = (\epsilon_1, \epsilon_2, \ldots, \epsilon_n)'$이다. 모형 행렬 $\boldsymbol{X}$는 계수가 p인 행렬이고 따라서 $\boldsymbol{X}$는 최대열계수행렬이며 모형 (11.7)은 최대계수로 표현된 모형이다. 더 나아가 $E(\epsilon) = \boldsymbol{0}$이며 $y_1, y_2, \ldots, y_n$는 서로 상관되어 있지 않고(uncorrelated) 모두 동일한 분산 σ^2를 가진다고 가정한다. 이러한 가정으로부터 식 (11.7)의 $\boldsymbol{y}$에 대한 기대값(또는 평균)은 $\boldsymbol{X\beta}$이고 공분산행렬은 $\text{var}(\boldsymbol{y}) = \sigma^2\boldsymbol{I}_n$이다. 여기서 $\boldsymbol{I}_n$은 차수가 $n \times n$인 항등행렬이다.

위의 가정하에서 모형 (11.7)의 모수벡터 $\boldsymbol{\beta}$는 **단순최소제곱법**(method of ordinary leaset squares; OLS)을 사용하여 추정할 수 있다. 최소제곱법은 $\boldsymbol{y} - \boldsymbol{X\beta}$의 유클리디언 노름의 제곱을 최소화하는 $\boldsymbol{\beta}$를 구하는 방법이다. 즉, 다음의 식을 최소로 하는 $\boldsymbol{\beta}$를 구한다.

$$\begin{aligned} S(\boldsymbol{\beta}) &= \|\, \boldsymbol{y} - \boldsymbol{X\beta}\, \|^2 \\ &= (\boldsymbol{y} - \boldsymbol{X\beta})'\,(\boldsymbol{y} - \boldsymbol{X\beta}) \\ &= \boldsymbol{y}'\,\boldsymbol{y} - 2\,\boldsymbol{\beta}'\boldsymbol{X}'\boldsymbol{y} + \boldsymbol{\beta}'\boldsymbol{X}'\boldsymbol{X\beta}. \end{aligned} \tag{11.8}$$

$S(\boldsymbol{\beta})$가 $\boldsymbol{\beta} = \hat{\boldsymbol{\beta}}$에서 최소값을 가질 필요조건은 $\boldsymbol{\beta} = \hat{\boldsymbol{\beta}}$인 경우 $\dfrac{\partial S(\boldsymbol{\beta})]}{\partial \boldsymbol{\beta}} = \boldsymbol{0}$가 되는 것이다. 즉,

$$\left[\frac{\partial}{\partial \boldsymbol{\beta}}\left(\boldsymbol{y}'\boldsymbol{y} - 2\,\boldsymbol{\beta}'\boldsymbol{X}'\boldsymbol{y} + \boldsymbol{\beta}'\boldsymbol{X}'\boldsymbol{X\beta}\right)\right]_{\boldsymbol{\beta} = \hat{\boldsymbol{\beta}}} = \boldsymbol{0}. \tag{11.9}$$

9.3.1절과 9.3.3절에 있는 식 (9.11)과 식 (9.17)을 적용하면 다음과 같은 두 식을 얻는다.

$$\begin{aligned} \frac{\partial}{\partial \boldsymbol{\beta}}(\boldsymbol{\beta}'\boldsymbol{X}'\boldsymbol{y}) &= \boldsymbol{X}'\boldsymbol{y} \\ \frac{\partial}{\partial \boldsymbol{\beta}}(\boldsymbol{\beta}'\boldsymbol{X}'\boldsymbol{X\beta}) &= 2\,\boldsymbol{X}'\boldsymbol{X\beta}. \end{aligned}$$

위의 두 식을 (11.9)에 적용하면 다음과 같은 방정식을 얻는다.

$$-\,2\,\boldsymbol{X}'\boldsymbol{y} + 2\,\boldsymbol{X}'\boldsymbol{X}\hat{\boldsymbol{\beta}} = \boldsymbol{0}. \tag{11.10}$$

행렬 $\boldsymbol{X}$는 계수가 p인 최대계수행렬이고 $\boldsymbol{X}'\boldsymbol{X}$는 계수가 p인 정칙행렬이다(4.15절의 성질 (xii) 참조). 따라서 식 (11.10)으로부터 다음과 같은 결과를 얻을 수 있다.

$$\hat{\boldsymbol{\beta}} = (\boldsymbol{X}'\boldsymbol{X})^{-1}\,\boldsymbol{X}'\boldsymbol{y}. \tag{11.11}$$

식 (11.10)에 나타난 $S(\boldsymbol{\beta})$의 $\boldsymbol{\beta}$(9.5.7절 참조)에 대한 2차 도함수로 구성된 **헤시안 행렬**은 다음과 같이 나타남을 유의하자.

$$\begin{aligned}\frac{\partial}{\partial\boldsymbol{\beta}'}\left[\frac{\partial}{\partial\boldsymbol{\beta}}S(\boldsymbol{\beta})\right] &= \frac{\partial}{\partial\boldsymbol{\beta}'}[-2\boldsymbol{X}'\boldsymbol{y}+2\boldsymbol{X}'\boldsymbol{X}\boldsymbol{\beta}]\\ &= 2\boldsymbol{X}'\boldsymbol{X},\end{aligned}$$

위의 헤시안 행렬은 양정치행렬이고(정리 5.3 (a) 참조), 따라서 Khuri(2003)의 Corollary 7.7.1에 의하여 $S(\boldsymbol{\beta})$는 $\hat{\boldsymbol{\beta}}$에서 국소최소값(local minimum)을 가진다. 다른 방법으로 $S(\boldsymbol{\beta})$가 $\hat{\boldsymbol{\beta}}$ 최소값을 가지는 사실을 보일 수 있는데 식 (11.8)에 표현된 $S(\boldsymbol{\beta})$를 다음과 같이 분해하여 보일 수 있다(연습문제 11.7 참조)

$$S(\boldsymbol{\beta}) = \| \boldsymbol{y}-\boldsymbol{X}\hat{\boldsymbol{\beta}} \|^2 + \| \boldsymbol{X}\hat{\boldsymbol{\beta}}-\boldsymbol{X}\boldsymbol{\beta} \|^2 . \tag{11.12}$$

위의 분해로부터 모수 공간상의 모든 $\boldsymbol{\beta}$는 아래를 만족함을 알 수 있다.

$$\| \boldsymbol{y}-\boldsymbol{X}\boldsymbol{\beta} \|^2 \geq \| \boldsymbol{y}-\boldsymbol{X}\hat{\boldsymbol{\beta}} \|^2 .$$

이제 위의 부등식에서 등식은 $\boldsymbol{\beta} = \hat{\boldsymbol{\beta}}$인 경우에만 성립함을 알 수 있다. 따라서 $S(\boldsymbol{\beta})$의 최소값은 다음과 같다.

$$\begin{aligned}S(\hat{\boldsymbol{\beta}}) &= \| \boldsymbol{y}-\boldsymbol{X}\hat{\boldsymbol{\beta}} \|^2\\ &= \boldsymbol{y}'[\boldsymbol{I}_n-\boldsymbol{X}(\boldsymbol{X}'\boldsymbol{X})^{-1}\boldsymbol{X}']\boldsymbol{y}.\end{aligned} \tag{11.13}$$

식 (11.13)의 오른쪽 항은 **오차제곱합**(error sum of squares) 또는 **잔차제곱합**(residual sum of squares)이라고 하며 이를 SS_E로 나타낸다.

$$SS_E = \boldsymbol{y}'[\boldsymbol{I}_n-\boldsymbol{X}(\boldsymbol{X}'\boldsymbol{X})^{-1}\boldsymbol{X}']\boldsymbol{y}, \tag{11.14}$$

행렬 $\boldsymbol{I}_n-\boldsymbol{X}(\boldsymbol{X}'\boldsymbol{X})^{-1}\boldsymbol{X}'$는 계수가 $n-p$인 멱등행렬이므로 (11.14)의 SS_E는 자유도가 $n-p$이다.

예제 11.1 다음과 같이 다섯 개의 관측값이 주어졌다고 가정하자.

i	y_i	x_{i1}	x_{i2}
1	62	2	6
2	60	9	10
3	57	6	4
4	48	3	13
5	23	5	2
$n=5$	$y_{.}=250$	$x_{.1}=25$	$x_{.2}=35$
	$\bar{y}_{.}=50$	$\bar{x}_{.1}=5$	$\bar{x}_{.2}=7$

벡터 $\boldsymbol{\beta}$의 추정값 $\hat{\boldsymbol{\beta}}$는 식 (11.11)을 이용하여 구할 수 있다. 반응벡터와 계획행렬은 다음과 같이 주어지며

$$\boldsymbol{y} = \begin{bmatrix} 62 \\ 60 \\ 57 \\ 48 \\ 23 \end{bmatrix}, \quad \boldsymbol{X} = \begin{bmatrix} 1 & 2 & 6 \\ 1 & 9 & 10 \\ 1 & 6 & 4 \\ 1 & 3 & 13 \\ 1 & 5 & 2 \end{bmatrix} \quad \textit{and} \quad \boldsymbol{X}'\boldsymbol{y} = \begin{bmatrix} 250 \\ 1265 \\ 1870 \end{bmatrix}, \tag{11.15}$$

그리고 식 (11.11)의 계산에 필요한 행렬이 다음과 같이 주어진다.

$$(\boldsymbol{X}'\boldsymbol{X})^{-1} = \begin{bmatrix} 5 & 25 & 35 \\ 25 & 155 & 175 \\ 35 & 175 & 325 \end{bmatrix}^{-1} = \frac{1}{480}\begin{bmatrix} 790 & -80 & -42 \\ -80 & 16 & 0 \\ -42 & 0 & 6 \end{bmatrix}. \tag{11.16}$$

따라서 식 (11.11)에 의하여 추정값은 다음과 같이 계산된다.

$$\hat{\boldsymbol{\beta}} = \begin{bmatrix} \hat{\beta}_0 \\ \hat{\beta}_1 \\ \hat{\beta}_2 \end{bmatrix} = \frac{1}{480}\begin{bmatrix} 790 & -80 & -42 \\ -80 & 16 & 0 \\ -42 & 0 & 6 \end{bmatrix}\begin{bmatrix} 250 \\ 1265 \\ 1870 \end{bmatrix} = \begin{bmatrix} 37 \\ \frac{1}{2} \\ \frac{3}{2} \end{bmatrix}. \tag{11.7}$$

11.1.1 반응변수의 평균에 대한 추정과 예측방정식

추정량 $\hat{\boldsymbol{\beta}}$이 구해지면 식 (11.5)에 나타난 반응변수의 평균에 대한 추정량은 다음과 같이 구해진다.

$$\hat{\mu}(\boldsymbol{x}) = \boldsymbol{f}'(\boldsymbol{x})\hat{\boldsymbol{\beta}}.$$

이것은 **$\boldsymbol{x}$에서의 반응변수의 예측값**(predicted response at $\boldsymbol{x}$)이라고도 하며 $\hat{y}(\boldsymbol{x})$로 표기되기도 한다. 또한 다음과 같은 예측값에 대한 식을 **예측방정식**(prediction equation)이라고 한다.

$$\begin{aligned} \hat{y}(\boldsymbol{x}) &= \boldsymbol{f}'(\boldsymbol{x})\hat{\boldsymbol{\beta}} \\ &= \boldsymbol{f}'(\boldsymbol{x})(\boldsymbol{X}'\boldsymbol{X})^{-1}\boldsymbol{X}'\boldsymbol{y}. \end{aligned} \tag{11.18}$$

실험의 제어변수들 $\boldsymbol{x}_1, \boldsymbol{x}_2, \ldots, \boldsymbol{x}_n$를 고려하고 각 제어변수에 대한 반응변수의 예측값으로 구성된 $n \times 1$ 벡터 $\hat{\boldsymbol{y}}$를 반응변수의 예측값벡터라고 한다.

$$\begin{aligned} \hat{\boldsymbol{y}} &= \boldsymbol{X}\hat{\boldsymbol{\beta}} \\ &= \boldsymbol{X}(\boldsymbol{X}'\boldsymbol{X})^{-1}\boldsymbol{X}'\boldsymbol{y}. \end{aligned} \tag{11.19}$$

또한 반응변수벡터에서 반응변수의 예측값벡터를 뺀 벡터를 **잔차벡터**(residual vector)라고 정의한다.

$$\boldsymbol{y} - \hat{\boldsymbol{y}} = [\boldsymbol{I}_n - \boldsymbol{X}(\boldsymbol{X}'\boldsymbol{X})^{-1}\boldsymbol{X}']\boldsymbol{y} \tag{11.20}$$

잔차벡터는 반응변수의 예측값벡터와 직교하는 사실을 다음과 같이 보일 수 있다.

$$\begin{aligned} \hat{\boldsymbol{y}}'(\boldsymbol{y} - \hat{\boldsymbol{y}}) &= \boldsymbol{y}'\boldsymbol{X}(\boldsymbol{X}'\boldsymbol{X})^{-1}\boldsymbol{X}'[\boldsymbol{I}_n - \boldsymbol{X}(\boldsymbol{X}'\boldsymbol{X})^{-1}\boldsymbol{X}']\boldsymbol{y} \\ &= 0. \end{aligned} \tag{11.21}$$

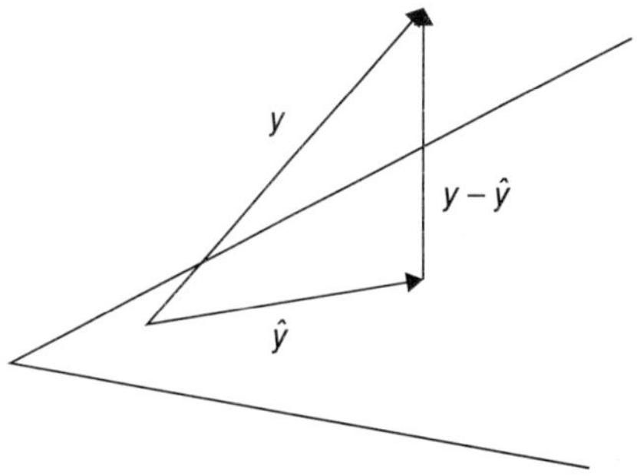

그림 11.1 최소제곱추정법의 기하학적 표현

식 (11.19)에서 볼 수 있듯이 $\hat{\boldsymbol{y}}$는 $\boldsymbol{X}$의 열벡터들로 생성되는 벡터 공간에 속한다. 또한 반응변수의 평균벡터 $\boldsymbol{\mu} = \boldsymbol{X\beta}$도 같은 열공간에 속함을 알 수 있고 $\boldsymbol{\beta}'\boldsymbol{X}'(\boldsymbol{y} - \hat{\boldsymbol{y}}) = 0$이다. 따라서 잔차벡터는 $\boldsymbol{X}$의 열공간에 속하는 모든 벡터와 직교한다. 식 (11.19)의 멱등행렬 $\boldsymbol{X}(\boldsymbol{X}'\boldsymbol{X})^{-1}\boldsymbol{X}'$은 반응변수벡터 $\boldsymbol{y}$를 $\boldsymbol{X}$의 열공간에 투영하여(projecting) 반응변수에 대한 예측벡터 $\hat{\boldsymbol{y}}$를 생성한다. 이러한 투영에 대한 기하학적인 표현이 그림 11.1에 나타나 있다. 반응변수벡터의 내적 $\boldsymbol{y}'\boldsymbol{y}$와 식 (11.14)에 나타난 SS_E의 차이는 다음과 같이 이차형식으로 나타낼 수 있다.

$$\begin{aligned}\boldsymbol{y}'\boldsymbol{y} - SS_E &= \boldsymbol{y}'\boldsymbol{y} - \boldsymbol{y}'[\boldsymbol{I}_n - \boldsymbol{X}(\boldsymbol{X}'\boldsymbol{X})^{-1}\boldsymbol{X}']\boldsymbol{y} \\ &= \boldsymbol{y}'\boldsymbol{X}(\boldsymbol{X}'\boldsymbol{X})^{-1}\boldsymbol{X}'\boldsymbol{y}.\end{aligned} \tag{11.22}$$

위에서 주어진 차이를 **회귀제곱합**(regression sum of squares)이라고 하며 이를 SS_{reg}로 표기한다. 멱등행렬인 $\boldsymbol{X}(\boldsymbol{X}'\boldsymbol{X})^{-1}\boldsymbol{X}'$의 계수가 p이므로 제곱합 SS_{reg}은 p개의 자유도를 가진다. $\boldsymbol{y}'\boldsymbol{y}$를 총제곱합으로 부르고 SS_T라고 표기하면 이는 다음과 같이 분해할 수 있다.

$$SS_T = SS_{reg} + SS_E. \tag{11.23}$$

위와 같은 제곱합의 분해는 흔히 **분산분석**(analysis of variance; ANOVA) 표로 다음과 같이 정리하여 나타낼 수 있다.

표 11.1에 나타난 평균제곱합(MS)은 제곱합을 대응하는 자유도로 나눈 것으로 정의된다. 그러므로 이는 하나의 자유도당 요인의 변동량을 나타내는 것으로 해석할 수 있다.

11.1.2 평균으로 보정된 총변동의 분해

회귀분석에서는 모형이 반응변수의 전체 변동 SS_{Tot}을 얼마만큼 설명할 수 있는지에 대한 비율을

표 11.1 회귀분석에 대한 분산분석표

요인(source)	자유도 (Degrees of Freedom)	제곱합 (Sum of squares, SS)	평균제곱합 (Mean Square; MS)
회귀(Regression)	p	SS_{reg}	$MS_{reg} = SS_{reg}/p$
오차(Error)	$n-p$	SS_E	$MS_E = SS_E/(n-p)$
총합(Total)	n	SS_T	

측정할 수 있는 측도가 중요한 관심 사항이다. 반응변수의 총평균을 $\bar{y} = \frac{1}{n}\sum_{i=1}^{n} y_i$로 나타내면 반응변수와 그 평균의 차이들의 제곱합 $\sum_{i=1}^{n}(y_i - \bar{y})^2$을 SS_{Tot}로 표기하며 이를 반응변수의 총변동으로 정의한다. 반응변수와 그 평균의 차이는 다음과 같이 분해할 수 있고

$$y_i - \bar{y} = (\hat{y}_i - \bar{y}) + (y_i - \hat{y}_i), \quad i = 1, 2, \ldots, n. \tag{11.24}$$

위의 식 (11.24)의 양변을 제곱하여 합을 구하면 다음과 같은 식을 얻는다.

$$\sum_{i=1}^{n}(y_i - \bar{y})^2 = \sum_{i=1}^{n}(\hat{y}_i - \bar{y})^2 + 2\sum_{i=1}^{n}(\hat{y}_i - \bar{y})(y_i - \hat{y}_i) + \sum_{i=1}^{n}(y_i - \hat{y}_i)^2. \tag{11.25}$$

식 (11.25)의 오른쪽 식에서 두 번째 항은 다음과 같은 식에 의해서 0이 된다.

$$\sum_{i=1}^{n}(\hat{y}_i - \bar{y})(y_i - \hat{y}_i) = \hat{\boldsymbol{y}}'(\boldsymbol{y} - \hat{\boldsymbol{y}}) - \bar{y}\mathbf{1}_n'(\boldsymbol{y} - \hat{\boldsymbol{y}}).$$

오른쪽 식의 두 항은 모두 0이 되며 그 이유는 식 (11.21)에 나타난 것과 같이 잔차벡터 $\boldsymbol{y} - \hat{\boldsymbol{y}}$가 $\hat{\boldsymbol{y}}$ 벡터와 직교하고 더 나아가 $\mathbf{1}_n$과도 직교하기 때문이다. 여기서 $\mathbf{1}_n$은 $\boldsymbol{X}$의 첫 번째 열이며 따라서 $\boldsymbol{X}$의 열공간에 속하므로 잔차벡터와 직교한다. 이제 다음과 같은 제곱합의 분해가 가능한 것을 알 수 있다.

$$\sum_{i=1}^{n}(y_i - \bar{y})^2 = \sum_{i=1}^{n}(\hat{y}_i - \bar{y})^2 + \sum_{i=1}^{n}(y_i - \hat{y}_i)^2. \tag{11.26}$$

반응변수의 총변동 SS_{Tot}은 반응변수 y_i를 그 평균으로 보정한 값으로 계산한 총제곱합으로 볼 수 있고 이는 두 개의 요소로 분해되는 것을 알 수 있다. 첫 번째 요소는 모형에 의해서 실명되는 변동 $\sum_{i=1}^{n}(\hat{y}_i - \bar{y})^2$이고 두 번째 요소는 오차(또는 잔차)의 제곱합 SS_E이다. 잔차의 제곱합은 모형으로 설명할 수 없는 오차에 의한 변동으로 생각할 수 있다. 첫 번째 요소는 **평균 보정된 회귀제곱합**(regression sum of squares corrected for the mean)이라고 하고 SS_{Reg}로 표기하며 편의상 회귀제곱합이라고 한다. 이제 다음과 같은 분해가 주어진다.

$$SS_{Tot} = SS_{Reg} + SS_E. \tag{11.27}$$

평균으로 보정된 총제곱합은 $SS_{Tot} = \sum_{i=1}^{n} y_i^2 - n\bar{y}^2 = SS_T - n\bar{y}^2$와 같이 나타낼 수 있고 다음과 같은 전개도 가능하다.

$$SS_{Reg} = \sum_{i=1}^{n}\hat{y}_i^2 - 2\bar{y}\sum_{i=1}^{n}\hat{y}_i + n\bar{y}^2. \tag{11.28}$$

여기서 SS_T는 n개의 관측값들의 제곱합인 것에 유의하자. 하지만 아래의 결과로서 $\sum_{i=1}^{n}\hat{y}_i = \sum_{i=1}^{n} y_i$이므로

$$\sum_{i=1}^{n}(\hat{y}_i - y_i) = (\hat{\boldsymbol{y}} - \boldsymbol{y})'\mathbf{1}_n = 0.$$

식 (11.28)은 다음과 같이 쓸 수 있다.

$$SS_{Reg} = SS_{reg} - n\bar{y}^2.$$

식 (11.27)은 식 (11.23)의 양쪽 항에서 $n\bar{y}^2$을 빼면 얻어질 수 있다. 식 (11.23)에서는 평균으로 보정되지 않은 총제곱합 SS_T가 사용되었고 식 (11.27)에서는 평균으로 보정된 총제곱합 SS_{Tot}가 사용되었다. 오차제곱합 SS_E는 두 종류의 분해에서 모두 동일하다. 여기서 유의할 점은 $n\bar{y}^2$은 오직 하나의 모수 β_0만을 포함하는 회귀모형(모형 (11.1) 참조)에 대한 회귀제곱합이라는 사실이며 이는 $\boldsymbol{y}'\mathbf{1}(\mathbf{1}'\mathbf{1})^{-1}\mathbf{1}'\boldsymbol{y} = \frac{1}{n}(\mathbf{1}'\boldsymbol{y})^2 = n\bar{y}^2$에 의하여 알 수 있다.

표기법: 평균으로 보정된 회귀제곱합 SS_{Reg} 또는 평균으로 보정되지 않은 SS_{Reg}은 모두 하나의 제어변수 또는 여러 개의 제어변수들이 설명하는 부분들로 분해할 수 있다. 식 (11.1)의 회귀모형에 대한 회귀제곱합 SS_{Reg}을 흔히 $R(\beta_0, \beta_1, \ldots, \beta_k)$로 표기한다. 따라서 $n\bar{y}^2$은 $R(\beta_0)$로 나타낼 수 있고 평균으로 보정된 회귀제곱합 SS_{Reg}은 $R(\beta_0, \beta_1, \ldots, \beta_k) - R(\beta_0)$로 나타낼 수 있다. 이와 같은 보정된 제곱합의 표기를 $R(\beta_1, \beta_2, \ldots, \beta_k | \beta_0)$로 나타내며 이는 절편 β_0만 가지는 모형에 제어변수 x_1, x_2, …, x_k를 추가할 때 회귀제곱합의 증가한 양을 나타낸다. 따라서 $R(.|.)$은 회귀식이 수직분리선 이후에 나오는 변수들로 적합된 경우 회귀제곱합에서 수직분리선 이전에 나온 변수들이 추가되었을 때 증가하는 회귀제곱합의 증가한 양을 의미한다. 예를 들면 $R(\beta_2 | \beta_0, \beta_1)$은 절편과 x_1을 제어변수로 가진 모형에 제어변수 x_2를 추가할 때 증가하는 회귀제곱합의 증가한 양을 나타내는 표기이다. 이러한 표기법의 정의를 사용하면 회귀제곱합 SS_{reg} 또는 SS_{Reg}은 순차적인 분해가 가능하다. 예를 들어 모형 (11.1)에 대해서 회귀제곱합을 다음과 같이 순차적으로 분해할 수 있다.

$$\begin{aligned} SS_{Reg} &= R(\beta_1, \beta_2, \ldots, \beta_k | \beta_0) \\ &= R(\beta_1 | \beta_0) + R(\beta_2 | \beta_0, \beta_1) + \cdots + R(\beta_k | \beta_0, \beta_1, \ldots, \beta_{k-1}). \end{aligned} \tag{11.29}$$

11.2 최소제곱추정량의 통계적 성질

이 절에서는 식 (11.7)에 주어진 모형을 고려하고 $E(\epsilon) = \mathbf{0}$과 $\text{var}(\epsilon) = \sigma^2 \boldsymbol{I}_n$을 가정하자. 따라서 $E(\boldsymbol{y}) = \boldsymbol{X\beta}$이고 $\text{var}(\boldsymbol{y}) = \sigma^2 \boldsymbol{I}_n$이다.

이제부터 식 (11.11)에 주어진 최소제곱추정량 $\hat{\boldsymbol{\beta}}$의 여러 가지 통계적 성질에 대하여 논의할 것이다.

11.2.1 불편성과 분산

최소제곱추정량 $\hat{\boldsymbol{\beta}}$의 기대값은 $\boldsymbol{\beta}$이며 이는 $\hat{\boldsymbol{\beta}}$가 모수벡터 $\boldsymbol{\beta}$의 불편추정량임을 의미한다. 이러한 사실은 식 (10.4)에 의해 다음과 같이 보일 수 있다.

$$\begin{aligned} E(\hat{\boldsymbol{\beta}}) &= (\boldsymbol{X}'\boldsymbol{X})^{-1}\boldsymbol{X}'E(\boldsymbol{y}) \\ &= (\boldsymbol{X}'\boldsymbol{X})^{-1}\boldsymbol{X}'\boldsymbol{X\beta} \\ &= \boldsymbol{\beta}. \end{aligned}$$

추정량 $\hat{\boldsymbol{\beta}}$의 공분산행렬은 식 (10.5)를 이용하면 다음과 같이 구할 수 있다.

$$\begin{aligned}\mathrm{var}(\hat{\boldsymbol{\beta}}) &= (\boldsymbol{X}'\boldsymbol{X})^{-1}\boldsymbol{X}'\mathrm{var}(\boldsymbol{y})\boldsymbol{X}(\boldsymbol{X}'\boldsymbol{X})^{-1} \\ &= (\boldsymbol{X}'\boldsymbol{X})^{-1}\boldsymbol{X}'(\sigma^2 \boldsymbol{I}_n)\boldsymbol{X}(\boldsymbol{X}'\boldsymbol{X})^{-1} \\ &= \sigma^2 (\boldsymbol{X}'\boldsymbol{X})^{-1}.\end{aligned}$$

11.2.2 오차항의 분산에 대한 추정

식 (11.14)에 정의된 오차제곱합 SS_E는 자유도가 $n-p$인 $\boldsymbol{y}$에 의한 이차형식이다. 이 이차형식의 기대값을 식 (10.34)로 유도할 수 있다. 반응변수벡터 $\boldsymbol{y}$의 기대값이 $\boldsymbol{X\beta}$이고 공분산행렬이 $\sigma^2\boldsymbol{I}_n$이므로 식 (10.34)를 이용하면 다음과 같은 식을 보일 수 있다.

$$\begin{aligned}E(SS_E) &= \boldsymbol{\beta}'\boldsymbol{X}'[\boldsymbol{I}_n - \boldsymbol{X}(\boldsymbol{X}'\boldsymbol{X})^{-1}\boldsymbol{X}']\boldsymbol{X\beta} + \sigma^2 tr[\boldsymbol{I}_n - \boldsymbol{X}(\boldsymbol{X}'\boldsymbol{X})^{-1}\boldsymbol{X}'] \\ &= \sigma^2(n-p).\end{aligned}$$

위의 식으로부터 다음의 식을 유도할 수 있다.

$$E[SS_E/(n-p)] = \sigma^2. \tag{11.30}$$

위의 식은 오차평균제곱합 $MS_E = \frac{SS_E}{n-p}$가 오차항의 분산에 대한 불편추정량임을 나타낸다. 이러한 오차항의 분산에 대한 추정량을 $\hat{\sigma}^2$로 표기한다.

유사하게 SS_{Reg}도 자유도가 p이기 때문에 $E(MS_{reg}) = \frac{1}{p}\boldsymbol{\beta}'\boldsymbol{X}'\boldsymbol{X\beta} + \sigma^2$을 유도할 수 있다. 여기서

$$MS_{reg} = \frac{1}{p} SS_{reg}. \tag{11.31}$$

이러한 결과는 식 (10.34)를 적용하여 유도할 수 있다.

$$\begin{aligned}E(MS_{reg}) &= \frac{1}{p} E(SS_{reg}) \\ &= \frac{1}{p} \left\{\boldsymbol{\beta}'\boldsymbol{X}'[\boldsymbol{X}(\boldsymbol{X}'\boldsymbol{X})^{-1}\boldsymbol{X}']\boldsymbol{X\beta} + \sigma^2 tr[\boldsymbol{X}(\boldsymbol{X}'\boldsymbol{X})^{-1}\boldsymbol{X}']\right\} \\ &= \frac{1}{p}(\boldsymbol{\beta}'\boldsymbol{X}'\boldsymbol{X\beta} + p\sigma^2) \\ &= \frac{1}{p}\boldsymbol{\beta}'\boldsymbol{X}'\boldsymbol{X\beta} + \sigma^2.\end{aligned}$$

예제 11.2 식 (11.15)와 (11.17)을 이용하면 다음을 얻는다.

$$\hat{\boldsymbol{y}} = \boldsymbol{X}\hat{\boldsymbol{\beta}} = \begin{bmatrix} 1 & 2 & 6 \\ 1 & 9 & 10 \\ 1 & 6 & 4 \\ 1 & 3 & 13 \\ 1 & 5 & 2 \end{bmatrix} \begin{bmatrix} 37 \\ \frac{1}{2} \\ 1\frac{1}{2} \end{bmatrix} = \begin{bmatrix} 47 \\ 56\frac{1}{2} \\ 46 \\ 58 \\ 42\frac{1}{2} \end{bmatrix}.$$

따라서 식 (11.15)의 $\boldsymbol{y}$에 대하여 적용하면

$$(\boldsymbol{y}-\hat{\boldsymbol{y}}) = \begin{bmatrix} 62 \\ 60 \\ 57 \\ 48 \\ 23 \end{bmatrix} - \begin{bmatrix} 47 \\ 56\frac{1}{2} \\ 46 \\ 58 \\ 42\frac{1}{2} \end{bmatrix} = \begin{bmatrix} 15 \\ 3\frac{1}{2} \\ 11 \\ -10 \\ -19\frac{1}{2} \end{bmatrix}$$

오차제곱합 $SS_E = \Sigma_{i=1}^{n}(y_i - \hat{y}_i)^2$을 구하면 다음과 같이 계산된다.

$$SS_E = 15^2 + \left(3\frac{1}{2}\right)^2 + 11^2 + 10^2 + \left(19\frac{1}{2}\right)^2 = 838\frac{1}{2}. \tag{11.32}$$

또한 오차제곱합 SS_E는 아래와 같이 전개할 수 있다.

$$\begin{aligned} SS_E &= \boldsymbol{y}'[\boldsymbol{I}_n - \boldsymbol{X}(\boldsymbol{X}'\boldsymbol{X})^{-1}\boldsymbol{X}']\boldsymbol{y} \\ &= \boldsymbol{y}'\boldsymbol{y} - \boldsymbol{y}'\boldsymbol{X}(\boldsymbol{X}'\boldsymbol{X})^{-1}\boldsymbol{X}'\boldsymbol{y} \\ &= \boldsymbol{y}'\boldsymbol{y} - \hat{\boldsymbol{\beta}}'\boldsymbol{X}'\boldsymbol{y}. \end{aligned}$$

위의 전개식에 식 (11.15)로부터 구한 $\boldsymbol{y}'\boldsymbol{y} = \Sigma_{i=1}^{n} y_i^2 = 13526$, 식 (11.17)과 (11.15)에서 각각 구한 $\hat{\boldsymbol{\beta}}'$과 $\boldsymbol{X}'\boldsymbol{y}$를 대입하면 식 (11.32)와 같은 결과를 얻는다.

$$SS_E = 13526 - \begin{bmatrix} 37 & \frac{1}{2} & 1\frac{1}{2} \end{bmatrix} \begin{bmatrix} 250 \\ 1265 \\ 1870 \end{bmatrix} = 13526 - 12687\frac{1}{2} = 838\frac{1}{2}, \textit{ as before.}$$

위에서 구한 모든 결과와 $\hat{\sigma}^2 = MS_E$를 이용하면 최종적으로 다음과 같은 추정치를 얻는다.

$$\hat{\sigma}^2 = \frac{838\frac{1}{2}}{5-3} = 419\frac{1}{4}. \tag{11.33}$$

예제 11.3 (예제 11.2의 계속) 식 (11.32)에서 $SS_E = 838\frac{1}{2}$, 식 (11.15)에서 $SS_T = \Sigma_{i=1}^{n} y_i^2 = 13526$ 그리고 $R(\beta_0) = n\bar{y}^2 = 5(50^2) = 12500$을 얻는다. 따라서 SS_{Reg}, $SS_{Reg} = SS_{Reg} - R(\beta_0)$, SS_E, SS_T, $SS_{Tot} = SS_T - R(\beta_0)$에 대한 값을 아래 표 11.2와 같이 나타낼 수 있다.

표 11.2 제곱합의 분해

$SS_{reg} = 12687\frac{1}{2}$	$SS_{Reg} = 187\frac{1}{2}$
$SS_E = 838\frac{1}{2}$	$SS_E = 838\frac{1}{2}$
$SS_T = 13526$	$SS_{Tot} = 1026$

11.3 다중상관계수

회귀식의 적합을 나타내는 하나의 측도로서 다중상관계수(multiple correlation coefficient)가 있으며 이는 관측된 반응값 y_i들과 예측값 $\hat{y}_i$ 간의 상관계수로 추정되며 이를 R로 표기한다. 다중상관계수를 제곱한 값을 **결정계수**(coefficient of determination)라고 하며 다음과 같이 계산한다.

$$R^2 = \frac{[\sum (y_i - \bar{y})(\hat{y}_i - \bar{\hat{y}})]^2}{\sum (y_i - \bar{y})^2 \sum (\hat{y}_i - \bar{\hat{y}})^2}.$$

위에서 정의된 결정계수는 더 쉬운 방법으로 다음과 같이 계산할 수 있다.

먼저, 결정계수 R^2의 분모에 있는 총제곱합을 다음과 같이 표현하자.

$$\sum (y_i - \bar{y})^2 = \mathbf{y}'\mathbf{C}\mathbf{y} = \mathbf{y}'(\mathbf{I} - \bar{\mathbf{J}})\mathbf{y} = SS_{Tot},$$

위의 식에서 $\bar{J} = \frac{1}{n}J_n$이고 $C = I_n - \bar{J}$는 중심화행렬이다. 두 번째로 R^2의 분자는 다음과 같이 쓸 수 있다.

$$\begin{aligned}(\mathbf{Cy})'\,\mathbf{Cy} &= \mathbf{y}'\mathbf{CHy} = \mathbf{y}'\left(\mathbf{I} - \bar{\mathbf{J}}\right)\mathbf{Hy} \\ &= \mathbf{y}'\left(\mathbf{H} - \bar{\mathbf{J}}\right)\mathbf{y} \\ &= \mathbf{y}'\left[\left(\mathbf{I} - \bar{\mathbf{J}}\right) - (\mathbf{I} - \mathbf{H})\right]\mathbf{y} \\ &= SS_{Tot} - SS_E \\ &= SS_{Reg},\end{aligned} \tag{11.34}$$

여기서 $H = X(X'X)^{-1}X'$이다. 벡터 $\mathbf{1}_n$은 행렬 X의 열이며, 따라서 $X'X(X'X)^{-1}X' = X'$, $\mathbf{1}_n'H = \mathbf{1}_n'$이며 $\bar{\mathbf{J}}H = \bar{\mathbf{J}} = \mathbf{H}\bar{\mathbf{J}}$이다. 이러한 사실을 이용하여 식 (11.34)를 유도할 수 있다. 마지막으로 R^2의 분자에 있는 제곱합을 다음과 같이 표현할 수 있다.

$$\sum \left(\hat{y}_i - \bar{\hat{y}}\right)^2 = \hat{\mathbf{y}}'C\hat{\mathbf{y}} = \mathbf{y}'\mathbf{HCHy} = \mathbf{y}'\left(\mathbf{H} - \bar{\mathbf{J}}\right)\mathbf{y} = SS_{Reg},$$

따라서 다음과 같은 공식을 얻는다.

$$R^2 = \frac{SS_{Reg}^2}{SS_{Tot}\,SS_{Reg}} = \frac{SS_{Reg}}{SS_{Tot}}. \tag{11.35}$$

예제에 있는 결과를 이용하면

$$R^2 = 187\tfrac{1}{2}/1026 = 0.183.$$

직관적으로 식 (11.35)에 나타난 비율 SS_{Reg}/SS_{Tot}는 총제곱합(평균으로 보정된) 중에서 회귀식에 의해 설명되는 제곱합이 차지하는 부분의 비율을 나타내는 것으로 해석할 수 있다. 비록 과거에는 R을 다중상관계수의 형태와 그에 따른 해석으로 가르쳤지만 현재는 주로 식 (11.35)에 나타난 R^2의 형태인 결정계수로 표현하며 이를 총변동에서 회귀식이 설명하는 변동의 비율로 해석하는 측도로 사용한다.

예제 11.4 x_1, x_2, x_3는 세 개의 화학물질의 농도를 나타내는 제어변수들이다. 세 개의 제어변수와 어떤 화학 혼합물의 생산량 y의 관계를 알아보기 위한 실험을 수행하여 얻은 자료가 표 11.3에 나타나 있다.

표 11.3 생산량 자료

x_1	x_2	x_3	y
−1.030	−1.602	−0.898	12.5988
0.915	0.488	−0.859	12.0838
0.871	−1.266	0.892	16.368
−0.955	0.478	0.982	14.2369
−0.937	−1.242	−0.898	9.3261
0.751	0.499	−0.619	17.0199
0.834	−1.093	0.743	13.4345
−0.951	0.388	0.854	16.4967
1.955	−0.472	0.012	14.6438
−2.166	−0.413	−0.039	20.8634
−0.551	0.059	−0.528	11.0421
−0.451	1.379	0.183	21.2098
0.152	1.209	0.083	25.5612
0.101	1.778	−0.009	33.3891
1.453	−0.353	0.183	15.5141

회귀모형을 다음과 같은 이차다항식의 형태로 구성하고 모수들을 SAS의 PROC GLM으로 추정하였다.

$$\begin{aligned} y = {} & \beta_0 + \beta_1 x_1 + \beta_2 x_2 + \beta_3 x_3 + \beta_{12} x_1 x_2 + \beta_{13} x_1 x_3 + \beta_{23} x_2 x_3 \\ & + \beta_{11} x_1^2 + \beta_{22} x_2^2 + \beta_{33} x_3^2 + \epsilon, \end{aligned} \tag{11.36}$$

모형 (11.36)에서 최소제곱추정량을 사용한 예측식은 다음과 같이 주어진다.

$$\begin{aligned} \hat{y} = {} & 14.491 + 1.306x_1 + 5.137x_2 + 7.065x_3 + 6.390x_1x_2 + 2.376x_1x_3 - 2.538x_2x_3 \\ & + 1.191x_1^2 + 2.433x_2^2 - 3.218x_3^2. \end{aligned} \tag{11.37}$$

연관된 분산분석표는 표 11.4에 나타나 있다. 이 표에서 '회귀'제곱합은 평균으로 보정된 회귀제곱합이며 그 값은 529.646이고 자유도는 $p - 1$로 주어진다. 여기서 p는 모형의 계획행렬 $\boldsymbol{X}$의 열의 수를 나타나며 이는 모형 (11.36)에 나타난 모수들의 수이다. 오차항의 분산에 대한 추정치는 오차평균제곱합, $MS_E = 2.297$로 주어진다. 더 나아가 결정계수는 $R^2 = SS_{Reg}/SS_{Tot} = 529.646/541.132 = 0.979$로 주어지며 이는 평균으로 보정된 반응변수의 총변동 중에서 약 98%를 식 (11.36)에 주어진 모형이 설명한다는 의미이다.

표 11.4 생산량 자료에 대한 분산분석표

요인	DF	SS	MS
회귀	9	529.646	58.850
오차	5	11.487	2.297
보정된 총변동	14	541.133	

11.4 정규분포 가정하에서 통계적 성질

이제 모형 (11.7)의 오차벡터 $\boldsymbol{\epsilon}$이 정규분포 $N(\mathbf{0}, \sigma^2\boldsymbol{I}_n)$을 따른다고 가정하자. 이제 회귀계수의 추정량 $\hat{\boldsymbol{\beta}}$에 대한 추가적인 통계적 성질을 유도할 수 있다.

(a) $\hat{\boldsymbol{\beta}} \sim N[\boldsymbol{\beta}, \sigma^2(\boldsymbol{X}'\boldsymbol{X})^{-1}]$.
이 성질은 식 (10.28)을 분포가 $N(\boldsymbol{X\beta}, \sigma^2\boldsymbol{I}_n)$을 가지는 $\boldsymbol{y}$의 선형식인 $\hat{\boldsymbol{\beta}} = (\boldsymbol{X}'\boldsymbol{X})^{-1}\boldsymbol{X}'\boldsymbol{y}$에 적용하면 얻을 수 있다.

(b) $\hat{\boldsymbol{\beta}}$와 MS_E는 독립이다.
정리 10.4를 선형식인 $\hat{\boldsymbol{\beta}} = (\boldsymbol{X}'\boldsymbol{X})^{-1}\boldsymbol{X}'\boldsymbol{y}$와 이차형식 $MS_E = \frac{1}{n-p}\boldsymbol{y}'[\boldsymbol{I}_n - \boldsymbol{X}(\boldsymbol{X}'\boldsymbol{X})^{-1}\boldsymbol{X}']\boldsymbol{y}$에 적용하면 증명할 수 있다. 이 경우 식 (10.41)에 주어진 독립에 대한 조건은 다음과 같은 결과로부터 알 수 있다.

$$(\boldsymbol{X}'\boldsymbol{X})^{-1}\boldsymbol{X}'(\sigma^2\boldsymbol{I}_n)\left\{\frac{1}{n-p}[\boldsymbol{I}_n - \boldsymbol{X}(\boldsymbol{X}'\boldsymbol{X})^{-1}\boldsymbol{X}']\right\} = \mathbf{0}.$$

다음에 나오는 여섯 개의 성질은 SS_E, SS_{Reg}과 평균으로 보정된 SS_{Reg}의 분포와 독립성에 연관된 것들이다.

(c) $\frac{1}{\sigma^2}SS_E \sim \chi^2_{n-p}$.
위의 결과는 $\frac{1}{\sigma^2}[\boldsymbol{I}_n - \boldsymbol{X}(\boldsymbol{X}'\boldsymbol{X})^{-1}\boldsymbol{X}'](\sigma^2\boldsymbol{I}_n)$가 계수가 $n-p$인 멱등행렬임을 이용하여 정리 10.2를 (11.4)에 나온 SS_E에 적용하여 증명된다. 아래 주어진 식에 따라서 대응하는 비중심모수는 0이 된다.

$$\boldsymbol{\beta}'\boldsymbol{X}'[\boldsymbol{I}_n - \boldsymbol{X}(\boldsymbol{X}'\boldsymbol{X})^{-1}\boldsymbol{X}']\boldsymbol{X\beta} = 0.$$

(d) $\frac{1}{\sigma^2}SS_{reg} \sim \chi^2_p(\theta)$ 여기서 $\theta = \frac{1}{\sigma^2}\boldsymbol{\beta}'\boldsymbol{X}'\boldsymbol{X\beta}$.
다시 $\frac{1}{\sigma^2}[\boldsymbol{X}(\boldsymbol{X}'\boldsymbol{X})^{-1}\boldsymbol{X}'](\sigma^2\boldsymbol{I}_n)$가 계수가 p인 멱등행렬임을 이용하여 식 (11.22)에 주어진 SS_{Reg}에 정리 10.2를 적용하면 위의 결과를 얻는다. 비중심모수는 다음과 같이 유도된다.

$$\begin{aligned}\theta &= \boldsymbol{\beta}'\boldsymbol{X}'\left[\frac{1}{\sigma^2}\boldsymbol{X}(\boldsymbol{X}'\boldsymbol{X})^{-1}\boldsymbol{X}'\right]\boldsymbol{X\beta} \\ &= \frac{1}{\sigma^2}\boldsymbol{\beta}'\boldsymbol{X}'\boldsymbol{X\beta}.\end{aligned}$$

(e) SS_{Reg}과 SS_E는 독립이다.
식 (10.40)을 이용하여 정리 10.3을 SS_{Reg}과 SS_E에 각각 적용하면 다음의 결과를 얻는다.

$$[\boldsymbol{X}(\boldsymbol{X}'\boldsymbol{X})^{-1}\boldsymbol{X}'](\sigma^2\boldsymbol{I}_n)[\boldsymbol{I}_n - \boldsymbol{X}(\boldsymbol{X}'\boldsymbol{X})^{-1}\boldsymbol{X}'] = \mathbf{0}.$$

이제 위의 식은 SS_{Reg}과 SS_E가 독립임을 보여준다.

(f) $\frac{1}{\sigma^2}SS_{Reg} \sim \chi^2_{p-1}(\theta)$ 여기서 $\theta = \frac{1}{\sigma^2}\boldsymbol{\beta_1}'\boldsymbol{X}_1'(\boldsymbol{I}_n - \frac{1}{n}\boldsymbol{J}_n)\boldsymbol{X}_1\boldsymbol{\beta_1}$. 여기서 $\boldsymbol{\beta_1}$은 $\boldsymbol{\beta}$에서 첫 번째 원소 β_0를 제외한 모수벡터이며 $\boldsymbol{X}_1$은 $\boldsymbol{X}$에서 첫 열 $\mathbf{1}_n$을 제외한 행렬이다.

위의 결과는 $\frac{1}{\sigma^2}[\boldsymbol{X}(\boldsymbol{X}'\boldsymbol{X})^{-1}\boldsymbol{X}' - \frac{1}{n}\boldsymbol{J}_n](\sigma^2\boldsymbol{I}_n)$이 계수가 $p-1$이며 멱등행렬이라는 사실을 이용하여 정리 10.2를 (11.28)에 나오는 SS_{Reg}에 적용하면 얻어진다. 멱등행렬에 대한 증명은 다음으로부터 얻어진다.

$$\left[\boldsymbol{X}(\boldsymbol{X}'\boldsymbol{X})^{-1}\boldsymbol{X}' - \frac{1}{n}\boldsymbol{J}_n\right]^2 = \boldsymbol{X}(\boldsymbol{X}'\boldsymbol{X})^{-1}\boldsymbol{X}' -$$
$$\frac{1}{n}\boldsymbol{X}(\boldsymbol{X}'\boldsymbol{X})^{-1}\boldsymbol{X}'\boldsymbol{J}_n - \frac{1}{n}\boldsymbol{J}_n\boldsymbol{X}(\boldsymbol{X}'\boldsymbol{X})^{-1}\boldsymbol{X}' + \frac{1}{n}\boldsymbol{J}_n = \boldsymbol{X}(\boldsymbol{X}'\boldsymbol{X})^{-1}\boldsymbol{X}' - \frac{1}{n}\boldsymbol{J}_n.$$

위 두 번째 식의 우변은 $\boldsymbol{X}(\boldsymbol{X}'\boldsymbol{X})^{-1}\boldsymbol{X}'\boldsymbol{X} = \boldsymbol{X}$에 의해 얻어진다. 또한 $\mathbf{1}_n$은 $\boldsymbol{X}$의 첫 번째 열이므로 다음의 식도 성립한다.

$$\boldsymbol{X}(\boldsymbol{X}'\boldsymbol{X})^{-1}\boldsymbol{X}'\mathbf{1}_n = \mathbf{1}_n,$$

이러한 사실들로서 다음과 같은 결과를 얻을 수 있다.

$$\begin{aligned} &\boldsymbol{X}(\boldsymbol{X}'\boldsymbol{X})^{-1}\boldsymbol{X}'\boldsymbol{J}_n = \boldsymbol{J}_n, \text{ 그리고} \\ &\boldsymbol{J}_n\boldsymbol{X}(\boldsymbol{X}'\boldsymbol{X})^{-1}\boldsymbol{X}' = \boldsymbol{J}_n. \end{aligned} \tag{11.38}$$

비중심모수는 다음과 같이 얻어진다.

$$\begin{aligned} \theta &= \frac{1}{\sigma^2}\boldsymbol{\beta}'\boldsymbol{X}'\left[\boldsymbol{X}(\boldsymbol{X}'\boldsymbol{X})^{-1}\boldsymbol{X}' - \frac{1}{n}\boldsymbol{J}_n\right]\boldsymbol{X}\boldsymbol{\beta} \\ &= \frac{1}{\sigma^2}\boldsymbol{\beta}'\boldsymbol{X}'\left[\boldsymbol{I}_n - \frac{1}{n}\boldsymbol{J}_n\right]\boldsymbol{X}\boldsymbol{\beta}. \end{aligned} \tag{11.39}$$

하지만 다음과 같은 결과를 이용하면

$$\begin{aligned} \left(\boldsymbol{I}_n - \frac{1}{n}\boldsymbol{J}_n\right)\boldsymbol{X}\boldsymbol{\beta} &= \left(\boldsymbol{I}_n - \frac{1}{n}\boldsymbol{J}_n\right)[\mathbf{1}_n : \boldsymbol{X}_1]\boldsymbol{\beta} \\ &= \left[\mathbf{0} : \left(\boldsymbol{I}_n - \frac{1}{n}\boldsymbol{J}_n\right)\boldsymbol{X}_1\right]\boldsymbol{\beta} \\ &= \left(\boldsymbol{I}_n - \frac{1}{n}\boldsymbol{J}_n\right)\boldsymbol{X}_1\boldsymbol{\beta}_1. \end{aligned}$$

비중심모수를 다음과 같이 나타낼 수 있다.

$$\theta = \frac{1}{\sigma^2}\boldsymbol{\beta}_1{}'\boldsymbol{X}_1'\left(\boldsymbol{I}_n - \frac{1}{n}\boldsymbol{J}_n\right)\boldsymbol{X}_1\boldsymbol{\beta}_1. \tag{11.40}$$

여기서 유의할 점은 $\theta = 0$과 $\boldsymbol{\beta}_1 = \mathbf{0}$는 동치관계라는 사실이다. 이런 사실은 $\theta = 0$가 다음의 식과 동치관계라는 점에서 얻어진다.

$$\left(\boldsymbol{I}_n - \frac{1}{n}\boldsymbol{J}_n\right)\boldsymbol{X}_1\boldsymbol{\beta}_1 = \mathbf{0}. \tag{11.41}$$

식 (11.41)이 성립하면 $\boldsymbol{\beta}_1 = \mathbf{0}$가 성립한다. 만약 이러한 경우가 성립하지 않는다면 다음과 같은 결과를 얻는다.

$$X_1\boldsymbol{\beta}_1 = \frac{1}{n}\mathbf{1}_n(\mathbf{1}_n'X_1\boldsymbol{\beta}_1).$$

이러한 결과는 벡터 $\mathbf{1}_n$이 X_1의 열 공간에 속한다는 것을 의미하며 이는 $X = [\mathbf{1}_n : X_1]$이 완전 계수행렬이라는 가정과 모순된다. 따라서 $\boldsymbol{\beta}_1 = \mathbf{0}$이 성립한다.

(g) $E(MS_{Reg}) = \frac{1}{p-1}[\boldsymbol{\beta}_1'X_1'(I_n - \frac{1}{n}J_n)X_1\boldsymbol{\beta}_1 + \sigma^2$.

위의 결과는 (f)의 결과를 유도하는 것과 같은 방법을 사용하면 얻을 수 있다.

(h) SS_{Reg}과 SS_E는 독립이다.

두 제곱합 SS_{Reg}과 SS_E이 독립이라는 결과는 아래의 식과 정리 10.3을 적용하면 증명할 수 있다.

$$\begin{aligned}\left[X(X'X)^{-1}X' - \frac{1}{n}J_n\right][I_n - X(X'X)^{-1}X'] &= X(X'X)^{-1}X' - X(X'X)^{-1}X' \\ &\quad - \frac{1}{n}J_n + \frac{1}{n}J_nX(X'X)^{-1}X' \\ &= -\frac{1}{n}J_n + \frac{1}{n}J_n, \text{ by using (11.38)}, \\ &= \mathbf{0}.\end{aligned} \tag{11.42}$$

11.5 분산분석

표 11.1과 11.4에서 볼 수 있는 총제곱합의 분해는 분산분석(analysis of variance)을 수행하는 기초가 된다. 앞 절에서 정규분포 가정을 하고 총제곱합을 분해하여 얻어진 제곱합들이 χ^2-분포를 따른다는 사실을 보였다. 이 절에서는 제곱합들의 비가 F-분포를 따르는 사실을 유도할 것이며 이러한 결과는 우리가 가설검정에서 흔히 사용하는 F 검정통계량에 대한 이론을 제공한다.

회귀모형 $\boldsymbol{y} = X\boldsymbol{\beta} + \boldsymbol{\epsilon}$의 오차항 $\boldsymbol{\epsilon}$의 분포에 대한 기본적인 가정은 평균이 영이고 공분산행렬 $\sigma^2 I_n$을 가지는 정규분포를 사용한다.

$$\boldsymbol{\epsilon} \sim N\left(\mathbf{0}, \sigma^2 I\right).$$

앞 절 (a)에서 (f)까지 제곱합의 분포에 대한 여러 가지 결과를 유도하였다.

앞 절 (c), (f), (h)에서 유도한 제곱합 SS_{Reg}과 SS_E의 분포에 대한 결과들을 이용하여 표 11.5에 나타난 분산분석을 얻을 수 있다.

F-통계량을 이용한 가설검정에 대한 절차와 결과는 다음과 같이 유도된다.

(a) 통계량 $F(SS_{Reg}) = \frac{SS_{Reg}}{(p-1)MS_E}$가 가설검정 $H_0 : \boldsymbol{\beta}_1 = \mathbf{0}$에 사용된다. 앞 절의 결과 (f)를 이용하면 $\frac{1}{\sigma^2}SS_{Reg} \sim \chi^2_{p-1}(\theta)$와 비중심모수 $\theta = \frac{1}{\sigma^2}\boldsymbol{\beta}_1'X_1'(I_n - \frac{1}{n}J_n)X_1\boldsymbol{\beta}_1$임을 보일 수 있으며 조건 $\theta =$ 0는 $\boldsymbol{\beta}_1 = \mathbf{0}$인 조건과 동치임을 이용하여 검정이 가능함을 알 수 있다. 따라서 귀무가설 H_0하에서 $F(SS_{Reg})$는 자유도가 $p-1$과 $n-p$를 가지는 F-분포를 따른다는 사실을 알 수 있다. 유의수준이 α로 주어진 경우 $F(SS_{Reg}) > F_{\alpha,p-1,n-p}$이면 귀무가설을 기각한다. 이때 $F_{\alpha,p-1,n-p}$는 자유도가 $p-1$과 $n-p$를 가지는 F-분포의 α 상위백분위수이다.

표 11.5 회귀모형 (11.7)에 대한 분산분석

요인(source)	자유도(DF)	제곱합(SS)	평균제곱합(MS)	F-통계량
회귀(Regression)	$p-1$	SS_{Reg}	MS_{Reg}	$\frac{MS_{Reg}}{MS_E}$
잔차(Error)	$n-p$	SS_E	MS_E	
총합(Total)	$n-1$	SS_{Tot}		

(b) 위의 결과와 유사하게 앞 정의 (d)의 결과를 이용하면 $F(SS_{reg}) = \frac{SS_{reg}}{p\,MS_E}$는 가설 $H_0 : \boldsymbol{\beta} = \mathbf{0}$를 검정하는 데 사용한다. 검정은 $F(SS_{Reg}) > F_{\alpha,p,n-p}$인 경우 유의수준 α하에서 유의하다.

통계량 $F(SS_{Reg})$을 이용한 가설검정은 회귀식에 포함된 변수들이 반응변수의 변동을 설명하는 정도가 절편만으로 설명할 수 있는 변동의 정도보다 유의하게 큰지 알아보는 검정이다. 이러한 검정을 할 수 있는 F-값을 표 11.5에 나타난 분산분석표에서 계산할 수 있다.

예제 11.4에 주어진 자료를 이용하여 표 11.4의 분산분석표를 작성하여 F-통계량과 p-값을 계산하였다. p-값은 **실제 유의수준**(actual level of significance)라고 하며 이 값은 분산분석에 의해 계산된 F-통계량의 값보다 큰 확률을 나타낸다. 또한 p-값은 9와 5의 자유도를 가지는 F-분포에서 상위 꼬리확률을 나타낸다. 이 값은 주어진 유의수준과 비교하여, 예를 들어 $\alpha = 0.05$, 가설검정을 시행할 수 있다. 따라서 p-값은 F-통계량이 유의할 수 있는 유의수준의 최소값으로 해석할 수 있다.

11.6 가우스-마르코프 정리

선형모형에서 최소제곱법으로 구한 모수벡터의 추정량은 그 분산을 고려할 때 최적의 성질을 가진다. 이러한 성질은 다음의 정리로 나타낼 수 있는데 참고로 정리의 이름은 독일의 수학자 칼 프레드리히 가우스(Carl Fredrich Gauss)와 러시아 수학자 안드레이 마르코프(Andrey Markov)를 따서 붙인 것이다.

정리 11.1 식 (11.7)에 주어진 모형을 고려하고 오차항벡터는 평균이 $\mathbf{0}$이고 공분산이 $\sigma^2\boldsymbol{I}_n$이라고 하자. $\boldsymbol{c}$를 임의의 주어진 벡터라고 하고 회귀계수벡터의 선형식 $\boldsymbol{c}'\boldsymbol{\beta}$를 추정하려고 한다. 최소제곱추정량 $\boldsymbol{c}'\hat{\boldsymbol{\beta}} = \boldsymbol{c}'(\boldsymbol{X}'\boldsymbol{X})^{-1}\boldsymbol{X}'\boldsymbol{y}$는 모든 선형불편추정량(linear unbiased estimators) 중에서 그 분산이 가장 작다. 이때 $\boldsymbol{c}'\boldsymbol{\beta}$를 최소분산선형불편추정량(best linear unbiased estimator, BLUE)이라고 한다.

표 11.6 생산량 자료에 대한 분산분석과 F-통계량

요인(source)	자유도(DF)	제곱합(SS)	평균제곱합(MS)	F-통계량	p-값
회귀(Regression)	9	529.646	58.850	25.62	0.0012
잔차(Error)	5	11.487	2.297		
총합(Total)	14	541.133			

증명 정의에 의하여 $\boldsymbol{c}'\hat{\boldsymbol{\beta}}$는 $\boldsymbol{y}$의 선형함수이다. 또한 11.2.1절의 내용과 식 (10.4)을 적용하면 추정량은 불편추정량 $E(\boldsymbol{c}'\hat{\boldsymbol{\beta}}) = \boldsymbol{c}'\boldsymbol{\beta}$이다. 이제 증명을 완성하려면 $\boldsymbol{c}'\hat{\boldsymbol{\beta}}$이 최소의 분산을 가진다는 사실을 보여야 한다.

이제 $\boldsymbol{t}'\boldsymbol{y}$를 $\boldsymbol{c}'\boldsymbol{\beta}$에 대한 임의의 선형불편추정량이라고 가정하자. 즉 $E(\boldsymbol{t}'\boldsymbol{y}) = \boldsymbol{c}'\boldsymbol{\beta}$라고 가정하자. 이러한 불편성에 의하여 다음이 얻어진다.

$$\boldsymbol{t}'\boldsymbol{X}\boldsymbol{\beta} = \boldsymbol{c}'\boldsymbol{\beta}, \tag{11.43}$$

위의 식은 R^p, p-차원 유클리디안 공간의 모든 $\boldsymbol{\beta}$에 대하여 성립한다. 식 (11.43)에서 다음의 식이 성립함을 알 수 있다.

$$\boldsymbol{t}'\boldsymbol{X} = \boldsymbol{c}'. \tag{11.44}$$

식 (10.5)를 이용하면 $\boldsymbol{t}'\boldsymbol{y}$의 공분산행렬은 다음과 같이 주어진다.

$$\text{var}(\boldsymbol{t}'\boldsymbol{y}) = \boldsymbol{t}'\boldsymbol{t}\,\sigma^2. \tag{11.45}$$

더 나아가 11.2.1절과 식 (10.5)를 이용하면 다음과 같은 결과를 얻는다.

$$\text{var}(\boldsymbol{c}'\hat{\boldsymbol{\beta}}) = \sigma^2\,\boldsymbol{c}'(\boldsymbol{X}'\boldsymbol{X})^{-1}\boldsymbol{c}. \tag{11.46}$$

다시 식 (11.46)에 식 (11.44)를 넣으면 아래의 결과가 유도된다.

$$\text{var}(\boldsymbol{c}'\hat{\boldsymbol{\beta}}) = \sigma^2\,\boldsymbol{t}'\boldsymbol{X}(\boldsymbol{X}'\boldsymbol{X})^{-1}\boldsymbol{X}'\boldsymbol{t}. \tag{11.47}$$

이제 (11.45)와 (11.47)에 의하여 다음과 같은 결론에 이르게 된다.

$$\begin{aligned}\text{var}(\boldsymbol{t}'\boldsymbol{y}) - \text{var}(\boldsymbol{c}'\hat{\boldsymbol{\beta}}) &= \sigma^2\,\boldsymbol{t}'[\boldsymbol{I}_n - \boldsymbol{X}(\boldsymbol{X}'\boldsymbol{X})^{-1}\boldsymbol{X}']\boldsymbol{t}\\ &\geq 0.\end{aligned} \tag{11.48}$$

부등식 (11.48)의 결과는 행렬 $\boldsymbol{I}_n - \boldsymbol{X}(\boldsymbol{X}'\boldsymbol{X})^{-1}\boldsymbol{X}'$가 멱등행렬이기 때문에 양정치행렬이라는 사실로 유도된다. 따라서 다음과 같은 결과를 얻는다.

$$\text{var}(\boldsymbol{c}'\hat{\boldsymbol{\beta}}) \leq var(\boldsymbol{t}'\boldsymbol{y}). \tag{11.49}$$

식 (11.49)에서 등호는 $\boldsymbol{c}'\hat{\boldsymbol{\beta}} = \boldsymbol{t}'\boldsymbol{y}$인 경우에만 성립한다. 이러한 결과는 식 (11.48)에서 $\text{var}(\boldsymbol{c}'\hat{\boldsymbol{\beta}}) = \text{var}(\boldsymbol{t}'\boldsymbol{y})$인 경우에 대한 조건이 다음과 같은 조건과 동치라는 사실로부터 나온다.

$$[\boldsymbol{I}_n - \boldsymbol{X}(\boldsymbol{X}'\boldsymbol{X})^{-1}\boldsymbol{X}']\boldsymbol{t} = \boldsymbol{0},$$

이러한 동치조건은 다음과 같다.

$$\boldsymbol{t}' = \boldsymbol{t}'\boldsymbol{X}(\boldsymbol{X}'\boldsymbol{X})^{-1}\boldsymbol{X}'. \tag{11.50}$$

이제 식 (11.50)에 식 (11.44)를 적용하면 다음과 같은 결론을 얻는다.

$$\begin{aligned}\boldsymbol{t}'\boldsymbol{y} &= \boldsymbol{t}'\boldsymbol{X}(\boldsymbol{X}'\boldsymbol{X})^{-1}\boldsymbol{X}'\boldsymbol{y}\\ &= \boldsymbol{c}'\hat{\boldsymbol{\beta}}.\end{aligned}$$

■

가우스-마르코프 정리는 $\boldsymbol{\beta}$의 벡터 선형함수에도 적용될 수 있고 다음의 따름정리로 주어진다.

따름정리 11.1 $\boldsymbol{C}$는 $q \times p$ 행렬이고 계수가 $q(\leq p)$라고 하자. 추정량 $\boldsymbol{C}\hat{\boldsymbol{\beta}}$는 $\boldsymbol{C}\boldsymbol{\beta}$의 최소분산선형불편추정량(BLUE)이다. 여기서 최소분산이라는 의미는 행렬 $\boldsymbol{B}$를 다음과 같이 정의하였을 때

$$\boldsymbol{B} = var(\boldsymbol{T}\boldsymbol{y}) - var(\boldsymbol{C}\hat{\boldsymbol{\beta}})$$

행렬 $\boldsymbol{B}$는 양반정치행렬이다. 위의 식에서 $\boldsymbol{T}\boldsymbol{y}$는 $\boldsymbol{C}\boldsymbol{\beta}$에 대한 임의의 선형불편추정량이다.

증명 $\boldsymbol{C}\boldsymbol{\beta}$에 대한 추정량 $\boldsymbol{T}\boldsymbol{y}$의 불편성에 의하여 $\boldsymbol{T}\boldsymbol{X} = \boldsymbol{C}$가 성립한다. 따라서 $q \times n$ 행렬인 $\boldsymbol{T}$의 계수는 q이어야 한다. 왜냐하면 $\boldsymbol{T}$의 차원이 $q \times n$이므로 $r(\boldsymbol{T}) \leq q$이어야 하고 행렬 $\boldsymbol{C}$의 계수가 q이기 때문에 $q = r(\boldsymbol{C}) = r(\boldsymbol{T}\boldsymbol{X}) \leq r(\boldsymbol{T})$가 성립하기 때문이다.

이제 행렬 $\boldsymbol{B}$가 양반정치행렬임을 증명하자. 즉 다음을 보이면 된다. 모든 $t \in R^q$에 대하여 다음의 부등식이 성립하고

$$\boldsymbol{t}'\boldsymbol{B}\boldsymbol{t} \geq 0, \tag{11.51}$$

어떤 $\boldsymbol{t} \neq \boldsymbol{0}$에 대하여 $\boldsymbol{t}'\boldsymbol{B}\boldsymbol{t} = 0$이다. 이제 다음의 식을 고려해 보자.

$$\begin{aligned} \boldsymbol{t}'\boldsymbol{B}\boldsymbol{t} &= \mathrm{var}(\boldsymbol{t}'\boldsymbol{T}\boldsymbol{y}) - \mathrm{var}(\boldsymbol{t}'\boldsymbol{C}\hat{\boldsymbol{\beta}}) \\ &= \mathrm{var}(\boldsymbol{u}'\boldsymbol{y}) - \mathrm{var}(\boldsymbol{z}'\hat{\boldsymbol{\beta}}), \end{aligned} \tag{11.52}$$

여기서 $\boldsymbol{u}' = \boldsymbol{t}'\boldsymbol{T}$이고 $\boldsymbol{z}' = \boldsymbol{t}'\boldsymbol{C}$이다. 여기서 주목할 점은 $\boldsymbol{u}'\boldsymbol{y}$는 $\boldsymbol{y}$의 선형함수이며 $\boldsymbol{z}'\boldsymbol{\beta}$의 불편추정량이라는 사실이며 불편성은 다음과 같이 유도된다.

$$\begin{aligned} E(\boldsymbol{u}'\boldsymbol{y}) &= \boldsymbol{u}'\boldsymbol{X}\boldsymbol{\beta} \\ &= \boldsymbol{t}'\boldsymbol{T}\boldsymbol{X}\boldsymbol{\beta} \\ &= \boldsymbol{t}'\boldsymbol{C}\boldsymbol{\beta} \\ &= \boldsymbol{z}'\boldsymbol{\beta}. \end{aligned} \tag{11.53}$$

정리 11.1로부터 모든 $\boldsymbol{t} \in R^q$에 대하여 $\mathrm{var}(\boldsymbol{u}'\boldsymbol{y}) \geq \mathrm{var}(\boldsymbol{z}'\hat{\boldsymbol{\beta}})$임을 알 수 있으며 이에 의하여 식 (11.51)이 성립한다. 이제 어떤 $\boldsymbol{t} \neq \boldsymbol{0}$에 대하여 $\boldsymbol{t}'\boldsymbol{B}\boldsymbol{t} = 0$임을 보이면 증명이 끝난다.

이제 $\boldsymbol{t}'\boldsymbol{B}\boldsymbol{t} = 0$이라고 가정하자. 그러면 식 (11.52)로부터 다음과 같은 식을 얻을 수 있다.

$$\sigma^2[\boldsymbol{u}'\boldsymbol{u} - \boldsymbol{z}'(\boldsymbol{X}'\boldsymbol{X})^{-1}\boldsymbol{z}] = 0. \tag{11.54}$$

하지만 $\boldsymbol{u}' = \boldsymbol{t}'\boldsymbol{T}, \boldsymbol{z}' = \boldsymbol{t}'\boldsymbol{C} = \boldsymbol{t}'\boldsymbol{T}\boldsymbol{X}$이므로 식 (11.54)는 다음과 같이 나타낼 수 있다.

$$\sigma^2\boldsymbol{t}'\boldsymbol{T}[\boldsymbol{I}_n - \boldsymbol{X}(\boldsymbol{X}'\boldsymbol{X})^{-1}\boldsymbol{X}']\boldsymbol{T}'\boldsymbol{t} = 0. \tag{11.55}$$

이제 우리는 행렬 $\boldsymbol{I}_n - \boldsymbol{X}(\boldsymbol{X}'\boldsymbol{X})^{-1}\boldsymbol{X}'$가 양반정치행렬이므로 영이 아닌 벡터 $\boldsymbol{v} = \boldsymbol{T}'\boldsymbol{t}$가 있어서 식 (11.55)가 성립한다는 것을 알 수 있다. 영이 아닌 벡터는 $\boldsymbol{t} = (\boldsymbol{T}\boldsymbol{T}')^{-1}\boldsymbol{T}\boldsymbol{v} \neq \boldsymbol{0}$가 될 수 있으며 이러한 결과에 따라 영이 아닌 어떤 $\boldsymbol{t}$에 대하여 $\boldsymbol{t}'\boldsymbol{B}\boldsymbol{t} = 0$가 성립함을 알 수 있다. ■

보조정리 11.1의 특별한 경우는 $\boldsymbol{C} = \boldsymbol{I}_p$인 경우이며 이는 $\hat{\boldsymbol{\beta}}$가 $\boldsymbol{\beta}$의 BLUE인 것을 의미한다.

11.6.1 일반화최소제곱추정량

다시 식 (11.7)에 주어진 모형을 고려하고 오차항벡터 $\boldsymbol{\epsilon}$의 공분산에 대한 좀 더 일반적인 가정을 생각해 보자. 이제 $E(\boldsymbol{\epsilon}) = \mathbf{0}$이고 $\text{var}(\boldsymbol{\epsilon}) = \sigma^2\boldsymbol{V}$라고 가정하고 여기서 $\boldsymbol{V}$는 알고 있는 양정치행렬이다. 이러한 경우 $\boldsymbol{\beta}$에 대한 추정은 11.1절에서 논의한 추정 방법으로 쉽게 유도된다. 추정 방법은 식 (11.7)의 양변의 왼편에 $\boldsymbol{V}^{-1/2}$를 곱하여 유도할 수 있다. 이렇게 함으로써 다음과 같은 모형을 얻는다.

$$\boldsymbol{y}_g = \boldsymbol{X}_g\boldsymbol{\beta} + \boldsymbol{\epsilon}_g, \tag{11.56}$$

여기서 $\boldsymbol{y}_g = \boldsymbol{V}^{-1/2}\boldsymbol{y}$, $\boldsymbol{X}_g = \boldsymbol{V}^{-1/2}\boldsymbol{X}$ 그리고 $\boldsymbol{\epsilon}_g = \boldsymbol{V}^{-1/2}\boldsymbol{\epsilon}$이다. $E(\boldsymbol{\epsilon}_g) = \mathbf{0}$이고 $\text{var}(\boldsymbol{\epsilon}_g) = \boldsymbol{V}^{-1/2}(\sigma^2\boldsymbol{V})\boldsymbol{V}^{-1/2} = \sigma^2\boldsymbol{I}_n$이기 때문에 11.1절에 사용한 방법을 그대로 이용하면 모형 (11.56)의 $\boldsymbol{\beta}$에 대한 최소제곱추정량은 다음과 같이 얻어진다.

$$\hat{\boldsymbol{\beta}}_g = (\boldsymbol{X}_g'\boldsymbol{X}_g)^{-1}\boldsymbol{X}_g'\boldsymbol{y}_g.$$

위의 추정량은 다음과 같다.

$$\hat{\boldsymbol{\beta}}_g = (\boldsymbol{X}'\boldsymbol{V}^{-1}\boldsymbol{X})^{-1}\boldsymbol{X}'\boldsymbol{V}^{-1}\boldsymbol{y}. \tag{11.57}$$

추정량 $\hat{\boldsymbol{\beta}}_g$ 벡터는 $\boldsymbol{\beta}$의 **일반화최소제곱추정량**(generalized least-square estimator, GLSE)이라고 한다. 추정량의 $\boldsymbol{\beta}$에 대한 불편성은 쉽게 알 수 있으며 공분산행렬은 다음과 같다.

$$\text{var}(\hat{\boldsymbol{\beta}}_g) = \sigma^2(\boldsymbol{X}'\boldsymbol{V}^{-1}\boldsymbol{X})^{-1}. \tag{11.58}$$

더 나아가 가우스-마르코프 정리는 위와 같은 일반적인 경우에도 적용이 가능하다. 예를 들어 정리 11.1에 의하여 $\boldsymbol{\beta}$의 선형함수 $\boldsymbol{c}'\boldsymbol{\beta}$에 대한 BLUE는 $\boldsymbol{c}'\hat{\boldsymbol{\beta}}_g$이다. 또한 주어진 $\boldsymbol{C}$가 $q \times p$ 행렬이고 그 계수가 $q(\leq p)$라면 보조정리 11.1에 의하여 $\boldsymbol{\beta}$의 벡터선형함수 $\boldsymbol{C\beta}$에 대한 BLUE는 $\boldsymbol{C}\hat{\boldsymbol{\beta}}_g$이다. 특별히 $\hat{\boldsymbol{\beta}}_g$는 $\boldsymbol{\beta}$의 BLUE이다.

11.7 선형가설의 검정

다시 모형 (11.7)을 고려하고 $\boldsymbol{\epsilon} \sim N(\mathbf{0}, \sigma^2\boldsymbol{I}_n)$을 가정하자. 이제 다음과 같은 일반적인 선형가설에 대한 검정을 수행하려고 한다. 귀무가설은 다음과 같고

$$H_0 : \boldsymbol{K}'\boldsymbol{\beta} = \boldsymbol{m}, \tag{11.59}$$

대립가설은 아래와 같다.

$$H_a : \boldsymbol{K}'\boldsymbol{\beta} \neq \boldsymbol{m}, \tag{11.60}$$

여기서 $\boldsymbol{K}'$은 알고 있는 $r \times p$ 행렬이며 그 계수는 $r(\leq p)$이며 $\boldsymbol{m}$은 r차원의 알고 있는 벡터이다.

귀무가설 H_0하에서 다음이 성립하며

$$\boldsymbol{K}'\hat{\boldsymbol{\beta}} \sim N[\boldsymbol{m}, \sigma^2\boldsymbol{K}'(\boldsymbol{X}'\boldsymbol{X})^{-1}\boldsymbol{K}],$$

다시 위의 결과에 의하여 귀무가설 H_0하에서 다음과 같은 분포가 성립한다.

$$\frac{1}{\sigma^2}(\boldsymbol{K}'\hat{\boldsymbol{\beta}} - \boldsymbol{m})'[\boldsymbol{K}'(\boldsymbol{X}'\boldsymbol{X})^{-1}\boldsymbol{K}]^{-1}(\boldsymbol{K}'\hat{\boldsymbol{\beta}} - \boldsymbol{m}) \sim \chi_r^2.$$

더 나아가 11.4절의 성질 (b)에 의하여 $\hat{\boldsymbol{\beta}}$는 MS_E와 독립이고 성질 (c)에 의하여 $\frac{n-p}{\sigma^2}MS_E \sim \chi_{n-p}^2$이다. 따라서 귀무가설 H_0하에서 아래의 통계량은

$$F = \frac{(\boldsymbol{K}'\hat{\boldsymbol{\beta}} - \boldsymbol{m})'[\boldsymbol{K}'(\boldsymbol{X}'\boldsymbol{X})^{-1}\boldsymbol{K}]^{-1}(\boldsymbol{K}'\hat{\boldsymbol{\beta}} - \boldsymbol{m})}{rMS_E}, \tag{11.61}$$

자유도가 r과 $n-p$인 F-분포를 따른다. 대립가설 H_a하에서는 다음이 성립한다.

$$\begin{aligned} E\{(\boldsymbol{K}'\hat{\boldsymbol{\beta}} - \boldsymbol{m})'[\boldsymbol{K}'(\boldsymbol{X}'\boldsymbol{X})^{-1}\boldsymbol{K}]^{-1}(\boldsymbol{K}'\hat{\boldsymbol{\beta}} - \boldsymbol{m})\} &= (\boldsymbol{m}_a - \boldsymbol{m})'[\boldsymbol{K}'(\boldsymbol{X}'\boldsymbol{X})^{-1}\boldsymbol{K}]^{-1}(\boldsymbol{m}_a - \boldsymbol{m}) + \\ &\quad tr\{[\boldsymbol{K}'(\boldsymbol{X}'\boldsymbol{X})^{-1}\boldsymbol{K}]^{-1}[\boldsymbol{K}'(\boldsymbol{X}'\boldsymbol{X})^{-1}\boldsymbol{K}]\sigma^2\} \\ &= (\boldsymbol{m}_a - \boldsymbol{m})'[\boldsymbol{K}'(\boldsymbol{X}'\boldsymbol{X})^{-1}\boldsymbol{K}]^{-1}(\boldsymbol{m}_a - \boldsymbol{m}) \\ &\quad + r\sigma^2, \end{aligned} \tag{11.62}$$

여기서 $\boldsymbol{m}_a$는 H_a하에서 $\boldsymbol{K}'\boldsymbol{\beta}$의 값이다($\boldsymbol{m}_a \neq \boldsymbol{m}$). 이제 행렬 $\boldsymbol{K}'(\boldsymbol{X}'\boldsymbol{X})^{-1}\boldsymbol{K}$가 양정치행렬임을 이용하면 다음의 결과를 얻을 수 있다.

$$(\boldsymbol{m}_a - \boldsymbol{m})'[\boldsymbol{K}'(\boldsymbol{X}'\boldsymbol{X})^{-1}\boldsymbol{K}]^{-1}(\boldsymbol{m}_a - \boldsymbol{m}) > 0,$$

따라서 식 (11.61)의 F-검정통계량의 값이 큰 경우 검정은 유의하며 $F \geq F_{\alpha,r,n-p}$인 경우 유의수준 α에서 귀무가설 H_0를 기각한다.

대립가설하에서 $\boldsymbol{K\beta} = \boldsymbol{m}_a$인 경우 식 (11.61)의 F-검정통계량은 자유도가 r과 $n-p$인 비중심 F-분포를 따르며 비중심모수는 다음과 같이 주어진다.

$$\theta = \frac{1}{\sigma^2}(\boldsymbol{m}_a - \boldsymbol{m})'[\boldsymbol{K}'(\boldsymbol{X}'\boldsymbol{X})^{-1}\boldsymbol{K}]^{-1}(\boldsymbol{m}_a - \boldsymbol{m}).$$

그러므로 가설검정의 검정력은 다음과 같이 나타난다.

$$\text{Power} = P[F > F_{\alpha,r,n-p} \mid F \sim F_{r,n-p}(\theta)].$$

다음과 같은 가설은 식 (11.59)의 특별한 경우이다.

$$H_0 : \boldsymbol{\beta} = \boldsymbol{\beta}_0,$$

이러한 경우 식 (11.61)의 F-검정통계량의 형태는 다음과 같으며

$$F = \frac{(\hat{\boldsymbol{\beta}} - \boldsymbol{\beta}_0)'\boldsymbol{X}'\boldsymbol{X}(\hat{\boldsymbol{\beta}} - \boldsymbol{\beta}_0)}{pMS_E}, \tag{11.63}$$

이 경우 통계량은 H_0하에서 자유도가 p와 $n-p$인 F-분포를 따른다.

예제 11.5 예제 11.1을 다시 고려하여 다음과 같은 가설을 검정하고자 한다.

$$H:\begin{cases}\beta_1 &= \frac{1}{2}, \\ \beta_1+3\beta_2 = 3\end{cases} \quad equivalent\,to \quad H:\begin{bmatrix}0&1&0\\0&1&3\end{bmatrix}\begin{bmatrix}\beta_0\\\beta_1\\\beta_2\end{bmatrix}=\begin{bmatrix}\frac{1}{2}\\3\end{bmatrix}. \tag{11.64}$$

이러한 경우에

$$\boldsymbol{K}'=\begin{bmatrix}0&1&0\\0&1&3\end{bmatrix} \quad and \quad \boldsymbol{m}=\begin{bmatrix}\frac{1}{2}\\3\end{bmatrix}.$$

이제 우리는 다음과 같은 식을 가지며

$$\boldsymbol{K}'\hat{\boldsymbol{\beta}}-\boldsymbol{m}=\begin{bmatrix}0&1&0\\0&1&3\end{bmatrix}\begin{bmatrix}37\\\frac{1}{2}\\1\frac{1}{2}\end{bmatrix}-\begin{bmatrix}\frac{1}{2}\\3\end{bmatrix}=\begin{bmatrix}0\\2\end{bmatrix}$$

그리고 식 (11.16)에서 $(\boldsymbol{X}'\boldsymbol{X})^{-1}$를 이용하여 다음을 얻는다.

$$\begin{aligned}\left[\boldsymbol{K}'\left(\boldsymbol{X}'\boldsymbol{X}\right)^{-1}\boldsymbol{K}\right]^{-1} &= \left\{\begin{bmatrix}0&1&0\\0&1&3\end{bmatrix}\frac{1}{480}\begin{bmatrix}790&-80&-42\\-80&16&0\\-42&0&6\end{bmatrix}\begin{bmatrix}0&0\\1&1\\0&3\end{bmatrix}\right\}^{-1}\\ &= 480\begin{bmatrix}16&16\\16&70\end{bmatrix}^{-1} = \frac{5}{9}\begin{bmatrix}70&-16\\-16&16\end{bmatrix}.\end{aligned}$$

평균 오차제곱합은 식 (11.33)에 의하여 계산된다. 식 (11.63)에 계산된 값을 대입히면 검정통계량은 $F=\frac{35.556}{2\times 419.25}=0.042$로 얻어지며 이는 유의수순 25%로 유의하지 않다($F_{0.25,2,5}=1.85$).

11.7.1 가설검정에서 가능도비의 이용

식 (11.59)의 귀무가설 H_0에 대한 가설검정을 수행할 때 가능도함수를 사용하여 검정통계량을 유도할 수 있다(Casella and Berger(2002, 8.2.1절) 참조). 반응변수에 대하여 정규분포 $N(\boldsymbol{X\beta},\sigma^2\boldsymbol{I}_n)$을 가정하면 **가능도함수**(likelihood function)를 유도할 수 있다. 귀무가설 H_0를 검정하기 위한 가능도비 검정통계량 λ는 다음과 같이 정의된다.

$$\lambda=\frac{\max_{H_0}\mathcal{L}(\boldsymbol{\beta},\sigma^2,\boldsymbol{y})}{\max_{\boldsymbol{\beta},\sigma^2}\mathcal{L}(\boldsymbol{\beta},\sigma^2,\boldsymbol{y})}, \tag{11.65}$$

여기서 $\max_{\boldsymbol{\beta},\sigma^2}\mathcal{L}(\boldsymbol{\beta},\sigma^2,\boldsymbol{y})$는 전체 모수공간 $\boldsymbol{\beta}\in R^p$와 $\sigma^2(0<\sigma^2<\infty)$에서 가능도함수의 최대값이다. 그리고 $\max_{H_0}\mathcal{L}(\boldsymbol{\beta},\sigma^2,\boldsymbol{y})$는 $\boldsymbol{\beta}$의 제한된 모수공간 $\boldsymbol{K}'\boldsymbol{\beta}=\boldsymbol{m}$에서 가능도함수의 최대값을 나

타낸다. 가능도함수는 식 (10.27)에서 나타난 형태이며 평균이 $\mu = \boldsymbol{X\beta}$이고 공분산행렬은 $\sigma^2\boldsymbol{I}_n$이다. $\lambda \leq 1$이므로 λ가 작은 값을 가지면 H_0를 기각한다.

$\max_{\boldsymbol{\beta},\sigma^2} \mathcal{L}(\boldsymbol{\beta}, \sigma^2, \boldsymbol{y})$는 다음과 같이 유도할 수 있으며 (연습문제 7)

$$\max_{\boldsymbol{\beta},\sigma^2} \mathcal{L}(\boldsymbol{\beta}, \sigma^2, \boldsymbol{y}) = \frac{1}{(2\pi\tilde{\sigma}^2)^{n/2}} e^{-n/2}, \tag{11.66}$$

여기서

$$\tilde{\sigma}^2 = \frac{1}{n}(\boldsymbol{y} - \boldsymbol{X}\hat{\boldsymbol{\beta}})'(\boldsymbol{y} - \boldsymbol{X}\hat{\boldsymbol{\beta}}), \tag{11.67}$$

그리고 $\hat{\boldsymbol{\beta}}$는 $\boldsymbol{\beta}$의 최소제곱추정량이다.

또한 다음의 결과를 얻을 수 있으며

$$\max_{H_0} \mathcal{L}(\boldsymbol{\beta}, \sigma^2, \boldsymbol{y}) = \left[\frac{2\pi}{n}(\boldsymbol{y} - \boldsymbol{X}\hat{\boldsymbol{\beta}}_r)'(\boldsymbol{y} - \boldsymbol{X}\hat{\boldsymbol{\beta}}_r)\right]^{-n/2} e^{-n/2}, \tag{11.68}$$

여기서 $\hat{\boldsymbol{\beta}}_r$은 $\boldsymbol{\beta}$의 제한된 (가설에 의해 제한된 모수공간) 최소제곱추정량이며 다음과 같이 주어진다.

$$\hat{\boldsymbol{\beta}}_r = \hat{\boldsymbol{\beta}} - (\boldsymbol{X}'\boldsymbol{X})^{-1}\boldsymbol{K}[\boldsymbol{K}'(\boldsymbol{X}'\boldsymbol{X})^{-1}\boldsymbol{K}]^{-1}(\boldsymbol{K}'\hat{\boldsymbol{\beta}} - \boldsymbol{m}). \tag{11.69}$$

이제 식 (11.66)과 (11.68)을 이용하면 식 (11.65)를 다음과 같이 표현할 수 있다.

$$\lambda = \left[\frac{(\boldsymbol{y} - \boldsymbol{X}\hat{\boldsymbol{\beta}})'(\boldsymbol{y} - \boldsymbol{X}\hat{\boldsymbol{\beta}})}{(\boldsymbol{y} - \boldsymbol{X}\hat{\boldsymbol{\beta}}_r)'(\boldsymbol{y} - \boldsymbol{X}\hat{\boldsymbol{\beta}}_r)}\right]^{n/2}. \tag{11.70}$$

그러나,

$$(\boldsymbol{y} - \boldsymbol{X}\hat{\boldsymbol{\beta}})'(\boldsymbol{y} - \boldsymbol{X}\hat{\boldsymbol{\beta}}) = SS_E.$$

더 나아가 식 (11.59)의 가설에 의하여 제한된 모수공간에서 유도한 잔차제곱합의 최소값은 $\boldsymbol{\beta} = \hat{\boldsymbol{\beta}}_r$에서 얻어지며 다음과 같다.

$$\begin{aligned}(\boldsymbol{y} - \boldsymbol{X}\hat{\boldsymbol{\beta}}_r)'(\boldsymbol{y} - \boldsymbol{X}\hat{\boldsymbol{\beta}}_r) &= (\boldsymbol{y} - \boldsymbol{X}\hat{\boldsymbol{\beta}})'(\boldsymbol{y} - \boldsymbol{X}\hat{\boldsymbol{\beta}}) + (\hat{\boldsymbol{\beta}} - \hat{\boldsymbol{\beta}}_r)'\boldsymbol{X}'\boldsymbol{X}(\hat{\boldsymbol{\beta}} - \hat{\boldsymbol{\beta}}_r)\\ &= SS_E + (\hat{\boldsymbol{\beta}} - \hat{\boldsymbol{\beta}}_r)'\boldsymbol{X}'\boldsymbol{X}(\hat{\boldsymbol{\beta}} - \hat{\boldsymbol{\beta}}_r).\end{aligned}$$

따라서 식 (11.69)에 의하여 다음의 식을 얻는다.

$$\begin{aligned}(\boldsymbol{y} - \boldsymbol{X}\hat{\boldsymbol{\beta}}_r)'(\boldsymbol{y} - \boldsymbol{X}\hat{\boldsymbol{\beta}}_r) &= SS_E + (\hat{\boldsymbol{\beta}} - \hat{\boldsymbol{\beta}}_r)'\boldsymbol{X}'\boldsymbol{X}(\hat{\boldsymbol{\beta}} - \hat{\boldsymbol{\beta}}_r)\\ &= SS_E + (\boldsymbol{K}'\hat{\boldsymbol{\beta}} - \boldsymbol{m})'[\boldsymbol{K}'(\boldsymbol{X}'\boldsymbol{X})^{-1}\boldsymbol{K}]^{-1}\\ &\quad \times (\boldsymbol{K}'\hat{\boldsymbol{\beta}} - \boldsymbol{m}).\end{aligned} \tag{11.71}$$

이제 가능도비는 다음과 같이 나타낼 수 있다.

$$\lambda = \left[\frac{SS_E}{SS_E + Q}\right]^{n/2}, \tag{11.72}$$

여기서

$$Q = (\boldsymbol{K}'\hat{\boldsymbol{\beta}} - \boldsymbol{m})'[\boldsymbol{K}'(\boldsymbol{X}'\boldsymbol{X})^{-1}\boldsymbol{K}]^{-1}(\boldsymbol{K}'\hat{\boldsymbol{\beta}} - \boldsymbol{m}).$$

가능도비 λ의 값이 작으면 식 (11.59)의 H_0를 기각하게 되므로 $\frac{Q}{SS_E}$ 또는 $\frac{Q}{r\,MS_E}$의 값이 크면 ($MS_E = \frac{SS_E}{n-p}$) H_0를 기각하게 된다. 여기서 유의할 점은 $\frac{Q}{r\,MS_E}$가 H_0를 검정하는 식 (11.61)의 F-검정통계량이라는 사실이다. 따라서 가능도비검정은 정규분포의 가정하에서 $\hat{\boldsymbol{\beta}}$의 분포에 의하여 유도된 검정과 동일한 검정통계량을 사용한다.

11.7.2 신뢰구역과 신뢰구간

이 절에서는 $\boldsymbol{\beta}$의 선형함수 $\boldsymbol{K}'\boldsymbol{\beta}$에 대한 신뢰구역(confidence region)을 구하는 방법에 대하여 살펴보자. 여기서 $\boldsymbol{K}'$은 식 (11.59)에서 사용한 행렬이다. 전과 동일하게 $\boldsymbol{\epsilon} \sim N(\boldsymbol{0}, \sigma^2\boldsymbol{I}_n)$을 가정한다. 이러한 경우 선형식에 대한 $(1-\alpha)100\%$ 신뢰구역은 다음과 같이 주어진다.

$$(\boldsymbol{K}'\hat{\boldsymbol{\beta}} - \boldsymbol{K}'\boldsymbol{\beta})'[\boldsymbol{K}'(\boldsymbol{X}'\boldsymbol{X})^{-1}\boldsymbol{K}]^{-1}(\boldsymbol{K}'\hat{\boldsymbol{\beta}} - \boldsymbol{K}'\boldsymbol{\beta}) \le r\,MS_E\,F_{\alpha,r,n-p}. \tag{11.73}$$

만약 $\boldsymbol{k}$가 p개의 원소를 가진 벡터이고 $\boldsymbol{K}'\boldsymbol{\beta}$가 $\boldsymbol{k}'\boldsymbol{\beta}$와 같은 스칼라라면 $\boldsymbol{k}'\boldsymbol{\beta}$의 $(1-\alpha)100\%$ 신뢰구간(confidence interval)은 t-분포를 이용하여 유도할 수 있으며 다음과 같이 주어진다.

$$\boldsymbol{k}'\hat{\boldsymbol{\beta}} \pm t_{\frac{\alpha}{2},n-p}[\boldsymbol{k}'(\boldsymbol{X}'\boldsymbol{X})^{-1}\boldsymbol{k}\,MS_E]^{1/2}. \tag{11.74}$$

위의 결과는 아래의 통계량이

$$\frac{\boldsymbol{k}'\hat{\boldsymbol{\beta}} - \boldsymbol{k}'\boldsymbol{\beta}}{[\boldsymbol{k}'(\boldsymbol{X}'\boldsymbol{X})^{-1}\boldsymbol{k}\,MS_E]^{1/2}}$$

자유도가 $n-p$인 t-분포를 따르는 사실로부터 얻어진다.

특별히 벡터 $\boldsymbol{\beta} = (\beta_0, \beta_1, \ldots, \beta_p)'$의 개별적인 모수 β_i에 대한 $(1-\alpha)100\%$에 대한 신뢰구간은 다음과 같다.

$$\hat{\beta}_i \pm t_{\frac{\alpha}{2},n-p}(a_{ii}\,MS_E)^{1/2}, \tag{11.75}$$

여기서 a_{ii}는 $\beta_i (i = 1, 2, \ldots, p)$에 대응하는 $(\boldsymbol{X}'\boldsymbol{X})^{-1}$의 대각원소이다.

식 (11.74)의 신뢰구간은 주어진 자료 $\boldsymbol{x}_0$에서 **반응변수의 평균에 대한 신뢰구간** $\boldsymbol{f}'(\boldsymbol{x}_0)\boldsymbol{\beta}$도 제공한다(모형 (11.5) 참조). 이런 경우에 신뢰구간은 다음과 같다.

$$\boldsymbol{f}'(\boldsymbol{x}_0)\hat{\boldsymbol{\beta}} \pm t_{\frac{\alpha}{2},n-p}[\boldsymbol{f}'(\boldsymbol{x}_0)(\boldsymbol{X}'\boldsymbol{X})^{-1}\boldsymbol{f}(\boldsymbol{x}_0)\,MS_E]^{1/2}. \tag{11.76}$$

실험이 실행된 범위 내에서 반응변수 y의 예측에 대해서도 구간을 이용한 추론이 가능하다. 이러한 구간을 **예측구간**(prediction interval)이라고 하며 이는 새로운 반응변수의 값에 대한 것이다. 자세하게 말하면 실험을 수행할 때 실험의 범위 R에 속하는 $\boldsymbol{x} = \boldsymbol{x}_0$의 값에 대해서 반응변수 y_0의 값이 관측될 예측구간을 의미한다. $\boldsymbol{\epsilon} \sim N(\boldsymbol{0}, \sigma^2\boldsymbol{I}_n)$을 가정하면 이러한 구간은 $y_0 - \hat{y}(\boldsymbol{x}_0)$가 평균이 0이고 분산이 $\sigma^2[1 + \boldsymbol{f}'(\boldsymbol{x}_0)(\boldsymbol{X}'\boldsymbol{X})^{-1}\boldsymbol{f}'(\boldsymbol{x}_0)]$를 따른다는 결과로부터 유도할 수 있다. 여기서 유의할 점은 $\hat{y}(\boldsymbol{x}_0) = \boldsymbol{f}'(\boldsymbol{x}_0)\hat{\boldsymbol{\beta}}$는 $y(\boldsymbol{x}_0)$를 사용하지 않았으므로 $y(\boldsymbol{x}_0)$와 독립이라는 사실이다. 더 나아가 $y(\boldsymbol{x}_0)$와 $\hat{y}(\boldsymbol{x}_0)$는 평균오차제곱합 MS_E와 독립이다. 따라서 다음과 같은 결과가 얻어진다.

$$\frac{y(\boldsymbol{x}_0) - \hat{y}(\boldsymbol{x}_0)}{\left\{MS_E[1 + \boldsymbol{f}'(\boldsymbol{x}_0)(\boldsymbol{X}'\boldsymbol{X})^{-1}\boldsymbol{f}(\boldsymbol{x}_0)]\right\}^{1/2}} \sim t_{n-p}.$$

이러한 결과를 이용하면 y_0에 대한 $(1 - \alpha)100\%$ 예측구간이 다음과 같이 주어진다.

$$\hat{y}(\boldsymbol{x}_0) \pm t_{\frac{\alpha}{2},n-p} \left\{MS_E[1 + \boldsymbol{f}'(\boldsymbol{x}_0)(\boldsymbol{X}'\boldsymbol{X})^{-1}\boldsymbol{f}(\boldsymbol{x}_0)]\right\}^{1/2}. \tag{11.77}$$

따라서 이 구간은 y_0를 $(1 - \alpha)$의 확률로 포함한다. 여기서 유의할 점은 이러한 예측구간은 확률변수가 포함되는 구간을 제공하지만 신뢰구간은 어떤 고정된 양, 여기서는 반응변수의 평균 $\boldsymbol{f}'(\boldsymbol{x}_0)\boldsymbol{\beta}$을 포함하는 구간을 제공한다. 그러므로 확률변수 y_0의 변동을 함께 고려하는 예측구간의 길이가 신뢰구간의 길이보다 넓다.

예제 11.6 무작위로 선택된 10명의 사람들에 대하여 키와 몸무게를 측정하여 표 11.7과 같은 자료를 얻었다.

표 11.7 키와 몸무게 자료

개인	키(inches)	몸무게(pounds)
1	64.75	111.25
2	70.98	135.60
3	71.30	154.09
4	69.01	143.35
5	68.75	145.19
6	67.32	122.95
7	68.46	140.32
8	69.37	135.25
9	69.21	114.56
10	67.82	121.83

이제 단순회귀모형을 고려해 보자.

$$y = \beta_0 + \beta_1 x + \epsilon,$$

이 모형에서 x = 키이고 y = 몸무게이다. 회귀계수 β_0와 β_1에 대한 최고제곱추정치는 각각 -230.915와 5.289이다. 따라서 적합된 모형은 다음과 같이 쓸 수 있다.

$$\hat{y} = -230.915 + 5.289x.$$

자료에 대한 분산분석표는 다음과 같다.

*SAS*의 분산분석표 출력에서 'Model'이라는 용어에 해당되는 결과는 평균에 의하여 보정된 회귀식을 의미하며 해당하는 제곱합은 SS_{Reg}이다. 구해진 F-값은 유의수준이 0.0257보다 큰 경우 유

표 11.8 분산분석표

요인(source)	자유도(DF)	제곱합(SS)	평균제곱합(MS)	*F*-통계량	*p*-값
Model	1	870.188	870.188	7.47	0.0257
잔차(Error)	8	931.444	116.431		
총합(Total)	9	1801.632			

의한 결과를 나타내며 여기서 0.0257은 *p*-값이다. *F*-통계량으로 검정되는 가설은 $H_0 : \beta_1 = 0$이다. 이는 키와 몸무게가 선형작인 추세를 가지는 것이 통계적으로 유의하다는 사실을 나타낸다. 같은 가설을 키에 대한 회귀계수의 *t*-통계량을 이용하여 검정할 수 있으며 *t*-통계량의 값은 2.733으로 구해지고 그 *p*-값은 0.0257이다. 여기서 유의할 점은 *t*-통계량을 제곱한 값이 분산분석표에서 *F*-통계량의 값과 같다는 사실이다.

그림 11.2는 키와 몸무게에 대한 산점도이며 그림 11.3은 적합된 모형으로부터 유도한 키에 대한 95% 신뢰구간과 예측구간을 나타내고 있다.

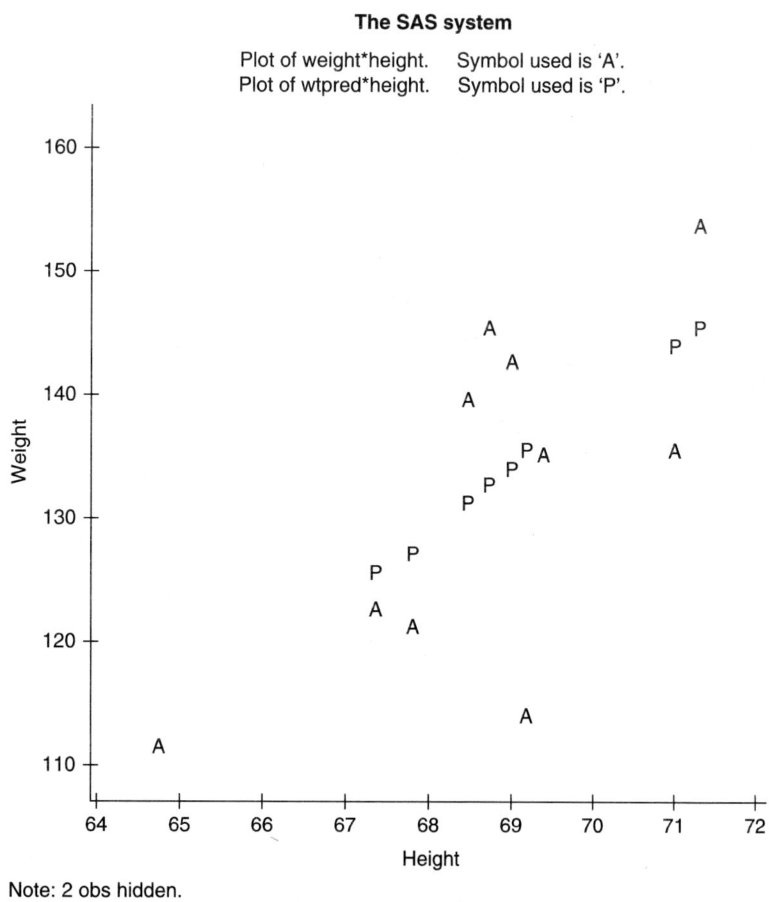

그림 11.2 키와 몸무게의 산점도

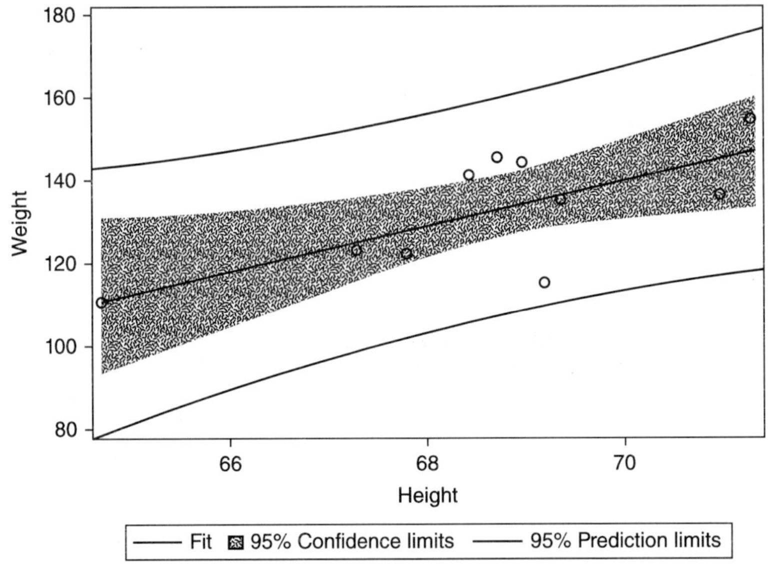

그림 11.3 몸무게에 대한 신뢰구간과 예측구간

위의 분석결과를 얻을 수 있는 SAS의 명령어는 다음과 같다.

```
DATA ONE;
INPUT HEIGHT WEIGHT @@;
CARDS;
(include here the data following the order of the variables in the INPUT statement)
PROC PRINT;
PROC GLM;
MODEL WEIGHT = HEIGHT/p CLM;
OUTPUT OUT=NEW p=wtpred;
RUN;
PROC PLOT DATA = NEW;;
PLOT WEIGHT*HEIGHT = 'A'wtpred*Height = 'P'/overlay;
RUN;
```

SAS 명령문과 그 이용에 대한 자세한 설명은 이 책의 15장에서 찾을 수 있다.

예제 11.7 예제 11.4의 자료와 표 11.6에 제시된 분산분석표를 고려하자. 다음 표에서 식 (11.36)의 모형에 대한 각 모수에 대한 추정값, t-통계량 그리고 대응하는 p-값을 제시하고 있다. 각 p-값은 대응하는 t-통계량의 절대값보다 큰 확률을 의미한다. 분석 결과에서 모수 β_3, β_{12}, β_{23}, β_{22}가 유의수준 0.10하에서 그 값이 영과 다르다는 것이 매우 유의하게 나타났다.

표 11.10은 15개의 관측자료에 대하여 평균반응값에 대한 95% 신뢰구간을 나타낸 표이다. 또한 15개의 관측자료에서 새로운 반응값에 대한 95% 예측구간은 표 11.11에 주어졌다.

표 11.9 모수의 추정치와 t-통계량의 값

모수	추정치	t-통계량의 값	p-값
β_1	1.306	1.56	0.1794
β_2	5.137	1.67	0.1564
β_3	7.065	4.27	0.0079
β_{12}	6.390	3.89	0.0115
β_{13}	2.376	0.55	0.6087
β_{23}	−2.538	−2.71	0.0422
β_{11}	1.191	1.21	0.2809
β_{22}	2.433	2.14	0.0857
β_{33}	−3.218	−0.62	0.5644

표 11.9–11.11의 결과를 얻을 수 있는 SAS의 명령문은 다음과 같다.

DATA;
INPUT x_1 x_2 x_3 y;
CARDS;
(여기에 표 11.3에 제시된 자료를 INPUT 명령어에 나온 변수의 순서대로 넣는다
-1.030 -1.602 -0.898 12.5988
0.915 0.488 -0.859 12.0838
⋮
1.453 -0.353 0.183 15.5141)
PROC PRINT;
PROC GLM;
MODEL y $= x_1\ x_2\ x_3\ x_1 * x_2\ x_1 * x_3\ x_2 * x_3\ x_1^2\ x_2^2\ x_3^2$/p CLM;
PROC GLM;
MODEL y $= x_1\ x_2\ x_3\ x_1 * x_2\ x_1 * x_3\ x_2 * x_3\ x_1^2\ x_2^2\ x_3^2$/p CLI;

표 11.10 생산량 자료에서 평균반응에 대한 95% 신뢰구간

자료	반응값	예측값	평균반응에 대한 95% 신뢰구간	
1	12.590	12.576	9.082	16.069
2	12.084	13.376	10.080	16.672
3	16.368	15.336	12.016	18.656
4	14.237	14.840	11.641	18.039
5	9.326	9.352	6.258	12.447
6	17.020	15.781	13.137	18.425
7	13.435	14.882	12.026	17.738
8	16.497	15.244	12.467	18.021
9	14.644	13.973	10.472	17.474
10	20.863	21.141	17.266	25.015
11	11.042	10.380	7.106	13.654
12	21.210	22.230	19.013	25.446
13	25.561	25.998	23.090	28.906
14	33.389	32.582	29.391	35.774
15	15.514	16.097	13.257	18.938

표 11.11 생산량 자료에서 새로운 반응값에 대한 95% 예측구간

자료	반응값	예측값	새로운 반응값에 대한 95% 예측구간	
1	12.590	12.576	7.342	17.809
2	12.084	13.376	8.272	18.480
3	16.368	15.336	10.217	20.455
4	14.237	14.840	9.799	19.881
5	9.326	9.352	4.377	14.328
6	17.020	15.781	11.072	20.489
7	13.435	14.882	10.051	19.713
8	16.497	15.244	10.460	20.029
9	14.644	13.973	8.735	19.211
10	20.863	21.141	15.646	26.635
11	11.042	10.380	5.291	15.469
12	21.210	22.230	17.177	27.282
13	25.561	25.998	21.136	30.860
14	33.389	32.582	27.546	37.619
15	15.514	16.097	11.275	20.919

```
RUN
```

처음 MODEL 명령문에서 CLM은 평균 반응값에 대한 신뢰한계를 구하라는 명령이며 두 전째 MODEL 명령문에서 CLI는 개별적인 반응값에 대한 예측한계를 구하라는 명령이다. 두 개의 MODEL 명령문에 나타나는 'p' 선택문은 각각의 자료에서 반응변수의 관측값과 예측값을 출력해 준다. 두 개의 MODEL 명령문이 필요한 이유는 CLI가 CLM과 같은 MODEL 명령문에 사용될 수 없기 때문이며 CLM이 사용되면 CLI는 무시된다. SAS에서는 명령어에서 소문자와 대문자를 다르게 구별하지 않기 때문에 소문자를 사용해도 무방하다. 또한 각 명령문은 모두 세미콜론으로 끝나며 자료를 입력하는 경우는 생략된다. 모든 명령문은 PROC GLM 명령어 뒤에 나타나야 한다.

11.8 입력변수의 부분집합에 대한 적합

식물의 성장에 대한 회귀분석 모형을 생각해 보자. 입력변수는 5개로서 x_1과 x_2는 기후에 관련된 변수이고(예를 들어 일평균 온도와 강우량) 나머지 3개의 변수 x_3, x_4, x_5는 옮겨심기를 할 때 묘목의 상태에 대한 측정치이다(예를 들어 수령, 잎의 발달 정도, 식물의 키 등). 여기서 두 개의 기후에 관련된 변수가 식물의 성장에 대한 회귀식에서 유의한 변수인지를 판단하고자 한다. 만약 두 변수가 유의하지 않다면 묘목의 상태에 대한 변수들, 즉 x_3, x_4, x_5만으로 회귀식을 추정할 수 있다. 이러한 절차를 가설검정으로 생각하면 가설 $H_0: \beta_1 = \beta_2 = 0$에 대한 검정에 관심이 있다는 것이다.

이제 다음과 같은 회귀모형을 고려해 보자.

$$E(y) = \beta_0 + \beta_1 x_1 + \beta_2 x_2 + \beta_3 x_3 + \beta_4 x_4 + \beta_5 x_5$$

회귀모형에 나오는 항들의 순서를 다음과 같이 바꾸고

$$E(y) = \beta_1 x_1 + \beta_2 x_2 + \beta_0 + \beta_3 x_3 + \beta_4 x_4 + \beta_5 x_5$$

반응변수에 대한 평균 벡터 $E(\boldsymbol{y}) = \boldsymbol{X\beta}$에서 $\boldsymbol{X\beta}$에 대한 분할을 위 식의 순서에 따라서 다음과 같이 나타낼 수 있다.

$$E(\boldsymbol{y}) = \boldsymbol{X}_1\boldsymbol{\beta_1} + \boldsymbol{X}_2\boldsymbol{\beta_2} = \begin{bmatrix} \boldsymbol{X}_1 & \boldsymbol{X}_2 \end{bmatrix} \begin{bmatrix} \boldsymbol{\beta_1} \\ \boldsymbol{\beta_2} \end{bmatrix} \tag{11.78}$$

여기서

$$\boldsymbol{\beta_1}' = [\beta_1 \quad \beta_2] \quad \text{그리고} \quad \boldsymbol{\beta_2}' = [\beta_0 \quad \beta_3 \quad \beta_4 \quad \beta_5].$$

이제 가설 $H_0 : \beta_1 = \beta_2 = 0$을 다음과 같이 나타낼 수 있다.

$$H : \boldsymbol{\beta_1} = \boldsymbol{0}. \tag{11.79}$$

이러한 성격을 가지는 가설은 자주 나타나며 이는 k개의 x-변수들, 즉 입력변수들의 일부분을 포함하는 부분집합을 회귀식에 포함할 수 있는지에 대한 가설이 된다.

분해된 모형 (11.78)과 그에 따른 가설 (11.79)의 일반적인 형태를 고려해 보자. 이제 $\boldsymbol{\beta}_1$은 k_1개의 원소를 가지는 벡터이고 $\boldsymbol{\beta}_2$는 k_2개를 가졌다고 가정하자. 이때 $k_1 + k_2 = k + 1$이다. 가설 $H : \boldsymbol{\beta_1} = \boldsymbol{0}$는 $\boldsymbol{K}' = [\boldsymbol{I} \quad \boldsymbol{0}]$이고 $\boldsymbol{m} = \boldsymbol{0}$이라고 하면 $\boldsymbol{H} : \boldsymbol{K}'\boldsymbol{\beta} = \boldsymbol{m}$과 같고 $\boldsymbol{K}'\hat{\boldsymbol{\beta}} - \boldsymbol{m} = \hat{\boldsymbol{\beta}}_1$이다. 더 나아가 다음과 같은 결과가 얻어진다.

$$(\boldsymbol{X}'\boldsymbol{X})^{-1} = \begin{bmatrix} \boldsymbol{X}_1'\boldsymbol{X}_1 & \boldsymbol{X}_1'\boldsymbol{X}_2 \\ \boldsymbol{X}_2'\boldsymbol{X}_1 & \boldsymbol{X}_2'\boldsymbol{X}_2 \end{bmatrix}^{-1} \equiv \begin{bmatrix} \boldsymbol{T}_{11} & \boldsymbol{T}_{12} \\ \boldsymbol{T}_{21} & \boldsymbol{T}_{22} \end{bmatrix} \quad \text{with} \quad \boldsymbol{T}_{21} = (\boldsymbol{T}_{12})', \tag{11.80}$$

$$\left[\boldsymbol{K}' \left(\boldsymbol{X}'\boldsymbol{X}\right)^{-1} \boldsymbol{K}\right]^{-1} = \left\{ \begin{bmatrix} \boldsymbol{I} & \boldsymbol{0} \end{bmatrix} \begin{bmatrix} \boldsymbol{T}_{11} & \boldsymbol{T}_{12} \\ \boldsymbol{T}_{21} & \boldsymbol{T}_{22} \end{bmatrix} \begin{bmatrix} \boldsymbol{I} \\ \boldsymbol{0} \end{bmatrix} \right\}^{-1} = \boldsymbol{T}_{11}^{-1}. \tag{11.81}$$

따라서 $H : \boldsymbol{\beta_1} = \boldsymbol{0}$을 검정할 수 있는 F-통계량은 다음과 같이 주어진다.

$$F(\boldsymbol{\beta_1}) - Q_1/(k_1 MS_E) \quad \text{with} \quad Q_1 = \hat{\boldsymbol{\beta}}_1{}' \boldsymbol{T}_{11}^{-1} \hat{\boldsymbol{\beta}}_1. \tag{11.82}$$

11.9 가설검정에서 기호 $R(.|.)$의 사용

다음과 같은 선형모형을 생각해 보자.

$$\boldsymbol{y} = \boldsymbol{X}_1\boldsymbol{\beta_1} + \boldsymbol{X}_2\boldsymbol{\beta_2} + \boldsymbol{\epsilon}, \tag{11.83}$$

여기서 $\boldsymbol{X}_1$과 $\boldsymbol{X}_2$는 각각 차수가 $n \times k_1$과 $n \times k_2$인 행렬이다. 식 (11.83)에 주어진 완전모형(full models)을 적합한 경우의 오차제곱합은 $\boldsymbol{X}_2\boldsymbol{\beta_2}$만을 포함하는 축소모형(reduced models)의 오차제곱합보다 작으며 그 감소분을 $R(\boldsymbol{\beta_1}|\boldsymbol{\beta_2})$로 표기하며 다음과 같이 정의한다.

$$R(\boldsymbol{\beta_1}|\boldsymbol{\beta_2}) = R(\boldsymbol{\beta}) - R(\boldsymbol{\beta_2}), \tag{11.84}$$

여기서 $R(\boldsymbol{\beta})$는 식 (11.83)에 주어진 모형을 적합했을 때 회귀제곱합이고 $R(\boldsymbol{\beta}_2)$는 회귀식이 $\boldsymbol{X}_2\boldsymbol{\beta}_2$만을 포함하는 축소모형을 적합한 경우에 대한 회귀제곱합이다. 따라서 다음과 같이 나타낼 수 있다.

$$R(\boldsymbol{\beta}_1|\boldsymbol{\beta}_2) = \boldsymbol{y}'\boldsymbol{X}(\boldsymbol{X}'\boldsymbol{X})^{-1}\boldsymbol{X}'\boldsymbol{y} - \boldsymbol{y}'\boldsymbol{X}_2(\boldsymbol{X}_2'\boldsymbol{X}_2)^{-1}\boldsymbol{X}_2'\boldsymbol{y}, \tag{11.85}$$

여기서 $\boldsymbol{X} = [\boldsymbol{X}_1 : \boldsymbol{X}_2]$이다.

식 (11.85)에 주어진 두 회귀제곱합의 차이는 식 (11.79)의 가설에 의하여 제약된 공간에서 적합한 회귀모형의 잔차제곱합과 완전모형의 잔차제곱합의 차이와 동일하다. 식 (11.71)의 결과를 이용하면 이 차이는 $\boldsymbol{K}' = [\boldsymbol{I}\ \ \boldsymbol{0}]$일 때 $(\boldsymbol{K}'\hat{\boldsymbol{\beta}} - \boldsymbol{m})'[\boldsymbol{K}'(\boldsymbol{X}'\boldsymbol{X})^{-1}\boldsymbol{K}]^{-1}(\boldsymbol{K}'\hat{\boldsymbol{\beta}} - \boldsymbol{m})$과 같다. 그러나 이 차이는 가설 $H : \boldsymbol{\beta}_1 = \boldsymbol{0}$을 검정할 때 사용하는 F-통계량의 분자에 나타난 제곱합과 같으며 이는 식 (11.82)에 주어진 F-통계량인 $F(\boldsymbol{\beta}_1)$이다.

식 (11.80)에 주어진 분할된 행렬 $\boldsymbol{X}'\boldsymbol{X}$의 역행렬에 대하여 4.12절의 성질 (h)를 이용하면 다음과 같은 결과를 얻는다.

$$\begin{aligned} \boldsymbol{T}_{11} &= [\boldsymbol{X}_1'\boldsymbol{X}_1 - \boldsymbol{X}_1'\boldsymbol{X}_2(\boldsymbol{X}_2'\boldsymbol{X}_2)^{-1}\boldsymbol{X}_2'\boldsymbol{X}_1]^{-1} \\ \boldsymbol{T}_{12} &= -\boldsymbol{T}_{11}\boldsymbol{X}_1'\boldsymbol{X}_2(\boldsymbol{X}_2'\boldsymbol{X}_2)^{-1}. \end{aligned}$$

그리고 이 결과를 이용하여 다음을 유도할 수 있다.

$$\begin{aligned} \hat{\boldsymbol{\beta}}_1 &= \boldsymbol{T}_{11}\boldsymbol{X}_1'\boldsymbol{y} + \boldsymbol{T}_{12}\boldsymbol{X}_2'\boldsymbol{y} \\ &= (\boldsymbol{X}_1'\boldsymbol{M}_2\boldsymbol{X}_1)^{-1}\boldsymbol{X}_1'\boldsymbol{M}_2\boldsymbol{y}, \end{aligned} \tag{11.86}$$

여기서 $\boldsymbol{M}_2 = \boldsymbol{I} - \boldsymbol{X}_2(\boldsymbol{X}_2'\boldsymbol{X}_2)^{-1}\boldsymbol{X}_2'$이다. 위에서 구한 $\hat{\boldsymbol{\beta}}_1$과 $\boldsymbol{T}_{11}$의 결과를 식 (11.82)에 대입하면 Q_1는 다음과 같이 나타낼 수 있으며 이는 $R(\boldsymbol{\beta}_1|\boldsymbol{\beta}_2)$와 같다.

$$Q_1 = \boldsymbol{y}'\boldsymbol{M}_2\boldsymbol{X}_1(\boldsymbol{X}_1'\boldsymbol{M}_2\boldsymbol{X}_1)^{-1}\boldsymbol{X}_1'\boldsymbol{M}_2\boldsymbol{y},$$

예제 11.8 표 11.2에 제시된 제곱합을 고려하자. 그러면 $SS_{reg} = R(\beta_0, \beta_1, \beta_2) = 12687.5$이다. 회귀식 $E(y) = \beta_0 + \beta_2 x_2$를 고려하면 $R(\beta_0|\beta_2) = 12680$이다. 따라서

$$R(\beta_1|\beta_0, \beta_2) = R(\beta_0, \beta_1, \beta_2) - R(\beta_0, \beta_2) = 7.50,$$

이고 이 값은 $F(\beta_1)$의 분자의 값과 같으므로 $F(\beta_1) = \frac{7.50}{MS_E} = \frac{7.50}{419.25} = 0.018$이다.

참고문헌

Khuri, A. I. (2003). *Advanced Calculus with Applications in Statistics*, 2nd ed. John Wiley & Sons, New York.

Casella, G. and Berger, R. L. (2002). *Statistical Inference*, 2nd ed. Duxbury, Pacific Grove, CA.

연습문제

11.1 모형 $\boldsymbol{y} = \boldsymbol{X\beta} + \boldsymbol{\epsilon}$을 고려하자. 여기서 $\boldsymbol{X}$는 $n \times p$행렬로서 계수가 p이며 $\boldsymbol{\epsilon} \sim N(\boldsymbol{0}, \sigma^2\boldsymbol{I}_n)$이다. 다음을 보이시오.

$$E\left(\frac{1}{MS_E}\right) = \frac{n-p}{\sigma^2(n-p-2)},$$

여기서 $n - p > 2$이다.

11.2 다음에 제시된 단순회귀모형을 고려하자.

$$y_u = \beta_0 + \beta x_u + \epsilon_u, \quad u = 1, 2, \ldots, n,$$

여기서 $\epsilon_u \sim N(0, \sigma^2)$, $\epsilon_1, \epsilon_2, \ldots, \epsilon_n$은 서로 독립이며 $n > 4$이다. $\frac{n-4}{(n-2)MS_E}$이 $\frac{1}{\sigma^2}$의 불편추정량임을 보이시오.

11.3 연습문제 2번을 다시 고려하자. $x_1, x_2, \ldots, x_n$이 $\bar{x} = 0$을 만족할 때 $\mathrm{var}(\hat{\beta}_0)$가 최소가 됨을 보이시오. 여기서 $\bar{x} = \frac{1}{n}\sum_{u=1}^{n} x_u$이다.

11.4 다음에 주어진 자료로서 아래의 모형을 적합하였다.

$$y = \beta_0 + \beta_1 x_{u1} + \beta_2 x_{u2} + \epsilon_u, \quad u = 1, 2, \ldots, n,$$

여기서 $\epsilon_1, \epsilon_2, \ldots, \epsilon_n$은 서루 독립이며 $N(0, \sigma^2)$를 따르다.

x_1	0.87	0.202	0.203	0.198	0.730	0.510	0.205	0.670	0.205	0.271	0.203	0.204
x_2	1.690	1.170	1.170	1.210	1.630	1.590	1.140	1.920	1.220	1.710	1.160	1.370
y	12.10	5.50	4.60	4.50	10.80	4.90	6.00	4.20	5.30	6.70	4.00	6.10

(a) 모수에 대한 최소제곱추정치를 구하고 오차제곱합 MS_E를 계산하시오.

(b) 가설 $H_0 : \beta_0 - 2\beta_2 = 0,\ \beta_0 = 8.0$에 대한 검정을 유의수준 $\alpha = 0.05$하에서 실시하시오. 또한 $\sigma^2 = 1$이거 $H_0 : \beta_0 - 2\beta_2 = 1,\ \beta_0 = 10$인 경우 검정력을 구하시오.

(c) $\beta_0, \beta_1, \beta_2$에 대한 각각의 95% 신뢰구간을 구하시오.

참고: 독자의 편의를 위하여 다음의 SAS 명령문은 (a), (b), (c)의 답을 제시하기 위한 통계량의 값을 구할 수 있는 프로그램이다.

```
DATA ONE:
INPUT X1 X2 YY;
CARDS;
(Include here the data set following the order of variables as in the INPUT statement).
PROC PRINT;
PROC GLM;
```

```
MODEL YY = X1 X2;
DATA TWO;
SET ONE;
RUN;
PROC IML;
USE TWO; READ ALL INTO X11;
ONE=J(12,1,1);
XX1=X11[1:12,{1 2}];
X = ONE||XX1;
PRINT X;
NN=X'*X; N = INV(NN);
PRINT N;
Y = X11[1:12,3];
PRINT Y;
MSE = Y'*(I(12) - X*N*X')*Y/9;
PRINT MSE;
BETA = N*X'*Y;
K = {1 1,0 0,-2 0};
PRINT K;
M = {0,8};
MA = {1, 10};
F = (K'*BETA - M)'*(INV(K'*N*K))*(K'*BETA - M)/(2*MSE);
PRINT F;
LAMBDA = (MA - M)'*(INV(K'*N*K))*(MA - M);
PRINT LAMBDA;
POWER = 1 - PROBF(4.26,2,9,LAMBDA);
PRINT POWER;
```

A detailed explanation of the above SAS statements will be given in Chapter 15 of Part III of this book.

자세한 내용은 이 책 15장에 주어진 SAS 문장의 설명을 참조하자.

11.5 단순회귀모형 $y = \beta_0 + \beta_1 x + \epsilon$를 고려하자. 이제 $\mu = \beta_0 + \beta_1 x$를 x에서의 평균 반응으로 정의한다. x_0를 $\mu = 0$일 때 x의 값으로 하자. x_0에 대한 95% 신뢰집합을 구하는 방법을 제시하시오(정규성, 독립성, 등분산성과 같은 일반적인 가정을 만족한다).

11.6 반응벡터 $\boldsymbol{y} \sim N(\boldsymbol{X\beta}, \boldsymbol{V})$라고 가정하자. 여기서 $\boldsymbol{\beta}$는 $p \times 1$의 모수벡터이고 $\boldsymbol{X}$는 $n \times p$인 계수가 $p(n > p)$인 행렬이며 $\boldsymbol{V}$는 알고 있는 공분산행렬이다.
다음에 주어진 통계량의 분포를 구하시오.

(a) $\boldsymbol{y}'\boldsymbol{X}(\boldsymbol{X}'\boldsymbol{X})^{-1}\boldsymbol{X}'\boldsymbol{y}$?

(b) $\boldsymbol{y}'[\boldsymbol{I}_n - \boldsymbol{X}(\boldsymbol{X}'\boldsymbol{X})^{-1}\boldsymbol{X}']\boldsymbol{y}$?

11.7 식 (11.8)에서 제시된 $S(\boldsymbol{\beta})$를 식 (11.12)와 같이 표현한 경우에 $\hat{\boldsymbol{\beta}}$에서 최소값을 가진다는 것을 보이시오.

11.8 식 (11.86)이 성립함을 보이시오.

11.9 다음의 모형을 고려하자.

$$y = \beta_0 + \sum_{i=1}^{k} \beta_i x_i + \epsilon.$$

위의 모형을 적합시키기 위하여 2^k 요인설계를 사용하였다. 이 설계에서 요인의 유무를 ±1로 나타내었으며 n_0개의 중심점을 반복하여 채워 넣었다. 이제 $\bar{y}_1$을 2^k 설계의 점에서 반응값들의 평균이라고 하고 $\bar{y}_0$를 설계의 중심점에서 반복측정된 반응값들의 평균이라고 하자. 설계에서의 오차는 서로 독립이고 평균이 영이며 분산이 σ^2인 정규분포를 따른다고 가정하자.

(a) 실제 반응평균에 대한 모형이 다음과 같은 이차다항식 모형을 따른다면

$$\mu = \beta_0 + \sum_{i=1}^{k} \beta_i x_i + \sum_{i<j} \beta_{ij} x_i x_j + \sum_{i=1}^{k} \beta_{ii} x_i^2,$$

다음이 성립함을 보이시오.

$$E(\bar{y}_1 - \bar{y}_0)^2 = \left(\frac{1}{2^k} + \frac{1}{n_0}\right)\sigma^2 + \left(\sum_{i=1}^{k} \beta_{ii}\right)^2.$$

(b) 위의 (a)에서 주어진 모형이 실제 모형이면 일차다항식을 적합한 경우 오차제곱합 MS_E가 더 이상 σ^2의 불편추정량이 아님을 보이시오. 이 경우 σ^2의 불편추정량을 찾으시오.

(c) 다음의 가설에 대한 검정통계량을 제시하시오.

$$H_0 : \sum_{i=1}^{k} \beta_{ii} = 0 \text{ versus } H_a : \sum_{i=1}^{k} \beta_{ii} \neq 0.$$

11.10 연습문제 9번을 다시 고려하자. $\hat{y}(\boldsymbol{x}_1)$과 $\hat{y}(\boldsymbol{x}_2)$를 실험구간에서 일차다항식 모형하에서 각각 $\boldsymbol{x}_1$과 $\boldsymbol{x}_2$의 예측반응값이라고 하자. $\text{var}[\hat{y}(\boldsymbol{x}_1) - \hat{y}(\boldsymbol{x}_2)]$는 원점에서 각 점 $\boldsymbol{x}_1$과 $\boldsymbol{x}_2$의 거리와 그 각도 θ에 의존하는 것을 보이시오. 여기서 θ는 벡터 $\boldsymbol{x}_1$과 $\boldsymbol{x}_2$의 각도이며 설계에는 2^k와 n_0의 중심점을 사용하였다고 가정하자.

11.11 식 (11.7)에 주어진 선형모형을 고려하고 $E(\boldsymbol{\epsilon}) = \boldsymbol{0}$, $\text{var}(\boldsymbol{\epsilon}) = \boldsymbol{\Sigma}$를 가정하자. 여기서 행렬 $\boldsymbol{\Sigma}$는 원소의 값을 알고 있으며 정칙행렬이다. 또한 $MS_E = \boldsymbol{y}'[\boldsymbol{I}_n - \boldsymbol{X}(\boldsymbol{X}'\boldsymbol{X})^{-1}\boldsymbol{X}']\boldsymbol{y}/(n-p)$이다. MS_E의 기대값을 구하고 다음을 보이시고.

$$E(MS_E) \leq \frac{tr(\boldsymbol{\Sigma})}{n-p},$$

여기서 $tr(\boldsymbol{\Sigma})$는 $\boldsymbol{\Sigma}$의 대각합이다.

11.12 연습문제 11을 다시 고려하자. 임의오차 벡터 $\boldsymbol{\epsilon}$이 다변량정규분포 $N(\mathbf{0}, \boldsymbol{\Sigma})$를 따른다고 가정하자. 여기서 상수벡터 $\boldsymbol{\lambda}$에 대하여 $\theta = \boldsymbol{\lambda}'\boldsymbol{\beta}$를 정의하자. 모수 θ에 95% 신뢰구간을 구하시오.

11.13 식 (11.7)에 주어진 모형을 고려하고 $\boldsymbol{\epsilon} \sim N(\mathbf{0}, \sigma^2\boldsymbol{I}_n)$을 가정하자. $y(\boldsymbol{x}_0)$를 $\boldsymbol{x}_0$점에서 '새로운' 반응값으로 하자(즉, $y(\boldsymbol{x}_0)$는 모형을 적합할 때 사용된 관측값이 아니다). 또한 $\hat{y}(\boldsymbol{x}_0)$은 같은 점 $\boldsymbol{x}_0$에서 예측반응값이라고 하자(최소제곱법에 의하여 구한 예측 결과).

(i) 주어진 $\boldsymbol{x}_0$와 $\boldsymbol{X}$에 대하여 다음의 확률을 어떻게 계산할지 설명하시오.

$$P\left[\frac{\hat{y}(\boldsymbol{x}_0) - y(\boldsymbol{x}_0)}{\sqrt{MS_E}} > 1\right],$$

여기서 MS_E는 평균 오차제곱합이다.

(ii) $d = E[(\hat{y}(\boldsymbol{x}_0) - y(\boldsymbol{x}_0))^2]$로 정의하자.

(a) 위에서 정의한 d를 σ^2, $\boldsymbol{x}_0$, $\boldsymbol{X}$로 표현하시오.

(b) d의 불평추정량 $\hat{d}$를 구하시오.

(c) 주어진 $\boldsymbol{x}_0$,와 $\boldsymbol{X}$에 대하여 확률 $P[\hat{d} > 2\sigma^2]$를 계산하는 방법을 설명하시오.

12장
불완전계수 선형모형의 행렬대수

불완전계수를 가지는 통계적 선형모형은 매우 다양하고 많은 분야에서 사용되며 그 이론과 응용에 대한 설명을 많은 교과서에서 찾아볼 수 있다. 대표적인 고전적 교과서로는 Kemthorne(1952), Scheffé(1959), Graybill(1961, 1976), Searle(1971, 1987), Winer(1971), Rao(1973), Seber(1977)이 있고 좀 더 최근의 교과서로는 Jorgensen(1993), Hinkelmann과 Kempthorne(1994), Rao와 Toutenburg(1995), Christensen(1996), Khuri(2010)가 있다. 불완전계수를 가지는 선형모형에 대한 주제는 통계적 자료분석에서 매우 중요하며 그 이유는 분산분석과 깊은 관련이 있기 때문이다. 또한 이 주제는 행렬을 이용하여 간결하고 명확하게 표현할 수 있다. 불완전계수 모형에 대한 이론은 매우 다양하고 넓어서 이 책에서는 모두 다룰 수 없고 중요한 일부분의 주제만을 다룰 것이다. 이 장의 대부분의 결과들은 11장의 내용과 관련이 있으며 8장의 일반화역행렬에 대한 결과를 많이 사용할 것이다.

선형모형의 주제에 익숙한 독자들에게 이 장에서 다룰 내용은 추정 가능한 함수와 그에 대한 최소제곱추정량에 대한 기본 이론(최소분산, 선형, 불편성)과 일반화 이론이라는 것을 알려둔다. 결과를 유도할 때 일반화역행렬에 대한 이론과 방법이 자주 사용될 것이며 얻어진 결과는 많은 일반적인 경우에 확장되어 적용할 수 있고 또한 자료가 균형이든 불균형이든 상관없이 적용할 수 있다.

12.1 개괄적 설명

불완전계수 선형모형(less-than-full-rank linear model)을 이해하기 위하여 다음과 같은 선형모형을 고려하자.

$$\boldsymbol{y} = \boldsymbol{X\beta} + \boldsymbol{\epsilon}, \tag{12.1}$$

여기서 행렬 $\boldsymbol{X}$는 완전열계수를 가진 행렬이 아니다. 행렬 $\boldsymbol{X}$는 그 원소들을 알고 있는 $n \times p$ 행렬이지만 그 계수가 r이고 p보다 순수하게 작은 수이다($r < p$). 이러한 경우 $p \times p$ 행렬 $\boldsymbol{X'X}$의 계수

가 r이 되며 따라서 비정칙행렬이다. 결과적으로 이 행렬을 $\boldsymbol{\beta}$를 추정하는 데 사용할 수 없다.

이러한 모형에 대한 예제는 매우 다양하고 많지만 주로 분산분석과 관련된 요인들이 교차하거나(crossed) 또는 내포하는(nested) 분류모형(classification model)에 주로 등장한다. 가장 단순한 교차분류모형은 일원배치모형(one-way model)으로서 다음과 같이 나타낼 수 있다.

$$y_{ij} = \mu + \alpha_i + \epsilon_{ij}, \quad i = 1, 2, \ldots, k; \; j = 1, 2. \ldots, n_i. \tag{12.2}$$

위의 모형에서 주어진 행렬 $\boldsymbol{X}$는 $[\mathbf{1}_{n.} : \oplus_{i=1}^{k} \mathbf{1}_{n_i}]$이며 차수는 $n \times (k+1)$이고 그 계수는 k이다($n. = \Sigma_{i=1}^{k} n_i$). 또한 모르는 회귀계수 모수벡터는 $\boldsymbol{\beta} = (\mu, \alpha_i, \alpha_2, \ldots, \alpha_k)'$이다.

이제 간단한 예제로서 선형모형과 그에 대한 행렬 표기법의 사용을 알아보기로 하자.

예제 12.1 Federer(1955)은 고무를 생산하는 작물중 하나인 구아율(guayule) 나무에 대한 분석을 실시하였다. 분석에 이용된 자료는 모두 54개의 나무에 대한 무게 자료이며 그 중에 27개는 정상형(normal), 15개는 혼입형(off-type)이고 나머지 12개는 이상형(aberrent)이다. 여기서는 모형을 설명하기 위한 목적으로 6개 나무의 자료만을 사용하려고 하며 그 중 3개는 정상형, 2개는 혼입형, 1개는 이상형이고 자료는 표 12.1에 나타나 있다.

표 12.1 여섯 개의 나무의 무게 자료

	정상형	혼입형	이상형	
	101	84	32	
	105	88		
	94			
합계	300	172	32	총합 = 504

위의 표에서 3개의 서로 다른 종류의 나무에 대하여 i 형태를 가진 j번째 나무의 무게를 y_{ij}라고 하자. 즉 나무의 형태 i는 정상형, 혼입형, 이상형이 각각 1, 2, 3으로 표시되고 $j = 1, 2, \ldots, n_i$는 속한 형태 i에서 j번째 나무를 의미한다. 여기서 분석의 목적은 나무의 형태가 무게에 미치는 효과를 파악하는 것이다. 분석을 수행하기 위하여 관측치 y_{ij}는 다음과 같은 3개의 효과의 합으로 나타난다고 가정하자.

$$y_{ij} = \mu + \alpha_i + \epsilon_{ij}, \tag{12.3}$$

위의 식에서 μ는 나무 무게의 전체 평균을 의미하고 α_i는 무게에 대한 i 형태의 효과를 나타내며 ϵ_{ij}는 관측치 y_{ij}에 대한 임의의 잔차항을 나타낸다.

회귀분석에서와 같이 ϵ_{ij}항들은 서로 독립이고 평균이 영이라고 가정한다($E(\epsilon_{ij}) = 0$). 따라서 $E(y_{ij}) = \mu + \alpha_i$이다. 또한 ϵ_{ij}는 동일한 분산 σ^2를 가진다고 가정하며 따라서 오차항벡터에 대한 공분산행렬은 $\sigma^2 \boldsymbol{I}_n$이다. 이러한 모형은 분명히 선형모형이며 y_{ij}는 3개의 요소 μ, α_i, ϵ_{ij}의 합으로 나타난다.

분석의 목적은 μ, α_i들과 오차항의 분산인 σ^2를 추정하는 것이다. 이제 우리는 μ와 α_i들을 모두 추정할 수 없고 이 모수들의 특별한 선형함수만을 추정할 수 있는 사실을 보이려고 한다. 언뜻 생각하기에 이러한 사실은 분석의 목적을 이룰 수 없을 것 같이 보이지만 분석에 큰 문제는 없다. 왜냐하면 추정을 할 수 있는 모수들의 선형함수의 형태는 매우 다양하며 효과의 차이, 즉 $\alpha_1 - \alpha_2$ 등분석에 필요한 중요한 모수들의 함수들을 추정할 수 있기 때문이다. 하지만 종종 자료가 부족한 경우에는 중요한 모수들의 조합도 추정이 불가능한 경우가 있다. 따라서 대부분의 경우 추정이 가능한 함수와 불가능한 함수들을 구별할 수 있는 방법이 필요하다.

추정의 방법을 유도하기 위하여 여섯 개의 관측치를 식 (12.1)의 형태로 나타내면 다음과 같다.

$$\begin{aligned}
101 = y_{11} &= \mu + \alpha_1 && && + \epsilon_{11} \\
105 = y_{12} &= \mu + \alpha_1 && && + \epsilon_{12} \\
94 = y_{13} &= \mu + \alpha_1 && && + \epsilon_{13} \\
84 = y_{21} &= \mu && + \alpha_2 && + \epsilon_{21} \\
88 = y_{22} &= \mu && + \alpha_2 && + \epsilon_{22} \\
32 = y_{31} &= \mu && && + \alpha_3 + \epsilon_{31}.
\end{aligned}$$

위의 식들은 다음과 같이 행렬을 이용한 형대로 나타낼 수 있다.

$$\begin{bmatrix} 101 \\ 105 \\ 94 \\ 84 \\ 88 \\ 32 \end{bmatrix} = \begin{bmatrix} y_{11} \\ y_{12} \\ y_{13} \\ y_{21} \\ y_{22} \\ y_{31} \end{bmatrix} = \begin{bmatrix} 1 & 1 & 0 & 0 \\ 1 & 1 & 0 & 0 \\ 1 & 1 & 0 & 0 \\ 1 & 0 & 1 & 0 \\ 1 & 0 & 1 & 0 \\ 1 & 0 & 0 & 1 \end{bmatrix} \begin{bmatrix} \mu \\ \alpha_1 \\ \alpha_2 \\ \alpha_3 \end{bmatrix} + \begin{bmatrix} \epsilon_{11} \\ \epsilon_{12} \\ \epsilon_{13} \\ \epsilon_{21} \\ \epsilon_{22} \\ \epsilon_{31} \end{bmatrix}, \tag{12.4}$$

그리고 위의 식은 다음과 같은 선형모형의 형태이며

$$\boldsymbol{y} = \boldsymbol{X\beta} + \boldsymbol{\epsilon}, \tag{12.5}$$

여기서 $\boldsymbol{y}$는 관측치를 모아놓은 벡터이고 $\boldsymbol{X}$는 0과 1로 이루어진 행렬, $\boldsymbol{\beta}$는 모수벡터로서 다음과 같다.

$$\boldsymbol{\beta} = (\mu, \alpha_1, \alpha_2, \alpha_3)',$$

또한 $\boldsymbol{\epsilon}$는 오차항들의 벡터이다.

여기서 유의할 점은 식 (12.5)의 모형이 식 (11.7)의 모형과 정확하게 같다는 점이다. 두 가지 모형에서 $\boldsymbol{y}$와 $\boldsymbol{\epsilon}$는 각각 관측치와 오차들의 벡터이고 두 경우 모두 $\boldsymbol{\beta}$는 추정해야 할 모수들의 벡터이다. 또한 $\boldsymbol{\epsilon}$의 성질도 동일하다. 즉 $E(\boldsymbol{\epsilon}) = \boldsymbol{0}$이므로 $E(\boldsymbol{y}) = \boldsymbol{X\beta}$이며 $E(\boldsymbol{\epsilon\epsilon}') = \sigma^2\mathbf{1}_n$이다. 오직 한 가지 다른 점은 행렬 $\boldsymbol{X}$의 형태이며 회귀분석모형에서 $\boldsymbol{X}$는 x-변수들의 관측치로 이루어진 행렬이고 반면에 식 (12.5)에서는 모수들의 포함 여부를 나타내는 0 또는 1로 이루어진 행렬이다. 하지만 모수벡터 $\boldsymbol{\beta}$를 추정하기 위하여 최소제곱법을 적용하는 점에 있어서는 식 (12.5)와 (11.7)에 차이는 없다. 그러므로 식 (11.10)을 그대로 적용하여 $\hat{\boldsymbol{\beta}}$에 대한 방정식을 구할 수 있으며 $\boldsymbol{\beta}$의 최소제곱추정량을 구하는 방정식은 다음과 같다.

$$\boldsymbol{X}'\boldsymbol{X}\hat{\boldsymbol{\beta}} = \boldsymbol{X}'\boldsymbol{y}. \tag{12.6}$$

회귀분석에서는 방정식의 해 $\hat{\boldsymbol{\beta}}$를 $\hat{\boldsymbol{\beta}} = (\boldsymbol{X}'\boldsymbol{X})^{-1}\boldsymbol{X}'\boldsymbol{y}$ 형태로 구할 수 있었으며 이는 행렬 $\boldsymbol{X}'\boldsymbol{X}$가 정칙행렬이며 역행렬이 존재함으로서 가능하였다. 하지만 이제는 $\boldsymbol{X}'\boldsymbol{X}$의 역행렬이 존재하지 않으므로 해를 구하기 위해서는 일반화역행렬을 사용해야 한다.

12.2 정규방정식

12.2.1 일반적인 형태

식 (12.6)을 **정규방정식**(normal equations)이라고 한다. 이 방정식의 해에 대하여 논의하기 전에 먼저 그 형태를 살펴보도록 하자. 먼저 모수벡터 $\boldsymbol{\beta}$를 보면 이는 모형에서 나타난 요소들의 벡터이며 예제의 경우에는 μ, α_1, α_2, α_3로 구성되어 있다. 일반적으로 모수벡터는 모형의 요소들로 구성되어 있다. 예를 들어, 만약 자료가 두 개의 분류에 의하여 행과 열로 구별하여 정렬할 수 있다면 모수벡터는 전체 평균 μ와 행의 효과를 나타내는 a개의 모수, 열의 효과를 나타내는 b개의 모수, 상호작용의 효과를 나타내는 ab개의 모수로 구성된다. 따라서 이러한 경우 $\boldsymbol{\beta}$는 $1 + a + b + ab$개의 요소로 구성된다.

두 번째로 행렬 $\boldsymbol{X}$는 **따름행렬**(incidence matrix) 또는 **계획행렬**(design matrix)이라고 하는데 그 이유는 관측치를 모형으로 표현할 때 $\boldsymbol{\beta}$를 구성하는 요소들이 모형의 식에 나타나는지에 대한 여부를 0과 1로 표시하기 때문이다. 따라서 $\boldsymbol{X}$는 관측치가 어떤 분류들에 속하는지 표시하는 행렬이다. 이런 행렬의 형태는 표 12.2에 나타난 것처럼 이차분류표의 형태로 나타낼 수 있고 이는 관측치를 행의 레이블에 배치하고 열의 레이블에는 모수를 배치하여 관측치와 모수의 관계를 0과 1로 표시한 것이다.

식 (12.4)와 같이 표 12.2에서 마지막 3개의 열의 합이 첫 번째 열과 같다. 그 이유는 모든 관측치는 모형에 μ를 포함하고 있어 행렬 $\boldsymbol{X}$의 첫 번째 열은 1_n이며 또한 모든 관측치는 오직 한 개의 α만을 모형에 포함하고 있기 때문에 행렬 $\boldsymbol{X}$의 마지막 3개의 열들의 합은 1_n이 되기 때문이다. 따라서 행렬 $\boldsymbol{X}$는 완전열계수행렬이 아니다.

이제 정규방정식 (12. 6)을 고려해 보자. 이는 $\boldsymbol{X}'\boldsymbol{X}$를 포함하고 있으며 이 행렬은 대칭이고 정방행렬이다. 이 행렬의 원소는 식 (5.3)과 같이 $\boldsymbol{X}$의 열들의 내적이다. 따라서

$$\boldsymbol{X}'\boldsymbol{X} = \begin{bmatrix} 6 & 3 & 2 & 1 \\ 3 & 3 & 0 & 0 \\ 2 & 0 & 2 & 0 \\ 1 & 0 & 0 & 1 \end{bmatrix}. \tag{12.7}$$

더 나아가 행렬 $\boldsymbol{X}$는 완전열계수행렬이 아니므로 $\boldsymbol{X}'\boldsymbol{X}$도 완전계수행렬이 아니다.

표 12.2 행렬 X의 이차분류표
(표 12.1의 데이터 참조)

	모형의 모수			
관측치	μ	α_1	α_2	α_3
y_{11}	1	1	0	0
y_{12}	1	1	0	0
y_{13}	1	1	0	0
y_{21}	1	0	1	0
y_{22}	1	0	1	0
y_{31}	1	0	0	1

또한 정규방정식 식 (12.6)에는 벡터 $\boldsymbol{X}'\boldsymbol{y}$가 나타나며 이 벡터의 원소는 $\boldsymbol{X}$의 열과 벡터 $\boldsymbol{y}$의 내적으로 구성되어 있다. 또한 행렬 $\boldsymbol{X}$의 원소들이 0과 1로 구성되어 있으므로 벡터 $\boldsymbol{X}'\boldsymbol{y}$는 $\boldsymbol{y}$의 특정한 원소들의 합으로 이루어져 있다. 예를 들면 식 (12.4)와 (12.5)에서

$$\boldsymbol{X}'\boldsymbol{y} = \begin{bmatrix} 1 & 1 & 1 & 1 & 1 & 1 \\ 1 & 1 & 1 & 0 & 0 & 0 \\ 0 & 0 & 0 & 1 & 1 & 0 \\ 0 & 0 & 0 & 0 & 0 & 1 \end{bmatrix} \begin{bmatrix} y_{11} \\ y_{12} \\ y_{13} \\ y_{21} \\ y_{22} \\ y_{31} \end{bmatrix} = \begin{bmatrix} y_{..} \\ y_{1\cdot} \\ y_{2\cdot} \\ y_{3\cdot} \end{bmatrix} = \begin{bmatrix} 504 \\ 300 \\ 172 \\ 32 \end{bmatrix}. \tag{12.8}$$

이렇게 벡터 $\boldsymbol{X}'\boldsymbol{y}$가 $\boldsymbol{y}$들의 여러 가지 부분합(subtotal)으로 구성된 형태는 선형모형의 일반적인 성질을 가진다.

12.2.2 복수의 해

식 (12.4)와 같이 행렬 $\boldsymbol{X}'\boldsymbol{X}$가 완전계수행렬이 아닌 경우는 정규방정식 (12.6)의 해가 11장에서 구한 $\hat{\boldsymbol{\beta}} = (\boldsymbol{X}'\boldsymbol{X})^{-1}\boldsymbol{X}'\boldsymbol{y}$처럼 유일하게 존재하지 않고 복수의 해가 존재한다. 이러한 점을 강조하기 위하여 정규방정식을 다음과 같이 표현한다.

$$\boldsymbol{X}'\boldsymbol{X}\boldsymbol{\beta}^0 = \boldsymbol{X}'\boldsymbol{y}, \tag{12.9}$$

여기서 기호 $\boldsymbol{\beta}^0$은 $\boldsymbol{X}'\boldsymbol{X}$가 완전계수행렬이 아닌 경우 유일한 해가 아니고 복수의 해를 가진다는 사실을 강조하기 위하여 사용한다.

예제 12.2 표 12.1의 자료에 대한 정규방정식 (12.9)는 식 (12.7)과 (12.8)을 이용하면 다음과 같다.

$$\begin{bmatrix} 6 & 3 & 2 & 1 \\ 3 & 3 & 0 & 0 \\ 2 & 0 & 2 & 0 \\ 1 & 0 & 0 & 1 \end{bmatrix} \begin{bmatrix} \mu^0 \\ \alpha_1^0 \\ \alpha_2^0 \\ \alpha_3^0 \end{bmatrix} = \begin{bmatrix} y_{..} \\ y_{1\cdot} \\ y_{2\cdot} \\ y_{2\cdot} \end{bmatrix} = \begin{bmatrix} 504 \\ 300 \\ 172 \\ 32 \end{bmatrix}. \tag{12.10}$$

위와 같은 방정식의 형태에 대한 자세한 언급과 논의는 Seral(1971, pp. 168, 232)에서 찾을 수 있다.

12.3 정규방정식의 해

이제 식 (12.9)에 주어진 정규방정식 $\boldsymbol{X}'\boldsymbol{X}\boldsymbol{\beta}^0 = \boldsymbol{X}'\boldsymbol{y}$을 만족하는 해 $\boldsymbol{\beta}^0$를 찾고자 한다. 행렬 $\boldsymbol{X}'\boldsymbol{X}$가 비정칙이기 때문에 역행렬은 존재하지 않고 따라서 복수의 해가 존재한다. 이는 이 장에서 고려하는 선형모형의 일반적인 성질이며 따라서 $\boldsymbol{X}'\boldsymbol{X}$의 일반화역행렬을 이용하여 방정식의 해 $\boldsymbol{\beta}^0$를 유도할 것이다.

12.3.1 $X'X$의 일반화역행렬

행렬 $\boldsymbol{G}$를 다음의 조건을 만족하는 $\boldsymbol{X'X}$의 일반화역행렬이라고 하자.

$$\boldsymbol{X'XGX'X = X'X} \tag{12.11}$$

그리고 다음과 같은 정의를 하면

$$\boldsymbol{X}\text{의 차수는 } N \times p\text{이고 } p < N\text{이며 계수는 } r_{\boldsymbol{X}} = r \le p\text{이다.} \tag{12.12}$$

이제 정리 8.2의 결과로 다음이 성립한다.

$$\begin{array}{ll} \text{(i)} \quad \boldsymbol{X'XG'X'X = X'X}, & \text{(ii)} \quad \boldsymbol{XGX'X = X}, \\ \text{(iii)} \quad \boldsymbol{XGX'}\text{는 } \boldsymbol{G}\text{에 불변이다.} & \text{(iv)} \quad \boldsymbol{XGX'}\text{는 대칭이다.} \end{array} \tag{12.13}$$

더 나아가 다음과 같이 정의하면

$$\boldsymbol{H = GX'X}, \tag{12.14}$$

다음이 성립한다.

$$\text{(i)}\,\boldsymbol{H}\text{는 멱등행렬이다,}\ \text{(ii)}\ r_{\boldsymbol{H}} = r_{\boldsymbol{X}} = r,\ (iii)\ r(\boldsymbol{H}-\boldsymbol{I}) = p - r, \tag{12.15}$$

위에서 (i)은 $\boldsymbol{H}$를 제곱하면 곧바로 얻어진다. $r_{\boldsymbol{H}} \le r_{\boldsymbol{X}}$이고 $\boldsymbol{X} = \boldsymbol{XGX'X}$이므로 $r_{\boldsymbol{X}} \le r(\boldsymbol{GX'X}) = r_{\boldsymbol{H}}$ 성립하며 (ii)가 성립한다. 또한 $r(\boldsymbol{H}-\boldsymbol{I}) = r(\boldsymbol{I}-\boldsymbol{H})$이고 $\boldsymbol{I}-\boldsymbol{H}$는 멱등행렬이므로 계수와 대각합이 같으므로 그 계수는 $tr(\boldsymbol{I}) - tr(\boldsymbol{H})$이며 이는 $p - {}^{rank}\boldsymbol{H} = p - r_{\boldsymbol{X}} = p - r$와 같다. 이러한 사실로 (iii)이 성립한다.

12.3.2 방정식의 해

앞 절의 결과를 이용하면 정규방정식 (12.9)의 해 $\boldsymbol{\beta}^{\mathbf{0}}$는 임의의 $\boldsymbol{z}$에 대하여 다음과 같이 나타낼 수 있으며

$$\boldsymbol{\beta^0 = GX'y + (H - I)z} \tag{12.16}$$

여기서 우리는 한 개의 해만이 필요하므로 일반화역행렬 $\boldsymbol{G}$를 선택하여 $\boldsymbol{GX'y}$를 방정식의 해로 한다. 따라서 정규방적식 (12.9)의 해를 다음과 같이 쓸 수 있다.

$$\boldsymbol{\beta^0 = GX'y} \tag{12.17}$$

식 (12.17)에서 $\boldsymbol{\beta}^{\mathbf{0}}$를 특별하게 표시한 것은 이것이 $\boldsymbol{\beta}$의 추정량이 아니라 정규방정식 (12.9)를 만족하는 하나의 해라는 사실을 강조하기 위한 것이다. 일반적으로 완전계수가 아닌 선형모형에서는 분석에 이용하는 모수의 값이 정규방정식의 가능한 해들 중에 하나라는 사실을 꼭 유념해야 한다. 이러한 경우 $\boldsymbol{\beta}^{\mathbf{0}}$를 모수벡터 $\boldsymbol{\beta}$의 추정량으로 생각하는 것은 잘못된 생각이다. 사실 $\boldsymbol{\beta}^{\mathbf{0}}$은 어떤 모수의 추정량일 수는 있지만 $\boldsymbol{\beta}$의 추정량은 아닌 것이며 그 값은 $\boldsymbol{\beta}^{\mathbf{0}}$를 유도할 때 사용한 $\boldsymbol{X'X}$의 일반화역행렬에 따라 다르다. 이러한 이유로 $\boldsymbol{\beta}^{\mathbf{0}}$는 방정식의 해로 나타내야지 추정량으로 나타내서는 안 된다.

방정식의 해 $\boldsymbol{\beta}^0 = \boldsymbol{GX'y}$는 $\boldsymbol{X'X}$의 일반화역행렬로 사용되는 $\boldsymbol{G}$에 따라 따른 형태를 가진다. 따라서 $\boldsymbol{X'X}$가 정칙인 경우는 $\boldsymbol{G} = (\boldsymbol{X'X})^{-1}$이고 유일한 해는 $\boldsymbol{\beta}^0 = \hat{\boldsymbol{\beta}} = (\boldsymbol{X'X})^{-1}\boldsymbol{X'y}$이며 이렇게 정칙인 경우를 제외하면 방정식의 해 $\boldsymbol{\beta}^0$의 가능한 값은 무수히 많다. 그럼에도 불구하고 식 (12.13)과 (12.15)에 주어진 $\boldsymbol{G}$와 $\boldsymbol{H}$의 성질들은 $\boldsymbol{\beta}^0$의 비유일성이 큰 문제가 되지 않는다는 점을 시사해 준다.

예제 12.3 정규방정식 (12.10)에서 $\boldsymbol{X'X}$의 일반화역행렬 $\boldsymbol{G}$는 다음과 같으며

$$\boldsymbol{X'X} = \begin{bmatrix} 6 & 3 & 2 & 1 \\ 3 & 3 & 0 & 0 \\ 2 & 0 & 2 & 0 \\ 1 & 0 & 0 & 1 \end{bmatrix}, \ is\ \boldsymbol{G} = \begin{bmatrix} 0 & 0 & 0 & 0 \\ 0 & \frac{1}{3} & 0 & 0 \\ 0 & 0 & \frac{1}{2} & 0 \\ 0 & 0 & 0 & 1 \end{bmatrix} \tag{12.18}$$

식 (12.17)에 의한 방정식의 해는 다음과 같이 유도된다.

$$\boldsymbol{\beta}^0 = \boldsymbol{GX'y} = \begin{bmatrix} 0 & 0 & 0 & 0 \\ 0 & \frac{1}{3} & 0 & 0 \\ 0 & 0 & \frac{1}{2} & 0 \\ 0 & 0 & 0 & 1 \end{bmatrix} \begin{bmatrix} 504 \\ 300 \\ 172 \\ 32 \end{bmatrix} = \begin{bmatrix} 0 \\ 100 \\ 86 \\ 32 \end{bmatrix}. \tag{12.19}$$

다른 일반화역행렬과 그에 따른 해 $\boldsymbol{\beta}^0$의 예는 다음과 같다.

$$\dot{\boldsymbol{G}} = \begin{bmatrix} \frac{1}{2} & -\frac{1}{2} & 0 & -\frac{1}{2} \\ -\frac{1}{2} & \frac{5}{6} & 0 & \frac{1}{2} \\ 0 & 0 & 0 & 0 \\ -\frac{1}{2} & \frac{1}{2} & 0 & 1\frac{1}{2} \end{bmatrix} \text{ and } \dot{\boldsymbol{\beta}}^0 = \dot{\boldsymbol{G}}\boldsymbol{X'y} = \begin{bmatrix} 86 \\ 14 \\ 0 \\ -54 \end{bmatrix}. \tag{12.20}$$

12.4 기대값과 분산

방정식의 해 $\boldsymbol{\beta}^0 = \boldsymbol{GX'y}$의 기대값은 다음과 같으며

$$E(\boldsymbol{\beta}^0) = \boldsymbol{GX'}E(\boldsymbol{y}) = \boldsymbol{GX'X\beta} = \boldsymbol{H\beta}, \tag{12.21}$$

여기서 $\boldsymbol{H} = \boldsymbol{GX'X}$이다. 그러므로 $\boldsymbol{\beta}^0$의 기대값은 $\boldsymbol{H\beta}$이고 이는 $\boldsymbol{\beta}$의 불편추정량이 아니라 $\boldsymbol{H\beta}$의 불편추정량임을 의미한다.

$E(\boldsymbol{y}) = \boldsymbol{X\beta}$임을 이용하면 $\boldsymbol{y}$의 공분산행렬은 다음과 같이 나타난다.

$$\text{var}(\boldsymbol{y}) = E[(\boldsymbol{y} - \boldsymbol{X\beta})(\boldsymbol{y} - \boldsymbol{X\beta})'] = E(\boldsymbol{\epsilon\epsilon}').$$

그리고 유사하게 다음과 같다.

$$\text{var}(\boldsymbol{\epsilon}) = E[(\boldsymbol{\epsilon} - \boldsymbol{0})(\boldsymbol{\epsilon} - \boldsymbol{0})'] = E(\boldsymbol{\epsilon\epsilon}').$$

더 나아가 오차항은 서로 상관되어 있지 않고 각각의 분산이 σ^2이라면 $\text{var}(\boldsymbol{y}) = \text{var}(\boldsymbol{\epsilon}) = \sigma^2\boldsymbol{I}$이다. 따라서 다음과 같은 결과를 얻는다.

$$\text{var}(\boldsymbol{\beta}^0) = \text{var}(\boldsymbol{G}\boldsymbol{X}'\boldsymbol{y}) = \boldsymbol{G}\boldsymbol{X}'\sigma^2\boldsymbol{I}\boldsymbol{X}\boldsymbol{G}' = \boldsymbol{G}\boldsymbol{X}'\boldsymbol{X}\boldsymbol{G}'\sigma^2. \tag{12.22}$$

비록 위의 식은 회귀분석에서 얻어지는 $(\boldsymbol{X}'\boldsymbol{X})^{-1}\sigma^2$와 유사한 $\boldsymbol{G}\sigma^2$와 아주 유사한 모양은 아니지만 식 (12.22)에 나타난 결과를 이용하는 데 큰 어려움은 없다.

12.5 *y*-값의 예측

이제 $\hat{\boldsymbol{y}}$를 $\boldsymbol{X}\boldsymbol{\beta}^0$로 정의하고 이를 관측벡터 $\boldsymbol{y}$에 대응하는 y-값의 예측치라고 한다.

$$\hat{\boldsymbol{y}} = \boldsymbol{X}\boldsymbol{\beta}^0 = \boldsymbol{X}\boldsymbol{G}\boldsymbol{X}'\boldsymbol{y}. \tag{12.23}$$

행렬 $\boldsymbol{G}$가 $\hat{\boldsymbol{y}}$에서 $\boldsymbol{X}\boldsymbol{G}\boldsymbol{X}'$의 형태로 나타나기 때문에 식 (12.13)의 (iii)에 의해서 $\hat{\boldsymbol{y}}$는 $\boldsymbol{G}$에 따라서 변하는 않는 것을 알 수 있다. 이러한 사실은 $\boldsymbol{X}'\boldsymbol{X}$의 일반화역행렬의 행태가 문제가 되지 않는다는 것을 의미하며 이는 모든 가능한 $\boldsymbol{G}$에 대하여 $\hat{\boldsymbol{y}} = \boldsymbol{X}\boldsymbol{G}\boldsymbol{X}'\boldsymbol{y}$의 값은 모두 같다. 또한 알아야 할 점은 식 (12.16)에 나타난 $\boldsymbol{z}$가 어떠한 값을 가지더라도 $\boldsymbol{\beta}^0$는 다음과 같은 성질을 가진다.

$$\hat{\boldsymbol{y}} = \boldsymbol{X}\boldsymbol{\beta}^0 = \boldsymbol{X}[\boldsymbol{G}\boldsymbol{X}'\boldsymbol{y} + (\boldsymbol{H} - \boldsymbol{I})\boldsymbol{z}] = \boldsymbol{X}\boldsymbol{G}\boldsymbol{X}'\boldsymbol{y} + (\boldsymbol{X}\boldsymbol{H} - \boldsymbol{X})\boldsymbol{z} = \boldsymbol{X}\boldsymbol{G}\boldsymbol{X}'\boldsymbol{y}$$

이는 식 (12.13)의 (ii)와 식 (12.14)에 따라서 $\boldsymbol{X}\boldsymbol{H} = \boldsymbol{X}$가 성립하기 때문이다.

예제 12.4 $\boldsymbol{X}$는 식 (12.14)에 주어진 0과1로 구성된 행렬이다. 식 (12.19)에 주어진 $\boldsymbol{\beta}^0$의 값을 이용하여 식 (12.23)의 $\boldsymbol{X}\boldsymbol{\beta}^0$를 계산하면 다음과 같다.

$$\hat{\boldsymbol{y}} = \begin{bmatrix} 1 & 1 & 0 & 0 \\ 1 & 1 & 0 & 0 \\ 1 & 1 & 0 & 0 \\ 1 & 0 & 1 & 0 \\ 1 & 0 & 1 & 0 \\ 1 & 0 & 0 & 1 \end{bmatrix} \begin{bmatrix} 0 \\ 100 \\ 86 \\ 32 \end{bmatrix} = \begin{bmatrix} 100 \\ 100 \\ 100 \\ 86 \\ 86 \\ 32 \end{bmatrix} \tag{12.24}$$

그리고 식 (12.20)에 주어진 $\boldsymbol{\beta}^0$의 값을 이용하여 식 (12.23)의 $\boldsymbol{\beta}^0$를 계산하면 위의 $\hat{\boldsymbol{y}}$와 같은 결과를 얻는다.

$$\hat{\boldsymbol{y}} = \begin{bmatrix} 1 & 1 & 0 & 0 \\ 1 & 1 & 0 & 0 \\ 1 & 1 & 0 & 0 \\ 1 & 0 & 1 & 0 \\ 1 & 0 & 1 & 0 \\ 1 & 0 & 0 & 1 \end{bmatrix} \begin{bmatrix} 86 \\ 14 \\ 0 \\ -54 \end{bmatrix} = \begin{bmatrix} 100 \\ 100 \\ 100 \\ 86 \\ 86 \\ 32 \end{bmatrix}.$$

12.6 오차항의 분산에 대한 추정

12.6.1 오차제곱합

관측치 벡터 $\boldsymbol{y}$에 대응하는 예측값벡터 $\hat{\boldsymbol{y}} = \boldsymbol{X}\boldsymbol{\beta}^{\mathbf{0}}$를 구하면 관측치와 예측값의 차이에 대한 오차제곱합을 계산할 수 있다. 이를 잔차제곱합(또는 오차제곱합)이라고 부르며 SS_E로 표기하고 회귀분석에서는(11.2.2절 참조) $SS_E = \boldsymbol{y}'\boldsymbol{y} - \hat{\boldsymbol{\beta}}\boldsymbol{X}'\boldsymbol{y}$로 계산한다. 이 장에서 다루는 선형모형에 대해서도 본질적으로 같은 결과가 성립하며 전과 같은 방법으로 아래처럼 계산한다.

$$SS_E = \sum_i \sum_j (y_{ij} - \hat{y}_{ij})^2 = (\boldsymbol{y} - \hat{\boldsymbol{y}})'(\boldsymbol{y} - \hat{\boldsymbol{y}}),$$

따라서 다음의 결과를 얻는다.

$$\begin{aligned} SS_E &= (\boldsymbol{y} - \boldsymbol{X}\boldsymbol{\beta}^{\mathbf{0}})'(\boldsymbol{y} - \boldsymbol{X}\boldsymbol{\beta}^{\mathbf{0}}) \\ &= \boldsymbol{y}'(\boldsymbol{I} - \boldsymbol{XGX}')(\boldsymbol{I} - \boldsymbol{XGX}')\boldsymbol{y} \\ &= \boldsymbol{y}'(\boldsymbol{I} - \boldsymbol{XGX}')\boldsymbol{y}, \end{aligned} \tag{12.25}$$

위의 식은 식 (12.13)으로부터 $\boldsymbol{XGX}'$이 멱등행렬이고 대칭이기 때문에 성립한다. 식 (12.25)에서 $\boldsymbol{G}$가 $\boldsymbol{XGX}'$의 형태로 나타나기 때문에 식 (12.23)의 $\hat{\boldsymbol{y}}$에서와 같은 결론에 이른다. 즉, 잔차제곱합 SS_E는 $\boldsymbol{X}'\boldsymbol{X}$의 일반화행렬의 선택과 정규방정식 $\boldsymbol{X}'\boldsymbol{X}\boldsymbol{\beta}^{\mathbf{0}} = \boldsymbol{X}'\boldsymbol{y}$의 해에 관계없이 일정한 값을 가진다. 식 (12.25)의 결과를 이용하면 다음과 같이 $\boldsymbol{\beta}^{\mathbf{0}}$를 이용한 계산식을 유도할 수 있다.

$$\begin{aligned} SS_E &= \boldsymbol{y}'(\boldsymbol{I} - \boldsymbol{XGX}')\boldsymbol{y} \\ &= \boldsymbol{y}'\boldsymbol{y} - \boldsymbol{y}'\boldsymbol{XGX}'\boldsymbol{y} \\ &= \boldsymbol{y}'\boldsymbol{y} - \boldsymbol{\beta}^{\mathbf{0}\prime}\boldsymbol{X}'\boldsymbol{y}. \end{aligned} \tag{12.26}$$

위의 계산식은 회귀분석에서 얻는 결과와 동일하며 $\boldsymbol{y}'\boldsymbol{y}$는 관측치 y들의 제곱합이고 $\boldsymbol{\beta}^{\mathbf{0}\prime}\boldsymbol{X}'\boldsymbol{y}$는 방정식의 해루 이루어진 벡터 $\boldsymbol{\beta}^{\mathbf{0}\prime}$의 원소와 그에 대응하는 방정식의 오른쪽 항 $\boldsymbol{X}'\boldsymbol{y}$의 원소를 곱한 것들의 합이다.

예제 12.5 식 (12.4)에 나온 자료에 대한 총제곱합 SS_T는 다음과 같고

$$SS_T = \boldsymbol{y}'\boldsymbol{y} = 101^2 + 105^2 + 94^2 + 84^2 + 88^2 + 32^2 = 45,886; \tag{12.27}$$

식 (12.19)에 주어진 $\boldsymbol{\beta}^{\mathbf{0}\prime}\boldsymbol{X}'\boldsymbol{y}$의 결과와 식 (12.10)의 오른쪽 항에 나온 $\boldsymbol{X}'\boldsymbol{y}$의 결과를 이용하면 다음을 얻는다.

$$\boldsymbol{\beta}^{\mathbf{0}\prime}\boldsymbol{X}'\boldsymbol{y} = 0(504) + 100(300) + 86(172) + 32(32) = 45,816. \tag{12.28}$$

식 (12.20)의 $\boldsymbol{\beta}^{\mathbf{0}\prime}$를 이용해도 같은 결과를 얻는다.

$$\boldsymbol{\beta}^{\mathbf{0}\prime}\boldsymbol{X}'\boldsymbol{y} = 86(504) + 14(300) + 0(172) - 54(32) = 45,816. \tag{12.29}$$

따라서 식 (12.19) 또는 (12.20)의 결과 중에서 어떤 것을 사용하던지 식 (12.26)에 의한 SS_E는 다음과 같이 동일하게 계산된다.

$$SS_E = \boldsymbol{y}'\boldsymbol{y} - \boldsymbol{\beta}^{0\prime}\boldsymbol{X}'\boldsymbol{y} = 45,886 - 45,816 = 70. \tag{12.30}$$

12.6.2 기대값

관측치 벡터 $\boldsymbol{y}$의 평균과 분산은 각각 $E(\boldsymbol{y}) = \boldsymbol{X\beta}$와 $\text{var}(\boldsymbol{y}) = \sigma^2\boldsymbol{I}$이다. 그리고 식 (12.25)의 SS_E는 $\boldsymbol{y}$의 이차형식이다. 그러므로 식 (10.34)를 이용하여 SS_E의 기대값을 구할 수 있다.

$$E(SS_E) = E[\boldsymbol{y}'(\boldsymbol{I} - \boldsymbol{XGX}')\boldsymbol{y}] = tr[(\boldsymbol{I} - \boldsymbol{XGX}')\boldsymbol{I}\sigma^2] + \boldsymbol{\beta}'\boldsymbol{X}'(\boldsymbol{I} - \boldsymbol{XGX}')\boldsymbol{X\beta}.$$

식 (12.13)에서 식 (12.15)까지 얻어진 결과를 이용하면 다음과 같은 결과가 얻어진다.

$$\begin{aligned} E(SS_E) &= \sigma^2[tr(\boldsymbol{I}) - tr(\boldsymbol{XGX}')] + \boldsymbol{\beta}'\boldsymbol{X}'(\boldsymbol{X} - \boldsymbol{XGX}'\boldsymbol{X})\boldsymbol{\beta} \\ &= \sigma^2[N - tr(\boldsymbol{GX}'\boldsymbol{X})] + 0 \\ &= \sigma^2(N - r_{\boldsymbol{H}}) \\ &= \sigma^2(N - r_{\boldsymbol{X}}). \end{aligned} \tag{12.31}$$

12.6.3 추정

식 (12.31)의 결과를 이용하면 σ^2의 불편추정량은 다음과 같이 얻어진다.

$$\hat{\sigma}^2 = \frac{SS_E}{N - r_{\boldsymbol{X}}}. \tag{12.32}$$

여기서 회귀분석과 유사한 점을 발견하게 되며 이제 $\boldsymbol{X}$가 완전계수행렬이 아니어서 그 계수가 열의 개수와 다르기 때문에 기대값에서 $r_{\boldsymbol{X}}$의 표기를 사용하는 것이 중요하다는 사실을 알게 된다. 사실 $\boldsymbol{X}$의 계수는 자료의 성질과 형태에 의존한다.

예제 12.6

$$\hat{\sigma}^2 = \frac{70}{6-3} = 23\tfrac{1}{3}. \tag{12.33}$$

12.7 총제곱합의 분해

이번 장에서 다루는 선형모형에서도 11장의 회귀모형에서 논의한 것과 같이 제곱합을 분해할 수 있다. 한 가지 차이점은 보정된 제곱합과 x-변수들의 제곱합은 크게 중요하지 않다는 것이다(왜냐하면 모든 x-변수들의 값은 0 또는 1이며 이는 대응하는 항들이 모형에 포함된 여부만을 나타내기

표 12.3 제곱합의 분해

	$N\bar{y}^2$	
$SS_{reg} = \mathbf{y}'\mathbf{XGX}'\mathbf{y}$	$SS_{Reg} = \mathbf{y}'\mathbf{XGX}'\mathbf{y} - N\bar{y}^2$	$SS_{Reg} = \mathbf{y}'\mathbf{XGX}'\mathbf{y} - N\bar{y}^2$
$SS_E = \mathbf{y}'(\mathbf{I} - \mathbf{XGX}')\mathbf{y}$	$SS_E = \mathbf{y}'(\mathbf{I} - \mathbf{XGX}')\mathbf{y}$	$SS_E = \mathbf{y}'(\mathbf{I} - \mathbf{XGX}')\mathbf{y}$
$SS_T = \mathbf{y}'\mathbf{y}$	$SS_T = \mathbf{y}'\mathbf{y}$	$SS_{Tot} = \mathbf{y}'\mathbf{y} - N\bar{y}^2$

때문이다). 그럼에도 불구하고 y-변수에 대해서는 보정된 제곱합 $SS_{Tot} = \mathbf{y}'\mathbf{y} - N\bar{y}^2$을 계속 사용한다. 제곱합의 분해에 대한 세 개의 형식이 표 12.3에 나타나 있다.

표 12.3의 세 개의 열은 식 (11.23)과 (11.27)에 주어진 세 종류의 분해와 대응된다. 첫 번째 열은 다음과 같은 결과를 나타내며

$$SS_{reg} = SS_T - SS_E = \mathbf{y}'\mathbf{XGX}'\mathbf{y} = \boldsymbol{\beta}^{0\prime}\mathbf{X}'\mathbf{y}, \tag{12.34}$$

이는 11.1.1절에서 소개된 회귀제곱합과 유사하게 모형 $\mathbf{y} = \mathbf{X}\boldsymbol{\beta} + \boldsymbol{\epsilon}$이 자료를 설명하는 제곱합을 의미한다. 두 번째 열에서 $N\bar{y}^2$은 하나의 평균으로 적합한 모형에 대한 제곱합을 나타내고

$$SS_{Reg} = SS_{reg} - N\bar{y}^2 \tag{12.35}$$

은 모형의 적합에 대한 제곱합을 평균으로 보정한 것을 나타낸다. 세 번째 열은 $N\bar{y}^2$를 표에서 제외하고 이를 SS_T에서 뺀 것을 제외하면 두 번째 열과 동일하며

$$SS_{Tot} = \sum_{i,j} y_{ij}^2 - N\bar{y}^2 \tag{12.36}$$

이는 평균으로 보정된 총제곱합이다. 표의 모든 열에서 오차제곱합 SS_E는 동일하다.

표 12.3은 12.8절에서 소개한 전형적인 분산분석표를 만드는 기초가 된다.

예제 12.7 표 12.1에서 $\bar{y} = 504/6$이므로 $N\bar{y}^2 = 42{,}336$이며 식 (12.27)과 (12.30)에 주어진 각각의 결과 $SS_T = 45{,}886$과 $SS_E = 70$이다. 이를 이용하면 표 12.3의 식에 대하여 예제 자료를 적용한 결과를 표 12.4와 같이 계산할 수 있다.

12.8 분산분석

분산분석은 표 12.3과 12.4에서 주어진 것과 같은 제곱합의 분해에 근거하여 수행한다. 표의 가장

표 12.4 표 12.3에 의한 제곱합의 분해
(예제 자료 표 12.1)

	$N\bar{y}^2 = 42{,}336$	
$SS_{reg} = 45{,}816$	$SS_{Reg} = 3480$	$SS_{Reg} = 3480$
$SS_E = 70$	$SS_E = 70$	$SS_E = 70$
$SS_T = 45{,}886$	$SS_T = 45{,}886$	$SS_{Tot} = 3550$

표 12.5 분산분석

요인	자유도	제곱합	평균제곱합	F-통계량
(a) 표 12.3의 제곱합				
모형	$r_{\mathbf{X}}-1$	SS_{Reg}	$MS_{Reg}=\frac{SS_{Reg}}{r_{\mathbf{X}}-1}$	$\frac{MS_{Reg}}{MS_E}$
오차	$N-r_{\mathbf{X}}$	SS_E	$MS_E=\frac{SS_E}{N-r_{\mathbf{X}}}$	
총합	$N-1$	SS_{Tot}		
(b) 표 12.1의 자료에 표 12.4를 이용한 결과				
모형	2	3480	$\frac{3480}{2}=1740$	$\frac{1740}{23\frac{1}{3}}=74\frac{3}{7}$
오차	3	70	$\frac{70}{3}=23\frac{1}{3}$	
총합	5	3550		

오른 쪽에 나타나 있는 평균으로 보정된 총 제곱합 $SS_{Tot}=\boldsymbol{y}'\boldsymbol{y}-N\bar{y}^2$을 사용하는 분해가 분산분석에 가장 자주 사용된다.

이제 우리는 표 12.3과 12.4의 가운데 열에 나타난 것과 같이 SS_{Reg}과 SS_E뿐만 아니라 $N\bar{y}^2$도 포함된 분해를 고려할 것이다. 이와 같은 분해에 근거한 분산분석이 표 12.5에 주어졌으며 처음 내용은 표 12.3에 나타난 제곱합의 분해에 대한 것이며 두 번째는 표 12.4를 이용한 실제 자료에 대한 값을 나타낸다.

표 12.5의 결과는 계산의 결과를 정리한 표이며 $\boldsymbol{F}$-통계량을 이용하려면 통상적으로 관측치벡터 $\boldsymbol{y}$가 평균이 $\boldsymbol{X\beta}$이고 공분산행렬이 $\sigma^2\boldsymbol{I}$를 가지는 정규분포를 따른다고 가정한다.

$$\boldsymbol{y}\sim N(\boldsymbol{X\beta},\sigma^2\boldsymbol{I}). \tag{12.37}$$

위와 동일한 가정을 오차항벡터에 대하여 다음과 같이 할 수 있다.

$$\boldsymbol{\epsilon}\sim N(\boldsymbol{0},\sigma^2\boldsymbol{I}). \tag{12.38}$$

이와 같은 가정하에서 분포에 대한 다음과 같은 결과가 성립한다.

(i) $\frac{1}{\sigma^2}SS_E\sim\chi^2_{N-r_X}$

(ii) $\frac{1}{\sigma^2}SS_{reg}\sim\chi^2_{r_X}(\theta)$, 여기서 $\theta=\frac{1}{\sigma^2}\boldsymbol{\beta}'\boldsymbol{X}'\boldsymbol{X\beta}$

(iii) SS_E와 SS_{reg}은 독립이다.

분포의 성질 (i)과 (ii)는 $\boldsymbol{I}-\boldsymbol{XGX}'$와 $\boldsymbol{XGX}'$가 멱등행렬이고 각각의 계수가 $N-r_X$와 r_X이며 두 제곱합 SS_{reg}과 SS_E가 $\boldsymbol{y}$의 이차형식이므로 정리 10.2를 적용하면 얻어진다. 제곱합 $\frac{1}{\sigma^2}SS_E$에 대한 비중심모수는 영이며 $\frac{1}{\sigma^2}SS_{reg}$에 대한 것은 다음과 같이 주어진다.

$$\begin{aligned}\theta&=\frac{1}{\sigma^2}\boldsymbol{\beta}'\boldsymbol{X}'[\boldsymbol{XGX}']\boldsymbol{X\beta}\\&=\frac{1}{\sigma^2}\boldsymbol{\beta}'\boldsymbol{X}'\boldsymbol{X\beta}.\end{aligned}$$

성질 (iii)은 정리 10.3과 다음의 결과를 이용하여 보일 수 있다.

$$[\boldsymbol{XGX}'](\sigma^2\boldsymbol{I})[\boldsymbol{I} - \boldsymbol{XGX}'] = \boldsymbol{0}.$$

이러한 결과를 이용하면 표 12.5에 나타난 F-통계량이 각각의 제곱합에 대응되는 자유도를 가진 F-분포를 따른다는 것을 알 수 있다.

단순 평균모형과 대비되는 모형 $E(\boldsymbol{y}) = \boldsymbol{X\beta}$에 대한 가설을 검정할 수 있는 F-비, $\frac{MS_{Reg}}{MS_E}$를 살펴보자. 이 F-비가 유의한 경우 모형이 자료를 잘 적합하고 있다고 결론을 내릴 수 있다. 이러한 결론은 μ를 제외한 $\boldsymbol{\beta}$의 모든 원소가 영이 아니라는 것을 의미하는 것이 아니라 최소한 한 개의 원소 또는 하나의 선형조합이 유의하다는 의미이다.

예제 12.8 표 12.5b의 F-비, $\frac{MS_{Reg}}{MS_E}$를 사용하여 다음과 같은 가설을 검정할 수 있다.

$$\frac{MS_{Reg}}{MS_E} \text{ tests } H : \alpha_1 = \alpha_2 = \alpha_3. \tag{12.39}$$

위의 가설은 생산량에 대한 나무의 효과에 차이가 없는지 검정하는 것이다.

12.9 $R(\cdot|\cdot)$ 표기법

표기법 $R(\boldsymbol{\beta}_1|\boldsymbol{\beta}_2)$는 11.9절에서 모형 $E(\boldsymbol{y}) = \boldsymbol{X}_2\boldsymbol{\beta}_2$를 적합한 뒤에 모형 $E(\boldsymbol{y}) = \boldsymbol{X}_1\boldsymbol{\beta}_1 + \boldsymbol{X}_2\boldsymbol{\beta}_2$를 적합했을 때 제곱합이 변화를 나타내는 것으로 소개하였다. 이제 이러한 표기법을 식 (12.2)에서 고려한 모형 $E(y_{ij}) = \mu + \alpha_i$에 대하여 적용하면 제곱합을 $R(\mu, \alpha)$로 표기할 수 있다. 이것은 분산분석에서 SS_{reg}이므로 다음과 같이 나타낼 수 있다.

$$R(\mu, \alpha) = SS_{reg}. \tag{12.40}$$

유사하게 $R(\mu)$는 모형 $E(y_{ij}) = \mu$를 적합한 경우 제곱합으로 표기할 수 있다.

$$R(\mu) = N\bar{y}^2 \tag{12.41}$$

따라서 식 (12.35)의 결과를 이용하면 식 (11.84)와 유사하게 다음과 같은 표기가 가능하다.

$$SS_{Reg} = R(\mu, \alpha) - R(\mu) = R(\alpha|\,\mu). \tag{12.42}$$

이런 식으로 $R(\alpha\,|\,\mu)$는 평균만 고려하는 모형 $E(y_{ij}) = \mu$에 대비하여 효과를 고려한 모형 $E(y_{ij}) = \mu + \alpha_i$를 적합한 경우 제곱합의 변화를 나타내는 양이다. 이러한 표기법은 12.12절에서 보이듯이 요인이 두 개 이상인 모형에 대하여 유용하다.

12.10 추정가능한 선형함수

이 장의 처음 부분에서 $\boldsymbol{\beta}^0$는 정규방정식 (12.9)를 만족하는 하나의 해이며 비유일성 때문에 이를 $\boldsymbol{\beta}$의 추정량이라고 할 수 없는 것을 알았다. 그러므로 $\boldsymbol{a}'\boldsymbol{\beta}$ 형태로 나타나는 $\boldsymbol{\beta}$의 모든 선형함수를 추정할 수 없다. 하지만 특정한 경우에는 $\boldsymbol{a}'\boldsymbol{\beta}$가 추정이 가능하다.

■ **정의 12.1** $\boldsymbol{a}$를 상수벡터라고 가정하자. 만약 모형 (12.1)의 관측치벡터 $\boldsymbol{y}$의 선형함수 $\boldsymbol{t}'\boldsymbol{y}$에 대하여 $E(\boldsymbol{t}'\boldsymbol{y}) = \boldsymbol{a}'\boldsymbol{\beta}$이면 선형함수 $\boldsymbol{a}'\boldsymbol{\beta}$를 추정가능하다고 한다.

$\boldsymbol{a}'\boldsymbol{\beta}$의 추정가능성에 대한 필요충분조건은 다음의 정리에서 주어진다.

정리 12.1 선형함수 $\boldsymbol{a}'\boldsymbol{\beta}$가 추정가능할 필요충분조건은 $\boldsymbol{a}'$가 식 (12.1)에 주어진 $\boldsymbol{X}$의 행공간에 속하는 것이다. 즉, 어떤 벡터 $\boldsymbol{t}$에 대하여 $\boldsymbol{a}' = \boldsymbol{t}'\boldsymbol{X}$이다.

증명 만약 $\boldsymbol{a}'\boldsymbol{\beta}$가 추정가능하다면 정의 12.1에 의하여 $E(\boldsymbol{t}'\boldsymbol{y}) = \boldsymbol{a}'\boldsymbol{\beta}$를 만족하는 $\boldsymbol{t}$가 존재한다. 따라서 모든 $\boldsymbol{\beta} \in R^p$($p$는 $\boldsymbol{X}$의 열의 개수)에 대하여 다음이 성립한다.

$$\boldsymbol{t}'\boldsymbol{X}\boldsymbol{\beta} = \boldsymbol{a}'\boldsymbol{\beta}, \tag{12.43}$$

위의 결과로부터 다음이 성립한다.

$$\boldsymbol{a}' = \boldsymbol{t}'\boldsymbol{X}. \tag{12.44}$$

이러한 사실은 $\boldsymbol{a}'$가 $\boldsymbol{X}$의 행들로 구성된 선형조합임을 의미하며 이는 $\boldsymbol{X}$의 행공간에 속하는 것을 말한다. 반대로 어떤 $\boldsymbol{t}$에 대하여 $\boldsymbol{a}' = \boldsymbol{t}'\boldsymbol{X}$이면 $E(\boldsymbol{t}'\boldsymbol{y}) = \boldsymbol{t}'\boldsymbol{X}\boldsymbol{\beta} = \boldsymbol{a}'\boldsymbol{\beta}$이므로 $\boldsymbol{a}'\boldsymbol{\beta}$는 추정가능하다. ■

추정가능성에 대한 또 다른 필요충분조건은 다음의 따름정리에서 주어진다.

따름정리 12.1 만약에 행렬 $\boldsymbol{X}_a$가 다음과 같이 주어지고

$$\boldsymbol{X}_a = \begin{bmatrix} \boldsymbol{X} \\ \boldsymbol{a}' \end{bmatrix}$$

$\boldsymbol{X}_a$의 계수가 $\boldsymbol{X}$와 같다는 조건은 선형함수 $\boldsymbol{a}'\boldsymbol{\beta}$의 추정가능성에 대한 필요충분조건이다. 이러한 조건은 $\boldsymbol{X}'\boldsymbol{X}$와 $\boldsymbol{X}_a'\boldsymbol{X}_a$의 영이 아닌 고유치의 개수가 같다는 조건과 동일하다.

행렬 $\boldsymbol{X}$의 개수가 r이므로 정리 12.1에 의하여 서로 독립인 $\boldsymbol{\beta}$의 추정가능한 함수의 개수는 r이라는 사실을 보일 수 있다(연습문제 12.1 참조).

12.10.1 추정가능한 함수의 성질

추정가능한 함수에 대한 추정과 검정을 고려하면 11장에 나온 완전계수모형과 매우 유사한 결과를 얻을 수 있다. 추정가능한 함수들의 성질이 다음 세 개의 정리에 나타나 있다.

정리 12.2 만약 $\boldsymbol{a}'\boldsymbol{\beta}$가 추정가능하면 $\boldsymbol{\beta}^0 = (X'X)^- X'\boldsymbol{y}$일 때 $\boldsymbol{a}'\boldsymbol{\beta}^0$는 $(X'X)^-$의 선택에 불변한다.

증명 $\boldsymbol{a}'\boldsymbol{\beta}$가 추정가능하면 정리 12.1에 의하여 어떤 벡터 $\boldsymbol{t}$에 대하여 $\boldsymbol{a}' = \boldsymbol{t}'X$이다. 따라서

$$\begin{aligned}\boldsymbol{a}'\boldsymbol{\beta}^0 &= \boldsymbol{a}'(X'X)^- X'\boldsymbol{y}\\ &= \boldsymbol{t}'X(X'X)^- X'\boldsymbol{y}.\end{aligned}$$

$\boldsymbol{a}'\boldsymbol{\beta}^0$의 불변성은 $X(X'X)^- X$가 $X'X$의 일반화역행렬의 선택에 불변한다는 사실로부터 유도된다 (12.3.1절의 성질 (iii) 참조). ■

만약 $\boldsymbol{a}'\boldsymbol{\beta}$가 추정가능하다면 $\boldsymbol{a}'\boldsymbol{\beta}^0$의 유일성은 $\boldsymbol{\beta}^0$만을 고려하는 경우와 달리 $\boldsymbol{a}'\boldsymbol{\beta}^0$가 $\boldsymbol{a}'\boldsymbol{\beta}$의 완전한 추정량으로 볼 수 있게 해준다.

정리 12.3 (가우스-마코프 정리) 모형 (12.1)의 $\boldsymbol{\epsilon}$은 평균이 영이고 공분산행렬이 $\sigma^2 I$라고 하자. 만약에 $\boldsymbol{a}'\boldsymbol{\beta}$가 추정가능하면 $\boldsymbol{a}'\boldsymbol{\beta}^0 = \boldsymbol{a}'(X'X)^- X'Y$의 최소분산 선형불편추정량(BLUE)이다.

증명 이 정리는 11장에서 제시한 가우스-마코프 정리(정리 11.1)와 매우 유사하게 증명할 수 있다. 자세한 증명은 연습문제로 한다. ■

정리 12.4 선형함수 $\boldsymbol{a}'\boldsymbol{\beta}$가 추정가능할 필요충분조건은 $H = GX'X$에 대하여 $\boldsymbol{a}' = \boldsymbol{a}'H$가 성립하는 것이다.

증명 $\boldsymbol{a}'\boldsymbol{\beta}$가 추정가능하면 어떤 벡터 $\boldsymbol{t}$에 대하여 $\boldsymbol{a}' = \boldsymbol{t}'X$이다. 따라서 정리 8.2(ii)에 의해서 $\boldsymbol{a}' = \boldsymbol{t}'XGX'X = \boldsymbol{a}'H$가 성립한다. 반대로 만약 $\boldsymbol{a}' = \boldsymbol{a}'H$인 경우 $\boldsymbol{t}' = \boldsymbol{a}'GX'$로 놓으면 $\boldsymbol{a}' = \boldsymbol{a}'GX'X = \boldsymbol{t}'X$이며 이는 $\boldsymbol{a}'\boldsymbol{\beta}$가 추정가능하다는 것을 의미한다. ■

정리 12.5 선형함수 $\boldsymbol{a}'\boldsymbol{\beta}$가 추정가능할 필요충분조건은 임의의 벡터 $\boldsymbol{w}$에 대하여 $\boldsymbol{a}' = \boldsymbol{w}'H$가 성립하는 것이다.

증명 만약 $\boldsymbol{a}'\boldsymbol{\beta}$가 추정가능하면 정리 8.2(ii)에 의하여 $\boldsymbol{a}' = \boldsymbol{t}'X = \boldsymbol{t}'XGX'X = \boldsymbol{w}'H$로 놓을 수 있으며 여기서 $\boldsymbol{w}' = \boldsymbol{t}'X$이다. 역으로 만약 $\boldsymbol{a}' = \boldsymbol{w}'H$가 성립하면 $\boldsymbol{a}'$는 X의 행공간에 속하는 것이며 이는 $\boldsymbol{a}'\boldsymbol{\beta}$가 추정가능하다는 것을 암시한다. ■

만약 $\boldsymbol{a}'\boldsymbol{\beta}$가 추정가능하면 정리 8.2(ii)를 이용하면 이것의 BLUE는 $\boldsymbol{a}'\boldsymbol{\beta}^0 = \boldsymbol{w}'HGX'\boldsymbol{y} = \boldsymbol{w}'GX'XGX'\boldsymbol{y} = \boldsymbol{w}'GX'\boldsymbol{y}$임을 알 수 있다.

정리 12.6 모형 (12.1)에 주어진 $\boldsymbol{\epsilon}$이 $N(\boldsymbol{0}, \sigma^2 I)$를 따르고 $\boldsymbol{a}'\boldsymbol{\beta}$는 추정가능하다고 가정하자. 그러면 다음이 성립한다.

(a) $\boldsymbol{\beta}^0$가 (12.17)에 주어진 해인 경우 $\boldsymbol{a}'\boldsymbol{\beta}^0$는 평균이 $\boldsymbol{a}'\boldsymbol{\beta}$이고 공분산이 $\boldsymbol{a}'(X'X)^-\boldsymbol{a}\sigma^2$인 정규분포를 따른다.

(b) $\boldsymbol{a}'\boldsymbol{\beta}^0$와 MS_E는 서로 독립이다. 여기서 MS_E는 오차평균제곱합이며 다음과 같이 주어진다.

$$MS_E = \frac{1}{n - r_{\boldsymbol{X}}} \boldsymbol{y}'[\boldsymbol{I} - \boldsymbol{X}(\boldsymbol{X}'\boldsymbol{X})^- \boldsymbol{X}']\boldsymbol{y} \tag{12.45}$$

증명

(a) 확률벡터 $\boldsymbol{y}$가 정규분포를 따르므로 어떤 벡터 $\boldsymbol{t}$에 대하여 $\boldsymbol{a}'\boldsymbol{\beta}^0 = \boldsymbol{a}'(\boldsymbol{X}'\boldsymbol{X})^-\boldsymbol{X}'\boldsymbol{y} = \boldsymbol{t}'\boldsymbol{X}(\boldsymbol{X}'\boldsymbol{X})^-\boldsymbol{X}'\boldsymbol{y}$도 정규분포를 따른다. 그 평균은 다음과 같고

$$\begin{aligned} E(\boldsymbol{a}'\boldsymbol{\beta}^0) &= \boldsymbol{t}'\boldsymbol{X}(\boldsymbol{X}'\boldsymbol{X})^-\boldsymbol{X}'\boldsymbol{X}\boldsymbol{\beta} \\ &= \boldsymbol{t}'\boldsymbol{X}\boldsymbol{\beta} \\ &= \boldsymbol{a}'\boldsymbol{\beta}, \end{aligned}$$

그 분산은 아래와 같다.

$$\begin{aligned} \text{var}(\boldsymbol{a}'\boldsymbol{\beta}^0) &= \boldsymbol{t}'\boldsymbol{X}(\boldsymbol{X}'\boldsymbol{X})^-\boldsymbol{X}'(\sigma^2\boldsymbol{I})\boldsymbol{X}(\boldsymbol{X}'\boldsymbol{X})^-\boldsymbol{X}'\boldsymbol{t} \\ &= \boldsymbol{t}'\boldsymbol{X}(\boldsymbol{X}'\boldsymbol{X})^-\boldsymbol{X}'\boldsymbol{t}\,\sigma^2 \\ &= \boldsymbol{a}'(\boldsymbol{X}'\boldsymbol{X})^-\boldsymbol{a}\,\sigma^2. \end{aligned}$$

(b) 정리 10.4와 아래의 사실을 이용하면 $\boldsymbol{a}'\boldsymbol{\beta}^0$와 MS_E는 독립이다.

$$\boldsymbol{a}'(\boldsymbol{X}'\boldsymbol{X})^-\boldsymbol{X}'(\sigma^2\boldsymbol{I})[\boldsymbol{I} - \boldsymbol{X}(\boldsymbol{X}'\boldsymbol{X})^-\boldsymbol{X}'] = \boldsymbol{0}'.$$

■

12.10.2 검정가능한 가설

12.10.1절에서 얻은 결과들을 이용하면 $\boldsymbol{\beta}$의 추정가능한 선형함수들에 대한 가설검정과 신뢰구간을 구할 수 있다.

■ **정의 12.2** 만약 $\boldsymbol{K\beta}$의 원소들이 추정가능하면 가설 $H_0 : \boldsymbol{K\beta} = \boldsymbol{m}$을 검정가능하다고 한다. 여기서 $\boldsymbol{K}$는 $s \times p$ 행렬이며 계수는 s이며($s \le r$이고 s는 식 (12.1)의 행렬 $\boldsymbol{X}$의 계수이다) $\boldsymbol{m}$은 상수벡터이다.

보조정리 12.1 가설 $H_0 : \boldsymbol{K\beta} = \boldsymbol{m}$이 감정가능한 필요충분조건은 $\boldsymbol{K} = \boldsymbol{SX}'\boldsymbol{X}$를 만족하는 $s \times p$ 행렬 $\boldsymbol{S}$가 존재하는 것이다.

증명 만약 $\boldsymbol{K\beta}$가 검정가능한 가설이라면 $\boldsymbol{K}$의 행들은 $\boldsymbol{X}$의 행공간에 속해야 한다. 따라서 $\boldsymbol{K} = \boldsymbol{TX}$를 만족하는 행렬 $\boldsymbol{T}$가 존재한다. 그러므로 $\boldsymbol{K} = \boldsymbol{TX}(\boldsymbol{X}'\boldsymbol{X})^-\boldsymbol{X}'\boldsymbol{X} = \boldsymbol{SX}'\boldsymbol{X}$이며 여기서 $\boldsymbol{S} = \boldsymbol{TX}(\boldsymbol{X}'\boldsymbol{X})^-$이다. 반대로 만약 $\boldsymbol{K} = \boldsymbol{SX}'\boldsymbol{X}$를 만족하는 행렬 $\boldsymbol{S}$가 존재하면 $\boldsymbol{K}$의 임의의 행은 $\boldsymbol{X}$의 행들의 선형조합이며 이 사실은 $\boldsymbol{K\beta}$의 추정가능성을 의미한다. 따라서 H_0는 검정가능하다. ■

12.10.3 H_0에 대한 검정통계량

이제 차수가 $s \times p$이고 계수가 $s(\le r)$인 행렬 $\boldsymbol{K}$에 대하여 $\boldsymbol{K\beta}$가 추정가능하다고 가정하자. $\boldsymbol{K\beta}$의 최소분산 선형불편추정량을 $\boldsymbol{K}\hat{\boldsymbol{\beta}} = \boldsymbol{K}(\boldsymbol{X}'\boldsymbol{X})^-\boldsymbol{X}'\boldsymbol{y}$라고 하고 식 (12.1)에 나타난 $\boldsymbol{\epsilon}$은 평균이 영이고 공분산행렬이 $\sigma^2\boldsymbol{I}$라고 하자. $\boldsymbol{K}\hat{\boldsymbol{\beta}}$의 공분산행렬은 다음과 같다.

$$
\begin{aligned}
\mathrm{var}(\boldsymbol{K}\hat{\boldsymbol{\beta}}) &= \boldsymbol{K}(\boldsymbol{X}'\boldsymbol{X})^{-}\boldsymbol{X}'\boldsymbol{X}(\boldsymbol{X}'\boldsymbol{X})^{-}\boldsymbol{K}'\,\sigma^2 \\
&= \boldsymbol{SX}'\boldsymbol{X}(\boldsymbol{X}'\boldsymbol{X})^{-}\boldsymbol{X}'\boldsymbol{X}(\boldsymbol{X}'\boldsymbol{X})^{-}\boldsymbol{X}'\boldsymbol{XS}'\,\sigma^2 \\
&= \boldsymbol{SX}'\boldsymbol{X}(\boldsymbol{X}'\boldsymbol{X})^{-}\boldsymbol{X}'\boldsymbol{XS}'\,\sigma^2 \\
&= \boldsymbol{SX}'\boldsymbol{XS}'\,\sigma^2, \qquad (12.46)
\end{aligned}
$$

여기서 $\boldsymbol{S}$는 보조정리 12.1에 기술한 행렬이다. 더 나아가 $\mathrm{var}(\boldsymbol{K}\hat{\boldsymbol{\beta}})$는 다음과 같이 표현할 수 있으며

$$
\begin{aligned}
\mathrm{var}(\boldsymbol{K}\hat{\boldsymbol{\beta}}) &= \boldsymbol{TX}(\boldsymbol{X}'\boldsymbol{X})^{-}\boldsymbol{X}'\boldsymbol{X}(\boldsymbol{X}'\boldsymbol{X})^{-}\boldsymbol{X}'\boldsymbol{T}'\,\sigma^2 \\
&= \boldsymbol{TX}(\boldsymbol{X}'\boldsymbol{X})^{-}\boldsymbol{X}'\boldsymbol{T}'\,\sigma^2 \\
&= \boldsymbol{K}(\boldsymbol{X}'\boldsymbol{X})^{-}\boldsymbol{K}'\,\sigma^2, \qquad (12.47)
\end{aligned}
$$

위에서 $\boldsymbol{T}$는 $\boldsymbol{K} = \boldsymbol{TX}$를 만족하는 행렬이다. 이제 우리는 $\mathrm{var}(\boldsymbol{K}\hat{\boldsymbol{\beta}})$는 $(\boldsymbol{X}'\boldsymbol{X})^{-}$의 선택에 따라 변하지 않고 정칙행렬임을 알 수 있다. 두 번째 사실은 $\boldsymbol{K}$가 계수 s를 가지는 완전행계수행렬이라는 점과 $\boldsymbol{S}$의 계수가 s이기 때문에 성립하는 아래의 식으로부터 얻어진다.

$$s = rank(\boldsymbol{K}) \le rank(\boldsymbol{SX}') \le rank(\boldsymbol{S}) \le s,$$

따라서 $rank(\boldsymbol{SX}') = s$이고 $\boldsymbol{SX}'\boldsymbol{XS}'$는 완전계수행렬이기 때문에 식 (12.46)에 의하여 $\mathrm{var}(\boldsymbol{K}\hat{\boldsymbol{\beta}})$는 정칙행렬이다.

이제 $\boldsymbol{K\beta}$가 추정가능하고 모형 (12.1)의 $\boldsymbol{\epsilon}$이 $N(\boldsymbol{0}, \sigma^2\boldsymbol{I})$를 따른다는 가정하에서 가설 $H_0 : \boldsymbol{K\beta} = \boldsymbol{m}$과 $H_a : \boldsymbol{K\beta} \neq \boldsymbol{m}$에 대한 검정통계량을 유도할 수 있다. 아래의 분포가 성립하므로

$$\boldsymbol{K}\hat{\boldsymbol{\beta}} \sim N[\boldsymbol{K\beta}, \boldsymbol{K}(\boldsymbol{X}'\boldsymbol{X})^{-}\boldsymbol{K}'\,\sigma^2],$$

귀무가설 H_0하에서 아래 주어진 F-통계량은 자유도가 s와 $n-r$인 F-분포를 따른다.

$$F = \frac{(\boldsymbol{K}\hat{\boldsymbol{\beta}} - \boldsymbol{m})'[\boldsymbol{K}(\boldsymbol{X}'\boldsymbol{X})^{-}\boldsymbol{K}']^{-1}(\boldsymbol{K}\hat{\boldsymbol{\beta}} - \boldsymbol{m})}{s\,MS_E} \qquad (12.48)$$

여기서 MS_E는 식 (12.45)에서 정의된 평균 오차제곱합이다. 이러한 결과는 정리 12.6에 의하여 $\boldsymbol{K}\hat{\boldsymbol{\beta}}$와 MS_E가 독립이고 $\frac{1}{\sigma^2}SS_E \sim \chi^2_{n-r}$이므로 성립한다. 따라서 만약 $F \ge F_{\alpha,s,n-r}$이면 신뢰수준 α에서 귀무가설을 기각할 수 있다.

$\boldsymbol{m}$과 다른 상수벡터 $\boldsymbol{m}_a$에 대한 대립가설 $H_a : \boldsymbol{K\beta} = \boldsymbol{m}_a$하에서 검정의 검정력(power)은 다음과 같이 계산할 수 있다.

$$\text{검정력} = P[F \ge F_{\alpha,s,n-r} | H_a : \boldsymbol{K\beta} = \boldsymbol{m}_a].$$

대립가설 H_a하에서 F-통계량은 비중심 F-분포 $F_{s,n-r}(\theta)$를 따르며 비중심모수는 다음과 같이 주어진다.

$$\theta = \frac{1}{\sigma^2}(\boldsymbol{m}_a - \boldsymbol{m})'[\boldsymbol{K}(\boldsymbol{X}'\boldsymbol{X})^{-}\boldsymbol{K}']^{-1}(\boldsymbol{m}_a - \boldsymbol{m}). \qquad (12.49)$$

그러므로 검정력은 다음과 같이 구할 수 있다.

$$\text{검정력} = P[F_{s,n-r}(\theta) \ge F_{\alpha,s,n-r}]$$

또한 $\boldsymbol{K\beta}$에 대한 신뢰구역도 위에서 논의한 F-분포에 대한 결과를 이용하여 구할 수 있다. 아래 주어진 통계량은 자유도가 s와 $n-r$을 가지는 F-분포를 따른다.

$$\frac{(\boldsymbol{K}\hat{\boldsymbol{\beta}} - \boldsymbol{K\beta})'[\boldsymbol{K}(\boldsymbol{X}'\boldsymbol{X})^{-}\boldsymbol{K}']^{-1}(\boldsymbol{K}\hat{\boldsymbol{\beta}} - \boldsymbol{K\beta})}{s\,MS_E}$$

위의 분포로부터 $\boldsymbol{K\beta}$에 대한 $(1-\alpha)100\%$ 신뢰구역은 다음과 같이 주어진다.

$$\frac{(\boldsymbol{K}\hat{\boldsymbol{\beta}} - \boldsymbol{K\beta})'[\boldsymbol{K}(\boldsymbol{X}'\boldsymbol{X})^{-}\boldsymbol{K}']^{-1}(\boldsymbol{K}\hat{\boldsymbol{\beta}} - \boldsymbol{K\beta})}{s\,MS_E} \leq F_{\alpha,s,n-r}. \tag{12.50}$$

특별히 $\boldsymbol{K}=\boldsymbol{k}'$인 경우 가설 $H_0:\boldsymbol{k}'\boldsymbol{\beta}=m$과 $H_a:\boldsymbol{k}'\boldsymbol{\beta}\neq m$을 검정하는 통계량은 아래와 같이 주어지며

$$t = \frac{\boldsymbol{k}'\hat{\boldsymbol{\beta}} - m}{[\boldsymbol{k}'(\boldsymbol{X}'\boldsymbol{X})^{-}\boldsymbol{k}\,MS_E]^{1/2}}, \tag{12.51}$$

이 통계량은 귀무가설 H_0하에서 자유도 $n-r$을 가지는 t-분포를 따른다. 이러한 경우에 $\boldsymbol{k}'\boldsymbol{\beta}$에 대한 $(1-\alpha)100\%$ 신뢰구간은 다음과 같다.

$$\boldsymbol{k}'\hat{\boldsymbol{\beta}} \pm [\boldsymbol{k}'(\boldsymbol{X}'\boldsymbol{X})^{-}\boldsymbol{k}\,MS_E]^{1/2}\, t_{\frac{\alpha}{2},n-r}. \tag{12.52}$$

예제 12.9 다음과 같은 일원배치모형(one-way model)을 고려하자.

$$y_{ij} = \mu + \alpha_i + \epsilon_{ij}, \quad i=1,2,\ldots,k; \quad j=1,2,\ldots,n_i,$$

여기서 α_i는 고정된 모르는 모수이고 오차 ϵ_{ij}는 서로 독립이며 $N(0,\sigma^2)$를 따른다. 이러한 모형을 식 (12.1)으로 표현하면 $\boldsymbol{\beta}=(\mu,\alpha_1,\alpha_2,\ldots,\alpha_k)'$이고

$$\boldsymbol{X} = [\mathbf{1}_{n_.} : \oplus_{i=1}^{k}\mathbf{1}_{n_i}],$$

여기서 $n_. = \sum_{i=1}^{k} n_i$이고 차수가 $n_i \times 1 (i=1,2,\ldots,k)$인 벡터 $\mathbf{1}_{n_i}$는 모든 원소가 1이다. 행렬 $\boldsymbol{X}$은 계수가 k이며 이 행렬의 행공간은 다음에 주어진 서로 선형독립인 k개의 벡터가 만드는 공간이다.

$$(1,1,0,\ldots,0),\ (1,0,1,\ldots,0),\ \ldots,\ (1,0,0,\ldots,0,1),$$

이러한 사실로서 다음과 같은 결과를 얻을 수 있다.

결과 1 $\mu+\alpha_i\ (i=1,2,\ldots,k)$는 $\boldsymbol{\beta}$의 모든 추정가능한 함수를 생성하는 기저이다. 따라서 $i_1 \neq i_2$인 경우 $\alpha_{i_1}-\alpha_{i_2}$는 추정가능하다.

결과 2 μ는 추정불가능하다.

이러한 결과를 보이기 위하여 μ를 $\boldsymbol{a}'\boldsymbol{\beta}$의 형태로 표기하면 $\boldsymbol{a}'=(1,0,0,\ldots,0)$이다. 만약 μ가 추정가능하다면 $\boldsymbol{a}'$는 $\boldsymbol{X}$의 행공간에 속해야 하며 이는 어떤 벡터 $\boldsymbol{t}$가 존재하여 $\boldsymbol{a}'=\boldsymbol{t}'\boldsymbol{X}$가 성립함을 의미한다. 이러한 $\boldsymbol{t}'$는 다음을 만족해야 한다.

$$t'\mathbf{1}_{n.} = 1 \tag{12.53}$$

$$t' \oplus_{i=1}^{k} \mathbf{1}_{n_i} = \mathbf{0}'. \tag{12.54}$$

식 (12.54)는 $\boldsymbol{t}$가 $\oplus_{i=1}^{k}\mathbf{1}_{n_i}$의 열들과 직교하는 것을 의미한다. 따라서 이는 $\mathbf{1}_n$과 직교해야 하며 $\mathbf{1}_n$은 $\oplus_{i=1}^{k}\mathbf{1}_{n_i}$의 열들의 합이다. 이러한 결과는 식 (12.53)의 결과와 모순되므로 μ는 추정이 불가능하다는 것을 보일 수 있다.

결과 3 $i_1 \neq i_2$인 경우 $\alpha_{i_1} - \alpha_{i_2}$의 최소분산 선형불편추정량(BLUE)는 $\bar{y}_{i_1.} - \bar{y}_{i_2.}$이다. 여기서 $\bar{y}_{i.} = \frac{1}{n_i}\sum_{j=1}^{n_i} y_{ij},\ i = 1, 2, \ldots, k$이다.

위의 결과를 유도하기 위하여 먼저 $\mu + \alpha_i$를 $\boldsymbol{a}_i'\boldsymbol{\beta}$의 형태로 나타내자. 여기서 $\boldsymbol{a}_i'$는 $k + 1$개의 원소를 가지는 벡터이며 첫 번째 원소는 1이고 α_i에 대응하는 원소 또한 1이다. $\mu + \alpha_i$가 추정가능하므로 이것의 BLUE는 $\boldsymbol{a}_i'\boldsymbol{\beta}^0$이다. 여기서

$$\boldsymbol{\beta}^0 = (X'X)^- X'\boldsymbol{y}$$

$$= \begin{bmatrix} 0 & \mathbf{0}' \\ \mathbf{0} & \boldsymbol{D} \end{bmatrix} \begin{bmatrix} y_{..} \\ y_{1.} \\ \cdot \\ \cdot \\ \cdot \\ y_{k.} \end{bmatrix}, \tag{12.55}$$

이고 $y_{..} = \sum_{i=1}^{k}\sum_{j=1}^{n_i} y_{ij},\ y_{i.} = n_i\bar{y}_{i.}$이며 $\boldsymbol{D} = diag(n_1^{-1}, n_2^{-1}, \ldots, n_k^{-1})$이다. 식 (12.55)로부터 $\mu^{\mathbf{0}} = 0,\ \alpha_i^{\mathbf{0}} = \bar{y}_i,\ i = 1, 2, \ldots, k$임을 알 수 있다. 따라서 $\boldsymbol{a}_i'\boldsymbol{\beta}^0 = \bar{y}_i$이다. 결론적으로 $\alpha_{i_1} - \alpha_{i_2}$의 BLUE는 $\bar{y}_{i_1.} - \bar{y}_{i_2.},\ i_1 \neq i_2$이며 그 분산은 다음과 같다.

$$var(\bar{y}_{i_1.} - \bar{y}_{i_2.}) = \left(\frac{1}{n_{i_1}} + \frac{1}{n_{i_2}}\right)\sigma^2.$$

$\alpha_{i_1} - \alpha_{i_2}$의 $(1 - \alpha)100\%$ 신뢰구간은 다음과 같이 주어진다.

$$\bar{y}_{i_1.} - \bar{y}_{i_2.} \pm \left[\left(\frac{1}{n_{i_1}} + \frac{1}{n_{i_2}}\right)MS_E\right]^{1/2} t_{\alpha/2, n.-k}$$

12.11 신뢰구간

정규방정식의 해와 무관하게 추정량(BLUE)을 가지는 것은 추정가능한 함수들이기 때문에 신뢰구간도 이러한 함수들에 대해서만 존재한다. 관측치벡터 $\boldsymbol{y}$가 $N(\boldsymbol{X\beta}, \sigma^2\boldsymbol{I})$를 따른다고 가정하면 추정가능한 함수 $\boldsymbol{a}'\boldsymbol{\beta}$의 BLUE는 $\boldsymbol{a}'\boldsymbol{\beta}^0 \sim N(\boldsymbol{\alpha}'\boldsymbol{X\beta}, \boldsymbol{a}'\boldsymbol{G}\boldsymbol{a}\,\sigma^2)$이다. 따라서 11.7.2절의 결과를 따르면 $\boldsymbol{a}'\boldsymbol{\beta}$의 $(1 - \alpha)100\%$ 신뢰구간은 다음과 같이 주어진다.

$$a'\beta^0 \pm t_{\frac{\alpha}{2},n-r}\sqrt{a'GaMS_E},$$

여기서 n은 관측치의 개수이고 r은 X의 계수이다.

12.12 특별한 결과들

앞에서 유도한 일반적인 결과들을 다음에 나오는 세 가지 특별한 모형들에 대하여 적용해 보자.

12.12.1 일원배치

일원배치(one-way classification) 모형은 식 (12.2)에서 기술한 $E(y_{ij}) = \mu + \alpha_i$를 만족하는 모형으로 이 장에서 계속 예제로 사용하였다. 정규방정식의 일반적인 형태는 다음과 같으며

$$\begin{bmatrix} N & n_1 & n_2 & \cdots & n_k \\ n_1 & n_1 & 0 & \cdots & 0 \\ n_2 & 0 & n_2 & \cdots & 0 \\ \vdots & & & & \\ n_k & 0 & \cdots & 0 & n_k \end{bmatrix} \begin{bmatrix} \mu^0 \\ \alpha_1^0 \\ \alpha_2^0 \\ \vdots \\ \alpha_k^0 \end{bmatrix} = \begin{bmatrix} y_{..} \\ y_{1\cdot} \\ y_{2\cdot} \\ \vdots \\ y_{k\cdot} \end{bmatrix} \tag{12.56}$$

여기서 k는 표 12.1에 나타난 세 개의 나무 종류와 같은 집단 또는 층의 개수이며 위 방정식에서 사용한 요약통계량들의 정의는 다음과 같다.

$$N = \sum_{i=1}^{k} n_i, \quad y_{i\cdot} = \sum_{j=1}^{n_i} y_{ij} \quad \text{and} \quad \bar{y}_{i\cdot} = y_{i\cdot}/n_i \quad \text{and} \quad y_{..} = \sum_{i=1}^{k} y_{i\cdot}.$$

식 (12.19)에서 주어진 정규방정식의 해는 아래와 같다.

$$\mu^0 = 0 \quad \text{and} \quad \alpha_i^0 = \bar{y}_{i\cdot}. \tag{12.57}$$

기본적으로 추정가능한 함수는 $\mu + \alpha_i$이며 이것의 BLUE는 다음과 같다.

$$\widehat{\mu + \alpha_i} = \mu^0 + \alpha_i^0 = 0 + \bar{y}_{i\cdot} = \bar{y}_{i\cdot}. \tag{12.58}$$

$\mu + \alpha_i$들의 모든 선형조합들도 추정가능한 함수이고 그것들의 BLUE는 $\bar{y}_{i.}$들의 선형조합으로 나타난다.

일원배치 모형의 목적은 분산분석을 통하여 구현된다. 식 (12.34)에 식 (12.56)과 (12.57)을 적용하면 $R(\mu) = N\bar{y}_{..}^2$과 함께 식 (12.40)의 결과를 다음과 같이 얻는다.

$$R(\mu, \alpha) = SS_{reg} = 0(y_{..}) + \sum_{i=1}^{k} \bar{y}_{i\cdot} y_{i\cdot} = \sum_{i=1}^{k} n_i \bar{y}_{i\cdot}^2 = \sum_{i=1}^{k} y_{i\cdot}{}^2/n_i \tag{12.59}$$

위의 결과와 표 12.5의 첫 번째 부분에 나오는 식 (12.42)의 SS_{Reg}을 이용하면 표 12.6과 같은 분산

표 12.6 일원배치에 대한 분산분석

요인	자유도	제곱합	F-통계량
평균	1	$R(\mu) = N\bar{y}^2$	
집단[a]	$k-1$	$R(\alpha\|\mu) = R(\mu,\alpha) - N\bar{y}^2$	$F(\alpha\|\mu) = \dfrac{R(\alpha\|\mu)/(k-1)}{SSE/(N-k)}$
오차	$N-k$	$SS_E = \mathbf{y}'\mathbf{y} - R(\mu,\alpha)$	
총합	N	$SS_T = \mathbf{y}'\mathbf{y}$	

[a]평균으로 보정된 요인

분석표를 얻을 수 있다. 표 12.5의 (b) 부분이 표 12.6의 예이다. F-통계량, $F(\alpha\,|\,\mu)$는 가설 $H:\alpha_1 = \alpha_2 = \cdots = \alpha_k$를 검정할 수 있다. 위와 같은 분산분석에 대한 더 자세한 내용은(Searle 1971, Section 7.2)에서 찾아볼 수 있다.

12.12.2 상호작용이 없는 균형이원배치

농업과 식물학 분야에서는 작물의 다양한 변종에 대하여 비료가 그 성장에 미치는 영향을 조사하는 많은 실험들이 끊임없이 진행된다. 이제 우리는 세 개의 변종과 두 개의 비료의 조합으로 실험한 여섯 개의 조합에 대한 실험 지료를 얻었다고 하자. 비록 실제로 세 개의 작물을 두 개의 행으로 재배하지는 않지만 표 12.7에 나타난 것과 같이 자료를 정리하는 것이 보기 편하다. 표에서 y_{ij}는 j번째 비료를 받은 작물의 i번째 변종을 나타낸다. 만약 μ를 작물 수확량의 총평균이라고 하고 α_i를 i번째 변종의 효과, β_j를 j번째 비료의 효과라고 하면 반응변수 y_{ij}에 대한 방정식을 다음과 같이 나타낼 수 있다.

$$y_{ij} = \mu + \alpha_i + \beta_j + \epsilon_{ij}, \tag{12.60}$$

여기서 ϵ_{ij}는 y_{ij}에 나타난 오차항이다. 이러한 모형을 상호작용이 없는 이원배치모형이라고 부르며 이은 식 (12.2)에 주어진 일원배치모형의 확장된 형태이다. 앞에서와 같이 ϵ_{ij}들은 독립이며 평균이 영이고 분산이 σ^2이라고 가정한다.

각 관측치를 식 (12.60)에서 주어진 모형의 형태로 쓰면 다음과 같다.

표 12.7 작물의 생산량

	처리		
변종	1	2	합
1	y_{11}	y_{12}	$y_{1.}$
2	y_{21}	y_{22}	$y_{2.}$
3	y_{31}	y_{32}	$y_{3.}$
합	$y_{.1}$	$y_{.2}$	$y_{..}$

$$
\begin{aligned}
y_{11} &= \mu + \alpha_1 & & & +\beta_1 & & +\epsilon_{11}\\
y_{12} &= \mu + \alpha_1 & & & & +\beta_2 & +\epsilon_{12}\\
y_{21} &= \mu & +\alpha_2 & & +\beta_1 & & +\epsilon_{21}\\
y_{22} &= \mu & +\alpha_2 & & & +\beta_2 & +\epsilon_{22}\\
y_{31} &= \mu & & +\alpha_3 & +\beta_1 & & +\epsilon_{31}\\
y_{32} &= \mu & & +\alpha_3 & & +\beta_2 & +\epsilon_{32}
\end{aligned}
$$

위의 표현을 행렬식으로 나타내면 다음과 같다.

$$
\boldsymbol{y} = \begin{bmatrix} 1 & 1 & 0 & 0 & 1 & 0 \\ 1 & 1 & 0 & 0 & 0 & 1 \\ 1 & 0 & 1 & 0 & 1 & 0 \\ 1 & 0 & 1 & 0 & 0 & 1 \\ 1 & 0 & 0 & 1 & 1 & 0 \\ 1 & 0 & 0 & 1 & 0 & 1 \end{bmatrix} \begin{bmatrix} \mu \\ \alpha_1 \\ \alpha_2 \\ \alpha_3 \\ \beta_1 \\ \beta_2 \end{bmatrix} + \epsilon \tag{12.61}
$$

여기서 $\boldsymbol{y}$와 $\boldsymbol{\epsilon}$은 각각 관측치들과 오차항들의 벡터이다. 행렬 $\boldsymbol{X}$는 0과 1로 이루어진 계획행렬이고 는 모수들의 벡터이다. 이러한 사실들로부터 모형의 방정식이 $\boldsymbol{y} = \boldsymbol{X\beta} + \boldsymbol{\epsilon}$의 형태로 표현되는 것을 알 수 있다. 따라서 우리는 다음과 같은 식들을 유도할 수 있다.

$$
\boldsymbol{X}'\boldsymbol{y} = \begin{bmatrix} y_{..} \\ y_{1.} \\ y_{2.} \\ y_{3.} \\ y_{.1} \\ y_{.2} \end{bmatrix}, \quad \text{and} \quad \boldsymbol{X}'\boldsymbol{X} = \begin{bmatrix} 6 & 2 & 2 & 2 & 3 & 3 \\ 2 & 2 & 0 & 0 & 1 & 1 \\ 2 & 0 & 2 & 0 & 1 & 1 \\ 2 & 0 & 0 & 2 & 1 & 1 \\ 3 & 1 & 1 & 1 & 3 & 0 \\ 3 & 1 & 1 & 1 & 0 & 3 \end{bmatrix}
$$

또한 $\boldsymbol{X}'\boldsymbol{X}$의 일반화역행렬은 다음과 같이 주어진다.

$$
\boldsymbol{G} = \frac{1}{6}\begin{bmatrix} 0 & 0 & 0 & 0 & 0 & 0 \\ 0 & 4 & 1 & 1 & -2 & 0 \\ 0 & 1 & 4 & 1 & -2 & 0 \\ 0 & 1 & 1 & 4 & -2 & 0 \\ 0 & -2 & -2 & -2 & 4 & 0 \\ 0 & 0 & 0 & 0 & 0 & 0 \end{bmatrix}.
$$

이제 $\boldsymbol{w}' = (w_0, w_1, w_2, w_3, w_4, w_5)$라고 하면 $\boldsymbol{H} = \boldsymbol{GX}'\boldsymbol{X}$를 계산한 후 정리 12.4와 12.5를 적용하면 $\boldsymbol{w}$의 임의의 값에 대하여 추정가능한 함수는 다음과 같이 표현할 수 있고

$$
\begin{aligned}
\boldsymbol{a}'\boldsymbol{\beta} = \boldsymbol{w}'\boldsymbol{H\beta} &= (w_1 + w_2 + w_3)\mu + w_1\alpha_1 + w_2\alpha_2 + w_3\alpha_3 \\
&\quad + w_4\beta_1 + (w_1 + w_2 + w_3 - w_4)\beta_2
\end{aligned} \tag{12.62}
$$

그들의 BLUE는 12.10.1절의 결과로부터 다음과 같이 표현된다.

$$
\begin{aligned}
\boldsymbol{a}'\boldsymbol{\beta}^0 &= \boldsymbol{w}'\boldsymbol{GX}'\boldsymbol{y} \\
&= w_1(4y_{1.} + y_{2.} + y_{3.} - 2y_{.1})/6 + w_2(y_{1.} + 4y_{2.} + y_{3.} - 2y_{.1})/6 \\
&\quad + w_3(y_{1.} + y_{2.} + 4y_{3.} - 2y_{.1})/6 - w_4(2y_{1.} + 2y_{2.} + 2y_{3.} - 4y_{.1})/6.
\end{aligned} \tag{12.63}
$$

일반적으로 추정가능한 함수인 식 (12.62)는 w의 특정한 값에 대응하는 특별한 추정가능한 함수

표 12.8 추정가능한 함수의 추정량(상호작용이 없는 균형이원배치의 경우)

w의 값				추정가능한 함수, $\mathbf{a}'\beta$	BLUE, $\mathbf{a}'\beta^0$
w_1	w_2	w_3	w_4	식 (12.62)	식 (12.63)
1	−1	0	0	$\alpha_1-\alpha_2$	$\bar{y}_{1.}-\bar{y}_{2.}$
1	0	−1	0	$\alpha_1-\alpha_3$	$\bar{y}_{1.}-\bar{y}_{3.}$
$\frac{1}{3}$	$\frac{1}{3}$	$\frac{1}{3}$	$\frac{1}{2}$	$\mu+\frac{1}{3}(\alpha_1+\alpha_2+\alpha_3)+\frac{1}{2}(\beta_1+\beta_2)$	$\bar{y}_{..}$
0	0	0	1	$\beta_1-\beta_2$	$\bar{y}_{.1}-\bar{y}_{.2}$

를 제공한다. 이는 또한 관심이 있는 특별한 형태의 함수가 추정가능한 함수인지 판단할 수 있는 방법을 제공한다(w의 값들이 적절하게 선택될 수 있는지 여부에 따라서). 예를 들어 $\alpha_1-\alpha_2$는 추정가능하다. 왜냐하면 식 (12.62)에서 $w_1=1$, $w_2=-1$, $w_3=0=w_4$으로 지정하면 식 $\alpha_1-\alpha_2$을 얻을 수 있기 때문이다. 같은 값들을 식 (12.63)에 대입하면 $\alpha_1-\alpha_2$에 대한 BLUE를 얻을 수 있다. 하지만 $\mu+\alpha_1$은 추정가능한 함수가 아니다. 왜냐하면 식 (12.62)에 어떠한 w값을 넣어도 $\mu+\alpha_1$을 유도할 수 없기 때문이다.

물론 식 (12.62)에서 사용될 수 있는 w의 값들이 무한하게 많기 때문에 추정가능한 함수들의 개수도 무한히 많다. 하지만 각각은 어떤 $\mathbf{w}'$에 대한 함수 $\mathbf{w}'\mathbf{H}\boldsymbol{\beta}$의 형태이다. 각 $\mathbf{w}'$은 차수가 p($\boldsymbol{\beta}$ 원소의 개수)이기 때문에 우리는 언제나 p개의 선형독립인 값을 가지는 $\mathbf{w}'$들을 찾을 수 있고 이들을 $\mathbf{W}$로 나타낼 수 있다. 더 나아가 $\mathbf{W}^{-1}$가 존재하면 이에 대한 추정가능한 함수들은 $\mathbf{WH}\boldsymbol{\beta}$이다. 하지만 여기서 $r_{WH}=r_H=r_X$이다(여기서 두 번째 등식은 정리 8.1(ii)와 $\mathbf{GX}'\mathbf{X}$의 계수가 $\mathbf{X}'\mathbf{X}$와 같고 다시 $\mathbf{X}$와 같다는 사실로부터 유도된다). 그러므로 $\mathbf{WH}\boldsymbol{\beta}$는 많아야 r_X개의 선형독립인 추정가능한 함수를 가진다. 따라서 다른 w값들에 대해 식 (12.62)를 이용하여 무수하게 많은 추정가능한 함수를 만들어 낼 수 있어도 최대로 많아야 r_X개의 선형독립인 추정가능한 함수를 만들 수 있다(예제의 경우 4개). 표 12.8은 이러한 선형독립인 추정가능한 함수와 이들의 BLUE를 보여주는 예이다. 이러한 함수들은 모두 익숙한 형태의 함수들이며 정리 12.4와 12.5의 유도를 보여주고 있는 점이 흥미롭다.

또한 표 12.8에 제시된 추정가능한 함수들은 y_{ij}의 기대값으로부터 유도할 수 있다. 모형 (12.60)으로부터 y_{ij}의 기대값은 다음과 같으므로

$$E(y_{ij})=\mu+\alpha_i+\beta_j,$$

식 $\mu+\alpha_i+\beta_j$의 임의의 선형조합은 추정가능하다. 예를 들어

$$\mu+\alpha_1+\beta_1-(\mu+\alpha_2+\beta_1)=\alpha_1-\alpha_2$$

는 추정가능하다. 물론 이것의 BLUE는 $\widehat{\alpha_1-\alpha_2}=\alpha_1^0-\alpha_2^0$이며 $\boldsymbol{\beta}^0=\mathbf{GX}'\mathbf{y}$를 이용하면 $\bar{y}_{1.}-\bar{y}_{2.}$으로 주어진다.

여기서 앞에서 언급한 내용을 다시 강조하는 것이 적절할 것 같다. 비록 행렬을 이용한 표현방식이 아주 간단한 모형에 대해서는 복잡하고 다루기 어렵지만 익숙하지 않은 복잡한 모형을 다루는 데는 일반적으로 용이하다. 균형자료(집단마다 같은 반복측정치를 가진 자료)에서는 $\mathbf{X}'\mathbf{X}$의 형태가 다루기 쉬운 표현으로 나타나기 때문에 모수의 추정량을 쉽게 유도할 수 있다. 따라서 이러

표 12.9 작물의 개수와 생산량

	작물의 개수			작물의 생산량		
	처리			처리		
변종	1	2	합	1	2	합
1	2	1	3	3,7	8	$18 = y_{1.}$
2	1	1	2	34	2	$36 = y_{2.}$
3	1	–	1	12	–	$12 = y_{3.}$
합	4	2	6	$56 = y_{.1}$	$10 = y_{.2}$	$66 = y_{..}$

한 경우 행렬식을 이용하면 전형적인 형태의 추정량이 유도된다. 하지만 실제 실험이나 연구에서 흔히 발생하는 불균형 자료인 경우 관심 있는 모수의 형태나 그에 대한 추정량의 형태는 단순하지 않고 복잡한 경우가 많고 자료의 특성에 의존한다. 이러한 경우 모형을 행렬식의 형태로 표현하면 추정가능한 함수와 그에 대한 추정량의 표현을 쉽게 얻을 수 있다. 이러한 예제를 다음 절에 소개할 것이다.

12.12.3 상호작용이 없는 불균형이원배치

앞 절에서 본 예제에서 변종 1은 두 개의 작물이 처리 1을 받고 변종 3은 처리 2를 아예 받지 못하였다고 가정하자. 작물의 개수와 생산량에 대한 정보가 표 12.9에 나타나 있으며 생산량은 실제값이 아니라 예제에서 계산을 용이하게 위하여 만든 인공적인 값들이다.

모형의 앞 절의 예와 같으며 $\boldsymbol{\beta}$와 $\boldsymbol{X'y}$도 같다. 정규방정식을 고려할 때 $\boldsymbol{X'X}$와 이에 대한 일반화 역행렬은 다음과 같이 주어진다.

$$\boldsymbol{X'X} = \begin{bmatrix} 6 & 3 & 2 & 1 & 4 & 2 \\ 3 & 3 & 0 & 0 & 2 & 1 \\ 2 & 0 & 2 & 0 & 1 & 1 \\ 1 & 0 & 0 & 1 & 1 & 0 \\ 4 & 2 & 1 & 1 & 4 & 0 \\ 2 & 1 & 1 & 0 & 0 & 2 \end{bmatrix}$$
$$\boldsymbol{G} = \frac{1}{7}\begin{bmatrix} 0 & 0 & 0 & 0 & 0 & 0 \\ 0 & 5 & 2 & 4 & -4 & 0 \\ 0 & 2 & 5 & 3 & -3 & 0 \\ 0 & 4 & 3 & 13 & -6 & 0 \\ 0 & -4 & -3 & -6 & 6 & 0 \\ 0 & 0 & 0 & 0 & 0 & 0 \end{bmatrix}. \tag{12.64}$$

이제 $\boldsymbol{H} = \boldsymbol{GX'X}$는 앞에서와 같이 주어짐는 것을 알 수 있고 추정가능한 함수도 식 (12.62)와 같다. 하지만 식 (12.63)의 추정가능한 함수의 BLUE, $\boldsymbol{a}'\boldsymbol{\beta}^0 = \boldsymbol{w}'\boldsymbol{GX'y}$는 다음과 같이 주어진다.

$$\begin{aligned} \boldsymbol{a}'\boldsymbol{\beta}^0 &= \boldsymbol{w}'\boldsymbol{G}(y_{..},\ y_{1.},\ y_{2.},\ y_{3.},\ y_{.1},\ y_{.2})' \\ &= w_1(5y_{1.} + 2_{y2.} + 4y_{3.} - 4y_{.1})/7 + w_2(2y_{1.} + 5y_{2.} + 3y_{3.} - 3y_{.1})/7 \\ &\quad + w_3(4y_{1.} + 3y_{2.} + 13y_{3.} - 6y_{.1})/7 - w_4(4y_{1.} + 3y_{2.} + 6y_{3.} - 6y_{.1})/7. \end{aligned} \tag{12.65}$$

표 12.10 표 12.8에 나타난 네 개의 추정가능한 함수에 대한 추정량

		추정량	
		균형자료 표 12.7	불균형자료 표 12.9
예	추정가능 함수	식 (12.63)에 의한 표 12.8	식 (12. 65)
1	$\alpha_1 - \alpha_2$	$\bar{y}_{1.} - \bar{y}_{2.}$	$(3y_{1.} - 3y_{2.} + y_{3.} - y_{.1})/7$
2	$\alpha_1 - \alpha_3$	$\bar{y}_{1.} - \bar{y}_{3.}$	$(y_{1.} - y_{2.} - 9y_{3.} + 2y_{.1})/7$
3	$\mu + \bar{\alpha}. + \bar{\beta}.^a$	$\bar{y}_{..}$	$(10y_{1.} + 11y_{2.} + 22y_{3.} - 8y_{.1})/42$
4	$\beta_1 - \beta_2$	$\bar{y}_{1.} - \bar{y}_{2.}$	$-(4y_{1.} + 3y_{2.} + 6y_{3.} - 6y_{.1})/7$

[a] $\bar{\alpha}_. = \frac{1}{3}(\alpha_1 + \alpha_2 + \alpha_3)$ and $\bar{\beta}_. = \frac{1}{2}(\beta_1 + \beta_2)$.

이러한 식은 $y_{1.}$, $y_{2.}$, $y_{3.}$, 그리고 $y_{.1}$의 함수로 볼 때 식 (12.62)와 같이 비록 추정가능한 함수의 형태는 같지만 식 (12.63)에 나타난 균형자료에 대한 $\boldsymbol{a}'\boldsymbol{\beta}^0$의 형태와 매우 다름을 알 수 있다. 이러한 예제는 자료의 성질에서 나타난 작은 차이가 추정량에서는 매우 큰 차이를 나타낼 수 있다는 사실을 알려준다. 표 12.10에서 보여주는 결과는 표 12.8의 동일한 추정가능한 함수에 대하여 자료의 구조에서 나타난 작은 차이가 식 (12.65)의 BLUE에서 나타난 것 같이 추정량에서 매우 큰 차이가 나타날 수 있다는 것을 보여주는 것이다.

여기서 살펴본 불균형이원배치의 자료는 사실 매우 단순한 자료의 예제이다. 실제 실험이나 응용에서 나타나는 복잡하고 다양한 예제들에 대한 모형과 분석은 이 책의 범위를 벗어나므로 더 이상 다루지 않으며 이에 대한 자세한 내용은 Searl et al(1981)에서 찾을 수 있다.

12.13 $R(\cdot|\cdot)$ 표기법(계속)

이제 우리는 식 (12.42)에서 다룬 제곱합의 표기법과 표 12.6의 분산분석에 대한 확정을 논의하고자 한다.

$$R(\alpha|\mu) = R(\mu, \alpha) - R(\mu)$$

위 식의 의미는 모형 $E(y_{ij}) = \mu + \alpha_i$를 적합한 뒤 다시 모형 $E(y_{ij}) = \mu$를 적합할 경우 증가하는 제곱합을 나타낸다. 이러한 확장은 쉽게 할 수 있다. 첫 번째로, $R(\alpha|\mu)$와 유사하게, 다음이 성립한다.

$$R(\beta|\mu) = R(\mu, \beta) - R(\mu),$$

위의 식은 식 (12.59)와 같이 모형 $E(y_{ij}) = \mu$를 적합한 뒤 다시 모형 $E(y_{ij}) = \mu + \beta_j$를 적합할 경우 증가하는 제곱합을 나타내는 것이며 여기서 β-요인(factor)에 대한 b개의 수준(level), $j = 1, 2, \ldots, b$에 대하여

표 12.11 상호작용이 없는 이원배치에서 총 제곱합의 두 가지 분해

Fitting $\mu + \alpha_i$ Before $\mu + \alpha_i + \beta_j$	Fitting $\mu + \beta_j$ Before $\mu + \alpha_i + \beta_j$
$R(\mu) = N\bar{y}_{..}^2$	$R(\mu) = N\bar{y}_{..}^2$
$R(\alpha\|\mu) = R(\mu, \alpha) - R(\mu)$	$R(\beta\|\mu) = R(\mu, \beta) - R(\mu)$
$R(\beta\|\mu, \alpha) = R(\mu, \alpha, \beta) - R(\mu, \alpha)$	$R(\alpha\|\mu, \beta) = R(\mu, \alpha, \beta) - R(\mu, \beta)$
$SS_E = \mathbf{y}'\mathbf{y} - R(\mu, \alpha, \beta)$	$SS_E = \mathbf{y}'\mathbf{y} - R(\mu, \alpha, \beta)$
$SS_T = \mathbf{y}'\mathbf{y}$	$SS_T = \mathbf{y}'\mathbf{y}$

$$R(\mu, \beta) = \sum_{j=1}^{b} n_{.j}\bar{y}_{.j}^2 = \sum_{j=1}^{b} y_{.j}^2/n_{.j}. \tag{12.66}$$

두 번째로 우리는 다음과 같이 표현할 수 있다.

$$R(\alpha|\mu, \beta) = R(\mu, \alpha, \beta) - R(\mu, \beta),$$

위 식은 모형 $E(y_{ij}) = \mu + \beta_j$를 적합한 뒤 다시 모형 $E(y_{ij}) = \mu + \alpha_i + \beta_j$를 적합할 경우 증가하는 제곱합을 나타내는 것이다. 이러한 표현을 사용하면 다시 다음과 같이 쓸 수 있다.

$$R(\beta|\mu, \alpha) = R(\mu, \alpha, \beta) - R(\mu, \alpha),$$

이는 모형 $E(y_{ij}) = \mu + \alpha_i$를 적합한 뒤 다시 모형 $E(y_{ij}) = \mu + \alpha_i + \beta_j$를 적합할 경우 증가하는 제곱합을 의미한다.

이제 모형 $E(y_{ij}) = \mu + \alpha_i + \beta_j$에 대한 오차제곱합은 다음과 같다.

$$SS_E = SS_T - R(\mu, \alpha, \beta)$$

여기서 SS_T는 총제곱합 $\mathbf{y}'\mathbf{y}$이고 제곱합의 차이는 표 12.11에 나타난 바와 같은 SS_T의 분해이다. 이것은 표 12.6과 유사한 형태의 확장이다. 이러한 차이를 계산할 때 $R(\mu, \alpha)$와 $R(\mu, \beta)$는 각각 식 (12.59)와 (12.66)에서와 같이 구하고 $R(\mu, \alpha, \beta)$는 다음의 모형을 적합하는 경우 제곱합의 감소분이다.

$$E(y_{ij}) = \mu + a_i + \beta_j, \tag{12.67}$$

즉, 이것은 이 모형에 대한 SS_{reg}이다. 식 (12.34)에 의하여 다음이 성립한다.

$$R(\mu, \alpha, \beta) = \boldsymbol{\beta}^{\mathbf{0}}\mathbf{X}'\mathbf{y}, \text{ for (12.67) written as } E(\mathbf{y}) = \mathbf{X}\boldsymbol{\beta}. \tag{12.68}$$

예제 12.10 표 12.9에 주어진 자료에 대하며

$$\begin{aligned}
R(\mu) &= 6(11)^2 &&= 726 \\
R(\mu, \alpha) &= 18^2/3 + 36^2/2 + 12^2/1 &&= 900 \\
R(\mu, \beta) &= 56^2/4 + 10^2/2 &&= 834 \\
SS_T &= 3^2 + 7^2 + 8^2 + 34^2 + 2^2 + 12^2 &&= 1426.
\end{aligned}$$

표 12.12 표 12.11의 분산분석표에 대한 자유도와 제곱합

Fitting $\mu + \alpha_i$ Before $\mu + \alpha_i + \beta_j$		Fitting $\mu + \beta_j$ Before $\mu + \alpha_i + \beta_j$	
자유도[a]	제곱합	자유도[a]	제곱합
$1 = 1$	$R(\mu) = 726$	$1 = 1$	$R(\mu) = 726$
$a - 1 = 2$	$R(\alpha\|\mu) = 174$	$b - 1 = 1$	$R(\beta\|\mu) = 108$
$b - 1 = 1$	$R(\beta\|\mu, \alpha) = 168$	$a - 1 = 2$	$R(\alpha\|\mu, \beta) = 234$
$N' = 2$	$SS_E = 358$	$N' = 2$	$SS_E = 358$
$N = 6$	$SS_T = 1426$	$N = 6$	$SS_T = 1426$

[a] $N' = N - a - b + 1 = 6 - 2 - 3 + 1 = 2$.

식 (12.64)에 나타난 $\boldsymbol{G}$를 이용하면 다음을 얻게 된다.

$$\boldsymbol{X}'\boldsymbol{y} = \begin{bmatrix} y_{..} \\ y_{1\cdot} \\ y_{2\cdot} \\ y_{3\cdot} \\ y_{\cdot 1} \\ y_{\cdot 2} \end{bmatrix} = \begin{bmatrix} 66 \\ 18 \\ 36 \\ 12 \\ 56 \\ 10 \end{bmatrix} \quad gives \quad \boldsymbol{\beta}^0 = \boldsymbol{G}\boldsymbol{X}'\boldsymbol{y} = \begin{bmatrix} 0 \\ -2 \\ 12 \\ 0 \\ 12 \\ 0 \end{bmatrix}$$

따라서 식 (12.68)로부터

$$\begin{aligned} R(\mu,\ \alpha,\ \beta) &= 0(66) + (-2)(18) + 12(36) + 0(12) + 12(56) + 0(10) \\ &= 1068. \end{aligned}$$

표 12.11의 제곱합들은 표 12.12에 나타나 있다. 정규분포를 가정할 때 계산된 제곱합과 대응하는 자유도를 이용하여 다음과 같이 F-통계량을 계산할 수 있다.

$$F(\alpha|\mu) = \frac{R(\alpha|\mu)/(a-1)}{SS_E/N'} = \frac{174/2}{358/2} = \frac{87}{179}$$

그리고

$$F(\beta|\mu,\ \alpha) = \frac{R(\beta|\mu,\ \alpha)/(b-1)}{SS_E/N'} = \frac{168/2}{358/2} = \frac{84}{179}.$$

위에서 계산된 F-통계량에 대한 자세한 이론과 내용은 이 책에서는 논의하지 않을 것이며 Searl(1971, chapter 7)에서 찾아볼 수 있다. 연습문제(283쪽)에서 보여주듯이 다음과 같이 말할 수 있다.

$F(\alpha\,|\,\mu)$는 가설 "H_0 : 모든 α_i들이 같다"를 검정하는 것이 아니다. (12.69)

이것은 다음의 가설을 검정한다.

$$H_0 : \text{모든 } i\text{에 대하여} \left(\alpha_i + \sum_{j=1}^{b} n_{ij}\beta_j / n_{i\cdot}\right)\text{가 같다.}$$

표 12.13 균형자료에 대한 분산분석

변동의 요인	자유도	제곱합
평균	1	$N\bar{y}^2_{..}$
행 (α's)	2	$\sum\sum(\bar{y}_{i.}-\bar{y}_{..})^2$
열 (β's)	1	$\sum\sum(\bar{y}_{.j}-\bar{y}_{..})^2$
오차	2	$\sum\sum(y_{ij}-\bar{y}_{i.}-\bar{y}_{.j}+\bar{y}_{..})^2$
총합	6	$\sum\sum y_{ij}^2$

이 절에서 다룬 예제에 대해서는 가설이 다음과 같다.

$$H_0 : \alpha_1 + \frac{2}{3}\beta_1 + \frac{1}{3}\beta_2 = \alpha_2 + \frac{1}{2}\beta_1 + \frac{1}{2}\beta_2 = \alpha_3 + \beta_1. \tag{12.70}$$

반면에

$F(\beta\,|\,\mu, \alpha)$는 가설 "H_0 : 모든 β_j들이 같다"를 검정한다.

그리고 이에 대응하여

$F(\alpha\,|\,\mu, \beta)$는 가설 "H_0 : 모든 α_i들이 같다"를 검정한다.

표 12.11에서 나타난 것과 같은 총 제곱합의 서로 다른 분해가 가능하고 그에 따른 표 12.12에서와 같이 다른 값들이 주어지는 이유는 자료에서 부차집단(subclass)마다 관측치의 개수가 다르기 때문이다. 만약 표 12.7처럼 부차집단마다 관측치의 개수가 모두 같다면 두 종류의 분해가 대수적으로 흔히 볼 수 있는 것처럼 표 12.13에 나타나는 제곱합으로 주어진다(두 개의 합기호는 $i = 1, \ldots, a = 3$과 $j = 1, \ldots, b = 2$를 나타낸다). 예를 들어 균형자료의 경우 $R(\alpha\,|\,\mu)$와 $R(\alpha\,|\,\mu, \beta)$는 모두 $\Sigma\Sigma(\bar{y}_{i.} - \bar{y}_{..})^2$으로 나타난다. 이러한 간단한 표현으로 나타나는 이유는 자료가 균형인 경우 제곱합의 계산에 대한 식 (12.34)의 $SS_{reg} = \boldsymbol{\beta}^{0\prime}\boldsymbol{X}'\boldsymbol{y} = \boldsymbol{y}'\boldsymbol{XGx}'\boldsymbol{y}$에서 행렬 $\boldsymbol{X}$가 연관되는 형태가 단순하기 때문이다.

이 장에서 제시한 행렬식을 이용한 모형의 표현은 모든 불균형자료(더 나아가 공변량이 존재하는 경우—searl(1971), Section 8.1 참조)에 대해 적용할 수 있다.이는 또한 균형자료에 대해서도 적용하는 것이 가능하다(예를 들어 표 12.12의 두 부분이 표 12.13의 같은 결론으로 귀결되는 결과). 따라서 균형자료를 불균형자료의 특수한 경우로 보고 이론을 전개하는 것이 편리하다.

여기서 다룬 불균형자료에 대한 예제는 가장 단순한 문제이지만 문제를 설명하기 위한 매우 효과적인 예이다. 이러한 단순한 경우를 복잡한 경우로 확장하여 소개할 수는 있지만 이 책의 범위를 넘어서기 때문에 더 이상 다루지 않을 것이다. 최근의 경향은 자료의 수보다 모수의 수가 많은 과포화모형(over-parameterized model)에서 나타나는 복잡성을 피하고 단순한 기본 모형으로 돌아가는 것이다. 예를 들어 $E(y_{ijk}) = \mu_{ij}$와 같은 모형을 고려하는 것이며 [Searl(1987)과 Hocking(1996) 참조] 이러한 모형을 μ_{ij}–모형 또는 셀평균(cell mean) 모형이라고 한다.

12.14 모수재배치에 의한 완전계수모형

이 절에서는 모수재배치(reparameterization)를 이용한 완전계수모형으로의 전환에 대하여 논의하려 한다. 이제 식 (12.1)에 제시된 모형을 고려해 보자. 대칭행렬인 $\boldsymbol{X}'\boldsymbol{X}$에 스펙트럼분해정리(정리 6.2)를 적용하면 다음과 같은 결과를 얻는다.

$$\boldsymbol{X}'\boldsymbol{X} = \boldsymbol{P}\text{diag}(\boldsymbol{\Lambda}, \boldsymbol{0})\boldsymbol{P}',$$

여기서 $\boldsymbol{\Lambda}$는 r개의 영이 아닌 고유치로 이루어진 $r \times r$ 대각행렬이고 $\boldsymbol{0}$은 $\boldsymbol{X}'\boldsymbol{X}$의 영의 고유치에 대한 대각행렬이다. $\boldsymbol{P}$의 열들은 $\boldsymbol{X}'\boldsymbol{X}$의 직교정규 고유벡터로 이루어져 있다. 또한 두 행렬 $\boldsymbol{\Lambda}$와 $\boldsymbol{0}$에 대응하는 행렬 $\boldsymbol{P}$의 분해 $[\boldsymbol{P}_1\ \boldsymbol{P}_2]$를 고려하자. 그러면 행렬 $\boldsymbol{X}'\boldsymbol{X}$를 $\boldsymbol{X}'\boldsymbol{X} = \boldsymbol{P}_1\boldsymbol{\Lambda}\boldsymbol{P}_1'$으로 나타낼 수 있다. 여기서 $\boldsymbol{P}_1$은 $p \times r$ 행렬이고 계수는 r이다. 또한 $\boldsymbol{P}_2$는 $\boldsymbol{X}'\boldsymbol{X}$의 영인 고유치에 해당하는 고유벡터들로 구성되었기 때문에 $\boldsymbol{X}'\boldsymbol{X}\boldsymbol{P}_2 = \boldsymbol{0}$이며 이는 $\boldsymbol{X}\boldsymbol{P}_2 = \boldsymbol{0}$을 의미한다. 이제 모형 (12.1)을 다음과 같이 표현할 수 있다.

$$\begin{aligned}\boldsymbol{y} &= \boldsymbol{X}\boldsymbol{P}\boldsymbol{P}'\boldsymbol{\beta} + \boldsymbol{\epsilon}\\ &= [\boldsymbol{X}\boldsymbol{P}_1\ \ \boldsymbol{0}]\begin{bmatrix}\boldsymbol{P}_1'\boldsymbol{\beta}\\ \boldsymbol{P}_2'\boldsymbol{\beta}\end{bmatrix} + \boldsymbol{\epsilon}\\ \boldsymbol{y} &= \boldsymbol{X}\boldsymbol{P}_1\boldsymbol{P}_1'\boldsymbol{\beta} + \boldsymbol{\epsilon}\\ \boldsymbol{y} &= \boldsymbol{Z}\boldsymbol{\delta} + \boldsymbol{\epsilon},\end{aligned} \tag{12.71}$$

여기서 $\boldsymbol{Z} = \boldsymbol{X}\boldsymbol{P}_1$이고 $\boldsymbol{\delta} = \boldsymbol{P}_1'\boldsymbol{\beta}$이다. 차수가 $n \times r$인 행렬 $\boldsymbol{Z}$는 $\boldsymbol{P}_1'\boldsymbol{P}_1 = \boldsymbol{I}_r$를 이용하여 다음과 같은 유도를 통하여 완전열계수행렬임을 알 수 있다.

$$\begin{aligned}r(\boldsymbol{Z}) &= r(\boldsymbol{Z}'\boldsymbol{Z})\\ &= r(\boldsymbol{P}_1'\boldsymbol{X}'\boldsymbol{X}\boldsymbol{P}_1)\\ &= r(\boldsymbol{P}_1'\boldsymbol{P}_1\boldsymbol{\Lambda}\boldsymbol{P}_1'\boldsymbol{P}_1)\\ &= r(\boldsymbol{\Lambda})\\ &= r,\end{aligned}$$

그러므로 모형 $\boldsymbol{y} = \boldsymbol{Z}\boldsymbol{\delta} + \boldsymbol{\epsilon}$은 모형 (12.1)의 모수를 재배치하여 완전계수를 가진 새로운 모형으로 전환한 형태이다. 여기서 $\boldsymbol{\delta} = \boldsymbol{P}_1'\boldsymbol{\beta}$로서 $\boldsymbol{\beta}$의 선형함수이다.

참고문헌

Christensen, R. (1996). *Analysis of Variance, Design, and Regression*. Chapman & Hall/CRC, Boca Raton, FL.

Federer, W. T. (1955). *Experimental Design*. Macmillan, New York.

Graybill, F. A. (1961). *An Introduction to Linear Statistical Models*, Vol. 1.McGraw-Hill, New York.

Graybill, F. A. (1976). *Theory and Applications of the Linear Model*. Duxbury Press, North Scituate, MA.

Hinkelman, K. and Kempthorne, O. (1994). *Design and Analysis of Experiments*. JohnWiley & Sons, New York.

Hocking, R. R. (1996). *Methods and Applications of Linear Models*. John Wiley & Sons, New York.

Jorgensen, B. (1993). *The Theory of Linear Models*. Chapman & Hall, New York.

Kempthorne, O. (1952). *The Design and Analysis of Experiments*. John Wiley & Sons, New York.

Khuri, A. I., Mathew, T., and Sinha, B. K. (1998). *Statistical Tests for Mixed Linear Models*. John Wiley & Sons, New York.

Khuri, A. I. (2010). *Linear Model Methodology*. Chapman & Hall/CRC, Boca Raton, FL.

Rao, C. R. (1973). *Linear Statistical Inference and Its Applications*, 2nd ed. JohnWiley & Sons, New York.

Rao, C. R. and Toutenburg, H. (1995). *Linear Models*. Springer-Verlag, New York.

Scheff ′ e, H. (1959). *The Analysis of Variance*. John Wiley & Sons, New York.

Searle, S. R. (1971). *Linear Models*. John Wiley & Sons, New York.

Searle, S. R. (1987). *Linear Models for Unbalanced Data*. John Wiley & Sons, New York.

Searle, S. R., Speed, F. M., and Henderson, H.V. (1981). Some computational and model equivalences in analysis of variance of unequal-subclass-numbers data. *Am. Stat.*, 35, 16–33.

Seber, G. A. F. (1977). *Linear Regression Analysis*. John Wiley & Sons, New York.

Sengupta, D. and Jammalamadaka, S. R. (2003). *Linear Models*. World Scientific, Singapore.

Winer, B. J. (1971). *Statistical Principles in Experimental Design*. McGraw-Hill, New York.

연습문제

12.1 모형 (12.71)을 이용하여 식 (12.1)에 주어진 모형에서 $\boldsymbol{\beta}$의 선형독립인 추정가능한 함수의 개수가 $\boldsymbol{X}$의 계수와 같음을 보이시오.

12.2 12.14절에서 사용된 행렬 $\boldsymbol{P}_1'$을 고려하자. $\boldsymbol{P}_1'$의 행들이 $\boldsymbol{X}$의 행공간에 대한 정규직교기저를 형성하는 사실을 보이시오.

12.3 식 (12.1)에 제시된 모형을 고려하고 $\boldsymbol{Q}'\boldsymbol{\beta}$를 추정가능하다고 가정하자. 여기서 $\boldsymbol{Q}'$은 차수가 $s \times p$이며 계수가 s인 행렬이다. 이제 $\boldsymbol{\beta}^0$를 정규방정식의 근이라고 하면 $\boldsymbol{Q}'\boldsymbol{\beta}^0$는 $(\boldsymbol{X}'\boldsymbol{X})^-$의 선택에 의하여 변하지 않는다는 사실을 보이시오.

12.4 가우스-마코프 정리(정리 12.3)를 증명하시오.

12.5 (a) 모형 (12.1)에서 $\boldsymbol{\beta}$에 대한 임의의 선형함수가 추정가능할 필요충분조건이 그 함수가 어떤 벡터 $\boldsymbol{l}'$에 대하여 $\boldsymbol{l}'(\boldsymbol{X}'\boldsymbol{X})^-\boldsymbol{X}'\boldsymbol{X}\boldsymbol{\beta}$로 표현할 수 있다는 사실임을 증명하시오.

(b) $\boldsymbol{l}'$의 구별되는 원소로 구성되는 $\boldsymbol{l}'(\boldsymbol{X}'\boldsymbol{X})^{-}\boldsymbol{X}'\boldsymbol{X}\boldsymbol{\beta}$의 계수가 $\boldsymbol{\beta}$의 선형함수로 이루어진 모든 추정가능한 함수들의 공간에 대한 기저가 됨을 보이시오.

12.6 다음에 주어진 자료를 고려하고

		B	
A	1	2	3
1	18	12	24
2	5	7	9
3	3	6	15
4	6	3	18

이에 대한 모형은 다음과 같다고 가정한다.

$$y_{ij} = \mu + \alpha_i + \beta_j + \epsilon_{ij},$$

여기서 $\epsilon_{ij} \sim N(0, \sigma^2)$이다.

(a) 정규방정식에 대한 근을 구하시오.

(b) 가설 $H_0 : \beta_1 = \beta_2 = \beta_3$에 대한 검정 통계량을 구하시오. 먼저 선형함수 $\beta_1 - \beta_2$와 $\beta_1 - \beta_3$가 추정가능한 함수임을 보이시오.

(c) (b)에서 구한 검정을 고려할 때 5% 유의수준에서 $\sigma^2 = 1$, $\beta_1 - \beta_2 = 1$, $\beta_1 - \beta_3 = 3$인 경우 그 검정력을 구하시오.

(d) $\mu + \frac{1}{4}\Sigma_{i=1}^{4}\alpha_i + \beta_1$는 추정가능함을 보이고 이에 대한 BLUE를 제시하시오

참고: 다음의 SAS 명령문은 (a), (b), (c)의 답을 제시하기 위한 통계량의 값을 구할 수 있는 프로그램이다.

```
DATA ONE;
INPUT A B YY@@;
CARDS;
1 1 18 1 2 12 1 3 24
2 1 5 2 2 7 2 3 9
3 1 3 3 2 6 3 3 15
4 1 6 4 2 3 4 3 18
PROC PRINT;
PROC GLM;
CLASS A B;
MODEL YY=A B/E SOLUTION;
RUN;
PROC IML;
X={1 1 0 0 0 1 0 0,
1 1 0 0 0 0 1 0,
1 1 0 0 0 0 0 1,
1 0 1 0 0 1 0 0,
```

```
1 0 1 0 0 0 1 0,
1 0 1 0 0 0 0 1,
1 0 0 1 0 1 0 0,
1 0 0 1 0 0 1 0,
1 0 0 1 0 0 0 1,
1 0 0 0 1 1 0 0,
1 0 0 0 1 0 1 0,
1 0 0 0 1 0 0 1};
PRINT X;
Y={18 12 24 5 7 9 3 6 15 6 3 18}';
PRINT Y;
XPX=X'*X;
GXPX=GINV(XPX);
MSE=Y'*(I(12) - X*GXPX*X')*Y/6;
PRINT MSE;
BETA=GXPX*X'*Y;
A={0 0 0 0 0 1 -1 0 0 0 0 0 0 0 1 0 -1 };
PRINT A;
M={0,0 };
MA={1,3 };
F=(A*BETA - m)'*(INV(A*GXPX*A'))*(A*BETA - M)/(2*MSE);
PRINT F;
THETA=(MA - M)'*(INV(A*GXPX*A'))*(MA - M);
POWER=1 - PROBF(5.14,2,6,THETA);
PRINT POWER;
```

위의 프로그램에서 INPUT 명령문에서 나타난 @@ 기호는 여러 개의 줄에 자료가 일렬로 배열되어 있을 경우 차례대로 자료를 입력하라는 명령어이다. 이러한 기호가 생략되면 각각의 자료는 다른 줄에 분리되어 나타나야 하며 한 줄에 A, B, YY에 해당하는 자료가 각각 하나씩만 나타나야 한다. 자세한 내용은 이 책 15장에 주어진 SAS 문장의 설명을 참조하시오.

12.7 연습문제 6번의 자료를 다시 고려하자. 자료의 셀 (2, 1), (2, 2), (3, 2)에 자료가 없다고 가정하자. 즉 자료에 결측이 있다. 이러한 경우에도 각 셀의 평균을 추정할 수 있음을 보이시오.

12.8 연습문제 7번을 다시 고려하자. 만약 $\Sigma_{i=1}^{4} \lambda_i = 0$이면 $\phi = \Sigma_{i=1}^{4} \lambda_i \alpha_i$가 추정가능함을 보이시오. 즉 ϕ는 α_i들의 대비(constrast)이다. 이것의 BLUE를 찾으시오.

12.9 연습문제 6의 자료를 다시 고려하자. 다음에 주어진 제곱합을 구하시오.

(a) $R(\mu)$.

(b) $R(\alpha \mid \mu)$.

(c) $R(\mu, \alpha)$.

(d) $R(\alpha \mid \mu, \beta)$.

(e) $R(\beta \mid \mu, \alpha)$.

12.10 다음의 모형을 고려하자.

$$y_{ijk} = \mu + \alpha_i + \beta_j + \epsilon_{ijk},$$

여기서 $\epsilon_{ijk} \sim N(0, \sigma^2)$이다. 이러한 모형에서 다음과 같은 자료가 주어졌다.

A	B 1	2	3	4
1	12	.	24	30
2	.	.	6	11
3	21	15	16	.

(a) 위 자료에 대한 선형독립인 추정가능한 함수는 몇 개인가? 주어진 모형에 대한 모든 추정가능한 선형함수를 생성할 수 있는 기본함수들의 집합을 명시하시오.

(b) $\mu_{12} = \mu + \alpha_1 + \beta_2$는 추성가능한가? 그 이유는 무엇인가?

(c) $\frac{1}{4}\Sigma_{j=1}^{4}(\mu + \alpha_i + \beta_j)$는 추정가능하다는 것을 보이고 BLUE를 제시하시오.

참고: 다음 SAS 명령문(15장 참조)은 이 문제의 해답을 찾기 위한 프로그램이다.

```
DATA;
INPUT A B Y@@;
CARDS;
1 1 12 1 2 . 1 3 24 1 4 30
2 1 . 2 2 . 2 3 6 2 4 11
3 1 21 3 2 15 3 3 16 3 4 .
PROC PRINT;
PROC GLM;
CLASS A B;
MODEL Y = A B/E SOLUTION;
```

자세한 내용은 이 책 15장에 주어진 SAS 문장의 설명을 참조하시오.

13장
직적을 이용한 균형선형모형의 분석

이 장에서는 균형선형모형(balanced linear models)에 대하여 행렬의 직적(direct product)을 이용한 유용한 분석방법을 다룬다. 이 장에서 다룰 모형에 대한 일반적인 성질들을 유도할 때 직적을 이용하면 매우 편하고 쉽게 이론을 전개할 수 있음을 보일 것이다. 정규분포와 독립성의 가정하에서 고정효과와 임의효과를 포함하고 있는 균형모형에 대한 이차형식들의 분포를 유도하는 방법을 논의하고자 한다. 더 나아가 단위행렬과 모든 원소가 1인 벡터들의 직적을 이용하면 여러 가지 다양한 행렬들의 유용한 성질과 일치성을 쉽게 유도할 수 있다. 따라서 행렬들의 직적을 이용하면 균형모형들의 구조와 성질들을 쉽게 유도하고 이해하는 기반을 제공한다.

균형선형모형에 대하여 논의하기 전에 필요한 여러 가지 정의와 기호를 먼저 언급하고 시작하자. 이 장에서 논의되는 내용들은 Khuri(2008)의 Chapter 8에 수록된 내용이다.

■ **정의 13.1** 자료에서 반응변수들의 첨자(subscript)의 범위가 다른 첨자에 의존하지 않는다면 이러한 자료를 균형(balanced)자료라고 말한다. 이러한 균형자료를 분석하려고 고려한 선형모형을 균형선형모형(balanced linear model)이라고 한다.

■ **정의 13.2 (교차와 내포 인자)** 하나의 인자(factor)에 대한 모든 수준(level)들이 다른 인자의 모든 수준들과 교차되어 나타나면 인자 A와 B가 교차되었다고(crossed) 정의한다. 만약 하나의 인자에 대한 수준이, 예를 들어서 B의 수준이 다른 인자의 수준에 의존하여 다르게 나타나면, 예를 들어 A의 수준에 따라 다르게 나타나면 인자 B는 인자 A에 내포되었다고(nested) 정의한다. 인자가 내포된 경우에는 인자 B의 수준이 인자 A의 수준과 교차할 때마다 인자 A의 수준이 달라지는 것을 의미한다.

예를 들어서 토마토 작물이 온실에서 여러 종류의 토양(인자 A)과 비료(인자 B)의 조합에서 재배된다고 하자. 각 처리의 조합에서 생산량 y의 값을 세 번 반복하여 관측하였다고 하자. 이러한 자료는 각 조합에서 같은 수의 반복관측값을 가지는 교차된 이원배치의 예이다. 다른 실험을 고려하면 사람들의 심박수 y에 영향을 미치는 네 개의 약품의 효과를 알아보기 위하여 열 명의 사람들을 임의로 선택하여 각 약품을 복용하게 하였다(다른 약품에는 다른 사름을 배정한다). 이러한 실험은 실험대상인 사람들(인자 B)가 약품(인자 A)에 내포된 자료를 생성한다.

주의 만약 i와 j가 각각 인자 A와 B에 관계된 첨자라고 하고 A와 B가 교차되어 있다면 i와 j를 **교차된 첨자**(crossed subscript)라고 하며 이를 $(i)(j)$로 표시한다. 만약 인자 B가 인자 A에 내포되어 있다면 첨자 j가 첨자 i에 내포되어 있다고 말하며 이를 $(i:j)$로 표기하는데 여기서 콜론은 두 개의 첨자를 구별하고 뒤에 나온 첨자가 앞에 나온 첨자에 내포되어 있다. 이 경우 j가 i에 의존하고 있기 때문에 인자 B의 수준을 확인하기 위해서는 인자 A의 수준을 파악해야 한다. 따라서 첨자 j가 나타나면 첨자 i도 동시에 나타나야 한다.

■ **정의 13.3 (모집단의 구조)** 주어진 실험에서 첨자가 나타내는 관계가 교차된 관계인지 내포된 관계인지를 결정하는 확인이 소위 모집단의 구조(population structure)를 의미한다.

예를 들어서 [(i)(j)]:k는 두 개의 교차된 요인과 각 처리에 대한 반복을 가지는 실험의 모집단의 구조를 나타낸다. 여기서 첨자 k는 처리의 조합에서 관측값을 구별하는 역할을 한다. 또한 (i:j:k)는 인자 B의 수준 j가 인자 A의 수준 i에 내포되어 있고 반응값 y에 대한 몇 개의 반복이 존재하는 내포된 실험의 모집단의 구조를 나타낸다. 이러한 모집단의 구조에 대한 파악은 실험에 대한 모형을 세울 때 필요하고 또한 대응하는 분산분석(ANOVA)을 수행할 때 필요하다.

■ **정의 13.4 (부분평균)** 반응값 y의 부분평균(partial mean)은 특정한 첨자의 주어진 범위에 대한 반응값의 평균이다. 부분평균을 표기할 때는 선택된 첨자만을 사용하여 반응값 y를 나타내며 평균을 취한 첨자는 나타내지 않는다.

예를 들어 두 개의 요인이 교차되고 몇 개의 반복측정이 있는 경우 y_i, y_j, y_{ij}는 부분평균을 나타내며 이들의 전통적인 표기법은 $\bar{y}_{i..}$, $\bar{y}_{.j.}$, $\bar{y}_{ij.}$이다.

■ **정의 13.5 (허용가능평균)** 만약 부분평균에서 내포된 첨자가 나타나고 그를 내포하는 모든 첨자가 나타나면 이를 허용가능평균(admissible mean)이라고 한다.

예를 들어 인자 B가 인자 A에 내포된 경우 첨자 i와 ij로 나타나는 평균은 허용가능하다. 하지만 첨자 j만으로 나타난 평균은 허용가능이 아니다.

■ **정의 13.6 (우단–괄호 첨자)** 평균을 나타내는 첨자들 중에서 다른 첨자를 더 이상 내포하지 않는 첨자들을 허용가능평균의 우단–괄호(rightmost-bracket) 첨자라고 한다. 이러한 첨자들은 그 것을 포함한 괄호 안에서 쌍으로 비교하여 구별할 수 있다. 만약 남겨진 첨자가 우단-괄호 첨자가 아니라고 판단되면 비우단–괄호(nonrightmost-bracket) 첨자라고 하고 우단–괄호 첨자의 앞에 나오게 된다. 만약 전체평균처럼 허용가능평균이 첨자가 없다면 이러한 평균은 그냥 y라고 표기한다.

예를 들어 다음 세 개의 모집단의 구조 $[(i)(j)]:k$, $(i:j:k:l)$, $[(i:j)(k)]:l$에 대한 허용가능 평

표 13.1 허용가능평균과 모집단의 구조

모집단의 구조	허용가능평균
$[(i)(j)]:k$	$y, y_{(i)}, y_{(j)}, y_{(ij)}, y_{ij(k)}$
$(i:j:k:l)$	$y, y_{(i)}, y_{i(j)}, y_{ij(k)}, y_{ijk(l)}$
$[(i:j)(k)]:l$	$y, y_{(i)}, y_{(k)}, y_{i(j)}, y_{(ik)}, y_{i(jk)}, y_{ijk(l)}$

균들의 목록이 표 13.1에 열거되어 있다.

허용가능능평균을 나타내는 같은 방법의 표기법이 주어진 모형의 효과를 나타내는 데 사용될 수 있다. 뒤에서 논의되겠지만 우단괄호 첨자는 분산분석표에서 자유도, 제곱합, 제곱합의 평균을 결정하는 데 중요한 역할을 한다.

■ **정의 13.7 (요소)** 허용가능한 평균에 관련한 요소(component)는 제외가 가능한 모든 또는 어떤 경우의 우단–괄호 첨자가 있는 경우에 나타날 수 있는 허용가능한 평균의 선형결합을 의미한다. 만약 홀수 개수의 첨자가 제외되면 생성되는 허용가능한 평균에는 음의 기호가 지정된다. 만약 짝수 개수의 첨자가 제외되면 생성되는 허용가능한 평균에는 양의 기호가 지정된다(숫자 영은 짝수로 간주한다).

예를 들어서 표 13.1에 나타난 허용가능한 평균들에 대한 요소는 표 13.2에 나타나 있다.

여기서 중요한 점은 허용가능한 평균에 관련된 모든 요소들의 합은 반응값 y와 같다는 점이다. 이러한 요소는 일대일로 연관된 모형의 효과와 관련이 있기 때문에 이러한 관계는 고려하는 완전한 모형을 세울 수 있다. 이러한 점은 실험이 가지는 모집단의 구조를 파악하는 것이 모형을 세우는 데 매우 중요하고 또한 모형의 효과를 찾을 수 있게 해준다.

표 13.2 허용가능한 평균들과 그 요소들

모집단의 구조	허용가능한 평균	요소
$[(i)(j)]:k$	y	y
	$y_{(i)}$	$y_{(i)}-y$
	$y_{(j)}$	$y_{(j)}-y$
	$y_{(ij)}$	$y_{(ij)}-y_{(i)}-y_{(j)}+y$
	$y_{ij(k)}$	$y_{ij(k)}-y_{(ij)}$
$(i:j:k:l)$	y	y
	$y_{(i)}$	$y_{(i)}-y$
	$y_{i(j)}$	$y_{i(j)}-y_{(i)}$
	$y_{ij(k)}$	$y_{ij(k)}-y_{i(j)}$
	$y_{ijk(l)}$	$y_{ijk(l)}-y_{ij(k)}$
$[(i:j)(k)]:l$	y	y
	$y_{(i)}$	$y_{(i)}-y$
	$y_{(k)}$	$y_{(k)}-y$
	$y_{i(j)}$	$y_{i(j)}-y_{(i)}$
	$y_{(ik)}$	$y_{(ik)}-y_{(i)}-y_{(k)}+y$
	$y_{i(jk)}$	$y_{i(jk)}-y_{i(j)}-y_{(ik)}+y_{(i)}$
	$y_{ijk(l)}$	$y_{ijk(l)}-y_{i(jk)}$

13.1 균형선형모형의 일반적인 표기법

이제 균형선형모형을 나타낼 수 있는 일반적인 표기법을 알아보자. 이러한 표기법은 모형에 관련된 성질을 유도하는 데 많은 도움을 준다. 같은 표기법을 Khuri(2010)에서 찾을 수 있고 유사한 표기법이 Khuri(1882)에서 사용되었다.

이제 $\omega = \{k_1, k_2, \ldots, k_s\}$는 반응값 y를 나타내는 첨자의 전체 집합이라고 하고 여기서 $k_j = 1, 2, \ldots, a_j$ $(j = 1, 2, \ldots, s)$이다. 여기서 주목할 점은 대응하는 자료는 균형자료이며 이는 하나의 첨자에 대한 범위가 다른 첨자의 범위와 무관한 사실로부터 나온다. N을 자료에서 반응값의 전체 개수라고 하자. 즉, $N = \Pi_{j=1}^{s} a_j$이다. 이제 주어진 모집단의 구조하에서 허용가능한 평균의 수를 $q + 2$라고 하자. i번째 허용가능한 평균을 $y_{\omega_i(\bar{\omega}_i)}$로 나타내며 여기서 $\bar{\omega}_i$는 우단괄호 첨자를 나타내고 ω_i는 비우단괄호 첨자들의 집합을 나타낸다$(i = 0, 1, 2, \ldots, q + 1)$. $i = 0$인 경우 ω_i와 $\bar{\omega}_i$는 모두 공집합이다. 다른 허용가능한 집합에 대하여 ω_i가 공집합인 경우도 가능하다. 두 개의 집합 ω_i와 $\bar{\omega}_i$에 모두 속하는 첨자들의 집합을 η_i라고 하자. ω에서 η_i의 여집합을 η_i^c $(i = 0, 1, \ldots, q + 1)$이라고 표기한다. 여기서 $i = q + 1$이면 $\eta_i = \omega$이다. i번째 허용가능한 평균에 대응하는 i번째 요소를 $C_{\omega_i(\bar{\omega}_i)}(y)(i = 0, 1, \ldots, q + 1)$로 표기한다.

일반적으로 균형선형모형은 다음과 같이 표기할 수 있다.

$$y_{\omega} = \sum_{i=0}^{q+1} f_{\omega_i(\bar{\omega}_i)}, \tag{13.1}$$

여기서 $f_{\omega_i(\bar{\omega}_i)}$는 모형에서 i번째 효과를 나타낸다. $i = 0$인 경우에 $f_{\omega_i(\bar{\omega}_i)}$는 총평균 μ를 나타내고 $i = q + 1$인 경우에는 $f_{\omega_i(\bar{\omega}_i)}$는 실험의 오차항을 나타낸다. 더 나아가 i번째 요소, $C_{\omega_i(\bar{\omega}_i)}(y)$는 일반적으로 다음과 같이 나타낼 수 있다.

$$C_{\omega_i(\bar{\omega}_i)}(y) = \sum_{j=0}^{q+1} \lambda_{ij} y_{\omega_j(\bar{\omega}_j)}, \quad i = 0, 1, \ldots, q + 1, \tag{13.2}$$

여기서 $\lambda_{ij} = -1, 0, 1$이다. $\bar{\omega}_i$에서 각각 홀수 개 또는 짝수 개의 첨자가 제외되면 -1과 1이 지정된다. $\bar{\omega}_i$에서 첨자를 제외하여 얻을 수 없는 허용가능한 평균들에는 $\lambda_{ij} = 0$이 적용된다.

이제 직적(direct product)을 이용하여 모형 (13.1)의 벡터 형식을 표현하면 다음과 같고

$$\boldsymbol{y} = \sum_{i=0}^{q+1} \boldsymbol{U}_i \boldsymbol{\beta}_i, \tag{13.3}$$

여기서 $\boldsymbol{y}$는 N개의 관측값의 벡터이고 $\boldsymbol{\beta}_i$는 $f_{\omega_i(\bar{\omega}_i)}$ $(i = 0, 1, \ldots, q + 1)$의 원소로 구성된 벡터이며 행렬 $\boldsymbol{U}_i$은 다음과 같이 정의된 행렬들의 직적(크로네커 곱)이다.

$$\boldsymbol{U}_i = \otimes_{j=1}^{s} \boldsymbol{L}_{ij}, \quad i = 0, 1, \ldots, q + 1, \tag{13.4}$$

여기서 각 i $(i = 0, 1, \ldots, q + 1)$에 대하여 행렬 $\boldsymbol{L}_{ij}$ $(j = 1, 2, \ldots, s)$는 $\omega = (k_1, k_2, \ldots, k_s)$에 일대일로 대응하며 다음과 같이 정의된다.

$$\boldsymbol{L}_{ij} = \begin{cases} \boldsymbol{I}_{a_j}, & k_j \in \eta_i \\ \mathbf{1}_{a_j}, & k_j \in \eta_i^c \end{cases} ; \ i = 0, 1, \ldots, q+1; \ j = 1, 2, \ldots, s, \tag{13.5}$$

여기서 η_i는 i번째 효과에 연관된 첨자들의 집합이고 η_i^c는 ω에 대한 여집합이다($i = 0, 1, \ldots, q + 1$). 그리고 $\boldsymbol{I}_{a_j}$와 $\mathbf{1}_{a_i}$는 각각 차수가 $a_j \times a_j$인 항등행렬이고 차수가 $a_j \times 1$ ($j = 1, 2, \ldots, s$)인 일벡터이다. 다르게 표현하면 $\omega = (k_1, k_2, \ldots, k_s)$의 첨자가 η_i에 속한다면 식 (13.4)에서 나타난 대응하는 행렬 $\boldsymbol{L}_{ij}$는 $\boldsymbol{I}_{a_j}$이며 이것이 η_j ($j = 1, 2, \ldots, s$)에 속하지 않는다면 이것은 $\mathbf{1}_{a_j}$와 같다.

이제 식 (13.4)를 이용하면 다음을 얻는다.

$$\boldsymbol{U}_i'\boldsymbol{U}_i = \otimes_{j=1}^{s} \boldsymbol{L}_{ij}'\boldsymbol{L}_{ij}.$$

만약 k_j가 η_i에 속한다면 $\boldsymbol{L}_{ij}'\boldsymbol{L}_{ij}$가 $\boldsymbol{I}_{a_j}$와 동일하다는 사실을 쉽게 보일 수 있다. 만약 k_j가 η_i에 속하지 않는다면 a_j와 같다. 그러므로 $\boldsymbol{U}_i'\boldsymbol{U}_i$는 차수가 $c_i \times c_i$인 항등행렬의 스칼라배와 같다. 여기서

$$c_i = \prod_{k_j \in \eta_i} a_j, \quad i = 0, 1, \ldots, q+1. \tag{13.6}$$

만약 $\eta_i = \emptyset$이라면 $c_i = 1$이며 여기서 $\emptyset$은 공집합을 의미한다. 항등행렬의 스칼라배를 b_i로 표시하자. 여기서

$$b_i = \prod_{k_j \in \eta_i^c} a_j, \quad i = 0, 1, \ldots, q+1. \tag{13.7}$$

만약 $\eta_i^c = \emptyset$라면 $b_i = 1$이다. 그러므로 다음이 성립한다.

$$\boldsymbol{U}_i'\boldsymbol{U}_i = b_i\boldsymbol{I}_{c_i}, \quad i = 0, 1, \ldots, q+1. \tag{13.8}$$

여기서 c_i는 $\boldsymbol{U}_i$의 열의 수를 의미하고 b_i는 $\boldsymbol{U}_i$ ($i = 0, 1, \ldots, q + 1$)의 열 중에 일의 수와 같다. 그러므로 $i = 0, 1, \ldots, q + 1$에 대하여 $b_i c_i = N$이다.

예제 13.1 다음과 같은 이원교차분류모형을 고려하자.

$$y_{ijk} = \mu + \alpha_{(i)} + \beta_{(j)} + (\alpha\beta)_{(ij)} + \epsilon_{ij(k)}, \tag{13.9}$$

여기서 $i = 1, 2, 3, j = 1, 2, 3, 4, k = 1, 2, 3$이다. 이에 대한 모집단의 구조는 $[(i)(j)] : k$이다. 이 모형은 각 효과에 대하여 우단괄호로 정의된 새로운 표기법으로 나타낸 것이다. 이 모형을 벡터 형태로 나타내면

$$\boldsymbol{y} = \boldsymbol{U}_0\mu + \boldsymbol{U}_1\boldsymbol{\alpha} + \boldsymbol{U}_2\boldsymbol{\beta} + \boldsymbol{U}_3(\boldsymbol{\alpha\beta}) + \boldsymbol{U}_4\boldsymbol{\epsilon}, \tag{13.10}$$

여기서 $\boldsymbol{\alpha}, \boldsymbol{\beta}, (\boldsymbol{\alpha}\,\boldsymbol{\beta})$는 각각 $\boldsymbol{\alpha}_{(i)}, \boldsymbol{\beta}_{(j)}, (\boldsymbol{\alpha\beta})_{(ij)}$의 원소를 포함한다. 행렬 $\boldsymbol{U_0}, \boldsymbol{U_1}, \boldsymbol{U_2}, \boldsymbol{U_3}, \boldsymbol{U_4}$는 다음과 같이 주어진다.

$$\begin{aligned} \boldsymbol{U}_0 &= \mathbf{1}_3 \otimes \mathbf{1}_4 \otimes \mathbf{1}_3 \\ \boldsymbol{U}_1 &= \boldsymbol{I}_3 \otimes \mathbf{1}_4 \otimes \mathbf{1}_3 \\ \boldsymbol{U}_2 &= \mathbf{1}_3 \otimes \boldsymbol{I}_4 \otimes \mathbf{1}_3 \\ \boldsymbol{U}_3 &= \boldsymbol{I}_3 \otimes \boldsymbol{I}_4 \otimes \mathbf{1}_3 \\ \boldsymbol{U}_4 &= \boldsymbol{I}_3 \otimes \boldsymbol{I}_4 \otimes \boldsymbol{I}_3. \end{aligned}$$

예제 13.2 모집단의 구조가 $(i : j : k : l)$와 같이 주어진 다음과 같은 삼단내포모형을 고려하자.

$$y_{ijkl} = \mu + \alpha_{(i)} + \beta_{i(j)} + \gamma_{ij(k)} + \epsilon_{ijk(l)}, \tag{13.11}$$

여기서 $i = 1, 2, 3, 4$, $j = 1, 2, 3, 4$, $k = 1, 2, 3$, $l = 1, 2, 3$이다. 이에 대한 벡터 형태의 모형은 다음과 같이 나타내며

$$\boldsymbol{y} = \boldsymbol{U}_0\mu + \boldsymbol{U}_1\boldsymbol{\alpha} + \boldsymbol{U}_2\boldsymbol{\beta} + \boldsymbol{U}_3\boldsymbol{\gamma} + \boldsymbol{U}_4\boldsymbol{\epsilon}, \tag{13.12}$$

여기서 $\boldsymbol{\alpha}$, $\boldsymbol{\beta}$, $\boldsymbol{\gamma}$는 각각 $\boldsymbol{\alpha}_{(i)}$, $\boldsymbol{\beta}_{(j)}$, $\boldsymbol{\gamma}_{ij(k)}$의 원소를 포함한다. 그리고 $\boldsymbol{U}_i$ 행렬들은 다음과 같이 정의된다.

$$\begin{aligned} \boldsymbol{U}_0 &= \mathbf{1}_4 \otimes \mathbf{1}_4 \otimes \mathbf{1}_3 \otimes \mathbf{1}_3 \\ \boldsymbol{U}_1 &= \boldsymbol{I}_4 \otimes \mathbf{1}_4 \otimes \mathbf{1}_3 \otimes \mathbf{1}_3 \\ \boldsymbol{U}_2 &= \boldsymbol{I}_4 \otimes \boldsymbol{I}_4 \otimes \mathbf{1}_3 \otimes \mathbf{1}_3 \\ \boldsymbol{U}_3 &= \boldsymbol{I}_4 \otimes \boldsymbol{I}_4 \otimes \boldsymbol{I}_3 \otimes \mathbf{1}_3 \\ \boldsymbol{U}_4 &= \boldsymbol{I}_4 \otimes \boldsymbol{I}_4 \otimes \boldsymbol{I}_3 \otimes \boldsymbol{I}_3. \end{aligned}$$

예제 13.3 표 13.2에 나타난 모집단의 구조와 같이 $[(i : j)(k)] : l$으로 주어진 모형을 고려하자.

$$y_{ijkl} = \mu + \alpha_{(i)} + \beta_{i(j)} + \gamma_{(k)} + (\alpha\gamma)_{(ik)} + (\beta\gamma)_{i(jk)} + \epsilon_{ijk(l)},$$

여기서 $i = 1, 2, 3, 4$, $j = 1, 2, 3, 4$, $k = 1, 2, 3, 4$, $l = 1, 2, 3$이다. 모형의 벡터 형태는 다음과 같으며

$$\boldsymbol{y} = \boldsymbol{U}_0\mu + \boldsymbol{U}_1\boldsymbol{\alpha} + \boldsymbol{U}_2\boldsymbol{\beta} + \boldsymbol{U}_3\boldsymbol{\gamma} + \boldsymbol{U}_4(\boldsymbol{\alpha\gamma}) + \boldsymbol{U}_5(\boldsymbol{\beta\gamma}) + \boldsymbol{U}_6\boldsymbol{\epsilon},$$

여기서 $\boldsymbol{\alpha}$, $\boldsymbol{\beta}$, $\boldsymbol{\gamma}$, $(\boldsymbol{\alpha\gamma})$, $(\boldsymbol{\beta\gamma})$는 각각 $\alpha_{(i)}$, $\beta_{(j)}$, $\gamma_{(k)}$, $(\alpha\gamma)_{(ik)}$, $(\beta\gamma)_{i(jk)}$의 원소를 포함하며 다음과 같이 행렬들이 정의된다.

$$\begin{aligned} \boldsymbol{U}_0 &= \mathbf{1}_4 \otimes \mathbf{1}_4 \otimes \mathbf{1}_4 \otimes \mathbf{1}_3 \\ \boldsymbol{U}_1 &= \boldsymbol{I}_4 \otimes \mathbf{1}_4 \otimes \mathbf{1}_4 \otimes \mathbf{1}_3 \\ \boldsymbol{U}_2 &= \boldsymbol{I}_4 \otimes \boldsymbol{I}_4 \otimes \mathbf{1}_4 \otimes \mathbf{1}_3 \\ \boldsymbol{U}_3 &= \mathbf{1}_4 \otimes \mathbf{1}_4 \otimes \boldsymbol{I}_4 \otimes \mathbf{1}_3 \\ \boldsymbol{U}_4 &= \boldsymbol{I}_4 \otimes \mathbf{1}_4 \otimes \boldsymbol{I}_4 \otimes \mathbf{1}_3 \\ \boldsymbol{U}_5 &= \boldsymbol{I}_4 \otimes \boldsymbol{I}_4 \otimes \boldsymbol{I}_4 \otimes \mathbf{1}_3 \\ \boldsymbol{U}_6 &= \boldsymbol{I}_4 \otimes \boldsymbol{I}_4 \otimes \boldsymbol{I}_4 \otimes \boldsymbol{I}_3. \end{aligned}$$

13.2 균형선형모형의 성질

이 장에서 논의할 균형선형모형은 매우 흥미로운 성질을 가지고 있다. 이러한 성질들은 다른 모형의 성질과 달리 이러한 모형에서 얻은 자료들을 분석할 수 있는 일반적인 규칙들을 유도할 수 있다. 여기서 유도한 성질들은 보조정리로 주어질 것이며 그 중의 일부는 증명하고 나머지는 결과만 보여줄 것이다. 이 주제에 관심 있는 독자들은 Zyskind(1962)과 Khuri(1982, 2010)을 참조하기 바란다.

보조정리 13.1 우단괄호의 첨자들의 임의의 부분집합에 대하여 요소의 값들을 더하면 그 값은 영이다. 다시 말하면 만약 $C_{\omega_i(\bar{\omega}_i)}(y)$는 i번째 요소이고 $\bar{\omega}_i = \emptyset$이라면 다음이 성립한다.

$$\sum_{\tau_i \subset \bar{\omega}_i} C_{\omega_i(\bar{\omega}_i)}(y) = 0,$$

여기서 τ_i는 $\bar{\omega}_i$의 첨자들의 임의의 부분집합이다.

■ **정의 13.8** 모형 (13.1)에서 정의된 i번째 효과에 대한 제곱합을 이차형식 $\boldsymbol{y}'\boldsymbol{P}_i\boldsymbol{y}(i = 0, 1, \ldots, q + 1)$으로 표시하면 다음과 같이 정의된다.

$$\boldsymbol{y}'\boldsymbol{P}_i\boldsymbol{y} = \sum_{\omega}[C_{\omega_i(\bar{\omega}_i)}(y)]^2, \quad i = 0, 1, \ldots, q + 1. \tag{13.13}$$

예를 들면 예제 13.2에서 정의된 삼단내포모형에서 각종 효과에 대한 제곱합은 다음과 같다(표 13.1 참조)

$$\begin{aligned}
\boldsymbol{y}'\boldsymbol{P}_0\boldsymbol{y} &= \sum_{i=1}^{4}\sum_{j=1}^{4}\sum_{k=1}^{3}\sum_{l=1}^{3} y^2 \\
&= 144\, y^2 \\
\boldsymbol{y}'\boldsymbol{P}_1\boldsymbol{y} &= \sum_{i=1}^{4}\sum_{j=1}^{4}\sum_{k=3}^{3}\sum_{l=1}^{3} [y_{(i)} - y]^2 \\
&= 36\sum_{i=1}^{4}[y_{(i)} - y]^2 \\
\boldsymbol{y}'\boldsymbol{P}_2\boldsymbol{y} &= \sum_{i=1}^{4}\sum_{j=1}^{4}\sum_{k=1}^{3}\sum_{l=1}^{3} [y_{i(j)} - y_{(i)}]^2 \\
&= 9\sum_{i=1}^{4}\sum_{j=1}^{4}[y_{i(j)} - y_{(i)}]^2
\end{aligned}$$

$$y'P_3y = \sum_{i=1}^{4}\sum_{j=1}^{4}\sum_{k=1}^{3}\sum_{l=1}^{3}[y_{ij(k)} - y_{i(j)}]^2$$
$$= 3\sum_{i=1}^{4}\sum_{j=1}^{4}\sum_{k=1}^{3}[y_{ij(k)} - y_{i(j)}]^2$$
$$y'P_4y = \sum_{i=1}^{4}\sum_{j=1}^{4}\sum_{k=1}^{3}\sum_{l=1}^{3}[y_{ijk(l)} - y_{ij(k)}]^2.$$

다음의 보조정리는 분산분석표에 나타나는 제곱합을 허용가능한 평균들의 제곱합으로 나타낼 수 있다는 것을 보여준다.

보조정리 13.2 모형 (13.1)에서 i번째 효과에 대한 제곱합은 다음과 같이 표현할 수 있다.

$$y'P_iy = \sum_{j=0}^{q+1}\lambda_{ij}\sum_{\omega} y^2_{\omega_j(\bar{\omega}_j)}, \quad i = 0, 1, \ldots, q+1, \tag{13.14}$$

여기서 λ_{ij}는 i번째 요소($i, j = 0, 1, \ldots, q + 1$)를 정의한 식 (13.2)에서 나타난 허용가능한 평균 $y_{\omega_j(\bar{\omega}_j)}$의 계수와 같다. 다른 말로 하면 i번째 제곱합은 i번째 요소를 만드는 허용가능한 평균들의 제곱합이다(합은 ω의 모든 가능한 조합에 대해서 적용한다).

예를 들어 예제 13.3에 나오는 모집단의 구조 $[(i:j)(k)]:l$을 가지는 모형에 대한 제곱합은 다음과 같이 표현할 수 있다.

$$y'P_0y = 192\,y^2$$
$$y'P_1y = 48\sum_{i=1}^{4} y^2_{(i)} - 192\,y^2$$
$$Y'P_2y = 12\sum_{i=1}^{4}\sum_{j=1}^{4} y^2_{i(j)} - 48\sum_{i=1}^{4} y^2_{(i)}$$
$$y'P_3y = 48\sum_{k=1}^{4} y^2_{(k)} - 192\,y^2$$
$$y'P_4y = 12\sum_{i=1}^{4}\sum_{k=1}^{4} y^2_{(ik)} - 48\sum_{i=1}^{4} y^2_{(i)} - 48\sum_{k=1}^{4} y^2_{(k)} + 192\,y^2$$
$$y'P_5y = 3\sum_{i=1}^{4}\sum_{j=1}^{4}\sum_{k=1}^{4} y^2_{i(jk)} - 12\sum_{i=1}^{4}\sum_{j=1}^{4} y^2_{i(j)} - 12\sum_{i=1}^{4}\sum_{k=1}^{4} y^2_{(ik)} + 48\sum_{i=1}^{4} y^2_{(i)}$$
$$y'P_6y = \sum^{4}\sum^{4}\sum^{4}\sum^{3} y^2_{ijk(l)} - 3\sum^{4}\sum^{4}\sum^{4} y^2_{i(jk)}.$$

행렬 $\boldsymbol{P}_i$는 다음 보조정리에서 주어진 것과 같은 특별한 성질을 가진다.

보조정리 13.3 식 (13.13)에서 주어진 행렬 $\boldsymbol{P}_i$는 다음과 같은 성질을 만족한다.

(a) $\boldsymbol{P}_i$는 멱등행렬이다($i = 0, 1, \ldots, q+1$).

(b) $i \neq j$이면 $\boldsymbol{P}_i\boldsymbol{P}_j = \boldsymbol{0}$이다($i, j = 0, 1, \ldots, q+1$).

(c) $\Sigma_{i=0}^{q+1}\boldsymbol{P}_i = \boldsymbol{I}_N$.

보조정리 13.4 행렬 $\boldsymbol{P}_i$는 다음과 같이 표현할 수 있다.

$$\boldsymbol{P}_i = \sum_{j=0}^{q+1} \lambda_{ij}\frac{\boldsymbol{A}_j}{b_j}, \quad i = 0, 1, \ldots, q+1, \tag{13.15}$$

여기서 $\boldsymbol{A}_j = \boldsymbol{U}_j\boldsymbol{U}_j'(j = 0, 1, \ldots, q+1)$이며 λ_{ij}는 식 (13.2)에서와 같은 계수이며 식 (13.7)에 정의된 수이다.

증명 $\boldsymbol{y}_i$를 i번째 허용가능한 평균 $y_{\omega_i(\bar{\omega}_i)}(i, j = 0, 1, \ldots, q+1)$의 모든 값들로 구성된 벡터라고 하자. 다음의 결과는 쉽게 얻을 수 있다.

$$\boldsymbol{y}_i = \frac{1}{b_i}\boldsymbol{U}_i'\boldsymbol{y}, \quad i = 0, 1, \ldots, q+1. \tag{13.16}$$

식 (13.14)와 (13.16)에 주어진 공식을 쓰면 다음을 얻는다.

$$\begin{aligned}
\boldsymbol{y}'\boldsymbol{P}_i\boldsymbol{y} &= \sum_{j=0}^{q+1}\lambda_{ij}\sum_{\omega} y^2_{\omega_j(\bar{\omega}_j)} \\
&= \sum_{j=0}^{q+1}\lambda_{ij}\, b_j \sum_{\eta_j} y^2_{\omega_j(\bar{\omega}_j)} \\
&= \sum_{j=0}^{q+1}\lambda_{ij}\, b_j \left(\frac{\boldsymbol{y}'\boldsymbol{A}_j\boldsymbol{y}}{b_j^2}\right) \\
&= \boldsymbol{y}'\left(\sum_{j=0}^{q+1}\lambda_{ij}\frac{\boldsymbol{A}_j}{b_j}\right)\boldsymbol{y}.
\end{aligned} \tag{13.17}$$

이제 식 (13.17)로부터 (13.15)를 보일 수 있다. ■

보조정리 13.5 식 (13.15)을 이용하면 다음이 성립한다.

$$\frac{\boldsymbol{A}_j}{b_j} = \sum_{\eta_i \subset \eta_j}\boldsymbol{P}_i, \quad j = 0, 1, \ldots, q+1. \tag{13.18}$$

여기서 (13.18)에 있는 합은 주어진 j에 대하여 $\eta_i \subset \eta_j$를 만족하는 모든 첨자 i에 대한 것이다($i, j = 0, 1, \ldots, q+1$).

증명 식 (13.15)는 식 (13.2)에서 $C_{\omega_i(\bar{\omega}_i)}(y)$를 $\boldsymbol{P}_i$로 바꾸고 $y_{\omega_j(\bar{\omega}_j)}$를 $\frac{\boldsymbol{A}_j}{b_j}$로 바꾸면 얻을 수 있다. 이는 η_j가 $y_{\omega_j(\bar{\omega}_j)}$와 같은 첨자를 가지는 모든 요소들의 합과 같다는 것이며 다음을 의미한다.

$$y_{\omega_j(\bar{\omega}_j)} = \sum_{\eta_i \subset \eta_j} C_{\omega_i(\bar{\omega}_i)}(y), \;\; j = 0, 1, \ldots, q+1.$$

이제 $y_{\omega_j(\bar{\omega}_j)}$를 $\frac{\boldsymbol{A}_j}{b_j}$로 바꾸고 $C_{\omega_i(\bar{\omega}_i)}(y)$를 $\boldsymbol{P}_i$로 바꾸면 식 (13.18)을 얻는다. ■

아래 보조정리의 결과는 균형선형모형에 대한 분석에서 매우 유용한 결과이다.

보조정리 13.6

$$\boldsymbol{A}_j\boldsymbol{P}_i = \kappa_{ij}\boldsymbol{P}_i, \;\; i,j = 0, 1, \ldots, q+1, \tag{13.19}$$

여기서 $\boldsymbol{A}_j = \boldsymbol{U}_j\boldsymbol{U}_j'$이고

$$\kappa_{ij} = \begin{cases} b_j, & \eta_i \subset \eta_j \\ 0, & \eta_i \not\subset \eta_j \end{cases} ; \; i,j = 0, 1, \ldots, q+1. \tag{13.20}$$

증명 식 (13.18)의 양변 오른쪽에 $\boldsymbol{P}_i$를 곱하면 다음을 얻는다.

$$\boldsymbol{A}_j\boldsymbol{P}_i = b_j\left(\sum_{\eta_\ell \subset \eta_j} \boldsymbol{P}_\ell\right)\boldsymbol{P}_i, \;\; i,j = 0, 1, \ldots, q+1.$$

만약 $\eta_i \subset \eta_j$이라면

$$\left(\sum_{\eta_\ell \subset \eta_j} \boldsymbol{P}_\ell\right)\boldsymbol{P}_i = \boldsymbol{P}_i,$$

왜냐하면 $\boldsymbol{P}_i$는 멱등행렬이고 보조정리 13.3에 의하여 $i \neq \ell$이면 $\boldsymbol{P}_i\boldsymbol{P}_\ell = \boldsymbol{0}$이기 때문이다. 하지만 $\eta_i \not\subset n_j$이면

$$\left(\sum_{\eta_\ell \subset \eta_j} \boldsymbol{P}_\ell\right)\boldsymbol{P}_i = \boldsymbol{0},$$

왜냐하면 보조정리 13.3에 의하여 $\boldsymbol{P}_i$들이 직교이기 때문이다. 이제 식 (13.20)에서 정의된 κ_{ij}에 대하여 $\boldsymbol{A}_j\boldsymbol{P}_i = \kappa_{ij}\boldsymbol{P}_i$가 성립한다. ■

보조 정리 13.7 식 (13.13)에 주어진 $\boldsymbol{P}_i$의 계수를 m_i라고 하자. 그러면 m_i는 모형 (13.1)의 i번째 효과에 대한 자유도와 같으며 이는 다음과 같이 나타난다.

$$m_i = \left[\prod_{k_j \in \omega_i} a_j\right]\left[\prod_{k_j \in \bar{\omega}_i} (a_j - 1)\right], \;\; i = 0, 1, \ldots, q+1, \tag{13.21}$$

여기서 $\bar{\omega}_i$와 ω_i는 각각 i번째 효과에 대한 우단과 비우단 괄호의 첨자이다($i = 0, 1, \ldots, q+1$).

예제 13.4 예제 13.1에 주어진 이원모형을 고려하자. 행렬 $\boldsymbol{P}_i$를 이 모형에 대한 제곱합에 대응하는 행렬이라고 하자($i = 0, 1, \ldots, 4$). 식 (13.15)와 $a_1 = 3$, $a_2 = 4$, $a_3 = 3$을 이용하면 다음을 얻는다.

$$\begin{aligned}
\boldsymbol{P}_0 &= \frac{1}{36}\boldsymbol{A}_0 \\
\boldsymbol{P}_1 &= \frac{1}{12}\boldsymbol{A}_1 - \frac{1}{36}\boldsymbol{A}_0 \\
\boldsymbol{P}_2 &= \frac{1}{9}\boldsymbol{A}_2 - \frac{1}{36}\boldsymbol{A}_0 \\
\boldsymbol{P}_3 &= \frac{1}{3}\boldsymbol{A}_3 - \frac{1}{12}\boldsymbol{A}_1 - \frac{1}{9}\boldsymbol{A}_2 + \frac{1}{36}\boldsymbol{A}_0 \\
\boldsymbol{P}_4 &= \boldsymbol{A}_4 - \frac{1}{3}\boldsymbol{A}_3,
\end{aligned}$$

여기서

$$\begin{aligned}
\boldsymbol{A}_0 &= \boldsymbol{U}_0\boldsymbol{U}_0' = \boldsymbol{J}_3 \otimes \boldsymbol{J}_4 \otimes \boldsymbol{J}_3 \\
\boldsymbol{A}_1 &= \boldsymbol{U}_1\boldsymbol{U}_1' = \boldsymbol{I}_3 \otimes \boldsymbol{J}_4 \otimes \boldsymbol{J}_3 \\
\boldsymbol{A}_2 &= \boldsymbol{U}_2\boldsymbol{U}_2' = \boldsymbol{J}_3 \otimes \boldsymbol{I}_4 \otimes \boldsymbol{J}_3 \\
\boldsymbol{A}_3 &= \boldsymbol{U}_3\boldsymbol{U}_3' = \boldsymbol{I}_3 \otimes \boldsymbol{I}_4 \otimes \boldsymbol{J}_3 \\
\boldsymbol{A}_4 &= \boldsymbol{U}_4\boldsymbol{U}_4' = \boldsymbol{I}_3 \otimes \boldsymbol{I}_4 \otimes \boldsymbol{I}_3
\end{aligned}$$

이제 $\boldsymbol{A}_0, \boldsymbol{A}_1, \boldsymbol{A}_2, \boldsymbol{A}_3, \boldsymbol{A}_4$을 $\boldsymbol{P}_0, \boldsymbol{P}_1, \boldsymbol{P}_2, \boldsymbol{P}_3, \boldsymbol{P}_4$에 대하여 풀면 다음을 얻을 수 있다.

$$\begin{aligned}
\boldsymbol{A}_0 &= 36\boldsymbol{P}_0 \\
\boldsymbol{A}_1 &= 12(\boldsymbol{P}_0 + \boldsymbol{P}_1) \\
\boldsymbol{A}_2 &= 9(\boldsymbol{P}_0 + \boldsymbol{P}_2) \\
\boldsymbol{A}_3 &= 3(\boldsymbol{P}_0 + \boldsymbol{P}_1 + \boldsymbol{P}_2 + \boldsymbol{P}_3) \\
\boldsymbol{A}_4 &= \boldsymbol{P}_0 + \boldsymbol{P}_1 + \boldsymbol{P}_2 + \boldsymbol{P}_3 + \boldsymbol{P}_4.
\end{aligned}$$

식 (13.18)을 적용하면 같은 결과를 얻을 수 있다. 예를 들면 식 (13.19)를 적용하여 다음을 확인할 수 있다.

$$\begin{gathered}
\boldsymbol{A}_1\boldsymbol{P}_1 = 12\boldsymbol{P}_1,\ \ \boldsymbol{A}_1\boldsymbol{P}_2 = \boldsymbol{0},\ \ \boldsymbol{A}_2\boldsymbol{P}_1 = \boldsymbol{0} \\
\boldsymbol{A}_2\boldsymbol{P}_2 = 9\boldsymbol{P}_2,\ \ \boldsymbol{A}_3\boldsymbol{P}_1 = 3\boldsymbol{P}_1,\ \ \boldsymbol{A}_3\boldsymbol{P}_2 = 3\boldsymbol{P}_2 \\
\boldsymbol{A}_4\boldsymbol{P}_3 = \boldsymbol{P}_3,\ \ \boldsymbol{A}_4\boldsymbol{P}_2 = \boldsymbol{P}_2,\ \ \boldsymbol{A}_3\boldsymbol{P}_4 = \boldsymbol{0}.
\end{gathered}$$

13.3 균형선형모형의 분석

이제 모형 (13.1)에 주어진 균형선형모형의 효과에 대한 특성을 알아보자. 만약에 $i = 0$에 대한 항을 제외한 모형의 모든 효과가 임의로 분포를 따른다면 이런 모형을 **임의효과모형** 또는 **임의모형**(random-effects models 또는 random model)이라고 한다. 만약 모형이 실험오차를 제외하고 모두 추정해야 하는 고정된 모수로 구성된다면 이를 **고정효과모형** 또는 **고정모형**(fixed-effects model 또는 fixed model)이라고 한다. 반면 모형이 고정효과($i = 0$에 대응하는 효과를 포함)와 최소한 하나의 임의효과를 포함한다면 이를 **혼합효과모형** 또는 **혼합모형**(mixed-effects model 또는 mixed model)이라고 한다.

이 절에서는 식 (13.1)에서 정의된 모형이 각각 고정효과모형, 임의효과모형, 혼합효과모형인 경우 분산분석표에 나오는 제곱합의 분포에 대하여 알아보고자 한다. 여기서 우리는 $i = 0, 1, \ldots, q - p$에 해당하는 효과는 고정효과, $i = q - p + 1, q - p + 2, \ldots, q + 1$에 해당하는 효과는 임의효과로 놓으며 여기서 p는 q보다 작거나 같은 음이 아닌 정수이다. 만약에 $p = 0$이면 모형은 고정효과모형이며 만약 $p = q$이면 임의효과모형이다. 그리고 $0 < p < q$이면 혼합모형을 나타낸다. 식 (13.3)에 주어진 균형선형모형의 벡터 형태는 다음과 같이 쓸 수 있으며

$$\boldsymbol{y} = \boldsymbol{Xg} + \boldsymbol{Zh}, \tag{13.22}$$

여기서 $\boldsymbol{Xg} = \Sigma_{i=0}^{q-p} \boldsymbol{U}_i\boldsymbol{\beta}_i$은 모형의 고정효과 부분이며 $\boldsymbol{Zh} = \Sigma_{i=q-p+1}^{q+1} \boldsymbol{U}_i\boldsymbol{\beta}_i$은 임의효과부분이다. 여기서 $\boldsymbol{\beta}_{q-p+1}, \boldsymbol{\beta}_{q-p+2}, \ldots, \boldsymbol{\beta}_{q+1}$들은 서로 독립이라고 가정하고 다음과 같은 정규분포를 따른다.

$$\boldsymbol{\beta}_i \sim N(\boldsymbol{0}, \sigma_i^2 \boldsymbol{I}_{c_i}),\ i = q - p + 1, q - p + 2, \ldots, q + 1, \tag{13.23}$$

여기서 c_i는 $\boldsymbol{U}_i$의 열의 수이다(식 (13.6) 참조). 이러한 가정하에서 $E(\boldsymbol{y}) = \boldsymbol{X}g$이며 $\boldsymbol{y}$의 공분산행렬 Σ는 다음과 같이 쓸 수 있다.

$$\boldsymbol{\Sigma} = \sum_{i=q-p+1}^{q+1} \sigma_i^2 \boldsymbol{A}_i, \tag{13.24}$$

여기서 $\boldsymbol{A}_i = \boldsymbol{U}_i\boldsymbol{U}_i'$ $(i = q - p + 1, q - p + 2, \ldots, q + 1)$이다.

13.3.1 제곱합의 분포적 성질

이제 13.2절에서 논의된 성질들을 균형선형모형에서 나타나는 제곱합의 분포를 유도하는 데 사용할 수 있다. 다음에 주어진 정리는 균형선형모형의 분석에서 가장 중요한 기초성질을 나타낸다. 자세한 증명은 Khuri(2010, Section 8.4.1)에 나타나 있다.

정리 13.1 $\boldsymbol{y}'\boldsymbol{P}_i\boldsymbol{y}$를 모형 (13.22)의 i번째 효과에 대한 제곱합이라고 하자($i = 0, 1, \ldots, q + 1$). 그러면 위에서 언급한 임의효과에 대한 가정하에서 다음이 성립한다.

(a) $\boldsymbol{y}'\boldsymbol{P}_0\boldsymbol{y}, \boldsymbol{y}'\boldsymbol{P}_1\boldsymbol{y}, \ldots, \boldsymbol{y}'\boldsymbol{P}_{q+1}\boldsymbol{y}$는 서로 독립이다.

(b)
$$\frac{\boldsymbol{y}'\boldsymbol{P}_i\boldsymbol{y}}{\rho_i} \sim \chi^2_{m_i}(\lambda_i),\ i = 0, 1, \ldots, q + 1, \tag{13.25}$$

여기서 m_i는 i번째 효과에 대한 자유도이고(이것은 $\boldsymbol{P}_i$의 계수와 같다) λ_i는 비중심모수로서 다음과 같이 주어진다.

$$\lambda_i = \frac{\boldsymbol{g}'\boldsymbol{X}'\boldsymbol{P}_i\boldsymbol{X}\boldsymbol{g}}{\rho_i},\ i = 0, 1, \ldots, q+1, \tag{13.26}$$

그리고

$$\rho_i = \sum_{j \in W_i} b_j \sigma_j^2,\ i = 0, 1, \ldots, q+1, \tag{13.27}$$

여기서 b_j는 식 (13.7)에서 정의된 수이며 W_i는 다음과 같은 집합이다.

$$W_i = \{j : q-p+1 \le j \le q+1 \mid \eta_i \subset \eta_j\},\ i = 0, 1, \ldots, q+1, \tag{13.28}$$

여기서 η_i는 i번째 효과를 나타내는 첨자들의 집합이다(13.1절 참조).

(c) $$E(\boldsymbol{y}'\boldsymbol{P}_i\boldsymbol{y}) = \boldsymbol{g}'\boldsymbol{X}'\boldsymbol{P}_i\boldsymbol{X}\boldsymbol{g} + m_i\rho_i,\ i = 0, 1, \ldots, q+1. \tag{13.29}$$

(d) 만약 i번째 효과가 임의효과이면, $i = q-p+1, q-p+2, \ldots, q+1$에 대하여 (b)에서 나타난 비중심모수 λ_i는 영이다. 따라서 이러한 효과에 대해서는 $\frac{1}{\rho_i}\boldsymbol{y}'\boldsymbol{P}_i\boldsymbol{y}$는 자유도가 m_i인 중심 카이제곱분포를 따르며 $E(\boldsymbol{y}'\boldsymbol{P}_i\boldsymbol{y}) = m_i\rho_i$이다.

여기서 식 (13.27)에 주어진 ρ_i에 대한 식은 i번째 효과(즉, η_i)를 구성하는 첨자들의 집합에(즉, η_j) 대응하는 σ^2들만 포함한다. 이러한 σ^2들의 각각은 그 선택된 σ^2의 지징에 사용되지 않는 첨자들의 범위의 곱과 같은 계수를 가진다. 오차항의 분산 σ_ϵ^2는 모든 ρ_i에 일을 계수로 가지고 나타난다. 또한 식 (13.29)에 나타난 $\boldsymbol{g}'\boldsymbol{X}'\boldsymbol{P}_i\boldsymbol{X}\boldsymbol{g}$는 $\boldsymbol{y}'\boldsymbol{P}_i\boldsymbol{y}$에서 $\boldsymbol{y}$를 이것의 평균인 $\boldsymbol{X}\boldsymbol{g}$로 대체한 것과 같다. 그러므로 $\boldsymbol{g}'\boldsymbol{X}'\boldsymbol{P}_i\boldsymbol{X}\boldsymbol{g}$를 계산하기 위해서는 식 (13.13)에 주어진 $\boldsymbol{y}'\boldsymbol{P}_i\boldsymbol{y}$를 위한 공식을 다음과 같이 사용하면 된다.

$$\boldsymbol{y}'\boldsymbol{P}_i\boldsymbol{y} = \sum_{\omega}[C_{\omega_i(\bar{\omega}_i)}(y)]^2,\ i = 0, 1, \ldots, q+1,$$

그리고 $C_{\omega_i(\bar{\omega}_i)}(y)$ 안의 허용가능한 평균들을 그 기대값으로 대체하면 된다.

예제 13.5 다음과 같은 균형잡힌 이단내포모형을 고려하자.

$$y_{ijk} = \mu + \alpha_{(i)} + \beta_{i(j)} + \epsilon_{ij(k)}, \tag{13.30}$$

여기서 $\alpha_{(i)}$ $(i = 1, 2, 3)$은 고정효과모수이며 $\beta_{i_{(j)}}$와 $\epsilon_{ij(k)}$는 각각 $N(0, \sigma_{\beta(\alpha)}^2)$와 $N(0, \sigma_\epsilon^2)$를 따른다($j = 1, 2, 3, 4$; $k = 1, 2, 3$). 모든 임의효과는 서로 독립이다. 평균제곱합은 식 (13.29)를 적용하여 유도할 수 있다. 이러한 평균제곱합은 MS_A, $MS_{B(A)}$, MS_E로 표기하며 대응하는 효과는 각각 $\alpha_{(i)}$, $\beta_{i(j)}$, $\epsilon_{ij(k)}$이다. 만약에 모형 (13.30)의 효과에 0, 1, 2, 3과 같이 번호를 붙이면 다음이 성립한다.

$$\begin{aligned} E(MS_A) &= \frac{1}{2}\boldsymbol{g}'\boldsymbol{X}'\boldsymbol{P}_1\boldsymbol{X}\boldsymbol{g} + \rho_1 \\ E(MS_{B(A)}) &= \rho_2 \\ E(MS_E) &= \rho_3, \end{aligned}$$

표 13.3 모형 (13.30)에 대한 분산분석표

요인	DF	SS	MS	E(MS)
A	2	SS_A	MS_A	$6\sum_{i=1}^{3}\alpha_{(i)}^2 + 3\sigma_{\beta(\alpha)}^2 + \sigma_\epsilon^2$
$B(A)$	9	$SS_{B(A)}$	$MS_{B(A)}$	$3\sigma_{\beta(\alpha)}^2 + \sigma_\epsilon^2$
Error	24	SS_E	MS_E	σ_ϵ^2

왜냐하면 $m_1 = 2$이고 $\rho_1 = 3\sigma_{\beta(\alpha)}^2 + \sigma_\epsilon^2$, $\rho_2 = 3\sigma_{\beta(\alpha)}^2 + \sigma_\epsilon^2$, $\rho_3 = \sigma_\epsilon^2$이기 때문이다. 앞에서 언급한 바와 같이 $\boldsymbol{g}'\boldsymbol{X}'\boldsymbol{P}_1\boldsymbol{X}\boldsymbol{g}$는 SS_A에 대한 공식을 적용하여 얻을 수 있고 다음과 같이 주어진다.

$$SS_A = \sum_{i=1}^{3}\sum_{j=1}^{4}\sum_{k=1}^{3}[y_{(i)} - y]^2,$$

그리고 y와 $y_{(i)}$를 다음과 같은 이들의 기대값으로 대체하면

$$E(y_{(i)}) = \mu + \alpha_{(i)}$$
$$E(y) = \mu,$$

다음을 얻을 수 있다.

$$\boldsymbol{g}'\boldsymbol{X}'\boldsymbol{P}_1\boldsymbol{X}\boldsymbol{g} = 12\sum_{i=1}^{3}\alpha_{(i)}^2.$$

이 분석에 대한 분산분석표는 표 13.3에 주어졌다.

정리 13.1에 의하여 다음이 성립한다.

$$\frac{SS_A}{\rho_1} \sim \chi_2^2(\lambda_1),$$

여기서 $\lambda_1 = \dfrac{\boldsymbol{g}'\boldsymbol{X}'\boldsymbol{P}_1\boldsymbol{X}\boldsymbol{g}}{\rho_1} = \dfrac{12\sum_{i=1}^{3}\alpha_{(i)}^2}{3\sigma_{\beta(\alpha)}^2 + \sigma_\epsilon^2}$이다. 더 나아가 다음이 성립한다.

$$\frac{SS_{B(A)}}{\rho_2} = \frac{SS_{B(A)}}{3\sigma_{\beta(\alpha)}^2 + \sigma_\epsilon^2} \sim \chi_9^2$$
$$\frac{SS_E}{\rho_3} = \frac{SS_E}{\sigma_\epsilon^2} \sim \chi_{24}^2.$$

이제 가설 $H_0 : \alpha_{(i)} = 0$에 대한 검정통계량은 F-비 $\frac{MS_A}{MS_{B(A)}}$로 주어지며 H_0하에서 이 통계량은 자유도가 2와 9를 가지는 F-분포를 따른다. 더 나아가 가설 $H_0 : \alpha_{\beta(\alpha)}^2 = 0$를 검정하기 위하여 비 $\frac{MS_{B(A)}}{MS_E}$를 사용할 수 있고 H_0 가정하에서 자유도 9와 24를 가지는 F-분포를 따른다.

13.3.2 고정효과의 추정가능한 선형함수에 대한 추론

이 절의 목표는 모형 (13.22)에 나타난 고정효과벡터 $\boldsymbol{g}$의 추정가능한 선형함수에 대한 추론을 유도하는 것이다. 이러한 모든 함수의 기초는 정리 13.2에서 논의할 것이다. 증명에 대한 자세한 내용은 Khuri(2010, Section 8.4.2)에서 찾을 수 있다.

정리 13.2 행렬 $\boldsymbol{P}_i$를 식 (13.13)에 나타난 것과 같이 i번째 효과의 제곱합에 해당하는 것이라고 하자($i = 0, 1, \ldots, q + 1$). 이제 다음이 성립한다.

(a) 모형 (13.22)에 나타난 i번째 고정효과에 대하여 $rank(\boldsymbol{P}_i\boldsymbol{X})$이고 여기서 $i = 0, 1, \ldots, q - p$이다.
(b) $rank(\boldsymbol{X}) = \sum_{i=0}^{q-p} m_i$.
(c) $\boldsymbol{P}_0\boldsymbol{Xg}, \boldsymbol{P}_1\boldsymbol{Xg}, \ldots, \boldsymbol{P}_{q-p}\boldsymbol{Xg}$는 서로 선형독립이다.
(d) $\boldsymbol{g}$의 임의의 추정가능한 선형함수는 $\boldsymbol{P}_0\boldsymbol{Xg}, \boldsymbol{P}_1\boldsymbol{Xg}, \ldots, \boldsymbol{P}_{q-p}\boldsymbol{Xg}$들의 선형함수의 합으로 나타낼 수 있다.

다음 정리는 고정효과벡터 $\boldsymbol{g}$의 추정가능한 선형함수의 BLUE를 구하는 방법을 기술한다.

정리 13.3 $\boldsymbol{g}$의 추정가능한 선형함수의 벡터를 $\boldsymbol{Q}'\boldsymbol{g}$라고 하자. 그러면 $\boldsymbol{Q}'\boldsymbol{g}$의 최소분산선형불편추정량은 $\boldsymbol{Q}'(\boldsymbol{X}'\boldsymbol{X})^{-}\boldsymbol{X}'\boldsymbol{y}$이다.

이 정리의 증명은 다음 보조정리를 필요로 한다.

보조정리 13.8 $i = 0, 1, \ldots, q + 1$에 대하여 $\boldsymbol{P}_i\Sigma = \Sigma\boldsymbol{P}_i$이다. 여기서 Σ는 식 (13.24)에 주어진 공분산행렬이다.

이러한 결과는 $\boldsymbol{\Sigma P}_i = \rho_i\boldsymbol{P}_i$의 결과에 의해 주어진다($i = 0, 1, \ldots, q + 1$). 이에 대한 증명은 다음과 같다.

식 (13.19)와 (13.24)를 이용하면 다음을 얻는다.

$$\begin{aligned}\boldsymbol{\Sigma P}_i &= \left(\sum_{j=q-p+1}^{q+1} \sigma_j^2 \boldsymbol{A}_j\right)\boldsymbol{P}_i \\ &= \left(\sum_{j=q-p+1}^{q+1} \kappa_{ij}\sigma_j^2\right)\boldsymbol{P}_i, \quad i = 0, 1, \ldots, q+1.\end{aligned}$$

이제 식 (13.20)으로 다음이 유도된다.

$$\sum_{j=q-p+1}^{q+1} \kappa_{ij}\sigma_j^2 = \sum_{j\in W_i} b_j\sigma_j^2,$$

여기서 $\boldsymbol{W}_i$는 식 (13.28)에서 정의된 집합이다. 따라서 식 (13.27)을 이용하면 다음이 성립한다.

$$\boldsymbol{\Sigma P}_i = \rho_i\boldsymbol{P}_i, \quad i = 0, 1, \ldots, q+1. \tag{13.31}$$

이제 식 (13.31)의 양변을 전치하면 $\boldsymbol{P}_i\Sigma = \Sigma\boldsymbol{P}_i$을 보일 수 있다.

보조정리 13.9 $i = 0, 1, \ldots, q + 1$에 대하여 $\boldsymbol{A}_i\Sigma = \Sigma\boldsymbol{A}_i$이다. 여기서 $\boldsymbol{A}_i = \boldsymbol{U}_i\boldsymbol{U}_i'$이고 Σ는 보조정리 13.8과 같다.

증명 보조정리 13.5에 의하여 다음이 성립한다.

$$\boldsymbol{A}_i = b_i \sum_{\eta_j \subset \eta_i} \boldsymbol{P}_j,\ i = 0, 1, \ldots, q + 1.$$

그러므로

$$\begin{aligned}
\boldsymbol{A}_i\boldsymbol{\Sigma} &= b_i\left(\sum_{\eta_j \subset \eta_i} \boldsymbol{P}_j\right)\boldsymbol{\Sigma} \\
&= b_i \sum_{\eta_j \subset \eta_i} (\boldsymbol{\Sigma}\boldsymbol{P}_j),\ \text{by Lemma 13.8}, \\
&= \boldsymbol{\Sigma}\left(b_i \sum_{\eta_j \subset \eta_i} \boldsymbol{P}_j\right) \\
&= \boldsymbol{\Sigma}\boldsymbol{A}_i.
\end{aligned}$$

■

보조정리 13.10 비정칙행렬 $\boldsymbol{F}$가 존재하여 다음 $\Sigma\boldsymbol{X} = \boldsymbol{X}\boldsymbol{F}$가 성립한다.

증명 $\Sigma\boldsymbol{X} = \Sigma[\boldsymbol{U}_0 : \boldsymbol{U}_1 : \ldots : \boldsymbol{U}_{q-p}]$이다. 보조정리 13.9에 의하여 $i = 0, 1, \ldots, q + 1$에 대하여 $\boldsymbol{A}_i\Sigma = \Sigma\boldsymbol{A}_i$이다. 그러면

$$\boldsymbol{U}_i\boldsymbol{U}_i'\boldsymbol{\Sigma} = \boldsymbol{\Sigma}\boldsymbol{U}_i\boldsymbol{U}_i',\ i = 0, 1, \ldots, q + 1.$$

이제 양변 오른쪽에 $\boldsymbol{U}_i$를 곱하고 식 (13.8)에 나타난 $\boldsymbol{U}_i'\boldsymbol{U}_i = b_i\boldsymbol{I}_{c_i}(i = 0, 1, \ldots, q + 1)$를 사용하면 다음을 얻는다.

$$\boldsymbol{U}_i\boldsymbol{U}_i'\boldsymbol{\Sigma}\boldsymbol{U}_i = b_i\boldsymbol{\Sigma}\boldsymbol{U}_i,\ i = 0, 1, \ldots, q + 1.$$

따라서

$$\begin{aligned}
\boldsymbol{\Sigma}\boldsymbol{U}_i &= \frac{1}{b_i}\boldsymbol{U}_i\boldsymbol{U}_i'\boldsymbol{\Sigma}\boldsymbol{U}_i \\
&= \boldsymbol{U}_i\boldsymbol{G}_i,\ i = 0, 1, \ldots, q + 1,
\end{aligned}$$

여기서 $\boldsymbol{G}_i = \frac{1}{b_i}\boldsymbol{U}_i'\boldsymbol{\Sigma}\boldsymbol{U}_i$이다. $\boldsymbol{G}_i$는 차수가 $c_i \times c_i$인 계수가 c_i인 행렬이며 따라서 정칙행렬이다. 이제 다음이 성립한다.

$$\begin{aligned}\boldsymbol{\Sigma X} &= [\boldsymbol{\Sigma U}_0 : \boldsymbol{\Sigma U}_1 : \ldots : \boldsymbol{\Sigma U}_{q-p}] \\ &= [\boldsymbol{U}_0\boldsymbol{G}_0 : \boldsymbol{U}_1\boldsymbol{G}_1 : \ldots : \boldsymbol{U}_{q-p}\boldsymbol{G}_{q-p}] \\ &= [\boldsymbol{U}_0 : \boldsymbol{U}_1 : \ldots : \boldsymbol{U}_{q-p}] \bigoplus_{i=0}^{q-p} \boldsymbol{G}_i \\ &= \boldsymbol{XF},\end{aligned}$$

여기서 $\boldsymbol{F} = \oplus_{i=0}^{q-p}\boldsymbol{G}_i$이며 비정칙이다. ■

정리 13.3의 증명. $\boldsymbol{Q}'\boldsymbol{g}$의 최소분산선형불편추정량(BLUE)은 $\boldsymbol{Q}'(\boldsymbol{X}'\Sigma^{-1}\boldsymbol{X})^{-}\boldsymbol{X}'\Sigma^{-1}\boldsymbol{y}$이다. 보조정리 13.10에 의하여 어떤 행렬 $\boldsymbol{F}$에 대하여 $\Sigma\boldsymbol{X} = \boldsymbol{XF}$가 성립한다. 따라서

$$\begin{aligned}\boldsymbol{X} &= \boldsymbol{\Sigma X F}^{-1} \\ \boldsymbol{X}'\boldsymbol{\Sigma}^{-1} &= (\boldsymbol{F}^{-1})'\boldsymbol{X}'.\end{aligned}$$

결론적으로

$$(\boldsymbol{X}'\boldsymbol{\Sigma}^{-1}\boldsymbol{X})^{-}\boldsymbol{X}'\boldsymbol{\Sigma}^{-1}\boldsymbol{y} = [(\boldsymbol{F}^{-1})'\boldsymbol{X}'\boldsymbol{X}]^{-}(\boldsymbol{F}^{-1})'\boldsymbol{X}'\boldsymbol{y}. \tag{13.32}$$

여기서 $[(\boldsymbol{F}^{-1})'\boldsymbol{X}'\boldsymbol{X}]^{-}$은 $(\boldsymbol{X}'\boldsymbol{X})-\boldsymbol{F}'$과 같을 수 있도록 선택할 수 있다. 왜냐하면 다음과 같은 식이 성립하기 때문이다.

$$(\boldsymbol{F}^{-1})'\boldsymbol{X}'\boldsymbol{X}(\boldsymbol{X}'\boldsymbol{X})^{-}\boldsymbol{F}'(\boldsymbol{F}^{-1})'\boldsymbol{X}'\boldsymbol{X} = (\boldsymbol{F}^{-1})'\boldsymbol{X}'\boldsymbol{X}.$$

식 (13.32)로부터 다음과 같은 결론을 얻을 수 있다.

$$\begin{aligned}(\boldsymbol{X}'\boldsymbol{\Sigma}^{-1}\boldsymbol{X})^{-}\boldsymbol{X}'\boldsymbol{\Sigma}^{-1}\boldsymbol{y} &= (\boldsymbol{X}'\boldsymbol{X})^{-}\boldsymbol{F}'(\boldsymbol{F}^{-1})'\boldsymbol{X}'\boldsymbol{y} \\ &= (\boldsymbol{X}'\boldsymbol{X})^{-}\boldsymbol{X}'\boldsymbol{y}.\end{aligned}$$

이러한 사실은 $\boldsymbol{Q}'\boldsymbol{g}$의 BLUE가 $\boldsymbol{Q}'(\boldsymbol{X}'\boldsymbol{X})^{-}\boldsymbol{X}'\boldsymbol{Y}$임을 의미한다.

정리 13.3으로부터 $\boldsymbol{\Sigma}$에 대한 정보가 없어도 $\boldsymbol{Q}'\boldsymbol{g}$의 BLUE를 얻을 수 있음을 보였으며 $\boldsymbol{\Sigma}$는 보통 알지 못하는 모수이다. 더 나아가 이 추정량은 $\boldsymbol{Q}'\boldsymbol{g}$의 보통 최소제곱추정량과 동일하다.

정리 13.4 정리 13.3에서 언급한 $\boldsymbol{Q}'\boldsymbol{g}$의 최소분산불편추정량의 공분산행렬은 다음과 같이 주어진다.

$$var[\boldsymbol{Q}'(\boldsymbol{X}'\boldsymbol{X})^{-}\boldsymbol{X}'\boldsymbol{y}] = \boldsymbol{T}'\left(\sum_{i=0}^{q-p}\rho_i\boldsymbol{P}_i\right)\boldsymbol{T},$$

여기서 $\boldsymbol{T}$는 $\boldsymbol{Q}' = \boldsymbol{T}'\boldsymbol{X}$를 만족하는 행렬이며 ρ_i는 식 (13.27)에서 주어진 수이다 $(i = 0, 1, \ldots, q-p)$.

위의 정리에 대한 자세한 증명은 Khuri(2010, Section 8.4.2)에 나타나 있다.

표 13.4 모형 (13.33)에 대한 자료

	B		
A	1	2	3
1	72	75	92
	60	71	101
	62	72	91
2	101	110	116
	96	108	110
	109	101	106

예제 13.6 다음과 같은 균형이원교차배치모형을 생각하자.

$$y_{ijk} = \mu + \alpha_{(i)} + \beta_{(j)} + (\alpha\beta)_{(ij)} + \epsilon_{ij(k)}, \tag{13.33}$$

여기서 $\alpha_{(i)}$는 모르는 고정모수이고 $\beta_{(j)}$, $(\alpha\beta)_{(ij)}$, $\epsilon_{ij(k)}$는 각각 $N(0, \sigma_\beta^2)$, $N(0, \sigma_{\alpha\beta}^2)$, $N(0, \sigma_\epsilon^2)$을 따르는 임의효과이다. 모든 임의효과는 서로 독립이다. 이 모형에 대한 자료는 표 13.4에 있다. 이에 대한 분산분석표는 표 13.5에 주어졌다. 분산분석표에 있는 평균제곱합의 기대값들은 식 (13.29)를 이용하여 계산할 수 있다. 만약 모형 (13.33)에 나타난 효과들을 순서대로 0, 1, 2, 3, 4로 표기한다면 기대값은 다음과 같다.

$$\begin{aligned} E(MS_A) &= \boldsymbol{g}'\boldsymbol{X}'\boldsymbol{P}_1\boldsymbol{X}\boldsymbol{g} + \rho_1 \\ E(MS_B) &= \rho_2 \\ E(MS_{AB}) &= \rho_3 \\ E(MS_E) &= \rho_4, \end{aligned}$$

여기서 식 (13.27)을 적용한 것과 같이 $\rho_1 = 3\sigma_{\alpha\beta}^2 + \sigma_\epsilon^2$, $\rho_2 = 6\sigma_\beta^2 + 3\sigma_{\alpha\beta}^2 + \sigma_\epsilon^2$, $\rho_3 = 3\sigma_{\alpha\beta}^2 + \sigma_\epsilon^2$, $\rho_4 = \sigma_\epsilon^2$ 더 나아가 $\boldsymbol{X} = [\boldsymbol{U}_0 : \boldsymbol{U}_1]$이고, 이때 $\boldsymbol{U}_0 = \mathbf{1}_2 \otimes \mathbf{1}_3 \otimes \mathbf{1}_3$, $\boldsymbol{U}_1 = \boldsymbol{I}_2 \otimes \mathbf{1}_3 \otimes \mathbf{1}_3$, $\boldsymbol{g} = [\mu, \alpha_{(1)}, \alpha_{(2)}]'$이며 식 (13.15)에 의하여 $\boldsymbol{P}_1$은 다음과 같다.

$$\boldsymbol{P}_1 = \frac{1}{9}\boldsymbol{I}_2 \otimes \boldsymbol{J}_3 \otimes \boldsymbol{J}_3 - \frac{1}{18}\boldsymbol{J}_2 \otimes \boldsymbol{J}_3 \otimes \boldsymbol{J}_3. \tag{13.34}$$

$\boldsymbol{g}'\boldsymbol{X}'\boldsymbol{P}_1\boldsymbol{X}\boldsymbol{g}$를 좀 더 직접적으로 계산할 수 있는 방법은 정리 13.1의 마지막 부분에 언급된 기법을 이용하는 것이다. 이 예제에서는 이것이 $SS_A = \boldsymbol{y}'\boldsymbol{P}_1\boldsymbol{y}$에 있는 $\boldsymbol{y}$를 그 평균인 $\boldsymbol{X}\boldsymbol{g}$로 바꾸면 된다. SS_A에 대한 공식은 다음과 같다.

표 13.5 모형 (13.33)에 대한 분산분석표

요인	DF	SS	MS	E(MS)	F	p-값
A	1	3784.50000	3784.50000	$9\sum_{i=1}^2 \alpha_{(i)}^2 + 3\sigma_{\alpha\beta}^2 + \sigma_\epsilon^2$	19.39	0.0479
B	2	1170.3333	585.1667	$6\sigma_\beta^2 + 3\sigma_{\alpha\beta}^2 + \sigma_\epsilon^2$	3.0000	0.2501
A * B	2	390.3333	195.1667	$3\sigma_{\alpha\beta}^2 + \sigma_\epsilon^2$	7.03	0.0096
Error	12	333.3333	27.7778	σ_ϵ^2		

$$SS_A = 9\sum_{i=1}^{2}[y_{(i)} - y]^2. \tag{13.35}$$

이제 $y_{(i)}$와 y를 각각 이들의 기대값으로 교체한다. 모형 (13.33)에서 이 기대값들은 다음과 같고

$$E[y_{(i)}] = \mu + \alpha_{(i)}$$
$$E(y) = \mu.$$

따라서

$$\boldsymbol{g}'\boldsymbol{X}'\boldsymbol{P}_1\boldsymbol{X}\boldsymbol{g} = 9\sum_{i=1}^{2}\alpha_{(i)}^2.$$

이러한 $\boldsymbol{g}'\boldsymbol{X}'\boldsymbol{P}_1\boldsymbol{X}\boldsymbol{g}$에 대한 직접적인 계산 기법은 균형선형모형에서 고정효과에 내하여 선반적으로 적용할 수 있다. 만약 i번째 효과가 고정이면, 다음이 성립한다.

$$\boldsymbol{g}'\boldsymbol{X}'\boldsymbol{P}_i\boldsymbol{X}\boldsymbol{g} = \sum_{\omega} f_{\omega_i(\bar{\omega}_i)}^2, \tag{13.36}$$

여기서 13.1절에서처럼 ω는 고려하는 모형에서 반응값 y를 나타낼 수 있는 모든 첨자들의 집합이다. 그리고 $f_{\omega_i(\bar{\omega}_i)}$는 모형의 i번째 효과이다(모형 (13.1) 참조).

고정효과들의 추정가능한 선형함수에 대한 추론: 이제 우리는 $\alpha_{(1)} - \alpha_{(2)}$를 추정하려고 한다. 여기서 $\alpha_{(1)} - \alpha_{(2)} = (\mu + \alpha_{(1)}) - (\mu + \alpha_{(2)})$가 추정가능하므로 이 모수도 추정가능하다. 정리 13.3에 의하여 $\alpha_{(1)} - \alpha_{(2)}$의 BLUE는 $\hat{\alpha}_{(1)} - \hat{\alpha}_{(2)}$이고 여기서 $\hat{\alpha}_{(1)}$과 $\hat{\alpha}_{(2)}$는 다음과 같이 얻을 수 있다.

$$\begin{aligned}\hat{\boldsymbol{g}} &= [\hat{\mu}, \hat{\alpha}_{(1)}, \hat{\alpha}_{(2)}]' \\ &= (\boldsymbol{X}'\boldsymbol{X})^{-}\boldsymbol{X}'\boldsymbol{y} \\ &= (61.2222, 16.1111, 45.1111)'.\end{aligned}$$

그러므로 $\hat{\alpha}_{(1)} - \hat{\alpha}_{(2)} = 16.1111 - 45.1111 = -29$이다. 더 나아가 아래의 식으로부터

$$y_{(i)} = \mu + \alpha_{(i)} + \frac{1}{3}\sum_{j=1}^{3}\beta_{(j)} + \frac{1}{3}\sum_{j=1}^{3}(\alpha\beta)_{(ij)} + \frac{1}{9}\sum_{k=1}^{3}\sum_{j=1}^{3}\epsilon_{ij(k)},$$

다음을 얻을 수 있다.

$$var[y_{(1)} - y_{(2)}] = \frac{2}{9}(3\,\sigma_{\alpha\beta}^2 + \sigma_{\epsilon}^2).\text{[수식]} \tag{13.37}$$

따라서 $\hat{\alpha}_{(1)} - \hat{\alpha}_{(2)}$에 대한 95% 신뢰구간은 다음과 같다.

$$\begin{aligned}\hat{\alpha}_{(1)} - \hat{\alpha}_{(2)} \pm \left(\frac{2}{9}MS_{AB}\right)^{1/2} t_{0.025,2} &= -29 \pm \left[\frac{2}{9}(195.1667)\right]^{1/2}(4.303) \\ &= -29 \pm 28.3379,\end{aligned}$$

위의 식에 의하여 신뢰구간은 $(-57.3379, -0.6621)$으로 주어진다. 이러한 결과는 요인 A에 대한

표 13.6 평균제곱합의 기대값과 귀무가설

E(MS)	귀무가설
$E(MS_A) = \frac{nbc}{a-1}\sum_{i=1}^{a}\alpha_{(i)}^2 + bn\sigma_{\alpha\gamma}^2 + n\sigma_{\alpha\beta\gamma}^2 + \sigma_\epsilon^2$	$H_0 : \alpha_{(i)} = 0$
$E(MS_B) = \frac{nac}{b-1}\sum_{j=1}^{b}\beta_j^2 + an\sigma_{\beta\gamma}^2 + n\sigma_{\alpha\beta\gamma}^2 + \sigma_\epsilon^2$	$H_0 : \beta_{(j)} = 0$
$E(MS_C) = nab\sigma_\gamma^2 + bn\sigma_{\alpha\gamma}^2 + an\sigma_{\beta\gamma}^2 + n\sigma_{\alpha\beta\gamma}^2 + \sigma_\epsilon^2$	$H_0 : \sigma_{(\gamma)}^2 = 0$
$E(MS_{AB}) = \frac{nc}{(a-1)(b-1)}\sum_{i=1}^{a}\sum_{j=1}^{b}(\alpha\beta)_{(ij)}^2 + n\sigma_{\alpha\beta\gamma}^2 + \sigma_\epsilon^2$	$H_0 : (\alpha\beta)_{(ij)} = 0$
$E(MA_{AC}) = bn\sigma_{\alpha\gamma}^2 + n\sigma_{\alpha\beta\gamma}^2 + \sigma_\epsilon^2$	$H_0 : \sigma_{\alpha\gamma}^2 = 0$
$E(MS_{BC}) = an\sigma_{\beta\gamma}^2 + n\sigma_{\alpha\beta\gamma}^2 + \sigma_\epsilon^2$	$H_0 : \sigma_{\beta\gamma}^2 = 0$
$E(MS_{ABC}) = n\sigma_{\alpha\beta\gamma}^2 + \sigma_\epsilon^2$	$H_0 : \sigma_{\alpha\beta\gamma}^2 = 0$
$E(MS_E) = \sigma_\epsilon^2$	

두 평균이 유의하게 다르다는 것을 의미한다. 이는 표 13.5에 나타난 F-검정의 결과와 같다(p-값 = 0.0479).

예제 13.7 다음에 주어진 삼원교차배치 혼합모형을 고려하자.

$$y_{ijkl} = \mu + \alpha_{(i)} + \beta_{(j)} + \gamma_{(k)} + (\alpha\beta)_{(ij)} + (\alpha\gamma)_{(ik)} + (\beta\gamma)_{(jk)} + (\alpha\beta\gamma)_{(ijk)} + \epsilon_{ijk(l)}, \quad (13.38)$$

여기서 $\alpha_{(i)}$와 $\beta_{(j)}$는 고정효과이고 $\gamma_{(k)}$는 임의효과이다. 이 모형에 대한 모집단의 구조는 $[(i)(j)(k)]:l$이다($i = 1, 2, \ldots, a; j = 1, 2, \ldots, b; k = 1, 2, \ldots, c; l = 1, 2, \ldots, n$). 이에 대한 분산성분은 σ_γ^2, $\sigma_{\alpha\gamma}^2$, $\sigma_{\beta\gamma}^2$, $\sigma_{\alpha\beta\gamma}^2$, σ_ϵ^2이다. 이 모형에 대한 평균제곱합의 기대값과 연관된 가설은 표 13.6에 나타나 있다.

고정효과 $\alpha_{(i)}$, $\beta_{(j)}$, $(\alpha\beta)_{(ij)}$에 대한 이차형식은 이전에 설명한 빠른 방법으로 얻을 수 있다. 표 13.6에 주어진 평균제곱합의 기대값을 이용하면 표 13.7에서 나타난 것과 같은 가설검정을 생각할 수 있다. 이 표는 각 검정에 대한 F-통계량과 그에 해당하는 자유도를 나타낸다. 주어진 α-임계값보다 크면 유의수준하에서 유의하다.

유의할 점은 가설 $H_0 : \sigma_\gamma^2 = 0$를 검정하기 위한 '오차항'으로 사용할 수 있는 평균제곱합은 표 13.6에는 없다. 이러한 경우 여러 개의 평균제곱합을 빼고 더하여 그 기대값이 $bn\sigma_{\alpha\gamma}^2 + an\sigma_{\beta\gamma}^2 + n\sigma_{\alpha\beta\gamma}^2 + \sigma_\epsilon^2$이 되는 '인공적인' 오차항을 만들 수 있다. 이 양은 가설 $H_0 : \sigma_\gamma^2 = 0$하에서 C의 평균제곱합의 기대값과 같다. 귀무가설하에서 비율 $MS_C/[MS_{AC} + MS_{BC} - MS_{ABC}]$는 근사적으로 자유

표 13.7 모형 (13.38)에 대한 검정통계량

H_0	F-검정통계량	α-임계값
$\alpha_{(i)} = 0$	MS_A/MS_{AC}	$F_{\alpha,a-1,(a-1)(c-1)}$
$\beta_{(j)} = 0$	MS_B/MS_{BC}	$F_{\alpha,b-1,(b-1)(c-1)}$
$\sigma_\gamma^2 = 0$	$MS_C/[MS_{AC} + MS_{BC} - MS_{ABC}]$	$F_{\alpha,c-1,\nu}$
$(\alpha\beta)_{(ij)} = 0$	MS_{AB}/MS_{ABC}	$F_{\alpha,(a-1)(b-1),(a-1)(b-1)(c-1)}$
$\sigma_{\alpha\gamma}^2 = 0$	MS_{AC}/MS_{ABC}	$F_{\alpha,(a-1)(c-1),(a-1)(b-1)(c-1)}$
$\sigma_{\beta\gamma}^2 = 0$	MS_{BC}/MS_{ABC}	$F_{\alpha,(b-1)(c-1),(a-1)(b-1)(c-1)}$
$\sigma_{\alpha\beta\gamma}^2 = 0$	MS_{ABC}/MS_E	$F_{\alpha,(a-1)(b-1)(c-1),abc(n-1)}$

표 13.8 예제 13.8에 대한 분산분석표

요인	DF	MS	E(MS)
A	2	34.65	$24\sigma_\alpha^2 + 6\sigma_{\alpha\beta}^2 + 2\sigma_{\alpha\delta(\beta)}^2 + \sigma_\epsilon^2$
B	3	615.98	$18\sigma_\beta^2 + 6\sigma_{\alpha\beta}^2 + 6\sigma_{\delta(\beta)}^2 + 2\sigma_{\alpha\delta(\beta)}^2 + \sigma_\epsilon^2$
$A*B$	6	11.49	$6\sigma_{\alpha\beta}^2 + 2\sigma_{\alpha\delta(\beta)}^2 + \sigma_\epsilon^2$
$C(B)$	8	17.92	$6\sigma_{\delta(\beta)}^2 + 2\sigma_{\alpha\delta(\beta)}^2 + \sigma_\epsilon^2$
$A*C(B)$	16	6.25	$2\sigma_{\alpha\delta(\beta)}^2 + \sigma_\epsilon^2$
Error	36	2.98	σ_ϵ^2

도가 $c-1$과 v인 F-분포를 따른다. 여기서 자유도 v는 다음과 같이 주어진다.

$$v = \frac{(MS_{AC} + MS_{BC} - MS_{ABC})^2}{\frac{(MS_{AC})^2}{(a-1)(c-1)} + \frac{(MS_{BC})^2}{(b-1)(c-1)} + \frac{(-MS_{ABC})^2}{(a-1)(b-1)(c-1)}}. \tag{13.39}$$

만약 계산된 v의 값이 정수가 아니라면 반내림한 정수를 사용한다. 이러한 근사는 쌔터스웨이트(Satterthwaite)의 근사 방법에 의한 것이다. 이에 대한 자세한 이론은 Khuri(2010, Chapter 9)와 Dean and Voss(1999, p. 117)을 참조하자.

예제 13.8 다음과 같은 균형모형을 생각해 보자.

$$\begin{aligned} y_{ijkl} &= \mu + \alpha_{(i)} + \beta_{(j)} + (\alpha\beta)_{(ij)} + \delta_{j(k)} + (\alpha\delta)_{j(ik)} + \epsilon_{ijk(l)}, \\ &i = 1,2,3;\ j = 1,2,3,4;\ k = 1,2,3;\ l = 1,2. \end{aligned} \tag{13.40}$$

이 모형은 세 개의 요인 A, B, C를 가지고 있으며 요인 A와 B는 교차되어 있고 C는 B에 내포되어 있다. 요인 A, B, C의 수준들의 교차에 대하여 두 개의 반복측정이 이루어지는 실험이다. 따라서 모집단의 구조는 $[(i)(j:k)]:l$이다. 보는 효과는 임의효과이며 평균이 영이고 분산이 각각 σ_α^2, σ_β^2, $\sigma_{\alpha\beta}^2$, $\sigma_{\delta(\beta)}^2$, $\sigma_{\alpha\delta(\beta)}^2$, σ_ϵ^2을 가지는 정규분포를 따른다. 자료를 이용하여 계산된 평균제곱합의 기대값과 분산분석표는 표 13.8에 나타나 있다.

평균제곱합의 기대값의 형태를 기초로 하여 다양한 효과에 대한 가설검정들이 표 13.9에 주어졌다. 여기서 가설 $H_0: \sigma_\beta^2 = 0$를 검정하기 위해서는 쌔터스웨이트의 근사법을 사용해야 한다. 왜냐하면 근사 F-통계량의 분자가 평균제곱합의 선형결합으로 나타나기 때문에 여기서는 $MS_{AB} + MS_{C(B)} - MS_{A*C(B)}$이다. 분자에 대응하는 자유도는 다음과 같다.

표 13.9 모형 (13.40)에 대한 검정통계량

H_0	F-검정통계량	5%-임계값
$\sigma_\alpha^2 = 0$	$MS_A/MS_{AB} = 3.016$	$F_{0.05,2,6} = 5.14$
$\sigma_\beta^2 = 0$	$MS_B/[MS_{AB} + MS_{C(B)} - MS_{A*C(B)}] = 26.597$	$F_{0.05,3,8} = 4.07$
$\sigma_{\alpha\beta}^2 = 0$	$MS_{AB}/MS_{A*C(B)} = 1.838$	$F_{0.05,6,16} = 2.74$
$\sigma_{\delta(\beta)}^2 = 0$	$MS_{C(B)}/MS_{A*C(B)} = 2.867$	$F_{0.05,8,16} = 2.59$
$\sigma_{\alpha\delta(\beta)}^2 = 0$	$MS_{A*C(B)}/MS_E = 2.097$	$F_{0.05,16,36} = 1.92$

$$v = \frac{[MS_{AB} + MS_{C(B)} - MS_{A*C(B)}]^2}{\frac{(MS_{AB})^2}{6} + \frac{(MS_{C(B)})^2}{8} + \frac{(-MS_{A*C(B)})^2}{16}}$$

자료를 사용하면 $v = 8.305$로 주어지며 이 수를 반내림하면 8을 얻을 수 있다.

참고문헌

Dean, A. and Voss, D. (1999). *Design and Analysis of Experiments*. Springer-Verlag, New York.

Khuri, A. I. (1982). Direct products: A powerful tool for the analysis of balanced data. *Comm. Stat. Theory Methods*, 11, 2903–2920.

Khuri, A. I. (2010). *Linear Model Methodology*. Chapman & Hall/CRC, Boca Raton, FL.

Zyskind, G. (1962). On structure, relation, Σ, and expectation of mean squares. *Sankhyā* Ser. A, 24, 115–148.

연습문제

13.1 요인 A와 B는 각각 $a_1, a_2, \ldots, a_p$ 수준과 $b_1, b_2, \ldots, b_q$ 수준을 가진다. 인자 A는 서로 다른 약품을 의미하고 B는 시간을 의미한다. 동일한 모집단에서 n명의 사람을 임의로 추출하였다. 각 사람에 대하여 요인 A의 수준 a_1을 적용한 뒤 요인 B의 q 수준들에 대하여 관측값을 얻었다. 다른 n명의 사람을 추출하고 각 사람에 대하여 요인 A의 수준 a_2을 적용한 뒤 요인 B의 q 수준들에 대하여 관측값을 얻었다. 이러한 실험을 계속 반복하여 요인 A의 모든 수준들마다 n명의 사람들을 임의로 선택하여 요인 B의 q 수준들에 대한 관측값을 얻었다. 이제 y_{ijk}를 i번째 집단 안에서($i = 1, 2, \ldots, p$) 처리 $a_i b_j$의 k번째 사람의 관측값이라고 하자. 사람에 대한 효과는 임의효과라고 하고 평균이 영이고 분산이 $\sigma^2_{\pi(\alpha)}$를 가지는 정규분포를 독립적으로 따른다고 가정하고 또한 이는 $n(0, \sigma^2_\epsilon)$를 따르는 오차항 ϵ_{ijk}와 독립이다.

(a) 이 실험에 대한 모집단의 구조를 기술하시오.

(b) 모형의 형태를 기술하시오.

(c) 평균제곱합의 기대값들과 분산분석표를 구하시오.

13.2 특정한 치료가 피부의 민감성에 미치는 효과를 알아보기 위한 실험을 수행하였다. 세 명의 사람에게는 위약(placebo)을 주고 다른 세 명에게는 실제 치료를 적용하였다. 실험에 참가한 각 사람들은 서로 다른 두 개의 피부의 위치(위치1과 위치2)에 처리를 적용하여 두 개의 관측값을 얻었다. 즉 반복측정을 한 것이다. 실험에서 얻은 자료는 다음의 표에 주어졌다.

집단 (A)	사람	위치 (B) 위치1	위치2
통제	1	70, 72	88, 93
	2	65, 64	80, 82
	3	70, 69	75, 73
처리	4	75, 73	88, 87
	5	66, 71	68, 75
	6	75, 76	95, 94

(a) 모집단의 구조를 기술하시오.

(b) 모형의 형태를 기술하시오.

(c) 평균제곱합의 기대값들과 분산분석표를 구하시오.

(d) 모형을 구성한 효과를 검정하는 검정통계량을 구하고 그에 대한 p-값을 구하시오.

참고: 이 문제를 풀기위한 SAS 명령문은 다음과 같다.

```
DATA;
INPUT A C B y@@;
CARDS;
(enter here the data according to the INPUT statement)
PROC PRINT;
PROC GLM;
CLASS A B C;
MODEL y=A C(A) B A*B B*C(A);
RANDOM C(A) B*C(A)/TEST;
RUN;
```

여기시 요인 C는 사람의 효과를 의미한다. 위의 SAS 명령문에 대한 설명은 3부 15장에 나타나 있다.

13.3 만약에 $m_i MS_i/\delta_i \sim \chi^2_{m_i}$인 $MS_1, MS_2, \ldots, MS_k$들이 서로 독립이고, 여기서 $\delta_i = E(MS_i)$, $i = 1, 2, \ldots, k$ 또한 알고 있는 음이 아닌 정수 $a_1, a_2, \ldots, a_k$에 대하여 $MS^* = \sum_{i=1}^k a_i MS_i$이면 $\nu MS^*/\delta$는 자유도가 ν인 카이제곱분포를 근사적으로 따른다. 이러한 사실을 쎄터스웨이트의 근사(Satterthwaite's approximation)라고 한다. 여기서 $\delta = E(MS^*)$이고 ν는 다음과 같이 주어진다.

$$\nu = \frac{(\sum_{i=1}^k a_i MS_i)^2}{\sum_{i=1}^k a_i^2 MS_i^2/m_i}.$$

이러한 근사공식을 이용하여 연습문제 2에 주어진 자료에서 처리 안에서 위치와 사람의 상호효과 $B * C(A)$를 나타내는 분산성분 $\sigma^2_{\beta\gamma(\alpha)}$에 대한 95% 근사신뢰구간을 구하시오.

13.4 연습문제 2에 주어진 자료를 고려하자. 다음 주어진 비율의 95% 신뢰구간을 구하시오.

$$\rho = \frac{\sigma^2_{\beta\gamma(\alpha)}}{\sigma^2_\epsilon + \sigma^2_{\beta\gamma(\alpha)}}.$$

13.5 균형삼단내포모형을 고려하자.

$$y_{ijkl} = \mu + \alpha_{(i)} + \beta_{i(j)} + \gamma_{ij(k)} + \epsilon_{ijk(l)},$$

여기서 $\alpha_{(i)}$는 고정효과이고 $\beta_{i(j)}$와 $\gamma_{ij(k)}$는 임의효과이다($i = 1, 2, \ldots, a;\ j = 1, 2, \ldots, b;\ k = 1, 2, \ldots, c;\ l = 1, 2, \ldots, n$). $\beta_{i(j)}$, $\gamma_{ij(k)}$, $\epsilon_{ijk(l)}$는 독립적으로 각각 평균이 영이고 분산이 $\sigma^2_{\beta(\alpha)}$, $\sigma^2_{\gamma(\alpha\beta)}$, σ^2_ϵ인 정규분포를 따른다고 가정하자.

(a) 모집단의 구조를 기술하시오.

(b) 평균제곱합의 기대값들과 분산분석표를 구하시오.

(c) 모든 i에 대하여 5% 유의수준하에서 가설 $H_0 : \alpha_{(i)} = 0$의 제2종 오류(type II error)를 범할 확률에 대한 식을 제시하시오.

(d) $\hat{\sigma}^2_{\beta(\alpha)}$를 $\sigma^2_{\beta(\alpha)}$에 대한 ANOVA 추정량이라고 하자. $\hat{\sigma}^2_{\beta(\alpha)} < 0$이 되는 확률을 계산하는 식을 제시하시오.

13.6 다음은 균형삼원배치모형에 대한 분산분석표이다(임의효과에 대한 일반적인 정규분포 가정이 성립한다).

요인	DF	MS	E(MS)
A	4	37.25	$12\sigma^2_\alpha + 3\sigma^2_{\alpha\beta} + 4\sigma^2_{\alpha\gamma} + \sigma^2_\epsilon$
B	3	66.82	$15\sigma^2_\beta + 3\sigma^2_{\alpha\beta} + 5\sigma^2_{\beta\gamma} + \sigma^2_\epsilon$
A*B	12	10.65	$3\sigma^2_{\alpha\beta} + \sigma^2_\epsilon$
C	2	89.16	$20\sigma^2_\gamma + 4\sigma^2_{\alpha\gamma} + 5\sigma^2_{\beta\gamma} + \sigma^2_\epsilon$
A*C	8	5.19	$4\sigma^2_{\alpha\gamma} + \sigma^2_\epsilon$
B*C	6	12.05	$5\sigma^2_{\beta\gamma} + \sigma^2_\epsilon$
Error	24	3.08	σ^2_ϵ

다음에 주어진 가설들은 10% 유의수준으로 검정하시오.

$$H_0 : E(MS_\alpha) + E(MS_E) = E(MS_{\alpha\beta}) + E(MS_{\alpha\gamma}) \quad \text{versus}$$
$$H_a : E(MS_\alpha) + E(MS_E) > E(MS_{\alpha\beta}) + E(MS_{\alpha\gamma}),$$

13.7 균형일원배치 임의모형을 고려하자.

$$y_{ij} = \mu + \alpha_{(i)} + \epsilon_{i(j)}, \quad i = 1, 2, \ldots, a; j = 1, 2, \ldots, n.$$

임의효과에 대한 일반적인 정규분포 가정이 분산 σ^2_α와 σ^2_ϵ와 함께 성립한다.

(a) $\sigma_\alpha^2/\sigma_\epsilon^2$에 대한 $(1-\alpha)100\%$ 신뢰구간을 구하시오.

(b) $\sigma_\epsilon^2/(\sigma_\alpha^2+\sigma_\epsilon^2)$에 대한 $(1-\alpha)100\%$ 신뢰구간을 구하시오.

13.8 다음에 주어진 모형을 생각하자.

$$y_{ijkl}=\mu+\alpha_{(i)}+\beta_{i(j)}+\gamma_{i(k)}+\delta_{ik(l)}+(\beta\gamma)_{i(jk)}+\epsilon_{ik(jl)},$$

여기서 $i=1, 2, 3; j=1, 2, 3; k=1, 2, 3, 4; l=1, 2, 3$이고 $\alpha_{(i)}$는 고정효과이며 $\beta_{i(j)}$, $\gamma_{i(k)}$, $\delta_{ik(l)}$는 임의효과이다. 임의효과들은 각각 평균이 영이고 $\sigma_{\beta(\alpha)}^2$, $\sigma_{\gamma(\alpha)}^2$, $\sigma_{\delta(\alpha\gamma)}^2$, $\sigma_{\beta\gamma(\alpha)}^2$, σ_ϵ^2을 분산으로 하는 정규분포를 따른다고 하자.

(a) 모집단의 구조를 기술하시오.

(b) 평균제곱합의 기대값들과 분산분석표를 구하시오.

(c) 가설 $H_0: \sigma_{\delta(\alpha\gamma)}^2=2\sigma_\epsilon^2$ 대 $H_a: \sigma_{\delta(\alpha\gamma)}^2\neq 2\sigma_\epsilon^2$를 검정할 수 있는 검정통계량을 제시하시오.

13.9 다시 연습문제 8번을 고려하자.

(a) 모수벡터 $\theta=(\theta_1, \theta_2)'$에 대한 $(1-\alpha)100\%$ 신뢰구역을 구하시오. 여기서 θ_1과 θ_2는 각각 $B(A)$와 $B*C(A)$에 대한 평균제곱합의 기대값이다.

(b) $\hat{\sigma}_{\beta(\alpha)}^2$를 $\sigma_{\beta(\alpha)}^2$에 대한 ANOVA 추정량이라고 하자. 확률 $P(\hat{\sigma}_{\beta(\alpha)}^2<0)$를 계산하는 식을 $\Delta=\sigma_{\beta(\alpha)}^2/[3\sigma_{\beta\gamma(\alpha)}^2+\sigma_\epsilon^2]$으로 제시하시오.

13.10 세 개의 요인 A, B, C에 대한 균형자료가 있다고 하자. 요인 A와 B는 교차되었고 C는 A와 B안에 내포되었다고 하자(즉, AB의 부차집단이다). 요인 A, B, C의 각 조합에 대하여 두 개의 반복관측값이 있다. 요인 A는 세 개의 수준으로 구성되고 요인 B와 C는 각각 네 개의 수준을 가진다. 요인 A의 효과에 특별한 관심이 있고 다른 요인 B와 C는 임의효과로 선택되었다. 모든 임의효과는 독립이고 평균이 영이며 해당하는 분산을 가지는 정규분포를 따른다.

(a) 모집단의 구조를 기술하시오. 요인 A, B, C에 대해서 첨자 i, j, k를 사용하고 반복에 대해서는 l을 사용하시오.

(b) 모든 허용가능한 평균과 그에 대한 요소를 제시하고 이 실험에 대한 모형을 기술하시오.

(c) $\sigma_{\alpha\beta}^2$를 상호작용 $A*B$에 대한 분산성분이라고 하자. $\hat{\sigma}_{\alpha\beta}^2$를 이것의 ANOVA 추정량이라고 하자. $\mathrm{var}(\hat{\sigma}_{\alpha\beta}^2)$의 식을 제시하시오.

(d) $\alpha_{(i)}$를 요인 A의 수준에 대한 효과라고 하자($i=1, 2, 3$). $\alpha_{(1)}-\alpha_{(2)}$에 대한 $(1-\alpha)100\%$ 신뢰구간을 구하시오.

13.11 모형 (13.22)를 고려하자. $\boldsymbol{P}_i$를 분산분석표에서 i번째 제곱합에 해당하는 행렬이라고 하고 $(i=1, 2, \ldots, q+1)$ 계수를 m_i라고 하자.

(a) $\boldsymbol{X}=\boldsymbol{\Sigma}_{i=0}^{q-p}\boldsymbol{P}_i\boldsymbol{X}$를 보이시오.

(b) $\boldsymbol{P}_0, \boldsymbol{P}_1, \ldots, \boldsymbol{P}_{q+1}$ 사이에는 선형관계가 없음을 보이시오.

(c) $\boldsymbol{\Sigma}_{i=0}^{q-p}\boldsymbol{P}_i$의 계수가 $\boldsymbol{\Sigma}_{i=0}^{q-p}m_i$임을 보이시오.

14장 다변량반응모형

지금까지 논의한 실험에서는 하나의 관측변수만이 있는 자료를 고려하였다. 하지만 많은 경우에 실험에서 관심 있는 관측변수가 여러 개이다. 이러한 여러 개의 반응변수들은 어떤 제품의 다양한 특성들을 나타내거나 필요한 여러 가지 특성들을 나타낸다. 이제 제어변수의 조합에서 여러 개의 반응변수가 관측되는 실험을 **다변량반응실험**(multiresponse experiment)라고 정의하자. 실제로 반응변수가 여러 개인 실험은 매우 빈번하게 일어난다. 예를 들어 식품산업에서는 제품은 가용성, 영양에 대한 값, 경제효과 등 여러 가지 변수들로서 평가된다. 이러한 경우 제품의 유용성은 이러한 여러 가지 특성들을 향상시키는 다양한 원료의 조합에 의존한다.

이러한 실험에서 나온 자료를 분석할 때는 자료의 다변량적인 성질을 고려해야 한다. 하나의 반응변수에서 사용된 방법은 여러 개의 변수들에 대한 관계를 고려하지 않았으므로 그대로 적용할 수 없다. 예를 들어 하나의 변수에 대하여 최적의 조건을 주는 제어변수의 성질은 다변량반응에서는 그 최적성이 달라질 수 있다. 이제 최적성질은 다변량 반응 체계하에서 모든 반응에 대한 고려를 하여 정해져야 한다.

이 장에서는 몇 가지 다변량반응에 대한 분식방법을 논의하려고 한다. 논의할 것은 모형의 모수에 대한 추정과 다변량반응에서 적합도에 대한 검정이다.

14.1 모수의 다변량반응추정

이제 k개의 제어변수 $x_1, x_2, \ldots, x_k$에 대하여 r개의 반응변수가 있다고 가정하자. n은 r개의 반응변수들에 대한 관측값의 개수라고 하자. u번째 실험에서 제어변수의 값을 x_{ui} $(i = 1, 2, \ldots, k; u = 1, 2, \ldots, n)$으로 표시한다. $y_{u1}, y_{u2}, \ldots, y_{ur}$은 이에 대한 관측값들이다. 제어변수들에 대한 반응변수들의 모형은 다음과 같이 주어진다.

$$y_{ui} = f_i(\boldsymbol{x}_u, \boldsymbol{\beta}) + \epsilon_{ui}, \quad i = 1, 2, \ldots r; u = 1, 2, \ldots, n, \tag{14.1}$$

여기서 $\boldsymbol{x}_u = (x_{u1}, x_{u2}, \ldots, x_{uk})'$, $\boldsymbol{\beta} = (\beta_1, \beta_2, \ldots, \beta_p)'$는 p개의 모르는 모수, $\boldsymbol{\epsilon}_{ui}$는 실험의 오차항이며 f_i는 알고 있는 함수이다. 식 (14.1)에서 주어진 r개의 함수들은 다음과 같이 하나의 행렬식으로 표현될 수 있다.

$$\boldsymbol{Y} = \mathcal{F}(\boldsymbol{D}, \boldsymbol{\beta}) + \boldsymbol{\epsilon}, \tag{14.2}$$

여기서 $\boldsymbol{Y}$는 차수가 $n \times r$인 행렬이며 그 i번째 열은 y_i이며 이는 i번째 반응변수벡터이다($i = 1, 2, \ldots, r$). 또한, $\boldsymbol{\epsilon}$는 차수가 $n \times r$인 행렬이며 그 i번째 열은 $\boldsymbol{\epsilon}_i$이며 이는 i번째 반응에 대한 오차항벡터이다($i = 1, 2, \ldots, r$). $\boldsymbol{D}$는 차수가 $n \times k$인 계획행렬로서 n개의 행은 $\boldsymbol{x}_1', \boldsymbol{x}_2', \ldots, \boldsymbol{x}_n'$이다. $\mathcal{F}(\boldsymbol{D}, \boldsymbol{\beta})$는 차수가 $n \times r$인 행렬로서 각 $u = 1, 2, \ldots, n$에 대해서 i번째 열은 $f_i(\boldsymbol{x}_u, \boldsymbol{\beta})$의 값으로 구성되어 있다($i = 1, 2, \ldots, r$). $\boldsymbol{\epsilon}$의 행들은 독립이며 $N(\boldsymbol{0}, \boldsymbol{\Sigma})$을 따른다고 가정한다. 여기서 $\boldsymbol{\Sigma}$는 r개의 반응변수들의 공분산행렬이다.

Box and Draper(1965)는 $\boldsymbol{\beta}$를 추정하기 위하여 베이지안(Bayesian) 방법을 사용하였다. $\boldsymbol{\beta}$와 $\boldsymbol{\Sigma}$에 대하여 무정보사전분포(non-informative prior distribution)를 가정하고 $\boldsymbol{\beta}$의 추정치를 다음의 행렬식을 최소화하는 것으로 구할 수 있다는 사실을 보였다.

$$g(\boldsymbol{\beta}) = |[\boldsymbol{Y} - \mathcal{F}(\boldsymbol{D}, \boldsymbol{\beta})]'[\boldsymbol{Y} - \mathcal{F}(\boldsymbol{D}, \boldsymbol{\beta})]|. \tag{14.3}$$

이러한 추정 방법을 Box-Draper 행렬식 기준 방법이라고 한다.

여기서 주의할 점은 만약 반응변수 간에 선형관계가 존재하면 Box-Draper 방법은 의미 없는 추정량이 나올 수 있다. 이러한 사실을 설명하기 위하여 다음과 같이 반응변수들 간에 m개의 선형관계가 있다고 가정하자.

$$\boldsymbol{B}\boldsymbol{Y}_u = \boldsymbol{c}, \quad u = 1, 2, \ldots, n, \tag{14.4}$$

여기서 $\boldsymbol{Y}_u'$는 $\boldsymbol{Y}$의 u번째 행이고 $\boldsymbol{B}$는 계수가 $m(< r)$인 $m \times r$ 상수계수행렬이다. 그리고 c는 m개의 상수를 가지는 벡터이다. 식 (14.4)의 n개의 등식은 다음과 같은 행렬식으로 나타낼 수 있다.

$$\boldsymbol{B}\boldsymbol{Y}' = \boldsymbol{1}_n' \otimes \boldsymbol{c}. \tag{14.5}$$

식 (14.5)의 양변에 기대값을 취하면 다음을 얻는다.

$$\boldsymbol{B}\mathcal{F}'(\boldsymbol{D}, \boldsymbol{\beta}) = \boldsymbol{1}_n' \otimes \boldsymbol{c}. \tag{14.6}$$

이제 식 (14.5)와 (14.6)으로부터 다음의 결론을 얻을 수 있다.

$$\boldsymbol{B}[\boldsymbol{Y}' - \mathcal{F}'(\boldsymbol{D}, \boldsymbol{\beta})] = \boldsymbol{0}. \tag{14.7}$$

이는 행렬 $\boldsymbol{Y}' - \mathcal{F}'(\boldsymbol{D}, \boldsymbol{\beta})$의 행들 간에 m개의 선형독립관계가 존재하는 것을 의미한다. 따라서 행렬 $[\boldsymbol{Y} - \mathcal{F}(\boldsymbol{D}, \boldsymbol{\beta})]'[\boldsymbol{Y} - \mathcal{F}(\boldsymbol{D}, \boldsymbol{\beta})]$는 비정칙이며 식 (14.3)에 주어진 행렬식은 모든 $\boldsymbol{\beta}$에 대하여 영이 된다. 그러므로 이러한 경우는 행렬식을 최소화하는 것이 의미가 없다.

실제로 선형관계가 있는 경우에도 반올림 오류가 발생하여 식 (14.3)의 행렬식의 값이 영과 다르게 구해질 수 있다. Box et al.(1973)은 Box-Draper 기준 방법을 적용하기 전에 다변량반응자료에서 선형관계의 존재를 꼭 확인해야 한다고 제안하였다. 이는 행렬 $\boldsymbol{GG}'$의 고유값을 계산하는 것으로 확인할 수 있으며 $\boldsymbol{G}$는 $r \times n$ 행렬로서 다음과 같다.

$$\boldsymbol{G} = \boldsymbol{Y}' \left[\boldsymbol{I}_n - \frac{1}{n}\boldsymbol{J}_n \right], \tag{14.8}$$

여기서 $\boldsymbol{J}_n$은 차수가 $n \times n$인 일행렬이다. 행렬 $\boldsymbol{GG}'$이 반복수 m의 영인 고유값을 가지는 것이 반응변수들 간에 m개의 선형독립인 관계를 가지는 필요충분조건이다[Khuri(1996, Section 3.2); Khuri and Cornell(1996, Section 7.2.2) 참조]. 선형관계가 있음에도 불구하고 반올림오류가 $\boldsymbol{GG}'$의 고유값이 영과 다르다는 오류가 발생할 수 있다. 이러한 경우는 행렬 $\boldsymbol{GG}'$이 매우 작은 고유값을 가질 때 더 자세하게 분석하여 실제값이 영인지 확인해야 한다. 이러한 분석에 대한 방법과 자세한 논의는 Khuri and Cornell(1996, pp.256–257)에 나와 있다. 또한 Khuri(1996, pp.382–383)도 참조하기 바란다. 다음은 이러한 분석에 대한 간단한 설명이다.

행렬 $\boldsymbol{GG}'$의 작은 고유값을 λ라고 하고 반올림오류가 없다면 실제로 영의 값을 가진다고 하자. 이제 이러한 오류가 독립적으로 구간$(-\delta, \delta)$에서 일양분포를 따른다고 가정하자. 여기서 모든 반응변수의 값이 동일한 유의숫자에서 반올림오류가 나고 δ는 마지막 자리의 반에 해당하는 값이다. 그러면 λ의 기대값은 근사적으로 다음과 같이 주어진다.

$$\mathrm{E}(\lambda) = (n-1)\sigma_{re}^2, \tag{14.9}$$

여기서 $\sigma_{re}^2 = \delta^2/3$은 반올림오류의 분산이다. 더 나아가 λ의 분산의 상한이 근사적으로 다음과 같이 주어진다.

$$\mathrm{var}(\lambda) \le \left[\frac{9nr}{5} + nr(nr-1) - (n-1)^2 \right] \sigma_{re}^4. \tag{14.10}$$

식 (14.10)의 등식은 Khuri and Conlon(1981)에 의하여 유도되었다. 식 (14.9)와 (14.10)을 이용하면 행렬 $\boldsymbol{GG}'$의 작은 고유값이 E(λ)로부터 표준편차의 두 배 또는 세 배가 벌어진다면 이는 0으로 간주할 수 있다는 것을 알 수 있다. 표준편차의 보수적인 추정값은 식 (14.10)의 상한의 제곱근과 같다.

만약 행렬 $\boldsymbol{GG}'$의 0의 값을 가지는 고유값에 대응하는 고유벡터를 $\boldsymbol{v}$라고 하면 다음이 성립한다.

$$\boldsymbol{GG}'\boldsymbol{v} = \boldsymbol{0},$$

이것은 다음과 동치이다.

$$\boldsymbol{G}'\boldsymbol{v} = \boldsymbol{0}.$$

이제 식 (14.8)을 이용하면 다음을 유도할 수 있고

$$\left(\boldsymbol{I}_n - \frac{1}{n}\boldsymbol{J}_n \right) \boldsymbol{Y}\boldsymbol{v} = \boldsymbol{0},$$

이것은 다음과 같이 표현될 수 있다

$$\boldsymbol{Y}\boldsymbol{v} = \gamma \boldsymbol{1}_n,$$

여기서 $\gamma = \frac{1}{n}\mathbf{1}_n'\boldsymbol{Y}\boldsymbol{v}$이다. 따라서 이제 $\boldsymbol{v}$의 원소들은 r개의 반응변수들이 다음과 같은 선형관계를 가진다는 것을 알 수 있다.

$$\sum_{i=1}^{r} Y_{ui}v_i = \gamma, \quad u = 1, 2, \ldots, n,$$

여기서 Y_{ui}는 $\boldsymbol{Y}$의 (u, i)번째 원소이고 v_i는 $\boldsymbol{v}$의 i번째 원소이다. 상수 γ는 n개의 반응변수들에 대하여 모두 동일하다.

예를 들어 다변량반응 상황에서 $r = 4$개의 반응변수가 있고 각 변수에 대하여 $n = 10$개의 관측값이 있다고 하자. 다변량반응 자료에서 첫 번째 소수점 자리에서 반올림이 이루어진다고 가정하자. 그러면 $\delta = 0.05$, $\sigma_{re}^2 = \delta^2/3 = 0.0008$이고 식 (14.9)에 의하여 $\mathrm{E}(\lambda) = 0.0072$이다. 식 (14.10)의 상한의 제곱근은 0.0315이며 이는 λ의 표준편차에 대한 보수적인 추정값으로 생각할 수 있다. 행렬 $\boldsymbol{GG}'$의 고유값은 $\lambda_1 = 0.0172$, $\lambda_2 = 0.98$, $\lambda_3 = 21.9$, $\lambda_4 = 98.65$이다. 이제 λ_1은 $\mathrm{E}(\lambda)$의 표준편차 안에 있음을 알 수 있고 반면에 다음 작은 고유값 λ_2는 표준편차의 30배보다 크게 차이가 남을 알 수 있다. 따라서 λ_1은 반복수가 한 개인 $\boldsymbol{GG}'$의 0인 고유값에 해당한다고 결론내릴 수 있다.

14.2 선형 다변량반응모형

논의할 모형은 다변량반응모형의 특별한 경우이다. 선형 다변량모형은 다변량반응모형에서 모수들이 선형인 모형으로 정의한다. 이 모형에서 i번째 반응은 다음과 같이 나타낼 수 있다.

$$\boldsymbol{y}_i = \boldsymbol{X}_i\boldsymbol{\beta}_i + \boldsymbol{\epsilon}_i, \quad i = 1, 2, \ldots, r, \tag{14.11}$$

여기서 $\boldsymbol{y}_i$는 i번째 반응변수에 대한 관측값 벡터이며 $\boldsymbol{X}_i$는 차수가 $n \times p_i$인 행렬이고 그 계수는 p_i이다. 또한 $\boldsymbol{\beta}_i$는 모르는 모수의 벡터이다. 식 (14.11)에 주어진 모형은 다음과 같은 다변량반응모형의 형태로 나타낼 수 있다.

$$\boldsymbol{y} = \boldsymbol{X\beta} + \boldsymbol{\varepsilon}, \tag{14.12}$$

여기서

$$\boldsymbol{y} = (\boldsymbol{y}_1' : \boldsymbol{y}_2' : \ldots : \boldsymbol{y}_r')', \boldsymbol{\varepsilon} = \left(\boldsymbol{\epsilon}_1' : \boldsymbol{\epsilon}_2' : \ldots : \boldsymbol{\epsilon}_r'\right)',$$
$$\boldsymbol{\beta} = \left(\boldsymbol{\beta}_1' : \boldsymbol{\beta}_2' : \ldots : \boldsymbol{\beta}_r'\right)',$$

그리고 $\boldsymbol{X}$는 $\boldsymbol{X} = diag(\boldsymbol{X}_1, \boldsymbol{X}_2, \ldots, \boldsymbol{X}_r)$ 형태의 블록-대각 행렬이다. 이러한 모형을 **다중설계 다변량 선형모형**(multiple design multivariate linear model)이라고 한다(McDonald, 1975 참조).

앞에서와 같이 식 (14.2)에 나타난 오차행렬 $\boldsymbol{\epsilon}$의 행들에 대한 가정이 성립하면 $\boldsymbol{\epsilon}$는 다변량정규분포 $N(\boldsymbol{0}, \boldsymbol{\Sigma} \otimes \boldsymbol{I}_n)$을 따르며 여기서 $\boldsymbol{\Sigma}$는 2개의 반응변수의 공분산행렬이다. 이제 $\boldsymbol{\beta}$의 최소분산 선형불편추정량은 다음과 같은 일반화 최소제곱추정량으로 주어진다.

$$\hat{\boldsymbol{\beta}} = \left[\boldsymbol{X}'(\boldsymbol{\Sigma}^{-1} \otimes \boldsymbol{I}_n)\boldsymbol{X}\right]^{-1}\boldsymbol{X}'(\boldsymbol{\Sigma}^{-1} \otimes \boldsymbol{I}_n)\boldsymbol{y}. \tag{14.13}$$

보통 $\boldsymbol{\Sigma}$는 일반적으로 모르는 행렬이므로 그 추정량을 구해야 한다. 이러한 추정량은 Zellner(1962)에 의하여 제안되었으며 $\hat{\boldsymbol{\Sigma}} = (\hat{\sigma}_{ij})$으로 주어지며 여기서

$$\hat{\sigma}_{ij} = \frac{1}{n}\boldsymbol{y}_i'\left[\boldsymbol{I}_n - \boldsymbol{X}_i(\boldsymbol{X}_i'\boldsymbol{X}_i)^{-1}\boldsymbol{X}_i'\right]\left[\boldsymbol{I}_n - \boldsymbol{X}_j(\boldsymbol{X}_j'\boldsymbol{X}_j)^{-1}\boldsymbol{X}_j'\right]\boldsymbol{y}_j, \quad i,j = 1,2,\ldots,r.$$

식 (14.13)에서 $\boldsymbol{\Sigma}$를 이 추정량으로 대체하면 소위 $\boldsymbol{\beta}$의 추정된 일반화 최소제곱추정량이 구해지며 이를 $\hat{\boldsymbol{\beta}}_e$로 표기한다. 그러나 이 추정량은 더 이상 $\hat{\boldsymbol{\beta}}$가 가지는 BLUE의 최적성질을 만족하지 않는다. $\hat{\boldsymbol{\beta}}$의 공분산은 다음과 같이 근사적으로 추정된다.

$$\widehat{\mathrm{var}}(\hat{\boldsymbol{\beta}}_e) \approx \left[\boldsymbol{X}'(\hat{\boldsymbol{\Sigma}}^{-1} \otimes \boldsymbol{I}_n)\boldsymbol{X}\right]^{-1}.$$

관심구역에 있는 점 $\boldsymbol{x}$에 대한 i번째 예측반응값은 다음과 같으며

$$\hat{y}_i(\boldsymbol{x}) = \boldsymbol{f}_i'(\boldsymbol{x})\hat{\boldsymbol{\beta}}_{ie}, \quad i = 1,2,\ldots,r, \tag{14.14}$$

여기서 $\boldsymbol{f}_i'(\boldsymbol{x})$는 $\boldsymbol{X}_i$의 행과 같은 형태이며 $\boldsymbol{x}$에서 계산된 값을 가진다. 그리고 $\hat{\boldsymbol{\beta}}_{ie}$는 $\hat{\boldsymbol{\beta}}_e = (\hat{\boldsymbol{\beta}}_{1e}', \hat{\boldsymbol{\beta}}_{2e}', \ldots, \hat{\boldsymbol{\beta}}_{re}')'$의 i번째 부분이다. 식 (14.14)의 다항식의 차수는 $d_i(\geq 1)$, $i = 1, 2, \ldots, r$이다. 식 (14.14)의 모형들은 하나의 행렬식으로 다음과 같이 나타낼 수 있다.

$$\hat{\boldsymbol{y}}(\boldsymbol{x}) = \left[\oplus_{i=1}^{m} \boldsymbol{f}_i'(\boldsymbol{x})\right]\hat{\boldsymbol{\beta}}_e, \tag{14.15}$$

여기서 $\hat{\boldsymbol{y}}(\boldsymbol{x})$는 i번째 원소가 $\hat{y}_i(\boldsymbol{x})$인 열벡터이다($i = 1, 2, \ldots, r$). $\hat{\boldsymbol{y}}(\boldsymbol{x})$의 추정된 공분산행렬은 근사적으로 다음과 같다.

$$\widehat{var}\left[\hat{\boldsymbol{y}}(\boldsymbol{x})\right] \approx [\oplus_{i=1}^{m}\boldsymbol{f}_i'(\boldsymbol{x})][\boldsymbol{X}'(\hat{\boldsymbol{\Sigma}}^{-1} \otimes \boldsymbol{I}_n)\boldsymbol{X}]^{-1}[\oplus_{i=1}^{m}\boldsymbol{f}_i(\boldsymbol{x})]. \tag{14.16}$$

$\boldsymbol{X}_i'$들이 모두 $\boldsymbol{X}_0$와 같은 특수한 경우에서는 $\hat{\boldsymbol{\beta}}$가 다음과 같은 간단한 형태로 나타나는 것을 보일 수 있다(연습문제 14.5).

$$\hat{\boldsymbol{\beta}} = \left[\boldsymbol{I}_r \otimes \left(\boldsymbol{X}_0'\boldsymbol{X}_0\right)^{-1}\boldsymbol{X}_0'\right]\boldsymbol{y}. \tag{14.17}$$

이 추정량은 $\boldsymbol{\Sigma}$에 의존하지 않으며 r개의 변수에 대하여 개별적으로 추정한 $\boldsymbol{\beta}$의 단순한 최소제곱추정량과 동일하다.

14.3 선형 다변량반응모형의 적합성결여

만약 최소한 하나의 반응변수에 대하여 그 모형이 그 실제 평균과 다르게 설정되어 있으면 선형 다변량반응모형의 **적합성이 결여**(lack of fit)되었다고 말한다. 반응변수들이 서로 상관되어 있기 때문에 한 개의 변수에 대한 적합성결여는 다른 변수들의 적합성에도 영향을 미친다. 따라서 선형

다변량반응모형에서 적합성결여에 대한 검정을 실시하는 경우 이러한 다변량적 본질을 염두에 두어야 한다.

식 (14.11)에 주어진 r개의 일변량모형을 다음과 같은 하나의 모형으로 나타낼 수 있다.

$$\boldsymbol{Y} = \mathcal{X}\mathcal{B} + \boldsymbol{\epsilon}, \tag{14.18}$$

여기서 $\boldsymbol{Y}$와 $\boldsymbol{\epsilon}$는 모형 (14.2)의 그것과 같고 $\mathcal{X} = [\boldsymbol{X}_1 : \boldsymbol{X}_2 : \ldots : \boldsymbol{X}_r]$이고 $\mathcal{B} = \oplus_{i=1}^{r} \boldsymbol{\beta}_i$는 블록-대각행렬이다. 모형에서 제어변수들의 멱이나 곱 등으로 정의된 변수들이 나타날 수 있으므로 행렬 $\mathcal{X}$가 완전열계수일 필요는 없다. 만약 ρ를 행렬 $\mathcal{X}$의 계수라고 하면 $\rho \leq \Sigma_{i=1}^{r} p_i$이며 여기서 p_i는 $\boldsymbol{X}_i$의 열의 개수이다($i = 1, 2, \ldots, r$). 여기서 $\boldsymbol{\epsilon}$의 행들은 독립적으로 평균이 영이고 차수가 $r \times r$인 공통의 정칙공분산행렬 $\boldsymbol{\Sigma}$를 가지는 다변량정규분포를 따른다. 또한 설계의 영역에서 어떤 점에 대하여 모든 반응값은 반복을 실행한다고 가정한다. 반복은 설계의 처음 n_0점에서 각각 실행한다고 가정한다($1 \leq n_0 < n$).

14.3.1 다변량 적합성결여 검정

다변량 적합성결여 검정(multivariate lack of fit test)은 Khuri(1985)가 제안한 방법에 기초한다. 이 방법은 하나의 반응변수가 다른 반응변수들의 임의의 선형결합으로 이루어졌다는 것을 고려하고 일변량변수에 대한 적합성결여 검정을 사용하여 검정한다. 이러한 목적을 달성하기 위하여 $\boldsymbol{c} = (c_1, c_2, \ldots, c_r)'$을 r개의 원소를 가진 영이 아닌 임의의 벡터라고 하자. 식 (14.18)에 주어진 모형의 양변 오른쪽에 $\boldsymbol{c}$를 곱하면 다음을 얻는다.

$$\boldsymbol{y_c} = \mathcal{X}\boldsymbol{\beta_c} + \boldsymbol{\epsilon}_c, \tag{14.19}$$

여기서 $\boldsymbol{y_c} = \boldsymbol{Yc}$, $\boldsymbol{\beta_c} = \mathcal{B}\boldsymbol{c}$, $\boldsymbol{\epsilon_c} = \boldsymbol{\epsilon c}$이다. 이제 $\boldsymbol{y_c}$는 정규분포를 따르는 벡터들의 선형조합이므로 다음과 같은 공분산행렬을 가지는 다변량정규분포를 따른다.

$$\text{var}(\boldsymbol{y_c}) = \sigma_{\boldsymbol{c}}^2 \boldsymbol{I}_n, \tag{14.20}$$

여기서 $\sigma_{\boldsymbol{c}}^2 = \boldsymbol{c}'\boldsymbol{\Sigma}\boldsymbol{c}$이다.

이제 여기서 다변량분석에서 사용되는 **Roy의 합집합-교집합 원리**(Roy's union-intersection principle)를 이용하면[Roy(1953), Morrison(1976), Chapter 4 and 5 참조] 식 (14.18)의 선형 다변량반응모형이 적절하다는 것은 모든 $\boldsymbol{c} \neq \boldsymbol{0}$에 대하여 식 (14.19)의 일변량모형이 적절하다는 것과 동치관계임을 알 수 있다. $\boldsymbol{y_c}$에 대한 모형은 공분산이 식 (14.20)과 같은 일변량모형이므로 처음 n_0점에서 $\boldsymbol{y_c}$의 반복이 주어진다면 일변량에 대한 보통의 적합성결여 검정을 사용할 수 있다. 예를 들어 이러한 표준적인 절차는 [Draper and Smith(1981), Section 1.5와 Khuri and Cornell(1996), Section 2.6]에 설명되어 있다. 식 (14.19)의 일변량모형에서 $SS_E(\boldsymbol{c})$로 표기되는 잔차제곱합을 적합성결여 제곱합 $SS_{LOF}(\boldsymbol{c})$와 순수한 오차제곱합 $SS_{PE}(\boldsymbol{c})$로 나누어 검정을 진행한다. 나중의 제곱합은 일변량반응변수 $\boldsymbol{y_c}$의 반복값들을 이용하여 계산한다. 앞에 나온 제곱합은 다음과 같이 주어진다.

$$SS_E(\boldsymbol{c}) = \boldsymbol{y}_{\boldsymbol{c}}'[\boldsymbol{I}_n - \mathcal{X}(\mathcal{X}'\mathcal{X})^{-}\mathcal{X}']\boldsymbol{y_c}. \tag{14.21}$$

이때 식 (14.21)에서 $\mathcal{X}'\mathcal{X}$의 일반화역행렬이 사용된다. 왜냐하면 앞에서 논의된 바와 같이 $\mathcal{X}$가 완전열계수행렬이 아닐 수도 있기 때문이다. 또한 정리 8.2(iii)에 의하여 $\mathcal{X}(\mathcal{X}'\mathcal{X})^{-}\mathcal{X}'$는 일반화역행렬의 선택에 의해 변하지 않는다. 일변량반응변수 $\boldsymbol{y}_c$의 처음 n_0개의 점에 대한 반복측정값을 이용하여 순수한 오차제곱합은 다음의 공식으로 계산할 수 있다.

$$SS_{PE}(\boldsymbol{c}) = \boldsymbol{y}'_{\boldsymbol{c}}\boldsymbol{K}\boldsymbol{y}_{\boldsymbol{c}}, \tag{14.22}$$

여기서 아래 행렬은 차수가 $n \times n$이다.

$$\boldsymbol{K} = \text{diag}(\boldsymbol{K}_1, \boldsymbol{K}_2, \ldots, \boldsymbol{K}_{n_0}, \boldsymbol{0}) \tag{14.23}$$

이제 v_i를 i번째 설계점($i = 1, 2, \ldots, n_0$)에서 반복된 측정값의 개수라고 하자. 식 (14.23)에 나타난 영행렬의 차수는 $(n - \sum_{i=1}^{n_0} v_i) \times (n - \sum_{i=1}^{n_0} v_i)$이며 $\boldsymbol{K}_i$는 차수가 $v_i \times v_i$인 행렬이고 다음과 같이 정의된다.

$$\boldsymbol{K}_i = \boldsymbol{I}_{v_i} - \frac{1}{v_i}\boldsymbol{J}_{v_i}, \quad i = 1, 2, \ldots, n_0, \tag{14.24}$$

여기서 $\boldsymbol{J}_{v_i}$는 차수가 $v_i \times v_i$인 일행렬이다. 제곱합 $SS_{PE}(\boldsymbol{c})$의 자유도 v_{PE}는 다음과 같다.

$$v_{PE} = \sum_{i=1}^{n_0}(v_i - 1). \tag{14.25}$$

적합성결여 제곱합 $SS_{LOF}(\boldsymbol{c})$는 $SS_E(\boldsymbol{c})$에서 $SS_{PE}(\boldsymbol{c})$를 빼서 구할 수 있고 다음과 같이 주어진다.

$$SS_{LOF}(\boldsymbol{c}) - \boldsymbol{y}'_{\boldsymbol{c}}[\boldsymbol{I}_n - \mathcal{X}(\mathcal{X}'\mathcal{X})^{-}\mathcal{X}' \quad \boldsymbol{K}]\boldsymbol{y}_{\boldsymbol{c}}. \tag{14.26}$$

이 제곱합의 자유도 v_{LOF}는 잔차제곱합의 자유도 $n - \rho$에서 순수한 오차제곱합의 자유도를 빼서 구하며 그 값은 다음과 같다.

$$v_{LOF} = n - \rho - \sum_{i=1}^{n_0}(v_i - 1). \tag{14.27}$$

다변량 적합성결여 검정을 유도하기 위한 준비 작업으로 식 (14.26)과 (14.22)의 행렬 $\boldsymbol{Y}'[\boldsymbol{I}_n - \mathcal{X}(\mathcal{X}'\mathcal{X})^{-}\mathcal{X}' - \boldsymbol{K}]\boldsymbol{Y}$와 $\boldsymbol{Y}'\boldsymbol{K}\boldsymbol{Y}$를 각각 $\boldsymbol{G}_1$과 $\boldsymbol{G}_2$로 표기하자. 즉

$$\boldsymbol{G}_1 = \boldsymbol{Y}'[\boldsymbol{I}_n - \mathcal{X}(\mathcal{X}'\mathcal{X})^{-}\mathcal{X}' - \boldsymbol{K}]\boldsymbol{Y}, \tag{14.28}$$

$$\boldsymbol{G}_2 = \boldsymbol{Y}'\boldsymbol{K}\boldsymbol{Y}. \tag{14.29}$$

행렬 $\boldsymbol{G}_1$과 $\boldsymbol{G}_2$를 각각 적합성결여 행렬과 순수오차행렬이라고 하자.

식 (14.19)의 $\boldsymbol{y}_c$에 대한 정규분포 가정하에서 적합성결여 검정은 다음에 주어진 비를 이용하여 수행할 수 있다[Khuri and Cornell(1996), Section 2.6 참조].

$$F(\boldsymbol{c}) = \frac{v_{PE}}{v_{LOF}}\frac{SS_{LOF}(\boldsymbol{c})}{SS_{PE}(\boldsymbol{c})}, \tag{14.30}$$

위의 식은 다음과 같이 표현될 수도 있다.

$$F(\boldsymbol{c}) = \frac{\nu_{PE}}{\nu_{LOF}}\frac{\boldsymbol{c}'\boldsymbol{G}_1\boldsymbol{c}}{\boldsymbol{c}'\boldsymbol{G}_2\boldsymbol{c}}. \tag{14.31}$$

만약 식 (14.19)의 $\boldsymbol{y_c}$에 대한 모형이 적절하다면 $F(\boldsymbol{c})$는 자유도가 ν_{LOF}와 ν_{PE}를 가지는 F-분포를 따른다. $F(\boldsymbol{c})$의 값이 크면, 즉 $\frac{\boldsymbol{c}'\boldsymbol{G}_1\boldsymbol{c}}{\boldsymbol{c}'\boldsymbol{G}_2\boldsymbol{c}}$의 값이 크면 모형 (14.19)가 어떤 $\boldsymbol{c} \neq 0$에 대하여 부적절하다는 의미이다. 최소한 식 (14.19)의 하나의 모형이 어떤 $\boldsymbol{c} \neq 0$에 대하여 부적절하다면 이는 식 (14.18)의 다변량반응모형이 부적절하다는 것을 의미하기 때문에 만약 $\sup_{\boldsymbol{c}\neq 0}\frac{\boldsymbol{c}'\boldsymbol{G}_1\boldsymbol{c}}{\boldsymbol{c}'\boldsymbol{G}_2\boldsymbol{c}}$의 값이 어떤 임계값보다 크면 모형 (14.18)의 적합성이 결여되었다고 판단할 수 있다. 이제 다변량 적합성결여 검정을 완성하기 위하여 다음의 보조정리가 필요하다.

보조정리 14.1

$$\sup_{\boldsymbol{c}\neq 0}\frac{\boldsymbol{c}'\boldsymbol{G}_1\boldsymbol{c}}{\boldsymbol{c}'\boldsymbol{G}_2\boldsymbol{c}} = e_{max}(\boldsymbol{G}_2^{-1}\boldsymbol{G}_1), \tag{14.32}$$

여기서 $e_{max}(\boldsymbol{G}_2^{-1}\boldsymbol{G}_1)$는 $r \times r$ 행렬 $\boldsymbol{G}_2^{-1}\boldsymbol{G}_1$의 가장 큰 고유값이다.

증명 보조정리 9.3의 증명에서와 같이 비 $\frac{\boldsymbol{c}'\boldsymbol{G}_1\boldsymbol{c}}{\boldsymbol{c}'\boldsymbol{G}_2\boldsymbol{c}}$는 다음과 같이 쓸 수 있다.

$$\frac{\boldsymbol{c}'\boldsymbol{G}_1\boldsymbol{c}}{\boldsymbol{c}'\boldsymbol{G}_2\boldsymbol{c}} = \frac{\boldsymbol{w}'\boldsymbol{G}_2^{-\frac{1}{2}}\boldsymbol{G}_1\boldsymbol{G}_2^{-\frac{1}{2}}\boldsymbol{w}}{\boldsymbol{w}'\boldsymbol{w}}, \tag{14.33}$$

여기서 $\boldsymbol{w} = \boldsymbol{G}_2^{\frac{1}{2}}\boldsymbol{c}$이다. 보조정리 9.2를 이용하면 다음을 얻는다.

$$e_{min}\left(\boldsymbol{G}_2^{-\frac{1}{2}}\boldsymbol{G}_1\boldsymbol{G}_2^{-\frac{1}{2}}\right) \leq \frac{\boldsymbol{w}'\boldsymbol{G}_2^{-\frac{1}{2}}\boldsymbol{G}_1\boldsymbol{G}_2^{-\frac{1}{2}}\boldsymbol{w}}{\boldsymbol{w}'\boldsymbol{w}} \leq e_{max}\left(\boldsymbol{G}_2^{-\frac{1}{2}}\boldsymbol{G}_1\boldsymbol{G}_2^{-\frac{1}{2}}\right), \tag{14.34}$$

여기서 $e_{min}(\boldsymbol{G}_2^{-\frac{1}{2}}\boldsymbol{G}_1\boldsymbol{G}_2^{-\frac{1}{2}})$과 $e_{max}(\boldsymbol{G}_2^{-\frac{1}{2}}\boldsymbol{G}_1\boldsymbol{G}_2^{-\frac{1}{2}})$는 각각 행렬 $\boldsymbol{G}_2^{-\frac{1}{2}}\boldsymbol{G}_1\boldsymbol{G}_2^{-\frac{1}{2}}$의 고유값의 최소값과 최대값이다. 만약 $\boldsymbol{w}$가 각각 $e_{min}(\boldsymbol{G}_2^{-\frac{1}{2}}\boldsymbol{G}_1\boldsymbol{G}_2^{-\frac{1}{2}})$과 $e_{max}(\boldsymbol{G}_2^{-\frac{1}{2}}\boldsymbol{G}_1\boldsymbol{G}_2^{-\frac{1}{2}})$에 해당하는 $\boldsymbol{G}_2^{-\frac{1}{2}}\boldsymbol{G}_1\boldsymbol{G}_2^{-\frac{1}{2}}$의 고유벡터라면 식 (14.34)의 하한과 상한에 대한 등식이 성립한다. 식 (14.34)의 상한은 다음과 같이 선택된다.

$$\sup_{\boldsymbol{w}\neq\boldsymbol{0}}\frac{\boldsymbol{w}'\boldsymbol{G}_2^{-\frac{1}{2}}\boldsymbol{G}_1\boldsymbol{G}_2^{-\frac{1}{2}}\boldsymbol{w}}{\boldsymbol{w}'\boldsymbol{w}} = e_{max}\left(\boldsymbol{G}_2^{-\frac{1}{2}}\boldsymbol{G}_1\boldsymbol{G}_2^{-\frac{1}{2}}\right). \tag{14.35}$$

여기서 식 (14.29)에 나타난 $\boldsymbol{K}$의 계수는 ν_{PE}이기 때문에 만약 $r \leq \nu_{PE}$이면 $r \times r$ 행렬 $\boldsymbol{G}_2$는 일의 확률로서 양정치행렬이며 따라서 정칙행렬이다[Roy et al(1971, p.35)와 McDonald(1975, p.463) 참조]. 또한 보조정리 6.1에 의하여 행렬 $\boldsymbol{G}_2^{-\frac{1}{2}}\boldsymbol{G}_1\boldsymbol{G}_2^{-\frac{1}{2}}$는 대칭이고 그 고유값은 실수이다. 또한 정리 6.12에 의하여 그 값은 $\boldsymbol{G}_2^{-1}\boldsymbol{G}_1$의 고유값과 같다. 그러므로 식 (14.32)가 성립함을 알 수 있다. ■

보조정리 14.1을 이용하면 다음이 성립하면 유의수준 α에서 유의한 적합성결여가 있다고 판단한다.

$$e_{max}\left(G_2^{-1}G_1\right) \geq \lambda_\alpha, \tag{14.36}$$

여기서 λ_α는 식 (14.18)의 다변량반응모형이 옳은 경우에 $e_{max}(G_2^{-1}G_1)$의 분포에 대한 상위 $100\alpha\%$ 분위수이다. 이러한 다변량 적합성결여 검정을 **Roy의 최대해 검정**(Roy's largest-root test)이라고 한다. λ_α의 값에 대한 표는 Roy et al.(1971)과 Morrison(1976)에 주어졌다. Foster(1957)는 반응변수가 두 개와 세 개인 경우에 임계값을 구하였다. Heck(1960)은 이러한 임계값을 그림으로 제공하였다.

다른 종류의 적합성결여 검정도 있다. 이러한 것들 중에 Wilks의 우도비, $|G_2|/|G_1 + G_2|$, Pillai의 대각합 $tr[G_1(G_1 + G_2)^{-1}]$ 그리고 Lawley-Hotelling의 대각합 $tr(G_2^{-1}G_1)$가 있다. Wilks의 우도비는 작은 값이 유의하며 반면 Pillai의 대각합과 Lawley-Hotelling의 대각합은 큰 값이 유의하다. 이러한 검정들의 임계값들은 Seber(1984)에 주어져 있다. 이러한 검정들의 설명은 예를 들어 Marihend(1972, Chapter 10)에 있다.

만약 모형의 적합성이 결여된 경우 어떤 반응변수에 문제가 있는지 찾는 절차가 Khuri(1985)에 해 제안되었다. 이 절차는 분산분석에서 F-검정의 유의한 경우에 처리의 평균들의 차이를 찾는 방법과 비슷하다. 이 경우에는 처리의 평균이 아닌 반응변수의 평균들을 비교한다.

다변량반응실험에 대한 분석의 자세한 내용은 Khuri(1986), Khuri(1990a), Khuri(1990b), Khuri(1990c), Khuri(1996), Khuri and Valeroso(1998), Khuri and Valeroso(2000), Valeroso and Khuri(1999)에서 찾을 수 있다.

예제 14.1 Schmidtelal.(1979)은 시스테인(X_1)과 염화칼슘(X_2)가 투석된 유청단백질의 집중화된 겔화체계의 질감과 용수량에 미치는 영향을 알아보기 위한 실험을 수행하였다. 측정된 여러 가지 반응값들 중에서 다음과 같은 세 개의 반응변수를 경도(y_1), 탄력성(y_2), 압축액(y_3)를 고려한다. 실험의 실제계획값, 코드화된 계획값과 그에 대한 다변량반응값들이 표 14.1에 주어졌다. 그에 대한 다변량반응값들이 표 14.1에 주어졌다. Khuri and Conlon(1981)도 같은 자료를 사용하였다. 코드

표 14.1 예제 14.1에 대한 계획과 다변량반응값

실제 설계점		코드화된 설계점		반응값		
X_1 (mM)*	X_2 (mM)	x_1	x_2	y_1 (kg)	y_2 (mm)	y_3 (g)
21.0	16.2	0	0	1.50	1.80	0.44
21.0	16.2	0	0	1.66	1.79	0.50
21.0	16.2	0	0	1.48	1.79	0.50
21.0	16.2	0	0	1.41	1.77	0.43
21.0	16.2	0	0	1.58	1.73	0.47
08.0	06.5	−1	−1	2.48	1.95	0.22
34.0	06.5	1	−1	0.91	1.37	0.67
08.0	25.9	−1	1	0.71	1.74	0.57
34.0	25.9	1	1	0.41	1.20	0.69
02.6	16.2	−1.414	0	2.28	1.75	0.33
39.4	16.2	1.414	0	0.35	1.13	0.67
21.0	02.5	0	−1.414	2.14	1.68	0.42
21.0	29.9	0	1.414	0.78	1.51	0.57

* milliMolar

Source: A. I. Khuri and M. Conlon (1981). Reproduced with permission of the *American Statistical Association*.

화된 설계점을 이용한 모형에서 세 개의 반응변수는 다음과 같은 이차다항식모형을 따른다고 가정한다.

$$y = \beta_0 + \sum_{i=1}^{2} \beta_i x_i + \beta_{12} x_1 x_2 + \sum_{i=1}^{2} \beta_{ii} x_i^2 + \epsilon.$$

여기서 $\boldsymbol{X}_1 = \boldsymbol{X}_2 = \boldsymbol{X}_3$이기 때문에 식 (14.18)에 나타난 행렬 $\mathcal{X} = [\boldsymbol{X}_1 : \boldsymbol{X}_2 : \boldsymbol{X}_3]$는 차수가 13 × 18이고 계수가 $\rho = 6$이다. 또한 중심점에서 다섯 개의 반응이 있으므로 식 (14.23)의 행렬 $\boldsymbol{K}$는 $\boldsymbol{K} = diag(\boldsymbol{K}_1, \boldsymbol{0})$의 형식으로 나타나고 여기서 $\boldsymbol{K}_1 = \boldsymbol{I}_5 - \frac{1}{5}\boldsymbol{J}_5$이다. 순수오차제곱합과 적합성결여제곱합의 자유도는 각각 $v_{PE} = 4$와 $v_{LOF} = 3$이다. 이는 잔차제곱합의 자유도가 $n - \rho = 7$로부터 유도된다. 행렬 $\boldsymbol{G}_1$과 $\boldsymbol{G}_2$는 식 (14.28)과 (14.29)를 이용하여 계산할 수 있고 여기서 $\boldsymbol{Y} = [\boldsymbol{y}_1 : \boldsymbol{y}_2 : \boldsymbol{y}_3]$이다. 이 행렬은 다음과 같다.

$$\boldsymbol{G}_1 = \begin{bmatrix} 0.2425133 & -0.044808 & -0.018044 \\ -0.044808 & 0.0143432 & -0.001655 \\ -0.018044 & -0.001655 & 0.0073032 \end{bmatrix} \tag{14.37}$$

$$\boldsymbol{G}_2 = \begin{bmatrix} 0.03712 & -0.00118 & 0.00806 \\ -0.00118 & 0.00312 & 0.00036 \\ 0.00806 & 0.00036 & 0.00428 \end{bmatrix} \tag{14.38}$$

Roy의 최대해 검정통계량 식 (14.36)의 값은 $e_{max}(\boldsymbol{G}_2^{-1}\boldsymbol{G}_1) = 16.155$이다. 이 검정에 대한 임계값 λ_α는 반응변수가 세 개인 경우 Foster(1957)에 주어진 일반화 베타분포의 상위 백분위수표를 이용하여 구할 수 있다. 표는 실제로 모형 (14.18)이 옳은 경우 행렬 $(\boldsymbol{G}_1 + \boldsymbol{G}_2)^{-1}\boldsymbol{G}_1$의 최대고유값이 따르는 분포의 상위 $100\alpha\%$ 백분위수 x_α를 나타낸다. λ_α의 값은 x_α의 값과 다음과 같은 관계를 가진다.

$$\lambda_\alpha = \frac{x_\alpha}{1 - x_\alpha}. \tag{14.39}$$

이제 유의수준 $\alpha = 0.10$하에서 순수오차와 적합도결여 오차제곱합의 자유도가 각각 4와 3일 때 $x_{0.10} \approx 0.9769$이다. 따라서 $\lambda_{0.10} = 42.29$이다. 이제 10% 유의수준에서 유의한 적합성결여는 없다고 결론내릴 수 있다.

참고문헌

Box, G. E. P. and Draper, N. R. (1965). The Bayesian estimation of common parameters from several responses. *Biometrika*, 52, 355–365.

Box, G. E. P., Hunter,W. G., MacGregor, J. F., and Erjavec, J. (1973). Some problems associated with the analysis of multiresponse data. *Technometrics*, 15, 33–51.

Draper, N. R. and Smith, H. (1981). *Applied Regression Analysis*, 2nd ed. John Wiley & Sons,

New York.

Foster, F. G. (1957). Upper percentage points of the generalized Beta distribution II. *Biometrika*, 44, 441–453.

Foster, F. G. and Rees, D. H. (1957). Upper percentage points of the generalized Beta distribution I. *Biometrika*, 44, 237–247.

Heck, D. L. (1960). Charts of some upper percentage points of the distribution of the largest characteristic root. Ann. *Math. Stat.*, 31, 625–642.

Khuri, A. I. (1985). A test for lack of fit of a linear multiresponse model. *Technometrics*, 27, 213–218.

Khuri, A. I. (1986). Exact tests for the comparison of correlated response models with an unknown dispersion matrix. *Technometrics*, 28, 347–357.

Khuri, A. I. (1990a). The analysis of multiresponse experiments: A review. In: *Statistical Design and Analysis of Industrial Experiments*, pp. 231–246, edited by S. Ghosh. Dekker, New York.

Khuri, A. I. (1990b). Multiresponse rotatability. *J. Stat. Plan. Inf.*, 25, 1–6.

Khuri, A. I. (1990c). The effect of response scaling on the detection of linear dependencies among multiresponse data. *Metrika*, 37, 217–231.

Khuri, A. I. (1996).Multiresponse surface methodology. In: *Handbook of Statistics*, vol. 13, pp. 377–406, edited by S. Ghosh and C. R. Rao. Elsevier Science B. V., Amsterdam.

Khuri, A. I. and Conlon, M. (1981). Simultaneous optimization of multiple responses represented by polynomial regression functions. *Technometrics*, 23, 363–375.

Khuri, A. I. and Cornell, J. A. (1996). *Response Surfaces*, 2nd ed. Dekker, New York.

Khuri, A. I. and Valeroso, E. S. (1998).Multiresponse surface models with block effects. J. *Stat. Plan. Inf.*, 73, 7–20.

Khuri, A. I. and Valeroso, E. S. (2000). Optimization methods in multiresponse surface methodology. In: *Statistical Process Monitoring and Optimization*, pp. 411–433, edited by S. H. Park and G. G. Vining. Dekker, New York.

McDonald, L. (1975). Tests for the general linear hypothesis under the multiple design multivariate linear model. *Ann. Stat.*, 3, 461–466.

Morrison, D. F. (1976). *Multivariate Statistical Methods*, 2nd ed. McGraw-Hill, New York.

Muirhead, R. J. (1982). *Aspects of Multivariate Statistical Theory*. John Wiley & Sons, New York.

Roy, S. N. (1953). On a heuristic method of test construction and its use in multivariate analysis. *Ann. Math. Stat.*, 24, 220–238.

Roy, S. N., Gnanadesikan, R., and Srivastava, J. N. (1971). *Analysis and Design of Certain Quantitative Multiresponse Experiments.* Pergamon Press, New York.

Schmidt, R. H., Illingsworth, B. L., Deng, J. C., and Cornell, J. A. (1979). Multiple regression and response surface analysis of the effects of calcium chloride and cysteine on heat-induced whey protein gelation. *J. Agric. Food Chem.*, 27, 529–532.

Seber, G. A. F. (1984). *Multivariate Observations*. John Wiley & Sons, New York.

Valeroso, E. S. and Khuri, A. I. (1999). Multiresponse surface models with random block effects. *J.*

Stat. Plan. Inf., 79, 157–173.

Zellner, A. (1962). An efficient method of estimating seemingly unrelated regressions and tests for aggregation bias. *J. Am. Stat. Assoc.*, 57, 348–368.

연습문제

14.1 식 (14.8)의 $\boldsymbol{G}$를 고려하자. 행렬 $\boldsymbol{GG}'$의 반복수 m을 가지는 영의 고유값을 가지는 것은 식 (14.5)에서 나타난 것과 같이 r개의 반응변수들이 m개의 선형독립인 관계를 가지는 것과 동치조건임을 보이시오.

14.2 만약 행렬 $\boldsymbol{GG}'$이 반복수 m을 가지는 영의 고유값을 가진다면 그에 대응하는 $\boldsymbol{GG}'$의 고유벡터가 반응변수들 간의 m개의 선형독립관계를 정의하는 사실을 보이시오.

14.3 예제 14.1의 표 14.1에 나타는 자료를 고려하자. 행렬 $\boldsymbol{GG}'$의 고유값 중 영이 있는지 결정하시오. 만약 영인 고유값이 있다면 세 개의 반응변수들이 가지는 선형관계는 무엇인가?

참고: 이 연습문제에 대한 SAS 명령문은 아래와 같다.

PROC IML;

yy_1 = {1.50 1.66 1.48 1.41 1.58 2.48 0.91 0.71 0.41 2.28 0.35 2.14 0.78};

$y_1 = y\grave{y}_1$;

yy_2 = {1.80 1.79 1.79 1.77 1.73 1.95 1.37 1.74 1.20 1.75 1.13 1.68 1.51};

$y_2 = y\grave{y}_2$;

yy_3 = {0.44 0.50 0.50 0.43 0.47 0.22 0.67 0.57 0.69 0.33 0.67 0.42 0.57};

$y_3 = y\grave{y}_3$;

$\boldsymbol{Y} = \boldsymbol{y_1} \| \boldsymbol{y_2} \| \boldsymbol{y_3}$;

PRINT **Y**;

$\boldsymbol{G} = \grave{\boldsymbol{Y}} * (\boldsymbol{I}(13) - (1/13) * \boldsymbol{J}(13, 13, 1))$;

$\boldsymbol{H} = \boldsymbol{G} * \grave{\boldsymbol{G}}$;

CALL EIGEN(**M**, **E**, **H**);

PRINT **M**;

y_1	y_2	y_3	y_4
86.5	7.9	2.0	0.3
75.3	16.1	4.8	0.6
66.1	22.9	5.1	1.2
51.9	33.6	5.3	1.4
38.9	41.8	6.8	1.8
25.4	48.8	6.1	2.3
13.8	56.3	5.8	2.5
4.9	62.8	3.7	2.8

PRINT **E**;

14.4 위의 표에 주어진 다변량반응자료를 고려하자. 네 개의 반응변수 간에 선형관계가 있는지 판단하시오.

14.5 만약 모든 X_i들이 식 (14.3)의 X_0와 같다면 $\hat{\beta}$가 다음과 같이 나타남을 보이시오.

$$\hat{\beta} = [I_r \otimes (X_0'X_0)^{-1}X_0']y.$$

14.6 모형 (14.19)가 어떤 $c \neq 0$에 대해서 부적절하다고 가정하자. 행렬 $G_2^{-1}G_1$의 최대 고유값 $e_{max}(G_2^{-1}G_1)$에 대한 고유벡터가 본문에서와 같이 나타나는 것을 보이시오. 여기서 G_1과 G_2는 각각 식 (14.28)과 (14.29)에 주어진 행렬이다.
(힌트: $\dfrac{c'G_1c}{c'G_2c}$를 c에 대하여 미분하고 영으로 놓고 방정식을 풀어서 최대값을 찾으시오.)

14.7 다음의 표에 다변량반응자료가 주어졌다.

x_1	x_2	x_3	x_4	y_1	y_2	y_3
0	0	0	0	64.01	45.88	21.03
0	0	0	0	65.25	47.77	28.33
0	0	0	0	61.01	41.04	29.5
0	0	0	0	60.58	49.18	30.95
0	0	0	0	66.66	47.09	30.27
−1	−1	−1	−1	57.92	53.95	38.94
1	−1	−1	−1	77.32	55.36	45.7
−1	1	−1	−1	48.72	50.71	23.56
1	1	−1	−1	70.65	38.01	29.3
−1	−1	1	−1	48.39	59.92	25.41
1	−1	1	−1	68.61	56.91	30.72
−1	1	1	−1	35.19	59.02	29.01
1	1	1	−1	59.28	48.70	25.67
−1	−1	−1	1	74.66	46.82	27.95
1	−1	−1	1	80.05	31.41	29.93
−1	1	−1	1	61.01	38.77	28.70
1	1	−1	1	79.77	31.95	26.19
−1	−1	1	1	66.12	66.86	36.66
1	−1	1	1	70.11	46.30	30.20
−1	1	1	1	52.19	62.86	38.09
1	1	1	1	64.66	40.65	29.75

x_1, x_2, x_3, x_4를 이용한 적합된 모형은 다음과 같다.

$$y_1 = \beta_{10} + \sum_{i=1}^{4} \beta_{1i}x_i + \beta_{114}x_1x_4$$

$$y2 = \beta_{20} + \sum_{i=1}^{4} \beta_{2i}x_i + \beta_{234}x_3x_4$$

$$y_3 = \beta_{30} + \sum_{i=2}^{4} \beta_{3i}x_i + \beta_{324}x_2x_4 + \beta_{334}x_3x_4.$$

Roy의 최대해 검정을 이용하여 유의수준 $\alpha = 0.10$하에서 적합성결여 검정을 실시하시오.

14.8 문제 14.7을 다시 고려하자. 적합성이 결여되었다고 가정하자. 모형 (14.19)가 부적절한 반응변수의 선형결합을 찾으시오.
(힌트 : 문제 14.6의 결과를 이용하시오.)

행렬의 계산과 관련 소프트웨어 3부

3부에서는 독자를 위하여 행렬의 계산에 관련된 소프트웨어에 대하여 논의하고자 한다. 이 부의 목적은 여기서 논의한 내용들을 이용하여 독자들의 행렬계산을 쉽게 할 수 있도록 하는 것이다. 3부는 다음과 같은 3개의 장으로 구성되어 있다.

15장 SAS/IML

SAS/IML(Interactive Matrix Language)는 행렬에 관련된 다양한 함수와 알고리즘을 이용하여 행렬에 대한 계산을 할 수 있는 대화형 프로그램 언어이다. 이것은 더 일반적인 SAS 소프트웨어 시스템의 한 부분이며 SAS는 Statistical Analysis System을 의미한다. IML은 사용하기 쉬우며 선형모형에 대한 통계적 방법들에 적합한 강력한 시스템이다. IML은 행렬에 대한 다양한 분해, 고유값과 관련된 문제 등 행렬대수의 여러 가지 계산들을 다룰 수 있다. 또한 이용자들은 제공되는 여러 가지 연산자와 루틴 호출을 이용하여 복잡한 행렬계산을 수행할 수 있다. 더 나아가 IML은 회귀분석, 로버스트회귀, 혼합모형 등 다양한 통계적분석도 가능하다. 여러 가지 그래픽 함수과 주문형 기능도 가지고 있다. 따라서 IML은 행렬계산뿐 아니라 여러 가지 다양한 기능들을 이용자에게 제공한다.

SAS/IML은 SAS Institute, INc., Cary, North Carolina, USA의 제품이다. 이 책에서 사용한 SAS 버전은 Version 9.4이다.

이전의 장들에서 논의되었던 SAS 명령문들은 이 장에서 다시 자세히 설명하고 논의할 것이다.

16장 MATLAB을 이용한 행렬계산

이장에서는 MATLAB을 이용한 행렬계산에 대하여 논의할 것이며 수학함수에 대한 소개, 수리 연산자, 행렬의 정의와 계산 등에 대하여 설명할 것이다. 이차원과 삼차원 그림을 그리는 방법도 설명할 것이다.

17장 R을 이용한 행렬계산

이 장에서는 스펙트럼분해, 촐레스키 분해, 특이값분해와 같은 행렬의 여러 가지 계산에 대하여 논의하고 다양한 연산자와 R 함수들의 이용에 대하여 설명할 것이다. 또한 이차원과 삼차원 그림을 그리는 방법도 설명할 것이다.

15장 SAS/IML

15.1 시작

SAS/IML은 세 개의 창으로 이루어져 있다. 세 개의 창은 **편집창**(Editor window), **결과창**(Output window), **로그창**(Log window)으로 구성된다. 편집창은 새로운 프로그램을 열거나 기존의 프로그램을 열었을 때 SAS 명령문(statements)을 포함한다. 프로그램을 실행하면 그 결과가 결과창에 나타난다. 로그창에는 프로그램의 오류를 수정할 수 있는 정보를 포함한 오류에 대한 메시지가 나타난다.

SAS는 대문자와 소문자를 구별하지 않지만 프로그래밍의 편의를 위하여 SAS 명령문은 대문자를 사용하는 것이 좋다.

SAS를 시작하기 위해서는 SAS System에 들어가서 다음의 문장을 치고 엔터키를 친다.

PROC IML; (모든 SAS 명령문은 세미콜론으로 끝난다.)

15.2 행렬의 정의

수치 또는 문자행렬을 정의할 수 있다. 수치행렬인 경우 중괄호를 사용하고 각 행은 쉼표로 구분한다. 예를 들어, 3 × 3 행렬 $\boldsymbol{A}$를 다음과 같이 정의할 수 있다.

$$\boldsymbol{A} = \{4 \;\; 9 \;\; 14, 6 \;\; 16 \;\; 10, 12 \;\; 23 \;\; 8\}$$

위의 식은 다음의 행렬에 대한 정의이다.

$$\boldsymbol{A} = \begin{bmatrix} 4 & 9 & 14 \\ 6 & 16 & 10 \\ 12 & 23 & 8 \end{bmatrix} \tag{15.1}$$

열벡터 $\boldsymbol{a}=(-3,6,10,9)'$는 다음과 같이 정의하며

$$\boldsymbol{a} = \{-3, 6, 10, 9\}$$

그 수학적 의미는 다음과 같다.

$$\boldsymbol{a} = \begin{bmatrix} -3 \\ 6 \\ 10 \\ 9 \end{bmatrix}$$

문자행렬의 예로서 세 명의 나이를 다음과 같이 정의하면

$$\textbf{Age} = \{John\ \ 25,\ Alan\ \ 29,\ Jim\ \ 32\}$$

아래와 같은 행렬이 정의된다.

$$\textbf{Age} = \begin{bmatrix} John & 25 \\ Alan & 29 \\ Jim & 32 \end{bmatrix}$$

행렬의 원소를 지정하려면, 예를 들어 식 (15.1)에서 정의된 $\boldsymbol{A}$ 행렬의 2행과 3열에 해당하는 원소는 $b=\boldsymbol{A}[2,3]$;과 같이 지정한다. 이때 원소의 값은 10이다. 행렬 $\boldsymbol{A}$의 행 또는 열을 지정할 수 있으며 $\boldsymbol{r}=\boldsymbol{A}[2,\ ]$;는 $\boldsymbol{A}$의 두 번째 행을 $\boldsymbol{r}$로 지정하는 명령문이다. 또한 $\boldsymbol{c}=\boldsymbol{A}[\ ,3]$;은 $\boldsymbol{c}$를 $\boldsymbol{A}$의 세 번째 열로 지정한다. 문장 $\boldsymbol{B}=\boldsymbol{A}[+,]$;는 $\boldsymbol{B}$를 $\boldsymbol{A}$행렬의 열들의 합으로 지정하며 $\boldsymbol{C}=\boldsymbol{A}[,+]$;는 **C**를 $\boldsymbol{A}$의 행들의 합으로 지정한다. 더 나아가 $\boldsymbol{F}=\boldsymbol{A}[\{2,3\},+]$;는 $\boldsymbol{A}$의 2행과 3행의 합을 $\boldsymbol{F}$로 지정하며 $E=\boldsymbol{A}[:]$;는 $\boldsymbol{A}$의 모든 원소의 평균을 계산한다.

행렬 $\boldsymbol{A}$의 부분행렬을 지정하기 위해서는, 예를 들어 $\boldsymbol{A}$의 왼쪽 아래 부분의 2×2 부분행렬을 지정하기 위해서는 $\boldsymbol{D}=A[\{2\ \ 3\},\{1\ \ 2\}]$;로 지정하며 그 부분행렬은 아래와 같다.

$$\boldsymbol{D} = \begin{bmatrix} 6 & 16 \\ 12 & 23 \end{bmatrix}$$

문장 $\boldsymbol{v}=\boldsymbol{A}[1:3,\ 1]$;는 $\boldsymbol{v}=\boldsymbol{A}[\{1\ 2\ 3\},\ 1]$과 동일한 기능을 가지며 $\boldsymbol{v}$는 3×1 행렬이고 $\boldsymbol{A}$의 첫 번째 열 중 처음 세 개의 원소로 구성된다.

15.3 행렬의 생성

행렬은 각 원소를 앞 절에서와 같이 직접 그 원소들을 입력하며 생성할 수 있다. 행렬의 내용은 명령문 'print A;'를 이용하여 볼 수 있다. 행렬은 SAS의 자료(data set)에서도 생성될 수 있다. 예를 들어 예제 13.6에서 표 13.4로 주어진 자료를 고려하자. 자료는 A와 B로 표시된 두 개의 요인에

대한 이원교차배치실험에 대한 것이다. 이제 우리는 표 13.4에 나타난 것과 같이 18개의 반응변수 y로 구성된 벡터를 생성하려고 한다. 아래와 같은 SAS 명령어를 실행하면 자료를 먼저 생성할 수 있다.

```
DATA ONE;
INPUT A B y@@;
CARDS;
1 1 72 1 1 60 1 1 62 1 2 75 1 2 71 1 2 72 1 3 92 1 3 101 1 3 91
2 1 101 2 1 96 2 1 109 2 2 110 2 2 108 2 2 101 2 3 116 2 3 110 2 3 106
DATA TWO;
SET ONE;
RUN;
```

여기서 'RUN' 명령문은 일반적으로 SAS의 명령문의 끝을 나타내지만 PROC IML에서는 필요하지 않다. 다음을 PROC IML을 사용하여 18개의 반응변수로 이루어진 벡터를 생성하는 명령문이다.

```
PROC IML;
USE TWO;
READ ALL INTO G;
y=G[1:18,3];
PRINT y;
```

위에서 TWO로 이름이 지정된 자료는 A와 B의 수준과 y의 값들을 포함하고 있다. 따라서 행렬 **G**는 세 개의 열로 구성되어 있다. 첫 번째 두 열은 A와 B의 수준을 나타내고 세 번째 열은 y의 값을 나타낸다. 그러므로 **G**[1:18,3]은 우리가 생성하려고 한 관측값의 벡터이다.

15.4 행렬의 연산

다음은 IML에서 사용되는 행렬의 연산자와 함수들이다. 이 목록은 SAS(2004)의 20장에 나온 내용이다.

연산자

덧셈 + A+B

뺄셈 − A−B

행렬의 곱셈 * **A*B**

원소의 곱셈 # **A#B**

참고: 이 연산자는 두 행렬의 대응하는 두 원소들의 곱을 계산한다.

직적 @ **A@B**

나눗셈 / **A/B**

이 연산자는 **A**의 원소를 대응하는 **B**의 원소로 나눈 값을 계산한다. 행렬을 스칼라로 나눌 때도 사용할 수 있다.

행렬의 거듭제곱 ** **A****scalar

이 연산자는 행렬을 주어진 스칼라만큼 자기자신의 거듭제곱을 계산한다. 행렬은 정방행렬이어야 하고 스칼라는 −1과 같거나 큰 정수여야 한다. 예를 들어 행렬 **A**가 다음과 같이 주어진다면

$$A = \begin{bmatrix} 2 & 3 \\ 5 & 1 \end{bmatrix}$$

$A ** 2$는 $A * A$ 행렬을 아래와 같이 계산한다.

$$A ** 2 = \begin{bmatrix} 19 & 9 \\ 15 & 16 \end{bmatrix}$$

원소의 거듭제곱 ## **A##B**

이 연산자는 **A**의 각 원소에 대하여 대응하는 **B** 원소의 거듭제곱을 계산한다. 예를 들어 만약 $A = \{4\ 2\ 3\ 5\}$이면 $A\#\#2$는 {16 4 9 25}와 같다.

원소의 최대값 <> **A<>B**

이 연산자는 **A**와 **B**의 대응하는 두 원소를 비교하여 큰 값을 새로운 행렬의 원소로 지정한다. 두 행렬의 차수는 같아야 한다. 예를 들어 A와 B가 아래와 같다면

$$A = \begin{bmatrix} 3 & 6 & 7 \\ 9 & 10 & 14 \end{bmatrix} \quad B = \begin{bmatrix} 2 & 12 & 1 \\ 15 & 8 & 30 \end{bmatrix}$$

$A <> B$는 다음과 같이 계산된다.

$$A <> B = \begin{bmatrix} 3 & 12 & 7 \\ 15 & 10 & 30 \end{bmatrix}$$

원소의 최소값 >< **A><B**

이 연산자는 원소의 최대값 연산자와 유사하며 최소값을 새로운 행렬의 원소로 지정한다.

수평연결 || **A||B**

이 연산자는 **A**와 **B**를 수평적으로 연결하여 새로운 행렬을 생성한다. 두 행렬의 행의 수는 같아야 한다. 이 연산자를 이용하여 2개 이상의 행렬들을 수평으로 연결할 수 있다.

수직연결 // **A//B**

이 연산자는 **A**와 **B**를 수직으로 쌓아 연결한다. 두 행렬의 열의 수는 같아야 한다.

전치연산자 ' **À**

행렬 **A**의 행과 열을 바꾸는 연산자이다. 따라서 만약 **A**가 $m \times n$ 행렬이라면 **À**의 차수는 $n \times m$이다.

ABS 함수 ABS(**A**)

이 함수는 A의 모든 원소들의 절대값을 계산한다.

APPEND APPEND FROM **A**

이 명령문은 행렬 **A**의 값을 SAS 자료에 첨가한다.

BLOCK 함수   BLOCK(**A**,**B**)

이 함수는 인자로 주어진 행렬로 이루어진 블록대각행렬을 생성한다. 즉 Block(**A**,**B**)의 모양은 다음과 같다.

$$BLOCK(\boldsymbol{A},\boldsymbol{B}) = \begin{bmatrix} \boldsymbol{A} & 0 \\ 0 & \boldsymbol{B} \end{bmatrix}$$

CLOSE   CLOSE(SAS 자료)

이 명령문은 SAS의 자료를 닫는다.

CREATE   CREATE SAS 자료 FROM A

이 명령문은 행렬 A로부터 SAS 자료를 생성한다.

DET 함수   DET(**A**)

이 함수는 정방행렬 **A**의 행렬식을 계산한다.

DIAG 함수 DIAG(**A**)

이 함수는 주어진 **A** 행렬의 대각원소로 이루어진 새로운 대각행렬을 생성한다. 비대각원소는 모두 0이 된다. 예를 들어 행렬 **A**가 다음과 같다면

$$\boldsymbol{A} = \begin{bmatrix} 4 & 2 & -1 \\ 8 & 2 & -9 \\ 6 & 0 & 11 \end{bmatrix}$$

DIAG(**A**)는 다음의 행렬을 생성한다.

$$DIAG(\boldsymbol{A}) = \begin{bmatrix} 4 & 0 & 0 \\ 0 & 2 & 0 \\ 0 & 0 & 11 \end{bmatrix}$$

DO;

명령문

END;

DO 명령문은 END 명령문이 나타나기 전까지 수행할 명령문을 지정한다.

EIGEN call: 고유값과 고유벡터   CALL EIGEN(**M**,**E**,**A**)

Eigen 부명령문은 차수가 $n \times n$인 대칭행렬의 고유값을 계산한다. 고유값은 행렬 **M**에 내림차순으로 저장된다. 행렬 **E**는 행렬 **A**의 대응되는 고유벡터를 포함한다. 행렬 **E**는 각 열들이 정규직교인 행렬이다. 행렬 **E**의 첫 번째 열은 행렬 **M**의 첫 번째 고유값에 대응하는 고유벡터이며 다른 열도 마찬가지로 정의된다. 이 경우 행렬 **A**는 $\boldsymbol{A} = \boldsymbol{E} * diag(\boldsymbol{M}) * \grave{\boldsymbol{E}}$로 나타낼 수 있으며 이를 **스펙트럼분해정리**라고 한다(정리 6.2 참조).

EIGVAL 함수   EIGVAL(**A**)

이 함수는 대칭행렬 **A**의 고유값을 계산한다. 고유값은 실수이며 열벡터로 주어진다.

EIGVEC 함수   EIGVEC(**A**)

이 함수는 대칭행렬의 고유벡터를 구해준다.

END 명령문

이 명령은 DO 루프 또는 DO 문장을 종료한다.

EXP 함수 EXP(**A**)

이 함수는 행렬 **A**의 모든 원소의 지수함수를 계산한다.

FINISH 문장

이 문장은 모듈의 끝을 지정한다.

GINV 함수 GINV(**A**)

이 함수는 행렬 **A**의 무어-펜로즈 일반화역행렬을 계산한다.

ROOT 함수 ROOT(**A**)

이 함수는 행렬 **A**의 촐레스키 분해를 계산한다.

$$\boldsymbol{A} = \grave{\boldsymbol{U}}\boldsymbol{U}$$

여기서 $\boldsymbol{U}$는 상삼각행렬이다. 행렬 $\boldsymbol{A}$는 대칭이고 비음정치여야 한다.

IF(표현식) THEN 명령문1;

ELSE 명령문2;

IF 명령문은 표현식을 실행시켜서 그 표현이 참이면 명령문1을 실행하고 거짓이면 명령문2를 실행한다. 예를 들어서 아래와 같은 명령문이 가능하다.

If *A* > 1 Then b=2;
ELSE b=0;

I 함수 **I**(n)

이 함수는 차수가 n인 항등행렬을 생성한다.

INV 함수 INV(**A**)

이 함수는 행렬 A의 역행렬을 계산한다. 행렬 A는 정방이고 정칙이어야 한다.

J 함수 **J**(m,n,v)

이 함수는 m개의 행과 n개의 열을 가지고 모든 원소의 값이 v인 행렬을 생성한다.

LOG 함수 LOG(**A**)

이 함수는 행렬 **A**의 모든 원소의 자연로그값을 계산한다.

NCOL 함수 NCOL(**A**)

이 함수는 행렬 **A**의 열의 수를 구해준다.

NORMAL 함수 NORMAL(seed)

이 함수는 평균이 0이고 표준편차가 1인 정규분포의 확률변수를 생성한다. NORMAL 함수는 지정된 인자의 차수와 같은 행렬을 생성한다.

NROW 함수 NROW(**A**)

이 함수는 행렬 **A**의 행의 수를 구해준다.

PRINT 명령문 PRINT **A**

이 명령문은 행렬의 원소를 인쇄해준다.

PROBCHI 함수 PROBCHI(x,df,nc)

이 함수는 자유도가 df이고 비중심모수가 nc인 카이제곱분포에서 주어진 x보다 작거나 같은 확률을 계산해 준다. 만약 nc가 지정되지 않았거나 0으로 지정되면 중심 카이제곱분포에서 확률을 구해준다.

PROBF 함수 PROBF(x, ndf, ddf, nc)

이 함수는 자유도가 각각 ndf와 ddf를 가지고 비중심 모수가 nc인 *F*-분포에서 x보다 작거나 같은 확률을 계산해 준다.

PROBNORM 함수 PROBNORM(x)

이 함수는 표준정규분포에서 x보다 작거나 같은 확률을 계산해 준다.

PROBT 함수 PROBT(x, df, nc)

이 함수는 행렬 A의 원소의 순서를 계산한 값으로 새로운 행렬을 생성한다.

RANK 함수 RANK(**A**)

이 함수는 행렬 **A**의 원소의 순서를 계산한 값으로 새로운 행렬을 생성한다.

READ ALL INTO A

이 명령문은 SAS 자료의 변수들을 행렬 ***A***의 열로 만들어 준다.

RUN 명령문

이 명령문은 모듈을 수행한다.

SQRT 함수 SQRT(**A**)

이 함수는 행렬 ***A***의 원소들의 제곱근을 계산한다.

SSQ 함수 SSQ(**A**)

이 함수는 행렬 ***A***의 모든 원소의 제곱합을 계산한다.

START 명령문

이 명령문은 모듈을 정의한다.

SUM 함수 SUM(**A**)

이 함수는 행렬 **A**의 모든 원소의 합을 계산한다.

STOP 명령문 STOP

이 명령문은 IML 프로그램을 중지한다.

SVD call call SVD(**U**,**Q**,**V**,**A**)

이 부명령문은 특이값 분해를 수행한다(7.4절 참조).

행렬 ***A***는 계수가 *r*인 $m \times n$ 행렬이고 ***U***, ***Q***, ***V***는 분해된 행렬들이다.

TRACE 함수 TRACE(**A**)

이 함수는 정방행렬 ***A***의 대각원소들의 합을 계산한다.

UNIFORM 함수 UNIFORM(seed)

이 함수는 범위가 [0,1]인 균일분포에서 난수를 발생한다. 이 함수는 주어진 인자와 같은 차수를 가지는 행렬을 생성하며 첫 번째 인자는 난수 발생 초깃값을 지정한다.

USE 명령문 SAS 자료

이 명령문은 SAS 자료를 읽기 위하여 자료를 지정한다. 예를 들어 OSE ONE;은 이름이 ONE인 자료를 얻도록 지정한다.

VECDIAG 함수 VECDIAG(**A**)

이 함수는 정방행렬 ***A***의 대각원소로 구성되는 열벡터를 생성한다.

모듈(Module)은 IML에서 수행할 수 있는 사용자 지정 또는 부명령문이다. 모듈은 명령문들의 집합으로 구성할 수 있으며 SAS 프로그램에서 하나의 단위로 실행할 수 있다.

예제 15.1 다음과 같은 행렬이 주어졌다.

$$\boldsymbol{A} = \begin{bmatrix} -1 & 3 & 0 \\ 0 & 2 & 1 \\ 1 & 0 & 4 \end{bmatrix}$$

다음에 주어진 행렬 $\boldsymbol{A}$에 대한 계산을 PROC IML로 실행하려고 한다.

1. $\boldsymbol{A}$의 행렬식은 $\det(\boldsymbol{A}) = -5$이다.
2. $\boldsymbol{A}$의 역행렬은 다음과 같다

$$\boldsymbol{A}^{-1} = \begin{bmatrix} -1.6 & 2.4 & -0.6 \\ -0.2 & 0.8 & -0.2 \\ 0.4 & -0.6 & 0.4 \end{bmatrix}$$

3. $\boldsymbol{A}$의 대각합은 $\text{trace}(\boldsymbol{A}) = 5$이다.
4. $\boldsymbol{A}$의 고유값은 다음과 같은 열벡터로 나타난다.

고유값
4.253418
1.5199694
−0.773387

대응하는 고유벡터는 다음과 같이 행렬로 나타나며 각 고유값의 순서로 주어진다.

고유벡터		
−0.22566	0.7316305	0.9760888
−0.395161	0.6145622	0.0737313
−0.890464	−0.295009	−0.204486

5. $\boldsymbol{A}$의 모든 원소의 합은 $\text{sum}(\boldsymbol{A}) = 10$이다.
6. $\boldsymbol{A}$의 모든 원소의 제곱합은 $\text{ssq}(\boldsymbol{A}) = 32$이다.
7. $\boldsymbol{A}$의 원소들의 순서값을 나타내는 행렬은 다음과 같다

$$rank(\boldsymbol{A}) = \begin{bmatrix} 1 & 8 & 2 \\ 3 & 7 & 5 \\ 6 & 4 & 9 \end{bmatrix}$$

위의 계산을 실행하는 SAS 명령문은 다음과 같다.

```
PROC IML;
A = {-1 3 0,0 2 1,1 0 4};
d=DET(A); PRINT d;
I=INV(A); PRINT I;
t=TRACE(A); PRINT t;
CALL EIGEN(M,E,A);
PRINT M; PRINT E;
s=SUM(A); PRINT s;
ss=SSQ(A); PRINT ss;
r=RANK(A); PRINT r;
```

예제 15.2 행렬이 다음과 같이 주어졌다.

$$\boldsymbol{A} = \begin{bmatrix} 2 & 2 & 1 \\ 2 & 5 & 1 \\ 1 & 1 & 2 \end{bmatrix}$$

이 행렬이 양정치행렬이기 위해서는 고유값이 양수여야 한다. 고유값이 6.4114741, 1.8152075, 0.7733184이므로 $\boldsymbol{A}$는 양정치행렬이다. 이제 $\boldsymbol{A} = \grave{\boldsymbol{U}}\,\boldsymbol{U}$로 주어지는 $\boldsymbol{A}$의 촐레스키 분해를 찾아보자. 여기서 $\boldsymbol{U}$는 상삼각행렬이며 다음과 같이 주어진다.

$$\boldsymbol{U} = \begin{bmatrix} 1.4142136 & 1.4142136 & 0.7071068 \\ 0 & 1.7320508 & 0 \\ 0 & 0 & 1.2247449 \end{bmatrix}$$

이 예제를 위한 SAS 명령문은 다음과 같다.

```
PROC IML;
A={2 2 1,2 5 1,1 1 2};
CALL EIGEN(M,E,A);
PRINT M;
U=ROOT(A);
PRINT U;
```

예제 15.3 10개의 x값과 그에 대응하는 반응변수로 이루어진 자료가 다음과 같이 주어졌다.

x	y
265	18
285	19
225	24
426	19
445	31
485	25
750	50
800	64
924	68
1108	71

이 자료에 대한 단순회귀직선모형을 적합해 보자.

$$y = \beta_0 + \beta_1 x + \epsilon$$

계수 β_0와 β_1의 최소제곱추정량은 각각 $\hat{\beta}_0 = -0.394721$과 $\hat{\beta}_1 = 0.0687812$로 주어진다. 또한 잔차제곱합은 $SS_E = 377.62497$이다. 회귀계수벡터 $\hat{\boldsymbol{\beta}}$의 공분산행렬은 다음과 같다.

$$\begin{aligned} v\hat{a}r(\hat{\boldsymbol{\beta}}) &= MS_E(\boldsymbol{X}'\boldsymbol{X})^{-1} \\ &= \begin{bmatrix} 23.129027 & -0.032223 \\ -0.032223 & 0.0000564 \end{bmatrix} \end{aligned}$$

여기서 $MS_E = SS_E/8$이고 $\hat{\boldsymbol{\beta}}$는 $\hat{\beta}_0$와 $\hat{\beta}_1$으로 이루어진 벡터이다.

이 예제에 대한 SAS 명령문은 다음과 같다.

```
PROC IML;
X={1 265,1 285,1 225,1 426,1 445,1 485,1 750,1 800,1 924,1 1108};
PRINT X;
y={18,19,24,19,31,25,50,64,68,71};
PRINT y;
XPI=INV(X`X);
BETAHAT=XPI*X`*y;
PRINT BETAHAT;
H=X*XPI*X`;
RESID=(I(10) - H)*y;
SSE=RESID`*RESID;
PRINT RESID;
PRINT SSE;
MSE=SSE/8;
PRINT MSE;
VCBETA=MSE*XPI;
PRINT VCBETA;
```

예제 15.4 예제 15.3의 자료를 계속 고려해 보자. 반응변수 y가 분산 σ^2을 가지는 정규분포를 따른다고 가정하면 모형에서 오차항은 평균이 0인 정규분포를 따른다고 가정할 수 있다. 이제 β_0, β_1, σ^2의 95% 신뢰구간을 구하려고 하며 그 공식은 다음과 같다.

$$\hat{\beta}_0 \pm t_{0.025,n-2} \left[MS_E \left(\frac{1}{n} + \frac{\bar{x}^2}{S_{xx}} \right) \right]^{1/2}$$

$$\hat{\beta}_1 \pm t_{0.025,n-2} \left[\frac{MS_E}{Sxx} \right]^{1/2}$$

여기서 $\bar{x} = \frac{1}{n} \sum_{i=1}^{n}$, $n = 10$ 그리고

$$S_{xx} = \sum_{i=1}^{n} x_i^2 - \frac{1}{n} \left(\sum_{i=1}^{n} x_i \right)^2$$

SAS를 이용하여 구한 신뢰구간의 값은 β_0는 (−11.48489, 10.695443)이고 β_1은 (0.0514629, 0.0860996)이다.

분산 σ^2에 대한 95% 신뢰구간의 공식은 다음과 같고

$$\left(\frac{SS_E}{\chi^2_{0.025,n-2}},\ \frac{SS_E}{\chi^2_{0.975,n-2}}\right)$$

이에 대하여 계산된 구간은 (21.541641, 173.22246)이다.

이 예제에 대한 SAS 명령문은 다음과 같다.

```
PROC IML;
X = {1 265, 1 285, 1 225, 1 426, 1 445, 1 485, 1 750, 1 800, 1 924, 1 1108};
y = {18, 19, 24, 19, 31, 25, 50, 64, 68, 71};
XPI = INV(X` * X);
BETAHAT = XPI * X` * y;
BETAHAT0 = BETAHAT[1, 1];
BETAHAT1 = BETAHAT[2, 1];
H = X * XPI * X`;
RESID = (I(10) - H) * y;
SSE = RESID' * RESID;
MSE = SSE/8;
XVALUE = X[, 2]   /* XVALUE is the vector of x values, which is the second column
of X */;
SQUAREX = XVALUE` * XVALUE   /* SQUAREX is the sum of squares of the x
values */;
SUMX = XVALUE` * J(10, 1, 1)   /* SUMX is the sum of the x values */;
XBAR = SUMX/10;
SXX = SQUAREX - (SUMX ** 2)/10;
/ * t0.025,8 = 2.306 * /;
LCIBETA1 = BETAHAT1 - 2.306 * SQRT(MSE/SXX)   /* this is the lower
95% confidence limit on BETA1 */;
UCBETA1 = BETAHAT1 + 2.306 * SQRT(MSE/SXX)   /* this is the upper
95% confidence limit on BETA1 */;
LCIBETA0 = BETAHAT0 - 2.306 * SQRT(MSE * (1/10 + (XBAR ** 2)/SXX))
/* this is the lower 95% confidence limit on BETA0 */;
UCIBETA0 = BETAHAT0 + 2.306 * SQRT(MSE * (1/10 + (XBAR ** 2)/SXX))
/* this is the upper 95% confidence limit on BETA0 */;
/ * chisq0.025,8 = 17.53 chisq0.975,8 = 2.18 * /;
LCISIGMASQ = SSE/17.53   /* this is the lower 95% confidene limit on the
 error variance */;
UCISIGMASQ = SSE/2.18   /* this is the upper 95% confidence limit on the
 error variance */;
```

예제 15.5 다시 예제 15.4를 고려하자. 이제 x와 잔차에 대한 그림을 그리려고 한다. 또한 x와 예측값에 대한 그림도 관심이 있다. 이러한 그림은 그림 15.1과 15.2에 나타나 있다. 그림 15.1을 그리는 SAS 명령어는 다음과 같다.

```
ODS PDF FILE = 'PLOT_of_RESIDUALS_VERSUS_x.pdf';
PROC IML;
X = {1 265, 1 285, 1 225, 1 426, 1 445, 1 485, 1 750, 1 800, 1 924, 1 1108};
y = {18, 19, 24, 19, 31, 25, 50, 64, 68, 71};
X1 = X[, 2];
XPI = INV(X` * X);
BETA = XPI * X` * y;
H = X * XPI * X`;
```

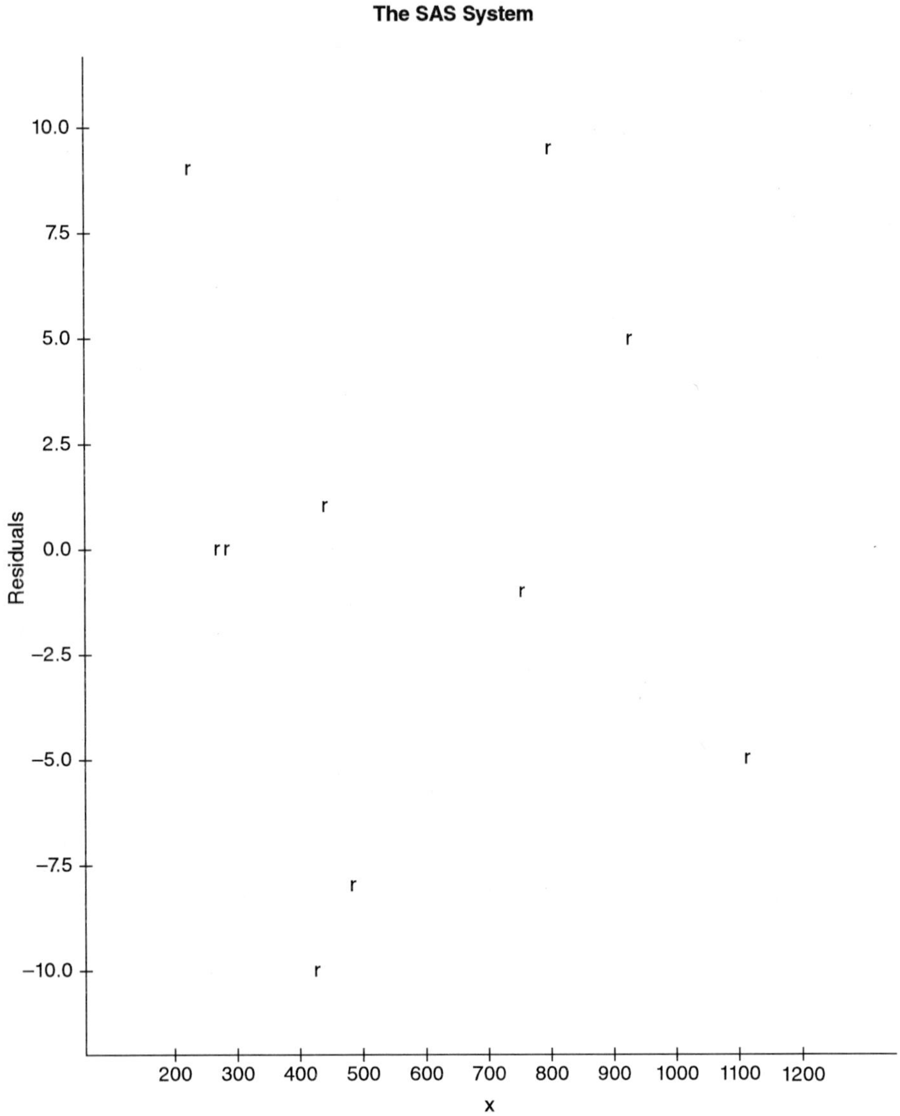

그림 15.1 *x*값과 잔차그림

```
RESID = (I(10) − H) * y;
XR = X1||RESID;
CALL PGRAF(XR,'r','x','RESIDUALS','PLOT of RESIDUALS');
ODS PDF CLOSE;
```

여기서 첫 번째 명령어와 마지막 명령어는 SAS의 결과를 PDF 형식으로 출력하는 기능을 지정한다. 그림 15.2에 대한 SAS 명령어는 다음과 같다.

```
ODS PDF FILE = 'PLOT_of_PREDICTED_VERSUS_x.pdf';
X = {1 265, 1 285, 1 225, 1 426, 1 445, 1 485, 1 750, 1 800, 1 924, 1 1108};
y = {18, 19, 24, 19, 31, 25, 50, 64, 68, 71};
X1 = X[, 2];
XPI = INV(X` * X);
BETA = XPI * X` * y;
H = X * XPI * X';
RESID = (I(10) − H) * y;
```

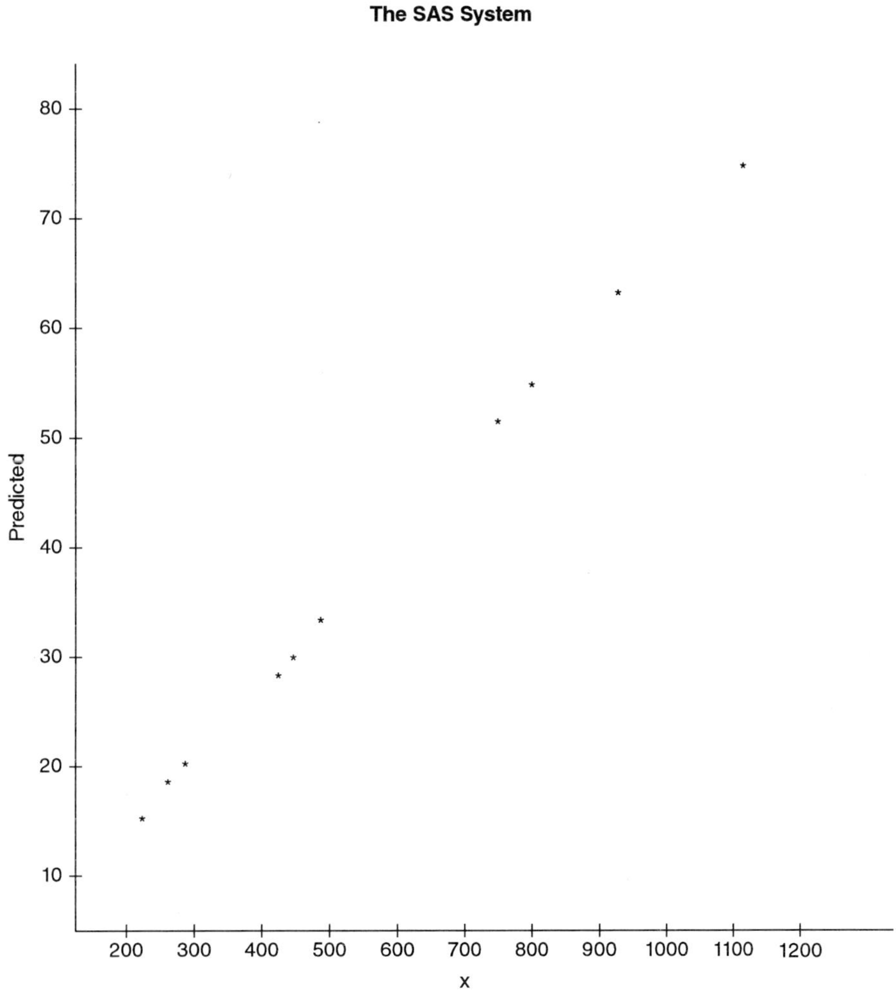

그림 15.2 x값과 예측값 그림

YHAT = *X* ∗ *BETA;*
XYHAT = *X*1||*YHAT;*
CALL PGRAF(XYHAT,'','x','Predicted','Plot of Predicted Values');*
ODS PDF CLOSE;

예제 15.6 SAS 자료에서 행렬을 생성하고 그 반대 작업을 수행해 보자.

다음과 같이 아홉 명의 연령과 키로 구성된 자료가 주어졌다.

연령(years)	키(inches)
25	68
34	70
29	69
44	62
56	71
62	65
45	71
19	66
55	72

다음의 SAS 명령문이 위 자료를 행렬로 만들어 준다.

```
DATA ONE;
INPUT Age Height @@;
CARDS;
25 68 34 70 29 69 44 62 56 71 62 65 45 71 19 66 55 72
RUN;
PROC IML;
USE ONE;
VARNAMES = {Age Height};
READ ALL INTO X [COLNAME = VARNAMES];
PRINT X;
```

처음 다섯줄의 SAS 명령문은 IML의 명령이 아니기 때문에 RUN; 문장으로 끝나야 한다. 이 다섯 줄의 명령어가 SAS 자료를 생성하여 마지막에 다음과 같은 $\boldsymbol{X}$ 행렬을 생성한다.

$$\boldsymbol{X} = \begin{bmatrix} \text{연령} & \text{키} \\ \hline 25 & 68 \\ 34 & 70 \\ 29 & 69 \\ 44 & 62 \\ 56 & 71 \\ 62 & 65 \\ 45 & 71 \\ 19 & 66 \\ 55 & 72 \end{bmatrix}$$

위에서 수행한 절차를 반대로 실행하여 행렬 $\boldsymbol{X}$로부터 SAS 자료를 만들어 보자. 이 작업을 수행하는 SAS 명령어는 다음과 같다.

```
PROC IML;
X={25 68, 34 70, 29 69, 44 62, 56 71, 62 65, 45 71, 19 66, 55 72};
VARNAMES = {Age Height};
CREATE ONE FROM X [COLNAME = VARNAMES];
APPEND FROM X;
PROC PRINT DATA = ONE;
RUN;
```

위에서 세 번째 명령어는 제외되어도 무방하며 네 번째 명령어는 다음의 문장으로 대체할 수 있다.

```
CREATE ONE FROM X [COLNAME={AGE HEIGHT}];
```

예제 15.7 예제 6.13에 주어진 행렬 $\boldsymbol{A}$의 스펙트럼분해를 생각해 보자.

$$\boldsymbol{A} = \begin{bmatrix} 1 & 2 & 2 \\ 2 & 1 & 2 \\ 2 & 2 & 1 \end{bmatrix}$$

이 분해를 수행하는 SAS 명령문은 다음과 같다.

```
PROC IML;
A={1 2 2,2 1 2,2 2 1};
CALL EIGEN(M,P,A);
PRINT M;
PRINT P;
```

SAS의 결과로서 고유값으로 이루어진 열벡터 $\boldsymbol{M}$과 대응하는 고유벡터들로 구성된 행렬 $\boldsymbol{P}$가 다음과 같이 계산된다.

$$\boldsymbol{M} = \begin{bmatrix} 5 \\ -1 \\ -1 \end{bmatrix}$$

$$\boldsymbol{P} = \begin{bmatrix} 0.5773503 & -0.588553 & -0.565926 \\ 0.5773503 & 0.7843825 & -0.226739 \\ 0.5773503 & -0.195829 & 0.7926649 \end{bmatrix}$$

여기서 $\boldsymbol{A} = \boldsymbol{P} * diag(\boldsymbol{M}) * \grave{\boldsymbol{P}}$임을 확인할 수 있다.

예제 15.8 예제 7.3에 나타난 행렬 $\boldsymbol{A}$의 특이값분해를 고려해 보자.

$$\boldsymbol{A} = \begin{bmatrix} 2 & 0 & 1 & 1 \\ 0 & 2 & 1 & 1 \\ 1 & 1 & 1 & 1 \end{bmatrix}$$

이 분해를 위한 SAS 명령문은 다음과 같다.

```
PROC IML;
A = {2 0 1 1,0 2 1 1,1 1 1 1};
CALL SVD(P,D,R1,A);
PRINT P D R1;
```

예제 15.9 다음과 같이 균형잡힌 임의의 이원교차 배치모형을 생각해 보자.

$$y_{ijk} = \mu + \alpha_i + \beta_j + (\alpha\beta)_{ij} + \epsilon_{ijk}$$

여기서 $i=1,2,3$; $j=1,2,3,4$; $k=1,2,3$, 그리고 $\alpha_i \sim N(0,\sigma_\alpha^2)$, $\beta_j \sim N(0,\sigma_\beta^2)$, $(\alpha\beta)_{ij} \sim N(0,\sigma_{\alpha\beta}^2)$; $\epsilon_{ijk} \sim N(0,\sigma_\epsilon^2)$;이다. 또한 모든 임의효과는 독립이다. 여기서 모형은 13.1절에서 논의한 것과 같이 직적을 이용하여 벡터 형식으로 다음과 같이 나타낼 수 있다.

$$\boldsymbol{y} = (\boldsymbol{1}_3 \otimes \boldsymbol{1}_4 \otimes \boldsymbol{1}_3)\mu + (\boldsymbol{I}_3 \otimes \boldsymbol{1}_4 \otimes \boldsymbol{1}_3)\boldsymbol{\alpha} + (\boldsymbol{1}_3 \otimes \boldsymbol{I}_4 \otimes \boldsymbol{1}_3)\boldsymbol{\beta} + (\boldsymbol{I}_3 \otimes \boldsymbol{I}_4 \otimes \boldsymbol{1}_3)(\boldsymbol{\alpha\beta}) + \boldsymbol{I}_{36}\epsilon$$

반응벡터 $\boldsymbol{y}$의 공분산행렬 $\boldsymbol{\Sigma}$는 다음과 같이 나타난다.

$$\boldsymbol{\Sigma} = \sigma_\alpha^2(\boldsymbol{I}_3 \otimes \boldsymbol{J}_4 \otimes \boldsymbol{J}_3) + \sigma_\beta^2(\boldsymbol{J}_3 \otimes \boldsymbol{I}_4 \otimes \boldsymbol{J}_3) + \sigma_{\alpha\beta}^2(\boldsymbol{I}_3 \otimes \boldsymbol{I}_4 \otimes \boldsymbol{J}_3) + \sigma_\epsilon^2\boldsymbol{I}_{36}$$

여기서 $\boldsymbol{J}_n$은 차수가 $n \times n$인 1로 이루어진 행렬이다. 이제 차수가 36×1인 y의 확률변수를

$N(\mu\mathbf{1}_{36},\ \mathbf{\Sigma})$에서 발생시키려 한다. 이때 $\mu=20.5$, $\sigma_\alpha^2=30$, $\sigma_\beta^2=20$, $\sigma_{\alpha\beta}^2=10$, $\sigma_\epsilon^2=1$이다. 이제 표준정규분포에서 36개의 확률벡터 z를 발생시킨다. 원하는 확률벡터 y는 관계 $y=20.5\mathbf{1}_{36}+\grave{\boldsymbol{U}}\mathbf{z}$을 이용하여 생성할 수 있으며 여기서 $\boldsymbol{U}$는 상삼각행렬이며 $\mathbf{\Sigma}=\grave{\boldsymbol{U}}\boldsymbol{U}$를 만족한다. 이러한 분해는 ROOT 함수를 사용하여 $\mathbf{\Sigma}$의 촐레스키 분해를 이용한다. 반응변수벡터 $\boldsymbol{y}$를 생성하는 SAS 명령문은 아래와 같다.

```
PROC IML;
M1=I(3)@J(4,4,1)@J(3,3,1);
M2=J(3,3,1)@I(4)@J(3,3,1);
M3=I(12)@J(3,3,1);
M4=I(36);
SIGMA=30*M1 + 20*M2 + 10*M3 + M4;
U=ROOT(SIGMA);
z=J(36,1,0);
START A;
DO I=1 TO 36;
zz=NORMAL(0);
z[i,1]=zz;
END;
FINISH;
RUN A;
y = 20.5 * J(36, 1, 1) + Ù * z;
PRINT y;
```

이제 $\boldsymbol{P}_i$ 행렬을 주효과 α_i, β_i, 상호효과 $(\alpha\beta)_{ij}$ 그리고 오차항과 연관된 제곱합에 대한 행렬이라고 하자. 여기서 제곱합들은 다음과 같이 정의된다.

$\boldsymbol{y}'\boldsymbol{P}_1\boldsymbol{y}$, where $\boldsymbol{P}_1=\boldsymbol{M}1/12-\boldsymbol{J}(36,36,1)/36$
$\boldsymbol{y}'\boldsymbol{P}_2\boldsymbol{y}$, where $\boldsymbol{P}_2=\boldsymbol{M}2/9-\boldsymbol{J}(36,36,1)/36$
$\boldsymbol{y}'\boldsymbol{P}_3\boldsymbol{y}$, where $\boldsymbol{P}_3=\boldsymbol{M}3/3-\boldsymbol{M}1/12-\boldsymbol{M}2/9+\boldsymbol{J}(36,36,1)/36$
$\boldsymbol{y}'\boldsymbol{P}_4\boldsymbol{y}$, where $\boldsymbol{P}_4=\boldsymbol{I}(36)-\boldsymbol{M}3/3$.

행렬 $\boldsymbol{P}_1$, $\boldsymbol{P}_2$, $\boldsymbol{P}_3$, $\boldsymbol{P}_4$의 고유값을 찾는 것이 중요하다. 이러한 고유값을 찾는 SAS 명령문은 다음과 같다.

```
P1=M1/12 - J(36,36,1)/36;
P2=M2/9 - J(36,36,1)/36;
P3=M3/3 - M1/12 - M2/9 + J(36,36,1)/36;
P4=I(36) - M3/3;
CALL EIGEN(MM1,E1,P1);
PRINT MM1;
CALL EIGEN(MM2,E2,P2);
PRINT MM2;
CALL EIGEN(MM3,E3,P3);
PRINT MM3;
CALL EIGEN(MM4,E4,P4);
PRINT MM4;
```

SAS의 결과를 보면 $\boldsymbol{P}_1$은 그 값이 일인 두 개의 영이 아닌 고유값을 가지고 있고 $\boldsymbol{P}_2$는 값이 일인 세 개의 고유값을 가지고 있으며 $\boldsymbol{P}_3$는 여섯 개, $\boldsymbol{P}_4$는 24개의 1을 고유값으로 가지고 있다. 이러한 결과는 $\boldsymbol{P}_1$, $\boldsymbol{P}_2$, $\boldsymbol{P}_3$, $\boldsymbol{P}_4$가 멱등행렬이고 그 계수가 각각 두 개의 주효과, 상호작용효과 그리고 오차항의 자유도 2, 3, 6, 24와 같다는 것을 보여준다.

예제 15.10 아연도금을 한 철제를 접합시킬 때 지속 강도에 영향을 미치는 온도와 양생시간에 대한 실험을 수행하였다. 실험계획은 3×3 요인실험법이고 온도에 대하여 세 개의 수준, 양성온도에 대하여 세 개의 수준을 고려하였다. 여기서 x_1과 x_2를 각각 온도와 시간의 수준을 나타내는 변수라고 하자. 실험은 4일 간 실시되었으며 주어진 날에 창고에서 철재자재를 임의로 선택하여 실험에 사용하였다. 4일 시험 시에 모두 같은 3×3 실험계획을 적용하였으며, 1일과 4일을 제외하고 중심점의 네 번 반복을 적용하였다. 표 15.1에 주어진 자료는 Khuri(2006)에 나타난 자료의 일부이다.

여기서 유의할 점은 블록이 네 개의 날짜로 주어진 것이다. 따라서 날짜로 주어진 블록효과를 임의효과로 모형에 포함해야 한다. 이제 n_i를 i번째 블록($i=1,2,3,4$)의 크기라고 하자. 이 실험에 대한 모형은 다음과 같다.

$$y_u = \beta_0 + \boldsymbol{f}'(\boldsymbol{x}_u)\boldsymbol{\beta} + \boldsymbol{z}_u'\boldsymbol{\gamma} + \boldsymbol{f}'(\boldsymbol{x}_u)\boldsymbol{\Lambda}\boldsymbol{z}_u + \epsilon_u$$

여기서 $n = \sum_{i=1}^{4} n_i$는 관측치의 총 개수, $\boldsymbol{x}_u$는 u번째 실험값 $\boldsymbol{x} = (\boldsymbol{x}_{u1}, \boldsymbol{x}_{u2})'$, $z_u = (z_{u1}, z_{u2}, z_{u3}, z_{u4})$이며 여기서 z_{ui}는 i번째 블록에서 u번째 시도이면 1 아니면 0인 값을 가지는 변수이다($i=1,2,3,4$; $u=1,2,\ldots,n$). 또한 $\boldsymbol{\gamma} = (\gamma_1, \gamma_2, \gamma_3, \gamma_4)'$이고 γ_i는 i번째 블록의 효과에 대한 변수이다. 행렬 $\boldsymbol{\Lambda}$는 블록과 고정효과인 다항식의 상호작용에 대한 계수로 구성된 행렬이다. $\boldsymbol{\epsilon}_u$는 실험오차이다. 더 나아가 y_u의 평균은 x_1과 x_2의 이차함수로 나타내며 그 형태는 다음과 같다.

$$\beta_0 + \boldsymbol{f}'(\boldsymbol{x}_u)\boldsymbol{\beta} = \beta_0 + \beta_1 x_{u1} + \beta_2 x_{u2} + \beta_{11} x_{u1}^2 + \beta_{22} x_{u2}^2 + \beta_{12} x_{u1} x_{u2}$$

여기서 β_0, β_1, β_2, β_{11}, β_{22}, β_{12}는 모르는 고정모수이다. 모형은 벡터형식으로 다음과 같이 쓸 수 있다.

$$\boldsymbol{y} = \beta_0 \boldsymbol{1}_n + \boldsymbol{X\beta} + \boldsymbol{Z\gamma} + \sum_{j=1}^{5} \boldsymbol{U}_j \boldsymbol{\delta}_j + \boldsymbol{\epsilon}$$

여기서 $\boldsymbol{y}$는 반응변수벡터이고 $\boldsymbol{1}_n$은 n개의 일로 이루어진 벡터이다. 행렬 $\boldsymbol{X}$는 차수가 $n \times 5$이고 계수가 5이며 u번째 행이 $\boldsymbol{f}'(\boldsymbol{x}_u)$ ($u=1, 2, \ldots, n$), $Z = \text{diag}(\boldsymbol{1}_{n_1}, \boldsymbol{1}_{n_2}, \boldsymbol{1}_{n_3}, \boldsymbol{1}_{n_4})$이며 $\boldsymbol{U}_j$는 차수가 $n \times 4$

표 15.1 실험계획과 지속강도 자료(psi 단위)

x_1	x_2	Date One	Date Two	Date Three	Date Four
−1	−1	979	1151	1261	1288
0	−1	1777	1652	1859	1999
2	−1	2319	1897	2129	2264
−1	0	1586	1722	1548	1568
0	0	2371	2267	2142	2365
0	0	2351	2267	2142	2287
0	0	2182	2267	2142	2410
0	0	2181	2267	2142	2224
2	0	2551	2156	2402	2484
−1	1	1751	1511	1819	1712
0	1	2621	2389	2503	2548
2	1	2568	2465	2705	2812

인 행렬이며 그 i번째 열은 $\boldsymbol{X}$의 j번째 열과 대응하는 Z의 i번째 열을 곱하여 생성된다($i=1,2,3,4$; $j=1,2,3,4,5$). $\boldsymbol{\delta}_j$는 블록과 j번째 다항식 항의 상호작용효과에 대한 벡터($j=1,2,3,4,5$)이며 ϵ은 ϵ_u의 벡터이다($u=1, 2, \dots, n$).

행렬 $\boldsymbol{X}$, $\boldsymbol{Z}$, $\boldsymbol{U}_1$, $\boldsymbol{U}_2$, $\boldsymbol{U}_3$, $\boldsymbol{U}_4$, $\boldsymbol{U}_5$와 잔차제곱합을 계산하는 SAS 명령문은 다음과 같다.

```
DATA ONE;
INPUT BLOCK x1 x2 y @@;
CARDS;
1 -1 -1 979 1 0 -1 1777 1 2 -1 2319 1 -1 0 1586 1 0 0 2371 1 0 0 2351 1 0 0 2182 1 0 0
2181
1 2 0 2551 1 -1 1 1751 1 0 1 2621 1 2 1 2568
2 -1 -1 1151 2 0 -1 1652 2 2 -1 1897 2 -1 0 1722 2 0 0 2267 2 2 0 2156 2 -1 1 1511 2 0
1 2389 2 2 1 2465
3 -1 -1 1261 3 0 -1 1859 3 2 -1 2129 3 -1 0 1548 3 0 0 2142 3 2 0 2402 3 -1 1 1819 3 0
1 2503 3 2 1 2705
4 -1 -1 1288 4 0 -1 1999 4 2 -1 2264 4 -1 0 1568 4 0 0 2365 4 0 0 2287 4 0 0 2410 4 0 0
2224
4 2 0 2484 4 -1 1 1712 4 0 1 2548 4 2 1 2812
DATA TWO;
SET ONE;
x11 = x1 * x1;
x22 = x2 * x2;
x12 = x1 * x2;
RUN;
PROC IML;
USE TWO;
READ ALL INTO XX;
y = XX[1 : 42, 4];
PRINT y;
X = XX[1 : 42, {2 3 5 6 7}];
XXX = J(42, 1, 1)||X;
ONE1 = J(12, 1, 0);
ONE2 = J(9, 1, 1);
Z = BLOCK(ONE1, ONE2, ONE2, ONE1);
U1 = Z#X[1 : 42, 1];
U2 = Z#X[1 : 42, 2];
U3 = Z#X[1 : 42, 3];
U4 = Z#X[1 : 42, 4];
U5 = Z#X[1 : 42, 5];
G = XXX||Z||U1||U2||U3||U4||U5;
SSE = y` * [I(42) - G * GINV((G` * G)) * G`] * y;
PRINT X;
PRINT SSE;
```

예제 15.11 다음과 같은 일원배치모형을 생각해 보자.

$$y_{ij} = \mu + \alpha_i + \epsilon_{ij}, \quad i = 1, 2, \dots, r; j = 1, 2, \dots, n_i$$

여기서 α_i와 ϵ_{ij}는 평균이 0이고 분산이 각각 σ_α^2, σ_ϵ^2을 따르는 정규분포를 독립적으로 따른다. 이제 $\bar{y}_i$와 $\bar{\epsilon}_i$를 각각 y_{ij}와 ϵ_{ij}의 j에 대한 평균이라고 하자($j=1, 2, \dots, n_i$).

이제 모형을 다음과 같이 나타낼 수 있다.

$$\bar{\boldsymbol{y}} = \mu \mathbf{1}_r + \boldsymbol{\alpha} + \bar{\boldsymbol{\epsilon}}$$

여기서 $\bar{\boldsymbol{y}}$, $\boldsymbol{\alpha}$, $\bar{\boldsymbol{\epsilon}}$은 각각 그 원소가 $\bar{y}_i$, α_i, $\bar{\epsilon}_i$인 벡터이고 $\mathbf{1}_r$은 모든 원소가 일인 $r \times 1$ 벡터이다. $\bar{\boldsymbol{y}}$의 공분산행렬은 다음과 같이 주어진다.

$$var(\bar{\boldsymbol{y}}) = \sigma_\alpha^2 \boldsymbol{I}_r + \sigma_\epsilon^2 \boldsymbol{K}$$

여기서 $\boldsymbol{I}_r$은 차수가 $r \times r$인 항등행렬이다. 그리고

$$\boldsymbol{K} = diag\left(\frac{1}{n_1}, \frac{1}{n_2}, \ldots, \frac{1}{n_r}\right)$$

이제 선형변환 $\boldsymbol{u} = \boldsymbol{P}_1 \bar{\boldsymbol{y}}$를 고려하자. 여기서 $\boldsymbol{P}_1$의 행은 정규직교이며 다음 행렬 $\boldsymbol{P}$는

$$\boldsymbol{P} = \begin{bmatrix} \frac{1}{\sqrt{r}} \mathbf{1}'_r \\ \boldsymbol{P}_1 \end{bmatrix}$$

차수가 $r \times r$인 직교행렬이다. 그러면 $\boldsymbol{u}$는 평균이 $\mathbf{0}$이고 공분산행렬이 아래와 같은 정규분포를 따른다.

$$var(\boldsymbol{u}) = \sigma_\alpha^2 \boldsymbol{I}_{r-1} + \sigma_\epsilon^2 \boldsymbol{L}$$

여기서 $\boldsymbol{L} = \boldsymbol{P}_1 \boldsymbol{K} \boldsymbol{P}'_1$이며 $\boldsymbol{P}_1$의 행들은 행렬 $\boldsymbol{I}_r - \frac{1}{r}\boldsymbol{J}_r$의 고유벡터이며 대응하는 고유값은 1이고 반복수가 $r-1$이다. α_i에 대한 비가중제곱합은 $n_h \sum_{i=1}^r (\bar{y}_{i.} - \bar{y}^*)^2$이며 여기서 $\bar{y}^* = (\frac{1}{r}) \sum_{i=1}^r \bar{y}_{i.}$이고 n_h는 다음과 같은 n_i들의 조화평균이다.

$$n_h = \frac{r}{\sum_{i=1}^r \frac{1}{n_i}}$$

이제 다음과 같은 결과를 보일 수 있다(Klaun(2002), Section 2 참조)

$$n_h \sum_{i=1}^r (\bar{y}_{i.} - \bar{y}^*)^2 = n_h \boldsymbol{u}'\boldsymbol{u}$$

이제 특별한 경우 $r=6$를 고려하고 반복수 n_i가 $D = \{3, 4, 4, 7, 9, 9\}$로 주어진 실험계획 D를 고려하자. Khuri(1996)에 의하면 불균형계수는 다음과 같다.

$$\phi = \frac{(\sum_{i=1}^6 n_i)^2}{r \sum_{i=1}^r n_i^2}$$

위의 분석에 대한 SAS 명령문은 다음과 같다.

```
PROC IML;
D = {3 4 4 7 9 9};
```

```
K1 = DIAG(D);
K = INV(K1);
ONE = J(1,6,1);
NH = 6/(ONE*K*ONE');
PHI = ((D*j(6,1,1))**2)/(6*(j(1,6,1)*(K1**2)*j(6,1,1)));
PRINT PHI;
MAT1 = I(6) - (1/6)*J(6,6.1);
CALL EIGEN(M1,E1,MAT1);
PRINT M1;
PRINT E1;
PP = E1[1:6, {1 2 3 4 5}];
P1 = PP';
PRINT P1;
L = P1*K*P̀1;
MAT2 = (I(6) - (1/6)*J(6,6,1))*K;
CALL EIGEN(M2,E2,MAT2);
PRINT M2;
CALL EIGEN(M3,E3,L);
PRINT M3;
```

행렬 $\boldsymbol{L}$의 영이 아닌 고유값은 $\boldsymbol{P}_1'\boldsymbol{P}_1\boldsymbol{K}=(\boldsymbol{I}_6-(1/6)*\boldsymbol{J}(6,\ 6,\ 1))*\boldsymbol{K}=MAT2$의 영이 아닌 고유값과 같다(정리 6.12 참조). 또한 불균형계수 ϕ는 $1/r<\phi\leq 1$이다. ϕ가 작은값을 가지면 불균형이 심한 것을 의미한다. 만약 $\phi=1$이면 자료가 완전히 균형이다. 우리가 고려한 실험 $D=\{3,4,4,7,9,9\}$의 경우 $\phi=0.8571$이다. 그러므로 자료는 그 불균형의 정도가 크지 않다. 행렬 $\boldsymbol{L}$의 고유값은 불균형이 가장 마지막에 나타나는 임의효과모형에 대한 근사 F-검정을 사용할 때 비가중 평균방법의 적합성에 대한 근거로 유용하게 사용된다(Khuri(2002) 참조).

예제 15.12 옥수수 생산에 대한 질소와 인산 비료의 효과를 알아보기 위한 실험을 수행하였다. 비료들이 실험을 위한 농지(plot)에 살포되고 생산량은 각 농지당 파운드로 측정하였다. 각 비료의 수준(lb/plot)은 중심복합설계(central composite design)를 이용하여 배정하였다. 이 실험계획의 배치와 수확된 양에 대한 자료는 다음과 같다.

x_1 (질소)	x_2 (인산)	생산량
−1	−1	115
1	−1	170
−1	1	165
1	1	190
−1.414	0	118
1.414	0	180
0	−1.414	110
0	1.414	195
0	0	190

변수 x_1과 x_2의 이차다항식을 이용한 생산량 모형의 예측식은 다음과 같다.

$$\hat{y}=189.994+20.962x_1+23.777x_2-7.5x_1x_2-18.187x_1^2-16.437x_2^2$$

여기서 $\hat{y}$는 예측된 생산량이다. 이제 잔차와 예측값, 잔차와 x_1, 잔차와 x_2, 생산량과 예측값, 생산량과 x_1, 예측값과 x_1에 대한 그림을 그리려고 한다. SAS 명령문은 다음과 같다.

```
DATA CORN;
INPUT X1 X2 YIELD @@;
X1SQ = X1*X1;
X2SQ = X2*X2;
X1X2 =X1*X2;
CARDS;
-1 -1 115 1 -1 170 -1 1 165 1 1 190 -1.414 0 118 1.414 0 180 0 -1.414 110 0 1.414 195
0 0 180
PROC PRINT DATA=CORN;
PROC REG DATA=CORN;
MODEL YIELD =X1 X2 X1SQ X1X2 X2SQ/p;
PLOT RESIDUAL.*PREDICTED.;
PLOT RESIDUAL.*X1;
PLOT RESIDUAL.*X2;
PLOT YIELD*PREDICTED.;
PLOT YIELD*X1;
PLOT PREDICTED.*X1;
RUN;
```

몇 개의 그림이 그림 15.3, 15.4, 15.5, 15.6에 나타나 있다.

이러한 그림들은 적합된 모형의 적절성을 점검하는 도구를 제공한다. 그림 15.3은 잔차를 예측값에 대응하여 그린 그림이다. 만약 이 그림에서 수평선을 기준으로 점들이 임의로 퍼져있다면 모형이 적절하다는 것을 암시한다. 예제 자료의 경우를 보면 하나 또는 두 개의 이상점을 제외하고 다른 점들은 임의로 잘 퍼져 있는 것을 알 수 있다. 잔차를 x_1과 x_2에 대비해서 그린 그림들은 모형에서 이차항을 고려한 것이 적절한가에 대한 점검을 가능하게 해준다. 적절한 모형인 경우에는 수평선을 기준으로 잔차들이 임의로 퍼져 있다. 그러나 만약 잔차들이 특별한 경향을 가지고 퍼

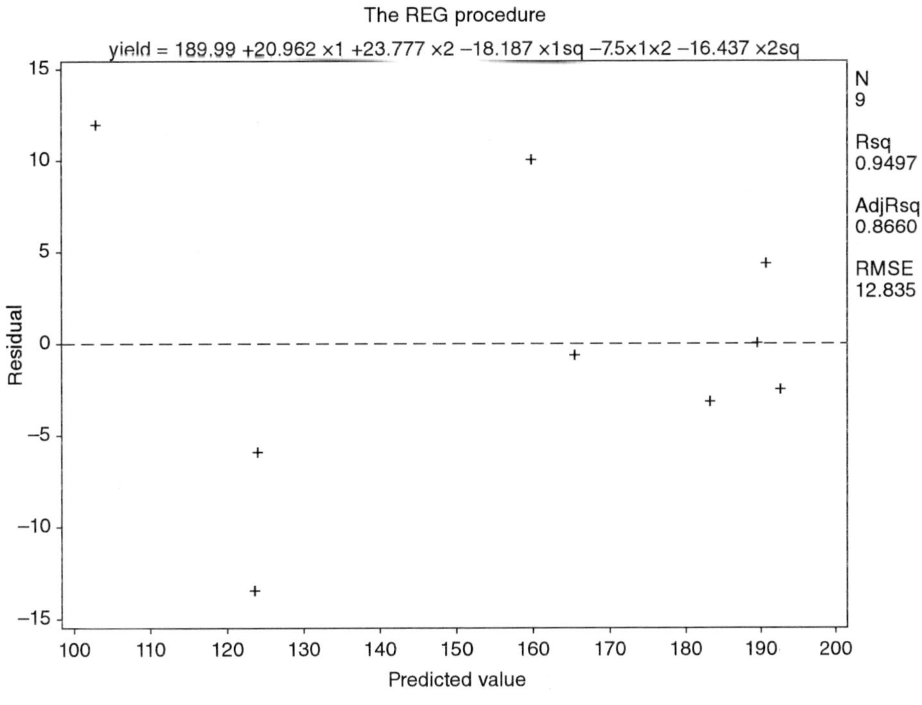

그림 15.3 잔차와 예측값 그림

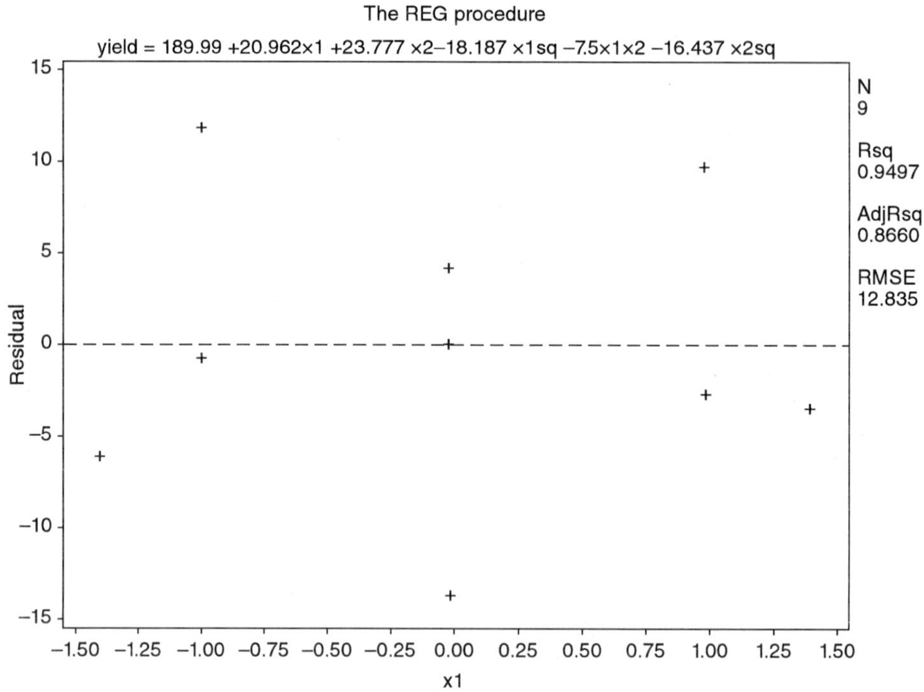

그림 15.4 잔차와 x_1 그림

져 있다면 x_1과 x_2의 고차항이 필요할 수 있다는 점을 암시한다. 그림 15.4에 주어진 잔차의 그림은 특별한 경향이 없지만 그림 15.5에 나타난 잔차그림은 특별하게 위로 증가하는 모양을 보이면서 이상점이 존재할 수 있는 가능성을 암시한다. 실제 관측된 생산량과 그 예측값에 대한 그림은

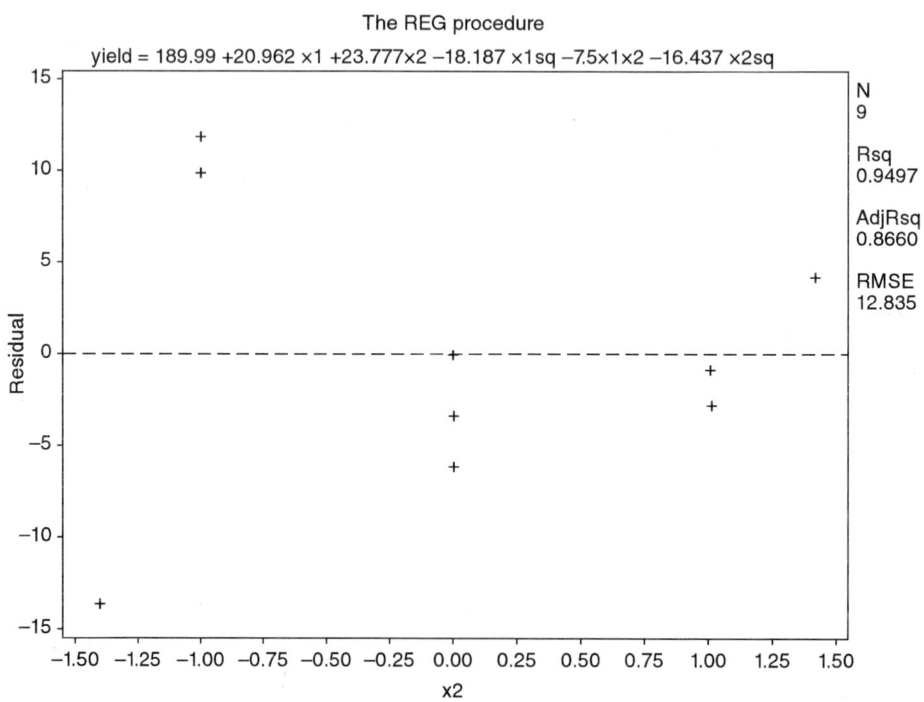

그림 15.5 잔차와 x_2 그림

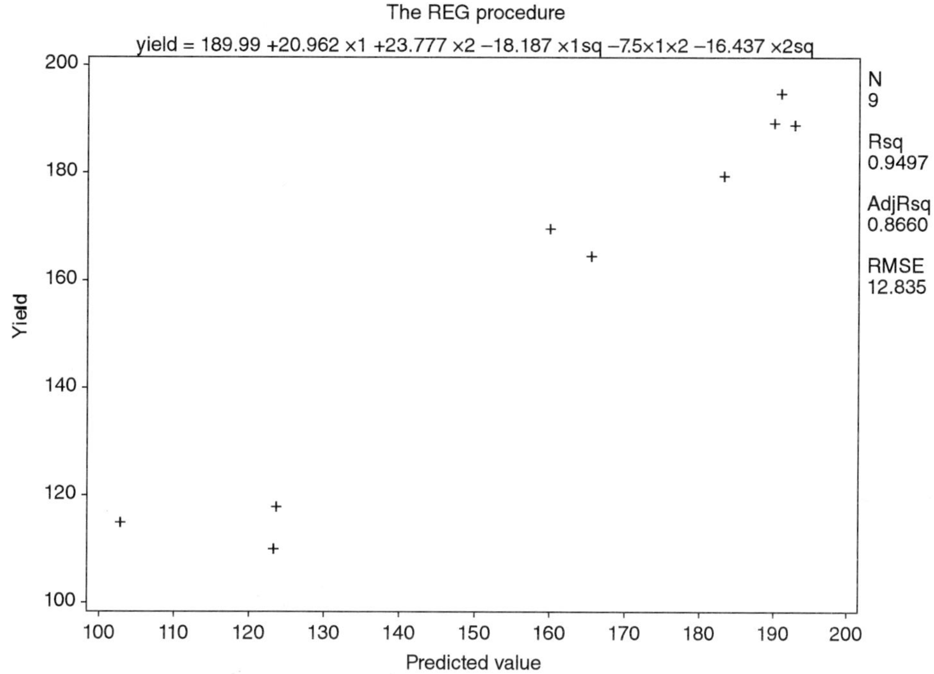

그림 15.6 생산량과 예측값 그림

그림 15.6에 나타나 있고 두 개의 값이 얼마나 가까운지 보여준다. 모형이 적절하면 두 점들은 45° 기울기를 가진 직선 위에 잘 모여 있을 것이다. 만약 약간의 곡선으로 나타나고 있으면 이는 고차원의 항이 포함된 모형이 필요하다는 것을 암시한다. 우리의 예제 자료에 대한 그림은 대체로 직선에 가깝기 때문에 적절한 모형임을 나타내고 동시에 한 개 또는 두 개의 이상점의 가능성도 보여준다.

예제 15.13 예제 15.12에서 사용된 옥수수 생산량 자료를 다시 고려해 보자. 이 예제에서는 각 관측치의 영향을 측정하려고 한다. 이러한 측정은 Cook의 거리측도에 의해 수행할 수 있다. Cook(1977,1979)은 모든 관측치를 기반으로 계산한 최소제곱추정량과 하나의 관측치를 제거한 후에 계산한 추정량의 차이의 제곱을 기반으로 영향점의 측도를 만들었다. 그 영향점의 측도 D_i는 i번째 관측치에 대하여 다음과 같이 주어진다는 것이 알려져 있다(예를 들어 Montgomery et al(2012, Section 6.3) 참조).

$$D_i = \frac{(\hat{\boldsymbol{y}}_{(i)} - \hat{\boldsymbol{y}})'(\hat{\boldsymbol{y}}_{(i)} - \hat{\boldsymbol{y}})}{pMS_{Res}}$$

여기서 $\hat{\boldsymbol{y}}_{(i)}$는 i번째 관측치($i = 1, 2, \ldots, n$)를 제거한 뒤에 구한 예측값 벡터이다. 또한 n은 관측치의 개수이고 p는 모형에서 모수들의 개수이며 MS_{Res}는 잔차평균제곱합이다. D_i의 값을 계산하는 SAS 명령문은 다음과 같다.

The SAS statements needed to get values of D_i are

```
PROC REG DATA=CORN;
MODEL YIELD = X1 X2 X1SQ X1X2 X2SQ/r;
TITLE 'Regression for Quadratic Model:Corn Data';
RUN;
```

위에서 *r* 선택문은 잔차를 출력한다. *r* 선택을 이용하여 출력된 결과가 그림 15.7에 나타나 있다. $D_i > 1$인 관측치를 영향점(influential point)이라고 판단할 수 있다. 즉 이들의 제거는 예측과 추정에 영향을 미친다. 예제에서 관측치 9번이 큰 D_9 값을 가지므로 영향점으로 판단할 수 있다.

다음의 참고문헌들에서 SAS에 대한 더 자세한 내용을 찾을 수 있다; Cody(2011), Cody and Smith(2006), Littell et al.(2002), Perrett(2010), Schlotzhauer and Littell(1997)

Regression for quadratic model: corn data

The REG procedure
model: MODEL1
dependent variable: yield

Output statistics							
Obs	Dependent variable	Predicted value	Std error mean predict	Residual	Std error residual	Student residual	Cook's D
1	115	103.1315	10.1474	11.8685	7.859	1.510	0.634
2	170	160.0548	10.1474	9.9452	7.859	1.265	0.445
3	165	165.6861	10.1474	−0.6861	7.859	−0.087	0.002
4	190	192.6095	10.1474	−2.6095	7.859	−0.332	0.031
5	118	123.9911	10.1462	−5.9911	7.860	−0.762	0.161
6	180	183.2707	10.1462	−3.2707	7.860	−0.416	0.048
7	110	123.5098	10.1462	−13.5098	7.860	−1.719	0.820
8	195	190.7521	10.1462	4.2479	7.860	0.540	0.081
9	190	189.9944	12.8348	0.005594	0.00548	1.020	951015.8

Studentized residuals and cook's D for yield

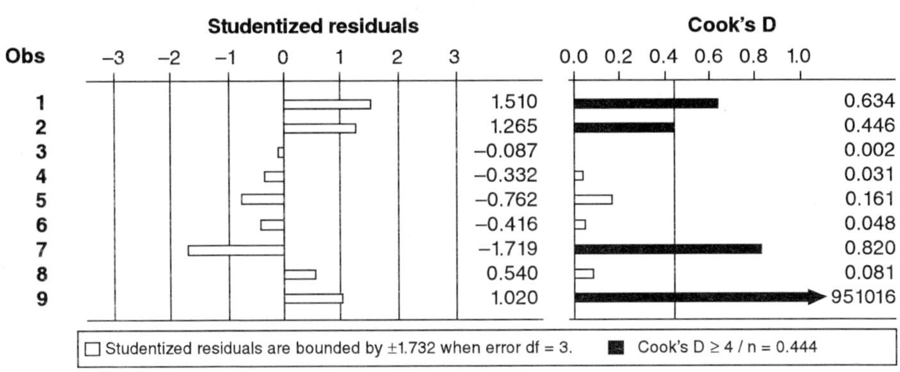

Sum of residuals	0
Sum of squared residuals	494.19929
Predicted residual SS (Press)	939986342

그림 15.7 생산량에 대한 쿡의 거리와 스튜던트화 잔차

15.5 교재에서 사용된 SAS 명령문에 대한 설명

1. 모형 (11.36)에서 모수에 대한 최소제곱추정량을 계산하는 SAS 명령문은 다음과 같다.

```
DATA;
INPUT X1 X2 X3 Y;
CARDS;
(include here the data set in Table 11.3)
PROC GLM;
MODEL Y=X1 X2 X3 X1*X2 X1*X3 X2*X3 X1*X1 X2*X2 X3*X3/p XPX CLM;
RUN;
```

여기서 p 선택문은 관측값, 예측값과 잔차를 인쇄한다. XPX 선택문은 $X'X$ 행렬을 인쇄한다. 그리고 CLM 선택문은 각 관측치에 대한 평균예측값을 생성한다.

참고: PROC GLM에서 GLM은 일반선형모형(General Linear Models)를 뜻한다. 이것은 회귀분석, 분산분석, 공분산분석, 반응표본분석, 다변량분산분석, 반복측정자료분석 등 많은 분석을 할 수 있는 기능을 제공한다.

2. 예제 11.6에 사용된 SAS 명령문: 처음 여섯 줄의 명령문은 단순회귀모형의 최소제곱추정량을 구하기 위한 것이다. 명령문 OUTPUT OUT은 'NEW'라고 하는 SAS 자료를 생성하고 가중 예측값을 포함한다. 9–10번째 명령문은 키에 대하여 가중관측값과 가중예측값을 동시에 그림에 나타내는 기능을 제고하며 두 그림이 서로 겹치도록 한다.
3. 예제 11.7에 사용된 SAS 명령문: 이 명령문은 모형 (11.36)에 대한 최소제곱추정량을 계산한다. 더 나아가 첫 번째 PROC GLM 명령문은 MODEL 문장에서 CLM 선택문을 사용하여 각 관측치에 대한 평균반응치의 신뢰구간을 생성한다. 두 번째 PROC GLM 명령문은 각 관측치에 대한 예측값의 예측구간을 생성한다. 여기서 참고할 점은 같은 MODEL 문장에서 CLI와 CLM 선택문을 동시에 사용할 수 없다는 점이다.
4. 11장 연습문제 4번에 사용된 SAS 명령문: PROC GLM은 최소제곱추정량을 계산하고 자료 One을 포함하는 자료 Two를 생성한다. USE 명령어는 자료 TWO를 입력하기 위하여 열고 READ ALL INFO 명령어는 자료 TWO를 행렬 X11으로 저장하는 기능을 수행한다. 행렬 XX1은 X11의 첫 번째와 두 번째 열로 구성되며 벡터 Y는 X11의 세 번째 열로 구성된다. MSE는 오차평균제곱합이다. BETA는 모수의 추정값으로 구성된 벡터이며 F는 (b) 부분의 가설검정을 위한 F-통계량이다. LAMBDA는 비중심모수이다. POWER 선택문은 (b) 부분의 F-검정의 검정력을 계산한다. 여기서 PROBF는 자유도 2와 9를 가진 F-분포에서 통계량 $x=4.24$보다 작거나 같은 확률을 계산한다.
5. 11장 연습문제 6번에 사용된 SAS 명령문: PROC GLM의 E 선택문은 모든 추정가능한 함수들의 일반적인 형태를 인쇄한다. SOLUTION 선택문은 모수를 추정하는 정규방정식의 근을 구해준다. PROC IML에서 잔차평균제곱 MS_E, 모수들의 추정치 BETA가 출력된다. F 명령문은 (b) 부분에 나오는 가설 H_0를 검정하는 통계량을 계산해 준다. POWER 문장은 (c) 부분의 검정에 대한 검정력을 계산한다.
6. 12장 연습문제 10번에 사용된 SAS 명령문: CLASS 명령어는 분석에 사용된 분류변수(classification variable)를 정의한다. 이러한 명령문은 분산분석을 수행할 때 사용된다.

MODEL 명령문에서 E 선택문은 (a), (b), (c) 부분에 대한 결과를 계산해 준다. SOLUTION 선택문은 정규방정식(모수추정을 위한)의 해를 구해준다.

7. 13장 연습문제 2번에 사용된 SAS 명령문: RANDOM 명령문은 모형에서 임의효과를 지정해준다. TEST 선택문은 모형의 각 효과에 대한 가설검정의 결과를 제공한다.
8. 14장 연습문제 3번에 사용된 SAS 명령문: CALL EIGEN(**M**,**E**,**H**)는 $\boldsymbol{H}=\boldsymbol{G}\grave{\boldsymbol{G}}$의 고유값을 계산하여 행렬 $\boldsymbol{M}$의 원소로 지정하고 $\boldsymbol{H}$의 대응하는 정규직교 고유벡터들을 행렬 $\boldsymbol{E}$로 생성한다(PROC IML에서 $\boldsymbol{G}$의 전치를 구하는 연산자는 $\grave{\boldsymbol{G}}$이다).
9. 15.3절에서 사용된 SAS 명령문: DATA ONE 문장에 의하여 DATA TWO가 생성된다. 앞의 문장은 PROC IML에서 A와 B의 수준을 나타내는 첫 번째 열과 두 번째 열을 가지고 있으며 세 번째 열이 값을 가지는 행렬 $\boldsymbol{G}$를 생성한다.
10. 예제 15.1에서 사용된 SAS 명령문: 행렬 $\boldsymbol{A}$의 행렬식, 역행렬, 대각합을 계산한다. 더 나아가서 CALL EIGEN(**M**,**E**,**A**)를 사용하여 행렬 $\boldsymbol{A}$의 고유값과 고유벡터를 계산한다. $\boldsymbol{A}$의 모든 원소의 합을 계산하여 s에 지정하고 원소들의 제곱합은 ss로 지정한다. 행렬 $\boldsymbol{A}$의 원소들의 순위로 구성된 행렬 $\boldsymbol{r}$을 생성한다.
11. 예제 15.2에서 사용된 SAS 명령문: CALL EIGEN(**M**,**E**,**A**)는 행렬 $\boldsymbol{A}$의 고유값과 고유벡터를 생성한다. ROOT(**A**) 함수는 $\boldsymbol{A}$의 촐레스키 분해 $\boldsymbol{A}=\grave{\boldsymbol{U}}\boldsymbol{U}$를 구해주며 여기서 $\boldsymbol{U}$는 상삼각행렬이다(정리 6.3 참조).
12. 예제 15.3에 사용된 SAS 명령문: 행렬 $\grave{\boldsymbol{X}}\boldsymbol{X}$의 역행렬, $\boldsymbol{\beta}$의 최소제곱추정량 그리고 $\boldsymbol{H}=\boldsymbol{X}(\boldsymbol{X}'\boldsymbol{X})^{-1}\boldsymbol{X}'$를 계산한다. 잔차벡터 RESID, 잔차제곱합, 잔차평균제곱합을 계산하며 $\hat{\boldsymbol{\beta}}$의 공분산행렬, **VCBETA**를 구해준다.
13. 예제 15.4에 사용된 SAS 명령문: 행렬 $\boldsymbol{X}'\boldsymbol{X}$의 역행렬, $\boldsymbol{\beta}$의 최소제곱추정량, **BETAHAT** 그리고 두 원소 $BETAHAT_0$와 $BETAHAT_1$을 계산한다. 행렬 $\boldsymbol{H}=\boldsymbol{X}(\boldsymbol{X}'\boldsymbol{X})^{-1}\boldsymbol{X}'$, 잔차벡터 RESID, 잔차제곱합, 잔차평균제곱합을 계산한다. x의 값들로 구성된 벡터 XVALUE; x의 제곱합 SQUAREX; x들의 합 SUMX; x의 평균 XBAR; 그리고 S_{xx}를 계산한다. 회귀계수 β_0와 β_1의 95% 신뢰구간을 계산한다. 더 나아가 오차항의 분산에 대한 95% 신뢰구간의 하한과 상한, LCISIGMASQ와 UCISIGMASQ를 계산한다.
14. 예제 15.5에 사용된 SAS 명령문:
    (a) 그림 15.1을 생성하는 명령문: 행렬 $\boldsymbol{X}'\boldsymbol{X}$, $\hat{\boldsymbol{\beta}}$의 역행렬, 행렬 $\boldsymbol{H}=\boldsymbol{X}(\boldsymbol{X}'\boldsymbol{X})^{-1}\boldsymbol{X}'$, 잔차벡터를 구해준다. 두 개의 열로 구성된 행렬 $\boldsymbol{XR}$은 행렬 $\boldsymbol{X}$(x의 값)의 두 번째 열과 잔차벡터로 구성된다. CALL PGRAF는 x의 값과 잔차의 산점도를 그려준다. 점들은 'r'로 인쇄되고 그림의 제목이 지정된다. SAS의 결과 제공 시스템(output delivery system; ODS)는 SAS 명령문으로 생성된 그림을 관리하는 기능을 제공한다. 이것은 IML 잔차에서 생성된 그림을 PDF 형식으로 인쇄한다.
    (b) 그림 15.2를 그리는 SAS 명령문: (a)에서 사용된 문장들과 유사하며 차이점은 x의 값 대신 반응변수의 예측값을 사용한 것이다.
15. 예제 15.6에서 사용된 SAS 명령문: 자료 ONE이 연령과 키를 포함하는 자료로 생성된다. USE 명령문은 DATA ONE을 읽기 위하여 연다. VARNAME 명령문에 의하여 변수들의 이름이 지정된다. READ ALL INTO **X** [COLNAME=VARNAMES] 문장은 행렬 $\boldsymbol{X}$에서

VARNAMES에 정해준 이름으로 DATA ONE을 생성한다.

예제 15.6에서 사용된 SAS 명령문의 두 번째 부분: CREATE 명령문은 행렬 $\boldsymbol{X}$로부터 자료 ONE을 생성한다. AGE와 HEIGHT의 변수 이름을 가진 새로운 자료를 생성한다. APPEND 문장은 행렬 $\boldsymbol{X}$의 자료에 새로운 자료를 추가한다. 주의할 점은 PROC PRINT 명령문이 IML 문장이 아니기 때문에 RUN 문장으로 끝마쳐야 한다.

16. 예제 15.7에서 사용된 SAS 명령문: CALL EIGEN(**M**,**P**,**A**)는 행렬 $\boldsymbol{A}$의 고유값과 고유벡터를 계산한다. $\boldsymbol{A}$가 대칭이기 때문에 고유값은 실수이다. 고유값들은 행렬 $\boldsymbol{M}$의 열에 내림차순으로 정렬되어 저장된다. $\boldsymbol{A}$의 고유벡터는 직교하며 행렬 $\boldsymbol{P}$의 열로 저장된다. 이 행렬은 각 열리 가장 큰 고유값에 대응되는 순서로서 생성된다.
17. 예제 15.8에 사용된 SAS 명령문: CALL SVD(**P**,**D**,$\boldsymbol{R_1}$,**A**)는 $\boldsymbol{A}$의 특이값분해 $\boldsymbol{A} = \boldsymbol{P}Diag(\boldsymbol{D})\boldsymbol{R}_1'$,을 구해준다. 여기서 식 (7.22)에 나타난 특이값 분해를 고려하면 행렬 $\boldsymbol{Q}$는 $\boldsymbol{Q} = [\boldsymbol{R}_1 : \boldsymbol{R}_2]$로 나누어지며 여기서 $\boldsymbol{R}_1$과 $\boldsymbol{R}_2$는 각각 $n \times m$과 $n \times n - m$ 차수를 가지는 행렬이다. 식 (7.22)는 다음과 같이 나타낼 수 있으며

$$\boldsymbol{A} = \boldsymbol{P}Diag(\boldsymbol{D})\boldsymbol{R}_1'$$

여기서 주어진 형태는 PROC IML의 특이값분해이다. 대각행렬 $\boldsymbol{D}$의 대각원소는 $\boldsymbol{A}\grave{\boldsymbol{A}}$의 고유값의 제곱근과 같다.

18. 예제 15.9에 사용된 SAS 명령문: ROOT(**SIGMA**) 함수는 행렬 SIGMA에 대한 촐레스키 분해 **SIGMA** $= \grave{\boldsymbol{T}}\boldsymbol{T}$를 구해주며 이때 $\boldsymbol{T}$는 상삼각행렬이다(정리 6.3참조). STRAT A로 시작하여 FINISH로 끝나는 명령문들은 정규분포에서 36개의 난수를 발생시킨다. $\boldsymbol{y}$ 명령문에 의하여 벡터 $\boldsymbol{y}$가 정의된다. 행렬 $\boldsymbol{P}_1$, $\boldsymbol{P}_2$, $\boldsymbol{P}_3$, $\boldsymbol{P}_4$의 고유값은 CALL EIGEN 함수를 이용하여 계산한다.
19. 예제 15.10에 사용된 SAS 명령문: DATA ONE이 정의되고 이를 이용하여 DATA TWO가 정의된다. DATA TWO는 행렬 $\boldsymbol{X}'\boldsymbol{X}$의 열들을 저장한다. 벡터 $\boldsymbol{y}$는 $\boldsymbol{XX}$의 네 번째 열로 구성된다. 행렬 $\boldsymbol{X}$는 $\boldsymbol{XX}$의 2, 3, 5, 6, 7번째 열로 구성된다. 행렬 $\boldsymbol{XXX}$는 $\boldsymbol{X}$와 $\boldsymbol{1}_{42}$를 수평으로 연결하여 생성된다. 행렬 $\boldsymbol{Z}$가 정의된다. 행렬 $\boldsymbol{U}_i$는 $\boldsymbol{X}$의 1, 2, 3, 4, 5번째 열과 대응하는 $\boldsymbol{Z}$의 원소들의 곱으로서 생성된다. 행렬 $\boldsymbol{G}$가 정의되고 잔차제곱합 SS_E가 계산된다.
20. 예제 15.11에 사용된 SAS 명령문: 계획행렬 **D**가 행벡터로 정의된다. 행렬 **D**의 원소로 이루어진 대각행렬 $\boldsymbol{K}_1$이 구성된다. $\boldsymbol{K}$ 행렬의 역행렬 $\boldsymbol{K}_1$이 정의된다. 조화평균 NH와 불균형척도 PHI가 계산된다. 행렬 **MAT1**이 정의되고 그 고유값 **M1**과 고유벡터 **E1**이 CALL EIGEN으로 계산된다. 행렬 $\boldsymbol{PP}$는 행렬 **E1**의 1, 2, 3, 4, 5번째 열로 구성된다. 행렬 **MAT2**는 $(\boldsymbol{I}_6 - \frac{1}{6}\boldsymbol{J}_6)\boldsymbol{K}$로 정의되며 이것의 고유값은 행렬 $\boldsymbol{L}$의 고유값과 같다.
21. 예제 15.12에 사용된 SAS 명령문: 자료 CORN이 정의된다. PROG REG 명령은 이차항 또는 고차원 항을 포함할 수 없다. 이러한 항을 포함시키기 위해서는 자료의 입력에서 X1SQ, X2SQ, X1X2 등을 생성한 후에 모형에 포함시켜야 한다. 잔차와 예측값, 잔차와 x_1, 잔차와 x_2, 생산량과 예측값, 생산량과 x_1, 예측값과 x_1에 대한 다양한 그림을 그린다.
22. 예제 15.13에 사용된 SAS 명령문: MODEL 문장에서 잔차를 인쇄하는 r 선택문을 사용하여 스튜던트 잔차(잔차를 그 표준오차로 나눈 값)와 대응하는 쿡의 거리, D_i를 그림 15.7에 나타낸다. $D_i > 1$인 관측값을 영향점으로 판단한다.

참고문헌

Cody, R. (2011). *SAS Statistics by Example*. SAS Institute Inc., Cary, NC.

Cody, R. and Smith, J. K. (2006). *Applied Statistics and the SAS Programming Language*, 5th ed. Pearson Prentice Hall, Upper Saddle River, New Jersey.

Cook, R. D. (1977). Detection of influential observation in linear regression. *Technometrics*, 19, 15–18.

Cook, R. D. (1979). Influential observations in linear regression. *J. Am. Stat. Assoc.*, 74, 169–174.

Khuri, A. I. (1996). A method for determining the effect of imbalance. *J. Stat. Plann. Inf.*, 55, 115–129.

Khuri, A. I. (2002). Graphical evaluation of the adequacy of the method of unweighted means. *J. Appl. Stat.*, 29, 1107–1119.

Khuri, A. I. (2006).Mixed response surface models with heterogeneous within-block error variances. *Technometrics*, 48, 206–218.

Littell, R. C., Stroup, W.W., and Freund, R.J. (2002). *SAS for Linear Models*, 4th ed. SAS Institute Inc., Cary, NC.

Montgomery, D. C., Peck, E. A., and Vining, G. G. (2012). *Introduction to Linear Regression Analysis*, 5th ed. John Wiley & Sons, Hoboken, NJ.

Perrett, J. J. (2010). *A SAS/IML Companion for Linear Models*. Springer, New York.

SAS Institute Inc. (2004). *SAS/IML* 9.1 *User's Guide*. SAS Institute Inc., Cary, NC.

Schlotzhauer, S. D. and Littell, R. C. (1997). *SAS System for Elementary Statistical Analysis*, 2nd ed. SAS Institute Inc., Cary, NC.

연습문제

15.1 행렬 $\boldsymbol{A}$가 다음과 같이 주어졌다.

$$\boldsymbol{A} = \begin{bmatrix} 2 & 2 & 1 \\ 2 & 5 & 1 \\ 1 & 1 & 2 \end{bmatrix}$$

(a) $\boldsymbol{A}$가 비정칙행렬임을 보이시오.

(b) $\boldsymbol{A}$의 고유값을 구하고 양정치행렬임을 보이시오.

(c) $\boldsymbol{A}$의 계수를 구하고 이것이 $\boldsymbol{A}^2$의 계수와 같음을 보이시오.

15.2 연습문제 1번의 행렬 $\boldsymbol{A}$를 다시 고려하자. m과 s를 다음과 같이 정의된 스칼라라고 하자.

$$m = \frac{tr(\boldsymbol{A})}{3}, \quad s = \left[\frac{tr(\boldsymbol{A}^2)}{3} - m^2\right]^{1/2}$$

(a) $\boldsymbol{A}$의 역행렬과 $\boldsymbol{A}^2$의 대각합을 구하시오.

(b) $e_{\max}(\boldsymbol{A}) \leq m + s\sqrt{2}$를 보이시오. 여기서 $e_{\max}(\boldsymbol{A})$는 $\boldsymbol{A}$의 가장 큰 고유값이다.

(c) $e_{\max}(\boldsymbol{A}) - e_{\min}(\boldsymbol{A}) \leq s\sqrt{6}$를 보이시오. 여기서 $e_{\min}(\boldsymbol{A})$는 $\boldsymbol{A}$의 가장 작은 고유값이다.

15.3 다음의 자료를 적합할 수 있는 일차항 모형을 생각해 보자.

y	x_1	x_2
30	1.4	1.5
61	4.1	2.1
64	5.5	1.9
16.9	2.1	.80
95	7.8	3.2
76	6.5	2.9
93.3	12.8	1.5
64.4	7.7	1.7
93.9	12.1	1.2
81.3	6.9	2.2
77.5	6.1	2.9
65.9	8.2	1.4
77.8	7.9	2.3
74.6	8.5	2.1
61.7	7.7	1.3
84.1	11.6	1.2
42.2	6.5	.80
55.9	2.1	2.6
31.9	4.8	.84
66.1	7.1	1.2

$$y = \beta_0 + \beta_1 x_1 + \beta_2 x_2 + \epsilon$$

(a) 잔차와 x_1, x_2의 그림을 그리시오.

(b) 산차와 예측값의 그림을 그리시오.

(c) (a)와 (b)에서 구한 그림으로 설명할 수 있는 것은 무엇인가?

15.4 연습문제 3번의 y값들을 다시 고려하자. 이 값들이 정규분포를 따르는지 알아보고 싶다. 이를 위하여 PROC UNIVARIATE의 **정규확률그림**(normal probability plot)을 사용한다. 다음의 명령문으로 실행할 수 있다.

```
DATA ONE;
INPUT Y @@;
CARDS;
(include the y values here)
PROC UNIVARIATE DATA=ONE PLOT;
VAR Y;
TITLE 'NORMALITY PLOT';
RUN;
```

만약 점들이 직선위에 분포되어 있으면 이것은 정규분포에 가깝다는 증거이며 직선에서 아주 벗어나서 분포하면 정규분포가 아니라는 증거가 크다. 이러한 판단기준을 이용하여 y값들이 정규분포를 따르는지 판단하시오.

15.5 다음과 같은 행렬이 주어졌다.

$$\boldsymbol{A} = \begin{bmatrix} 2 & 5 & 0 & 1 \\ 5 & 6 & 9 & 0 \\ 0 & 9 & 8 & 5 \\ 1 & 0 & 5 & 15 \end{bmatrix}$$

(a) $tr(\boldsymbol{A}) = \sum_{i=1}^{4} \lambda_i$를 보이시오. 여기서 λ_i는 $\boldsymbol{A}$의 i번째 고유값이다.

(b) $|\boldsymbol{A}| = \prod_{i=1}^{4} \lambda_i$를 보이시오.

15.6 연습문제 3의 자료를 다시 고려하자. 자료에 영향점이 있는지 판단하시오.

15.7 다음과 같은 두 행렬이 주어졌다.

$$\boldsymbol{A} = \begin{bmatrix} 1 & 2 & 2 \\ 2 & 1 & 2 \\ 2 & 2 & 1 \end{bmatrix}, \quad \boldsymbol{B} = \begin{bmatrix} 1 & 2 & 0 \\ 2 & 5 & 1 \\ 0 & 1 & 17 \end{bmatrix}$$

(a) $\boldsymbol{B}$가 양정치행렬임을 보이시오.

(b) 비 $\dfrac{\boldsymbol{x}'\boldsymbol{A}\boldsymbol{x}}{\boldsymbol{x}'\boldsymbol{B}\boldsymbol{x}}$의 하한과 상한을 구하시오.

15.8 다음의 행렬이 주어졌다.

$$\boldsymbol{A} = \begin{bmatrix} 1 & 2 & 5 \\ 2 & 2 & 3 \\ 5 & 3 & 1 \end{bmatrix}$$

m과 s는 다음과 같이 정의된다.

$$m = \frac{tr(\boldsymbol{A})}{3}, \quad s = \left[\frac{tr(\boldsymbol{A}^2)}{3} - m^2\right]^{1/2}$$

(a) 다음식이 성립함을 보이시오.

$$m - s\sqrt{n-1} \le e_{min}(\boldsymbol{A}) \le m - \frac{s}{\sqrt{n-1}}$$

여기서 $e_{\min}(\boldsymbol{A})$는 $\boldsymbol{A}$의 가장 작은 고유값이다.

(b) 다음식이 성립함을 보이시오.

$$m + \frac{s}{\sqrt{n-1}} \le e_{max}(\boldsymbol{A}) \le m + s\sqrt{n-1}$$

여기서 $e_{\max}(\boldsymbol{A})$는 $\boldsymbol{A}$의 가장 큰 고유값이다.

(c) 다음식이 성립함을 보이시오.

$$e_{max}(\boldsymbol{A}) - e_{min}(\boldsymbol{A}) \leq s\sqrt{2n}$$

15.9 다음 두 개의 행렬을 고려하자.

$$\boldsymbol{A} = \begin{bmatrix} 2 & 1 & 5 \\ 5 & 0 & 1 \\ 8 & 3 & 2 \\ 1 & 0 & 9 \end{bmatrix}, \quad \boldsymbol{B} = \begin{bmatrix} 3 & 7 & -1 \\ -2 & 5 & 0 \\ 1 & 8 & 3 \\ 6 & -2 & 1 \end{bmatrix}$$

다음이 성립함을 보이시오.

$$[tr(\boldsymbol{A}'\boldsymbol{B})]^2 \leq tr(\boldsymbol{A}'\boldsymbol{A})\, tr(\boldsymbol{B}'\boldsymbol{B})$$

위 식은 행렬의 코쉬-슈바르츠 부등식이라고 한다.

15.10 $\boldsymbol{A}$는 $n \times n$ 행렬이다.

(a) $tr(\boldsymbol{A}^2) \leq tr(\boldsymbol{A}\boldsymbol{A}')$을 보이시오.

(b) 다음의 행렬을 이용하여 (a)의 부등식이 성립함을 확인하시오.

$$\boldsymbol{A} = \begin{bmatrix} 3 & 0 & -1 \\ 6 & 7 & 3 \\ 5 & 1 & 8 \end{bmatrix}$$

15.11 $\boldsymbol{A}$와 $\boldsymbol{B}$는 $n \times n$ 대칭행렬이다.

(a) $tr[(\boldsymbol{A}\boldsymbol{B})^2)] \leq tr(\boldsymbol{A}^2\boldsymbol{B}^2)$를 보이시오.

(b) 다음의 행렬들을 사용하여 (a)의 결과를 확인하시오.

$$\boldsymbol{A} = \begin{bmatrix} 3 & 0 & -1 \\ 0 & 7 & 3 \\ -1 & 3 & 8 \end{bmatrix}, \quad \boldsymbol{B} = \begin{bmatrix} 1 & -3 & 5 \\ -3 & 8 & 6 \\ 5 & 6 & 1 \end{bmatrix}$$

15.12 **(a)** $\boldsymbol{A}$는 차수가 $n \times n$인 양정치행렬이다. 다음이 성립함을 보이시오.

$$(|\boldsymbol{A}|)^{1/n} \leq \frac{1}{n} tr(\boldsymbol{A})$$

(b) $\boldsymbol{A}$를 다음과 같이 정의하였다.

$$\boldsymbol{A} = \begin{bmatrix} 1 & 2 & -1 \\ 2 & 5 & 1 \\ -1 & 1 & 12 \end{bmatrix}$$

$\boldsymbol{A}$가 양정치행렬임을 보이고 이것을 이용하여 (a)의 부등식을 확인하시오.

16장 MATLAB을 이용한 행렬계산

MATLAB은 기술적 계산을 위한 소프트웨어로 그래픽 처리와 프로그래밍 환경 등을 제공한다. MATLAB은 MATrix LABoratory의 약자이다. MATLAB은 수학 관련 과제들을 쉽게 수행할 수 있도록 그 자신만의 프로그래밍 언어를 가지고 있을 뿐만 아니라 그 결과들의 시각화를 위한 그래픽 명령들도 가지고 있다. MATLAB은 윈도우(Windows), 맥킨토시(Macintosh), 유닉스머신(Unix machine) 등에서 구동된다.

컴퓨터 시스템에 MATLAB을 설치한 후에는, MATLAB 명령을 입력하거나 MATLAB 아이콘(icon)을 두 번 클릭함으로써 MATLAB을 구동할 수 있다. MATLAB에서 빠져나오기 위해서는 'quit' 또는 'exit' 명령을 입력하면 된다. 생성된 파일을 워크스페이스(workspace, 명령줄에서 접근 가능한 메모리 영역)에 저장하기 위해서는 'save filename'이라는 명령을 이용하면 된다. 여기서 'filename'은 임의의 파일 이름을 나타낸다. 저장된 파일을 다시 불러오기 위해서는 'load filename'을 입력하면 된다.

MATLAB은 대소문자를 구별하며 모든 변수들은 문자로 시작되어야 함을 주의하자. 참고로 MATLAB 구문에 기호 %를 이용하여 부연 설명을 첨부할 수 있다.

16.1 산술연산자

산술연산자는 배열연산자(array operator)와 행렬연산자(matrix operator) 두 가지로 나뉜다. 배열연산자는 원소별로 이루어지는 연산자인데 반해 행렬연산자는 행렬대수에서의 연산자와 같다. 배열연산자는 문자 '.'를 이용하여 구분한다. 예를 들어 $\boldsymbol{A} = (a_{ij})$와 $\boldsymbol{B} = (b_{ij})$가 같은 차수의 행렬이라면, 다음의 명령

$$\boldsymbol{C} = \boldsymbol{A} .* \boldsymbol{B}$$

은 같은 차수의 행렬 $\boldsymbol{C}$를 생성하는데 그 원소는 $c_{ij} = a_{ij} * b_{ij}$로 주어진다. 반면에 다음의 명령

표 16.1 산술연산자

연산자	연산자의 기능
+	스칼라, 벡터, 또는 행렬의 덧셈
−	스칼라, 벡터, 또는 행렬의 뺄셈
*	스칼라 또는 행렬의 곱셈
.*	곱셈에 대한 배열연산자. 같은 차수의 행렬 $\boldsymbol{A}$, $\boldsymbol{B}$에 대해서 $\boldsymbol{C}=\boldsymbol{A}.*\boldsymbol{B}$이면 $\boldsymbol{C}=(a_{ij}b_{ij})$
/	스칼라 또는 행렬에 대한 스칼라의 나눗셈. 두 행렬 $\boldsymbol{A}$, $\boldsymbol{B}$에 대해서는 $\boldsymbol{A}/\boldsymbol{B}=\boldsymbol{A}*\mathrm{inv}(\boldsymbol{B})$. 여기서 $\mathrm{inv}(\boldsymbol{B})$는 $\boldsymbol{B}$의 역행렬
./	나눗셈에 대한 배열연산자. 같은 차수의 행렬 $\boldsymbol{A}$, $\boldsymbol{B}$에 대해서 $\boldsymbol{A}./\boldsymbol{B}=(\frac{a_{ij}}{b_{ij}})$.
^	스칼라 또는 행렬의 거듭제곱. 예를 들어 $\boldsymbol{A}^k$. 여기서 $\boldsymbol{A}$는 행렬이고 k는 스칼라
.^	거듭제곱에 대한 배열연산자. 예를 들어, $\boldsymbol{A}.^{\boldsymbol{B}}=(a_{ij}{}^{b_{ij}})$. 여기서 $\boldsymbol{A}$, $\boldsymbol{B}$는 같은 차수의 행렬

$$\boldsymbol{C}=\boldsymbol{A}*\boldsymbol{B}$$

은 행렬대수에서의 행렬곱을 생성한다. 즉, $c_{ij}=\sum_{k=1}^{n} a_{ik}b_{kj}$ 여기서 n은 행렬 $\boldsymbol{A}$의 행의 수이자 행렬 $\boldsymbol{B}$의 열의 수이다. 산술연산자의 목록은 표 16.1에 주어져 있다.

16.2 함수

MATLAB은 미리 정의된 수학함수들을 가지고 있으며 그 함수들의 이름을 입력함으로써 값을 얻을 수 있다. 예를 들어, sin(x), exp(x), log(x) 등이 있다. 이러한 수학함수들의 목록은 표 16.2에 주어져 있다.

표 16.2 수학함수

기호	기능
sin(x)	사인 함수
cos(x)	코사인 함수
tan(x)	탄젠트 함수
sec(x)	씨컨트 함수
csc(x)	코씨컨트 함수
cot(x)	코탄젠트 함수
log(x)	자연로그 함수(밑이 e)
log10(x)	상용로그 함수(밑이 10)
sqrt(x)	제곱근 함수
abs(x)	절대값 함수
sqrtm($\boldsymbol{X}$)	행렬제곱근 함수. 즉, $\boldsymbol{Y}=\mathrm{sqrtm}(\boldsymbol{X})$라면 $\boldsymbol{Y}*\boldsymbol{Y}=\boldsymbol{X}$.

16.3 행렬의 구성

차수 $m \times n$인 행렬 $\boldsymbol{A}$를 만들기 위해서는 행렬의 시작과 끝에 대괄호(square bracket)를 사용하면 된다. $\boldsymbol{A}$의 행들은 세미콜론(;)을 이용하여 구분한다. 예를 들어, MATLAB에서는

$$\boldsymbol{A} = [5\ \ 2\ \ -1\ \ 7;\ -5\ \ 0\ \ 9\ \ 7;\ 9\ \ 10\ \ -4\ \ 10]$$

과 같이 3×4차 행렬 $\boldsymbol{A}$를 구성할 수 있는데, 이를 행렬 표현으로 나타내면 다음과 같다.

$$A = \begin{bmatrix} 5 & 2 & -1 & 7 \\ -5 & 0 & 9 & 7 \\ 9 & 10 & -4 & 10 \end{bmatrix} \tag{16.1}$$

벡터는 하나의 행 또는 열을 갖는 행렬로 볼 수 있으므로 행렬의 구성과 같은 방식으로 만들 수 있다. 벡터를 입력하는 데에는 두 가지의 또 다른 방법이 있다. 예를 들어, $\boldsymbol{u} = (0 : 0.10 : 2)$라고 입력하면 0에서부터 2까지 0.1씩 증가시키면서 얻을 수 있는 모든 수의 행벡터를 얻는다. 또 다른 방법은 *linspace* 명령을 이용하는 것이다. 예를 들어, $\boldsymbol{v} = linspace(-a1,\ a2)$라고 입력하면 $a1$에서부터 $a2$까지의 같은 간격으로 위치하는 100개의 수로 이루어진 행벡터가 자동적으로 생성된다. 참고로 $\boldsymbol{v} = linspace(1,2)$는 $\boldsymbol{v} = 1{:}(1/99){:}2$와 같다. 만약 생성되는 수의 숫자를 정하고 싶다면, 예를 들어 n개의 수를 생성하고 싶다면 $linspace(a1,\ a2,\ n)$을 이용하면 된다.

16.3.1 부분행렬

행렬을 구성하는 특정 원소를 보고자 한다면, 예를 들어 행렬 $\boldsymbol{A}$의 1행 2열에 위치한 원소를 보고 싶다면 $\boldsymbol{A}(1,2)$를 입력하면 해당 원소 2가 출력된다. 부분행렬을 얻고 싶은 경우에는, 예를 들어 $\boldsymbol{A}$의 2, 3행과 2, 3열의 원소들로 구성되는 부분행렬을 원하는 경우에는 $\boldsymbol{A}(2{:}3,2{:}3)$과 같이 입력하면 된다. 이 경우에는 다음을 얻는다.

$$\boldsymbol{A}(2:3, 2:3) = \begin{bmatrix} 0 & 9 \\ 10 & -4 \end{bmatrix}$$

행렬의 특정 행, 예를 들어 $\boldsymbol{A}$의 3행을 보고 싶으면 $\boldsymbol{A}(3,:)$과 같이 입력하면 $\boldsymbol{A}(3,:) = [9\ 10\ -4\ 10]$를 얻는다. 비슷하게, 특정 열 또는 열의 집단을 보고 싶다면, 예를 들어 $\boldsymbol{A}$의 2, 3열을 보고 싶다면 $\boldsymbol{A}(:,2{:}3)$과 같이 입력하면 된다. 이 경우는 다음을 얻는다.

$$\boldsymbol{A}(:, 2:3) = \begin{bmatrix} 2 & -1 \\ 0 & 9 \\ 10 & -4 \end{bmatrix}$$

행렬 $\boldsymbol{A}$의 전치를 얻고 싶다면 $\boldsymbol{A}'$를 입력하면 된다. 식 (16.1)에서의 $\boldsymbol{A}$에 대해서는 다음을 얻는다.

$$A' = \begin{bmatrix} 5 & -5 & 9 \\ 2 & 0 & 10 \\ -1 & 9 & -4 \\ 7 & 7 & 10 \end{bmatrix}$$

추가적인 행렬연산에는 다음과 같은 것들이 있다.

1. *inv*(***A***)는 정방행렬 ***A***의 역행렬을 구한다.
2. *pinv*(***A***)는 행렬 ***A***의 무어-펜로즈 역행렬을 구한다.
3. [***A***,***B***]는 행의 수가 같은 행렬 ***A***, ***B***를 차례대로 옆으로 이어 붙인 행렬을 생성한다.
4. [***A***;***B***]는 열의 수가 같은 행렬 ***A***, ***B***를 차례대로 밑으로 이어 붙인 행렬을 생성한다.
5. *det*(***A***)는 정방행렬 ***A***의 행렬식을 구한다.
6. *diag*(***A***)는 정방행렬 ***A***의 대각원소들로 이루어진 대각행렬을 생성한다.
7. *min*(***A***)는 행렬 ***A***의 각 열을 이루는 원소들의 최소값들로 이루어진 행벡터를 생성한다. *min*(*min*(***A***))는 행렬 ***A***를 이루는 원소들의 최소값을 나타낸다.
8. *max*(***A***)는 행렬 ***A***의 각 열을 이루는 원소들의 최대값들로 이루어진 행벡터를 생성한다. *max*(*max*(***A***))는 행렬 ***A***를 이루는 원소들의 최대값을 나타낸다.
9. *mean*(***A***)는 행렬 ***A***의 각 열을 이루는 원소들의 평균값들로 이루어진 행벡터를 생성한다. *mean*(*mean*(***A***))는 행렬 ***A***를 이루는 원소들의 평균값을 나타낸다.
10. *median*(***A***)는 행렬 ***A***의 각 열을 이루는 원소들의 중간값들로 이루어진 행벡터를 생성한다.
11. *std*(***A***)는 행렬 ***A***의 각 열을 이루는 원소들의 표준편차들로 이루어진 행벡터를 생성한다.
12. *sum*(***A***)는 행렬 ***A***의 각 열을 이루는 원소들의 합들로 이루어진 행벡터를 생성한다. *sum*(*sum*(***A***))는 행렬 ***A***를 이루는 원소들의 합을 나타낸다.
13. *prod*(***A***)는 행렬 ***A***의 각 열을 이루는 원소들의 곱들로 이루어진 행벡터를 생성한다. 예를 들어 ***A*** = [2 3 7; 5 4 9; 1 2 10]으로 주어진다면 prod(***A***) = [10 24 630]이다. 참고로 *prod*(1:n)은 *n*!을 나타낸다.
14. *kron*(***A***,***B***)는 행렬 ***A***, ***B***의 직적(direct product)을 나타낸다.
15. ***A******b***는 선형식 $\boldsymbol{Ax} = \boldsymbol{b}$의 해를 구한다. 여기서 ***A***는 임의의 $n \times n$차 행렬이고 *b*는 *n*차 열벡터이다.
16. *rank*(***A***)는 행렬 ***A***의 계수를 나타낸다.
17. *randn*(*n*)은 표준정규분포를 따르는 난수들로 이루어진 $n \times n$차 행렬을 생성한다.
18. *size*(***A***)는 행렬 ***A***의 차수, 즉 행의 수와 열의 수를 나타낸다.
19. *trace*(***A***)는 정방행렬 ***A***의 대각합을 나타낸다.
20. *eig*(***A***)는 정방행렬 ***A***의 고유치들을 생성한다.
21. [***P***,***D***] = *eig*(***A***)는 ***A***의 고유치들로 이루어진 대각행렬 ***D***와 대응하는 고유벡터들로 이루어진 행렬 ***P***를 생성한다. 만약 ***A***가 대칭행렬이라면 스펙트럼분해정리에서의 $\boldsymbol{A} = \boldsymbol{PDP'}$에 해당하는 직교행렬 ***P***를 생성한다(정리 6.2 참조).
22. *svd*(***A***)는 음이 아닌 수로 이루어진 벡터를 생성하는데, 여기서 양의 수는 $\boldsymbol{A'A}$(또는 $\boldsymbol{AA'}$)의 양의 고유치의 제곱근이고 $m \times n\,(m \le n)$차 행렬 ***A***의 특이값(singular value)이다.

23. $[\boldsymbol{P}, \boldsymbol{R}, \boldsymbol{Q}] = svd(\boldsymbol{A})$는 정리 7.8에서의 특이값분해(singular value decomposition) $\boldsymbol{A} = \boldsymbol{PRQ}'$에서 나타나는 직교행렬 $\boldsymbol{P}$, $\boldsymbol{Q}$와 대각행렬 $\boldsymbol{R} = [\boldsymbol{D}, \boldsymbol{0}]$를 생성한다. 여기서 대각행렬 $\boldsymbol{D}$는 음이 아닌 수로 이루어지는데, 양의 수는 $\boldsymbol{A}'\boldsymbol{A}$(또는 $\boldsymbol{AA}'$)의 양의 고유치의 제곱근이고 $m \times n (m \le n)$차 행렬 $\boldsymbol{A}$의 특이값이다.
24. $T = chol(\boldsymbol{A})$는 양정치행렬 $\boldsymbol{A}$에 대한 촐레스키 분해(Cholesky decomposition) $\boldsymbol{A} = \boldsymbol{T}'\boldsymbol{T}$에서의 상삼각행렬 $\boldsymbol{T}$를 생성한다(정리 6.3 참조).

다음의 함수들은 기본행렬들을 생성한다.

1. eye(n)은 $n \times n$차 항등행렬을 생성한다.
2. zeros(m,n)은 $m \times n$차 영행렬을 생성한다.
3. ones(m,n)은 원소가 모두 1인 $m \times n$차 행렬을 생성한다.

예제 16.1 식 (16.1)에서 주어진 행렬 $\boldsymbol{A}$와 다음의 3×3차 부분행렬을 고려하자.

$$\boldsymbol{B} = \begin{bmatrix} 5 & 2 & -1 \\ -5 & 0 & 9 \\ 9 & 10 & -4 \end{bmatrix} \tag{16.2}$$

행렬 $\boldsymbol{A}$의 계수와 $\boldsymbol{B}$의 행렬식은 $rank(\boldsymbol{A})$와 $det(\boldsymbol{B})$를 이용해서 구할 수 있는데 그 결과는 $rank(\boldsymbol{A}) = 3$, $det(\boldsymbol{B}) = -278$이다. 행렬 $\boldsymbol{B}$의 역행렬은 $inv(\boldsymbol{B})$를 이용해서 구할 수 있는데 그 결과는 다음과 같다.

$$inv(\boldsymbol{B}) = \begin{bmatrix} 0.3237 & 0.0072 & -0.0647 \\ -0.2194 & 0.0396 & 0.1439 \\ 0.1799 & 0.1151 & -0.0360 \end{bmatrix}$$

$\boldsymbol{B}$의 대각합은 $trace(\boldsymbol{B})$를 이용하면 $trace(\boldsymbol{B}) - 1$를 얻을 수 있으며, $\boldsymbol{B}$의 대각원소와 대응하는 고유벡터들은 $[\boldsymbol{V}, \boldsymbol{D}] = eig(\boldsymbol{B})$를 이용해서 구할 수 있는데 그 결과는 다음과 같다.

$$\boldsymbol{D} = \begin{bmatrix} -10.3659 & 0 & 0 \\ 0 & 3.3426 & 0 \\ 0 & 0 & 8.0234 \end{bmatrix}, \quad \boldsymbol{V} = \begin{bmatrix} 0.1305 & -0.8031 & 0.2075 \\ -0.6133 & 0.5434 & 0.6701 \\ 0.7790 & -0.2444 & 0.7127 \end{bmatrix}$$

여기서 $\boldsymbol{D}$는 고유치로 이루어진 대각행렬이고, $\boldsymbol{V}$는 대응하는 고유벡터들로 이루어진 행렬이다.

예제 16.2 다음의 행렬을 고려하자.

$$\boldsymbol{A} = \begin{bmatrix} 2 & -1 & 7 \\ 8 & 10 & 9 \end{bmatrix}, \quad \boldsymbol{B} = \begin{bmatrix} 1 & 5 & 6 \\ 5 & 4 & 2 \\ 6 & 2 & 8 \end{bmatrix}$$

행렬 $\boldsymbol{A}$의 특이값분해 $\boldsymbol{A}=\boldsymbol{P}[\boldsymbol{D}\ \ \boldsymbol{0}]\boldsymbol{Q}'$는 $[\boldsymbol{P},\boldsymbol{R},\boldsymbol{Q}]=svd(\boldsymbol{A})$를 이용해서 구할 수 있는데, 그 결과는 다음과 같다.

$$\boldsymbol{P}=\begin{bmatrix}-0.3078 & -0.9515\\ -0.9515 & 0.3078\end{bmatrix},\qquad [\boldsymbol{D}\ \ \boldsymbol{0}]=\boldsymbol{R}=\begin{bmatrix}16.3499 & 0 & 0\\ 0 & 5.6286 & 0\end{bmatrix},$$

$$\boldsymbol{Q}=\begin{bmatrix}-0.5032 & 0.0993 & -0.8584\\ -0.5631 & 0.7158 & 0.4129\\ -0.6555 & -0.6912 & 0.3043\end{bmatrix}$$

대칭행렬 $\boldsymbol{B}$의 스펙트럼분해 $\boldsymbol{B}=\boldsymbol{S\Lambda S}'$은 $[\boldsymbol{S},\boldsymbol{L}]=eig(\boldsymbol{B})$를 이용해서 구할 수 있는데, 그 결과는 다음과 같다.

$$\boldsymbol{\Lambda}=\begin{bmatrix}-4.0604 & 0 & 0\\ 0 & 3.5812 & 0\\ 0 & 0 & 13.4792\end{bmatrix},\qquad \boldsymbol{S}=\begin{bmatrix}-0.8339 & -0.1686 & 0.5255\\ 0.4321 & -0.7917 & 0.4318\\ 0.3432 & 0.5872 & 0.7331\end{bmatrix}$$

여기서 $\boldsymbol{\Lambda}$는 $\boldsymbol{B}$의 고유치들로 이루어진 대각행렬이고, $\boldsymbol{S}$는 대응하는 고유벡터들로 이루어진 직교행렬이다.

예제 16.3 다음의 행렬을 고려하자.

$$\boldsymbol{A}=\begin{bmatrix}27 & -11 & -5\\ -11 & 109 & 128\\ -5 & 128 & 154\end{bmatrix}$$

이 행렬은 양정치행렬로 고유치는 모두 양수로 0.4956, 27.5358, 261.9686으로 주어진다. 이 고유치들은 행렬연산 $eig(\boldsymbol{A})$를 이용하여 구할 수 있다. 또한 $\boldsymbol{A}$가 양정치행렬이므로 행렬연산 $\boldsymbol{T}=chol(\boldsymbol{A})$를 이용하여 촐레스키 분해 $\boldsymbol{A}=\boldsymbol{T}'\boldsymbol{T}$를 구할 수 있는데, 상삼각행렬 $\boldsymbol{T}$는 다음과 같다.

$$\boldsymbol{T}=\begin{bmatrix}5.1962 & -2.1170 & -0.9623\\ 0 & 10.2234 & 12.3210\\ 0 & 0 & 1.1255\end{bmatrix}$$

예제 16.4 다음의 대칭행렬을 고려하자.

$$\boldsymbol{A}=\begin{bmatrix}3 & -5 & 10 & 7\\ -5 & 15 & 0 & 9\\ 10 & 0 & -1 & 12\\ 7 & 9 & 12 & 4\end{bmatrix}$$

행렬 $\boldsymbol{A}$의 대각원소들은 행렬연산 $diag(\boldsymbol{A})$를 사용하여 구할 수 있는데 그 결과는 $\boldsymbol{b}=(3,15,-1,4)'$와 같은 열벡터로 주어진다. $\boldsymbol{A}$의 대각합은 행렬연산 $trace(\boldsymbol{A})$를 이용하여 구할 수 있는데 그 결과는 $tr(\boldsymbol{A})=21$이다. 행렬 $\boldsymbol{A}$의 스펙트럼분해 $\boldsymbol{A}=\boldsymbol{PDP}'$은 행렬연산 $[\boldsymbol{P},\boldsymbol{D}]=\text{eig}(\boldsymbol{A})$를 이용해서 구할 수 있는데, 그 결과는 다음과 같다.

$$\boldsymbol{D}=\begin{bmatrix} -12.3366 & 0 & 0 & 0 \\ 0 & -7.3400 & 0 & 0 \\ 0 & 0 & 17.5420 & 0 \\ 0 & 0 & 0 & 23.1347 \end{bmatrix},$$

$$\boldsymbol{P}=\begin{bmatrix} 0.1982 & 0.7488 & -0.5438 & -0.3229 \\ -0.1522 & 0.3670 & 0.7574 & -0.5181 \\ -0.7809 & -0.2443 & -0.3504 & -0.4558 \\ 0.5725 & -0.4949 & -0.0882 & -0.6477 \end{bmatrix}$$

여기서 $\boldsymbol{D}$는 $\boldsymbol{A}$의 고유치들로 이루어진 대각행렬이고, $\boldsymbol{P}$는 대응하는 고유벡터들로 이루어진 직교행렬이다.

예제 16.5 다음의 두 개의 행렬을 고려하자.

$$\boldsymbol{A}=\begin{bmatrix} 5 & 2 & -1 \\ 7 & 11 & 9 \\ 1 & 14 & 8 \end{bmatrix}, \qquad \boldsymbol{B}=\begin{bmatrix} 0.5 & 0.20 & 0.3 \\ 12.0 & 1.0 & 7.9 \\ -1.6 & 6.9 & 8.5 \end{bmatrix}$$

두 행렬 $\boldsymbol{A}$, $\boldsymbol{B}$의 곱은 다음과 같다.

$$\boldsymbol{A}*\boldsymbol{B}=\begin{bmatrix} 28.1 & -3.9 & 8.8 \\ 121.1 & 74.5 & 165.5 \\ 155.7 & 69.4 & 178.9 \end{bmatrix}$$

두 행렬의 배열곱(array product, element-by-element product)은 다음과 같이 구할 수 있다.

$$\boldsymbol{A}.*\boldsymbol{B}=\begin{bmatrix} 2.5 & 0.4 & -0.3 \\ 84.0 & 11.0 & 71.1 \\ -1.6 & 96.6 & 68.0 \end{bmatrix}$$

행렬 $\boldsymbol{A}$와 $\boldsymbol{B}$의 몫(quotient), 즉 $\boldsymbol{A}/\boldsymbol{B}=\boldsymbol{A}*inv(\boldsymbol{B})$의 결과는 아래와 같다.

$$\boldsymbol{A}/\boldsymbol{B}=\begin{bmatrix} 26.3780 & -0.7316 & -0.3687 \\ 39.9510 & -1.0037 & 0.5817 \\ 47.3376 & -1.7673 & 0.9130 \end{bmatrix}$$

행렬 $\boldsymbol{A}$와 $\boldsymbol{B}$의 배열몫, 즉 대응하는 원소들의 몫으로 이루어진 행렬은 $\boldsymbol{A}./\boldsymbol{B}$를 이용하여 구할 수 있는데, 그 결과는 다음과 같다.

$$\boldsymbol{A}./\boldsymbol{B}=\begin{bmatrix}10.0 & 10.0 & -3.3333\\ 0.5833 & 11.0 & 1.1392\\ -0.625 & 2.029 & 0.9412\end{bmatrix}$$

예제 16.6 예제 16.5에서 주어진 행렬 ***A***, ***B***를 다시 고려하자. 벡터 ***b***가 (3, −2, 8)′을 나타낸다고 할 때, 선형방정식 $\boldsymbol{Ax}=\boldsymbol{b}$의 해는 $\boldsymbol{A}\backslash\boldsymbol{b}$를 이용하여 구할 수 있으며 그 결과는 (−0.4798, 1.7224, −1.9542)이다. 연산 $\boldsymbol{A}.\hat{}3+\boldsymbol{B}.\hat{}2$의 결과는 다음과 같다.

$$\boldsymbol{A}.\hat{}3+\boldsymbol{B}.\hat{}2=\begin{bmatrix}125.3 & 8.0 & -0.9\\ 487.0 & 1332.0 & 791.4\\ 3.6 & 2791.6 & 584.3\end{bmatrix}$$

A를 구성하는 원소들의 최소값은 *min*(*min*(***A***)) = 1이고, 행렬 ***B***의 각 열을 구성하는 원소들의 최대값들은 *max*(***B***) = (12.0, 6.9, 8.5)′이다. 행렬 ***A***의 각 열을 구성하는 원소들의 평균값들로 이루어진 행벡터는 *mean*(***A***) = (4.3333, 9.0000, 5.3333)′이고, 행렬 ***B***의 각 열을 구성하는 원소들의 표준편차들로 이루어진 행벡터는 *std*(***B***) = (7.3214, 3.6592, 4.5709)′이다.

16.4 이차원과 삼차원 그래픽

MATLAB은 이차원과 삼차원 그림(plot)과 관련하여 뛰어난 성능을 가지고 있다. 이러한 그림은 앞으로 보게 되는 것처럼 몇 개의 명령문으로 쉽게 얻을 수 있다.

이차원 그림은 다음의 경우를 다룬다.

(a) 같은 배열 형식을 갖는 x-좌표의 벡터 $\boldsymbol{x}=(x_1, x_2, \ldots, x_n)$과 y-좌표의 벡터 $\boldsymbol{y}=(y_1, y_2, \ldots, y_n)$.
(b) 정해진 정의역에서 주어진 x 값들의 집합에 대응하는 함수 $y=f(x)$들의 집합.

(a)의 경우에는 n개의 점 (x_i, y_i), $i=1, 2, \ldots, n$들이 생성되고 직선으로 연결된다. 이러한 작업은 명령문 *plot*(*x*, *y*)를 이용하여 수행할 수 있다. (b)의 경우에는 먼저 정해진 구간 내에서 x들의 벡터를 생성하고 이 x값들에 대응하는 함수값 $f(x)$를 생성한다. 그 다음 얻어지는 점들을 그리는 작업이 행해지며, 이 또한 명령문 *plot*(*x*, *y*)를 이용하여 수행한다.

(a)의 경우에 대한 예를 보이기 위해 먼저 두 개의 벡터 $x=(1\ 3\ 5\ 6\ 8\ 9\ 10)'$와 $y=(3\ 8\ 13\ 12\ 8\ 10\ 12)'$가 주어졌다고 가정하자. 이 두 개의 벡터를 그림으로 나타내기 위해서는 다음의 MATLAB 문장들을 사용하면 된다.

```
x = [1 3 5 6 8 9 10];
y = [3 8 13 12 8 10 12];
plot(x,y)
```

여기서 새로운 문장들을 생성하기 위해서, 즉 문장들을 구분하기 위해서 세미콜론을 이용하는 것에 주목하자. 위의 그림의 결과는 그림 16.1에 주어져 있다.

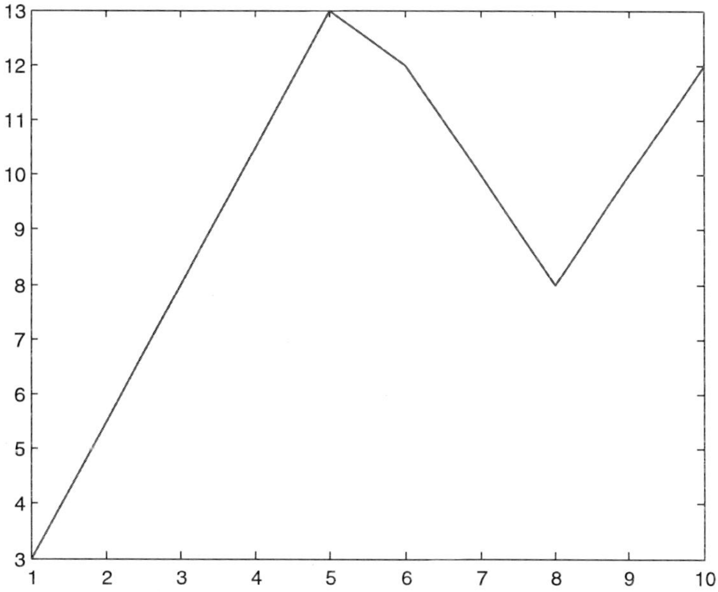

그림 16.1 벡터 *x*와 *y*의 그림

(b)의 경우에 대한 예로, 구간 $[0,2\pi]$에서의 함수 $y = cos(x)$를 고려하는데, 주어진 구간은 $\pi/100$ 간격으로 분할되어 있다고 하자. 다음의 MATLAB 문장들을 이용하여 위의 함수를 그릴 수 있다.

$x = 0 : pi/100 : 2 * pi;$
$y = cos(x);$
plot(x,y)

그림의 결과는 그림 16.2에서 볼 수 있다.

주어진 그래프에 MATLAB 명령을 추가할 수 있는데, 이 명령들은 **제목**(*title*), **축의 라벨**(*xlabel*,

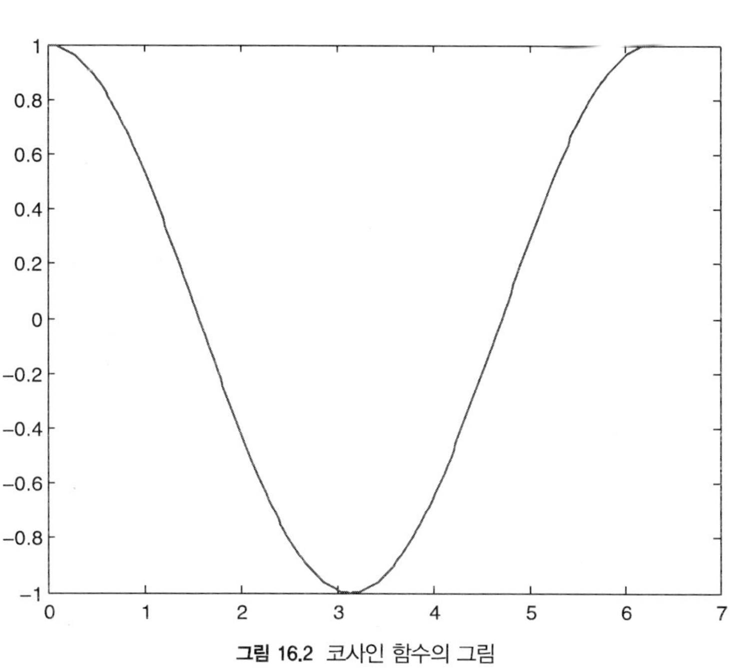

그림 16.2 코사인 함수의 그림

ylabel), **설명**(*legend*)과 관련된 것이다. *title* 명령은 그림에 제목을 추가한다. *xlabel*과 *ylabel* 명령은 각각 x축과 y축에 라벨을 추가한다. 그리고 *legend* 명령은 그림에 추가적인 설명을 추가한다. 예를 들어 그림 16.2에 다음의 MATLAB 문장들을 이용하여 제목과 x,y축의 라벨을 추가할 수 있다.

$x = 0 : pi/100 : 2 * pi;$
$y = cos(x);$
plot(x,y); xlabel('x'); ylabel('y'); title('Plot of Cosine Function')

하나의 그래프에 여러 개의 함수를 동시에 그릴 수 있는데, 이 경우 그림들을 구분하기 위해서 각기 다른 표시(marker)를 사용할 수 있다. 예를 들어, 함수 $y1 = x^2 - 1$과 $y2 = 2x + 1$을 고려하자. 이 함수들을 동시에 그리기 위한 MATLAB 문장은 다음과 같다.

$x = 0 : pi/15 : 2 * pi;$
$y1 = x^2 - 1;$
$y2 = 2 * x + 1;$
plot(x,y1,'o',x,y2,'*'); hold on; title('Two Polynomial Functions'); xlabel('x-axis'); ylabel('y-axis'); legend('y1','y2')

이 그림의 결과는 그림 16.3에 있다. 여기서 명령어 'hold on'은 다음 절에서 설명한다.

위의 명령문들은 그림창(Figure window)에서 *Insert* 메뉴를 이용해서 수행할 수도 있다. 즉 클릭(clicking)을 통하여 *title*, *xlabel*, *ylabel*, *legend*를 그림에 삽입할 수 있다. 예를 들어, *Insert* 메뉴를 클릭한 후 *xlabel*을 선택하면 **텍스트 상자**(*TextBox*)가 나타나는데, 여기에 원하는 정보를 입력하면 된다.

이제 2장의 그림들을 살펴보자. 이는 식 (2.8)의 행렬 $\boldsymbol{M}$과 식 (2.9)의 4×4차 항등행렬에 대한 그림으로 그림 2.1과 2.2에 나타나 있다. 그림 2.1을 위한 MATLAB 문장은 다음과 같다.

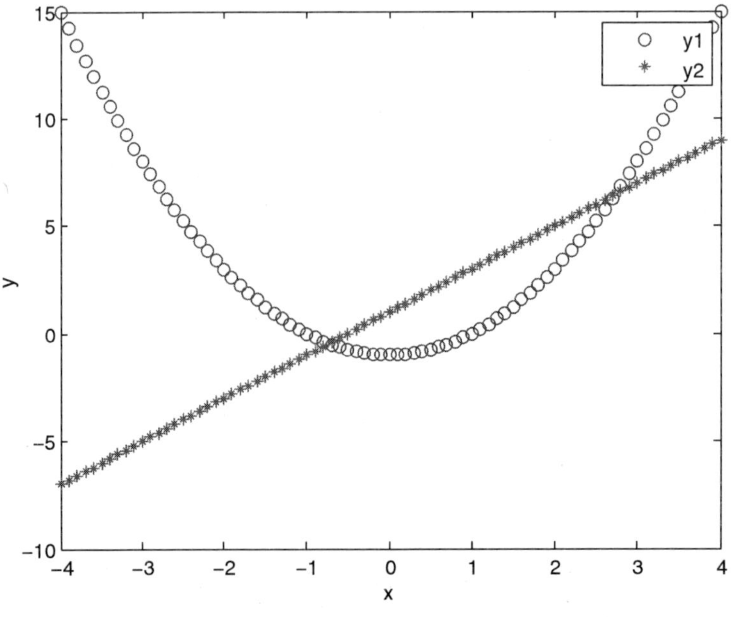

그림 16.3 두 개의 함수를 동시에 그리기

M = [15 2 4 14; 5 10 11 7; 8 8 6 13; 5 14 13 1];
m*1** = ***M(1 : 4, 1);
m*2** = ***M(1 : 4, 2);
m*3** = ***M(1 : 4, 3);
m*4** = ***M(1 : 4, 4);
d = [1 ; 2 ; 3 ; 4];
plot[**d**, **m1**, '+-', **d** , **m2**, 'o–', **d** , **m3**, , 'k*', **d** , **m4**, 'd-.'); xlabel('row number'); ylabel('column element value'); title('Plot of the Matrix **M**'); legend('col1','col2','col3','col4')

설명의 편의를 위해서 행렬 ***M***에 대한 그림을 그림 16.4에 다시 나타낸다. 비슷한 절차를 따라 그림 2.2의 항등행렬도 그릴 수 있다. 그림 16.4에서 행렬 ***M***의 열들이 각기 다른 꺽은선과 표시로 표현되고 있음을 주목하자.

추가로 6.1.1절의 그림 6.2에서의 그림을 고려하자. 이것은 표준정규분포를 따르는 난수들로 이루어진 50×50차 난수행렬의 고유치들의 그림이다. 그림 6.2를 생성하기 위한 MATLAB 문장은 다음과 같으며 그 결과를 그림 16.5에 다시 나타낸다.

A = *randn*(50);
e = *eig*(***A***);
plot(real(e),imag(e),'k*'); xlabel('real'); ylabel('imaginary'); title('Plot of Eigenvalues of a Matrix of Order 50 × 50')

16.4.1 삼차원 그래픽

MATLAB에는 삼차원 그림(three-dimensional plot)을 위한 *plot3*, *mesh*, *surf*, *contour* 네 개의 명령어가 있다.

1. *plot3*는 삼차원 공간에서의 곡선을 그리는 데 사용된다. 예를 들어 다음의 그림을 고려하자.

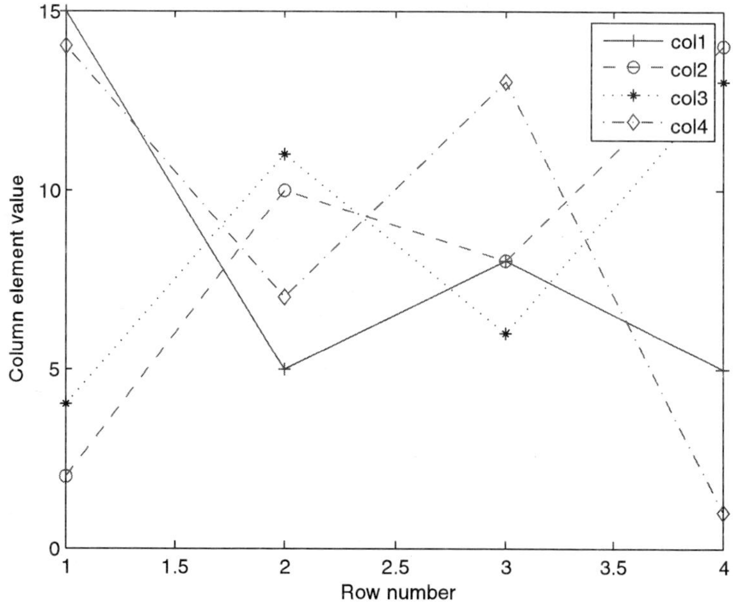

그림 16.4 행렬 M의 그림

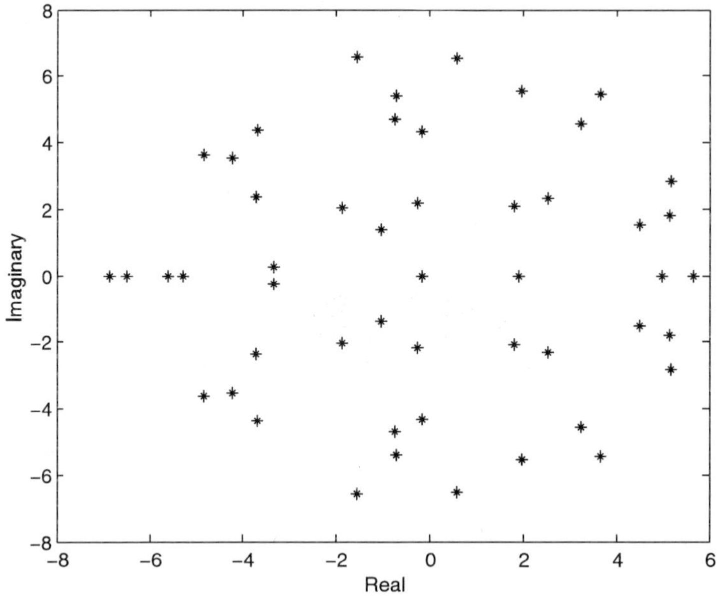

그림 16.5 50×50차 행렬의 고유값의 그림

$t = 0 : 0.01 : 18 * pi;$
$x = sin(t);$
$y = cos(2 * t);$
$z = t.^5;$
plot3(x,y,z)

참고로 위의 $t.^5$에서의 점(dot)의 사용은 원소별 연산을 나타낸다. 해당 결과는 그림 16.6에서 확인할 수 있다.

2. *mesh*는 행렬의 원소에 대한 삼차원 그림에 이용된다. 즉, 행렬의 행과 열에 해당하는 번호는 각각 x축과 y축에 나타나고 해당 행과 열에 대응되는 행렬의 원소들의 값은 z축의 값으로 표현된다. 예를 들어 4×4차 행렬 $\boldsymbol{A}$의 *mesh* 표현을 위한 MATLAB 문장은 다음과 같다.

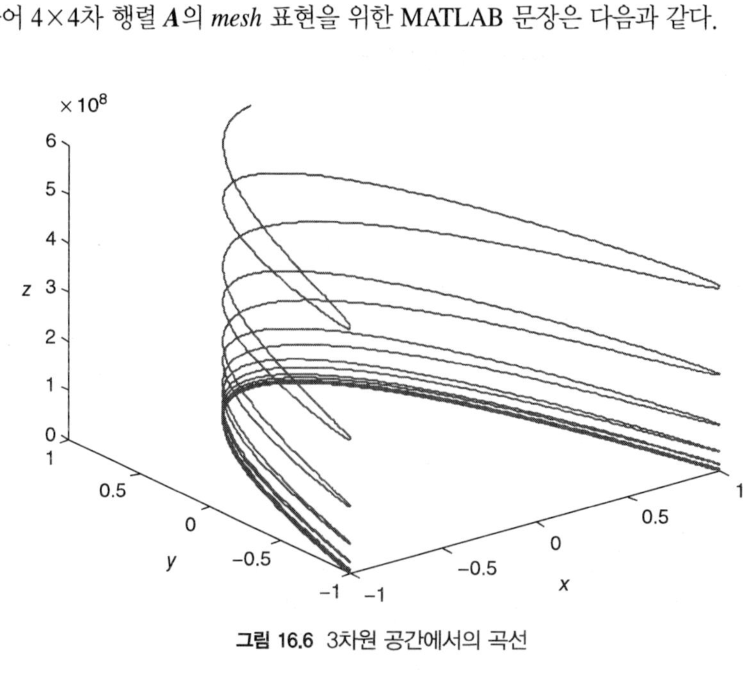

그림 16.6 3차원 공간에서의 곡선

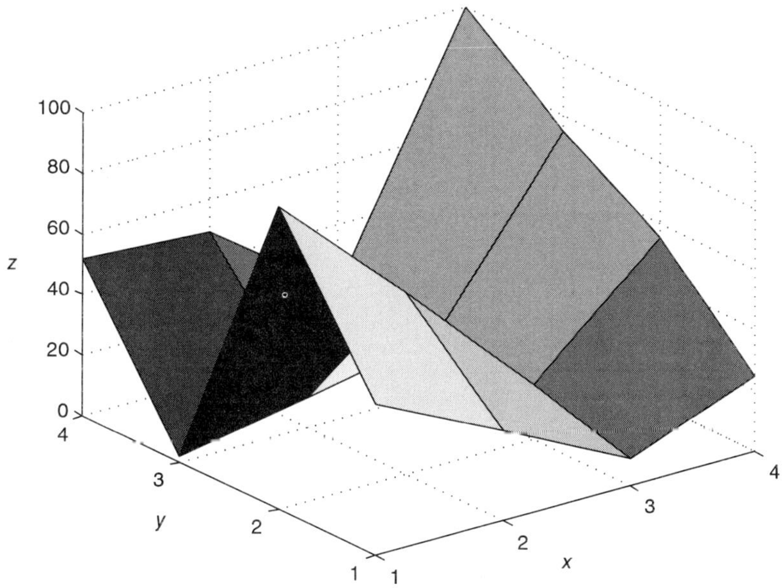

그림 16.7 surf를 이용하여 나타낸 행렬 A의 그림

A = [50 30 9 25; 100 60 18 55; 2 10 18 75; 52 49 19 100]
mesh(**A**)

3. *surf*는 *mesh*와 비슷하다. 앞에서 예를 든 행렬 ***A***에 다음의 문장을 적용하면 그림 16.7을 얻는다.

A = [50 30 9 25; 100 60 18 55; 2 10 18 75; 52 49 19 100]
surf(**A**)

이차원 공간의 주어진 직사각형 영역 A에서의 변수 *x*, *y*에 대한 함수 $z=f(x,y)$의 삼차원 그림도 mesh와 surf를 이용하여 나타낼 수 있다. 먼저 직사각형 영역을 분할해야 하는데 이를 위한 예로 [*x*, *y*] = meshgrid(−2 : .20 : 2, −2 : .20 : 2)를 사용하면 된다. 이제 생성된 좌표에 대한 *z* 값을 생성하고 이를 mesh 또는 surf를 이용하여 나타내면 된다.

예제 16.7 함수 *z*가 다음과 같이 주어졌다.

$$s = \sqrt{3 * (x.^2) + 9 * (y.^2)} + 1.0,$$
$$z = sin(s)./(s.(0.25)), \tag{16.3}$$

다음은 이 함수의 삼차원 그림에 대한 MATLAB 문장의 예이다.

```
[x, y] = meshgrid(−9.0 : .20 : 9, −9.0 : .20 : 9.0);
s = sqrt(3 * (x.^2) + 9 * (y.^2)) + 1.0;
z = sin(s)./(s.(0.25));
mesh(z) xlabel('x'); ylabel('y'); zlabel('z'); title('The Graph of the Function z')
```

삼차원 그림 결과는 그림 16.8에 주어져 있다.

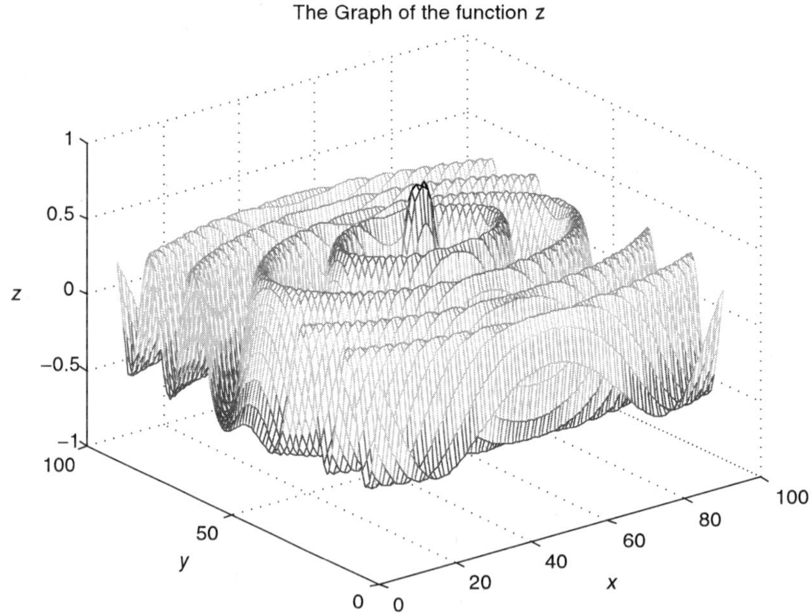

그림 16.8 삼차원 그림

위의 예와 이전의 두 개의 예에서 주의할 점은 곱셈, 나눗셈, 거듭제곱 연산 앞에 마침표(또는 점)이 위치해 있는 사실이다. 이는 모든 연산이 대응하는 원소별로 행해져야 함을 뜻한다. 예를 들어 x^2y^2의 값을 원한다면 MATLAB에서는 $(x.^2).*(y.^2)$과 같이 표현해야 한다. 만약 곱셈 앞에 마침표를 생략한다면 차원의 불일치로 인한 오류가 생길 수 있음을 명심하자. 예를 들어, 데이비스와 시그몬(Davis and Sigmon, 2005, pp. 71, 79)과 카탄(Kattan, 2008, pp 71−77)을 참조할 수 있다.

4. 삼차원 그림을 위한 네 번째 명령어는 *contour*로, 이는 삼차원 표면의 x-y 평면에 평행한 단면들을 나타낸다. 앞에서 사용한 행렬 **A**에 대한 MATLAB 예는 다음과 같다.

```
A=[50 30 9 25; 100 60 18 55; 2 10 18 75; 52 49 19 100]
contour(A)
```

명령어 *mesh, surf*와 *contour*를 혼용할 수 있는데, 이에 해당하는 명령어는 *meshc*와 *surfc*이다. 앞의 행렬 **A**에 대해 다음의 문장을 수행한 결과는 그림 16.9에 주어져 있다.

```
A=[50 30 9 25; 100 60 18 55; 2 10 18 75; 52 49 19 100]
meshc(A)
```

그래프의 그림과 관련한 또 다른 유용한 명령어로는 *hold on*을 들 수 있다. 이 명령어는 주어진 그림에 다른 그림을 추가하는 경우에 이용되는데, 이 명령어를 사용하지 않으면 새로운 그림은 이전의 그림을 지워버리게 된다. 따라서 *hold on* 명령어는 기존의 그림과 그림에 사용된 축에 대한 성질들을 유지하도록 한다. 만약 기존의 그림을 지우고 새로운 그림만을 원한다면 *hold off* 명령어를 사용하면 된다. 다음에 주어진 예를 실행해 보도록 하자.

```
x = (−10 : 0.1 : 10);
y = x.^2;
z = x.^3;
w = cos(x);
plot(x, y); hold on; plot(x, z); plot(x, w)
```

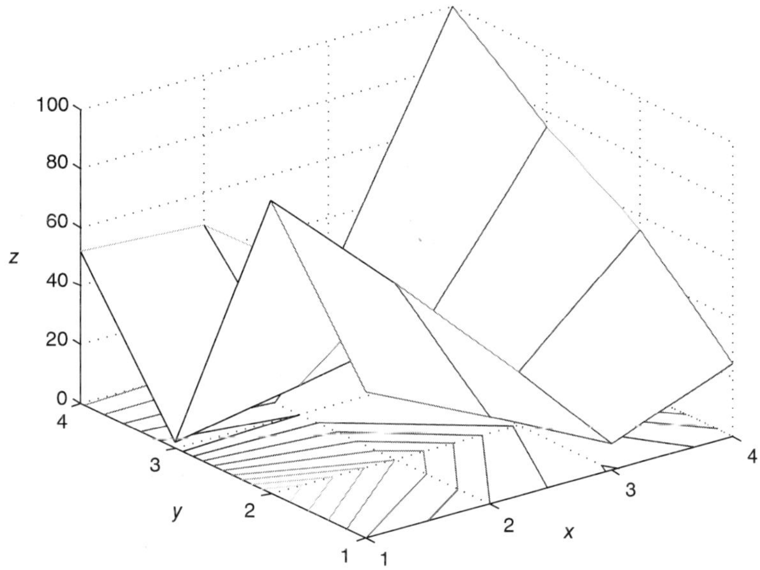

그림 16.9 Mesh와 Contour를 혼용하여 나타낸 행렬 A의 그림

첫 번째 문장은 −10에서 10까지 0.1씩 증가하는 x 값들을 생성한다. 나머지 문장들은 x와 y의 이차원 그림을 나타낸 후에 x와 z, x와 w의 이차원 그림들을 추가한다.

MATLAB에 대한 유용한 참고문헌은 많이 존재하는데, 이 장의 내용은 Davis and Sigmon (2005), Hiebeler(2015), Kattan(2008), López(2014), Sizemore and Mueller(2015) 등을 참고하였다.

참고문헌

Davis, T. A. and Sigmon, K. (2005). *MATLAB Primer*, 7th ed. Chapman & Hall/CRC, Boca Raton, FL.

Hiebeler, D. E. (2015). *R and MATLAB*. Chapman & Hall/CRC, Boca Raton.

Kattan, P. I. (2008). *MATLAB for Beginners*. Author.

L´opez, C. P. (2014). *MATLAB Matrix Algebra*. Petra Books.

Sizemore, J. and Mueller, J. P. (2015). *MATLAB for Dummies*. John Wiley & Sons, Hoboken, NJ.

연습문제

MATLAB을 이용하여 다음 연습문제를 수행하시오.

16.1 행렬 A가 다음과 같이 주어져 있다.

$$A = \begin{bmatrix} 5 & 2 & 1 \\ 9 & 6 & 5 \\ 3 & 10 & 15 \end{bmatrix}$$

(a) A의 계수를 구하고 정칙행렬임을 보이시오.

(b) A의 행렬식을 구하시오.

(c) A의 고유치들을 구하시오.

(d) A의 대각합을 구하시오.

16.2 행렬 A가 다음과 같이 주어져 있다.

$$A = \begin{bmatrix} 4 & -2 & 0 \\ -2 & 4 & -2 \\ 0 & -2 & 4 \end{bmatrix}$$

(a) 행렬 A의 고유치들을 구하고 행렬이 양정치인지 여부를 확인하시오.

(b) $|A| \le \prod_{i=1}^{3} a_{ii}$임을 보이시오. 단 $a_{ii}(i=1, 2, 3)$은 A의 i번째 대각원소이다.

16.3 연습문제 16.2에서 주어진 행렬을 고려하자.

(a) 선행주소행렬식(leading principal minor) 모두 양수임을 보이시오.

(b) $A'A$가 양정치행렬임을 보이시오.

16.4 다음에 주어진 행렬을 고려하자.

$$A = \begin{bmatrix} 37 & -2 & -24 \\ -2 & 13 & -3 \\ -24 & -3 & 17 \end{bmatrix}$$

(a) A가 양반정치행렬임을 보이시오.

(b) $A = B^2$을 만족하는 B를 구하시오.

16.5 연습문제 16.2에서 주어진 행렬을 고려하자.

(a) A의 역행렬을 구하시오.

(b) $tr(A)\ tr(\mathrm{A}^{-1}) \ge 9$를 보이시오.

16.6 다음에 주어진 행렬을 고려하자.

$$A = \begin{bmatrix} 0 & 4 & -2 \\ -4 & 0 & -8 \\ 2 & 8 & 0 \end{bmatrix}$$

(a) A가 왜대칭행렬임을 보이시오.

(b) $(I - A)(I + A)^{-1}$가 직교행렬임을 보이시오.

16.7 다음에 주어진 양정치행렬을 고려하자.

$$\boldsymbol{A} = \begin{bmatrix} 2 & 2 & 1 \\ 2 & 5 & 1 \\ 1 & 1 & 2 \end{bmatrix}$$

(a) $\boldsymbol{A}$의 촐레스키 분해를 구하시오.

(b) $\boldsymbol{A}$에 스펙트럼분해정리를 적용하시오.

16.8 다음에 주어진 행렬을 고려하자.

$$\boldsymbol{A} = \begin{bmatrix} 7 & 12 \\ 8 & 5 \\ 10 & 9 \end{bmatrix}$$

(a) $\boldsymbol{A}$의 무어-펜로즈 역행렬 $\boldsymbol{B}$를 구하시오.

(b) $\boldsymbol{ABA} = \boldsymbol{A}$와 $\boldsymbol{BAB} = \boldsymbol{B}$가 성립함을 보이시오.

16.9 다음에 주어진 행렬을 고려하자.

$$\boldsymbol{A} = \begin{bmatrix} 1 & 2 & 4 & 3 \\ 3 & -1 & 2 & -2 \\ 5 & -4 & 0 & -7 \end{bmatrix}$$

(a) $\boldsymbol{B}$가 $\boldsymbol{A}$의 무어-펜로즈 역행렬일 때, $\boldsymbol{BA}$가 멱등행렬임을 보이시오.

(b) $\boldsymbol{BA}$의 고유치들을 구하시오.

(c) $\boldsymbol{BA}$의 대각합을 구하시오.

(d) $\boldsymbol{BA}$의 계수를 구하시오.

16.10 다음에 주어진 행렬들을 고려하자.

$$\boldsymbol{A} = \begin{bmatrix} 3 & 5 & 8 \\ 6 & 1 & 2 \\ 9 & 4 & 3 \\ 2 & 0 & 10 \end{bmatrix}, \quad \boldsymbol{B} = \begin{bmatrix} 4 & 6 & -3 \\ -5 & 6 & 2 \\ 2 & 10 & 4 \\ 8 & -5 & 2 \end{bmatrix}$$

다음에 주어진 행렬에서의 코쉬-슈바르츠 부등식이 성립함을 보이시오.

$$[tr(\boldsymbol{A}'\boldsymbol{B})]^2 \le tr(\boldsymbol{A}'\boldsymbol{A})\, tr(\boldsymbol{B}'\boldsymbol{B}),$$

16.11 다음에 주어진 행렬을 고려하자.

$$\boldsymbol{A} = \begin{bmatrix} 10 & 2 & 6 \\ -5 & -11 & -8 \end{bmatrix}$$

(a) $\boldsymbol{A}$의 특이값분해를 구하시오.

(b) $\boldsymbol{A}$의 특이값들을 구하고 이들이 $\boldsymbol{AA'}$의 양의 고유치들의 제곱근과 같음을 보이시오.

16.12 다음에 주어진 두 개의 행렬들을 고려하자.

$$\boldsymbol{A} = \begin{bmatrix} 4 & -2 & 0 \\ -2 & 4 & -2 \\ 0 & -2 & 4 \end{bmatrix}, \quad \boldsymbol{B} = \begin{bmatrix} 1 & 0 \\ 3 & 4 \end{bmatrix}$$

(a) $\boldsymbol{A}$와 $\boldsymbol{B}$의 직적을 구하시오.

(b) $(\boldsymbol{A} \otimes \boldsymbol{B})^{-1} = \boldsymbol{A}^{-1} \otimes \boldsymbol{B}^{-1}$가 성립함을 보이시오.

16.13 다음에 주어진 두 개의 행렬들을 고려하자.

$$\boldsymbol{A} = \begin{bmatrix} 3 & 8 & 4 \\ 8 & 7 & -1 \\ 4 & -1 & 2 \end{bmatrix}, \quad \boldsymbol{B} = \begin{bmatrix} 1 & -1 & 3 \\ -1 & 2 & 4 \\ 3 & 4 & 6 \end{bmatrix}$$

(a) $tr[(\boldsymbol{AB})^2] \le tr(\boldsymbol{A}^2\boldsymbol{B}^2)$.가 성립함을 보이시오.

(b) $|\boldsymbol{A}'\boldsymbol{B}|^2 \le |\boldsymbol{A}'\boldsymbol{A}|\,|\boldsymbol{B}'\boldsymbol{B}|$가 성립함을 보이시오.

16.14 구간 $[0, 2\pi]$에 대해서 다음의 함수를 그리시오.

$$y = sin(x)\,cos(x) + cos(3\,x)$$

16.15 x, y 모두 구간 $[-2,2]$에 있을 때, 다음의 함수를 surf(z)를 이용해서 그리시오.

$$z = y\;exp(-3\,x^2 - 7\,y^2)$$

17장
R을 이용한 행렬계산

R은 통계적 응용을 위한 컴퓨터 프로그램이다. MATLAB은 R보다 응용수학에 더 초점을 맞춘 프로그램으로서 서로 목적이 다르다. R은 MATLAB과 유사하게 여러 가지 계산기능이 있고 행렬계산도 가능하며 효율적인 그래픽기능도 가지고 있다. R의 가장 큰 매력은 상업용이 아니라 무료로 이용할 수 있다는 점이다. 또한 R은 프로그램이 공개되어 사용자들이 프로그램 개발에 직접 기여할 수도 있다. R은 원래 상업용 프로그램인 S-PLUS를 기반으로 개발되었으며 John Chambers와 여러 공동 연구자들이 벨 연구소에서 R의 전신인 S 패키지를 개발하면서 시작되었다.

Chambers는 또한 R의 개발에도 많은 도움을 주었다. R의 이름은 뉴질랜드의 Auckland 대학에서 교육용으로 프로그램을 개발한 Ross Ihaka와 Robert Geutleman의 첫 자를 따라서 지었다는 것이 정설이다. R은 최근에 매우 인기 있는 언어로 각광을 받고 있으며 데이터 과학을 위한 가장 널리 사용되는 프로그램으로 인식되고 있다.

R의 설치

R을 이용하기 위해서는 이용자의 컴퓨터에 R을 설치해야 한다. 다음과 같은 절차로 R을 설치할 수 있다.

(a) 웹사이트 www.r-project.org에 접속한다.
(b) 화면 왼쪽에 있는 **DOWNLOAD** 부분의 CRAN을 선택한다.
(c) 적당한 CRAN Mirror를 선택한다.
(d) **Download and Install R**에서 적합한 운영체제를 선택한다.
(e) **base**를 선택한다.
(f) 현재 R 버전을 선택한다.

R을 설치한 뒤에 R의 아이콘을 두 번 클릭하여 실행할 수 있다. R을 종료하기 위해서는 작업공간(workspace)에서 명령어 q()를 입력하면 된다(참고로, R은 소문자와 대문자를 구별하는 프로그램이다).

몇 가지 기본개념은 다음과 같다.

1. **객체**. R이 다루는 모든 형태를 객체(object)라고 한다. 이는 벡터, 행렬 그리고 함수들을 포함한다. 예를 들어 다음 문장은 길이가 4인 벡터를 c() 함수로 생성하는 문장이다.

$$\mathbf{x} = \mathrm{c}(10, 15, 20, 36)$$

함수 c()는 나열된 원소를 모아서 연결하는 함수이다. 계산적인 절차를 위하여 산술 또는 행렬연산을 위한 연산자는 다음과 같은 것들이 있다.

덧셈 + (e.g. **A+C**)
빼셈 − (e.g. **A−C**)
곱셈 %*% (e.g. **A%*%B**) 이 연산은 행렬의 곱셈에 대한 것이다.
나눗셈 / (e.g. **A/B**)
거듭제곱 ^ (e.g. a^n은 a의 n 거듭제곱을 뜻한다).
원소별 곱셈 * (e.g. **A*B**, ***A***와 ***B***는 같은 차수의 행렬이다).
크로네커(Kronecker) 곱셈, 직적 %×% (e.g. **A%×%B**, 여기서 ***A***, ***B***는 행렬이다.)
직접덧셈 direct.sum (e.g. 행렬 ***A***와 ***B***의 직접덧셈은 direct.sum(**A,B**)이다).
행렬의 전치 t() (e.g. t(**A**))

2. **대각행렬**. 대각행렬을 만들기 위해서는 먼저 다음과 같이 대각원소를 하나의 리스트로 만들고

$$\mathbf{a} = \mathrm{c}(5, 10, 15, 25)$$

명령문 ***A*** = diag(**a**)를 이용하여 대각행렬을 생성할 수 있다.

$$\boldsymbol{A} = \begin{bmatrix} 5 & 0 & 0 & 0 \\ 0 & 10 & 0 & 0 \\ 0 & 0 & 15 & 0 \\ 0 & 0 & 0 & 15 \end{bmatrix}$$

예를 들어 행렬 ***B***가 다음과 같다면

$$\boldsymbol{B} = \begin{bmatrix} 7 & -1 & 4 & 12 \\ -2 & 8 & 17 & 25 \\ 9 & 11 & 19 & 21 \\ -5 & -9 & 11 & 34 \end{bmatrix}$$

명령어 diag(**B**)는 행렬 ***B***의 대각원소(즉, 7, 8, 19, 34)로 구성된 행렬을 생성한다.
행렬 ***B***의 대각합(trace)는 *sum*(*diag*(**A**))로 계산할 수 있다.
차수가 $n \times n$인 항등행렬은 *diag*(n)으로 생성한다.

3. **행렬 만들기**. 행렬은 함수 matrix()로 생성할 수 있다. 예를 들어, 다음 문장은 3×2 행렬을 생성하는 문장이다.

$$\boldsymbol{A} = \mathrm{matrix}(\mathbf{c}(2,6,9,11,18,24),\ \mathrm{nrow} = 3,\ \mathrm{ncol} = 2)$$

위의 문장으로 생성된 행렬은 다음과 같은 행렬이며 열의 순서대로 생성된다.

$$A = \begin{bmatrix} 2 & 11 \\ 6 & 18 \\ 9 & 24 \end{bmatrix}$$

명령문에서 'nrow='와 'ncol='은 생략될 수 있다. 단지 숫자만 사용하는 경우 행과 열의 순서로 인식된다. 따라서 다음과 같은 문장은 같은 행렬을 생성한다.

$$A = \text{matrix}(\mathbf{c}(2,6,9,11,18,24),\ 3,\ 2)$$

행렬의 특정한 원소를 지정하기 위해서는, 예를 들어 행렬 **A**의 1행과 2열에 해당하는 원소를 지정하기 위해서는 **A**[1,2]를 사용한다. 위의 경우 예에서는 그 값이 $b=11$이며 $b=A[1,2]$로 지정할 수 있다. 행렬의 열을 지정하기 위해서는, 예를 들어 행렬 A의 첫 번째 열을 지정하기 위해서는 **A**[,1]을 사용한다. 위의 예에서 **A**[,1]은 2, 6, 9이다. 유사한 방법으로 행렬의 행을 지정하려면, 예를 들어 두 번째 행을 지정하려면 **A**[2,]를 사용하고 그 원소는 6, 18이다. 더 나아가서 어떤 행렬의 부분행렬을 지정하려면, 예를 들어서 행렬 A의 마지막 두 행과 두 열로 이루어진 부분행렬을 지정하기 위해서는 **A**[2:3,1:2]를 사용한다. 물론 부분행렬을 지정할 때 꼭 행들과 열들을 연이어서 지정할 필요는 없다. 예를 들어서, A의 첫 번째와 세 번째 행, 그리고 첫 번째와 두 번째 열로 이루어진 부분행렬은 **A**[c(1,3),c(1,2)]로 지정할 수 있다.

두 행렬 A와 B를 행으로 연결하기 위해서는 *cbind*(***A***,***B***)를 사용한다. 또한 열로 연결하여 아래 위로 쌓을 때에는 *rbind*(***A***,***B***)를 사용한다.

행렬 A의 차수는 *dim*(**A**)로 구할 수 있다.

차수가 $m \times n$이고 모든 원소가 p인 행렬은 matrix(p,m,n)으로 생성한다. 예를 들어 matrix(1,4,4)는 모든 원소가 1인 4×4 차수 행렬이다.

4. **고유값과 고유벡터**. 행렬 A의 고유값과 고유벡터는 eigen(**A**)로 얻을 수 있다. 예를 들어 다음과 같은 행렬 A를 생각해 보자.

$$A = \begin{bmatrix} 4 & 12 & 18 & 6 \\ 12 & 2 & 3 & 9 \\ 18 & 3 & 10 & 11 \\ 6 & 9 & 11 & 12 \end{bmatrix} \tag{17.1}$$

함수 eigne(**A**)를 이용하면 고유값 37.5633128, 5.3604021, 0.9911004, −15.9148152을 얻을 수 있고 다음과 같이 고유벡터도 얻는다.

$$\begin{matrix} -0.5300973 & 0.3926523 & 0.3083266 & -0.6853872 \\ -0.3549924 & -0.2455179 & 0.7649733 & 0.4780348 \\ -0.5847639 & 0.4482265 & -0.4453918 & 0.5086947 \\ -0.5010273 & -0.7646163 & -0.3483917 & -0.2072602 \end{matrix}$$

5. **스펙트럼분해정리**. A를 (17.1)에 주어진 것과 같은 대칭행렬이라고 하자. 그러면 행렬 A의 스펙트럼분해는 $A=P\Lambda P'$과 같이 주어지며 여기서 P는 고유벡터행렬이고 Λ는 대응하는 고유값으로 이루어진 대각행렬이다. 뒤에서 다룰 예제 17.4에서는 함수 eigen(**A**)를 사용하여 스펙트럼분해를 구하는 예를 보여줄 것이다.

6. **특이값분해**. 행렬 $\boldsymbol{A}$를 차수가 $m \times n$이라고 하고 계수를 r이라고 하면 그 특이값분해는 식 (7.22)에 나타난 것과 같다. 정리 7.8의 증명을 이용하면 이를 다음과 같이 나타낼 수 있다.

$$\boldsymbol{A} = \boldsymbol{P}_1 \boldsymbol{D}_1 \boldsymbol{Q}_1' \tag{17.2}$$

여기서 $\boldsymbol{P}_1$은 차수가 $m \times r$로서 $\boldsymbol{A}'\boldsymbol{A}$의 고유벡터로 이루어졌으며 $\boldsymbol{A}\boldsymbol{A}'$의 양수를 가지는 고유값에 대응하며 행렬 $\boldsymbol{D}_1^2$의 대각원소이다. 또한 $\boldsymbol{Q}_1$은 식(7.24)에서 정의된 행렬이다. R에서는 특이값분해를 함수 svd(**A**)를 사용하여 구현할 수 있다. 이 명령어는 $\boldsymbol{D}_1$의 대각원소(즉 특이값)을 구해주고 $\boldsymbol{P}_1$과 $\boldsymbol{Q}_1$의 열들을 생성한다. 예를 들어 다음과 같은 행렬을 고려하자.

$$\boldsymbol{A} = \begin{bmatrix} 6 & 11 & -1 & 5 \\ 5 & 0 & 2 & 1 \\ 10 & 15 & -5 & 7 \end{bmatrix} \tag{17.3}$$

특이값과 $\boldsymbol{P}_1$과 $\boldsymbol{Q}_1$의 열들은 다음과 같이 구해진다.

특이값:

24.147932 4.910129 2.183576

	−0.5551295	0.007788482	0.83172747
$\boldsymbol{P}_1$	−0.1032498	−0.992867278	−0.05961579
	−0.8253307	0.118970201	−0.55197406

	−0.5010919	−0.75922724	−0.3789449
$\boldsymbol{Q}_1$	−0.7655473	0.38089150	0.3981503
	0.1853278	−0.52714993	0.8284170
	−0.3584660	−0.02467012	0.1077147

식 (17.2)의 전개가 정확한지 점검하기 위하여 다음과 같은 연산을 수행할 수 있다.

svd(**A**)$u% * %diag(svd(**A**)$d)% * %t(svd(**A**)$v)

여기서 $d는 특이값을 나타내고 $u와 $v는 각각 행렬 $\boldsymbol{P}_1$과 $\boldsymbol{Q}_1$을 나타낸다. 위와 같은 연산으로 식이 성립함을 확인할 수 있다.

7. **촐레스키 분해**. 이 분해는 정리 6.3에 제시된 내용이다. 예를 들어서 $\boldsymbol{A}$가 양정치행렬인 경우 유일한 상삼각행렬 $\boldsymbol{T}$가 존재하고 그 원소가 모두 양수이며 $\boldsymbol{A} = \boldsymbol{T}'\boldsymbol{T}$를 만족한다. 이러한 분해는 함수 *chol*(**A**)로 생성할 수 있다. 예를 들어 다음과 같은 행렬을 고려해 보자.

$$\boldsymbol{A} = \begin{bmatrix} 2 & 2 & 1 \\ 2 & 5 & 1 \\ 1 & 1 & 2 \end{bmatrix}$$

함수 *chol*(**A**)를 사용하면 다음과 같이 $\boldsymbol{A} = \boldsymbol{T}'\boldsymbol{T}$를 만족하는 $\boldsymbol{T}$를 생성한다.

$$\boldsymbol{T} = \begin{bmatrix} 1.414214 & 1.414214 & 0.7071068 \\ 0 & 1.732051 & 0 \\ 0 & 0 & 1.224745 \end{bmatrix}$$

8. **행렬식, 역행렬, 일반화역행렬**. 정방행렬 $\boldsymbol{A}$의 행렬식은 *det*(**A**)로 구할 수 있다. $\boldsymbol{A}$의 역행렬

은 *solve*(***A***)로 구한다. 무어-펜로즈 일반화역행렬은 *ginv*(***A***)로 구하며 MASS 패키지가 필요하다. 하지만 유일하지 않은 일반화역행렬을 그대로 구할 수 있는 함수는 R에 없다(예를 들어 Fieller(2016, page 128) 참조)

9. **행렬의 계수**. 행렬 ***A***의 계수는 함수 *qr*(***A***)*$rank*로 구할 수 있다(예제 17.8 참조). 계수는 대칭인 두 행렬의 곱 ***A****%*%t*(***A***)을 구하여 영이 아닌 고유값의 수로서 간접적으로 구할 수 있다(6.5.4절 참조).
10. **참조문**. 기호 #은 R에서 참조문(comment)를 넣을 때 사용한다. 기호 # 뒤에 나오는 모든 문장은 참조문으로 인식된다.
11. **패키지의 설치**. 모든 R의 함수는 패키지에 포함되어 있다. R에서 어떤 기능을 실현하기 위해서는 그에 해당하는 함수를 포함하고 있는 적합한 패키지가 필요하다. 현재 많은 사용자가 제작한 매우 많은 수의 패키지가 존재한다. 이러한 패키지들은 다양한 자료의 처리와 각종 통계분석을 수행할 수 있다. 패키지를 설치하기 위해서는 다음과 같은 절차를 수행한다.
    - R을 실행한다.
    - 도구상자에서 'Packages'를 선택한다.
    - 'Install Package(s)'를 선택한다.
    - 적당한 Mirror Site를 선택한다.
    - 원하는 패키지의 이름을 선택한다.

    패키지의 종류와 이름은 'The comprehensive R Archive Network(cran)' 사이트로 이동하여 'Packages' 항목을 선택하며 최근까지 등록된 모든 패키지의 이름과 내용을 확인할 수 있다. 작업공간에서 패키지를 설치하려면, 에를 들어 RSA라는 패키지를 설치하려면 다음과 같은 명령어를 사용한다.

    install.packages("RSA")

    이렇게 패키지를 설치한 뒤에 사용할 때는 함수 library()로 원하는 패키지를 실행할 수 있다.

    library(RSA)

    처음에 R을 시작할 때 명령어 Library()를 입력하면 시작할 때 사용할 수 있는 패키지들의 목록을 보여준다.
12. **파일의 저장**. 파일을 저장하기 위해서는 화면의 왼쪽 윗부분에 'Save to File'을 선택한다. 파일의 이름을 입력하고 'save'를 누르면 선택된 폴더에 저장된다. 이미 저장된 파일을 보기 위해서는 'File'을 선택하고 다시 'Display File'을 클릭한다. 그리고 파일의 이름을 입력한 뒤에 'Open'을 선택한다.
13. **객체의 저장과 제거**. R에서 생성된 모든 객체들은 이름을 지정하고 저장할 수 있다. 현재 사용 중인 객체들이 어떤 것이 있는지 알기 위해서 함수 'objects()'를 사용할 수 있다. 함수 'ls()'를 사용하면 같은 결과를 얻는다. 객체를 제거하기 위해서는 함수 'rm'을 사용한다. 예를 들어 명령문 rm(x,y)는 x와 y를 작업공간에서 제거한다. R에서 생성한 객체들은 외부공간에 영구적으로 저장될 수 있다. 즉 하나의 작업에서 x가 쓰였다면 다른 작업에서도 저장된 x를 다시 읽어서 사용할 수 있다. R에서 작업공간에 있는 모든 객체를 지우는 명령어는 rm(list = ls())이다.
14. **수치자료의 입력**. 자료는 키보드를 사용하여 직접 입력할 수 있으며 이는 함수 scan()을 이용

한다. 예를 들어서 x = scan()을 실행시키면 키보드를 이용하여 숫자를 입력하고 엔터를 쳐서 입력을 완료한다.

15. **수학 및 통계 함수**. R에서 여러 가지 다양한 수학 및 통계 관련 함수들이 내장되어 있다. 예를 들면 log(x), x의 자연로그; log10(x), x의 보통로그; exp(x), 지수함수; sqrt(x), 제곱근 함수; abs(x), 절대값 함수; factorial(x); 그리고 삼각함수들, sin(x), cos(x), tan(x), acos(x), asin(x), atan(x) 등이 있다. 또한 min(x)와 max(x)는 각각 벡터들의 원소 중 최소값과 최대값을 나타내는 함수이다. 함수 length(x)는 벡터 x의 길이를 구해주고 sum(x)는 모든 원소들의 합을 계산해 준다. 통계함수로서 mean(x)는 x안의 원소들의 산술평균을 계산해주고 var(x)는 표본분산을 계산해준다.

$$var(x) = sum((x - mean(x))^2)/(length(x) - 1)$$

함수 sd(x)는 표준편차를 구해주며(var(x)의 제곱근) 두 벡터 x, y의 피어슨 상관계수는 함수 *cor*(x, y)로 구할 수 있다.

16. **확률변수 생성**
    (a) x = rnorm(n)은 표준정규분포를 따르는 n개의 확률변수를 생성한다. 예를 들어 x = rnorm(6) 명령은 −0.9321849, −0.3305639, −1.3592365, 0.1879771, 1.1131102, −0.8996389을 생성한다.
    (b) y = rbinom(m, n, p)는 성공의 확률이 p이고 시행횟수가 n인 이항분포를 따르고 확률변수를 m개 생성한다. 예를 들어 y = rbinom(5, 10, 0.3)은 5, 4, 5, 4, 3을 생성한다.
    (c) x = rpois(n, lambda)는 모수 $\lambda = lambda$를 가지는 포아송분포를 따르는 확률변수를 n개 생성한다. 예를 들어 rpois(6, 0.8)은 0, 3, 1, 0, 0, 1을 발생시킨다.
    (d) x = rgamma(n, shape, scale = 1)은 주어진 모양(shape)과 척도(scale)를 가지는 감마분포를 따르는 n개의 확률변수를 생성한다. 예를 들어서 rgamma(6,5,scale = 1)은 6개의 난수를 생성하는데 4.088706, 2.174163, 3.982304, 10.562917, 4.467228, 1.328104이며 이 변수들은 모양이 5이고 척도가 1인 모수를 따른다.
    (e) x = runif(n,min = 0,max = 1)은 최소값이 0이고 최대값을 1로 가지는 일양분포를 따르는 n개의 확률변수를 생성한다. 예를 들어 runif(5,min = 0,max = 1)은 5개의 난수 0.1272399, 0.2971816, 0.3252382, 0.3615584, 0.6610594을 발생시키는데 이들은 최소값이 0이고 최대값이 1인 구간에서 발생한 난수이다. 다른 구간을 사용하려면, 예를 들어서 구간이 4.0에서 6.5인 일양분포를 지정하려면 x = runif(n,min = 4.0,max = 6.5)를 사용한다.

    정수의 값을 가지는 확률변수를 n개 생성하려면, 예를 들어 1부터 10까지 10개의 정수의 값을 가질 수 있는 확률변수를 복원추출로서 5개를 생성하려면 x = sample(1:10, 5, replace = T)를 사용한다. 명령어 x = sample(1:10, 5, replace = T)는 8, 4, 10, 6, 4의 값을 생성할 수 있다. 비복원 추출을 사용하려면 x = sample(1:10, 5, replace = F)를 사용할 수 있으며 예를 들어서 6, 1, 4, 5, 2를 생성한다.
    (f) x = rchisq(n,df)는 자유도 df를 가지는 중심 카이제곱분포를 따르는 n개의 확률변수를 생성한다.

(g) x = rt(n, df)는 자유도 df를 가지는 중심 t분포를 따르는 n개의 확률변수를 생성한다.

(h) x = rf(n, df1, df2)는 자유도 df1, df2를 가지는 중심 F분포를 따르는 n개의 확률변수를 생성한다.

17. **배열(array)의 생성**. 다음과 같은 명령어로 3×2의 배열을 생성할 수 있다.

$$x = \text{array}(c(1{:}3{,}3{:}1), \text{dim} = c(3,2))$$

위 명령문의 결과는 다음과 같다.

$$\begin{matrix} 1 & 3 \\ 2 & 2 \\ 3 & 1. \end{matrix}$$

18. **자료의 요약**. 벡터 $x = c(1{:}6,\ 16,\ 89)$가 주어졌다고 하자. 명령문 summary(x)는 x에 대한 요약통계량을 구해준다.

Min.	1st Qu.	Median	Mean	3rd Qu.	Max.
1.00	2.75	4.50	15.75	8.50	89.00

예제 17.1 행벡터 $\boldsymbol{A} = c(12,\ 20,\ -5,\ 20,\ 51,\ -4)$를 고려하자. 행렬 $\boldsymbol{B}$를 $\boldsymbol{B} = \text{matrix}(\boldsymbol{A}, 2, 3)$으로 지정하면 다음과 같은 행렬이 얻어진다.

$$\boldsymbol{B} = \begin{bmatrix} 12 & -5 & 51 \\ 20 & 20 & -4 \end{bmatrix}$$

또한 행렬 $\boldsymbol{C} = \text{matrix}(1{:}9,\ 3,\ 3)$으로 다음과 같이 얻어진다.

$$\boldsymbol{C} = \begin{bmatrix} 1 & 4 & 7 \\ 2 & 5 & 8 \\ 3 & 6 & 9 \end{bmatrix}$$

두 개의 행렬의 곱 $\boldsymbol{B}\%*\%\boldsymbol{C}$는 아래와 같은 행렬이다.

$$\boldsymbol{B}\% * \%\boldsymbol{C} = \begin{bmatrix} 155 & 329 & 503 \\ 48 & 156 & 264 \end{bmatrix}$$

행렬 $\boldsymbol{B}$와 $\boldsymbol{C}$의 크로네커 곱은 $\boldsymbol{B}\%\times\%\boldsymbol{C}$로 계산되며 차수는 6×9이다.

예제 17.2 명령문 $\boldsymbol{A} = matrix(c(1,\ -3,\ 5,\ 3,\ 0,\ 2,\ 1,\ 7,\ -4),\ 3,\ 3,\ byrow = T)$는 다음과 같은 행렬을 생성한다.

$$\boldsymbol{A} = \begin{bmatrix} 1 & -3 & 5 \\ 3 & 0 & 2 \\ 1 & 7 & -4 \end{bmatrix}$$

위의 명령문에서 $byrow = T$는 행렬을 생성할 때 행순서대로 원소를 배치하라는 의미이다. 행렬 $\boldsymbol{A}$의 대각원소로만 이루어진 대각행렬을 생성하려면 다음과 같은 명령어로 가능하다.

$$diag(diag(\boldsymbol{A})) = \begin{bmatrix} 1 & 0 & 0 \\ 0 & 0 & 0 \\ 0 & 0 & -4 \end{bmatrix}$$

행렬 $\boldsymbol{A}$의 대각합은 명령문 *sum*(*diag*($\boldsymbol{A}$))로 구할 수 있고 위의 예제에서는 −3이다. $\boldsymbol{A}$의 역행렬은 *solve*($\boldsymbol{A}$)로 구할 수 있고 다음과 같이 구해진다.

$$\boldsymbol{A}^{-1} = \begin{bmatrix} -0.2857143 & 0.4693878 & -0.1224490 \\ 0.2857143 & -0.1836735 & 0.2653061 \\ 0.4285714 & -0.2040816 & 0.1836735 \end{bmatrix}$$

$\boldsymbol{A}$의 행렬식은 $det(\boldsymbol{A}) = 49$이다.

식 (17.2)에 주어진 $\boldsymbol{A}$의 특이값분해는 다음과 같다.

특이값

9.747651 4.188422 1.200178

$$\boldsymbol{P}_1 \quad \begin{matrix} 0.5699301 & -0.4432808 & -0.6918683 \\ 0.1397001 & -0.7774719 & 0.6132058 \\ -0.8097305 & -0.4461386 & -0.3811782 \end{matrix}$$

$$\boldsymbol{Q}_1 \quad \begin{matrix} 0.01839418 & -0.7692241 & 0.6387142 \\ -0.75689047 & -0.4281153 & -0.4937956 \\ 0.65328284 & -0.4743538 & -0.5900932 \end{matrix}$$

식 (17.2)의 표현이 정확한지 점검하려면 다음과 같은 명령문을 이용하여 계산할 수 있다.

svd(**A**)$u% * %diag(svd(**A**)$d)% * %t(svd(**A**)$v)

여기서 svd는 특이값을 나타내고 $u와 $v는 각각 $\boldsymbol{P}_1$, $\boldsymbol{Q}_1$을 나타낸다.

예제 17.3 두 행렬 $\boldsymbol{A} = matrix(c(1:8), 2, 4)$와 $\boldsymbol{B} = matrix(c(1,8), 2, 4, byrow = T)$를 정의하자.

$$\boldsymbol{A} = \begin{bmatrix} 1 & 3 & 5 & 7 \\ 2 & 4 & 6 & 8 \end{bmatrix}, \quad \boldsymbol{B} = \begin{bmatrix} 1 & 2 & 3 & 4 \\ 5 & 6 & 7 & 8 \end{bmatrix}$$

행렬 $\boldsymbol{A}$와 $\boldsymbol{B}$를 행으로 나란히 연결하는 것은 *cbind*($\boldsymbol{A}$, $\boldsymbol{B}$)로 구현하고 결과는 다음과 같다.

$$cbind(\boldsymbol{A}, \boldsymbol{B}) = \begin{bmatrix} 1 & 3 & 5 & 7 & 1 & 2 & 3 & 4 \\ 2 & 4 & 6 & 8 & 5 & 6 & 7 & 8 \end{bmatrix}$$

행렬 $\boldsymbol{A}$와 $\boldsymbol{B}$를 아래위로 쌓는 작업은 *rbind*($\boldsymbol{A}$, $\boldsymbol{B}$)로 할 수 있으며 결과는 다음과 같다.

$$rbind(\boldsymbol{A}, \boldsymbol{B}) = \begin{bmatrix} 1 & 3 & 5 & 7 \\ 2 & 4 & 6 & 8 \\ 1 & 2 & 3 & 4 \\ 5 & 6 & 7 & 8 \end{bmatrix}$$

행렬 $\boldsymbol{C} = rbind(\boldsymbol{A}, \boldsymbol{B})$라고 할 때 $\boldsymbol{C}$의 1행에서 2행, 1열에서 4열로 이루어진 부분행렬 $\boldsymbol{D}$는 $\boldsymbol{D} = \boldsymbol{C}[1:2, 1:4]$로 만들 수 있고 그 결과는 다음과 같다.

$$D = \begin{bmatrix} 1 & 3 & 5 & 7 \\ 2 & 4 & 6 & 8 \end{bmatrix}$$

행렬 $\boldsymbol{C}$의 2행에서 4행으로 이루어진 부분행렬 $\boldsymbol{E}$는 $\boldsymbol{E}=\boldsymbol{C}[2:4,]$로 만들 수 있다.

$$E = \begin{bmatrix} 2 & 4 & 6 & 8 \\ 1 & 2 & 3 & 4 \\ 5 & 6 & 7 & 8 \end{bmatrix}$$

이제 $\boldsymbol{AB'}$의 역행렬을 구하려고 한다. $\boldsymbol{F}=\boldsymbol{A}\%*\%t(\boldsymbol{B})$로 $\boldsymbol{F}$를 계산하고 *solve*($\boldsymbol{F}$)를 이용하면 다음과 같은 결과를 얻는다.

$$solve(\boldsymbol{F}) = \begin{bmatrix} 0.875 & -0.7125 \\ -0.375 & 0.3125 \end{bmatrix}$$

$\boldsymbol{F} * \boldsymbol{G} = \boldsymbol{I}_2$을 계산하여 $\boldsymbol{G}$가 $\boldsymbol{F}$의 역행렬임을 확인할 수 있다.

예제 17.4 행렬 $\boldsymbol{A}=matrix[c(4, 1, 1, 1, 4, 1, 1, 1, 3), 3, 3]$을 고려하자. 이제 $\boldsymbol{A}$의 스펙트럼분해를 구하는 절차를 알아보려고 한다. 먼저 행렬 $\boldsymbol{A}$의 고유값과 고유벡터를 구하면 고유값은 5.732051, 3.0, 2.267949이 되고 대응하는 고유벡터는 다음과 같다.

$$B = \begin{bmatrix} -0.6279630 & 0.7071068 & -0.3250576 \\ -0.6279630 & -0.7071068 & -0.3250576 \\ -0.4597008 & 0 & 0.8880738 \end{bmatrix}$$

그러면 $\boldsymbol{A}$의 스펙트럼 분해는 $\boldsymbol{BDB'}$으로 얻어지며 여기서 $\boldsymbol{D}$는 고유값으로 이루어진 대각행렬이다. 이 행렬들의 곱이 $\boldsymbol{A}$와 같음을 보임으로써 분해를 확인할 수 있으며 명령문 *eigen*(**A**)*$vectors%*%diag*(*eigen*(**A**)*$values*)*%*%t*(*eigen*(**A**)*$vectors*)을 이용한다.

예제 17.5 다음의 행렬 $\boldsymbol{A}$를 고려하자.

$$A = \begin{bmatrix} 4 & 2 & 1 \\ 2 & 10 & 1 \\ 1 & 1 & 4 \end{bmatrix}$$

이 행렬은 대칭이며 양정치행렬이고 고유값은 10.835021, 4.265809, 2.899170로 모두 양수이다. 그러므로 촐레스키 분해(정리 6.3)를 다음과 같이 적용할 수 있다.

$$A = T'T$$

여기서

$$T = \begin{bmatrix} 2 & 1 & 0.500 \\ 0 & 3 & 0.1666667 \\ 0 & 0 & 1.9293062 \end{bmatrix}$$

위의 정리는 $\boldsymbol{T'T}$가 $\boldsymbol{A}$와 같음으로 확인할 수 있다.

예제 17.6 다음 두 개의 행렬을 고려하자.

$$\boldsymbol{A} = \begin{bmatrix} 2 & 2 \\ 0 & 0 \end{bmatrix}, \quad \boldsymbol{B} = \begin{bmatrix} 2 & 2 \\ 1 & 0 \end{bmatrix}$$

$\boldsymbol{A}$와 $\boldsymbol{B}$의 직적(크로네커 곱)을 $\boldsymbol{C}$라고 하면 다음과 같이 계산한다.

$$\boldsymbol{C} = \boldsymbol{A}\% \times \%\boldsymbol{B}$$

$\boldsymbol{A}$와 $\boldsymbol{B}$의 고유값은 각각 2,0과 2.7320508, −0.7320508로 주어진다. 직적의 고유값은 5.464102, −1.464102, 0, 0이다. 여기서 직적의 고유값은 각 행렬의 고유값의 곱과 같음을 알 수 있다. 이 사실은 정리 6.10으로도 확인할 수 있다. 또한 이 정리는 두 개의 정방행렬 $\boldsymbol{C}$와 $\boldsymbol{D}$의 고유벡터가 $\boldsymbol{x}$와 $\boldsymbol{y}$이고 그에 해당하는 고유값이 각각 λ와 μ라면 $\boldsymbol{C} \otimes \boldsymbol{D}$의 고유벡터는 $\boldsymbol{x} \otimes \boldsymbol{y}$이고 대응하는 고유값은 $\lambda\mu$임을 확인해준다. 하지만 언제나 $\boldsymbol{C} \otimes \boldsymbol{D}$의 고유벡터가 $\boldsymbol{C}$와 $\boldsymbol{D}$의 고유백터들의 직적으로 표시되는 것은 아니다. 이러한 예를 보기 위하여 다시 예제에서 주어진 두 행렬 $\boldsymbol{A}$와 $\boldsymbol{B}$를 고려하자. $\boldsymbol{A}$의 고유벡터는 $\boldsymbol{x}_1 = (1,0)'$과 $\boldsymbol{x}_2 = (-0.7071068,\ 0.7071068)'$이고 대응하는 고유값은 2와 0이다. 더 나아가 $\boldsymbol{B}$의 고유벡터는 $\boldsymbol{y}_1 = (0.9390708,\ 0.3437238)'$과 $\boldsymbol{y}_2 = (-0.5906905,\ 0.8068982)'$이고 대응하는 고유값은 각각 2.7320508과 −0.7320508이다. R을 이용하여 $\boldsymbol{A} \otimes \boldsymbol{B}$의 고유값을 구하면 각각 5.464102, −1.464102, 0, 0이며 고유벡터 $\boldsymbol{V}_c$의 대응하는 열(왼쪽에서 오른쪽으로)은 다음과 같다.

$$\boldsymbol{V}_c = \begin{bmatrix} 0.9390708 & -0.5906905 & -0.7071068 & 0.0000000 \\ 0.3437238 & 0.8068982 & 0.0000000 & -0.7071068 \\ 0.0000000 & 0.0000000 & 0.7071068 & 0.0000000 \\ 0.0000000 & 0.0000000 & 0.0000000 & 0.7071068 \end{bmatrix}$$

반면 $\boldsymbol{V}_a$를 고유값 2와 0에 대한 $\boldsymbol{A}$의 고유벡터 $\boldsymbol{x}_1$과 $\boldsymbol{x}_2$로 이루어진 행렬이고 $\boldsymbol{V}_b$를 $\boldsymbol{B}$의 고유벡터 $\boldsymbol{y}_1$과 $\boldsymbol{y}_2$로 이루어진 행렬로 놓으면 $\boldsymbol{V}_a$와 $\boldsymbol{V}_b$의 직적은 다음과 같이 주어진다.

$$\boldsymbol{V}_a \otimes \boldsymbol{V}_b = \begin{bmatrix} 0.9390708 & -0.5906905 & -0.6640233 & 0.4176813 \\ 0.3437238 & 0.8068982 & -0.2430494 & -0.5705632 \\ 0.0000000 & 0.0000000 & 0.6640233 & -0.4176813 \\ 0.0000000 & 0.0000000 & 0.2430494 & 0.5705632 \end{bmatrix}$$

위에서 볼 수 있듯이 $\boldsymbol{V}_a \otimes \boldsymbol{V}_b$의 마지막 두 개의 열은 $\boldsymbol{A} \otimes \boldsymbol{B}$의 고유값 0에 대응하는 고유벡터이다. 하지만 행렬 $\boldsymbol{V}_c$의 마지막 두 열 또한 고유값 0에 대응하는 $\boldsymbol{A} \otimes \boldsymbol{B}$의 고유벡터임을 알 수 있다.

위에 예제에 대한 R 명령문은 다음과 같다.

```
A=matrix(c(2,0,2,0),2,2)
B=matrix(c(2,1,2,0),2,2)
C=A%x%B
eigen(A)
Va=eigen(A)$vectors
eigen(B)
Vb=eigen(B)$vectors
eigen(C)
```

$Vc = eigen(\boldsymbol{C})\$vectors$
$Va\%x\%Vb$

여기서 Va, Vb, Vc는 각각 $\boldsymbol{V}_a$, $\boldsymbol{V}_b$, $\boldsymbol{V}_c$와 같다. 명령문 $eigen(\boldsymbol{A})$, $eigen(\boldsymbol{B})$, $eigen(\boldsymbol{C})$는 대응하는 행렬 $\boldsymbol{A}$, $\boldsymbol{B}$, $\boldsymbol{C}$의 고유값과 고유벡터를 구해준다.

예제 17.7 R에서 다음과 같은 구조를 가진 행렬을 만들 수 있다.

(a) 원소의 값이 모두 1인 6차원 열벡터: $matrix(rep(1,6), ncol=1)$ 여기서 $rep(1,6)$은 1을 6번 반복하라는 의미이다.
(b) 항등행렬 $\boldsymbol{I}_6$: $diag(rep(1,6))$
(c) 차수가 5×5인 모든 원소가 1인 행렬 $\boldsymbol{J}_5$: $matrix(rep(1,25),5,5)$
(d) 차수가 4×4인 중심화행렬, $\boldsymbol{J}_4 - \frac{1}{4}\boldsymbol{J}_4$: $diag(rep(1,4))\text{-}matrix(rep(1,16),4,4)/4$

예제 17.8 다음 행렬이 계수가 2임을 보이시오.

$$\boldsymbol{A} = \begin{bmatrix} 5 & 5 & 6 \\ 8 & 10 & 12 \\ 12 & 15 & 18 \end{bmatrix}$$

행렬 $\boldsymbol{A}$의 계수는 함수 qr(A)$rank로 구할 수 있으며 그 값은 2이다(예제 17.12 참조). 또한 앞에서 언급된 바와 같이 대칭행렬 $\boldsymbol{A}\% * \%t(\boldsymbol{A})$를 만들고 이것의 고유값을 구한 뒤 영이 아닌 고유값의 개수가 $\boldsymbol{AA}'$의 계수와 같고 다시 이것이 $\boldsymbol{A}$의 계수와 같다는 사실을 이용하여 구할 수 있다(6.5.4절 참조). 여기서 $A\% * \%t(A)$의 고유값은 1086.2699789, 0.7300211, 0이므로 $\boldsymbol{A}$의 계수는 2가 된다.

예제 17.9 아래 주어진 행렬 $\boldsymbol{A}$의 제곱근을 구하시오.

$$\boldsymbol{A} = \begin{bmatrix} 4 & 1 & 1 \\ 1 & 4 & 1 \\ 1 & 1 & 6 \end{bmatrix}$$

위의 $\boldsymbol{A}$는 대칭이므로 스펙트럼분해를 적용하여 $\boldsymbol{B}$로 놓으면 다음과 같이 쓸 수 있다.

$$\boldsymbol{B} = \boldsymbol{P}\% * \%\boldsymbol{\Lambda}\% * \%t(\boldsymbol{P})$$

여기서 $\boldsymbol{P}$는 $\boldsymbol{A}$의 직교인 고유벡터행렬이며 $\boldsymbol{\Lambda}$는 고유값의 대각행렬이다. 행렬 $\boldsymbol{S}$를 $\boldsymbol{A}$의 고유값의 제곱근으로 이루어진 대각행렬이라고 하자. $\boldsymbol{A}$의 고유값은 3, 4, 7이므로 모두 양수이며 이는 $\boldsymbol{A}$가 양정치행렬임을 뜻한다. $\boldsymbol{A}$의 제곱근행렬 $\boldsymbol{C}$는 이제 다음과 같이 주어진다.

$$\boldsymbol{C} = \boldsymbol{P}\% * \%\boldsymbol{S}\% * \%t(\boldsymbol{P})$$

여기서

$$\boldsymbol{C} = \begin{bmatrix} 1.9736508 & 0.2415997 & 0.2152503 \\ 0.2415997 & 1.9736508 & 0.2152503 \\ 0.2152503 & 0.2152503 & 2.4305008 \end{bmatrix}$$

위의 결과로 ***C*% * %*C***가 ***A***와 같음을 확인할 수 있다.

예제 17.10 다음과 같은 두 행렬 ***A***와 ***B***를 고려하자.

$$\boldsymbol{A}=\begin{bmatrix}3 & 8 & 4 & 1\\ 2 & 4 & -9 & -5\\ 5 & 3 & 7 & 12\end{bmatrix},\quad \boldsymbol{B}=\begin{bmatrix}12 & 3 & -12 & 4\\ -4 & 6 & 14 & -9\\ -11 & 3 & 4 & -6\end{bmatrix}$$

$rank(\boldsymbol{A}+\boldsymbol{B}) \le rank(\boldsymbol{A}) + rank(\boldsymbol{B})$임을 보이시오.

앞에서 논의된 바와 같이 ***A***의 계수는 ***A*% * %*t*(*A*)**의 영이 아닌 고유값을 이용하여 구할 수 있고 그 값은 331.39665, 103.08041, 28.52295이다. 따라서 ***A*% * %*t*(*A*)**의 계수는 3이고 ***A***의 계수도 3이다. 유사한 방법으로 ***B*% * %*t*(*B*)**의 고유값을 구하면 688.07291, 94.24642, 41.68067이므로 계수는 3이고 ***B***의 계수도 3이다. 따라서 $rank(\boldsymbol{A}+\boldsymbol{B}) \le rank(\boldsymbol{A}) + rank(\boldsymbol{B})$이다.

위의 계산은 다음과 같은 R 명령문으로 할 수 있다.

```
A=matrix(c(3,2,5,8,4,3,4,-9,7,1,-5,12),3,4)
B=matrix(c(12,-4,-11,3,6,3,-12,14,4,4,-9,-6),3,4)
tA=t(A)
tB=t(B)
APA=A%*%t(A)
BPB=B%*%t(B)
ABPAB=(A + B)%*%t(A + B)
eigen(APA)
eigen(BPB)
eigen(ABPAB)
```

예제 17.11 다음과 같은 3개의 행렬을 고려하자.

$$\boldsymbol{A}=\begin{bmatrix}2 & 3\\ 4 & 5\end{bmatrix},\quad \boldsymbol{B}=\begin{bmatrix}5 & 8\\ -1 & 2\end{bmatrix},\quad \boldsymbol{C}=\begin{bmatrix}5 & 8 & 9\\ -3 & 10 & 11\\ 17 & -6 & 14\end{bmatrix}$$

다음의 등식이 성립하는 것을 보이기 위하여

$$(\boldsymbol{A}+\boldsymbol{B})\%x\%\boldsymbol{C} = \boldsymbol{A}\%x\%\boldsymbol{C} + \boldsymbol{B}\%x\%\boldsymbol{C}$$

다음과 같은 R 문장들을 실행시킬 수 있다.

```
A=matrix(c(2,4,3,5),2,2)
B=matrix(c(5,-1,8,2),2,2)
C=matrix(c(5,-3,17,8,10,-6,9,11,14),3,3)
AkC=A%x%C
BkC=B%x%C
ABkC=(A + B)%x%C
D=ABkC - AkC - BkC
```

D=
0 0 0 0 0 0
0 0 0 0 0 0
0 0 0 0 0 0
0 0 0 0 0 0
0 0 0 0 0 0
0 0 0 0 0 0

여기서 행렬 $\boldsymbol{D}$는 $(\boldsymbol{A}+\boldsymbol{B})\%x\%\boldsymbol{C}=\boldsymbol{A}\%x\%\boldsymbol{C}+\boldsymbol{B}\%x\%\boldsymbol{C}$를 의미한다.

예제 17.12 이제 정리 5.2에서 논의된 완전열계수행렬의 QR 분해를 고려해 보자. 분해 $\boldsymbol{A}$는 다음과 같다.

$$\boldsymbol{A}=\begin{bmatrix}1 & 3 & -1\\ 0 & 2 & 1\\ 1 & 0 & 2\end{bmatrix}$$

QR 분해를 하기 위한 R 함수는 $qr(\boldsymbol{A})$이며 다음과 같은 R 문장을 사용하여 행렬 $\boldsymbol{A}$를 QR 분해할 수 있다.

$qra = qr(\boldsymbol{A})$
$\boldsymbol{Q} = qr.Q(qra)$
$\boldsymbol{R} = qr.R(qra)$
$\boldsymbol{Q}$
$\boldsymbol{R}$

여기서 $qr.Q(qra)$와 $qr.R(qra)$는 각각 행렬 $\boldsymbol{Q}$와 $\boldsymbol{R}$을 나타내며 $\boldsymbol{Q}$의 값은 다음과 같다.

$$\boldsymbol{Q}=\begin{bmatrix}-0.7071068 & -0.5144958 & -0.48505713\\ 0.0000000 & -0.6859943 & 0.7276069\\ -0.7071068 & 0.5144958 & 0.4850713\end{bmatrix}$$

또한 $\boldsymbol{R}$의 값은 다음과 같다

$$\boldsymbol{R}=\begin{bmatrix}-1.414214 & -2.121320 & -0.7071068\\ 0.000000 & -2.915476 & 0.8574929\\ 0.000000 & 0.000000 & 2.1828206\end{bmatrix}$$

위에서 두 행렬의 곱 $\boldsymbol{Q}\% * \%\boldsymbol{R}$은 $\boldsymbol{A}$와 같은 것을 확인할 수 있다. 또한 함수 $qr()$은 $qr(A)\$rank$를 이용하여 행렬의 계수를 구할 수 있는 점이 유용하다.

17.1 이차원과 삼차원 그림

R은 그림을 그리는 데 있어서 사용자가 그림을 제어하는 데 매우 편리하고 유용한 기능을 제공한다. 이 절에서는 16장에서와 같이 이차원과 삼차원 그림에 대하여 살펴볼 것이다.

17.1.1 이차원 그림

예제 17.13 이 예제에서는 선형식으로 적합된 자료에 대한 단순한 그림을 그리는 방법을 보여주려고 한다. 자료는 온도 x에 따라서 영향을 받은 생산량 y로 구성되어 있다고 하고 다음과 같은 R 문장으로 자료가 생성된다.

```
x=c(12,35,50,30,52,66,12,21,31,50,26,42,50)
y=c(120,155,201,175,190,170,140,148,166,180,159,162,195)
plot(x,y,xlab="temperature",ylab="yield")
abline(lm(y ~ x))
```

여기서 유의할 점은 마지막 명령문이 적합된 선형식을 그림에 그리는 역할을 하는 것이다. 결과 그림은 그림 17.1에 나타나 있다.

예제 17.14 타원식 $x^2+2y^2=1$를 고려하자. 다음과 같은 R 문장으로 타원을 그릴 수 있다.

```
x=seq(-1,1,by=0.01)
plot(x, -(sqrt(0.5)) * sqrt(1 - x^2),type="l",ylim=c(-1,1),ylab="y")
lines(x, (sqrt(0.5)) * sqrt(1 - x^2),type="l")
```

마지막 문장은 타원의 반을 그리는 명령어이며 결과는 그림 17.2에 나타나 있다.

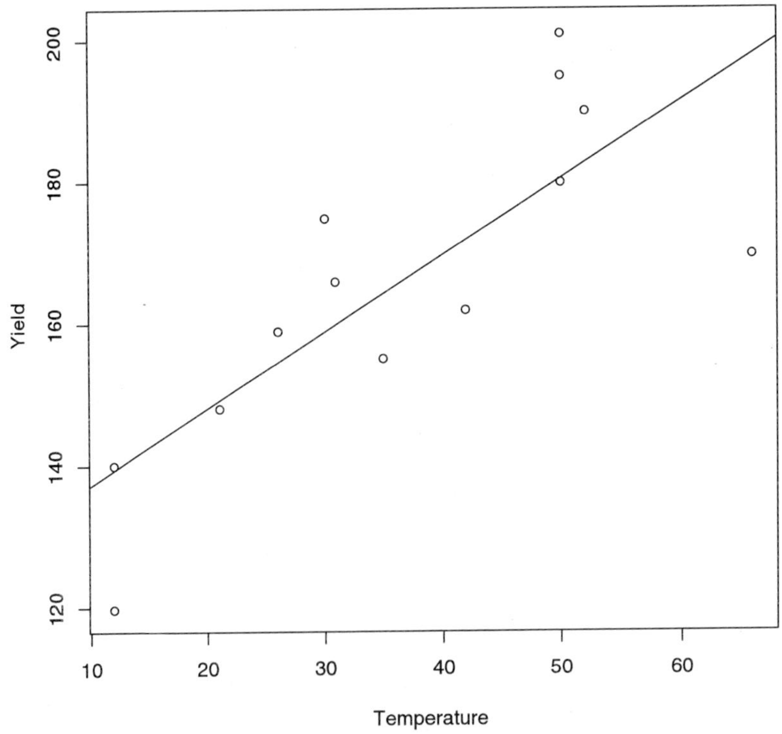

그림 17.1 생산량 자료에 대해 적합된 선형식

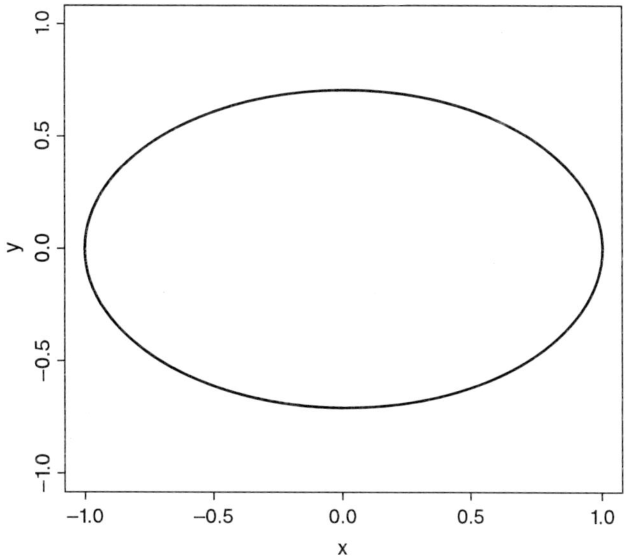

그림 17.2 타원 $x^2+2y^2=1$의 그림

예제 17.15 여러 종류의 사과에 대한 품질에 영향을 미치는 보관 조건의 효과를 알아보기 위한 실험을 수행하였다. 사과는 다른 두 과수원에서 수확되었다고 하자. 사과의 품질을 반응변수 y라고 하고 이를 생산된 쥬스의 양(amount of juice produced, mL/100 g)으로 측정하였다. 이 예제의 목적은 두 과수원의 차이를 상자그림(boxplot)으로 비교하는 것이다. 자료는 다음과 같다.

과수원 1	과수원 2
74.2	73.8
73.1	75.8
74.2	73.6
72.5	71.2
75.0	72.6
74.4	72.9
72.1	70.3
73.3	71.9
74.2	72.0
71.2	70.5
71.9	69.5
72.6	70.5
74.2	72.9
72.8	69.1
70.2	67.7
66.9	64.6

다음과 같은 R 명령문을 사용한다.

```
Orchard1 = scan()
74.2 73.1 74.2 72.5 75.0 74.4 72.1 73.3
74.2 71.2 71.9 72.6 74.2 72.8 70.2 66.9
Orchard2 = scan()
73.8 75.8 73.6 71.2 72.6 72.9 70.3 71.9
72.0 70.5 69.5 70.5 72.9 69.1 67.7 64.6
boxplot(Orchard1,Orchard2)
```

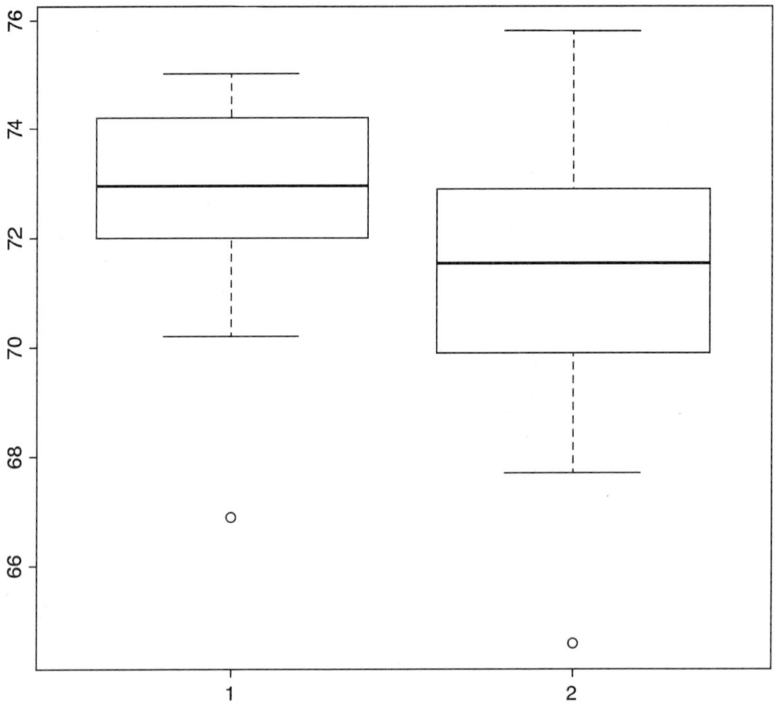

그림 17.3 두 과수원에 대한 상자그림

여기서 자료는 scan() 함수를 사용하여 키보드로 입력하였다. 상자그림은 그림 17.3에 나타나 있다. 함수 scan은 키보드를 이용하여 자료를 입력할 때 매우 편리하고 줄을 바꾸어 입력도 가능하다. 자료를 모두 입력하면 엔터키를 두 번 연속으로 입력하여 끝낸다.

예제 17.16 이번 예제에서는 하나의 그림에 두 개의 함수를 그리는 방법에 대하여 알아보자. 첫 번째 함수는 $y=cos(x_1)+sin(3\ x_1)$이고 여기서 x_1은 0부터 10 사이의 값을 가진다. 두 번째 함수는 $y=4\ exp(-x_2)\ sin(7\ x_2)\ cos(3\ x_2)$이며 x_2는 0.3에서 10 사이의 값을 가진다. 그림을 그리는 R 문장은 다음과 같다.

```
x1=seq(0,10,len=300)
y1=cos(x1) + sin(3*x1)
x2=seq(0.3,10,len=300)
y2=4*exp(-x2)*sin(7*x2)*cos(3*x2)
par(mar=c(5,4,4,5))
plot(x1,y1,type='l')
par(new=TRUE)
plot(x2,y2,type='l',lty=2, xaxt='n',yaxt='n')
mtext('y',side=4,line=3)
legend('topright',legend=c('y1','y2'),lty=c(1,2))
```

두 개의 함수는 그린 그래프가 그림 17.4에 나타나 있다. 여기서 '*lty*=2'는 선의 종류를 지정한다. 첫 번째 함수 '*par*'는 그림의 여러 가지 성질을 바꿀 수 있고 아래, 위, 왼쪽, 오른쪽의 여백을 설정

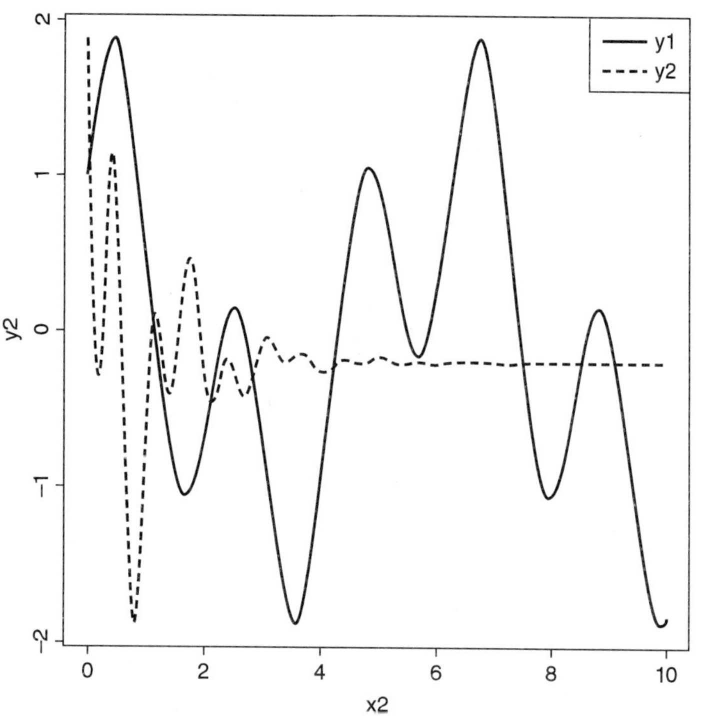

그림 17.4 두 함수의 그림

하고 선의 위치도 지정한다. 두 번째 '*par*' 함수는 R에게 첫 번째 그림을 유지한 채로 두 번째 그림을 그리는 것을 지정한다. 더 나아가 함수 '*mtext*'는 네 개의 여백, 즉 '*side* = 1, 2, 3, 4'가 그림의 왼쪽, 위쪽, 오른쪽, 아래쪽에 문자를 삽입하는 작업을 지정한다. 문장 '*par*(*new* – *TRUE*)'는 그림들을 합치는 기능을 지정한다. 이러한 방법으로 두 개의 그림이 서로 겹쳐지게 작성할 수 있다. 문장 '*plot*(*x*2, *y*2, …)'에서 '*lty* = 2'는 점선을 지정하고 '*xstat* = '*n*''은 축의 직선을 보이지 않게 해준다. 유사한 지정이 '*yaxt* = '*n*''으로 구현된다. 마지막으로 'legend' 문장에서 '*lty* = 1'은 실선을 지정한다.

예제 17.17 이 예제는 정규분포 확률밀도함수와 히스토그램을 그리는 것이며 R 명령문은 다음과 같다.

```
n=1000
samples=rnorm(n,mean=0,sd=2)
hist(samples,freq=F)
curve(dnorm(x,mean=0,sd=2),add=TRUE)
```

히스토그램은 그림 17.5에 나타나 있다.

유의할 점은 '*freq* = *F*'는 히스토그램을 절대도수가 아닌 상대도수로 표현하기 위해서 필요한 선택이며 따라서 히스토그램의 면적의 합은 1이다. 함수 *curve*는 *x*로 표현된 표현식을 나타내는 데 필요하며 '*add* = *TRUE*'는 이미 그려진 그림 위에 겹쳐서 그릴 수 있는 기능을 지정한다.

예제 17.18 토마토의 생산량(kg/plot)에 영향을 미치는 두 종류의 비료, 비료 *A*와 비료 *B*의 효과

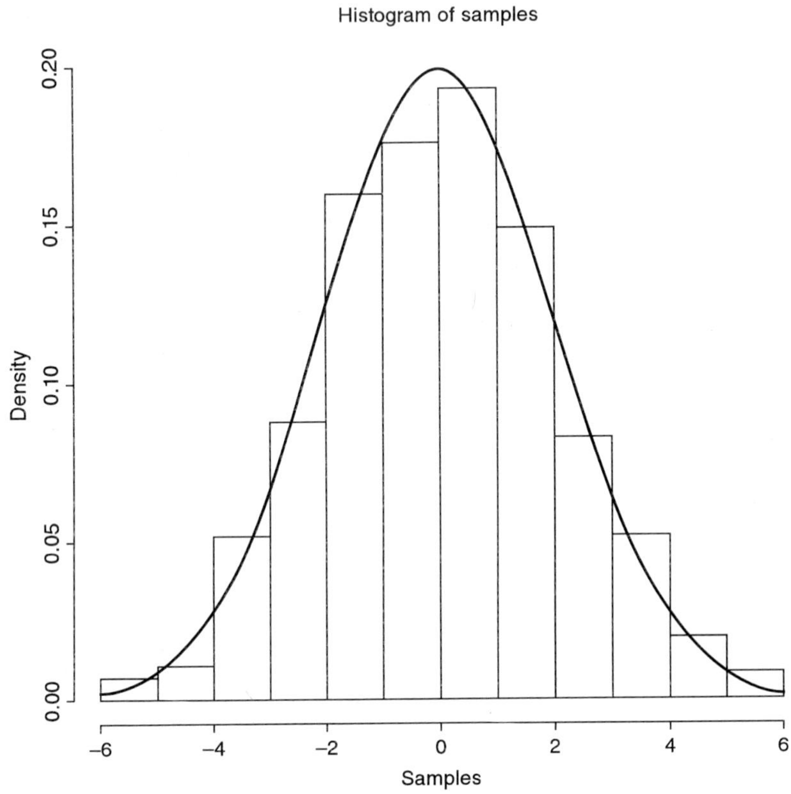

그림 17.5 정규분포 확률밀도함수와 히스토그램

를 파악하기 위한 실험을 실시하였다. 다음의 자료는 비료 A에 대하여 세 가지 수준(20,25,30 kg/hectare)와 비료 B에 대하여 세 가지 수준(25,35,45 kg/hectare)에서 수집되었으며 표 17.1에 나타나 있다.

표 17.1 비료의 수준에 대한 생산량 자료

Fertilizer A	Fertilizer B	Yield (kg/plot)
20	25	60
20	25	65
20	35	52
20	35	55
20	45	42
20	45	40
25	25	45
25	25	50
25	35	48
25	35	54
25	45	40
25	45	48
30	25	70
30	25	68
30	35	62
30	35	60
30	45	50
30	45	52

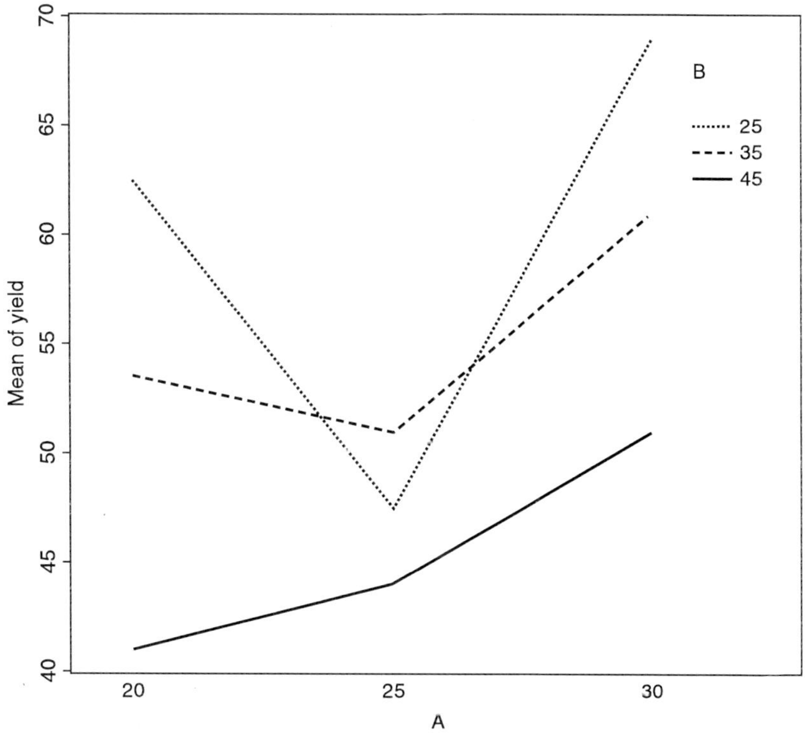

그림 17.6 비료의 상호작용그림

자료의 생성을 위한 R 프로그램은 다음과 같다.

```
A=c(20,20,20,20,20,20,25,25,25,25,25,25,30,30,30,30,30,30)
B=c(25,25,35,35,45,45,25,25,35,35,45,45,25,25,35,35,45,45)
yield=c(60,65,52,55,42,40,45,50,48,54,40,48,70,68,62,60,50,52)
interaction.plot(A,B,yield)
```

상호작용그림이 그림 17.6에 나타나 있다.

예제 17.19 이번 예제는 상관계수행렬의 그림에 대한 것이다. 그림에서 자료에 있는 변수들 간의 상관관계를 나타내려고 한다. 다음의 R 문장은 상관관계가 있는 변수들을 생성한다.

```
x = sample(1:30,30) + rnorm(15,sd=2)
y = -x + rnorm(15,sd=4)
z = (sample(1:30,30)/3) + rnorm(15,sd=4)
dframe = data.frame(x,y,z)
plot(dframe[,1:3])
```

변수 x, y, z의 값들은 1과 30 사이의 정수값을 가지는 일양분포에서 생성되고 정규분포를 따르는 오차들이 더해진다. *data.frame*은 자료를 모아놓은 행렬형식으로 구성되고 이 예제에서는 x, y, z로 구성되어 있다. 그림 17.7에 결과가 나타나 있다.

그림에서 x와 y는 음의 상관관계를 가지고 있고 x와 z, y와 z는 상관관계가 거의 없는 것을 알 수 있다.

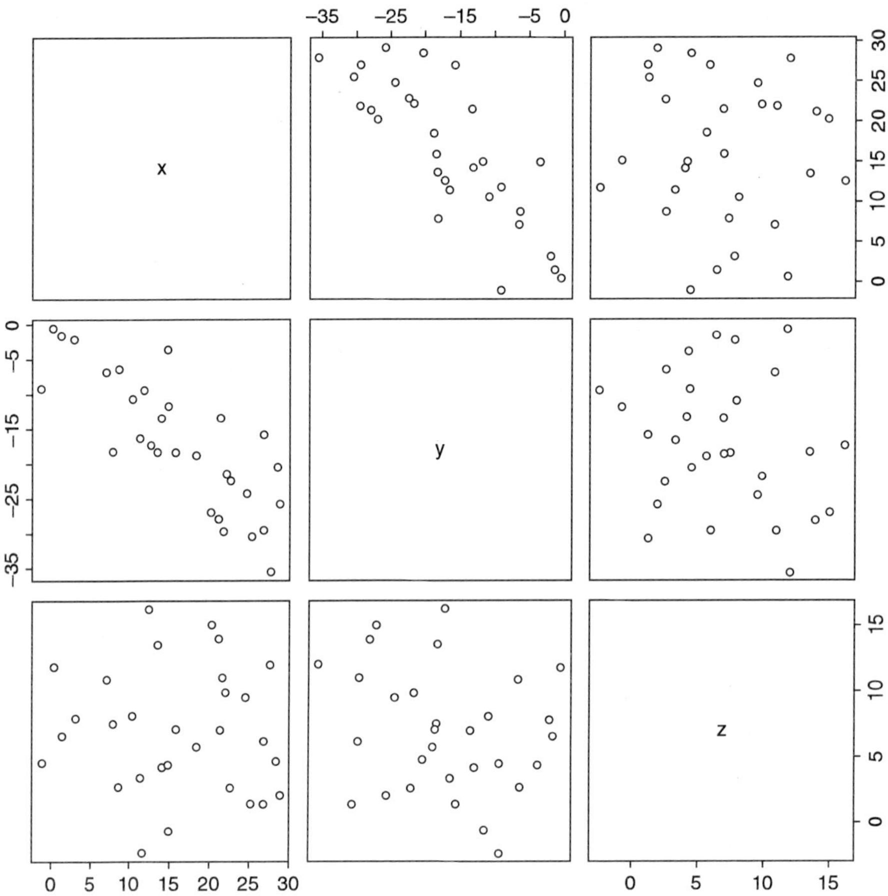

그림 17.7 상관계수행렬 그림

예제 17.20 이번 예제에서는 분위수그림(q-q plot)을 그리는 방법을 살펴보자. 이 그림은 자료가 정규분포를 따르는지에 대하여 판단하기 위한 목적으로 사용된다. 정규분포의 분위수와 자료의 분위수를 서로 비교하여 분포의 유사성을 확인한다. 이렇게 두 개의 대응하는 분위수들을 그림으로 그린 것을 분위수그림이라고 한다. 만약 자료가 정규분포를 따른다면 기대값들이 매우 가까울 것으로 예상할 수 있다. 그러므로 이러한 그림이 직선에 가까우면 자료가 정규분포를 따를 가능성이 커지게 된다. 반면에 그림이 비선형으로 나타나면 자료에 대한 정규성을 의심하게 된다. 이러한 비선형성은 이상점(outlier)에 의해서도 발생한다. 분위수그림에 대한 더욱 자세한 내용은 Christensen(1996, Section 2.4), Hockig(1996, Section 5.3.3), Ekstrom(2012, Section 4.17)을 참조하기 바란다.

R에서 분위수그림은 *qqnorm* 함수를 사용하여 그릴 수 있다. 또한 함수 *qqline*은 1사분위수와 3사분위수 사이의 값을 비교하는 직선을 첨가할 수 있다. 그림이 직선에서 벗어나는 정도를 보고 정규성의 가정을 확인할 수 있다.

예를 들어, 하나의 자료는 정규분포를 따르고 다른 자료는 로그정규분포를 따른다고 하자. 이러한 자료를 생성하는 R 문장은 다음과 같다.

```
x=rnorm(500,mean=6,sd=3)
y=rlnorm(500,meanlog=6,sdlog=1.1)
qqnorm(x)
qqline(x)
qqnorm(y)
qqline(y)
```

문장에서 500은 자료의 개수를 의미하며 *qqnorm(x)*와 *qqnorm(y)*로 생성된 분위수 그림은 각각 그림 17.8과 17.9에 나타나 있다.

그림에서 정규분포를 따르는 자료의 분위수그림은 직선으로 나타나며 로그정규분포를 따르는 자료의 분위수그림은 비선형으로 직선과 매우 다른 것을 알 수 있다.

17.1.2 삼차원그림

R 프로그램은 두 개의 변수 x, y로 정의되는 함수 $z=f(x, y)$의 그림을 그릴 수 있다. 함수 'presp'는 x와 y에 대한 삼차원그림을 그릴 수 있다. 'ticktype = detailed' 문장은 x, y축을 숫자로 지정한다. 더 나아가 파라미터 'theta'와 'phi'는 공간을 보여주는 각도를 설정한다.

예제 17.21 이 예제에서는 주어진 영역에서 정의된 이차반응표면함수의 그림을 그려보도록 한다. 다음과 같은 보형을 고려하자.

$$z = 23.5 + 2x - 3y + 4x^2 + 6y^2 - 8xy$$

다음의 R 문장은 이 함수의 그림을 그릴 수 있다.

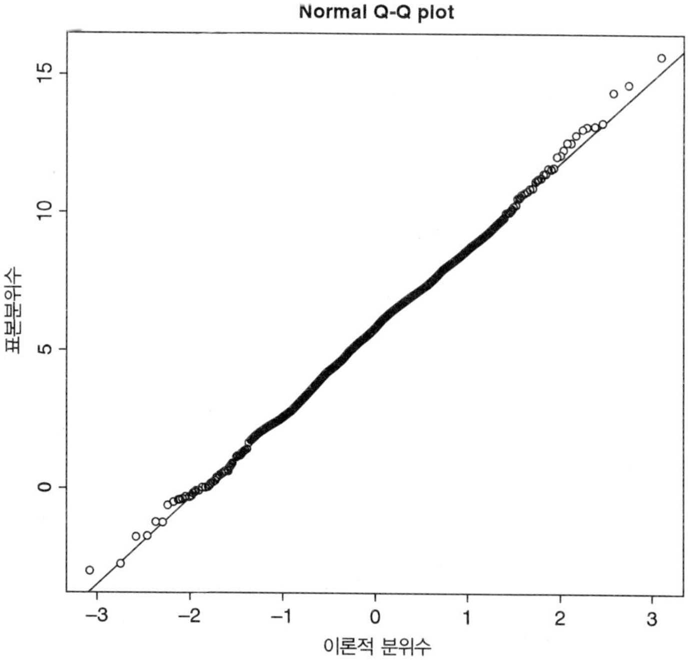

그림 17.8 정규분포에 대한 분위수그림(Q-Q plot)

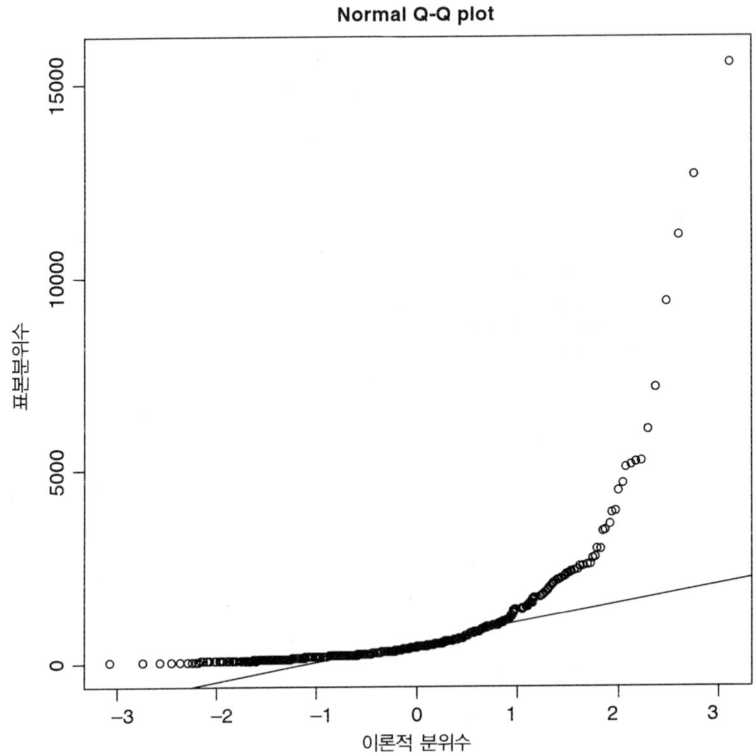

그림 17.9 로그정규분포에 대한 분위수그림(*Q-Q* plot)

x=seq(-1,1,0.1)
y=seq(-1,1,0.1)
z=outer(x,y,FUN=function(x,y) $(23.5 + 2 * x - 3 * y + 4 * x^2 + 6 * y^2 - 8 * x * y))$
persp(x,y,z,theta=30,phi=30,ticktype="detailed")

삼차원그림은 그림 17.10에 나타나 있다. 그림 17.10은 이차반응표면함수를 나타낸다.

등고선그림을 그리는 것도 가능하며 다음의 R 문장이 그림을 생성한다.

x=seq(-1,1,0.1)
y=seq(-1,1,0.1)
z=outer(x,y,FUN=function(x,y) $(23.5 + 2 * x - 3 * y + 4 * x^2 + 6 * y^2 - 8 * x * y))$
contour(x,y,z,nlevels=10)

여기서 '*nleves*' 선택은 등고선 수준의 수를 결정한다. 등고선그림은 그림 17.11에 나타나 있다.

예제 17.22 이 예제에서는 함수 '*scatterplot3d*'를 사용하여 삼차원 산포도를 그리는 방법을 알아본다. 다음과 같은 R 문장을 사용할 수 있다.

x=c(-1,3,6,9,12,15,19,23,27,32,5,12,19,21,22,23,28,30)
y=c(-4,4.8,9,12,17,19,32,16,19,21,22,23,45,34,56,44,12,14)
z=c(-5,12,17,23,18,12,13,23,26,29,31,37,42,24,56,66,55,12)
scatterplot3d(x,y,z,type="h")

여기서 *type*="*h*"는 수직선을 그리는 데 사용되며 삼차원 산포도는 그림 17.12에 나타나 있다.

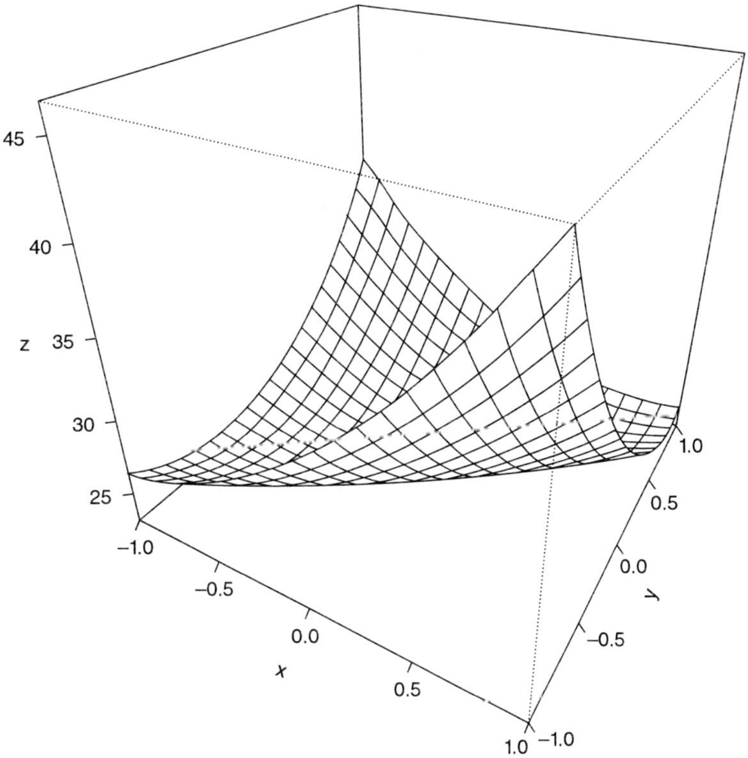

그림 17.10 이차반응표면함수

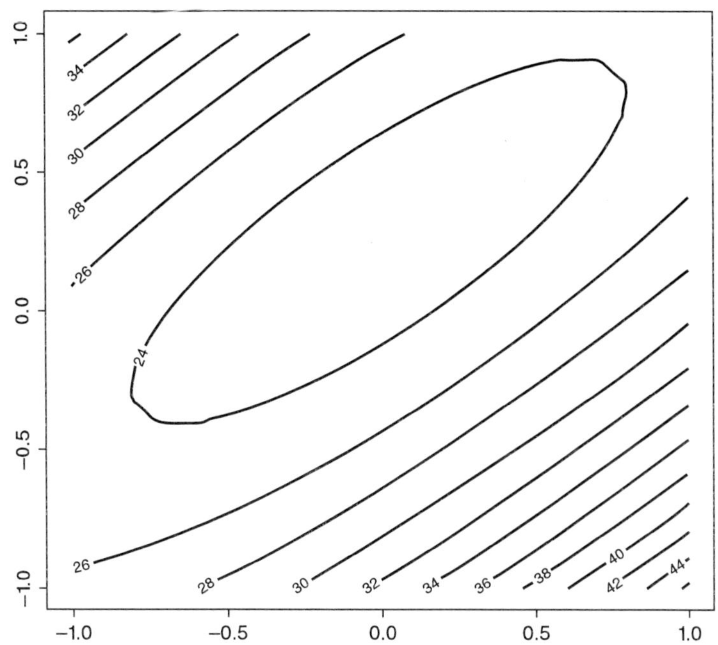

그림 17.11 반응표면의 등고선그림

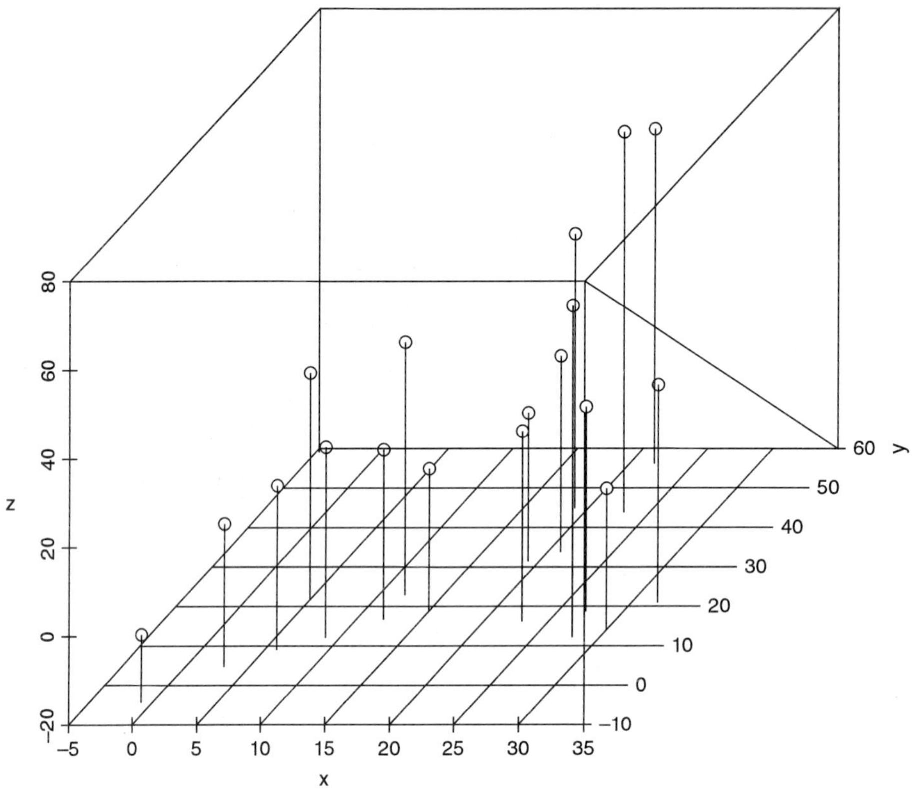

그림 17.12 삼차원 산포도

R에 대한 더 자세한 내용은 Dalgaard(2002), Venables and Smith(2004), Faraway(2005), Maindonald and Braun(2007), Kleinman and Horton(2010), Vinod(2011), Ekstrom(2012), Verzani(2014), Hiebeler(2015), Unwin(2015), Fieller(2016)에서 찾아볼 수 있다. 참고문헌 중 Vinod와 Fieler는 R을 이용한 행렬계산에 초점을 맞춘 책이다.

참고문헌

Christensen, R. (1996). *Analysis of Variance, Design, and Regression*. Chapman & Hall/CRC, Boca Raton.

Dalgaard, P. (2002). *Introductory Statistics with R*. Springer, New York.

Ekstrom, C. T. (2012). *The R Primer*. Chapman & Hall/CRC, Boca Raton.

Faraway, J. J. (2005). *Linear Models with R*. Chapman & Hall/CRC, Boca Raton.

Fieller, N. (2016). *Basics of Matrix Algebra for Statistics with R*. Chapman & Hall/CRC, Boca Raton.

Hiebeler, D. E. (2015). *R and MATLAB*. Chapman & Hall/CRC, Boca Raton.

Hocking, R. R. (1996). *Methods and Applications of Linear Models*. John Wiley & Sons, New York.

Kleinman, K. and Horton, N. J. (2010). *SAS and R*. Chapman & Hall/CRC, Boca Raton.

Maindonald, J. and Braun, J. (2007). *Data Analysis and Graphics Using R*, 2nd ed. Cambridge University Press, New York.

SAS Institute, Inc. (2004). *SAS/IML 9.1 User's Guide*. SAS Institute, Inc., Cary, NC.

Unwin, A. (2015). *Graphical Data Analysis with R*. Chapman & Hall/CRC, Boca Raton.

Venables, W. N. and Smith, D. M. (2004). *An Introduction to R*. Network Theory Ltd., Bristol, UK.

Verzani, J. (2014). *Using R for Introductory Statistics*. Chapman & Hall/CRC, Boca Raton.

Vinod, H. D. (2011). *Hands-On Matrix Algebra Using R*. World Scientific, Singapore.

연습문제

다음의 문제들을 R을 이용하여 푸시오. 연습문제의 결과들 중에서 16장과 비교할 수 있는 것도 있다.

17.1 행렬 $\boldsymbol{A}$가 다음과 같이 주어졌다.

$$\boldsymbol{A} = \begin{bmatrix} 8 & 1 & 3 \\ 10 & 7 & 11 \\ 4 & 5 & 10 \end{bmatrix}$$

(a) $\boldsymbol{A}$의 계수를 찾으시오

(b) $\boldsymbol{A}$의 행렬식을 계산하시오.

(c) $\boldsymbol{A}$의 고유값을 찾으시오.

(d) $\boldsymbol{A}$의 대각합을 계산하시오.

17.2 행렬 $\boldsymbol{A}$가 다음과 같다.

$$\boldsymbol{A} = \begin{bmatrix} 5 & -1 & 0 \\ -1 & 5 & -1 \\ 0 & -1 & 5 \end{bmatrix}$$

(a) $\boldsymbol{A}$의 고유값을 찾고 양정치행렬임을 확인하시오.

(b) $\boldsymbol{A}$의 역행렬을 구하시오.

(c) $\boldsymbol{A}$의 대각합을 두 가지 방법으로 구하시오.

17.3 문제 2번의 행렬을 다시 고려하자.

(a) 선행주소행렬식이 모두 양수임을 보여라.

(b) $\boldsymbol{A}'\boldsymbol{A}$가 양정치임을 보여라.

17.4 다음의 행렬 $\boldsymbol{A}$를 고려하자.

$$\boldsymbol{A} = \begin{bmatrix} 37 & -2 & -24 \\ -2 & 13 & -3 \\ -24 & -3 & 17 \end{bmatrix}$$

(a) $\boldsymbol{A}$가 양반정치행렬임을 보이시오.

(b) 선행주소행렬식의 값을 구하시오.

(c) 차수가 2인 주소행렬식의 값을 구하시오.

17.5 문제 4번의 행렬 $\boldsymbol{A}$를 다시 고려하자.

(a) $\boldsymbol{A}^2$의 대각합을 구하시오.

(b) $tr(\boldsymbol{A}^2) \leq [tr(\boldsymbol{A})]^2$이 직교행렬임을 보이시오.

17.6 다음 행렬이 주어졌다.

$$\boldsymbol{A} = \begin{bmatrix} 0 & 4 & -2 \\ -4 & 0 & -8 \\ 2 & 8 & 0 \end{bmatrix}$$

(a) $\boldsymbol{A}$가 왜 대칭임을 보이시오.

(b) $(\boldsymbol{I}-\boldsymbol{A})(\boldsymbol{I}+\boldsymbol{A})^{-1}$이 직교행렬임을 보이시오.

17.7 다음 $\boldsymbol{A}$는 양정치행렬이다.

$$\boldsymbol{A} = \begin{bmatrix} 2 & 2 & 1 \\ 2 & 5 & 1 \\ 1 & 1 & 2 \end{bmatrix}$$

(a) $\boldsymbol{A}$의 촐레스키 분해를 찾으시오.

(b) 스펙트럼분해정리를 $\boldsymbol{A}$에 적용하시오.

17.8 다음 행렬이 주어졌다.

$$\boldsymbol{A} = \begin{bmatrix} 9 & -4 \\ 3 & -12 \\ 6 & -9 \end{bmatrix}$$

(a) $\boldsymbol{A}'\boldsymbol{A}$의 고유값을 계산하시오.

(b) $det(\boldsymbol{C}) \leq \prod_{i=1}^{2} c_{ii}$을 보이시오. 여기서 c_{ii}는 $\boldsymbol{C}=\boldsymbol{A}'\boldsymbol{A}$의 i번째 대각원소이다.

(c) $\boldsymbol{A}$의 특이값분해를 구하시오.

17.9 다음의 행렬이 주어졌다.

$$\boldsymbol{A} = \begin{bmatrix} 1 & 2 & 7 \\ 3 & -1 & 9 \\ 5 & -4 & 1 \end{bmatrix}$$

(a) $\boldsymbol{A}$의 계수를 계산하시오.

(b) $\boldsymbol{A}$의 QR 분해를 구하시오.

(c) (b)에서 구한 분해가 맞는지 확인하시오.

17.10 다음의 두 행렬을 고려하자.

$$A = \begin{bmatrix} 3 & 5 & 8 \\ 6 & 1 & 2 \\ 9 & 4 & 3 \\ 2 & 0 & 10 \end{bmatrix} \quad B = \begin{bmatrix} 4 & 6 & -3 \\ -5 & 6 & 2 \\ 2 & 10 & 4 \\ 8 & -5 & 2 \end{bmatrix}$$

다음을 보이시오.

$$[tr(A'B)]^2 \le tr(A'A)\,tr(B'B)$$

위의 식을 행렬의 코쉬-슈바르츠 방정식이라고 한다.

17.11 다음의 행렬이 주어졌다.

$$A = \begin{bmatrix} 10 & 2 & 6 \\ 2 & -11 & -8 \\ 6 & -8 & 12 \end{bmatrix}$$

(a) A의 유클리디안 노름을 구하시오(이것은 A의 모든 원소들을 제곱하여 합한 양의 제곱근이다).

(b) A의 유클리디안 노름의 제곱이 A의 고유값들의 제곱합과 같음을 보이시오.

17.12 다음의 두 행렬이 주어졌다.

$$A = \begin{bmatrix} 4 & -2 & 0 \\ -2 & 4 & -2 \\ 0 & -2 & 4 \end{bmatrix}, \quad B = \begin{bmatrix} 1 & 0 \\ 3 & 4 \end{bmatrix}$$

(a) A와 B의 직적을 구하시오.

(b) $|A \otimes B| = |A|^2|B|^3$을 보이시오.

17.13 다음 두 개의 행렬이 주어졌다.

$$A = \begin{bmatrix} 3 & 8 & 4 \\ 8 & 7 & -1 \\ 4 & -1 & 2 \end{bmatrix}, \quad B = \begin{bmatrix} 1 & -1 & 3 \\ -1 & 2 & 4 \\ 3 & 4 & 6 \end{bmatrix}$$

(a) $tr[(AB)^2] \le tr(A^2B^2)$을 보이시오.

(b) $tr(AB) \le \frac{1}{2}tr(A^2 + B^2)$을 보이시오.

17.14 다음에 주어진 함수의 그림을 [0,6.28] 구간에서 그리시오.

$$y = sin(x)\,cos(x) + cos(3x)$$

17.15 다음에 주어진 함수의 그림을 x와 y가 구한 $[-2,2]$에서 값을 가질 경우 그리시오.

$$z = y/(1 + 3x^2 + 7y^2)$$

연습문제 해답

CHAPTER 1

1.1 **(a)** Let a_1, a_2, a_3 be scalars such that $a_1\boldsymbol{x}_1 + a_2\boldsymbol{x}_2 + a_3\boldsymbol{x}_3 = \boldsymbol{0}$. Use the coordinates of $\boldsymbol{x}_1$, $\boldsymbol{x}_2$, $\boldsymbol{x}_3$ to derive three linear equations which can be solved for the three scalars. The determinant of the coefficients of the scalars in these equations is equal to zero, hence we can have many nonzero solutions. One of these solutions is $a_1 = -8$, $a_2 = 5$, $a_3 = -1$. Hence, the three vectors are linearly dependent.

(b) Applying a similar methodology to derive three linear equations in the scalars b_1, b_2, b_3 using the coordinates of x_1, x_2, x_4, we conclude that all the scalars must be zero since the determinant of the coefficients of the scalars is equal to -2, which is not zero. Hence, the three vectors must be linearly independent.

The linear combination that equals $(a, b, c)'$ is $b_1 = 2c - b + a$, $b_2 = \frac{1}{2}(b - a - c)$, $b_3 = \frac{1}{2}(-a + 3b - 5c)$.

1.2 The sum of two elements in $U \times V$ must belong to $U \times V$ since U and V are vector spaces. Also, the product of a scalar by an element $(\boldsymbol{u}, \boldsymbol{v})$ in $U \times V$ must belong to $U \times V$. Its zero element is $(0_1, 0_2)$ where 0_1 and 0_2 are the zero elements in U and V, respectively. All other properties of Definition 1.1 are satisfied. Hence, $U \times V$ is a vector space.

1.3 **(a)** Suppose that we have two scalars, a_1 and a_2, such that $a_1\boldsymbol{v}_1 + a_2\boldsymbol{v}_2 = \boldsymbol{0}$. Using the coordinates of $\boldsymbol{v}_1$ and $\boldsymbol{v}_2$, we get the only solution $a_1 = a_2 = 0$ to the resulting three linear equations. Hence, $\boldsymbol{v}_1$ and $\boldsymbol{v}_2$ are linearly independent.

(b) It is easy to show that each of $\boldsymbol{v}_3$ and $\boldsymbol{v}_4$ is a linear combination of $\boldsymbol{v}_1$ and $\boldsymbol{v}_2$. Hence, V has dimension 2.

Matrix Algebra Useful for Statistics, Second Edition. Shayle R. Searle and André I. Khuri.

Companion website: www.wiley.com/go/searle/matrixalgebra2e

1.4 Suppose there exist $b_1, b_2, \dots, b_n$ such that $\boldsymbol{u} = \sum_{i=1}^{n} a_i \boldsymbol{u}_i = \sum_{i=1}^{n} b_i \boldsymbol{u}_i$. Then, $\sum_{i=1}^{n} (a_i - b_i)\boldsymbol{u}_i = \boldsymbol{0}$. This is only possible if $a_i - b_i = 0$ for all $i = 1, 2, \dots, n$ since the $\boldsymbol{u}_i's$ are linearly independent.

1.5 If $U \subset V$ and $U \neq V$, then there exists an element $\boldsymbol{w} \in V$, but not in U. If $\boldsymbol{e}_1, \boldsymbol{e}_2, \dots, \boldsymbol{e}_m$ is a basis for U, then the linear span consisting of $\boldsymbol{e}_1, \boldsymbol{e}_2, \boldsymbol{e}_m, \boldsymbol{w}$ is a subset of V which contains U. Hence, $\dim(U) < \dim(V)$.

1.6 Let $\boldsymbol{v}_1, \boldsymbol{v}_2 \in L(\boldsymbol{u}_1, \boldsymbol{u}_2, \dots, \boldsymbol{u}_m)$. Then, $\boldsymbol{v}_1 = \sum_{i=1}^{m} a_i \boldsymbol{u}_i$, $\boldsymbol{v}_2 = \sum_{i=1}^{m} b_i \boldsymbol{u}_i$. Hence, $\boldsymbol{v}_1 + \boldsymbol{v}_2 = \sum_{i=1}^{m} (a_i + b_i)\boldsymbol{u}_i$ which belongs to $L(\boldsymbol{u}_1, \boldsymbol{u}_2, \dots, \boldsymbol{u}_m)$. Also, if $\boldsymbol{v} \in L(\boldsymbol{u}_1, \boldsymbol{u}_2, \dots, \boldsymbol{u}_m)$ and α is a scalar, then $\alpha\boldsymbol{v} = \sum_{i=1}^{m} (\alpha\gamma_i)\boldsymbol{u}_i$ belongs to $L(\boldsymbol{u}_1, \boldsymbol{u}_2, \dots, \boldsymbol{u}_m)$. Thus, $L(\boldsymbol{u}_1, \boldsymbol{u}_2, \dots, \boldsymbol{u}_m)$ is a vector subspace of U.

1.7 **(a)** If $\boldsymbol{u}_1, \boldsymbol{u}_2 \in \aleph(T)$, then $T(\boldsymbol{u}_1) = \boldsymbol{0}$ and $T(\boldsymbol{u}_2) = \boldsymbol{0}$. Hence, if a and b are scalars, then $T(a\boldsymbol{u}_1 + b\boldsymbol{u}_2) = aT(\boldsymbol{u}_1) + bT(\boldsymbol{u}_2) = \boldsymbol{0}$. We conclude that $a\boldsymbol{u}_1 + b\boldsymbol{u}_2$ belongs to the null space which is therefore a vector subspace of U.

(b) If $\boldsymbol{v}_1, \boldsymbol{v}_2 \in \Re(T)$, then there exist $\boldsymbol{u}_1, \boldsymbol{u}_2 \in U$ such that $T(\boldsymbol{u}_1) = \boldsymbol{v}_1$ and $T(\boldsymbol{u}_2) = \boldsymbol{v}_2$. Thus, if c and d are scalars, then $c\boldsymbol{v}_1 + d\boldsymbol{v}_2 = T(c\boldsymbol{u}_1 + d\boldsymbol{u}_2) \in \Re(T)$ since $c\boldsymbol{u}_1 + d\boldsymbol{u}_2 \in U$. Hence, $\Re(T)$ is a vector subspace of V.

1.8 $x_1 + 3x_2 = 0$ and $2x_3 - 7x_4 = 0$ are two linearly independent relationships among the four variables. Hence, the dimension of this vector space is 2.

1.9 The null space consists of all x_1, x_2, x_3 such that $3x_1 - 4x_2 + 9x_3 = 0$. This represents a plane in a three-dimensional space that goes through the origin. Hence, the dimension of the null space is 2.

1.10 Suppose that whenever $\boldsymbol{u}_1, \boldsymbol{u}_2, \dots, \boldsymbol{u}_n$ are linearly independent, then the $T(\boldsymbol{u}_i)'s$ are linearly independent in V. To show that T is one-to-one, let $\boldsymbol{u} \in U$ be such that $T(\boldsymbol{u}) = \boldsymbol{0}_2$, the zero element in V. To show that $\boldsymbol{u} = \boldsymbol{0}_1$, the zero element in U. Let $\boldsymbol{e}_1, \boldsymbol{e}_2, \dots, \boldsymbol{e}_n$ be a basis for U. Then, $\boldsymbol{u} = \sum_{i=1}^{n} \alpha_i \boldsymbol{e}_i$ for some scalars, $\alpha_1, \alpha_2, \dots, \alpha_n$, not all equal to zero (if the scalars are all zero, then $\boldsymbol{u} = \boldsymbol{0}_1$ and we are done). We now have $\boldsymbol{0}_2 = T(\boldsymbol{u}) = \sum_{i=1}^{n} \alpha_i T(\boldsymbol{e}_i)$. This implies that $\alpha_i = 0$ for all i since the $T(\boldsymbol{e}_i)$'s are linearly independent. It follows that $\boldsymbol{u} = \boldsymbol{0}_1$ and T is therefore one-to-one.

Vice versa, suppose that T is one-to-one. To show that whenever $\boldsymbol{u}_1, \boldsymbol{u}_2, \dots, \boldsymbol{u}_n$ are linearly independent, then the $T(\boldsymbol{u}_i)'s$ are linearly independent: If this condition is not satisfied, then there exist scalars, $b_1, b_2, \dots, b_n$, not all equal to zero such that $b_1 T(\boldsymbol{u}_1) + b_2 T(\boldsymbol{u}_2) + \cdots + b_n T(\boldsymbol{u}_n) = \boldsymbol{0}_2$. This implies that $T(b_1\boldsymbol{u}_1 + b_2\boldsymbol{u}_2 + \cdots + b_n\boldsymbol{u}_n) = \boldsymbol{0}_2$. Hence, $b_1\boldsymbol{u}_1 + b_2\boldsymbol{u}_2 + \cdots + b_n\boldsymbol{u}_n = \boldsymbol{0}_1$, which indicates that the $\boldsymbol{u}_i$'s are not linearly independent, a contradiction. The $T(\boldsymbol{u}_i)$'s must therefore be linearly independent.

1.11 Suppose not, then there exist scalars, a and b, such that $ax + be^x = 0$ for all x in $[0, 1]$. For $x = 0$, $b = 0$, which implies that $ax = 0$. Letting now $x = 1$, we get $a = 0$. Hence, x and e^x are linearly independent.

CHAPTER 2

2.1 These are straightforward calculations.

2.2 $A = \begin{bmatrix} 2 & 3 \\ 3 & 4 \\ 4 & 5 \end{bmatrix}$, $B = \begin{bmatrix} 1 & 1 & 1 \\ 1 & 2 & 4 \\ 1 & 3 & 9 \\ 1 & 4 & 16 \end{bmatrix}$, $C = \begin{bmatrix} 3 & 5 & 7 & 9 & 11 \\ 6 & 8 & 10 & 12 & 14 \\ 9 & 11 & 13 & 15 & 17 \\ 12 & 14 & 16 & 18 & 20 \end{bmatrix}$.

2.3 **(a)** The first sum of squares on the left gives the sum of squares of the elements in each row. This sum of squares is then added for all rows. Obviously, this should be equal to the right-hand side which takes the sum over i first then with respect to j.

(b) True since $\sum_{j=1}^{n} a_{ij} = a_{i.}$.

(c) The left-hand side is equal to $(\sum_{j=1}^{n} a_{ij})(\sum_{k=1}^{n} a_{hk})$, which is equal to $a_{i.}a_{h.}$, for $i \neq h$.

(d) This is straightforward.

2.4 Use the following MATLAB statements (see Chapter 16):
A = [13 4 6 16; 7 8 11 9; 9 10 8 15; 6 12 15 2]
$a1 = A(1:4, 1)$
$a2 = A(1:4, 2)$
$a3 = A(1:4, 3)$
$a4 = A(1:4, 4)$
$d = [1; 2; 3; 4]$
plot($d, a1,' +-', d, a2,' o --', d, a3,' k *:', d, a4,' d -.'$).

2.5 Use the following MATLAB statements (see Chapter 16):
A = [2 5 7; 0 7 3; 0 0 9]
$a1 = A(1:3, 1)$
$a2 = A(1:3, 2)$
$a3 = A(1:3, 3)$
$d = [1; 2; 3]$
plot($d, a1,' +-', d, a2,' o --', d, a3,' d -.'$).

2.6 $$A = \begin{bmatrix} 4 & 9 & 16 \\ 9 & 16 & 25 \\ 16 & 25 & 36 \end{bmatrix}.$$

It is obviously symmetric due to the definition of the a_{ij}'s.

2.7 **(a)** $D_1 = \text{diag}(\frac{1}{3}, 1, 3, 9)$.

(b) $D_2 = \text{diag}(\frac{4}{3}, 3, 6, 13)$.

2.8 The number of elements above the diagonal of A is $\frac{1}{2}n(n-1)$.

2.9 $2a_{ii} = 0$ for all i, that is, the diagonal has zero elements. Hence, A can have, in general, $\frac{1}{2}n(n-1)$ different elements above its diagonal.

2.10 $x = 4, y = -\frac{1}{2}, z = -1, w = \frac{7}{2}$.

CHAPTER 3

3.1 Both parts check out.

3.2 **(a)** The columns of $\boldsymbol{x}\mathbf{1}'$ are identic al, hence, the determinant must be equal to zero.

(b) Let a_{ij} be the (i,j)th element of the $n \times n$ matrix $\boldsymbol{A}$. Then, $\boldsymbol{A}\mathbf{1} = \mathbf{0}$ implies that for each i, $a_{in} = -\sum_{j=1}^{n-1} a_{ij}$, that is, the nth column of $\boldsymbol{A}$ is the sum of the first $n-1$ columns multiplied by a minus. Now, the determinant of $\boldsymbol{A}$ is not changed if the first $n-2$ columns of $\boldsymbol{A}$ are added to the $(n-1)$th column by Theorem 3.3. This makes this column equal to the nth column, except for the sign. Hence, by Theorem 3.2, the determinant of $\boldsymbol{A}$ must be equal to zero.

3.3 **(a)** $|\boldsymbol{A}| = a^2f^2 + 2acdf - 2abef + b^2e^2 - 2bcde + c^2d^2$.

(b) This equality checks out.

3.4 **(a)** Let the left-hand side of this equation be denoted by $|\boldsymbol{A}|$. Then,

$$|\boldsymbol{A}| = -\begin{vmatrix} x & x & x \\ -2 & 1 & 0 \\ 7 & 4 & 5 \end{vmatrix}.$$

Adding now the third row to the second row causes the elements in the second row to be equal to 5. Hence, choosing $x = 5$ makes the determinant equal to zero.

(b) Choosing $x = 2$ makes the first two rows identical and the determinant will be equal to zero.

3.5 The area of the triangle ABC is

$$\begin{aligned}\text{Area of triangle} &= \frac{1}{2}[(y_1 + y_2)(x_2 - x_1) + (y_3 + y_2)(x_3 - x_2) - (y_1 + y_3)(x_3 - x_1)] \\ &= \frac{1}{2}(x_2y_1 - x_1y_2 - x_2y_3 + x_3y_2 - x_3y_1 + x_1y_3).\end{aligned}$$

Computing $\frac{1}{2}|\boldsymbol{M}|$, we get

$$\frac{1}{2}|\boldsymbol{M}| = -\frac{1}{2}(x_3y_2 - x_2y_3 + x_1y_3 - x_1y_2 - x_3y_1 + x_2y_1).$$

Hence, the area of the triangle is the absolute value of $\frac{1}{2}|\boldsymbol{M}|$.

3.6 The equation of a line passing through (x_1, y_1) and (x_2, y_2) is

$$\frac{y - y_1}{x - x_1} = \frac{y_2 - y_1}{x_2 - x_1},$$

that is,

$$x_2y - x_1y - x_2y_1 - xy_2 + x_1y_2 + xy_1 = 0.$$

This is the same as the expansion of the determinant equated to zero.

3.7 **(a)** The solution is $x_1 = 1, x_2 = 2, x_3 = 7$.
(b) This is true since $|\boldsymbol{A}| = -6$, $|\boldsymbol{A}1| = -6$, $|\boldsymbol{A}_2| = -12$, $|\boldsymbol{A}_3| = -42$.
(c) $|\boldsymbol{A}| \neq 0$.

3.8
$$\begin{vmatrix} 1 & 1 & 1 \\ a & b & c \\ a^2 & b^2 & c^2 \end{vmatrix} = \begin{vmatrix} 1 & 1 & 1 \\ 0 & b-a & c-a \\ a^2 & b^2 & c^2 \end{vmatrix},$$
which is equal to $(b-a)(c-a)(c-b)$.

3.9
$$\begin{vmatrix} 1 & 1 & 1 \\ a & b & c \\ bc & ac & ab \end{vmatrix} = \begin{vmatrix} 1 & 1 & 1 \\ 0 & b-a & c-a \\ bc & ac & ab \end{vmatrix},$$
which is equal to $(b-a)(c-a)(c-b)$.

3.10 If $\sum_{i=1}^{n} a_{ij} = 1$ for $i = 1, 2, \ldots, n$, then $\boldsymbol{A}\mathbf{1} = \mathbf{1}$, that is, $(\boldsymbol{A} - \boldsymbol{I})\mathbf{1} = \mathbf{0}$. Applying the result in Exercise 3.2(b), we conclude that $|\boldsymbol{A} - \boldsymbol{I}| = 0$.

3.11
$$\begin{vmatrix} a_1 + \lambda\alpha_1 & b_1 + \lambda\beta_1 & c_1 + \lambda\gamma_1 \\ a_2 & b_2 & c_2 \\ a_3 & b_3 & c_3 \end{vmatrix} = \begin{vmatrix} a_1 & b_1 & c_1 \\ a_2 & b_2 & c_2 \\ a_3 & b_3 & c_3 \end{vmatrix} + \begin{vmatrix} \lambda\alpha_1 & \lambda\beta_1 & \lambda\gamma_1 \\ a_2 & b_2 & c_2 \\ a_3 & b_3 & c_3 \end{vmatrix}.$$
Now apply Theorem 3.5 to the second determinant on the right.

3.12 By applying the hint, the second term on the right is equal to zero since two of its rows will be identical.

3.13 $|\boldsymbol{K}|^5 = 3^{12}|\boldsymbol{K}|$. Either $|\boldsymbol{K}| = 0$ or $|\boldsymbol{K}|^4 = 3^{12}$. Hence, $(|\boldsymbol{K}|^2 - 3^6)(|\boldsymbol{K}|^2 + 3^6) = 0$. The latter equation gives $|\boldsymbol{K}| = \pm 3^3$.

3.14 Consider the equality

$$\begin{bmatrix} \boldsymbol{I}_m - \boldsymbol{AB} & \boldsymbol{A} \\ \mathbf{0} & \boldsymbol{I}_n \end{bmatrix} \begin{bmatrix} \boldsymbol{I}_m & \mathbf{0} \\ \boldsymbol{B} & \boldsymbol{I}_n \end{bmatrix} = \begin{bmatrix} \boldsymbol{I}_m & \mathbf{0} \\ \boldsymbol{B} & \boldsymbol{I}_n \end{bmatrix} \begin{bmatrix} \boldsymbol{I}_m & \boldsymbol{A} \\ \mathbf{0} & \boldsymbol{I}_n - \boldsymbol{BA} \end{bmatrix}.$$

Taking the determinants on both sides, we get

$$|\boldsymbol{I}_m - \boldsymbol{AB}| = |\boldsymbol{I}_n - \boldsymbol{BA}|.$$

3.15 We have

$$|\lambda\boldsymbol{I}_n + \mathbf{1}_n\boldsymbol{a}'| = \lambda^n \left| \boldsymbol{I}_n - \left(-\frac{\mathbf{1}_n}{\lambda}\right)\boldsymbol{a}' \right|.$$

Using the result in Exercise 3.14, with $\boldsymbol{A} = -\mathbf{1}_n/\lambda$, $\boldsymbol{B} = \boldsymbol{a}'$, we get

$$\lambda^n \left| \boldsymbol{I}_n - \left(-\frac{\mathbf{1}_n}{\lambda}\right)\boldsymbol{a}' \right| = \lambda^n |1 - \boldsymbol{a}'(-\mathbf{1}_n/\lambda)| = \lambda^{n-1}(\lambda + \boldsymbol{a}'\mathbf{1}_n).$$

3.16 Consider the equality

$$|a\boldsymbol{I}_n + b\boldsymbol{J}_n| = a^n|\boldsymbol{I}_n + (b/a)\mathbf{1}_n\mathbf{1}_n'|.$$

Applying the result in Exercise 14 with $\boldsymbol{A} = -(b/a)\mathbf{1}_n$, $\boldsymbol{B} = \mathbf{1}_n'$, we get

$$\begin{aligned} a^n|\boldsymbol{I}_n + (b/a)\mathbf{1}_n\mathbf{1}_n'| &= a^n(1 - \mathbf{1}_n'(-b/a\mathbf{1}_n)) \\ &= a^{n-1}(a + bn). \end{aligned}$$

CHAPTER 4

4.1 These results can be obtained by direct evaluation.

4.2 Obtained by direct evaluation.

4.3 Obtained by direct evaluation.

4.4 Obtained by direct evaluation.

4.5 **(a)** $\boldsymbol{B}$ must be of order $c \times r$.

(b) If $\boldsymbol{A}$ is $m \times n$, then $\boldsymbol{V}$ must be $n \times n$. Also, if $\boldsymbol{B}$ is $p \times q$, then $\boldsymbol{BVB}'$ implies that $q = n$. Since $\boldsymbol{BVB}'$ is equal to $\boldsymbol{AVA}'$, then $p = m$, that is, $\boldsymbol{B}$ is $m \times n$.

4.6 $\boldsymbol{A}$, $\boldsymbol{B}$, and $\boldsymbol{C}$ must be square of the same order. They are not expected to be equal. $tr(\boldsymbol{ABC}) = 6$, $tr(\boldsymbol{BAC}) = 14$.

4.7 This results from direct multiplication. No, the expressions are not, in general, equal to $(\boldsymbol{A}+\boldsymbol{B})'(\boldsymbol{A}+\boldsymbol{B})$. The matrices $\boldsymbol{A}$ and $\boldsymbol{B}$ must have the same order in order for $\boldsymbol{A}+\boldsymbol{B}$ to exist.

4.8 The trace, being the sum of diagonal elements of a square matrix, implies that the trace of each of $\boldsymbol{AA}'$ and $\boldsymbol{A}'\boldsymbol{A}$ is equal to the sum of squares of the elements of $\boldsymbol{A}$. Thus, if such a trace is equal to zero, then this is equivalent to having all the elements of $\boldsymbol{A}$ equal to zero.

4.9 **(a)** $\boldsymbol{AB}$ and $\boldsymbol{BA}$ must be equal.

(b) $tr(\boldsymbol{AB}) = tr(\boldsymbol{B}'\boldsymbol{A}') = tr(\boldsymbol{B}'\boldsymbol{A}) = tr(\boldsymbol{AB}')$.

4.10 This follows by direct substitution.

4.11 Follows by direct multiplication.

4.12 We have

$$[\boldsymbol{y}' - (\boldsymbol{x}'\boldsymbol{y}/\boldsymbol{x}'\boldsymbol{x})\boldsymbol{x}'][\boldsymbol{y} - (\boldsymbol{x}'\boldsymbol{y}/\boldsymbol{x}'\boldsymbol{x})\boldsymbol{x}] = \boldsymbol{y}'\boldsymbol{y} - (\boldsymbol{x}'\boldsymbol{y})^2/\boldsymbol{x}'\boldsymbol{x} \geq 0.$$

This implies $(\sum_{i=1}^n x_i y_i)^2 \leq \sum_{i=1}^n x_i^2 \sum_{i=1}^n y_i^2$. If r is a product-moment correlation, then

$$r = \frac{\sum_{i=1}^n (x_i - \bar{x})(y_i - \bar{y})}{\left[\sum_{i=1}^n (x_i - \bar{x})^2\right]^{1/2} \left[\sum_{i=1}^n (y_i - \bar{y})^2\right]^{1/2}}.$$

This implies that $|r| \leq 1$.

4.13 It is sufficient to show that (b) implies (c). Part (b) implies that

$$2tr(\boldsymbol{A}'\boldsymbol{B}\boldsymbol{B}'\boldsymbol{A}) - 2tr(\boldsymbol{B}'\boldsymbol{A}\boldsymbol{B}'\boldsymbol{A}) = 0,$$

which implies

$$tr[(\boldsymbol{A}'\boldsymbol{B} - \boldsymbol{B}'\boldsymbol{A})(\boldsymbol{A}'\boldsymbol{B} - \boldsymbol{B}'\boldsymbol{A})'] = 0.$$

This indicates that $\boldsymbol{A}'\boldsymbol{B} = \boldsymbol{B}'\boldsymbol{A}$.

4.14 **(a)** This is trivial.

(b) Let a_{ij} and b_{ij} be the (i, j)th elements of $\boldsymbol{A}$ and $\boldsymbol{B}$, respectively. Then,

$$\sum_{i=1}^{n} \boldsymbol{u}_i'\boldsymbol{A}\boldsymbol{B}\boldsymbol{u}_i = \sum_{i=1}^{n}\sum_{j=1}^{n} a_{ij}b_{ji},$$

which is equal to the sum of the diagonal elements of $\boldsymbol{AB}$. Furthermore,

$$\sum_{i=1}^{n} \boldsymbol{u}_i'\boldsymbol{B}\boldsymbol{A}\boldsymbol{u}_i = \sum_{j=1}^{n}\sum_{i=1}^{n} b_{ji}a_{ij},$$

which is the sum of the diagonal elements of $\boldsymbol{BA}$. This is the same as the sum of the diagonal elements of $\boldsymbol{AB}$.

4.15 $(\boldsymbol{A} - \boldsymbol{B})^2 = \boldsymbol{A} - \boldsymbol{B}$ implies $\boldsymbol{A}^2 - \boldsymbol{AB} - \boldsymbol{BA} + \boldsymbol{B}^2 = \boldsymbol{A} - \boldsymbol{B}$, hence, $\boldsymbol{A} - \boldsymbol{AB} - \boldsymbol{BA} + \boldsymbol{B} = \boldsymbol{A} - \boldsymbol{B}$, that is, $2\boldsymbol{B} = \boldsymbol{AB} + \boldsymbol{BA}$. Multiply this equality on the left by $\boldsymbol{A}$, get $\boldsymbol{AB} + \boldsymbol{ABA} = 2\boldsymbol{AB}$, which gives $\boldsymbol{AB} = \boldsymbol{ABA}$. Now, multiply the same equality on the right by $\boldsymbol{A}$, get $\boldsymbol{ABA} + \boldsymbol{BA} = 2\boldsymbol{BA}$, which gives $\boldsymbol{ABA} = \boldsymbol{BA}$. We then have $\boldsymbol{AB} = \boldsymbol{BA}$. From $2\boldsymbol{B} = \boldsymbol{AB} + \boldsymbol{BA}$ we conclude $2\boldsymbol{B} = 2\boldsymbol{AB} = 2\boldsymbol{BA}$.

4.16 **(a)** $(\boldsymbol{A} + \lambda\boldsymbol{1}\boldsymbol{1}')\boldsymbol{x} = \boldsymbol{0}$. Since $\boldsymbol{x} \neq \boldsymbol{0}$, $\boldsymbol{A} + \lambda\boldsymbol{1}\boldsymbol{1}'$ must be singular.

(b) $(\boldsymbol{A} + \boldsymbol{f}\boldsymbol{1}')\boldsymbol{x} = \boldsymbol{0}$. Since $\boldsymbol{x} \neq \boldsymbol{0}$, $\boldsymbol{A} + \boldsymbol{f}\boldsymbol{1}'$ must be singular.

4.17 $\boldsymbol{X}'\boldsymbol{X}$ is $p \times p$ of rank p, hence, it is nonsingular. It follows that $\boldsymbol{X}\boldsymbol{X}'\boldsymbol{X}$ is of rank p.

4.18 **(a)** The equation can be written as $(\boldsymbol{X} + \boldsymbol{I}_n)^2 = \boldsymbol{0}$. Hence, $|\boldsymbol{X} + \boldsymbol{I}_n|^2 = 0$ which implies that $\boldsymbol{X} + \boldsymbol{I}_n$ is singular.

(b) and **(c)** Writing the same equation as $\boldsymbol{X}^2 + 2\boldsymbol{X} = -\boldsymbol{I}_n$ we conclude that $|\boldsymbol{X}||\boldsymbol{X} + 2\boldsymbol{I}_n| = (-1)^n$. This indicates that both $\boldsymbol{X}$ and $\boldsymbol{X} + 2\boldsymbol{I}_n$ are nonsingular.

(c) Multiplying the equation on the left by $\boldsymbol{X}^{-1}$, we get $\boldsymbol{X} + 2\boldsymbol{I}_n + \boldsymbol{X}^{-1} = \boldsymbol{0}$. Hence, $\boldsymbol{X}^{-1} = -(\boldsymbol{X} + 2\boldsymbol{I}_n)$.

4.19 Let $\boldsymbol{e} = \frac{\boldsymbol{v}}{\|\boldsymbol{v}\|}$, where $\boldsymbol{v}'\boldsymbol{v} = \|\boldsymbol{v}\|^2$. Then, $\boldsymbol{v}\boldsymbol{v}' - \boldsymbol{v}'\boldsymbol{v}\boldsymbol{I} = \boldsymbol{v}'\boldsymbol{v}(\boldsymbol{e}\boldsymbol{e}' - \boldsymbol{I})$. Let $\boldsymbol{A} = \boldsymbol{e}\boldsymbol{e}' - \boldsymbol{I}$. Define $\boldsymbol{E}$ to be a matrix of order $n \times (n-1)$ whose columns are orthonormal and orthogonal to $\boldsymbol{e}$. Then,

$$\boldsymbol{A} = \boldsymbol{e}\boldsymbol{e}' - \boldsymbol{I} = [\boldsymbol{e} : \boldsymbol{E}]\mathrm{diag}(1, \boldsymbol{O}_{n-1})[\boldsymbol{e} : \boldsymbol{E}]' - \boldsymbol{I}.$$

Since $[\boldsymbol{e} : \boldsymbol{E}]'[\boldsymbol{e} : \boldsymbol{E}] = \boldsymbol{I}$, $[\boldsymbol{e} : \boldsymbol{E}]' = [\boldsymbol{e} : \boldsymbol{E}]^{-1}$, and we get $[\boldsymbol{e} : \boldsymbol{E}][\boldsymbol{e} : \boldsymbol{E}]' = \boldsymbol{I}$. We then have

$$|\boldsymbol{A}| = |[\boldsymbol{e} : \boldsymbol{E}][\text{diag}(1, \boldsymbol{O}_{n-1}) - \boldsymbol{I}][\boldsymbol{e} : \boldsymbol{E}]'|.$$

The right-hand side is equal to $|\boldsymbol{e} : \boldsymbol{E}|^2|diag(0, -1, -1, \ldots, -1)| = 0$. We conclude that $|\boldsymbol{A}| = 0$.

4.20 Straightforward computations.

4.21 Straightforward computations.

4.22 Straightforward computations.

4.23 To show $\boldsymbol{H}^2 = \boldsymbol{I}$. This is true since $(\boldsymbol{I} - 2\boldsymbol{w}\boldsymbol{w}')(\boldsymbol{I} - 2\boldsymbol{w}\boldsymbol{w}') = \boldsymbol{I}$.

CHAPTER 5

5.1 This sum is easy to check that it is symmetric.

5.2 (b) and (d) are undefined. (c) is quadratic, (e) is bilinear, (g) is bilinear, and (h) is quadratic.

5.3 If $\boldsymbol{A} = -\boldsymbol{A}'$, then $a_{ji} = -a_{ij}$ for $i \neq j$. We also have $a_{ii} = -a_{ii}$, that is, $a_{ii} = 0$ for all i.

Consider now $\boldsymbol{x}'(\boldsymbol{A} + \boldsymbol{I})\boldsymbol{x}$, which is equal to

$$\begin{aligned}\boldsymbol{x}'(\boldsymbol{A} + \boldsymbol{I})\boldsymbol{x} &= \boldsymbol{x}'\boldsymbol{A}\boldsymbol{x} + \boldsymbol{x}'\boldsymbol{x}\\ &= \frac{1}{2}[\boldsymbol{x}'(\boldsymbol{A} + \boldsymbol{A}')\boldsymbol{x}] + \boldsymbol{x}'\boldsymbol{x}\\ &= \boldsymbol{x}'\boldsymbol{x} > 0, \quad \text{for all } \boldsymbol{x} \neq \boldsymbol{0}.\end{aligned}$$

5.4 $\boldsymbol{A} = \frac{1}{2}(\boldsymbol{A} + \boldsymbol{A}') + \frac{1}{2}(\boldsymbol{A} - \boldsymbol{A}')$.

5.5 $(\boldsymbol{AB})' = \boldsymbol{BA} = \boldsymbol{AB}$.

5.6 $\boldsymbol{X}'\boldsymbol{X} = \boldsymbol{X}$ implies that $\boldsymbol{X}'\boldsymbol{X} = \boldsymbol{X}' = \boldsymbol{X}$. It also follows that $\boldsymbol{X}^2 = \boldsymbol{X}$.

5.7 **(a)** $\boldsymbol{X}^2 = \boldsymbol{0}$ implies that $\boldsymbol{X}'\boldsymbol{X} = \boldsymbol{0}$ and hence $tr(\boldsymbol{X}'\boldsymbol{X}) = 0$. Thus, $\sum_{i=1}^{n} \boldsymbol{x}_i'\boldsymbol{x}_i = 0$. The ith column of $\boldsymbol{X}$ is zero for all i. We conclude that $\boldsymbol{X} = \boldsymbol{0}$.

(b) Consider the following matrix, which we denote by $\boldsymbol{Q}$:

$$\boldsymbol{Q} = (\boldsymbol{X}'\boldsymbol{X}\boldsymbol{G}'\boldsymbol{X}' - \boldsymbol{X}')(\boldsymbol{X}\boldsymbol{G}\boldsymbol{X}'\boldsymbol{X} - \boldsymbol{X}).$$

We then have

$$\boldsymbol{Q} = \boldsymbol{X}'\boldsymbol{X}\boldsymbol{G}'\boldsymbol{X}'\boldsymbol{X}\boldsymbol{G}\boldsymbol{X}'\boldsymbol{X} - \boldsymbol{X}'\boldsymbol{X}\boldsymbol{G}'\boldsymbol{X}'\boldsymbol{X} - \boldsymbol{X}'\boldsymbol{X}\boldsymbol{G}\boldsymbol{X}'\boldsymbol{X} + \boldsymbol{X}'\boldsymbol{X}$$

We note that the right-hand side of the equality is equal to zero. We can then write

$$tr[(X'XG'X' - X')(XGX'X - X)] = 0.$$

We conclude that $XGX'X = X$.

5.8 We have

$$\begin{aligned} tr[AXX'AXX'] &= tr[XX'AXX'A] \\ &= tr(X'AXX'AX). \end{aligned}$$

Let Y be defined as $Y = X'AX$ and let its kth column be denoted by y_k, that is, $y_k = X'Ax_k$, $k = 1, 2, \ldots, c$. Then,

$$\begin{aligned} tr[(X'AX)(X'AX)] &= \sum_{k=1}^{c} y_k' y_k \\ &= \sum_{k=1}^{c} (x_k'AX)(X'Ax_k) \\ &= \sum_{k=1}^{c} \sum_{j=1}^{c} (x_k'Ax_j)(x_j'Ax_k) \\ &= \sum_{j=1}^{c} \sum_{k=1}^{c} (x_k'Ax_j)^2. \end{aligned}$$

5.9 Let A and B be two orthogonal matrices. Then, $AA' = I$ and $BB' = I$. It follows that $(AB)(B'A') = I$, that is, AB is orthogonal.

5.10 **(a)** We have $A^2 = A$ and $A = A'$. Hence, $x'Ax = x'A'Ax \geq 0$.

(b) We have $X^2 = X$ and $Y^2 = Y$. Hence, $(XY)(XY) = X^2Y^2 = XY$.

(c) $x'(I + KK')x \geq x'x > 0$, for all $x \neq 0$.

5.11 **(a)** Choose $A = I$.

(b) Choose $B = 11'/5$.

(c) Let $y = x - 51$. The given quantity is equal to $y'y$. Since $5 = \frac{1}{5}1'x$, then $y = x - 1(1'x/5) = \left(I - \frac{J}{5}\right)x$, where $J = 11'$. Hence, $y'y = x'(I - J/5)x$, which implies that $C = I - \frac{1}{5}J$.

5.12 **(a)** True since $x'Ax$ is equal to its transpose.

(b) True since $x'Bx$ is a scalar.

(c) $x'Cx = tr(x'Cx) = tr(Cxx')$.

5.13 **(a)** Let $\boldsymbol{P}$ be the matrix

$$\boldsymbol{P} = \begin{bmatrix} 1 & 0 \\ 0 & 1 \\ 0 & 0 \end{bmatrix}.$$

Then,

$$\boldsymbol{P}'\boldsymbol{P} = \begin{bmatrix} 1 & 0 \\ 0 & 1 \end{bmatrix}.$$

But,

$$\boldsymbol{P}\boldsymbol{P}' = \begin{bmatrix} 1 & 0 & 0 \\ 0 & 1 & 0 \\ 0 & 0 & 0 \end{bmatrix}.$$

(b) We have $\boldsymbol{PP}' = \boldsymbol{I}_n$, hence, $\boldsymbol{P}$ is nonsingular since the determinant of $\boldsymbol{P}$ is equal to one. Now, from $\boldsymbol{PP}' = \boldsymbol{I}_n$ we get $\boldsymbol{PP}'\boldsymbol{P} = \boldsymbol{P}$ by a multiplication of the two sides on the right by $\boldsymbol{P}$. Multiplying now both sides on the left by $\boldsymbol{P}^{-1}$ we get $\boldsymbol{P}'\boldsymbol{P} = \boldsymbol{I}_n$.

5.14 **(a)** If $\boldsymbol{AB} = \boldsymbol{B}$, then $(\boldsymbol{A} - \boldsymbol{B})^2 = \boldsymbol{A} - \boldsymbol{AB} - \boldsymbol{BA} + \boldsymbol{B}$. But, $\boldsymbol{AB} = \boldsymbol{B} = \boldsymbol{BA}$. This implies that $\boldsymbol{A} - \boldsymbol{B}$ is idempotent. Hence, $\boldsymbol{x}'(\boldsymbol{A} - \boldsymbol{B})\boldsymbol{x} = \boldsymbol{x}(\boldsymbol{A} - \boldsymbol{B})(\boldsymbol{A} - \boldsymbol{B})\boldsymbol{x} \geq 0$, that is, $\boldsymbol{A} - \boldsymbol{B}$ is positive semidefinite.

(b) We have

$$tr[(\boldsymbol{AB} - \boldsymbol{B})'(\boldsymbol{AB} - \boldsymbol{B})] = tr[B(-A + \boldsymbol{B})\boldsymbol{B}].$$

The right-hand side is nonpositive since $\boldsymbol{A} - \boldsymbol{B}$ is positive semidefinite, hence, $\boldsymbol{B}(\boldsymbol{A} - \boldsymbol{B})\boldsymbol{B}$ is positive semidefinite and its eigenvalues are nonnegative, hence $tr[\boldsymbol{B}(-\boldsymbol{A} + \boldsymbol{B})\boldsymbol{B}] \leq 0$.
On the other hand, $tr[(\boldsymbol{AB} - \boldsymbol{B})'(\boldsymbol{AB} - \boldsymbol{B})] \geq 0$ since if $\boldsymbol{D} = \boldsymbol{AB} - \boldsymbol{B}$, then $tr(\boldsymbol{D}'\boldsymbol{D}) = \sum_{i=1}^{n} \boldsymbol{d}_i'\boldsymbol{d}_i \geq 0$, where $\boldsymbol{d}_i$ is the ith column of $\boldsymbol{D}$. We therefore conclude that $tr[(\boldsymbol{AB} - \boldsymbol{B})'(\boldsymbol{AB} - \boldsymbol{B})] = 0$, which implies that $\boldsymbol{AB} - \boldsymbol{B} = \boldsymbol{0}$.

(c) If $\boldsymbol{AB} = \boldsymbol{B}$, then

$$\begin{aligned}(\boldsymbol{A} - \boldsymbol{B})^2 &= \boldsymbol{A} - \boldsymbol{AB} - \boldsymbol{BA} + \boldsymbol{B} \\ &= \boldsymbol{A} - 2\boldsymbol{B} + \boldsymbol{B} \\ &= \boldsymbol{A} - \boldsymbol{B}.\end{aligned}$$

Vice versa, if $(\boldsymbol{A} - \boldsymbol{B})^2 = \boldsymbol{A} - \boldsymbol{B}$, then $\boldsymbol{A} - \boldsymbol{AB} - \boldsymbol{BA} + \boldsymbol{B} = \boldsymbol{A} - \boldsymbol{B}$. This gives, $-\boldsymbol{AB} - \boldsymbol{BA} + 2\boldsymbol{B} = \boldsymbol{0}$, that is,

$$(\boldsymbol{B} - \boldsymbol{BA}) + (\boldsymbol{B} - \boldsymbol{AB}) = \boldsymbol{0}.$$

Multiply the last equality on the left by $\boldsymbol{B}$, we get

$$(\boldsymbol{B}-\boldsymbol{BA})+(\boldsymbol{B}-\boldsymbol{BAB})=\boldsymbol{0}.$$

Thus, $\boldsymbol{BAB}=2\boldsymbol{B}-\boldsymbol{BA}=\boldsymbol{AB}$. Hence, $\boldsymbol{BA}=\boldsymbol{BAB}$. We also have

$$(\boldsymbol{B}-\boldsymbol{BAB})+(\boldsymbol{B}-\boldsymbol{BAB})=\boldsymbol{0},$$

Thus, $\boldsymbol{B}=\boldsymbol{BAB}$ which finally implies $\boldsymbol{B}=\boldsymbol{AB}$.

5.15 Let $\boldsymbol{a}_j$ and $\boldsymbol{b}_j$ be the jth columns of $\boldsymbol{A}$ and $\boldsymbol{B}$, respectively, $j=1,2,\ldots,n$. Then,

$$tr(\boldsymbol{A}'\boldsymbol{A})=\sum_{i=1}^{n}\sum_{j=1}^{m}a_{ij}^2$$

$$tr(\boldsymbol{B}'\boldsymbol{B})=\sum_{i=1}^{n}\sum_{j=1}^{m}b_{ij}^2$$

$$tr(\boldsymbol{A}'\boldsymbol{B})=\sum_{i=1}^{n}\boldsymbol{a}_i'\boldsymbol{b}_i$$

$$=\sum_{i=1}^{n}\sum_{j=1}^{m}a_{ij}b_{ij},$$

By the Cauchy–Schwarz inequality,

$$\left(\sum_{i=1}^{n}\sum_{j=1}^{m}a_{ij}b_{ij}\right)^2\leq\left(\sum_{i-1}^{n}\sum_{j=1}^{m}a_{ij}^2\right)\left(\sum_{i=1}^{n}\sum_{j=1}^{m}b_{ij}^2\right).$$

5.16 Let $\boldsymbol{C}=\boldsymbol{AB}$, then $\boldsymbol{C}'=-\boldsymbol{BA}$. Since $tr(\boldsymbol{AB})=tr(\boldsymbol{BA})$, we get $tr(\boldsymbol{C})=tr(-\boldsymbol{C}')=-tr(\boldsymbol{C}')=-tr(\boldsymbol{C})$, which implies $tr(\boldsymbol{C})=0$.

5.17 Let $\boldsymbol{B}=\boldsymbol{A}-\boldsymbol{A}'$. Then,

$$\begin{aligned}tr(\boldsymbol{B}'\boldsymbol{B})&=tr[(\boldsymbol{A}'-\boldsymbol{A})(\boldsymbol{A}-\boldsymbol{A}')]\\&=tr[(\boldsymbol{A}'-\boldsymbol{A})\boldsymbol{A}]-tr[(\boldsymbol{A}'-\boldsymbol{A})\boldsymbol{A}']\\&=tr[(\boldsymbol{A}'-\boldsymbol{A})\boldsymbol{A}]-tr[\boldsymbol{A}(\boldsymbol{A}-\boldsymbol{A}')]\\&=tr[(\boldsymbol{A}'-\boldsymbol{A})\boldsymbol{A}]+tr[(\boldsymbol{A}'-\boldsymbol{A})\boldsymbol{A}]\\&=2tr[(\boldsymbol{A}'-\boldsymbol{A})\boldsymbol{A}]=0,\end{aligned}$$

since $\boldsymbol{A}'-\boldsymbol{A}$ is skew-symmetric. It follows that $\boldsymbol{B}=\boldsymbol{0}$ and hence, $\boldsymbol{A}=\boldsymbol{A}'$.

5.18 $\boldsymbol{x}'\boldsymbol{P}'\boldsymbol{APx}=\boldsymbol{y}'\boldsymbol{Ay}$, where $\boldsymbol{y}=\boldsymbol{Px}$. We have $\boldsymbol{y}'\boldsymbol{Ay}>0$ and is equal to zero only when $\boldsymbol{y}=\boldsymbol{0}$, that is, $\boldsymbol{x}=\boldsymbol{0}$. Hence, $\boldsymbol{P}'\boldsymbol{AP}$ is positive definite.
If $\boldsymbol{A}$ is positive semidefinite, then $\boldsymbol{y}'\boldsymbol{Ay}\geq 0$ and can be zero for some $\boldsymbol{y}\neq\boldsymbol{0}$, that is, there exists a nonzero $\boldsymbol{x}$ such that $\boldsymbol{x}'\boldsymbol{P}'\boldsymbol{APx}=0$. Hence, $\boldsymbol{P}'\boldsymbol{AP}$ is positive semidefinite.

5.19 **(a)** We have $|\boldsymbol{V}| = |\boldsymbol{P}'||\boldsymbol{P}| = |\boldsymbol{P}|^2$. This implies that $\boldsymbol{P}$ is nonsingular since $|\boldsymbol{V}| \neq 0$.

(b) **(b)** If $\boldsymbol{AV}$ is idempotent, then $(\boldsymbol{AP'P})(\boldsymbol{AP'P}) = \boldsymbol{AP'P}$. Multiplying both sides on the right by the inverse of $\boldsymbol{P'P}$, we get $\boldsymbol{AP'PA} = \boldsymbol{A}$. Then, $(\boldsymbol{PAP'})(\boldsymbol{PAP'}) = \boldsymbol{PAP'}$. This shows that $\boldsymbol{PAP'}$ is idempotent.
Vice versa, if $\boldsymbol{PAP'}$ is idempotent, then $(\boldsymbol{PAP'})(\boldsymbol{PAP'}) = \boldsymbol{PAP'}$. Multiplying both sides on the left by the inverse of $\boldsymbol{P}$ and on the right by the inverse of $\boldsymbol{P'}$, we get $\boldsymbol{AP'PA} = \boldsymbol{A}$. This gives $\boldsymbol{AVA} = \boldsymbol{A}$. Multiplying both sides on the right by $\boldsymbol{V}$, we get $\boldsymbol{AVAV} = \boldsymbol{AV}$ which indicates that $\boldsymbol{AV}$ is idempotent.

(c) If $\boldsymbol{AV}$ is idempotent, then $\boldsymbol{PAP'}$ is idempotent by part (b). Hence, $rank(\boldsymbol{PAP'}) = tr(\boldsymbol{PAP'}) = tr(\boldsymbol{AP'P}) = tr(\boldsymbol{AV})$.

5.20 Suppose that (i) and (ii) are true, then $\boldsymbol{P}' = \boldsymbol{P}^{-1}$ which implies $\boldsymbol{PP}' = \boldsymbol{PP}^{-1} = \boldsymbol{I}_n$. Suppose that (i) and (iii) are true, then $\boldsymbol{P}' = \boldsymbol{P}^{-1}$ which implies $\boldsymbol{P'P} = \boldsymbol{P}^{-1}\boldsymbol{P} = \boldsymbol{I}_n$. If (ii) and (iii) are true, then $\boldsymbol{P'P} = \boldsymbol{I}_n$ and $\boldsymbol{PP}' = \boldsymbol{I}_n$. If $\boldsymbol{P}$ is of order $m \times n$, then $\boldsymbol{P'P} = \boldsymbol{I}_n$ and $\boldsymbol{PP}' = \boldsymbol{I}_n$. This implies that $m = n$.

5.21 The matrices $\boldsymbol{P}_1$, $\boldsymbol{P}_2$, and $\boldsymbol{P}_3$ are given by

$$\boldsymbol{P}_1 = \frac{1}{6}\boldsymbol{I}_4 \otimes \boldsymbol{J}_3 \otimes \boldsymbol{J}_2 - \frac{1}{24}\boldsymbol{J}_4 \otimes \boldsymbol{J}_3 \otimes \boldsymbol{J}_2$$

$$\boldsymbol{P}_2 = \frac{1}{8}\boldsymbol{J}_4 \otimes \boldsymbol{I}_3 \otimes \boldsymbol{J}_2 - \frac{1}{24}\boldsymbol{J}_4 \otimes \boldsymbol{J}_3 \otimes \boldsymbol{J}_2$$

$$\boldsymbol{P}_3 = \frac{1}{2}\boldsymbol{I}_4 \otimes \boldsymbol{I}_3 \otimes \boldsymbol{J}_2 - \frac{1}{6}\boldsymbol{I}_4 \otimes \boldsymbol{J}_3 \otimes \boldsymbol{J}_2 - \frac{1}{8}\boldsymbol{J}_4 \otimes \boldsymbol{I}_3 \otimes \boldsymbol{J}_2 + \frac{1}{24}\boldsymbol{J}_4 \otimes \boldsymbol{J}_3 \otimes \boldsymbol{J}_2.$$

5.22 We have that

$$\left(\boldsymbol{A} - \frac{1}{c}\boldsymbol{dd}'\right)(\boldsymbol{A}^{-1} + \gamma\boldsymbol{A}^{-1}\boldsymbol{dd}'\boldsymbol{A}^{-1})$$

$$= \boldsymbol{I} + \gamma\boldsymbol{dd}'\boldsymbol{A}^{-1} - \frac{1}{c}\boldsymbol{dd}'\boldsymbol{A}^{-1} - \frac{\gamma}{c}(\boldsymbol{d}'\boldsymbol{A}^{-1}\boldsymbol{d})\boldsymbol{dd}'\boldsymbol{A}^{-1}$$

$$= \boldsymbol{I} + (\boldsymbol{dd}'\boldsymbol{A}^{-1})/(c - \boldsymbol{d}'\boldsymbol{A}^{-1}\boldsymbol{d}) - \frac{1}{c}\boldsymbol{dd}'\boldsymbol{A}^{-1} - [(\boldsymbol{d}'\boldsymbol{A}^{-1}\boldsymbol{d})/(c(c - \boldsymbol{d}'\boldsymbol{A}^{-1}\boldsymbol{d})]\boldsymbol{dd}'\boldsymbol{A}^{-1}$$

$$= \boldsymbol{I} + [c\boldsymbol{dd}'\boldsymbol{A}^{-1} - (c - \boldsymbol{d}'\boldsymbol{A}^{-1}\boldsymbol{d})\boldsymbol{dd}'\boldsymbol{A}^{-1} - (\boldsymbol{d}'\boldsymbol{A}^{-1}\boldsymbol{d})\boldsymbol{dd}'\boldsymbol{A}^{-1}]/[c(c - \boldsymbol{d}'\boldsymbol{A}^{-1}\boldsymbol{d})]$$

$$= \boldsymbol{I}.$$

We note that γ exists since $c > \boldsymbol{d}'\boldsymbol{A}^{-1}\boldsymbol{d}$ and $c > 0$ since $\boldsymbol{d}'\boldsymbol{A}^{-1}\boldsymbol{d} = \boldsymbol{d}'\boldsymbol{A}^{-1/2}\boldsymbol{A}^{-1/2}\boldsymbol{d} > 0$.

5.23 **(a)** $\boldsymbol{X}'\boldsymbol{X}$ is nonsingular if $\boldsymbol{X}$ is of full column rank, and $\boldsymbol{x}'\boldsymbol{X}'\boldsymbol{X}\boldsymbol{x} \geq 0$ if $\boldsymbol{X}\boldsymbol{x} = \boldsymbol{0}$ which implies $\boldsymbol{X}'\boldsymbol{X}\boldsymbol{x} = \boldsymbol{0}$. Hence, $\boldsymbol{x} = \boldsymbol{0}$.

(b) $\boldsymbol{YY}'$ is nonsingular if $\boldsymbol{Y}$ is of full row rank, and $\boldsymbol{x}'\boldsymbol{YY}'\boldsymbol{x} \geq 0$ if $\boldsymbol{Y}'\boldsymbol{x} = \boldsymbol{0}$. Hence, $\boldsymbol{YY}'\boldsymbol{x} = \boldsymbol{0}$ which implies $\boldsymbol{x} = \boldsymbol{0}$.

CHAPTER 6

6.1 The computations here are straightforward.

6.2 We have $Ax = \lambda x, A^2x = \lambda^2 x$. Hence, $(A^2 + A)x = (\lambda^2 + \lambda)x$. This implies that $\lambda^2 + \lambda$ is an eigenvalue of $A^2 + A$.

6.3 Let x_1 and x_2 be elements of an eigenvector of the given matrix. We then have $(a - \lambda)x_2 + bx_2 = 0$. One solution is given by $x_1 = -b$, $x_2 = a - \lambda$. The characteristic equation when $a = d$ is $\lambda^2 - 2a\lambda + a^2 - bc = 0$. Hence, the sum of the eigenvalues is equal to $-(-2a)/1 = 2a$.

6.4 The characteristic equation gives

$$(a - \lambda)[(a - \lambda - b)(a - \lambda + b)] - b^2(a - \lambda - b) + b^2(b - a + \lambda) = 0$$

We have one root, $\lambda = a - b$. The other two roots are $\lambda = a - b$ and $\lambda = a + 2b$.

6.5 **(a)** $x'x$ is the only nonzero eigenvalue of xx'. By the spectral decomposition theorem,

$$xx' = P\text{diag}(x'x, D)P',$$

where D is a diagonal matrix of order $(n-1) \times (n-1)$ of zero elements and P is an orthogonal matrix of eigenvectors. The characteristic equation is $|I - xx' - \lambda I| = 0$, or alternatively,

$$|P[(1 - \lambda)I - \text{diag}(x'x, D)]P'| = 0.$$

The roots of this equation are $1 - x'x$ of multiplicity one and 1 of multiplicity $n - 1$.

(b) x is an eigenvector of $I - xx'$ for the eigenvalue $1 - x'x$. Let $u_1, u_2, \dots, u_{n-1}$ form a basis for the $(n-1)$-dim Euclidean space that are orthogonal to x, where the u_i's are unit vectors. These correspond to eigenvectors of $I - xx'$ corresponding to the eigenvalue 1 since $(I - xx')u_i = u_i$ for $i = 1, 2, \dots, n-1$. Hence, $P = [x* : u_1 : u_2 : \dots : u_{n-1}]$, where $x* = x/\parallel x \parallel$, and $\parallel x \parallel$ is the Euclidean norm of x.

(c) We have

$$PP' = \frac{xx'}{(\parallel x \parallel)^2} + \sum_{i=1}^{n-1} u_i u_i'.$$

Since $PP' = I$, we get $\sum_{i=1}^{n-1} u_i u_i' = I - xx'/(\parallel x \parallel)^2$. Hence,

$$\begin{aligned} P\text{diag}(1 - x'x, I_{n-1})P' &= (1 - x'x)\frac{xx'}{(\parallel x \parallel)^2} + \sum_{i=1}^{n-1} u_i u_i' \\ &= (1 - x'x)\frac{xx'}{(\parallel x \parallel)^2} + I - \frac{xx'}{(\parallel x \parallel)^2} \\ &= I - xx'. \end{aligned}$$

6.6 We have that $1 + \lambda$ is an eigenvalue of $\boldsymbol{I} + \boldsymbol{A}$. Hence,

$$|\boldsymbol{I} + \boldsymbol{A} - (1+\lambda)\boldsymbol{I}| = 0$$
$$|\boldsymbol{I} - (1+\lambda)(\boldsymbol{I} + \boldsymbol{A})^{-1}| = 0$$
$$|(\boldsymbol{I} + \boldsymbol{A})^{-1} - \frac{1}{1+\lambda}\boldsymbol{I}| = 0.$$

Thus, $1/(1+\lambda)$ is an eigenvalue of $(\boldsymbol{I} + \boldsymbol{A})^{-1}$.

6.7 Let λ be an eigenvalue of $\boldsymbol{A}$. Then, $(\lambda - 1)^2 \geq 0$, that is, $\lambda^2 - 2\lambda + 1 \geq 0$. Since $\lambda > 0$, then $\lambda + \frac{1}{\lambda} \geq 2$. But, $\lambda + \frac{1}{\lambda}$ is an eigenvalue of $\boldsymbol{A} + \boldsymbol{A}^{-1}$.

6.8 $\sum_{i=1}^{n} \sum_{j=1}^{n} a_{ij}^2 = tr(\boldsymbol{A}'\boldsymbol{A})$, where a_{ij} is the (j, i)th element of $\boldsymbol{A}$. We also have $\boldsymbol{A} = \boldsymbol{P\Lambda P}'$, where $\boldsymbol{\Lambda}$ is the diagonal matrix of eigenvalues of $\boldsymbol{A}$ and $\boldsymbol{P}$ is an orthogonal matrix of corresponding eigenvectors. Hence, since $\boldsymbol{A}' = \boldsymbol{A}$, $\boldsymbol{A}'\boldsymbol{A} = \boldsymbol{A}^2 = \boldsymbol{P\Lambda}^2\boldsymbol{P}'$. It follows that $tr(\boldsymbol{A}'\boldsymbol{A}) = \sum_{i=1}^{n} \lambda_i^2$.

6.9 By Theorem 6.4, if λ is an eigenvalue of an orthogonal matrix, then $\lambda = \pm 1$. Hence, $1/\lambda$ is an eigenvalue of $\boldsymbol{A}$.

6.10 By Theorem 6.12, the eigenvalues of $\boldsymbol{ABA}$ are the same as the eigenvalues of $\boldsymbol{BAA}$, which is equal to $\boldsymbol{BA}$ since $\boldsymbol{A}$ is idempotent.

6.11 We have that $\boldsymbol{Tx} = \lambda\boldsymbol{x}$. Then, $\boldsymbol{TKx} = \boldsymbol{KTx} = \lambda\boldsymbol{Kx}$. Hence, $\boldsymbol{Kx}$ is an eigenvector of $\boldsymbol{T}$.

6.12 **(a)** We have that $|\boldsymbol{A} - \lambda\boldsymbol{V}| = 0$. Hence, $|\boldsymbol{V}^{-1/2}||\boldsymbol{A} - \lambda\boldsymbol{V}||\boldsymbol{V}^{-1/2}| = 0$. It follows that $|\boldsymbol{V}^{-1/2}\boldsymbol{A}\boldsymbol{V}^{-1/2} - \lambda\boldsymbol{I}| = 0$. Hence, λ is an eigenvalue of $\boldsymbol{V}^{-1/2}\boldsymbol{A}\boldsymbol{V}^{-1/2}$.

(b) Let $\boldsymbol{x}$ be an eigenvector of $\boldsymbol{V}^{-1/2}\boldsymbol{A}\boldsymbol{V}^{-1/2}$ with an eigenvalue λ. Then,

$$\boldsymbol{V}^{-1/2}\boldsymbol{A}\boldsymbol{V}^{-1/2}\boldsymbol{x} = \lambda\boldsymbol{x}.$$

Let $\boldsymbol{t} = \boldsymbol{V}^{-1/2}\boldsymbol{x}$, then, $\boldsymbol{x} = \boldsymbol{V}^{1/2}\boldsymbol{t}$. We have $\boldsymbol{V}^{-1/2}\boldsymbol{At} = \lambda\boldsymbol{V}^{1/2}\boldsymbol{t}$. Hence, $\boldsymbol{At} = \lambda\boldsymbol{Vt}$ which implies that $\boldsymbol{t}$ is an eigenvector of $\boldsymbol{A}$ with respect to $\boldsymbol{V}$. We thus have $\boldsymbol{t} = \boldsymbol{V}^{-1/2}\boldsymbol{x}$, where $\boldsymbol{x}$ is an eigenvector of $\boldsymbol{V}^{-1/2}\boldsymbol{A}\boldsymbol{V}^{-1/2}$ with respect to λ.

6.13 **(a)** To show that $\boldsymbol{A}^k = \boldsymbol{A}$ for all k. The statement is true for $k = 1$. Suppose that it is for $k - 1$, to show it is true for k: $\boldsymbol{A}^k = \boldsymbol{A}\boldsymbol{A}^{k-1} = \boldsymbol{AA} = \boldsymbol{A}$.

(b) This is true since $\boldsymbol{A}^k = \boldsymbol{A}$.

(c) We have $(\boldsymbol{I} - \boldsymbol{A})^2 = \boldsymbol{I} - 2\boldsymbol{A} + \boldsymbol{A}^2 = \boldsymbol{I} - \boldsymbol{A}$. Hence, $\boldsymbol{I} - \boldsymbol{A}$ is idempotent. It follows that $r(\boldsymbol{I} - \boldsymbol{A}) = tr(\boldsymbol{I} - \boldsymbol{A}) = n - tr(\boldsymbol{A}) = n - r(\boldsymbol{A})$.

6.14 We have that $\boldsymbol{Q} = \boldsymbol{RR}'$. The eigenvalues of $\boldsymbol{YQ}$ are the same as those of $\boldsymbol{QY} = \boldsymbol{RR}'\boldsymbol{Y}$, and the eigenvalues of $\boldsymbol{RR}'\boldsymbol{Y}$ are the same as those of $\boldsymbol{R}'\boldsymbol{YR}$.

6.15 The matrix $\boldsymbol{J}$ has one nonzero eigenvalue equal to r (it is the same as the nonzero eigenvalue of $\boldsymbol{1}'\boldsymbol{1} = r$) and a corresponding eigenvector equal to $\boldsymbol{1}$ (since $\boldsymbol{J1} = r\boldsymbol{1}$). Hence, there is an orthogonal matrix $\boldsymbol{P}$ such that $\boldsymbol{J} = \boldsymbol{P}\text{diag}(r, 0, 0, \ldots, 0)\boldsymbol{P}'$. It follows that $a\boldsymbol{I} + b\boldsymbol{J} = \boldsymbol{P}\text{diag}(a + br, a, a, \ldots, a)\boldsymbol{P}'$. Thus the eigenvalues of $a\boldsymbol{I} + b\boldsymbol{J}$ are $a + br$ and a of multiplicity $r - 1$. The corresponding eigenvectors (the columns of

$\boldsymbol{P}$) are $(1/\sqrt{r})\mathbf{1}$, and the remaining ones form an orthonormal basis of the columns $\boldsymbol{I}-(1/r)\boldsymbol{J}$ since $\boldsymbol{I}-(1/r)\boldsymbol{J}$ is of rank $r-1$ and $\mathbf{1}'[\boldsymbol{I}-(1/r)\boldsymbol{J}]=\mathbf{1}'-\mathbf{1}'=\mathbf{0}$.

6.16 The eigenvalues of $\boldsymbol{C}^{-1}\boldsymbol{A}\boldsymbol{C}$ are the same as those of $\boldsymbol{A}\boldsymbol{C}\boldsymbol{C}^{-1}=\boldsymbol{A}$. Furthermore, the eigenvalues of $\boldsymbol{C}\boldsymbol{A}\boldsymbol{C}^{-1}$ are the same as those of $\boldsymbol{A}\boldsymbol{C}^{-1}\boldsymbol{C}=\boldsymbol{A}$.

6.17 **(a)** By the spectral decomposition theorem, we have $\boldsymbol{A}=\boldsymbol{P}\boldsymbol{\Lambda}\boldsymbol{P}'$ where $\boldsymbol{\Lambda}$ is a diagonal matrix of eigenvalues of $\boldsymbol{A}$, and $\boldsymbol{P}$ is an orthogonal matrix whose columns are eigenvectors of $\boldsymbol{A}$. If $\boldsymbol{\Lambda}=\mathbf{0}$, then $\boldsymbol{A}=\mathbf{0}$.

(b) Let $\boldsymbol{A}$ be given by

$$\boldsymbol{A}=\begin{bmatrix}0 & 1\\ 0 & 0\end{bmatrix}.$$

The eigenvalues of $\boldsymbol{A}$ are zero since $|\boldsymbol{A}-\lambda\boldsymbol{I}|=\lambda^2=0$. Hence, $\lambda=0$, but $\boldsymbol{A}\neq\mathbf{0}$.

6.18 **(a)** By the spectral decomposition theorem, we have $\boldsymbol{A}=\boldsymbol{P}\boldsymbol{\Lambda}\boldsymbol{P}'$. We also have that $\boldsymbol{\Lambda}\leq\lambda_{max}\boldsymbol{I}$ and $\boldsymbol{\Lambda}\geq\lambda_{min}\boldsymbol{I}$, where $\leq$ means that for the matrices $\boldsymbol{A}_1$ and $\boldsymbol{A}_2$, $\boldsymbol{A}_1\leq\boldsymbol{A}_2$ if and only if $\boldsymbol{A}_2-\boldsymbol{A}_1$ is non-negative. Hence, $\boldsymbol{A}\leq\lambda_{max}\boldsymbol{I}$ and $\boldsymbol{A}\geq\lambda_{min}\boldsymbol{I}$. Thus, for any $\boldsymbol{x}\neq\mathbf{0}$,

$$\frac{\lambda_{min}\boldsymbol{x}'\boldsymbol{x}}{\boldsymbol{x}'\boldsymbol{x}}\leq\frac{\boldsymbol{x}'\boldsymbol{A}\boldsymbol{x}}{\boldsymbol{x}'\boldsymbol{x}}\leq\frac{\lambda_{max}\boldsymbol{x}'\boldsymbol{x}}{\boldsymbol{x}'\boldsymbol{x}},$$

which gives the desired result.

(b) If $\boldsymbol{x}_{max}$ is an eigenvector of $\boldsymbol{A}$ for the eigenvalue λ_{max}, then $\boldsymbol{x}'_{max}\boldsymbol{A}\boldsymbol{x}_{max}=\lambda_{max}\boldsymbol{x}'_{max}\boldsymbol{x}_{max}$. Hence,

$$\frac{\boldsymbol{x}'_{max}\boldsymbol{A}\boldsymbol{x}_{max}}{\boldsymbol{x}'_{max}\boldsymbol{x}_{max}}=\lambda_{max}.$$

Similarly, $\boldsymbol{x}'\boldsymbol{A}\boldsymbol{x}/\boldsymbol{x}'\boldsymbol{x}=\lambda_{min}$ if $\boldsymbol{x}$ is an eigenvector of $\boldsymbol{A}$ corresponding to the eigenvalue λ_{min}.

6.19 We have that $\sum_{ij}a_{ij}=\mathbf{1}_n'\boldsymbol{A}\mathbf{1}_n$. Hence,

$$\frac{1}{n}\lambda_{min}\mathbf{1}_n'\mathbf{1}_n\leq\frac{1}{n}\mathbf{1}_n'\boldsymbol{A}\mathbf{1}_n\leq\frac{1}{n}\lambda_{max}\mathbf{1}_n'\mathbf{1}_n.$$

It follows that

$$\lambda_{min}\leq\frac{1}{n}\mathbf{1}_n'\boldsymbol{A}\mathbf{1}_n\leq\lambda_{max}.$$

6.20 By the spectral decomposition theorem, we have $\boldsymbol{A}=\boldsymbol{P}\boldsymbol{\Lambda}\boldsymbol{P}'$, where $\boldsymbol{\Lambda}$ is a diagonal matrix of eigenvalues of $\boldsymbol{A}$ and $\boldsymbol{P}$ is an orthogonal matrix of eigenvectors. Let $\boldsymbol{p}_i$ denote the ith column of $\boldsymbol{P}$, $i=1,2,\ldots,n$. Then, $\boldsymbol{A}=\sum_{i=1}^n\lambda_i\boldsymbol{p}_i\boldsymbol{p}_i'$. Let $\boldsymbol{A}_i=\boldsymbol{p}_i\boldsymbol{p}_i'$. Then $\boldsymbol{A}_i$ is idempotent of rank 1. Furthermore, for $i\neq j$, $\boldsymbol{A}_i\boldsymbol{A}_j=\boldsymbol{p}_i\boldsymbol{p}_i'\boldsymbol{p}_j\boldsymbol{p}_j'=\mathbf{0}$ since $\boldsymbol{p}_i'\boldsymbol{p}_j=0$.

6.21 Since $\boldsymbol{A}$ is symmetric and non-negative definite, we can write,

$$e_{min}(\boldsymbol{B})\boldsymbol{A} \leq \boldsymbol{A}^{1/2}\boldsymbol{B}\boldsymbol{A}^{1/2} \leq e_{max}(\boldsymbol{B})\boldsymbol{A}.$$

Hence,

$$e_{min}(\boldsymbol{B})tr(\boldsymbol{A}) \leq tr(\boldsymbol{A}^{1/2}\boldsymbol{B}\boldsymbol{A}^{1/2}) \leq e_{max}(\boldsymbol{B})tr(\boldsymbol{A}).$$

This is true since, in general, if $\boldsymbol{C} \leq \boldsymbol{D}$, then $\boldsymbol{D} - \boldsymbol{C}$ is positive semidefinite, hence its eigenvalues are non-negative which implies that $tr(\boldsymbol{D} - \boldsymbol{C}) \geq 0$, that is, $tr(\boldsymbol{C}) \leq tr(\boldsymbol{D})$. From the above double inequality, we conclude that

$$e_{min}(\boldsymbol{B})tr(\boldsymbol{A}) \leq tr(\boldsymbol{B}\boldsymbol{A}) = tr(\boldsymbol{A}\boldsymbol{B}) \leq e_{max}(\boldsymbol{B})tr(\boldsymbol{A}).$$

6.22 Let $\boldsymbol{u}_i$ be an $n \times 1$ vector whose elements are all equal to zero except for the ith element which is equal to one. Then, $a_{ii} = \boldsymbol{u}_i'\boldsymbol{A}\boldsymbol{u}_i$, $i = 1, 2, \ldots, n$. We also have

$$e_{min}(\boldsymbol{A})\boldsymbol{u}_i'\boldsymbol{u}_i \leq \boldsymbol{u}_i'\boldsymbol{A}\boldsymbol{u}_i \leq e_{max}(\boldsymbol{A})\boldsymbol{u}_i'\boldsymbol{u}_i.$$

Since $\boldsymbol{u}_i'\boldsymbol{u}_i = 1$, we conclude

$$e_{min}(\boldsymbol{A}) \leq a_{ii} \leq e_{max}(\boldsymbol{A}).$$

6.23 $|\boldsymbol{A} - \theta\boldsymbol{B}| = 0$ implies $|\boldsymbol{A}\boldsymbol{B}^{-1} - \theta\boldsymbol{I}| = 0$. Hence, θ is an eigenvalue of $\boldsymbol{A}\boldsymbol{B}^{-1}$, which is equal to $\boldsymbol{A}\boldsymbol{B}^{-1/2}\boldsymbol{B}^{-1/2}$. The latter matrix has the same eigenvalues as those of $\boldsymbol{B}^{-1/2}\boldsymbol{A}\boldsymbol{B}^{-1/2}$, which is symmetric. Hence, θ is real.

6.24 We have that $tr(\boldsymbol{A}^2) = \sum_{i=1}^{n} \lambda_i^2$, where λ_i is the ith eigenvalue of $\boldsymbol{A}$. But, $\lambda_i^2 \leq \lambda_i e_{max}(\boldsymbol{A})$ since $\boldsymbol{A}$ is positive semidefinite. Hence,

$$tr(\boldsymbol{A}^2) \leq e_{max}(\boldsymbol{A}) \sum_{i=1}^{n} \lambda_i = e_{max}(\boldsymbol{A})tr(\boldsymbol{A}).$$

6.25 We have that

$$\begin{aligned}(\boldsymbol{A} \uplus \boldsymbol{B})(x \otimes y) &= \boldsymbol{A}\boldsymbol{x} \otimes \boldsymbol{y} + \boldsymbol{x} \otimes \boldsymbol{B}\boldsymbol{y} \\ &= \lambda\boldsymbol{x} \otimes \boldsymbol{y} + \mu\boldsymbol{x} \otimes \boldsymbol{y} \\ &= (\lambda + \mu)\boldsymbol{x} \otimes \boldsymbol{y}.\end{aligned}$$

6.26 The eigenvalues of $\boldsymbol{A}$ are 2, -1 with corresponding eigenvectors, (0.7071068, 0.7071068)′, (0.3713907, 0.9284767)′, respectively. Furthermore, the eigenvalues of $\boldsymbol{B}$ are 4, 3 with corresponding eigenvectors, (0.4472136, −0.8944272)′, (−0.7071068, 0.7071068)′. Apply now the results given in Exercise 6.25.

6.27 The full-rank factorization of $\boldsymbol{A}$ looks like the one in formula (4.41) where $\boldsymbol{B} = \boldsymbol{K}$ and $\boldsymbol{C} = \boldsymbol{L}$. The result now follows directly from applying formula (6.48) in Theorem 6.12.

6.28 This result follows from the fact that

$$|\boldsymbol{A}' - \lambda \boldsymbol{I}| = |(\boldsymbol{A} - \lambda \boldsymbol{I})'| = |\boldsymbol{A} - \lambda \boldsymbol{I}|.$$

6.29 Let $\boldsymbol{u}$ be an eigenvector of $\boldsymbol{A}$ with a corresponding eigenvalue λ, where, $\boldsymbol{u} = \boldsymbol{a} + i\boldsymbol{b}$ and $\lambda = \alpha + i\beta$. Then, $\boldsymbol{A}\boldsymbol{u} = \lambda \boldsymbol{u}$. Define $\bar{\boldsymbol{u}} = \boldsymbol{a} - i\boldsymbol{b}$, $\bar{\lambda} = \alpha - i\beta$. Then, $\boldsymbol{A}\bar{\boldsymbol{u}} = \bar{\lambda}\bar{\boldsymbol{u}}$. It follows that

$$\begin{aligned}
(\boldsymbol{A}\bar{\boldsymbol{u}})'\boldsymbol{u} &= (\bar{\lambda}\bar{\boldsymbol{u}})'\boldsymbol{u} \\
-\bar{\boldsymbol{u}}'\boldsymbol{A}\boldsymbol{u} &= \bar{\lambda}\bar{\boldsymbol{u}}'\boldsymbol{u} \\
-\bar{\boldsymbol{u}}'(\lambda \boldsymbol{u}) &= \bar{\lambda}\bar{\boldsymbol{u}}'\boldsymbol{u} \\
-\lambda \bar{\boldsymbol{u}}'\boldsymbol{u} &= \bar{\lambda}\bar{\boldsymbol{u}}'\boldsymbol{u} \\
-\lambda(\| \boldsymbol{u} \|)^2 &= \bar{\lambda}(\| \boldsymbol{u} \|)^2.
\end{aligned}$$

We conclude that $-\lambda = \bar{\lambda}$. This implies that either $\lambda = 0$ or $\alpha = 0$, which makes λ an imaginary number.

CHAPTER 7

7.1 We have that $tr(\boldsymbol{A})$ is the sum of all nonzero eigenvalues of $\boldsymbol{A}$. But, the number of these eigenvalues, which are all equal to one, is equal to rank($\boldsymbol{A}$). Hence, rank($\boldsymbol{A}$) = $tr(\boldsymbol{A})$.

7.2 Using the following R statements (see Chapter 17):
A = matrix(**c**(10,2,6,-5,-11,-8),3,2)
svd(**A**)
we get the singular-value decomposition of $\boldsymbol{A}$ given by

$$\boldsymbol{A} = \boldsymbol{u} * \text{diag}(\boldsymbol{d}) * \boldsymbol{v}',$$

where

$$\boldsymbol{u} = \begin{bmatrix} -0.57735 & 0.707107 \\ -0.57735 & -0.707107 \\ -0.57735 & 0.0 \end{bmatrix},$$

$\boldsymbol{d} = (17.32051, 7.07107)$,

$$\boldsymbol{v} = \begin{bmatrix} -0.6 & 0.8 \\ 0.8 & 0.6 \end{bmatrix}.$$

7.3 The rank of $\boldsymbol{A}$ is the same as the rank of $\boldsymbol{A'A}$, which is equal to

$$A'A = \begin{bmatrix} 91 & -139 & 1237 \\ -139 & 476 & -2 \\ 1237 & -2 & 31696 \end{bmatrix}$$

The rank of $\boldsymbol{A'A}$ is the same as the number of its nonzero eigenvalues which is three. These eigenvalues are 31744.3432, 516.6524, 2.0043. Hence, the rank of $\boldsymbol{A}$ is equal to 3.

7.4 **(a)** $\boldsymbol{K}$ is of order 3×3 since $\boldsymbol{K}(1, 2, -3)' = (1, 2, -3)'$.

(b) From $\boldsymbol{K1} = \boldsymbol{0}$ we conclude that $\boldsymbol{K}$ is of rank 2 since there is a linear relationship among its columns.

(c) We have that $\boldsymbol{K} = \boldsymbol{K}^3$. Since $\boldsymbol{K}$ is symmetric, we obtain $\boldsymbol{P\Lambda P'} = \boldsymbol{P\Lambda}^3\boldsymbol{P'}$ (see Theorem 6.2). Therefore, the eigenvalues of $\boldsymbol{K}$ are $\lambda = 0$, and $\lambda = \pm 1$. We cannot have $\lambda = 0$, $\lambda = 1$, $\lambda = 1$ since this makes $\lambda = 1$ a double root which indicates that the derivative of $\lambda^3 - \lambda$, namely, $3\lambda^2 - 1$ will be equal to zero at $\lambda = 1$, which is not the case. Hence, the eigenvalues of $\boldsymbol{K}$ are $\lambda = 0, 1, -1$. Consequently, the trace of $\boldsymbol{K}$, being the sum of eigenvalues, is equal to 0.

(d) From part (c), the eigenvalues of $\boldsymbol{K}$ are 0, 1, and -1. Hence, its determinant, being the product of its eigenvalues as seen in Section 6.2.4, is equal to 0.

7.5 **(a)** We have that $\boldsymbol{A}(\boldsymbol{A} + 2\boldsymbol{I}) = -\boldsymbol{I}$. Hence, $|\boldsymbol{A}||\boldsymbol{A} + 2\boldsymbol{I}| = -1$. We conclude that $|\boldsymbol{A}| \neq 0$.

(b) Multiplying both sides of the given equality by $\boldsymbol{A}^{-1}$, we get $\boldsymbol{A} + 2\boldsymbol{I} + \boldsymbol{A}^{-1} = \boldsymbol{0}$. Hence, $\boldsymbol{A}^{-1} = -(\boldsymbol{A} + 2\boldsymbol{I})$.

7.6 If $\boldsymbol{A}$ is diagonalizable, then there would exist a nonsingular matrix $\boldsymbol{P}$ such that $\boldsymbol{P}^{-1}\boldsymbol{AP} = \boldsymbol{D}$, where $\boldsymbol{D}$ is a diagonal matrix. Hence, we get $\boldsymbol{P}^{-1}\boldsymbol{A}^n\boldsymbol{P} = \boldsymbol{D}^n$. It follows that $\boldsymbol{PD}^n\boldsymbol{P}^{-1} = \boldsymbol{0}$, which implies that $\boldsymbol{D}^n = \boldsymbol{0}$, and hence, $\boldsymbol{D} = \boldsymbol{0}$. Consequently, $\boldsymbol{P}^{-1}\boldsymbol{AP} = \boldsymbol{0}$ and $\boldsymbol{A}$ is therefore equal to zero [see Section 11.4 in Banerjee and Roy (2014)].

7.7 Consider the matrix

$$A = \begin{bmatrix} 0 & 0 \\ 1 & 0 \end{bmatrix}.$$

Then, $\boldsymbol{A}^2 = \boldsymbol{0}$. By the result of Exercise 6, we conclude that $\boldsymbol{A}$ is not diagonalizable.

7.8 We have that $\boldsymbol{AP} = \boldsymbol{P\Lambda}$. We then get $\boldsymbol{Ap}_j = \lambda_j\boldsymbol{p}_j$, where $\boldsymbol{p}_j$ is the jth column of $\boldsymbol{P}$, $j = 1, 2, \ldots, n$. This shows that the $\boldsymbol{p}_j$'s are eigenvectors of $\boldsymbol{A}$ with eigenvalues $\lambda_1, \lambda_2, \ldots, \lambda_n$, respectively. Since $\boldsymbol{P}$ is nonsingular, its columns form a set of linearly independent eigenvectors. It follows that if $\boldsymbol{A}$ has linearly independent eigenvectors, then we can use these eigenvectors as the columns of the matrix $\boldsymbol{P}$. The matrix $\boldsymbol{P}$ satisfies the equality $\boldsymbol{AP} = \boldsymbol{P\Lambda}$, where $\boldsymbol{\Lambda}$ is a diagonal matrix whose diagonal elements are the corresponding eigenvalues of $\boldsymbol{A}$. We then conclude that $\boldsymbol{P}^{-1}\boldsymbol{AP} = \boldsymbol{\Lambda}$ and $\boldsymbol{A}$ is therefore diagonalizable [see Section 11.4 in Banerjee and Roy (2014)].

7.9 The columns of $\boldsymbol{P}$ are the eigenvectors of the matrix $\boldsymbol{A}$. Thus $\boldsymbol{P}$ is equal to

$$\boldsymbol{P} = \begin{bmatrix} -0.7165709 & -0.6107079 & 0.05662903 \\ 0.2356812 & 0.7540444 & -0.66505613 \\ -0.6564911 & -0.2417703 & 0.74464320 \end{bmatrix}.$$

It can be verified that

$$\boldsymbol{P}^{-1}\boldsymbol{AP} = \begin{bmatrix} 6.845609 & 0 & 0 \\ 0 & 3.087654 & 0 \\ 0 & 0 & -2.933263 \end{bmatrix}$$

The diagonal elements of $\boldsymbol{P}^{-1}\boldsymbol{AP}$ are the eigenvalues of $\boldsymbol{A}$.

7.10 Suppose that there exits a diagonal matrix $\boldsymbol{D}$ such that $\boldsymbol{A} = \boldsymbol{P}^{-1}\boldsymbol{DP}$. We can then write

$$\begin{aligned} \boldsymbol{A} - \lambda \boldsymbol{I}_2 &= \boldsymbol{P}^{-1}\boldsymbol{DP} - \lambda \boldsymbol{I}_2 \\ &= \boldsymbol{P}^{-1}(\boldsymbol{D} - \lambda \boldsymbol{I}_2)\boldsymbol{P}. \end{aligned}$$

It follows that $\boldsymbol{A}$ and $\boldsymbol{D}$ have the same eigenvalues. Since $\boldsymbol{D}$ is diagonal, the diagonal elements are its eigenvalues. Furthermore, it can be verified that $\boldsymbol{A}$ has one eigenvalue equal to 5 of multiplicity 2. We then conclude that $\boldsymbol{D} = 5\boldsymbol{I}_2$. This makes $\boldsymbol{A} = 5\boldsymbol{I}_2$ contrary to the previously given value of $\boldsymbol{A}$. This contradiction leads us to conclude that $\boldsymbol{A}$ is not diagonable.

CHAPTER 8

8.1 To show that (8.2) satisfies (8.1):

(i) We have that $\boldsymbol{A} = \boldsymbol{KL}$. Then, $\boldsymbol{AL}'(\boldsymbol{K}'\boldsymbol{AL}')^{-1}\boldsymbol{K}'\boldsymbol{A} = \boldsymbol{KLL}'(\boldsymbol{K}'\boldsymbol{KLL}')^{-1}\boldsymbol{K}'\boldsymbol{KL}$. But, $\boldsymbol{LL}'$ and $\boldsymbol{K}'\boldsymbol{K}$ are nonsingular. We then get, $\boldsymbol{K}(\boldsymbol{LL}')(\boldsymbol{LL}')^{-1}(\boldsymbol{K}'\boldsymbol{K})^{-1}\boldsymbol{K}'\boldsymbol{KL} = \boldsymbol{KL} = \boldsymbol{A}$.

(ii) $\boldsymbol{MAM} = \boldsymbol{L}'(\boldsymbol{K}'\boldsymbol{AL}')^{-1}\boldsymbol{K}'(\boldsymbol{KL})\boldsymbol{L}'(\boldsymbol{K}'\boldsymbol{KLL}')^{-1}\boldsymbol{K}' = \boldsymbol{L}'(\boldsymbol{LL}')^{-1}(\boldsymbol{K}'\boldsymbol{K})^{-1}\boldsymbol{K}' = \boldsymbol{L}'(\boldsymbol{K}'\boldsymbol{KLL}')^{-1}\boldsymbol{K}' = \boldsymbol{M}$.

(iii) $\boldsymbol{AM} = \boldsymbol{KLL}'(\boldsymbol{K}'\boldsymbol{KLL}')^{-1}\boldsymbol{K}' = \boldsymbol{K}(\boldsymbol{K}'\boldsymbol{K})^{-1}\boldsymbol{K}'$, which is symmetric.

(iv) $\boldsymbol{MA} = \boldsymbol{L}'(\boldsymbol{K}'\boldsymbol{KLL}')^{-1}\boldsymbol{K}'\boldsymbol{KL} = \boldsymbol{L}'(\boldsymbol{LL}')^{-1}\boldsymbol{L}$, which is symmetric.

(8.4) can similarly be shown to satisfy (8.1).

8.2 Making the proper substitution in $\boldsymbol{AGA} = \boldsymbol{A}$, we get

$$\begin{bmatrix} \boldsymbol{I} & \boldsymbol{0} \\ \boldsymbol{A}_{21}\boldsymbol{A}_{11}^{-1} & \boldsymbol{0} \end{bmatrix} \begin{bmatrix} \boldsymbol{A}_{11} & \boldsymbol{A}_{12} \\ \boldsymbol{A}_{21} & \boldsymbol{A}_{22} \end{bmatrix} = \begin{bmatrix} \boldsymbol{A}_{11} & \boldsymbol{A}_{12} \\ \boldsymbol{A}_{21} & \boldsymbol{A}_{21}\boldsymbol{A}_{11}^{-1}\boldsymbol{A}_{12} \end{bmatrix}.$$

But, $A_{21}A_{11}^{-1}A_{12} = A_{22}$ by the fact that

$$[A_{21} \quad A_{22}] = K[A_{11} \quad A_{12}],$$

for some matrix K, since the rows of $[A_{21} \quad A_{22}]$ are linearly dependent on the rows of $[A_{11} \quad A_{12}]$. We then have $A_{21} = KA_{11}$ and $A_{22} = KA_{12}$. Hence, $K = A_{21}A_{11}^{-1}$. It follows that $A_{22} = A_{21}A_{11}^{-1}A_{12}$.

8.3 We have that $A_r^- = A^-AA^-$. Hence,

$$\begin{aligned} AA_r^-A &= AA^-AA^-A \\ &= AA^-A = A, \end{aligned}$$

and

$$\begin{aligned} A_r^-AA_r^- &= A^-AA^-AA^-AA^- \\ &= A^-AA^- \\ &= A_r^-. \end{aligned}$$

8.4 We have that $X'XGX'X = X'$. To show that GX' is a generalized inverse of X that satisfies conditions $(i), (ii), (iii)$ of the Penrose conditions.

(i) To show that $XGX'X = X$, consider the product, $(X'XGX' - X')(XGX'X - X)$, which can easily be shown to be equal to zero, hence its trace is zero. This implies that $XG(X'X) - X = \mathbf{0}$. Note that G, being a generalized inverse of the symmetric matrix $X'X$, can be chosen to be symmetric.

(ii) To show that $GX'XGX' = GX'$, it is easy to show that the product $(GX'XGX' - GX')(XGX'XG - XG)$ is equal to zero. Hence its trace is zero, which implies that $GX'XGX' - GX' = \mathbf{0}$.

(iii) To show that XGX' is symmetrix: this is trivial considering that G is chosen to be symmetric.

8.5 The Moore–Penrose generalized inverses of A and B, denoted here by A^-, and B^-, respectively, are

$$A^- = \begin{bmatrix} 0.03065 & 0.04789 & -0.01341 \\ 0.03448 & 0.07471 & 0.00575 \\ 0.07280 & 0.00958 & -0.13602 \\ -0.09579 & -0.00383 & 0.18774 \end{bmatrix},$$

$$B^- = \begin{bmatrix} -1.04672 & 0.96338 & -0.26136 & -0.17803 \\ -0.56061 & 0.56061 & -0.13636 & -0.13636 \\ 1.04798 & -0.88131 & 0.29454 & 0.12879 \\ 0.22601 & -0.30934 & 0.10227 & 0.18561 \end{bmatrix}.$$

These generalized inverses were obtained using the function *ginv*(.) in SAS's PROC IML (for details, see Chapter 15).

8.6 **(a)** $Q^{-1}A^{-}P^{-1}$ is a generalized inverse, where A^{-} is a generalized inverse of A.

(b) $A^{-}A$ is a generalized inverse.

(c) $\frac{1}{k}A^{-}$ is a generalized inverse.

(d) $AB^{-}A'$ is a generalized inverse.

(e) $\frac{1}{n^2}J$ is a generalized inverse.

8.7 If $A^{-}ABB^{-}$ is idempotent, then

$$(A^{-}ABB^{-})(A^{-}ABB^{-}) = A^{-}ABB^{-}.$$

It is easy to show that multiplying both sides on the left by A and on the right by B gives

$$(AB)(B^{-}A^{-})(AB) = AB,$$

which shows that $B^{-}A^{-}$ is a generalized inverse of AB.
Vice versa, if the above equality is true, then by multiplying both sides by A^{-} on the left and by B^{-} on the right we can show that $A^{-}ABB^{-}$ is idempotent.

8.8 $AA_r^{-}A = A$ shows that $r(A) \le r(A_r^{-})$. Also, $A_r^{-}AA_r^{-} = A_r^{-}$ gives $r(A_r^{-}) \le r(A)$. Hence, $r(A_r^{-}) = r(A)$.

8.9 To show that $Z(KZ^{-}K)Z = Z$, substituting in $ZZ^{-}Z = Z$, we get $(KAK)(Z^{-})(KAK) = KAK$, which can be written as $KA(KK)Z^{-}(KK)AK = KAK$. This gives, $Z(KZ^{-}K)Z = Z$, indicating that $KZ^{-}K$ is a generalized inverse of Z.

8.10 To show that $A^2G^2A^2 = A^2$: Since A and GA are symmetric, we get $GA = AG$. Then, $A^2G = AGA = A$. Multiplying both sides on the right by G, we get, $A^2G^2 = AG$. We next multiply both sides on the right by A^2, we get $A^2G^2A^2 = AGA^2$. But, since $AGA = A$, then $AGA^2 = A^2$. Hence, $A^2G^2A^2 = A^2$.

8.11 Let R and S be permutation matrices of orders $m \times m$ and $q \times q$, respectively, such that $RPS = [P_1\ P_2]$, which is of order $m \times q$, where P_1 is $m \times m$ of rank m and P_2 is of order $m \times (q-m)$ ($q \ge m$ since if $q < m$, then $r(P) \le q < m$, a contradiction). A generalized inverse of RPS is given by

$$L = \begin{bmatrix} P_1^{-1} \\ 0 \end{bmatrix}.$$

Hence, a generalized inverse of P is

$$P^{-} = S \begin{bmatrix} P_1^{-1} \\ 0 \end{bmatrix} R.$$

It follows that

$$PP^{-} = R'[P_1\ P_2]S'S\begin{bmatrix} P_1^{-1} \\ 0 \end{bmatrix} R$$

$$= R'I_m R$$

$$= I_m.$$

8.12 We show first that $D = P'^{-}(P'DP)P^{-}$. This is true since by Exercise 8.11, $PP^{-} = I_m$, then $P'^{-}P' = I_m$. Let us now show that $D^{-1} = P(P'DP)^{-}P'$. This is true since $D^{-1}D = P(P'DP)^{-}P'D = P(P^{-}D^{-1}P'^{-})P'D = I_m$. Furthermore, $DD^{-1} = DP(P'DP)^{-}P' = DP(P^{-}D^{-1}P'^{-})P' = I_m$.

8.13 $s = y'y - 2y'Xb + b'X'Xb$. We now show that $b'X'Xb = b'X'y$. We have that $b'X'Xb = y'XGX'XGX'y$. Since $XGX'X = X$ by Theorem 8.2(ii), we get $b'X'Xb = y'XGX'y = y'Xb$. Thus, $s = y'y - b'X'y$.

8.14 (a) We have $MV[M'(MVM')^{-}M]MV = MV[M'(MVM')^{-}M]VM' = MVM' = MMV = MV$. Hence, $M'(MVM')^{-}M$ is a generalized inverse of MV.

(b) We have $MV(V^{-1}M)MV = M^3V = MV$. Hence, $V^{-1}M$ is a generalized inverse of MV.

(c) Here, $MVM'(MVM')^{-}MV = MV[M'(MVM')^{-}M]MV = MV$, by part (a). Hence, $M'(MVM')^{-}$ is a generalized inverse of MV.

8.15 (a) We have $(A + X)X = X$. Hence, $X = (A + X)^{-1}X$. Multiply both sides on the left by X, we get $X = X(A + X)^{-1}X$. Hence, $(A + X)^{-1}$ is a generalized inverse of X.

(b) $A(A + X)^{-1}X = A(A + X)^{-1}(A + X)X = AX = 0$.

(c) We have $(A + X)(A + X)^{-1}(A + X) = A + X$. Hence, $A(A + X)^{-1}A + +A(A + X)^{-1}X + X(A + X)^{-1}A + X(A + X)^{-1}X = A + X$. Using parts (a) and (b), we conclude that $A(A + X)^{-1}A + X = A + X$. It follows that $A(A + X)^{-1}A = A$, that is, $(A + X)^{-1}$ is a generalized inverse of A.

8.16 This follows from the fact that

$$X(X'X)^{-}X' = [X_1\ X_2]\begin{bmatrix} (X_1'X_1)^{-1} & 0 \\ 0 & 0 \end{bmatrix}\begin{bmatrix} X_1' \\ X_2' \end{bmatrix}.$$

The right-hand side is equal to $X_1(X_1'X_1)^{-1}X_1'$.

8.17 (i) P is symmetric and invariant to $(X'X)^{-}$ by Theorem 8.2 (parts (iii) and (iv)). To show it is idempotent, it can be verified that $[I - X(X'X)^{-}X'][I - X(X'X)^{-}X'] = I - X(X'X)^{-}X'$.

(ii) $[I - X(X'X)^{-}X']X = X - X = 0$. Hence, $X'P = 0$.

(iii) Since P is idempotent, then $r(P) = tr[I - X(X'X)^{-}X'] = n - tr[X(X'X)^{-}X'] = n - r[X(X'X)^{-}X'] = n - r(X)$.

(iv) The columns of P are orthogonal to the columns of X follows from $PX = 0$. Hence, $0 = Px_i$ for all i, where x_i is the ith column of X. Thus, if p_j is the jth column of P, then $x_i'p_j = 0, j = 1, 2, \ldots, n$.

(v) Since $r(\boldsymbol{X}) = n - r(\boldsymbol{P})$, then $n = r(\boldsymbol{X}) + r(\boldsymbol{P})$. Thus the columns of $\boldsymbol{X}$ and $\boldsymbol{P}$ span the n-dimensional Euclidean space. Furthermore, the column space of $\boldsymbol{P}$ is the orthogonal complement of the column space of $\boldsymbol{X}$.

(vi) $\boldsymbol{BX} = \boldsymbol{0}$ implies that any row of $\boldsymbol{B}$ is orthogonal to the columns of $\boldsymbol{X}$. Hence, the rows of $\boldsymbol{B}$ are spanned by the rows of $\boldsymbol{P}$. Thus, there is a matrix $\boldsymbol{K}$ such that $\boldsymbol{B} = \boldsymbol{KP}$. It follows that if $\boldsymbol{b}_i'$ is the ith row of $\boldsymbol{B}$, then $\boldsymbol{b}_i' = \boldsymbol{k}_i'\boldsymbol{P}$, where $\boldsymbol{k}_i'$ is the ith row of $\boldsymbol{K}$, that is, $\boldsymbol{b}_i'$ is a linear combination of the rows of $\boldsymbol{P}$.

(vii) We have that $\boldsymbol{X1} = (\boldsymbol{x}'\boldsymbol{1})\boldsymbol{1}_n$, where $\boldsymbol{x}'\boldsymbol{1}$ represents a row sum of $\boldsymbol{X}$. We also have that $\boldsymbol{PX} = \boldsymbol{0}$. Multiplying on the right by $\boldsymbol{1}$, we get $\boldsymbol{PX1} = \boldsymbol{0}$. Thus, $\boldsymbol{P1} = \boldsymbol{0}$, that is, the row sums of $\boldsymbol{P}$ are all zero.

(viii) Since $\boldsymbol{PX} = \boldsymbol{0}$, then $\boldsymbol{P1} = \boldsymbol{0}$, that is, $\boldsymbol{P}$ has zero row sums.

(ix) When $\boldsymbol{X} = \boldsymbol{1}$, then $\boldsymbol{X}(\boldsymbol{X}'\boldsymbol{X})^-\boldsymbol{X}' - \frac{1}{n}\boldsymbol{J}_n$.

(x) If $\boldsymbol{AX} = \boldsymbol{0}$, then $\boldsymbol{A} = \boldsymbol{LP}$ for some matrix $\boldsymbol{L}$ by part (vi). Hence, $\boldsymbol{A} = \boldsymbol{PL}'$ since $\boldsymbol{A}$ is symmetric. Multiplying both sides on the right by $\boldsymbol{P}$, we get $\boldsymbol{AP} = \boldsymbol{PL}'\boldsymbol{P}$. But, $\boldsymbol{A} = \boldsymbol{LP}$. Multiplying both sides on the right by $\boldsymbol{P}$, we get $\boldsymbol{AP} = \boldsymbol{LP}^2 = \boldsymbol{LP} = \boldsymbol{A}$. We then conclude that $\boldsymbol{A} = \boldsymbol{AP} = \boldsymbol{PL}'\boldsymbol{P}$.

8.18 (a) $\boldsymbol{X} = \boldsymbol{MT}$ implies $r(\boldsymbol{X}) \le r(\boldsymbol{T})$. Multiplying on the left by $\boldsymbol{M}'$, we get $\boldsymbol{M}'\boldsymbol{X} = \boldsymbol{M}'\boldsymbol{MT}$. Since $\boldsymbol{M}'\boldsymbol{M}$ is nonsingular, we get $\boldsymbol{T} = (\boldsymbol{M}'\boldsymbol{M})^{-1}\boldsymbol{M}'\boldsymbol{X}$. Thus, $r(\boldsymbol{T}) \le r(\boldsymbol{X})$. We conclude that $r(\boldsymbol{T}) = r(\boldsymbol{X})$.

(b) Let $\boldsymbol{M}' = \boldsymbol{Q}$. Then, $\boldsymbol{M}'(\boldsymbol{MM}')^-\boldsymbol{M} = \boldsymbol{Q}(\boldsymbol{Q}'\boldsymbol{Q})^-\boldsymbol{Q}'$, which is idempotent of rank $= r(\boldsymbol{Q}) = r(\boldsymbol{M}) = p$. But, $\boldsymbol{M}'(\boldsymbol{MM}')^-\boldsymbol{M}$ is of order $p \times p$ and is therefore nonsingular. Hence, it must be equal to the identity.

(c) We have $\boldsymbol{X}'(\boldsymbol{MM}')^-\boldsymbol{X} = \boldsymbol{T}'\boldsymbol{M}'(\boldsymbol{MM}')^-\boldsymbol{MT} = \boldsymbol{T}'\boldsymbol{T}$. Thus, $r[\boldsymbol{X}'(\boldsymbol{MM}')^-\boldsymbol{X}] = r(\boldsymbol{T}'\boldsymbol{T}) = r(\boldsymbol{T}) = r(\boldsymbol{X})$.

8.19 (a) We have that $\boldsymbol{A} = \boldsymbol{AA}^-\boldsymbol{A}$. Then, $r(\boldsymbol{A}) \le r(\boldsymbol{A}^-)$.

(b) We have that $r(\boldsymbol{A}) \le r(\boldsymbol{AA}^-)$ and $r(\boldsymbol{A}) \le r(\boldsymbol{A}^-\boldsymbol{A})$. We also have $r(\boldsymbol{AA}^-) \le r(\boldsymbol{A})$ and $r(\boldsymbol{A}^-\boldsymbol{A}) \le r(\boldsymbol{A})$. We conclude that $r(\boldsymbol{A}) = r(\boldsymbol{A}^-\boldsymbol{A}) = r(\boldsymbol{AA}^-)$.

(c) $\boldsymbol{A}^-\boldsymbol{AA}^-\boldsymbol{A} = \boldsymbol{A}^-\boldsymbol{A}$.

8.20 $\boldsymbol{A}^-\boldsymbol{y}$ is a solution to $\boldsymbol{y} = \boldsymbol{Ax}$. Hence, $\boldsymbol{A}\tilde{\boldsymbol{x}} = \boldsymbol{AA}^-\boldsymbol{y} + (\boldsymbol{AA}^-\boldsymbol{A} - \boldsymbol{A})\boldsymbol{z} = \boldsymbol{AA}^-\boldsymbol{y} = \boldsymbol{y}$.

8.21 Suppose that $\boldsymbol{BA}^-\boldsymbol{A} = \boldsymbol{B}$. Let $\boldsymbol{x}_1$ and $\boldsymbol{x}_2$ be two solutions of $\boldsymbol{Ax} = \boldsymbol{y}$, that is, $\boldsymbol{Ax}_1 = \boldsymbol{y}$ and $\boldsymbol{Ax}_2 = \boldsymbol{y}$. Then, $\boldsymbol{Bx}_1 = \boldsymbol{BA}^-\boldsymbol{Ax}_1 = \boldsymbol{BA}^-\boldsymbol{y} = \boldsymbol{BA}^-\boldsymbol{Ax}_2 = \boldsymbol{Bx}_2$.
Suppose now that $\boldsymbol{Bx}$ is unique. Let $\tilde{\boldsymbol{x}}$ be a solution to $\boldsymbol{Ax} = \boldsymbol{y}$, that is, $\boldsymbol{B}\tilde{\boldsymbol{x}} = \boldsymbol{BA}^-\boldsymbol{y}$. Using now the general solution given in Exercise 8.20, we can write

$$\boldsymbol{B}[\boldsymbol{A}^-\boldsymbol{y} + (\boldsymbol{A}^-\boldsymbol{A} - \boldsymbol{I})\boldsymbol{z}] = \boldsymbol{BA}^-\boldsymbol{y}, \quad \textit{for all } \boldsymbol{z}.$$

This implies $(\boldsymbol{BA}^-\boldsymbol{A} - \boldsymbol{B})\boldsymbol{z} = \boldsymbol{0}$, for all $\boldsymbol{z}$. We conclude that $\boldsymbol{BA}^-\boldsymbol{A} - \boldsymbol{B} = \boldsymbol{0}$.

8.22 Suppose $\boldsymbol{A}^-\boldsymbol{ABB}^-$ is idempotent. Then, $\boldsymbol{A}^-\boldsymbol{ABB}^-\boldsymbol{A}^-\boldsymbol{ABB}^- = \boldsymbol{A}^-\boldsymbol{ABB}^-$. Multiplying both sides on the left by $\boldsymbol{A}$ and on the right by $\boldsymbol{B}$, we get

$$\boldsymbol{AA}^-\boldsymbol{ABB}^-\boldsymbol{A}^-\boldsymbol{ABB}^-\boldsymbol{B} = \boldsymbol{AA}^-\boldsymbol{ABB}^-\boldsymbol{B}.$$

This implies that $\boldsymbol{ABB}^-\boldsymbol{A}^-\boldsymbol{AB} = \boldsymbol{AB}$. We conclude that $\boldsymbol{B}^-\boldsymbol{A}^-$ is a generalized inverse of $\boldsymbol{AB}$.

Now suppose that B^-A^- is a generalized inverse of AB. Then, $ABB^-A^-AB = AB$. Multiplying both sides on the left by A^- and on the right by B^-, we get $A^-ABB^-A^-ABB^- = A^-ABB^-$. Hence, A^-ABB^- is idempotent.

8.23 In Henderson and Searle (1980, p. 15), it is reported that a generalized inverse of $A + UBV$ is given by

$$G_3 = A^- - A^-UB(B + BVA^-UB)^-BVA^-.$$

In this exercise, $U = C$, $B = I$, $V = C'$, and $A^- = A^{-1}$. By making the substitution we get

$$(A + CC')^- = A^{-1} - A^{-1}C(I + C'A^{-1}C)^-C'A^{-1}.$$

8.24 **(a)** $X'X(X'X)^-X'y = X'y$.

(b) $E(c'y) = a'\beta$. Thus, $c'X\beta = a'\beta$. This implies $a' = c'X$, that is, a' belongs to the row space of X.

(c) $a'\hat{\beta} = c'X(X'X)^-X'y$. The result follows from the fact that $X(X'X)^-X'$ is invariant to $(X'X)^-$ (Theorem 8.2, part (iii)).

CHAPTER 9

9.1 For the Jacobian matrix we have

$$\frac{\partial y}{\partial x} = \begin{bmatrix} 12x_1x_2 + 2x_2 & 6x_1^2 + 2x_1 + 2x_2 \\ 6x_1^2 + 2x_1 + 2x_2 & 2x_1 \end{bmatrix}.$$

For the Hessian matrix we have

$$H = \left\{ \frac{\partial^2 y}{\partial x_i \partial x_j} \right\}$$

$$= \begin{bmatrix} \frac{\partial^2 y}{\partial x_1^2} & \frac{\partial^2 y}{\partial x_1 \partial x_2} \\ \frac{\partial^2 y}{\partial x_2 \partial x_1} & \frac{\partial^2 y}{\partial x_2^2} \end{bmatrix}$$

$$= \begin{bmatrix} 12x_1x_2 + 2x_2 & 6x_1^2 + 2x_1 + 2x_2 \\ 6x_1^2 + 2x_1 + 2x_2 & 2x_1 \end{bmatrix}.$$

9.2

$$A = \begin{bmatrix} 7 & 2 & 3 \\ 2 & -5 & -3 \\ 3 & -3 & 3 \end{bmatrix}.$$

9.3 Let $X\beta = \gamma$. Then, the given ratio can be written as $\gamma' tt' \gamma / \gamma' \gamma$. The nonzero eigenvalues of tt' are the same as those of $t't$. Hence, tt' has one nonzero eigenvalue, namely, $t't$. This maximum is achieved when $\gamma = t/\sqrt{t't}$, which is a unit eigenvector of tt' for the eigenvalue $t't$. If β_{max} denotes the value of β that maximizes the ratio, then $X\beta_{max} = \gamma$. We then conclude that $\beta_{max} = (X'X)^{-1}X't/\sqrt{t't}$.

9.4 $|A|^2 = |AA'| \leq \prod_{i=1}^{n} d_i' d_i$ by Theorem 9.8, where d_i' is the ith row of A. Hence, $|A|^2 \leq \prod_{i=1}^{n} \left(\sum_{j=1}^{n} a_{ij}^2 \right)$.

9.5 By the spectral decomposition theorem we have $A = P\Lambda P'$. Hence, $A^{1/2} = P\Lambda^{1/2}P'$. Let $x'A^{1/2} = z'$, and $A^{1/2}y = w$. Then, $(x'Ay)^2 = (z'w)^2 = \left(\sum_{i=1}^{n} w_i z_i \right)^2 \leq \sum_{i=1}^{n} z_i^2 \sum_{i=1}^{n} w_i^2 = (x'Ax)(y'Ay)$.

9.6 $tr(AX) = \sum_{i=1}^{n} a_i' x_i$, where a_i' is the ith row of A and x_i is the ith column of X. It is then easy to see that $tr(AX) = (vecA')' vecX$. Since $tr(AX) = tr(XA)$, then $tr(XA) = (vecX')' vecA$.

9.7 Let $C = AB - BA$. Then, $CC' = AB^2A - (AB)^2 - (BA)^2 + BA^2B$. Since $tr(CC') \geq 0$, then we must have $2tr(A^2B^2) - 2tr(AB)^2 \geq 0$, that is, $tr(AB)^2 \leq tr(A^2B^2)$. Equality holds if and only if $AB = BA$: If this condition is true, then $tr(AB)^2 = tr(ABBA) = tr(A^2B^2)$. Vice versa, if $tr(AB)^2 = tr(A^2B^2)$, then $tr(CC') = 0$ which implies that $C = 0$. Hence, $AB = BA$.

9.8 The Hessian matrix is

$$\begin{aligned} \frac{\partial}{\partial x}\left[\frac{\partial(x'Ax)}{\partial x'}\right] &= \frac{\partial}{\partial x}\left[\frac{\partial(x'Ax)}{\partial x}\right]' \\ &= \frac{\partial}{\partial x}[2Ax]' \\ &= 2\frac{\partial(x'A)}{\partial x} \\ &= 2A. \end{aligned}$$

9.9 We have

$$\begin{aligned} \frac{\partial(a'Wa)}{\partial W} &= \frac{\partial}{\partial W}\left(\sum_{ij} a_i a_j w_{ij} \right) \\ &= \left\{ \sum_{ij} a_i a_j \frac{\partial(w_{ij})}{\partial w_{kl}} \right\} \\ &= \{a_k a_l\} \\ &= aa'. \end{aligned}$$

9.10 The (i,k)th element of $\frac{\partial \boldsymbol{z}'}{\partial \boldsymbol{x}}$ is

$$\frac{\partial z_k}{\partial x_i} = \sum_{j=1}^{n} \frac{\partial z_k}{\partial y_j}\frac{\partial y_j}{\partial x_i}$$
$$= \frac{\partial z_k}{\partial \boldsymbol{y}'}\frac{\partial \boldsymbol{y}}{\partial x_i}, \quad i = 1,2,\ldots,m; k = 1,2,\ldots,p.$$

Hence,

$$\frac{\partial \boldsymbol{z}'(\boldsymbol{x})}{\partial \boldsymbol{x}} = \left\{\frac{\partial z_j}{\partial \boldsymbol{y}'}\frac{\partial \boldsymbol{y}}{\partial x_i}\right\}_{ij}, \quad i = 1,2,\ldots,m; j = 1,2,\ldots,p$$
$$= \left\{\frac{\partial \boldsymbol{y}'}{\partial x_i}\frac{\partial z_j}{\partial \boldsymbol{y}}\right\}_{ij}, \quad i = 1,2,\ldots,m; j = 1,2,\ldots,p$$
$$= \left[\frac{\partial \boldsymbol{y}'}{\partial x_i}\right]_{i=1,\ldots,m}\left[\frac{\partial z_j}{\partial \boldsymbol{y}}\right]_{j=1,\ldots,p}.$$

Hence,

$$\frac{\partial \boldsymbol{z}'(\boldsymbol{x})}{\partial \boldsymbol{x}} = \frac{\partial \boldsymbol{y}'}{\partial \boldsymbol{x}}\frac{\partial \boldsymbol{z}'}{\partial \boldsymbol{y}}.$$

9.11 By the spectral decomposition theorem, $\boldsymbol{A}^2 = \boldsymbol{P}\boldsymbol{\Lambda}^2\boldsymbol{P}'$. Thus, $tr(\boldsymbol{A}^2) = \sum_{i=1}^n \lambda_i^2$. But, $\sum_{i=1}^n \lambda_i^2 \le e_{max}(\boldsymbol{A})\sum_{i=1}^n \lambda_i = e_{max}(\boldsymbol{A})tr(\boldsymbol{A})$.
Equality holds if and only if $\lambda_i = \lambda$ for all i: If $\lambda_i = \lambda$ for all i, then $\boldsymbol{A} = \lambda\boldsymbol{I}_n$. Then, $\boldsymbol{A}^2 = \lambda^2\boldsymbol{I}_n$, and $tr(\boldsymbol{A}^2) = n\lambda^2 = e_{max}(\boldsymbol{A})\sum_{i=1}^n \lambda_i = n\lambda^2$. Vice versa, if $\sum_{i=1}^n \lambda_i^2 = e_{max}(\boldsymbol{A})\sum_{i=1}^n \lambda_i$, then $\sum_{i=1}^n(e_{max}(\boldsymbol{A})\lambda_i - \lambda_i^2) = 0$, which implies $e_{max}(\boldsymbol{A})\lambda_i - \lambda_i^2 = 0$ for all i since $e_{max}(\boldsymbol{A})\lambda_i \ge \lambda_i^2$ for all i. We then conclude that $\lambda_i = e_{max}(\boldsymbol{A})$ for all i

9.12 This follows directly from the definition of $\frac{\partial \boldsymbol{Y}}{\partial \boldsymbol{X}}$ in Section 9.5.3.

9.13 We have that $tr[(\boldsymbol{A}-\boldsymbol{B})(\boldsymbol{A}-\boldsymbol{B})] = tr(\boldsymbol{A}^2) + tr(\boldsymbol{B}^2) - 2tr(\boldsymbol{AB})$. Let λ_i be the ith eigenvalue of $\boldsymbol{A}-\boldsymbol{B}$. Since $\boldsymbol{A}-\boldsymbol{B}$ is symmetric, then $tr(\boldsymbol{A}-\boldsymbol{B})^2 = \sum_{i=1}^m \lambda_i^2 \ge 0$. Hence, $tr(\boldsymbol{A}^2) + tr(\boldsymbol{B}^2) - 2tr(\boldsymbol{AB}) \ge 0$, that is, $tr(\boldsymbol{AB}) \le \frac{1}{2}[tr(\boldsymbol{A}^2) + tr(\boldsymbol{B}^2)]$.

9.14 $tr[\boldsymbol{A}\otimes\boldsymbol{A} + \boldsymbol{B}\otimes\boldsymbol{B} - 2\boldsymbol{A}\otimes\boldsymbol{B}] = [tr(\boldsymbol{A})]^2 + [tr(\boldsymbol{B})]^2 - 2tr(\boldsymbol{A})tr(\boldsymbol{B}) = [tr(\boldsymbol{A}) - tr(\boldsymbol{B})]^2 \ge 0$. We can conclude that

$$tr(\boldsymbol{A}\otimes\boldsymbol{B}) \le \frac{1}{2}tr[\boldsymbol{A}\otimes\boldsymbol{A} + \boldsymbol{B}\otimes\boldsymbol{B}]$$

9.15 Since $\boldsymbol{A}$ is non-negative definite we can write

$$e_{min}(\boldsymbol{B})\boldsymbol{A} \le \boldsymbol{A}^{1/2}\boldsymbol{B}\boldsymbol{A}^{1/2} \le e_{max}(\boldsymbol{B})\boldsymbol{A}.$$

Hence,

$$e_{min}(\boldsymbol{B})tr(\boldsymbol{A}) \leq tr(\boldsymbol{A}^{1/2}\boldsymbol{B}\boldsymbol{A}^{1/2}) \leq e_{max}(\boldsymbol{B})tr(\boldsymbol{A}).$$

We conclude that

$$e_{min}(\boldsymbol{B})tr(\boldsymbol{A}) \leq tr(\boldsymbol{AB}) \leq e_{max}(\boldsymbol{B})tr(\boldsymbol{A}).$$

9.16 We have

$$\begin{aligned}
f(\boldsymbol{A}) &= \boldsymbol{P}\text{diag}[f(\lambda_1), f(\lambda_2), \ldots, f(\lambda_n)]\boldsymbol{P}' \\
&= \boldsymbol{P}\text{diag}\left[\sum_{i=0}^{\infty} a_i\lambda_1^i, \sum_{i=0}^{\infty} a_i\lambda_2^i, \ldots, \sum_{i=0}^{\infty} a_i\lambda_n^i\right]\boldsymbol{P}' \\
&= \boldsymbol{P}\left[\sum_{i=0}^{\infty} a_i\boldsymbol{\Lambda}^i\right]\boldsymbol{P}' \\
&= \sum_{i=0}^{\infty} a_i(\boldsymbol{P\Lambda P}')^i \\
&= \sum_{i=0}^{\infty} \boldsymbol{a}_i\boldsymbol{A}^i.
\end{aligned}$$

9.17 $sin(\boldsymbol{A}) = \sum_{i=0}^{\infty}(-1)^i \frac{1}{(2i+1)!}\boldsymbol{A}^{2i+1}$.

9.18 $\boldsymbol{a}'\boldsymbol{X}\boldsymbol{a} = \sum_{p=1}^{n}\sum_{q=1}^{n} a_p a_q x_{pq}$. Hence,

$$\begin{aligned}
\frac{\partial(\boldsymbol{a}'\boldsymbol{X}\boldsymbol{a})}{\partial x_{ij}} &= \sum_{p=1}^{n}\sum_{q=1}^{n} a_p a_q \frac{\partial x_{pq}}{\partial x_{ij}} \\
&= a_i a_j + a_j a_i \\
&= 2a_i a_j, \quad i \neq j \\
&= a_i^2, \quad i = j.
\end{aligned}$$

Hence,

$$\frac{\partial(\boldsymbol{a}'\boldsymbol{X}\boldsymbol{a})}{\partial x_{ij}} = 2a_i a_j - \delta_{ij} a_i a_j,$$

where $\delta_{ij} = 1$ if $i = j$, otherwise it is equal to zero. We conclude that

$$\frac{\partial(\boldsymbol{a}'\boldsymbol{X}\boldsymbol{a})}{\partial \boldsymbol{X}} = 2\boldsymbol{aa}' - \boldsymbol{D}_{\boldsymbol{aa}'}.$$

9.19 If $\frac{\partial(\boldsymbol{QX})}{\partial \boldsymbol{X}} = \boldsymbol{0}$, then $\frac{\partial(\boldsymbol{QX})}{\partial x_{ij}} = \boldsymbol{0}$ for all $i = 1, 2, \ldots, p$; $j = 1, 2, \ldots, q$. We have that $\frac{\partial(\boldsymbol{QX})}{\partial x_{ij}} = \boldsymbol{Q}E_{ij} = \boldsymbol{Q}\boldsymbol{e}_i\boldsymbol{e}_j' = \boldsymbol{0}$. Multiplying both sides on the right by $\boldsymbol{e}_j$ and noting that $\boldsymbol{e}_j'\boldsymbol{e}_j = 1$, we get $\boldsymbol{Q}\boldsymbol{e}_i = \boldsymbol{0}$ for all $i = 1, 2, \ldots, p$. Hence,

$$\boldsymbol{Q}[\boldsymbol{e}_1\ \boldsymbol{e}_2\ \ldots\ \boldsymbol{e}_p] = \boldsymbol{0}.$$

Since $[\boldsymbol{e}_1\ \boldsymbol{e}_2\ \ldots\ \boldsymbol{e}_p] = \boldsymbol{I}_p$, we conclude that $\boldsymbol{Q} = \boldsymbol{0}$.

9.20 Since $|\lambda_i| < 1$, the power series $\sum_{j=0}^{\infty} \lambda_i^j$ is absolutely convergent and its sum is equal to $\frac{1}{1-\lambda_i}$, $i = 1, 2, \ldots, n$. Hence, by the result of Exercise 9.16, we have $\sum_{j=0}^{\infty} \boldsymbol{A}^j = (\boldsymbol{I}_n - \boldsymbol{A})^{-1}$.

9.21 By Theorem 9.8, we have $|\boldsymbol{A}_j| \leq \prod_{i=1}^{j} a_{ii}$, $j = 1, 2, \ldots, n$, since $\boldsymbol{A}_1, \boldsymbol{A}_2, \ldots, \boldsymbol{A}_n$ are positive definite (the leading principal minors of $\boldsymbol{A}$ are all positive). Furthermore, since the leading principal minors are positive, then it can be shown by induction and by applying Theorem 9.8 that $a_{ii} > 0$ for $i = 1, 2, \ldots, n$. Hence, by Carleman's inequality, $\sum_{j=1}^{n} (a_{11}a_{22}\ldots a_{jj})^{1/j} \leq (1 + \frac{1}{n})^n \sum_{j=1}^{n} a_{jj}$. It follows that

$$\begin{aligned}
\sum_{j=1}^{n} |\boldsymbol{A}_j|^{1/j} &\leq \sum_{j=1}^{n} (a_{11}a_{22}\ldots a_{jj})^{1/j} \\
&\leq \left(1 + \frac{1}{n}\right)^n \sum_{j=1}^{n} a_{jj} \\
&= \left(1 + \frac{1}{n}\right)^n tr(\boldsymbol{A}).
\end{aligned}$$

CHAPTER 10

10.1 $var(\boldsymbol{y}) = \boldsymbol{T}var(\boldsymbol{x})\boldsymbol{T}' = \boldsymbol{T}'\boldsymbol{T} = \boldsymbol{I}$.

10.2 We have $\boldsymbol{S} = \boldsymbol{X}'(\boldsymbol{I}_n - \frac{1}{n}\boldsymbol{J}_n)\boldsymbol{X}$. Let $\boldsymbol{X}^* = \boldsymbol{X} - \theta\boldsymbol{J}_n$. Then,

$$\begin{aligned}
(\boldsymbol{X}^*)'\left(\boldsymbol{I}_n - \frac{1}{n}\boldsymbol{J}_n\right)(\boldsymbol{X}^*) &= (\boldsymbol{X} - \theta\boldsymbol{J}_n)'\left(\boldsymbol{I}_n - \frac{1}{n}\boldsymbol{J}_n\right)(\boldsymbol{X} - \theta\boldsymbol{J}_n) \\
&= \boldsymbol{X}'\left(\boldsymbol{I}_n - \frac{1}{n}\boldsymbol{J}_n\right)\boldsymbol{X} - \theta\boldsymbol{X}'\left(\boldsymbol{I}_n - \frac{1}{n}\boldsymbol{J}_n\right)\boldsymbol{J}_n \\
&\quad -\theta\boldsymbol{J}_n\left(\boldsymbol{I}_n - \frac{1}{n}\boldsymbol{J}_n\right)\boldsymbol{X} + \theta^2\boldsymbol{J}_n\left(\boldsymbol{I}_n - \frac{1}{n}\boldsymbol{J}_n\right)\boldsymbol{J}_n \\
&= \boldsymbol{X}'\left(\boldsymbol{I}_n - \frac{1}{n}\boldsymbol{J}_n\right)\boldsymbol{X}.
\end{aligned}$$

10.3 **(a)** $SS_A = n\sum_{i=1}^{a}(\bar{x}_{i.})^2 - an(\bar{x}_{..})^2$. Hence,

$$SS_A = \boldsymbol{x}\left[\frac{1}{n}\boldsymbol{I}_a \otimes \boldsymbol{J}_n - \frac{1}{an}\boldsymbol{J}_a \otimes \boldsymbol{J}_n\right]\boldsymbol{x}.$$

(b) $SS_E = \sum_{i=1}^{a}\sum_{j=1}^{n}x_{ij}^2 - n\sum_{i=1}^{a}(\bar{x}_{i.})^2$. Hence,

$$SS_E = \boldsymbol{x}'\left[\boldsymbol{I}_a \otimes \boldsymbol{I}_n - \frac{1}{n}\boldsymbol{I}_a \otimes \boldsymbol{J}_n\right]\boldsymbol{x}.$$

(c) From the expressions for SS_A and SS_E, the product of their corresponding matrices, namely,

$$\left[\frac{1}{n}\boldsymbol{I}_a \otimes \boldsymbol{J}_n - \frac{1}{an}\boldsymbol{J}_a \otimes \boldsymbol{J}_n\right]\left[\boldsymbol{I}_a \otimes \boldsymbol{I}_n - \frac{1}{n}\boldsymbol{I}_a \otimes \boldsymbol{J}_n\right]$$

is equal to $\frac{1}{n}\boldsymbol{I}_a \otimes \boldsymbol{J}_n - \frac{1}{n}\boldsymbol{I}_a \otimes \boldsymbol{J}_n - \frac{1}{an}\boldsymbol{J}_a \otimes \boldsymbol{J}_n + \frac{1}{an}\boldsymbol{J}_a \otimes \boldsymbol{J}_n$, which is equal to the zero matrix. Hence, SS_A and SS_E are independently distributed.

(d) $\frac{1}{\sigma^2}[\frac{1}{n}\boldsymbol{I}_a \otimes \boldsymbol{J}_n - \frac{1}{an}\boldsymbol{J}_a \otimes \boldsymbol{J}_n](\sigma^2\boldsymbol{I}_{an}) = \frac{1}{n}\boldsymbol{I}_a \otimes \boldsymbol{J}_n - \frac{1}{an}\boldsymbol{J}_a \otimes \boldsymbol{J}_n$ is an idempotent matrix of rank $= tr[\frac{1}{n}\boldsymbol{I}_a \otimes \boldsymbol{J}_n - \frac{1}{an}\boldsymbol{J}_a \otimes \boldsymbol{J}_n] = a-1$. Hence, $SS_A/\sigma^2 \sim \chi^2_{a-1}$ (the noncentrality parameter is equal to zero).
As for SS_E/σ^2, we have that the matrix

$$\frac{1}{\sigma^2}\left[\boldsymbol{I}_a \otimes \boldsymbol{I}_n - \frac{1}{n}\boldsymbol{I}_a \otimes \boldsymbol{J}_n\right](\sigma^2\boldsymbol{I}_{an}) = \boldsymbol{I}_a \otimes \boldsymbol{I}_n - \frac{1}{n}\boldsymbol{I}_a \otimes \boldsymbol{J}_n,$$

is idempotent of rank $= an - a = a(n-1)$ and a noncentrality parameter equal to zero. Hence, $SS_E/\sigma^2 \sim \chi^2_{a(n-1)}$.

10.4 **(a)** $E(\boldsymbol{y}'\boldsymbol{M}\boldsymbol{y}) = \boldsymbol{\beta}'\boldsymbol{X}'\boldsymbol{M}\boldsymbol{X}\boldsymbol{\beta} + tr(\boldsymbol{M}\sigma^2\boldsymbol{I}) = \sigma^2 tr(\boldsymbol{M}) = \sigma^2(n - tr\{\boldsymbol{X}(\boldsymbol{X}'\boldsymbol{X})^-\boldsymbol{X}'\}) = \sigma^2[n - r\{\boldsymbol{X}(\boldsymbol{X}'\boldsymbol{X})^-\boldsymbol{X}'\}) = \sigma^2(n-r)$.

(b) $\boldsymbol{M}(\sigma^2\boldsymbol{I})(\boldsymbol{I}-\boldsymbol{M}) = \boldsymbol{0}$. Hence, $\boldsymbol{y}'\boldsymbol{M}\boldsymbol{y}$ and $\boldsymbol{y}'$ and $\boldsymbol{y}'(\boldsymbol{I}-\boldsymbol{M})\boldsymbol{y}$ are independent.

(c) $\frac{1}{\sigma^2}\boldsymbol{M}(\sigma^2\boldsymbol{I}) = \boldsymbol{M}$ is idempotent of rank $n-r$. The noncentrality parameter is zero since $\boldsymbol{\beta}'\boldsymbol{X}'\boldsymbol{M}\boldsymbol{X}\boldsymbol{\beta} = 0$. Hence, $\frac{1}{\sigma^2}\boldsymbol{y}'\boldsymbol{M}\boldsymbol{y} \sim \chi^2_{n-r}$.

(d) $\frac{1}{\sigma^2}(\boldsymbol{I}-\boldsymbol{M})(\sigma^2\boldsymbol{I}) = \boldsymbol{I}-\boldsymbol{M}$ is idempotent of rank $= r[\boldsymbol{X}(\boldsymbol{X}'\boldsymbol{X})^-\boldsymbol{X}'] = r$, and the noncentrality parameter is zero since $\boldsymbol{\beta}'\boldsymbol{X}'\boldsymbol{X}(\boldsymbol{X}'\boldsymbol{X})^-\boldsymbol{X}'\boldsymbol{X}\boldsymbol{\beta} = 0$.

10.5 **(a)** It is legitimate since it is symmetric and positive definite (the eigenvalues, namely, 16.8775, 2.0351, 0.0873 are all positive).

(b) $var(X+2Y+3Z) = var[(1,2,3)var[X\ Y\ Z](1,2,3)'] = 5$, $var(Y+4Z) = var[(0,1,4)var[X\ Y\ Z](0,1,4)'] = 2$. We also have

$$\begin{aligned} cov(X+2Y+3Z, Y+4Z) &= cov[(1,2,3)\boldsymbol{W}, \boldsymbol{W}'(0,1,4)'] \\ &= (1,2,3)var[X\ Y\ Z](0,1,4)' \\ &= 0, \end{aligned}$$

where $\boldsymbol{W} = (X, Y, Z)'$.

10.6 Since $\boldsymbol{V}$ is positive definite, then so is the matrix $\boldsymbol{R}$. Applying Theorem 9.8 to $\boldsymbol{R}$, we get $|\boldsymbol{R}| \leq \prod_{i=1}^{n} r_{ii} \leq 1$ since the diagonal elements of $\boldsymbol{R}$, $r_{11}, r_{22}, \ldots, r_{nn}$, are equal to one.

10.7 We have that $\boldsymbol{S} = \boldsymbol{X}'(\boldsymbol{I}_n - \frac{1}{n}\boldsymbol{J}_n)\boldsymbol{X}$. Then, $\boldsymbol{t}'\boldsymbol{X}'(\boldsymbol{I}_n - \frac{1}{n}\boldsymbol{J}_n)\boldsymbol{X}\boldsymbol{t} = \boldsymbol{u}'\boldsymbol{u}$, where $\boldsymbol{u} = (\boldsymbol{I}_n - \frac{1}{n}\boldsymbol{J}_n)\boldsymbol{X}\boldsymbol{t}$. Since $\boldsymbol{u}'\boldsymbol{u} \geq 0$, we conclude that $\boldsymbol{S}$ is non-negative definite.
An unbiased estimator of $\boldsymbol{V}$ is $\hat{\boldsymbol{V}} = \frac{1}{n-1}\boldsymbol{S}$. An estimated correlation matrix is $\hat{\boldsymbol{R}} = \boldsymbol{D}_s^{-1/2}\hat{\boldsymbol{V}}\boldsymbol{D}_s^{-1/2}$, where $\boldsymbol{D}_s = \text{diag}(s_{11}, s_{22}, \ldots, s_{nn})$, and $s_{jj} = \frac{1}{n-1}\sum_{i=1}^{n}(x_{ij} - \bar{x}_{.j})^2$. Hence, since $\hat{\boldsymbol{R}}$ is positive definite, then by Theorem 9.8, $|\hat{\boldsymbol{R}}| \leq 1$, given that the diagonal elements of $\hat{\boldsymbol{R}}$ are equal to 1.

10.8 If $\boldsymbol{A} = \boldsymbol{V}^{-1}$, then $\boldsymbol{A}\boldsymbol{V} = \boldsymbol{I}_n$ is idempotent of rank n. Hence, $\boldsymbol{x}'\boldsymbol{A}\boldsymbol{x}$ has the chi-squared distribution with n degrees of freedom. Vice versa, if $\boldsymbol{x}'\boldsymbol{A}\boldsymbol{x}$ has the chi-squared distribution with n degrees of freedom, then $\boldsymbol{A}\boldsymbol{V}$ must be idempotent of rank n. This implies that $\boldsymbol{A}\boldsymbol{V} = \boldsymbol{I}_n$, that is, $\boldsymbol{A} = \boldsymbol{V}^{-1}$.

10.9 **(a)** We have that

$$\begin{aligned}\frac{\partial Q}{\partial \boldsymbol{x}} &= 2\boldsymbol{V}^{-1}(\boldsymbol{x} - \boldsymbol{\mu}) \\ &= (4x_1 + 2x_2 - 2x_3 - 6, 2x_1 + 6x_2 - 4x_3 - 6, -2x_1 - 4x_2 + 8x_3 + 10)'.\end{aligned}$$

Furthermore,

$$\frac{\partial[2(\boldsymbol{x} - \boldsymbol{\mu})'\boldsymbol{V}^{-1}]}{\partial \boldsymbol{x}} = 2\boldsymbol{V}^{-1}.$$

Hence,

$$\boldsymbol{V}^{-1} = \frac{1}{2}\begin{bmatrix} 4 & 2 & -2 \\ 2 & 6 & -4 \\ 2 & -4 & 8 \end{bmatrix}.$$

Thus,

$$\boldsymbol{V} = \frac{1}{13}\begin{bmatrix} 8 & -2 & 1 \\ -2 & 7 & 3 \\ 1 & 3 & 5 \end{bmatrix}$$

Also, since $\mathrm{E}[\boldsymbol{V}^{-1}(\boldsymbol{x} - \boldsymbol{\mu})] = \boldsymbol{0}$, we get

$$\begin{bmatrix} 4 & 2 & -2 \\ 2 & 6 & -4 \\ -2 & -4 & 8 \end{bmatrix}\boldsymbol{\mu} = \begin{bmatrix} 6 \\ 6 \\ -10 \end{bmatrix}.$$

Hence, $\boldsymbol{\mu} = (1, 0, -1)'$.

(b) The moment generating function of $\boldsymbol{x}$ is

$$\phi_x(\boldsymbol{t}) = exp\left[\boldsymbol{t}'\boldsymbol{\mu} + \frac{1}{2}\boldsymbol{t}'\boldsymbol{V}\boldsymbol{t}\right],$$

where $\boldsymbol{\mu}$ and $\boldsymbol{V}$ are given in part(a).

10.10 $\boldsymbol{x}$ must be normally distributed with mean $= (1, -1, 2)'$ and variance-covariance matrix

$$\boldsymbol{V} = \begin{bmatrix} 2 & -0.5 & -1 \\ -0.5 & 1 & 0 \\ -1 & 0 & 4 \end{bmatrix}.$$

Let $u = (1, 1, -1)\boldsymbol{x}$. Hence, $u \sim N[(1, 1, -1)\boldsymbol{\mu}, (1, 1, -1)\boldsymbol{V}(1, 1, -1)'] = N(-2, 8)$. It follows that

$$\begin{aligned} P(x_1 + x_2 > x_3) &= P(u > 0) \\ &= P\left(z > \frac{2}{\sqrt{8}}\right) \\ &- P(z > 0.707) \\ &= 0.239. \end{aligned}$$

10.11 **(a)** $\boldsymbol{x}'\boldsymbol{A}\boldsymbol{y}$ can be expressed as

$$\boldsymbol{x}'\boldsymbol{A}\boldsymbol{y} = \frac{1}{2}\boldsymbol{W}'\boldsymbol{B}\boldsymbol{W},$$

where $\boldsymbol{B} = \begin{bmatrix} \boldsymbol{0} & \boldsymbol{A} \\ \boldsymbol{A}' & \boldsymbol{0} \end{bmatrix}$ is a symmetric matrix. Then, according to formula (10.33),

$$\mathrm{E}(\boldsymbol{x}'\boldsymbol{A}\boldsymbol{y}) = \boldsymbol{\mu_1}'\boldsymbol{A}\boldsymbol{\mu_2} + tr(\boldsymbol{A}\boldsymbol{V}'_{12}),$$

$\boldsymbol{V}'_{12}$ is a portion of the matrix

$$\boldsymbol{V} = \begin{bmatrix} \boldsymbol{V}_{11} & \boldsymbol{V}_{12} \\ \boldsymbol{V}'_{12} & \boldsymbol{V}_{22} \end{bmatrix},$$

and $\boldsymbol{\mu} = (\boldsymbol{\mu_1}', \boldsymbol{\mu_2}')'$.

(b) Using formulas (10.35) and (10.36) we get

$$\begin{aligned} var(\boldsymbol{x}'\boldsymbol{A}\boldsymbol{y}) &= \frac{2}{4}tr(\boldsymbol{B}\boldsymbol{V})^2 + \boldsymbol{\mu}'\boldsymbol{B}\boldsymbol{V}\boldsymbol{B}\boldsymbol{\mu} \\ &= tr(\boldsymbol{A}\boldsymbol{V}'_{12}\boldsymbol{A}\boldsymbol{V}'_{12}) + tr(\boldsymbol{A}\boldsymbol{V}_{22}\boldsymbol{A}'\boldsymbol{V}_{11}) + \boldsymbol{\mu_1}'\boldsymbol{A}\boldsymbol{V}_{22}\boldsymbol{A}'\boldsymbol{\mu_1} + \\ &\quad \boldsymbol{\mu_2}'\boldsymbol{A}'\boldsymbol{V}_{11}\boldsymbol{A}\boldsymbol{\mu_2} + 2\boldsymbol{\mu_1}'\boldsymbol{A}\boldsymbol{V}'_{12}\boldsymbol{A}\boldsymbol{\mu_2}. \end{aligned}$$

10.12 We have

$$var(\mathbf{x}'\mathbf{A}\mathbf{x}+\mathbf{x}'\mathbf{B}\mathbf{x}) = var(\mathbf{x}'\mathbf{A}\mathbf{x}) + 2cov(\mathbf{x}'\mathbf{A}\mathbf{x},\mathbf{x}'\mathbf{B}\mathbf{x}) + var(\mathbf{x}'\mathbf{B}\mathbf{x}).$$

Hence,

$$cov(\mathbf{x}'\mathbf{A}\mathbf{x},\mathbf{x}'\mathbf{B}\mathbf{x}) = \frac{1}{2}\{var[\mathbf{x}'(\mathbf{A}+\mathbf{B})\mathbf{x}] - var(\mathbf{x}'\mathbf{A}\mathbf{x}) - var(\mathbf{x}'\mathbf{B}\mathbf{x})\}.$$

We can then apply Corollary 10.2 to each of the three variances. Doing so, we get

$$cov(\mathbf{x}'\mathbf{A}\mathbf{x},\mathbf{x}'\mathbf{B}\mathbf{x}) = 2tr(\mathbf{A}\mathbf{V}\mathbf{B}\mathbf{V}) + 4\boldsymbol{\mu}'\mathbf{A}\mathbf{V}\mathbf{B}\boldsymbol{\mu}.$$

CHAPTER 11

11.1 We have that $\frac{SS_E}{\sigma^2} \sim \chi^2_{n-p}$. Then, the expected value of the reciprocal of MS_E is equal to $(n-p)/\sigma^2$ times the expected value of the reciprocal of χ^2_{n-p}. Let $u = \frac{1}{\chi^2_{n-p}}$, and let $f(x)$ be the density function of χ^2_{n-p}, that is,

$$f(x) = \frac{x^{\frac{n-p}{2}-1}}{\Gamma\left(\frac{n-p}{2}\right)} \frac{e^{-x/2}}{2^{(n-p)/2}}.$$

Then, the expected value of the reciprocal of MS_E is equal to

$$\frac{n-p}{\sigma^2}\int_0^{\infty}\frac{1}{x}f(x)dx.$$

It is easy to show that

$$\frac{n-p}{\sigma^2}\int_0^{\infty}\frac{1}{x}f(x)dx = \frac{n-p}{\sigma^2(n-p-2)}.$$

11.2 $\mathrm{E}\left[\frac{n-4}{(n-2)MS_E}\right] = \left(\frac{n-4}{n-2}\right)\left(\frac{n-2}{\sigma^2(n-4)}\right)$ by Exercise 11.1. We then have

$$\mathrm{E}\left[\frac{n-4}{(n-2)MS_E}\right] = \frac{1}{\sigma^2}.$$

11.3 $\hat{\beta}_0 = \bar{y} - \hat{\beta}_1\bar{x}$. Its variance is

$$var(\hat{\beta}_0) = \sigma^2\left(\frac{1}{n} + \frac{\bar{x}^2}{S_{xx}}\right),$$

where $S_{xx} = \sum_{i=1}^{n} x_i^2 - n\bar{x}^2$. Taking the partial derivative of $var(\hat{\beta}_0)$ with respect to x_i, $i = 1, 2, \ldots, n$, and equating it to zero, we get

$$2\bar{x}S_{xx}/n - \bar{x}^2(2x_i - 2n\bar{x}/n = 0.$$

Either $\bar{x} = 0$ or

$$2S_{xx}/n - \bar{x}(2x_i - 2\bar{x}) = 0.$$

This can be written as

$$\frac{2}{n}\sum_{i=1}^{n} x_i^2 - 2\bar{x}^2 = 2\bar{x}x_i - 2\bar{x}^2.$$

We then have

$$x_i = \frac{\sum_{i=1}^{n} x_i^2}{n\bar{x}}.$$

Averaging over i, we get

$$\bar{x} = \frac{\sum_{i=1}^{n} x_i^2}{n\bar{x}}.$$

This implies that $S_{xx} = 0$, which is not possible. We conclude that $\bar{x} = 0$. The minimum variance of $\hat{\beta}_0$ is equal to $\frac{\sigma^2}{n}$.

11.4 **(a)** The least-squares estimates of the parameters are: $\hat{\beta}_0 = 7.8881$, $\hat{\beta}_1 = 11.0737$, $\hat{\beta}_2 = -4.1303$, and the error mean square is $MS_E = 3.4904$.

(b) The F-statistic for testing the null hypothesis H_0 is given by formula (11.61) where $\boldsymbol{K}$ is the matrix

$$\boldsymbol{K} = \begin{bmatrix} 1 & 0 & -2 \\ 1 & 0 & 0 \end{bmatrix},$$

$\boldsymbol{m}$ is the column vector $\boldsymbol{m} = (0, 8)'$, and $r = 2$. The matrix $(\boldsymbol{X}'\boldsymbol{X})^{-1}$ is given by

$$(\boldsymbol{X}'\boldsymbol{X})^{-1} = \begin{bmatrix} 4.1835 & 2.6575 & -3.6068 \\ 2.6575 & 4.1327 & -2.9809 \\ -3.6068 & -2.9809 & 3.3444 \end{bmatrix}.$$

Under H_0, F has the F-distribution with 2 and 9 degrees of freedom. Making the substitution in formula (11.61), we get $F = 41.2866$, which is significant at the $\alpha = 0.05$ level ($F_{0.05,2,9} = 4.26$). Under H_a, $\boldsymbol{m} = (1, 10)'$ and F has the noncentral distribution with 2 and 9 degrees of freedom and a noncentrality parameter given by

$$\theta = \frac{1}{\sigma^2}(\boldsymbol{m}_a - \boldsymbol{m})'[\boldsymbol{K}'(\boldsymbol{X}'\boldsymbol{X})^{-1}\boldsymbol{K}]^{-1}(\boldsymbol{m}_a - \boldsymbol{m}).$$

Hence, $\theta = 22.0249$, and the power value is $P(F > F_{0.05,2,9}|F \sim F_{2,9}(\theta)] = 0.9481$.

(c) The 95% confidence interval on β_i is given by $\hat{\beta}_i \pm t_{0.025,9}(a_{ii}MS_E)^{1/2}$, where a_{ii} is the ith diagonal element of $(\boldsymbol{X}'\boldsymbol{X})^{-1}$. Hence, the 95% confidence intervals for β_0, β_1, and β_3 are $(-0.7556, 16.5318)$, $(2.4826, 19.6648)$, $(-11, 8587, 3.5981)$, respectively.

11.5 We have that $\beta_0 + \beta_1 x_0 = 0$. Let $\hat{\Delta} = \hat{\beta}_0 + \hat{\beta}_1 x_0$, where $\hat{\beta}_0$ and $\hat{\beta}_1$ are the least-squares estimates of β_0 and β_1, respectively. Then, $\hat{\Delta}$ is normally distributed with a zero mean and a variance given by $var(\hat{\Delta}) = z_0'(\boldsymbol{X}'\boldsymbol{X})^{-1}z_0\sigma^2$, where $z_0 = (1, x_0)'$. It follows that under the null hypothesis,

$$\frac{\hat{\Delta}^2}{z_0'(\boldsymbol{X}'\boldsymbol{X})^{-1}z_0 MS_E} \sim F_{1,n-2},$$

where MS_E is the error mean square. Consequently,

$$P\left[\frac{(\hat{\beta}_0 + \hat{\beta}_1 x_0)^2}{z_0'(\boldsymbol{X}'\boldsymbol{X})^{-1}z_0 MS_E} \leq F_{\alpha,1,n-2}\right] = 1 - \alpha.$$

Note that

$$\boldsymbol{X}'\boldsymbol{X} = \begin{bmatrix} n & \sum_{i=1}^n x_i \\ \sum_{i=1}^n x_i & \sum_{i=1}^n x_i^2 \end{bmatrix},$$

where n is the number of rows of $\boldsymbol{X}$. Hence,

$$z_0'(\boldsymbol{X}'\boldsymbol{X})^{-1}z_0 = \frac{\sum_{i=1}^n x_i^2 - 2x_0 \sum_{i=1}^n x_i + nx_0^2}{n\sum_{i=1}^n x_i^2 - \left(\sum_{i=1}^n x_i\right)^2}.$$

The desired $(1 - \alpha)100\%$ confidence set consists of all the values of x_0 that satisfy the inequality

$$(\hat{\beta}_0 + \hat{\beta}_1 x_0)^2 \leq z_0'(\boldsymbol{X}'\boldsymbol{X})^{-1}z_0 MS_E F_{\alpha,1,n-2}.$$

11.6 **(a)** By Theorem 10.1,

$$\boldsymbol{y}'\boldsymbol{X}(\boldsymbol{X}'\boldsymbol{X})^{-1}\boldsymbol{X}'\boldsymbol{y} = \sum_{i=1}^k \gamma_i W_i,$$

where the $\gamma_1, \gamma_2, \ldots, \gamma_k$ are the distinct nonzero eigenvalues of $V^{1/2}X(X'X)^{-1}X'V^{1/2}$ with multiplicities $\nu_1, \nu_2, \ldots, \nu_k$, and the W_i's are mutually independent such that $W_i \sim \chi^2_{\nu_i}(\theta_i)$, where

$$\theta_i = \beta' X' V^{-1/2} P_i P_i' V^{-1/2} X\beta,$$

and P_i is a matrix of order $n \times \nu_i$ whose columns are orthonormal eigenvectors of $V^{1/2}X(X'X)^{-1}X'V^{1/2}$ corresponding to γ_i $(i = 1, 2, \ldots, k)$.

(b) The above applies with $X(X'X)^{-1}X'$ replaced by $I_n - X(X'X)^{-1}X'$.

11.7 This follows from writing $y - X\beta$ as $y - X\hat{\beta} + X\hat{\beta} - X\beta$ and noting that the square of its Euclidean norm is equal to $||y - X\hat{\beta}||^2 + 2(y - X\hat{\beta})'(X\hat{\beta} - X\beta) + ||X\hat{\beta} - X\beta||^2$. The middle term is equal to zero. We conclude that

$$||y - X\beta||^2 \geq ||y - X\hat{\beta}||^2.$$

Equality is achieved if and only if $\beta = \hat{\beta}$ since $||X\hat{\beta} - X\beta||^2 = (\hat{\beta} - \beta)'X'X(\hat{\beta} - \beta)$, and the right-hand side is zero if and only if $\hat{\beta} = \beta$ since $X'X$ is positive definite.

11.8

$$\begin{aligned}
\hat{\beta}_1 &= T_{11}X_1'y + T_{12}X_2'y \\
&= [X_1'X_1 - X_1'X_2 \\
&\quad (X_2'X_2)^{-1}X_2'X_1]^{-1}X_1'y \\
&\quad -[X_1'X_1 - X_1'X_2(X_2'X_2)^{-1}X_2'X_1]^{-1} \\
&\quad X_1'X_2(X_2'X_2)^{-1}X_2'y = \\
&\quad [X_1'X_1 - X_1'X_2(X_2'X_2)^{-1}X_2'X_1]^{-1}[X_1'y - \\
&\quad X_1'X_2(X_2'X_2)^{-1}X_2'y] \\
&= (X_1'M_2X_1)^{-1}X_1'M_2y.
\end{aligned}$$

11.9 **(a)** Let $n_1 = 2^k$, and X_1 be the matrix of n_1 rows whose columns are associated with $x_1, x_2, \ldots, x_k$, and let the matrix X_2 be the matrix of n_1 rows whose columns are associated with $x_ix_j (i < j)$ and $x_1^2, x_2^2, \ldots, x_k^2$. Then

$$\begin{aligned}
E(\bar{y}_1) &= \mathbf{1}_{n_1}' E(y_1)/n_1 \\
&= \frac{1}{n_1}[\beta_0 n_1 + (n_1, n_1, \ldots, n_1)(\beta_{11}, \beta_{22}, \ldots, \beta_{kk})'] \\
&= \beta_0 + \sum_{i=1}^{k} \beta_{ii}.
\end{aligned}$$

$$\begin{aligned}
E(\bar{y}_0) &= \frac{1}{n_0}\mathbf{1}_{n_0}'(\mathbf{1}_{n_0}\beta_0) \\
&= \beta_0.
\end{aligned}$$

It follows that

$$\begin{aligned}E(\bar{y}_1-\bar{y}_0)^2 &= var(\bar{y}_1-\bar{y}_0)+[E(\bar{y}_1-\bar{y}_0)]^2\\ &= \sigma^2\left(\frac{1}{2^k}+\frac{1}{n_0}\right)+\left(\sum_{i=1}^{k}\beta_{ii}\right)^2.\end{aligned}$$

(b)

$$MS_E=\frac{1}{N-k-1}\mathbf{y}'[\mathbf{I}_N-\mathbf{X}(\mathbf{X}'\mathbf{X})^{-1}\mathbf{X}']\mathbf{y},$$

where $N=2^k+n_0$, $\mathbf{X}=[\mathbf{1}_N:(\mathbf{X}_1':\mathbf{0}')']$. Hence,

$$E(MS_E)=\sigma^2+\frac{1}{N-k-1}E(\mathbf{y}')[\mathbf{1}_N-\mathbf{X}(\mathbf{X}'\mathbf{X})^{-1}\mathbf{X}']E(\mathbf{y}).$$

We also have

$$\begin{aligned}E(\mathbf{y}) &= \begin{bmatrix}E(\mathbf{y}_1)\\ E(\mathbf{y}_0)\end{bmatrix}\\ &= \begin{bmatrix}\beta_0\mathbf{1}_{n_1}+\mathbf{X}_1\boldsymbol{\beta}_1+\mathbf{X}_2\boldsymbol{\beta}_2\\ \beta_0\mathbf{1}_{n_0}\end{bmatrix}.\end{aligned}$$

It can be seen that $E(MS_E)\neq\sigma^2$. However, if $y_{01},y_{02},\ldots,y_{0n_0}$ are the center point observations, then the pure error sum of squares, SS_{PE}, is given by

$$\begin{aligned}SS_{PE} &= \sum_{i=1}^{n_0}(y_{0i}-\bar{y}_0)^2\\ &= \sum_{i=1}^{n_0}y_{0i}^2-n\bar{y}_0^2\\ &= \mathbf{y}_0'\left(\mathbf{I}_{n_0}-\frac{1}{n_0}\mathbf{J}_{n_0}\right)\mathbf{y}_0.\end{aligned}$$

Thus, $MS_{PE}=\frac{1}{n_0-1}SS_{PE}$. Hence,

$$\begin{aligned}E(MS_{PE}) &= \sigma^2+\frac{\beta_0\mathbf{1}_{n_0}'\left(\mathbf{I}_{n_0}-\frac{1}{n_0}\mathbf{J}_{n_0}\right)\beta_0\mathbf{1}_{n_0}}{n_0-1}\\ &= \sigma^2.\end{aligned}$$

(c) $\frac{(\bar{y}_1-\bar{y}_0)^2}{(\frac{1}{n_1}+\frac{1}{n_0})MS_{PE}}$, where $n_1=2^k$, is a test statistic which, under the null hypothesis, has the F-distribution with 1 and n_0-1 degrees of freedom.

11.10 We have that

$$\hat{y}(\mathbf{x}_i)=\mathbf{z}'(\mathbf{x}_i)\hat{\boldsymbol{\beta}}_1,\quad i=1,2,$$

where $z'(\boldsymbol{x}_i) = (1, \boldsymbol{x}_i')$, $i = 1, 2$. Furthermore,

$$var(\hat{\boldsymbol{\beta}}_1) = \sigma^2(\boldsymbol{X}'\boldsymbol{X})^{-1}$$
$$= \sigma^2 \begin{bmatrix} \frac{1}{n_1+n_0} & \boldsymbol{0} \\ \boldsymbol{0}' & \frac{1}{n_1}\boldsymbol{I}_k \end{bmatrix}.$$

Hence,

$$\begin{aligned} var[\hat{y}(\boldsymbol{x}_1) - \hat{y}(\boldsymbol{x}_2)] &= \sigma^2[z'(\boldsymbol{x}_1) - z'(\boldsymbol{x}_2)]var(\hat{\boldsymbol{\beta}}_1)[z(\boldsymbol{x}_1) - z(\boldsymbol{x}_2)] \\ &= \sigma^2(\boldsymbol{x}_1' - \boldsymbol{x}_2')(\boldsymbol{x}_1 - \boldsymbol{x}_2)/n_1 \\ &= \frac{\sigma^2}{n_1}\left[||\boldsymbol{x}_1||^2 - 2||\boldsymbol{x}_1||\,||\boldsymbol{x}_2||cos(\theta) + ||\boldsymbol{x}_2||^2\right]. \end{aligned}$$

11.11 The expected value of MS_E is

$$\begin{aligned} \mathrm{E}(MS_E) &= \frac{1}{n-p}\left[tr\{(\boldsymbol{I} - \boldsymbol{X}(\boldsymbol{X}'\boldsymbol{X})^{-1}\boldsymbol{X}')\boldsymbol{\Sigma}\} + \boldsymbol{\beta}'\boldsymbol{X}'[\boldsymbol{I} - \boldsymbol{X}(\boldsymbol{X}'\boldsymbol{X})^{-1}\boldsymbol{X}']\boldsymbol{X}\boldsymbol{\beta}\right] \\ &= \frac{1}{n-p}tr\{[\boldsymbol{I} - \boldsymbol{X}(\boldsymbol{X}'\boldsymbol{X})^{-1}\boldsymbol{X}']\boldsymbol{\Sigma}\} \\ &= \frac{1}{n-p}\{tr(\boldsymbol{\Sigma}) - tr[\boldsymbol{X}(\boldsymbol{X}'\boldsymbol{X})^{-1}\boldsymbol{X}'\boldsymbol{\Sigma}]\}. \end{aligned}$$

But,

$$tr[\boldsymbol{X}(\boldsymbol{X}'\boldsymbol{X})^{-1}\boldsymbol{X}'\boldsymbol{\Sigma}] = tr[\boldsymbol{X}(\boldsymbol{X}'\boldsymbol{X})^{-1}\boldsymbol{X}'\boldsymbol{\Sigma}\boldsymbol{X}(\boldsymbol{X}'\boldsymbol{X})^{-1}\boldsymbol{X}'],$$

since $\boldsymbol{X}(\boldsymbol{X}'\boldsymbol{X})^{-1}\boldsymbol{X}'$ is idempotent. The matrix $\boldsymbol{X}(\boldsymbol{X}'\boldsymbol{X})^{-1}\boldsymbol{X}'\boldsymbol{\Sigma}\boldsymbol{X}(\boldsymbol{X}'\boldsymbol{X})^{-1}\boldsymbol{X}'$ is positive semidefinite since $\boldsymbol{u}'\boldsymbol{X}(\boldsymbol{X}'\boldsymbol{X})^{-1}\boldsymbol{X}'\boldsymbol{\Sigma}\boldsymbol{X}(\boldsymbol{X}'\boldsymbol{X})^{-1}\boldsymbol{X}'\boldsymbol{u} \geq 0$, and is equal to zero if and only if $\boldsymbol{X}(\boldsymbol{X}'\boldsymbol{X})^{-1}\boldsymbol{X}'\boldsymbol{u} = \boldsymbol{0}$ and $\boldsymbol{u}$ does not have to be equal to a zero vector. Hence, $tr[\boldsymbol{X}(\boldsymbol{X}'\boldsymbol{X})^{-1}\boldsymbol{X}'\boldsymbol{\Sigma}] \geq 0$. It follows that $\mathrm{E}[MS_E] \leq \frac{1}{n-p}tr(\boldsymbol{\Sigma})$.

11.12 Let $\hat{\theta} = \boldsymbol{\lambda}'\hat{\boldsymbol{\beta}}$, where

$$\hat{\boldsymbol{\beta}} = (\boldsymbol{X}'\boldsymbol{\Sigma}^{-1}\boldsymbol{X})^{-1}\boldsymbol{X}'\boldsymbol{\Sigma}^{-1}\boldsymbol{y}.$$

Note that $\hat{\theta}$ is unbiased for θ. Its variance, $var(\hat{\theta}) = \boldsymbol{\lambda}'(\boldsymbol{X}'\boldsymbol{\Sigma}^{-1}\boldsymbol{X})^{-1}\boldsymbol{\lambda}$ is known. Since $\hat{\theta}$ is normally distributed, then

$$\frac{\hat{\theta} - \theta}{[\boldsymbol{\lambda}'(\boldsymbol{X}'\boldsymbol{\Sigma}^{-1}\boldsymbol{X})^{-1}\boldsymbol{\lambda}]^{1/2}} \sim N(0, 1).$$

Hence, a $(1-\alpha)100\%$ confidence interval on θ is $\hat{\theta} \pm [\boldsymbol{\lambda}'(\boldsymbol{X}'\boldsymbol{\Sigma}^{-1}\boldsymbol{X})^{-1}\boldsymbol{\lambda}]^{1/2}z_{\frac{\alpha}{2}}$.

11.13 (i) $\hat{y}(\boldsymbol{x}_0) - y(\boldsymbol{x}_0) \sim N(0, \sigma^2 z'(\boldsymbol{x}_0)(\boldsymbol{X}'\boldsymbol{X})^{-1}z(\boldsymbol{x}_0) + \sigma^2)$, where $z(\boldsymbol{x}_0)$ is such that $\hat{y}(\boldsymbol{x}_0) = z'(\boldsymbol{x}_0)\hat{\boldsymbol{\beta}}$. Hence,

$$\frac{\hat{y}(\boldsymbol{x}_0) - y(\boldsymbol{x}_0)}{\{\sigma^2[1 + z'(\boldsymbol{x}_0)(\boldsymbol{X}'\boldsymbol{X})^{-1}z(\boldsymbol{x}_0)]\}^{1/2}} \sim N(0, 1).$$

We also have that $\frac{(n-p)MS_E}{\sigma^2} \sim \chi^2_{n-p}$. Hence,

$$\frac{\hat{y}(\boldsymbol{x}_0) - y(\boldsymbol{x}_0)}{\{MS_E[1 + z'(\boldsymbol{x}_0)(\boldsymbol{X}'\boldsymbol{X})^{-1}z(\boldsymbol{x}_0)]\}^{1/2}} \sim t_{n-p}.$$

Consequently, the given probability can be computed using

$$P\left[t_{n-p} > \frac{1}{[1 + z'(\boldsymbol{x}_0)(\boldsymbol{X}'\boldsymbol{X})^{-1}z(\boldsymbol{x}_0)]^{1/2}}\right].$$

(ii) (a) $d = var[\hat{y}(\boldsymbol{x}_0) - y(\boldsymbol{x}_0)] = \sigma^2[1 + z'(\boldsymbol{x}_0)(\boldsymbol{X}'\boldsymbol{X})^{-1}z(\boldsymbol{x}_0)]$.

(b) $\hat{d} = MS_E[1 + z'(\boldsymbol{x}_0)(\boldsymbol{X}'\boldsymbol{X})^{-1}z(\boldsymbol{x}_0)]$.

(c) $$P\left[\hat{d} > 2\sigma^2\right] = P\left\{\frac{MS_E[1 + z'(\boldsymbol{x}_0)(\boldsymbol{X}'\boldsymbol{X})^{-1}z(\boldsymbol{x}_0)]}{\sigma^2} > 2\right\}.$$

Since, $\frac{(n-p)MS_E}{\sigma^2} \sim \chi^2_{n-p}$, then

$$P[\hat{d} > 2\sigma^2] = P\left\{\chi^2_{n-p} > \frac{2(n-p)}{1 + z'(\boldsymbol{x}_0)(\boldsymbol{X}'\boldsymbol{X})^{-1}z(\boldsymbol{x}_0)}\right\}.$$

CHAPTER 12

12.1 Given that model(12.71) is of full column rank, the vector $\boldsymbol{\delta}$ in (12.71) is an estimable linear function of $\boldsymbol{\beta}$. Since the r rows of the matrix $\boldsymbol{P}_1'$ are linearly independent, we conclude that there are only $r(\boldsymbol{X})$ linearly independent estimable functions.

12.2 We have that

$$\begin{aligned}\boldsymbol{X} &= \boldsymbol{X}(\boldsymbol{X}'\boldsymbol{X})^{-}\boldsymbol{X}'\boldsymbol{X} \\ &= \boldsymbol{X}(\boldsymbol{X}'\boldsymbol{X})^{-}\boldsymbol{P}_1\boldsymbol{\Lambda}\boldsymbol{P}_1'.\end{aligned}$$

It is then clear that the rows of $\boldsymbol{X}$ are linear combinations of the rows of $\boldsymbol{P}_1'$.

12.3 Since $\boldsymbol{Q}'\boldsymbol{\beta}$ is estimable, there exists a matrix $\boldsymbol{T}'$ such that $\boldsymbol{Q}' = \boldsymbol{T}'\boldsymbol{X}$. Hence, $\boldsymbol{Q}'\boldsymbol{\beta}^0 = \boldsymbol{T}'\boldsymbol{X}(\boldsymbol{X}'\boldsymbol{X})^{-}\boldsymbol{X}'\boldsymbol{y}$ and the matrix $\boldsymbol{X}(\boldsymbol{X}'\boldsymbol{X})^{-}\boldsymbol{X}'$ is invariant to the choice of $(\boldsymbol{X}'\boldsymbol{X})^{-}$.

12.4 Let $\boldsymbol{\lambda}'\boldsymbol{y}$ be another unbiased estimator of $\boldsymbol{a}'\boldsymbol{\beta}$ (other that $\boldsymbol{a}'\boldsymbol{\beta}^0$). Then, $\boldsymbol{\lambda}'\boldsymbol{X}\boldsymbol{\beta} = \boldsymbol{a}'\boldsymbol{\beta}$. Hence, $\boldsymbol{a}' = \boldsymbol{\lambda}'\boldsymbol{X}$. Also, $var(\boldsymbol{\lambda}'\boldsymbol{y}) = \boldsymbol{\lambda}'\boldsymbol{\lambda}\sigma^2$. Furthermore,

$$\begin{aligned}var(\boldsymbol{a}'\boldsymbol{\beta}^0) &= \boldsymbol{a}'(\boldsymbol{X}'\boldsymbol{X})^{-}\boldsymbol{a}\sigma^2 \\ &= \boldsymbol{\lambda}'\boldsymbol{X}(\boldsymbol{X}'\boldsymbol{X})^{-}\boldsymbol{X}'\boldsymbol{\lambda}\sigma^2 \\ &\le \boldsymbol{\lambda}'\boldsymbol{\lambda}\sigma^2.\end{aligned}$$

The inequality is true since the matrix $\boldsymbol{I} - \boldsymbol{X}(\boldsymbol{X}'\boldsymbol{X})^{-}\boldsymbol{X}'$ is a symmetric idempotent matrix, hence positive semidefinite. We therefore conclude that $var(\boldsymbol{a}'\boldsymbol{\beta}^{0}) \leq var(\boldsymbol{\lambda}'\boldsymbol{y})$.

12.5 **(a)** $\boldsymbol{\ell}'(\boldsymbol{X}'\boldsymbol{X})^{-}\boldsymbol{X}'\boldsymbol{X}\boldsymbol{\beta}$ is estimable since $\boldsymbol{\ell}'(\boldsymbol{X}'\boldsymbol{X})^{-}\boldsymbol{X}'\boldsymbol{X}$ belongs to the row space of $\boldsymbol{X}$. Vice versa, if $\boldsymbol{a}'\boldsymbol{\beta}$ is estimable, then $\boldsymbol{a}' = \boldsymbol{t}'\boldsymbol{X} = \boldsymbol{t}'\boldsymbol{X}(\boldsymbol{X}'\boldsymbol{X})^{-}\boldsymbol{X}'\boldsymbol{X} = \boldsymbol{\ell}'(\boldsymbol{X}'\boldsymbol{X})^{-}\boldsymbol{X}'\boldsymbol{X}$, where $\boldsymbol{\ell}' = \boldsymbol{t}'\boldsymbol{X}$.

(b) This is obvious since all coefficients are estimable and $r[(\boldsymbol{X}'\boldsymbol{X})^{-}\boldsymbol{X}'\boldsymbol{X}] = r(\boldsymbol{X}'\boldsymbol{X}) = r(\boldsymbol{X})$.

12.6 **(a)** Solutions to the normal equations can be obtained from the SAS output under parameter estimates. For the parameters $\mu, \alpha_1, \alpha_2, \alpha_3, \alpha_4, \beta_1, \beta_2$, and β_3 we find 15, 9, -2, -1, 0, -8.5, -9.5, and 0, respectively.

(b) Let $\mu_{ij} = \mu + \alpha_i + \beta_j$. Note that $\beta_1 - \beta_2 = \mu_{11} - \mu_{12}$ is estimable as well as $\beta_1 - \beta_3 = \mu_{11} - \mu_{13}$ since the cell means, $\mu_{11}, \mu_{12}, \mu_{13}$ are estimable because their corresponding cells are nonempty. Furthermore, the F-test value in (12.48) is equal to (9.91) which is significant at a level ≥ 0.0126.

(c) The power value, as described in Section 12.10.3, is equal to 0.845. This can be seen from the SAS output using PROC IML.

(d) $\mu + \frac{1}{4}\sum_{i=1}^{4}\alpha_i + \beta_1 = \frac{1}{4}\sum_{i=1}^{4}\mu_{i1}$ is estimable since the cell means are estimable because their corresponding cells are nonempty. Using the values given in part (a) we find that the BLUE of $\mu + \frac{1}{4}\sum_{i=1}^{4}\alpha_i + \beta_1$ is equal to 8.0.

12.7 We have that $\mu_{21} = \mu + \alpha_2 + \beta_1 = \mu + \alpha_2 + \beta_3 + (\beta_1 - \beta_3) = \mu_{23} + (\beta_1 - \beta_3)$, which is estimable since cell (2,3) is nonempty, and $\beta_1 - \beta_3$ is estimable given, for example, the cells in row 1 are nonempty.
$\mu_{22} = \mu + \alpha_2 + \beta_2 = \mu + \alpha_2 + \beta_3 + (\beta_2 - \beta_3) = \mu_{23} + (\beta_2 - \beta_3)$. Both μ_{23} and $(\beta_2 - \beta_3)$ are estimable.
$\mu_{32} = \mu + \alpha_3 + \beta_2 = \mu + \alpha_3 + \beta_3 + (\beta_2 - \beta_3)$, which are estimable.

12.8 ϕ is estimable since $\phi = \sum_{i=1}^{4}\lambda_i\mu_{i3} = \mu\sum_{i=1}^{4}\lambda_i + \sum_{i=1}^{4}\lambda_i\alpha_i + \beta_3\sum_{i=1}^{4}\lambda_i$, and the four cell means for column 3 are all estimable.
The BLUE can be obtained by using solutions from the normal equations for the α_i's.

12.9 **(a)** $R(\mu) = N\bar{y}_{..}^2 = 12(10.5)^2 = 1323$.

(b) $R(\alpha|\mu) = R(\mu,\alpha) - R(\mu) = \sum_{i=1}^{4} n_i\bar{y}_{i.}^2 - 1323 = 3(18^2 + 7^2 + 8^2 + 9^2) - 1323 = 231$.

(c) $R(\mu, \alpha) = 1554$.

(d) $R(\alpha|\mu, \beta) = 231$.

(e) $R(\beta|\mu, \alpha) = R(\mu, \alpha, \beta) - R(\mu, \alpha) = 1772 - 1554 = 218$.

12.10 **(a)** The number of basic linearly independent estimable functions is equal to the rank of the matrix $\boldsymbol{X}$ in the model. This rank is equal to 6 since there are 8 columns in $\boldsymbol{X}$ with two linearly independent relationships among the columns (the α_i columns sum to $\boldsymbol{1}_8$ and the β_j columns sum to $\boldsymbol{1}_8$). The E option in SAS's model statement prints the general form of estimable functions, where the number of distinct L_i values is the same as the number of basic estimable linear functions for the model. It can be seen that $\mu + \alpha_1 + \beta_2 = \mu + \alpha_1 + \beta_3 + \beta_2 - \beta_3$, $\alpha_1 - \alpha_3$, $\alpha_2 - \alpha_3$, $\beta_1 - \beta_2$, $\beta_2 - \beta_3$, $\beta_3 - \beta_4$ form a set of basic estimable linear functions.

(b) $\mu_{12} = \mu + \alpha_1 + \beta_2 = \mu + \alpha_1 + \beta_3 + (\beta_2 - \beta_3) = \mu_{13} + (\beta_2 - \beta_3)$, which is estimable.

(c) $\phi = \frac{1}{4}\sum_{j=1}^{4}(\mu + \alpha_i + \beta_j)$ is estimable for all i since μ_{12} is estimable, so are $\mu_{21} = \mu + \alpha_2 + \beta_3 + (\beta_1 - \beta_3)$, $\mu_{22} = \mu + \alpha_2 + \beta_2 = \mu + \alpha_2 + \beta_3 + (\beta_2 - \beta_3)$, $\mu_{34} = \mu + \alpha_3 + \beta_4 = \mu + \alpha_3 + \beta_3 + (\beta_4 - \beta_3)$. The BLUE of ϕ can be obtained by replacing the parameters in ϕ with their corresponding solutions from the SAS output under Parameter Estimate. These solutions are $\mu^0 = 28.4$, $\alpha_1^0 = 0.2$, $\alpha_2^0 = -16.0$, $\alpha_3^0 = 0.0$, $\beta_1^0 = -12.0$, $\beta_2^0 = -13.4$, $\beta_3^0 = -7.8$, $\beta_4^0 = 0.0$.

CHAPTER 13

13.1 **(a)** (i:k)(j)

(b)

$$y_{ijk} = \mu + \alpha_i + \pi_{i(k)} + \beta_j + (\alpha\beta)_{ij} + \epsilon_{i(jk)}.$$

(c) The following is the ANOVA table:

Source	DF	SS	MS	E(MS)
A	$p-1$	SS_A	MS_A	$\frac{qn}{p-1}\sum_{i=1}^{p}\alpha_i^2 + q\sigma_{\pi(\alpha)}^2 + \sigma_\epsilon^2$
$P(A)$	$p(n-1)$	$SS_{P(A)}$	$MS_{P(A)}$	$q\sigma_{\pi(\alpha)}^2 + \sigma_\epsilon^2$
B	$q-1$	SS_B	MS_B	$\frac{pn}{q-1}\sum_{j=1}^{q}\beta_j^2 + \sigma_\epsilon^2$
$A * B$	$(p-1)(q-1)$	SS_{AB}	MS_{AB}	$\frac{n}{(p-1)(q-1)}\sum_{i=1}^{p}\sum_{j=1}^{q}(\alpha\beta)_{(ij)}^2 + \sigma_\epsilon^2$
Error	$p(q-1(n-1)$	SS_E	MS_E	σ_ϵ^2

13.2 **(a)** $[(i:k)(j)]:l$

(b)

$$y_{ijkl} = \mu + \alpha_{(i)} + \gamma_{i(k)} + \beta_{(j)} + (\alpha\beta)_{(ij)} + (\beta\gamma)_{i(jk)} + \epsilon_{ijk(l)}.$$

(c) The ANOVA table is

Source	DF	SS	MS	E(MS)
A	1	73.5	73.5	$12\sum_{i=1}^{2}\alpha_i^2 + 4\sigma_{\gamma(\alpha)}^2 + 2\sigma_{\beta\gamma(\alpha)}^2 + \sigma_\epsilon^2$
$C(A)$	4	672.83	168.208	$4\sigma_{\gamma(\alpha)}^2 + 2\sigma_{\beta\gamma(\alpha)}^2 + \sigma_\epsilon^2$
B	1	962.667	962.667	$12\sum_{j=1}^{2}\beta_j^2 + 2\sigma_{\beta\gamma(\alpha)}^2 + \sigma_\epsilon^2$
$A * B$	1	4.1667	4.1667	$6\sum_{i=1}^{2}\sum_{j=1}^{2}(\alpha\beta)_{ij}^2 + 2\sigma_{\beta\gamma(\alpha)}^2 + \sigma_\epsilon^2$
$B * C(A)$	4	258.167	64.542	$2\sigma_{\beta\gamma(\alpha)}^2 + \sigma_\epsilon^2$
Error	12	60.0	5.0	σ_ϵ^2

(d) $H_0 : \alpha_i = 0, F = \frac{MS_A}{MS_{C(A)}} = 0.44, p - value = 0.5447.$

$H_0 : \sigma^2_{\gamma(\alpha)} = 0, F = \frac{MS_{C(A)}}{MS_{B*C(A)}} = 2.61, p - value = 0.1880.$

$H_0 : \beta_j = 0, F = \frac{MS_B}{MS_{B*C(A)}} = 14.92, p - value = 0.0181.$

$H_0 : (\alpha\beta)_{ij} = 0, F = \frac{MS_{A*B}}{MS_{B*C(A)}} = 0.06, p - value = 0.812.$

$H_0 : \sigma^2_{\beta\gamma(\alpha)} = 0, F = \frac{MS_{B*C(A)}}{MS_E} = 12.91, p - value = 0.0003.$

13.3 An unbiased estimate of $\sigma^2_{\beta\gamma(\alpha)}$ is given by

$$\hat{\sigma}^2_{\beta\gamma(\alpha)} = \frac{MS_{B*C(A)} - MS_E}{2} = 29.771.$$

Thus, we approximately have

$$\frac{\nu\ \hat{\sigma}^2_{\beta\gamma(\alpha)}}{\sigma^2_{\beta\gamma(\alpha)}} \sim \chi^2_\nu,$$

where

$$\begin{aligned}\nu &= \frac{(MS_{B*C(A)} - MS_E)^2}{\frac{(MS_{B*C(A)})^2}{4} + \frac{(-MS_E)^2}{12}} \\ &= 3.397.\end{aligned}$$

Hence, we approximately have

$$\frac{3.397\ \hat{\sigma}^2_{\beta\gamma(\alpha)}}{\sigma^2_{\beta\gamma(\alpha)}} \sim \chi^2_3.$$

We can then write

$$P\left[\chi^2_{0.975,3} < \frac{3.397\ \hat{\sigma}^2_{\beta\gamma(\alpha)}}{\sigma^2_{\beta\gamma(\alpha)}} < \chi^2_{0.025,3}\right] \approx 0.95.$$

This produces an approximate 95% confidence interval on $\sigma^2_{\beta\gamma(\alpha)}$ given by

$$10.82 < \sigma^2_{\beta\gamma(\alpha)} < 459.69.$$

13.4 We have by Theorem 13.1,

$$\frac{4MS_{B*C(A)}}{2\sigma^2_{\beta\gamma(\alpha)} + \sigma^2_\epsilon} \sim \chi^2_4,$$

and $\frac{12MS_E}{\sigma_\epsilon^2} \sim \chi^2_{12}$. Hence, with probability 0.95,

$$\frac{MS_{B*C(A)}}{MS_E}F_{0.975,12,4} < \frac{2\sigma^2_{\beta\gamma(\alpha)} + \sigma^2_\epsilon}{\sigma^2_\epsilon} < \frac{MS_{B*C(A)}}{MS_E}F_{0.025,12,4},$$

which can be written as

$$\frac{64.542}{5.0}\frac{1}{F_{0.025,4,12}} < 1 + \frac{2\sigma^2_{\beta\gamma(\alpha)}}{\sigma^2_\epsilon} < \frac{64.542}{5.0}8.75.$$

This gives

$$2.065 < \frac{\sigma^2_\epsilon + \sigma^2_{\beta\gamma(\alpha)}}{\sigma^2_\epsilon} < 56.975.$$

Since

$$\frac{\sigma^2_{\beta\gamma(\alpha)}}{\sigma^2_\epsilon + \sigma^2_{\beta\gamma(\alpha)}} = 1 - \frac{\sigma^2_\epsilon}{\sigma^2_\epsilon + \sigma^2_{\beta\gamma(\alpha)}},$$

we conclude that the desired interval is

$$0.516 < \frac{\sigma^2_{\beta\gamma(\alpha)}}{\sigma^2_\epsilon + \sigma^2_{\beta\gamma(\alpha)}} < 0.9824.$$

13.5 **(a)** $(i : j : k : l)$

(b) The expected mean squares are given in the following ANOVA table:

Source	DF	E(MS)
A	$a-1$	$\frac{bcn}{a-1}\sum_{i=1}^a \alpha_i^2 + cn\sigma^2_{\beta(\alpha)} + n\sigma^2_{\gamma(\alpha\beta)} + \sigma^2_\epsilon$
$B(A)$	$a(b-1)$	$+ cn\sigma^2_{\beta(\alpha)} + n\sigma^2_{\gamma(\alpha\beta)} + \sigma^2_\epsilon$
$C(AB)$	$ab(c-1)$	$n\sigma^2_{\gamma(\alpha\beta)} + \sigma^2_\epsilon$
Error	$abc(n-1)$	σ^2_ϵ

(c) We have,

$$\frac{SS_A}{cn\sigma^2_{\beta(\alpha)} + n\sigma^2_{\gamma(\alpha\beta)} + \sigma^2_\epsilon} \sim \chi^2_{a-1}(\lambda),$$

$$\frac{SS_{B(A)}}{cn\sigma^2_{\beta(\alpha)} + n\sigma^2_{\gamma(\alpha\beta)} + \sigma^2_\epsilon} \sim \chi^2_{a(b-1)}.$$

where

$$\lambda = \frac{bcn \sum_{i=1}^{a} \alpha_i^2}{cn\sigma_{\beta(\alpha)}^2 + n\sigma_{\gamma(\alpha\beta)}^2 + \sigma_\epsilon^2}.$$

The probability of making a Type II error is

$$P\left[\frac{MS_A}{MS_{B(A)}} < F_{0.05,a-1,a(b-1)} | H_a\right]$$
$$= P[F'_{a-1,a(b-1)}(\lambda) < F_{0.05,a-1,a(b-1)}].$$

(d) $\hat{\sigma}_{\beta(\alpha)}^2 = \frac{1}{cn}[MS_{B(A)} - MS_{C(AB)}]$.

$$P[\hat{\sigma}_{\beta(\alpha)}^2 < 0] = P[MS_{B(A)} < MS_{C(AB)}].$$

We also have

$$\frac{SS_{B(A)}}{cn\sigma_{\beta(\alpha)}^2 + n\sigma_{\gamma(\alpha\beta)}^2 + \sigma_\epsilon^2} \sim \chi_{a(b-1)}^2$$
$$\frac{SS_{C(AB)}}{n\sigma_{\gamma(\alpha\beta)}^2 + \sigma_\epsilon^2} \sim \chi_{ab(c-1)}^2.$$

We conclude that

$$P[\hat{\sigma}_{\beta(\alpha)}^2 < 0] = P\left[F_{a(b-1),ab(c-1)} < \frac{n\sigma_{\gamma(\alpha\beta)}^2 + \sigma_\epsilon^2}{cn\sigma_{\beta(\alpha)}^2 + n\sigma_{\gamma(\alpha\beta)}^2 + \sigma_\epsilon^2}\right].$$

13.6 The test statistic is $F = \frac{MS_\alpha + MS_E}{MS_{\alpha\beta} + MS_{\alpha\gamma}} = 2.546$. The numerator and denominator degrees of freedom are approximately given by ν_1 and ν_2, respectively.

$$\nu_1 = \frac{(MS_\alpha + MS_E)^2}{\frac{(MS_\alpha)^2}{4} + \frac{(MS_E)^2}{24}}$$
$$= 4.68 \approx 5.$$

$$\nu_2 = \frac{(MS_{\alpha\beta} + MS_{\alpha\gamma})^2}{\frac{(MS_{\alpha\beta})^2}{12} + \frac{(MS_{\alpha\gamma})^2}{8}}$$
$$= 19.57 \approx 20.$$

The 10% critical value is approximately equal to $F_{0.10,5,20} = 2.16$. Hence, the test is significant at the approximate 10% level.

13.7 **(a)** We have that $\frac{MS_A/(n\sigma_\alpha^2+\sigma_\epsilon^2)}{MS_E/\sigma_\epsilon^2} \sim F_{a-1,a(n-1)}$. Hence, with a probability equal to $1-\alpha$, we have

$$F_{1-\frac{\alpha}{2},a-1,a(n-1)} < \frac{\sigma_\epsilon^2}{n\sigma_\alpha^2+\sigma_\epsilon^2}\frac{MS_A}{MS_E} < F_{\frac{\alpha}{2},a-1,a(n-1)}.$$

From this we get the interval

$$\frac{1}{n}\left[\frac{MS_A}{MS_E}\frac{1}{F_{\frac{\alpha}{2},a-1,a(n-1)}}-1\right] < \frac{\sigma_\alpha^2}{\sigma_\epsilon^2} < \frac{1}{n}\left[\frac{MS_A}{MS_E}\frac{1}{F_{1-\frac{\alpha}{2},a-1,a(n-1)}}-1\right].$$

(b) If we denote the lower and upper end points of the interval in (a) by L_1 and L_2, respectively, the desired interval here is given by

$$\frac{1}{1+L_2} < \frac{\sigma_\epsilon^2}{\sigma_\alpha^2+\sigma_\epsilon^2} < \frac{1}{1+L_1}.$$

13.8 **(a)** $i : [(j)(k : l)]$

(b) The ANOVA table is

(c) We have

$$F = \frac{MS_{D(AC)}/[3\sigma^2_{\delta(\alpha\gamma)}+\sigma_\epsilon^2]}{MS_E/\sigma_\epsilon^2} \sim F_{24,48}$$

Source	DF	MS	E(MS)
A	2	MS_A	$18\sum_{i=1}^{3}\alpha_i^2 + 12\sigma^2_{\beta(\alpha)} + 9\,\sigma^2_{\gamma(\alpha)} + 3\sigma^2_{\delta(\alpha\gamma)} + 3\sigma^2_{\beta\gamma(\alpha)} + \sigma^2_\epsilon$
$B(A)$	6	$MS_{B(A)}$	$12\sigma^2_{\beta(\alpha)} + 3\sigma^2_{\beta\gamma(\alpha)} + \sigma^2_\epsilon$
$C(A)$	9	$MS_{C(A)}$	$9\sigma^2_{\gamma(\alpha)} + 3\,\sigma^2_{\delta(\alpha\gamma)} + 3\,\sigma^2_{\beta\gamma(\alpha)} + \sigma^2_\epsilon$
$D(AC)$	24	$MS_{D(AC)}$	$3\sigma^2_{\delta(\alpha\gamma)} + \sigma^2_\epsilon$
$B*C(A)$	18	$MS_{B*C(A)}$	$3\sigma^2_{\beta\gamma(\alpha)} + \sigma^2_\epsilon$
$Error$	48	MS_E	σ^2_ϵ

Under $H_0 : \sigma^2_{\delta(\alpha\gamma)} = 2\sigma^2_\epsilon$,

$$F = \frac{MS_{D(AC)}/7\sigma_\epsilon^2}{MS_E/\sigma_\epsilon^2} = \frac{1}{7}\frac{MS_{D(AC)}}{MS_E} \sim F_{24,48}$$

We can reject H_0 at the α-level if $F > F_{\frac{\alpha}{2},24,48}$ or $F < F_{1-\frac{\alpha}{2},24,48}$.

13.9 **(a)** We have

$$\frac{SS_{B(A)}}{\theta_1} \sim \chi^2_6$$

$$\frac{SS_{B*C(A)}}{\theta_2} \sim \chi^2_{18}$$

Let $\alpha^* = 1 - (1-\alpha)^{1/2}$. We then get

$$\frac{SS_{B(A)}}{\chi_{\frac{\alpha*}{2},6}} < \theta_1 < \frac{SS_{B(A)}}{\chi_{1-\frac{\alpha*}{2},6}}$$

$$\frac{SS_{B*C(A)}}{\chi_{\frac{\alpha*}{2},18}} < \theta_2 < \frac{SS_{B*C(A)}}{\chi_{1-\frac{\alpha*}{2},18}}$$

with a joint probability of $1-\alpha$. If the end points of the first and second intervals are denoted by u_1, u_2 and v_1, v_2, respectively, then we get

$$P[\theta \in (u_1, u_2) \times (v_1, v_2)] = (1-\alpha^*)^2 = 1-\alpha.$$

(b) We have that

$$\hat{\sigma}^2_{\beta(\alpha)} = \frac{MS_{B(A)} - MS_{B*C(A)}}{12}.$$

Hence,

$$\begin{aligned} P\left(\hat{\sigma}^2_{\beta(\alpha)} < 0\right) &= P\left[\frac{MS_{B(A)}}{MS_{B*C(A)}} < 1\right] \\ &= P\left[\frac{MS_{B(A)}/\left(12\sigma^2_{\beta(\alpha)} + 3\sigma^2_{\beta\gamma(\alpha)} + \sigma^2_\epsilon\right)}{MS_{B*C(A)}/\left(3\sigma^2_{\beta\gamma(\alpha)} + \sigma^2_\epsilon\right)} < \frac{3\sigma^2_{\beta\gamma(\alpha)} + \sigma^2_\epsilon}{12\sigma^2_{\beta(\alpha)} + 3\sigma^2_{\beta\gamma(\alpha)} + \sigma^2_\epsilon}\right] \\ &= P\left[F_{6,18} < \frac{1}{12\Delta + 1}\right]. \end{aligned}$$

13.10 **(a)** $[(i)(j) : k] : l$

(b) The admissible means and corresponding components are given in Table 1. The model is then of the form

$$y_{ijkl} = \mu + \alpha_{(i)} + \beta_{(j)} + (\alpha\beta)_{(ij)} + \delta_{ij(k)} + \epsilon_{ijk(l)}.$$

The corresponding ANOVA table is given Table 2.

Table 1

Admissible mean	Component
y	y
$y_{(i)}$	$y_{(i)} - y$
$y_{(j)}$	$y_{(j)} - y$
$y_{(ij)}$	$y_{(ij)} - y_{(i)} - y_{(j)} + y$
$y_{ij(k)}$	$y_{ij(k)} - y_{(ij)}$
$y_{ijk(l)}$	$y_{ijk(l)} - y_{ij(k)}$

Table 2

Source	DF	E(MS)
A	2	$16\sum_{i=1}^{3}\alpha_i^2 + 8\sigma_{\alpha\beta}^2 + 2\sigma_{\delta(\alpha\beta)}^2 + \sigma_\epsilon^2$
B	3	$24\sigma_\beta^2 + 8\sigma_{\alpha\beta}^2 + 2\sigma_{\delta(\alpha\beta)}^2 + \sigma_\epsilon^2$
$A*B$	6	$8\sigma_{\alpha\beta}^2 + 2\sigma_{\delta(\alpha\beta)}^2 + \sigma_\epsilon^2$
$C(AB)$	36	$2\sigma_{\delta(\alpha\beta)}^2 + \sigma_\epsilon^2$
Error	48	σ_ϵ^2

(c) $\hat{\sigma}_{\alpha\beta}^2 = \frac{MS_{A*B} - MS_{C(AB)}}{8}$. We also have

$$\frac{SS_{AB}}{8\sigma_{\alpha\beta}^2 + 2\sigma_{\delta(\alpha\beta)}^2 + \sigma_\epsilon^2} \sim \chi_6^2$$

$$\frac{SS_{C(AB)}}{2\sigma_{\delta(\alpha\beta)}^2 + \sigma_\epsilon^2} \sim \chi_{36}^2$$

Hence,

$$\hat{\sigma}_{\alpha\beta}^2 = \frac{1}{8}\left[\frac{8\sigma_{\alpha\beta}^2 + 2\sigma_{\delta(\alpha\beta)}^2 + \sigma_\epsilon^2}{6}\chi_6^2 - \frac{2\sigma_{\delta(\alpha\beta)}^2 + \sigma_\epsilon^2}{36}\chi_{36}^2\right].$$

It follows that

$$var(\hat{\sigma}_{\alpha\beta}^2) = \frac{1}{64}\left[\left(\frac{8\sigma_{\alpha\beta}^2 + 2\sigma_{\delta(\alpha\beta)}^2 + \sigma_\epsilon^2}{6}\right)^2 \times (12) + \left(\frac{2\sigma_{\delta(\alpha\beta)}^2 + \sigma_\epsilon^2}{36}\right)^2 \times (72)\right].$$

(d) We have that

$$\bar{y}_{i...} = \mu + \alpha_i + \bar{\beta}_{.} + \overline{(\alpha\beta)}_{i.} + \bar{\delta}_{i..} + \bar{\epsilon}_{i...}.$$

Hence,

$$var(\bar{y}_{1...} - \bar{y}_{2...}) = \frac{2}{32}\left[8\sigma_{\alpha\beta}^2 + 2\sigma_{\delta(\alpha\beta)}^2 + \sigma_\epsilon^2\right].$$

It follows that a $(1-\alpha)100\%$ confidence interval on $\alpha_{(1)} - \alpha_{(2)}$ is given by

$$\bar{y}_{1\ldots} - \bar{y}_{2\ldots} \pm \left(\frac{2MS_{A*B}}{32}\right)^{1/2} t_{\frac{\alpha}{2},6}.$$

13.11 **(a)** We have that $\sum_{i=0}^{q+1} \boldsymbol{P}_i = \boldsymbol{I}_N$. Hence,

$$\begin{aligned}\boldsymbol{X} &= \left(\sum_{i=0}^{q+1} \boldsymbol{P}_i\right)\boldsymbol{X} \\ &= \sum_{i=0}^{q+1} (\boldsymbol{P}_i\boldsymbol{X}).\end{aligned}$$

But, $\boldsymbol{P}_i\boldsymbol{X} = \boldsymbol{0}$ for $i = q-p+1, \ldots, q+1$, that is, if the effect is random. This is true because $\boldsymbol{P}_i\boldsymbol{A}_j = \boldsymbol{0}$ for $j = 0, 1, \ldots, q-p$ by formula (13.19) since a set of subscripts, η_i, associated with a random effect cannot be a subset of η_j for a fixed effect. Thus, $\boldsymbol{P}_i\boldsymbol{U}_j\boldsymbol{U}_j' = \boldsymbol{0}$ which implies, $\boldsymbol{P}_i\boldsymbol{U}_j\boldsymbol{U}_j'\boldsymbol{U}_j = \boldsymbol{0}$. Consequently, $\boldsymbol{P}_i\boldsymbol{U}_j(b_i\boldsymbol{I}_{c_j}) = \boldsymbol{0}$ by (13.8). We then conclude that $\boldsymbol{P}_i\boldsymbol{U}_j = \boldsymbol{0}$ for $i = q-p+1, \ldots, q+1, j = 0, 1, \ldots, q-p$. This results in $\boldsymbol{P}_i\boldsymbol{X} = \boldsymbol{P}_i[\boldsymbol{U}_0 : \boldsymbol{U}_1 : \ldots : \boldsymbol{U}_{q-p}] = \boldsymbol{0}$. Consequently, $\boldsymbol{X} = \sum_{i=0}^{q-p} \boldsymbol{P}_i\boldsymbol{X}$.

(b) Suppose that there exit constants, $a_0, a_1, a_2, \ldots, a_{q+1}$, not all equal to zero such that $\sum_{i=0}^{q+1} a_i\boldsymbol{P}_i = \boldsymbol{0}$. Multiplying both sides by $\boldsymbol{P}_j$, we get, $a_i\boldsymbol{P}_j = \boldsymbol{0}$. This implies that $a_j = 0$ for all j. We conclude that the $\boldsymbol{P}_i$'s are linearly independent.

(c) We have that

$$\begin{aligned}r\left(\sum_{i=0}^{q-p} \boldsymbol{P}_i\right) &= r\left(\sum_{i=0}^{q-p} \boldsymbol{P}_i^2\right) \\ &= r\{[\boldsymbol{P}_0 : \boldsymbol{P}_1 : \ldots : \boldsymbol{P}_{q-p}][\boldsymbol{P}_0 : \boldsymbol{P}_1 : \ldots : \boldsymbol{P}_{q-p}]'\} \\ &= r[\boldsymbol{P}_0 : \boldsymbol{P}_1 : \ldots : \boldsymbol{P}_{q-p}] \\ &= \sum_{i=0}^{q-p} m_i,\end{aligned}$$

since by part (b) the columns of the $\boldsymbol{P}_i$'s are linearly independent and $r(\boldsymbol{P}_i) = m_i$.

CHAPTER 14

14.1 If $\boldsymbol{BY}' = \boldsymbol{1}_n' \otimes \boldsymbol{c}$, then

$$\begin{aligned}\boldsymbol{BG} &= \boldsymbol{BY}'\left(\boldsymbol{I}_n - \frac{1}{n}\boldsymbol{J}_n\right) \\ &= (\boldsymbol{1}_n' \otimes \boldsymbol{c})\left(\boldsymbol{I}_n - \frac{1}{n}\boldsymbol{J}_n\right).\end{aligned}$$

The ith row of $\mathbf{1}'_n \otimes \boldsymbol{c}$ is of the form $c_i\mathbf{1}'_n$, where c_i is the ith element of $\boldsymbol{c}$ ($i = 1, 2, \ldots, m$). Since $c_i\mathbf{1}'_n(\boldsymbol{I}_n - \frac{1}{n}\boldsymbol{J}_n) = \mathbf{0}$ for $i = 1, 2, \ldots, m$, then $\boldsymbol{BG} = \mathbf{0}$, that is, m linearly independent relationships exit among the rows of $\boldsymbol{G}$. Thus, the rank of $\boldsymbol{G}$ is $r - m$, that is, the rank of $\boldsymbol{GG}'$ is $r - m$. Hence, $\boldsymbol{GG}'$ has a zero eigenvalue of multiplicity m.

Vice versa, if $\boldsymbol{GG}'$ has a zero eigenvalue of multiplicity m, then

$$\boldsymbol{GG}' = (\boldsymbol{P}_1\ \boldsymbol{P}_2)diag(\mathbf{0}, \boldsymbol{\Lambda})(\boldsymbol{P}_1\ \boldsymbol{P}_2)'.$$

where $\boldsymbol{P}_1$ and $\boldsymbol{P}_2$ contain columns of eigenvectors and $\boldsymbol{\Lambda}$ is a diagonal matrix of nonzero eigenvalues of $\boldsymbol{GG}'$. This implies that $\boldsymbol{GG}'\boldsymbol{P}_1 = \mathbf{0}$, which gives $\boldsymbol{P}'_1\boldsymbol{G} = \mathbf{0}$, that is, $\boldsymbol{P}'_1\boldsymbol{Y}'(\boldsymbol{I}_n - \frac{1}{n}\boldsymbol{J}_n) = \mathbf{0}$. We thus have

$$\boldsymbol{P}'_1\boldsymbol{Y}' = \frac{1}{n}\boldsymbol{P}'_1\boldsymbol{Y}'\boldsymbol{J}_n.$$

This relationship is of the form given in (14.5) with $\boldsymbol{B} = \boldsymbol{P}'_1$ and $\boldsymbol{c} = \frac{1}{n}\boldsymbol{P}'_1\boldsymbol{Y}'\mathbf{1}_n$. We thus have m linearly independent relationships of the type given in (14.5), with $\frac{1}{n}\boldsymbol{P}'_1\boldsymbol{Y}'\boldsymbol{J}_n$ having identical columns, exist among the responses.

14.2 We have that $\boldsymbol{GG}' = (\boldsymbol{P}_1\ \boldsymbol{P}_2)diag(\mathbf{0}, \boldsymbol{\Lambda})(\boldsymbol{P}_1\ \boldsymbol{P}_2)'$. Thus, $\boldsymbol{GG}'\boldsymbol{P}_1 = \mathbf{0}$, which implies $\boldsymbol{G}'\boldsymbol{P}_1 = \mathbf{0}$, that is, $(\boldsymbol{I}_n - \frac{1}{n}\boldsymbol{J}_n)\boldsymbol{YP}_1 = \mathbf{0}$. Let $\boldsymbol{p}_{j1}$ be the jth column of $\boldsymbol{P}_1$. Then, $(\boldsymbol{I}_n - \frac{1}{n}\boldsymbol{J}_n)\boldsymbol{Yp}_{j1} = \mathbf{0}$ for $j = 1, 2, \ldots, m$. We then have

$$\boldsymbol{Yp}_{j1} = \frac{1}{n}\mathbf{1}_n(\mathbf{1}'_n\boldsymbol{Yp}_{j1}), \quad j = 1, 2, \ldots, m,$$

Therefore, the elements of $\boldsymbol{p}_{j1}$ define a linear relationship among the r responses of the form

$$\sum_{i=1}^{r} y_{ui}p_{ij1} = \frac{1}{n}(\mathbf{1}'_n\boldsymbol{Yp}_{j1}), \quad j = 1, 2, \ldots, m;\ u = 1, 2, \ldots, n,$$

where y_{ui} is the (u, i)th element of $\boldsymbol{Y}$, p_{ij1} is the ith element of $\boldsymbol{p}_{j1}$. Thus, the m eigenvectors corresponding to a zero eigenvalue of $\boldsymbol{GG}'$ define m linearly independent relationships among the responses.

14.3 $\boldsymbol{G} = \boldsymbol{Y}'(\boldsymbol{I}_{13} - \frac{1}{13}\boldsymbol{J}_{13})$, $\delta = 0.005$, $\sigma^2_{re} = \delta^2/3 = 0.000008$. $E(\lambda) = (n-1)\sigma^2_{re} = 0.000096$. We also have

$$\sigma^2_\lambda \leq \left[\frac{9nr}{5} + nr(nr-1) - (n-1)^2\right]\sigma^4_{re} = 9(10)^{-8}.$$

Hence, we approximately have $\sigma_\lambda \leq 0.0003$. The eigenvalues of $\boldsymbol{GG}'$ are $0.0224814, 0.2628278, 6.4675216$. The distance of 0.0224814 from $E(\lambda)$ in units of σ_λ is

$$\frac{0.0224814 - 0.000096}{0.0003} = 74.6.$$

We conclude that $\boldsymbol{GG}'$ does not have zero eigenvalues and, therefore, no linear relationships exist among the three responses.

14.4 $\boldsymbol{G} = \boldsymbol{Y}'(\boldsymbol{I}_8 - \frac{1}{8}\boldsymbol{J}_8)$. The eigenvalues of $\boldsymbol{GG}'$ are 0.0670614, 3.0839231, 14.855072, 8828.7577. $\delta = 0.05$, $\sigma^2_{re} = \delta^2/3 = 0.00083$. $E(\lambda) = (n-1)\sigma^2_{re} = 0.0058$.

$$\sigma^2_\lambda \leq \left[\frac{9nr}{5} + nr(nr-1) - (n-1)^2\right]\sigma^4_{re}.$$

Hence, $\sigma_\lambda \leq 0.02625$. The distance of 0.0670614 from 0.0058 in units of 0.02625 is $\frac{0.0670614-0.0058}{0.02625} = 2.334$. Therefore, 0.06760614 does not correspond to a zero eigenvalue. We conclude that no linear relationships exist among the responses.

14.5 $\boldsymbol{X} = \boldsymbol{I}_r \otimes \boldsymbol{X}_0$. Then,

$$\begin{aligned}\hat{\boldsymbol{\beta}} &= \left[(\boldsymbol{I}_r \otimes \boldsymbol{X}_0')(\boldsymbol{\Sigma}^{-1} \otimes \boldsymbol{I}_n)(\boldsymbol{I}_r \otimes \boldsymbol{X}_0)\right]^{-1}(\boldsymbol{I}_r \otimes \boldsymbol{X}_0')(\boldsymbol{\Sigma}^{-1} \otimes \boldsymbol{I}_n)\boldsymbol{y}\\ &= \left(\boldsymbol{\Sigma}^{-1} \otimes \boldsymbol{X}_0'\boldsymbol{X}_0\right)^{-1}(\boldsymbol{\Sigma}^{-1} \otimes \boldsymbol{X}_0')\boldsymbol{y}\\ &= \left[\boldsymbol{I}_r \otimes (\boldsymbol{X}_0'\boldsymbol{X}_0)^{-1}\boldsymbol{X}_0'\right]\boldsymbol{y}.\end{aligned}$$

14.6
$$\frac{\partial}{\partial \boldsymbol{c}}\left(\frac{\boldsymbol{c}'\boldsymbol{G}_1\boldsymbol{c}}{\boldsymbol{c}'\boldsymbol{G}_2\boldsymbol{c}}\right) = \frac{2\boldsymbol{G}_1(\boldsymbol{c}'\boldsymbol{G}_2\boldsymbol{c})\boldsymbol{c} - 2\boldsymbol{G}_2(\boldsymbol{c}'\boldsymbol{G}_1\boldsymbol{c})\boldsymbol{c}}{(\boldsymbol{c}'\boldsymbol{G}_2\boldsymbol{c})^2} = \boldsymbol{0}$$

Hence,

$$\boldsymbol{G}_1\boldsymbol{c} - \frac{\boldsymbol{c}'\boldsymbol{G}_1\boldsymbol{c}}{\boldsymbol{c}'\boldsymbol{G}_2\boldsymbol{c}}\boldsymbol{G}_2\boldsymbol{c} = \boldsymbol{0}.$$

We then get

$$\left[\boldsymbol{G}_1 - e_{max}\left(\boldsymbol{G}_2^{-1}\boldsymbol{G}_1\right)\boldsymbol{G}_2\right]\boldsymbol{c}^* = \boldsymbol{0},$$

which can be written as

$$\left[\boldsymbol{G}_2^{-1}\boldsymbol{G}_1 - e_{max}\left(\frac{\boldsymbol{c}'\boldsymbol{G}_1\boldsymbol{c}}{\boldsymbol{c}'\boldsymbol{G}_2\boldsymbol{c}}\right)\boldsymbol{I}_r\right]\boldsymbol{c}^* = \boldsymbol{0}.$$

Thus, $\boldsymbol{c}^*$ is an eigenvector of $\boldsymbol{G}_2^{-1}\boldsymbol{G}_1$ corresponding to $e_{max}\left(\frac{\boldsymbol{c}'\boldsymbol{G}_1\boldsymbol{c}}{\boldsymbol{c}'\boldsymbol{G}_2\boldsymbol{c}}\right)$. The elements of $\boldsymbol{c}^*$ produce the linear combination

$$y_{\boldsymbol{c}^*} = \sum_{i=1}^{r} c_i^* \boldsymbol{y}_i.$$

14.7 In this case, $n = 21$, $\nu_{PE} = 4$, $\nu_{LOF} = n - \rho - \nu_{PE} = 9$. The value of Roy's largest root test statistic is $e_{max}(\boldsymbol{G}_2^{-1}\boldsymbol{G}_1) = 6.3467$. The 10% critical values from using Foster (1957) tables is $\lambda_{0.10} = \frac{x_{0.10}}{1-x_{0.10}} = \frac{0.9922}{1-0.9922} = 127.205$. Therefore, no significant lack of fit can be detected at the 10% level.

14.8 Using Exercise 14.6, model (14.19) is inadequate for a value of $\boldsymbol{c}$ equal to an eigenvector of $\boldsymbol{G}_2^{-1}\boldsymbol{G}_1$ corresponding to $e_{max}(\boldsymbol{G}_2^{-1}\boldsymbol{G}_1) = 6.3467$. This eigenvector is given by (0.3636, –0.8499, –0.3814)′. We thus have the linear combination

$$y_c = 0.3636y_1 - 0.8499y_2 - 0.3814y_3.$$

CHAPTER 15

15.1 **(a)** $\boldsymbol{A}$ is nonsingular since its determinant, $|\boldsymbol{A}|$, is equal to 9 which is not equal to zero.

(b) The eigenvalues of $\boldsymbol{A}$ are 6.411, 1.815, 0.773, which are positive. Since $\boldsymbol{A}$ is symmetric, then it must be positive definite by Theorem 6.6.

(c) Since $\boldsymbol{A}$ is symmetric, then its rank is equal to the number of nonzero eigenvalues (see Section 6.5.4), hence $\boldsymbol{A}$ is of rank 3. The matrix $\boldsymbol{B} = \boldsymbol{A}^2$ has three nonzero eigenvalues, namely, 41.107, 3.295, 0.598, hence $\boldsymbol{B}$ is of rank 3

15.2 **(a)** The inverse of $\boldsymbol{A}$ is

$$A^{-1} = \begin{bmatrix} 1 & -0.3333 & -0.3333 \\ -0.3333 & 0.3333 & 0 \\ -0.3333 & 0 & 0.6667 \end{bmatrix}.$$

The trace of $\boldsymbol{A}^2$ is equal to 45.

(b) $e_{max}(\boldsymbol{A}) = 6.41147$, $e_{min}(\boldsymbol{A}) = 0.7733$, $m = 3$, $s = 2.4495$, then $e_{max}(\boldsymbol{A}) \leq m + s\sqrt{2}$ is satisfied since $6.41147 \leq 3 + 2.4495\sqrt{2} = 6.464$.

(c) $e_{max}(\boldsymbol{A}) - e_{min}(\boldsymbol{A}) \leq s\sqrt{6}$ is satisfied since $5.6382 \leq 6.00003$.

15.3 **(a)** See Figure 1.

(b) See Figure 2.

(c) In both plots, the residuals show a random scatter of points contained in a horizontal band, which do not indicate any obvious model defects or inadequacies.

15.4 The points do not deviate significantly from a straight line (see Figure 3). Therefore, there is no indication of a severe problem with the normality assumption.

15.5 **(a)** $tr(A) = 31$ and the eigenvalues of $\boldsymbol{A}$ are 19.961465, 12.634171, 3.3036818, -4.899318. Hence, $\sum_{i=1}^{4} \lambda_i = 31$.

(b) $|\boldsymbol{A}| = -4082$, and $\prod_{i=1}^{4} \lambda_i = -4082$.

15.6 Cook's D_i values for all the observations are less than one, so none of these observations are highly influential. The largest D_i value is 0.247 for observation 9 with a studentized residual of 1.614, so it is mildly influential.

15.7 **(a)** The matrix $\boldsymbol{B}$ is symmetric and its eigenvalues, namely, 0.1628, 5.7527, 17.0845, are positive, hence $\boldsymbol{B}$ is positive definite by Theorem 6.6.

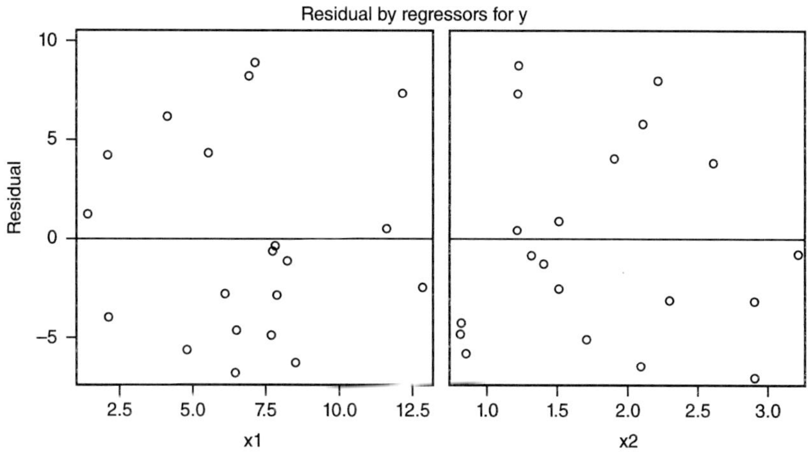

Figure 1 *Plot of the Residuals Against the Regressors.*

(b) By Corollary 9.3,

$$e_{min}(\boldsymbol{B}^{-1}\boldsymbol{A}) \leq \frac{\boldsymbol{x}'\boldsymbol{A}\boldsymbol{x}}{\boldsymbol{x}'\boldsymbol{B}\boldsymbol{x}} \leq e_{max}(\boldsymbol{B}^{-1}\boldsymbol{A}).$$

The eigenvalues of $\boldsymbol{B}^{-1}\boldsymbol{A}$ are -3.0203, -0.0842, 1.2294. Hence, $e_{min}(\boldsymbol{B}^{-1}\boldsymbol{A}) = -3.0203$, $e_{max}(\boldsymbol{B}^{-1}\boldsymbol{A}) = 1.2294$.

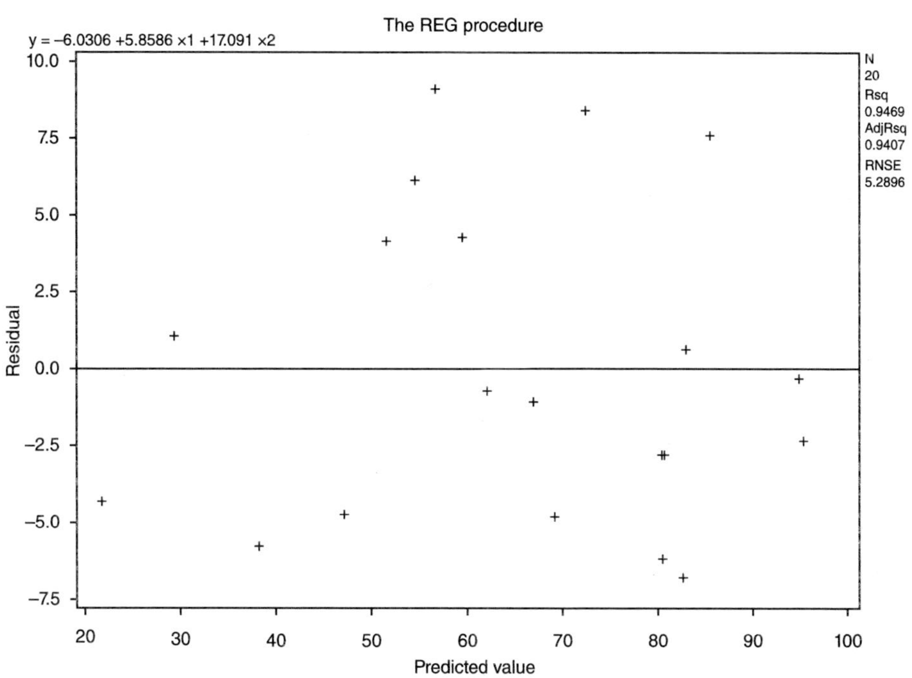

Figure 2 *Plot of the Residuals Against the Predicted Values.*

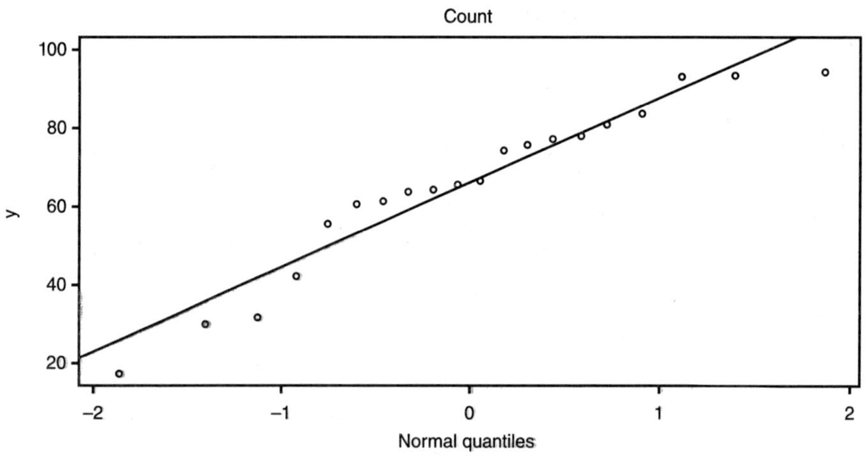

Figure 3 *Plot of Normal Quantiles.*

15.8 **(a)** $e_{min}(\boldsymbol{A}) = -4.1028$, $m - s\sqrt{n-1} = -5.8159$, $m - \frac{s}{\sqrt{n-1}} = -2.2413$, and $-5.8159 \le -4.1028 \le -2.2413$.

(b) $e_{max}(\boldsymbol{A}) = 8.0726$. $m + \frac{s}{\sqrt{n-1}} = 4.9079$, $m + s\sqrt{n-1} = 8.4825$, and $4.9079 \le 8.0726 \le 8.4825$.

(c) $e_{max}(\boldsymbol{A}) - e_{min}(\boldsymbol{A}) = 12.1754$, $s\sqrt{2n} = 5.0553(\sqrt{6}) = 12.3829$. $e_{max}(\boldsymbol{A}) - e_{min}(\boldsymbol{A}) \le s\sqrt{2n}$ is true since $12.1754 \le 12.3829$.

15.9 $[tr(\boldsymbol{A}'\boldsymbol{B})]^2 = 2601$, $tr(\boldsymbol{A}'\boldsymbol{A}) = 215$, $tr(\boldsymbol{B}'\boldsymbol{B}) = 203$, $tr(\boldsymbol{A}'\boldsymbol{A})tr(\boldsymbol{B}'\boldsymbol{B}) = 43645$. The inequality is true since $2601 \le 215 \times 203$.

15.10 **(a)** If $\boldsymbol{A} = (a_{ij})$, then $tr(\boldsymbol{AA}') = \sum_{i=1}^{n}\sum_{j=1}^{n} a_{ij}^2$, $tr(\boldsymbol{A}^2) = \sum_{i=1}^{n}\sum_{j=1}^{n} a_{ij}a_{ji}$. We also have $\sum_{i=1}^{n}\sum_{j=1}^{n}(a_{ij} - a_{ji})^2 \ge 0$. Then, $\sum_{i=1}^{n}\sum_{j=1}^{n}(a_{ij}^2 - 2a_{ij}a_{ji} + a_{ji}^2) \ge 0$. But, $\sum_{i=1}^{n}\sum_{j=1}^{n} a_{ij}^2 = \sum_{j=1}^{n}\sum_{i=1}^{n} a_{ji}^2$. We therefore have $2\sum_{i=1}^{n}\sum_{j=1}^{n} a_{ij}^2 - 2\sum_{i=1}^{n}\sum_{j=1}^{n} a_{ij}a_{ji} \ge 0$, which implies $\sum_{i=1}^{n}\sum_{j=1}^{n} a_{ij}^2 \ge \sum_{i=1}^{n}\sum_{j=1}^{n} a_{ij}a_{ji}$. We thus have $tr(\boldsymbol{AA}') \ge tr(\boldsymbol{A}^2)$.

(b) $tr(\boldsymbol{AA}') = 194$, $tr(\boldsymbol{A}^2) = 118$.

15.11 **(a)** Let $\boldsymbol{C} = \boldsymbol{AB} - \boldsymbol{BA}$. Then, $\boldsymbol{C}' = \boldsymbol{BA} - \boldsymbol{AB} = -\boldsymbol{C}$. We thus have

$$\begin{aligned} tr(\boldsymbol{CC}') &= tr[(\boldsymbol{AB} - \boldsymbol{BA})(\boldsymbol{BA} - \boldsymbol{AB})] \\ &= tr[\boldsymbol{ABBA} - (\boldsymbol{AB})^2 - \boldsymbol{BABA} + \boldsymbol{BA}^2\boldsymbol{B}] \\ &= 2tr(\boldsymbol{A}^2\boldsymbol{B}^2) - 2tr[(\boldsymbol{AB})^2] \ge 0. \end{aligned}$$

Since $tr(\boldsymbol{CC}') = \sum_{i=1}^{n}\sum_{j=1}^{n} c_{ij}^2 \ge 0$, we then conclude that $tr(\boldsymbol{A}^2\boldsymbol{B}^2) \ge tr[(\boldsymbol{AB})^2]$.

(b) $tr[(\boldsymbol{AB})^2] = 13691$, $tr(\boldsymbol{A}^2\boldsymbol{B}^2) = 14928$.

15.12 **(a)** Since A is positive definite, then its eigenvalues, λ_i $(i = 1, 2, \dots, n)$ are positive. We have $|A| = \prod_{i=1}^{n} \lambda_i$, $tr(A) = \sum_{i=1}^{n} \lambda_i$. We also have that

$$\left(\prod_{i=1}^{n} \lambda_i\right)^{1/n} \leq \frac{1}{n} \sum_{i=1}^{n} \lambda_i.$$

The left hand side is the geometric mean of the λ_i's which is less than or equal to the arithmetic mean, $\frac{1}{n} \sum_{i=1}^{n} \lambda_i$.

(b) $|A|^{1/3} = 1.2599$, $\frac{1}{3} tr(A) = 6$. The eigenvalues of A are $12.1881, 5.7835, 0.0284$ which are positive. Hence, A is positive definite.

CHAPTER 16

16.1 **(a)** $r(A) = 3$, therefore A is nonsingular.

(b) $det(A) = 32.0$.

(c) The eigenvalues are 0.2736, 5.8990, 19.8274.

(d) $tr(A) = 26$.

16.2 **(a)** The eigenvalues of A are 1.1716, 4.0, 6.8284 which are positive. Hence, A, which is symmetric, is positive definite by Theorem 6.6.

(b) $|A| = 32$, $\prod_{i=1}^{3} a_{ii} = 64$. Hence, $|A| \leq \prod_{i=1}^{3} a_{ii}$.

16.3 **(a)** The leading principal minors are 4, $\left|\begin{bmatrix} 4 & -2 \\ -2 & 4 \end{bmatrix}\right| = 12$, $|A| = 32$, which are all positive.

(b) The eigenvalues of $A'A$ are $1.3726, 16.0, 46.6274$ which are all positive. Hence, $A'A$ is positive definite.

16.4 **(a)** The eigenvalues of A are 0, 14, 53, which are non-negative. Hence, A is positive semidefinite.

(b) We have by the spectral decomposition theorem, $A = PDP'$, where the diagonal elements of D are the eigenvalues of A and the columns of P are orthonormal eigenvectors of A. Hence,

$$\begin{aligned} B &= P * [diag(0, 14^{1/2}, 53^{1/2})] * P' \\ &= \begin{bmatrix} 5.1223 & -0.5345 & -3.2367 \\ -0.5345 & 3,4744 & -0.8018 \\ -3.2367 & -0.8018 & 2.4251 \end{bmatrix}. \end{aligned}$$

16.5 **(a)** The inverse of $\boldsymbol{A}$ is

$$\boldsymbol{A}^{-1} = \begin{bmatrix} 0.375 & 0.25 & 0.125 \\ 0.25 & 0.50 & 0.25 \\ 0.125 & 0.25 & 0.375 \end{bmatrix}$$

(b) $tr(\boldsymbol{A})tr(\boldsymbol{A}^{-1}) = 15$. Hence, $tr(\boldsymbol{A})tr(\boldsymbol{A}^{-1}) \geq 9$.

16.6 **(a)** We have that $\boldsymbol{A}' = -\boldsymbol{A}$. Hence, $\boldsymbol{A}$ is skew-symmetric.

(b) We have that

$$(\boldsymbol{I}_3 - \boldsymbol{A})(\boldsymbol{I}_3 + \boldsymbol{A})^{-1} = \begin{bmatrix} 0.5294 & -0.4706 & -0.7059 \\ -0.2824 & -0.8824 & 0.3765 \\ -0.80 & 0 & -0.6 \end{bmatrix}$$

It can be verified that $\boldsymbol{B}'\boldsymbol{B} = \boldsymbol{I}_3$, hence $\boldsymbol{B}$ is orthogonal.

16.7 **(a)** $\boldsymbol{A} = \boldsymbol{T}'\boldsymbol{T}$, where

$$\boldsymbol{T} = \begin{bmatrix} 1.4142 & 1.4142 & 0.7071 \\ 0 & 1.7321 & 0 \\ 0 & 0 & 1.2247 \end{bmatrix}.$$

(b) $\boldsymbol{A} = \boldsymbol{P}\boldsymbol{D}\boldsymbol{P}'$, where $\boldsymbol{D}$ is a diagonal matrix containing the eigenvalues of $\boldsymbol{A}$, namely, 0.7733, 1.8152, 6.4115, and $\boldsymbol{P}$ is the matrix of orthonormal eigenvectors of $\boldsymbol{A}$, namely,

$$\boldsymbol{P} = \begin{bmatrix} 0.4491 & 0.2931 & 0.8440 \\ 0.8440 & -0.4491 & -0.2931 \\ 0.2931 & 0.8440 & -0.4491 \end{bmatrix}.$$

16.8 **(a)** The Moore–Penrose inverse of $\boldsymbol{A}$ is

$$\boldsymbol{B} = \begin{bmatrix} -0.1097 & 0.1248 & 0.0770 \\ 0.1419 & -0.0868 & -0.0299 \end{bmatrix}.$$

(b) The two equalities have been verified.

16.9 **(a)** The Moore–Penrose inverse of $\boldsymbol{A}$ is

$$\boldsymbol{B} = \begin{bmatrix} 0.0687 & 0.0603 & 0.0518 \\ 0.0386 & 0.0019 & -0.0348 \\ 0.1337 & 0.0716 & 0.0094 \\ 0.0508 & -0.0057 & -0.0621 \end{bmatrix}$$

It can be verified that $\boldsymbol{BABA} = \boldsymbol{BA}$.

(b) The eigenvalues of $\boldsymbol{BA}$ are 1, 1, 0, 0.

(c) The trace of $\boldsymbol{BA}$ is 2.

(d) The rank of $\boldsymbol{BA}$ is 2 since $\boldsymbol{BA}$ is idempotent whose trace is 2.

16.10 $[tr(\boldsymbol{A}'\boldsymbol{B})]^2 = 10816$.
$tr(\boldsymbol{A}'\boldsymbol{A}) = 349$.
$tr(\boldsymbol{B}'\boldsymbol{B}) = 339$.
$tr(\boldsymbol{A}'\boldsymbol{A})\, tr(\boldsymbol{B}'\boldsymbol{B}) = 118311$.
Hence, $[tr(\boldsymbol{A}'\boldsymbol{B})]^2 \leq tr(\boldsymbol{A}'\boldsymbol{A})\, tr(\boldsymbol{B}'\boldsymbol{B})$.

16.11 **(a)** The singular-value decomposition of $\boldsymbol{A}$ is $\boldsymbol{A} = \boldsymbol{PRQ}'$, where

$$\boldsymbol{P} = \begin{bmatrix} -0.6 & 0.8 \\ 0.8 & 0.6 \end{bmatrix},$$

$$\boldsymbol{R} = \begin{bmatrix} 17.3205 & 0 & 0 \\ 0 & 7.0711 & 0 \end{bmatrix},$$

$$\boldsymbol{Q} = \begin{bmatrix} -0.5774 & 0.7071 & 0.4082 \\ -0.5774 & -0.7071 & -0.4082 \\ -0.5774 & 0 & 0.8165 \end{bmatrix}.$$

(b) The singular values of $\boldsymbol{A}$ are 17.3205 and 7.70711. The positive eigenvalues of $\boldsymbol{AA}'$ are 50 and 300. Their positive square roots are equal to the singular values of $\boldsymbol{A}$.

16.12 **(a)** The direct product of $\boldsymbol{A}$ and $\boldsymbol{B}$ is

$$\boldsymbol{A} \otimes \boldsymbol{B} = \begin{bmatrix} 4 & 0 & -2 & 0 & 0 & 0 \\ 12 & 16 & -6 & -8 & 0 & 0 \\ -2 & 0 & 4 & 0 & -2 & 0 \\ -6 & -8 & 12 & 16 & -6 & -8 \\ 0 & 0 & -2 & 0 & 4 & 0 \\ 0 & 0 & -6 & -8 & 12 & 16 \end{bmatrix}.$$

(b) $(\boldsymbol{A} \otimes B)^{-1} - \boldsymbol{A}^{-1} \otimes \boldsymbol{B}^{-1} = \boldsymbol{0}$ was verified.

16.13 **(a)** $tr[(\boldsymbol{AB})^2] = 1951$, $tr(\boldsymbol{A}^2\boldsymbol{B}^2) = 7764$. This verifies the inequality in (a).

(b) $|\boldsymbol{A}'\boldsymbol{B}|^2 = 189,888,400$, $|\boldsymbol{A}'\boldsymbol{A}| = 70225$, $|\boldsymbol{B}'\boldsymbol{B}| = 2704$. Hence, $|\boldsymbol{A}'\boldsymbol{A}|\, |\boldsymbol{B}'\boldsymbol{B}| = 189,888,400$. This verifies the inequality in (b).

16.14 The MATLAB commands for this plot are
$x = 0 : pi/100 : 2 * pi;$
$y = (sin(x)).{*}cos(x) + cos(3 * x);$
$plot(x, y)$

The plot is shown in Figure 4.

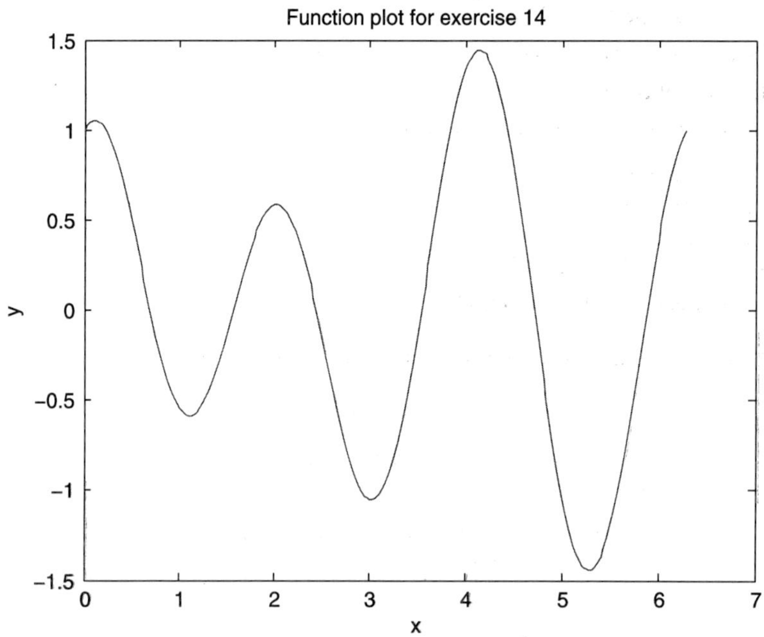

Figure 4 *Plot of the y Function.*

16.15 The MATLAB commands for this plot are
$[x, y] = meshgrid(-2 : .2 : 2, -2 : .2 : 2);$
$z = y. * exp(-3. * x.^2 - 7. * y.^2);$
$surf(z)$

The plot is shown in Figure 5.

CHAPTER 17

17.1 **(a)** The rank is obtained by using the function *qr*(*A*)$*rank* which gives the value 3.

(b) *det*(***A***) = 130.

(c) *eigen*(***A***) gives the following eigenvalues of ***A***: 18.359257, 5.306314, 1.334428.

(d) The trace is given by *sum*(*diag*(***A***)) = 25.

17.2 **(a)** *eigen*(***A***) gives the following eigenvalues of ***A***: 6.414214, 5.0, 3.585786. Since they are positive and ***A*** is symmetric, it must be positive definite.

(b) The inverse of ***A*** is given by the function *solve*(*A*) which gives the matrix,

$$\boldsymbol{A}^{-1} = \begin{bmatrix} 0.208696 & 0.043478 & 0.008696 \\ 0.043478 & 0.217391 & 0.043478 \\ 0.008696 & 0.043478 & 0.208696 \end{bmatrix}.$$

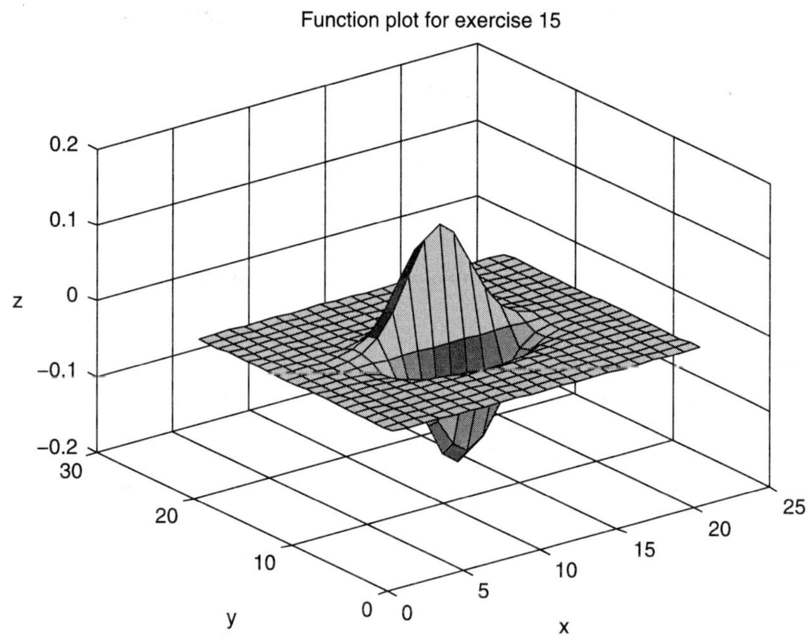

Figure 5 *Plot of the z Function.*

(c) The trace is given by *sum*(*diag*($\boldsymbol{A}$)) = 15, which is also equal to the sum of eigenvalues of $\boldsymbol{A}$.

17.3 **(a)** The leading principal minors are 5, the 2×2 determinant of $\boldsymbol{B}$ given by

$$\boldsymbol{B} = \begin{bmatrix} 5 & -1 \\ -1 & 5 \end{bmatrix},$$

which has the value 24, and the determinant of $\boldsymbol{A}$ which has the value, *det*(*A*) = 115.

(b) We use the product *t*($\boldsymbol{A}$)% ∗ %$\boldsymbol{A}$ to get the matrix $\boldsymbol{A}'\boldsymbol{A}$. Its eigenvalues are given by 41.14214, 25, 12.85786, which are positive. Hence, $\boldsymbol{A}$ is positive definite.

17.4 **(a)** Using *eigen*($\boldsymbol{A}$), the eigenvalues of $\boldsymbol{A}$ are 0, 14, 53, which are non-negative. Hence, $\boldsymbol{A}$ is positive semidefinite by Theorem 6.7.

(b) The leading principal minors are 37, the determinant of the leading principal submatrix of order 2, denoted by $\boldsymbol{B}$,

$$\boldsymbol{B} = \begin{bmatrix} 37 & -2 \\ -2 & 13 \end{bmatrix},$$

which is equal to 477, and the determinant of $\boldsymbol{A}$, *det*($\boldsymbol{A}$) = 0.

(c) Let A_1 and A_2 denote two principal submatrices of A of order 2 given by

$$A_1 = \begin{bmatrix} 37 & -24 \\ -24 & 17 \end{bmatrix},$$

$$A_2 = \begin{bmatrix} 13 & -3 \\ -3 & 17 \end{bmatrix}.$$

The values of two principal minors of order 2 are $|A_1| = 53$ and $|A_2| = 212$.

17.5 **(a)** Let $B = A^2$, that is, $B = A\% * \%A$, then the trace of A^2 is $sum(diag(B)) = 3005$.

(b) $tr(A) = sum(diag(A)) = 67$, and its square is 4489. Hence, $tr(A^2) \le [tr(A)]^2$.

17.6 **(a)** It is skew-symmetric since $t(A) = -A$.

(b) Let $E1 = diag(3) - A$, $E2 = diag(3) + A$, and $E = E1\% * \%solve(E2)$. Hence,

$$E = \begin{bmatrix} 0.529412 & -0.470588 & -0.705882 \\ -0.282353 & -0.882353 & 0.376471 \\ -0.80 & 0 & -0.60 \end{bmatrix}.$$

It follows that $E\% * \%t(E) = I_3$, that is, E is orthogonal.

17.7 **(a)** The Cholesky decomposition of A is obtained in R using the function $chol(A)$ which gives the upper triangular matrix T so that $A = T'T$, where T is given

$$T = \begin{bmatrix} 1.414214 & 1.414214 & 0.707107 \\ 0.0 & 1.732051 & 0.0 \\ 0.0 & 0.0 & 1.224745 \end{bmatrix}.$$

(b) Using the command $eigen(A)$ gives the eigenvalues and corresponding orthonormal eigenvectors of A. This provides the spectral decomposition of A as $A = P\Lambda P'$, as shown in Theorem 6.2, where

$$\Lambda = \begin{bmatrix} 6.411474 & 0.0 & 0.0 \\ 0.0 & 1.815208 & 0.0 \\ 0.0 & 0.0 & 0.773318 \end{bmatrix},$$

$$P = \begin{bmatrix} -0.449099 & 0.293128 & 0.844030 \\ -0.844030 & -0.449099 & -0.293128 \\ -0.293128 & 0.844030 & -0.449099 \end{bmatrix}.$$

17.8 **(a)** Using $eigen(C)$, where $C = t(A)\% * \%A$, the eigenvalues of $A'A$ are 45, 322.

(b) The determinant $det(C)$ is equal to 14490. The diagonal elements of C are 126, 241. Their product is 30366. Hence, the stated inequality is verified.

(c) Using the command $svd(\boldsymbol{A})$, the singular values of $\boldsymbol{A}$ are 6.708204, 17.944358, which give the diagonal elements of $\boldsymbol{D}_1$ in the expression (17.2). In addition, we get the matrices $\boldsymbol{P}_1$ and $\boldsymbol{Q}_1$, denoted in R as \$u and \$v, respectively, which are given by

$$\boldsymbol{P}_1 = \begin{bmatrix} -0.458725 & 0.806114 \\ -0.652930 & -0.591150 \\ -0.602705 & 0.026870 \end{bmatrix},$$

$$\boldsymbol{Q}_1 = \begin{bmatrix} -0.540758 & 0.841179 \\ 0.841179 & 0.540758 \end{bmatrix}.$$

To check the expression in (17.2), use the product $svd(\boldsymbol{A})\$u\% * \%diag(svd(\boldsymbol{A})\$d)\% * \%t(svd(\boldsymbol{A})\$v)$, which should give the matrix $\boldsymbol{A}$.

17.9 **(a)** $qr(\boldsymbol{A})\$rank$ gives the rank, namely, 3.

(b) Using the statements, $qra = qr(\boldsymbol{A})$, $\boldsymbol{Q} = qr.Q(qra)$, $\boldsymbol{R} = qr.R(qra)$, we get

$$\boldsymbol{Q} = \begin{bmatrix} -0.169031 & 0.897085 & 0.408248 \\ -0.507093 & 0.276026 & -0.816497 \\ -0.845154 & -0.345033 & 0.408248 \end{bmatrix},$$

$$\boldsymbol{R} = \begin{bmatrix} -5.91608 & 3.549648 & -6.592203 \\ 0.0 & 2.898275 & 8.41880 \\ 0.0 & 0.0 & -4.082483 \end{bmatrix}.$$

(c) $\boldsymbol{Q}\% * \%\boldsymbol{R} = \boldsymbol{A}$.

17.10 Let $\boldsymbol{C} = t(\boldsymbol{A})\% * \%\boldsymbol{B}$. Its trace is $t = sum(diag(\boldsymbol{C})) = 104$. Also, let $\boldsymbol{D} = t(\boldsymbol{A})\% * \%\boldsymbol{A}$, $\boldsymbol{E} = t(\boldsymbol{B})\% * \%\boldsymbol{B}$. Their traces are $u = sum(diag(\boldsymbol{D})) = 349$, $v = sum(diag(\boldsymbol{E})) = 339$. Hence, $t^2 = 10816 \le u * v = 118311$.

17.11 **(a)** $||\boldsymbol{A}||_2^2 = tr(\boldsymbol{A}^2) = sum(diag(\boldsymbol{B})) = 573$, where $\boldsymbol{B} = \boldsymbol{A}^2$.

(b) $eigen(\boldsymbol{A})$ gives the eigenvalues -14.100689, 7.112134, 17.988555. Their sum of squares is 573.

17.12 **(a)** Let $\boldsymbol{C}$ denote the direct product $\boldsymbol{C} = \boldsymbol{A}\% \times \%\boldsymbol{B}$. Then,

$$\boldsymbol{C} = \begin{bmatrix} 4 & 0 & -2 & 0 & 0 & 0 \\ 12 & 16 & -6 & -8 & 0 & 0 \\ -2 & 0 & 4 & 0 & -2 & 0 \\ -6 & -8 & 12 & 16 & -6 & -3 \\ 0 & 0 & -2 & 0 & 4 & 0 \\ 0 & 0 & -6 & -8 & 12 & 16 \end{bmatrix}.$$

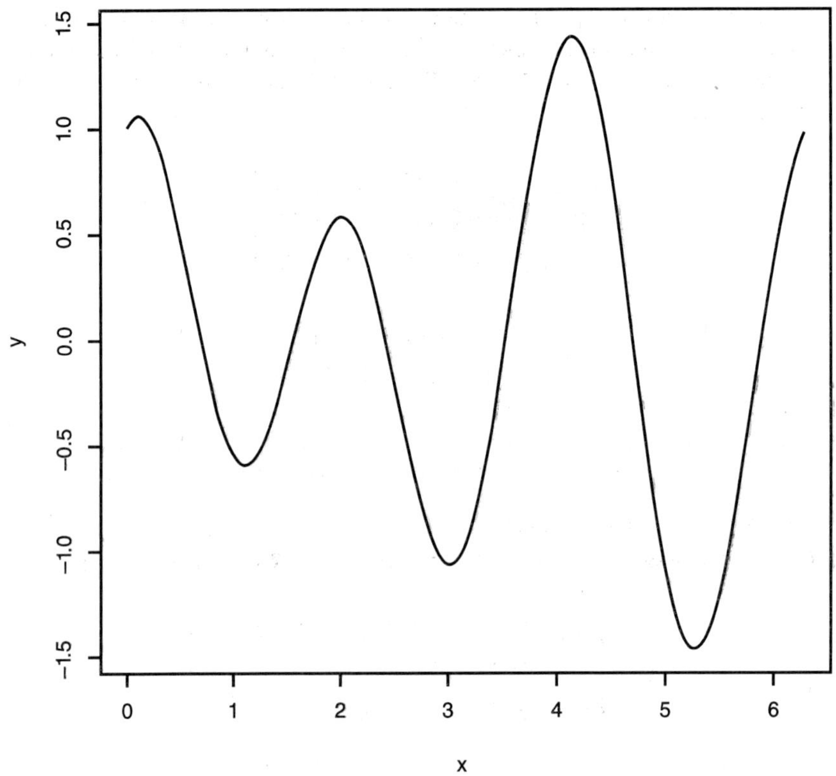

Figure 6 *Plot of the Trigonometric Function.*

(b) $|C| = 65536,\ |A| = 32,\ |B| = 4$. Then, $|A|^2|B|^3 = 65536$. This verifies the given equality.

17.13 (a) Let $C = A\% * \%B, D = C\% * \%C$. Then, $t1 = sum(diag(D)) = 1951$. Let $E = A\% * \%A\% * \%B\% * \%B$, $t2 = sum(diag(E)) = 7764$. Hence, $t1 \leq t2$.

(b) Let $t3 = sum(diag(A\% * \%B)) = 29$, $t4 = sum(diag(A\% * \%A)) = 224$, $t5 = sum(diag(B\% * \%B)) = 93$. We conclude that $t3 \leq \frac{1}{2}(t4 + t5) = 158.5$.

17.14 The needed R statements for the plotting of this function are

```
x=seq(0,6.28,by=0.01)
y=sin(x)*cos(x)+cos(3*x)
plot(x,y,type="l",xlab="x",ylab="y")
```

The plot is shown in Figure 6.

17.15 The R statements for this three-dimensional plot are

```
x=seq(-2,2,0.1)
y=seq(-2,2,0.1)
```

$z = outer(x, y, FUN = function(x, y)(y/(1 + 3 * x^2 + 7 * y^2)))$

```
persp(x,y,z,theta=40,phi=40,ticktype="detailed")
```

The plot is shown in Figure 7.

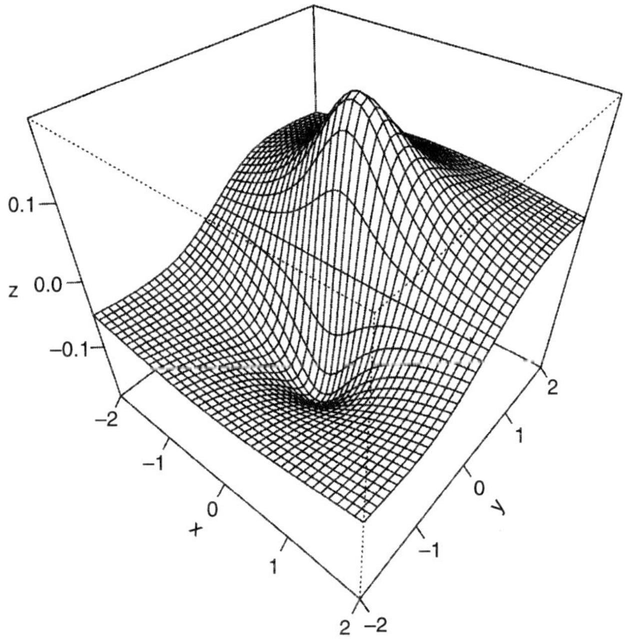

Figure 7 *Plot of a Three-Dimensional Figure.*

찾아보기

|ㅅ|

|ㅇ|

|ㅈ|

|ㅊ|

| 역자 소개 |

안수한

서울대학교 계산통계학과 학사 · 석사 · 박사
AT&T Shannon Labs in New Jersey 박사후 연구원
현재 서울시립대학교 통계학과 교수

이용희

서울대학교 계산통계학과 학사 · 석사
University of Wisconsin-Madison Statistics Ph.D.
현재 서울시립대학교 통계학과 교수

통계학을 위한 행렬대수학 제2판

저 자	Shayle R. Searle · André I. Khuri
역 자	안수한 · 이용희
발행인	김지영
발행처	자유아카데미
주 소	경기도 파주시 회동길 37-42 파주출판도시
전 화	031-955-1321
팩 스	031-955-1322
홈페이지	www.freeaca.com
전자우편	main@freeaca.com(대표) editor@freeaca.com(편집) crm@freeaca.com(영업)
등 록	제406-2003-017호, 1980. 7. 12
제 2 판	2018년 3월 2일 발행
정 가	33,000원

역자와의 협의하에 인지생략

ISBN 979-11-5808-174-4 93310